AF814984

Ultraviolette Strahlen

Ultraviolette Strahlen

Herausgeber Jürgen Kiefer

Autoren
J. Bensel · H. Blume · H. Güsten · G. Heinrich
J. Kiefer · V. Schäfer · R. Schulze · H. Tronnier
I. Wienhard

W DE G

Walter de Gruyter · Berlin · New York 1977

Herausgeber

Professor Dr. *Jürgen Kiefer,* Strahlenzentrum der Justus Liebig-Universität, Leihgesterner Weg 217, 6300 Gießen.

Autoren

Joachim Bensel, Vogelsberger Straße 13, 6497 Steinau.

Dr. *H. Blume,* Programmleitung Angewandte Systemanalyse, Linder Höhe, 5000 Köln 90.

Dr. *Hans Güsten,* Kernforschungszentrum Karlsruhe, Institut für Radiochemie, Postfach 3640, 7500 Karlsruhe.

Dr. *G. Heinrich,* Kernforschungszentrum Karlsruhe, Institut für Radiochemie, Postfach 3640, 7500 Karlsruhe.

Professor Dr. *Jürgen Kiefer,* Strahlenzentrum der Justus Liebig-Universität, Leihgesterner Weg 217, 6300 Gießen.

Dr. *Volker Schäfer,* Original Hanau Quarzlampen GmbH, Postfach 642, 6450 Hanau.

Professor Dr. *R. Schulze* †, Hamburg.

Professor Dr. *H. Tronnier,* Hautklinik der Städtischen Kliniken Dortmund Beurhausstraße 40, 4600 Dortmund.

Dr. *Isolde Wienhard,* Strahlenzentrum der Justus Liebig-Universität Leihgesterner Weg 217, 6300 Gießen.

Dieses Buch enthält 246 Abbildungen und 113 Tabellen.

CIP-Kurztitelaufnahme der Deutschen Bibliothek

Ultraviolette Strahlen / Hrsg. Jürgen Kiefer.
Autoren J. Bensel ... – 1. Aufl. – Berlin, New York: de Gruyter, 1976.
ISBN 3-11-001641-9

NE: Kiefer, Jürgen [Hrsg.]; Bensel, Joachim [Mitarb.]

© Copyright 1976 by Walter de Gruyter & Co., vormals G.J. Göschen'sche Verlagshandlung, J. Guttentag, Verlagsbuchhandlung Georg Reimer, Karl J. Trübner, Veit & Comp., Berlin 30. Alle Rechte, inbesondere das Recht der Vervielfältigung und Verbreitung sowie der Übersetzung vorbehalten. Kein Teil des Werkes darf in irgendeiner Form (durch Fotokopie, Mikrofilm oder ein anderes Verfahren) ohne schriftliche Genehmigung des Verlages reproduziert oder unter Verwendung elektronischer Systeme verarbeitet, vervielfältigt oder verbreitet werden. Printed in Germany. Satz: Verena Boldin, Aachen. – Druck: Color Druck, Berlin. – Bindearbeiten: Lüderitz & Bauer, Buchgewerbe GmbH, Berlin.

Vorwort des Herausgebers

Die Existenz ultravioletter Strahlen ist durch die Versuche Johann Wilhelm Ritters (1776–1810) seit dem Jahre 1801 bekannt, doch die Erfahrung ihrer Wirkung ist so alt wie die Menschheit. Schon im klassischen Altertum wurden die medizinischen Wirkungen von Sonnenbädern beschrieben. Die ersten systematischen fotochemischen Untersuchungen gehen wohl auf Karl Wilhelm Scheele (1742–1786) zurück.

Wie in allen Bereichen der Naturwissenschaften brachte vor allem das 20. Jahrhundert eine ungeheuere Ausweitung unserer Kenntnisse und ihrer Übertragung in die technische Anwendung.
Ultraviolette Strahlen spielten eine bedeutende Rolle bei der Untersuchung fundamentaler Prozesse in der Atom- und Quantenphysik, als analytisches Hilfsmittel in der organischen und biologischen Chemie und – besonders in den letzten 30 Jahren – in der Molekularbiologie. Parallel dazu verlief eine Ausweitung ihrer Anwendung in der präparativen Chemie – bis zum technischen Maßstab – und der Medizin. Voraussetzung hierzu war die Entwicklung leistungsstarker Quellen einerseits und die Verfeinerung der Meßmethodik andererseits. Die skizzierte weitverzweigte Entwicklung stimulierte natürlich das Interesse der verschiedensten Sparten der Wissenschaft an den ultravioletten Strahlen. Damit wuchs das Informationsbedürfnis, wobei unterschiedlichsten Anforderungen Rechnung getragen werden mußte. Das Verdienst, auf diesem Gebiet eine Pioniertat vollbracht zu haben, gebührt A.E.H. Meyer (1903–1963) und E.O. Seitz (1909–1973), die mit ihrem klassischen Werk *Ultraviolette Strahlen* [1] eine umfassende Darstellung des damaligen Kenntnisstandes lieferten.

Durch die rasche Entwicklung während der letzten Jahrzehnte wurde eine Neudarstellung immer dringlicher. E.O. Seitz begann daher in den späten sechziger Jahren mit den Vorarbeiten für eine Neuauflage. Angesichts der Auffächerung in mehrere Sparten wurden verschiedene Autoren für die einzelnen Kapitel gewonnen. Noch während der Vorarbeiten übertrug E.O. Seitz die Herausgeberschaft mir. Ich konnte mich zunächst auf die Hilfe von Seitz und einige von ihm schon verpflichtete Autoren stützen, was die schwierige Aufgabe erleichterte. Leider war es Seitz nicht mehr vergönnt, das Erscheinen des Buches zu erleben: er starb am 14.2. 1973 – ein schwerer Verlust für unser gemeinsames Werk. Auch der Pionier der UV-Meterologie, R. Schulze, der an diesem Buch entscheidend mitwirkte, ging allzu zeitig von uns. Noch kurz vor seinem Tode, am 16.7.1974, übersandte er mir die letzten Teile der von ihm verfaßten Beiträge, die somit sein wissen-

---

[1] A.E. Herbert Meyer und Ernst Otto Seitz: Ultraviolette Strahlen, 2., erweiterte Auflage. Walter de Gruyter & Co., Berlin 1949. 1. Auflage 1941.

schaftliches Vermächtnis darstellen. Herr Dr. K. Dehne hat die später notwendigen Korrekturen durchgeführt, wofür Verlag und Herausgeber ihm großen Dank schulden.

Die Zielsetzung bestimmt den Aufbau des Buches: Nach einer allgemeinen Einführung und Klärung der Grundbegriffe (Kapitel 1) sind die beiden folgenden Kapitel den Strahlenquellen gewidmet, wobei auch Zusatzgeräte besprochen werden. In Kapitel 4 werden die physikalischen Grundlagen der Wechselwirkung ultravioletter Strahlen mit Materie abgehandelt, daran anschließend die praktischen Probleme und Aufbauten zur Messung. Spektroskopische Verfahren sind in einem besonderen Teil (Kapitel 6) zusammengefaßt. Stärker anwendungsbezogen ist die Thematik der Kapitel 7 (Chemie), 8 (Biologie) und 9 (Medizin), wobei vor allem auf eine Darstellung fundamentaler Prinzipien Wert gelegt wurde. Mehr praktische Fragen und Applikationen sind dem letzten Teil (Kapitel 10) vorbehalten. – Bei dieser Anlage lassen sich Überschneidungen der Kapitel nicht immer ganz vermeiden. Manche Fragen (z.B. Aufbau und Funktion von Monochromatoren) werden an verschiedenen Stellen angesprochen. Wir haben darauf verzichtet, Parallelitäten dieser Art zu eliminieren, da sie unseres Erachtens die Lesbarkeit der einzelnen Teile erhöhen und die notwendigen Querverweise reduzieren. Ausführliche Literaturhinweise sollen ein weiteres Eindringen in die Materie erleichtern. – Während der Arbeit an dem Buch wurden die neuen SI-Einheiten eingeführt; wir haben uns bemüht, dieser Entwicklung Rechnung zu tragen.

Zum Abschluß ist es mir eine angenehme Pflicht, all denen zu danken, die an dem Werk sichtbar und unsichtbar beteiligt waren.
Mein Dank gilt den Mitautoren für ihre Mühe, dem Verlag für sein Verständnis bei der Überwindung mancherlei Schwierigkeiten, der Fa. „Original Hanau", Hanau, und ihrem Direktor, Herrn Dipl.-Ing. F. Ilzig, für andauernde und wichtige Unterstützung sowie meiner sekretariellen Stütze, Eva-Maria Peter, für ihre Geduld und Ausdauer bei der Durchführung vieler notwendiger Änderungen.

Gießen, im Januar 1976 *Jürgen Kiefer*

Inhalt

1 Allgemeine Einführung und Grundbegriffe

R. Schulze, J. Kiefer

1.1 Definition und Einteilung der ultravioletten Strahlung

Ultraviolette (UV-)Strahlen gehören zu dem großen Spektrum der elektromagnetischen Strahlung. Sie schließen sich an den kurzwelligen Teil des sichtbaren Lichtes an und erstrecken sich auf der anderen Seite bis zu den ionisierenden Strahlen. Die Grenzen, besonders zum Kurzwelligen hin, sind nicht ganz scharf zu definieren und beruhen daher z.T. auf Konventionen. So hängt es von dem beobachteten Molekül ab, bei welcher Wellenlänge Ionisation festgestellt werden kann. Es hat sich heute eingebürgert – allerdings ohne daß normenähnliche Abmachungen vorliegen – zu den UV-Strahlen die elektromagnetische Wellenstrahlung mit Wellenlängen zwischen 10 und 400 nm zu rechnen. Zusammen mit dem Sichtbaren (400–800 nm) und dem Infraroten (> 800 nm) bilden sie die optische Strahlung, weswegen wohl auch oft – und eigentlich inkorrekt – von „UV-Licht" gesprochen wird. Eine Zusammenfassung der drei genannten Bereiche ist durch die Tatsache begründet, daß bei ihnen die physikalischen Gesetze der Optik anwendbar sind und – darauf fußend – prinzipiell ähnliche („optische") Instrumente wie Spiegel, Linsen, Prismen, Gitter und ähnliche zur Untersuchung ihres Verhaltens eingesetzt werden können.

UV hat – wie alle elektromagnetische Strahlung – eine Doppelnatur: es kann als Welle oder als diskretes Energiepaket (Quant, Photon) beschrieben werden. Man spricht von dem Wellenbild und dem Teilchenbild der Strahlung. Bezüglich weiterer Einzelheiten über diese widerspruchsvolle Eigenheit, deren Entdeckung mit den Namen Planck, Einstein und Schrödinger verknüpft ist und welche die Grundlage der modernen Entwicklung der Physik bildete, sei auf einschlägige Lehrbücher der Physik verwiesen.

Entsprechend dem zitierten Dualismus gibt es verschiedene Charakterisierungsformen der UV-Strahlung.

Im „Wellenbild" dienen als Kenngrößen die Wellenlänge λ, die Frequenz ν oder die Wellenzahl $\tilde{\nu}$. Es ist

$$\lambda \cdot \nu = c,$$

wobei c die Lichtgeschwindigkeit angibt. Die Wellenzahl $\tilde{\nu}$, welche sich besonders in der Spektroskopie großer Beliebtheit erfreut, da sie eine der Quantenenergie proportionale Größe ist, ergibt sich als Kehrwert der Wellenlänge:

$$\tilde{\nu} = 1/\lambda.$$

Es ist wichtig, an dieser Stelle darauf hinzuweisen, daß für eine bestimmte Strahlung nur die Frequenz eine Konstante darstellt. In brechenden Medien liegt die Geschwindigkeit der Strahlungsausbreitung unter der im Vakuum, entsprechend verändert sich auch hier die Wellenlänge.

Ein Wort zu den Einheiten: Grundsätzlich sollten von den Basiseinheiten des „Systeme International d'Unités" (SI-System) abgeleitete Einheiten verwendet werden; in der Bundesrepublik Deutschland ist diese Empfehlung für den amtlichen Verkehr seit dem 2. Juli 1970 Gesetz („Gesetz über Einheiten im Meßwesen", abgekürzt GEM). Für die Wellenlänge bedeutet dies im UV-Bereich die strikte Anwendung des Nanometers (nm):

$$1 \text{ nm} = 10^{-9} \text{ m}.$$

Die besonders in der Physik beliebte Angström-Einheit (1 A = 10^{-10} m = 0,1 nm) ist amtlich ab 1.1.1978 nicht mehr zugelassen, sie sollte daher vermieden werden. Keinerlei Veranlassung besteht auch zum Gebrauch des im weiten biologischen Bereich nicht auszumerzenden Millimikrons (mμ), da es exakt dem Nanometer entspricht.

Aus praktischen Überlegungen erscheint es sinnvoll, den weiten Bereich der UV-Strahlen von 100–400 nm terminologisch feiner zu unterteilen. Leider hat sich auch hier noch keine allgemein anerkannte Konvention durchgesetzt, so daß wir uns gezwungen sehen, einige Vorschläge zur Auswahl zu stellen. Als erstes erhebt sich die Frage, welche Kriterien für weitere Abgrenzungen heranzuziehen sind. Dabei bietet sich zunächst die kurzwellige Grenze der Sonnenstrahlung auf der Erde (300 nm) an. Nach einem Vorschlag von Jagger (1973) kommt man dann zu folgender Einteilung:

100–300 nm: Fernes UV (far UV)
300–400 nm: Nahes UV (near UV)

Die kurzwelligen und langwelligen Grenzen des genannten Bereichs werden nicht ganz einheitlich gewählt. Häufig werden 120 bzw. 380 nm vorgeschlagen, was für praktische Zwecke jedoch meist unerheblich sein dürfte.

In der Physik ist oft eine etwas andere Einteilung üblich (Koller 1965):

fernes	UV (FUV):	100–200 nm
mittleres	UV (MUV):	200–300 nm
nahes	UV (NUV):	300–400 nm

Das mittlere UV wäre demnach entsprechend dem Vorschlag von Jagger (1973) eine weitere Unterteilung des Fernen UV.

Da UV mit $\lambda < 190$ nm von der Atmosphäre absorbiert wird (vor allem vom Sauerstoff), bezeichnet man das Gebiet 100–190 nm auch oft als Vakuum-UV, die Region 120–190 nm trägt auch den Namen Schumann-UV nach dem ersten Pionier, der Messungen in diesem Bereich durchführte.

In der deutschen Literatur ist – vor allem im medizinischen Schrifttum – eine weitere Einteilung gebräuchlich:

UV A: 315–400 nm
UV B: 280–315 nm
UV C: 200–280 nm.

Der Einschnitt bei 280 nm ist geschichtlich wohl auf die Senke der Erythem-Wirkungskurve – hervorgerufen durch die selektive hohe Strahlen-Absorption der menschlichen Hornschwiele – und auf die besonders bakterizide Wirkung der UV-Strahlung unterhalb 280 nm zurückzuführen.

Der Einschnitt bei 315 nm wurde gewählt, weil die Erythemkurve bis 315 nm auf etwa 1 Prozent absinkt, falls man ihr Maximum bei 295 nm zu 100 Prozent ansetzt; auch sprach die Absorptionskurve der DNS für eine Grenze bei 315 nm. Das Gleiche gilt für die Vitamin-D-Bildung.

Die langwellige Grenze bei 400 nm entsprach dem kurzwelligen Ende des sichtbaren Lichtes, die heute von der Lichttechnik allerdings bei 380 nm angenommen wird.

Der Vollständigkeit halber und mehr aus Kuriosität sei noch erwähnt, daß der Bereich 280–320 nm auch als „LUV" (letales UV, potentiell letales UV), der Abschnitt 320–340 nm als „HUV" („Huggins band UV", nicht ganz ernstzunehmenderweise auch für „healthy UV") bezeichnet wurde (Jagger, 1973). Aus der gegebenen Zusammenstellung möge der Leser entnehmen, daß die Feineinteilung des ultravioletten Spektralbereiches alles anderes als eindeutig ist und daß es unumgänglich bleibt, bei allen Untersuchungen den Wellenlängenbereich zu bestimmen und anzugeben.

Kurzformeln sind zur ungefähren Klassifizierung brauchbar, aber es sollte nicht vergessen werden, daß „eine Terminologie, die hilfreich ist in einem engen Forschungsbereich, auf weitere Sicht oder für eine größere Leserschaft Konfusion stiften kann" (nach Jagger, 1973).

Im Teilchenbild wird die Qualität der Strahlung durch die Energie E eines Photons charakterisiert, die nach Planck mit der Frequenz korreliert ist:

$$E = h \cdot \nu,$$

wobei $h = 6{,}63 \cdot 10^{-34}$ J s die Planck'sche Konstante ist.

Die Energien können in verschiedenen Einheiten angegeben werden, die meistens nach fachlicher Herkunft der Autoren gewählt werden. Üblich, wenn auch demnächst nicht mehr durchweg erlaubt, sind: Elektronenvolt (eV), Joule (J), erg sowie die Kalorie (cal). Lt. GEM sind ab 1.1.1978 nur das Joule und das Elektronenvolt amtlich zugelassen. Tab. 1.1 gibt eine Übersicht über die Umrechnungsfaktoren

Tab. 1.1: Konversionsfaktoren für verschiedene Energieeinheiten · cm^{-1} bezieht sich auf die Wellenzahl $\tilde{\nu}$

	Joule	cm^{-1}	cal	elektronenvolt
Joule	1	$5{,}035 \cdot 10^{22}$	$2{,}389 \cdot 10^{-1}$	$6{,}242 \cdot 10^{18}$
cm^{-1}	$1{,}986 \cdot 10^{-23}$	1	$4{,}745 \cdot 10^{-24}$	$1{,}240 \cdot 10^{-4}$
cal	4,187	$2{,}108 \cdot 10^{23}$	1	$2{,}613 \cdot 10^{19}$
elektronenvolt	$1{,}602 \cdot 10^{-19}$	$8{,}066 \cdot 10^{3}$	$3{,}827 \cdot 10^{-20}$	1

In der Chemie ist es üblich, Energie und andere Größen auf ein Mol zu beziehen, d.h. auf $6{,}023 \cdot 10^{23}$ Moleküle. Die entsprechende Einheit für Quanten trägt den Namen Einstein, d.h.

$$1 \text{ Einstein} = 6{,}023 \cdot 10^{23} \text{ Quanten.}$$

Das Einstein ist also nur ein Zahlenwert, keine energieäquivalente Größe. 1 Einstein von Quanten transportiert jedoch eine bestimmte Energiemenge, die von der Wellenlänge des Lichtes abhängt.

Für schnelle Berechnungen sind folgende Umrechnungsformen nützlich (dies sind keine Größengleichungen, sondern gelten als Konversionsformeln nur für die bestimmten angegebenen Einheiten):

$$\text{Energie eines Quants (eV)} = \frac{1240}{\lambda\,(\text{nm})}$$

und

$$\text{Energie eines Einsteins (kcal)} = \frac{28600}{\lambda\,(\text{nm})}$$

Tab. 1.2: Energieinhalte eines Einsteins bei verschiedenen Wellenlängen

Wellenlänge (nm)	μJ/Einstein
509,0	$2{,}35 \cdot 10^{11}$
435,0	$2{,}75 \cdot 10^{11}$
404,7	$2{,}96 \cdot 10^{11}$
365,6	$3{,}27 \cdot 10^{11}$
334,1	$3{,}58 \cdot 10^{11}$
313,0	$3{,}82 \cdot 10^{11}$
300,0	$3{,}99 \cdot 10^{11}$
253,7	$4{,}71 \cdot 10^{11}$

Tab. 1.2 gibt Umrechnungsfaktoren für einige typische Wellenlängen zwischen μJ und Einstein.

Die Einbettung der UV-Strahlung in das gesamte Spektrum der elektromagnetischen Strahlung, Angaben über Frequenzen, Wellenlängen und Photonenergien sind in Abb. 1.1 zusammenfassend dargestellt.

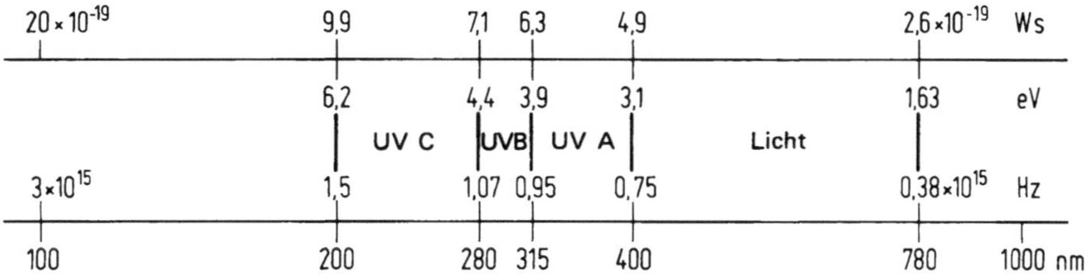

Abb. 1.1: Das Spektrum der elektromagnetischen Strahlung mit den zugehörigen Quantenenergien in J (= Ws) und eV sowie Frequenzen und Wellenlängen.

1.2 Bestrahlung und Dosis

Die Absorption optischer Strahlung erfolgt bekanntlich selektiv an speziellen Molekülen oder Molekülgruppen, die als Chromophore bezeichnet werden. Hier liegt ein wesentlicher Unterschied z.B. zur ionisierenden Strahlung, bei der das gesamte exponierte Objekt mehr oder minder gleichmäßig die Energie aufnimmt. Im letztgenannten Bereich ist es daher sinnvoll, den Begriff der Dosis als die pro Massenelement absorbierte Energiemenge zu definieren, die sich mit Hilfe geeigneter Meßverfahren bestimmen läßt.

Auch im fotobiologischen Schrifttum wird jedoch häufig im Zusammenhang mit UV-Wirkungen der Begriff der Dosis verwandt. Hiermit ist jedoch in aller Regel *nicht* die pro Massenelement absorbierte Energie gemeint, sondern die auf ein Flächenelement auftreffende.
Wieviel tatsächlich in dem bestrahlten Objekt zur Wirkung kommt, hängt von dessen speziellen Eigenschaften ab. Die UV-Dosis hat gewisse Ähnlichkeiten mit der bei Röntgenstrahlen üblichen Ionendosis (vgl. z.B. Glocker und Macherauch, 1965) oder der „exposure". Wiederholte Anläufe zu einer Änderung der Terminologie zu kommen (z.B. auf dem VI. Internationalen Fotobiologie-Kongreß 1972 in Bochum) sind bisher immer wieder gescheitert. So wird man weiterhin von UV-Dosis sprechen; der Leser halte im Gedächtnis, daß damit die Größe „Bestrahlung" (= auftreffende Energie pro Fläche) gemeint ist. Die übliche Einheit ist μJ cm^{-2} oder J m^{-2}, obwohl auch hier das erg noch sehr häufig verwendet wird. (1 μJ = 10 erg).

Letzteres sollte im Hinblick auf die nun allgemein eingeführten SI-Einheiten allmählich verschwinden.

Die Bestrahlung kann mit Hilfe verschiedener physikalischer oder chemischer Verfahren, wie sie in den Kapiteln 5 und 7 dieses Buches dargestellt sind, gemessen werden. Zu beachten ist dabei jedoch, daß bestrahlte Fläche und Strahlrichtung senkrecht aufeinander stehen. Falls eine Abweichung von φ^0 vom rechten Winkel vorliegt, so ist der bei senkrechter Stellung gemessene Wert mit $\cos \varphi$ zu multiplizieren (Lambert'sches Cosinusgesetz).

In der praktischen Versuchsdurchführung tritt häufig der Fall auf, daß die zu bestrahlenden Objekte – wie z.B. Zellen – in einem Medium suspendiert sind, das selbst die Strahlen absorbiert. Auch bei guter Durchmischung, durch Rühren etc. darf dann nicht davon ausgegangen werden, daß die das Objekt erreichende Bestrahlung mit der an der Oberfläche der Suspension gemessenen identisch ist, wie folgende Rechnung zeigt:

Gemäß dem Lambert-Beer'schen Gesetz (vgl. Kap. 5) ist die Intensität $I(x)$ bei einer Eindringtiefe x

$$I(x) = I_0 \, e^{-ax},$$

wobei I_0 die Bestrahlung an der Oberfläche ($x = 0$) und a ein für die Absorption des Mediums charakteristischer Parameter sind. Bei guter Durchmischung ist die mittlere auf ein suspendiertes Objekt treffende Bestrahlung $\bar{I}$

Tab. 1.3: Korrekturfaktoren bei Bestrahlung in absorbierenden Medien (nach Morowitz 1950)

% Transmission	Korrekturfaktor
100	1,00
90	0,95
80	0,90
70	0,84
60	0,78
50	0,72
40	0,66
30	0,58
20	0,50
10	0,39
5	0,32

$$\bar{I} = \frac{1}{d} \int_0^d I(x)\,dx$$

wobei d die Dicke der Schicht ist. Die Integration liefert

$$\bar{I} = \frac{I_0}{ad} (1 - e^{-ad}).$$

Kennt man die Transmission T der Probe ($T = e^{-ad}$), so kann man die mittlere das Objekt treffende Bestrahlung $\bar{I}$ berechnen (Morowitz 1950):

$$\bar{I} = I_0 \frac{(1 - T)}{\ln 1/T}.$$

Für einige Werte von T sind die Korrekturfaktoren in Tab. 1.3 zusammengestellt. Zu beachten ist, daß die obige Ableitung Streuverluste vernachlässigt; ist diese Voraussetzung nicht erfüllt, dann werden sehr viel kompliziertere Überlegungen notwendig.

Zum Abschluß dieses Abschnitts sei auf die Beziehung zwischen Bestrahlung und absorbierter Energie pro Masseneinheit für einen einfachen Fall eingegangen:

Wir betrachten ein hinreichend kleines Volumenelement ΔV, in welchem die absorbierende Substanz mit einer Konzentration c homogen verteilt sei.

Die senkrecht zur Bestrahlungsrichtung stehende Fläche des Volumenelements sei ΔF, seine Dicke Δx, seine Dichte ρ und seine Masse Δm. Die auftreffende Bestrahlung I_0 wird bei Durchtritt durch ΔV um einen Betrag ΔI reduziert, die absorbierte Energie ΔE ist dann

$$\begin{aligned} \Delta E &= \Delta I \cdot \Delta F \\ &= I_0 \cdot \epsilon \cdot c \cdot \Delta F \cdot \Delta x \\ &= I_0 \epsilon \cdot c \cdot \Delta V \\ &= I_0 \cdot \epsilon \cdot c \cdot \rho \cdot \Delta m. \end{aligned}$$

Es ist also

$$\frac{\Delta E}{\Delta m} = I_0 \cdot \epsilon \cdot c \cdot \rho,$$

d.h., die pro Massenelement (der Lösung, nicht des gelösten Chromophors!) absorbierte Energie (Dosis im eigentlichen Sinne) hängt nicht nur von der Bestrahlung, sondern auch von der Konzentration des Chromophors, seinem Extinktionskoeffizienten sowie der Dichte des bestrahlten Volumens ab. Falls die Verteilung des absorbierten Stoffes nicht homogen ist – das ist in biologischen Objekten z.B. immer der Fall – ist über alle Volumenelemente zu integrieren, was die Angabe einer Dosis im eigentlichen Sinne meist unmöglich macht, falls nicht das Absorptionsverhalten aus mikroskopischen Untersuchungen bekannt ist. Eine ausführliche Diskussion der hier angeschnittenen Fragen findet man bei Rupert (1974).

1.3 Charakterisierung von UV-Strahlern

1.3.1 Meßgrößen der Ausstrahlung

Grundsätzlich können zur Charakterisierung der Emission eines Strahlers neben Wellenlänge bzw. Frequenz und geometrischen Faktoren (siehe unten) die abgegebene Energie oder aber die Zahl ausgesandter Photonen herangezogen werden; man hat dann also eine „Energie-" oder eine „Photonendarstellung". Die relevanten Größen zur Beschreibung des Ausstrahlungsverhaltens sind in Tab. 1.4 zusammengestellt. Die gesamte von dem Strahler pro Zeiteinheit emittierte Strahlung (Energie oder Photonen) heißt Strahlungsfluß oder Strahlungsleistung (engl. radiant flux). Bezieht man diese Größe auf die Strahlerfläche, erhält man die spezifische Ausstrahlung (radiant flux density).

Die spezifische Ausstrahlung pro Raumwinkelelement heißt Strahldichte, die gesamte in ein Raumwinkelelement emittierte Strahlungsleistung bezeichnet man als Strahldichte. Schließlich ist noch die Strahlungsausbeute zu erwähnen, welche den physikalischen Wirkungsgrad der betrachteten Quelle angibt.

Alle bisher eingeführten Größen lassen die spektrale Verteilung unberücksichtigt. Bezieht man sie auf ein Wellenlängenintervall dλ, so erhält man die entsprechenden „spektralen" Größen (spektraler Strahlungsfluß etc.).

Für die Wechselbeziehung zwischen den genannten und fotometrischen Größen sei auf Stille (1961) und Jagger (1967) verwiesen.

Tab. 1.4: Übliche Strahlungsgrößen für die Strahlungsemission. Phot. = Zahl der Photonen; W = Watt; Sr = Raumwinkeleinheit

	Zahl der Photonen	Energie	Photonenzahl bzw. Energie
Spezif. Ausstrahlung	Phot./cm² · s	W/cm²	pro Zeit- u. Flächeneinheit
Strahldichte	Phot./cm² · s	W/cm² · sr	pro Zeit-, Flächen- u. Raumwinkeleinheit
Strahlungsausbeute	Phot./s · W	W/W	pro aufgenommene Energie
Strahlungsfluß	Phot./s	W	pro Zeiteinheit
Strahlstärke	Phot./s · sr	W/sr	pro Zeit- u. Raumwinkeleinheit
Gesamtstrahlung	Photonenzahl	W · s	- - -

1.3.2 Spektrale Verteilungen

Stark absorbierendes Material, sei es gasförmig, flüssig oder fest, sendet meist ein Kontinuum aus, also eine dichte, ineinander übergehende Folge von Photonen verschiedener Energien, Frequenzen oder Wellenlängen. Schwach absorbierendes Material emittiert dagegen einzelne schmale Bereiche – Spektrallinien oder -banden genannt. In der Praxis sind Kontinuum, Linien und Banden meist überlagert. Ihre bildhafte Darstellung oder auch tabellarische Zusammenfassung nennt man „Spektrale Verteilung".

Am einfachsten sind die reinen Linienstrahler zu behandeln. Man trägt die spektrale Verteilung der einzelnen Spektrallinien graphisch als senkrechte Striche über der Frequenz, oder deren Logarithmus auf. Die Länge der Striche entspricht dann der spezifischen Ausstrahlung, also

entweder der Zahl der Photonen pro m^2 und s	(Photonen-Darstellung)
oder W/m^2 (mW/cm^2)	(Energie-Darstellung).

Bei der tabellarischen Zusammenfassung führt man üblicherweise neben der Frequenz oder Wellenlänge die Zahl der Photonen pro m^2 und s oder die Leistung pro m^2 auf.

Die Spektralbanden werden in gleicher Weise graphisch aufgetragen, jedoch mit der zusätzlichen Angabe ihrer spektralen Breite. Für die tabellarische Zusammenfassung gilt das entsprechende.

Die graphische Darstellung und tabellarische Zusammenfassung der spektralen Verteilungen der Kontinuen stößt dagegen oft auf erhebliche begriffliche Schwierigkeiten, weil hierbei die abgestrahlte Zahl der Photonen – oder auch die abgestrahlte Energie – auf einen endlichen großen Spektralbereich

$\Delta\nu$ oder $\frac{\Delta\nu}{\nu}$ für die Frequenzbetrachtung

$\Delta\lambda$ oder $\frac{\Delta\lambda}{\lambda}$ für die Wellenlängenbetrachtung

bezogen werden muß, schon allein, um zu wohl definierten Strahlungsgrößen zu gelangen.

1.3.3 Schwarzer Strahler

Wegen der genannten begrifflichen Schwierigkeiten werden im folgenden die Photonen- und Energiedarstellungen getrennt behandelt. Als Beispiel wird der absolut absorbierende Strahler („Schwarzer Strahler") gewählt.

1.3.3.1 Photonendarstellung

Die Photonenemission eines Schwarzen Strahlers beschreibt die Plancksche Strahlungsformel (s. Tab. 1.5, Formel 1 bis 4). Ihre graphische Darstellung ist aus Abb.

1.2 zu ersehen, in der jeweils gleich breite Spektralbereiche der Wellenlänge (oben), dem Logarithmus der Wellenlänge bzw. der Frequenz (Mitte) und der Frequenz (unten) gewählt wurden.

Tab. 1.5: Spezifische Ausstrahlung Schwarzer Strahler in den Halbraum oberhalb der strahlenden Fläche, n. Planck. Oben: Zahl der Photonen pro Flächen- und Zeiteinheit; unten: Strahlungsenergie pro Flächen- und Zeiteinheit. Linke Spalte: Integrale Werte. Rechte Spalte: Differentielle Werte

Plancksches Strahlungsgesetz (Strahlung in den Halbraum)

Zahl der Photonen/Fläche Zeit

1.	$N = \frac{2\pi}{c^2} \int \frac{\nu^2}{e^x - 1} d\nu \, [\frac{\text{Phot.}}{m^2 s}]$	$N_{\nu,T} = \frac{2\pi}{c^2} \frac{\nu^2}{e^x - 1} \, [\frac{\text{Phot.}}{m^2}]$
2.	$N = \frac{2\pi}{c^2} \int \frac{\nu^3}{e^x - 1} \frac{d\nu}{\nu} \, [\frac{\text{Phot.}}{m^2 s}]$	$N^*_{\nu,T} = \frac{2\pi}{c^2} \frac{\nu^3}{e^x - 1} \, [\frac{\text{Phot.}}{m^2 s}]$
3.	$N = 2\pi c \int \frac{\lambda^{-4}}{e^x - 1} d\lambda \, [\frac{\text{Phot.}}{m^2 s}]$	$N_{\lambda,T} = 2\pi c \frac{\lambda^{-4}}{e^x - 1} \, [\frac{\text{Phot.}}{m^2 s}]$
4.	$N = 2\pi c \int \frac{\lambda^{-3}}{e^x - 1} \frac{d\lambda}{\lambda} \, [\frac{\text{Phot.}}{m^2 s}]$	$N^*_{\lambda,T} = 2\pi c \frac{\lambda^{-3}}{e^x - 1} \, [\frac{\text{Phot.}}{m^2 s}]$

Energie/Fläche Zeit

5.	$E = \frac{2\pi h}{c^2} \int \frac{\nu^3}{e^x - 1} d\nu \, [\frac{W}{m^2}]$	$E_{\nu,T} = \frac{2\pi h}{c^2} \frac{\nu^3}{e^x - 1} \, [\frac{Ws}{m^2}]$
6.	$E = \frac{2\pi h}{c^2} \int \frac{\nu^4}{e^x - 1} \frac{d\lambda}{\nu} \, [\frac{W}{m^2}]$	$E^*_{\nu,T} = \frac{2\pi h}{c^2} \frac{\nu^4}{e^x - 1} \, [\frac{W}{m^2}]$
7.	$E = 2\pi hc^2 \int \frac{\lambda^{-5}}{e^x - 1} d\lambda \, [\frac{W}{m^2}]$	$E_{\lambda,T} = 2\pi hc^2 \frac{\lambda^{-5}}{e^x - 1} \, [\frac{W}{m^3}]$
8.	$E = 2\pi hc^2 \int \frac{\lambda^{-4}}{e^x - 1} \frac{d\lambda}{\lambda} \, [\frac{W}{m^2}]$	$E^*_{\lambda,T} = 2\pi hc^2 \frac{\lambda^{-4}}{e^x - 1} \, [\frac{W}{m^2}]$

$$e^x = e^{\frac{h\nu}{kT}} = e^{\frac{hc}{k\lambda T}}$$

Die Integration der Planckschen Strahlungsformel führt zu dem Stephan-Boltzmannschen Gesetz:

Spezifische Ausstrahlung:

$$N_M = \sigma_{Phot} \, T^3 \; [\text{Phot.-Zahl/s } m^2]$$

Strahldichte:

$$N_L = \frac{1}{\pi} \, \sigma_{Phot} \, T^3 \; [\text{Phot.-Zahl/s } m^2 \, sr].$$

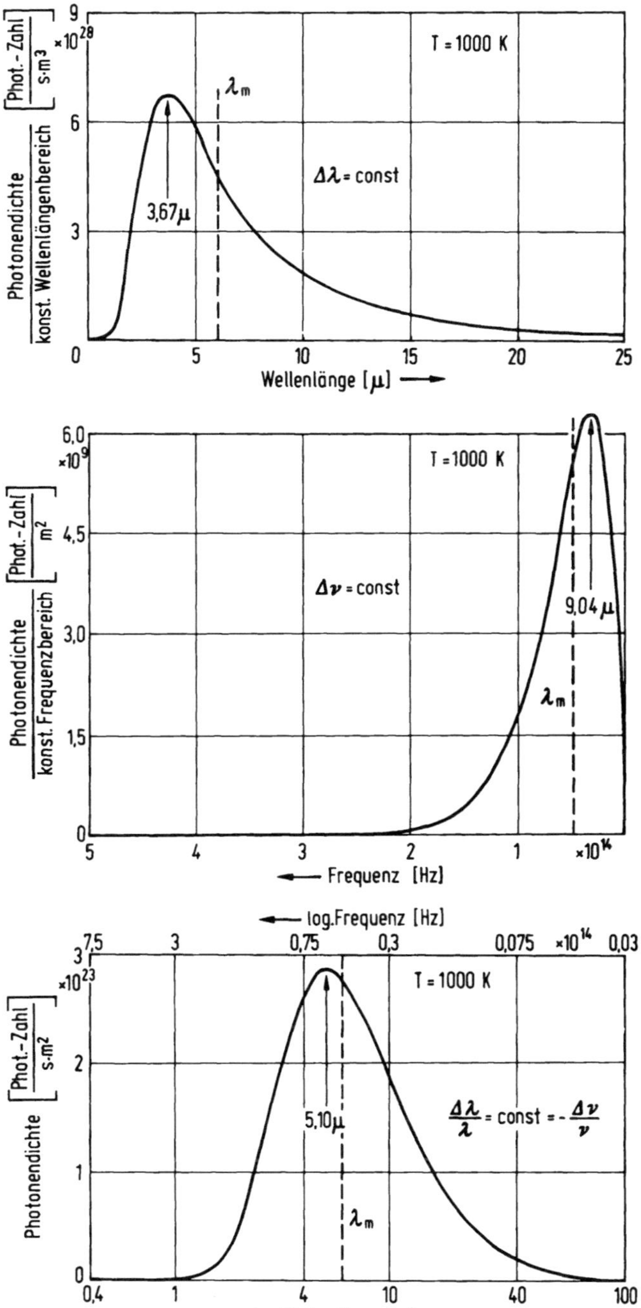

Abb. 1.2: Das Emissionsspektrum eines idealen schwarzen Strahlers bei einer Temperatur von 1000 K in „Photonendarstellung". Einzelheiten im Text.

Die Zahl der von einem Schwarzen Strahler emittierten Photonen pro Zeit und Flächeneinheit (bzw. pro Zeit-, Flächen- und Raumwinkeleinheit) wächst hiernach mit der dritten Potenz der Temperatur des Schwarzen Strahlers.

Die Differentiation der Planckschen Strahlungsformel führt zu den folgenden Schreibweisen des Wienschen Gesetzes, also zu den spektralen Lagen der Maxima der Abstrahlung:

$$\nu_{max} = 5{,}88 \cdot 10^{10} \cdot T \text{ [Hz] oder}$$

$$\lambda_{max} = 5{,}10 \cdot 10^{6}/T \text{ [nm]},$$

gültig für die graphische Darstellung der spektralen Verteilung eines Schwarzen Strahlers über den Logarithmus der Frequenz bzw. der Wellenlänge, einer Darstellung, die in Zukunft bevorzugt werden wird, weil sie zu gleichen Kurvenzügen über dem Logarithmus der Frequenz wie über dem Logarithmus der Wellenlänge führt und die physikalisch einwandfreie Dimension (Photonen-Zahl pro Zeit- und Flächeneinheit beschreibt [1]).

Für die graphischen Darstellungen der spektralen Verteilungen eines Schwarzen Strahlers linear über der Frequenz der Wellenlänge ergeben sich folgende Schreibweisen des Wienschen Gesetzes:

$$\nu_{max} = 3{,}32 \cdot 10^{10} \cdot T \text{ [Hz]}$$

$$\lambda_{max} = 3{,}67 \cdot 10^{6}/T \text{ [nm]}$$

(Die Zahlenwerte für einen Schwarzen Strahler von 1000° können aus Abb. 1.2 entnommen werden).

Eindeutiger als die Frage nach der spektralen Lage der Maxima ist die Frage nach der „Mitte" im Spektrum zu beantworten. Die Antwort lautet, unabhängig von der Art der graphischen Darstellung:

$$\nu_m = 4{,}91 \cdot 10^{10} \cdot T \text{ [Hz]}$$

$$\lambda_m = 6{,}10 \cdot 10^{6}/T \text{ [nm]}$$

(Für einen Schwarzen Strahler von 1000° K ergeben sich hiernach $\nu_m = 4{,}9 \cdot 10^{13}$ Hz bzw. $\lambda_m = 6{,}1$ νm).

Mit anderen Worten: in den graphischen Darstellungen der spektralen Verteilung Schwarzer Strahler sind links und rechts von ν_m bzw. λ_m jeweils 50 % der Photonen zu finden.

[1] Linear über der Wellenlänge: Photonen-Zahl/Zeit- und Volumeneinheit; linear über der Frequenz: Photonen-Zahl/Flächeneinheit.

1.3.3.2 Energiedarstellung

Oft wird auch nach der spektralen Verteiiung der von einem Schwarzen Strahler emittierten Gesamtenergie (W/m^2 bzw. $W/m^2 sr$) gefragt. Hierzu multipliziert man die für die Photonenemission gültige Plancksche Strahlenformel mit $h\nu$ und erhält die Schreibweisen 5 bis 8 der Tab. 1.5. Ihre graphische Darstellung ist aus Abb. 1.3 zu ersehen.

Die Integration der Planckschen Strahlungsformel führt wieder dem Stephan-Boltzmannschen Gesetz (hier in anderer Form):

Spezifische Ausstrahlung	Strahldichte
$M = \sigma T^4$ [W/m^2]	$L = \frac{1}{\pi} \sigma T^4$ [$W/m^2 sr$]

Die von einem Schwarzen Strahler emittierte Energie wächst hiernach mit der vierten Potenz seiner Temperatur.

Die spektrale Lage der Maxima der Energieemission ergibt zu:

$$\nu_{max} = 8{,}17 \cdot 10^{10} \cdot T \text{ [Hz]}$$
$$\lambda_{max} = 3{,}67 \cdot 10^6/T \text{ [nm]}$$

gültig für die graphische Darstellung über dem Logarithmus der Frequenz bzw. der Wellenlänge und

$$\nu_{max} = 5{,}88 \cdot 10^{10} \cdot T \text{ [Hz]}$$
$$\lambda_{max} = 2{,}89 \cdot 10^6/T \text{ [nm]}$$

gültig für die graphische Darstellung linear über der Frequenz bzw. über der Wellenlänge.

(Die Zahlenwerte für ν_{max} und λ_{max} für einen Schwarzen Strahler von 1000° K können aus Abb. 1.3 entnommen werden).

Die „Mitte" des Spektrums ergibt sich zu:

$$\nu_m = 7{,}31 \cdot 10^{10} \cdot T \text{ [Hz]}$$
$$\lambda_m = 4{,}10 \cdot 10^6/T \text{ [nm]}$$

Die Kurven der graphischen Verteilungen laufen beidseitig asymptotisch aus; eine kurz- und langwellige spektrale Grenze ist deshalb nicht angebbar. Man fragt deshalb oft nach den spektralen Grenzen, die 95,2 % der gesamten Abstrahlung umfassen. Verzichtet wird auf diese Weise auf je 2,4 % der Abstrahlung beidseitig der spektralen Verteilung (2,4 % wurden gewählt, weil sie zu einer gleichen Ziffernfolge führten, auch entsprechen sie etwa der Meßgenauigkeit). Die Antwort lautet:

$$\nu_1 = 1{,}82 \cdot 10^{11} \cdot T \text{ [Hz]}; \qquad \nu_2 = 1{,}82 \cdot 10^{10} \cdot T \text{ [Hz]}$$
$$\lambda_1 = 1{,}65 \cdot 10^6/T \text{ [nm]}; \qquad \lambda_2 = 1{,}65 \cdot 10^7/T \text{ [nm]}.$$

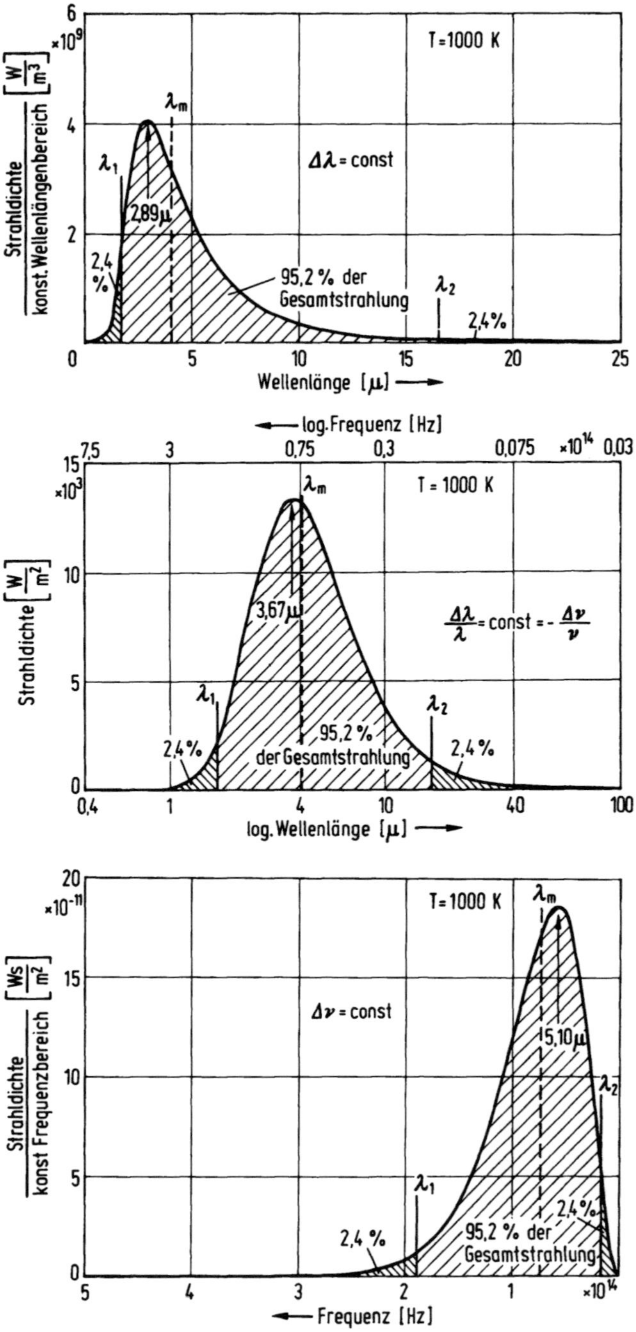

Abb. 1.3: Das Emissionsspektrum eines idealen schwarzen Strahlers bei einer Temperatur von 1000 K in „Energiedarstellung". Einzelheiten im Text.

Diese kurz- und langwelligen Grenzen für einen Schwarzen Strahler von 1000° K sind ebenfalls in Abb. 1.3 eingetragen:

$$\nu_1 = 1{,}82 \cdot 10^{14}\ [\mathrm{Hz}] \qquad \nu_2 = 1{,}82 \cdot 10^{13}\ [\mathrm{Hz}]$$

$$\lambda_1 = 1{,}65\ [\mu\mathrm{m}] \qquad \lambda_2 = 16{,}5\ [\mu\mathrm{m}].$$

Literatur

Glocker, R. und Macherauch, E. (1965): Röntgen und Kernphysik, 2. Aufl., Thieme, Stuttgart.

Jagger, H. (1967): Introduction to Research in Ultraviolet Photobiology, Englewood Cliffs, Prentice Hall.

Jagger, J. (1973): Photochem. Photobiol. *18,* 353.

Morowitz, H.J. (1950): Science *111*, 229.

Rupert, C.S. (1974): Fotochem. Fotobiol. *20*, 203.

Stille, U. (1961): Messen und Rechnen in der Physik, Vieweg, Braunschweig.

2 UV-Strahlenklima

R. Schulze

2.1 Strahlenquellen der Biosphäre

Die Strahlenquellen des Lebensraumes der Pflanzen, Tiere und Menschen sind der Kosmos einschließlich der Sonne, die Atmosphäre der Erde und die Erdoberfläche. Ihre Bestrahlungsstärken liegen in der Biosphäre etwa in der gleichen Größenordnung; dies gilt sowohl für die Materiestrahlung wie für die Feldstrahlung:

	Materiestrahlung	Feldstrahlung
Kosmos	Ultrastrahlung, Sonnenwind	gesamtes Spektrum
Erdatmosphäre	radioaktive Isotope	Infrarot- u. Hochfrequenzstrahlung
Erdoberfläche	Radioaktivität	Infrarotstrahlung, Radioaktivität

Die UV-Strahlung ist eine relativ schmalbandige Komponente aus dem Spektrum der Feldstrahlung. Für viele Fragen der UV-Meßtechnik im geophysikalischen Bereich ist es von Nutzen, sich zunächst einen Überblick über alle Komponenten zu verschaffen.

2.1.1 Strahlenquelle Kosmos, einschließlich Sonne

Die kosmische Ultrastrahlung und der Sonnenwind, bestehend aus den Bausteinen der Materie und hier wieder bevorzugt aus Elektronen, Protonen und Neutronen, bauen die Strahlungsgürtel hoher Konzentration elektrisch geladener Materieteilchen kreisförmig um die Erde auf und tragen außerdem etwa zur Hälfte zu der bekannten Ionisation der erdnahen Luftschicht (etwa 2 Ionenpaare pro Kubikzentimeter und Sekunde) bei.

Neutrinos sind trotz ihrer hohen Zahl für die Organismen der Erde praktisch bedeutungslos. In der Biosphäre, also in dem der Erdoberfläche angeschmiegten Luftraum und in den ersten Metern der Erdkruste, in denen das Leben der Organismen abläuft, findet man 10^{31} Neutrinos pro Quadratmeter und Sekunde (zum Vergleich die gesamte Feldstrahlung der Sonne: 10^{36} Photonen/$m^2 \cdot s$).

Die Feldstrahlungen des Kosmos und der Sonne sind in Abb. 2.1 mit ihren konventionellen Bezeichnungen in der Reihenfolge ihrer Wellenlängen (von oben nach unten) und ihrer Photonenenergie (von unten nach oben) aufgeführt. Außerdem enthält die Abb. 2.1 einen Kurvenzug für die optische Extinktion der Erdatmosphäre, der zwei „Fenster" erkennen läßt. Durch das Fenster I erreichen die optischen

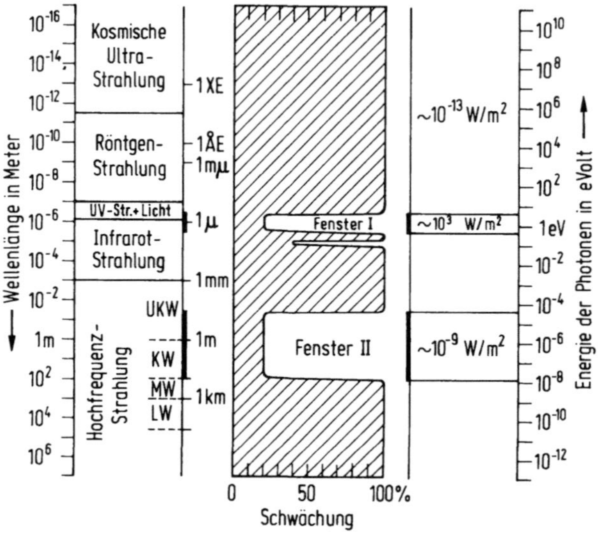

Abb. 2.1: Bestrahlungsstärken der Feldstrahlung in der Biosphäre und Lage der optischen Fenster der Atmosphäre. Nach Schulze, 1958.

Strahlungen der Sonne (UV, sichtbares Licht, IR) die Biosphäre; die geringe optische Absorption im Spektralgebiet des Fensters II erlaubt die Registrierung von Hochfrequenzstrahlungen aus dem Kosmos.

2.1.2 Strahlenquelle Atmosphäre

Aus dem Kurvenzug der Abb. 2.1 ist zu ersehen, daß im kurzwelligen Gebiet eine hohe Strahlungsabsorption in der Erdatmosphäre zu erwarten ist. Hierdurch wirkt die Atmosphäre einerseits wie ein Reaktor und andererseits wie eine Röntgenantikathode: es entstehen laufend strahlende Isotope und sekundäre Röntgenstrahlungen. Die Isotope diffundieren langsam in die Biosphäre, die sekundäre Röntgenstrahlung wird bereits in der Atmosphäre fast vollständig absorbiert: die Absorption gleicht etwa derjenigen einer 90 cm starken Bleiplatte oder einer 10 Meter hohen Wassersäule.

Außerdem strahlt die Erdatmosphäre hohe Energien in den Weltraum aus. Es sind dies vor allem die an den Molekülen der Erdatmosphäre gestreute und an den Wolken und Bodenflächen reflektierte Sonnenstrahlung, die die Erde vom Satelliten aus als helleuchtenden „Saphir" erscheinen läßt, sowie die das Energiegleichgewicht der Erde stabilisierende Infrarotabstrahlung im Wellenlängengebiet von 6 μm bis 60 μm.

Die mittleren Strahlungsflußdichten dieser beiden Komponenten lassen sich leicht berechnen:

Die an den Molekülen gestreute Sonnenstrahlung liefert etwa 94 W/m², die gesamte Albedo der Erde (Streuung plus Reflektion) ca. 470 W/m². Der Mittelwert der Infrarotabstrahlung der Atmosphäre – wie durch Satelliten-Messungen bestätigt – liegt bei 230 W/m². Dies entspricht global einer Abstrahlung von $5 \cdot 10^{14}$ Reflektorglühlampen mit je 230 Watt, in einem Meter Abstand angeordnet über den gesamten Erdball, oder $1{,}2 \cdot 10^{14}$ kW, gleich $2{,}8 \cdot 10^{15}$ kWh/Tag.

Mit ähnlicher Bestrahlungsstärke, nämlich 200 bis 400 W/m² fällt die infrarote „atmosphärische Gegenstrahlung" der Erdatmosphäre in die Biosphäre ein. Die notwendige Energie hierfür erhält die Atmosphäre überwiegend aus der Kondensationsenergie des Wasserdampfes und aus der infraroten „langwelligen Abstrahlung der Erdoberfläche", die auf kürzestem Wege von den Wasserdampf- und den Kohlensäuremolekülen der Atmosphäre absorbiert wird.

2.1.3 Strahlenquelle Erdoberfläche

Die eben erwähnte langwellige Ausstrahlung der Erdoberfläche ist die Folge der Erwärmung der Erde durch die Sonnenstrahlung, die die Atmosphäre durch das Fenster I fast ungeschwächt durchdringt. Ihre spezifische Ausstrahlung liegt im Mittel bei 400 W/m².

Die Strahlungsflußdichte der langwelligen Ausstrahlung der Erdoberfläche liegt fast immer höher als die der atmosphärischen Gegenstrahlung. Die Differenz beider infraroten Strahlungsströme führt die Bezeichnung „langwellige Strahlungsbilanz" und beschreibt z.B. den nächtlichen Energieverlust der Erdoberfläche durch Strahlung, im Mittel etwa 1 kWh/m² Tag.

Außerdem „atmet" die Erdoberfläche radioaktive Gase (Emanationen) aus, die ihrerseits wiederum zu einem Ionisationsgrad der Luft von im Mittel 1 bis 2 Ionenpaaren pro cm³ und s (Ip/cm³s) führen, also etwa zur gleichen Konzentration wie seitens der kosmischen Ultrastrahlung.

2.1.4 Der Mensch im Strahlenklima

Der Mensch „merkt" von der Mehrzahl dieser vielfältigen Strahlungsströme nichts oder nur wenig. Sein Organismus ist an sie „gewöhnt" und reagiert meist nur auf ein Zuwenig oder Zuviel, besondere Beachtung seitens des Menschen findet lediglich die Sonnenstrahlung.

2.2 Spektrale Verteilungen

Die spektralen Verteilungen der eben behandelten Strahlenquellen „Sonne, Atmosphäre und Erdoberfläche" sind in Abb. 2.2 dargestellt und bestätigen die Aussage, daß ihre Bestrahlungsstärken etwa in den gleichen Größenordnungen liegen. Die in Abb. 2.2 gewählte spektrale Bandbreite wächst proportional mit der Wellenlänge.

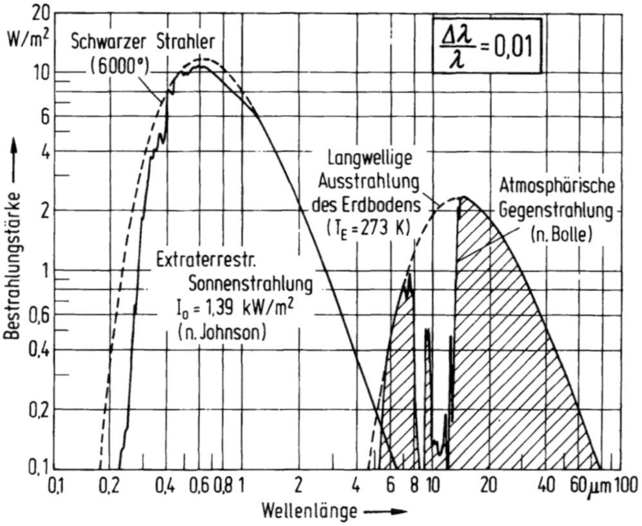

Abb. 2.2: Spektrale Verteilung der extraterrestrischen Sonnenstrahlung, der langwelligen Ausstrahlung des Erdbodens bei 0° C und der atmosphärischen Gegenstrahlung bei 0° C; letzteres nach Bolle, 1958.

Die Zahlenangaben der Tab. 2.1 beziehen sich auf vorgegebene Spektralbereiche, wie sie in der Praxis üblich sind und sich bewährt haben, hier für die extraterrestrische Sonnenstrahlung und für die Globalstrahlung (= direkte Sonnenstrahlung plus Himmelsstrahlung) unter der Annahme, daß die Strahlung senkrecht auf die der Erdoberfläche angeschmiegte, horizontale Empfangsfläche fällt. Die spektrale Verteilung der extraterrestrischen Sonnenstrahlung wurde aus Messungen mit Forschungsflugzeugen bestimmt (Thekaekara, 1968), die entsprechenden Zahlenwerte für Globalstrahlung von Schulze (1970) unter Berücksichtigung sämtlicher Absorptions- und Streuverluste in der Erdatmosphäre für den Fall senkrechter Sonneneinstrahlung berechnet. Die für die Fragestellung dieses Buches besonders interessierenden Zahlenwerte für die spektrale Verteilung der ultravioletten Globalstrahlung sind in Tab. 2.2 nach Bener (1972) für einen Ozongehalt von 3,2 mm O_3 in W/cm²/10 nm bzw. als Anzahl der Photonen/cm² s/10 nm zusammengestellt.

Der Gesamtozongehalt der Atmosphäre wird durch die Höhe des Volumens beschrieben, das von den Ozonmolekülen unter Normalbedingungen von Druck und Temperatur eingenommen werden würde. Infolge der verbesserten Meßtechnik zur optischen Bestimmung des Gesamtozongehalts der Atmosphäre bzw. der verbesserten Standardisierungsbedingungen sind verschiedentlich Umstellungen der Ozon-Meßskalen notwendig gewesen. Im folgenden werden häufig die Umrechnungsfaktoren genannt, die die zitierten Ozongehalte an die aktuelle AD-Ozonskala anpassen. So sind die Ozondaten in Bener 1972 mit dem Faktor 1,044 zu multiplizieren; in den Tabellen 2.2 und 2.3 wäre also der angepaßte Ozongehalt 3,34 mm.

Der hohe Einfluß des Ozongehalts auf die Globalstrahlung wird aus Tab. 2.3 ersichtlich, wiederum nach Bener (1972): einen Überblick über die Ab-

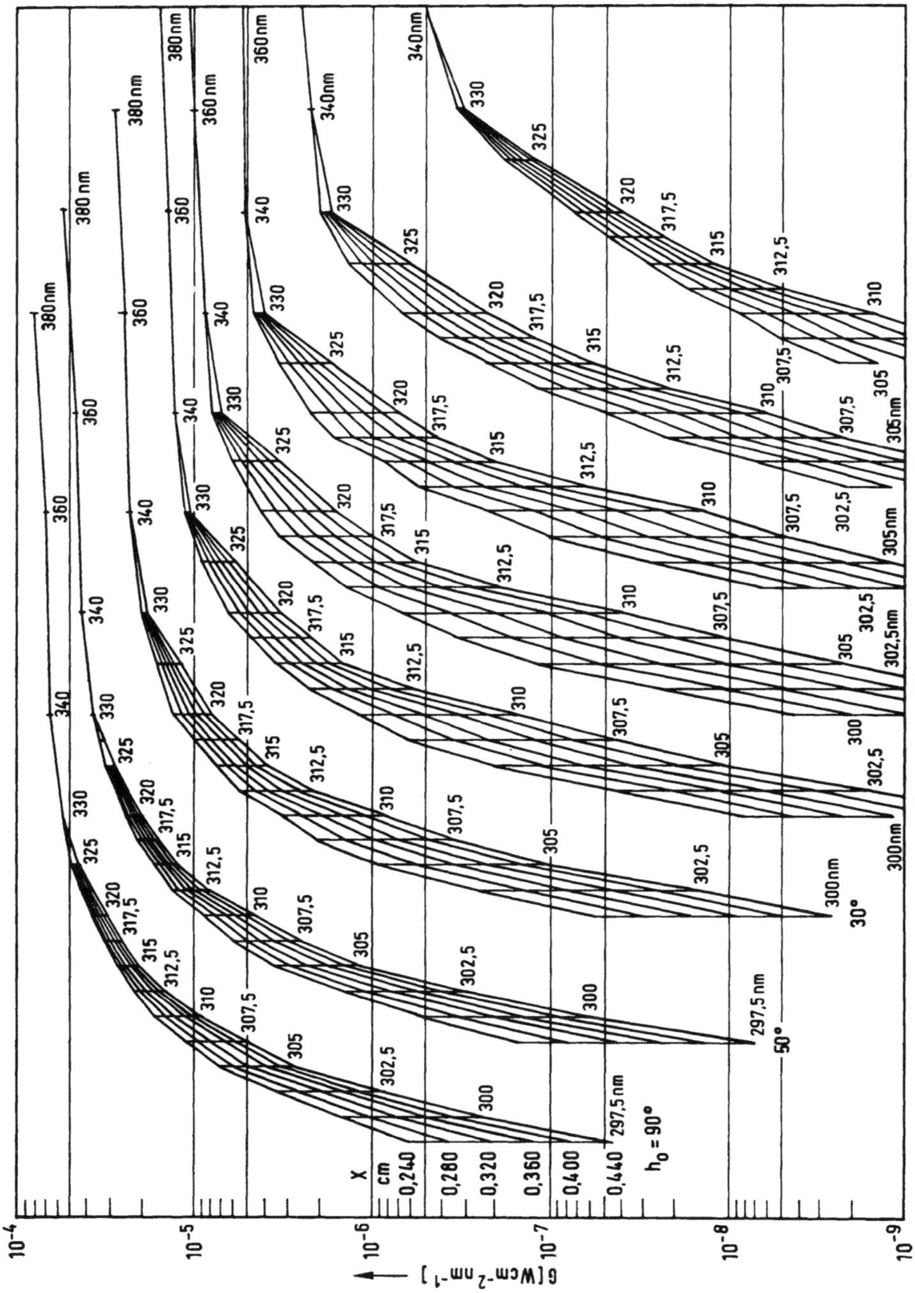

Abb. 2.3 a: Spektralverteilungen der ultravioletten Globalstrahlung G(W cm^{-2} nm^{-1}) in Abhängigkeit von der Wellenlänge, der Sonnenhöhe h_0 und 6 Werten der Ozongehalts X (anzupassen mit Faktor 1,044 an aktuelle AD-Ozonskala), für wolkenlosen Himmel und schneefreien Boden (Fig. 2 aus Bener (1972)).

hängigkeit von Sonnenhöhe und Ozongehalt liefert die Abb. 2.3 a (Fig. 2 aus Bener 1972).

Diese Werte beruhen in ihrem Himmelstrahlungsanteil auf Meßwerten; der Beitrag der direkten Sonnenstrahlung wurde unter Zugrundelegung der optischen Dicken der Modell-Atmosphäre nach Elterman (1968) berechnet. Geht man von anderen Modell-Atmosphären mit abweichender Konzentration und Zusammensetzung des Aerosols aus, ergeben sich veränderte spektrale Globalstrahlungswerte, wie dies z.B. Modellrechnungen von N. Braslau und J.V. Dave (1973) belegen (s. auch Abb. 2.3 b).

Tab. 2.1: Spektrale Verteilung der extraterrestrischen Sonnenstrahlung nach Thekaekara (1968) und der Globalstrahlung nach Schulze (1970) in W/m² für eine Sonnenhöhe von 90°. (s.a.: CIE-Publication No 22, 1971).

Wellenlänge µm	Extraterrestr. Sonnenstrahlung W/m²		Globalstrahlung W/m²	
< 0,28	8		0	
0,28 – 0,32	22		5	
0,32 – 0,36	42	110	27	68
0,36 – 0,40	46		36	
0,40 – 0,44	67		56	
0,44 – 0,48	80		73	
0,48 – 0,52	77		71	
0,52 – 0,56	71		65	
0,56 – 0,60	68	638	60	580
0,60 – 0,64	64		61	
0,64 – 0,68	59		55	
0,68 – 0,72	55		52	
0,72 – 0,76	50		46	
0,76 – 0,80	47		41	
0,80 – 1,0	182		156	
1,0 – 1,2	120	382	108	329
1,2 – 1,4	80		65	
1,4 – 1,6	58		44	
1,6 – 1,8	40		29	
1,8 – 2,0	26	183	20	143
2,0 – 2,5	38		35	
2,5 – 3,0	21		15	
> 3,0	29		–	

Tab. 2.2: Spektrale Verteilung der UV-Globalstrahlung nach Bener (1972), gültig für 3,2 mm Ozongehalt und Meereshöhe.
Oben: in W/cm² (10 nm); unten: Zahl der Photonen/cm² s (10 nm).
(Exponent der Zehnerpotenz mit Vorzeichen nachgestellt).

nm	5°	10°	20°	40°	60°	90°
300	––	––	2,25–8	7,66–7	4,04–6	7,21–6
305	2,53–8	7,94–8	6,60–7	1,17–5	3,43–5	4,97–5
310	2,08–7	7,05–7	5,24–6	3,99–5	9,66–5	1,30–4
315	1,31–6	4,91–6	2,51–5	1,02–4	1,89–4	2,41–4
320	4,49–6	1,44–5	5,07–5	1,66–4	2,77–4	3,39–4
325	1,03–5	2,70–5	7,70–5	2,20–4	3,79–4	4,65–4
330	1,92–5	4,61–5	1,15–4	2,81–4	4,41–4	5,34–4
340	2,32–5	5,33–5	1,25–4	3,09–4	4,75–4	5,78–4
360	3,03–5	5,34–5	1,35–4	3,31–4	5,15–4	6,24- 4
380	3,35–5	6,65–5	1,42–4	3,74–4	6,00–4	7,27–4
400	(4,32–5)	(8,88–5)	(1,90–4)	(4,97–4)	(7,95–4)	(9,59–4)

nm	5°	10°	20°	40°	60°	90°
300	––	––	3,40+10	1,16+12	6,10+12	1,09+13
305	3,88+10	1,22+11	1,01+12	1,80+13	5,27+13	7,63+13
310	3,25+11	1,10+12	8,18+12	6,23+13	1,51+14	2,03+14
315	2,08+12	7,79+12	3,98+13	1,62+14	3,00+14	3,82+14
320	7,23+12	2,32+13	8,17+13	2,67+14	4,46+14	5,46+14
325	1,69+13	4,42+13	1,26+14	3,60+14	6,20+14	7,61+14
330	3,19+13	7,66+13	1,91+14	4,67+14	7,33+14	8,87+14
340	3,97+13	9,12+13	2,14+14	5,29+14	8,13+14	9,89+14
360	5,49+13	9,68+13	2,45+14	6,00+14	9,33+14	1,13+15
380	6,41+13	1,27+14	2,72+14	7,15+14	1,15+15	1,39+15
400	(8,70+13)	(1,79+14)	(3,83+14)	(1,00+15)	(1,60+15)	(1,93+15)

Tab. 2.3: Spektrale Verteilung der UV-Globalstrahlung nach Bener (1972), insoweit sie von der Ozongehalt wesentlich beeinflußt wird, in W/cm² (nm).

	mm O_3	5°	10°	20°	40°	60°	90°
	2,4	--	--	8,80-9	2,00-7	9,11-7	1,53-6
	2,8	--	--	4,44-9	1,23-7	6,07-7	1,05-6
300 nm	3,2	--	--	2,25-9	7,66-8	4,04-7	7,21-7
	3,6	--	--	1,04-9	4,78-8	2,70-7	4,95-7
	4,0	--	--	5,78-10	2,99-8	1,80-7	3,41-7
	4,4	--	--	2,94-10	1,89-8	1,20-7	2,34-7
	2,4	7,04-9	2,86-8	2,24-7	2,04-6	5,25-6	7,37-6
	2,8	4,22-9	1,51-8	1,22-7	1,55-6	4,24-6	6,05-6
305 nm	3,2	2,53-9	7,94-9	6,60-8	1,17-6	3,43-6	4,97-6
	3,6	1,51-9	4,18-9	3,59-8	8,88-7	2,77-6	4,09-6
	4,0	9,08-10	2,20-9	1,95-8	6,73-7	2,24-6	3,36-6
	4,4	5,44-10	1,16-9	1,06-8	5,11-7	1,81-6	2,76-6
	2,4	4,85-8	2,16-7	1,20-6	5,60-6	1,23-5	1,64-5
	2,8	3,18-8	1,23-7	7,42-7	4,72-6	1,09-5	1,46-5
310 nm	3,2	2,08-8	7,05-8	5,24-7	3,99-6	9,66-6	1,30-5
	3,6	1,36-8	4,03-8	3,47-7	3,37-6	8,55-6	1,17-5
	4,0	8,94-9	2,31-8	2,30-7	2,84-6	7,56-6	1,04-5
	4,4	5,86-9	1,32-8	1,52-7	2,40-6	6,69-6	9,32-6
	2,4	2,24-7	8,60-7	3,51-6	1,18-5	2,11-5	2,66-5
	2,8	1,72-7	6,50-7	2,97-6	1,10-5	1,99-5	2,53-5
315 nm	3,2	1,31-7	4,91-7	2,51-6	1,02-5	1,89-5	2,41-5
	3,6	1,01-7	3,71-7	2,12-6	9,48-6	1,79-5	2,29-5
	4,0	7,72-8	2,81-7	1,79-6	8,81-6	1,70-5	2,18-5
	4,4	5,92-8	2,12-7	1,52-6	8,18-6	1,61-5	2,07-5

2.3 Gesamtbestrahlungsstärken

Die Integration der Kurvenzüge der Abb. 2.2 über das gesamte Spektrum führt zu den Gesamtbestrahlungsstärken. Fragt man nach deren Abhängigkeit von der Sonnenhöhe, so muß man einmal das Lambert'sche Cosinusgesetz (Schwächung mit dem Cosinus des Einfallswinkels), zum anderen die mit längeren optischen Wegen der Sonnenstrahlung (proportional $\frac{1}{\sin h}$) erhöhte atmosphärische Extinktion in Rechnung stellen. Für die Globalstrahlung lauten die Zahlenwerte an wolkenlosen Tagen für mittleren Wasserdampf- und Ozongehalt sowie typische Trübungsverhältnisse:

Sonnen-Zenitwinkel	85°	80°	60°	30°	0°	
Sonnenhöhe	5°	10°	30°	60°	90°	
oberhalb der Atmosphäre	11,9	24	68	117	136	mW/cm^2
Hochgebirge	6,6	15,3	54	101	119	mW/cm^2
flaches Land	5,4	13,1	50	96	113	mW/cm^2
Großstadt	4,4	11,2	45	90	107	mW/cm^2
Industriegebiet	3,6	9,3	41	84	100	mW/cm^2

2.3.1 Solarkonstante

Summiert man die Zahlenwerte der Bestrahlungsstärken der einzelnen Wellenlängengebiete der spektralen Verteilung der extraterrestrischen Sonnenstrahlung, wie es in Tab. 2.1 geschehen ist, so erhält man 136 mW/cm^2. Es ist dies die Bestrahlungsstärke der Sonne außerhalb der Erdatmosphäre auf die zur Strahlung senkrechte Fläche. Sie erhielt die Bezeichnung extraterrestrische Bestrahlungsstärke oder Solarkonstante I_0. In den vergangenen Jahrzehnten berechnete man die Solarkonstante aus Meßreihen hochgelegener Gebirgsstationen durch Extrapolation auf die Gegebenheiten außerhalb der Erdatmosphäre. Die Rechenergebnisse lauten u.a.:

vor dem zweiten Weltkriege $I_0 = 135$ mW/cm^2

nach dem zweiten Weltkriege (Nicolet, 1950): $I_0 = 138$ mW/cm^2

(Johnson, 1954): $I_0 = 139{,}6$ mW/cm^2

Stair und Ellis überprüften in den letzten Jahren den Rechenweg von Johnson, gestützt auf eigene Strahlungsregistrierungen auf dem Mauna Loa, Hawaii, und erhielten für die Solarkonstante $I_0 = 136$ W/cm^2. „The first direct measurement of the solar constant" vom Flugzeug aus (Drummond und Laue, 1968) ergab wiederum

$$I_0 = 136 \text{ mW/cm}^2.$$

Im einzelnen fanden Drummond und Mitarbeiter

1966	B-57	$I_0 = 135{,}8$ mW/cm^2	
1967	B-57	$I_0 = 136{,}0$ mW/cm^2	Mittel: $I_0 = 136{,}0_5$ mW/cm^2
1967	Convair 990	$I_0 = 136{,}2$ mW/cm^2	
1967	X-15	$I_0 = 136{,}1$ mW/cm^2	

Thekaekara und Mitarbeiter (1968) benutzten ebenfalls als Forschungsflugzeug die

Convair 990 und erhielten mit Hilfe von vier verschiedenen Meßinstrumenten als Mittelwert I_0 = 135 mW/cm². In diesem Bericht wird den Berechnungen der Zahlenwert I_0 = 136 mW/cm² zugrunde gelegt. Dies ist ein Jahresmittel, es schwankt wegen der wechselnden Entfernung der Erde von der Sonne um 3,5 %. Im Januar gilt 141 mW/cm², im Juli 131 mW/cm².

2.3.2 Globalstrahlung

Die extraterrestrische Sonnenstrahlung wird zu bestimmten Teilen an den Molekülen und dem Aerosol der Erdatmosphäre gestreut, an den Wolken reflektiert und von Wasserdampf, Ozon, Sauerstoff und Aerosol absorbiert. Folgende Prozentsätze der Solarkonstanten erreichen als Globalstrahlung, d.h. als Summe von direkter Sonnenstrahlung und Himmelsstrahlung (= gestreute Sonnenstrahlung) auf einer horizontalen Fläche empfangen, an wolkenlosen Tagen noch den Erdboden:

Einfallswinkel Sonnenhöhe	85° 5°	80° 10°	60° 30°	30° 60°	0° 90°
Hochgebirge	55 %	65 %	80 %	86 %	87 % von I_0
flaches Land	45 %	55 %	73 %	82 %	83 % von I_0
Großstadt	37 %	47 %	67 %	77 %	79 % von I_0
Industriegebiet	30 %	39 %	60 %	71 %	74 % von I_0

Mit Hilfe dieser Prozentangaben und der Solarkonstanten erhält man die auf Seite 18 bereits aufgeführten Zahlenwerte der Bestrahlungsstärken in mW/cm², sie gelten für wolkenlose Tage und für 1 cm niederschlagbares Wasser oder 7,6 mm Hg Wasserdampfdruck in der Erdatmosphäre über dem Beobachtungsort. Fällt oder steigt der Wasserdampfgehalt der Erdatmosphäre auf 0,5 cm Wasser bzw. 2 cm Wasser, so liegen die Korrekturen bei maximal ± 2 %, sie sind also zu vernachlässigen. Höher ist der Einfluß der Bewölkung auf die Globalstrahlung. Die Extinktion der Sonnenstrahlung durch Wolken reduziert die Bestrahlungsstärke der Globalstrahlung im Mittel auf:

wolkenlose Tage	100 %
2/10 bedeckte Tage	89 %
4/10 bedeckte Tage	77 %
6/10 bedeckte Tage	64 %
8/10 bedeckte Tage	46 %
vollbedeckte Tage	20 %

An Tagen mit voller Wolkenbedeckung des Himmels erreichen also im Mittel lediglich 20 % der Globalstrahlung wolkenloser Tage die Erdoberfläche (eine dünne Cirren-Bewölkung beeinflußt die Bestrahlungsstärke dagegen nur geringfügig).

Die Bestrahlungsstärken der Komponente der direkten Sonnenstrahlung liegen in Abhängigkeit von der Sonnenhöhe bei

Sonnenhöhe	5°	10°	30°	60°	90°	
Hochgebirge	4,1	11,4	48	95	113	mW/cm^2
flaches Land	2,5	8,3	42	87	104	mW/cm^2
Großstadt	1,5	5,6	35	78	94	mW/cm^2
Industriegebiet	0,7	3,4	28	67	84	mW/cm^2

Für die entsprechende Komponente der diffusen Strahlung vom unbewölkten Himmel ergeben sich:

Sonnenhöhe	5°	10°	30°	60°	90°	
Hochgebirge	2,5	3,9	5,7	5,9	6,0	mW/cm^2
flaches Land	2,7	4,8	8,1	8,9	9,1	mW/cm^2
Großstadt	2,9	5,6	10,1	12,4	12,7	mW/cm^2
Industriegebiet	2,9	5,9	12,9	16,9	16,3	mW/cm^2

Der Abfall der direkten Sonnenstrahlung sowie der Anstieg der Himmelsstrahlung vom flachen Land (ohne größere Besiedlungsdichte) zum Industriegebiet ist lediglich eine Folge der Aerosolkonzentration. Der Himmel hellt sich über dem Industriegebiet auf, er wird milchig-grau. Die Sonne verliert ihre strahlende Helle.

Der prozentuale Anteil der beiden Strahlungskomponenten an der Globalstrahlung liegt bei:

	flaches Land			Großstadt			Industriegebiet		
Sonnenhöhe	10°	30°	90°	10°	30°	90°	10°	30°	90°
direkte Sonnenstrahlung	63 %	84 %	92 %	51 %	76 %	88 %	37 %	68 %	83 %
Himmelsstrahlung	37 %	16 %	8 %	49 %	24 %	12 %	63 %	32 %	17 %

2.3.3 Ultravioletter Anteil an der Globalstrahlung

Für die Zielsetzung dieses Buches ist der ultraviolette Anteil der Sonnen- und Himmelsstrahlung von besonderer Bedeutung; wie bei der Bewertung der künstlichen Strahlenquellen unterscheidet man zwischen

UV C (< 280 nm)
UV B (280 – 315 nm) und
UV A (315 – 400 nm).

Neben den für die Globalstrahlung erörterten Einflüssen der Absorption im Aerosol und Wasserdampf sowie der Reflexion an den Wolken gewinnt für die natürliche Ultraviolettstrahlung besondere Bedeutung

die Absorption im Ozon der freien Atmosphäre und
die Streuung an den Molekülen der Atmosphäre.

Die Absorption im Ozon hält sämtliche UV C-Strahlung vom Lebensraum der Organismen fern; die Streuung (Rayleigh-Streuung) erhöht den Anteil der Himmelsstrahlung, so daß deren Bestrahlungsstärke bei niedrigen Sonnenständen die der direkten Sonnenstrahlung um ein Vielfaches übertrifft, dies besonders im flachen Land.

Oberhalb der Atmosphäre sind nach Thekaekara (1968) folgende Bestrahlungsstärken in mW/cm^2 zu erwarten

Sonnenhöhe	5°	10°	30°	60°	90°
$(UV\ C)_0$	0,07	0,14	0,40	0,69	0,80 mW/cm^2
$(UV\ B)_0$	0,16	0,31	0,90	1,56	1,80 mW/cm^2
$(UV\ A)_0$	0,80	1,60	4,6	8,0	9,2 mW/cm^2

Nach erfolgter Rayleigh-Streuung erhält man am Erdboden

$(UV\ B)_{0'}$	0,027	0,086	0,35	0,73	0,93 mW/cm^2
$(UV\ A)_{0'}$	0,28	0,70	3,0	5,9	7,2 mW/cm^2

(UV C erreicht die Erdoberfläche nicht mehr.)

Bener (1972) berechnete die spektrale UV-Globalstrahlung für eine Atmosphäre mit mittlerem Aerosolgehalt in Abhängigkeit von dem Ozongehalt, der Sonnenhöhe und der Höhe über NN, s.a. Tab. 2.3, hieraus erhält man z.B. für 3,2 mm O_3 und 0 km über NN:

Sonnenhöhe	5°	10°	30°	60°	90°
UV B	0,0004	0,0016	0,031	0,115	0,154 mW/cm^2
UV A	0,21	0,41	1,8	4,0	4,7 mW/cm^2

(Dies sind Sommerwerte; im Winter liegen sie höher, weil die am Schnee reflektierte UV-Strahlung abermals in der Erdatmosphäre gestreut wird und zum Teil wieder zur Erdoberfläche zurückfließt.)

Die Schwächung der solaren UV-Bestrahlungsstärke durch das Aerosol sollte nach älteren Messungen (Büttner, 1938) kaum 10 % übersteigen; so rechnet man überschlägig für die Großstädte mit lediglich 10 % niedrigerer UV-Einstrahlung im Vergleich zum unbesiedelten Flachland. Für mittlere Aerosolkonzentrationen und große Sonnenhöhen konnte dies durch Modellrechnungen von N. Braslau und J.V. Dave (1973) bestätigt werden; Abb. 2.3 b zeigt die berechneten spektralen Globalstrahlungswerte für vier Aerosolmodelle, bezogen auf die entsprechenden Werte der aerosolfreien Atmosphäre. Bei hohen Aerosolkonzentrationen und kleinen Sonnenhöhen sind jedoch beträchtliche Schwächungen zu erwarten (s. a. P. Halpern, J.V. Dave und N. Braslau, 1974). Es ist ferner zu beachten, daß die Schwächung durch das Aerosol ebenfalls stark von der Größenverteilung der Aerosolpartikel abhängt.

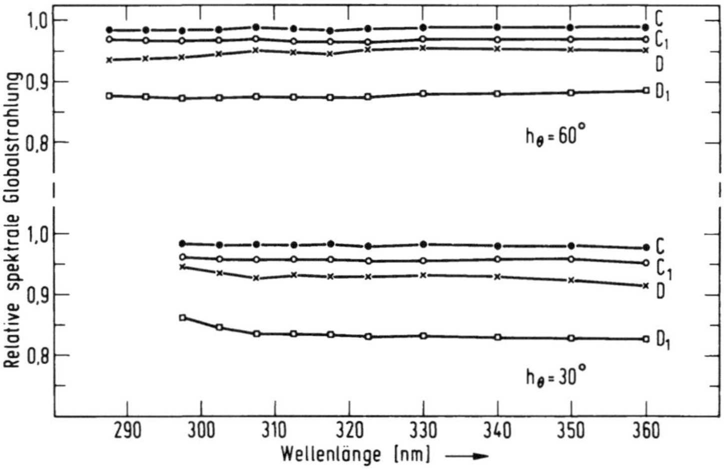

Abb. 2.3 b: Relative spektrale Globalstrahlung für den Fall verschiedener Aerosolbelastung der Atmosphäre, bezogen auf die entsprechenden Werte der aerosolfreien Atmosphäre. Nach N. Braslau u. J.V. Dave (1973).
Ozongehalt: 3,18 mm.
Aerosole mit Brechungsindex m und Gesamt-Teilchenzahl k sowie Größenverteilung nach Typ „Haze L".
Aerosolmodell: C (mäßige Trübung): $m = 1{,}5-0{,}0 \cdot i$; $k = 1{,}97 \cdot 10^7\ cm^{-2}$
Aerosolmodell: C_1 (mäßige Trübung): $m = 1{,}5-0{,}01 \cdot i$; $k = 1{,}97 \cdot 10^7\ cm^{-2}$
Aerosolmodell: D (stärkere Trübung): $m = 1{,}5-0{,}0 \cdot i$; $k = 8{,}24 \cdot 10^7\ cm^{-2}$
Aerosolmodell: D_1 (stärkere Trübung): $m = 1{,}5-0{,}01 \cdot i$; $k = 8{,}24 \cdot 10^7\ cm^{-2}$.

Bedeutungsvoll ist auch der Einfluß der Höhe des Meßortes über dem Meeresspiegel. Nach den vielfältigen Messungen von Büttner steigt die UV B-Bestrahlungsstärke um etwa 15 % pro 1000 m Höhe über NN an, in den Tropen um 20 bis 25 %. Sauberer (1951) bestätigte diese Aussage (in relativen Einheiten):

Höhe	200	500	1000	1500	2000	3000 Meter
UV B	100	110	118	125	130	134

oder 12 % pro 1000 Meter insgesamt (für Tagessummen – Wh/cm^2 Tag – werden höhere Prozentsätze gemessen, s. UV B-Tagessummen nach Reiter, 1974).

Diese Zahlenangaben waren Meßergebnisse. Der Rechenweg von Bener (1972) führte zu folgender Zunahme des UV B gegenüber Meereshöhe (3,2 mm O_3 [1]):

Sonnenhöhe	1 km	2 km	3 km	4 km	5 km Höhe
10°	+ 1 %	+ 2 %	+ 4 %	+ 7 %	+ 11 %
20°	+ 9 %	+ 19 %	+ 31 %	+ 44 %	+ 58 %
40°	+ 19 %	+ 36 %	+ 56 %	+ 65 %	+ 80 %
90°	+ 20 %	+ 35 %	+ 49 %	+ 60 %	+ 70 %

Für die Zunahme der Globalstrahlung im UV A ergaben sich nach Bener gegenüber Meereshöhe (3,2 mm O_3 [1]):

Sonnenhöhe	1 km	2 km	3 km	4 km	5 km Höhe
10°	+ 7 %	+ 17 %	+ 27 %	+ 37 %	+ 48 %
20°	+ 23 %	+ 41 %	+ 57 %	+ 71 %	+ 84 %
40°	+ 22 %	+ 38 %	+ 49 %	+ 58 %	+ 66 %
90°	+ 17 %	+ 27 %	+ 34 %	+ 41 %	+.44 %

Diese Zahlenangaben beziehen sich auf die horizontale Empfangsfläche. In letzter Zeit bemüht man sich um den Strahlungsempfang senkrechter Flächen und hofft, so das Phänomen erklären zu können, daß der Skifahrer bereits im Frühjahr erhebliche Sonnenbrände erfährt. Die Meßergebnisse, gewonnen mit einer horizontalen Empfangsfläche, lassen diese starken Erytheme auch unter Berücksichtigung der Reflexion der UV B-Strahlung am Schnee nicht erwarten. Die so bestimmten Bestrahlungsstärken liegen zu niedrig.

Zur Abschätzung des Effekts zieht man den Quotienten der Bestrahlungsstärke der direkten Sonnenstrahlung „senkrechte Empfangsfläche/horizontale Empfangsfläche" heran; er ist proportional zu $\cos h \cdot \cos A_Z / \sin h$, worin h die Sonnenhöhe ist und A_Z die Azimutabweichung der Flächennormale von der Sonnenposition, die man zunächst bei dem vorliegenden Problem vernachlässigen kann. Man erkennt aus der Abhängigkeit von ctg h, daß bei niederen Sonnenständen für die vertikale Empfangsfläche erheblich höhere Bestrahlungsstärken erwartet werden können als für die horizontale Empfangsfläche.

Den Einfluß der zunächst vernachlässigten Azimutfunktion verdeutlichen die Ergebnisse von Meßreihen des Deutschen Wetterdienstes, die in Hamburg an heiteren Tagen mit vertikal nach Osten, Süden, Westen und Norden ausgerichteten Solarimetern gewonnen wurden (s. Abb. 2.4). Im Februar übertrifft 8 Uhr morgens der

[1] Mit Faktor 1,044 an aktuelle AD-Ozonskala anzupassen.

Strahlungsempfang der nach Osten gerichteten vertikalen Fläche den der horizontalen Fläche um das sechsfache. Messungen für UV B stehen noch aus – es sollte hier lediglich auf dieses offene Arbeitsfeld hingewiesen werden. Man beachte z.B. die sommerlich niedriger liegenden Bestrahlungsstärken der vertikalen Empfangsflächen im Vergleich zur horizontalen Empfangsfläche (s. Schulze, 1969).

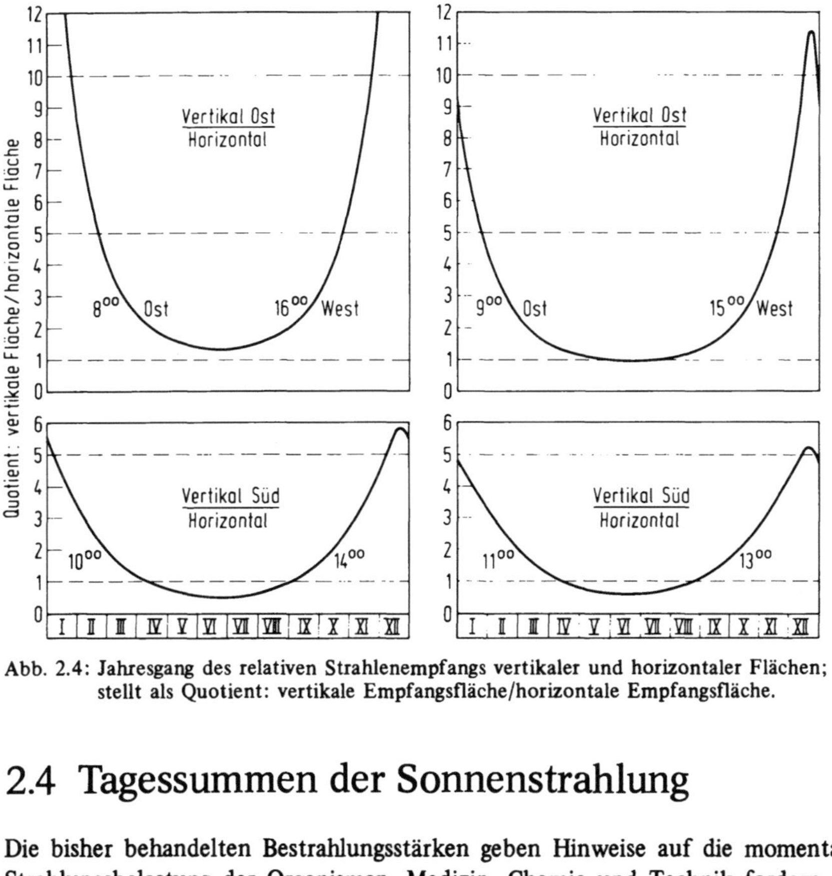

Abb. 2.4: Jahresgang des relativen Strahlenempfangs vertikaler und horizontaler Flächen; dargestellt als Quotient: vertikale Empfangsfläche/horizontale Empfangsfläche.

2.4 Tagessummen der Sonnenstrahlung

Die bisher behandelten Bestrahlungsstärken geben Hinweise auf die momentane Strahlungsbelastung der Organismen. Medizin, Chemie und Technik fordern darüberhinaus Angaben über die Strahlendosen, die z.B. der Mensch oder die Farbanstriche und technischen Objekte über einen bestimmten Zeitraum summiert empfangen. Vor allem interessieren

Tagessummen (kWh/m^2 Tag oder Wh/cm^2 Tag).

Für sie ist die Bestrahlungszeit in Stunden von Sonnenaufgang bis Sonnenuntergang und die Abhängigkeit der Bestrahlungsstärke vom Einfallswinkel der Sonnenstrahlung zu beachten. Es ist dies ein Integrationsproblem, das bei Schulze (1970) eingehend behandelt wird.
Hier folgen lediglich die Ergebnisse.

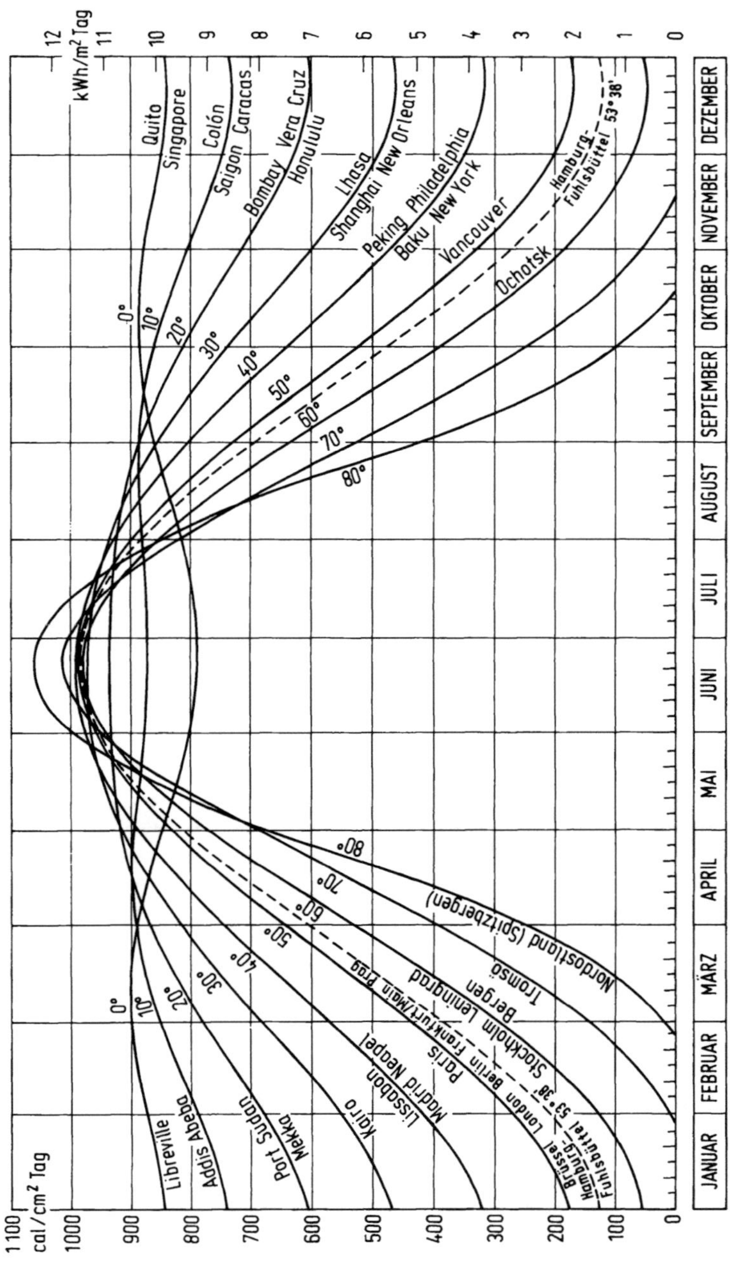

Abb. 2.5: Jahresgang der Tagessummen der extraterrestrischen Sonnenstrahlung. Nach Collmann, 1958.

2.4.1 Extraterrestrische Sonnenstrahlung

Die Tagessummen der extraterrestrischen Sonnenstrahlung berechneten Milankovitch (1930) für einzelne Tage, Schulze (1962) für die Monate des Jahres. Die Zahlenwerte der Monatsmittel, hier in kWh/m^2 Tag lauten auszugsweise:

Außerhalb der Atmosphäre	März	Juni	Sept.	Dez.
60°N	4,8	11,3	5,9	0,7 kWh/m^2 Tag
40°N	7,6	11,6	8,4	3,8 kWh/m^2 Tag
Äquator	10,5	9,3	10,3	9,9 kWh/m^2 Tag
40°S	8,5	3,6	7,3	12,3 kWh/m^2 Tag
60°S	6,0	0,6	4,4	12,0 kWh/m^2 Tag

Weitere Zahlenwerte können aus Abb. 2.5 entnommen werden.

2.4.2 Globalstrahlung

An der Erdoberfläche hat man nach erfolgter Streuung und Absorption beim Durchgang der Sonnenstrahlung durch die Atmosphäre für die horizontale Empfangsfläche im flachen Lande zu erwarten:

Flaches Land	März	Juni	Sept.	Dez.
60°N	3,0	8,2	3,9	0,3 kWh/m^2 Tag
40°N	5,4	8,9	6,2	2,4 kWh/m^2 Tag
Äquator	8,1	7,1	7,9	7,6 kWh/m^2 Tag
40°S	6,2	2,3	5,3	9,3 kWh/m^2 Tag
60°S	4,0	0,3	2,8	8,7 kWh/m^2 Tag

Die Tagessummen der Globalstrahlung werden laufend weltweit an mehreren hundert Observatorien bestimmt und im Auftrage der Weltorganisation für Meterologie (WMO-Genf) in den „Solar Radiation and Radiation Balance Data" tabelliert. Hierauf beruhende Weltkarten für die geographische Verteilung der Tagessummen der Globalstrahlung entwarfen unter anderem Ashbel (1961), Löf, Duffie, Smith (1966) und Schulze (1963). Es wird hier auf die Originalveröffentlichungen verwiesen.

Folgende Prozente der extraterrestrischen Bestrahlung werden hiernach am Erdboden zu erwarten sein:

Flaches Land	März	Juni	Sept.	Dez.
60°N	64 %	73 %	67 %	57 %
40°N	72 %	76 %	74 %	64 %
Äquator	78 %	76 %	77 %	76 %
40°S	74 %	64 %	72 %	76 %
60°S	67 %	57 %	64 %	73 %

Weitere Zahlenwerte können entnommen werden aus: „Das Strahlenklima der Erde" (Schulze, 1970).

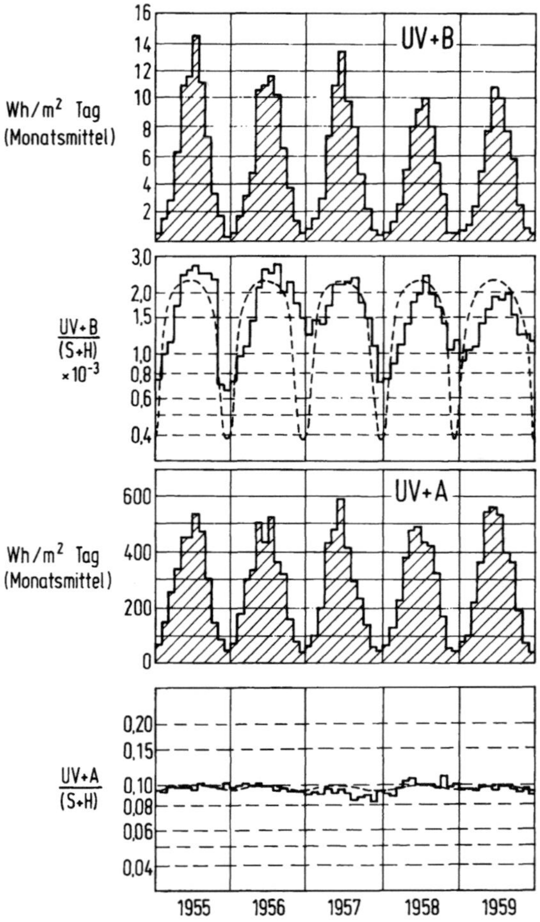

Abb. 2.6: Monatsmittel der Tagessummen der UV B- und UV A-Anteile der Globalstrahlung. Dazu die Quotienten (UV B)/Globalstrahlung und (UV A)/Globalstrahlung.
Nach Schulze, 1966.

2.4.3 Ultravioletter Anteil an der Globalstrahlung

Für den ultravioletten Anteil an den Tagessummen der Globalstrahlung liegen wesentlich weniger Meßreihen vor. Einen Einblick in die mehrjährigen Hamburger Meßreihen des Deutschen Wetterdienstes bietet die Abb. 2.6. Registriert wurden gleichzeitig die

UV B-Strahlung	(oberer Kurvenzug),
UV A-Strahlung	(dritter Kurvenzug) und die
Globalstrahlung	(berücksichtigt in dem zweiten und unteren Kurvenzug in Form von Quotienten UV-Str./Globalstr.).

Der obere Kurvenzug – die hier aufgetragene Absolutskala basiert auf Abschätzungen – weist auf die winterliche UV B-Nacht hin, die auf die hohe Absorption der UV B-Strahlung im Ozon bei niedrigen Sonnenständen zurückzuführen ist. Der zweite Kurvenzug mit dem Verhältnis der UV B-Strahlung zur Gesamtglobalstrahlung lehrt, daß der Jahresgang der Tagessummen der UV B-Strahlung fünffach höher schwankt als die der Globalstrahlung – im Gegensatz zur UV A-Strahlung (unterster Kurvenzug), deren Tagessummen etwa proportional zu denjenigen der Globalstrahlung über das ganze Jahr verlaufen. Die gleichzeitigen Registrierungen der spektralen UV B-Strahlung bei etwa 313 nm (maximaler Filtertransmissionsgrad) auf der Zugspitze (2964 m), auf dem Wankgipfel (1780 m) und in Garmisch (730 m) von Reiter (1964) gestatten Aussagen über die Höhenabhängigkeit der Tagessummen der UV B-Strahlung:

a) Schönwetterlagen

	Jan.	März	Aug.	Sept.
Zugspitze (2964 m)	100 %	100 %	100 %	100 %
Wank (1780 m)	56 %	68 %	94 %	90 %
Garmisch (730 m)	28 %	54 %	65 %	53 %

b) In oder unter Wolken

	Jan.	März	Aug.	Sept.
Zugspitze	100 %	100 %	100 %	100 %
Wank	54 %	65 %	68 %	95 %
Garmisch	26 %	39 %	53 %	55 %

Die geographische Verteilung der UV-Strahlung, also das UV-Strahlenklima der Erde, konnte von Schulze (1963) zunächst lediglich für die Wellenlängen 307,5 nm und 350 nm berechnet werden. Als Grundlage hierzu dienten die Meßergebnisse

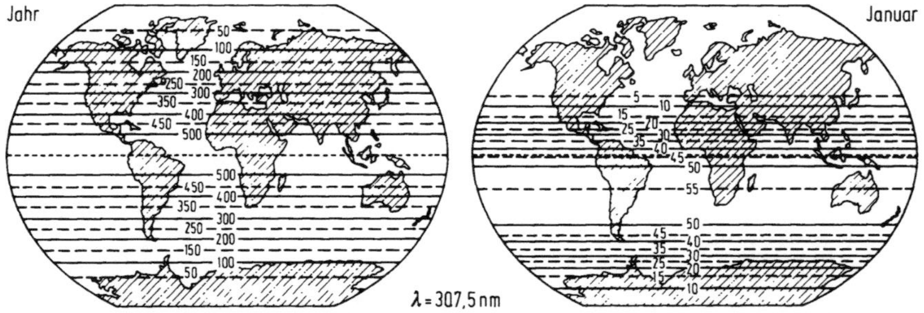

Abb. 2.7: Geographische Verteilung der ultravioletten Sonnen- und Himmelsstrahlung (UV-Globalstrahlung) für λ = 307,5 nm. Links: Jahressummen in $Ws/cm^2/10\,nm$, rechts: Monatssummen in $Ws/cm^2/10\,nm$). Bei Vernachlässigung der Bewölkung, siehe auch Schulze, 1966 u. 1967.

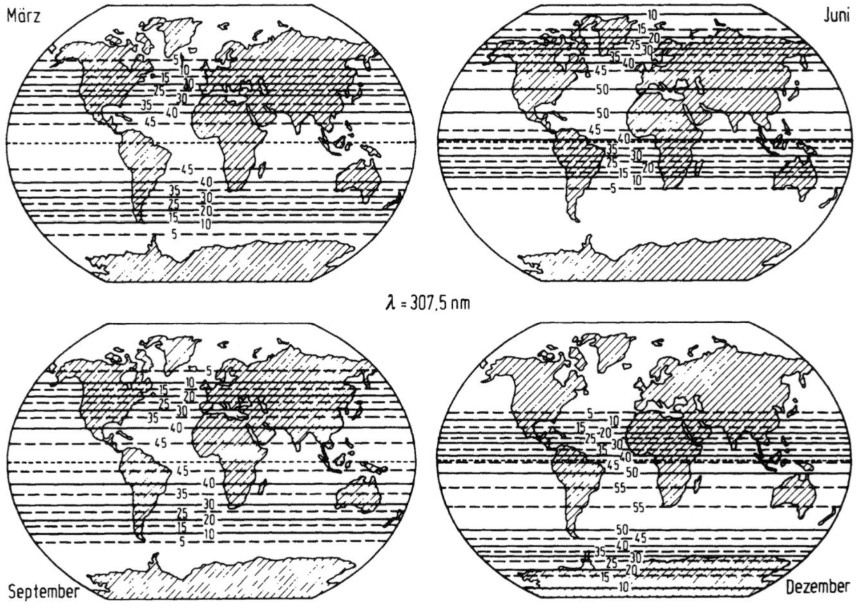

Abb. 2.8: Wie Abb. 2.7 (Monatssummen).

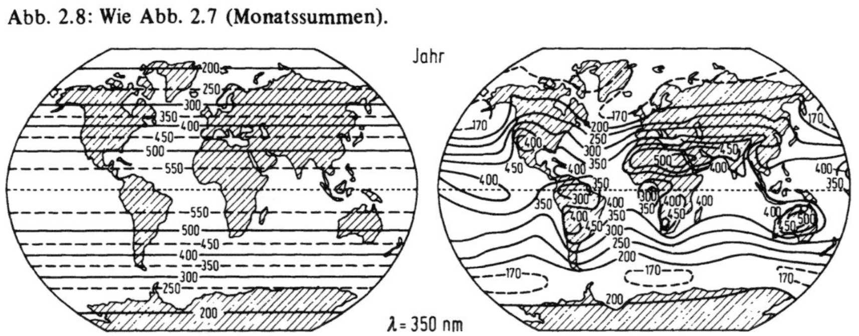

Abb. 2.9: Wie Abb. 2.7 (Jahressummen in $Ws/cm^2/nm$) Jahr), jedoch für λ = 350 nm. Links: für wolkenlose Tage, rechts: für alle Tage.

von Bener (1960), gültig für einen Ozongehalt von 2,5 mm O_3, entsprechend 1,409 · 2,5 ≈ 3,5 mm O_3 nach aktueller AD-Ozonskala. Das Ergebnis ist in den Abb. 2.7, 2.8 und 2.9 dargestellt. Die zugrundeliegenden Zahlenwerte sind bei Schulze (1970) zu finden.

Die Bestrahlungsstärke der die Erdoberfläche erreichenden UV-Strahlung ist in hohem Maße von dem Ozongehalt in der freien Atmosphäre abhängig. Es erschien deshalb sinnvoll, die Meßwerte von Bener auf weitere Ozongehalte (1 mm, 2 mm, 3 mm, 4 mm und 5 mm O_3 in alter Ozonskala; umzurechnen in Werte der aktuellen AD-Ozonskala durch Multiplikation mit 1,409) zu beziehen. Berücksichtigt man zusätzlich noch die spektrale Wirkungskurve des menschlichen Hauterythems nach Urbach-Berger (1969), wie sie in Abb. 2.10 dargestellt ist, so erhält man die in Abb. 2.11 und 2.12 dargestellten Kurvenzüge.

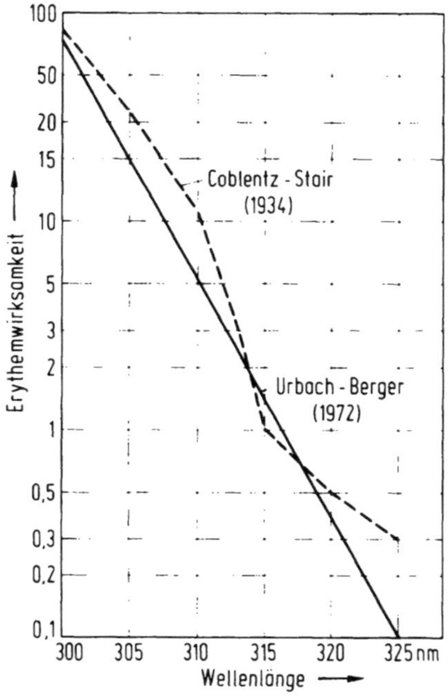

Abb. 2.10: Erythem-Wirkungskurve nach Urbach-Berger (1972); gestrichelt nach Coblentz-Stair (1934).

Die angegebenen „Biologischen Einheiten" wurden wie folgt gewonnen:
Die spektralen Bestrahlungsstärken wurden zunächst in Strahlungsdosen überführt, also von mW/cm^2 (10 nm) in mWh/cm^2 (10 nm) im Ablauf einer Stunde. Diese Strahlungsdosen wurden mit den dimensionslosen Zahlenwerten der spektralen Erythemwirksamkeit multipliziert und dann von 300 nm bis 325 nm addiert. Die so gewonnenen „Biologischen Einheiten" sind also äquivalent mit: mWh · cm^{-2} · Erythemwirksamkeit (in %).

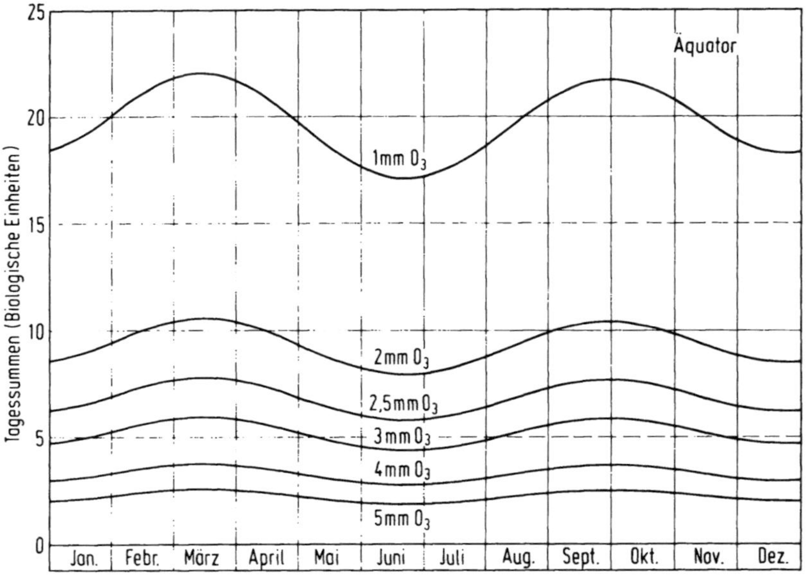

Abb. 2.11: Tagessumme der Biologischen Einheiten (BE = mW/cm² · Erythemwirksamkeit) am Äquator für verschiedene Ozongehalte (umzurechnen mit Faktor 1,409 auf aktuelle AD-Ozonskala).

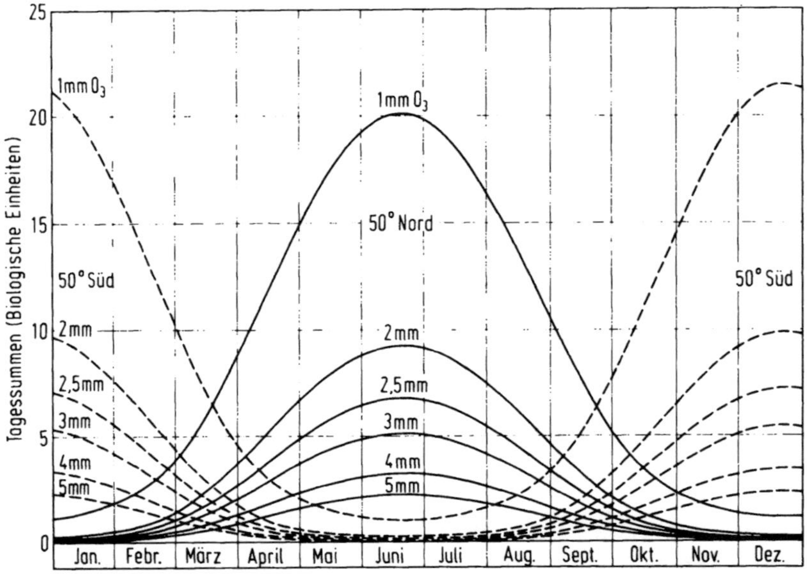

Abb. 2.12: Wie Abb. 2.11, jedoch für 50° N und 50° S.

Im Jahre 1972 veröffentlichte auch Bener (1972) berechnete Bestrahlungsstärken der UV-Strahlung für verschiedene Ozongehalte (2,4 mm, 2,8 mm, 3,2 mm, 3,6 mm, 4,0 mm und 4,4 mm O_3; umzurechnen in Werte der aktuellen AD-Skala durch Multiplikation mit 1,044). Diese neueren Werte wurden von Schulze mathematisch in gleicher Weise wie oben behandelt und die Biologischen Einheiten (BE) mit Hilfe von Computern berechnet. Die Tab. 2.4 und 2.5 geben einige Ergebnisse wieder. Die berechneten Jahressummen in Abhängigkeit vom Ozongehalt sind in Tab. 2.6 aufgeführt. Die Frage nach der Zunahme der biologisch wirksamen UV-Globalstrahlung bei einer Abnahme des Ozongehalts, wie sie unter anderem durch die Abgase der Flugzeuge z.Zt. befürchtet wird, ist in Abb. 2.13 beantwortet.

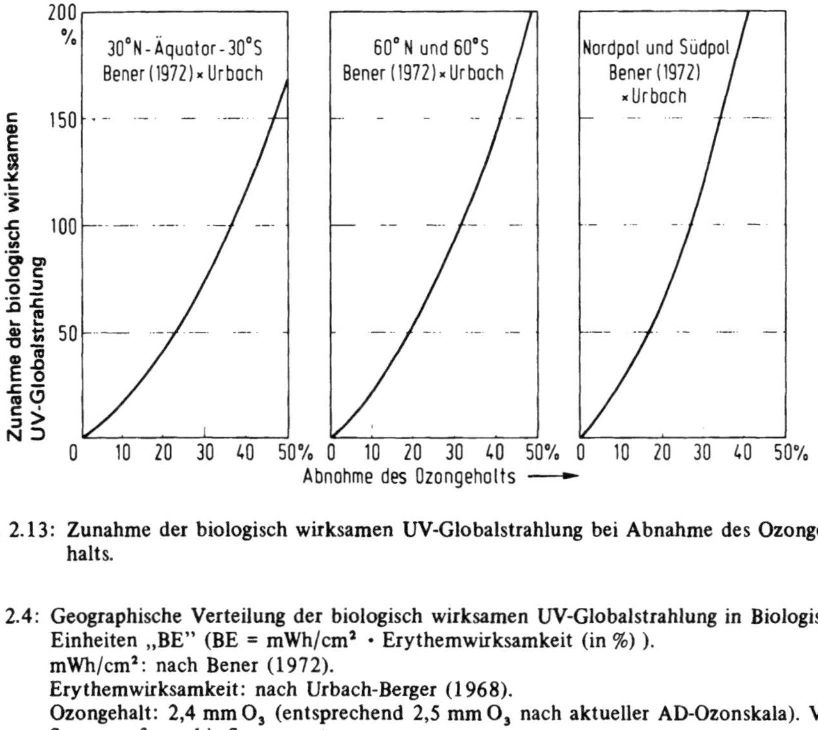

Abb. 2.13: Zunahme der biologisch wirksamen UV-Globalstrahlung bei Abnahme des Ozongehalts.

Tab. 2.4: Geographische Verteilung der biologisch wirksamen UV-Globalstrahlung in Biologischen Einheiten „BE" (BE = mWh/cm^2 • Erythemwirksamkeit (in %)).
mWh/cm^2: nach Bener (1972).
Erythemwirksamkeit: nach Urbach-Berger (1968).
Ozongehalt: 2,4 mm O_3 (entsprechend 2,5 mm O_3 nach aktueller AD-Ozonskala). Von Sonnenaufgang bis Sonnenuntergang.

	Jan.	Febr.	März	April	Mai	Juni	Juli	Aug.	Sept.	Okt.	Nov.	Dez.	Jahr	%
Nordpol	--	--	0,6	16,7	65,1	103	85,5	33,0	3,4	--	--	--	307	9
80°N	--	--	3,5	26,7	81,5	118	102	45,8	9,0	0,4	--	--	387	11
70°N	--	1,6	15,1	56,4	124	160	145	82,4	26,9	4,8	0,2	--	616	18
60°N	2,3	9,5	41,0	102	185	223	209	135	60,5	18,9	3,9	1,2	990	28
50°N	12,5	29,6	83,4	162	252	283	273	201	109	48,4	16,8	8,8	1478	43
40°N	37,6	65,1	141	227	305	324	320	263	171	94,2	45,0	29,9	2022	58
30°N	80,5	116	209	280	336	340	344	309	233	156	89,7	69,1	2561	74
20°N	142	179	269	312	341	332	341	329	282	223	153	126	3029	87
10°N	215	238	312	320	321	300	314	325	309	282	222	199	3357	97

Fortsetzung Tab. 2.4:

	Jan.	Febr.	März	April	Mai	Juni	Juli	Aug.	Sept.	Okt.	Nov.	Dez.	Jahr	%
Äquator	284	285	330	304	278	247	264	297	313	320	284	272	3479	100
10°S	336	309	324	264	216	181	199	247	293	334	326	330	3357	97
20°S	363	310	292	207	148	114	131	183	249	323	344	365	3029	87
30°S	365	288	238	142	86,2	62,5	73,2	117	190	286	338	374	2561	74
40°S	338	244	172	84,1	42,6	27,0	33,7	64,6	127	229	305	356	2022	58
50°S	286	183	108	42,0	15,6	7,9	11,0	28,6	73,2	161	250	311	1478	43
60°S	217	121	58,5	15,7	3,5	1,1	1,9	8,9	34,8	99,7	182	244	990	28
70°S	150	72,6	25,2	3,6	0,2	--	--	1,4	12,2	53,6	121	175	616	18
80°S	105	39,0	7,9	0,2	--	--	--	--	2,5	24,3	78,5	129	387	11
Südpol	86,9	27,3	2,7	--	--	--	--	--	0,3	14,7	62,2	112	307	9

Tab. 2.5: Geographische Verteilung der biologisch wirksamen UV-Globalstrahlung in Biologischen Einheiten „BE" (BE = mWh/cm^2 · Erythemwirksamkeit (%)).
mWh/cm^2: nach Bener (1972).
Erythemwirksamkeit: nach Urbach-Berger (1968).
Ozongehalt: 3,2 mm O_3 (entsprechend 3,34 mm O_3 nach aktueller AD-Ozonskala). Von Sonnenaufgang bis Sonnenuntergang.

	Jan.	Febr.	März	April	Mai	Juni	Juli	Aug.	Sept.	Okt.	Nov.	Dez.	Jahr	%
Nordpol	--	--	0,3	8,4	34,6	56,9	46,6	16,8	1,8	--	--	--	165	7
80°N	--	--	1,8	14,0	46,0	69,0	58,8	24,9	4,6	0,2	--	--	219	9
70°N	--	0,8	7,9	32,5	76,4	101	91,0	49,0	14,6	2,4	0,1	--	376	18
60°N	1,2	4,9	23,4	63,8	120	146	136	86,4	35,9	10,1	1,9	0,6	630	27
50°N	6,5	16,7	51,6	106	167	188	181	132	69,3	28,3	8,9	4,5	959	41
40°N	21,5	39,9	92,0	150	204	216	214	175	112	59,5	26,3	16,7	1327	57
30°N	50,1	75,3	138	187	225	228	230	206	155	102	56,8	42,2	1696	73
20°N	92,8	118	180	209	229	222	228	221	188	149	100	81,9	2018	87
10°N	143	159	209	214	215	200	210	218	207	188	148	132	2242	97
Äquator	190	190	221	203	186	165	177	199	209	214	189	181	2325	100
10°S	225	207	217	177	144	119	132	165	196	224	218	221	2242	97
20°S	243	208	195	137	96,8	74,1	84,9	121	166	216	231	245	2018	87
30°S	244	193	158	92,9	54,4	38,1	45,4	75,6	126	191	226	251	1696	73
40°S	226	162	112	52,8	24,8	15,1	19,2	39,4	82,0	152	204	238	1327	57
50°S	190	120	68,2	24,4	8,3	4,0	5,7	16,0	44,9	105	165	207	959	41
60°S	142	77,2	34,5	8,3	1,7	0,6	1,0	4,5	19,6	61,9	118	160	630	27
70°S	93,9	42,9	13,6	1,8	0,1	--	--	0,7	6,3	30,6	74,4	111	376	18
80°S	60,0	21,0	4,0	0,1	--	--	--	--	1,3	12,7	44,2	75,4	219	9
Südpol	47,1	13,8	1,4	--	--	--	--	--	0,2	7,4	32,9	62,2	165	7

Tab. 2.6: Jahressummen der biologisch wirksamen UV-Globalstrahlung in biologischen Einheiten (BE = mWh/cm^2 · Erythemwirksamkeit im Laufe eines Jahres), sowie Prozentsatz der relativen Schwächung der BE bei Anstieg der Ozongehalte.
mWh/cm^2: n. Bener (1972); Erythemwirksamkeit: n. Urbach-Berger (1968).
Von Sonnenaufgang bis Sonnenuntergang.

Ozongehalt [1])	2,4 mm		2,8 mm		3,2 mm		3,6 mm		4,0 mm		4,4 mm
Nordpol	307		217		165		128		101		81
+ Südpol		41 %		31 %		30 %		27 %		24 %	
80° N	387		282		219		171		138		113
+ 80° S		37 %		29 %		28 %		23 %		22 %	
70° N	616		470		376		303		250		208
+ 70° S		31 %		25 %		24 %		21 %		20 %	
60° N	990		778		630		516		430		365
+ 60° S		27 %		23 %		22 %		20 %		18 %	
50° N	1478		1177		959		791		664		567
+ 50° S		25 %		23 %		21 %		19 %		17 %	
40° N	2022		1622		1327		1100		925		795
+ 40° S		25 %		22 %		21 %		19 %		16 %	
30° N	2561		2066		1696		1410		1189		1025
+ 30° S		24 %		22 %		20 %		19 %		16 %	
20° N	3029		2454		2018		1683		1420		1227
+ 20° S		24 %		22 %		20 %		19 %		16 %	
10° N	3357		2724		2242		1872		1581		1369
+ 10° S		23 %		21 %		20 %		18 %		16 %	
Äquator	3479		2810		2325		1942		1639		1419
		23 %		21 %		20 %		18 %		15 %	

Im einzelnen ergeben sich am Äquator für die Monate Juni und Dezember sowie für das ganze Jahr die folgenden prozentualen Anstiege der BE:

	Juni	Dezember	Jahr
von 4,4 mm auf 4,0 mm O_3	+ 16 %	+ 16 %	+ 16 %
von 4,0 mm auf 3,6 mm O_3	+ 18 %	+ 18 %	+ 18 %
von 3,6 mm auf 3,2 mm O_3	+ 20 %	+ 20 %	+ 20 %
von 3,2 mm auf 2,8 mm O_3	+ 22 %	+ 22 %	+ 21 %
von 2,8 mm auf 2,4 mm O_3	+ 23 %	+ 23 %	+ 24 %

Die Abnahme der Ozonkonzentration um 10 % erhöht also am Äquator die biologisch wirksame UV-Strahlung um 18 %.

1) Mit Faktor 1,044 anzupassen an die aktuelle AD-Ozonskala.

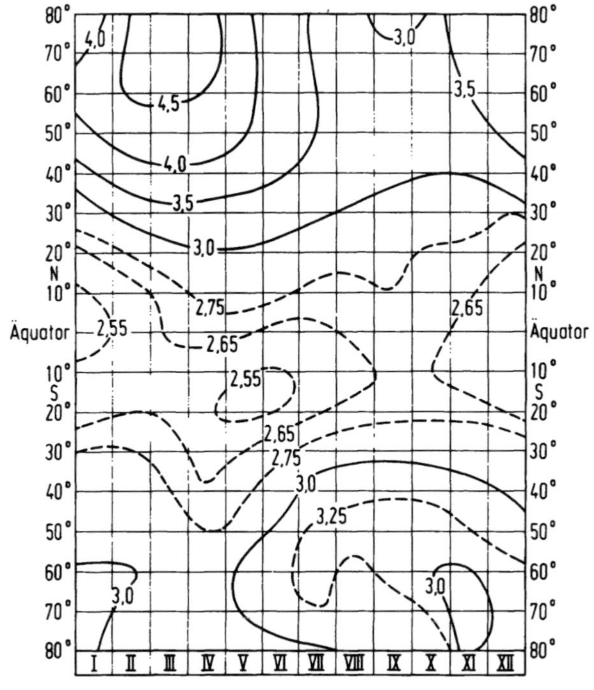

Abb. 2.14: Geographische Verteilung des Ozongehalts in Abhängigkeit von Jahreszeit und geographischer Breite. Nach Dopplik, 1972.

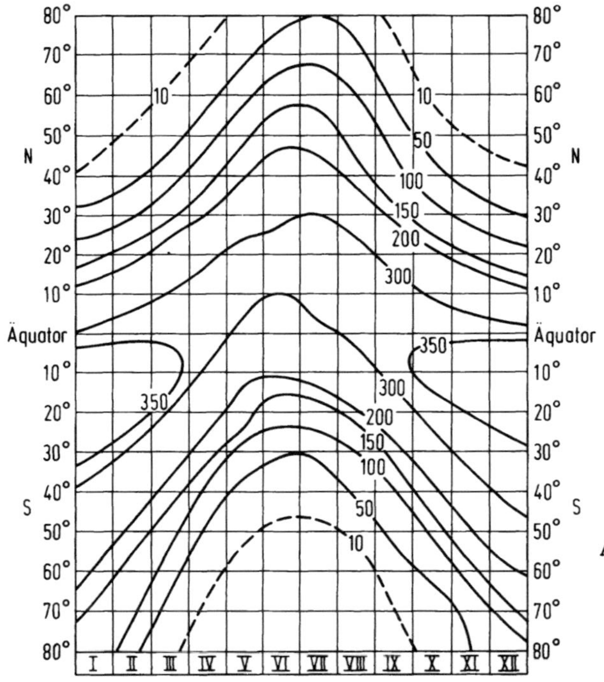

Abb. 2.15: Geographische Verteilung des biologisch wirksamen UV-Globals in Abhängigkeit von Jahreszeit und geographischer Breite.

Die für die einzelnen Monate gewonnenen Zahlenangaben in Biologischen Einheiten dienten außerdem der Berechnung des auf die Erythemwirkung bezogenen aktuellen Strahlungsklimas mit Hilfe der geographischen Verteilung des Ozongehalts nach Dopplick (1972), siehe Abb. 2.14; das Ergebnis ist in Abb. 2.15 dargestellt. Es trägt den Charakter einer ersten Näherung, zeigt aber bereits deutlich, daß die biologisch wirksamen UV-Strahlungsdosen südlich vom Äquator höher sind als nördlich vom Äquator, wie es auch der Häufigkeit des Auftretens des Hautkrebses entspricht.
Fragt man nach dem prozentualen Strahlungsanteil der äquatorialen Zone am gesamten Strahlungshaushalt, so erhält man folgende Aussage:

30° Nord-Äquator – 30° Süd : 67 %
40° N – 60° N; 40° S – 60° S : 27 %
70° N – 90° N; 70° S – 90° S : 6 %
(unabhängig von der Ozonkonzentration, Jahressummen).

Die Sonne scheint im Sommer an den Polen 24 Stunden, am Äquator jedoch lediglich 12 Stunden. Die biologische Wirkung der UV-Strahlung könnte deshalb

Tab. 2.7: Jahressummen der biologisch wirksamen UV-Globalstrahlung in BE bei verschiedenen Ozongehalten und Zunahme dieser UV-Strahlung bei Verminderung der Ozonkonzentration. (n. Bener, 1972; von 10^{00} bis 14^{00}).

Ozongehalt [1]	2,4 mm		2,8 mm		3,2 mm		3,6 mm		4,0 mm		4,4 mm
Nordpol + Südpol	51	41 %	36	31 %	28	28 %	22	26 %	17	24 %	13
80° N + 80° S	143	34 %	107	27 %	84	26 %	67	22 %	55	21 %	45
70° N + 70° S	304	33 %	239	24 %	193	22 %	178	20 %	132	19 %	111
60° N + 60° S	565	25 %	452	23 %	369	21 %	305	19 %	256	17 %	219
50° N + 50° S	990	24 %	732	22 %	601	21 %	499	19 %	421	16 %	362
40° N + 40° S	1298	23 %	1052	22 %	866	20 %	722	18 %	610	16 %	527
30° N + 30° S	1690	23 %	1377	21 %	1137	20 %	951	18 %	805	15 %	698
20° N + 20° S	2036	22 %	1666	21 %	1377	19 %	1154	18 %	977	15 %	849
10° N + 10° S	2283	22 %	1868	21 %	1545	19 %	1296	18 %	1098	15 %	956
Äquator	2370	22 %	1940	21 %	1596	18 %	1347	18 %	1142	15 %	993

1) Mit Faktor 1,044 anzupassen an die aktuelle AD-Ozonskala.

nach den Tab. 2.4 und 2.5, die von Sonnenaufgang bis -untergang berechnet wurden, für die Polargebiete überbewertet werden. Aus diesem Grunde wurde der gesamte Rechenweg für gleich viele Tagesstunden (von 10 Uhr bis 14 Uhr) wiederholt. Eines der Ergebnisse ist in Tab. 2.7 zu finden. Der relative Strahlungsanteil der äquatorialen Zone ergibt sich zu:

30°Nord–Äquator – 30°Süd : 70 %
40°N – 60°N; 40°S – 60°S : 26 %
70°N – 90°N; 70°S – 90°S : 4 %
(unabhängig von der Ozonkonzentration, Jahressummen)

Wiederum ergab sich eine Zunahme der Strahlung um 18 % am Äquator bei einer Verminderung der Ozonkonzentration um 10 %.

Häufig interessieren weniger die Absolutwerte der biologisch wirksamen UV-Strahlung als vielmehr deren relative geographische Verteilung. Aus diesem Grunde wurden die Jahressummen am Äquator für 3 mm O_3 (Bener, 1960) und für

Tab. 2.8: Relative geographische Verteilung der biologisch wirksamen UV-Globalstrahlung, wie Abb. 2.4, jedoch die Jahressumme für den Äquator gleich 1200 gesetzt. Ozongehalt: 3 mm O_3; entsprechend 4,2 mm O_3 nach aktueller AD-Ozonskala. Grundlage: Bener (1960). Von 10°° bis 14°°.

	Jan.	Febr.	März	April	Mai	Juni	Juli	Aug.	Sept.	Okt.	Nov.	Dez.
Nordpol	---	---	---	0,8	3,4	5,5	5,6	1,7	0,1	---	---	---
80°N	---	---	0,5	3,7	11	16	13	6,1	1,4	---	---	---
70°N	---	0,3	3,1	11	26	34	31	17	5,3	1,0	---	---
60°N	0,5	2,2	9,7	27	48	57	54	36	15	4,4	0,9	0,2
50°N	3,2	7,5	24	48	73	80	78	59	32	13	4,3	2,3
40°N	10	20	46	72	94	99	98	83	55	30	12	7,8
30°N	25	39	70	93	108	107	109	101	78	53	29	21
20°N	49	62	93	106	113	108	113	110	106	77	52	43
10°N	74	83	108	110	109	100	106	111	107	98	77	68
Äquator	98	98	114	105	96	85	91	103	108	111	98	93
10°S	114	106	112	92	75	62	68	86	101	115	110	111
20°S	120	105	99	71	50	39	44	63	86	109	114	120
30°S	116	94	80	48	28	19	23	39	64	95	109	118
40°S	104	77	55	26	12	7,0	9,0	19	41	73	94	108
50°S	82	54	32	11	3,9	2,1	2,8	7,2	21	48	72	88
60°S	56	32	14	3,6	0,8	0,2	0,4	2,1	8,1	26	48	62
70°S	32	15	4,9	0,7	---	---	---	0,3	2,5	11	25	37
80°S	14	5,2	1,2	---	---	---	---	---	0,4	3,4	10	17
Südpol	4,6	1,4	0,1	---	---	---	---	---	---	0,7	3,3	6,0

Tab. 2.9: Wie Tab. 2.8, jedoch Ozongehalt 3,2 mm O_3 (entsprechend 3,34 mm O_3 nach aktueller AD-Ozonskala); Grundlage: Bener (1972).

	Jan.	Febr.	März	April	Mai	Juni	Juli	Aug.	Sept.	Okt.	Nov.	Dez.
Nordpol	---	---	---	1,1	4,4	7,1	5,9	2,1	0,2	---	---	---
80°N	---	---	0,8	4,7	13	19	16	7,8	1,7	0,1	---	---
70°N	---	0,5	3,8	14	29	37	34	20	6,8	1,3	0,1	---
60°N	0,8	2,8	14	30	51	60	57	39	18	5,5	1,2	0,5
50°N	3,9	9,5	27	51	76	83	80	62	35	16	5,3	2,8
40°N	12	22	49	75	95	99	98	85	58	32	15	10
30°N	29	42	73	93	108	107	109	101	80	56	32	24
20°N	52	65	95	105	112	108	111	110	97	80	55	46
10°N	77	85	108	109	108	101	105	111	107	99	80	72
Äquator	98	98	114	105	96	85	96	102	108	110	98	94
10°S	113	105	111	93	77	65	72	88	101	114	110	111
20°S	119	104	101	74	54	41	47	66	88	109	114	119
30°S	116	95	83	51	31	22	26	42	67	96	108	118
40°S	104	79	58	29	14	9,0	11	22	44	76	95	108
50°S	85	57	35	13	4,9	2,5	3,5	9,2	24	51	75	90
60°S	60	35	16	4,6	1,1	0,4	0,6	2,6	10	29	51	66
70°S	35	18	6,3	1,0	0,1	---	---	0,4	3,1	13	28	40
80°S	17	6,7	1,6	0,1	---	---	---	---	0,6	4,4	13	20
Südpol	5,9	1,7	0,1	---	---	---	---	---	---	0,9	4,1	7,8

3,2 mm O_3 (Bener, 1972) entsprechend 4,2 mm O_3 bzw. 3,34 mm O_3 nach aktueller Skala gleich 1200 gesetzt. Der Mittelwert der Monatssummen am Äquator ist dann gleich 100, und die relative Verteilung der biologisch wirksamen UV-Strahlung ist hiernach leicht in Prozenten abzulesen. Das Ergebnis ist aus den Tab. 2.8 und 2.9 zu entnehmen.

In jüngster Zeit sind auch von A.E.S. Green und Mitarbeitern wichtige Beiträge zum UV-Klima publiziert worden.

Von A.E.S. Green, T. Sawade u. E.P. Shettle (1974) wird eine halbempirische analytische Formel zur Berechnung der spektralen UV-Komponenten zwischen 280–340 nm vorgelegt, die sich an den Meßwerten von Bener orientiert. Aufbauend auf dieser Formel berechnen A.E.S. Green, T. Mo und J.H. Miller (1974) die resultierenden Erythemdosiswerte in Abhängigkeit vom Breitenkreis und Ozongehalt. T. Mo und A.E.S. Green (1974) gehen dann weiter in die Richtung einer Klimatologie der solaren Erythemdosis; es werden z.B. für die nördliche Halbkugel und 10 amerikanische Großstädte die Monatsmittel der Tagesdosis bestimmt.

Sie bestätigen unter anderem die hier genannten Zuwachsraten an erythemwirksamer Strahlung für den Fall, daß der Ozongehalt der Atmosphäre – wie durch die Abgase der Überschallflugzeuge befürchtet – reduziert wird.

Literatur

Ashbel, D.: „Solar Radiation in Jerusalem", (Jerusalem, 1961).

Bener, P. (1960): Report AF *61* (052), 54.

— (1972): Final Techn. Report Nr. DAJA *37*-68-C-1017 (Europ. Res. Office, U.S. Army).

Berger, D., Urbach, F. und Davies, R.E. (1968): Int. Dermatol. Kongreß 1967, 1112–1117. Springer Verlag, Berlin, Heidelberg, New York.

Bolle, H.-J. (1958): Dissert. (Hamburg, 1958).

Braslau, N. und Dave, J.V. (1973): IBM Research Report, RC 4308 No. 19264, (Yorktown Heights, New York).

Büttner, K. (1938): Physikalische Bioklimatologie, Leipzig.

Coblentz, W.W. u. R. Stair (1934): U.S. Bur. Standards J. Res. *12* (13–14).

Collmann, W. (1958): Ber. Deutscher Wetterdienst *42*.

Dopplik, Th. G. (1972): J. Atmos. Sci. *29*, 1278–1294.

Drummond, A.J. und Laue, E.G. (1968): Jet Propuls. Lab. Report, Cal. Inst. Techn., Pasadena (s. auch Reprint Serie No. 42 von The Epply Laboratory).

Elterman, L. (1968): U.S. Air Force Report-Nr. AFCRL-68-0153.

Green, A.E.S., Sawade, T. und Shettle, E.S. (1974): Photochem. and Photobiol. *19*, 251–259.

Green, A.E.S., Mo, T. and Miller, J.H.: Photochem. and Photobiol. *20*, 473–482.

Halpern, P. und Dave, J.V. (1974): IBM Research Report RC 4993.

Johnson, F.S. (1954): J. Meteorol. *11*, 431–439.

Löf, G.O.G., Duffie, J.A. and Smith, C.O. (1966): College of Engineering The University of Wisconsin Report No. 21.

Milankovitsch, M. (1930): Handbuch der Klimatologie (Hrsg. W. Köppen und R. Geiger), Bd. I, Teil A, Gebr. Bornträger.

Mo, T. und Green, A.E.S. (1974): Photochem. and Photobiol. *20*, 483–496.

Nicolet, M. (1951): Archiv Meteorol. Geophys. Bioklim. B 3, 209.

Reiter, R. (1964): Wissensch. Mitteilungen Nr. 9, Met. Inst. der Univ. München.

— (1974): „UV-Radiation in Alpine Altitudes" in Progress in Photobiology (Ed. G. Schenck) Frankfurt, Paper 057.

Sauberer, F. (1951): Arch. Met. Geophys. Bioklim. B 2, 347–359

Schulze, R. (1958): Med.-Met. Hefte Nr. 13. (1963): Arch. Meteorol., Geophys. Bioklimatol. B 12, 185–195. (1966): Zeitschr. f. angew. Bäder- und Klimaheilkunde *13*, 3. (1967): Meteorol. Rundschau *20*, 149–151. (1969): Z. angew. Bäder- und Klimaheilk. *16*, 196–206. (1970): Strahlenklima der Erde. Darmstadt: Steinkopff.

Thekaekara, M.P. u.a. (1968): NASA-Report TR R-351 Goddard Space Flight Center, Greenbelt, Maryland, X-322-68-308.

Urbach, F. u. D. Berger (1972): Private Mitteilung.

3 Erzeugung von UV-Strahlen

V. Schäfer, G. Heinrich

3.1 Möglichkeiten der UV-Erzeugung

Die Erzeugung von UV-Strahlen ist auf grundsätzlich verschiedenen Wegen möglich. Die größte Bedeutung haben Gasentladungsstrahler erlangt. In ihnen senden elektrisch angeregte Gase oder Dämpfe Strahlung aus, deren Spektrum vorwiegend aus einzelnen Linien besteht. Als Gasentladungsstrahler zur Erzeugung von UV-Strahlung haben sich insbesondere Quecksilberdampflampen bewährt.

Grundsätzlich ist es auch möglich, mit Hilfe von Temperaturstrahlern UV-Strahlung zu erzeugen. Hierbei werden feste Körper auf hohe Temperaturen gebracht und so zur Aussendung von Strahlung mit kontinuierlichem Spektrum angeregt. Der bekannteste Vertreter dieser Gattung ist die Glühlampe. Da die Wellenlänge der ausgesandten Strahlung von der Temperatur abhängig ist und zur Erzeugung hoher Strahlungsflüsse im UV sehr hohe und praktisch nicht realisierbare Temperaturen notwendig sind, haben Temperaturstrahler wenig Bedeutung in der UV-Technik erlangt.

Eine Zwitterform liegt in der Bogenlampe vor, bei der die abbrennenden Elektroden Temperaturstrahler sind; das elektrisch angeregte Gas zwischen den Elektroden aber als Gasentladungsstrahler wirkt. Schwerwiegende Nachteile in der Handhabung verhindern jedoch ihre weite Verbreitung.

Daneben sollen der Vollständigkeit halber noch weitere Möglichkeiten der UV-Erzeugung angedeutet werden, die jedoch bisher nur in Sonderfällen Bedeutung haben:

Es gibt Laser verschiedener Arten, die ultraviolette Strahlung abgeben. Eine besondere Eigenschaft des Laserlichtes ist die Monochromasie und die Kohärenz (vgl. Abschn. 5).

Mit Hilfe nichtlinearer optischer Effekte in bestimmten Medien kann die Frequenz sichtbarer oder infraroter Strahlung, wie sie von handelsüblichen Lasereinrichtungen abgegeben wird, vervielfacht und damit in den ultravioletten Strahlungsbereich transportiert werden.

Insbesondere für Eichzwecke in der Spektroskopie ist schon mit Erfolg die von einem Elektronensynchrotron als Nebeneffekt abgegebene UV-Strahlung herangezogen worden (Abschn. 6).

Wegen der besonderen Bedeutung der Gasentladungsstrahler in der UV-Technik sollen zunächst die grundsätzlichen physikalischen Vorgänge in Gasentladungslampen soweit erläutert werden, daß die technischen Ausführungsformen dieser Lampen und ihre Eigenschaften verständlich werden. Insbesondere die Quecksilberdampflampen werden wegen ihrer weiten Verbreitung und großen Bedeutung vergleichweise ausführlich behandelt werden.

3.2 Gasentladungsstrahler

3.2.1 Grundsätzliches zur Gasentladung

In der Gasentladung fließt ein elektrischer Strom zwischen zwei Elektroden durch ein Gas. Dabei bewegen sich elektrisch geladene Teilchen, Elektronen und Ionen, zwischen den Gasatomen. Sie stoßen gelegentlich mit diesen zusammen und ändern dabei ihre Bewegungsrichtung. Sind zunächst einmal – beispielsweise durch Emission aus der Katode – genügend freie Elektronen vorhanden und werden sie in dem elektrischen Feld zwischen den Elektroden ausreichend beschleunigt, so gibt es Zusammenstöße zwischen den beschleunigten Elektronen und den neutralen Gasatomen. Dabei wird aus dem Atom entweder ein Elektron (oder mehrere) herausgeschlagen, d.h. das Atom wird ionisiert, oder eines der Elektronen (oder mehrere), die um den Atomkern kreisen, wird von einem Zustand niedriger Energie auf einen Zustand höherer Energie angehoben, d.h. es wird angeregt. Bei der im allgemeinen spontan erfolgenden Rückkehr der Elektronen aus dem angeregten Zustand in den Grundzustand wird die Energiedifferenz als Strahlung emittiert. Um die Gasentladung aufrechtzuerhalten, müssen möglichst viele ionisierende Stöße erfolgen, wobei die freiwerdenden Elektronen jeweils im elektrischen Feld wieder beschleunigt werden und weitere Atome ionisieren können. Um der Gasentladung einen hohen Strahlungsfluß entnehmen zu können, müssen durch Zusammenstöße im Gas möglichst viele Atome in angeregte Zustände überführt werden. Aus dieser einfachen Überlegung ergibt sich auch eine Aussage über das Spektrum der Gasentladung:

Es werden lediglich die diskreten Spektrallinien des charakteristischen Emissionsspektrums des in der Entladungsröhre vorhandenen Gases zu erwarten sein. Wenn auch infolge der Zusammenstöße die einzelnen Gasteilchen eine regellose Bewegung nach allen Richtungen vollziehen, so bildet sich dennoch für die Elektronen eine statistische Vorzugsrichtung zur Anode, für die positiven Ionen eine Vorzugsrichtung zur Katode aus. Die neutralen Gasatome bewegen sich mit Geschwindigkeiten, die ihrer Temperatur entsprechen. Die Elektronen dagegen bewegen sich infolge des angelegten elektrischen Feldes wesentlich schneller. Aufgrund der Geschwindigkeitsverteilung der Elektronen in einer Gasentladung erreicht man Elektronentemperaturen, die mehrere tausend Grad betragen können. Die Ionentemperatur liegt zwischen Elektronentemperatur und der Temperatur des neutralen Gases, im allgemeinen näher bei der Gastemperatur.

Durch die an den Elektroden angelegte Spannungsdifferenz bildet sich in der Gasentladung ein elektrisches Feld aus. Dieses wird von einigen Parametern der Entladung wie Gasart, Gasdruck, Geometrie des Entladungsgefäßes und besonders vom Entladungsstrom beeinflußt. Je größer der Strom wird, desto geringer wird im allgemeinen die elektrische Feldstärke. In der Entladung muß sie gerade groß genug sein, damit diejenigen Ladungsträger ersetzt werden, die durch Rekombination, vor allem an den Gefäßwänden, verlorengegangen sind. Von der Katode her müssen ständig neue freie Elektronen nachgeliefert werden. Der Hauptanteil des fließenden elektrischen Stromes wird durch die freien Elektronen bewirkt, da diese eine wesentlich größere Beweglichkeit haben als die Ionen. Diese sorgen durch ihre Anwesenheit in der Entladung für den makroskopischen räumlichen Ladungsausgleich.
Je nach der Art der Gasentladung verteilen sich die Ionen im Gasentladungsplasma mehr oder weniger gleichmäßig. Sie können durch den Aufbau von Raumladungswolken zur Bildung großer lokaler Feldstärken beitragen.

3.2.2 Arten der Gasentladung

Man denke sich ein mit einem Edelgas von einigen mm Hg Druck gefülltes Entladungsrohr B, an dessen Elektroden die Spannung U_B angelegt wird (Abb. 3.1).

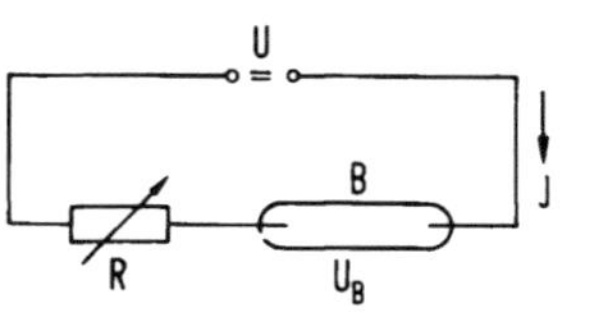

Abb. 3.1: Prinzipschaltbild einer Entladungsröhre B mit Vorwiderstand R.

Der Strom I wird mit Hilfe des veränderlichen Widerstandes R eingestellt. Die gesamte Anordnung liegt an der Gleichspannung U. Je nach der Wahl der verschiedenen Bedingungen können in der Gasentladung Ströme fließen, die um mehrere Zehnerpotenzen variieren. Es stellen sich dabei Entladungsmechanismen ein, die im folgenden anhand der Strom-Spannungs-Kennlinie (Abb. 3.2) charakterisiert werden sollen.

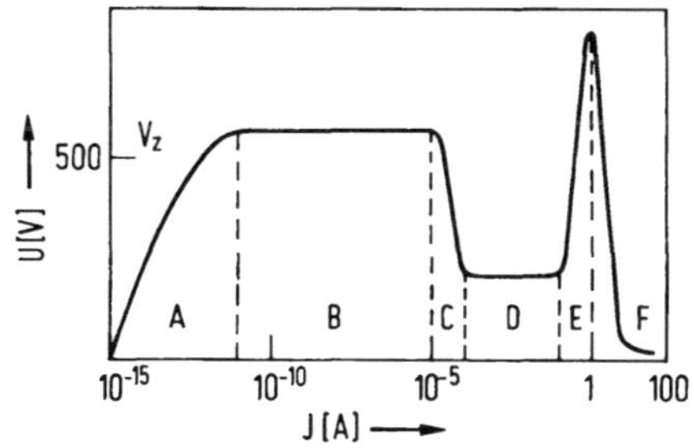

Abb. 3.2: Strom-Spannungskennlinie einer edelgasgefüllten Entladungsröhre (nach Elenbaas, 1972).

In dem Gebiet A muß die Entladung durch Einflüsse von außen in Gang gesetzt und aufrechterhalten werden; beispielsweise können durch Fotoeffekt Elektronen aus der Katode ausgelöst werden und dann infolge des angelegten Potentials zur Anode wandern. Die Entladung erlischt, wenn von außen keine Energie mehr zugeführt wird (im Falle des Fotoeffekts, wenn die Katode nicht mehr bestrahlt wird).

3.2.2.1 Townsendentladung

Im Gebiet B liegt eine Entladung vor, in der die geladenen Teilchen in der Lage sind, durch Stoßeffekte so viele neue Ladungsträger zu bilden, daß sich die Entladung selbst aufrechterhalten kann. Man nennt diese Entladungsart Townsend-Entladung. Die Klemmenspannung bleibt bei V_Z, der Zündspannung stehen, während der Strom bei Verringerung des Vorschaltwiderstandes wächst.

Etwa ab 10^{-5} A kommt ein weiterer Effekt hinzu (Gebiet C). Die Ionisation nimmt mit steigendem Strom zu, und während die in der Entladung gebildeten Elektronen infolge ihrer großen Beweglichkeit von der Anode abgesaugt werden können, bildet sich eine Raumladungswolke aus positiven Ionen aus, deren Beweglichkeit weit geringer ist als die der Elektronen. Vor der Katode wächst dadurch die elektrische Feldstärke an, und die Spannung fällt auf kleinem Raum stark ab. Man nennt diese Erscheinung den Katodenfall. In dem Bereich erhöhter Feldstärke werden die positiven Ionen stärker beschleunigt. Sie sind dadurch in der Lage, weitere Ionisationseffekte zu bewirken, wodurch höhere Ströme erreichbar sind. Die Spannung am Entladungsrohr sinkt ab. Dennoch kann der Entladungsstrom weiter steigen.

3.2.2.2 Glimmentladung

Die Entladung im Bereich D ist äußerlich gekennzeichnet durch räumlich ungleichmäßig verteilte Lichterscheinungen, in denen sich helle und dunkle Zonen unterscheiden lassen. Während die Katode selbst mit einer dünnen Glimmschicht bedeckt ist, befindet sich unmittelbar vor der Katode ein Dunkelraum, da die aus der Katode austretenden Elektronen zunächst eine für die Anregung zu geringe Geschwindigkeit haben. Nahezu die gesamte Potentialdifferenz zwischen den beiden Elektroden ist in dieser kleinen Katodendunkelzone K konzentriert (Abb. 3.3) infolge der durch positive Ionen gebildeten Raumladungswolke. Wenn die von der Katode herkommenden Elektronen den Dunkelraum durchlaufen haben, ist ihre Geschwindigkeit groß genug, um Anregungsprozesse zur Lichterzeugung zu bewirken. Dabei werden viele neue Elektronen erzeugt, die in dieser Zone des negativen Glimmlichtes N die intensivste Leuchterscheinung innerhalb der Glimmentladung hervorrufen. Dieser hellen Zone folgt ein dunkler, nahezu feldfreier Raum, der Faradaysche Dunkelraum F, in dem durchschnittlich ebensoviele Elektronen wie positive

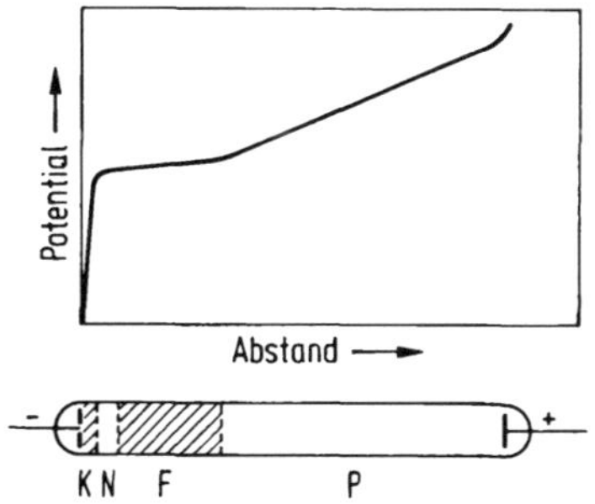

Abb. 3.3: Potentialverteilung in einer Glimmentladung; Verteilung der Leuchterscheinungen (nach Koller, 1965).

Ionen vorhanden sind. Auch in der ausgedehntesten Zone der Entladung, der positiven Säule P, besteht ein nur geringes elektrisches Feld. Dort ist eine gleichmäßige schwache Entladung zu beobachten. Ähnlich wie bei der Townsend-Entladung müssen durch die Ionisierungsprozesse so viele Ionen gebildet und auf die Katode hin beschleunigt werden, daß sich die Entladung selbst aufrechterhalten kann. In der beschriebenen Anordnung ist ein Teil der Katode mit einer Glimmlichtschicht bedeckt. Bei wachsendem Strom wird die Schicht größer, bis sich die gesamte Katode damit überzogen hat. Die Spannung U_B an der Entladungslampe ändert sich dabei nicht. Der Einfluß der Katode ist dabei von besonderer Bedeutung, so daß die hier stattfindenden Prozesse, die den Katodenfall bewirken, besonders erläutert werden sollen. Die im Inneren der Katode befindlichen Elektronen können nur dann aus der Oberfläche austreten, wenn sie infolge der thermischen Bewegung eine Mindestgeschwindigkeit besitzen. Bei kalten Elektroden reicht die Energie der Elektronen nicht aus, um eine Emission aus der Katode hervorzurufen. Die Energieaufnahme durch auftreffende positive Ionen ist nötig, um Elektronen aus dem Metall herauszuschlagen. Diese Art der Elektronenerzeugung erlaubt nur geringe Stromdichten.

Die für den Austritt eines Elektrons erforderliche Energie nennt man Austrittsarbeit. Da die zu überwindende Kraft an der Oberfläche den gleichen Einfluß auf das Elektron ausübt wie ein elektrisches Gegenfeld, kann man die Größe der Austrittsarbeit durch diejenige Spannung eines Gegenfeldes kennzeichnen, dessen Überwindung der Austrittsarbeit des Elektrons gleichwertig ist. Die Austrittsarbeit, meist gemessen in eV, ist eine Stoffkonstante, die zusätzlich von der Oberflächenbeschaffenheit (Reinheit, Oxydation usw.) abhängt. In Tab. 3.1 sind einige Daten (nach Engel und Steenbeck, 1932) für Katodenfall und Austrittsarbeit angegeben.

Die jeweils höchsten Werte für die Austrittsarbeit gelten für reine Metalle. Mit der Verunreinigung der Oberfläche ergeben sich niedrigere Werte.

Je kleiner die Austrittsarbeit ist, desto höhere Stromdichten lassen sich an kalten Elektroden erzielen. Während bei der Glimmentladung (Gebiet D in Abb. 3.2) der Katodenfall unabhängig ist vom Strom, ist in dem anschließenden Gebiet E ein

Tab. 3.1: Katodenfall und Austrittsarbeit

Elektroden-werkstoff	Katodenfall bei Entladung an kalten Elektroden		Elektronen-Austrittsarbeit
	in Argon [V]	in Neon [V]	[eV]
Aluminium	100	120	1,8 – 4,0
Barium	93	–	1,6 – 2,3
Bariumoxyd	–	–	1,0
Eisen	165	150	3,9 – 4,8
Kalium	64	68	0,5 – 2,0
Kalzium	93	86	1,7 – 3,3
Magnesium	119	94	1,8 – 3,7
Molybdän	–	115	3,2 – 4,3
Natrium	–	75	1,8 – 2,1
Nickel	131	140	3,7 – 4,6
Platin	131	152	3,6 – 6,5
Quecksilber	–	–	4,0 – 4,75
Strontium	93	–	1,8 – 2,15
Wolfram	–	125	4,3 – 5,4

völlig anderer Verlauf der Strom-Spannungs-Charakteristik festzustellen. Bei einem bestimmten Strom hat sich die gesamte Katode mit einer Glimmlichtschicht überzogen. Bei weiterem Stromanstieg muß nun auch die Stromdichte wachsen. Dies ist nur möglich bei einem Anstieg der Feldstärken und damit der Lampenspannung U_B. Diese Erscheinung bezeichnet man als anomales Glimmlicht.

3.2.2.3 Bogenentladung

Wenn mit wachsendem Strom auch die Feldstärke und damit der Energieumsatz unmittelbar vor der Katode ansteigt, dann wird ein großer Teil der verbrauchten Energie in Wärme umgewandelt. Die Katode heizt sich auf und beginnt thermisch zu emittieren, der Katodenfall sinkt ab auf etwa 10 V. Hohe Entladungsströme bis zu etwa 100 A (und darüber) werden durch die thermische Elektronenemission der aufgeheizten Elektrode bei Stromdichten bis zu 1000 A/cm² aufrechterhalten. (Ähnlich hohe Stromdichten kann man durch Feldemission an kalten Elektroden bei sehr hohen Feldstärken von 10^8–10^9 V/cm erzielen.) Im Entladungsraum bildet sich ein fast gleichmäßiges Plasma aus schnellen Elektronen und positiven Ionen, das im Gegensatz zur Glimmentladung eine gleichmäßige und intensive Verteilung der Leuchterscheinung auf dem gesamten Bogen zwischen den Elektroden zeigt.

Die Heizung der Katode kann durch einen besonderen Heizstrom erfolgen, doch zieht man heute im allgemeinen bei Entladungslampen vor, die Aufheizung durch den Entladungsstrom selbst zu bewirken, da man in der Lampe so auf eine zusätzliche Stromzuführung verzichten kann. Die Temperaturen, die zur thermischen Emission von Elektronen nötig sind, hängen bei gegebener Stromstärke und Elektrodenoberfläche vom Werkstoff der Katode ab. Aus der folgenden Tab. 3.2 sind einige technisch wichtige Daten üblicher Elektroden-Werkstoffe zu entnehmen.

Tab. 3.2: Eigenschaften einiger üblicher Katodenmaterialien (nach Wright, 1953)

Material	Arbeits-temperatur °K	Emission A/cm²	Emissions-ausbeute mA/W
Wolfram	2500	0,4	6,0
Molybdän	2000	0,0062	0,3
Tantal	2400	0,54	11,0
Niol	2150	0,07	2,4
Oxid-Katode	1000	0,5	100,0

3.2.3 Elektrische Eigenschaften von Gasentladungslampen

3.2.3.1 Die Strom-Spannungs-Charakteristik

Um die elektrischen Eigenschaften einer Gasentladungslampe darzustellen, soll als Beispiel eine mit Edelgas gefüllte, langgestreckte Entladungsröhre betrachtet werden. Die Schaltung entspricht der in Abb. 3.1 skizzierten Anordnung. Die Spannung U_B an der Lampe (im Fachjargon wird vielfach der Ausdruck „Brenner" gebraucht) muß groß genug sein, damit die Entladung einsetzen kann. Im Stromkreis ist ein Vorwiderstand R vorgesehen, auf dessen Bedeutung noch eingegangen werden soll. Bei vorgegebener Gesamtspannung U mißt man eine Klemmenspannung U_B am Brenner und einen Entladungsstrom I_B. Mit Veränderung des Vorschaltwiderstandes R ändern sich sowohl I_B als auch U_B. Man beobachtet dabei eine Eigenschaft, die allen Gesamtladungslampen gemein ist: die Nicht-Linearität zwischen Lampenstrom und Lampenspannung. In Abb. 3.4 ist eine solche Strom-Spannungskennlinie einer Entladungslampe schematisch dargestellt. Mit zunehmender Stromstärke I_B nimmt die Spannung U_B ab. Die Kennlinie ist fallend oder negativ. Es sei hier angemerkt, daß es auch Gasentladungslampen mit hoher Leistung gibt, die eine positive Kennlinie haben.) Lampen, die durch eine negative Kennlinie charakterisiert sind, können nur mit strombegrenzendem Vorwiderstand betrieben werden. Ein unmittelbarer Betrieb an konstanter Spannung U (beispielsweise am Netz) ist unmöglich. Da U_B mit zunehmendem Lampenstrom I_B abnimmt, kann der Lampenstrom unbegrenzt anwachsen und Werte annehmen, die zur Zerstörung der Lampe führen, falls kein Widerstand vorgeschaltet ist. Dies sei im folgenden kurz erläutert:

In einer Gasentladung ist die Anzahl der geladenen Teilchen nicht konstant. Erst wenn ein Strom fließt, werden in der Entladung die Ladungsträger erzeugt. Falls die Produktion der Ladungsträger proportional zu dem Entladungsstrom wäre, würde dies bedeuten, daß sich die Spannung unabhängig vom Strom verhielte. Tatsächlich wächst jedoch durch Mehrfachionisation die Zahl der geladenen Partikel stärker an als der Stromzunahme entspricht. Dies bewirkt ein Absinken der Spannung und damit die negative Kennlinie. In Abb. 3.4 gehört zum Lampenstrom I_1 die Spannung U_1. Wenn der Strom durch Instabilitäten auf I_2 wächst, ist die Spannung um $\Delta U = U_1 - U_2$ zu groß. Durch diese zusätzliche Spannung werden die Ladungsträger zusätzlich beschleunigt, es bilden sich neue, der Strom wächst weiter an, bis die Lampe zerstört ist.

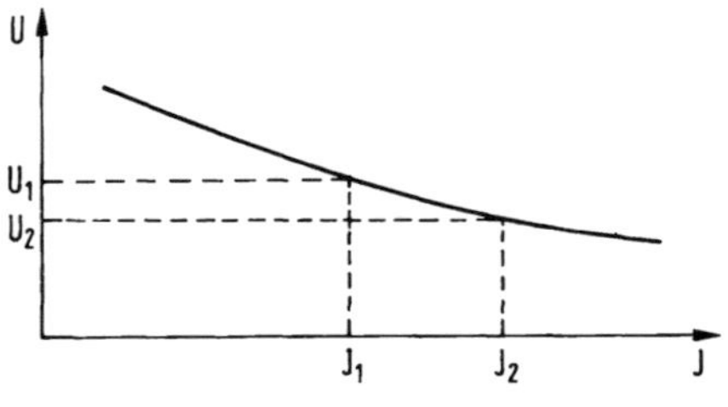

Abb. 3.4: Strom-Spannungskennlinie einer Bogenentladung.

3.2.3.2 Stabilität

Die stabilisierende Wirkung eines Vorwiderstandes ist in Abb. 3.5 dargestellt (nach Elenbaas, 1966). Zusätzlich zur Kennlinie B des Brenners (vgl. Abb. 3.4) ist die proportional ansteigende Charakteristik eines Ohmschen Widerstandes R eingezeichnet. Für den Fall, daß beide Elemente hintereinandergeschaltet sind, ergibt sich die Summe der beiden Kennlinien als neue gemeinsame Charakteristik B + R. Bei einer angelegten Spannung U_1 stellt sich der Lampenstrom auf den stabilen Wert I_1 ein. Da für einen größeren Stromwert I_2 eine höhere Spannung U_2 gehören würde, die das Netz gar nicht zur Verfügung stellen kann, sind in dieser Schaltung unkontrollierbare Instabilitäten nicht möglich. Bei Vergrößerung des Ohmschen

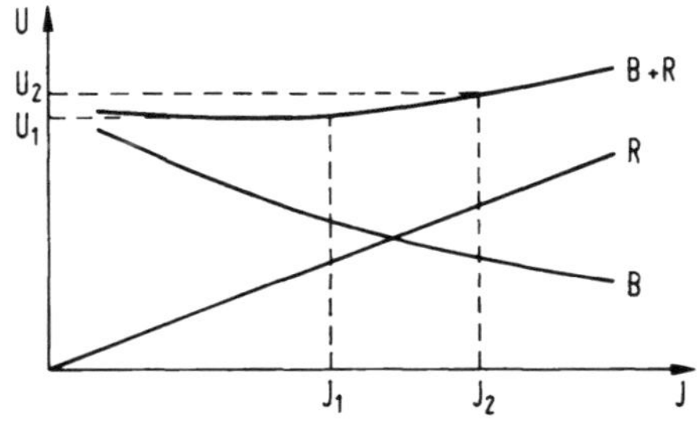

Abb. 3.5: Strom-Spannungskennlinie einer Bogenentladung B; Strom-Spannungskennlinie eines Ohmschen Widerstandes R.
Strom-Spannungskennlinie einer Anordnung aus Bogenentladung und in Serie geschaltetem Vorwiderstand B + R.

Widerstandes erhält die Gesamtkennlinie einen größeren Anstieg, und die Stabilität wird größer. Gleichzeitig stellt sich dabei der Nachteil ein, daß die Energieverluste im Vorwiderstand größer werden. Der Vorschaltwiderstand ist also zum Betrieb der Entladungsröhre unentbehrlich. Man muß dabei mit in Kauf nehmen, daß ein beträchtlicher Teil der dem Netz entnommenen Leistung oft nutzlos in Wärme umgesetzt wird. Da die Leistung eines Stromverbrauchers bei Gleichstrom gleich dem Produkt aus Stromstärke und Spannungsabfall am Verbraucher ist, verteilt sich die dem Netz entnommene Leistung proportional den Spannungsabfällen auf Vorschaltwiderstand und Entladungsröhre. Wenn die Spannung U_B an der Lampe gleich der halben Netzspannung ist – dies entspricht etwa den Verhältnissen in der Praxis – dann geht die halbe Leistung im Vorwiderstand verloren.

3.2.3.3 Wechselstrombetrieb von Gasentladungslampen

Aus Gründen der Vereinfachung wurde bei allen bisherigen Überlegungen davon ausgegangen, daß die Entladungslampe an Gleichspannung betrieben wird. In der Praxis ist jedoch der Betrieb an Wechselspannung viel häufiger und wichtiger. Bei der üblichen Wechselspannung, wie sie unserem Versorgungsnetz zu entnehmen ist, liegt ein sinusförmiger Spannungsverlauf mit einer Frequenz von 50 Hz und einer Effektivspannung von 220 V vor. Im Hinblick auf den Betrieb der Gasentladungslampe ist es wichtig festzuhalten, daß dabei pro Sekunde 100 Nulldurchgänge der Spannung erfolgen, und daß der Spannungsspitzenwert in jeder Periode 310 V erreicht. Wenn die Lampe in einer Anordnung, wie in Abb. 3.1 dargestellt, d.h. mit einem Ohmschen Widerstand an Wechselspannung betrieben wird, dann erhält man einen Spannungsverlauf, wie er in Abb. 3.6 eingezeichnet ist. Sobald die Netzspannung einen bestimmten Wert erreicht hat, zündet die Lampe. Danach fällt die Spannung am Brenner rasch auf die sogenannte Brennspannung ab, die bis zum Erlöschen der Entladung nahezu konstant bleibt. Nach dem Erlöschen folgt die Spannungskurve an der Lampe der Netzspannung durch den Nulldurchgang hindurch, bis in der negativen Phase eine erneute Zündung erfolgt. Dies bedeutet, daß

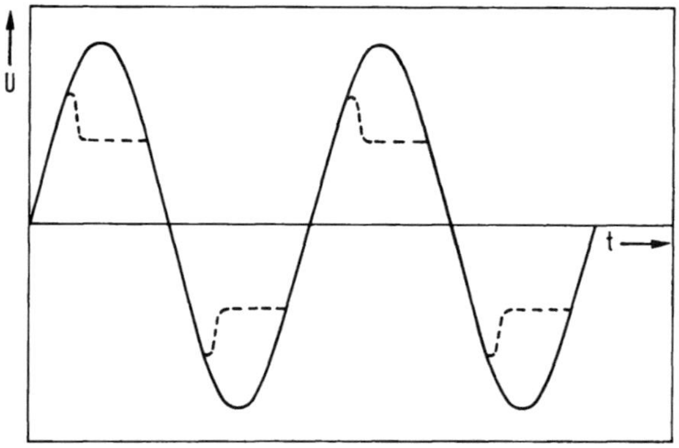

Abb. 3.6: Schematische Darstellung des Verlaufs der Netzspannung mit der Zeit (ausgezogene Kurve) und des Verlaufs der Klemmenspannung einer Entladungslampe mit der Zeit (gestrichelte Kurve).
Als Vorwiderstand dient ein Ohmscher Widerstand.

die Lampe in jeder Sekunde 100 mal erlischt und neu zündet. Da der Spannungsverlauf sinusförmig ist, sind die Zeiträume, in der die Gasentladung erloschen ist, relativ lange. Äußerlich erkennbar ist ein unruhiges Brennverhalten und ein merkliches Flackern.

Wenn man mit einem den Effektivwert anzeigenden Voltmeter die Spannung an der Röhre mißt, erhält man wegen der in jeder Phase auftretenden Zündspitze einen Wert, der über der Brennspannung liegt. Man bezeichnet ihn als Klemmenspannung. (Man beachte, daß bei der Gleichstromentladung Klemmenspannung und Brennspannung identisch sind.)
Bei der Verwendung eines Ohmschen Widerstandes in Serie mit der Lampe sind Netzspannung und Klemmenspannung genau in Phase. Neben dem Ohmschen Wi-

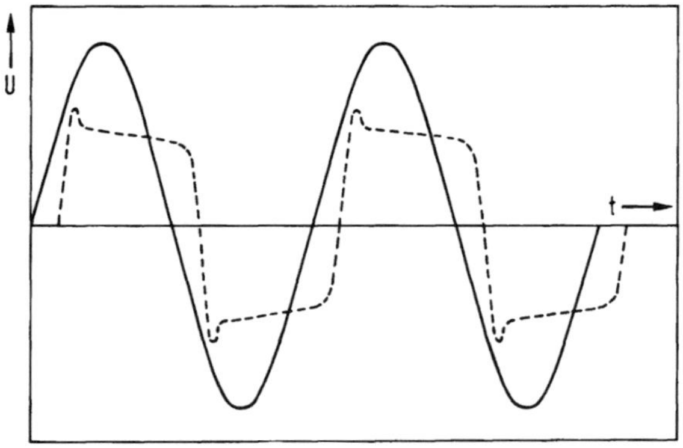

Abb. 3.7: Schematische Darstellung des Verlaufs der Netzspannung mit der Zeit (ausgezogene Kurve) und des Verlaufs der Klemmenspannung einer Entladungslampe mit der Zeit (gestrichelte Kurve).
Als Vorwiderstand dient eine Drossel.

derstand dienen in der Wechselstromtechnik auch die Drossel als induktiver und der Kondensator als kapazitiver Vorwiderstand. Da die Verwendung eines induktiven Widerstandes als stabilisierendes Element im Schaltkreis einer Entladungslampe weit verbreitet ist, soll der Spannungsverlauf, der in Abb. 3.7 wiedergegeben ist, hier erläutert werden. Durch den Einfluß der Selbstinduktion läuft die Lampenspannung hinter der Netzspannung her. Dies hat zur Folge, daß im Augenblick des Nulldurchgangs die Klemmenspannung an der Entladungsröhre rasch ansteigt und daher die Wiederzündung unter Verkürzung der Dunkelpause früher erfolgt als beim Ohmschen Vorwiderstand. Wegen der in der Dunkelpause allmählich fortschreitenden Entionisierung der Entladungsstrecke erfolgt die Wiederzündung bei umso niedrigerer Spannung, je kürzer die Dunkelpause ist. Aus diesem Grund zeigt eine mit Drossel betriebene Entladungsröhre ein geringeres Flackern und eine größere Stabilität als beim Betrieb mit Ohmschem Widerstand. Ein weiterer Vorteil des induktiven Vorwiderstandes im Gegensatz zum Ohmschen Widerstand ist das Auftreten geringerer Verluste im Vorschaltelement, wodurch sich ein hoher Wirkungsgrad der Lampe erreichen läßt.

Wie beim induktiven Widerstand tritt auch beim kapazitiven Vorwiderstand eine Phasenverschiebung zwischen der Lampenspannung und der Netzspannung auf; nur eilt hier die Lampenspannung der Netzspannung voraus. Bei Netzfrequenz ist jedoch die Verwendung eines Kondensators praktisch unmöglich, da die dabei auftretenden großen Ladungsverschiebungen, d.h. hohen Stromstöße, von den üblichen Anordnungen nicht ausgehalten werden. Da kapazitive Vorschaltelemente unüblich sind, wird hier auf die Darstellung des Spannungsverlaufs verzichtet. Eine Serienschaltung von Drossel und Kondensator wird dagegen gelegentlich verwendet, wobei man die Nachteile der einzelnen Schaltelemente bis zu einem gewissen Maß kompensieren kann.

Der Vollständigkeit des Überblicks halber ist in Abb. 3.8 noch der Stromverlauf bei Verwendung eines Ohmschen Widerstandes eingezeichnet. Nach der Zündung

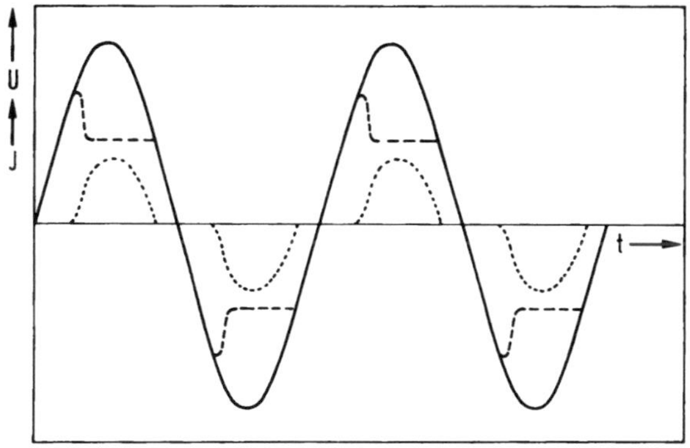

Abb. 3.8: Wie Abb. 3.6, zusätzlich eingezeichnet ist der Verlauf des Entladungsstroms mit der Zeit (gepunktete Kurve).

steigt der Strom bis zu einem Maximum an, um dann wieder abzufallen und nach der Löschung der Lampe den Wert 0 zu erreichen.

Es sei hier darauf hingewiesen, daß bei dem Betrieb an Wechselspannung infolge der Kurvenverzerrung der Spannungs- und Stromkurve sowie der Phasenverschiebung eine Leistungsmessung in einem Lampenstromkreis nicht dadurch vorgenommen werden kann, daß man Effektivwerte von Strom und Spannung mißt und miteinander multipliziert. Vielmehr muß ein Wattmeter verwendet werden. Den Quotienten aus der Wirkleistung (gemessen in Watt) und der Scheinleistung (U · I, gemessen in VA) bezeichnet man als den Verzerrungsfaktor cos φ. Bei Quecksilberdampfhochdrucklampen liegt er üblicherweise zwischen 0,7 und 0,9.

Grundsätzlich ist es auch möglich, Entladungslampen bei höherer Frequenz als 50 Hz zu betreiben. Dabei ist festzustellen, daß die Kurvenform der Lampenspannung sich umso mehr der Sinusform nähert, je höher die Frequenz wird.

3.2.3.4 Zündhilfe bei Entladungslampen

Aus den bis jetzt angestellten Betrachtungen geht hervor, daß für die Aufrechterhaltung einer Gasentladung die Brennspannung genügt, daß jedoch zur Zündung der Entladung eine höhere Spannung notwendig ist. Während bei der Gleichstromentladung die Zündung ein einmaliger Vorgang ist, muß bei der Wechselstromentladung zu Beginn einer jeden Halbperiode eine Wiederzündung erfolgen, für die jedoch der Spannungsbedarf niedriger ist als für die einmalige Zündung, da von der vorhergehenden Halbperiode her noch eine große Zahl von Ladungsträgern in der Gasstrecke vorhanden ist. Bei der Erstzündung müssen die für den Aufbau der Entladung notwendigen Ladungsträger erst geschaffen werden. Dazu gibt es Hilfsmittel, die sich in der Praxis bewährt haben. Eine übliche Zündhilfe bei Quecksilberdampf-Hochdruckbrennern besteht darin, daß eine Hilfselektrode H in der Nähe einer Hauptelektrode E angebracht und über einen hochohmigen Widerstand W mit der anderen Hauptelektrode verbunden wird (siehe Abb. 3.9 a). Dadurch erreicht man, daß beim Anlegen der Netzspannung zwischen der Hilfselektrode H und der benachbarten Hauptelektrode E eine Glimmentladung entsteht, die sowohl Ladungsträger erzeugt, welche die Zündung der Hauptentladung erleichtern, als auch die Hauptelektrode stellenweise vorheizt. Die Hilfselektrode besteht meist aus einem kleinen Stift, der auf die Elektrode zeigt. Bei Gleichspannung ist diese Zündung nur dann wirksam, wenn sich die Hilfselektrode in Katodennähe befindet. Ein Nachteil dieser Zündelektrode ist darin zu sehen, daß sie im Entladungsgefäß eine zusätzliche Stromdurchführung erfordert. Diesen Nachteil vermeidet der gelegentlich verwendete Zündstreifen, der aus einem auf der Gefäßwand aufgebrachten leitfähigen Belag besteht (Abb. 3.9 b). Der Zündstreifen ist über einen hochohmigen Widerstand mit einer der Hauptelektroden verbunden und reicht bis in die Nähe der anderen Elektrode. Durch einen kapazitiven Stromstoß sowie durch den Abbau etwa vorhandener Restladungen auf der Gefäßwand soll er die Zündung erleichtern.

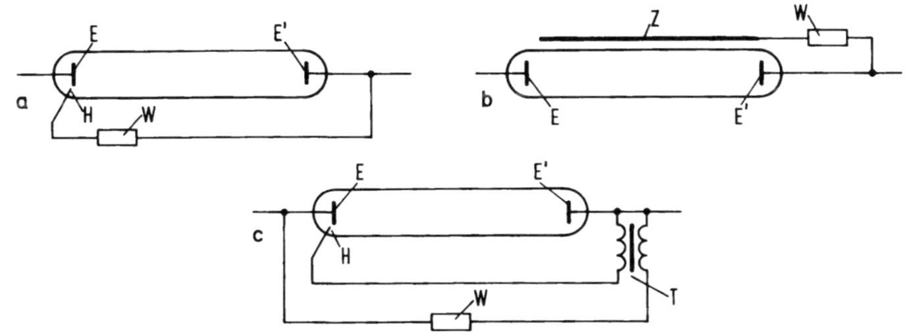

Abb. 3.9: Zündhilfen bei Entladungsröhren
a) innere Hilfselektrode M
b) äußerer Zündbelag Z
c) innere Hilfselektrode und Zündtransformator T.

Unter Umständen genügt die vorhandene Netzspannung nicht, um in Verbindung mit den beschriebenen Zündverfahren die Einleitung der Entladung zu bewirken. In diesen Fällen wird die Wirkung gesteigert, wenn man nach Abb. 3.9 c an die Zündelektrode eine erhöhte Spannung anlegt. Bei Wechselstrom genügt ein kleiner Hochspannungstransformator T. Bei Gleichstromentladungen hilft man sich, indem man einen kurzzeitigen Spannungsstoß zuführt. Man kann von Hilfselektroden absehen, wenn man den Hauptelektroden kurzzeitig eine erhöhte Spannung zuführt. Dies kann z.B. in der Weise geschehen, daß man einen Kondensator parallel zum Entladungsgefäß schaltet. Auch bei der Verwendung einer Drossel als Vorschaltwiderstand können beim Einschalten der Lampe hohe Spannungsspitzen auftreten, die eine Zündung bewirken. Zuweilen arbeitet man in der Gasentladungstechnik mit Hochfrequenzzündstößen, wie sie in ähnlicher Form von Autozündspulen erzeugt werden.

3.2.4 Quecksilberdampflampen

Wie bereits erwähnt, ist die Quecksilberdampflampe (Hg-Lampe) die zur Zeit wichtigste und am weitesten verbreitete Ultraviolett-Strahlenquelle. Insbesondere die von den verschiedenen Hg-Lampentypen erreichbare hohe Strahlstärke und hohe Strahlungsausbeute ist unübertroffen. Die geringe chemische Aggressivität des Quecksilbers und der bei relativ niedrigen Temperaturen erzielbare hohe Dampfdruck sind Eigenschaften, die sich vorteilhaft auf die technische Realisierbarkeit auswirken.

Je nach dem Dampfdruck des Quecksilbers in der Entladung unterscheidet man verschiedene Lampentypen. Die Niederdruckentladung liegt vor bei einem Dampfdruck zwischen 0,01 Torr und 1 Torr. Im Druckbereich zwischen etwa 100 Torr und 20 atm spricht man von der Hochdruckentladung. Wenn in der Entladung Drucke von 30 atm bis 100 atm herrschen, handelt es sich um Höchstdrucklampen. Auch in den dazwischenliegenden Druckbereichen kann man Gasentladungen durchführen, in der Praxis haben Lampen mit diesen Drucken jedoch wenig Bedeutung.

In der folgenden Tab. 3.3 ist der Zusammenhang zwischen Temperatur und Dampfdruck des Hg dargestellt (nach d'Ans-Lax, 1967).

Tab. 3.3: Dampfdruck des Quecksilbers

Temperatur °C	Dampfdruck	
0	$1{,}9 \cdot 10^{-4}$	Torr
20	$1{,}2 \cdot 10^{-3}$	Torr
40	$0{,}6 \cdot 10^{-2}$	Torr
60	$2{,}5 \cdot 10^{-2}$	Torr
80	$0{,}9 \cdot 10^{-1}$	Torr
100	$2{,}7 \cdot 10^{-1}$	Torr
150	2,8	Torr
200	17,1	Torr
250	74,1	Torr
300	246,5	Torr
350	672,3	Torr
410	2,4	atm
470	5,6	atm
530	11,3	atm
590	20,6	atm
650	34,7	atm

3.2.4.1 Quecksilberdampf-Niederdrucklampen

Vor allem für Entkeimungszwecke haben Hg-Niederdrucklampen große praktische Bedeutung erlangt. In der Hg-Entladung werden bei niedrigem Druck im wesentlichen nur die Resonanzlinien bei 184,9 nm und bei 253,7 nm angeregt. Als Resonanzstrahlung bezeichnet man diejenige Strahlung, die beim Übergang vom niedrigsten angeregten Zustand des Atoms in den Grundzustand emittiert wird. (Bei der Linie 254 nm spricht man zwar auch von einer Resonanzlinie; eigentlich handelt es sich jedoch um eine Interkombinationslinie zwischen dem Singulett- und dem Triplettsystem.)

Angeregte Hg-Atome können in der Lampe mit nichtangeregten Atomen kollidieren und an diese ihre Energie weitergeben. Die abgestrahlte Resonanzlinie kann in der Entladung von einem nichtangeregten Atom reabsorbiert und anschließend wieder abgestrahlt werden. In der Gasentladung laufen beide Prozesse nebeneinander ab, wobei in der Niederdrucklampe die Energieabgabe durch Reabsorption überwiegt. Man kann daher annehmen, daß die emittierte Strahlung vorwiegend aus einer Gasschicht kommt, die sich in der Nähe der Gefäßwand befindet. In der positiven Säule, wo die Emission im wesentlichen erzeugt wird, darf die Stromdichte keine hohen Werte erreichen, damit die Temperatur und damit der Dampfdruck des Hg nicht zu stark ansteigt. Aus diesen Überlegungen heraus wählt man als Entladungsgefäß eine großvolumige Röhre, bei der die Länge groß ist gegen den Lampendurchmesser. Man erhält aus einer solchen Lampe zwar eine geringe Strahldichte, die Strahlungsausbeute wird jedoch sehr hoch. Die spektrale Energieverteilung ist in Abb. 3.10 dargestellt.

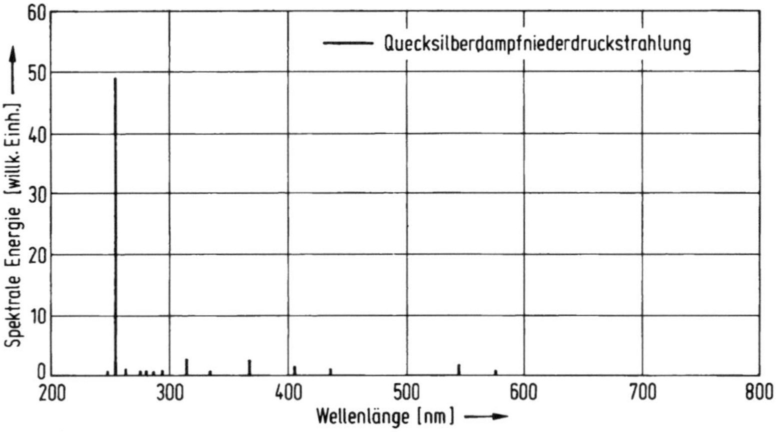

Abb. 3.10: Relative spektrale Energieverteilung eines Quecksilberdampf-Niederdruckstrahlers.

3.2.4.2 Quecksilberdampf-Hochdrucklampen

Die Hg-Hochdrucklampe ist die am weitesten verbreitete UV-Strahlenquelle. Sie wurde erstmals von Küch und Retschinsky (1906) beschrieben, hat jedoch in der Zwischenzeit eine solche Entwicklung erfahren, daß die heutigen Lampen mit der ersten Ausführung nicht mehr vergleichbar sind. Ausgehend von der bereits beschriebenen Hg-Niederdrucklampe stellt sich die Frage, wie sich die Strahlungsausbeute einer Entladung in Quecksilberdampf bei steigendem Dampfdruck verhält. Dazu sei auf Abb. 3.11 verwiesen, wo die Lichtausbeute einer Hg-Entladung als Funktion des Dampfdruckes dargestellt ist. Wenn hierbei auch statt der UV-Strah-

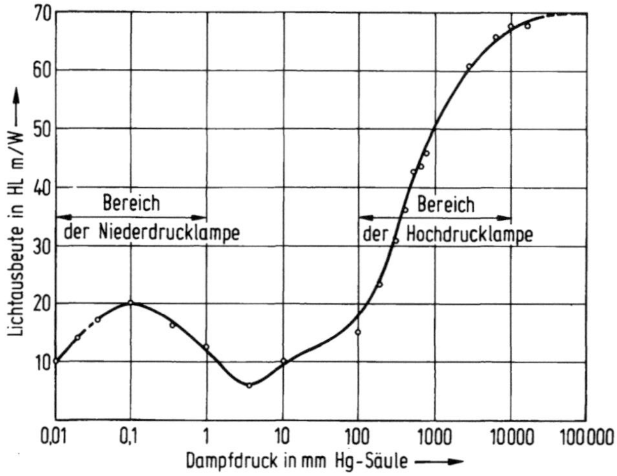

Abb. 3.11: Lichtausbeute als Funktion des Hg-Dampfdruckes bei konstantem Strom in einer Röhre mit 2,7 cm Durchmesser, nach Krefft, 1936.

lungsausbeute die Lichtausbeute untersucht wird, so sind dennoch die aus der Kurve zu entnehmenden Aussagen wichtig zum Verständnis der Gasentladung. Bei ganz geringem Druck wird zunächst nur die Resonanzlinie angeregt. Die Lichtausbeute ist gering, steigt jedoch mit wachsendem Druck an, da die Resonanzstrahlung zunehmend absorbiert wird und zur Besetzung höherer angeregter Niveaus der Atome beiträgt. Bei weiter wachsendem Druck fällt die Ausbeutekurve wieder, da dann die Zahl der Zusammenstöße zwischen Elektronen und Hg-Atomen zunimmt. Die Gastemperatur steigt, und durch Wärmeleitung zur Gefäßwand geht ein Teil der Energie verloren. Erst wenn der Druck weiter zunimmt, beginnt sich der Dampf in der Achse des Entladungsrohres so stark zu erhitzen, daß eine Temperaturstrahlung einsetzt, die zu hohen Lichtausbeuten führt.

3.2.4.3 Mechanismus der Entladung

Bei den in der Niederdruckentladung auftretenden Hg-Dampfdrucken müßten die Elektronen eigentlich eine freie Weglänge von etwa 5 cm haben, ehe sie mit einem Hg-Atom zusammenstoßen oder auf die Gefäßwand aufprallen. Um die dadurch auftretenden Verluste zu vermindern und um gleichzeitig das Zündverhalten zu verbessern, wird sowohl bei Niederdruck- als auch bei Hochdrucklampen ein Edelgas (meist Argon) mit einem Druck von wenigen Torr zugefügt. In der Niederdrucklampe stellt sich dadurch eine freie Weglänge der Elektronen von 0,01 bis 0,1 cm ein. Die Elektronentemperatur ist sehr hoch (etwa 10000 K), die Gastemperatur relativ niedrig (etwa 800 K maximal). In der Hochdruckentladung dagegen wird die freie Weglänge der Elektronen sehr gering. Es finden viele elastische Stöße statt, bei denen die Elektronen Energie an die Hg-Atome abgeben. Die Gastemperatur steigt dadurch an. Daneben gibt es unelastische Stöße, bei denen die

Atome angeregt oder ionisiert werden. Es ist darauf hinzuweisen, daß praktisch nur die Hg-Atome der Gasmischung angeregt werden, da die Anregungsniveaus der Edelgase über denen des Quecksilbers liegen. Die Zahl der Stöße in der Entladung ist dem Gasdruck proportional und beträgt bei einem Dampfdruck von 1 Torr bereits 10^9 Stöße pro cm und s. Die so übertragene Energie wird teilweise durch Wärmeleitung an die Gefäßwand abgeführt. Wegen der hohen Stoßzahl ist in der Hochdruckentladung die Elektronentemperatur etwa gleich der Gastemperatur. Sie erreicht in der Rohrachse Werte von 5000 K bis über 6000 K. Da die Gefäßwand nur Temperaturen von 500° C bis 800° C annimmt, bildet sich ein hoher Temperaturgradient aus. Dies hat zur Folge, daß sich der leuchtende Bogen in der Gefäßachse kontrahiert. Bei einem Hg-Hochdruckbrenner ist diese Kontraktion deutlich sichtbar, wobei noch zu beobachten ist, daß sich der eingeschnürte Bogen nicht ruhig verhält. Infolge der Temperaturunterschiede zwischen Bogenachse und Wand bildet sich eine starke Konvektion des Gases aus. Der Gasstrom ist in Bogennähe nach oben, in Wandnähe nach unten gerichtet. Diese heftigen Turbulenzen im Plasma tragen zur Bogenunruhe bei. Sie bewirken auch, daß sich der Brenner unterschiedlich verhält, je nachdem, ob er senkrecht oder waagerecht betrieben wird.

3.2.4.4 Gradient

In das Entladungsrohr wird eine bestimmte Menge Hg eingebracht, die zum Betrieb der Lampe vollständig verdampft sein muß. Die gesamte Lampenspannung setzt sich aus Anoden- und Katodenfall (zusammen etwa 15 V) und der Spannung am Bogen zusammen. Die in die Röhre eingebrachte Hg-Menge muß so gewählt sein, daß nach deren vollständiger Verdampfung die gewünschte Bogenspannung erreicht wird. Für eine hohe Strahlungsausbeute ist es günstig, die Bogenspannung möglichst groß zu wählen. Dieses bietet den weiteren Vorteil, daß dann die Verluste im Vorschaltgerät gering werden. Zu beachten ist jedoch, daß die Stabilität der Lampe umso geringer wird, je näher die Bogenspannung der Versorgungsspannung kommt. Als allgemeine Regel gilt, daß die größte mögliche Bogenspannung bei kleinem Brennerstrom etwa die Hälfte, bei großem Brennerstrom höchstens 2/3 der Versorgungsspannung betragen darf. Aus Bogenlänge l und Bogenspannung U ergibt sich der Gradient $E = \frac{U}{l}$ (V/cm). Die Abhängigkeit des Gradienten vom Dampfdruck des Quecksilbers, vom Durchmesser des Entladungsgefäßes und vom Entladungsstrom ist vielfach untersucht worden (Ende, 1934, Krefft, Larché und Rößler, 1936, Elenbaas, 1935). Als Beispiel ist in Abb. 3.12 eine Kurvenschar wiedergegeben, wie sie von Krefft, Larché und Rößler 1936 ermittelt wurde. Dabei ist feststellbar, daß der Gradient mit zunehmenden Werten des Druckes p steigt, mit wachsendem Entladungsstrom I dagegen etwas absinkt und bei kleinen Rohrdurchmessern höhere Werte annimmt als bei großen. Mit dem Gradienten ist praktisch Form und Geometrie des Brenners vorgegeben. Für 220 V Versorgungsspannung

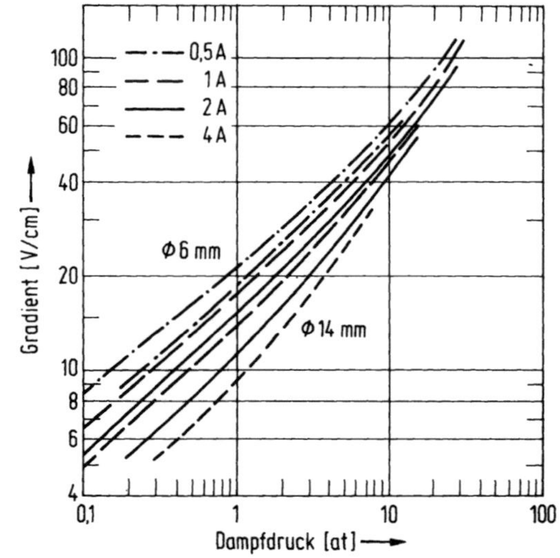

Abb. 3.12: Abhängigkeit des Gradienten einer Hg-Entladung vom Dampfdruck für verschiedene Rohrdurchmesser und verschiedene Entladungsröhren.

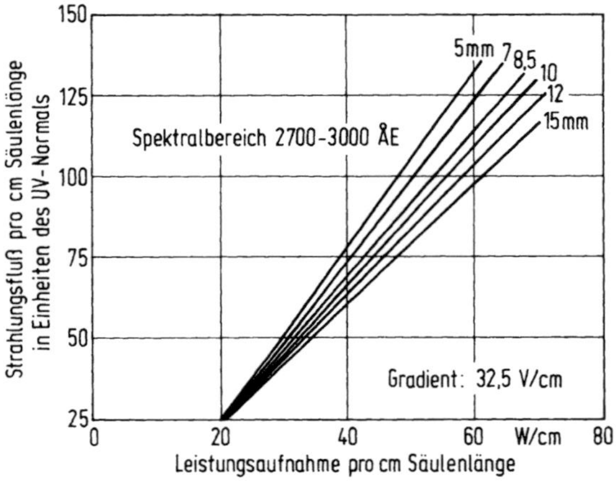

Abb. 3.13: Strahlungsfluß einer Hg-Lampe im UV in Abhängigkeit von der spezifischen Leistungsaufnahme bei konstantem Gradienten und bei verschiedenen Rohrdurchmessern.
Der Strahlungsfluß des UV-Normals ist gleich 250 Einheiten gesetzt.

liegen die Rohrlängen zwischen 20 mm und 300 mm bei Durchmessern von etwa 7 mm bis 20 mm. Bei konstantem Gradienten nimmt der Strahlungsfluß mit wachsender spezifischer Leistungsaufnahme zu. Auch hierbei macht sich der Rohrdurchmesser umgekehrt proportional bemerkbar – zumindest im Bereich der hier angegebenen Gradienten –, wie Abb. 3.13 zeigt (Kern, 1938). In Abb. 3.14 ist dargestellt, daß auch die Lichtausbeute mit der Lampenleistung ansteigt.

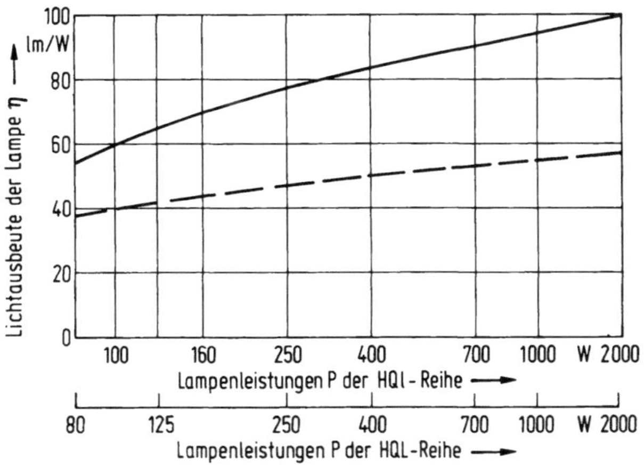

Abb. 3.14: Lichtausbeute in Abhängigkeit von der Lampenleistung (Osram-Lampen HQI und HQL).

3.2.4.5 Einbrennvorgang und Wiederzündung

Bei Inbetriebnahme der Hochdrucklampe ist das Hg zunächst noch flüssig. Der Brenner zündet dadurch, daß die vorhandene Edelgasfüllung zunächst die Stromleitung übernimmt. Sobald die Entladung eingesetzt hat und Energie in der Röhre verbraucht wird, beginnt das Quecksilber zu verdampfen. Die Klemmenspannung, die direkt nach der Zündung nur bei wenigen Volt (15 V – 25 V) gelegen hat, beginnt anzusteigen und damit auch der Gradient. Die Stromstärke verhält sich entgegengesetzt. Je nach der Art des Vorschaltelementes beginnt der Anlauf mit etwa dem Doppelten der Betriebsstromstärke, um dann wieder langsam abzusinken. Die Brennerleistung nimmt, wie die Klemmenspannung, während des Einbrennens zu, jedoch in geringerem Maß als die Spannung. Auch der Strahlungsfluß steigt langsam bis zu einem Endwert an. In Abhängigkeit von der spezifischen Leistungsaufnahme des Brenners ist der Einbrennvorgang nach etwa 1 min bis 5 min abgeschlossen, und zwar bei hochbelasteten Brennern schneller als bei niedrig belasteten. Nach dem Ausschalten der Lampe ist zunächst noch der Dampfdruck sehr hoch, so daß die Lampe an der normalen Versorgungsspannung nicht zündet. Erst nach genügend langer Abkühlzeit (3 min bis 10 min) kann der Brenner erneut in Betrieb genommen werden. Der heiße Brenner läßt sich mit einem Hochspannungsstoß zünden.

Beim normalen Betrieb an Wechselspannung erlischt die Lampe nach jeder Halbwelle. Hier erfolgt die Wiederzündung jedoch nach so kurzer Zeit, daß noch genügend Ladungsträger vorhanden sind, um den Strom zu transportieren. Das Flackern des Hochdruckplasmas ist wegen der thermischen Trägheit der gesamten Anordnung und wegen des langen Nachleuchtens verschiedener Linien bei Wechselstrombetrieb sehr gering.

3.2.4.6 Spektrum

Da in der Hochdruckentladung auch höhere Energieniveaus des Hg angeregt sind, zeigt das Spektrum der Hochdrucklampe im Gegensatz zur Niederdrucklampe eine Reihe starker Linien im gesamten UV-Bereich, deren bedeutendste die bei 366 nm ist (siehe Abb. 3.15). Teilweise sind die Linien verbreitert. Zusätzlich zu den Linien tritt ein kontinuierlicher geringer Untergrund auf, der mit wachsenden Werten von Druck und Stromdichte zunimmt. Die Ausbeute der Resonanzlinien 185 nm und 254 nm ist gegenüber der Niederdrucklampe zurückgegangen, da die angeregten Atome Zusammenstöße erleiden, bevor sie in der Lage sind, ihre Strahlung auszusenden. Beim Hochdruckbogen ist die Resonanzlinie zu einem breiten Band entartet, das an der Stelle der Resonanzlinie eine Lücke in der Emission zeigt. Diese als Selbstumkehr bezeichnete Erscheinung ist auf die Absorption der Resonanzstrahlung in den die Entladungsbahn umgebenden Dampfschichten zurückzuführen. Wegen der Selbstumkehr ist es schwierig, über die Ausbeute der Linie 254 nm im Hochdruckbogen befriedigende Angaben zu machen (Rößler und Schönherr, 1938). Die Ausbeute der einzelnen Linien des Spektrums ist von einigen Parametern abhängig, wie aus anliegender Tab. 3.4 hervorgeht.

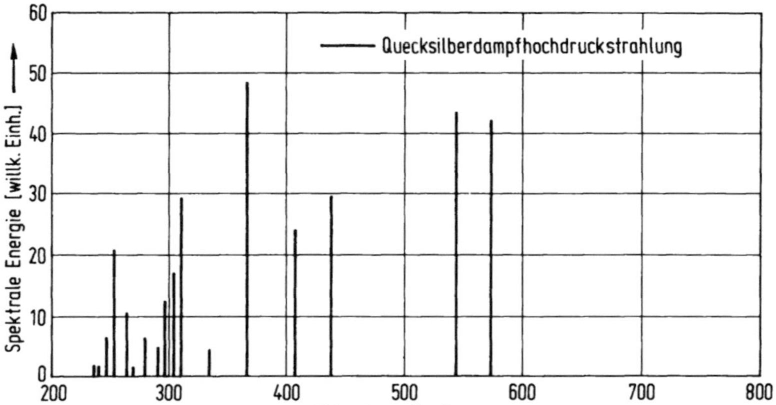

Abb. 3.15: Relative spektrale Energieverteilung eines Hg-Hochdruckstrahlers.

Die Hg-Hochdruckbrenner können maximal 20 % der eingespeisten elektrischen Leistung als UV-Strahlungsleistung abgeben; davon etwa je ein Drittel in den Bereichen UV-A, UV-B und UV-C.

3.2.4.7 Nutzlebensdauer der Hg-Hochdruckstrahler

Die Hg-Hochdrucklampen unterliegen einer Alterung. Nach längerem Betrieb schlägt sich auf der Rohrwandung zerstäubtes Elektrodenmaterial nieder. In gewissen Fällen tritt auch eine Veränderung der Gefäßwandung selbst auf. Beide Vor-

Tab. 3.4: Ausbeute der Hg-Linien für verschiedene Stromstärken, Dampfdrucke und Rohrdurchmesser
(abgestrahlte Leistung in Watt für 100 Watt der Entladung zugeführten Leistung; Spalte 2 bis 10 nach Krefft, Larché und Reger 1938, Spalte 11 nach Barnes 1934)

1	2	3	4	5	6	7	8	9	10	11
Dampfdruck in Torr	200	400	800	400	400	0,01	4000	7800	12300 = 16 at	etwa 760
Stromstärke in A	4	4	4	2	6	2,5	1,2	1,2	1,2	3,75
Rohr-ϕ in mm	27	27	27	27	27	18	8	8	8	15
Wellenlänge in mμ										
235	0,06	0,10	0,12	0,06	0,11	–	–	–	–	0,20
238	0,10	0,18	0,23	0,11	0,21	–	–	–	–	0,29
240	0,08	0,16	0,21	0,10	0,18	–	–	–	–	0,29
246	–	0,05	0,09	0,03	0,08	–	–	–	–	0,11
248	0,22	0,42	0,53	0,21	0,45	–	–	–	–	0,65
254	0,72	0,97	0,68	0,68	1,10	15,8	–	–	–	1,81
258	0,03	0,06	0,08	0,03	0,07	–	–	–	–	0,58
260	0,03	0,07	0,11	0,05	0,08	–	–	–	–	–
264	0,06	0,10	0,14	0,07	0,13	–	–	–	–	–
265	0,44	0,76	0,98	0,50	0,90	–	1,06	0,92	0,69	1,52
270	0,08	0,16	0,23	0,10	0,22	–	0,15	0,15	0,12	0,35
275	0,07	0,13	0,17	0.08	0,16	–	0,14	0,15	0,12	0,25
280	0,20	0,37	0,55	0,22	0,48	–	0,39	0,40	0,34	0,75
289	0,11	0,20	0,20	0,15	0,23	–	0,28	0,33	0,30	0,38
292	0,04	0,08	0,11	0,05	0,10	–	0,08	0,09	0,07	0,15
297	0,38	0,50	0,74	0,34	0,62	0,29	0,85	0,96	0,90	0,94
302	0,59	1,05	1,42	0,72	1,30	–	1,37	1,42	1,20	1,85
313	1,50	2,25	2,72	1,83	2,50	1,27	2,72	2,79	2,64	3,55
334	0,15	0,26	0,37	0,18	0,32	–	0,37	0,45	0,48	0,46
366	1,90	3,32	4,30	2,48	3,85	1,20	4,81	5,11	5,17	5,44
391	0,02	0,04	0,06	0,03	0,06	–	–	–	–	0,09
405	0,77	1,04	1,14	0,80	1,00	1,35	1,43	1,95	2,23	1,87
408	0,10	0,17	0,24	0,13	0,18	0,19	–	–	–	–
436	1,82	1,87	2,10	1,55	2,00	2,24	2,38	3,24	3,60	3,15
492	0,02	0,05	0,06	0,02	0,05	–	–	–	–	0,09
546	1,50	2,20	2,76	1,95	2,35	2,12	4,09	5,00	5,76	3,55
577/9	1,38	2,50	3,42	1,55	3,00	0,71	3,55	4,17	4,21	4,35
691	0,03	0,05	0,08	0,04	0,07	–	–	–	–	–
1014	0,47	0,83	1,18	0,55	0,99	–	–	–	–	1,49
1119/29	–	–	–	–	–	–	–	–	–	0,53
1189/1213	–	–	–	–	–	–	–	–	–	0,30
1357/96	–	–	–	–	–	–	–	–	–	0,78
1530	–	–	–	–	–	–	–	–	–	0,15
1690/1710	–	–	–	–	–	–	–	–	–	0,61
Summe	12,37	19,94	25,08	14,67	22,85	25,17	23,67	27,13	27,83	36,53

gänge bewirken eine Herabsetzung des Strahlungsflusses. Auch die Zusammensetzung der Strahlung wird geändert, da die Strahlung kürzerer Wellenlängen durch die Niederschläge auf der Wand bzw. durch die Veränderung des Wandmaterials stärker geschwächt werden als langwelligere. Die nutzbare Lebensdauer verändert sich insgesamt mit der spezifischen Belastung des Brenners. Sie ist weiterhin von der Betriebsweise, d.h. von der Zahl der Ein- und Ausschaltungen sowie von den Dauerbetriebszeiten abhängig. In Abb. 3.16 ist als Beispiel der zeitliche Strahlungsabfall des Brenners Q 600 (Original Hanau Quarzlampen GmbH) angegeben.

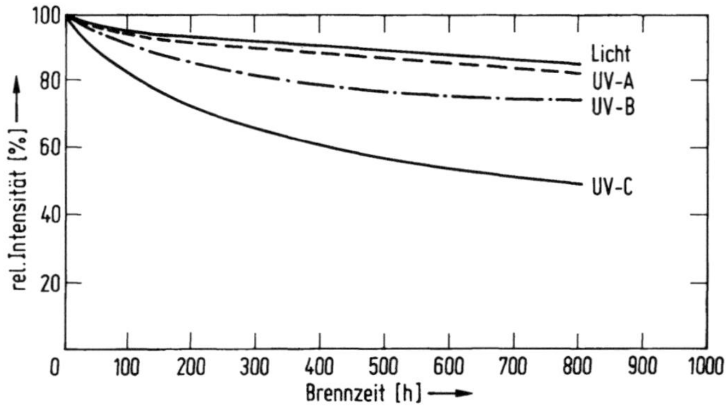

Abb. 3.16: Zeitlicher Abfall des Strahlungsflusses des Brenners Q 600 in verschiedenen UV-Spektralbereichen.

3.3 Handelsübliche Entladungslampen

3.3.1 Technische Ausführung von Quecksilberdampf-Niederdrucklampen

Die langgestreckten Rohre aus Quarzglas oder einem UV-durchlässigen Spezialglas haben Längen zwischen wenigen cm und etwa 2 m bei Durchmessern von etwa 10 mm bis 40 mm (über die verwendbaren Gläser siehe W. Espe (1961). Die eingespeisten elektrischen Leistungen liegen zwischen wenigen Watt und maximal 150 W. Äußerlich und in ihrer elektrischen Charakteristik entsprechen diese Lampen den weithin bekannten Leuchtstofflampen (Elenbaas, 1962). In der Entladung werden die Resonanzlinien 185 nm und 254 nm mit einem Anteil von etwa 15 % zu 85 % erzeugt (Barnes, 1960). Da jedoch die Strahlung bei 185 nm in der Lage ist, den Luftsauerstoff zu ionisieren und damit die meist unerwünschten Stoffe Ozon und Stickoxide herzustellen, wählt man für das Gefäßmaterial Quarzglassorten, welche die Linie 185 nm vollständig absorbieren, für die Linie 254 nm jedoch eine möglichst hohe Durchlässigkeit besitzen. Die daneben abgestrahlten Linien sind vergleichsweise so schwach, daß sie kaum ins Gewicht fallen. Im sichtbaren Gebiet ist lediglich ein schwaches blaßblaues Leuchten erkennbar. Das Spektrum einer Hg-Niederdrucklampe ist in Abb. 3.10 dargestellt. Bei optimaler Wahl der geometrischen und elektrischen Parameter erreicht man, daß bis zu 50 % der elektrischen in Strahlungsleistung umgesetzt wird.

In der folgenden Tab. 3.5 ist ein typischer Vertreter dieser Lampengattung mit seinen Eigenschaften aufgeführt. (Niederdrucklampe NN 30/89 der Original Hanau Quarzlampen GmbH, Hanau).

Tab. 3.5: Typische Daten einer Hg-Niederdrucklampe (NN 30/89 Original Hanau)

Elektrische Daten:

Versorgungsspannung	220 V
Strahlerspannung	112 V
Strahlerstrom	350 mA
Strahlerleistung	30 W

Absolute spektrale Energieverteilung

Wellenlänge λ (nm)	Strahlungsfluß Φ (W)
248	–
254	15,0
265	0,1
276	–
280	–
289	–
297	0,1
302	0,1
313	0,4
334	–
366	0,3
405/8	0,2
436	0,2
546	0,2
577/9	0,1

Technische Angaben:

Gesamtlänge:	893 mm *ohne* Fassungen 1050 mm *mit* Fassungen
Leuchtrohr-Durchmesser außen:	15 mm
ausnutzbare Bogenlänge:	789 mm
Brennlage:	beliebig
Dampfdruck im Betrieb:	0,006 Torr.

Bei der Bogenlänge der beschriebenen Lampe von etwa 80 cm beträgt die Brennerspannung 112 V. Für Katoden- und Anodenfall gehen 15 V verloren, so daß für die Entladung in der positiven Säule etwa 100 V zur Verfügung stehen, die eine Feldstärke von ca. 1,2 V/cm erzeugen. 15 W Strahlungsleistung der Linie 254 nm werden emittiert, weitere 2,6 W werden in Strahlung der Linie 185 nm umgewandelt, die dann in der Gefäßwand absorbiert wird. Die restlichen 12,4 W gehen als Wärme hauptsähclich an den Elektroden verloren. Die Strahlungsausbeute der Lampe ist abhängig vom Dampfdruck des Hg, dieser wiederum von der Temperatur des Entladungsgefäßes, genauer gesagt von der kältesten Stelle der Röhre.

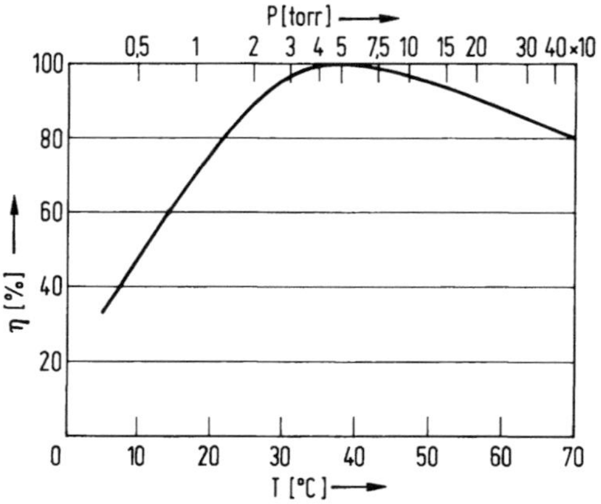

Abb. 3.17: Relative Ausbeute η der Resonanzstrahlung in Hg-Dampf als Funktion der Gefäßtemperatur (untere Skala) und des damit zusammenhängenden Hg-Dampfdruckes (obere Skala).

In Abb. 3.17 sind die Zusammenhänge zwischen Rohrtemperatur, Dampfdruck des Hg und Strahlungsausbeute dargestellt. Die beste Ausbeute ergibt sich bei etwa 40° C, einem Wert der sich leicht erreichen läßt, wenn die Umgebungstemperatur der Zimmertemperatur entspricht. In sehr kalter Umgebung arbeitet man häufig mit zusätzlicher Heizung oder doppelwandigen Gefäßen, in warmer Umgebung mit zusätzlicher Kühlung, um gute Ausbeuten zu erzielen. Als Elektroden verwendet man in den Niederdrucklampen meist Wendeln aus Wolfram-Draht, die mit einer elektronenemissionsfähigen Schicht von Metalloxiden überzogen sind.
Zur Zündung der Entladung wird in einer Schaltung gemäß Abb. 3.18 mit Hilfe eines Glimmstarters zunächst ein Kurzschluß zwischen den beiden Elektroden hergestellt, wodurch die Wendeln vorgeheizt werden. Nach Erreichung der optimalen Heizwendeltemperatur schaltet der Starter ab, so daß anschließend die Netzspannung an der Entladungsröhre liegt. Der Brenner zündet, die Temperatur der heißen Elektroden wird anschließend durch die Gasentladung aufrechterhalten. Die Vorschaltung einer Drossel ist zum stabilen Betrieb notwendig. Daneben gibt es die Möglichkeit, auch mit kalten Elektroden zu arbeiten. In diesem Fall muß zum Zweck der Zündung eine Hochspannung von etwa 1.000 V angelegt werden. Die Niederdrucklampen werden üblicherweise an Wechselspannung betrieben. Bei Ver-

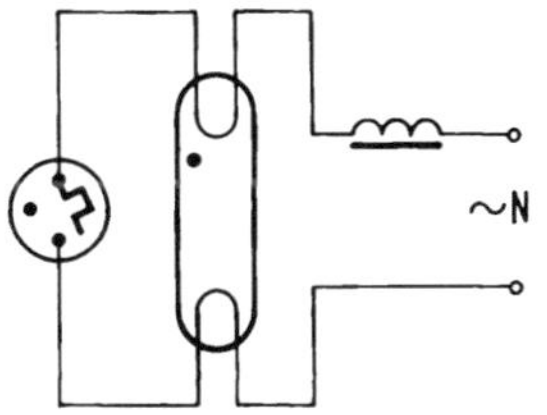

Abb. 3.18: Schaltung einer Quecksilberdampf-Niederdrucklampe und Starter und Drossel.

wendung von Gleichspannung wandern durch Elektrophorese Hg-Ionen zur Katode und reichern sich dort an. Nach einiger Zeit führt dieser Vorgang zum Erlöschen der Lampe, die sich nur durch Umpolen wieder regenerieren läßt.

Ein Vorteil der Niederdrucklampe ist die große erreichbare Lebensdauer, die sich aus Abb. 3.19 entnehmen läßt. Die wirksame Nutzlebensdauer ergibt sich aus dem Abfall des Strahlungsflusses. Sie darf nicht mit der Brenndauer verwechselt werden, die wesentlich länger sein kann. Dies bedeutet, daß in der Röhre über eine sehr lange Zeit eine Gasentladung betrieben werden kann, daß jedoch eine ausreichende UV-Strahlungsleistung nur für begrenzte Zeit zur Verfügung steht.

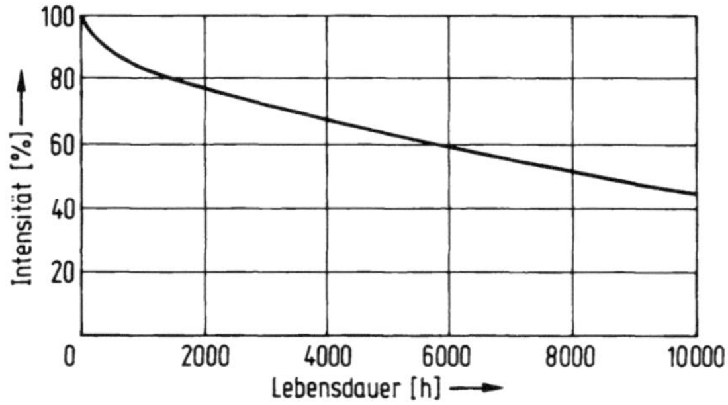

Abb. 3.19: Abfall der Strahlungsintensität einer Quecksilberdampf-Niederdrucklampe als Funktion der Lebensdauer.

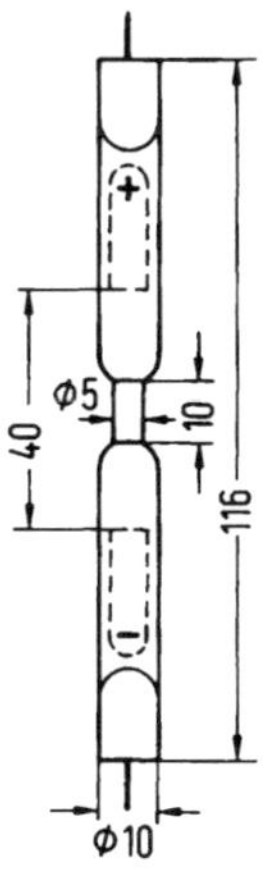

Abb. 3.20: Aufbau einer Quecksilberdampf-Niederdrucklampe mit eingeschnürtem Entladungsrohr (NK 4/4).

Eine interessante Möglichkeit, die Strahldichte auch von Niederdrucklampen soweit zu erhöhen, daß sie für die Anwendung in optischen Geräten (Fotometern, Polarimetern, Fluorimetern, Refraktometern, Densitometern u.a.) geeignet sind, besteht darin, die Entladung auf eine bestimmte Länge einzuschnüren. Bei der Lampe NK4/4 (Original Hanau Quarzlampen GmbH), die als internationaler Eichstandard für den UV-C-Bereich vorgeschlagen wurde, erreicht man auf diese Weise eine Strahldichte von 15 mW/cm^2 sr, obwohl bei dieser Lampe der gesamte Strahlungsfluß im UV-C nur 0,5 W beträgt (s. Abb. 3.20).

3.3.1.1 Quecksilberdampf-Niederdrucklampen mit Leuchtstoff

Mit Hg-Niederdrucklampen kann man mit Hilfe besonderer Vorkehrungen auch eine Strahlungsemission im biologisch interessanten UV-Spektralbereich von etwa 360 nm erzeugen. Man beschichtet dazu die Innenseite des Lampenrohres mit einem Leuchtstoff, der die kurzwellige UV-Strahlung (185 nm und 254 nm) absorbiert und eine langwellige UV-Strahlung mit einem Spektrum aussendet, wie es in Abb. 3.21 dargestellt ist (Froelich, 1947). Eine solche Lampe entspricht in ihrer Wirkungsweise den für Lichterzeugung gebräuchlichen Leuchtstofflampen, wobei jedoch das lichtemittierende durch ein UV-emittierendes Lumineszenzmaterial ersetzt ist. Die Strahlungsausbeute dieser Lampen ist wesentlich geringer als bei bei der kurzwelligen Hg-Niederdruckentladung für 254 nm, da der Leuchtstoff max. 40 % der absorbierten Energie in langwelliges UV umzuwandeln imstande ist.

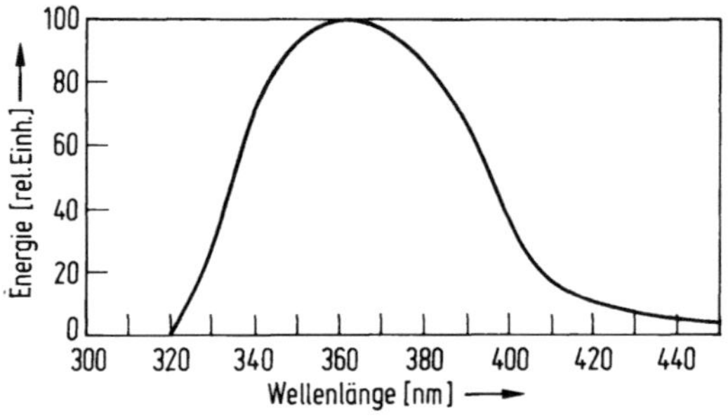

Abb. 3.21: Emissionsspektrum eines UV-Leuchtstoffes.

3.3.2 Technische Ausführung der Quecksilberdampf-Hochdrucklampe

Das Entladungsgefäß ist in Abb. 3.22 dargestellt. Der langgestreckte Brenner aus Quarzglas enthält an den Enden zwei Hauptelektroden sowie eine oder zwei Hilfselektroden zur Zündung (Zündelektroden). Das Entladungsgefäß ist mit einer bestimmten Menge Quecksilber und einem Edelgas gefüllt.

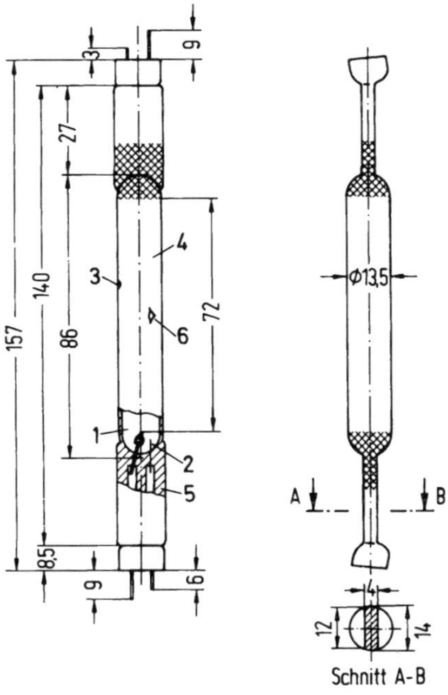

Abb. 3.22: Aufbau einer Quecksilberdampf-Hochdrucklampe
1 Hauptelektrode 4 Lampeninnenraum
2 Zündelektrode 5 Quetschung
3 Quecksilber 6 Abschmelzstutzen
(Q401 der Original Hanau Quarzlampen GmbH), Maße in mm.

3.3.2.1 Das Entladungsrohr

Das für die Herstellung des Entladungsgefäßes verwendete Material (Quarzglas) hat mehrere hervorragende Eigenschaften im Hinblick auf die Anwendung in der UV-Lampentechnik. Seine optische Durchlässigkeit reicht von etwa 200 nm bis weit in den infraroten Spektralbereich hinein. Die in der Gasentladung erzeugte Strahlung kann daher vollständig emittiert werden. Je reiner das Quarzmaterial ist, bei desto kleineren Wellenlängen liegt die kurzwellige Durchlässigkeitsgrenze (Das synthetische Quarzmaterial Suprasil® der Heraeus Quarzschmelze hat z.B. seine Absorptionskante bei etwa 160 nm). Durch gezielte Beimischung von Zuschlagstoffen kann die Durchlässigkeitsgrenze zu längeren Wellenlängen hin verschoben werden, so daß sie etwa oberhalb 185 nm liegt. Dies hat zur Folge, daß die häufig unerwünschte ozonerzeugende Strahlung der Quecksilberlinie 185 nm vom Gefäßmaterial absorbiert wird. Gelegentlich benutzt man auch Quarzglas mit einer Absorptionskante bei etwa 280 nm, wenn man die Emission der UV-C-Strahlung vermeiden will, wie dies bei bestimmten medizinischen Anwendungen der UV-Lampe angezeigt erscheint. Eine weitere hervorstechende Eigenschaft des Quarzes ist die hohe Temperaturbeständigkeit. Trotz der hohen Bogentemperaturen und der im Betrieb üblicherweise erreichten Dauertemperatur der Gefäßwand von etwa 800 °C ist das Entladungsrohr in der Lage, den hohen Gasdrucken im Lampeninneren zu widerstehen. Gewisse Schwierigkeiten bereitet lediglich die Verarbeitung, da hierfür Temperaturen von 1600 °C bis 1700 °C notwendig sind. In der Serienfertigung werden die Entladungsrohre aus Quarz an beiden Enden gequetscht, nachdem die Rohrenden bis zum Schmelzpunkt erwärmt wurden. Gleichzeitig werden damit die elektrischen Durchführungen zu den Elektroden vakuumdicht im Quarzglas eingeschmolzen. Es ist kein elektrisch leitendes Material bekannt, das näherungsweise einen so geringen Wärmeausdehnungskoeffizienten hat wie Quarzglas ($0{,}5 \cdot 10^{-6}/°C$), und das gleichzeitig bei den hohen Einschmelztemperaturen des Quarzglases beständig ist. Daher ist es nicht möglich, eine echte Metall-Quarz-Einschmelzung auszuführen. Es hat sich jedoch in der Praxis gezeigt, daß man durch die Verwendung dünner Molybdänfolien als Stromzuleitungen vakuumdichte und temperaturbeständige elektrische Stromdurchführungen herstellen kann, da sich diese Folien offenbar infolge ihrer elastischen Eigenschaften weitgehend der Quarzausdehnung anpassen. In Elektrodennähe pflegt man meist das Entladungsgefäß mit einer haltbaren Spiegelschicht aus Gold oder Platin zu überziehen, damit der Einbrennvorgang nach der Zündung abgekürzt oder überhaupt erst ermöglicht wird. Mit dem Spiegel wird die Wärmestrahlung, die von den sich eben aufheizenden Elektroden abgegeben wird, so auf die Elektroden reflektiert, daß nur geringe Wärmeverluste auftreten und bald nach der Zündung hohe Temperaturen erreicht werden können. Wenn der Brenner in einem Glaskolben eingeschmolzen ist, kann dieser Spiegel entfallen, da hierbei zumindest die Wärmeverluste durch Konvektion unterdrückt sind.

3.3.2.2 Elektroden

Die wichtigsten Eigenschaften der Elektroden, sowohl die Emissionsfähigkeit als auch die Hitzebeständigkeit, sind für die Qualität der Hochdruckbrenner von großer Bedeutung. Als Grundmaterial verwendet man meist Stäbe aus Wolfram, die mit einer Wendel, ebenfalls aus Wolframdraht, umwickelt sind. Zwischen Kern und Wendel (Körbchen) befindet sich ein Emittermaterial (üblicherweise Mischungen aus Oxiden von Ba, Sr, Ca und Th), das die Elektronenemissionsfähigkeit stark heraufsetzt. Solche Elektroden arbeiten bei etwa 1600° C optimal. Höhere Temperaturen wirken sich nachteilig aus, da die Strahlungsausbeute und die Lebensdauer des Brenners hauptsächlich durch Elektroden- und Emitterverdampfung bewirkt werden. Diese Dämpfe schlagen sich auf der Gefäßwand nieder und bewirken eine Abnahme der optischen Durchlässigkeit der Gefäßwand. Da die früher oft verwendete Quecksilber-Sumpfelektrode nur noch historische Bedeutung hat, soll sie hier nicht behandelt werden.

Es ist üblich, zusätzlich zu einer der Hauptelektroden (oder zu beiden) eine Zündelektrode anzubringen. Sie besteht ebenfalls aus dünnem Wolfram- oder Molybdändraht. Ihre Aufgabe ist es, die Zündung der Lampe über eine Glimmentladung einzuleiten. Man sorgt dafür, daß der Abstand zwischen der Lampenelektrode und der

Zündelektrode möglichst gering bleibt, da dies für den Wert der Zündspannung von großer Bedeutung ist.

3.3.2.3 Vakuum und Lampenfüllung

Bevor das Entladungsgefäß gefüllt werden kann, muß es zunächst gut gereinigt, hoch evakuiert und durch Erhitzung entgast werden. Nur die sorgfältige Beachtung aller Reinigungsvorschriften garantiert in der Massenfertigung die Einhaltung der gewünschten physikalischen Daten. Anschließend an den Reinigungsprozeß wird eine vorgegebene Quecksilbermenge eindosiert. Bei den Hochdrucklampen ist der Betriebsdampfdruck und damit die Bogenspannung durch die im Entladungsrohr befindliche Hg-Menge bestimmt, wobei davon ausgegangen werden kann, daß die eingebrachte Hg-Menge geringer als die Sättigungsmenge ist. Da bei Zimmertemperatur der Hg-Dampfdruck sehr niedrig ist (s. Tab. 3.3), kann der Brenner praktisch nicht zünden. Ein Edelgaszusatz schafft hier Abhilfe. Meist verwendet man Argon mit einem Einfülldruck von 10–50 Torr. Das Edelgas hat den weiteren Vorteil, daß es in der Zündphase die Elektrodenzerstäubung gering hält und damit zur Lebensdauer-Verlängerung der Lampe beiträgt. Dadurch, daß das Argon nach der Zündung die Stromleitung übernimmt, bewirkt es eine rasche Verdampfung des Quecksilbers und damit eine Verkürzung des Anlaufvorganges. In der eingebrannten Lampe trägt das Argon nicht zur Strahlungsemission bei, da sein partieller Druckanteil gering und die Anregungsspannung größer ist als die des Quecksilbers.

3.3.2.4 Spezielle Ausführungsformen der Hg-Hochdrucklampen

3.3.2.4.1 Das UV-Normal

Im Anschluß an ausführliche Untersuchungen und genaue Messungen an einer besonders sorgfältig hergestellten Hg-Hochdrucklampe (Krefft, Rößler und Rüttenauer, 1937, Rößler, 1939) hat diese spezielle Ausführungsform als UV-Normal Eingang in der optischen Eich- und Meßtechnik gefunden (Hersteller: Osram GmbH, Philips). Es handelt sich um eine 250 W Hg-Hochdrucklampe mit einem Innendurchmesser von 1,8 cm. Die Bogenlänge beträgt 10,5 cm. Da besonders in Elektrodennähe die Metallverdampfung und damit die Durchlässigkeitsminderung des Quarzrohres eine Rolle spielt, werden die Rohrenden so abgedeckt, daß nur die mittleren 8 cm zur Strahlungsemission freibleiben. Die Bogenspannung beträgt etwa 130 V, der frei strahlende 8 cm lange Bogenabschnitt hat eine Leistungsaufnahme von 175 W.

Die von Rößler (1939) gemessenen absoluten Intensitäten der Linien und der kontinuierlichen Spektren des UV-Normals ergeben sich aus der folgenden Tab. 3.6:

Tab. 3.6

Wellenlänge nm	Linienenergie in Watt	Kontinuums-Energie in Watt pro 10 nm
> 579.1	7.1	5.0 (total; nicht pro 10 nm)
577/9	5.55	0.050
546.1	6,78	0.040
491.6	0.07	0.050
435.8	5.45	0.065
404.7/7.8	3.59	0.080
390.6	0.06	0.10
365/6.3	7.53	0.27
334.1	0.55	0.48
312.6/3.2	5.05	0.58
302.2/2.6	2.15	0.59
296.7	1.15	0.44
292.5	0.11	0.41
289.4	0.44	0.41
280.4	0.77	0.465
275.3/6.0	0.29	0.57
269.9	0.34	0.82
264/5.2	1.80	
< 264	2	6 (total; nicht pro 10 nm)
	51 W	17 W

3.3.2.4.2 Stabillampen

Wie bereits erwähnt wurde (3.1.4.2.1), zeigt in der Hochdrucklampe der kontrahierte Bogen infolge der Turbulenzen eine große räumliche Unruhe. Damit verbunden ist eine starke Inkonstanz der zeitlichen und räumlichen Energieabstrahlung. Da jedoch Hg-Hochdrucklampen vielfach in optischen Geräten (z.B. Fotometern, Polarimetern usw.) Verwendung finden, sind diese Bogenschwankungen höchst unerwünscht.

Es sind verschiedene Möglichkeiten entwickelt worden, die Stabilität zu verbessern (z.B. St-Lampen der Original Hanau Quarzlampen GmbH). Die Elektroden-stabilisierte Hochdrucklampe wird an Gleichspannung betrieben. Eine besondere Ausbildung von Anode und Katode sorgt dafür, daß der Bogenansatz im Betrieb nicht wandert. Damit wird erreicht, daß die geometrische Achse des Lichtbogens während des Betriebes an der gleichen Stelle bleibt (St 75). Durch zusätzliche Anbringung von Quarzblenden im Leuchtrohr kann der Bogen zur weiteren räumlichen Stabilität gezwungen werden (St 41). Ein Hüllrohr hilft, die äußeren thermischen Einflüsse auf die Entladung zu verringern (St 48). Bei der wandstabilsierten Lampe werden Quecksilberdosierung, Leistung des Brenners und Innendurchmesser des Entladungsrohres soweit aufeinander abgestimmt, daß der Durchmesser des Plasmabogens mit dem Wanddurchmesser zusammenfällt. Die Strahlungsemission ist dadurch von großer zeitlicher und räumlicher Konstanz, da der Bogen praktisch nicht wandert.

3.3.3 Die Quecksilberdampf-Höchstdrucklampe

Wie in Abschn. 3.1.4.2.2 bereits dargelegt wurde, steigen Strahlungsausbeute und Strahldichte der Hg-Entladungslampe mit steigendem Dampfdruck. Da insbesondere zur Benutzung in optischen Geräten hohe Leuchtdichten bzw. Strahldichten erwünscht sind, wurden Höchstdrucklampen für Betriebsdrucke bis zu 200 atm entwickelt. Da diese Lampen eine hohe Lichtausbeute ergeben, werden sie in speziellen Fällen auch für Beleuchtungszwecke verwendet. Die Druckerhöhung gegenüber den Hochdrucklampen wird durch Steigerung der Leistungskonzentration in den Entladungsgefäßen bewirkt. Man hat versucht, sowohl die Feldstärken der Entladung (V/cm) als auch die Stromdichte (A/cm^2) oder wenigstens eine der beiden Größen erheblich zu vergrößern.

Die Untersuchungen über das physikalische Verhalten der Höchstdrucklampen sowie die Entwicklung geeigneter Fertigungsverfahren haben zu verschiedenen Ausführungsformen geführt:

1. Kugelförmige Hg-Höchstdrucklampe,
   wegen ihrer Form auch Kurzbogenlampe genannt. Bei ihr ist die Bogenlänge klein gegen den Gefäßdurchmesser.
2. Kapillarförmige Hg-Höchstdrucklampe.
   Bei ihr ist die Bogenlänge groß gegen den Gefäßdurchmesser.

Es hat sich gezeigt, daß die thermische Konvektion bei diesen Lampentypen nahezu keinen Einfluß auf die Entladung hat [1]. Man bezeichnet die Kurzbogenentladung als elektrodenstabilisiert, die Kapillarentladung als wandstabilisiert.

3.3.3.1 Die Kurzbogenlampe

Sie besitzt ein kugel- oder ellipsoidförmiges, aus Quarzglas bestehendes Entladungsgefäß.

---

1) Rompe, Thouret und Weizel, 1944.

Tab. 3.7: Charakteristische Merkmale der Kurzbogenlampe

Kolbendurchmesser	1 bis 10 cm	
Bogenlänge	0,02 bis 2 cm	(sehr klein)
Entladungsstrom	2 bis 15 A	(sehr hoch)
	in besonderen Fällen bis 250 A	
Betriebsdruck	10 bis 50 atm.	(sehr hoch)
elektrische Feldstärke	50 bis 300 V/cm	
spezifische Bogenleistung	300 bis 10.000 W/cm	
Lebensdauer	100 bis 400 Std.	

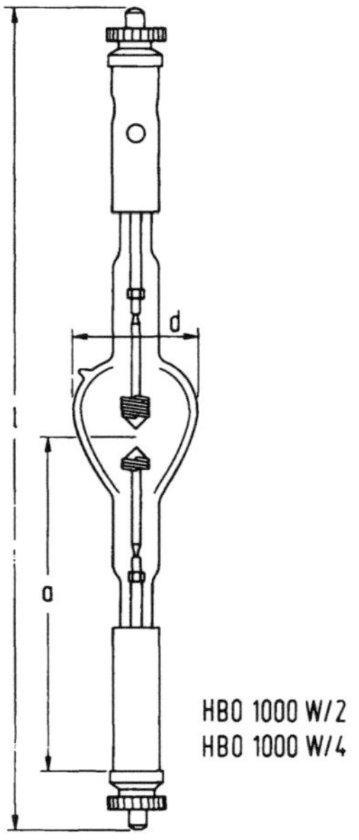

Abb. 3.23: Aufbau einer Kurzbogenlampe (Osram HBO). Maße a = 288 mm, l = 288 mm, d = 43 mm.

In Abb. 3.23 ist eine Kurzbogenlampe dargestellt. Wegen der hohen Belastung dieser Lampen werden besonders hohe Anforderungen an das Lampengefäß, an die Stromdurchführungen und an die Elektroden gestellt. Da die Entladung relativ weit von der Kolbenwand entfernt ist, hat die Entladung keinen Einfluß auf die Gefäßwand. Dennoch treten Wandtemperaturen von 650 °C auf. Dabei hat sich gezeigt, daß die Ellipsoidform der Lampe insbesondere am oberen Gefäßende den günstigsten Temperaturverlauf ergibt. Man wählt Wandstärken für das Quarzgefäß bis zu 4 mm, um die in der Lampe auftretenden hohen Drucke zu beherrschen. Die Elektroden der Kurzbogenlampe sind aus Wolfram und im allgemeinen sehr massiv ausgebildet, damit die hohen Ströme und besonders die hohen Stromdichten am Brennfleck keine allzu hohen Temperaturen bewirken können. Man benötigt eine große Elektrodenmasse und -oberfläche, damit die Metallverdampfung die Lebensdauer der Lampe nicht zu stark herabsetzt. Andererseits ist jedoch zu beachten, daß die Elektrodenmasse für einen schnellen Anlauf der Entladung nicht zu hoch wird. Es gibt einige Ausführungen der Höchstdrucklampe mit einer seitlich zugeführten dritten Elektrode, die als Zündelektrode dient. Wegen der hohen Betriebs- und insbesondere wegen der hohen Anlaufströme bestehen die Stromzuführungen meist aus einer Anordnung von mehreren Molybdänfolien. Die Einbrennzeit der Kurzbogenlampe ist länger als die der Hochdrucklampe und beträgt mindestens 5 Minuten. Im allgemeinen wird die Kurzbogenlampe an Gleichspannung betrieben, da in dieser Betriebsweise die Lebensdauer deutlich länger ist als im Wechselstrombetrieb. Man verwendet sie nur in vertikaler Lage und muß darauf achten, daß die Katode oben und die Anode unten liegt. Die handelsüblichen Vorschaltgeräte enthalten Gleichrichter, Vorwiderstand und ein zusätzliches Zündgerät, das Hochspannungsstöße abzugeben in der Lage ist.

Zur Zündung ist eine Spannung erforderlich, die weit über der Versorgungsspannung (220 V) liegt. Ihre Höhe richtet sich danach, ob die jeweilige Lampe nur bei niedrigem Innendruck (in kaltem Zustand) oder auch bei hohem Druck kurz nach dem Abschalten (in heißem Zustand) gezündet werden soll.

Wichtig ist es, auf das Spektrum der Kurzbogenlampe hinzuweisen. Es enthält die Quecksilberlinien, die in Abschn. 3.2.4.2.4 bereits erwähnt wurden. Durch den hohen Dampfdruck in der Entladung sind die Spektrallinien jedoch stark verbreitert und überdies ist ein kräftiges Kontinuum sichtbar, dem die Linien überlagert sind (s. Abb. 3.24).

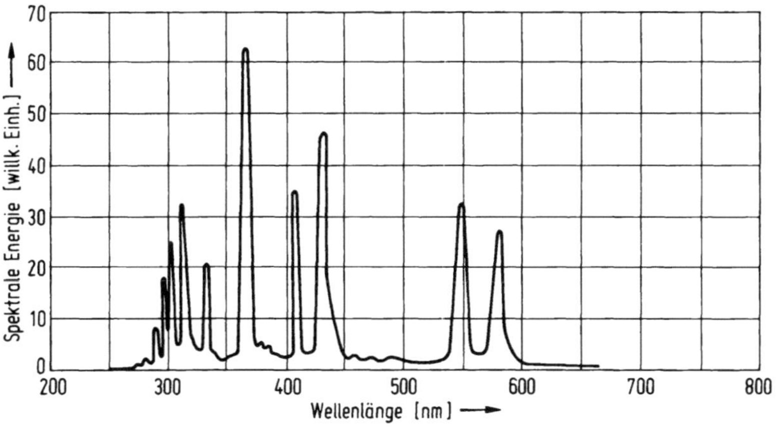

Abb. 3.24: Relative spektrale Energieverteilung einer Quecksilberdampf-Höchstdrucklampe (Kurzbogenlampe).

3.3.3.2 Die Kapillarlampe

Dieser Lampentyp, der ein langgestrecktes dünnes Entladungsrohr aus Quarz aufweist, ist durch die Daten in Tab. 3.8 charakterisiert:

Tab. 3.8: Typische Daten einer Kapillarlampe

Entladungsrohrdurchmesser	0,1 bis 0,3 cm
Bogenlänge	1 bis 10 cm
Entladungsstrom	1 bis 2 A
Betriebsdruck	50 bis 200 atm. (sehr hoch)
elektrische Feldstärke	300 bis 1000 V/cm (sehr hoch)
spezifische Bogenleistung	300 bis 1500 W/cm
Lebensdauer	50 bis 100 Std.

Diese Entladung arbeitet mit sehr hohem Dampfdruck und damit auch mit sehr hoher Feldstärke. Die hohe Leistung bei dem geringen Rohrquerschnitt führt zu einer Wandbelastung von 500 bis 1000 W/cm^2, die das Quarzrohr nicht ohne zusätzliche Kühlung aushalten kann. Üblicherweise wendet man Wasserkühlung an, indem man das Entladungsgefäß in einem mit einem Strahlungsfenster versehenen, wasserdurchspülten Gehäuse unterbringt. Bei Wandbelastung unter 500 W/cm^2 kann auch Preßluft als Kühlmittel benutzt werden. Das Entladungsgefäß aus Quarz weist einen Elektrodenabstand von 12 bis 25 mm auf. Der Innendurchmesser des Quarzgefäßes beträgt 2 mm bei 1 mm Wandstärke. Wegen der geringen Stromstärke im Betrieb sind Elektroden und Stromzuführungen nicht besonders massiv ausgeführt.

Im Gegensatz zu den bis jetzt beschriebenen Hoch- und Höchstdrucklampen wird bei den Kapillarlampen das Quecksilber überdosiert. Dies bedeutet, daß an den kältesten Stellen der Lampe ständig eine gewisse Menge kondensiert ist und der Dampfdruck in der Lampe während des Betriebs sehr empfindlich auf Kühlart und Kühltemperatur reagiert. Die Betriebslage ist waagerecht.

Da die Lampenspannung der Kapillarlampen je nach Type zwischen 450 V und 750 V liegt, benötigt man Versorgungsspannungen zwischen etwa 650 V und 1400 V. Wie bei allen Entladungslampen sind zum stabilen Betrieb Vorwiderstände nötig. Man benutzt hier als Vorschaltgeräte vielfach Streufeldtransformatoren.

Ähnlich wie bei den Kurzbogenlampen ist das Spektrum von einem starken Kontinuum unterlagert. Die Hg-Linien sind erheblich verbreitert.

Wegen der außerordentlich hohen Leuchtdichte und Strahldichte wird die Kapillarlampe vorwiegend für Projektionszwecke angewandt. Für biologische Anwendungen kommt diese Lampe besonders dann infrage, wenn man sie zusammen mit Filtern oder einem Monochromator betreiben will, um einzelne Hg-Linien mit noch ausreichender Bestrahlungsstärke anwenden zu können.

3.3.4 Quecksilberdampflampen mit Zusätzen

In früheren Abschnitten (3.2.4 und 3.3.3) sind die Spektren der Quecksilberdampf-Niederdruck, -Hochdruck- und -Höchstdrucklampen beschrieben worden. Es handelt sich dabei in jedem Fall im wesentlichen um Linienspektren, die lediglich bei den Höchstdrucklampen von einem merkbaren Kontinuum unterlagert sind. In großen Teilen des ultravioletten sowie des sichtbaren Spektrums ist keine Emission vorhanden.

Um diesen Nachteil abzuhalten, sind unter dem Namen Spektrallampen (Osram, Philips) Entladungslampen für Wechselstrombetrieb entwickelt worden, die im Aufbau und in der Betriebsweise den bereits beschriebenen Hg-Hochdrucklampen ähneln. Sie enthalten statt des Quecksilbers andere Metalle oder auch Edelgas und senden die Linienspektren dieser Metalldämpfe bzw. Edelgase mit relativ hoher Strahl- bzw. Leuchtdichte aus. Solche Spektrallampen existieren für folgende Elemente: Cd, Cs, He, Hg, K, Na, Ne, Rb, Tl, Zn. Der Nachteil dieser Lampen ist, daß auch sie nur Linienspektren mit wenigen Linien emittieren, und daß sie nur für Leistungen zwischen 10 und 55 W zur Verfügung stehen.

Daneben ist es auch gelungen, andere Metalle der Hg-Dampf-Entladung beizumischen, um zusätzliche Linien in dem Spektrum der Entladung zu erzeugen, z.B. Cd, Zn oder beide Metalle zugleich. Da die Anregungsniveaus dieser Metalle unter denen des Quecksilbers liegen, ist bereits ein mengenmäßig geringer Zusatz ausreichend, um die Spektrallinien der beigefügten Metalle mit ausreichender Intensität zu erzeugen. Diese Art der Verbesserung des Spektrums hat vor allem den Nachteil, daß die Wand des Entladungsgefäßes durch das Cd oder Zn angegriffen wird, wobei der Effekt noch dadurch verstärkt wird, daß zum Erreichen des erforderlichen Dampfdruckes für die Zusätze hohe Wandtemperaturen erforderlich sind. Um eine Hg-Entladung merkbar anzufärben, muß das Element einen ausreichenden Dampfdruck besitzen. Das Entladungsgefäß aus Quarz kann Wandtemperaturen von 700 bis 1200 °C vertragen. Temperaturen über 900 °C verkürzen jedoch die Lebensdauer der Lampe ganz erheblich. In Abb. 3.25 ist der Dampfdruck der Elemente NA, Tl, In und Dy in Abhängigkeit von der Temperatur dargestellt, nach Popp, 1974). Das gerasterte Gebiet stellt den Bereich dar, in dem die Entladungslampen arbeiten. Ein Partialdruck < 10 Torr führt nicht zu einer ausreichenden Anfärbung. Wegen der genannten Nachteile haben die Quecksilberdampf-Hochdrucklampen mit Metallzusätzen keine praktische Bedeutung erhalten. Es hat sich jedoch gezeigt, daß eine hervorragende Möglichkeit besteht, das Spektrum der Quecksilberdampf-Hochdrucklampen entscheidend zu verbessern, ohne daß die erwähnten Schwierigkeiten auftreten. Hierzu fügt man die Metalle, deren spezifische Strahlung zur Auffüllung des

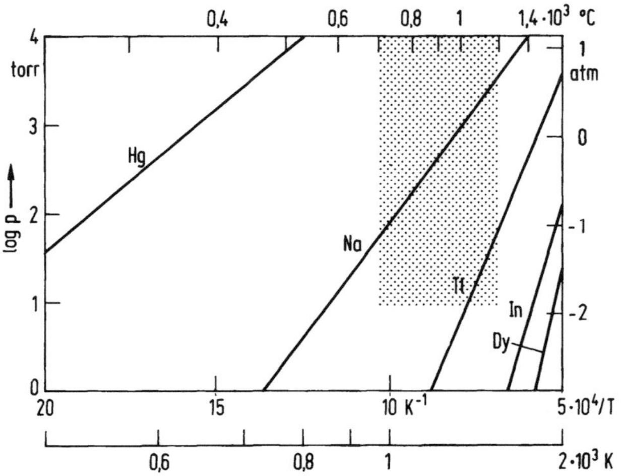

Abb. 3.25: Dampfdruck einiger Elemente.

Spektrums dienen soll, dem Quecksilber in Form von Jodiden zu. Das Metalljodid ist innerhalb des Entladungsgefäßes nur in der kühlen Wandzone beständig. Es dissoziiert jedoch innerhalb der heißen Zone des Entladungsbogens, so daß in der Gasentladung die Metalle und das Jod in atomarer Form auftreten. Metalldampf, der zur Gefäßwand diffundiert ist, rekombiniert dort mit dem Jod und wird als Halogenid wieder in das Lampeninnere transportiert, wo es erneut dissoziiert. Dieser Halogenidkreislauf wird auch in der Glühlampentechnik erfolgreich angewandt (siehe 3.3.3.5). Da die Energieniveaus des Jod höher liegen als die der Metalle, werden im wesentlichen nur die Metallspektren emittiert, und zwar vorwiegend deren Resonanzlinien.

Man ist nun in der Lage, nicht nur leicht verdampfbare Metalle der Entladung zuzufügen, sondern auch solche, deren Halogenide bei den Temperaturen im Entladungsgefäß, d.h. an der kühlsten Stelle des Gefäßes, einen genügend hohen Dampfdruck haben. In Abb. 3.26 sind die Dampfdrucke der Jodide von In, Tl, Na und Dy eingetragen. Man vergleiche damit die Dampfdrucke der reinen Metalle, wie sie aus Abb. 3.25 hervorgehen. Es ist festzustellen, daß nur In J_3 in dem Entladungsbereich völlig verdampft ist. Die Dampfdrucke von Tl J und Dy J_3 reichen aus, um das Spektrum wirksam aufzufüllen. Lediglich der Dampfdruck von Na J ist kleiner als der von Na.

Die Lage und Intensität der Spektrallinien wird durch die Wahl der Jodide und deren Konzentration bestimmt. Diese lassen sich so wählen, daß die Auffüllung des Hg-Spektrums in den gewünschten Bereichen geschieht. Dabei nimmt die Strahlungsintensität der Quecksilberlinien ab, da die Energieniveaus der Quecksilberatome höher liegen als die der zugefügten Elemente. Dementsprechend dient das Quecksilber im wesentlichen zur Zündung und Aufrechterhaltung der Bogenentladung.

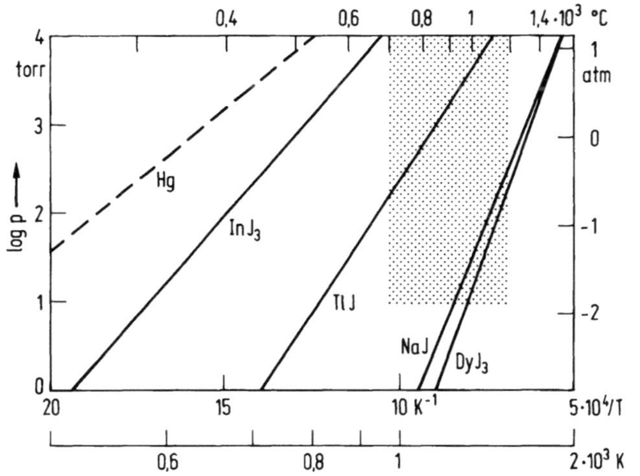

Abb. 3.26: Dampfdruck einiger Jodide.

Es wurde festgestellt, daß die Wärmeleitungsverluste pro cm Bogenlänge bei Halogen-Entladungslampen etwa 20 W betragen, während sie bei normalen Hg-Hochdruckentladungslampen bei etwa 10 W liegen. Diese zusätzlichen Energieverluste sind vermutlich der Dissoziation und Rekombination der Jodide zuzuschreiben. Aus diesem Grund betreibt man die Metallhalogenid-Entladungslampen im allgemeinen mit höheren Leistungsaufnahmen pro cm Bogenlänge (60 W/cm) als die üblichen Hg-Hochdrucklampen (etwa 40 W/cm). Der Lichtbogen ist häufig noch stärker eingeschnürt und noch weniger stabil als bei den Hg-Lampen. Insbesondere bei senkrechter Brennlage und bei langen Strahlern hoher Leistung kann es vorkommen, daß sich die hinzugefügten Elemente in der Entladung entmischen. Dies führt zu etwas unterschiedlichen Spektren in den unteren und oberen Zonen der Entladung.

Um hohe Dampfdrucke zu erzeugen, müssen die Brenner so gestaltet werden, daß möglichst wenig kalte Toträume (z.B. in Elektrodennähe) auftreten können. Zur Temperaturerhöhung der kalten Lampenenden wird ein Infarot-reflektierender Belag aufgebracht.

Die in den Elektroden üblicherweise zur Erhöhung der Elektronenemission verwendeten Metalloxide sind in den Metallhalogenid-Lampen praktisch nicht verwendbar, da sie mit dem Halogen chemisch reagieren. Dies und die höhere Durchschlagsfestigkeit der Halogenidlampen bewirkt eine Heraufsetzung sowohl der Zünd- als auch der Brennspannung dieser Lampen. Zur Zündung müssen daher, auch bei Lampen kleiner Leistung, häufig Hochfrequenz-Zündgeräte verwendet werden. Auch geheizte Hilfselektroden erleichtern den Zündvorgang. Metallhalogenidlampen werden z.Zt. für etwa gleiche Leistungsbereiche hergestellt wie einfache Hg-Hochdruckbrenner. Die Spannweite der technischen Daten braucht daher nicht gesondert aufgeführt zu werden, da sie mit derjenigen der Quecksilberdampf-Hochdruckbrenner nahezu identisch ist.

Der beschriebene Halogenkreislauf trägt dazu bei, schädliche Stoffe von der Quarzwand fernzuhalten und hilft daher, eine lange Lebensdauer zu erzielen, die mehrere Tausend Stunden betragen kann.

3.3.4.1 Das Spektrum der Metallhalogenidlampen

In den Spektren werden die durch die hinzugefügten Metalle erzeugten zusätzlichen Spektrallinien bemerkbar (s. Abb. 3.27). Gleichzeitig werden die Linien des Queck-

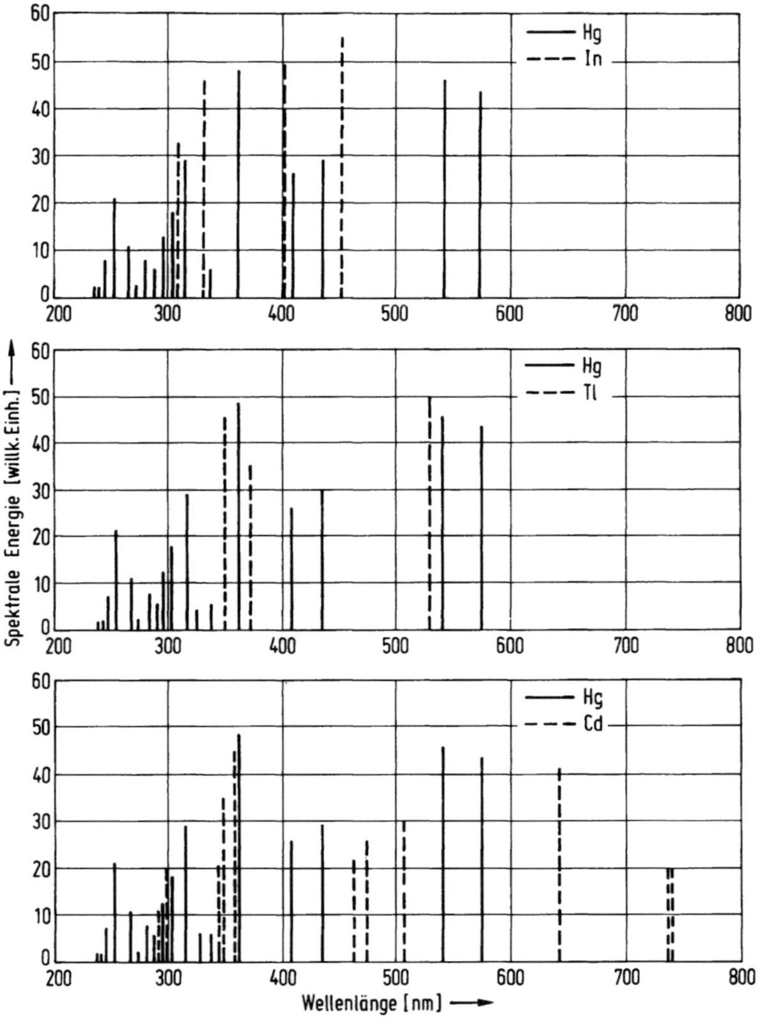

Abb. 3.27: Relative spektrale Energieverteilung der Strahlung von Quecksilberdampf-Hochdrucklampen mit Metallhalogenidzusätzen.

silbers, insbesondere die kurzwelligen, in ihrer Intensität herabgesetzt, da ein großer Teil der in der Entladung umgesetzten Energie zur Anregung der Zusatzmetalle verbraucht wird. Natürlich ist es auch möglich, die in der Darstellung einzeln aufgeführten Elemente zu kombinieren, wobei dann die Summe aller Spektrallinien zu erwarten ist. Auf diese Weise kann nicht nur das Spektrum im UV „aufgefüllt", sondern auch die Lichtfarbe entscheidend verbessert werden. Neben Lampen mit Elementen, die einige wenige Spektrallinien beisteuern, werden auch – insbesondere für die Lichttechnik – sogenannte Viellinienstrahler mit Elementen wie etwa Dy oder Sc hergestellt (Abb. 3.28). Auch Molekularstrahler mit Zusätzen von $Sn\,J_2$ oder $Sn\,Cl_2$, die ein ausgeprägtes Kontinuum im sichtbaren Spektralbereich aufweisen, finden Anwendung (s. Abb. 3.29). Metallhalogenidlampen werden auch als

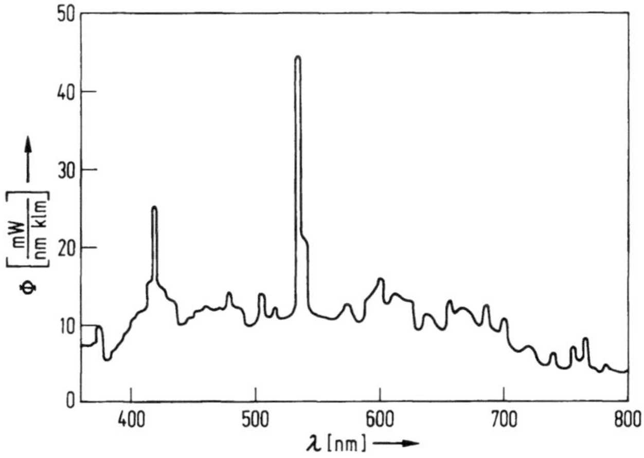

Abb. 3.28: Spektrum einer Hochdrucklampe mit Zusätzen von Dy-, Ho-, Tm-, Tl-Jodiden, nach Popp, 1974.

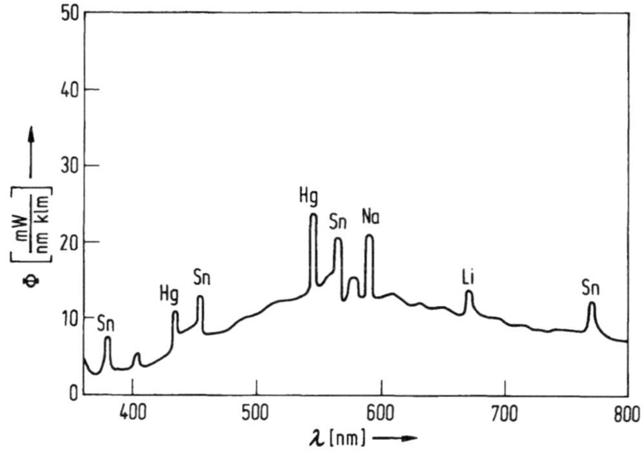

Abb. 3.29: Spektrum einer Hochdrucklampe mit Zusätzen von $Sn\,J_2$ und $Sn\,Cl_2$, nach Popp, 1974.

Kurzbogenlampen mit hohen Betriebsdampfdrucken hergestellt und weisen dann ebenfalls ein deutliches Kontinuum auf. Solche Lampen zeigen ein tageslichtähnliches Spektrum bei hoher Lichtausbeute (s. Abb. 3.30) und sind besonders für Lichtwurfzwecke gut verwendbar.

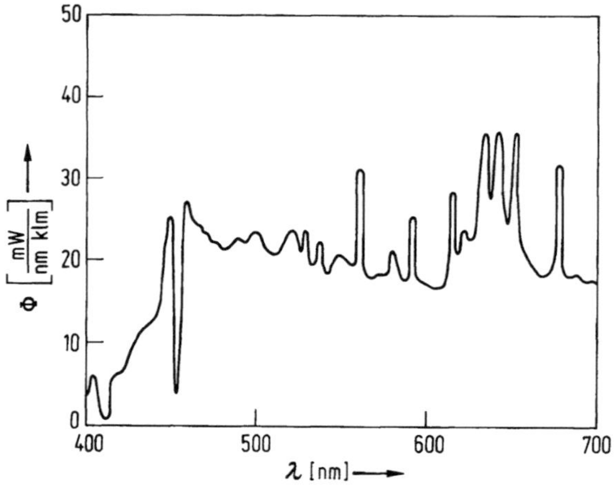

Abb. 3.30: Spektrum einer Hochdrucklampe mit Zusätzen von In-Halogenid bei sehr hohem Druck.

Insgesamt zeigt sich hier, daß diese neuartige Lampentechnik große Möglichkeiten bietet, Spektren nach Bedarf zu erzeugen. Bis jetzt sind vermutlich noch gar nicht alle Aspekte im Hinblick auf die Metallhlaogenidlampen ausreichend untersucht.

3.3.5 Edelgas-Entladungslampen

Ähnlich wie Quecksilberdampf-Entladungslampen gibt es auch Edelgas-Entladungslampen in verschiedenen Betriebsdruck-Bereichen, die völlig unterschiedliche Eigenschaften und dementsprechend voneinander abweichende Anwendungsmöglichkeiten haben.

3.3.5.1 Niederdruck-Edelgas-Entladungslampen

Diese Lampen sind insbesondere für die Erzeugung von Strahlung im Vakuum-Ultraviolett (unterhalb 200 nm) geeignet. Als Beispiel sei hier die Edelgas-Kapillarlampe nach Newburg, Heroux und Hinteregger (1962) beschrieben (s. Abb. 3.31). Eine wassergekühlte Quarzkapillare mit einem Innendurchmesser von 5 mm und einer Länge von 50 mm wird in Längsrichtung von Edelgas durchspült. Dabei wird auf einen Druck von etwa 1 Torr eingestellt. Bei einer Spannung zwischen 13 und 14 kV fließt ein Entladungsstrom von 0,2 A bis 1 A. Die in der Entladung erzeugte Linienstrahlung tritt durch den anodenseitigen Spalt in einen Vakuummonochromator. Je nach Gasart erhält man die in Tab. 3.9 aufgeführten Ausbeuten (wobei hier neben dem Edelgas auch Wasserstoff verwendet wird):

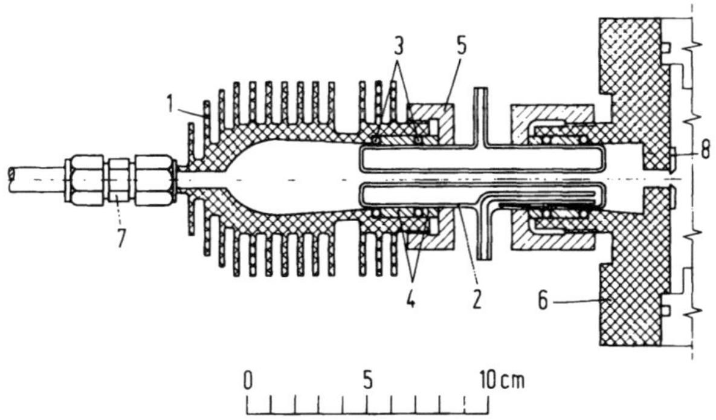

Abb. 3.31: Edelgas-Niederdruck-Kapillarlampe nach Newburg, Heroux and Hinteregger, 1967. 1. Luftgekühlte Aluminiumkathode; 2. Quarzkapillar mit Wasserkühlung; 3. Dichtringe; 4. Aluminiumringe; 5. Dichtkragen; 6. Eintrittsflansch des Monochromators; 7. Vakuumanschluß; 8. Eintrittsspalt des Monochromators.

Tab. 3.9: Ausbeuten von Niederdruck-Edelgaslampen

Gasart	Wellenlänge (nm)	Photonenzahl pro s *
He	53,8	$1{,}3 \cdot 10^8$
Ne	73,6	$1{,}2 \cdot 10^8$
A	104,8	$4{,}5 \cdot 10^8$
H	102,6 121,6	$1{,}3 \cdot 10^8$ $9{,}4 \cdot 10^8$

* hinter dem Monochromatorspalt.

Betreibt man Kapillarlampen der angegebenen Bauart mit Drucken über 100 Torr, dann erhält man Kontinua, deren kurzwellige Grenze durch die Resonanzlinien gegeben sind. Zum langwelligen Ende des Kontinuums hin fällt die Intensität ab (Newburg, Heroux und Hinteregger, 1962, Tanaka, 1958), Tab. 3.10.

Tab. 3.10: Emission von Edelgaskapillarlampen (s. Text)

Gasart	Resonanzlinie bei Wellenlänge (nm)	Wellenlängenbereich des Kontinuums (nm)
A	106,6	106,6 – 165
He	60,0	60,0 – 100
Ne	74,4	– – –
Kr	123,6	123,6 – 1850
Xe	147,0	147,0 – 225

Eine Abwandlung der beschriebenen Entladung wurde von (Harrison, Lord und Loofbourow, 1948) beschrieben. Dabei wird vorwiegend Strahlung von ionisierten Edelgasen erzeugt und man erhält folgende Wellenlängen:

Tab. 3.11: Emission modifizierter Edelgasentladungslampen

Gasart	Wellenlänge (nm)
A I	104,8
A II	92,0
He I	58,4
He II	25,6 30,4
Ne I	74,4
Ne II	46,0

Von Okabe (1964) wurde eine abgeschmolzene Lampe beschrieben, die mit verschiedenen Edelgasen bzw. Edelgasgemischen gefüllt werden kann und bei Anregung mit Mikrowellen bei einer Frequenz von 2450 MHz die Resonanzlinien der Edelgase abstrahlt. Man wählt dabei einen Druck von etwa 1 Torr. Das Emissionsfenster der Lampe aus LiF hat einen Durchlässigkeitsbereich mit einer kurzwelligen Kante von etwa 110 nm. Während alle bis jetzt beschriebenen Edelgas-Niederdrucklampen im Vakuum-UV-Bereich eingesetzt werden und dort für spezielle optische Messungen und photochemische Untersuchungen dienen, haben die in höheren Druckbereichen arbeitenden Edelgaslampen in der Licht- und Strahlungstechnik große Bedeutung erlangt.

3.3.5.2 Edelgas-Mitteldruck-, Hochdruck- und Höchstdruck-Entladungslampen

In diesen Lampen wird ein praktisch kontinuierliches Spektrum erzeugt, das außerordentlich sonnenähnlich ist. Da die Anregungsenergien für die Edelgase sehr hoch liegen, werden hohe Gastemperaturen in der Entladung benötigt, um eine Strahlungsemission zu erzeugen. Weil jedoch weiterhin die Energieniveaus bei den Edelgasen generell näher an der Dissoziationsgrenze liegen als beispielsweise bei dem Quecksilber, bewirken die hohen Gastemperaturen einen großen Dissoziationsgrad und damit einen hohen Anteil der Kontinuum-erzeugenden Rekombinationstrahlung an der Gesamtstrahlung. Als Füllgas für Entladungslampen verwendet man vorzugsweise Xenon. Als schwerstes Edelgas weist es gleichzeitig die niedrigste Ionisationsspannung auf. Die leichteren Edelgase ergeben ähnlich kontinuierliche Spektren,

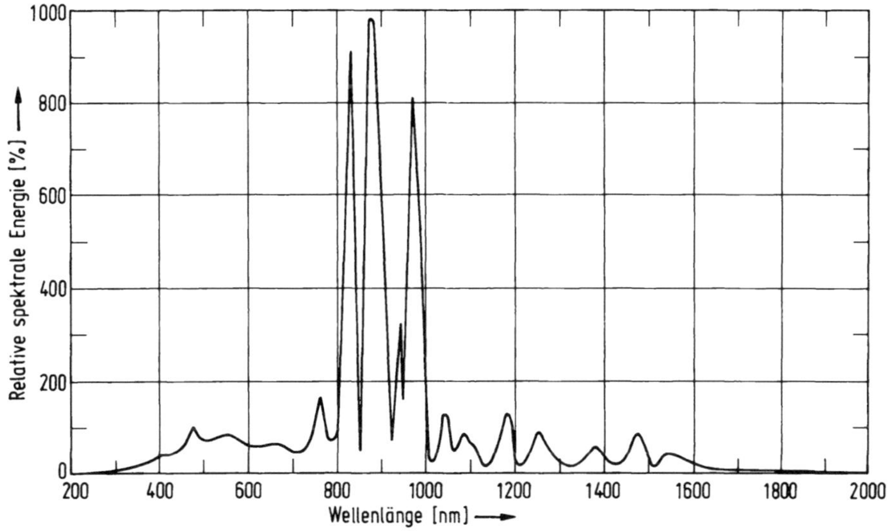

Abb. 3.32: Spektrale Energieverteilung eines Xenonstrahlers.

wobei jedoch die kurzwellige Grenze zu kürzeren Wellenlängen verschoben ist. Die Lichtausbeute für die leichten Edelgase sind geringer als die für Xenon. Insbesondere die Xenon-Entladungslampen sind vielfach untersucht (Schulz, 1947, Schulz und Strub, 1956, Schulz und Steck, 1956) und werden in breiter Vielfalt hergestellt. Das Spektrum der Xenonentladung ist weitgehend unabhängig von der Ausführungsform der Lampe und wird in Abb. 3.32 gezeigt. Die kurzwellige Grenze der spektralen Energieverteilung liegt bei etwa 200 nm und fällt etwa mit der Durchlässigkeitsgrenze des verwendeten Quarzmaterials zusammen. Die Intensität

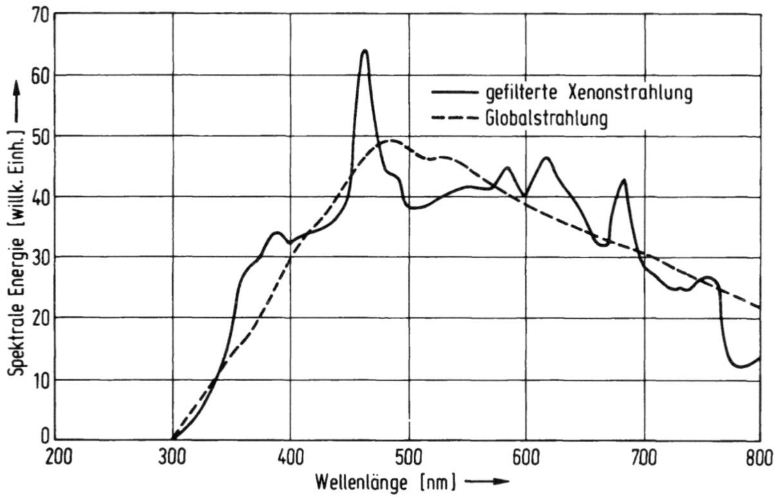

Abb. 3.33: Spektrale Energieverteilung eines gefilterten Xenonstrahlers und Globalstrahlung.

steigt bis zum sichtbaren Gebiet an und zeigt dann im roten sichtbaren sowie im nahen infraroten Spektralbereich einige ausgeprägte Maxima. Zum langwelligen infraroten Bereich hin fällt die Intensität wieder ab. Mit Hilfe einer relativ einfachen Filterkombination läßt sich das Xenonspektrum der spektralen Energieverteilung der Globalstrahlung weitgehend anpassen (s. Abb. 3.33), so daß man mit Hilfe des Xenonstrahlers Geräte bauen kann, in denen die Sonnenstrahlung simuliert werden kann. (z.B. Xenotest ® der Original Hanau Quarzlampen GmbH).

Praktisch liegt in der Xenonlampe eine Entladung in einem Gas vor, das mit einer Temperatur von 7000 °C bis über 7500 °C leuchtet. Im heißen Plasma werden Temperaturen bis zu etwa 10.000 °C vermutet (Schirmer, 1953). Die elektrische Feldstärke in den Xenonlampen ist – verglichen mit der in den Quecksilberdampflampen – um etwa den Faktor 5 bis 7 geringer. Entsprechend müssen die Entladungsströme höher bzw. die Lampen geometrisch länger sein, damit die gleichen elektrischen Leistungen erzielt werden können wie bei den Hg-Lampen. Die emittierte Licht- und UV-Strahlungsleistung, bezogen auf die hineingesteckte elektrische Leistung, ist bei den Xenonlampen geringer als bei den Hg-Lampen. Es ist wichtig darauf hinzuweisen, daß die Xenon-Entladungslampe keine Einbrennzeit benötigt, d.h. daß sie unmittelbar nach der Zündung ihre volle Leistung erreicht. Aus diesem Grunde lassen sich Xenonlampen leicht modulieren bzw. als Blitzlampen verwenden (s. Abschn. 3.2.6).

3.3.5.2.1 Ausführungsformen der Xenonlampen

1. Wandstabilisierte Lampen für Impulsbetrieb (z.B. NXe-Lampen (Original Hanau Quarzlampen GmbH), Xe-Lampen (Philips), XIE-Lampen (Osram).

   Es handelt sich um langgestreckte Lampen im Mitteldruckbereich.

Leistungen:	5 W bis etwa 7 kW (oder bis 20.000 Ws pro Blitz)
Stromstärken:	bis etwa 20 A
Abmessungen:	Länge 20 bis 100 cm, Durchmesser 0,8 bis 1 cm, teilweise werden die Rohre gewendelt.

   Anwendung für Fotographie, Reprographie und Laseranregung, Materialprüfung und Alterung.

2. Wandstabilisierte Lampen mit Konvektionskühlung (z.B. Langbogenlampen XQO von Osram).

   Es handelt sich um langgestreckte Lampen im Mitteldruckbereich.

Leistungen:	6 bis 20 kW (in Einzelfällen bis zu 130 kW)
Strömstärken:	41 bis 37 A
Abmessungen:	Länge 89 bis 193 cm, Durchmesser 2,5 bis 3,5 cm
Anwendung:	Beleuchtung großer Flächen

3. Wandstabilisierte Lampen mit Wasserkühlung (z.B. XBF-Lampen von Osram).

   Es handelt sich um langgestreckte Lampen im Hochdruckbereich, die in einem von Wasser durchflossenen doppelwandigen Kühlgefäß betrieben werden.

Leistungen:	2,5 bis 6 kW
Stromstärken:	22 bis 45 A
Abmessungen:	Länge 7,5 bis 11 cm, Durchmesser 0,7 cm
Anwendung:	Materialprüfung und Alterung

4. Konvektionsbestimmte Lampen mit Konvektionskühlung (z.B. XBO-Lampen von Osram).

   Es handelt sich um ellipsoidförmige Höchstdrucklampen, die in der Bauart den Quecksilberdampf-Kurzbogenlampen entsprechen.

Leistungen	75 W bis 6,5 kW bzw. bis 30 kW bei wassergekühlten Elektroden
Stromstärken	5 bis 160 A (bzw. 600 A)
Abmessungen	Länge 9 bis 50 cm, Durchmesser 1 bis 6 cm
Anwendung	Projektionsanlagen.

Man erreicht mit Xenonlampen relativ lange Nutzlebensdauer, die zwischen einigen Hundert und mehreren Tausend Stunden liegen. Zur Zündung aller genannten Geräte sind Hochspannungs-Zündgeräte notwendig. Zur Versorgung der aufgeführten Lampen unter 3 und 4 genügen 220 V. Auch bei den Edelgas-Entladungslampen sind, ähnlich wie bei den Hg-Entladungslampen, Vorschaltelemente zur Stabilisierung nötig.

Insbesondere die Xenonkurzbogenlampe ist bei Betrieb an Wechselspannung so instabil, daß man die Versorgung mit Gleichspannung vorzieht, wobei die massiv ausgebildete Anode oben und die schwächer ausgeführte Katode unten zu liegen hat. Man kann einige der Vorteile der verschiedenen Entladungen dadurch kombinieren, daß man der Xenonentladung etwas Quecksilber zusetzt. Die Entladungsbedingungen ähneln dann eher der Hg-Entladung, das kontinuierliche Xenonspektrum ist durch die Hg-Linien überlagert.

3.3.6 Blitzlampen

Es gibt drei Typen von Blitzlampen:
1. die elektrische Entladung zwischen Metallelektroden in einem Gas geringen Druckes,
2. die hochenergetische Funkenentladung zwischen relativ leicht flüchtigen Metallelektroden,
3. das Blitzlicht von explodierenden Drähten.

3.3.6.1 Gasentladungsblitzlampen

Die große Nützlichkeit von Gasentladungsblitzlampen bei der Untersuchung fotochemischer Systeme wurde zu Beginn der 50er Jahre zum ersten Mal demonstriert (Norrish und Porter, 1949, Davidson u.a., 1951; Ramsay, 1952). Die Gasentladung findet in einem etwa 10 cm langen Quarzrohr statt, das beispielsweise mit Xenon bei einem Gasdruck von einigen Torr gefüllt ist (Heinrich, 1972).

Als geeignetste Gase zur Erzeugung einer hohen Strahlungsintensität in Blitzlampen, vor allem im ultravioletten Gebiet, erwiesen sich, auch wegen ihrer chemischen Inaktivität, die Edelgase. Neben einer großen Strahlungsintensität kommt es bei den Blitzlampen auf ein rasches Abklingen der Strahlung an, um kurzlebige fotochemische Reaktionen mit Hilfe der Blitzlichtfotolyse (siehe 6.4) verfolgen zu können. Zahlreiche Untersuchungen über geeignete Gasfüllungen, die diesen Forderungen entsprechen, wurden in der Literatur veröffentlicht (Porter, 1950, 1963, Porter und Wooding, 1958, Claesson und Lindqvist, 1957, Hug u.a., 1972).

Die elektrische Energie ist in einer Kondensatorbatterie gespeichert, die durch einen Hochspannungsgenerator aufgeladen wird. Sie beträgt bei einer Kapazität C des Kondensators und einer angelegten Hochspannung U gerade $1/2\ CU^2$. Gezündet wird die Lampe über einen separaten Zünddraht, der in die Blitzlampe eingelassen ist (Norrish und Porter, 1949; Porter, 1950), oder durch ein Thyratron oder Ignitron, das in Reihe mit der Blitzlampe geschaltet ist (Heinrich, 1972). In der kurzen Zeit des Blitzes werden etwa 10 % der elektrischen Energie in Licht umgewandelt.

Durch Einschnüren des Plasmas in der Entladungszelle kann die Intensität des Blitzes durch den mit der Einschnürung verbundenen Temperaturanstieg erhöht werden. Dies geschieht durch Verwendung von Kapillarröhren (Marshak und Shchoukin, 1961) oder durch Anwendung des Pinch-Effektes (Nesby u.a., 1971). Beim Pinch-Effekt wird das Plasma durch Überschallkompression erhitzt, so daß Temperaturen im Bereich von 10.000 K entstehen.

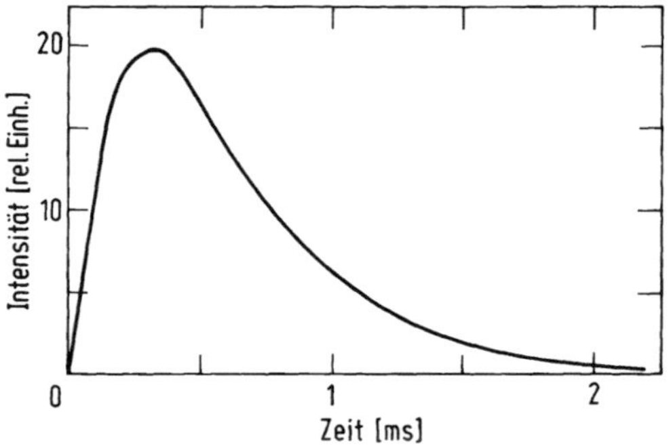

Abb. 3.34: Relative Intensität einer Blitzlampe in Abhängigkeit von der Zeit.

Die Intensität des Blitzes in Abhängigkeit von der Zeit ist in Abb. 3.34 für eine typische Blitzlampe gezeigt. Die Blitzdauer wird üblicherweise als die Zeit angegeben, bei der nach Zündung des Blitzes die Intensität den e-ten Teil der maximalen Intensität erreicht hat. Im Beispiel der Abb. 3.34 beträgt die Blitzdauer 0,9 ms. Die Dauer des Blitzes kann sowohl einige Millisekunden als auch nur wenige Mikrosekunden betragen. Sie hängt ab von der angelegten Hochspannung, der Dimension der Lampe, der Art des Gases, dem Gasdruck und der Induktivität der Lampen-Kondensator-Kombination.

Blitzlampen mit Abklingzeiten von einigen Millisekunden sind hervorragend geeignet für die Untersuchung der Endprodukte, die bei Radikal-Radikal Wechselwirkungen mit hohen Radikalkonzentrationen entstehen (Khan u.a., 1953, Sleppy und Calvert, 1959). Diese Lampen sind durch ihren robusten Aufbau mit langen Quarzrohren und großen Elektroden für Blitzenergien bis zu 10.000 Wattsekunden einzusetzen. Die Blitzlampen emittieren nahezu kontinuierliche Strahlung vom nahen Infrarot bis in das Ultraviolette. Bei geringen Stromdichten erhält man das Spektrum der verbreiterten Linien der Atome und Ionen. Bei höheren Stromdichten entspricht die Emission der eines schwarzen Strahlers von einer Temperatur zwischen 6000 und 7000 K. Die ultraviolette Lichtausbeute ist in einem gewissen Druckbereich unabhängig vom Gasdruck und wächst mit der Größe der Kapazität des Kondensators und der angelegten Spannung (Christie und Porter, 1952).

Die Zugabe von Quecksilber zu der Edelgasfüllung vergrößert die Ausbeute an ultravioletter Strahlung, doch ist die Lichtausbeute insgesamt nicht reproduzierbar, besonders bei hohen Blitzenergien.

Hierbei zersetzt die Entladung das Material der Röhre und der Elektroden. Vor der Füllung der Lampe beim Ausheizen nicht restlos entfernte Luft wird freigesetzt und kann die Zündung verzögern oder verhindern. Für die Untersuchung kurzlebiger Zwischenprodukte fotochemischer Reaktionen oder elektronischer Zustände mit Hilfe spektroskopischer Methoden sind die hochenergetischen Blitzlampen jedoch ungeeignet. Die Blitzdauer muß durch Verringerung der Induktivität, der Kapazität und der Hochspannung des Kondensators verkürzt werden (Claesson und Lindqvist, 1958). Spezielle einpolige Kondensatoren werden mit kurzen Leitungen in unmittelbarer Nähe der Blitzlampe aufgebaut. Mit einer solchen kompakten Anordnung lassen sich Blitze mit einer elektrischen Energie von 300 Ws und einer Blitzdauer von etwa 5 Mikrosekunden herstellen (Heinrich, 1972).

Kommerzielle Blitzlampen verschiedenster Bauarten und Leistungen werden inzwischen von mehreren Herstellern angeboten. Ihre Zahl wächst noch ständig mit der zunehmenden Bedeutung der Anwendung von optisch gepumpten Lasern (siehe 3.5), bei denen Blitzlampen Verwendung finden (Marshak, 1963, Barnes, 1964, Olson, 1972). In der Abb. 3.35 ist die spektrale Intensität einer Xenon-Blitzlampe angegeben. In der Tab. 3.12 sind einige Angaben über die spektrale Ausbeute von Blitzlampen enthalten (Goncz und Newell, 1966).

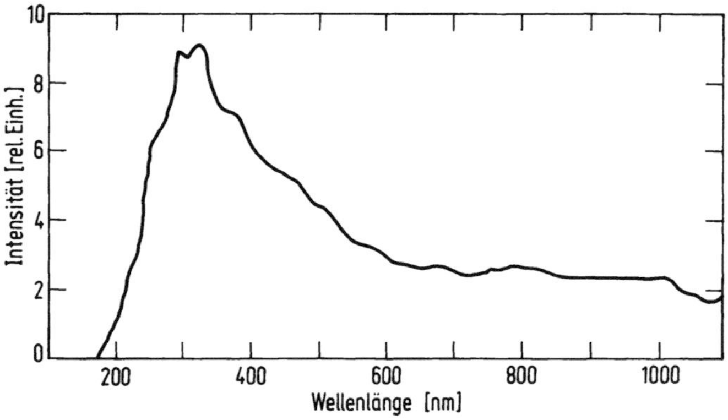

Abb. 3.35: Spektrale Intensitätsverteilung einer Blitzlampe.

Höhere UV-Ausbeute von kontinuierlich brennenden Bogenlampen können durch Kondensatorentladungen oder durch gepulste Stromerhöhung erhalten werden. Mit einem Pulsgenerator, der einen Spitzenstrom von 180 A liefert, konnte von einer 450 W-Xenonlampe eine 25-fach größere Leuchtdichte bei 200 nm erreicht werden (Hviid und Nielsen, 1972).

Für die Bestimmung von Fluoreszenzlebensdauern sind Blitzlampen mit Abklingzeiten von wenigen Nanosekunden notwendig (Malmberg, 1957). Um extrem kurze Lichtimpulse zu erhalten, müssen neben den gerade besprochenen Maßnahmen auch die Prozesse, die in dem Füllgas ablaufen, kontrolliert werden. Bei jedem Blitz enthält die Blitzröhre ein Elektronengas sehr hoher Temperatur, sowie neutrale und ionisierte Moleküle bei annähernd Raumtemperatur. Das Elektronengas kühlt sich durch Stöße mit Molekülen ab, während diese teilweise angeregt werden und danach emittieren. Um eine kurze Blitzdauer zu erhalten, muß das Elektronengas deshalb schnell abgekühlt werden. Die Geschwindigkeit der Abkühlung wächst mit der Zahl der Molekülstöße, d.h. dem Gasdruck in der Entladungsröhre. Die mittle-

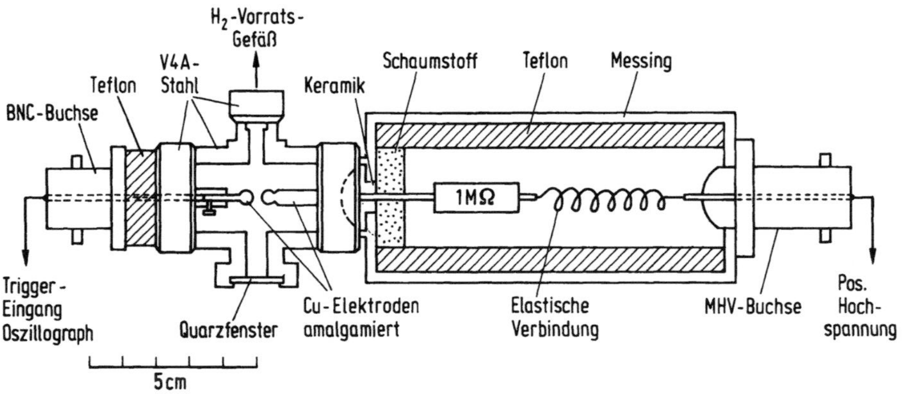

Abb. 3.36: Aufbau einer Wasserstoff-Blitzlampe.

re Energie, die pro Stoß übertragen wird, ist der Masse der Moleküle umgekehrt proportional. Aus diesen Gründen wird bei diesen Lampen Wasserstoffgas unter einem relativ hohen Druck verwendet. Die Blitzdauer liegt in der Größenordnung von Nanosekunden. Die Abb. 3.36 zeigt schematisch den Aufbau einer solchen Blitzlampe (Schoof, 1973).

Tab. 3.12: Spektrale Lichtausbeute von Blitzlampen

Typ	Bogenlänge, Durchmesser	Gasdruck	Elektr. Parameter	Entladungsdauer	Spektrale Lichtausbeute 350–500 nm	500–700 nm	700–900 nm	900–1100 nm
FX-76	0,8 cm, unbegrenzter Bogen	0,71 atm Xenon, 0,12 atm Wasserstoff	10 μF, 1 kV 2500 A max.	10 μs	2,7 %	1,5 %	1,1 %	0,7 %
FX-47A	16,5 cm, 1,3 cm	0,4 atm Xenon	1700 A/cm², 1 kJ	0,75 ms	18,4 %	18,4 %	16,3 %	11,5 %
FX-47A	16,5 cm, 1,3 cm	0,4 atm Xenon	5300 A/cm², 5 kJ	0,75 ms	27,3 %	20,2 %	11,2 %	6,1 %

Werte nach Goncz und Newell, 1966

3.3.6.2 Funkenentladung

Hochintensive Funkenentladungen wurden ebenfalls bei der Blitzlichtfotolyse eingesetzt (Mains u.a., 1955). Bei der Entladung einer Kondensatorbatterie von 10 μF, die auf 20 kV aufgeladen wurde, entsteht zwischen den Magnesiumelektroden ein Funke, der nahezu monochromatisches Licht mit zwei intensiven Linien bei 383 und 280 nm emittiert. Die Blitzdauer liegt je nach der Größe der angelegten Hochspannung zwischen 100 und 200 Millisekunden. Obwohl die Intensität mit 10^{21} Quanten ungefähr 100 mal geringer ist als die mit Gasentladungsblitzen mögliche, eignet sich dieses System wegen seiner fast monochromatischen Strahlung gut für quantitative fotochemische Arbeiten. Für andere Wellenlängen können andere Elektrodenmaterialien, wie beispielsweise Cadmium oder Zink gewählt werden. Ein Nachteil der Funkenentladung ist die notwendige regelmäßige Reinigung der Funkenkammer, um Änderungen der Lichtausbeute zu vermeiden.

In Funkenentladungen, die zwischen Elektroden in Luft stattfinden, können Energien von einigen 100.000 Ws in Bruchteilen von Millisekunden umgesetzt werden (Wettermark, 1961). Durch den geringen Elektrodenabstand von etwa 20 mm eignet sich eine solche Lampe für Experimente mit parallelem Licht. Beim Entladen eines auf 1500 Ws geladenen Kondensators über in Wasser getauchte Elektroden entsteht ultraviolettes Licht mit einer Spitzenleistung bis zu 200 MW (Robinson, u.a., 1973).

3.3.6.3 Explodierende Drähte

Die Technik explodierender Drähte (siehe 3.4.6) wurde auch in fotochemischen Experimenten angewendet (Oster und Marcus, 1957). Die Energie eines geladenen Kondensators entlädt sich bei diesen Experimenten über einen dünnen Chrom-Nikkeldraht. Dabei explodiert der Draht mit einem lauten Knall und emittiert einen Lichtblitz. Die Blitzdauer beträgt Bruchteile von Millisekunden. Die Emission enthält alle sichtbaren und ultravioletten Linien von Chrom und Nickel. Etwa 10 % der zugeführten elektrischen Leistung erscheint als Strahlung im Bereich von 200–330 nm. Die spektrale Ausbeute kann durch die Wahl geeigneter Metalle variiert werden. Da bei dieser Technik eine absorbierende Hülle entfällt, kann sie auch im fernen Ultraviolett eingesetzt werden.

3.3.7 Die Natriumdampf-Hochdrucklampe

Seit etwa 1920 sind Entladungen in Natrium-Dampf bei niedrigen Dampfdrucken bekannt. Technologisch machte die Natriumdampf-Lampe insofern Schwierigkeiten, als das Natrium sich gegenüber normalen Gläsern wie auch gegenüber Quarz chemisch sehr aggressiv verhält, insbesondere bei hohen Temperaturen. Erst die Verwendung eines natriumresistenten Glases führte 1923 zum Bau der ersten Natriumdampf-Niederdrucklampen. Diese emittieren im wesentlichen die Natrium-Resonanzlinien bei 589,0 nm und 589,6 nm. Wegen der Lage dieser Linien in der Nähe des Maximums der Augenempfindlichkeitskurve haben die Na-Dampf-Niederdrucklampen Anwendung in der Beleuchtungstechnik gefunden. Als UV-Lichtquelle sind diese Lampen jedoch nicht verwendbar.

Mit der Entwicklung und Verwendung eines geeigneten Wandmaterials für das Entladungsrohr (durchscheinende Aluminium-Oxid-Keramik) wurde es möglich, Natriumdampf-Hochdrucklampen zu bauen, wobei das Entladungsgefäß in der Lage ist, bei den für die Verdampfung des Natriums notwendigen Wandtemperaturen von 700–800 °C den Druck von einigen atm. auszuhalten.

Die Na-Hochdrucklampe zeigt im Spektrum deutlich verbreiterte Resonanzlinien (mit Selbstumkehr wie bei der Linie 253,7 in der Hg-Hochdruckentladung), daneben aber auch einen kontinuierlichen kräftigen Untergrund, der bis in den ultravioletten Bereich hineinragt (s. Abb. 3.37), (Louden und Schmidt, 1965).

3.3.8 Die Wasserstofflampe

Alle bis jetzt behandelten Entladungslampen haben im ultravioletten Spektralbereich entweder Linienspektren wie die Quecksilberdampflampen, oder sie zeigen den kurzwelligen Ausläufer eines vorwiegend im Sichtbaren liegenden Kontinuums. Die Temperaturstrahler sind im UV außerordentlich energiearm.

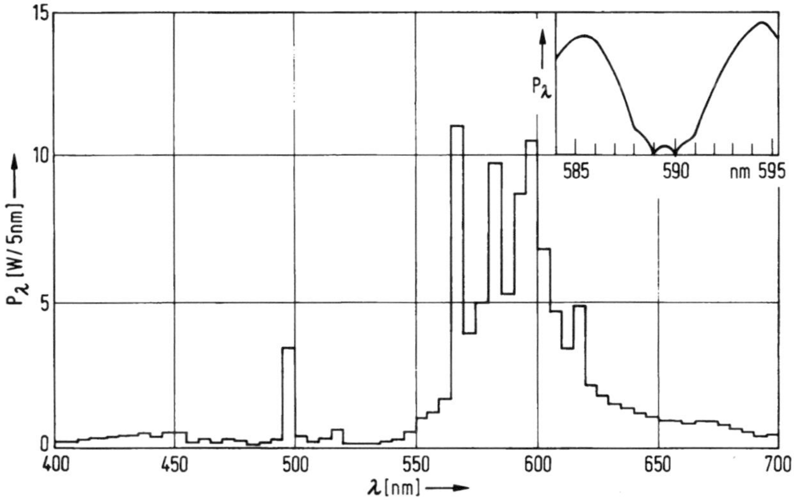

Abb. 3.37: Spektrale Energieverteilung einer Natriumdampf-Hochdrucklampe (nach Elenbaas, 1972).

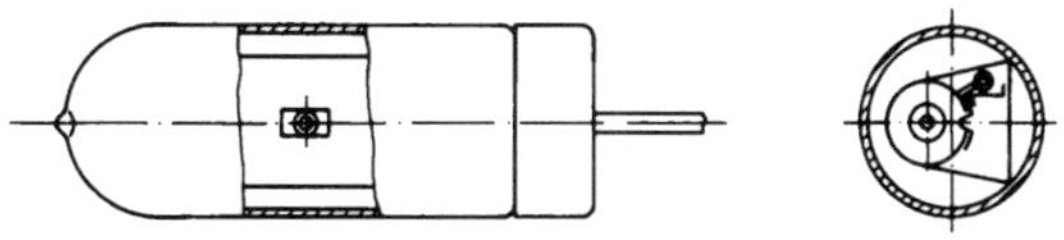

Abb. 3.38: Aufbau einer Deuteriumlampe.

Aus diesem Grunde ist eine Entladung in Wasserstoffgas besonders interessant, da sie ein kontinuierliches Spektrum etwa zwischen 160 nm und 400 nm liefert.

Der Aufbau der Wasserstofflampe: In der Achse eines zylindrischen Entladungsgefäßes aus Quarz ist eine Wolframwendel als Anode angebracht (s. Abb. 3.38). Als Katode wird im allgemeinen eine seitlich angeordnete aktivierte Wolframdoppelwendel verwendet. Die Lampe wird mit Wasserstoff oder Deuterium von etwa 10 Torr Druck gefüllt. Man pflegt eine Heizspannung an die Katodenwendel anzulegen, so daß durch die günstigen thermischen Emissionseigenschaften die Zündspannung niedrig bleibt (200–400 V). Auch im Betrieb der Lampe kann sich eine zusätzliche Heizung der Katode günstig auf die Stabilität des Bogenansatzes auswirken. Als leichtestes Gas besitzt Wasserstoff eine sehr hohe Diffusionsgeschwindigkeit. Infolgedessen sind die Energieverluste durch Wärmeleitung sehr groß und die Strahlungsausbeute entsprechend gering. Die Strahlungsausbeute läßt sich durch Verwendung von Deuterium wegen des doppelt so hohen Molekulargewichtes um ca. 30 % verbessern.

Um möglichst hohe Strahldichten zu erzeugen, wie sie zur Verwendung in optischen Geräten erwünscht sind, ist es nötig, die Entladung zwischen Katode und Anode durch eine Blende aus hochschmelzendem Metall (Molybdän) mit engem Querschnitt (etwa 1 mm^2) einzuschnüren. Gibt man dieser Blendenöffnung in Richtung der Entladung noch ein bestimmtes, z.B. konisches Profil, so läßt sich damit die radiale Strahlungsverteilung noch einengen. Man kommt so zu Öffnungswinkeln des emittierten Strahlungsbündels, die bei 30–40° liegen (Abb. 3.39). Die Blende ist dann gleichzeitig der Ort höchster Strahldichte sowie höchste geometrische Konstanz im Bogen.

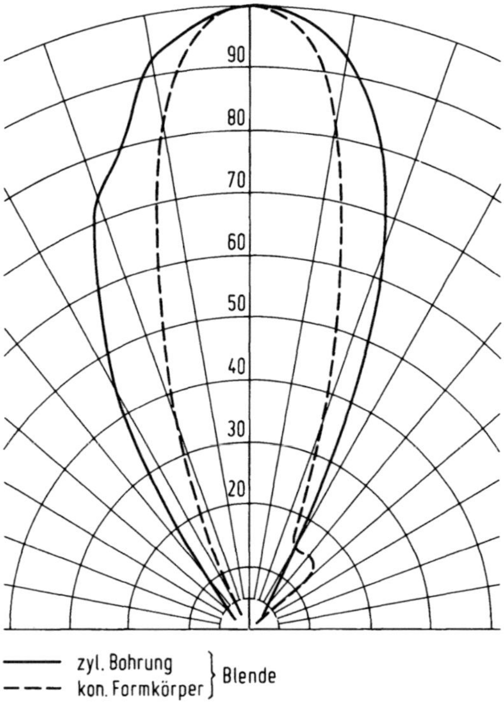

Abb. 3.39: Radiale Strahldichteverteilung von Deuteriumlampen.

3.3.8.1 Das Spektrum der Deuteriumlampe

In Abb. 3.40 ist das Spektrum dargestellt. Das Kontinuum im kurzwelligen UV ist das Spektrum des Wasserstoff- (bzw. Deuterium-)Moleküls. Die Rekombination der Atome zu Molekülen wird durch das Anbieten kalter Metallflächen im Entladungsraum unterstützt. Das Kontinuum wird durch die Strahlungsübergänge zwischen angeregten Molekülzuständen und einem instabilen Grundzustand erklärt. Die Emission mit einem Maximum bei etwa 220 nm ist zwischen 160 nm und etwa 360 nm linienfrei (Abb. 3.40 a). Im langwelligen UV und im sichtbaren Spektralbereich überlagern sich dann die Atomlinien der Balmer-Serie, die oft zur Wellenlängeneichung herangezogen werden.

Füllt man die Lampen mit einem Gemisch aus Wasserstoff und Deuterium, so werden die Balmer-Serien beider Gase emittiert. Solche Lampen sind ein gutes Hilfs-

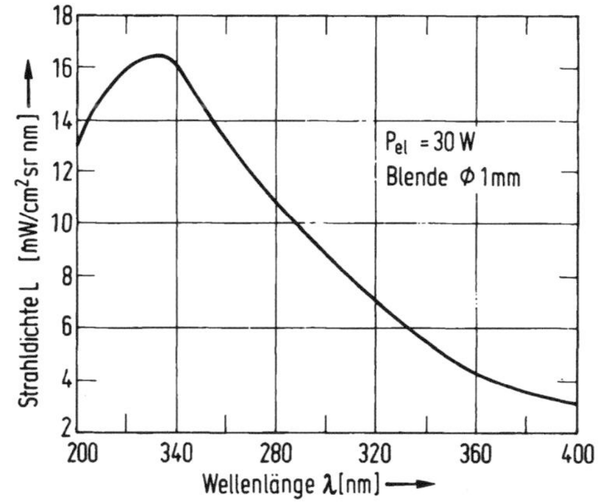

Abb. 3.40: Spektrale Energieverteilung einer Deuteriumlampe.

mittel zur Kontrolle des Auflösungsvermögens von Spektralapparaten. Deuteriumlampen bis zu einer elektrischen Leistung von 60 W können ohne besondere Kühlung betrieben werden. Daneben gibt es Typen mit höherer Leistung (bis 200 W), die mit Wasserkühlung arbeiten.

Die Deuteriumlampen stellen in Spektrafotometern unterhalb etwa 350 nm die übliche Strahlenquelle dar. Die wassergekühlte 200 W-Type wird neben der Xenonkurzbogenlampe in Spektrofluorimetern und Spektropolarimetern verwendet.

3.3.9 Die Hohlkatodenlampe

Neben der Flammenfotometrie hat sich unter den apparativen chemischen Analysenverfahren die Atom-Absorptionsfotometrie durchgesetzt. Die Methode soll hier nicht beschrieben werden, die Strahlenquellen jedoch, die für das jeweilige zu analysierende Element die charakteristische Spektrallinie zu liefern imstande sind, seien hier kurz erläutert. Es handelt sich um die Hohlkatodenlampen. Der grundsätzliche Aufbau dieser Lampen ist in Abb. 3.41 dargestellt. Am Ende eines zylindrischen Glaskolbens befinden sich zwei Stromdurchführungen. Die zentrale Durchführung trägt eine Katode, die seitliche die Anode, welche als Stift oder als Ring vor der Katode ausgebildet ist. Der Kolben wurde nach dem Evakuieren mit Edelgas –

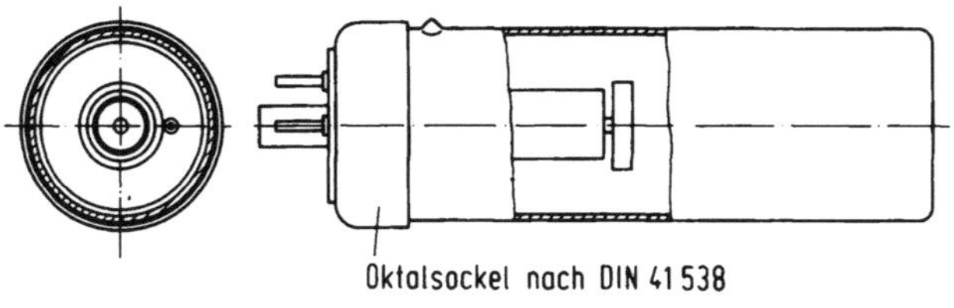

Abb. 3.41: Aufbau einer Hohlkatodenlampe.

vorzugsweise Argon oder Neon – von geringem Druck gefüllt. Die Katode hat durch die zentrale Bohrung die charakteristische Hohl- oder Topfform, die der Lampe auch ihren Namen gegeben hat. Zwischen Katode und Anode wird eine Glimmentladung betrieben. Die Lampenspannung liegt bei 200–300 V, die Betriebsstromstärke je nach Lampentype und Erfordernissen der Messung zwischen 3 und etwa 40 mA. Durch die Topfform ist die Feldstärke im Inneren der Katode am größten und die Leuchtdichte am höchsten. Bei den üblichen Katoden-Innendurchmessern zwischen 2 und 6 mm hat man eine räumlich wenig ausgedehnte (fast punktförmige) Strahlenquelle, die sich optisch gut abbilden läßt.

Die Hohlkatodenlampe sendet die Spektrallinien aus, welche für das als Katodenmaterial verwendete Metall kennzeichnend sind.

An die Strahlenquelle für die Atomobsorption werden hohe Qualitätsanforderungen gestellt.

1. Die ausgenutzte Spektrallinie – vorzugsweise eine Resonanzlinie – soll möglichst intensiv sein

2. Das Spektrum soll in unmittelbarer Nachbarschaft der Spektrallinie keinen Untergrund und keine störenden Nebenlinien aufweisen

   Diese beiden Forderungen bieten die Gewähr, daß die Meßstrahlung mit höchster spektraler Reinheit isoliert werden kann. Nur so lassen sich hohe Nachweisempfindlichkeit und höchste Nachweisgrenzen erzielen.

3. Die Strahlungsemission soll sowohl räumlich als auch zeitlich sehr stabil sein

4. Die Einbrennzeit bis zum Erreichen dieser Konstanz sollte möglichst kurz sein. So werden lästige Wartezeiten bei Mehrelement-Bestimmungen mit verschiedenen Lampen vermieden.

5. Die Lampe sollte eine hinreichende Lebensdauer aufweisen.

Durch die richtige Wahl der Parameter (Reinheit des Katodenmaterials, Art und Fülldruck des Trägergases, Durchlässigkeit des Fenstermaterials) ist es gelungen, die Lampen für fast alle Metalle und Halbleiter in optimaler Qualität herzustellen. Es ist üblich geworden, verschiedene Elemente in einer Katode gemeinsam zu verarbeiten, so daß die Mehrelementlampe die charakteristischen Atomspektren mehrerer Elemente gleichzeitig emittiert. Die Intensität dieser Lampen ist für das optische Verfahren der Atomabsorptionsfotometrie bei weitem ausreichend. Für biologische oder fotochemische Bestrahlungen ist die emittierte Energie jedoch zu gering. Immerhin kann man mit Hilfe der Hohlkatodenlampe die Atomspektren von sehr vielen Elementen anregen und hat auf diese Weise in allen Bereichen des ultravioletten und des sichtbaren Spektrums zur Verfügung.

3.3.10 Heimsonnen und Solarien

3.3.10.1 Geschichte

Die erste Quecksilberdampf-Hochdrucklampe wurde von Küch und Retschinski 1906 gebaut (siehe Abb. 3.42) und beschrieben. Die Lampe emittierte sehr viel kurzwelliges Ultraviolett und produzierte viel Ozon. Abb. 3.43 zeigt eine verbesserte Ausführung, den sogenannten Kippbrenner (1908), der durch Kippen gezündet wurde. In den Polgefäßen befand sich flüssiges Quecksilber, die Metallrippen in der Nähe der Elektroden dienten zur Kühlung. Die Absicht, diese Hg-Lampen für Beleuchtungszwecke zu verwenden. ließ sich nicht realisieren, da die neben dem Licht emittierte UV-Strahlung Erythem und Konjunktivitis in dem beleuchteten Bereich hervorrief. Aus diesem Grunde entschloß man sich, die neue Strahlenquelle der medizinischen Verwendung zur Behandlung von Hautkrankheiten zuzuführen. In Abb. 3.44 ist eine solche medizinische Quarzlampe nach Nagelschmidt (1911) dargestellt, auf der die abdeckbare Hochdrucklampe, der Vorwiderstand und ein Ozonauslaß bemerkenswert sind. Bereits 1916 gab es mit dem sogenannten Glühlampenring von Hagemann den ersten Versuch, Ultraviolettstrahlung und Infrarotstrahlung in einem kombinierten Gerät zu erzeugen.

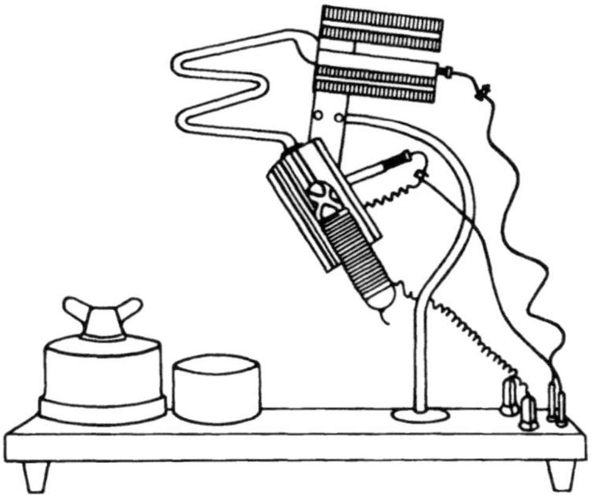

Abb. 3.42: Küch-Lampe.

In der Folge wurde der Quecksilberdampf-Hochdruckbrenner weiter verbessert und einfach zu handhabende Bestrahlungsgeräte (Höhensonne ®, eingetragenes Warenzeichen der Original Hanau Quarzlampen GmbH, Heimsonnen, Solarien) entwickelt, die für biologische, medizinische und kosmetische Zwecke geeignet sind, und deren Eigenschaften im folgenden beschrieben werden.

3 3.10.2 Aufbau der Heimsonnen

Als UV-Strahlenquellen dienen fast ausschließlich Quecksilberdampf-Hochdruckstrahler, die in einem Reflektor so angeordnet sind, daß die Strahlung auf einem vor-

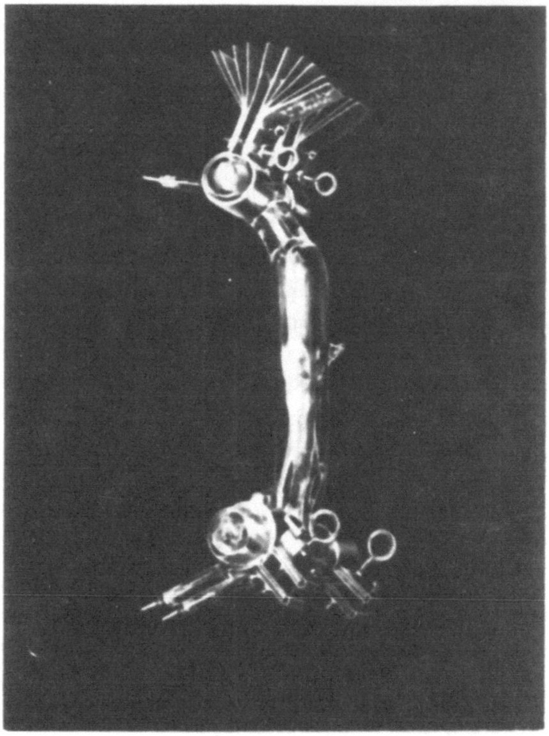

Abb. 3.43: Kippbrenner (Küch und Retschinsky, 1906).

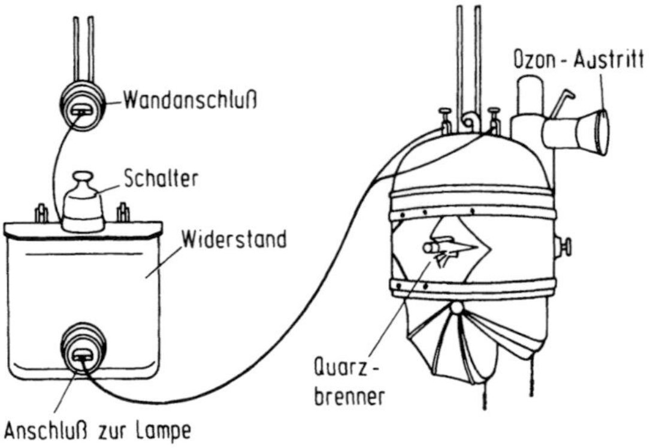

Abb. 3.44: Medizinische Quarzlampe nach Nagelschmidt B 11.

gegebenen Bestrahlungsfeld mit möglichst großer Bestrahlungsstärke auftrifft. Ein Gehäuse trägt den Reflektor und nimmt die verschiedenartigen Bedienungselemente wie Schalter, Uhr, Entfernungsmesser usw. auf. Zum Betrieb der Hochdrucklampe ist ein Vorschaltwiderstand notwendig. Während früher vielfach eine Drossel benutzt wurde, ist es heute üblich, einen Ohmschen Vorwiderstand zu verwenden, der so ausgebildet ist, daß er während des Betriebes infolge der Stromaufheizung Temperaturen von etwa 700–800 °C, gelegentlich auch bis zu 1100 °C, annimmt. Man bringt diesen Widerstandsdraht in Rohren aus durchscheinendem Quarzgut unter und befestigt diese ebenfalls am Reflektor, wo sie als Infrarotstrahler (sogenannte Infarot-Dunkelstrahler) eine als angenehm empfundene und für verschiedene medizinische Anwendungen geeignete Wärmestrahlung abgeben. Die Schaltung wird meist so ausgeführt, daß sowohl die UV-Strahler mit den IR-Strahlern zusammen, als auch die IR-Strahler allein betrieben werden können.

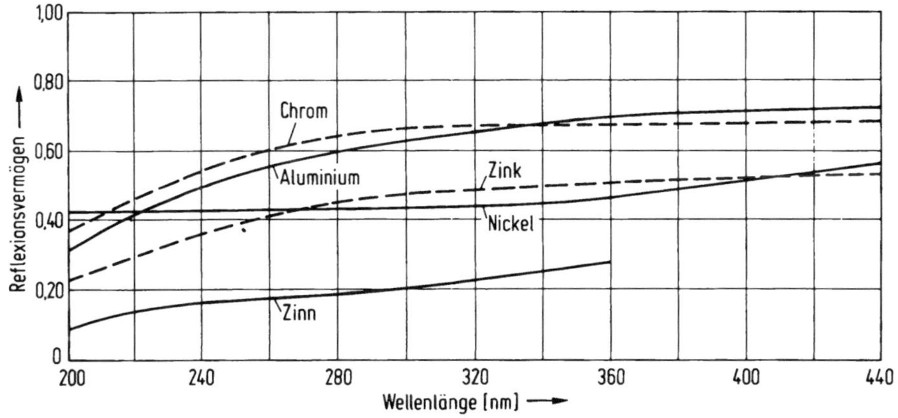

Abb. 3.45: Spektrales Reflexionsvermögen verschiedener Werkstoffe und polierter Oberflächen.

Als Reflektormaterial verwendet man im allgemeinen eloxiertes Aluminium, das im gesamten UV-Bereich gute Reflexionseigenschaften hat (Abb. 3.45). Er wird so gestaltet, daß er nach den bekannten optischen Gesetzen in der Lage ist, die von der Strahlenquelle auf ihn abgegebenen Strahlen mit möglichst hoher Ausbeute auf die Bestrahlungsfläche zu reflektieren. Das Bestrahlungsfeld soll dabei gleichmäßig ausgeleuchtet sein. Man bezeichnet die bestrahlte Fläche dann als gleichmäßig ausgestrahlt, wenn die Bestrahlungsstärke innerhalb dieser Fläche keine größeren Unterschiede als 1:2 aufweist. Die Größe der Bestrahlungsfläche wird vom Anwendungszweck vorgegeben und ist verschieden je nachdem, ob nur gewisse Körperpartien (Kopf, Oberkörper usw.) oder der gesamte Körper bestrahlt werden sollen. Man kann die Größe der Bestrahlungsfläche mit dem Abstand von der Lampe variieren, denn die Größe der ausgeleuchteten Fläche und die Bestrahlungsstärken sind eine Funktion des Bestrahlungsabstands, wobei jedoch zu beachten ist, daß wegen der Verwendung eines Reflektors eine allgemeine Gesetzmäßgkeit, wie sie für eine frei brennende punktförmige Strahlenquelle in dem quadratischen Abstandsgesetz vorliegt, nicht vorhanden ist.

Die Strahlenquellen sind so ausgelegt, daß sie unter Verwendung einer Zündelektrode an der Netzspannung von 220 V zünden und mit Hilfe der Vorwiderstände betrieben werden können. Dabei macht sich jedoch eine allgemeine Eigenschaft der Quecksilberdampf-Hochdruckstrahler bemerkbar, daß es nämlich, je nach Belastung, etwa 1,5 bis 5 min dauert, bis die Lampe eingebrannt ist, d.h. bis sie ihren endgültigen Dampfdruck und die endgültigen elektrischen Daten erreicht hat. Unmittelbar nach dem Ausschalten läßt sich – ohne aufwendige Hilfsmittel – der Strahler nicht wieder zünden. Man muß einige Minuten Abkühlzeit verstreichen lassen, bis er wieder eingeschaltet werden kann.

3.3.10.3 Das Spektrum der Heimsonnen

Generelle Aussagen über das Spektrum der Quecksilberdampf-Hochdruckstrahler wurden schon in 3.1.4.2.4 gemacht. In der folgenden Tab. 3.13 und Abb. 3.46 sollen technische und physikalische Daten für einige typische Hochdrucklampen angegeben werden, wie sie in Bestrahlungsgeräten Verwendung finden (Hersteller: Original Hanau Quarzlampen GmbH).

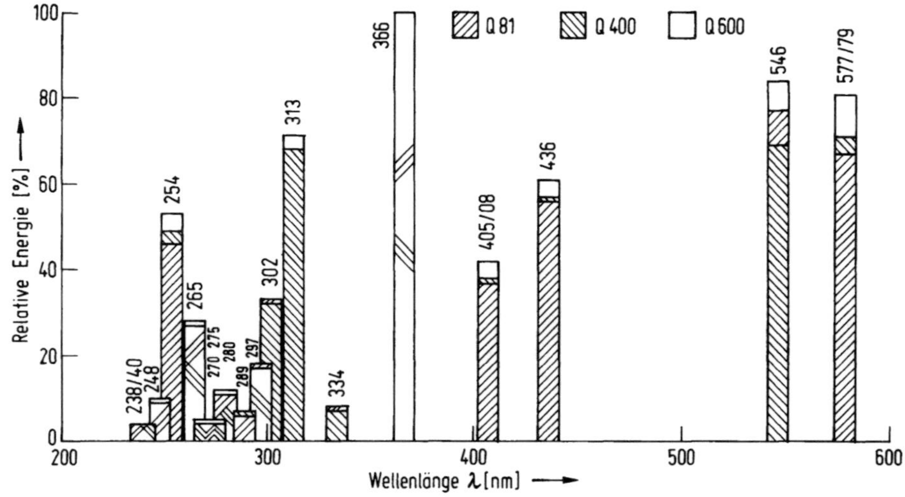

Abb. 3.46: Strahlungsdaten einiger in Heimsonden verwendeten Strahler: Relative spektrale Energieverteilung eines Q 81, Q 400, Q 600.

Zur Beurteilung des Quecksilberspektrums in bezug auf die biologische und medizinische Wirksamkeit, läßt sich das Spektrum der Globalstrahlung nur unter großem Vorbehalt heranziehen (s. Abb. 3.47), da beim Quecksilberdampf-Hochdruckstrahler lediglich ein Linienspektrum vorliegt, das noch weit kurzwelligere Spektralbereiche enthält als die Globalstrahlung.

Es ist daher vorgeschlagen worden, die UV-Quelle nach der Strahlungsmenge zu beurteilen, die den Erythemeffekt hervorruft. Die CIE hat eine international anerkannte Empfindlichkeitskurve für das Erythem festgelegt (s. Abb. 3.48), mit

Tab. 3.13: Daten von Heimsonnen

Technische Angaben

Brenner	Q 81	Q 400	Q 600
Gesamtlänge (mm)	125	142	202
Leuchtrohr-Durchmesser außen ϕ (mm)	10	10	13
ausnutzbare Lichtbogenlänge (mm)	20	30	45
Brennlage	beliebig	beliebig	beliebig
Dampfdruck im Betrieb (at)	5	5	5
Sockel	Ba 15 d	Ba 22 d	zweiseit., m. Schraubanschl.
Gewicht (g)	40	60	110

Elektrische Angaben

Brenner	Q 81	Q 400	Q 600
Stromart	≅	~	~
Versorgungsspannung (V)	220	220	220
Strahlerleistung (W)	70	120	180
Strahlerstrom (A)	1,2	1,7	1,7
Strahlerspannung (V)	72	90	122

Physikalische Angaben
Relative Intensität

Wellenlänge λ (nm)	Q 81	Q 400	Q 600
238/40	4	4	4
248	9	10	9
254 *)	46	49	53
265	27	27	28
270	5	5	5
275	4	4	5
280	11	11	12
289	7	6	7
297	18	17	17
302	33	32	33
313	71	68	71
334	8	7	8
366	100	100	100
405/08	37	38	42
436	56	57	61
546	77	69	84
577/79	71	67	81
Faktor zur Errechnung des Strahlungsflusses in mW	31	58	80

*) enthält auch die kontinuierliche Strahlung in der Umgebung der Linie

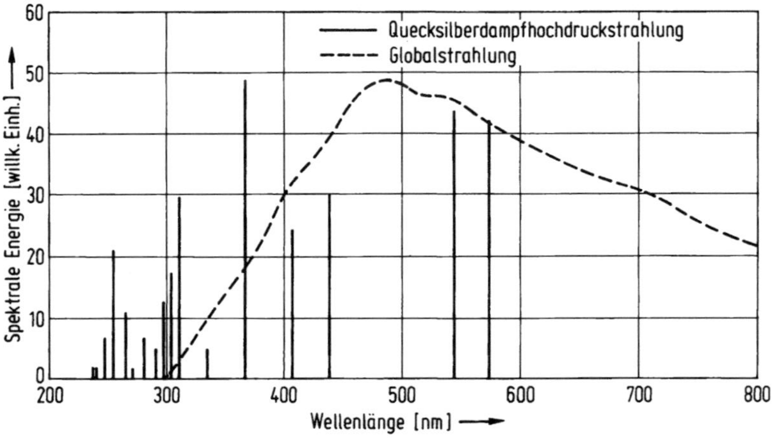

Abb. 3.47: Relative spektrale Energieverteilung: Global- und Quecksilberdampf-Hochdruckstrahlung.

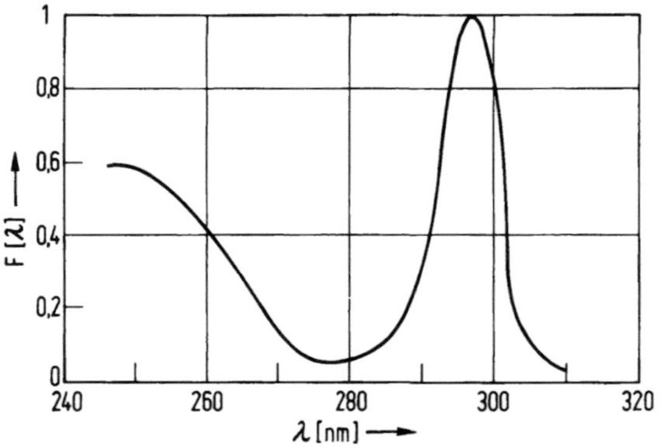

Abb. 3.48: International genormte Erythemempfindlichkeitskurve.

der die Energieverteilung der Strahlung einer UV-Lampe bewertet wird. Der „erythemische Fluß" einer UV-Lampe ist:

$$\phi = \int E(\lambda)\ F(\lambda)\ d\lambda.$$

Hierin bedeuten $E(\lambda)$ die spektrale Energieverteilung der Strahlenquelle und $F(\lambda)$ die relative Erythem-Empfindlichkeitskurve.

Die Einheit des „erythemischen Flusses" nennt man das E-Viton, das die Definition hat

$$\phi = 10^5 \int E(\lambda)\ F(\lambda)\ d\lambda\ \text{[E-Viton]}.$$

Die ausgestrahlte Energie der Strahlungsquelle wird dabei in [W] angegeben und die spektrale Empfindlichkeitsfunktion hat definitionsgemäß den Höchstwert 1.

In bezug auf die Bestrahlungsgeräte erscheint es wichtig, daß objektive und reproduzierbare Meßwerte für die Bestrahlungsstärke in den einzelnen Spektralbereichen auf dem Bestrahlungsfeld angegeben werden können, und daß sich damit von der biologischen und medizinischen Anwendung her optimale Bestrahlungszeiten, d.h. Dosiswerte (Dosis = Bestrahlungsstärke · Zeit) zur Erreichung einer bestimmten Wirkung ermitteln lassen.

3.3.10.4 Filter in Bestrahlungsgeräten

Eine einfache und gut handhabbare Möglichkeit, die Emission der Lampe in den einzelnen Ultraviolett-Spektralbereichen zu verändern und insbesondere den kurzwelligen Anteil der UV-Emission des Strahlers zu unterdrücken, besteht darin, ein bewegliches Glasfilter über den Brenner zu schieben. Die spektrale Transmission eines solchen Filters ist in Abb. 3.49 dargestellt. Im geschlossenen Zustand absorbiert es praktisch das gesamte kurzwellige UV unterhalb 300 nm. In dem Maße,

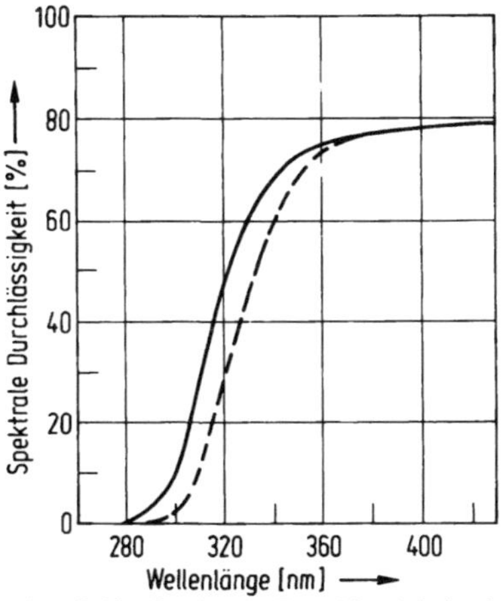

Abb. 3.49: Spektrale Durchlässigkeit eines Heimsonnenfilters.

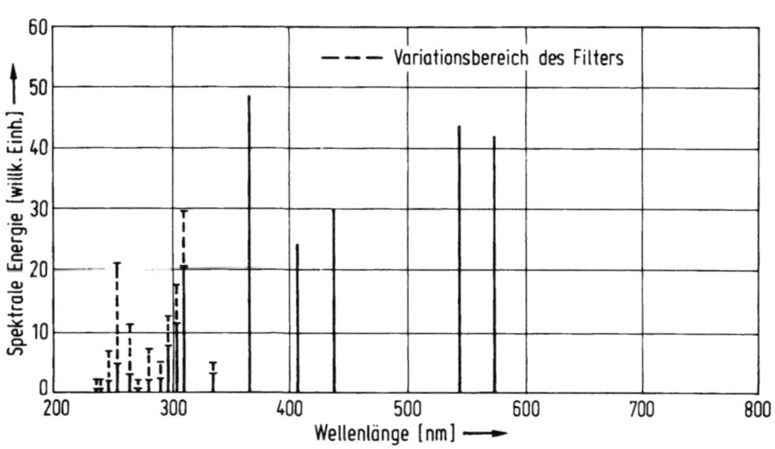

Abb. 3.50: Veränderung der relativen spektralen Energieverteilung der Quecksilberdampf-Hochdruckstrahlung durch Filterung.

wie das Filter geöffnet wird, läßt sich die kurzwellige Strahlung der Gesamtstrahlung beimischen. In Abb. 3.50 ist der Variationsbereich einer solchen Filtereinrichtung gezeigt. Bei der medizinischen Bestrahlung arbeitet man im allgemeinen in der Weise, daß man von Bestrahlungstag zu Bestrahlungstag das Filter weiter öffnet, um den Hautgewöhnungsfaktor zu kompensieren. Daneben wird auch die Bestrahlungszeit im Laufe einer Bestrahlungsserie immer länger. Damit diese Zeiten entsprechend der Dosierungsvorschriften richtig eingehalten werden können, besitzen die meisten Heimsonnen entweder Signal- oder Schaltuhren.

3.3.10.5 Bestrahlungs-Techniken

In den letzten Jahren wurden verschiedenartige Möglichkeiten der Bestrahlungs-Technik ersonnen und die entsprechenden Bestrahlungsgeräte entwickelt, die im folgenden charakterisiert werden:

1. Einfache filterlose Heimsonnen: Ein frei brennender Hochdruckstrahler ist mit einem oder mehreren IR-Dunkelstrahlern in einem Reflektor angebracht. Nach einer Einbrennzeit von etwa 3 min erfolgt die Bestrahlung, die von Tag zu Tag länger wird und im Bereich von 1 min bis maximal 20 min liegt.
2. Filterheimsonnen: Wie bereits beschrieben, ist über dem Hochdruckbrenner ein verstellbares Filter angebracht. Die Bestrahlung beginnt nach der Einbrennzeit. Neben der Verlängerung der täglichen Bestrahlungszeit ist auch die Filtereinstellung täglich variierbar. Damit hat man eine zusätzliche Möglichkeit, das Spektrum der Lampe der Hautempfindlichkeit anzupassen. Es gibt auch Filterlampen, die bei geschlossenem Filter nur Strahlung oberhalb 320 nm abgeben, so daß keine Erythemwirksamkeit mehr vorhanden ist. Weiterhin besteht die Möglichkeit, mit einem festen Filter dergestalt zu arbeiten, daß man den UV-Brenner aus einem Quarz herstellt, das die kurzwellige Strahlung unterhalb 280 nm absorbiert. Bei den Filterheimsonnen arbeitet man ebenfalls mit Bestrahlungszeiten zwischen 1 min und 20 min.
3. Kurzzeitheimsonnen: Hierbei handelt es sich der Bauart nach um Filterheimsonnen, wie sie unter 2. beschrieben wurden. Man belastet bei diesen Geräten den Strahler mit einer um den Faktor 2–3 höheren elektrischen Leistung als bei den normalen Filtergeräten. Dadurch ist nicht nur die abgestrahlte UV-Energie größer, sondern der überlastete Brenner besitzt auch eine wesentlich kürzere Anlaufzeit, die bereits nach etwa 1 min beendet ist und reproduzierbar verläuft. Auf diese Weise kann die Einbrennzeit unbedenklich in die Gesamtbestrahlungszeit integriert werden. Man kann also vom Einschalten an und über eine ganze Bestrahlungsserie hinweg mit konstant kurzen Bestrahlungszeiten von 30 s bis max. 3 min bestrahlen, wobei die Anpassung an die Hautempfindlichkeit nur noch über die Filterstellung besorgt wird. Trotz der Überbelastung ist die effektive Nutzlebensdauer der Strahler wegen der kurzen Anwendungszeiten mit der bei den konventionellen Geräten vergleichbar.

4. Impulsheimsonnen: Ein erhebliches Hindernis für die Durchführung von UV-Bestrahlungen an großen Menschengruppen (Schüler, Bergarbeiter usw.) bildete der dafür benötigte Zeitaufwand. Aus diesem Grunde wurde ein Bestrahlungsgerät entwickelt, bei dem der Strahler in der sogenannten Grundlast dauernd in Betrieb sein kann. Damit während dieser Zeit keine unnötige Strahlenbelastung auftritt, wird – wenigstens bei professionell genutzen Geräten – während dieser Zeit eine Abschirmung vorgesehen. Für die Bestrahlung wird die elektrische Leistung des Brenners kurzfristig um etwa den Faktor 10 angehoben, wobei die Strahlungsausbeute wegen des sich einstellenden höheren Druckbereiches der Lampe bis um den Faktor 14 ansteigt. Obwohl dabei die Bestrahlungsdauer auf Zeiten zwischen 2 und 12 s reduziert werden kann, sind die gewünschten biologischen und medizinischen Effekte voll erzielbar (Lehmann, 1960, Seidl, 1963).

Eine schematische Darstellung des Bestrahlungsablaufs ist in Abb. 3.51 dargestellt.

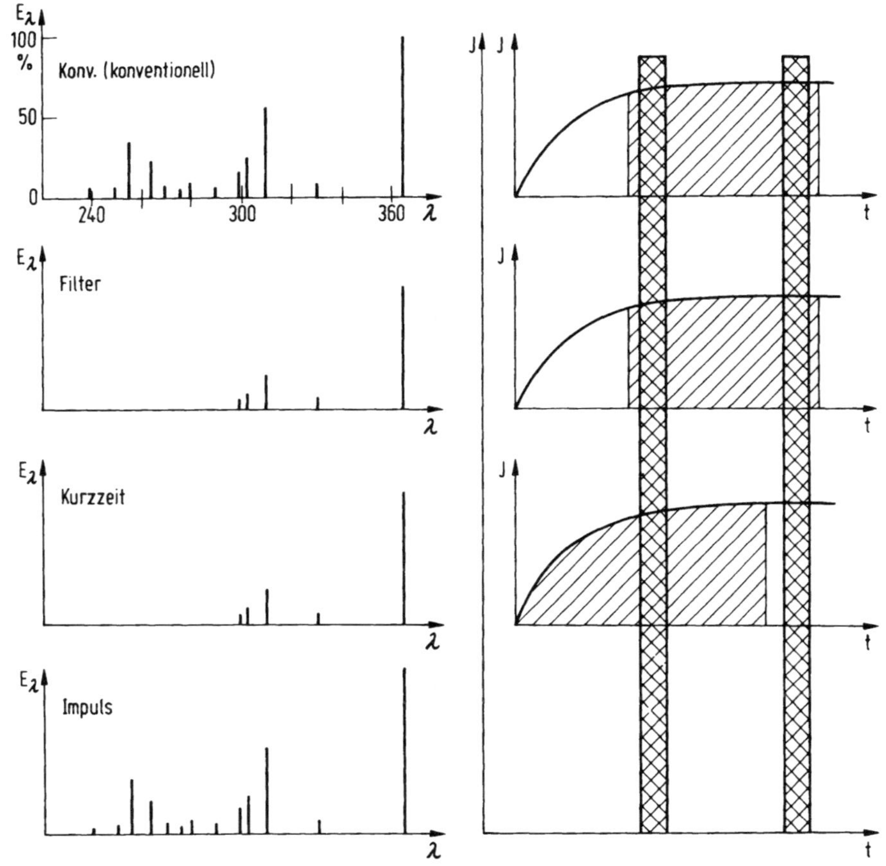

Abb. 3.51: Schematische Darstellung des Bestrahlungsablaufs bei verschiedenen Heimsonnentypen.

In der folgenden Übersicht (Tab. 3.14) sind charakteristische Angaben für verschiedene Heimsonnenmodelle zusammengestellt, wobei sich die Variationsbreiten bei den Bestrahlungsstärken durch die möglichen Filtereinstellungen ergeben.

Tab. 3.14: Daten verschiedener Heimsonnen („Original Hanau")

Gerät	Bestrahlungsstärken [uW/cm²]			Felddurchmesser [cm]	Bestrahlungsabstand [cm]
	UV-A	UV-B	UV-C		
Filterlose Heimsonne HS 100	550	550	320	40	50
Filterheimsonne HaFi 500	1750	300– 650	50–150	40	50
Kurzzeitheimsonne HaFi 230	800–1100	300–1000	50–700	36	50
Impulsheimsonne HS 2020 Impuls	11000	13000	12000	40	50

Auf die Ultraviolett-Mischlichtlampe als Bestrahlungsgerät wird in Abschn. 3.3.6 eingegangen.

Da Heimsonnen mit anderen UV-Strahlenquellen als Quecksilberdampf-Hochdrucklampen keine praktische Bedeutung haben, sollen sie hier nicht erwähnt werden.

3.3.10.6 Solarien

Im Zusammenhang mit dem Wunsch, eine mühelose und angenehme Ultraviolett-Ganzkörperbestrahlung für medizinische und kosmetische Zwecke durchführen zu können, sind in letzter Zeit die sogenannten Solarien entwickelt worden. Hierbei handelt es sich um Bestrahlungsgeräte, die im allgemeinen nach den bereits beschriebenen Prinzipien der Heimsonne arbeiten, jedoch an der Decke montiert werden können, so daß sich die zu bestrahlenden Personen im Liegen dem „Sonnenvergnügen" hingeben können. Diese Bestrahlungen werden vielfach in Kombination mit der Sauna- oder Schwimmbadbenutzung durchgeführt, wobei sich die physiologischen Wirkungen der einzelnen Anwendungen ergänzen können. Im allgemeinen wird eine Bestrahlung so durchgeführt, wie sie derjenigen bei der Filterheimsonne entspricht. Man geht dabei jedoch oft so vor, daß man zunächst kurzzeitig die kurzwellige pigmentbildende und gesundheitsfördernde Bestrahlung mit ungefilterten Hochdruckstrahlern durchführt, die genau dosiert und damit zeitlich kontrolliert werden muß. Anschließend kann man sich mit der langwelligen gefilterten UV-Bestrahlung (UV-A) ohne besondere Vorsichtsmaßnahmen weiter besonnen.

Man verwendet mehrere (3 bis 7) Ultraviolett-Strahler und eine entsprechende Zahl von Infrarot-Strahlern, die man unter Verwendung mehrerer Reflektoren in einem Solarium unterbringt. Damit die als unangenehm empfundene fahlblaue Farbe des Lichtes der Quecksilberdampf-Hochdruckstrahler auf dem Bestrahlungsfeld vermieden und die Gesamtlichtfarbe des Gerätes als sonnenähnlich empfunden wird, werden entweder zusätzliche Infrarot-Hellstrahler (mit einer Farbtemperatur von etwa 3200 °K) eingeschaltet, oder es werden Hg-Hochdruckstrahler mit Zusätzen von Metallhalogeniden verwendet, die das Hg-Spektrum im langwelligen UV-A-Bereich und im roten sichtbaren Bereich auffüllen (z.B. Osram Solarca®). Auch unter Verwendung von Ultraviolett-Mischlichtlampen können Solarien gebaut werden.

Charakteristische Daten für ein Solarium sind z.B.

3 ozonfreie Quecksilberdampf-Hochdruckstrahler je 150 W

4 Infrarot-Hellstrahler und 18 Infrarot-Dunkelstrahler zusammen 2500 W.

Tab. 3.15: Bestrahlungsstärke im Abstand von 1,5 m

UV-A	600 $\mu W/cm^2$
UV-B	70–500 $\mu W/cm^2$
UV-C	30–250 $\mu W/cm^2$
Größe des Bestrahlungsfeldes 180 · 130 cm.	

3.3.11 Strahlenquellen für die Fotochemie

Es gibt einige fotochemische Prozesse, die große Bedeutung in der präparativen Fotochemie gewonnen haben (s. Kap. 7).

Je nach dem Wirkungsspektrum der Reaktion pflegt man für die fotochemische Anwendung

Quecksilberdampf-Niederdruckstrahler
Quecksilberdampf-Hochdruckstrahler

und Quecksilberdampf-Hochdruckstrahler mit Metallhalogenidzusätzen

zu verwenden.

Dazu wurde in den letzten Jahren ein spezielles Tauchlampenprogramm entwickelt. Es ist zweckmäßig, die Strahlenquelle zur Durchführung der fotochemischen Reaktion in das Reaktionsmedium einzuführen. So kann sichergestellt werden, daß ohne optische Hilfsmittel, wie Reflektoren usw. die emittierte Strahlung vollständig ausgenutzt werden kann.

Da eine direkte Einbringung der Brenner in das Reaktionsmedium aus thermischen und elektrischen Gründen nicht möglich ist, müssen diese mit einer Tauchhülle versehen werden. Die Tauchlampen ab 2 KW Leistung sind nach einem Baukastensystem konstruiert. Der Strahler wird zunächst in eine Halterung eingesetzt, die das Einführen in das Tauchrohr ermöglicht. Die Halterung endet in einer Kopfplatte, die eine Vorrichtung zur Einleitung eines Schutzgases enthält und die elektrischen Anschlüsse trägt. Die Spülung des Tauchrohrinneren mit einem Inertgas soll die Oxydation und Korrosion der Metallteile vermeiden. Im Bedarfsfall kann das Tauchrohr noch mit einem zusätzlichen Kühlmantel versehen werden. Er ist immer dann vorzusehen, wenn entweder die vom Brenner abgegebene Wärmestrahlung für das Reaktionsmedium unzulässig hoch ist, oder wenn sich das Reaktionsmedium selbst auf extrem niedrigen oder hohen Temperaturen befindet, so daß bei direktem Kontakt des Tauchrohres mit dem Medium die Gefahr von Quecksilberkondensation einerseits oder eine Überhitzung des Brenners andererseits besteht.

Die Brenner, Tauch- und Kühlrohre haben genormte Nennweiten. Die Verbindung dieser Bauteile untereinander sowie der Anschluß an das Reaktionsgefäß erfolgt über genormte Flansche.

Es stehen Tauch- und Kühlrohre aus Borosilikatglas und aus Quarz zur Verfügung. Borosilikatglas absorbiert die Strahlung unterhalb 300 nm, Quarz diejenige unter 200 nm. Der Aufbau der Lampen ist aus Abb. 3.52 zu entnehmen.

Für Tauchlampen dieser Art stehen Hg-Niederdrucklampen mit einer Leistung von 30 W und 150 W sowie Hg-Hochdruckstrahler mit Leistungsaufnahmen von 500 W bis 40 kW zur Verfügung. Einige wichtige Daten für die Hochdruckstrahler-Reihe sind in den folgenden Tabellen 3.16–3.18 zusammengestellt. Dabei ist zu beachten, daß die Tauchlampen im allgemeinen mit Streufeldtransformatoren betrieben werden. Die Versorgungsspannung soll bei festeingestellten Vorschaltgeräten das 1,6-fache, bei regelbaren Vorschaltgeräten das 1,9-fache der Strahlerspannung betragen. Die Hochdruckbrenner der Tauchlampen lassen sich auch mit Unterlast betreiben. So ist neben der Soll-Leistung auch der Unterlastwert von 60 % der Soll-Leistung angegeben.

Tab. 3.16: Elektrische Daten einiger Tauchlampen („Original Hanau")

Strahlertype	TQ2024.100		TQ4024.100		TQ10030.150		TQ20040.150		TQ40055.150	
Strahlerleistung [kW]	2	1,2	4	2,4	10	6	20	12	40	24
Strahlerstrom [A]	900	1000	1800	1800	3500	3500	3500	3500	6000	6000
Versorgungsspannung [V]	520	520	1000	1000	2000	2000	2000	2000	3500	3400
Strahlerspannung [V]	4,5	2,7	4,8	2,9	6,0	3,6	11,0	6,6	12,0	7,2

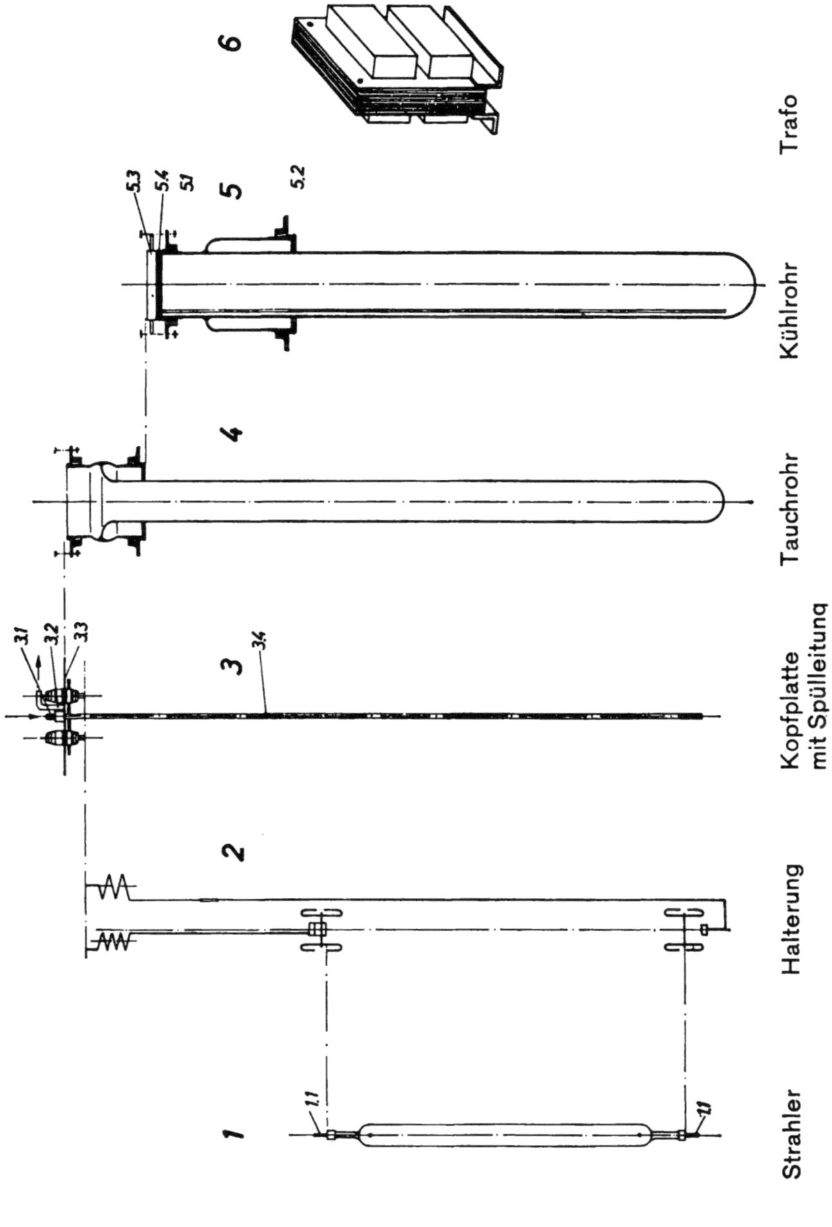

Abb. 3.52: Aufbau des Tauchlampensystems (TQ 2024 der Original Hanau Quarzlampen GmbH).

Tab. 3.18: Spektrale Strahlungsflüsse von Tauchlampen

Strahlungsfluß Φ [W] Strahler nackt						Strahlungsfluß Φ [W] Strahler mit Tauchrohr				
Wellenlänge λ [nm]	TQ 2024.100	TQ 4024.100	TQ 10030.150	TQ 20040.150	TQ 40055.200	TQ 2024.100	TQ 4024.100	TQ 10030.150	TQ 20040.150	TQ 40055.150
248	6,0	19,0	102	195	258	–	–	–	–	–
254	36,0	96,0	400	1035	2397	–	–	–	–	–
265	12,0	55,0	180	260	271	–	–	–	–	–
270	2,8	7,3	46	72	111	–	–	–	–	–
275	2,4	6,4	30	68	68	–	–	–	–	–
280	4,8	16,5	114	180	256	–	–	–	–	–
289	1,7	5,2	42	60	132	–	–	–	–	–
292	1,0	2,6	18	17	38	–	0,3	1,8	2,0	3,8
296	7,6	23,0	183	256	545	1,1	3,5	28,0	38,0	82,0
302	17,0	53,0	228	349	583	4,3	13,0	57,0	87,0	146,0
313	46,0	110,0	395	673	1310	25,0	61,0	227,0	370,0	720,0
334	2,2	7,3	58	101	164	1,8	5,8	46,0	81,0	131,0
366	66,0	165,0	696	1150	2016	59,0	149,0	626,0	1045,0	1810,0
391	0,5	1,4	10	22	28	0,4	1,3	9,0	20,0	25,0
405/8	26,0	66,0	207	386	900	23,0	59,0	186,0	347,0	810,0
436	40,0	113,0	332	642	1480	36,0	102,0	298,0	578,0	1330,0
492	0,6	1,7	14	5	22	0,5	1,5	13,0	4,5	20,0
546	52,0	124,0	361	798	1990	47,0	112,0	325,0	719,0	1790,0
577/9	19,0	68,0	553	1140	2120	17,0	61,0	498,0	1035,0	1910,0

Tab. 3.17: Strahlungsfluß von Tauchlampen [W]

Bereich [nm]	TQ2024.100	TQ4024.100	TQ10030.150	TQ20040.150	TQ40055.150
200–300	95	290	1390	2680	5170
300–400	140	390	1600	2640	4800
400–500	75	200	620	1160	2740
500–600	80	215	1020	2190	4740
200–600	390	1095	4630	8670	17450

Grundsätzlich können – entsprechend der Einstellung auf bestimmte Wirkungsspektren – alle Quecksilberdampf-Hochdruckbrenner auch mit verschiedenen Dotierungen benutzt werden. Als besonders geeignet haben sich folgende Zusätze erwiesen:

Gallium – Es bewirkt die zusätzliche Emission von zwei intensiven Linien im violetten sichtbaren Gebiet zwischen 400 und 420 nm.

Thallium – Es liefert eine intensive grüne Linie bei 583 nm.

Cadmium – Es liefert zusätzliche Linien im langwelligen UV zwischen 300 und 400 nm und füllt das Spektrum im roten Bereich auf.

Daneben ist der Zusatz auch anderer Metalle denkbar.

Bei den Hochdruckbrennern arbeitet man mit einer hohen Bogenspannung. Damit kann man hohe Leistungen erzielen, ohne die Stromdurchführungen und die Elektroden mit zu hohen Strömen belasten zu müssen. Weiterhin hat sich herausgestellt, daß bei höheren Bogenspannungen der Lichtbogen weitgehend auf die Lampenachse konzentriert bleibt. Dies führt zu einer Verlängerung der Lebensdauer. Da man hier ohnehin mit Hochspannung arbeiten muß, benötigt man keine zusätzlichen Zündelektroden.

Bevor es zum Einsatz größerer Tauchlampen in großtechnischem Maßstab kommen kann, ist natürlich in Laborversuchen zu klären, welche Strahlenquelle und welche Strahlerleistung für das beabsichtigte Verfahren optimal einsetzbar ist. Zur Durchführung dieser Experimente im Labor gibt es spezielle Labortauchlampen-Programme. An Strahlenquellen stehen dabei ein Hg-Niederdruckstrahler von 15 W Leistung und ein Hg-Hochdruckbrenner von 150 W Leistung zur Verfügung. Im Bedarfsfall ist es auch hier möglich, den Hg-Hochdruckbrenner mit den bereits genannten Metallhalogenidzusätzen zu versehen. Die spezifischen Daten dieser Brenner entsprechen in strahlungsphysikalischer und elektrischer Hinsicht weitgehend denen der großen Tauchlampen, so daß die hiermit gewonnenen Ergebnisse in vollem Umfang auf die geplante Großanlage übertragen werden können.

Auch das Labortauchlampen-Programm ist nach einen Baukastenprinzip konstruiert. Die Abmessungen der Strahlenquellen mit ihren Halterungen wurden so gewählt, daß sie in den zur Verfügung stehenden Tauchrohren untereinander austauschbar sind. Die Tauch- und Kühlrohre sind durch konische Normschliffe verbunden und können mit Hilfe solcher Normschliffe auch in Reaktionsgefäße verschiedenster Bauart eingesetzt werden. Die Kühlrohre der Labortauchlampen können auch direkt als Reaktionsgefäße für Durchflußreaktionen benutzt werden. Wie bei den großen Tauchlampen stehen die Tauch- und Kühlrohre wahlweise in Glas- oder Quarzausführung zur Verfügung.

Die elektrischen Vorschaltgeräte (sie sind allerdings verschieden für Hg-Niederdruck- und Hg-Hochdruckbrenner) sind im allgemeinen so ausgelegt, daß ein Betrieb an jeder normalen Steckdose möglich ist.

3.3.11.1 Pauslampen

Ein Sonderfall eines fotochemischen Verfahrens ist der Lichtpausprozeß, der hier nicht näher beschrieben werden soll.

In den Lichtpausmaschinen werden vornehmlich langgestreckte Quecksilberdampf-Hochdruckstrahler eingesetzt. Die Leuchtlängen liegen zwischen 60 cm und 150 cm, die elektrische Brennerleistung variiert zwischen 2000 und 9000 W. Dabei liegt die spezifische elektrische Leistung im allgemeinen zwischen 25 und 50 W pro cm Leuchtrohrlänge.

Um die Temperatur der der Strahlung ausgesetzten Maschinenteile – besonders des Pauszylinders – in Grenzen zu halten, muß die Maschine mit Luft gekühlt werden. Wäre der eigentliche Brenner ebenfalls diesem Kühlluftstrom ausgesetzt, so würde dies bei der relativ geringen elektrischen Belastung zu Quecksilber-Kondensation im Brenner und damit zum Abfall der Strahlungsleistung führen. Aus diesem Grunde werden die Pausbrenner fast ausnahmslos mit Schutzrohren versehen, die den Brenner hermetisch gegen die Außenluft abschirmen.

Im Normalfall bestehen diese Schutzrohre aus einem Spezialglas, welches einmal die notwendige Temperaturwechselbeständigkeit aufweist und zum anderen die wirksame aktinische Strahlung oberhalb etwa 300 nm möglichst ungehindert durchläßt. Gleichzeitig wird durch diese Schutzrohre eine Ozonbildung verhindert.

Auch die Wirksamkeit der Pausbrenner kann in manchen Fällen durch Zusätze von Metallhalogeniden gesteigert werden, wobei vorzugsweise Gallium, Indium oder Blei infrage kommen, die im Bereich von etwa 400 nm, wo das Empfindlichkeitsmaximum der hochempfindlichen Diazopapiere liegt, eine zusätzliche Emission erzeugen.

3.3.12 Optische Geräte

Es gibt eine Reihe optischer Geräte, in denen Ultraviolettlampen Anwendung finden. Eine Aufzählung der wichtigsten Geräte soll die Übersicht erleichtern.

3.3.12.1 Fluoreszenz-Analysenlampen

Durch die Anregung mit Ultraviolettstrahlung kann man in einer großen Anzahl von Stoffen Fluoreszenz hervorrufen, die auch für analytische Zwecke ausgenutzt werden kann. Je nach den Absorptionsspektren der bestrahlten Stoffe werden die Fluoreszenzerscheinungen entweder durch kurzwellige oder durch langwellige UV-Strahlung hervorgerufen. Da die Absorptionsbanden im allgemeinen sehr breit sind, hat es sich in den meisten Fällen als ausreichend erwiesen, entweder mit der Hg-Linie 254 nm oder mit Strahlung von 366 nm anzuregen. Die Linie 254 nm erzeugt man mit Quecksilberdampf-Niederdrucklampen, die Strahlung bei 366 nm kann entweder von Quecksilber-Hochdrucklampen oder von Niederdrucklampen mit Leuchtstoff (siehe 2.1.1) geliefert werden. Es gibt eine große Anzahl von Geräten (Fluotest®), die für die Fluoreszenzanalyse geeignet sind und entweder die Strahlung bei 254 nm oder die bei 366 nm oder beide Bereiche abgeben können. Meist sind dann die Lampen zusätzlich mit einem Filter abgedeckt, so daß keine sichtbare Strahlung auf das Untersuchungsfeld kommt. Dies ist nötig, da die Fluoreszenzerscheinungen meist sehr lichtschwach sind. Die Filterung kann auch so vorgenommen werden, daß der Strahler mit einem Mantel aus Filterglas umgeben wird (Schwarzglaslampen), oder daß als Entladungsrohrmaterial (bei Niederdruckstrahlern) Filterglas verwendet wird.

3.3.12.2 Lichtechtheitsgeräte

In den Lichtechtheitsgeräten wird die Alterung von Stoffen aller Art durch Einwirkung von Licht und UV-Strahlung künstlich simuliert. Man verwendet in den Lichtechtheitsgeräten (Xenotest®) praktisch ausschließlich Xenonstrahler, deren Spektrum sich im UV-Bereich und im sichtbaren Bereich gut dem Spektrum der Globalstrahlung anpassen läßt. Gelegentlich werden auch Kohlebogenlampen oder Niederdruckbrenner mit Leuchtstoff verwendet, die im langwelligen UV emittieren.

3.3.12.3 Optische Spektralapparate

Geräte, die für biochemische Analysen Verwendung finden,

Spektralfotometer,
Fluorimeter,
Refraktometer,
Polarimeter,
Densitometer

enthalten entweder Stabillampen (Hochdruckbrenner mit stabilisiertem Lichtbogen), Deuterium-Lampen, Hohlkatodenlampen oder Xenonkurzbogenlampen (vgl. Kap. 6).

3.3.12.4 Entkeimungsgeräte

In den Entkeimungsgeräten (Sterisol®) werden ausschließlich Quecksilberdampf-Niederdruckstrahler eingesetzt, die mit elektrischen Leistungsaufnahmen von 15 W und 30 W zur Verfügung stehen. Zum Zwecke der Luftentkeimung werden die Geräte mit einem Gehäuse und einem Reflektor ausgestattet. Wenn sich in den Räumen Personen aufhalten, wird das UV-Strahlenbündel so gerichtet, daß nur die Zone oberhalb der Augenlinie ausgestrahlt wird, damit das Personal keiner Strahlenbelastung ausgesetzt ist. Sobald die Räume nicht von Personen benutzt werden, bevorzugt man die Ganzraumbestrahlung durch zum Raum hin gerichtete Strahler und Reflektoren. Um die Verschleppung von Keimen durch vielbenutzte Durchgänge zu verhindern, benutzt man die Strahlenschranke, die ein scharfbegrenztes intensives UV-Strahlenbündel in den Durchgang legt. Bei all diesen Anlagen müssen das UV-Reflexionsvermögen von Decken, Wänden und Fußböden sowie die UV-Beständigkeit der verwendeten Materialien beachtet werden.

Soll die Streustrahlung im Raum völlig vermieden werden, kann durch ein Umluftgerät die zu entkeimende Luft angesaugt, an intensiven UV-Strahlern vorbeigeleitet und entkeimt wieder ausgestoßen werden.

Für die Entkeimung von Flüssigkeiten sind Tauchlampen mit Quecksilberdampf-Niederdruckstrahlern verwendbar, die von der zu entkeimenden Flüssigkeit umspült werden (vgl. Abschn. 3.10.2).

3.4 Temperaturstrahler

3.4.1 Allgemeines, Schwarzer Körper

Im Vergleich mit Bogenlampen (3.5) sind Temperaturstrahler relativ schwache und unwirksame Quellen für ultraviolette Strahlung. Eine charakteristische Eigenschaft von Temperaturstrahlern ist ihr breites, kontinuierliches Spektrum, in dem der ultraviolette Bereich nur einen kleinen Teil ausmacht. Die Energie der Strahlung im Sichtbaren und Infraroten übersteigt dabei diejenige im Ultravioletten wesentlich. Dort, wo die geringe Strahlungsleistung des Temperaturstrahlers ausreicht, bietet das technisch einfache System Vorteile in der Anwendung.

Die Strahlung eines festen, erhitzen Körpers hängt von seiner Temperatur, seiner Größe und der Beschaffenheit seiner Oberfläche ab. Ein Körper mit vollkommen schwarzer Oberfläche sendet dabei mehr Strahlung aus als jeder andere Körper gleicher Temperatur und gleicher Größe. Da es keinen Körper mit absolut schwarzer Oberfläche gibt, wird der schwarze Körper durch einen Hohlraum mit einer kleinen Strahlenaustrittsöffnung verwirklicht. Die durch diese Öffnung von außen eintretenden Strahlen werden im Inneren des Hohlraums mehrmals reflektiert und erfahren bei jeder Reflexion eine Absorption an den Wänden, so daß die Wahrscheinlichkeit für einen Wiederaustritt durch die Öffnung außerordentlich gering ist. Die durch die Öffnung eines solchen Hohlraums austretende Strahlung ist mit der Strahlung des schwarzen Körpers identisch. Sie ändert sich mit der Temperatur der Wände ebenso, wie die Strahlung des schwarzen Körpers sich mit der Temperatur ändert.

3.4.2 *Strahlungsgesetze*

Die in den Halbraum emittierte Gesamtstrahlung des schwarzen Körpers über alle Wellenlängen pro strahlender Flächeneinheit und Zeiteinheit ist der vierten Potenz der absoluten Temperatur proportional (Stefan, 1879 und Boltzmann, 1884). Diese Beziehung für die spezifische Ausstrahlung ist bekannt als das Stefan-Boltzmannsche Gesetz:

$$S = \sigma T^4.$$

Darin ist $\sigma = 5{,}6697 \cdot 10^{-12}\ \mathrm{W \cdot cm^{-2} \cdot K^{-4}}$, S = spezifische Ausstrahlung in $\mathrm{Watt/cm^2}$ und T = absolute Temperatur in Kelvin. Exakt gilt für einen schwarzen Körper der Temperatur T in einer Umgebung der Temperatur T_0 die Beziehung:

$$S = \sigma(T^4 - T_0^4).$$

Der durch die Vernachlässigung von T_0 eingeführte Fehler ist jedoch bei hohen Temperaturen des Strahlers gering und kann in den meisten Fällen vernachlässigt werden.

Aus diesen Beziehungen ist leicht zu ersehen, daß die abgestrahlte Energie eines schwarzen Körpers außerordentlich schnell mit seiner Temperatur anwächst. Einige wenige Zahlenwerte sind für die spezifische Ausstrahlung bei verschiedenen Temperaturen in der Tab. 3.19 zusammengestellt.

Tab. 3.19: Spezifische Ausstrahlung des schwarzen Körpers bei verschiedenen Temperaturen

Temperatur T K	spezifische Ausstrahlung S $\mathrm{W \cdot cm^{-2}}$
1000	5,67
1500	28,7
2000	90,7
2500	221,5
3000	459,2

Ein schwarzer Körper mit einer Temperatur von 1000 K strahlt pro $\mathrm{cm^2}$ 5,7 W aus. Wird er auf 3000 K erhitzt, so strahlt die gleiche Fläche eine Leistung von

460 W ab. Um den gleichen Strahlungsfluß wie bei 1000 K zu erhalten, reicht 1/80 der Fläche, also etwas mehr als 1 mm^2 aus.

Das Stefan-Boltzmannsche Gesetz macht eine Aussage über die abgestrahlte Gesamtenergie eines schwarzen Körpers, gibt aber keine Auskunft über die spektrale Verteilung dieser Energie. Diese Verteilung wird durch das Plancksche Gesetz gegeben. Bei der Herleitung dieses Gesetzes, das die erste befriedigende Übereinstimmung zwischen Theorie und Experiment ergab, postulierte Planck die Quantennatur der Lichtenergie und legte damit den Grundstein für die Quantentheorie (Planck, 1901).

Das Plancksche Gesetz für einen idealen schwarzen Körper lautet:

$$S_\lambda d\lambda = \frac{c_1 \, d\lambda}{\lambda^5 (e^{c_2/\lambda T} - 1)}$$

wobei $c_1 = 3{,}7405 \cdot 10^{-12}\ W \cdot cm^2$,
$c_2 = 1{,}4388\ cm \cdot K$,
λ = Wellenlänge in cm,
T = Temperatur in K sind.

$S_\lambda d\lambda$ ist die Energie, die in der Zeiteinheit von der Flächeneinheit in den Halbraum im Wellenlängenbereich zwischen λ und $\lambda + d\lambda$ ausgestrahlt wird. Die Größe der Emission, die pro Raumwinkeleinheit senkrecht zur Fläche des schwarzen Körpers emittiert wird, erhält man, in dem man die nach den Gesetzen von Stefan-Boltzmann und Planck berechneten Werte durch π dividiert. Man nennt S_λ die spektrale Strahldichte. In vielen Fällen ist es zweckmäßig, die im Wellenlängenintervall abgestrahlte Leistung in Photoneneinheiten zu kennen. Diese erhält man durch Division der Strahldichte durch das Energiequant $E = h\nu = \frac{hc}{\lambda}$. Um eine Transformation zu Wellenzahlen $\tilde{\nu}$ zu machen, ist zu beachten, daß $d\lambda = -\frac{1}{\tilde{\nu}^2} d\tilde{\nu}$, und damit:

$$S_\nu d\tilde{\nu} = \frac{c_1 \tilde{\nu}^3 d\tilde{\nu}}{e^{c_2 \tilde{\nu}/T} - 1} \text{ gilt.}$$

Die Abb. 3.53 zeigt die spektrale Intensitätsverteilung des schwarzen Körpers bei 3000 K. Die Kurve zeigt, daß die Intensität der Strahlung beim Übergang vom sichtbaren in das ultraviolette Gebiet rasch abfällt. Der schraffierte Teil der Abbildung repräsentiert die Energie, die zwischen den Grenzen des sichtbaren Spektrums liegt, während der doppelt schraffierte Bereich die Energie im ultravioletten Gebiet darstellt. Nur 8 % der ausgestrahlten Energie liegt im Sichtbaren, ungefähr 0,2 % im Ultravioletten. Der weitaus größte Betrag der verbleibenden Energie wird im Infraroten ausgestrahlt.

Die Abb. 3.54 zeigt Intensitätsverteilungskurven des schwarzen Körpers für Temperaturen von 1000–5000 K. Die allgemeine Gestalt der Kurven bleibt erhalten,

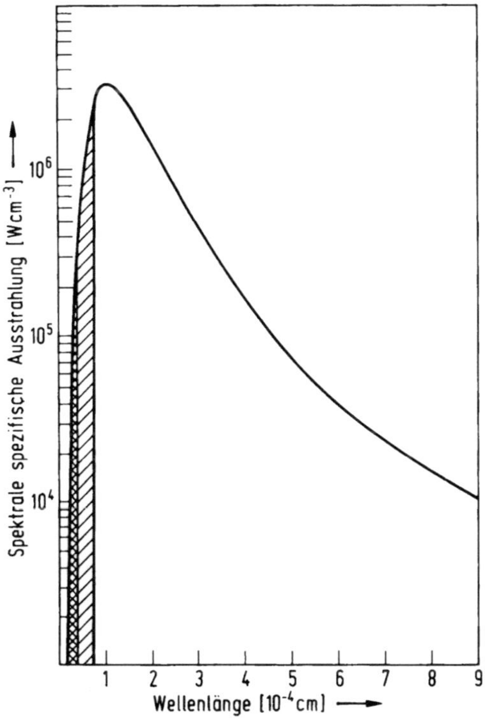

Abb. 3.53: Plancks Verteilungsgesetz für einen schwarzen Strahler bei 3000 K.

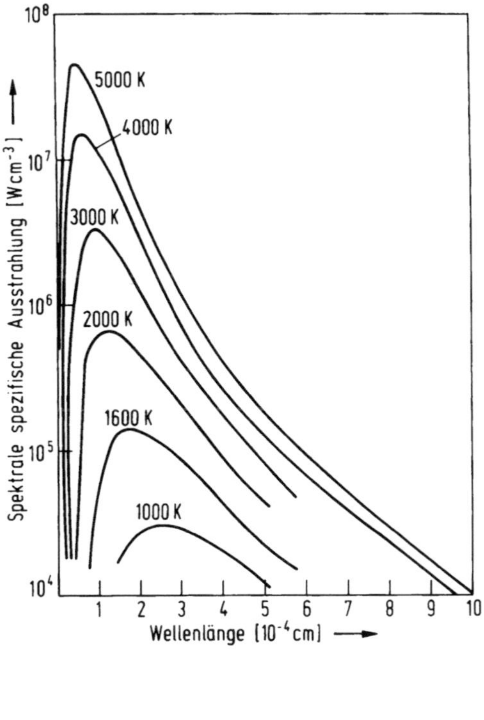

Abb. 3.54: Strahlungsverteilung eines schwarzen Körpers bei verschiedenen Temperaturen.

wenn die Temperatur anwächst, doch die Gesamtfläche unter der Kurve, die ein Maß für die insgesamt abgestrahlte Energie ist, wächst mit der Temperatur, in Übereinstimmung mit dem Stefan-Boltzmannschen Gesetz. Dabei wird das Maximum der Kurve zu kürzeren Wellenlängen verschoben (Wien, 1894). Das Wiensche Verschiebungsgesetz besagt, daß das Produkt aus der dem Maximum der Verteilungskurve zugeordneten Wellenlänge und der absoluten Temperatur konstant ist:

$$\lambda_{max} \cdot T = 0{,}2898 \text{ cm} \cdot \text{K}.$$

Mit steigender Temperatur wächst der Bruchteil des Lichtes, das in den sichtbaren und ultravioletten Bereich fällt. Es ist offensichtlich, daß hohe Intensitäten im Ultravioletten nur durch sehr hohe Temperaturen des Temperaturstrahlers erreicht werden können. Die Grenze für das Erreichen solch hoher Temperaturen liegt im Fehlen geeigneter Materialien, die diesen hohen Temperaturen standhalten.

3.4.3 Ultraviolette Strahlung des schwarzen Körpers

Der prozentuale Anteil der Gesamtleistung, die im Ultravioletten bei verschiedenen Temperaturen ausgestrahlt wird, ist in Abb. 3.55 dargestellt. Bei 3000 K fallen 0,2 % der Leistung in das UV-Gebiet. Dieser Betrag wächst bei 4000 K auf 2 % an und erreicht bei 5000 K 6,6 %. Nicht nur der Bruchteil der Leistung im UV wächst mit der Temperatur, sondern auch die in diesem Bereich ausgestrahlte Gesamtleistung wächst mit der vierten Potenz der Temperatur, in Übereinstimmung mit dem Stefan-Boltzmannschen Gesetz. Diese Verhältnisse sind in der Tab. 3.20 gezeigt.

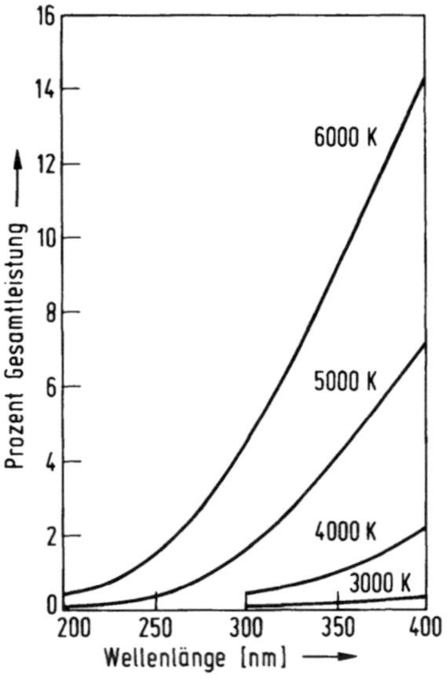

Abb. 3.55: Prozent der zwischen o und λ ausgestrahlten Gesamtleistung eines schwarzen Strahlers.

Tab. 3.20: Im UV zwischen 0 und 400 nm abgestrahlte Leistung des schwarzen Körpers

Temperatur K	Bruchteil der Gesamtstrahlung %	Höhe $W \cdot cm^{-2}$
2000	0,0016	0,0015
2500	0,032	0,071
3000	0,21	0,98
3500	0,78	6,63
4000	1,97	28,6
5000	6,67	236
6000	14,02	1030
8000	31,80	7385

Werte nach Levi, 1968

3.4.4 Strahlung von nicht schwarzen Körpern

Im allgemeinen sind die glühenden Körper nicht schwarze Strahler, d.h. sie strahlen bei jeder Wellenlänge weniger Energie aus als ein schwarzer Körper gleicher Temperatur und gleicher strahlender Fläche. Der bekannteste glühende Körper dieser Art ist die Sonne (s. Kap. 2). Ihr Emissionsvermögen ist kleiner als das des schwarzen Körpers. Das Emissionsvermögen ist eine charakteristische Größe eines bestimmten Materials und ändert sich mit der Temperatur und der Wellenlänge. Man kann die Strahlungsgesetze eines nicht schwarzen Körpers durch Gesetze, die denen von Stefan-Boltzmann und Planck entsprechen, wiedergeben, indem man eine Größe einführt, die das Emissionsvermögen des Materials ausdrückt.

Das Verhältnis der von einem Körper ausgestrahlten Energie zu der des schwarzen Körpers wird Gesamtemissionsvermögen genannt. Es ist in der Tab. 3.21 für einige Materialien, die bei der Herstellung von Strahlern Verwendung finden, bei verschiedenen Temperaturen gegeben.

Tab. 3.21: Gesamtemissionsvermögen verschiedener Metalle

Metall	Emissionsvermögen 1000 °C	2000 °C
Wolfram	0,15	0,28
Molybdän	0,13	0,24
Platin	0,15	
Tantal		0,26
Nickel	0,19	
Niob	0,14	0,28

Werte nach Koller, 1965

Die Strahlung einer Wolframoberfläche bei 2000 °C ist nur das 0,28-fache der des schwarzen Körpers bei dieser Temperatur. In der Planckschen Beziehung für die spektrale Intensitätsverteilung eines nicht schwarzen Körpers muß ebenfalls das Emissionsvermögen, das von der Temperatur und der Wellenlänge abhängt, berücksichtigt werden. Einige Werte des spektralen Emissionsvermögens zeigen Tab. 3.22 und Abb. 3.56.

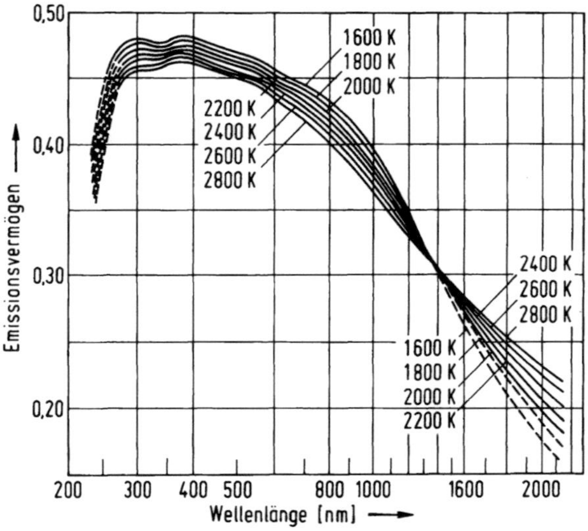

Abb. 3.56: Emissionsvermögen von Wolfram (de Vos, 1954).

Tab. 3.22: Spektrales Emissionsvermögen

Temperatur	spektrales Emissionsvermögen bei				
K	665 nm+	467 nm+	400 nm++	300 nm++	250 nm++
2000	0,435	0,469	0,474	0,438	0,456
2500	0,425	0,462	0,467	0,477	0,449
3000	0,415	0,455	0,460	0,470	0,442
3500	0,405	0,449			
3655	0,402	0,447			

\+ Werte nach Forsythe und Worthing, 1925.
++ Werte nach Ornstein, 1936.

Es zeigt sich, daß der Wert für die spektrale Strahldichte, die nach dem Planckschen Gesetz für einen schwarzen Körper berechnet wird, für Wolfram mit einem Faktor von 0,4 – 0,5 multipliziert werden muß.

Zur Kennzeichnung der Strahlungseigenschaften eines glühenden Körpers verwendet man oft die Begriffe schwarze Temperatur und Farbtemperatur, die von der wahren Temperatur zu unterscheiden sind. Hat der Körper bei einer bestimmten

Wellenlänge die gleiche Leuchtdichte wie ein schwarzer Körper der Temperatur T_s, so hat er die schwarze Temperatur T_s. Diese ist nach Tab. 3.23 für Wolfram um etwa 200–400° C niedriger als die wahre Temperatur T_w, da das Emissionsvermögen des Wolframs wesentlich kleiner als eins ist.

Unter der Farbtemperatur T_f versteht man diejenige Temperatur, die ein schwarzer Körper haben müßte, um dem Auge den gleichen Farbeindruck zu vermitteln. Im allgemeinen sagt diese Farbtemperatur nur etwas über die integrale Wirkung im Sichtbaren aus, nichts jedoch über die Energieverteilung.

Bei Bandlampen wird im allgemeinen die schwarze Temperatur T_s angegeben. Die zugehörige wahre Temperatur ist aus der Tab. 3.23 zu entnehmen. Diese absolute Temperatur wird in die Plancksche Gleichung eingesetzt, wenn der absolute spektrale Strahlungsfluß berechnet werden soll, wobei noch zusätzlich das Emissionsvermögen nach Tab. 3.22 zu berücksichtigen ist. In vielen Fällen genügt die Kenntnis der relativen Werte, die bei den Wolframlampen für das sichtbare und ultraviolette Gebiet in Annäherung aus der Farbtemperatur T_f berechnet werden können, wobei das Emissionsvermögen des Wolframs vernachlässigt wird.

Tab. 3.23: Schwarze Temperatur und Farbtemperatur in Abhängigkeit von der wahren Temperatur für Wolfram

T_w K	T_s K	T_f K
2000	1857	2033
2200	2026	2242
2500	2274	2558
2700	2437	2769
3000	2673	3092
3200	2827	3312
3400	2978	3535

Werte nach Lax und Pirani, 1929

3.4.5 Glühlampen

Aus den bereits diskutierten Zusammenhängen wird klar, daß intensive ultraviolette Strahlung von glühenden Körpern hohe Temperaturen erfordert. Wolfram ist ein geeigneter Werkstoff für einen Temperaturstrahler, da es einen sehr hohen Schmelzpunkt von 3655 K besitzt.

Die gewöhnliche Wolframglühlampe besteht aus einem dünnen, gewendelten Wolframdraht, der in einem evakuierten oder gasgefüllten Glaskolben montiert ist. Die Glühfäden haben die vielfältigsten Größen und Formen, je nach Anwendungsbereich der Lampen (Levi, 1968).

Die Wolframbandlampe besteht aus einem dünnen Wolframband, das eine bestimmte Stelle besitzt, für die von dem Hersteller für bestimmte Betriebsdaten die Temperatur angegeben wird, aus der sich die spektrale Energieverteilung errechnen läßt. Diese Verteilung ist in Abb. 3.57 für das UV-Gebiet dargestellt.

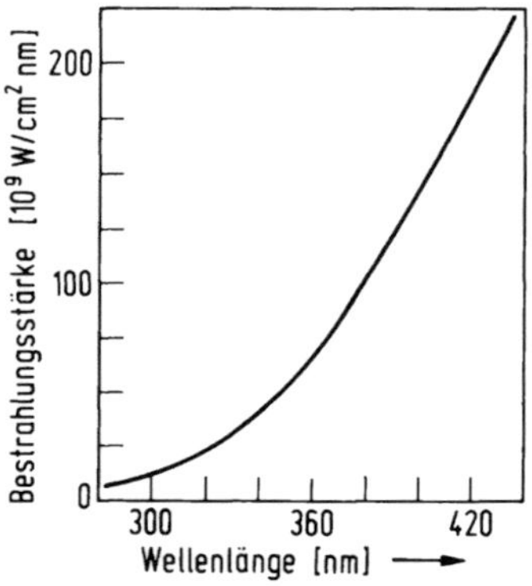

Abb. 3.57: Spektrale Verteilung der Bestrahlungsstärke einer Wolframbandlampe im UV in einer Entfernung von 1 m.

Die Wolframbandlampe wird für Eichzwecke von Monochromatoren und Strahlungsdetektoren verwendet. Sie ist jedoch nur für das UV oberhalb von 300 nm verwendbar, weil für kürzere Wellenlängen die spektrale Energie nicht ausreicht (Klumb und Odenwald, 1935; Voogd, 1940). Durch Sonderkonstruktionen hat man höhere Temperaturen und damit auch Anwendung bei kürzeren Wellenlängen ermöglicht (Metropolis und Beutler, 1940).
Um maximale Ausbeute an Strahlung zu bekommen, muß der Heizfaden bei möglichst hoher Temperatur betrieben werden. Der begrenzende Faktor dabei ist nicht nur der Schmelzpunkt des Materials, sondern auch sein Dampfdruck. Das verdampfende Metall kondensiert als dunkler Niederschlag auf der Glaswand des Kolbens und reduziert dabei seine Durchlässigkeit. Die Verdampfungsgeschwindigkeit wird in beträchtlichem Maße verringert, wenn die Lampe mit einem inerten Gas wie Argon oder Krypton gefüllt ist. In Abhängigkeit von der geforderten Ausbeute und der Lebensdauer werden Glühfadenlampen bei Temperaturen von 2400–3450 K betrieben. Für gewöhnliche evakuierte Lampen beträgt die Lebensdauer bei 2400 K etwa 1000 h, bei höheren Temperaturen kann sie bis auf wenige Stunden absinken.

Etwa 70–90 % der elektrischen Energie werden in infrarote, sichtbare und ultraviolette Strahlung umgewandelt und ausgestrahlt. Der Rest der Energie wird von dem Glaskolben und dem Sockel absorbiert. Der vom Glas absorbierte Anteil ist vor allem im langwelligen Infrarot und im Ultravioletten groß. Deshalb werden bei Glühlampen, bei denen man die UV-Strahlung ausnützen will, die Kolben oft aus Quarz hergestellt. In gasgefüllten Lampen werden 5–25 % der Energie vom Glühfaden durch Wärmeleitung und Wärmekonvektion durch das Gas zu der Glaswand geführt. Dieser Verlust wird jedoch leicht durch den Gewinn an Energie kompensiert, wenn die Lampe bei einer im Gas möglichen höheren Temperatur betrieben wird.

Eine neuere Entwicklung stellen die Halogenlampen dar. In den Halogenlampen wird die Schwärzung des Glaskolbens beispielsweise durch Joddampf verhindert. Das Jod reagiert mit dem Wolfram auf dem Glas und bildet eine flüchtige Verbindung, die sich auf der Oberfläche des Heizfadens wieder in Wolfram und Jod zersetzt. In der Lampe bildet sich ein steter Kreislauf aus, der die Durchlässigkeit gewährleistet und die Lebensdauer der Lampe verlängert. Alternativ kann der Heizfaden bei gleicher Lebensdauer bei beträchtlich höheren Temperaturen betrieben werden, was mit einem Anstieg an Ausstrahlung verbunden ist. Der Joddampf absorbiert im Sichtbaren einen kleinen Teil der Strahlung, was dem Licht einen purpurnen Schimmer gibt (Studer und Van Beers, 1964). Ein solcher Strahler wurde als Eichstandard in einem Quarzkolben entwickelt (General Electric). Die Bestrahlungsstärke einer solchen Halogenlampe ist in der Tab. 3.24 für das UV in einer Entfernung von 43 cm angegeben. Die Lampe besitzt einen kompakten, schmalen Heizfaden, so daß für größere Abstände das reziproke, quadratische Abstandsgesetz für die Bestrahlungsstärke angewendet werden kann.

Tab. 3.24: Bestrahlungsstärke einer Quarz-Jod-Lampe im Abstand von 43 cm (G.E. 6.6A/T4Q/ICL-200-W)

Wellenlänge nm	Bestrahlungsstärke $10^{-6} \cdot W \cdot cm^{-2} \cdot nm^{-1}$
250	0,0051
260	0,0093
270	0,0158
280	0,0253
290	0,0380
300	0,0545
320	0,104
350	0,237
370	0,366
400	0,643

Werte nach Stair, Schneider und Jackson, 1963

Für eine Reihe von gebräuchlichen Glühlampen ist in der Tab. 3.25 die Strahlungsleistung in verschiedenen Gebieten des Ultravioletten und Sichtbaren angegeben.

Die Strahlungsleistung im UV wächst schneller an als die zugeführte elektrische Leistung. So strahlt eine 1000 Watt Leuchte etwa 17 mal mehr Energie im UV ab als eine 100 Watt Lampe. Das ist möglich, weil die Lampe mit der höheren Leistung bei einer höheren Temperatur des Heizfadens betrieben werden kann, ohne die Lebensdauer zu beeinflussen. Die Fotoleuchte arbeitet bei einer Farbtemperatur von 3360 K und besitzt daher eine relativ hohe UV-Ausbeute, doch ist ihre Lebensdauer auf etwa 10 h begrenzt.

Tab. 3.25: Strahlungsleistung von Glühlampen (General Electric)

Typ	Strahlungsleistung in W 280–320 nm	320–400 nm	UV	SICHTBAR
Glühlampe 40 W		0,027	0,027	2,65
Glühlampe 100 W		0,117	0,117	9,32
Glühlampe 500 W	0,005	0,88	0,89	54,84
Glühlampe 1000 W	0,012	1,98	1,99	115,5
Fotoleuchte 1000 W	0,123	4,40	4,52	156,3

Werte nach Koller, 1965

Die Strahlungsausbeute einer Glühlampe ist sehr empfindlich gegen Änderungen der elektrischen Spannung, da dadurch die Temperatur des Heizfadens geändert wird. Die Abb. 3.58 zeigt eine Beziehung zwischen der Lampenspannung und der Lampenleistung bzw. der Lichtausbeute. Die Lichtausbeute steigt schneller an als die elektrische Leistung, wenn die Spannung zunimmt. Verantwortlich dafür ist die Verschiebung der Energieverteilung zu kürzeren Wellenlängen bei steigender Temperatur.

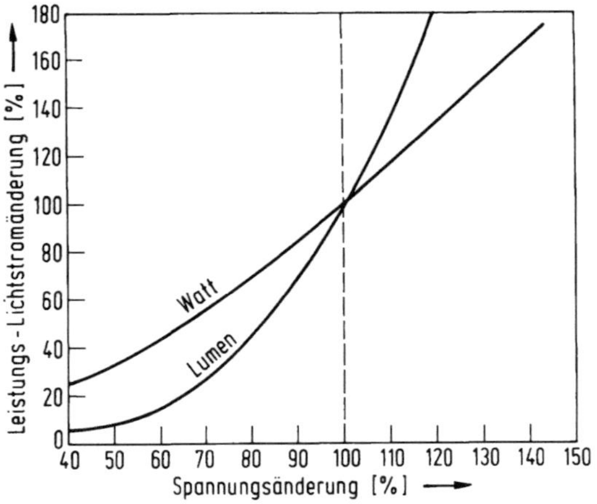

Abb. 3.58: Einfluß der Spannungsänderung auf die Lampenleistung.

3.4.6 *Sonstige Temperaturstrahler*

Außer durch unmittelbare Erhitzung durch den elektrischen Strom, läßt sich Temperaturstrahlung auch auf anderen Wegen technisch erreichen. Bei der Wolfram-

Punktlichtlampe wird ein Lichtbogen zwischen zwei kleinen Wolframkugeln in einer Stickstoff- oder Edelgasatmosphäre erzeugt. Es wird hierbei jedoch nicht die Emission des Lichtbogens – wie bei den Metalldampflampen –, sondern die Strahlung der durch den Elektronenaufprall stark erhitzten Wolframelektrode ausgenutzt. Die Wolfram-Punktlichtlampe zeichnet sich durch eine hohe und gleichmäßige Leuchtdichte aus.

In der UV-Technik wird das Prinzip der Punktlichtlampe in der Mischlichtlampe verwendet, bei der außer der Temperaturstrahlung der heißen Elektrode die Strahlung des Lichtbogens, der dann im Quecksilberdampf übergeht, ausgenutzt wird. Bei dieser Lampe überlagert sich das Hg-Linienspektrum dem Kontinuum der Temperaturstrahlung (Rüttenauer, 1931).

Fotoblitzlampen enthalten in einem Glaskolben sehr dicht gepackten, feinen Aluminiumdraht oder Folie in einer Sauerstoffatmosphäre. Ein Zünddraht leitet die schnelle Verbrennung des Aluminiums ein. Dadurch entsteht momentan eine hohe Temperatur. Die ausgesandte Strahlung entspricht in etwa der eines glühenden Körpers von 3500 K. Der hohe Lichtstrom wird allerdings in wenigen Millisekunden abgestrahlt, dabei beträgt der Anteil der Energie im UV nach Tab. 3.20 etwa 0,8 %.

Durch explosionsartige Verdampfung eines Wolframdrahtes durch einen kurzen Stromstoß erreicht man sehr hohe Temperaturen (Muravur, Michel-Levy und Vassy, 1941). Das Auswechseln des Glühdrahtes ist dabei leicht möglich, da der freiliegende Heizdraht in einem Wasserstoffstrom betrieben wird. Temperaturen von 10^6 K konnten auf diese Weise erzeugt werden. In einem Experiment entsprach die Lichtausbeute sogar der Strahlungsleistung von 350 Sonnen (Ross und Zinke, 1968). Die Lumineszenz von Hochtemperaturplasmen wurde mit Hilfe explodierender Drähte, über die ein geladener Kondensator schnell entladen wird, untersucht (Chace und Moore, 1962).

Ein verwandter Effekt ist die Erzeugung ultravioletter Strahlung durch starke Schockwellen. Untersuchungen der Emission von Schockwellen in Luft wurden bereits durchgeführt, doch sind die Daten für die Intensität und die Verteilung noch recht dürftig (Kivel, 1962).

Festkörper, die in Flammen verbrennen, können einen bedeutenden Teil im UV abstrahlen. Viele Gas- und Ölflammen erreichen knapp 2000 °C, die Sauerstoff-Wasserstoff-Flamme erreicht schon 2800 °C und die Sauerstoff-Acetylen-Flamme sogar 3500 °C. Die Verbrennung von Magnesium in Luft führt zu einer noch höheren Temperatur – sie wird deshalb in der Fotografie eingesetzt –, doch fehlen auch hier die Daten über die ausgestrahlte Gesamtenergie und die Energieverteilung.

3.4.7 Die Ultraviolett-Mischlichtlampe

Eine besondere Form der Bestrahlungslampe für medizinische und kosmetische Zwecke stellt die Ultraviolett-Mischlichtlampe dar. Sie ist auch unter dem Namen

Ultra-Vitalux (Osram), Ultraphil (Philips) oder Sunlamp (General Electric) bekannt geworden. Sie entstand aus dem Wunsch heraus, eine möglichst handliche Einheit verwenden zu können, die unmittelbar am Versorgungsnetz (220 V) zu betreiben. ist. Da die Quecksilberdampf-Hochdrucklampe nicht ohne Vorwiderstand betrieben werden kann, lag es nahe, die Wendel einer Glühlampe als Ohmschen Widerstand zu benutzen. Man erhält damit eine Ausführungsform, in der Hochdruckbrenner und Glühlampe in einer baulichen Einheit vereinigt sind. Die mit der Hg-Lampe in Serie geschaltete Glühwendel ist um das Entladungsgefäß montiert und die gesamte Anordnung in einem Glaskolben eingeschlossen. Der Kolben ist mit einer Schraub- oder Steckfassung in einem einfachen Lampengehäuse einsetzbar. Die Innenseite des Außenkolbens ist etwa zur Hälfte mit einer aufgedampften Aluminiumschicht verspiegelt. Aus der Form des Kolbens bzw. aus der Form des verspiegelten Reflektors ergibt sich die geometrische Verteilung des emittierten Strahlungsbündels. Ein zusätzlicher Reflektor ist nicht notwendig. Als Kolbenmaterial verwendet man ein Glas, das unterhalb von etwa 300 nm praktisch alle Strahlung absorbiert, so daß ein wesentlicher Teil der erythemerzeugenden Emission der Hochdrucklampe nicht zur Anwendung kommt. Etwa baugleich mit diesen UV-Lampen sind Mischlichtlampen für Beleuchtungszwecke, bei denen jedoch ein Glaskolben benutzt wird, der die gesamte UV-Strahlung weitgehend absorbiert. Nach dem Zünden der Lampe ist die Belastung der Glühwendel am größten. Das Quecksilber ist dann im Brenner noch nicht vollständig verdampft und die Brennerspannung sehr gering. Die Glühwendel muß also derart ausgeführt sein, daß sie die Anlaufperiode der Lampe ohne nachteilige Folgen übersteht. Erst wenn der endgültige Quecksilberdampfdruck erreicht ist (etwa 3 min nach dem Einschalten), liegt nur noch eine geringe Spannung an der Glühwendel.

Die z.Zt. übliche Ausführungsform der Ultraviolett-Mischlichtlampe ist eine 300 W-Lampe, deren wichtigste Daten in den folgenden Tabellen 3.26 und 3.27 angegeben werden (nach Elenbaas, 1966).

Tab. 3.26: Daten der UV-Mischlichtlampe

Gesamtlänge der Lampe	mm	174
Größter Durchmesser der Lampe	mm	125
Bogenlänge	mm	35
Innerer Durchmesser des UV-Brenners	mm	10
Bogenspannung	V	97
Lampenstrom	A	1,4
Leistungsaufnahme des UV-Brenners	W	125
Leistungsaufnahme der Glühwendel	W	175
Quecksilberdampfdruck im Entladungsgefäß	Torr	etwa 5000

Bei einem Bestrahlungsabstand von 50 cm erhält man für die wichtigsten Linien des Hg-Spektrums die in Tab. 3.27 verzeichneten Bestrahlungsstärken.

Tab. 3.27: Bestrahlungsstärken der UV-Mischlichtlampe in 50 cm Abstand

Wellenlänge nm	
365/6,3	1,330
334,1	0,072
312,6/3,2	0,530
302,2/2,6	0,170
296,7	0,061
289,4	0,010
280,4	0,009
275,3/6	0,003
269,9	0,001
265,3	0,004

Der Durchmesser des Bestrahlungsfeldes beträgt dabei etwa 40 cm.

3.5 Bogenlampen mit abbrennenden Elektroden

Aus historischen Gründen muß der Kohlebogen erwähnt werden, der als erste Entladungslichtquelle schon 1809 von Davy untersucht wurde und der auch als Bestrahlungsquelle für medizinische Zwecke frühzeitig (1890) Verwendung fand.

Bei Bogenlampen mit abbrennenden Elektroden findet eine Bogenentladung in Luft bei Atmosphärendruck statt. Für die elektrischen Eigenschaften des Bogens gelten die allgemeinen Betrachtungen, wie sie für Gasentladungen in Abschn. 3.1.2 dargelegt sind. Die Katode ist ein thermischer Elektronenmittler, d.h. sie wird genügend heiß, um Elektronen abgeben zu können. Die Klemmenspannung setzt sich aus Katodenfall, Spannungsabfall an der Gasstrecke und Anodenfall zusammen. Die Strom-Spannungskennlinie ist negativ, so daß ein Vorschaltwiderstand zum Stabilisieren der Entladung erforderlich ist. Da es sehr schwierig ist, zwischen den kalten Elektroden in Luft bei Atmosphärendruck die Entladung zu zünden, nähert man üblicherweise die Elektroden einander bis zur Berührung. Dieser Kontakt ist eine Stelle höheren Widerstandes, so daß beim Stromübergang eine Erwärmung auftritt. Nach dem Abheben der Elektroden kann von dort aus die Entladung entstehen.

Während des Betriebes brennen die Elektroden ab, wobei die Anode sich stärker verbraucht als die Katode. Bei Hochstrombögen kann der Abbrand der Anode bis zu 40 cm pro Stunde betragen. Man muß daher die Elektroden von Hand oder mechanisch nachführen. In der Anode bildet sich während des Stromdurchgangs ein Krater aus. Dort erfolgt der größte Teil der Strahlungserzeugung, da der Anodenfall größer ist als der Katodenfall. Man betreibt den Kohlelichtbogen im allgemeinen mit Gleichstrom, da Stabilität und Ausbeute in diesem Fall höher sind als bei dem ebenfalls möglichen Betrieb an Wechselstrom.

Das Spektrum des Kohlebogens: Die Strahlung des Kohlebogens setzt sich zusammen aus der Emission des positiven Kraters und der Gasstrecke. Die Strahlung des Kraters, die allein durch dessen Temperatur von etwa 4000 °K bedingt ist, entspricht der eines schwarzen Körpers von 3820 °K (Patzelt und Baldewein, 1943). Für den Gasstrom wurden Temperaturen von 5500 °K gemessen. Das resultierende Spektrum ist im wesentlichen kontinuierlich und hat ein Maximum im langwelligen UV, das auf die Cyanbanden zwischen 380 und 390 nm zurückzuführen ist.

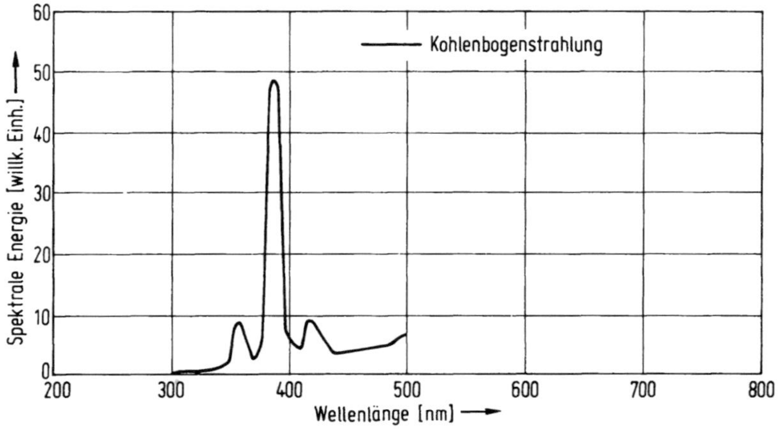

Abb. 3.59: Relative spektrale Energieverteilung der Kohlebogenstrahlung.

In Abb. 3.59 ist ein solches Spektrum dargestellt. Man kann die spektrale Energieverteilung verändern, wenn man die Kohle-Elektroden mit Zusätzen aus Metallen oder Metallsalzen dochtet. Dabei treten diejenigen Linien auf, die für den im Docht enthaltenen Stoff charakteristisch sind. Die Cyanbanden treten dagegen etwas zurück. Für UV-Strahler kommen vor allem folgende Zusätze infrage: Magnesium, Eisen, Nickel und Wolfram, von denen die beiden letzteren eine starke Strahlung im kurzwelligen UV aufweisen. Durch Dochtung mit seltenen Erden oder mit Cer wird die sichtbare Strahlung verstärkt. Einige Metallsalze wirken zusätzlich auf den Lichtbogen stabilisierend. In sogenannten Flammenbögen mit verdampfenden Metallen hat man Temperaturen bis zu 8000 K gemessen, wobei Stromdichten bis zu 150 A/cm^2 in der Entladung auftreten.

Im Gegensatz zu den eingeschlossenen Entladungen, wie sie in den Gasentladungslampen vorliegen, hat der offene Lichtbogen verschiedene Nachteile. Insbesondere der Elektrodenabbrand mit den dadurch auftretenden Verbrennungsprodukten und der Notwendigkeit, Anode und Katode ständig nachzuführen, sind oft lästig. Aus diesem Grund hat der Kohlelichtbogen in den letzten Jahren an Bedeutung verloren. Er wird nur noch gelegentlich für Projektionszwecke, für künstliche Alterung und zur spektralen Untersuchung der im Docht vorhandenen Materialien verwendet.

3.6 Laser

Der Name Laser setzt sich aus den Anfangsbuchstaben des Ausdrucks „Light Amplification by Stimulated Emission of Radiation" zusammen. Die induzierte Emission ist das Grundprinzip der Laserwirkung. Dieses von Einstein entdeckte Prinzip (Einstein, 1917) wurde zuerst im Mikrowellengebiet angewendet und führte zur Entwicklung des Masers, einer Apparatur zur Verstärkung und Erzeugung von Mikrowellen (Gordon, Zeiger und Townes, 1954; Basow und Prokhorov, 1954). Auf den ersten Strahlmaser, bei dem die Energie von einem Strahl angeregter Ammoniakmoleküle geliefert wurde, folgte später der Festkörpermaser, bis schließlich Maiman der Bau des ersten Rubinlasers und damit der Schritt von den Mikrowellen zum sichtbaren Licht gelang (Maiman, 1960).
Die induzierte Emission eines Atoms oder Moleküls ist im Gegensatz zur spontanen Emission ein von außen durch das Strahlungsfeld des Lichtes erzwungener Prozeß. Die erzwungene Ausstrahlung erfolgt um so schneller, d.h. mit um so größerer Wahrscheinlichkeit, je größer die Intensität dieses induzierenden Feldes ist. Durch diesen Vorgang wird die Intensität des ursprünglichen Feldes erhöht. In Konkurrenz dazu stehen jedoch Absorptionsvorgänge, so daß insgesamt eine Verstärkung nur stattfindet, wenn die Emissionsprozesse gegenüber den Absorptionsprozessen überwiegen. Das bedeutet aber wegen der identischen Übergangswahrscheinlichkeiten für induzierte Emission und Absorption, daß die Zahl der angeregten Atome größer als die der nichtangeregten sein muß, d.h. es liegt eine Besetzungsinversion vor. Die Besetzungsinversion muß durch „Pumpen" von Energie erzeugt und aufrechterhalten werden. Dies geschieht beispielsweise durch Einstrahlung von elektromagnetischer Energie in das System. Ist einmal eine ausreichende Inversion erreicht, so kann der Laser als Verstärker arbeiten. Die Umkehr der Besetzungsdichte soll anhand der Abb. 3.60 in den beiden Systemen mit drei und vier Energieniveaus verdeutlicht werden. Durch Einstrahlen von „Pumplicht" werden die Atome bei der Beteiligung von drei Energieniveaus vom Grundzustand 1 in den angeregten Zustand 3 überführt. Dieses Niveau besteht meistens aus einem breiten Absorptionsband, von dem aus sehr schnelle strahlungslose Übergänge zum Niveau 2 stattfinden. Bei genügend intensivem Pumplicht invertieren die Energiezustände 1 und 2. Dieser Inversionsmechanismus wird beispielsweise beim Rubinlaser ausgenutzt. Der Nachteil eines solchen 3-Niveau-Lasers ist, daß mehr als die Hälfte der Atome aus dem Grundzustand in den höheren Energiezustand überführt werden muß. Günstiger ist der Invertierungsvorgang bei einem 4-Niveau-Laser. Unter der Voraussetzung, daß der Zustand 2 in Abb. 3.60 genügend weit über dem Grundzustand liegt, ist dessen Besetzungsdichte merklich kleiner als die des Grundzustandes, so daß nur eine verhältnismäßig schwache Anregung notwendig ist, um eine Umkehr der Besetzungsdichte zwischen den Niveaus 3 und 2 zu erzwingen.

Da die Übergangswahrscheinlichkeit für die induzierte Emission mit der Intensität des vorhandenen Feldes anwächst, werden pro Zeiteinheit um so mehr Photonen erzeugt, je länger sich diese im System aufhalten und damit selbst zur Intensität

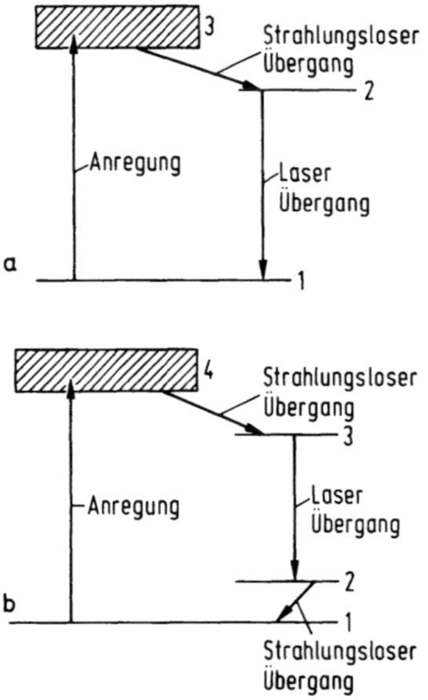

Abb. 3.60: Energieschema eines
a) 3-Niveau- und eines b) 4-Niveau-Lasers.

des Feldes beitragen. Diese angestrebte Rückkopplung der Lichtquanten wird beispielsweise durch Anbringen zweier planparalleler Spiegel beiderseits des aktiven Lasermaterials erreicht (Fabry-Perot-Resonator). Bevor die Lichtquanten durch den einen halbdurchlässigen Spiegel hindurchtreten können, werden sie mehrmals reflektiert und können so selbst am Induzierungsprozeß teilnehmen. Dabei kommt es gleichzeitig zu einer Richtungsselektion der austretenden Strahlung, da Lichtquanten, die senkrecht auf die Spiegeloberfläche treffen, die größte Chance haben, im Resonator zu bleiben und an der Verstärkung der Strahlung mitzuwirken. Schräg auf die Spiegeloberfläche ankommende Lichtquanten werden nämlich nach wenigen Reflektionen an den Spiegelrändern vorbei den Resonator verlassen und können bei der Erzeugung neuer Lichtquanten durch Induzierung nicht mehr teilnehmen. Da die in einer bestimmten Richtung fliegenden Lichtquanten durch induzierte Emission wieder Quanten mit derselben Ausbreitungsrichtung erzeugen, ist verständlich, daß die Zahl der senkrecht zu den Spiegeloberflächen sich ausbreitenden Lichtquanten im Laufe der Zeit immer stärker anwächst. Der Laser strahlt durch die Spiegel hindurch hauptsächlich in die Richtung, die senkrecht zu den Spiegeloberflächen ist. Die Lichtquantenverstärkung ist in Abb. 3.61 schematisch am Beispiel des Rubinlasers dargestellt.

Im Innern des Resonators bilden sich durch die in entgegengesetzter Richtung laufenden Wellen Überlagerungen aus, die zu stehenden Wellen führen. Je nach der Geometrie des Resonators ergeben sich diskrete Werte der Frequenz des Lichtes, was für die außerordentliche Frequenzschärfe des Lasers von Bedeutung ist, wobei die Resonanzbedingung jedoch für mehrere Schwingungsformen (Moden) erfüllt ist, die in ihren Frequenzen etwas verschieden sind.
In Abb. 3.62 ist das Modell eines Lasers dargestellt.

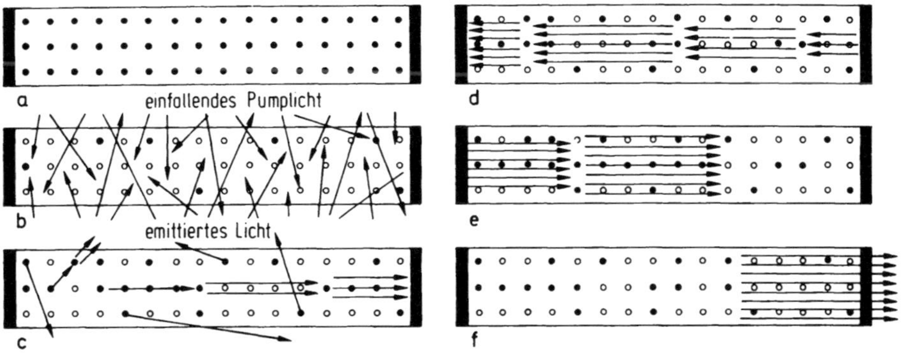

Abb. 3.61: Lichtquantenverstärkung im Rubinlaser.
a) Grundzustand der Chromionen (geschlossene Kreise),
b) Angeregter Zustand der Chromionen (offene Kreise),
c) Spontane Emission einiger Ionen
d) und e)
Photonenkaskade beim Hin- und Herlaufen des Lichtes im Resonator,
f) Austritt der Strahlung durch einen Spiegel.

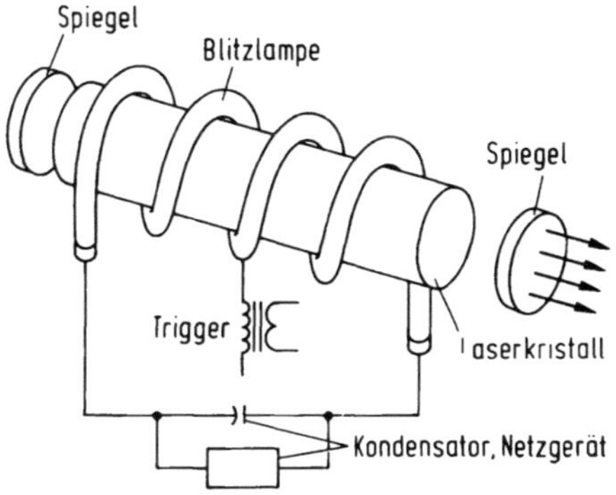

Abb. 3.62: Modell eines Lasers.

Die Beziehung zwischen Leistungsabgabe und Zeit hängt bei einem Laser vom Typ und der Anregungsart ab. Der einfachste Fall ist der kontinuierlich arbeitende Laser (CW-Laser). Der optisch gepumpte Festkörperlaser besitzt die komplizierteste Leistungs-Zeit-Kurve. Die Laseremission beginnt nach einem Bruchteil von Millisekunden nach der Zündung der Lampe und dauert so lange wie die Blitzlampe genügend Pumpenergie liefert, etwa 0,5 ms. Die Leistungskurve ist zeitlich nicht konstant, sondern enthält eine Anzahl von Spitzen (spikes) (Lengyel, 1966). Die Ursache liegt darin, daß der Anregungsprozeß sehr viel langsamer ist als die induzierte Emission. Der erste Laserpuls verringert die Besetzung des laserfähigen Zustandes bis unter den Punkt, bei dem Selbsterregung auftreten kann: der Laser erlöscht. Da die Blitzlampe jedoch noch brennt, erfolgt eine neuerliche Anregung, die zur Besetzungsinversion führt. Dieser Zyklus wiederholt sich, bis die Blitzlampenintensität nicht mehr für eine Inversion ausreicht (Statz und deMars, 1960).

Die Verstärkung der induzierten Emission hängt von der Rückkopplung im Resonator ab. Wenn plötzlich ein Spiegel abgedeckt oder schnell entfernt wird, kann die Emission durch die dann fehlende Rückkopplung verhindert werden. Dadurch wird jedoch die Besetzungsinversion durch die nach wie vor bestehende Anregung größer als zuvor. Gelangt der Spiegel wieder in seinen Ausgangszustand, so erfolgt die induzierte Emission mit größerer Intensität. Diese Änderung der Rückkopplung im Resonator wird Q-Schaltung genannt, in Anlehnung an den optischen Gütefaktor Q des Resonators. Bei der Q-Schaltung muß das Q des Resonators innerhalb von Nanosekunden von einem niedrigen zu einem hohen Wert kommen. Kerrzellen, rotierende Spiegel, bestimmte Kristalle und Farbstoffe (5.7.3) werden als Q-Schalter benutzt (McClung und Hellworth, 1962, Bret und Gires, 1964).

Die Emission des Lasers hat Eigenschaften, die ihn von anderen Lichtquellen unterscheidet: Intensität, Monochromasie, Richtungsbündelung und Kohärenz. Die wichtigste Eigenschaft ist sicher seine Intensität. Ein schwarzer Körper müßte Temperaturen von 10^{18}–10^{19} K haben, um eine äquivalente spektrale Ausstrahlung eines Rubinlasers zu erreichen (D'Haenens und Buddenhagen, 1962).
Hochintensive Laser werden in der Absorptions- und Emissionsspektroskopie eingesetzt. So erhält man in der Ramanspektroskopie starke Emissionslinien von kleinen Proben (Hawes u.a., 1966).

Die Breite einer Emissionslinie des Lasers kann 10^{-5} nm erreichen. Eine solch schmale Linie ist besonders für die hochauflösende Spektroskopie hervorragend geeignet.

Im Gegensatz zu anderen Lichtquellen emittiert der Laser nur in eine Richtung Der Winkel zwischen der Strahlbegrenzung und der Resonatorachse ist die Divergenz, die Bruchteile von einem Grad betragen kann (Buddenhagen u.a., 1961).

Die Kohärenz der Laserstrahlung ist eine Konsequenz der induzierten Emission. Photonen, die bei der spontanen Emission entstehen, werden statistisch emittiert und haben keine Phasenbeziehung zu anderen Photonen, während ein Photon, das durch induzierte Emission entsteht, mit dem induzierenden Photon in Phase ist und dieselbe Wellenlänge besitzt. Eine Anwendung der Kohärenzerscheinung erfolgt in der dreidimensionalen fotografischen Technik der Holografie (Stroke, 1966).

3.6.1 Lasertypen

Die Zahl der verschiedenen Typen und Ausführungen der Laser nimmt ständig zu, doch haben von allen Typen nur vier eine allgemeine Verbreitung gefunden. Es sind dies: Gaslaser, Flüssigkeitslaser, Halbleiterlaser und Festkörperlaser. Eine gemeinsame Eigenschaft aller dieser Laser ist ihre Anwendung im optischen Gebiet, dem nahen und fernen Infrarot, dem Sichtbaren und dem nahen Ultraviolett.

Die Anregung der Laser kann durch eine Gasentladung, Einstrahlung von Licht, einen Stromstoß oder auch durch andere Laser erfolgen. Man unterscheidet kontinuierliche und gepulste Laser.

Typische Unterschiede zwischen den verschiedenen Lasersystemen bestehen im äußeren Aufbau und in den erreichbaren Ausgangsleistungen. Einige Angaben sind in Tab. 3.28 zusammengestellt.

Tab. 3.28: Verschiedene Lasersysteme mit typischen Daten

Lasersystem	Medium	Anregung	Baulänge cm	Ausgangsleistung W kontinuierlich	Ausgangsleistung W gepulst
Gaslaser	Edelgase, Molekülgase, Metalldämpfe	Gasentladung, Chem. Anregung	50	$10^{-3}-10^{4}$	$10^{3}-10^{5}$
Flüssigkeitslaser	Organische Farbstoffe	Blitzlicht, Laserlicht	5	10^{-1}	10^{4}
Halbleiterlaser	Halbleiter	Elektr. Strom	0,1	10^{-1}	10^{4}
Festkörperlaser	Kristalle, Gläser mit Fremdatomen dotiert	Blitzlicht, Gasentladung, Glühlampenlicht	5	$10^{-2}-10^{2}$	$10^{4}-10^{9}$

Angaben nach Weber und Herziger, 1972

3.6.1.1 Gaslaser

Bei diesem Lasertyp liegt das aktive Medium in gas- oder dampfförmiger Phase vor. Die Zahl der Gase, bei denen Laserwirkung eintritt, ist sehr groß. Jedes Medium liefert durch zahlreiche „laserfähige" Elektronenübergänge mehrere Emissionslinien. Vom Neon sind mehr als 150 solcher Übergänge bekannt (Bennett, 1965). Der Wellenlängenbereich des Gaslasers ist von allen gebräuchlichen Typen am größten, er reicht vom sub- mm-Bereich über das infrarote und sichtbare Gebiet bis in das UV bei 200 nm (Geusic u.a., 1970).

Die Besetzungsinversion wird beim Gaslaser durch eine Gasentladung, die im aktiven Medium brennt, erreicht. Dabei zerfällt das neutrale Atom teilweise in Ionen und Elektronen. Durch Stöße der Elektronen mit weiteren Atomen und Ionen im elektrischen Feld der Entladung übertragen die Elektronen ihre kinetische Energie als Anregungsenergie auf den Stoßpartner. Diese durch Elektronenstoßanregung gewonnene Anregungsenergie wird zur Besetzung der laserfähigen Energiezustände des Gases benutzt.

Der Wirkungsgrad, d.h. das Verhältnis von Laserenergie zu Pumpenergie, für kontinuierlich arbeitende Gaslaser ist gering. Er liegt in den meisten Fällen unter 0,1 %. Die einzige Ausnahme ist der CO_2-Laser, bei dem Wirkungsgrade von 30 % erreicht werden können.

Die Gaslaser werden im allgemeinen in drei Typen eingeteilt: Atom-, Ionen- und Moleküllaser. 1961 wurde mit dem Helium-Neon-Laser der erste Atomlaser und gleichzeitig der erste kontinuierlich arbeitende Laser realisiert (Javan, Bennett und Herriot, 1961). Die Anregung erfolgt über metastabile, d.h. langlebige Energiezustände der Heliumatome, die ihre Anregungsenergie auf die energetisch benachbarten Neonatome übertragen. Die drei typischen Linien des He-Ne-Lasers liegen bei 632,8, 1152,3 und 3391,3 nm. Die Ausgangsleistungen liegen in der Größenordnung von einigen Hundert mW. Zur Selektion der einzelnen Wellenlängen wird beispielsweise das gasgefüllte Plasmarohr an seinem Ausgang durch ein Prisma abgeschlossen und die Strahlung zu einem drehbaren Spiegel gelenkt (Bloom, 1963). Nur diejenige Lichtstrahlung, die den drehbaren Spiegel genau trifft, wird in den Resonator reflektiert und gibt infolge ihrer Reflexion am stationären Spiegel zu stehenden Wellen zwischen beiden Spiegeln Anlaß. Auf diese Weise kommt eine Wechselwirkung mit den Neonatomen nur für eine bestimmte Lichtfrequenz zustande. Nicht gewünschte Strahlung wird durch das Prisma so abgelenkt, daß sie den reflektierenden Spiegel nicht trifft und daher keine Wechselwirkung mit den Neonatomen zustande kommt.

Aufgrund seiner einfachen Handhabung und seiner hohen Qualität und Zuverlässigkeit besitzt der He-Ne-Laser heute die weiteste Verbreitung. Er wird vorwiegend zu Justierzwecken im Labor, in der Präzisionsmeßtechnik und Holografie eingesetzt. Da die Emission der Atomlaser im infraroten und nur beim He-Ne-Laser im sichtbaren Spektralbereich liegt, entfällt ihre weitere Behandlung im Rahmen dieses Kapitels.

Das Wellenlängengebiet des Ionenlasers erstreckt sich vom sichtbaren bis in das ultraviolette Gebiet. Die erste Lasertätigkeit von Ionen in Quecksilberdampf wurde 1964 entdeckt (Bell, 1964). Inzwischen wurden 437 verschiedene Wellenlängen bei 29 verschiedenen Elementen gefunden, die den Bereich von 1555–235,8 nm überdecken (Bridges und Chester, 1971). Der einzige bekannte Metalldampflaser, der ultraviolettes Licht emittiert, ist der He-Cd-Laser. Er ist dem He-Ne-Laser ähnlich, denn die primäre Anregung führt zunächst zu angeregten, metastabilen Heliumato-

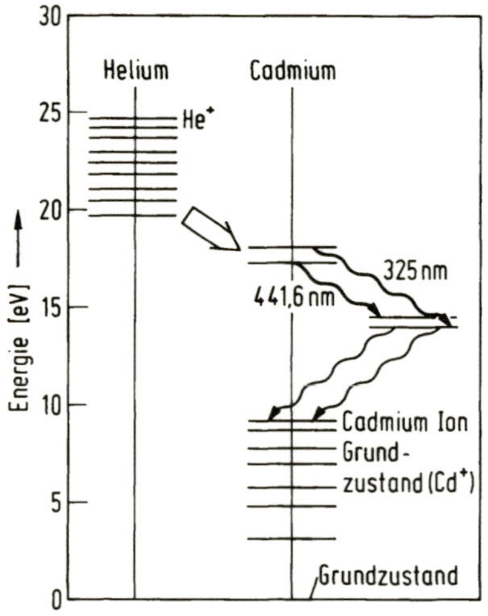

Abb. 3.63: Termschema eines Helium-Cadmium-Lasers.

men. Diese geben im Stoß ihre Energie an die Cadmiumatome ab und ionisieren sie. Eine genaue Übereinstimmung der Energieniveaus wie beim He-Ne-System ist nicht notwendig, da das frei werdende Elektron überschüssige Energie abführen kann. Intensive Laseremission der entstehenden Metalldampfionen wurde bei 441,6 und 325,0 nm festgestellt (Silfvast u.a., 1966). Die maximalen Strahlungsleistungen liegen bei 200 bzw. 20 mW (Goldsborough, 1969). Die Abb. 3.63 zeigt das energetische Termschema eines Helium-Cadmium-Lasers.

Der Edelgas-Ionenlaser erzeugt hohe Strahlungsleistung bei gleichzeitiger Emission einer Vielzahl von Linien im sichtbaren und ultravioletten Bereich (Bridges und Chester, 1965). Die Strahlungsleistung kann im Dauerbetrieb 100 W erreichen (Herziger und Seelig, 1969). Im Pulsbetrieb wird dieser Wert um ein Vielfaches übertroffen. Ein großer Teil der Ionenlinien kann nur im Pulsbetrieb zur Lasertätigkeit kommen (Bridges und Chester, 1965).
Man nimmt heute an, daß die Anregung des Edelgas-Ionenlasers in zwei Schritten erfolgt (Gordon u.a., 1966). Im ersten Schritt werden die Atome in der Entladung ionisiert. Der zweite Schritt ist dann ein Ionen-Elektronen-Stoß, der zur Anregung des Ions und zur Besetzung des Laserniveaus führt. Ein vereinfachtes Termschema des Argon-Ionenlasers ist in Abb. 3.64 dargestellt.

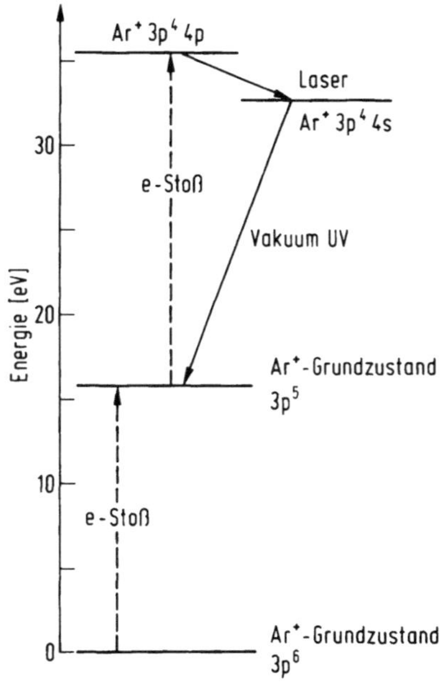

Abb. 3.64: Vereinfachtes Termschema des Argon-Ionenlasers. Die Anregung erfolgt in zwei Stufen. In der ersten wird das Argonatom durch Elektronenstoß ionisiert, in der zweiten Stufe wird das Ion angeregt.

Verstärkung und Leistung der Ionenlaser sind der Dichte der Ladungsträger in der Gasentladung direkt proportional. Die Stromdichten bei Ionenlaser liegen in der

Größenordnung von 100 A/cm². Um den damit verbundenen erheblichen technischen Aufwand zu vermeiden, wurden die ersten Ausführungen deshalb mit gepulsten Gasentladungen betrieben.
Die wichtigsten Linien eines kommerziellen, kontinuierlich arbeitenden 10 W Argonlasers sind in der Tab. 3.29 mit den individuellen Leistungen der einzelnen Linien angegeben. Die UV-Leistung von 140 mW ist im Verhältnis zu der gesamten Strahlungsleistung gering, doch werden bei den intensivsten Linien im UV immerhin etwa 10^{17} Photonen/s emittiert. Ähnliche Leistungen treten auch bei den anderen Edelgasen auf, einige wichtige Linien im UV sind in der Tab. 3.30 wiedergegeben. Die kürzeste Wellenlänge bei Edelgasen wurde bei der gepulsten Laseremission von Xenon bei 173 nm gefunden (Gerardo und Johnson, 1973).

Tab. 3.29: Die wichtigsten Linien und ihre Leistungen bei einem Argon-Ionenlaser (Spectra-Physics)

Wellenlänge nm	Ausgangsleistung mW
514,5	4000
501,7	500
496,5	1500
488,0	3200
476,5	1000
472,7	200
465,8	100
457,9	300
454,5	100
363,8	70
351,1	70

Der bekannteste und leistungsfähigste Moleküllaser ist der 1964 entwickelte CO_2-Laser (Patel, 1964). Seine Emission liegt bei 960 und 1060 nm. Er erreicht im Dauerbetrieb einige Hundert Watt. Wegen der großen Lebensdauer der angeregten Laserniveaus kann beim CO_2-Laser eine erhebliche Leistungssteigerung durch Q-Switch-Betrieb erreicht werden, was bei den anderen Gaslasern im allgemeinen nicht möglich ist. Die Spitzenleistung kann bis auf einige Gigawatt gesteigert werden (Richardson u.a., 1973). Die Anwendung des CO_2-Lasers erfolgt aufgrund seiner hohen Leistung auf dem Gebiet der Metall-, Glas- und Kunststoffverarbeitung.

Tab. 3.30: Die wichtigsten Wellenlängen mit ihren typischen Leistungen im UV der Edelgas-Ionenlaser

Edelgas	Wellenlänge nm	Leistung mW
Neon	332,4	50
Argon	363,8	100
	351,1	100
Krypton	356,4	50
	350,7	100

Beim molekularen Stickstoff konnte eine gepulste Lasertätigkeit im ultravioletten Gebiet aufrechterhalten werden (Heard, 1963). Ein typischer Stickstofflaser emittiert bei 337,1 nm eine Spitzenleistung von 100–200 kW (Schenck und Metcalf, 1973). Die Dauer des Impulses liegt in der Größenordnung von 10^{-9} Sekunden bei einer Wiederholfrequenz von 100–1000 Hz. Auf diese Weise können bis zu 10^{15} Photonen in einem Impuls emittiert werden.
Beim Stickstofflaser gelingt es nur für kurze Zeit, einen Zustand des Triplettsystems durch Elektronenstoßanregung zu invertieren. Dauerbetrieb ist nicht möglich, da die Lebensdauer des untersten Triplettniveaus, das beim Laserübergang beteiligt ist, größer ist als die des Ausgangsniveaus. Die gepulste Anregung kann über die Entladung von Kondensatoren oder mit Hilfe von Anordnungen aus Koaxial- oder Bandleitern erfolgen (Leonhard, 1967). Mit speziellen Anordnungen gelingt es, einige Megawatt in wenigen Nanosekunden zu erreichen (Patterson u.a., 1972). Der Stickstofflaser eignet sich aufgrund seiner hohen Leistung hervorragend zum Pumpen von Farbstofflasern (Turek und Yardley, 1971).
Gepulste Laseroszillationen im Vakuumultraviolett bei 160 nm wurden in einem molekularen Wasserstoffmedium erreicht (Hodgson, 1970). Dies ist die kürzeste Wellenlänge, über die bisher berichtet wurde, sie liegt im Bereich der Lyman-Serie.

3.6.1.2 Flüssigkeitslaser

Das aktive Medium des Flüssigkeits- oder Farbstofflasers besteht aus einem organischen Farbstoff, der in Wasser oder in einem organischen Lösungsmittel gelöst ist [2]. 1966 wurde zum ersten Mal über eine stimulierte Emission eines organischen Farbstoffs berichtet, der mit einem Rubinlaser optisch gepumpt wurde (Sorokin und Lankard, 1966, Schäfer u.a., 1966). Später erzielten die selben Autoren Lasertätigkeit von organischen Farbstofflösungen durch Blitzlampenanregung (Sorokin

[2] Der anorganische Farbstofflaser (Heller, 1968) wird hier nicht diskutiert. Dieses System ist in vielen Punkten dem Festkörperlaser ähnlich.

und Lankard, 1967, Schmidt und Schäfer, 1967). Beim Farbstofflaser wird die Fluoreszenz der gelösten Farbstoffe emittiert. Durch die Vielzahl geeigneter Farbstoffe kann eine Lasertätigkeit im Wellenlängenbereich von 1200–350 nm erreicht werden (Schmidt, 1970, Schäfer, 1973, Morrow und Price, 1974). Die am häufigsten verwendeten Farbstoffe sind Polymethin-, Rhodamin- und Coumarinderivate (Snavely u.a., 1967, Miyazoe und Maeda, 1968). Auch von Farbstoffen, die in festen Materialien wie Polymethylmethacrylat eingeschlossen sind, wurde stimulierte Emission erhalten (Peterson und Snavely, 1968).
Die Lasertätigkeit beim Flüssigkeitslaser wird durch Anregung des Farbstoffs und schneller Überführung der Moleküle in den niedrigsten Schwingungszustand des ersten angeregten Elektronenzustandes S_1 erreicht. Bei genügend intensiver Anregung sammeln sich Moleküle in diesem laserfähigen Zustand an. Es entsteht eine Besetzungsinversion zwischen diesem Zustand und den Schwingungs- und Rotationsniveaus des Grundzustandes, und das Laserlicht kann in einem weiten Bereich verstärkt werden. Die Abb. 3.65 zeigt das energetische Termschema eines Farbstoffes.

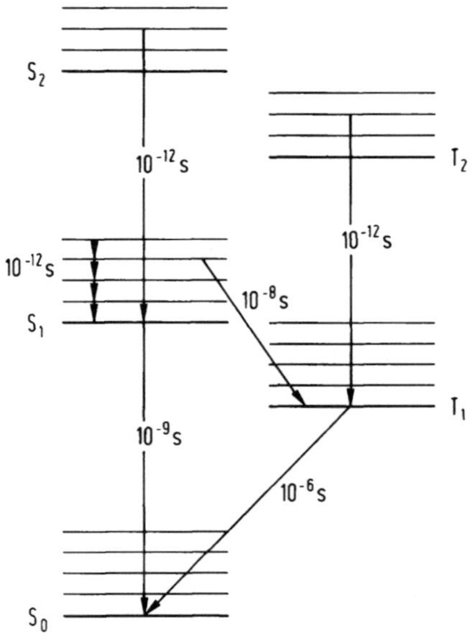

Abb. 3.65: Energetisches Termschema eines Farbstoffes.
S = Singulettzustand; T = Triplettzustand.

Ist der strahlungslose Übergang vom ersten angeregten Singulettzustand S_1 in den energetisch niedriger liegenden Triplettzustand T_1 des Farbstoffmoleküls sehr wahrscheinlich und dessen Lebensdauer groß, so kann die Laseremission mangels aktiver Moleküle aussetzen. Ein kontinuierlicher Betrieb ist in diesem Fall nicht möglich. Erst nach dem strahlungslosen Übergang der Moleküle vom Triplettzustand in den Singulettgrundzustand, kann der Laserprozeß wieder einsetzen. Eine kurze Triplettlebensdauer besitzt der Farbstoff Rhodamin. Deshalb ist für einen solchen

Laser ein kontinuierlicher Betrieb im roten Spektralbereich durch Pumpen mit einem Argonlaser möglich.
Beim Rhodamin resultiert die kurze Lebensdauer des Triplettzustandes aus der Sauerstofflöschung (Snavely und Schäfer, 1969). Bei anderen Farbstoffen kann die Triplettlebensdauer durch Zugabe von Triplettlöschern verkürzt werden (Sorokin u.a., 1968).
Damit der Triplettübergang nicht merklich in Erscheinung tritt, müssen die Farbstoffmoleküle schnell in den S_1-Zustand und von dort wiederum durch induzierte Emission so schnell in den Grundzustand überführt werden, daß sie nicht genügend Zeit haben, in den Triplettzustand überzugehen. Für diesen schnellen Vorgang kommen kurzzeitige und intensive Blitzentladungen oder gepulste Laser infrage.

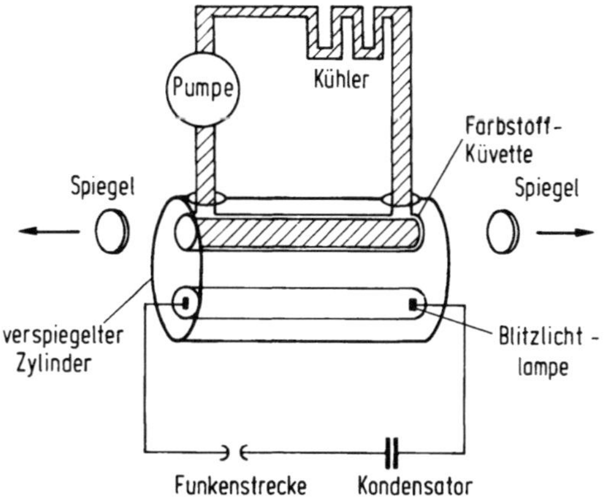

Abb. 3.66: Schematischer Aufbau eines Farbstofflasers.

In der Abb. 3.66 ist der vereinfachte Aufbau eines Farbstofflasers dargestellt. Der Farbstoff befindet sich in einer Zelle mit planparallelen Fenstern an ihren Enden. Parallel dazu ist die Blitzlampe angebracht, die mit einem Kondensator betrieben wird. Nach Zündung des Blitzes und Anregung der Farbstoffmoleküle baut sich zwischen den Spiegeln ein Strahlungsfeld auf und der Laser emittiert einen kurzen, intensiven Lichtblitz. Man kann mit heute kommerziell erhältlichen, blitzlampengepumpten Farbstofflasern Emissionslinien von Bruchteilen von Nanometer Halbwertsbreite bei Pulsspitzenleistungen in der Größenordnung von 10–1000 kW erzeugen. Die typische Pulslänge liegt bei 0,5 Mikrosekunden, die erreichbare Pulsfrequenz bei 50 Hz. Lasergepumpte Farbstofflaser besitzen in der Regel höhere Spitzenleistungen als blitzlampengepumpte (Burdett und Poliakoff, 1974).

Durch die Beteiligung der verschiedenen Rotations- und Schwingungsniveaus des Grundzustandes bei der Fluoreszenzemission des Lasers ist der Spektralbereich der Strahlung sehr groß, er beträgt bei dem bekanntesten Farbstoff Rhodamin 6G etwa 60 nm. Soll nur das Licht eines schmalen Wellenlängenbereichs erzeugt werden, so muß in den Resonantor beispielsweise ein Prisma oder Gitter eingebracht werden (Soffer und McFarland, 1967). Ein solches Dispersionselement bewirkt, daß nur Licht einer bestimmten Wellenlänge im Resonator verstärkt wird. Das Licht anderer Wellenlängen wird in den Außenraum des Resonators reflektiert und kann nicht mehr zur Selbsterregung beitragen. Durch mechanische Änderung der Prisma- oder Gitterstellung können nacheinander verschiedene Wellenlängen zur Selbsterregung gebracht werden. Es ist daher möglich, die Farbe des Laserlichtes zu verändern, der Laser kann in einem gewissen Wellenlängenbereich abgestimmt werden. Durch geeignete Wahl des Farbstoffes kann praktisch der ganze Wellenlängenbereich vom Sichtbaren bis in das Ultraviolett bei 350 nm überdeckt werden. Bisher sind über 100 solcher Farbstoffe bekannt (Schäfer, 1972). Die wichtigsten Farbstoffe, die im UV eingesetzt werden können (Morrow und Price, 1974) sind:

1,4-Bis-2-(4 methyl-5-phenyloxazol)benzol (420 nm),
4,4'-Diphenylstilben (406 nm),
p-Quaterphenyl (375 nm),
2-Phenyl-5-(4-diphenyl)-1,3,4-oxadiazol (362,5 nm) und
p-Terphenyl (347,5 nm).

Die Wellenlänge der Laseremission hängt außerdem noch von der Farbstoffkonzentration und der Länge der Farbstoffzelle ab. Durch Veränderung einer dieser Größen kann ebenfalls eine Wellenlängenabstimmung vorgenommen werden (Schäfer u.a., 1966, Sorokin u.a., 1967, Farmer u.a., 1969).
Das Gebiet von 230–350 nm kann durch Frequenzverdopplung (siehe 3.6.2.1) sichtbarer Laserstrahlung in geeigneten Kristallen erfaßt werden. Da Umwandlungsausbeuten von etwa 10–30 % erreicht werden, steht damit eine abstimmbare UV-Quelle mit Spitzenleistungen bis in den MW-Bereich im Pulsbetrieb zur Verfügung (Burdett und Poliakoff, 1974). In Abb. 3.67 ist die Ausgangsleistung eines Farbstofflasers in Abhängigkeit von der abstimmbaren Wellenlänge dargestellt.

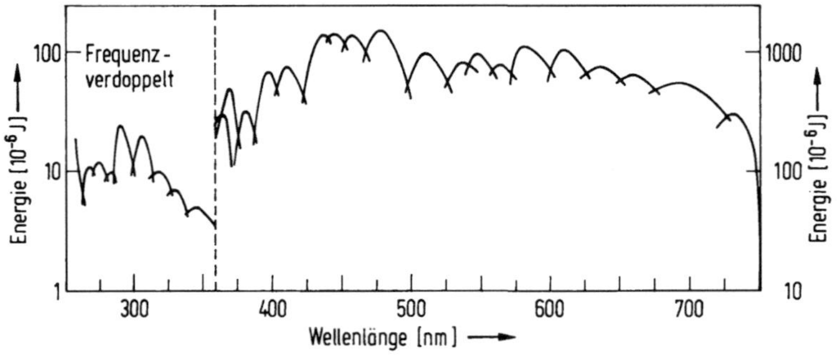

Abb. 3.67: Abhängigkeit der Strahlungsleistung von der Wellenlänge bei einem Farbstofflaser bei Verwendung verschiedener Farbstoffe.

3.6.1.3 Halbleiterlaser

Schon bald nach der Entdeckung des Laserprinzips wurde auch bei Halbleitern Lasertätigkeit beobachtet (Hall u.a., 1962, Nathan u.a., 1962, Quist u.a., 1962).

Die ersten Laser arbeiteten nur im Pulsbetrieb bei niedrigen Temperaturen, konnten nach einigen Verbesserungen auch im Dauerbetrieb bei tiefen Temperaturen (Howard und Fang, 1963) und schließlich im Pulsbetrieb bei Zimmertemperatur eingesetzt werden (Burns und Nathan, 1963).
In einem Kristall entstehen durch Aufspaltung der ursprünglich diskreten Energieniveaus der Atome, aus denen der Kristall zusammengesetzt ist, Energiebänder. Valenz- und Leitfähigkeitsband sind beim Halbleiter das untere und obere Laserniveau. Es liegt eine Besetzungsumkehr vor, wenn den Elektronen im Leitfähigkeitsband eine Anzahl von Defektelektronen im Valenzband gegenübersteht. Ist ein solcher Inversionszustand hergestellt, so kann die Rekombination von Elektronen und Löcher stattfinden. Dabei wird ein Lichtquant emittiert, dessen Energie in etwa dem Bandabstand entspricht.
Die Besetzungsinversion kann durch optische Anregung (Phelan und Rediker, 1965), durch Anregung mit Hilfe eines Elektronenstrahls (Hurwitz und Keyes, 1964) oder durch Anregung über die Injektion von Ladungsträger (Hall u.a., 1962, Nathan u.a., 1962, Quist u.a., 1962) erreicht werden. Große praktische Bedeutung besitzt die dritte Methode, sie soll zuerst kurz erläutert werden.
Ein n-Halbleiter liegt vor, wenn die Leitfähigkeit vor allem durch Elektronen im Leitungsband bedingt ist: ein p-Halbleiter, wenn freie Plätze im Valenzband überwiegen. An einem p-n-Übergang stellt sich im thermischen Gleichgewicht eine Bandaufwölbung ein, wie sie in Abb. 3.68 dargestellt ist. Wird nun zwischen dem

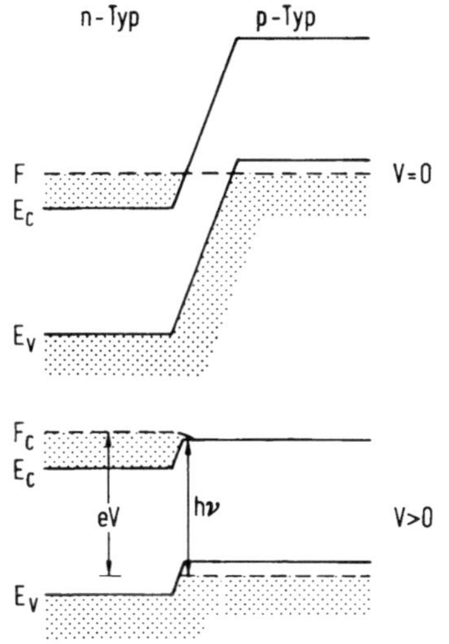

Abb. 3.68: Energiediagramm eines Injektionslasers.
E_v = Grenzenergie des Valenzbandes, E_c = Grenzenergie des Leitungsbandes,
F = Fermi-Niveau, F_v = Fermi-Niveau im Valenzband, F_c = Fermi-Niveau im Seitenband.
Der schraffierte Bereich ist von Elektronen besetzt. Beim Anlegen einer Spannung wird die Besetzungsdichte in einem kleinen Bereich an der Grenzschicht zwischen n- und p-leitendem Material invertiert.

n- und dem p-Gebiet eine elektrische Spannung angelegt, so müssen die Elektronen beim Überwechseln von einem Gebiet in das andere eine Energieschwelle eV überwinden. Je nach der Polung der Spannungsquelle wird die Bandaufwölbung verringert (Flußrichtung) oder vergrößert (Sperrichtung). Unter dem Einfluß der anliegenden Spannung in Flußrichtung bewegen sich im p-n-Übergangsgebiet die Elektronen in das p-leitende Material und die Defektelektronen in das n-leitende Material (Injektion von Ladungsträger). In dieser außerordentlich kleinen Zone von einigen hundertstel Millimetern kann bei geeigneter Rückkopplung die Selbsterregung stattfinden.

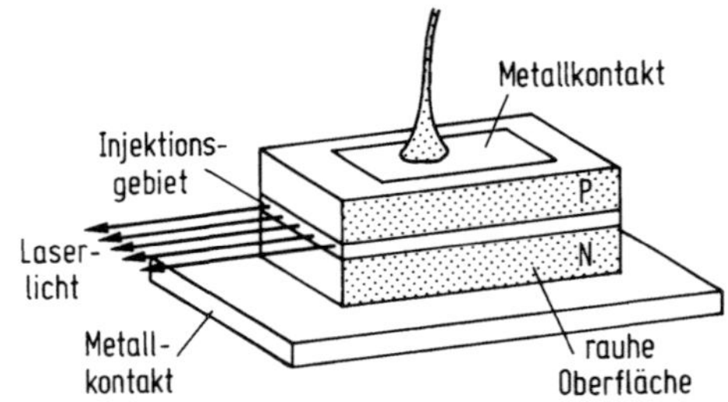

Abb. 3.69: Schematischer Aufbau eines Halbleiterlasers.

Der Aufbau eines Halbleiterlasers mit Injektionsanregung (Laserdiode) ist in Abb. 3.69 dargestellt. Man verwendet das Halbleitermaterial oft in der Form eines Quaders mit Kantenlängen von Bruchteilen von Millimetern. Bei der Injektionsanregung ist das Material so dotiert, daß ein n-leitender und ein p-leitender Teil in einer ebenen Übergangsschicht in Kontakt kommt. Der Anregungsstrom wird über Kontakte den p- und n-leitenden Schichten zugeführt. Die senkrecht zur laseraktiven Schicht stehenden Stirnflächen sind planparallel geschliffen und dienen als Resonator. Wegen des hohen Brechungsindexes des Halbleiters ist die Reflexion an den Resonatorflächen ausreichend, um Selbsterregung zu erreichen.

Von den Halbleitermaterialien, bei denen Selbsterregung beobachtet wurde, haben vor allem Mischkristalle gute Lasereigenschaften. Am bekanntesten ist das Galliumarsenid (GaAs), ein Mischkristall aus einem drei- und einem fünfwertigen Element. Es ist bisher das einzige kommerziell verwertbare Medium im sichtbaren Spektralbereich.
Die Methode des Pumpens mit einem Elektronenstrahl ist in Abb. 3.70 gezeigt.

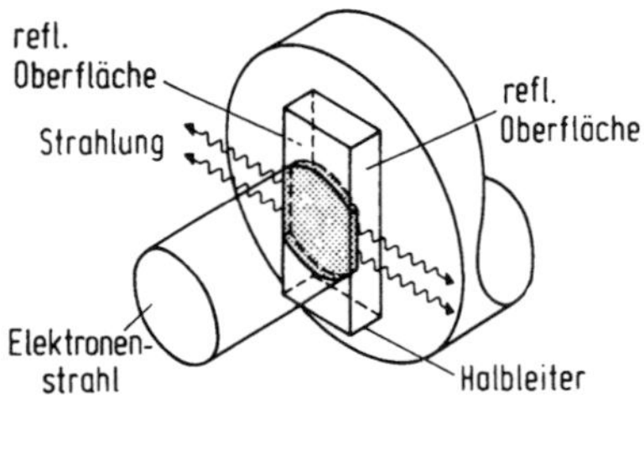

Abb. 3.70: Elektronenstrahlanregung eines Halbleiters.

Ein Strahl hochenergetischer Elektronen wird auf eine ebene Fläche des Halbleiters gerichtet. Diese Elektronen dringen je nach ihrer Energie einige mm in das Material ein und verlieren einen großen Teil ihrer Energie, indem sie viele niederenergetische Elektronen-Loch-Paare erzeugen. Diese gelangen zu den Bandgrenzen des Leitungs- und Valenzbandes, wo sie einen invertierten Besetzungszustand bilden. Kohärente Strahlung wird senkrecht zu den reflektierenden Enden des Halbleitermaterials emittiert.

Beim optischen Pumpen wird der Halbleiter mit Photonen angeregt, deren Energie größer ist als der Bandabstand. So wurde ein GaAs-Injektionslaser benutzt, um beispielsweise Indiumantimonid (InSb) (Phelan und Rediker, 1965) und Indiumarsenid (InAs) (Melngailis, 1965) anzuregen. Ein Problem bei der optischen Anregung stellt die Absorption des Lichtes in der Nähe der Stirnfläche dar. Dieser Effekt begrenzt die erreichbare Leistung. Durch Anpassung der Lichtwellenlänge an den Bandabstand konnten jedoch geringe Absorptionsverluste und hohe Ausgangsleistungen von mehr als 10 kW realisiert werden (Basov, 1966).

Tab. 3.29: Halbleitermaterialien und ihre Emissionswellenlängen

Material	Wellenlänge nm	Anregungsart+
ZnS	330	E O
ZnO	370	E
$Zn_{1-x}Cd_xS$	490–320	O
ZnSe	460	E
CdS	490	E O
ZnTe	530	E
GaSe	590	E
$CdSe_{1-x}S_x$	680–490	E O
CdSe	675	E O
CdTe	785	E
$GaAs_{1-x}P_x$	900–610	E I
$Al_{1-x}Ga_xAs$	900–630	I
GaAs	910–830++	E O I

Werte nach Geusic et al., 1970

\+ E = Elektronenstrahlanregung, O = optische Anregung, I = Injektion

++ abhängig von Temperatur und Dotierung

Die Vorteile des Injektionslasers sind seine Einfachheit und seine geringe geometrischen Abmessungen, sowie sein hoher Wirkungsgrad. Sein Nachteil ist, daß p-n-Übergänge oft schwer oder gar nicht herzustellen sind, so ist bisher noch kein Injektionslaser bekannt, der im ultravioletten Spektralbereich emittiert. Die anderen Anregungsmethoden umgehen diese Schwierigkeit, doch verlieren die Systeme ihren einfachen Aufbau und ihre Kompaktheit; ein Einsatz im Labor als Strahlungsquelle erscheint daher bis jetzt wenig sinnvoll. Im ultravioletten Gebiet wurde mit Elektronenstrahlen gepumpte Laseremission bisher nur von ZnS und ZnO beobachtet (Nicol, 1966, Hurwitz, 1966).
In der Tab. 3.29 wird eine Zusammenstellung einiger Halbleitermaterialien mit den emittierten Wellenlängen gegeben. Die Emissionswellenlängen lassen sich durch das Mischungsverhältnis zwischen den Emissionswellenlängen der reinen Komponenten variieren.
Die zur Zeit möglichen Dauerleistungen liegen bei den Halbleiterdioden bei einigen Hundert mW, sie erreichen bei 20 K 1,5 W und im Pulsbetrieb bei 77 K bis zu 300 W (Pátek, 1967). Die Halbleiterlaser zeichnen sich durch hohe Wirkungsgrade aus, die 50 % erreichen können (Steele, 1968).

3.6.1.4 Festkörperlaser

Das aktive Medium beim Festkörperlaser besteht aus einem Kristall oder einem Glas. Im Kristall oder Glas sind die aktiven Atome eingeschlossen. Im wesentlichen handelt es sich bei diesen Atomen um Metalle wie Chrom, Nickel, Kobalt, Uran und seltene Erden (Johnson, 1966, Kiss und Pressley, 1966, Goodwin und Heavens, 1968). Durch die chemische Bindung der Fremdatome mit den Atomen des Wirtskristalls liegen diese Atome in einem zwei- oder dreifach ionisierten Zustand vor. Die Laserwellenlänge wird durch die Art und den Ionisationsgrad der aktiven Atome festgelegt.
Die Anregung und Inversion des Lasers erfolgt in der Regel durch seitliche optische Anregung des stabförmig ausgebildeten Lasermediums mit intensivem Licht einer Blitz-, Gasentladungs- oder Wolframglühlampe. Die beiden zuletzt genannten Lampen dienen dem kontinuierlichen Betrieb des Lasers. Sie liefern allerdings weniger Licht als die Blitzlampe, entsprechend geringer ist daher die Ausgangsleistung dieser kontinuierlichen Laser. Das Anregungslicht muß mit einem möglichst großen Wirkungsgrad in den Laserkristall überführt werden. Eine der zahlreichen Anordnungen zeigt die Abb. 3.71. Dabei ist die Blitzlampe in Form einer Spirale um den Laserkristall gewickelt. Das gesamte System ist dann noch mit einem Reflektor umgeben. Der Wirkungsgrad ist in der Regel kleiner als 1 %.

Häufig bildet das aktive Medium gleichzeitig den Resonator, es genügt dabei, die Stirnflächen des Stabes planparallel zu schleifen und eine spiegelnde Schicht aufzudampfen. Eine Spiegelfläche bleibt für den Lichtdurchtritt halbdurchlässig. Muß das Strahlungsfeld im Resonator beeinflußt werden, z.B. bei der Frequenzverdopplung (siehe 3.6.2.1), so muß der Resonator offen sein. Um die Reflexionsverluste

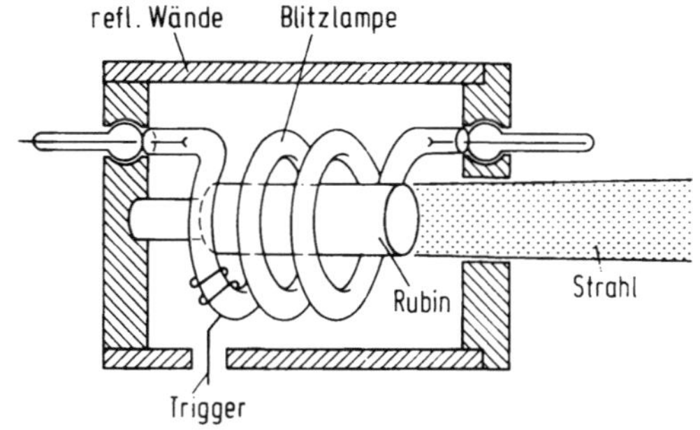

Abb. 3.71: Schematischer Aufbau eines Festkörperlasers.

an den Kristallflächen zu vermeiden, muß der Stab unter dem Brewster-Winkel angeschliffen werden. In diesem Fall tritt für eine Polarisationsrichtung des Lichtes keine Reflexion an der Stirnfläche auf.
Das Wellengebiet optisch gepumpter Festkörperlaser reicht von 550–2600 nm (Kiss und Pressley, 1966). Der Rubinlaser ist historisch von Bedeutung, da mit ihm der erste Laser überhaupt entdeckt wurde (Maiman, 1960). Die dreifach ionisierten Chromatome bilden das aktive Medium. Der Rubinlaser stellt ein Drei-Niveau-System dar. Durch optische Anregung werden die Pumpniveaus besetzt. Durch strahlungslose Übergänge wird das oberste Laserniveau schnell erreicht. Die Lebensdauer dieses Zustandes ist relativ lang (ca. 10^{-3} s). Nach dieser Verweilzeit erfolgt die Rückkehr in den Grundzustand unter Emission von Fluoreszenzlicht. Der kontinuierlich arbeitende Rubinlaser emittiert etwa 1 Watt bei der Wellenlänge 694,3 nm.

Ein Beispiel für ein Vier-Niveau-System ist der Neodymlaser. Das aktive Medium besteht aus Glas oder aus Granat (Yttrium-Aluminium-Granat, $Y_3Al_5O_2$, kurz YAG genannt), in dem dreifach ionisierte Neodymatome eingebaut sind. Der Vorteil dieses Vier-Niveau-Systems besteht darin, daß für den Laserbetrieb eine viel geringere Anregungsenergie erforderlich und ein höherer Wirkungsgrad erreichbar ist (siehe 3.6). Der Neodym-YAG-Laser kann bei der Wellenlänge von 1064 nm bis zu 750 W im Dauerbetrieb ausstrahlen (Geusic u.a., 1970). Diese relativ hohe Leistung ist bedingt durch die hohe Ionendichte in Kristallen oder Gläsern, die um zwei bis drei Zehnerpotenzen größer ist als vergleichsweise in Gasen (Kiss und Pressley, 1966). Die Lebensdauer des angeregten Laserniveaus im Kristall oder Glas ist lang (ca. 10^{-3} s) im Vergleich zu den Lebensdauern in Gasen (ca. 10^{-6} s) und Halbleitern (10^{-9} s). Dadurch kann bei den Festkörperlasern eine beträchtliche Energiespeicherung beispielsweise durch Gütemodulation (Q-Schaltung) erreicht werden. Die durch spezielle Anordnungen erreichten maximalen Spitzenleistungen liegen bei 10^{12} W (Basov u.a., 1968, Gobeli, 1969).
Durch Anwendung der Technik der Frequenzverdopplung unter Verwendung piezoelektrischer Kristalle (siehe 3.6.2.1) gelingt der Vorstoß ins ultraviolette Gebiet [3)]

3) Über eine einzige UV-Strahlung bei 312,5 nm von Gd^{3+}-Ionen in Quarz und Silikatglas wurde bisher berichtet (Becker u.a., 1963, Gandy und Ginther, 1962).

bei ausreichender Strahlungsenergie. So wird mit Hilfe der Frequenzverdopplung beim Rubinlaser eine Emissionswellenlänge von 347,1 nm erreicht. Um mit dem YAG-Laser in das UV zu gelangen, muß die Frequenzverdopplung zweimal erfolgen, um eine Wellenlänge von 265 nm zu erhalten. Bei den hohen zur Verfügung stehenden Leistungen können Verluste, die bei der Anwendung nichtlinearer Effekte auftreten, in Kauf genommen werden.

3.6.2 Nichtlineare Effekte

Die Bedeutung der nichtlinearen Effekte liegt auf dem Gebiet der Erzeugung neuer Lichtfrequenzen. Zwischen den diskreten Linien, die durch die zahlreichen Lasersysteme erzeugt werden, treten Bereiche auf, für die keine Laseremission existiert. Durch Frequenzvervielfachung, Frequenzmischung und induzierte Streuung entstehen neue Frequenzen, die die Lücken im Spektrum ausfüllen.
Beim Laserlicht treten nichtlineare Effekte als Folge der hohen Kohärenz und Intensität bei der Wechselwirkung mit Materie auf. In der klassischen Elektronik sind diese Effekte längstens bekannt, so verwandelt beispielsweise ein überlasteter Lautsprecher reine Sinusschwingungen in Oberwellen. Fällt intensives Laserlicht auf einen Kristall, so beginnen die elastisch gebundenen Elektronen im elektrischen Feld des Lichtes zu schwingen, bei genügend hoher Intensität werden dabei auch Oberschwingungen erzeugt. Dieser Effekt wurde 1961 erstmals nachgewiesen, aus rotem Licht wurde blaues (Franken u.a., 1961).
Bei der Wechselwirkung zwischen Strahlung und Materie werden die Bausteine der Materie, die Atome, zu erzwungenen Schwingungen angeregt. Diese Atome, die als Dipole angesehen werden können, geben, wenn die Auslenkung nicht zu groß ist, die eingestrahlte Frequenz mit einer Phasenverschiebung im zeitlichen Verlauf unverändert, jedoch in eine andere Richtung wieder ab. Bei den nichtlinearen Effekten interessiert der Fall, daß die Auslenkung der Atome durch intensive Einstrahlung so groß wird, daß sie nicht mehr der auslenkenden Kraft proportional erfolgt. Der Zusammenhang zwischen der Polarisation der Materiebausteine und der Feldstärke des Lichtes ist nicht mehr linear, sondern muß durch eine kompliziertere Form beschrieben werden. Die Polarisation der Materie enthält jetzt quadratische Glieder der Feldstärke und in genauer Näherung auch kubische und höhere Potenzen. Es sind allerdings beträchtliche Feldstärken notwendig, um eine spürbare Polarisation durch die nichtlinearen Glieder zu erreichen. Die Polarisation ist nun Ausgang einer neuen elektrischen Feldstärke, d.h. in jedem Bereich des Mediums erzeugt die Polarisation Licht, dessen Frequenz mit der der Polarisation übereinstimmt.

3.6.2.1 Erzeugung von Oberwellen

Die Komponenten der Polarisationswelle mit der doppelten und dreifachen Frequenz des eingestrahlten Lichtes erzeugen im durchstrahlten Medium Lichtwellen

mit den Frequenzen der zweiten und dritten Harmonischen. Durch unterschiedliche Geschwindigkeiten der Polarisationswellen und ihren optischen Komponenten kommt es zur Interferenz und Auslöschung (Maker u.a., 1962). Auf diese Weise kann die Erzeugung von intensivem Licht der doppelten Frequenz in einem Kristall verhindert werden. Unter bestimmten Bedingungen ist es jedoch möglich, das Auslöschen der Oberwellen zu verhindern. Dies geschieht durch Beeinflussung der Ausbreitungsgeschwindigkeiten, die vom Brechungsindex im Kristall abhängen, d.h. durch die Anpassung der Brechungsindizes (Maker u.a., 1962). Die Anpassung der Brechungsindizes (index matching) erfolgt im Kristall unter geschickter Ausnutzung von Dispersion und Doppelbrechung. Alle Oberwellenanteile überlagern sich phasenrichtig, und die Intensität der Oberwelle wächst mit zunehmender Kristalldicke theoretisch so lange, bis die gesamte Intensität der Grundwelle in Licht der Oberwelle umgewandelt worden ist. Tatsächlich ist die Umwandlung jedoch nicht vollständig. Bedingt durch nicht ideale Kristalleigenschaften erreichen die Wirkungsgrade nur etwa 30 % (Akhmanov u.a., 1965).
KDP (Kaliumdihydrogenphosphat) und ADP (Ammoniumdihydrogenphosphat) sind zwei der wenigen UV durchlässigen Kristalle. Sie können deshalb zur Frequenzverdopplung von Laserlicht in diesem Spektralbereich eingesetzt werden (Dowley, 1968). Allerdings zeigen diese Kristalle eine gewisse UV-Schädigung, wenn sie mit intensivem ultravioletten Licht bestrahlt werden, was ihre Anwendung bei hohen Strahlungsleistungen im UV begrenzt (Dowley und Hodges, 1968).
Die Erzeugung höherer Frequenzen ist theoretisch möglich, da die Polarisation auch kubische und höhere Anteile der Feldstärke enthält. Tatsächlich gelang die Erzeugung der drei- und vierfachen Frequenz, jedoch nur mit einem sehr geringen Wirkungsgrad. Um trotzdem genügend intensives Licht zu erhalten, muß die Intensität der Grundwelle genügend hoch sein, was jedoch zu Zerstörungen im Kristall führt.
Eine andere Methode zur Erzeugung von Oberwellen besteht darin, die Frequenz der zweiten Harmonischen nochmals zu verdoppeln (Johnson, 1966). So wird beispielsweise das Licht des Neodymlasers der Wellenlänge 1060 nm in einem KDP-Kristall zu Licht der Wellenlänge 530 nm, das durch einen zweiten KDP-Kristall nochmals frequenzverdoppelt wird, so daß Licht der Wellenlänge 265 nm entsteht. Auch hier ist der Wirkungsgrad verhältnismäßig gering, doch besitzen gerade die Neodymlaser ausreichend Energie, um die Strahlungsverluste zu kompensieren.
Mit der Entwicklung geeigneter Kristalle wird es möglich sein, schmalbandige, abstimmbare Lichtquellen im gesamten Wellenlängenbereich von 0,1 mm bis 200 nm zur Verfügung zu haben. Wie die Festfrequenzlaser sollten diese Lichtquellen mindestens 10^6 mal mehr Leistung pro Bandbreite und Raumwinkel abstrahlen als alle traditionellen spektroskopischen Lichtquellen (Harris, 1969).

3.6.2.2 Parametrische optische Verstärkung

Eine Konsequenz nichtlinearer Medien ist auch die Erzeugung von Summen- und Differenzfrequenzen zweier eingestrahlter intensiver Lichtstrahlen. Mischfrequenzen

erhält man, wenn beispielsweise ein KDP-Kristall gleichzeitig von zwei Lasern unterschiedlicher Lichtfrequenzen durchstrahlt wird (Armstrong u.a., 1962).
Die Bildung der Summenfrequenz kann quantentheoretisch erklärt werden als die Wechselwirkung zweier Photonen – eines von jedem einfallenden Lichtstrahl –, die ein einziges Photon erzeugen mit einer Energie, die der Summe der Energien der beiden ursprünglichen Photonen entspricht. Energie- und Impulserhaltung sind bei dieser Wechselwirkung erfüllt. Mit Hilfe der Summation zweier Lichtstrahlen von Rubin- und Farbstofflaser gelang die Erzeugung von Licht, das den Wellenlängenbereich vom Sichtbaren bis 250 nm überdeckt (Yeung und Moore, 1971).
Bei der Erzeugung eines Quants der Differenzfrequenz $\nu_1 - \nu_2$ muß, um den Energiesatz zu erfüllen, ein Quant des Lichtes mit der höheren Frequenz ν_1 seine Existenz aufgeben. Dieses Photon teilt sich in die Photonen mit der Differenzfrequenz $\nu_1 - \nu_2$ und ν_2 auf, so daß insgesamt zwei Photonen mit der Frequenz ν_2 austreten (siehe Abb. 3.72). Die Energiebilanz lautet dann:

$$h\nu_1 + h\nu_2 = h(\nu_1 - \nu_2) + 2\,h\nu_2 = h\nu_D + 2\,h\nu_2.$$

Abb. 3.72: Prinzip der parametrischen Verstärkung.

Die niedrigere Frequenz ν_2 wird auf Kosten der höheren Frequenz ν_1 verstärkt (Wang und Racette, 1965). Ein derartiger Verstärker wird in Anlehnung an die Hochfrequenztechnik parametrischer Verstärker genannt.

Beim parametrischen Oszillator verzichtet man auf die Einstrahlung von Licht der Frequenz ν_2, denn es werden stets zufällig einige Photonen dieser Frequenz vorhanden sein, die durch den Kristall bei passenden Bedingungen verstärkt werden können. Wird der Kristall in einen Resonator gesetzt, so bauen sich in ihm mit Hilfe der Pumpfrequenz ν_1 intensive Lichtwellen auf, das System strahlt die beiden Frequenzen ν_D und ν_2 ab.
Der parametrische Oszillator unterscheidet sich vom Laser-Oszillator u.a. dadurch, daß die beiden Lichtfrequenzen ν_D und ν_2, die zur Selbsterregung kommen, nicht durch atomare oder molekulare Resonanzbedingungen festgelegt sind, sondern durch die Anpassung der Brechungsindizes für beide Frequenzen im Kristall. Diese Anpassung ist temperaturabhängig, d.h. bei Änderung der Temperatur des Kristalls ändert sich die Frequenz, für die der Brechungsindex angepaßt ist. Damit besteht die Möglichkeit, die Frequenzen mit der Temperatur kontinuierlich zu ändern, der Oszillator kann abgestimmt werden (Giordmaine und Miller, 1965).

3.6.2.3 Induzierte Ramanstreuung

Auch der Ramaneffekt kann wie die vorher behandelten Wechselwirkungsprozesse mit Materie zur Verstärkung von Strahlung ausgenutzt werden. Bei der Ramanstreuung wird Licht der Frequenz ν, das auf ein molekulares Medium fällt, in Lichtwellen der Frequenzen $\nu + \nu_M$ und $\nu - \nu_M$ umgewandelt: man spricht dabei von Antistokeschen und Stokeschen Frequenzen. Beim Ramanverstärker können beide Frequenzen verstärkt werden. Bei der Verstärkung der Stokeschen Frequenz arbeitet der Ramanverstärker als parametrischer Verstärker, d.h. die erforderliche Energie wird vollständig dem elektromagnetischen Feld der Primärstrahlung entnommen. Bei der Verstärkung der Antistokeschen Frequenz ist das nicht möglich, da die Frequenz der Primärstrahlung kleiner ist als die der gestreuten. Der fehlende Rest wird dem Medium entnommen. In diesem Fall arbeitet der Ramanverstärker nach einem aus parametrischer Verstärkung und Laserverstärkung kombinierten Verfahren. Beide Arten der Ramanstreuung, die Stokesche und die Antistokesche, können im Laseroszillator ausgenützt werden (Woodbury und Ng, 1962). Der Ramanlaser ist jedoch im Unterschied zum parametrischen Verstärker nicht abstimmbar, sondern die Emission ist an die Molekülschwingungsfrequenzen gebunden.

3.7 Synchrotronstrahlung

Die Möglichkeit der Emission von elektromagnetischer Strahlung durch relativistische Elektronen in Kreisbeschleunigern wurde erstmals 1944 vorausgesagt (Ivanenko und Pomeranchuk, 1944). Direkt beobachtet wurde die Synchrotronstrahlung von Elektronen im Jahre 1947 (Haber, 1947, Elder u.a., 1947). Von diesem Zeitpunkt wuchs das Interesse am Studium der Eigenschaften dieser neuen Art von Strahlung ständig an. Eine ausführliche Diskussion, die auf der klassischen Elektrodynamik basiert, erschien im Jahre 1949 (Schwinger, 1949). Inzwischen konnten die Kenntnisse über die Synchrotronstrahlung weiter vervollkommnet werden (für Literaturzitate siehe Haensel und Kunz, 1967). Anhand des hohen Grades der Polarisation konnte die Emission von zahlreichen kosmischen Quellen als Synchrotronstrahlung identifiziert werden (Ginzburg und Syrovatskii, 1965, Gardner und Whiteoak, 1966). Die ungewöhnliche Intensität und Polarisation der Strahlung von Pulsaren läßt vermuten, daß auch dort ein Synchrotron-Mechanismus vorhanden ist (Maran und Cameron, 1968).

3.7.1 Strahlungseigenschaften monoenergetischer Elektronen

Im Rahmen dieses Buches interessiert die Synchrotronstrahlung als intensive Lichtquelle. Die Hauptquelle der Synchrotronstrahlung sind die Elektronensynchrotrons mit Endenergien von einigen Hundert MeV und mehr. Der Energieverlust durch Synchrotronstrahlung begrenzt die mit Elektronenbeschleunigern erreichbare Maximalenergie. Für Linearbeschleuniger sind die Strahlungsverluste dagegen unbedeutend. Das Verhältnis der ausgestrahlten Leistung zu der zur Beschleunigung aufgewendeten Leistung beträgt beispielsweise für einen 20 GeV-Linearbeschleuniger mit einer Länge von zwei Meilen (Stanfort, USA) nur 10^{-11}. Diese Situation ändert sich drastisch für Elektronen, die ein transversales Magnetfeld durchlaufen und dadurch auf gekrümmte Bahnen gezwungen werden. In diesem Fall verursacht die zentripedale Beschleunigung eine extrem schnelle Änderung des Impulses – die Ursache der Strahlungsaussendung –, während sich die Energie nur langsam ändert. Für Elektronen mit annähernd Lichtgeschwindigkeit ist die abgestrahlte Leistung W_{rel} proportional der vierten Potenz der Energie E der Elektronen und umgekehrt proportional dem Quadrat des Radius R und der vierten Potenz der Ruhemasse m_0:

$$W_{rel} \sim \frac{E^4}{(m_0 c^2)^4} \cdot \frac{1}{R^2},$$

wobei c die Lichtgeschwindigkeit ist.

Intuitiv erwartet man von einem Elektron, das mit annähernd Lichtgeschwindigkeit auf einer Kreisbahn mit dem Radius R umläuft, eine Strahlung der Frequenz $\omega = c/2\pi R$. Aufgrund relativistischer Effekte sieht ein Beobachter jedoch vorwiegend Strahlung der höheren Harmonischen mit viel größeren Frequenzen (Sokolov und Ternov, 1968, Godwin, 1969). Da die Elektronen jedoch wegen der Synchrotron- und Betatronschwingungen keine genau konstante Umlaufgeschwindigkeit haben, erfolgt eine Verschmierung dieser Oberwellen zu einem Kontinuum. Das Spektrum der Synchrotronstrahlung reicht vom Megahertzbereich bis in den Bereich der Röntgenstrahlung, wobei die maximale Frequenz von der Energie der Elektronen abhängt. Diese Grenzfrequenz ω_c ist proportional der dritten Potenz der Elektronenenergie E und umgekehrt proportional dem Radius R und der dritten Potenz der Ruhemasse m_0:

$$\omega_c \sim \frac{E^3}{(m_0 c^2)^3} \cdot \frac{1}{R}.$$

Das Maximum der Intensität liegt im Bereich des Ultravioletten und der weichen Röntgenstrahlung. Ein 1 GeV-Synchrotron mit einem Radius von 10 m hat eine Grundfrequenz im Megahertzbereich, strahlt jedoch am intensivsten bei Frequenzen von etwa $4 \cdot 10^{17}\ s^{-1}$, bei Photonenenergien von 3 keV oder Wellenlängen von 0,5 nm. Im extremen Ultraviolett stellt die Synchrotronstrahlung die einzige Lichtquelle dar, die intensives kontinuierliches Licht über einen weiten Spektralbereich emittiert. Die spektrale Verteilung der Synchrotronstrahlung für monoenergetische Elektronen für einen Bahnradius von 31,7 m (Desy-Synchrotron, Hamburg) ist in Abb. 3.73 dargestellt (Haensel und Kunz, 1967). Das Spektrum hat ein Maximum bei 0,42 λ_c, wobei λ_c die sogenannte kritische Wellenlänge dargestellt. Sie ist gegeben durch die Beziehung:

$$\lambda_c = \frac{4\pi R}{3} \cdot \frac{(m_0 c^2)^3}{E^3}$$

und ist damit der oben erwähnten Grundfrequenz ω_c indirekt proportional. Das

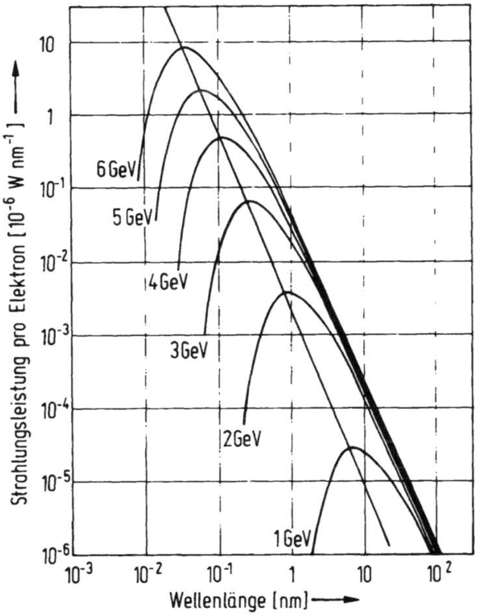

Abb. 3.73: Berechnete Intensität der Synchrotronstrahlung bei verschiedenen Elektronenenergien.

spektrale Maximum verschiebt sich wie λ_c mit E^{-3}. Die Halbwertsbreite des Spektrums ist 0,84 λ_c. Die Intensität der Strahlung fällt beiderseits des Maximums sehr rasch ab. Eine Betrachtung des asymptotischen Verhaltens der exakten Beziehung für die spektrale Verteilung der Synchrotronstrahlung (Schwinger, 1949) führt für Wellenlängen, die sehr viel größer sind als die kritische Wellenlänge zu der Beziehung:

$$I \cong 4 \cdot 10^{-8} \cdot R^{-2/3} \lambda^{-7/3},$$

I ist die pro Elektron ausgestrahlte Leistung in W, R der Radius in m und λ die Wellenlänge in nm.

Die ausgestrahlte Leistung ist für solche Wellenlängen, die lang im Vergleich zu λ_c sind, nahezu unabhängig von der Elektronenenergie. Ein niederenergetischer Beschleuniger mit einem kleinen Radius kann ein sehr effektiver Strahler sein. Auf der anderen Seite wächst die ausgestrahlte Leistung in der Nähe des Maximums mit der siebten Potenz der Elektronenenergie (Schwinger, 1949).
Die ungefähre Zahl der Photonen, die pro Sekunde durch ein monoenergetisches Elektron in eine Bandbreite von 0,1 nm bei einer Wellenlänge λ, die sehr viel größer ist als λ_c, ist:

$$N(\lambda) \cong 2 \cdot 10^{2} \cdot R^{-2/3} \cdot \lambda^{-4/3}$$

Das spektrale Verhalten der Synchrotronstrahlung ist qualitativ der Strahlung des schwarzen Körpers ähnlich (siehe 3.4.2). Das spektrale Maximum des schwarzen Körpers liegt bei einer Wellenlänge λ_{max}, die durch:

$$\lambda_{max} \cdot T = 2{,}898 \cdot 10^6 \text{ nm K}$$

gegeben ist. T ist die absolute Temperatur in Grad Kelvin. Ein Synchrotron mit einer kritischen Wellenlänge von etwa 0,1 nm (Desy-Synchrotron, Hamburg) emittiert Strahlung, die dem eines schwarzen Körpers der Temperatur von über 10^7 K ähnlich ist.

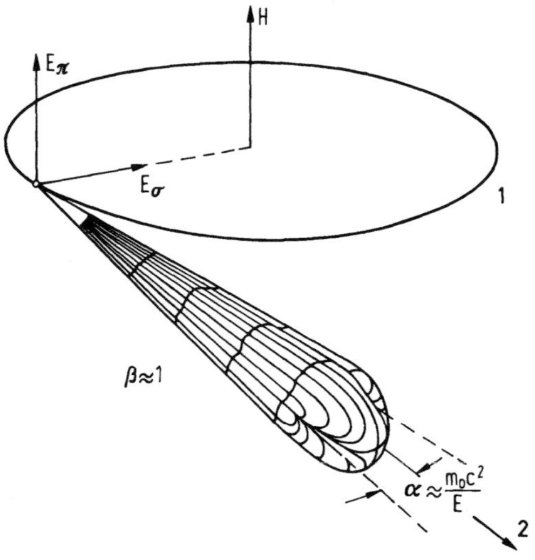

Abb. 3.74: Emission von elektromagnetischer Strahlung durch ein Elektron auf einer Kreisbahn. H = magnetische Feldstärke; E_π, E_σ = Komponenten der elektrische Feldstärke, I = Elektronenbahn, 2 = Achse des Strahlenkegels, sie entspricht der Tangente an die Elektronenbahn.

Die Synchrotronstrahlung wird tangential zu den Kreisbahnen abgestrahlt, wobei die Intensität rasch mit dem Winkel gegen die Bahnebene abfällt. Für extrem relativistische Elektronen ist die Strahlung in einem schmalen Kegel in Richtung der Elektronenbewegung konzentriert (Abb. 3.74). Die Größe des Kegelwinkels ist dann proportional der Ruhemasse m_0 und indirekt proportional der Elektronenenergie E. Die Strahlung hat eine theoretisch genau berechenbare Winkelverteilung (Schwinger, 1949). Sie ist elliptisch polarisiert (Westfold, 1959). In der Bahnebene des Elektrons herrscht für alle Wellenlängen vollständige Polarisation. Die Abb. 3.75 zeigt die Winkelverteilung für eine willkürliche Elektronenenergie E und die Emissionswellenlänge λ (Haensel und Kunz, 1967). Die Integration über alle Winkel ergibt, daß die Intensität der parallelen Komponente sieben mal größer ist als die der senkrechten, oder anders ausgedrückt, der Polarisationsgrad beträgt 75 %.

3.7.2 Strahlungseigenschaften der Synchrotronstrahlung

Die bisher angeführten Intensitätsverhältnisse gelten für den idealisierten Fall, daß das Elektron mit konstanter Energie umläuft, d.h., daß die Strahlungsverluste lau-

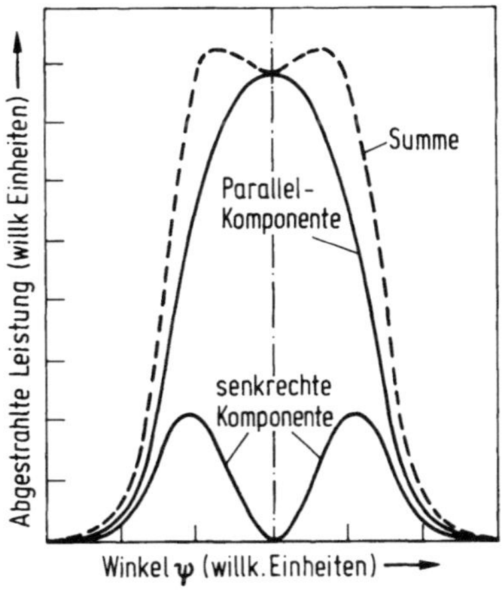

Abb. 3.75: Winkelverteilung der beiden Polarisationskomponenten der Synchrotronstrahlung.

fend kompensiert werden, daß das Elektron sich auf einer Kreisbahn bewegt und daß der Elektronenstrahl keinerlei Ausdehnung besitzt. In Wirklichkeit ändert sich jedoch die Elektronenenergie in einem Beschleuniger, das Elektron durchläuft zwischen den Magnetsegmenten feldfreie Strecken und die Teilchen laufen aufgrund von Schwingungen (Betatronschwingungen) nicht auf ihrer Sollbahn. Daraus resultiert für den Elektronenstrahl eine gewisse Ausdehnung und Divergenz. Dies hat eine Verbreiterung der Winkelverteilung der Strahlung zur Folge, was sich insbesondere bei kurzen Wellenlängen bemerkbar macht. Gegenüber den Verhältnissen bei monoenergetischen Elektronen ändert sich nicht viel, wenn man bei der spektralen Intensitätsverteilung zu maximalen Endenergien übergeht (Haensel und Kunz, 1967). Das spektrale Maximum wird etwas langwellig verschoben. Die Winkelverteilungen und Polarisationseigenschaften bleiben bei den gebräuchlichen Beschleunigern nahezu erhalten. Die Abschätzung der Intensität wird schon etwas schwieriger. Neben der Gesamtzahl der beschleunigten Elektronen müssen bei Synchrotrons Korrekturgrößen für Strecken, auf denen keine Beschleunigung auftritt und für Energieänderungen der Elektronen während des beschleunigten Umlaufs eingeführt werden. Die Anzahl der Elektronen kann in einem Synchrotron oft vom Impuls zu Impuls verschieden sein, so daß auch die Strahlungsintensität schwankt. Gegenüber anderen Strahlungsquellen besitzt die Synchrotronstrahlung im Vakuum-Ultraviolett die größte Intensität. Es ist allerdings nicht leicht, quantiative Angaben für einen echten Vergleich zu finden, doch kann die Intensität der Synchrotronstrahlung mit der der stärksten Linienquellen im Bereich von 50–150 nm bestens konkurrieren (Godwin, 1969). In diesem Fall kann die etwas umständliche Handhabung der Synchrotronquelle in Kauf genommen werden. Im Infraroten und im Sichtbaren spielt das Synchrotron als Strahlungsquelle keine Rolle, da die nutzbare Intensität die gleiche Größenordnung wie die üblicher Quellen hat (Elder u.a., 1948). Das sichtbare Licht wird bisher lediglich zur Strahljustierung bei Elektronenbeschleunigern ausgenützt. Erst unterhalb von 100 nm wird die Synchrotronstrahlung als Lichtquelle interessant und wird zu Festkörperuntersuchungen und Absorptionsmessungen an Gasen herangezogen.

3.8 Wellenlängenselektion

In vielen Fällen haben Lichtquellen spektrale Eigenschaften, die sich, von denen in der Anwendung gewünschten, unterscheiden. Die quantitative Bestimmung der Art und Ursache fotochemischer Prozesse erfordert in der Regel Strahlung isolierter Wellenlängen oder Wellenlängenbereiche, denn sie sind häufig eine Funktion der Energie oder der Wellenlänge der absorbierten Quanten. So ist es bei der Prüfung der Abhängigkeit der Quantenausbeute einer fotochemischen Reaktion von der eingestrahlten Wellenlänge notwendig, monochromatisches Licht in verschiedenen Wellenlängenbereichen des Absorptionsspektrums des Reaktanten zur Verfügung zu haben. Die Verwendung von monochromatischem Licht erleichtert die Bestimmung der Intensität des bei einer fotochemischen Reaktion vorhandenen Lichtes, sowie auch den Bruchteil des absorbierten Lichtes. Für die Interpretation fotochemischer Mechanismen ist es deshalb nützlich, die Methoden zur Isolation von monochromatischem Licht und Strahlungsbanden von Lichtquellen zu kennen.

3.8.1 Monochromatoren

Monochromatoren, die normalerweise in der Spektroskopie eingesetzt werden, sind für die fotochemische Anwendung unbrauchbar, da sie nur geringe Intensitäten durchlassen. Die Ansprüche für einen Monochromator für fotochemische Zwecke werden jedoch leicht durch die Wahl großzügig dimensionierter optischer Bauteile befriedigt. Auf Kosten der spektralen Auflösung, die nur für den Spektroskopiker wichtig ist, besitzen die fotochemischen Monochromatoren große Spaltbreiten und große Öffnungswinkel für den Lichteintritt. Die relative Öffnung liegt bei diesen Geräten im Bereich von 1 : 3 bis 1 : 5, während spektroskopische Monochromatoren Öffnungen von 1 : 7 bis 1 : 14 besitzen. Die relative Öffnung ist gleich dem Verhältnis von wirksamer Prismen- oder Gitterfläche zur Brennweite der Eingangsoptik. Sie ist ein Maß für die Lichtstärke des Systems.

In Verbindung mit einem Linienstrahler können breite Spalte toleriert werden.

So ist es beim Einsatz eines Quecksilberbrenners unwichtig, die Liniengruppe zwischen 312,6 und 312,2 nm aufzulösen, da die Energie zwischen den Extremen nur unbedeutend zwischen 91,46 und 91,22 kcal/Mol schwankt. Es ist jedoch notwendig, diese Liniengruppe von ihren Nachbarn bei 302,5 und 334,1 nm zu trennen.

In den Monochromatoren werden sowohl Prismen als auch Gitter als Dispersionselemente eingesetzt. In neuerer Zeit ersetzen die preiswert herzustellenden Gitter immer mehr die Prismen. Die optische Anordnung eines Gittermonochromators zeigt die Abb. 3.76.

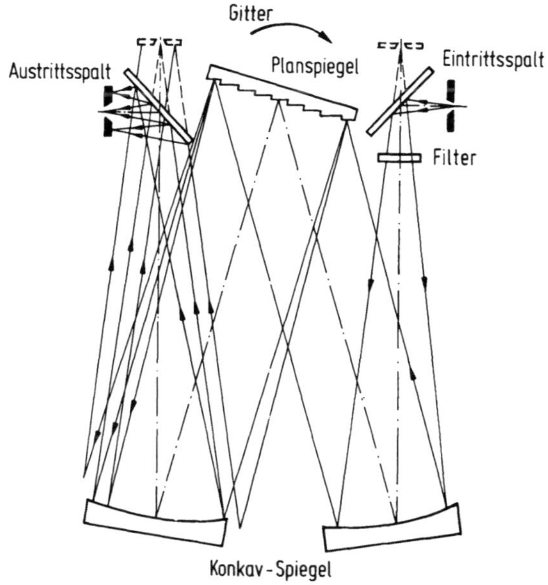

Abb. 3.76: Optische Anordnung eines Gittermonochromators.

Ein- und Austrittsspalt des Monochromators befinden sich in der Brennebene der Konkavspiegel. Dabei sind die Spalte so angeordnet, daß die Achsen des ein- und austretenden Lichtbündels übereinstimmen. Der Monochromator wirkt wie ein Filter, das die Lichtstrahlung nicht ändert. Das vom Eintrittsspalt ausgehende divergierende polychromatische Lichtbündel wird über einen Planspiegel zum ersten Konkavspiegel gerichtet, so daß nach der Reflexion ein quasi-paralleles Strahlenbündel auf das Gitter trifft und dort spektral zerlegt wird. Über den zweiten Konkavspiegel und einen weiteren Planspiegel werden die Lichtstrahlen in der Austrittsspaltebene vereinigt. Nur das Licht einer bestimmten Wellenlänge kann den Monochromator durch den Spalt verlassen. Die Einstellung der gewünschten Wellenlänge erfolgt durch die Drehung des Gitters.

Die Lichtquelle, die möglichst nahe am Eintrittsspalt steht, wird in den meisten Fällen über eine Kondensorlinse auf den Spalt abgebildet. Um einen maximalen Strahlungsfluß durch den Monochromator zu erreichen, ist es notwendig, daß die relative Öffnung der abbildenden Optik derjenigen des Monochromators entspricht. Bei kleinerem Öffnungswinkel wird nur ein Teil der Optik des Monochromators mit Licht erfüllt, bei größerem Öffnungswinkel geht Licht im Monochromator verloren. Es kann zur Erhöhung des unerwünschten Streulichtanteils am Austrittsspalt beitragen.

Weitere Ausführungen von Prismen- und Gittermonochromatoren wurden in der Literatur beschrieben (French u.a., 1947, Douzou und Gerstenkorn, 1954, Calvert und Pitts, 1966, Urbach, 1969). Die Gitterinstrumente haben den Vorteil der höheren Auflösung im sichtbaren Bereich, dort wo die Brechung von Licht durch das Prisma gering ist. Der Prismenmonochromator konzentriert die Energie des Lichtes in ein einziges Spektrum, während das einfallende Licht beim Gittermonochromator in mehrere Spektren zerlegt wird, entsprechend den verschiedenen Ordnungen. Obwohl bei den mit äußerster Genauigkeit hergestellten Gitter ein hoher Anteil der Gesamtenergie in die erste Ordnung fällt, kommt es bei Gitterinstrumenten zur Überlagerung der verschiedenen Ordnungen, die nur durch geeignete Filter vermieden werden können.

3.8.2 Absorptionsfilter

Absorptionsfilter können in zwei Gruppen aufgeteilt werden: flüssige oder chemische Filter und Glasfilter.

3.8.2.1 Flüssigkeitsfilter

Flüssigkeitsfilter bestehen aus chemischen Lösungen geeigneter Konzentration und einer bestimmten Schichtdicke, die der Lichtstrahl passieren muß, bevor er das zu bestrahlende System erreicht.
Verschiedene organische Lösungen können als kurzwellige Anlauffilter (short-wave cut-off filter) im ultravioletten Bereich benutzt werden. Der Anlauf kann durch Änderung der Konzentration variiert werden. Die Tab. 3.30 gibt die Anlaufwellenlänge für verschiedene Konzentrationen von sieben in iso-Oktan gelösten organischen Substanzen an. Der Cut-off wurde durch Extrapolation des linearen Teils der Kurve auf 0 % Transmission bestimmt. Mit steigender Konzentration verschiebt sich der Anlauf zu längeren Wellenlängen, was auch aus der Abb. 3.77 zu ersehen ist. Das Thiophenfilter ist fotochemisch relativ instabil und muß häufig erneuert werden.

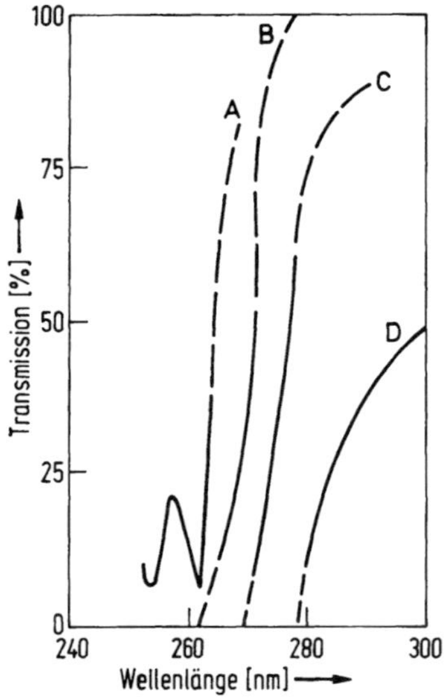

Abb. 3.77: Transmission von Benzol in iso-Oktan. A = 1 g/l, B = 9,1 g/l, C = 100 g/l, D = unverdünnt.

Tab. 3.30: Kurzwellige Anlauffilter

Substanz	Konzentration g/l	Cut-off-Wellenlänge nm
Benzol	1,0	261,5
	9,1	263
	100	270
	unverdünnt	280
Chlorbenzol	10	275
	100	281
	unverdünnt	287,5
Isopropylbenzol (Cumol)	1,0	267
	10	270
	100	275
	unverdünnt	292
Dehydropyran	0,2	224
	1,0	231
	10	254
Mesitylen	1,0	273,5
	10	280
	100	283,5
	unverdünnt	290
Phenol	1,0	280
	10	284,5
Thiophen	1,0	248
	10	254
	100	259

Werte nach Bass, 1948.

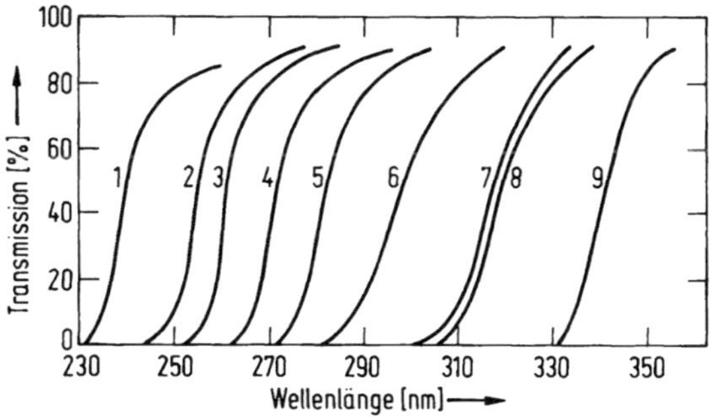

Abb. 3.78: Transmissionen von wäßrigen Lösungen. Zusammensetzung nach Tab. 3.31.

Als Anlauffilter eignen sich ebenfalls die wäßrigen Lösungen einiger anorganischer Salze (Rappoldt, 1958, Schenck, 1968). Einige Transmissionskurven dieser Flüssigkeitsfilter sind in Abb. 3.78 gezeigt. Die Tab. 3.31 gibt die Daten über die Zusammensetzung dieser Filter an.

Tab. 3.31: Zusammensetzung der wäßrigen Salzlösungen

Nr.	$NaBr \cdot 2H_2O$	$CaCl_2$	$Pb(NO_3)_2$	$Hg(NO_3)_2$	Ag_2SO_4
1		500			0,05
2	400				0,024
3	400				0,16
4	400				1,2
5	500				6,4
6	80	375	0,05	0,1	0,3
7	400		0,065	0,1	0,39
8	400			1,0	
9	650		3,0		

Werte nach Rappoldt, 1958, und Schenck, 1968

Quarzfilterzellen mit mehreren Abteilungen von verschiedener Länge werden häufig benötigt, um enge Teile des Spektrums zu isolieren. Jede Abteilung enthält eine Lösung, die dazu bestimmt ist, ein Teil des Spektrums zu absorbieren. Zahlreiche Zusammenstellungen sind bisher in der Literatur diskutiert worden (Kasha, 1948, Bass, 1948, Bowen, 1949, Geffken, 1957, Noyes und Leighton, 1966, Calvert und Pitts, 1966). Hier sollen nur einige wenige Beispiele aufgeführt werden, die vor allem für den Einsatz im ultravioletten Spektralbereich infrage kommen.

Lösungen von Nickel- und Kobaltsulfat besitzen hohe Durchlässigkeiten im UV, wie in der Abb. 3.79 gezeigt wird.

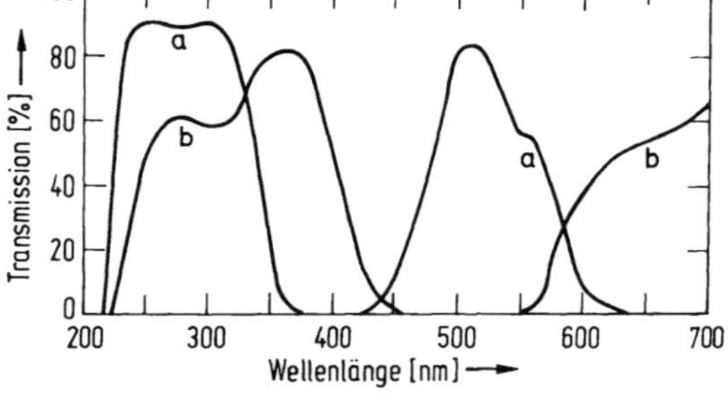

Abb. 3.79: Transmission von Nickel- und Kobaltsulfat in Wasser (Schichtdicke 1 cm). a = $NiSO_4 \cdot 6H_2O$, 500 g/l, b = $CoSO_4 \cdot 7H_2O$, 300 g/l.

Nickelsulfat hat eine hohe Durchlässigkeit bei 500 nm und im Infraroten, Kobaltsulfat absorbiert in diesen Gebieten sehr stark. Eine Kombination der beiden Lösungen läßt ungefähr 50 % der Strahlung zwischen 240 und 320 nm passieren und unterdrückt sie bis etwa 1000 nm mit einer kleinen Durchlaßstelle bei 570 nm (Kasha, 1948). Die Lösung ist gegen ultraviolette Strahlung sehr beständig. Die spektrale Durchlaßkurve ist in Abb. 3.80 dargestellt.

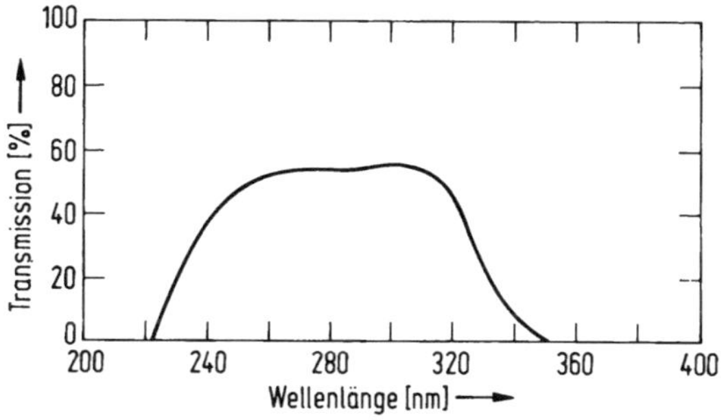

Abb. 3.80: Transmission einer wäßrigen Lösung von $NiSO_4 \cdot 6H_2O$ (240 g/l) und $CoSO_4 \cdot 7H_2O$ (45 g/l) bei einer Schichttiefe von 5 cm.

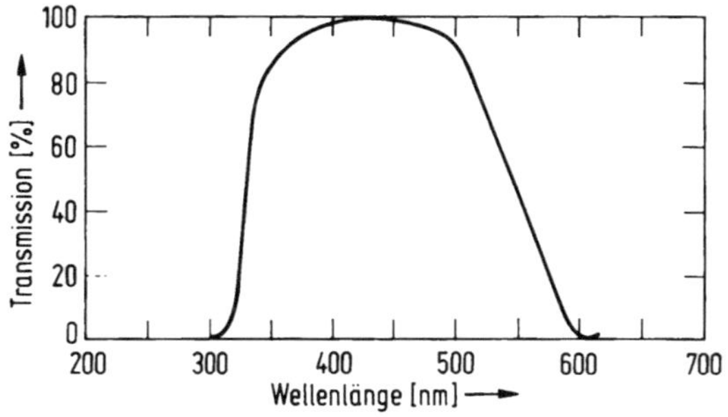

Abb. 3.81: Transmission von $CuSO_4 \cdot 5H_2O$ in Wasser (100 g/l, Schichtdicke 5 cm).

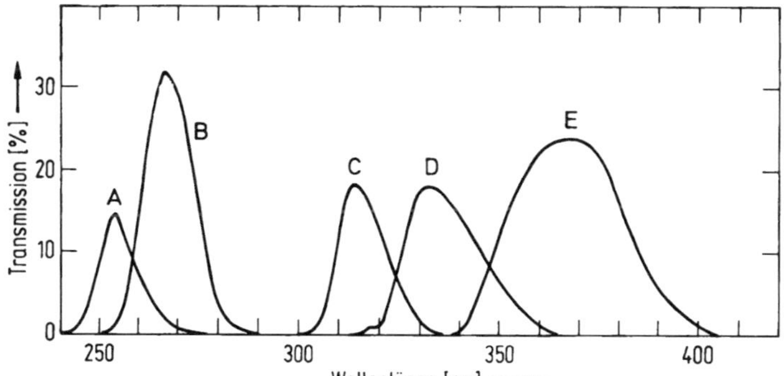

Abb. 3.82: Transmissionskurven verschiedener Bandenfilter im UV. Zusammensetzung nach Tab. 3.32: A = 1+2+6+8, B = 1+2+6+7, C = 4+9+10+15, D = 3+11+14, E = 5+12+13.

Kupfersulfat besitzt im sichtbaren und nahen ultravioletten Bereich eine hohe Durchlässigkeit. Ihr spektraler Verlauf ist in Abb. 3.81 dargestellt. Kupfersulfat absorbiert infrarotes Licht vollkommen.
Mit Hilfe dieser Filter ist es durch Kombination mit organischen Filterlösungen und Glasfiltern möglich, eine Reihe von Bandenfiltern im UV aufzubauen (Kasha, 1948, Muel und Malpiece, 1969, Zimmerman, 1971).

Tab. 3.32: Ultraviolette Bandfilter

Nr.	Substanz	Konzentration	Optische Schichtdicke
1	$CoSO_4 \cdot 7\,H_2O$	84 g/l H_2O	5 cm
2	$NiSO_4 \cdot 6\,H_2O$	276 g/l H_2O	5 cm
3	$NiSO_4 \cdot 6\,H_2O$	100 g/l H_2O	5 cm
4	$NiSO_4 \cdot 6\,H_2O$	50 g/l H_2O	5 cm
5	$CuSO_4 \cdot 5\,H_2O$	50 g/l H_2O	10 cm
6	Cl_2	1 atm bei 25°C	5 cm
7	KJ	1,7 g/l H_2O	1 cm
8	KJ + J_2	(0,155 + 0,108) g/l H_2O	1 cm
9	K_2CrO_4	0,1 g/l H_2O	5 cm
10	$KHC_8H_4O_4$	5 g/l H_2O	1 cm
11	Naphthalin	12,8 g/l iso-Oktan	1 cm
12	2,7-Dimethyl-3,6-diazocyclohepta-1,6-dienperchlorat	0,1 g/l H_2O	1 cm
13	Corning Glasfilter 7–37		0,5 cm
14	Corning Glasfilter 7–51		0,5 cm
15	Corning Glasfilter 7–54		0,3 cm

Werte nach Calvert und Pitts, 1966

In Tab. 3.32 und in der Abb. 3.82 sind die Zusammensetzung und die spektralen Eigenschaften einiger chemischer Filter zusammengestellt, die am besten geeignet sind, um Quecksilberlinien im ultravioletten Bereich zu isolieren. Kriterien für die Auswahl sind spektrale Reinheit des durchgelassenen Lichtes, Durchlässigkeit des Filters bei der gewünschten Wellenlänge und fotochemische Stabilität der Filterkomponenten. Die spektrale Verteilung der resultierenden Filterkombination in der Abb. 3.82 wurde aus der gemessenen Durchlässigkeit der individuellen Komponenten berechnet. Da die Durchlässigkeit jeder Komponente gegen eine Referenzzelle gemessen wurde, gibt die spektrale Verteilungskurve die Durchlässigkeit der Lösung allein an, ohne den Verlust an Lichtintensität durch Reflexionen an den Zellenfenstern in Rechnung zu setzen. Abhängig von der Zahl der Fenster und dem verwendeten Material liegen die tatsächlichen Werte für die Durchlässigkeit um 10–20% unter den angegebenen. Viele Filter benötigen mehrere Zellen aus Quarz. Jeder Übergang von Luft-Quarz-Lösung zwischen der Lichtquelle und der zu bestrahlenden Probenzelle vermindert die Intensität des Lichtes um etwa 4 %. Die Reflexionsverluste können durch die Verwendung von Zellen mit mehreren Abteilungen vermindert werden. Eine Mehrfachzelle sollte so in den Lichtstrahl gestellt werden, daß die lichtstabilste Lösung (Kupfer-, Kobalt- oder Nickelsulfat) der Lichtquelle zugewendet ist. Oft kann es auch von Vorteil sein, die Seitenwände der Filterzelle mit zirkulierendem Wasser zu kühlen, wenn sie in der Nähe einer heißen Lampe steht.

3.8.2.2 Glasfilter

Glasfilter sind auch unter dem Begriff Farbgläser bekannt. Die Durchlässigkeit hängt von der durchstrahlten Schichtdicke ab. Zur Umrechnung der Transmission auf verschiedene Schichtdicken wird die Angabe des Reintransmissionsgrades benötigt, bei ihm sind die Reflexionsverluste nicht berücksichtigt. Die Reintransmissionsgrade für zwei gleichartige Filter mit den Schichtdicken d_1 und d_2 sind durch die Gleichung:

$$T_1(\lambda)^{d_1} = T_2(\lambda)^{d_2}$$

verknüpft. Die Abb. 3.83 zeigt den Verlauf von $T(\lambda)$ für drei Schichtdicken eines Filterglases.

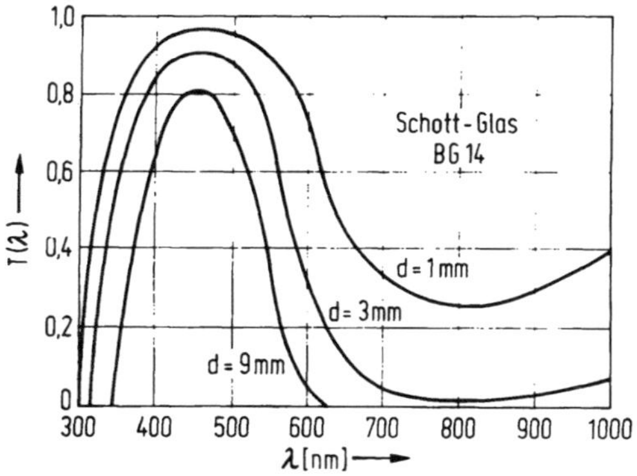

Abb. 3.83: Einfluß der Schichtdicke d eines Filterglases auf den spektralen Reintransmissionsgrad.

Hohe Schichtdicke engt den Transmissionsbereich ein, vermindert aber den Transmissionsgrad erheblich. Werden mehrere Filter hintereinander im Strahlengang angeordnet, so setzen sich die Transmissionsgrade multiplikativ zusammen:

$$T(\lambda) = T_1(\lambda) \cdot T_2(\lambda) \cdot T_3(\lambda) \cdot \ldots\ldots$$

Auf diese Weise sind Durchlässigkeitskurven erreichbar, die mit Einzelfiltern nicht realisierbar sind.

Glasfilter, die das kurzwellige UV abschneiden und das langwellige Licht durchlassen sind sehr zahlreich. Ein Beispiel dafür ist die Abb. 3.84.

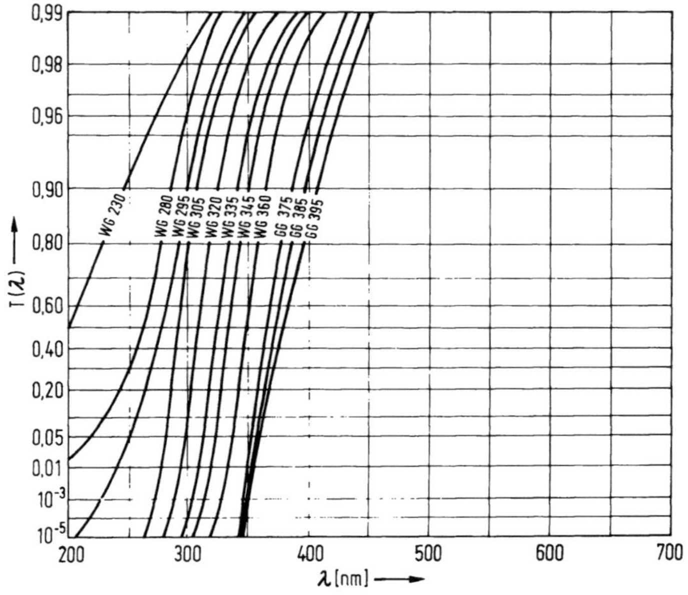

Abb. 3.84: Transmissionskurven einiger Glasfilter mit Absorptionskanten im UV (Schott und Gen., Mainz). Die Schichtdicke beträgt 1 mm. $\delta(\lambda)$ = Transmissionsgrad.

Es sind auch Gläser erhältlich, die zusätzlich eine Absorptionskante auf der langwelligen Seite besitzen. Einige Durchlaßkurven dieser kommerziellen Filtergläser sind in Abb. 3.85 dargestellt.

Durch die Kombination verschiedener Glasfilter lassen sich selektive Filter für Strahlungsquellen mit kontinuierlichem Spektrum und für Quecksilber-Strahler herstellen. Die Tabellen 3.33 und 3.34 geben eine Aufstellung solcher Filterkombinationen für das ultraviolette Spektralgebiet (Schott und Gen., Mainz).

Tab. 3.33: Filterkombinationen für kontinuierliches Licht

Wellenlänge nm	Transmission %	Halbwertsbreite nm	Filtertypen
420	30–40	50–60	BG 3, BG 12, GG 400, KG 3
400	30–40	40–50	UG 3, BG 38, GG 385, KG 3
380	30–40	25–30	UG 1, BG 38, WG 1, KG 3
360	25–35	25–30	UG 11, BG 38, WG 360
340	30–40	45–50	UG 1, UG 11
320	20–30	25–30	UG 11, GG 19, WG 320

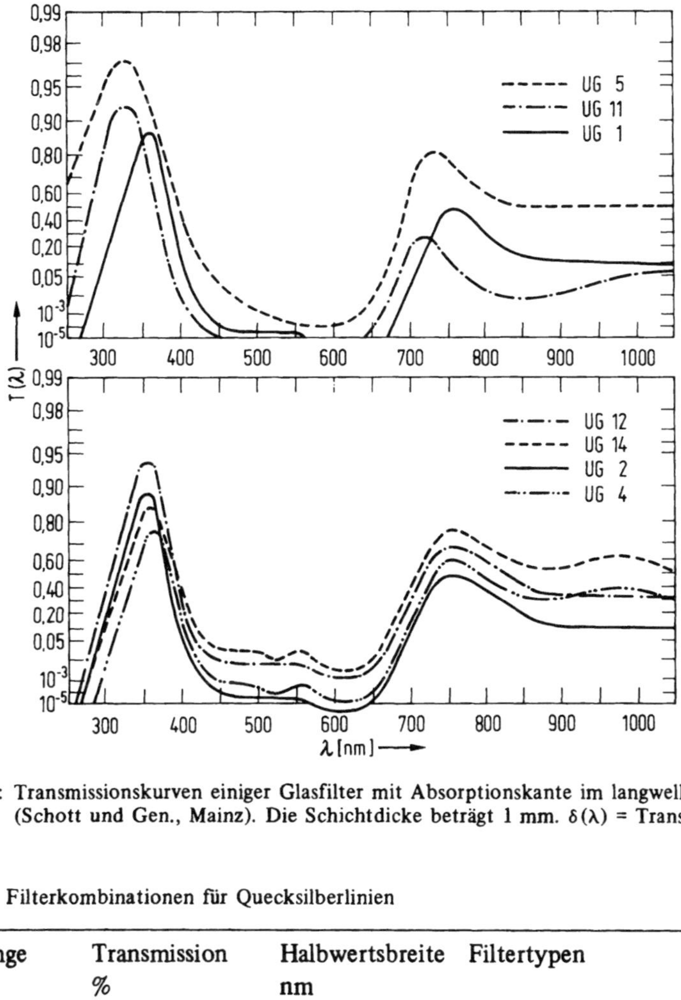

Abb. 3.85: Transmissionskurven einiger Glasfilter mit Absorptionskante im langwelligen Bereich (Schott und Gen., Mainz). Die Schichtdicke beträgt 1 mm. δ(λ) = Transmissionsgrad.

Tab. 3.34: Filterkombinationen für Quecksilberlinien

Wellenlänge nm	Transmission %	Halbwertsbreite nm	Filtertypen
439	30–40	30–40	BG 3, BG 12, BG 38, GG 435
367	30–40	25–30	UG 1, WG 360
312	20–30	25–30	UG 11, GG 19

Im allgemeinen sind für Filtergläser hohe Temperaturen unschädlich, doch treten bei hoher Temperaturbeanspruchung reversible Änderungen der Transmissionskurven auf, die besonders bei den Anlaufgläsern eine Verschiebung zu langen Wellen hin mit sich bringen. Gegenüber Interferenzfiltern besitzen die Farbgläser den Vorteil einer praktischen Winkelunabhängigkeit, da lediglich die wirksame Filterdicke bei schrägem Lichteinfall etwas zunimmt.

Kurzwellige Anlaufgläser (Abb. 3.84) schneiden unerwünschtes kurzwelliges Licht ab und schützen die zu bestrahlende Probe vor energiereicher Strahlung. Bandenfilter (Abb. 3.85) bewirken denselben Effekt, doch schneiden sie zusätzlich in einem gewissen Bereich langwelliges Licht ab. Sie dienen beispielsweise zum Schutz fotoaktiver Produkte, die bei der Bestrahlung der Probe gebildet werden und in diesem langwelligen Bereich absorbieren.

3.8.3 Interferenzfilter

Mit Interferenzfiltern können Durchlässigkeitskurven erreicht werden, die mit Absorptionsfiltern nicht realisierbar sind. Vor allem gelingt die Herstellung von Linien- und Schmalbandfiltern, die bei einer frei wählbaren Wellenlänge eine maximale Durchlässigkeit von 50 % aufweisen und nur einen engen Wellenlängenbereich von 1–10 nm durchlassen, den man grob mit der Aufgabe der Halbwertsbreite erfassen kann.

Die Filterwirkung beruht auf den bei Mehrfachreflexionen zwischen teildurchlässigen Schichten auftretenden Interferenzen. Auf einer Trägerglasplatte sind zwei teildurchlässige Metallschichten mit einer dielektrischen Zwischenschicht angebracht, deren Dicke d die Wellenlänge λ mit maximaler Transmission bestimmt (bei senkrechtem Einfall des Lichtes):

$$m \cdot \lambda = 2 \cdot d \cdot n,$$

n ist der Brechungsindex der Zwischenschicht und m die Ordnungszahl.
Wegen der variablen Ordnungszahl werden von einem solchen Filter m Wellenlängen durchgelassen. Das heißt, ein Filter, das in der ersten Ordnung (m = 1) Licht der Wellenlänge 400 nm durchläßt, besitzt auch eine Durchlaßstelle bei 200 nm usw. Störende Durchlaßstellen können durch die Kombination mit Absorptionsfiltern beseitigt werden.
Die Durchlässigkeit des Filters steigt mit abnehmender Dicke der reflektierenden Metallschichten. Allerdings erfolgt diese Zunahme auf Kosten der Bandbreite, die mit dünneren Schichten zunimmt.
Eine typische Durchlaßkurve für ein Interferenzfilter ist in Abb. 3.86 dargestellt.

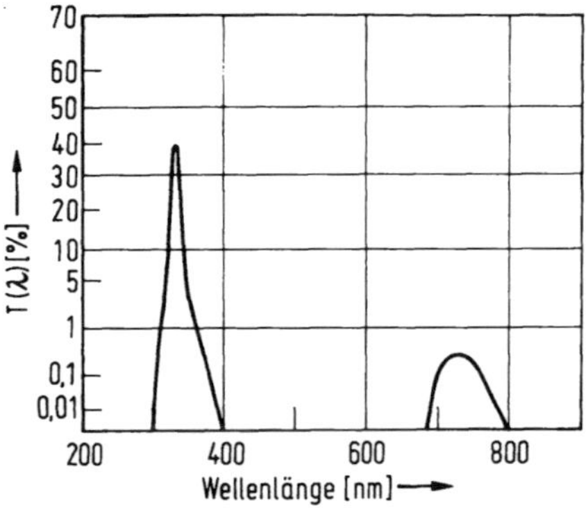

Abb. 3.86: Durchlaßkurve eines Interferenzfilters.

Durch Verwendung einer Anzahl dieser Filter war es möglich, bis in das ultraviolette Gebiet bei 150 nm vorzustoßen (Schroeder, 1962). Eine Grenze für die Entwicklung von Interferenzfiltern für das ferne Ultraviolett ist die Verfügbarkeit von geeigneten Materialien mit hoher ultravioletter Transmission.
Eine andere Alternative, die Transmission zu erhöhen, ist die Verwendung von hoch reflektierenden Schichten mit geringer Absorption. Dies wird durch Verwendung mehrerer dielektrischer Schichten mit abwechselnd hohen und niedrigen Brechungsindizes verwirklicht.
Durch Aufdampfen einer keilförmigen Zwischenschicht erhält man ein Interferenz-Verlauffilter. Dabei verschiebt sich die Durchlaßstelle entlang einer Filterkoordinate. Die Verlauffilter sind zum Aufbau einfacher Monochromatoren brauchbar. Geht man bei Interferenzfiltern von senkrechtem Lichteinfall zu größeren Einfallswinkel über, so verschieben sich die Transmissionskurven durch Gangunterschiedsänderungen der interferierenden Teilbündel zu kürzeren Wellenlängen. Damit ist innerhalb enger Grenzen die genaue Einstellung einer gewünschten Wellenlänge möglich. In der Praxis ist zu beachten, daß bei konvergierenden Strahlenbündel wegen der variierenden Einfallswinkel die Bandbreite des Filters vergrößert wird. Außerdem ist zu beachten, daß bei schrägem Lichteinfall Transmissions- und Reflexionsgrad für die beiden parallel und senkrecht zur Einfallsebene schwingenden Lichtkomponenten unterschiedliche Werte annehmen, so daß das Licht teilpolarisiert wird.
Für Anwendungen im UV-Bereich bei 250, 280 und 310 nm steht ein Interferenz-Reflexionsfilter zur Verfügung (Schott und Gen., Mainz). Es zeichnet sich durch hohe Durchlässigkeit bei starker Unterdrückung der sichtbaren und infraroten Spektralbereiche aus. Das Filter besteht aus mehreren Spiegeln mit hoher und selektiver Reflexion, die mit Hilfe von Interferenzmehrfachschichten erreicht wird.

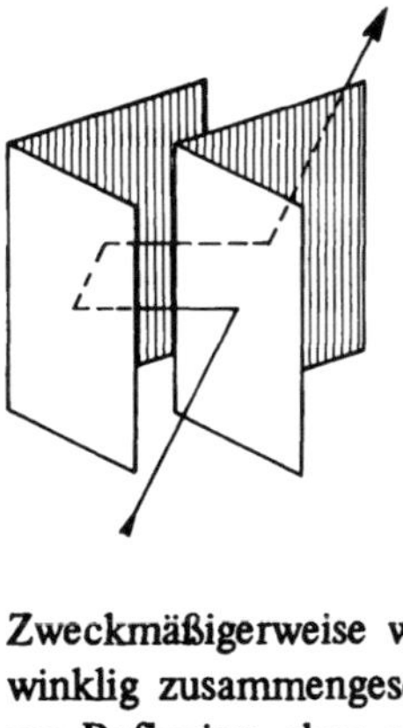

Abb. 3.87: Strahlengang durch Interferenz-Reflexionsfilter.

Zweckmäßigerweise werden, wie in Abb. 3.87 gezeigt, zweimal zwei Platten rechtwinklig zusammengesetzt, so daß die Strahlung die Filteranordnung nach viermaliger Reflexion ohne seitliche Versetzung verläßt. Die spektrale Verteilungskurve ist in Abb. 3.88 angegeben. Der spektrale Durchlaßgrad des Filtersystems oberhalb 320 nm liegt unter 10^{-5}.

Interferenzschmalbandfilter, die Durchlaßkurven wie in Abbildung 3.86 besitzen, werden bevorzugt bei Messungen in der Spektroskopie als Alternative für einen

Monochromator, sowie bei der Bestimmung von fotochemischen Quantenausbeuten mit Hilfe von Aktinometern (s. Kap. 7.12.2.1) eingesetzt. Diese Maßnahme ist vor allem dann notwendig, wenn die Quantenausbeute des Aktinometers wellenlängenabhängig ist und damit nicht für polychromatisches Licht geeignet ist.

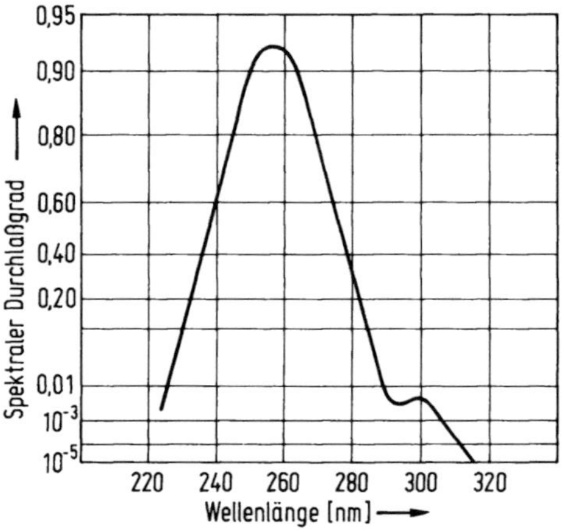

Abb. 3.88: Durchlaßkurve eines Interferenz-Reflexionsfilters für vier Reflexionen unter 45 Grad (UV-2-250, Schott und Gen., Mainz).

Literatur

Akhmanow, S.A., Kovrigin, A.I., Piskarskas, A.S. und Khokhlov, R.V. (1965): JETP Lett. *2*, 141–143.

Armstrong, J.A.; Bloembergen, N.; Ducuing, J. and Pershan, P.S. (1962): Phys. Rev. *127*, 1918–1939.

Barnes, B.T. (1934): J. Opt. Soc. Am. *24*, 147.

— (1960): J. Appl. Phys. *31*, 852.

Barnes, F.S. (1964): J. Soc. Motion Picture Television Engrs. *73*, 569–576.

Basov, N.G. and Prokhorov, A.M. (1954): Zurn. Eksper. Teor. Fiz. 27, 431 und (1956): Soviet Physics JETP *3*, 426.

Basov, N.G. (1966): In Physics of Quantum Electronics (Kelley, P.L. ed.) 411, McGraw-Hill, New York.

Basov, N.G., Kriukov, P.G., Letokhov, V.S. and Senatskii, Yu.V. (1968): IEEE J. Quantum Electron. *4*, 606.

Bass, A.M. (1948): J. Opt. Soc. Am. *38*, 977.

Becker, C.H., Cox, G.C. and McLean, D.B. (1963): Proc. IEEE *51*, 358–359.

Bell, W.E. (1964): Appl. Phys. Lett. *4*, 34–35.

Bennett jr., W.R. (1965): Appl. Optics (Suppl. 2, Chemical Lasers) 3–33.

Bloom, A.L. (1963): Appl. Phys. Lett. *3*, 101–102.

Boltzmann, L. (1884): Ann. Physik, Ser. 2, *22*, 291–294.

Bowen, E.J. (1946): In Chemical Aspects of Light, 2. ed., Clarendon Press, Oxford.

Bret, G. and Gires, G. (1964): Appl. Phys. Lett. *4*, 175.

Bridges, W.B. and Chester, A.N. (1965): IEEE J. Quantum Electron. *1*, 66–84.

— (1965): Appl. Optics *4*, 573–580.

— (1971): Ion Lasers, in Handbook of Lasers (Pressley, R.J., ed.), Chemical Rubber Publishing Company, Cleveland, Ohio.

Buddenhagen, D.A., Lengyel, B., McClung, F.J. and Smith, G.F. (1961): IRE Internat. Conv. Record. *5*, 285.

Burdett, J.K. und Poliakoff, M. (1974): Chem. Rev. *3*, 293–308.

Burns, G. und Nathan, M.I. (1963): IBM Journal, Jan. 1963, 72 und IBM J. Res. Dev. *7*, 72.

Calvert, J.G. und Pitts jr., J.N. (1966): In Photochemistry, Wiley and Sons, Inc., New York.

Chace, W.G. and Moore, H.K. (1962): In: Exploring Wires, *2*, Plenum Press, New York.

Christie, M.I. and Porter, G. (1952): Proc. Roy, Soc. *A 212*, 398–406.

Claesson, S. und Lindqvist, L. (1957): Arkiv Kemi *11*, 535.

— (1958): Arkiv Kemi *12*, 1.

D'Ans-Lax (1967): Taschenbuch für Chemiker und Physiker, J. Springer, Berlin.

D'Haenens, I.J. und Buddenhagen, D.A. (1962): J. Soc. Motion Picture Television Engrs. *71*, 828.

Davidson, N., Marshall, R., Larsh, A.E. and Carrington, T. (1951): J. Chem. Phys. *19*, 1311.

Douzou, P. and Gerstenkorn, S. (1954): Compt. Rend. *239*, 49.

Dowley, M.W. (1968): Appl. Phys. Lett. *13*, 395–397.

Dowley, M.W. and Hodges, E.B. (1968), IEEE J. Quantum Electron. *4*, 552–558.

Einstein, A. (1917): Phys. Zeitschr. *18*, 121.

Elder, F.R., Gurewitsch, A.M., Langmuir, R.V. and Pollock, H.C. (1947): Phys. Rev. *71*, 829–830.

— (1947): J. Appl. Phys. *18*, 810–818.

Elder, F.R., Langmuir, R.V. and Pollock, H.C. (1948), Phys. Rev. *74*, 52–56.

Elenbaas, W. (1935): Physica *2*, 787.

— (1962): Leuchtstofflampen und ihre Anwendung. Philips Technische Bibliothek, Eindhoven.

— (1966): Quecksilberdampf-Hochdrucklampen, Philipps Technische Bibliothek, Eindhoven.

— (1972): Light Sources, Macmillan, London.

Ende, W. (1934): Z. Techn. Phys. *15*, 601.

Engel, A.v. und Steenbeck, M. (1932) bzw. (1934): Elektrische Gasentladungen, ihre Physik und Technik, 2 Bde., J. Springer, Berlin.

Espe, W. (1961): Werkstoffkunde der Hochvakuumtechnik, *II*. VEB Deutscher Verlag der Wissenschaften, Berlin.

Farmer, G.I., Huth, B.G., Taylor, L.M. and Kagan, M.R. (1969): Appl. Optics *8*, 363–366.

Forsythe, W.E. and Worthing, A.G. (1925): Astrophys. J. *61*, 146.

Franken, P.A., Hill, A.E., Peters, C.W. and Weinreich, G. (1961): Phys. Rev. Lett. *7*, 118–119.

French, C.S., Rabideau, G.S. und Holt, A.S. (1947): Rev. Sci. Instr. *18*, 11.

Froelich, H. (1947): Trans. Electrochem. Soc. *91*, 241.

Gandy, H.W. and Ginther, R.J. (1962): Appl. Phys. Lett. *1*, 25–27.

Gardner, F.F. and Whiteoak, J.B. (1966): Ann. Rev. Astron. Astrophys. *4*, 245.

Geffken, W. (1957): In Landolt-Börnstein, Zahlenwerte und Funktionen aus Physik, Chemie, Astronomie, Geophysik und Technik, 6. Aufl. *IV*: Technik, 3. Teil: Elektrotechnik, Lichttechnik, Röntgentechnik, 925–962. Springer-Verlag, Berlin, Göttingen, Heidelberg.

Gerardo, J.B. und Johnson, A.W. (1973): IEEE J. Quantum Electron. *9*, 748.

Geusic, J.E., Bridges, W.B. and Pankove, J.I. (1970): Proc. IEEE *58*, 1419–1439.

Ginzburg, V.L. and Syrovatskii, S.J. (1965): Ann. Rev. Astron. Astrophys. *3*, 297.

Giordmaine, J.A. and Miller, R.C. (1965): Phys. Rev. Lett. *14*, 973–976.

Gobeli, G. (1969): Electronic News *14*, 72.

Godwin, R.P. (1969): Synchrotron Radiation as a ligth Source, in Springer Tracts in Modern Physics (Höhler, G., ed.). Springer-Verlag, Berlin, Heidelberg, New York.

Goldsborough, J.P. (1969): Appl. Phys. Lett. *15*, 159–161.

Goncz, J.H. and Newell, P.B. (1966): J. Opt. Soc. Am. *56*, 87–92.

Goodwin, D.W. and Heavens, O.S. (1968): Rep. Prog. Phys. *31*, 777–859.

Gordon, J.P., Zeiger, H.J. and Townes, C.H. (1954), Phys. Rev. *95*, 282–284.

Gordon, E.I., Labuda, E.F., Miller, R.C. and Webb, C.E. (1966): Excitation Mechanisms of the Argon-Ion-Laser, in Physics of Quantum Elektronics, (Kelley, P.L., Lax, B. und Tannenwald, P.E. ed.), 664–673, McGraw-Hill, New York.

Haber, F. (Sept. 1947): zitiert in Electronics *20*, 136.

Haensel, R. und Kunz, C. (1967): Z. angew. Phys. *23*, 276–295.

Hall, R.N., Fenner, G.E., Kingsley, J.D., Soltys, T.J. and Carlson, R.O. (1962): Phys. Rev. Lett. *9*, 366–378.

Harris, S.E. (1969): Proc. IEEE *57*, 2096–2113.

Harrison, G.R., Lord, R.C. und Loofbouren, J.R. (1948): Practical Spectroscopy. Prentice Hall, New York.

Hawes, R.C., George, K.P., Nelson, D.C. und Bickwith, R. (1966): Anal. Chem. *38*, 1842–1847.

Heard, H.G. (1963): Nature *200*, 667.

Heinrich, G. (1972): KFK-Bericht 1570, Ges. f. Kernforschung, Karlsruhe.

Heller, A. (1968): J. Mol. Spectry. *28*, 101–117.

Herziger, G. und Seelig, W. (1969): Z. Physik *219*, 5–31.

Hodgson, R.T. (1970): Phys. Rev. Lett. *25*, 494–497.

Howard, W.E. and Fang, F.F. (1963): IBM Journal, Jan. 1963, 74 und IBM J. Res. Dev. *7*, 74.

Hug, W.F., Shaw, J.F. and Buhler, R.D. (1973): Appl. Optics *12*, 1331–1339.

Hurwitz, C.E. (1966): Proc. IEEE *54*, 1276–1290.

Hurwitz, C.E. and Keyes, R.J. (1964): Appl. Phys. Lett. *5*, 139–141.

Hviid, T. and Nielsen, S.O. (1972): Rev. Sci. Instr. *43*, 1198.

Ivanenko, D. und Pomeranchuk, J. (1944): Phys. Rev. *65*, 343.

Iwanow, A.P. (1955): Elektrische Lichtquellen, Gasentladungslampen. Akademie-Verlag, Berlin.

Javan, A., Bennett jr., W.R. and Herriott, D.R. (1961): Phys. Rev. Lett. *6*, 106–110.

Johnson, F.M. (1966): Electronics, April *18*, 82–87.

Johnson, L.F. (1966): Optically pumped pulsed Crystal Lasers other than Ruby, in Lasers (Levine, A.K. ed.) *1*, 137–180. Dekker, New York.

Kasha, M. (1948): J. Opt. Soc. Am. *38*, 929–934.

Kern, J. (1938): Z. Techn. Phys. *19*, 249.

Khan, M.A., Norrish, R.G.W. und Porter, G. (1963), Proc. Roy. Soc. *A 219*, 312.

Kiss, Z.J. and Pressley, R.J. (1966): Proc. IEEE *54*, 1236–1248.

Kivel, B. (1962): J. Quant. Spect. and Rad. Transfer *2*, 509.

Klumb, H. und Odenwald, R. (1935): Z. techn. Phys. *16*, 200–202.

Koller, L.R. (1965): Ultraviolet Radiation, 2. Aufl., Wiley and Sons, Inc., New York.

Krefft, H. und Summerer, E. (1934): Das Licht *4*, 1.

Krefft, H., Larché, K. und Rößler, F. (1936): Z. Techn. Phys. *17*, 374.

Krefft, H., Rößler, F. und Rüttenauer, A. (1937): Z. Techn. Phys. *18*, 20.

Krefft, H. (1938): Z. Techn. Phys. *19*, 345.

Krefft, H., Larché, K. und Reger, M. (1938): Hdb. der Lichttechnik (Sewig ed.) *1*, J. Springer, Berlin.

Küch, R. und Retschinsky, T. (1906): Ann. Phys. *20*, 563.

Kühl, B. und Krense, H. (1960), D.P. 1 184 008, = Deutsches Patent mit Pat.-Nr.

Lax, E. und Pirani, M. (1939) Wolfram, in Gehlhoff, Lehrbuch der Technischen Physik *3*, 317–341, J.A. Barth, Leipzig.

Lehmann, G. (1960): Progress in Photobiology (Christensen, B.C. and Buchmann, B. ed.). Elsevier Publishing Company, Amsterdam.

Lengyel, B.A. (1966): in Introduction to Laser Physics. Wiley and Sons, Inc., New York.

Leonhard, D.A. (1967): Laser Focus *3*, 26,

Levi, L. (1968): In Applied Optics *I*, A Guide to Optical System Design. Wiley and Sons, Inc., New York.

Louden, W.C. and Schmidt, K. (1965): Illum. Eng. *60*, 696.

Maiman, T.H. (1960): Nature *187*, 493–494.

Mains, G.J., Roebber, J.L. and Rollefson, G.K. (1955): J. Phys. Chem. *59*, 733–739.

Maker, P.D., Terhune, R.W., Nisenhoff, M. and Savage, C.M. (1962): Phys. Rev. Lett. *8*, 21–22.

Malmberg, J.H. (1957): Rev. Sci. Instr. *28*, 1027–1029.

Maran, S.P. and Cameron, A.G.W. (1968): Phys. Today *21* (8), 41–49.

Marshak, I.S. and Shchoukin, L.I. (1961): J. Soc. Motion Picture Television Engrs. *70*, 169–176.

Marshak, I.S. (1963): Appl. Optics *2*, 793–799.

McClung, F.J. and Hellworth, R.W. (1962), J. Appl. Phys. *33*, 828–829.

Melngailis, I. (1965): IEEE J. Quantum Electron. *1*, 104–105.

Metropolis, M. and Beutler, H. (1940): Phys. Rev. *57*, 355.

Miyazoe, Y. and Maeda, M. (1968): Appl. Phys. Lett. *12*, 206.

Morrow, T. and Price, H.T.W. (1974): Optics Comm. *10*, 133–136.

Muel, B. and Malpiece, C. (1969): Photochem. Photobiol. *10*, 283–291.

Muravur, H., Michel-Levy, A. and Vassy, E. (1941): Rev. Opt. *20*, 161.

Nathan, M.I., Dumke, W.P., Burns, G., Dill jr., F.H. and Lasher, G.J. (1962): Appl. Phys. Lett. *1*, 62–64.

Nesby, J.R., Braun, W. and Ball, J. (1971): in Creation and Detection of the Excited State (Lamola, A.A. ed.) *I*, Part B, 503. Dekker, New York.

Newburg, R.G., Heroux, L. and Hinteregger, H.E. (1962): Appl. Opt. *1*, 733.

Nicol, F.H. (1966): Appl. Phys. Lett. *9*, 13–15.

Norrish, R.G.W. and Porter, G. (1949): Nature *164*, 658.

Noyes jr., W.A. and Leighton, P.A. (1966): in The Photochemistry of Gases, 69, Dover, New York.

Okabe, H. (1964): J. Opt. Soc. Am. *54*, 478.

Olson, S.O. (1972): J. Phys. (E) *5*, 741.

Ornstein, L.S. (1936): Physica *3*, 561.

Oster, G.K. and Marcus, R.A. (1957): J. Chem. Phys. *27*, 189–192.

Pátek, K. (1967): in Lasers, 189, ILIFFE Books LTD, London und SNTL-Publishers of Technical Literature, Prag.

Patel, C.K.N. (1964): Phys. Rev. *136*, A1187–A1193.

Patterson, E.L., Gerardo, J.B. and Johnson, A.W. (1972): Appl. Phys. Lett. *21*, 293–295.

Patzelt, F. und Baldewein, K. (1943): Wiss. Veröff. Siemenswerk. *21*, 213.

Peterson, O.G. and Snavely, B.B. (1968): Appl. Phys. Lett. *6*, 238–240.

Phelan Jr., R.J. and Rediker, R.H. (1965): Appl. Phys. Lett. *6*, 70–71.

Planck, M. (1901): Ann. Physik *4*, 553–563.

Popp, H.P. (1974): Vortrag, bisher unveröffentlicht, Eßlingen.

Porter, G. (1950): Proc. Roy. Soc. *A200*, 284.

— (1963): Flash Photolysis, in Technique of Organic Chemistry (Friess, S.L., Lewis, E.S. und Weissberger, A., ed.), *VIII*, Part II, 2. Aufl.: Investigations of Rates and Mechanisms of Reactions, 1055–1106. Interscience Publisher, New York.

Porter, G. and Wooding, E.R. (1958): Proceeding 4th International Conference on High Speed Photography, Helwich, Darmstadt.

Quist, T.M., Rediker, R.H., Keyes, R.J., Krag, W.E., Lax, B., McWorther, A.L. and Zeiger, H.J. (1962): Appl. Phys. Lett. *1*, 91–92.

Ramsay, D.A. (1952): J. Chem. Phys. *20*, 1920.

Rappoldt, M.P. (1958): Thesis Univ. Leiden.

Reiling, G.H. (1964): J. Opt. Soc. Am. *54*, 532.

Richardson, M.C., Alcock, A.J., Leopold, K. und Burtyn, P. (1973): IEEE J. Quantum Electron. *9*, 236.

Robinson, J.W., Ham, M. and Balaster, A.N. (1973): J. Appl. Phys. *44*, 72.

Rompe, R. und Thouret, W. (1936): Z. Techn. Phys. *17*, 377.

Rompe, R., Thouret, W. und Weizel, W. (1944): Z. Phys. *122*, 1.

Ross, D.P. and Zinke, O.H. (1968): High-Temperature Plasmas producing by exploding Wires, in Exploding Wires, Vol. *4*, 147–160. Plenum Press, New York.

Rößler, F. und Schönherr, F. (1938): Z. Techn. Phys. *19*, 588.

Rößler, F. (1939): Ann. Phys. Leipzig *34*, 1.

Rüttenauer, A. (1931): Strahlenther. *40*, 709–716.

Schäfer, F.P., Schmidt, W. and Volze, J. (1966): Appl. Phys. Lett. *9*, 306–309.

Schäfer, F.P. (1972): Liquid Laser, in Laser Handbook, (Arecchi, F.T. und Schulz-Dubois, E.O. ed.) *I*, 369–423. North-Holland Publishing Company, Amsterdam und American Elsevier Publishing Company, Inc., New York.

— (1973): In Dye Lasers. Springer-Verlag Berlin, Heidelberg, New York.

Schäfer, V. (1969): The Biology Effects of Ultraviolet Radiation (Urbach, F., ed.) 93. Pergamon Press, Oxford und New York.

Schenck, G.O. (1968): In Schönberg, A., Preparative Organic Photochemistry, 2. Aufl., 490–493. Springer-Verlag, Berlin, Heidelberg, New York.

Schenck, P. und Metcalf, H. (1973): Appl. Optics *12*, 183–186.

Schirmer, H. (1953): Z. Phys. *136*, 87.

Schmidt, W. (1970): Laser *2*(*4*), 47–59.

Schmidt, W. und Schäfer, F.P. (1967): Z. Naturforsch. *22a*, 1563–1566.

Schoof, S. (1973): KFK-Bericht 1837, Ges. f. Kernforschung, Karlsruhe.

Schroeder, D.J. (1962): J. Opt. Soc. Am. *52*, 1380.

Schulz, P. (1947): Ann. Phys. *1*, 95.

Schulz, P. and Steck, B. (1956): Ann. Phys. *18*, 401.

Schulz, P. und Strub, H. (1956): Z. Phys. *146*, 393.

Schwinger, J. (1949): Phys. Rev. *75*, 1912–1925.

Seidl, E. (1963): Strahlenther. *121*, 3.

Silfvast, W.T., Fowles, G.R. and Hopkins, B.D. (1966): Appl. Phys. Lett. *8*, 318.

Sleppy, W.C. and Calvert, J.G. (1959): J. Am. Chem. Soc. *81*, 769.

Snavely, B.B., Peterson, O.G. and Reithel, R.F. (1967): Appl. Phys. Lett. *11*, 275–276.

Snavely, B.B. and Schäfer, F.P. (1969): Phys. Letters *28A*, 728–729.

Soffer, B.H. and McFarland, B.B. (1967): Appl. Phys. Lett. *10*, 266–267.

Sokolov, A.A. and Ternov, J.M. (1968): In Synchrotron Radiation, englische Übersetzung aus dem Russischen. Akademie-Verlag, Berlin.

Sorokin, P.P. und Lankard, J.R. (1966): IBM J. Res. Dev. *10*, 162–163.

— (1967): IBM J. Res. Dev. *11*, 148.

Sorokin, P.P., Lankard, J.R., Moruzzi, V.L. and Hammond, E.C. (1968): J. Phys. Chem. *48*, 4726–4741.

Stair, R., Schneider, W.E. and Jackson, J.K. (1963): Appl. Opt. *2*, 1151–1154.

Statz, H. and deMars, G. (1960): In Quantum Electronics (Lax, B., ed.) 530–537. Columbia University Press, New York.

Steele, E.A. (1968): In Optical Lasers in Electronics, 224, Wiley and Sons Inc., New York.

Stefan, J. (1879): Sitzber. Akad. Wiss. Wien *79*, 391–428.

Stroke, G. (1966): In Introduction to Coherent Optics and Holography, 70. Academic Press, New York.

Studer, F.J. and van Beers, R.F. (1964): J. Opt. Soc. Am. *54*, 945–947.

Tanaka, Y. (1955): J. Opt. Soc. Am. *45*, 710.

— (1958): J. Opt. Soc. Am. *48*, 304.

Turek, C.A. and Yardley, J.T. (1971): IEEE J. Quantum Electron. *7*, 102.

Urbach, F. (1969): The Biologic Effects of Ultraviolet Radiation, 125. Pergamon Press, New York.

Uyterhoeven, W. (1938): Elektrische Gasentladungslampen, J. Springer, Berlin.

Voogd, J. (1940): Philips Techn. Rdsch. *5*, 83–88.

de Vos, J.C. (1954): Physica *20*, 690–714.

Wang, C.C. and Racette, G.W. (1965): Appl. Phys. Lett. *6*, 169–171.

Weber, H. und Herziger, G. (1972): In Laser, Grundlagen und Anwendungen. Physik-Verlag, Weinheim/Bergstr.

Westfold, K.C. (1959): Astrophys.: J. *130*, 231

Wettermark, G. (1961): Arkiv Kemi *18*, 1.

Wien, W. (1894): Ann. Physik, Ser. 2, *52*, 132–165.

Woodbury, E.J. and Ng, W.K. (1962): Proc. IRE *50*, 2367.

Wright, D.A. (1953): Proc. Inst. Elec. Eng. London *100*, 125.

Yeung, E.S. and Moore, C.B. (1971): J. Am. Chem. Soc. *93*, 2059.

Zimmermann, H.E. (1971): Mol. Photochem. *3*, 281.

4 Physikalische Wirkungen ultravioletter Strahlung – Fotophysikalische Prozesse elektronisch angeregter Moleküle

H. Blume, H. Güsten

4.1 Abgrenzung des Lichtbegriffs

Als Licht im weitesten Sinne wird heute elektromagnetische Strahlung im Wellenlängenbereich von 10 nm bis etwa 100 μ verstanden. Dieser Bereich umfaßt vier Teilgebiete, die sich vor allem hinsichtlich der Folgen ihrer Wechselwirkung mit der Materie unterscheiden: Vakuum-UV (< 190 nm), UV (190–400 nm), sichtbares Licht (400–750 nm) und das infrarote Spektralgebiet (750 nm bis 100 μ). Im engeren Sinne wird jedoch nur an die Bereiche des UV- und des sichtbaren Gebietes gedacht, wenn von Licht die Rede ist. Diese Abgrenzung ist deshalb sinnvoll, weil die Folgen der Wechselwirkung des Lichtes dieser beiden Spektralbereiche mit der Materie gleichartig sind.

Die verschiedenen Wechselwirkungen des Lichtes mit der Materie können bekanntlich durch zwei Modellvorstellungen, das Wellen- und das Teilchenbild beschrieben werden, wobei je nach der Art des zu beschreibenden Prozesses das eine oder andere Modell besser zur Beschreibung geeignet ist. So lassen sich etwa Erscheinungen wie die Brechung oder die Reflexion des Lichtes gut im Wellenbild beschreiben, während die Lichtabsorption besser an Hand des Teilchenmodells verstanden werden kann.

4.2 Lichtabsorption

Die Absorption von Licht ist eine universelle Eigenschaft der Materie. Sie ist die wichtigste und im Rahmen dieses Kapitels allein interessierende Wechselwirkung zwischen Licht und Materie, da sie bleibende Veränderungen an der letzteren hervorruft.

Nach der von Planck und Einstein entwickelten Quanten-Theorie besteht das Licht aus einzelnen Teilchen, den Quanten, die je nach der Wellenlänge verschiedene Energien besitzen. Den Zusammenhang zwischen Wellenlänge und Energie gibt die Planck'sche Beziehung an:

$$E = h\nu = h \cdot c/\lambda \qquad (4.1)$$

Hier ist E die Energie, $h = 6{,}625 \cdot 10^{-34}$ [J · s] das Planck'sche Wirkungsquant,

ν die Frequenz in s^{-1}, $c = 2{,}998 \cdot 10^{10}$ [cm/s] die Lichtgeschwindigkeit und λ die Wellenlänge in cm.

Die Materie ist aus Atomen und Molekülen, d.h. Verbindungen mehrerer Atome aufgebaut, die ihrerseits aus Atomkern und Elektronen bestehen. Die Elektronen bewegen sich auf stationären Bahnen um die Atomkerne. Auf diesen Bahnen haben sie infolge ihrer Wechselwirkung mit den Atomkernen und mit den anderen Elektronen ganz bestimmte Energien. Durch Absorption eines Lichtquants der Energie ΔE wird ein Elektron aus einem Energiezustand E_1 in einen höheren Energiezustand E_2 überführt, wenn die Beziehung:

$$\Delta E = E_2 - E_1 = h\nu \tag{4.2}$$

erfüllt ist. Atome und Moleküle besitzen stets mehrere stabile Elektronenzustände. Der energieärmste Elektronenzustand wird „Grundzustand" genannt, die höheren „elektronische Anregungszustände". Die größte Energiedifferenz besteht jeweils zwischen dem Grundzustand und dem ersten angeregten Zustand. Die Energiedifferenzen zwischen den höheren angeregten Zuständen nehmen stetig ab. Für alle Atome und Moleküle gibt es schließlich eine individuelle charakteristische Grenzenergie, das sogenannte Ionisationspotential. Bei dieser Energie wird die absorbierte Energie größer als die Bindungsenergie eines einzelnen Elektrons, so daß es zur Ablösung eines Elektrons (Ionisation) kommt.

Jeder molekulare Elektronenzustand besitzt weiter eine größere Zahl von Schwingungszuständen. Die Aufspaltung in Schwingungsniveaus wird durch die Bewegungen, die die Atome eines Moleküls um ihre Ruhelage ausführen, verursacht. Die Energiedifferenzen zwischen den Schwingungsniveaus sind mit etwa 1,5 bis 6,0 [kcal/mol] sehr viel kleiner als die Energiedifferenzen zwischen den Elektronenzuständen, die etwa 50 bis 100 [kcal/mol] betragen.

Die einzelnen Schwingungsniveaus sind schließlich noch in Rotationsniveaus aufgespalten, hervorgerufen durch Drehbewegungen des Moleküls oder von Molekülgruppen. Die Energiedifferenzen zwischen den Rotationsniveaus sind mit $\sim 0{,}1$ [kcal/mol] wiederum kleiner als die der Schwingungsniveaus. Im UV- und im sichtbaren Spektralbereich können Rotationsniveaus jedoch nur an Gasen beobachtet werden. Bei Molekülen in Lösungen können sie infolge der Stoßverbreiterung der Linien (vgl. Finkelnburg, 1964) im allgemeinen nicht aufgelöst werden. Direkt, d.h. ohne Überlagerung mit elektronischen Übergängen werden die molekularen Rotations- und Schwingungsbewegungen im infraroten Spektralbereich beobachtet.

Die eingangs erwähnte Einteilung des Lichtes in vier Bereiche und die Zusammenfassung von UV- und sichtbarem Bereich zum engeren Lichtbegriff wird verständlich, wenn man die Energie der absorbierten Lichtquanten im Verhältnis zu den molekularen Energiegrößen betrachtet. Die Energien der Lichtquanten im Vakuum-UV-Bereich sind größer als 7,5 eV. Damit überschreiten sie das Ionisationspotential der meisten Moleküle und die Bindungsenergien des σ-Bindungsgerüsts, so daß es hier als Folge der Lichtabsorption im allgemeinen zur Ionisation oder zur Fragmentierung des absorbierenden Moleküls kommt (Kap. 7). Die Quantenenergien im UV- und im sichtbaren Bereich liegen zwischen 150 und 40 [kcal/mol] und damit gerade in der Größenordnung der Bindungsenergien der verschiedenen Atome in Molekülen. Hier können als Folge der Lichtabsorption chemische Reaktionen auftreten. Die Quantenenergien im IR-Bereich schließlich sind so klein, daß hier außer einer Erwärmung keine Veränderung der Materie als Folge der Absorption mehr eintritt.

4.3 Lambert-Beer-Gesetz

Ein monochromatisches paralleles Lichtbündel der Intensität I_0 zerfällt beim Durchgang durch ein absorbierendes Medium in zwei Anteile, den absorbierten Anteil I_a und den durchgelassenen Anteil I.

$$I_0 = I + I_a. \tag{4.3}$$

Das Verhältnis des durchgelassenen Anteils zur einfallenden Gesamtmenge I/I_0 wird Durchlässigkeit D genannt. Die Durchlässigkeit kann je nach Größe der Absorption Werte zwischen 1 und 0 haben. Analog wird das Verhältnis des absorbierten Anteils zur Gesamtmenge I_a/I_0 Absorption, A, genannt. Die Absorption kann Werte zwischen 0 und 1 annehmen. Die Summe von Durchlässigkeit und Absorption ist immer gleich 1.

Für den praktischen Gebrauch werden diese Größen jedoch meist in Prozenten angegeben:

$$I/I_0 \cdot 100 = \%\ \text{Durchlässigkeit} \tag{4.4}$$

$$I_a/I_0 \cdot 100 = \%\ \text{Absorption} \tag{4.5}$$

Für den Zusammenhang dieser Größen mit den physikalischen Eigenschaften des absorbierenden Mediums, wie Konzentration, Schichtdicke und individuellen Absorptionseigenschaften, gilt das Gesetz von Lambert und Beer:

$$I = I_0\, e^{-\epsilon c d} \tag{4.6}$$

bzw. für den praktischen Gebrauch unter Verwendung des dekadischen Logarithmus umgeformt:

$$\log I/I_0 = -\epsilon c d = -E. \tag{4.7}$$

Hier ist c die Konzentration der absorbierenden Verbindung in mol/l, d die Dicke der vom Licht durchsetzten Schicht (optische Weglänge) in cm und ϵ der dekadische molare Extinktionskoeffizient mit der Dimension 1/mol · cm. Die dimensionslose Größe $E(\lambda)$ nennt man die Extinktion der Lösung. Der molare dekadische Extinktionskoeffizient $\epsilon(\lambda)$ ist eine individuelle Materialkonstante, die für verschiedene Molekülarten in verschiedenen Lösungsmitteln charakteristisch ist. Sie ist derjenige Wert der Extinktion E, der bei der Konzentration von einem Mol pro Liter und der Schichtdicke 1 cm vorliegen würde. $\epsilon(\lambda$, Lösungsmittel) wird in der Literatur allgemein zur Charakterisierung von Verbindungen und als Maß für ihre chemische Reinheit angegeben. Anorganische Verbindungen haben im allgemeinen niedrige, organische Verbindungen sehr hohe molare Extinktionen. Für eine große Zahl insbesondere organischer Verbindungen sind Werte für ϵ in Tabellenwerken zusammengestellt (Landolt-Börnstein, 1951, Organic Electronic Spectral Data, 1960–1972, Lang, 1959–1974).

4.4 Absorptionsspektren

Da bei der Lichtabsorption je nach der Energie des einfallenden Lichtes verschiedene atomare bzw. molekulare Energieniveaus mit den dazugehörigen Schwingungs- und Rotationsniveaus besetzt werden, ändert sich die Extinktion mit der Wellen-

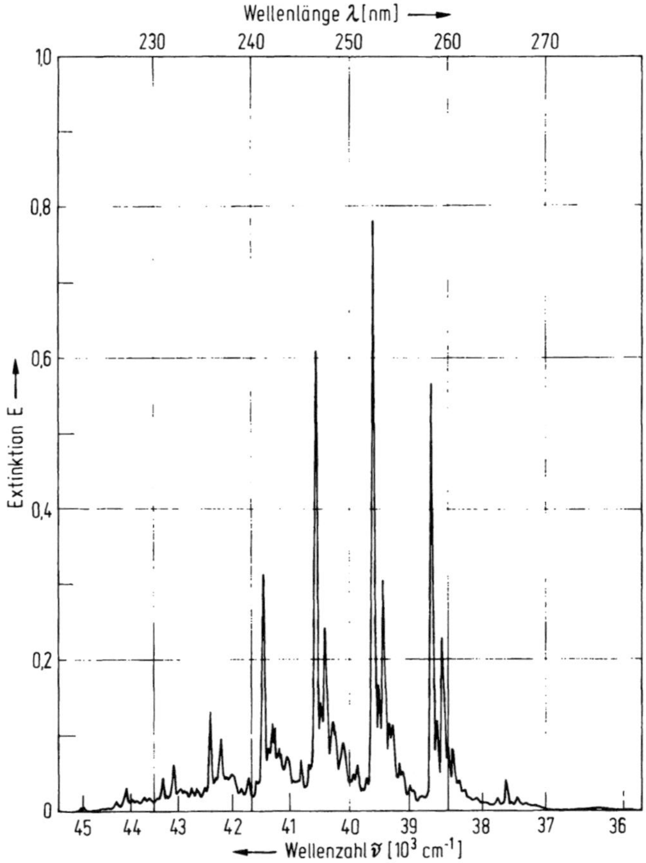

Abb. 4.1: Absorptionsspektrum von Benzoldampf im ultravioletten Spektralbereich bei Raumtemperatur, Schichtdicke = 5 cm, gesättigt.

länge. Graphische Darstellungen der Extinktion bzw. des Logarithmus des molaren Extinktionskoeffizienten einer Verbindung als Funktion der Wellenlänge, Wellenzahl oder Frequenz bezeichnet man als Absorptionsspektren. Die Angabe von Absorptionsspektren in Wellenlängen ist weit verbreitet. Sie entspricht der Eichung der meisten Spektralfotometer (Kap. 6.3.1.2). Für viele Zwecke ist jedoch die Angabe in Wellenzahlen ($\tilde{\nu}$) günstiger, da diese Größe nach Gl. (4.1) und entsprechend ihrer Definition der Energie des Lichtes direkt proportional ist:

$$\tilde{\nu} = \nu/c = 1/\lambda\,(\mathrm{cm}^{-1}). \tag{4.8}$$

Abb. 4.1 zeigt als Beispiel das Absorptionsspektrum von Benzoldampf im ultravioletten Gebiet. Man erkennt deutlich die dem ersten elektronischen Übergang entsprechenden Schwingungsbanden. Die Feinstruktur innerhalb der einzelnen Banden entspricht den Rotationsniveaus.

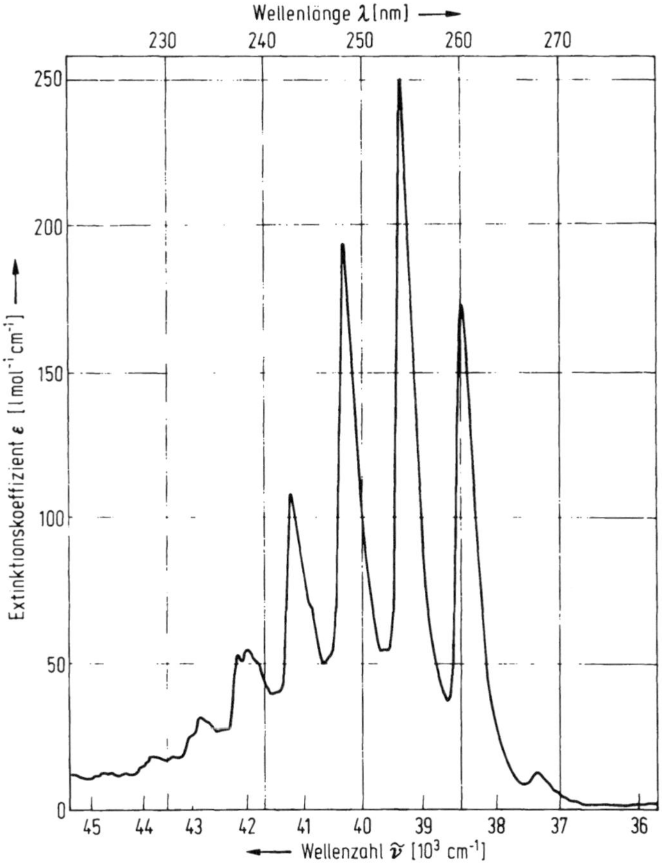

Abb. 4.2: Absorptionsspektrum von Benzol in Cyclohexan bei Raumtemperatur, Konzentration ~ 10^{-3} Mol/l.

Abb. 4.2 zeigt das Absorptionsspektrum von Benzol in Cyclohexan. Wieder sind die Schwingungsübergänge erkennbar. Die Feinstruktur ist hier weniger deutlich ausgeprägt.

Ein Maß für die Intensität eines elektronischen Übergangs ist die dimensionslose Oszillatorstärke f. Im klassischen Bild beschreibt diese Größe die Zahl der Elektronen, die durch die Wechselwirkung mit dem Strahlenfeld in Schwingung gebracht werden. Die Oszillatorstärke steht mit der molaren Extinktion (Gl. 4.3) in Beziehung durch

$$f = 4{,}32 \cdot 10^{-9} \cdot F \cdot \int \epsilon \, d\tilde{\nu} \qquad (4.9)$$

wobei F ein Korrekturfaktor (~ 1) ist, der den Brechungsindex berücksichtigt und $\int \epsilon \, d\tilde{\nu}$ einen über die gesamte Absorptionsbande integrierten molaren Extinktionskoeffizienten darstellt. Zu beachten ist, daß hier über die energieproportionale Größe der Wellenzahl integriert wird. Noch eine andere wichtige physikalische Eigenschaft läßt sich aus der integralen Lichtabsorption innerhalb eines elektronischen Übergangs berechnen, nämlich die Lebensdauer des angeregten Zustandes (Kap. 4.5.2).

Da die Absorptionsspektroskopie für die Aufklärung der Mechanismen fotochemischer Reaktionen eine große Rolle spielt, sollen hier die wichtigsten Grundlagen der molekularen Absorptionsspektroskopie erwähnt werden. Für eine Darstellung der quantenmechanischen Grundlagen muß auf spezielle Literatur verwiesen werden (Jaffé und Orchin, 1962, Murrell, 1963). Eine praktische Anleitung zum Messen von Absorptionsspektren im Ultravioletten und Sichtbaren findet sich bei Kortüm (1962) und Pestemer (1964).

4.4.1 Molekulare Orbitale (MO)

Den stationären Elektronenbahnen der Atome entsprechen bei den Molekülen molekulare Elektronenbahnen (MO). In der Molekülspektroskopie sind folgende fünf Arten von MOs von besonderem Interesse: Bindende π-Orbitale, antibindende π^*-Orbitale, bindende σ-Orbitale, antibindende σ^*-Orbitale und nicht bindende n-Orbitale. Einfachbindungen zwischen Atomen werden durch σ-Orbitale vermittelt. Diese Bindungen sind sehr fest. Die σ-Elektronen sind praktisch nicht delokalisierbar. Dem entsprechend erfordert die Anregung von σ-Elektronen höhere Energien als die Anregung von π-Elektronen, deren Orbitale die Mehrfachbindungen im Molekül vermitteln. π-Elektronen sind stark delokalisierbar. Jedem σ- und π-Orbital entspricht ein antibindendes σ^*- bzw. π^*-Orbital. *Hetero*-Atome (Sauerstoff, Stickstoff etc.) besitzen zusätzlich n-Orbitale, die streng an diesen Atomen lokalisiert sind. n-Orbitale vermitteln keine molekularen Bindungen. Dem entsprechend gibt es hier auch keine antibindenden n^*-Orbitale.

4.4.2 *Elektronische Übergänge und angeregte Elektronenzustände*

Elektronen aus bindenden und nicht bindenden Orbitalen werden durch Lichtabsorption in antibindende Orbitale überführt, wobei fünf Typen von Übergängen auftreten können (Tab. 4.1).

Tab. 4.1: Optische Übergänge und elektronisch angeregte Zustände

Übergang	angeregter Zustand
$n \rightarrow \pi^*$	$n\pi^*$
$\pi \rightarrow \pi^*$	$\pi\pi^*$
$n \rightarrow \sigma^*$	$n\sigma^*$
$\pi \rightarrow \sigma^*$	$\pi\sigma^*$
$\sigma \rightarrow \sigma^*$	$\sigma\sigma^*$

Die Anregungsenergie nimmt von oben nach unten zu. $n\pi^*$- und $\pi\pi^*$-Zustände können je nach Verbindungstyp energetisch vertauscht sein. In Abb. 4.3 sind molekulare Orbitale für ein einfaches Molekül wie Formaldehyd mit den zugehörigen Übergängen dargestellt.

Die Elektronen sind in den bindenden MOs normalerweise mit antiparallelem Spin angeordnet, in Zuständen, die man Singulett-Zustände nennt. Abgesehen von wenigen Ausnahmen, z.B. Sauerstoff, sind die molekularen Grundzustände von Molekülen daher Singulett-Zustände, S_0. In den antibindenden MOs kann ein angeregtes

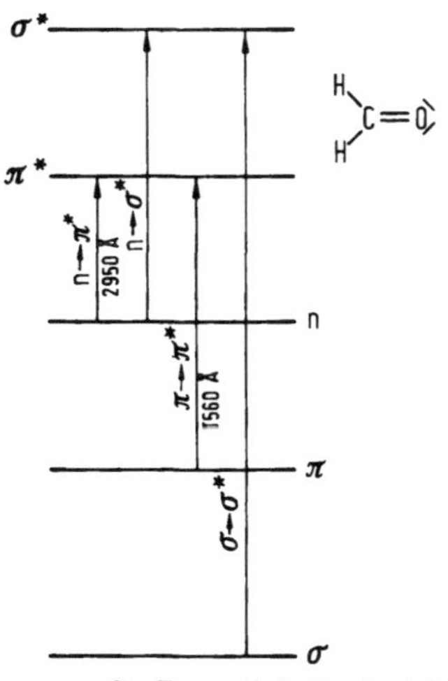

Abb. 4.3: Vereinfachtes MO-Diagramm für Formaldehyd mit elektronischen Übergängen. Eingetragen sind die Wellenlängen des $n\pi^*$- und $\pi\pi^*$-Überganges.

Elektron in bezug auf das im bindenden MO verbleibende Elektron antiparallelen oder parallelen Spin haben, da das *Pauli-Verbot* hier nicht mehr besteht. Im ersten Fall handelt es sich dann um einen angeregten Singulett-Zustand, S_1, S_2 ... S_X oder $^1(n\pi^*)$, $^1(\pi\pi^*)$ etc., im zweiten um einen angeregten Triplett-Zustand T_1, T_2 ... T_X oder $^3(n\pi^*)$, $^3(\pi\pi^*)$ usw. In Absorption können daher drei Typen von Übergängen auftreten. $S_0 \rightarrow S_X$, $S_0 \rightarrow T_X$ und $T_1 \rightarrow T_X$. Die zu einem Singulett-Zustand gehörenden Triplett-Zustände haben bezogen auf den Grundzustand immer die niedrigere Energie: $E_{S_1} > E_{T_1}$, $E_{S_2} > E_{T_2}$ usw., da die Coulomb'sche Abstoßungsenergie der parallel gerichteten Elektronen kleiner ist als bei den antiparallel eingestellten Elektronen im Singulett-Zustand.

Bei Molekülen mit Mehrfachbindungen können alle fünf Typen von Übergängen auftreten. Bei Molekülen, die nicht bindende MOs besitzen, ist der niedrigste angeregte Zustand im allgemeinen ein $n\pi^*$-Zustand. Bei Molekülen, die nur einfach gebundene Atome enthalten, treten nur $n\sigma^*$- und $\sigma\sigma^*$-Übergänge auf.

4.4.3 Auswahlregeln (Übergangsverbote)

Die verschiedenen durch Absorption erzwungenen Elektronenübergänge besitzen sehr unterschiedliche Übergangswahrscheinlichkeiten bzw. sehr verschiedene molare Extinktionskoeffizienten. Für die unterschiedliche Größe der Übergangswahrscheinlichkeiten sind quantenmechanische Übergangsverbote verantwortlich.

Das stärkste Übergangsverbot ist das sogenannte Interkombinationsverbot. Es verbietet elektronische Übergänge, bei denen gleichzeitig eine Spinumkehr erfolgt, also $S \rightarrow T$- und $T \rightarrow S$-Übergänge. Da jedoch in realen Molekülen keine reinen Singulett- und Triplett-Zustände vorliegen, sind derartige Übergänge bei Molekülen nicht vollständig, sondern nur mehr oder weniger stark verboten. In jedem Fall haben sie aber sehr viel kleinere molare Extinktionskoeffizienten als die spinerlaubten $S \rightarrow S$- und $T \rightarrow T$-Übergänge ($\epsilon = 10^3 - 10^5$ [l/mol · cm]). Für die in praxi beobachteten S_0-T_1-Übergänge liegt ϵ in der Größenordnung von 10^{-3} [l/mol · cm]. Ein weniger strenges Übergangsverbot ist das Überlappungs- oder Raumverbot. Es berücksichtigt, daß zwischen den an einem Übergang beteiligten MOs eine endliche räumliche Überlappung vorhanden sein muß. Ist das nicht oder nur in geringem Maße der Fall, wie bei $n\pi^*$-Übergängen, so werden kleinere molare Extinktionskoeffizienten beobachtet. Für $n\pi^*$-Übergänge gilt $\epsilon \lesssim 10^2$ [l/mol · cm].

Das Symmetrieverbot ist das letzte und am wenigsten strenge Übergangsverbot. Es berücksichtigt die gruppentheoretischen Symmetrieeigenschaften der an einem Übergang beteiligten MOs. Die Auswirkung des Symmetrieverbots auf die Übergangswahrscheinlichkeit eines absorptiven Elektronenübergangs ist bei einer hohen Symmetrie des Moleküls besonders groß, so daß beispielsweise der $(\pi\pi^*)$ $S_0 \rightarrow S_1$-Übergang des Benzols nur einen molaren Extinktionskoeffizienten von $2{,}5 \cdot 10^2$ [l/mol · cm] aufweist (siehe Abb. 4.2).

4.4.4 *Franck-Condon-Prinzip und Schwingungsstruktur von Absorptionsbanden*

In den Absorptionsspektren treten die mit den elektronischen Übergängen gekoppelten Schwingungsübergänge mit unterschiedlicher Intensität auf, siehe Abb. 4.1 und 4.2. Diese Erscheinung erklärt das Franck-Condon-Prinzip. Es behauptet, daß elektronische Übergänge (Zeitkonstante: 10^{-15} s) viel schneller erfolgen als Molekülschwingungen (Zeitkonstante: 10^{-12} s). Direkt nachdem ein Elektronenübergang erfolgt ist, haben die Atome eines Moleküls daher die gleiche Lage relativ zueinander wie direkt vor dem Übergang. Infolgedessen haben diejenigen Übergänge zwischen Elektronenzuständen in ihren Schwingungsniveaus die größte Übergangswahrscheinlichkeit, bei denen sich die relative Lage und die Impulse der Atome nicht oder nur wenig ändern.

Eine weitere Konsequenz des Franck-Condon-Prinzips ist die wichtige Tatsache, daß es schwierig ist, die elektronische Anregungsenergie eines Moleküls schnell in Schwingungsenergie der Atome umzuwandeln.

Die Verhältnisse werden am besten anhand der Potentialkurve (Energieabstandsdiagramm) für ein zweiatomiges Molekül [1)] erklärt (Abb. 4.4). Die Atome eines

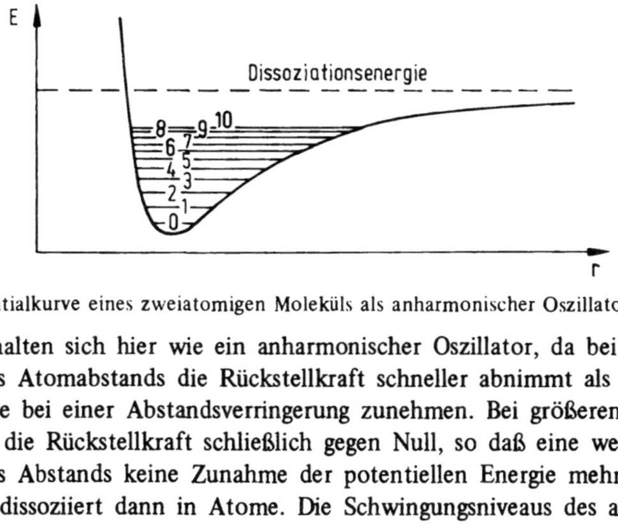

Abb. 4.4: Potentialkurve eines zweiatomigen Moleküls als anharmonischer Oszillator.

Moleküls verhalten sich hier wie ein anharmonischer Oszillator, da bei einer Vergrößerung des Atomabstands die Rückstellkraft schneller abnimmt als die abstoßenden Kräfte bei einer Abstandsverringerung zunehmen. Bei größeren Atomabständen geht die Rückstellkraft schließlich gegen Null, so daß eine weitere Vergrößerung des Abstands keine Zunahme der potentiellen Energie mehr verursacht. Das Molekül dissoziiert dann in Atome. Die Schwingungsniveaus des anharmonischen Oszillators konvergieren gegen diese Dissoziationsgrenze.

Die Kurven über den einzelnen Schwingungsniveaus in Abb. 4.5 und 4.7 geben die quantenmechanischen Aufenthaltswahrscheinlichkeiten der Atome als Funktion des Abstands an. Für die höheren Schwingungsniveaus decken sich hier die Maxi-

1) Für mehratomige Moleküle gelten alle Ausführungen analog, nur treten hier anstelle der einfachen zweidimensionalen Potentialkurven mehrdimensionale Potentialflächen (sog. Hyperflächen) auf, die schwierig darzustellen sind.

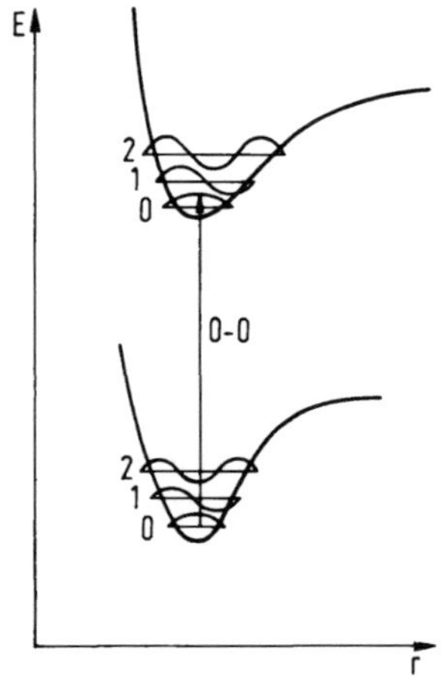

Abb. 4.5: Potentialkurven für den Grundzustand und den niedrigsten angeregten Zustand eines zweiatomigen Moleküls bei gleichem Gleichgewichtsabstand in beiden Zuständen.

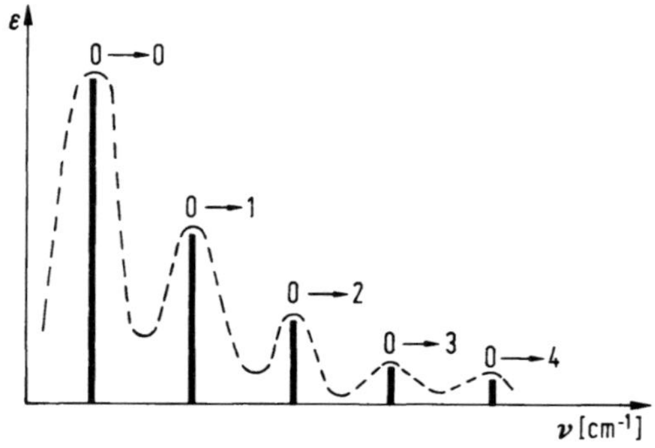

Abb. 4.6: Typisches Absorptionsspektrum eines zweiatomigen Moleküls bei Potentialkurvenverhältnissen entsprechend Abb. 4.5.

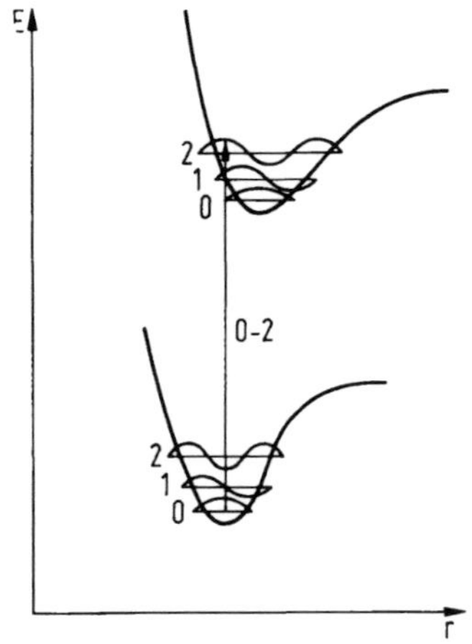

Abb. 4.7: Potentialkurven für den Grundzustand und den niedrigsten angeregten Zustand eines zweiatomigen Moleküls bei größerem Gleichgewichtsabstand im angeregten Zustand.

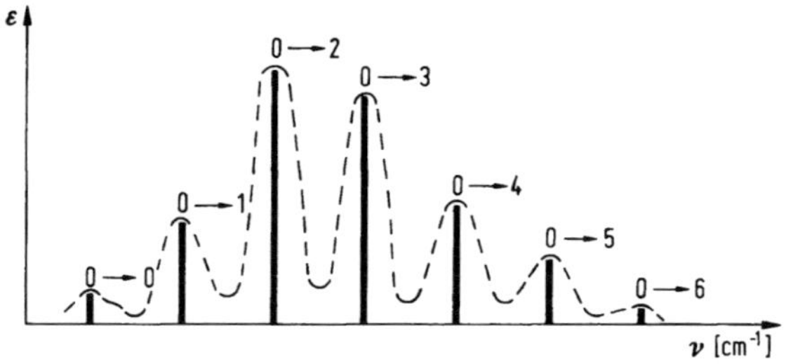

Abb. 4.8: Typisches Absorptionsspektrum eines zweiatomigen Moleküls bei Potentialkurvenverhältnissen entsprechend Abb. 4.7.

ma mit den durch die ausgezogenen Potentialkurven festgelegten Umkehrpunkten der klassischen Schwingung. Nur im niedrigsten Schwingungszustand ist ein deutlicher Unterschied zwischen der klassischen und der quantenmechanischen Vorstellung vorhanden. Obwohl das Molekül eine endliche Schwingungsenergie von der Größe $E_0 = h\nu/2$ besitzt, ergibt sich quantenmechanisch die größte Aufenthaltswahrscheinlichkeit in der Nähe der Ruhelage, r_0, während klassisch auch hier zwei Maxima an den Umkehrpunkten der Schwingung auftreten sollten (Finkelnburg, 1964). Moleküle in kondensierter Phase und in Lösungen befinden sich bei Zimmertemperatur praktisch ausschließlich im niedrigsten Schwingungszustand, während bei Gasen auch eine endliche Besetzung höherer Schwingungsniveaus erfolgt. Jedoch ist auch bei Gasen unter normalen Bedingungen der niedrigste Schwingungszustand am stärksten besetzt. Lichtabsorption erfolgt daher in den meisten Fällen aus dem niedrigsten Schwingungsniveau des elektronischen Grundzustands. In den Abbildungen 4.5 und 4.7 sind Potentialkurven für die häufigen Fälle von gleichem und verschobenen Gleichgewichtsabstand im angeregten Zustand dargestellt. Die Abbildungen 4.6 und 4.8 zeigen die zugehörigen Absorptionsspektren mit den durch das Franck-Condon-Prinzip bestimmten Intensitätsverteilungen der Schwingungsstruktur.

4.4.5 Singulett-Triplett-Absorption ($S_0 \rightarrow T_1$)

Singulett-Triplett-Übergänge zwischen reinen S- und T-Zuständen sind bei leichten Atomen streng verboten. Da jedoch in realen Molekülen praktisch keine Zustände mit reinem S- oder T-Charakter vorliegen, ist die Gültigkeit des Interkombinationsverbots begrenzt. Tatsächlich erfolgen sowohl $S_1 \rightarrow T_1$-Übergänge als auch $S_0 \rightarrow T_X$-Übergänge. Nur letztere können direkt in der Absorption beobachtet werden. S_1-T_1-Übergänge sind nur indirekt durch T_1-T_X-Absorption (Kap. 4.4.6) oder Phosphoreszenzemission (Kap. 4.5.3.2) beobachtbar.

Die Mischung von S- und T-Zuständen erfordert eine äußere oder innere Störung, die durch die sog. Spin-Bahn-Kopplung verursacht wird. Die Spin-Bahn-Kopplung ist eine magnetische Wechselwirkung zwischen den mechanischen Bewegungen des Elektrons oder Bahnbewegung und wie der Rotation um die eigene Achse zuzuordnenden magnetischen Momenten, dem Bahn-Moment und dem Spin-Moment. Sie wird durch das elektrische Feld des Atomkerns vermittelt und ist daher am stärksten, wenn sich das Elektron in einem kernnahen Orbital befindet. Außerdem nimmt sie mit steigendem Kernfeld, d.h. mit steigender Ordnungszahl der Atome im Periodensystem zu. Die Wirkung von schweren Atomen auf das Ausmaß der Spin-Bahn-Kopplung ist unter dem Namen „Heavy Atom Effect" bekannt geworden. Dieser Effekt kann sowohl durch ein im Molekül vorhandenes schweres Atom als auch durch schwere Atome in der Umgebung eines Moleküls, insbesondere im Lösungsmittel verursacht werden.

Eine weitere Größe, die das Ausmaß der Spin-Bahn-Kopplung beeinflußt, ist die Energiedifferenz zwischen den in Wechselwirkung tretenden S- und T-Zuständen. Die Größe der Spin-Bahn-Kopplung ist dieser Energiedifferenz umgekehrt proportional. Der Einfluß der Größe der S-T-Energieaufspaltung allein erklärt bereits, warum einerseits $S_1 \rightarrow T_1$-Übergänge so schnell erfolgen, daß sie erfolgreich mit der Fluoreszenzemission konkurrieren können, und andererseits die große natürliche Lebensdauer der T_1-Zustände.

$n\pi^*$-Übergänge werden nur an solchen organischen Verbindungen beobachtet, die *Heteroatome* wie Sauerstoff- oder Stickstoff enthalten. Diese Atome bewirken durch ihre höhere Kernladungszahl bereits eine stärkere Spin-Bahn-Kopplung. Ferner haben die nicht bindenden Elektronen aufgrund der Geometrie der n-Orbitale eine höhere Aufenthaltswahrscheinlichkeit in Kernnähe. Dadurch wird eine weitere Erhöhung der Spin-Bahn-Kopplung verursacht.

$^1(n\pi^*)$-Zustände [2)] haben dadurch eine größere $S_1 \rightarrow T_1$-Übergangswahrscheinlichkeit als $^1(\pi\pi^*)$-Zustände, wie die im allgemeinen große Quantenausbeute der Triplett-Bildung bei Carbonylverbindungen zeigt. Ferner haben $^3(n\pi^*)$-Zustände höhere $T_1 \rightarrow S_0$-Übergangswahrscheinlichkeiten als $^3(\pi\pi^*)$-Zustände. Das erklärt die im Vergleich zu aromatischen Kohlenwasserstoffen um mehr als drei Zehnerpotenzen verkürzte natürliche Lebensdauer der Triplett-Zustände von Carbonylverbindungen (Kap. 7.9).

Bei den meisten Molekülen ist die Spin-Bahn-Kopplung jedoch so gering, daß S_0-T_X-Übergänge in Absorption nur schlecht beobachtet werden können. Bei aromatischen Kohlenwasserstoffen liegen die molaren Extinktionskoeffizienten für den langwelligsten $S_0 \rightarrow T_1$-Übergang in der Größenordnung von 10^{-3} [l/mol · cm].

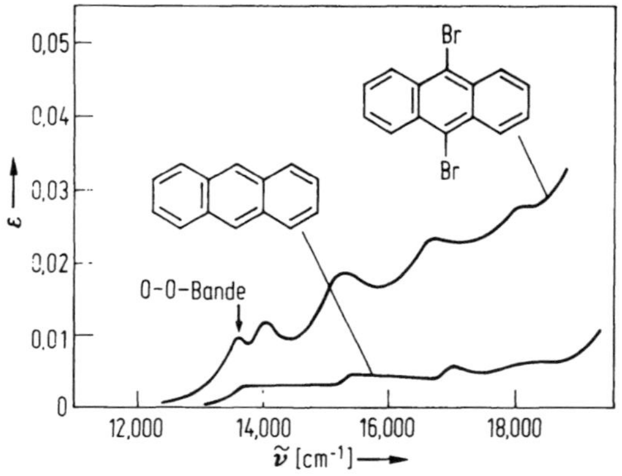

Abb. 4.9: Singulett-Triplett-Absorptionsspektren von Anthracen und 9,10-Dibromanthracen in CS_2. Intramolekularer Heavy Atom Effect.

2) $^1(\ )$ steht für Singulett-, $^3(\ )$ für Triplett-Zustände.

Durch Einfluß eines intra- oder intermolekularen „Heavy Atom Effects" werden erwartungsgemäß deutlich größere Werte des molaren Extinktionskoeffizienten beobachtet, wie dies in den Abbildungen 4.9 und 4.10 dargestellt ist.

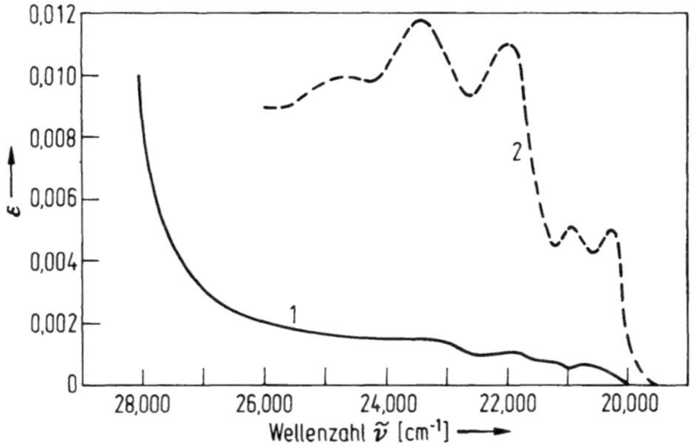

Abb. 4.10: Singulett-Triplett-Absorptionsspektren von flüssigem l-Chlornaphthalin (1) und l-Chlornaphthalin in Äthyljodid (2). Intermolekularer Heavy Atom Effect.

Unter den Bedingungen des intermolekularen „Heavy Atom Effects" darf die normale S-S-Absorption nur wenig verändert sein. Ferner muß sichergestellt sein, daß die neue Absorption nicht durch Verunreinigungen oder durch Komplexbildung verursacht wird. Ein weiterer Effekt, der die Spin-Bahn-Kopplung verstärkt, ist der Einfluß paramagnetischer Moleküle, insbesondere von Sauerstoff. Der Sauerstoff ist eines der wenigen Moleküle, das im Grundzustand einen Triplett-Zustand aufweist. Mißt man die Absorptionsspektren organischer Moleküle unter Sauerstoffdruck (Kap. 6.3.2), so wird in vielen Fällen die dem niedrigsten Singulett-Triplett-Übergang ($S_0 \rightarrow T_1$) entsprechende Absorptionsbande sichtbar. In Tab. 4.2 sind die aus solchen Messungen ermittelten Triplett-Energien für eine Reihe von organischen Molekülen aufgeführt. Zum Vergleich sind die aus den Phosphoreszenzspektren (Kap. 4.3.2) bestimmten Triplett-Energien angegeben.

Tab. 4.2: Triplett-Energien einiger organischer Moleküle aus Absorptionsmessungen unter Sauerstoffdruck und aus Phosphoreszenzmessungen. Energien in [kcal/mol].

Verbindung	E_T a)	E_T b)
Chinolin	63,0	62,4
Benzol	84,0	84,0
Fluoren	67,4	67,8
l-Bromnaphthalin	59,0	59,2
Anthracen	42,5	42,0

a) Sauerstoffdruckmethode, b) Phosphoreszenzemission

$S_0 \rightarrow T_1$-Absorptionsspektren und Phosphoreszenzemissionsspektren verhalten sich wie $S_0 \rightarrow S_1$-Absorption und Fluoreszenzemission (Kap. 4.5.2.1 und 4.5.2.2), also spiegelbildlich.

Die Messung von Singulett-Triplett-Absorptionsspektren unter Sauerstoffdruck oder durch intermolekularen „Heavy Atom Effect" zur Bestimmung der Triplett-Energie ist bei solchen Molekülen wichtig, bei denen keine Phosphoreszenzemission zu beobachten ist.

Da der T_1-Zustand immer eine kleinere Energie hat als der S_1-Zustand, liegt der langwelligste Singulett-Triplett-Übergang ($S_0 \rightarrow T_1$) stets langwelliger als der entsprechende $S_0 \rightarrow S_1$-Übergang. Handelt es sich um $\pi\pi^*$-Übergänge, so ist die Energiedifferenz zwischen S_1 und T_1 oft so gering, daß die $S_0 \rightarrow T_1$-Absorption auf der langwelligen Flanke der langwelligsten Singulett-Singulett-Absorptionsbande liegt. Höhere $S_0 \rightarrow T_2$-Übergänge usw. können im allgemeinen nicht beobachtet werden, da sie im Bereich der normalen S-S-Absorption liegen. Glücklicherweise können die Energiedifferenzen zwischen den Triplett-Zuständen aus den T-T_X-Absorptionsspektren bestimmt werden (Kap. 4.4.6).

4.4.6 Triplett-Triplett-Absorption

T-T_X-Absorptionen werden unter den Bedingungen der normalen S-S-Absorption (Zimmertemperatur, geringe Anregungsintensität) nicht beobachtet, da selbst bei hohen $S_1 \rightarrow T_1$-Übergangswahrscheinlichkeiten die stationäre Konzentration an T_1 infolge der schnellen strahlungslosen Desaktivierung der T-Zustände zu gering ist. Erst bei hohen Anregungsintensitäten können im stationären Zustand $T_1 \rightarrow T_X$-Absorptionen beobachtet werden. Günstiger ist jedoch die Methode der Blitzlichtspektroskopie (Kap. 6.4), bei der durch einen kurzen intensiven Lichtblitz eine so hohe momentane Konzentration an T_1 erzeugt wird, daß T-T_X-Absorption beobachtet werden kann.

Die molaren Extinktionskoeffizienten der T-T_X-Übergänge liegen in der gleichen Größenordnung wie die der entsprechenden S-S-Übergänge. Die T-T_X-Absorptionsspektren besitzen genau wie die S-S-Absorptionsspektren unterschiedlich gut ausgeprägte Schwingungsstruktur. Im allgemeinen können nur die niedrigsten $T_1 \rightarrow T_X$-Übergänge beobachtet werden, die langwelliger liegen als die $S_0 \rightarrow S_1$-Übergänge. Der T_1-Zustand besitzt eine etwas kleinere Energie als der entsprechende S_1-Zustand und zwischen den höheren S- und T-Zuständen besteht dieselbe Relation. Daher entspricht die Energie des Übergangs $T_1 \rightarrow T_2$ etwa der Energiedifferenz zwischen S_1 und S_2.

4.5 Desaktivierung der absorbierten Lichtenergie

4.5.1 Desaktivierungsprozesse

Durch Lichtabsorption werden Moleküle in einen energetischen Zustand gebracht, der nicht dem thermodynamischen Gleichgewicht entspricht. Daher versucht das elektronisch angeregte Molekül, die absorbierte Energie nach einem meist sehr kurzen Zeitraum wieder abzugeben. Das geschieht jedoch über eine ganze Reihe miteinander konkurrierender Prozesse, die am besten anhand eines Energietermschemas erläutert werden. Diese Art der Darstellung wurde 1933 erstmals von Jablonski gegeben (Abb. 4.11).

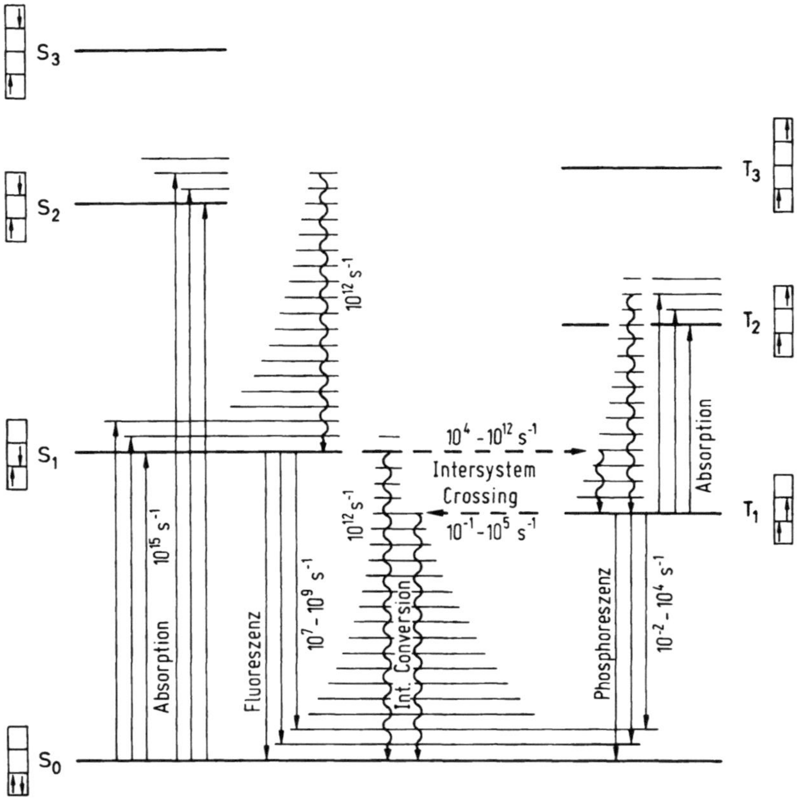

Abb. 4.11: Energietermschema mit absorbierenden und desaktivierenden Übergängen (Jablonski-Diagramm) mit den entsprechenden Geschwindigkeitskonstanten. Der Spinzustand in den verschiedenen MOs ist symbolhaft durch Pfeile gekennzeichnet.

Die absorbierenden Übergänge (ausgezogene aufwärts gerichtete Pfeile) erfolgen in 10^{-15} s. Bei Molekülen in Lösungen werden in den höheren Singulett-Zuständen die höheren Schwingungsniveaus in etwa 10^{-12} s durch Stöße mit den Molekülen des Lösungsmittels desaktiviert. Die abgegebene Schwingungsenergie der angeregten Moleküle wird dabei in kinetische sowie Schwingungs- und Rotationsenergie des Lösungsmittels, d.h. in Wärme, umgewandelt. Anschließend wird die elektronische Anregungsenergie der höheren Singulett-Zustände etwa mit der gleichen Zeitkonstanten wie die Schwingungsrelaxation strahlungslos in Schwingungsenergie der nächst niedrigeren elektronischen Anregungszustände umgewandelt. Dieser Prozeß wird innere Umwandlung (Internal Conversion) genannt. Er wiederholt sich so lange, bis das Molekül im niedrigsten Schwingungsniveau des ersten angeregten Singulett-Zustands angekommen ist. Dieser Zustand hat eine längere Lebensdauer von 10^{-9} bis 10^{-7} s für $\pi\pi^*$-Zustände und von $\sim 10^{-6}$ s für $n\pi^*$-Zustände. Ursache der längeren Lebensdauer ist die relativ große Energiedifferenz zwischen dem ersten angeregten Singulett-Zustand und dem Grundzustand. Die strahlungslose innere Umwandlung erfolgt hier dem Franck-Condon-Prinzip gehorchend nur langsam, so daß andere Prozesse konkurrieren oder sogar überwiegen können, wie etwa die Fluoreszenzemission ($S_1 \rightarrow S_0$) (Kap. 4.5.3.1) und der spin-verbotene strahlungslose Interkombinations-Übergang ($S_1 \rightarrow T_1$) [3] (Intersystem Crossing).

Der niedrigste Triplett-Zustand T_1 hat eine noch längere Lebensdauer als der S_1-Zustand, da hier die innere Umwandlung sowohl spin-verboten als auch – aus den gleichen Gründen wie der S_1-S_0-Übergang – Franck-Condon-verboten ist. $^3(n\pi^*)$–Zustände besitzen eine natürliche Lebensdauer von etwa 10^{-3} s und $^3(\pi\pi^*)$-Zustände eine solche von etwa 0,1–10s (Kap. 7.9). Aus dem T_1-Zustand erfolgt die Phosphoreszenzemission (siehe Kap. 4.3.2). Dieser Prozeß entspricht dem interkombinations-verbotenen Übergang $T_1 \rightarrow S_0$.

Neben den bisher angeführten intramolekularen Desaktivierungsprozessen, wie innere Umwandlung, Interkombination, Fluoreszenz und Phosphoreszenz, kann die Desaktivierung durch intermolekulare Energieübertragung aus S- und T-Zuständen erfolgen (Kap. 4.5.4.1). Wegen der relativ langen Lebensdauer von S_1 und T_1 und der dadurch bedingten größeren Wechselwirkungswahrscheinlichkeit dieser angeregten Zustände mit anderen Molekülen, erfolgt auch die intermolekulare Energieübertragung praktisch nur von diesen beiden Zuständen aus.

Eine letzte Desaktivierungsmöglichkeit der elektronischen Anregungsenergie sind chemische Reaktionen aus angeregten Zuständen. Diese werden ausführlich in Kap. 7 beschrieben.

4.5.2 Quantitative Beschreibung von Desaktivierungsprozessen

Bevor in den folgenden Abschnitten die verschiedenen Mechanismen der Energiedesaktivierung im einzelnen behandelt werden, müssen eine Reihe von Größen, durch die angeregte Zustände und Desaktivierungsprozesse charakterisiert werden, definiert und ihre Beziehungen zueinander betrachtet werden.

Die natürliche Lebensdauer eines angeregten Zustandes, τ_0, ist die Zeit, in der eine gegebene Zahl von angeregten Molekülen auf den Bruchteil 1/e zurückgeht, wenn die Desaktivierung allein durch einen emittierenden Prozeß erfolgt, ohne daß irgendein strahlungsloser Desaktivierungsprozeß konkurriert. Sie kann nur in seltenen Fällen direkt gemessen werden. τ_0 läßt sich allerdings für fluoreszierende Mo-

[3] S-T-Übergänge erfolgen normalerweise von S_1 aus, jedoch wurden Ausnahmen von dieser allgemeinen Regel an großen sterisch gehinderten organischen Molekülen, wie z.B. *Hexahelicen* beobachtet.

leküle aus der integralen Absorption nach einer von Förster (1951) abgeleiteten Formel berechnen

$$1/\tau_0 = 2.88 \cdot 10^{-9}\, n^2 \int \frac{(2\tilde{\nu}' - \tilde{\nu})^3}{\tilde{\nu}}\, \epsilon d\tilde{\nu}, \qquad (4.10)$$

wobei n der Brechungsindex des Lösungsmittels, $\tilde{\nu}'$ die Wellenzahl des Umkehrpunktes der Spiegelbildsymmetrie zwischen dem Absorptions- und Emissionsspektrum (Abb. 4.12) und $\int \epsilon d\tilde{\nu}$ wieder die integrale Absorption (Kap. 4.4) ist.

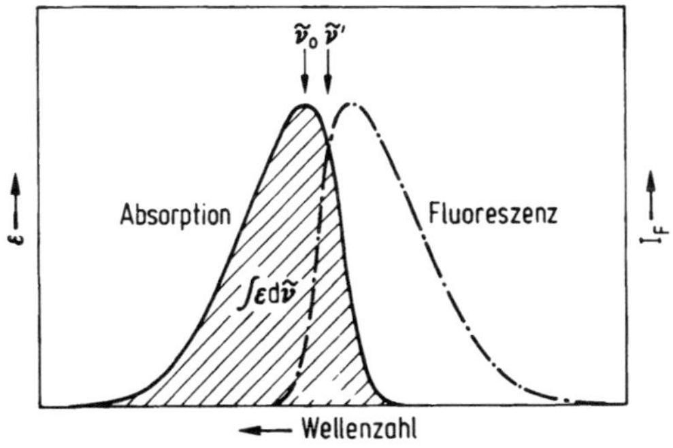

Abb. 4.12: Spiegelbildsymmetrie zwischen Absorption und Fluoreszenz.
linke Ordinate: molare Extinktion; rechte Ordinate: auf das Maximum der Absorption normierte Fluoreszenzemission.
$\tilde{\nu}_0$ = Wellenzahl des Absorptionsmaximums,
$\tilde{\nu}'$ = Wellenzahl des Umkehrpunkts der Spiegelbildsymmetrie.

Treten größere Abweichungen zwischen der berechneten [Gl. (4.10)] und der gemessenen [Gl. (4.12)] natürlichen Lebensdauer τ_0 auf, so ist dies ein wichtiges Indiz, daß unter der Absorptionsfläche noch ein anderer elektronischer Übergang verborgen liegt (Berlman und Steingraber, 1965). Eine modifizierte Formel zur Berechnung von τ_0 mit größerem Anwendungsbereich ist von Strickler und Berg (1962) angegeben worden.

Die experimentelle Lebensdauer, oft auch einfach Lebensdauer, eines angeregten Zustandes, τ, ist analog die Zeit, in der eine gegebene Zahl von angeregten Molekülen durch alle konkurrierenden Desaktivierungsprozesse auf den Bruchteil 1/e abnimmt. Diese Größe ist direkt experimentell zugänglich. Für den Zusammenhang der natürlichen und experimentellen Lebensdauer des S_1-Zustandes gilt

$$\tau = \tau_0 \cdot Q_F. \qquad (4.11)$$

Hier ist Q_F die Quantenausbeute der Fluoreszenz. Unter der im allgemeinen gültigen Voraussetzung, daß alle Moleküle im S_1-Zustand, die nicht fluoreszieren, in den T_1-Zustand übergehen, gilt entsprechend für den T_1-Zustand

$$\tau = \tau_0\, Q_P/(1 - Q_F). \qquad (4.12)$$

Die Halbwertszeit eines Desaktivierungsprozesses, $t_{1/2}$, ist die Zeit, in der eine gegebene Zahl von angeregten Molekülen auf den Bruchteil 1/2 abgenommen hat.

Die Reaktionsgeschwindigkeitskonstante, k, eines monomolekularen Desaktivierungsprozesses von elektronisch angeregten Molekülen, M*, ist definiert durch die kinetischen Beziehungen

$$\frac{d[M^*]}{dt} = k[M^*] \quad \text{und} \quad k = \frac{1}{\tau}. \tag{4.13}$$

Die Quantenausbeute eines Desaktivierungsprozesses Q, ist der Quotient aus der Zahl der in der Zeiteinheit desaktivierten Moleküle und der Zahl der in der Zeiteinheit absorbierten Quanten. Der Zusammenhang zwischen der Quantenausbeute und den Reaktionsgeschwindigkeitskonstanten der konkurrierenden Desaktivierungsprozesse ergibt sich über einen Ansatz für den stationären Zustand. Im folgenden vereinfachten Reaktionsschema konkurrieren nur Fluoreszenz und strahlungslose Desaktivierung.

Reaktion		Reaktionsgeschwindigkeitskonstanten
1. Absorption	$M + h\nu \rightarrow M^*$	I_a
2. Fluoreszenz	$M^* \rightarrow M + h\nu'$	k_F
3. Desaktivierung	$M^* \rightarrow M$ + Wärme	k_D

Für die Quantenausbeute der Fluoreszenz gilt definitionsgemäß

$$Q_F = \frac{-(d[M^*]/dt)}{I_a} \tag{4.14}$$

Ferner gilt im stationären Zustand (steady state), in dem sich die Konzentration der angeregten Moleküle nicht ändert

$$\frac{d[M^*]}{dt} = I_a - (k_F + k_D)[M^*] = 0 \tag{4.15}$$

bzw. $$I_a = (k_F + k_D)[M^*] \tag{4.16}$$

Für den Zähler in Gleichung 4.14 gilt der Ansatz

$$-(d[M^*]/dt) = k_F[M^*]. \tag{4.17}$$

Unter Berücksichtigung von Gl. (4.14) und Gl. (4.16) ergibt sich für die Quantenausbeute der Fluoreszenz:

$$\phi_F = k_F[M^*]/(k_F + k_D)[M^*] = k_F/(k_F + k_D). \tag{4.18}$$

Allgemein gilt für die Quantenausbeute einer Reaktion Q_R, mit der Reaktionsgeschwindigkeitskonstante, k_R, in einem System mehrerer konkurrierender Prozesse mit den Reaktionsgeschwindigkeitskonstanten k_i:

$$Q_R = k_R/\Sigma k_i. \qquad (4.19)$$

Ist eine der beteiligten Reaktionen eine bimolekulare Reaktion, z.B. eine Löschung durch ein nicht angeregtes Molekül L,

$$M^* + L \longrightarrow M + L + \text{Wärme},$$

so ist statt Gl. (4.17) der folgende Ansatz gültig:

$$-(d\,[M^*]/dt)_L = k_L\,[M^*]\,(L). \qquad (4.20)$$

Entsprechend ist dann in Gl. (4.19) in k_i der Ausdruck $k_L \cdot [L]$ zu berücksichtigen.

4.5.3 Emittierende Prozesse

4.5.3.1 Fluoreszenz

(Pringsheim, 1949, Förster, 1951, Parker, 1968, Berlman, 1971, Guilbault, 1973, Schenk, 1973)

Fluoreszenz erfolgt fast ausschließlich aus dem untersten Schwingungsniveau des ersten angeregten Singulett-Zustandes. Lediglich einige wenige Ausnahmen, wie das Azulen, dessen Fluoreszenz aus dem zweiten angeregten Singulett-Zustand emittiert wird (Beer und Longuet-Higgins, 1955, Viswangth und Kasha, 1955), sind bekannt.

Fluoreszenzspektren sind Darstellungen der relativen Intensität (relative Zahl der emittierten Quanten pro Wellenlängen, Wellenzahlen- oder Frequenzeinheit) gegen die Wellenlänge, Wellenzahl oder Frequenz bei monochromatischer Anregung.

Genau wie die Absorptionsspektren besitzen die Emissionsspektren eine mehr oder weniger ausgeprägte Schwingungsstruktur, bedingt durch Übergänge aus dem niedrigsten Schwingungsniveau im S_1-Zustand in die verschiedenen Schwingungsniveaus des S_0-Grundzustands. Die Intensitätsverteilung für die Schwingungsstruktur des emittierenden Elektronenübergangs $S_1 \rightarrow S_0$ gehorcht dem Franck-Condon-Prinzip.

Die Fluoreszenzspektren liegen immer langwelliger als die dem Übergang $S_0 \rightarrow S_1$ entsprechende langwelligste Absorptionsbande einer Verbindung, da der auf die höheren Schwingungsniveaus von S_1 entfallende Anteil der absorbierten Energie vor der Fluoreszenzemission strahlungslos desaktiviert wird. Diese Erscheinung ist als „Stokes'sche Rotverschiebung" der Fluoreszenz bekannt.

Im allgemeinen verhalten sich die Schwingungsstrukturen der langwelligsten Absorptionsbande und des Fluoreszenzspektrums wie Bild und Spiegelbild, was anhand der Abbildungen 4.5 bis 4.8, 4.12 und 4.13 ohne weiteres verständlich wird.

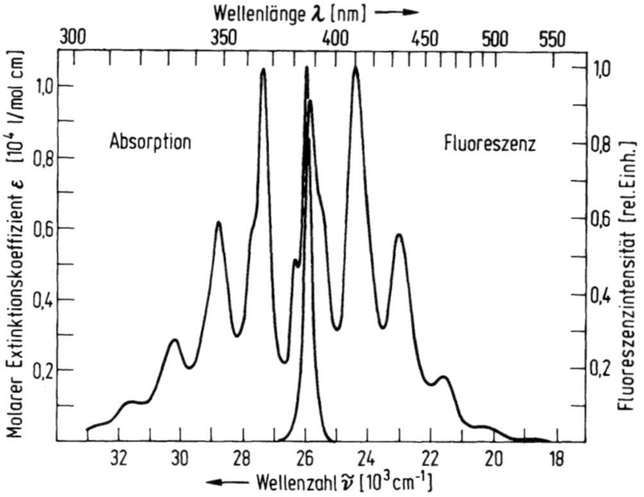

Abb. 4.13: Absorptions- und absolutes Fluoreszenzspektrum von 9-Methylanthracen in n-Heptan bei Raumtemperatur.

Spiegelbildsymmetrie tritt jedoch nur auf, wenn die Schwingungsprogression im S_0- und S_1-Zustand etwa die gleiche ist. Auf jeden Fall sollten die 0-0-Übergänge in Emission und Absorption etwa bei der gleichen Wellenlänge liegen.

Bei Molekülen in Lösungen ist der 0-0-Übergang der Fluoreszenz gegenüber dem der Absorption langwellig verschoben, ein Effekt, der mit wachsender Polarität des Lösungsmittels zunimmt. Er wird dadurch verursacht, daß die Lebensdauer des S_1-Zustandes groß genug ist, eine Umorientierung des elektronisch angeregten Moleküls in der Solvathülle vor der Emission zuzulassen. Die Energie des S_1-Zustandes wird dadurch gegenüber dem durch die Solvatisierung des Grundzustandes bestimmten Energieniveau direkt nach der Absorption erniedrigt (van Duuren, 1963, Wehry, 1967, Ware, 1968). Entsprechend liegt die Energie des Grundzustandes direkt nach erfolgter Emission etwas höher als im Gleichgewichtszustand, da sie noch durch die Solvatisierung des S_1-Zustandes bestimmt wird. Die stärkere Solvatation im elektronisch angeregten Zustand wird hier durch ein gegenüber dem Grundzustand größeres Dipolmoment verursacht. Aus der Lösungsmittelabhängigkeit der Fluoreszenzemission einer Verbindung läßt sich dann auch das sonst nicht zugängliche Dipolmoment im elektronisch angeregten Zustand bestimmen (Liptay, 1965, Labhart, 1966) (Kap. 7.8.2).

Fluoreszenzspektren werden zur qualitativen und quantitativen Bestimmung von Verbindungen verwendet (White und Eisenbrand, 1970, Argauer, 1966). Sie sind ferner von theoretischem Interesse, da sie Aussagen über die Eigenschaften der angeregten Zustände ermöglichen.

Fluoreszenzanregungsspektren werden erhalten, wenn die gesamte Emission oder die Emission bei einer bestimmten Wellenlänge in Abhängigkeit von der veränderlichen Anregungswellenlänge gemessen wird. Solange die Quantenausbeute der Fluoreszenz von der Anregungswellenlänge unabhängig ist, und auch der Lichtstrom des Anregungslichtes bei allen Wellenlängen konstant ist, entspricht das Fluoreszenzanregungsspektrum dem S-S-Absorptionsspektrum. In diesem Fall ist nämlich die Zahl der emittierten Photonen allein durch die Zahl der absorbierten Photonen, d.h. durch die Extinktion bestimmt.

Weitere wichtige Meßgrößen der Fluoreszenz sind Fluoreszenzquantenausbeute, Q_F (Kap. 6.6), und Fluoreszenzabklingzeit, τ_F (Kap. 6.7). Aus diesen beiden Größen kann nach den Ausführungen im Abschnitt 4.5.2 die natürliche Lebensdauer, τ_0 des S_1-Zustandes bestimmt werden. Informationen über Eigenschaften und Verhalten des S_1-Zustandes liefern Messungen von Q_F und τ_F in Abhängigkeit von verschiedenen veränderlichen Parametern, wie Temperatur, Konzentration, Polarität des Lösungsmittels, Viskosität, pH, usw. sowie Untersuchungen mit Fluoreszenzlöschern (Kap. 7.8.2 und 7.8.3).

Fluoreszenzanregungsspektren können zur Identifizierung von gelösten Verbindungen in Konzentrationsbereichen herangezogen werden, in denen keine Absorptionsspektroskopie mehr möglich ist ($c < 10^{-5}$ mol/l bis zu 10^{-10} mol/l) (Parker, 1968).

4.5.3.2 Excimer

(Parker, 1968, Förster, 1969)

Die Quantenausbeute der Fluoreszenz nimmt bei den meisten Verbindungen mit steigender Konzentration ab, ein Vorgang, der als Konzentrationslöschung der Fluoreszenz bekannt ist [Gl. (4.20)]. Die Fremdlöschung wird durch die steigende Konzentration einer zweiten Verbindung verursacht. Kinetisch erfolgt die Löschung durch bimolekulare Stöße eines angeregten Moleküls mit einem Molekül im Grundzustand, wobei die Energie des angeregten Moleküls strahlungslos in Wärme umgewandelt wird. Förster und Kaspar (1954) haben erstmals am Pyren beobachtet, daß sich bei höheren Konzentrationen statt der Konzentrationslöschung die strukturierte kurzwellige Fluoreszenz zu einer strukturlosen langwelligen Emission verschiebt (Abb. 4.14). Hier bildet das elektronisch angeregte Pyren mit einem Pyrenmolekül im Grundzustand im Stoßkomplex eine neue Moleküleinheit.

Da im Absorptionsspektrum keine Änderung mit steigender Konzentration erfolgt, existiert das dimere Molekül nur im angeregten Zustand. Man nennt derartige angeregte Dimere Excimer (excited dimer). Die Emission des Excimers und des Monomeren ist in Abb. 4.15 dargestellt. Es wird angenommen, daß im Excimer das angeregte und das nicht angeregte Molekül in Form eines „Sandwich" flach aufeinander liegen. Die elektronische Anregungsenergie wird aus diesem neuen Molekülverband strahlend abgegeben.

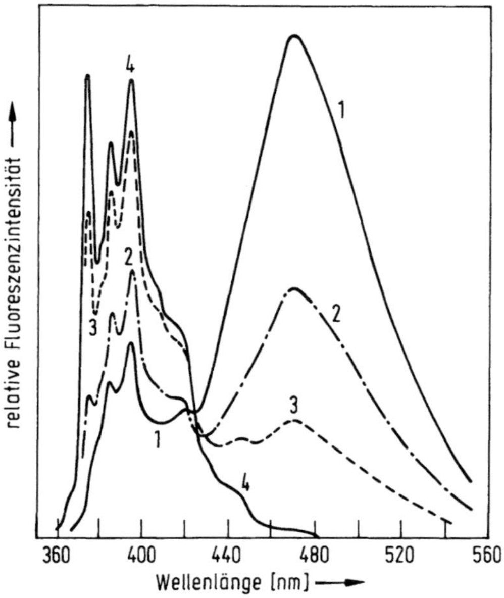

Abb. 4.14: Fluoreszenzspektren des Pyrens und seines Excimers in Äthanol
1 : c = 3 · 10^{-3} Mol/l, 2 : c = 10^{-3} Mol/l, 3 : c = 3 · 10^{-4} Mol/l, 4 : c = 2 · 10^{-6} Mol/l
(nach Parker, 1964).

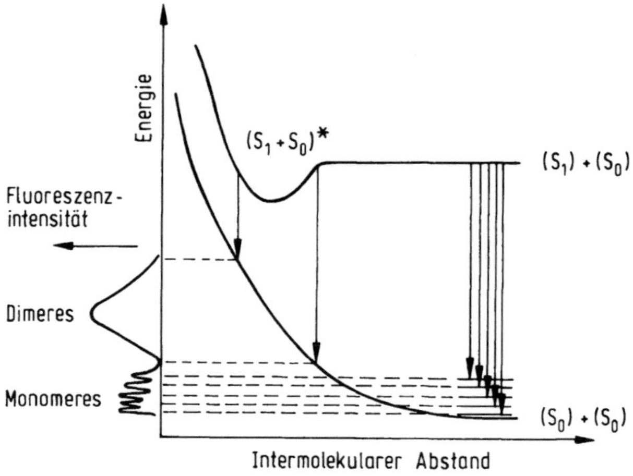

Abb. 4.15: Potentialkurven-Diagramm für Excimer und Monomeres.
Die gestrichelten Linien deuten die Schwingungsniveaus des Monomeren im Grundzustand an.

4.5.3.3 Phosphoreszenz
(Hercules, 1966, Parker, 1968, Becker, 1969)

Die Emission von Phosphoreszenz erfolgt aus den bereits geschilderten Gründen nur aus dem niedrigsten Triplett-Zustand [4]. Da der Triplett-Zustand energetisch unter dem Singulett-Zustand liegt, erfolgt seine Emission bei längeren Wellenlängen. Die Lage von S_0-S_X-Absorption, Fluoreszenz- und Phosphoreszenzemission zueinander sind in Abb. 4.16 am Beispiel des Naphthalins-D_{10} unter einheitlichen Meßbedingungen dargestellt.

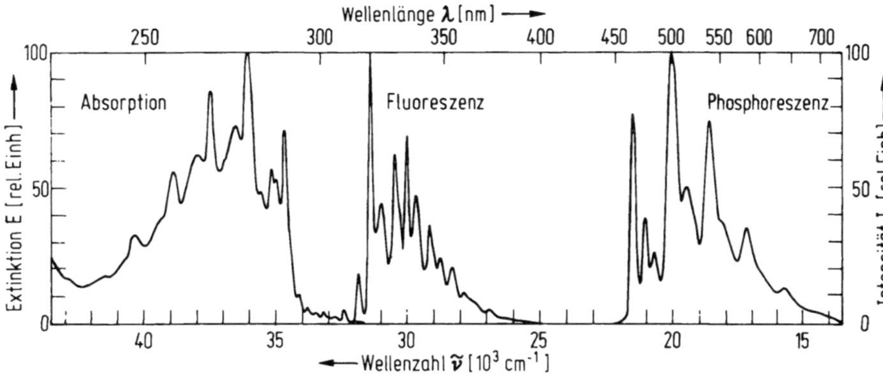

Abb. 4.16: Absorptions- und absolutes Fluoreszenz- und Phosphoreszenzspektrum des Naphthalin-D_{10} in EPA bei 77 K.

Für die Phosphoreszenzspektren gelten analog die Ausführungen zu den Fluoreszenzspektren. Schwingungstruktur, Spiegelbildsymmetrie, Stokes'sche Verschiebung und Rotverschiebung durch polare Solvatation werden auch hier beobachtet. Der Übergang in Absorption, mit dem alle diese Erscheinungen hier verglichen werden müssen, ist jedoch der $S_0 \rightarrow T_1$-Übergang, der wegen seiner geringen Übergangswahrscheinlichkeit ($\epsilon < 10^{-3}$ [l/mol · cm]) normalerweise nicht beobachtet wird. In vielen Fällen ist dies jedoch durch Anwendung besonderer experimenteller Techniken möglich, ($S_0 \rightarrow T_1$-Absorptionsspektroskopie, siehe Kap. 4.4.5 und 6.3.2). So konnte gezeigt werden, daß zwischen $S_0 \rightarrow T_1$-Absorption und Phosphoreszenz die gleichen Beziehungen bestehen, wie zwischen $S_0 \rightarrow S_1$-Absorption und Fluoreszenz.

Grundsätzlich ist auch die Aufnahme von Phosphoreszenzanregungsspektren möglich (Kearns und Case, 1966). Solange die Besetzung des niedrigsten Triplett-Zustandes nur von S_1 aus erfolgt, sollte hier eine der normalen Singulett-Absorption proportionale Phosphoreszenzemission beobachtet werden. Da jedoch die Phosphoreszenzspektroskopie experimentell schwierig ist (siehe Kap. 6), haben Phosphoreszenzanregungsspektren bisher keine analytische Bedeutung erlangt.

[4] Eine Ausnahme von dieser allgemeinen Regel scheint beim Ferrocen vorzuliegen (Scott und Becker, 1961).

Da der niedrigste Triplett-Zustand eine lange natürliche Lebensdauer besitzt, unterliegt er in hohem Maß Desaktivierungsprozessen der intermolekularen Energieübertragung (Kap. 4.4.1), insbesondere der Stoßdesaktivierung durch Moleküle des Lösungsmittels und der direkten Übertragung der elektronischen Anregungsenergie auf Verunreinigungen im Lösungsmittel. Bei Zimmertemperatur wird daher in Lösungen im allgemeinen keine Phosphoreszenz beobachtet. Erst bei tiefen Temperaturen (77 K) in eingefrorenen glasartigen Lösungen oder bei Zimmertemperatur in hochviskosen Lösungen bzw. in festen Polymeren werden die intermolekularen strahlungslosen Desaktivierungsprozesse soweit unterdrückt, daß Phosphoreszenz beobachtet werden kann. Phosphoreszenzmessungen müssen immer in sauerstofffreien Lösungen durchgeführt werden (siehe Kap. 6.8), da Sauerstoff (Triplett-Grundzustand) die Geschwindigkeit des strahlungslosen $T_1 \rightarrow S_0$-Übergangs so sehr beschleunigt, daß in seiner Gegenwart keine Phosphoreszenz beobachtet werden kann. Weitere wichtige meßbare Größen der Phosphoreszenz sind die Quantenausbeute, Q_P, und die Abklingzeit τ_P. Aus diesen beiden Größen kann nach den Ausführungen im Abschnitt 4.5.2, Gl. (4.12) die natürliche Lebensdauer des niedrigsten Triplett-Zustandes $\tau_{0(P)}$ berechnet werden. Durch Verwendung weiterer kinetischer Ansätze kann bei Kenntnis dieser Größen auch die Geschwindigkeitskonstante der strahlungslosen Desaktivierung und die Geschwindigkeitskonstante des $S_1 \rightarrow T_1$-Übergangs berechnet werden. Die Phosphoreszenzspektroskopie gewinnt in der analytischen Chemie zunehmend an Bedeutung (McCarthy und Wineforder, 1967, Zander, 1968).

4.5.3.4 Verzögerte Fluoreszenz

Während der langen Lebenszeit des niedrigsten Triplett-Zustandes besteht bei höheren Temperaturen eine endliche Besetzungswahrscheinlichkeit für höhere Schwingungsniveaus. Daher kann, wenn die Energiedifferenz zwischen S_1 und T_1 klein ist, auch der Übergang $T_1 \rightarrow S_1$ zurück erfolgen. Als Folge wird dann eine Emission mit der spektralen Verteilung der Fluoreszenz und den Zeitkonstanten der Phosphoreszenz beobachtet. Die Intensität dieser verzögerten Fluoreszenz ist der Anregungsintensität direkt und der Temperatur umgekehrt proportional.
Weiter kann eine verzögerte Fluoreszenz durch T-T-Löschung verursacht werden:

$$T + T \longrightarrow S_0 + S_1 \longrightarrow 2\,S_0 + h\nu'.$$

In diesem Fall ist die Intensität der Emission dem Quadrat der Anregungsintensität proportional.
Eine dritte Möglichkeit ist schließlich die sensibilisierte verzögerte Fluoreszenz. Sie kann als Folgereaktion der Triplett-Energieübertragung auftreten.

$$^3\text{Donator}^* + {}^1\text{Akzeptor} \longrightarrow {}^1\text{Donator}^* + {}^3\text{Akzeptor}.$$

Die verzögerte Fluoreszenz aus ^{1}Donator* kann anschließend nach einem der beiden oben beschriebenen Mechanismen erfolgen.

4.5.4 Strahlungslose Desaktivierung

(Seybold und Gouterman, 1965, Jortner u.a., 1969, Freed, 1972, Robinson, 1974)

Als strahlungslose Desaktivierungsprozesse der elektronischen Anregungsenergie sind zu unterscheiden:

a) Die innere Umwandlung zwischen Zuständen gleicher Multiplizität, die zwischen höheren angeregten Zuständen außerordentlich schnell verläuft, als Desaktivierungsmechanismus des S_1-Zustandes jedoch höchstens eine untergeordnete Rolle spielt.

b) S-T-Übergänge, die immer isoenergetisch, d.h. vom niedrigsten Schwingungsniveau des Ausgangszustandes in ein energiegleiches Schwingungsniveau des Endzustandes erfolgen.
Bei der anschließenden schnellen Schwingungsrelaxation wird der Energiebetrag, der der Differenz der beiden Elektronenzustände entspricht, als Wärme an die Umgebung abgegeben.

c) Energieübertragung (Berlman, 1973, Legg, 1973).
Befindet sich in der Umgebung des absorbierenden Moleküls, D, ein anderes Molekül, A, das einen energiegleichen oder energieärmeren Anregungszustand besitzt, so kann grundsätzlich die Anregungsenergie von D auf A übertragen werden:

$$D^* + A \longrightarrow A^* + D.$$

Bei den beiden ersten Prozessen wird die desaktivierte Anregungsenergie in Wärme umgewandelt. Die Umwandlung der absorbierten Lichtenergie in Wärme ist eine unerwünschte Begleiterscheinung aller durch Licht eingeleiteten Prozesse.

Der Prozeß der Energieübertragung ist vor allem für die sogenannten sensibilisierten Fotoreaktionen von Bedeutung und wird deshalb im folgenden Abschnitt eingehender behandelt.

4.5.4.1 Intermolekulare Energieübertragung

(Förster, 1959, Wilkinson, 1965, Bennett und Kellogg, 1967, Parker, 1968, Lamola, 1969).

4.5.4.1.1 Strahlende Energieübertragung (Trivialfall)

Elektronische Anregungsenergie kann über verschiedene Mechanismen vom Donator auf den Akzeptor übertragen werden. Da ist zunächst der häufig als „Trivialfall" bezeichnete Mechanismus der Energieübertragung durch Emission und Reabsorption. So einleuchtend ein solcher Mechanismus vor allem zur Übertragung von Singulett-Anregungsenergie wäre, also für Fluoreszenzemission von D und Reabsorption durch A, die beide nicht durch Übergangsverbote behindert sind, so spielt er doch eine völlig untergeordnete Rolle, weil andere strahlungslose Mechanismen eine größere Wahrscheinlichkeit besitzen. Der Trivialfall kann experimentell durch drei Kriterien ausgeschlossen werden.

1. Abhängigkeit der Fluoreszenzabklingzeit des Donators von der Akzeptorkonzentration.
2. Unabhängigkeit des Donator-Emissionsspektrums von der Akzeptorkonzentration (im Trivialfall wird das Emissionsspektrum durch Reabsorption verändert).
3. Reichweite. Der triviale Mechanismus hat eine praktisch unbegrenzte Reichweite, da Lichtquanten von D emittiert werden.

4.5.4.1.2 Strahlungslose Energieübertragung

Aus einer großen Zahl experimenteller Ergebnisse muß geschlossen werden, daß es zwei verschiedene strahlungslose Energieübertragungsmechanismen gibt:

1. Die Resonanzenergieübertragung durch eine weitreichende Dipol-Dipol-Wechselwirkung zwischen Donator und Akzeptor, die über Entfernungen erfolgen kann, die ein Vielfaches der Moleküldimensionen betragen. Die Geschwindigkeit der Energieübertragung nach diesem Mechanismus ist von Viskosität und Temperatur unabhängig.
2. Die Austauschenergieübertragung durch eine Wechselwirkung, die nur zwischen direkt benachbarten Molekülen wirksam ist. Die Geschwindigkeit der Energieübertragung nach diesem Mechanismus ist durch die Diffusion der Moleküle begrenzt und daher von der Viskosität und Temperatur der Lösung abhängig.

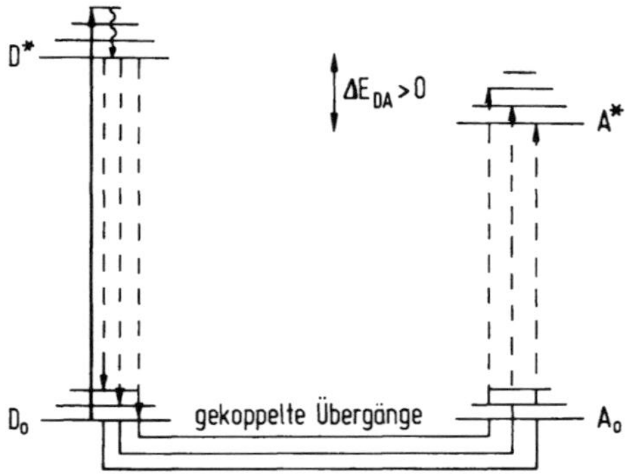

Abb. 4.17: Energietermschema zur Erklärung der energetischen Voraussetzungen einer strahlungslosen Energieübertragung durch gekoppelte Übergänge im angeregten Donator D* und Akzeptor A unter exothermen Bedingungen.

Die energetischen Voraussetzungen der Energieübertragung sind in Abb. 4.17 in einem Energietermschema dargestellt. Bei der Energieübertragung erfolgen im Donator und Akzeptor gekoppelte elektronische Übergänge, wobei jeweils die Energie des Übergangs in beiden Reaktionspartnern gleich groß ist. Die Namen der beiden

Mechanismen der strahlungslosen Energieübertragung sind von den jeweils wirksamen Kopplungswechselwirkungen abgeleitet.

4.5.4.1.2.1 Resonanzenergieübertragung

Im Fall der Resonanzenergieübertragung wird die Kopplung durch Dipol-Dipol-Wechselwirkung vermittelt. Förster (1965) hat für die Geschwindigkeitskonstante dieses Prozesses die folgende Beziehung abgeleitet

$$k_{(D^* \to A^*)} = \frac{K}{\tau_{0\,(D)}\, R^6} \int f_{D^*}(\tilde{\nu})\, \epsilon_A(\tilde{\nu})\, \frac{d\tilde{\nu}}{\tilde{\nu}^4}\,. \qquad (4.21)$$

Hier ist K eine Konstante, $\tau_{0(D)}$, die natürliche Lebensdauer des Donators, R der Schwerpunktsabstand zwischen D und A und $f_{D^*}(\tilde{\nu})$ und $\epsilon_A(\tilde{\nu})$ sind die spektralen Verteilungen der Donatoremission und der Akzeptorabsorption. Das Integral stellt ein Maß für die Erfüllung der in Abb. 4.17 dargestellten energetischen Voraussetzungen für die Energieübertragung dar, denn es berücksichtigt die spektrale Überlappung von Donatoremission und Akzeptorabsorption. Die Übertragungsgeschwindigkeit ist ferner, wie für Dipol-Dipol-Wechselwirkung zu erwarten, der sechsten Potenz des Molekülabstands umgekehrt proportional und schließlich ist sie der Lebensdauer des angeregten Donators umgekehrt proportional.
Für die verschiedenen möglichen Übertragungsreaktionen durch Resonanzenergieübertragung ergibt sich anhand der Gl. (4.21):

S-S: Hohe Übertragungsgeschwindigkeit, da beide Übergänge $S_{1,D} \to S_{0,D}$ und $S_{0,A} \to S_{1,A}$ erlaubt sind. Der kritische Radius R_0 [5] beträgt 50–100 Å.

T-T: Sehr kleine Übergangsgeschwindigkeit, da beide Übergänge, $T_{1,D} \to S_{0,D}$ und $S_{0,A} \to T_{1,A}$, verboten sind. T-T-Resonanzenergieübertragung konnte experimentell nicht beobachtet werden.

T-S: Kleine Übertragungsgeschwindigkeit, da der Übergang im Donator $T_{1,D} \to S_{0,D}$ verboten ist. Wegen der langen Lebensdauer des Donators kann eine derartige Energieübertragung aber trotz der geringen Übertragungsgeschwindigkeit zustande kommen, wenn die schnellere S-S-Resonanzenergieübertragung energetisch nicht möglich ist. R_0 beträgt hier etwa 20–50 Å.

4.5.4.1.2.2 Austauschenergieübertragung

Im Fall der Austauschenergieübertragung wird die Kopplung zwischen den Übergängen im Donator und Akzeptor durch elektrostatische Wechselwirkung zwischen

[5] Der kritische Radius R_0 ist definiert als derjenige Donator-Akzeptor-Abstand, bei dem die Geschwindigkeiten der bimolekularen Energieübertragung und der monomolekularen Desaktivierung gleich groß sind:

$$k_{(D^* \to A^*)}\,(D^*) \cdot (A) = k_D\,(D^*) \qquad 4.22$$

den Elektronenwolken der Reaktionspartner vermittelt. Im räumlichen Überlappungsgebiet der Elektronenwolken besteht keine eindeutige Zuordnung der Elektronen zu D oder A mehr, so daß ein angeregtes Elektron des Donators auch eine endliche Aufenthaltswahrscheinlichkeit im entsprechenden Anregungsniveau des Akzeptors hat und umgekehrt. Dexter (1953) hat gezeigt, daß die Wahrscheinlichkeit der Energieübertragung bei Austauschwechselwirkung, $P_{D^* \to A^*}$, dem Quadrat des quantenmechanischen *Austauschintegrals Z* proportional ist:

$$P_{(D^* \to A^*)} = K Z^2 \int f_{D^*}(\tilde{\nu})\, \epsilon_A(\tilde{\nu})\, d\tilde{\nu}. \qquad (4.23)$$

Hier ist K eine experimentelle Konstante und der Ausdruck unter dem Integral berücksichtigt die integrale Donatoremission und Akzeptorabsorption, also die energetischen Voraussetzungen der Energieübertragung. Der wichtigste Aspekt der Austauschwechselwirkung ist nun, daß aufgrund der *Born-Oppenheimer-Approximation* das *Austauschintegral Z* nicht durch Spinverbote beeinflußt wird, solange die Multiplizität der angeregten Zustände D* und A* einerseits, und der Grundzustände D und A andererseits, jeweils die gleiche ist. Daher ist hier die bei der Resonanzübertragung unwahrscheinliche T-T-Energieübertragung erlaubt.

$$D_{(T_1)} + A_{(S_0)} \longrightarrow D_{(S_0)} + A_{(T_1)}.$$

Tatsächlich wurden experimentell S-S- und T-T-Energieübertragungen durch Austauschwechselwirkung beobachtet, wobei Resonanzübertragung ausgeschlossen werden konnte. Auch im Fall von Austauschenergieübertragung ist die Wahrscheinlichkeit der S-S-Übertragung größer als die der T-T-Übertragung, da das Integral in Gl. (4.21) für erlaubte Übergänge (große ϵ_A-Werte) größere Werte hat als für verbotene Übergänge (kleine ϵ_A-Werte). Die kritischen Radien bei S-S-Austauschenergieübertragung liegen bei etwa 5 Å, bei T-T-Austauschenergieübertragung sind sie kleiner als 0,5 Å.

Da die Aufenthaltswahrscheinlichkeiten der Elektronen mit wachsendem Abstand vom Molekülschwerpunkt sehr schnell abnehmen, muß die Reichweite der Austauschwechselwirkung scharf begrenzt sein. Die gefundenen kleinen kritischen Radien erfüllen diese Bedingung. Weiter müssen die Geschwindigkeitskonstanten der Austauschenergieübertragung durch die Diffusion der Moleküle bestimmt sein. Tatsächlich haben die experimentell bestimmten Geschwindigkeitskonstanten bei Austauschenergieübertragung die für diffusionskontrollierte Reaktionen typische Größe von 10^9–10^{10} [l/mol · s].

4.5.4.2 Intramolekulare Energieübertragung
(Förster, 1959, Wilkinson, 1965, Lamola, 1969).

Die häufigsten strahlungslosen intramolekularen Energieübertragungsreaktionen sind die bereits behandelten Prozesse der inneren Umwandlung und die Singulett-Triplett-Übergänge.

Ferner ist noch intramolekulare Übertragung von Anregungsenergie zwischen zwei durch gesättigte Molekülteile verbundenen π-Elektronensystemen möglich (Lamola, 1969, Wilkinson, 1965).

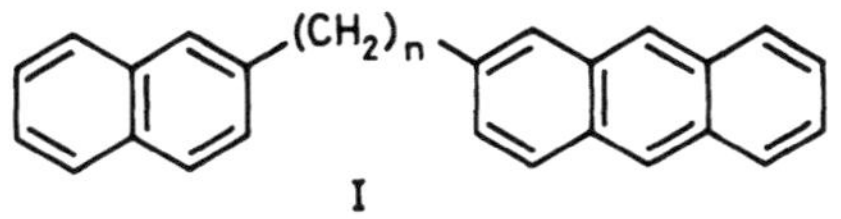

n = 1 bis 3

I

So wird z.B. im Molekül I (n = 1 bis 3) bei Einstrahlung in die Absorptionsbande des Naphthalins ausschließlich die Fluoreszenz des Anthracensystems beobachtet, während bei einer äquimolaren Mischung von 1-Methylnaphthalin und 9-Methylanthracen die Fluoreszenz der beiden aromatischen Systeme emittierte wird. Der Mechanismus ist in beiden Fällen S-S-Energieübertragung. Die intramolekulare Energieübertragung im Falle der Verbindung I erfolgt aber offensichtlich sehr viel schneller als die intermolekulare Resonanzenergieübertragung im Fall der äquimolaren Mischung.

Ein weiterer Typ der intramolekularen Energieübertragung liegt bei Chelatkomplexen der seltenen Erdmetalle vor (Turro, 1965). Liegt hier der niedrigste Triplett-Zustand des Metall-Kations tiefer als der T_1-Zustand des organischen Liganden, so wird als Folge der Lichtabsorption durch den letzteren eine Emission des Metallions beobachtet. Liegt der T_1-Zustand des Metall-Ions höher als der des Liganden, so wird die Emission des Liganden beobachtet.

4.5.5 Löschung elektronisch angeregter Zustände (Stern-Volmer-Gleichung)

Löschung eines angeregten Zustandes ist ganz allgemein jede Wechselwirkung eines angeregten Moleküls mit einem anderen Molekül, die zur Desaktivierung führt. In Gegenwart einer als Löscher besonders wirksamen Molekülart ergibt sich das folgende Reaktionsschema:

1. Absorption	$M + h\nu \longrightarrow M^*$	I_a [Einstein/l · s]
2. Emission	$M^* \longrightarrow M + h\nu'$	$k_E\,[s^{-1}]$
3. Löschung	$M^* + L \longrightarrow L + M +$ Wärme	k_L [l/Mol · s]
4. Desaktivierung	$M^* \longrightarrow M +$ Wärme	$k_D\,[s^{-1}]$.

Reaktion 1. umfaßt hier die Absorption und die anschließenden Umwandlungsprozesse bis zur Bildung des niedrigsten angeregten Singulett-Zustands im thermischen Gleichgewicht, I_a ist die absorbierte Lichtintensität, d.h. die Geschwindigkeit der Bildung von M* (ist M* ein Triplett, so kommt eine weitere Reaktionsgleichung hinzu). k_E, k_L und k_D sind die Geschwindigkeitskonstanten der einzelnen Desaktivierungsreaktionen.
Bei konstanter Lichteinstrahlung, und wenn keine irreversiblen fotochemischen Reaktionen vorliegen, gilt für die Änderung der Konzentration von M* im stationären Zustand:

$$\frac{d[M^*]}{dt} = I_a - (k_E + k_L \cdot [L] + k_D)[M^*] = 0 \tag{4.24}$$

bzw.

$$I_a = (k_E + k_L \cdot [L] + k_D)\,[M^*] \tag{4.25}$$

Wenn kein Löscher vorhanden ist ([L] = 0), gilt für die Quantenausbeute der Emission:

$$Q_E^\circ = \frac{k_E\,[M^*]}{I_a} = \frac{k_E}{k_E + k_D}. \tag{4.26}$$

In Gegenwart eines Löschers gilt für die Quantenausbeute

$$Q_E = \frac{k_E\,[M^*]}{I_a} = \frac{k_E}{k_E + k_L \cdot [L] + k_D}. \tag{4.27}$$

Die Division von Gl. (4.26) und Gl. (4.27) ergibt

$$\frac{Q_E^\circ}{Q_E} = \frac{k_E + k_L \cdot [L] + k_D}{k_E + k_D} = 1 + \frac{k_L\,[L]}{k_E + k_D}. \tag{4.28}$$

Gl. (4.28) ist unter dem Namen „Stern-Volmer-Gleichung" bekannt. Berücksichtigt man hier noch den kinetischen Ansatz für die experimentelle Lebensdauer der Emission ohne Zusatz eines Löschers

$$\tau_E = \frac{1}{k_E + k_D} \tag{4.29}$$

so nimmt die Stern-Volmer-Gleichung die folgende bekanntere Form an:

$$Q_E^\circ/Q_E = 1 + \tau_E\, k_L \cdot [L]. \tag{4.30}$$

Bei Gültigkeit des in den Gleichungen 1–4 angegebenen Mechanismus ergibt die Auftragung von $Q_E^\circ/Q_E - 1$ gegen [L] Geraden, deren Steigung den Werte für $k_L \tau_E$ angibt. Da τ_E unabhängig gemessen (Kap. 4.6.5 und 6.7) oder aus der Integration des Absorptionsspektrums errechnet (Kap. 4.5.2) werden kann, kann nun die Geschwindigkeitskonstante k_L für den bimolekularen Löschprozeß (Energieübertragung) berechnet werden. Abb. 4.18 zeigt ein typisches Stern-Volmer-Diagramm.

Die Löscher-Konzentration, bei der die Emission auf die Hälfte des Wertes ohne Löscherzusatz vermindert wird, nennt man Halbwertslöschkonzentration, $[L]_{1/2}$. Sie kann graphisch aus den Stern-Volmer-Diagrammen ermittelt werden als der Konzentrationswert, der zu dem Wert $(Q_E^\circ/Q_E)-1 = 1$ gehört.
Für die Geschwindigkeitskonstanten diffusionskontrollierter Löschreaktionen gibt die *Debye-Gleichung* eine obere Grenze an

$$k_L = 8\,R\,T/3000\eta \; [l/mol \cdot s]. \tag{4.31}$$

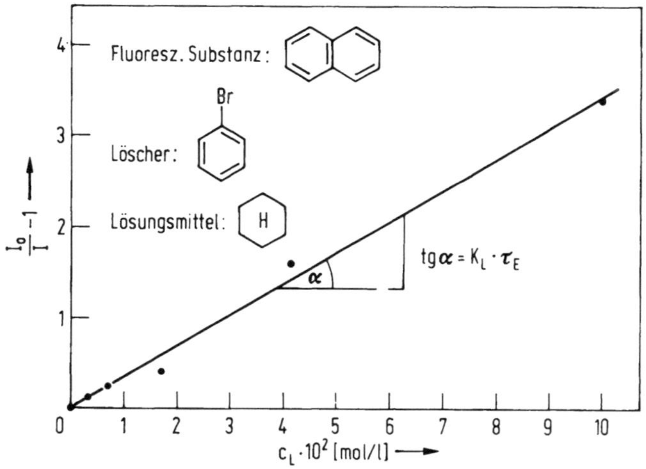

Abb. 4.18: Stern-Volmer-Diagramm für die bimolekulare Löschung der Fluoreszenzemission des Naphthalins durch Brombenzol in Cyclohexan bei Raumtemperatur. I bzw. I_0 = relative Fluoreszenzintensität mit und ohne Löscher.

Hier ist R die Gaskonstante, T die absolute Temperatur in K und η die Viskosität in centipoise. Für die üblichen Lösungsmittel bei 25 °C ergeben sich aus der Debye-Gleichung Werte für k_L in der Größenordnung von 10^9 bis 10^{10} [l/mol · s].

Man bezeichnet eine Reaktion als diffusionskontrolliert, wenn ihre Geschwindigkeit ganz oder überwiegend durch die Diffusionsgeschwindigkeit der Reaktionspartner bestimmt ist, d.h. wenn jede Begegnung der Reaktionspartner zur Reaktion führt. In kondensierter Phase und in Lösungen bedeutet eine Begegnung etwa 10 bis 100 Stöße der Reaktionspartner miteinander, da diese vom Lösungsmittel wie von einem Käfig umgeben sind.

In Tab. 4.3 sind für Halbwertslöschkonzentrationen von 10^1 bis 10^{-7} [mol/l] die Geschwindigkeitskonstanten der bimolekularen Löschung, k_L, für schnelle und langsame Emissionsprozesse (Fluoreszenz und Phosphoreszenz) und die Geschwindigkeitskonstanten der Emission bei konkurrierender diffusionskontrollierter Löschung entsprechend der Stern-Volmer-Gleichung aufgeführt.

Die tabellierten Werte ermöglichen eine Abschätzung der Effektivität einer Löschung:

1. bei $L_{1/2} < 10^{-3}$ [mol/l] werden fluoreszierende S_1-Zustände nur teilweise gelöscht, da $k_F > 10^{-6}\ s^{-1}$ ist.
2. bei $L_{1/2} > 10^{-4}$ [mol/l] werden alle phosphoreszierenden Triplett-Zustände gelöscht.
3. bei $L_{1/2} \sim 10^{-1}$ [mol/l] werden Fluoreszenz und Phosphoreszenz vollständig gelöscht.

Diese Halbwertslöschkonzentrationen gelten für diffusionskontrollierte Reaktionen, wo jede Begegnung zwischen einem angeregten und dem löschenden Molekül zur Löschung führt.

Tab. 4.3: Typische Halbwertslöschkonzentrationen (in mol/l) für Geschwindigkeitskonstanten der bimolekularen Löschung

$[L]_{1/2}$(Mol/l)	k_L [l/mol · s][a) (für $k_E = 10^8\ s^{-1}$)	k_L(l/mol · s][b) (für $k_E = 10^3\ s^{-1}$)	$k_E [s^{-1}]$[c) (für $k_L = 10^{10}$ [l/mol·s]
10	10^7	10^2	10^{11}
1	10^8	10^3	10^{10}
10^{-1}	10^9	10^4	10^9
10^{-2}	10^{10}	10^5	10^8
10^{-3}	10^{11}	10^6	10^7
10^{-4}	10^{12}	10^7	10^6
10^{-5}	10^{13}	10^8	10^5
10^{-6}	10^{14}	10^9	10^4
10^{-7}	10^{15}	10^{10}	10^3

a) für Fluoreszenz, b) für Phosphoreszenz, c) diffusionskontrollierte Löschung.

Literatur

Becker, R.S. (1969): Theory and Interpretation of Fluorescence and Phosphorescence, Wiley-Interscience, New York.

Beer, M. and Longuet-Higgins, H.C. (1955): J. Chem. Phys. *23*, 1390.

Bennett, R.G. and Kellogg, R.E. (1967): Mechanism and Rates of Radiationless Energy Transfer, in Progr. Reaction Kinetics *4*, 215–238.

Berlman, I.B. (1971): Handbook of Fluorescence Spectra of Aromatic Molecules. Academic Press, New York und London.

Berlman, I.B. (1973): Energy Transfer Parameters of Aromatic Compounds. Academic Press, New York.

Berlman, I.B. and Steingraber, O.J. (1965): J. Chem. Phys. *43*, 2140.

Dexter, D.L. (1953): J. Chem. Phys. *21*, 836.

van Duuren, B.L. (1963): Chem. Rev. *63*, 325–354.

Eisenbrand, J. (1966): Fluorimetrie. Wissenschaftl. Verlagsgesellschaft, Stuttgart.

Finkelnburg, W. (1964): Einführung in die Atomphysik. Springer-Verlag, Berlin, Göttingen, Heidelberg.

Förster, Th. (1951): Fluoreszenz organischer Verbindungen. Vandenhoeck und Ruprecht, Göttingen.

— (1959): Discussions Faraday Soc. *27*, 7.

— (1965): Delocalized Excitation and Excitation Transfer, in Modern Quantum Chemistry *3*, (Sinanoglu, ed.), Academic Press, New York.

— (1969): Angew. Chem. *81*, 364–374.

Förster, Th. und Kaspar, K. (1954): Z. Phys. Chem. N.F. *1*, 275.

Freed, K.F. (1972): The Theory of Radiationless Processes in Polyatomic Molekules, Fortschr. Chem. Forsch. *31*, 105–139.

Guilbault, G.G. (1973): Practical Fluorescence. Theory, Methods and Techniques. Marcel Dekker Inc., New York.

Hercules, D.M. (1966): Fluorescence and Phosphorescence Analysis. Interscience, New York.

Jablonski, A. (1933): Nature, *131*, 839.

Jaffé, H.H. and Orchin, M. (1962): Theory and Applications of Ultraviolet Spectroscopy. John Wiley & Sons Inc., New York.

Jortner, J., Rice, S.A. and Hochstrasser, R.M. (1969): Radiationless Transitions in Photochemistry, in Advan. Photochem. 7, 149–310.

Kasha, M. (1952): J. Chem. Phys. *20*, 71.

Kearns, D.R. and Case, W.A. (1966): J. Amer. Chem. Soc. *88*, 5087.

Kortüm, G. (1962): Kolorimetrie, Fotometrie und Spektroskopie, Springer-Verlag, Berlin, Göttingen, Heidelberg.

Labhart, H. (1966): Experientia *22*, 65–72.

Lamola, A.A. (1969): Electronic Energy Transfer in Solution: Theory and Application, in Technique of Organic Chemistry (Weissberger, A., ed.) *16*, 17–132.

Landolt, Börnstein (1951): Zahlenwerte und Funktionen aus Physik, Chemie, Astronomie, Geophysik, Technik, 6. Aufl., *I*, Teil 3. Springer-Verlag, Berlin, Göttingen, Heidelberg.

Lang, L. (1959–1974): Absorption Spectra in the Ultraviolet and Visible Region, Vol. *1–19*, Publ. House Hungarian Academ. of Science, Budapest und Academic Press, New York.

Legg, K.D. (1973): J. Chem. Educ. *50*, 848.

Liptay, W. (1965): Z. Naturforsch. *20a*, 1441–1471.

McCarthy, W.J. and Wineforder, J.D. (1967): Phosphorimetry as a mean of Chemical Analysis, in Fluorescence (Guilbault, G.G. ed.) 1st ed., 371–442, Edward Arnold Ltd., London und Marcel Dekker Inc., New York.

McGlynn, S.P., Azumi, T. and Kasha, M. (1964): J. Chem. Phys. *40*, 507.

Murrell, J.N. (1963): The Theory of the Electronic Spectra of Organic Molecules, John Wiley & Sons Inc., New York.

Organic Electronic Spectral Data, Vol. *1–8*, Interscience Publ., New York (1960–1972).

Parker, C.A. (1964): Phosphorescence and Delayed Fluorescence from Solutions, in Advan. Photochem. *2*, 305–384.

— (1968): Photoluminescence of Solutions with Applications to Photochemistry and Analytical Chemistry. Elsevier, Amsterdam.

Pestemer, M. (1964): Anleitung zum Messen von Absorptionsspektren im Ultraviolett und Sichtbaren. Georg Thieme Verlag, Stuttgart.

Pringsheim, P. (1949): Fluorescence and Phosphorescence. John Wiley – Interscience, New York.

Robinson, G.W. (1974): Molecular Electronic Radiationless Transition, in Excited States, (Lim. E.C., ed.) Vol. *1*, 1–34. Academic Press, New York und London.

Schenk, G.H. (1973): Absorption of Light and Ultraviolet Radiation: Fluorescence and Phosphorescence Emission. Allyn and Bacon Inc., Boston.

Scott, D.R. and Becker, R.S. (1961): J. Phys. Chem. *35*, 516.

Seybold, P. and Gouterman, M. (1965): Chem. Rev. *65*, 413–423.

Strickler, S.J. and Berg, R.A. (1962): J. Chem. Phys. *37*, 814.

Turro, N.J. (1965): Molecular Photochemistry, W.A. Benjamin, Inc., New York.

Viswangth, G. and Kasha, M. (1955), J. Chem. Phys. *24*, 574.

Ware, W.R. (1968): Luminescence in Organic Systems, in Survey Progr. Chem. *4*, 205–270.

Wehry, E.L. (1967): Phosphorescence and Delayed Fluorescence from Solutions, in Fluorescence (Guilbault, G.G. ed.) 1st ed., 37–132. Edward Arnold Ltd. London und Marcel Dekker Inc., New York.

White, C. and Argauer, R.J. (1970): Fluorescence Analysis. Marcel Dekker Inc., New York.

Wilkinson, F. (1965): Electronic Energy Transfer between Organic Molecules in Solution, in Advan. Photochem. *3*, 241–268.

Zander, M. (1968): Phosphorimetrie, Academic Press, New York, London.

5 Messung ultravioletter Strahlung

R. Schulze, I. Bensel

5.1 Übersicht

5.1.1 Nachweismöglichkeiten

Jede Strahlenmessung beruht auf der Ausnutzung einer der verschiedenen Strahlenwirkungen, der Umwandlung der Strahlenenergie in eine andere Energie, in Ausnahmefällen in Strahlung anderer Wellenlängen. Bei der Auswahl der günstigsten Nachweismethode spielt die Energie der Photonen eine wichtige Rolle (s. Tab. 5.1).

Tab. 5.1: Die Energie der Photonen mit zugehöriger Wellenlänge; Angriffsort der Photonen; Meßinstrumente für die verschiedenen Strahlenarten und deren untere Ansprechgrenze.

Art	kosmische Ultrastrahlung	Röntgenstrahlung	UV und sichtbare Strahlung	Infrarot	Hochfrequenzstrahlung
Energie [eV]	$10^8 \ldots 10^6$	$10^6 \ldots 10^2$	$10^2 \ldots 1$	$1 \ldots 10^{-3}$	$10^{-3} \ldots 10^{-6}$
Wellenlänge [m]	$10^{-14} .. 10^{-12}$	$10^{-12} .. 10^{-8}$	$10^{-8} .. 10^{-6}$	$10^{-6} .. 10^{-3}$	$10^{-3} \ldots 1$
Wechselwirkung mit	Atomkern u. -hülle	innere Hüllenelektronen	äußere Hüllenelektronen (Valenzelektronen)	Moleküle, Kristallgitter	freie Leitungselektronen
Nachweisgeräte	Szintillationszähler, Ionisationskammer Zählrohr etc.		Vakuum-Fotozellen (a) Gas-Fotozelle (b) Fotoelement (c) Zählrohr (d) Auge (e)	Thermoelement Bolometer Radiometer Golay-Zelle etc.	Antenne
ungefähre Nachweisgrenze [$W \cdot m^{-2}$]	$10^{-8} \ldots 10^{-10}$	$10^{-8} \ldots 10^{-10}$	10^{-11} (a) 10^{-12} (b) 10^{-8} (c) 10^{-14} (d) 10^{-12} (e)	$10^{-6} \ldots 10^{-8}$	10^{-20} (λ = 10 m)

Die UV-Meßtechnik nutzt bevorzugt die Wirkung der

Fotoeffekte (Fotozelle, Fotoelement, Fotowiderstände, Fotovervielfacher, Bild- u. Frequenzwandler),

Erwärmung (Thermosäule, Bolometer, Golayempfänger),

Dissoziation (Fotoplatte, fotochemische Empfänger),

Fluoreszenz (Leuchtstoffe in Verbindung mit Fotoelementen, Fotovervielfachern).

Die Energie der UV-Photonen läßt sich leicht durch Multiplikation der Planckschen Konstanten h = $6{,}6242 \cdot 10^{-34}$ W s^2 mit der Frequenz der Strahlung (Hertz, s^{-1}) berechnen; so ergibt sich z.B.:

Wellenlänge	(nm)	200	300	400
Frequenz	(s^{-1})	$1{,}499 \cdot 10^{15}$	$9{,}993 \cdot 10^{14}$	$7{,}494 \cdot 10^{14}$
Photonenenergie	(Ws)	$9{,}929 \cdot 10^{-19}$	$6{,}619 \cdot 10^{-19}$	$4{,}694 \cdot 10^{-19}$
Photonenenergie	(eV)	6,198 (6,2)	4,132 (4,1)	3,099 (3,1)

(1 eV = $1{,}602 \cdot 10^{-19}$ Ws).

5.1.2 Betrachtung zur Meßgrenze

5.1.2.1 Empfänger

Energien des oben genannten Größenbereichs stehen den UV-Photonen zur Verfügung, um z.B. Elektronen durch *Fotoeffekt*-Prozesse aus ihrer Bindung an Atom- bzw. Festkörperpotentiale zu befreien und damit meßbare Fotoströme bzw. Leitfähigkeitsänderungen zu produzieren. Dieser Auslöseprozeß unterliegt statistischen Gesetzen, wobei zu berücksichtigen ist, daß ein Photon höchstens ein Fotoelektron auslöst; überschüssige Energien werden in kinetische Energie umgewandelt.
Nimmt man an, daß zur statistischen Absicherung einer Strommessung ein Elektronenfluß von etwa 1000 Elektronen/s erforderlich ist, ergibt sich etwa eine untere Fotostromgrenze von $10^3 \cdot 1{,}6 \cdot 10^{-19}$ A = $1{,}6 \cdot 10^{-16}$ A. Mindestens 1000 Photonen pro sec sind hiernach für die fotoelektrische Strahlungsmessung erforderlich; dies entspricht bei einer Wellenlänge von 300 nm einem Strahlungsfluß von $6{,}6 \cdot 10^{-16}$ W, im Falle einer Sensorfläche von 1 cm^2 also einer Bestrahlungsstärke von $6{,}6 \cdot 10^{-16}$ W $\cdot$ cm^{-2}. Da die Elektronenausbeute (Anzahl der Fotoelektronen/Anzahl der Photonen) immer kleiner als 1 ist, spricht man in der herkömmlichen Meßtechnik von einer unteren Meßgrenze von 10^{-15} W $\cdot$ cm^{-2} (für das menschliche Auge wie für den Tastsinn: 10^{-16} W $\cdot$ cm^{-2}). Mit Hilfe der modernen Elektronik ist es jedoch möglich, diese Grenze noch zu unterschreiten, ganz besonders im Fall der Photonenzähler-Technik.

Entsprechende Überlegungen gelten für die Umsetzung von Strahlungsenergie in Wärme. Hier ist die Auswertung des zweiten Hauptsatzes der Thermodynamik zu berücksichtigen, der die Ausbeute von Wärmeenergie bei deren Umsetzung in mechanische Arbeit (hier u.a. Drehung des Galvanometerspiegels) in Abhängigkeit von der Temperaturerhöhung gegenüber der Umgebungstemperatur beschreibt. Da bei geringen Bestrahlungsstärken die erzielten Temperaturerhöhungen niedrig sind, sinkt die Ausbeute oft auf 10^{-10} und die physikalisch untere Meßgrenze thermischer Strahlungsempfänger auf ca. 10^{-8} W/cm^2.

5.1.2.2 Signalerfassung

Entscheidend für die Lage der unteren Meßgrenze sind auch die Grenzbedingungen, denen die Signalerfassung unterliegt.
Betrachtet man die Erfassung von Thermo- bzw. Brückenspannungen, so liegt die Meßbarkeitsgrenze in der Größenordnung von 10^{-9} V. Für den Fall des Galvanometers machen die Nullage – Schwankungen des Galvanometerspiegels aufgrund der Brownschen Molekularbewegung den Nachweis elektronischer Leistungen unter 10^{-18} W unmöglich. Bei einem Innenwiderstand des Galvanometers von 100 Ohm, sind dann 10^{-8} V und 10^{-10} A die Grenzwerte; wollte man $1 \cdot 10^{-9}$ V noch nachweisen, müssen sehr kleine Innenwiderstände von 1 Ohm realisiert werden; Versuche in dieser Entwicklungsrichtung sind für hochempfindliche Galvanometer gescheitert, allein schon wegen der Probleme mit vagabundierenden Thermospannungen in den Zuleitungen.

Die Erfahrung lehrt für Galvanometer, bezogen auf einen sicheren Skalenteil Ausschlag:

Innenwiderstand	10 Ohm	100 Ohm	1000 Ohm
$1 \cdot 10^{-18}$ W/Skt (Spiegelgalvanometer)	$3 \cdot 10^{-9}$ V/Skt $3 \cdot 10^{-10}$ A/Skt	$1 \cdot 10^{-8}$ V/Skt $1 \cdot 10^{-10}$ A/Skt	$3 \cdot 10^{-8}$ V/Skt $3 \cdot 10^{-11}$ A/Skt
$1 \cdot 10^{-14}$ W/Skt (Spannband-Lichtzeigergalv.)	$3 \cdot 10^{-7}$ V/Skt $3 \cdot 10^{-8}$ A/Skt	$1 \cdot 10^{-6}$ V/Skt $1 \cdot 10^{-8}$ A/Skt	$3 \cdot 10^{-6}$ V/Skt $3 \cdot 10^{-9}$ A/Skt
$1 \cdot 10^{-10}$ W/Skt (Zeigergalvanometer)	$3 \cdot 10^{-5}$ V/Skt $3 \cdot 10^{-6}$ A/Skt	$1 \cdot 10^{-4}$ V/Skt $1 \cdot 10^{-6}$ A/Skt	$3 \cdot 10^{-4}$ V/Skt $3 \cdot 10^{-7}$ A/Skt

(Herstellerfirmen u.a. $1 \cdot 10^{-18}$ W/Sktl: Kipp & Zonen; $1 \cdot 10^{-14}$ W/Sktl: Dr. Bruno Lange, Siemens; $1 \cdot 10^{-10}$ W/Sktl: Siemens).

Für *Elektrometer* gilt die gleiche Beschränkung aufgrund der Brownschen Molekularbewegung, ihre kleinste meßbare Spannung liegt bei $1 \cdot 10^{-3}$ V/Skt, der Strom somit bei 10^{-15} A/Skt.

Hiernach eignen sich

für niedere Spannungen: Galvanometer ($3 \cdot 10^{-9}$ V/Skt),

für niedere Ströme: Elektrometer ($1 \cdot 10^{-15}$ A/Skt).

Die angegebenen $1 \cdot 10^{-15}$ A/Skt entsprechen einem Fluß von 6000 Elektronen pro Sekunde und liegen auch aus diesem Grunde an der Grenze der statistischen

Absicherung des Meßergebnisses – ganz abgesehen von der möglichen Einstreuung von Fremdfeldern, die man durch Faraday-Käfige zu unterdrücken versucht. Hinzu tritt die Ionisation durch die Kosmische Ultrastrahlung (2 Ionen/cm^3 s), gegen die man sich nur mit sehr hohem Aufwand schützen kann. Bei einem Volumen von 500 cm^3 der Faden- oder Spiegelelektrometer einschließlich Zuleitung führt dies schon zu 10^3 Ionenpaaren pro Sekunde, die wie ein Ableitwiderstand wirken. Um ihren Einfluß gänzlich zu vermeiden, läßt man oft den Meßstrom über einen Hochohm-Widerstand abfließen und mißt mit dem Elektrometer den Spannungsabfall an diesem.
Es ergeben sich dann z.B. folgende Stromempfindlichkeiten:

$1 \cdot 10^{-3}$ V/Skt				
Ω	10^{12}	10^{11}	10^{10}	10^{9}
A [Skt]	10^{-15}	10^{-14}	10^{-13}	10^{-12}

Widerstände von 10^{12} Ω liefern unter normalen Bedingungen bereits ein beträchtliches thermisches Rauschsignal (s. a. Tab. 5.5). Verzichtet man auf den Ableitwiderstand, so können die Elektrometer nach den in Abb. 5.1 angeführten Schaltungen der Auf- und Entlademethoden verwendet werden.

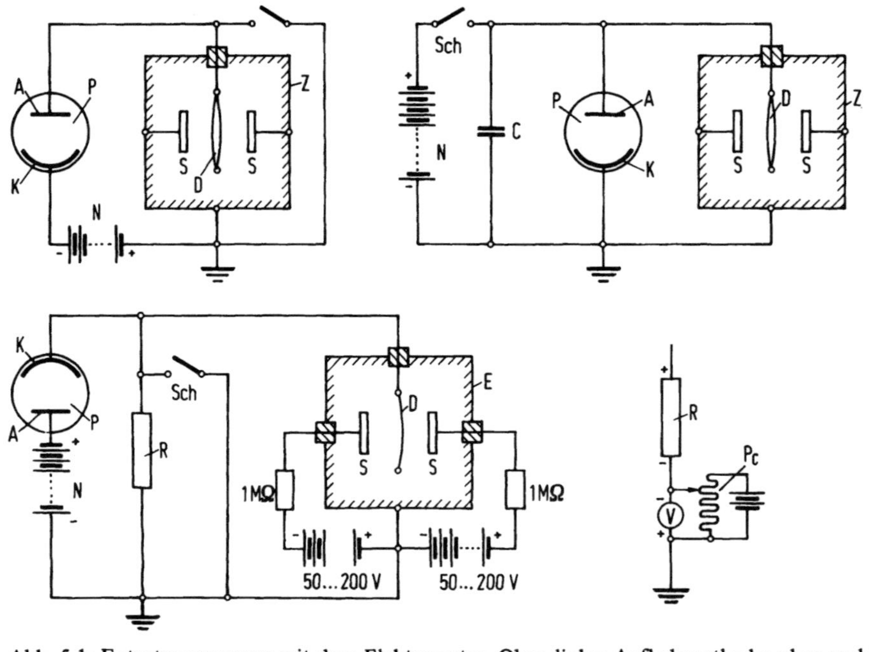

Abb. 5.1: Fotostrommessung mit dem Elektrometer. Oben links: Auflademethode; oben rechts: Entlademethode; unten links: Messung mit konstantem Ausschlag; unten rechts: dazugehörige Kompensationsschaltung.

Die elektronischen *Gleichstrom-Verstärker* sind vielfach physikalisch den Elektrometern mit Ableitwiderstand gleichzusetzen. Sie bieten den Vorteil der Ausschaltung der Brownschen Molekularbewegung auf das Anzeigeinstrument. Man erreicht deshalb fast nahezu die theoretische Meßgrenze von 3 kT ($\sim 10^{-20}$ Ws, bei 10 s Meßdauer: 10^{-21} W), oder 10^{-5} V und 10^{-16} A. Es empfiehlt sich, diese Verstärker statisch gut geschützt in einem evakuierten Gefäß unterzubringen.

Da bei 10^{-16} A lediglich 10^3 Elektronen pro Sekunde zur Messung kommen, muß jeder Rückstrom im ersten Verstärkerrohr (z.B. durch Ionen des Restgases) vermieden werden; hierzu entwickelte man schon frühzeitig „Elektrometerröhren" mit gesondert ausgeführtem Gitter für 8 V Anodenspannung. Zu erwartende Schwankungen des Glühelektronenstromes versuchte man durch Gegeneinanderschalten zweier paarig ausgesuchter Elektrometerröhren zu vermeiden. In einer Wheatstoneschen Brücke ersetzen sie zwei der vier üblichen Widerstände, die Heizung ist hintereinandergeschaltet, der hochohmige Ableitwiderstand liegt zwischen beiden Steuergittern (s. Abb. 5.2). Erreicht wurden mit dieser Schaltung: $6 \cdot 10^{-5}$ V/Skt und $3 \cdot 10^{-16}$ A/Skt ($= 1{,}8 \cdot 10^{-20}$ W/Skt), (s. Schulze, 1938).

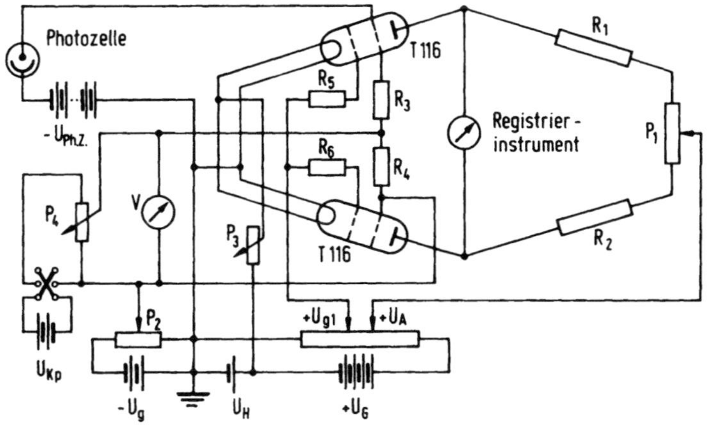

Abb. 5.2: Verstärker in Brückenschaltung mittels Elektrometer-Röhren. Nach Schulze (1938).

Bei dieser Art von Gleichstromverstärkung vervielfacht man den Meßstrom auf Kosten der Meßspannung und erhöht nur wenig die Leistung. Dies ist vielmehr von *Wechselstrom-Verstärkern* zu erwarten, zu deren Speisung der zu messende Gleichstrom zerhackt oder moduliert wird. Bei den elektromagnetisch, nach Art von Relais arbeitenden Zerhackern treten oft Sprünge von $1 \cdot 10^{-5}$ V auf, so daß auch hierdurch eine untere Meßgrenze gesetzt ist.

Bei der *Modulation* prägt man der zu messenden Strahlung ein Wechsel-Signal auf und verstärkt lediglich dieses. Gleichströme, hervorgerufen von etwaiger eingestreuter Strahlung, werden so nicht mitverstärkt. Meist wählt man zur Modulation „shopper", also rotierende Spiegel oder Lochräder, und zur Verstärkung Selektiv-Verstärker (Schmalband-Verstärker oder „Lock-In"-Verstärker), deren untere Meßgrenze auch durch die Wahl von RC-Gliedern (Zeitkonstanten) variiert werden kann.

Neuerdings steht ein vielfältiges Angebot von Bausteinen in IC- oder Hybrid-Technik zum Aufbau von *Operationsverstärkern* zur Verfügung; eine Zusammenstellung ist bei Günther Czmock (1972) zu finden. Sie sind durch entsprechende Beschaltung jedem Anwendungsfall anzupassen. Eine einfache Schaltung zur Fotostrom-Verstärkung zeigt die Abb. 5.3.

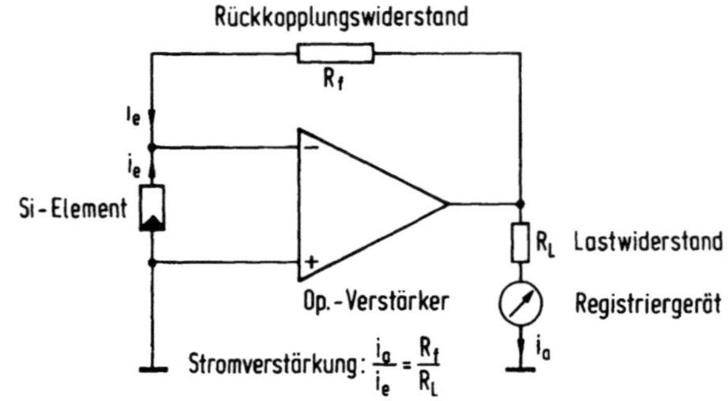

Abb. 5.3: Beschaltung von Operations-Verstärker zur Messung kleiner Kurzschlußströme von Silizium-Elementen.

Darüberhinaus bietet für hochempfindliche Messungen der Markt spezielle Elektrometer-Verstärker beziehungsweise Nanovoltverstärker. Die Elektrometer-Cary 401 (Fa. Cary Instruments, USA) bzw. Keithley Model 640 (Keithly Instruments, USA) besitzen einen Eingangswiderstand $> 10^{16}\ \Omega$; ihre Strommeßgrenze liegt in der Größenordnung 10^{-17} A (bei einer Meßzeit für 99 % von 100 s). Für das Nanovoltmeter Keithley Model 148 ist eine Auflösung besser als 1 nV angegeben (Quellwiderstand $\leqslant 10\ \Omega$, Meßzeit für 90 % : 12 s).
Zur Wechsellicht-Verstärkung stehen „Lock-In"-Verstärker zur Verfügung. Ihr Frequenzbereich erstreckt sich bis ca. 100 kHz. Über spezielle Vorverstärker und bei Anwendung großer Zeitkonstanten werden Vollausschläge von 10^{-15} A erzielt (z.B. Dynatrac 391 A von Fa. Ithaco, USA, oder Modell 195 von Fa. Princeton Applied Research, USA).
Für die Messung kleinster Strahlungsflüsse mit dem Verfahren der Photonenzählung (z.B. unter Einsatz von Fotomultipliern) bietet die Elektronik-Industrie Impulsvorverstärker und Impulshöhen-Diskriminatoren an (z.B. Fa. Princeton Applied Research GmbH, 8034 Unterpfaffenhofen).

5.2 Strahlungsempfänger

Neben der bereits beschriebenen Differenzierung nach den ausgenutzten Photonenwirkungen werden Strahlungsempfänger auch nach ihrer spektralen Empfindlichkeit unterschieden: Wird Strahlung entsprechend ihrer Energie, unabhängig von der Wellenlänge erfaßt, spricht man von *unselektiven Empfängern.*
Unselektive Strahlungsempfänger sind von Natur aus nur auf thermischer Basis durch gleichmäßige Schwärzung der Empfängerschicht herzustellen. Sie eignen sich besonders zur wellenlängenunabhängigen Messung größerer Spektralbereiche; durch entsprechende Auswahl der Fenstermaterialien lassen sich Empfänger für definierte Spektralbereiche herstellen.

Selektive Strahlungsempfänger – also Empfänger mit nichtkonstanter spektraler Empfindlichkeit – sind vorteilhaft einzusetzen, wenn engbegrenzte Spektralgebiete zu untersuchen sind bzw. auf wellenlängenunabhängige Strahlungsbewertung verzichtet werden kann.
Wegen der starken Wellenlängenabhängigkeit des fotoelektrischen Effektes arbeiten praktisch alle Fotozellen, -elemente und -widerstände selektiv.
Durch Kombination unterschiedlich fotoelektrisch-empfindlicher Materialien können größere Spektralbereiche erfaßt werden. In Verbindung mit geeigneten Filtern kann für begrenzte Spektralgebiete Unselektivität approximiert werden.

Seit einigen Jahren werden solche Strahlungsmeßgeräte angeboten. An sich selektive Empfänger, wie Fotoelemente oder Fotovervielfacher gestatten durch Zuschaltung geeigneter Filterkombinationen quasi wellenlängenunabhängige Messungen von Ultravioletten bis ins nahe Infrarot (5.2.4: UV-Strahlungsmeßgeräte).

5.2.1 Thermische Strahlungsempfänger

Trotz ihrer geringen Ausbeute sind die thermischen Strahlungsempfänger oft unentbehrlich für die Messung ultravioletter Strahlung, zumindest wenn es. sich um Absolutbestimmungen handelt. Die optischen Eigenschaften ihrer Empfangsflächen müssen weitgehend unabhängig von der Wellenlänge sein, also gleichmäßig grau bzw. im Idealfall gleichmäßig schwarz. Ausgenommen hiervon sind Sonderfälle, bei denen das Ziel vorliegt, ein spezielles Wellenlängengebiet besonders zu berücksichtigen. Hierfür eignen sich unter anderem auch polierte Metalloberflächen, bei deren Anwendung die Empfindlichkeit eines Vakuumthermoelements verzehnfacht werden kann (gegenüber geschwärzter Oberfläche, weil der Verlust an infraroter Abstrahlung vermieden wird.

Dem Idealfall möglichst totaler und vom Einfallswinkel unabhängiger Absorption über einen ausgedehnten Wellenlängenbereich kommen z.B. folgende Matt-Lacke sehr nahe:
Parsons Optical Black Lacquer (Absorptionsmittelwert: 98,5 %)
(Fa. EPLAB, Newport, USA bzw. über Weltstrahlungszentrale Davos, Schweiz)
Velvet Coating 2010: Farbton 9005 Tiefschwarz
(3 M Deutschland GmbH, 2102 Hamburg 93).
Die hervorragenden optischen Eigenschaften der Lacke sind nur bei sorgfältiger Verarbeitung zu erzielen. Ausführliche Untersuchungen der Lacke sind bei W.Y. Ramsey (1964) zu finden (s.a. L. Harris (1967) sowie K.J.K. Buettner und C.D. Kern (1965).

Die schwarze Empfangsfläche bringt man in einem luftdichten Gefäß mit einem Fenster aus Quarz oder Saphir unter, um sie einerseits vor Belüftung zu schützen und andererseits ihre infrarote Abstrahlung zu kompensieren.

Vakuum-Empfänger sind ca. 5–10 fach empfindlicher und erheblich weniger störanfällig als die in Luft befindlichen Detektoren. Es muß jedoch sichergestellt sein, daß geeignete Fenstermaterialien für das jeweils interessierende Spektralgebiet ververwendet werden, um unerwünschte Empfängerselektivität zu vermeiden.

Außerdem ist darauf zu achten, daß im Laboratorium möglichst Temperaturkonstanz herrscht und der Empfänger sich auf Umgebungstemperatur befindet, da sonst mit Nullpunktwanderungen zu rechnen ist. Auch kompensierte Empfänger, bei denen dem bestrahlten Element ein völlig gleichartiges, unbestrahltes Element im gleichen Gehäuse zum Vergleich gegen oder in Reihe geschaltet ist, können Temperaturschwankungen nicht ganz ausgleichen. Unter dem Einfluß der zu messenden Strahlung wird die Temperatur der geschwärzten Fläche verändert. Diese Temperaturänderung ΔT dient als Maß für die Bestrahlungsstärke, dies im Gleichgewicht zur Wärmeabgabe, da man bei der Messung der Strahlung meist darauf wartet, bis der Meßanzeiger seine endgültige Lage eingenommen hat.

Die schwarze Empfangsfläche eines Strahlungsinstruments

empfängt:	gibt ab:
die zu messende Strahlungsenergie (S)	die durch Wärmeleitung und Konvektion abfließende Energie (W)
die infrarote Zustrahlung aus der Umgebung (σT_g^4)	die abgestrahlte Infrarotstrahlung der schwarzen Empfangsfläche (σT_m^4)
$(T_g = T_m - \Delta T)$ (5.1)	$(T_m = T_g + \Delta T)$ (5.2)

$$\begin{aligned} \text{oder} \quad S + \sigma T_g^4 &= \sigma T_m^4 + W\Delta T \\ &= \sigma (T_g + \Delta T)^4 + W\Delta T \\ &= \sigma T_g^4 + 4\sigma T_g^3 \Delta T + W\Delta T. \end{aligned}$$

Da der Term σT_g^4 auf beiden Seiten der Gleichung entfällt, folgt

$$S = \Delta T (4\sigma T_g^3 + W). \tag{5.3}$$

Die zu messende Strahlungsenergie (S) ist hiernach proportional ΔT; das Klammerglied $(4\sigma T_g^3 + W)$ ist der Eichfaktor des Meßinstruments. Diese Auflösung des Gleichungssystems gilt nur für den Fall, daß die Temperatur (T_g) des Meßgerätes konstant gehalten wird und das vor Belüftung schützende Fenster im infraroten Spektralbereich undurchlässig ist (z.B. Quarz). Es ist für gute Wärmeleitung zu sorgen, sowohl für die schwarze Empfangsfläche wie für das Fenster; für die letzte Bedingung eignet sich wiederum besonders Quarz.

5.2.1.1 Strahlungsthermoelement, Thermosäule

Mißt man die Temperatur an der schwarzen Meßfläche mit einem Thermoelement oder einer Thermosäule, dann ist die erhaltene Thermospannung proportional der

Temperaturänderung ΔT an der schwarzen Meßfläche, bzw. die Thermospannung ist proportional der Temperaturdifferenz ΔT zwischen aktiver (bestrahlter) Lötstelle und inaktiver (auf Instrumententemperatur befindlicher) Lötstelle. Die Thermospannung ist außerdem abhängig von der Gerätetemperatur selbst, falls die durch Wärmeleitung und Konvektion abfließende Energie $W\Delta T$ nicht sehr viel größer ist als das $4\,\sigma \cdot T^3 \cdot \Delta T$-Glied des Eichfaktors. In jeder bisher vorliegenden technischen Ausführung wurde dies berücksichtigt, allerdings führte diese Maßnahme zu einem Verlust an Empfindlichkeit.
Weil hier durch die Temperaturänderung der Meßfläche mit der Thermospannung unmittelbar eine elektrische Größe zur Verfügung steht, spricht man von thermoelektrischen Strahlungsempfängern.

Wird nur ein einziges Thermopaar verwendet, bezeichnet man den Empfänger als *Strahlungsthermoelement*. Es kann hier mit vergleichsweise kurzen Ansprechzeiten gerechnet werden, die Messungen nach der Wechsellichtmethode erlauben.
Als Meßfläche wird oft eine geschwärzte Goldfolie verwendet (ca. 1 mm² bei ca. 0,5 mm Dicke). Die Verbindung Folie/Element stellt die „heiße" (aktive), die Verbindung Element/Halterung die „kalte" (inaktive), unbestrahlte Lötstelle des Thermoelementes dar. Zur Erhöhung der Empfindlichkeit befindet sich das System in einem evakuierten oder schutzgasgefüllten Gehäuse.

Mehrere hintereinander geschaltete Thermopaare, deren aktive Lötstellen in der Meßebene liegen, bilden eine *Thermosäule*. Die Thermosäule bietet bei gleichem Aufbau den Vorteil größerer Empfindlichkeit. Konstruktionsbedingt ergeben sich jedoch Einstellzeiten von mehreren Sekunden, die Messungen mit moduliertem Licht unmöglich machen. Prinzipiell unterscheidet man lineare und Mollsche (großflächige) Thermosäulen.

Lineare Säulen werden mit ausgeprägt schmaler Empfängerfläche (z.B. $0{,}5 \cdot 10\,\text{mm}^2$) und – wie Strahlungsthermoelemente – fast ausschließlich als Vakuumempfänger hoher Empfindlichkeit hergestellt. Sie lassen sich vorteilhaft bei der Abbildung gestreckter Strahler oder hinter Spalten von Monochromatoren einsetzen.
Mollsche Säulen benutzen aktive Flächen von z.B. $10 \cdot 10\,\text{mm}^2$ und sind wegen ihrer oft großen Masse weniger störanfällig gegen kurzzeitige Umgebungstemperaturschwankungen. Sie arbeiten im allgemeinen ohne Fenster bei normalem Druck. Die dadurch bedingte geringere Empfindlichkeit wird durch die große aktive Fläche ausgeglichen. Zum Schutz vor bewegter Luft befinden sich die Elemente tief im Gehäuse. Der daraus resultierende, kleine Öffnungswinkel (ca. 10°) stört nicht bei der bevorzugten Meßanwendung in Strahlungsfeldern.

Seit einiger Zeit werden sogenannte Dünnfilm-Thermosäulen aus Wismuth-Antimon-Thermopaaren hergestellt. Bei einer Thermosäule der Fa. Hewlett-Packard z.B. befinden sich 64 Thermoelemente in schachbrettförmiger Anordnung auf einem Träger, der unter den geschwärzten aktiven Elementen durch Ätzung nur eine Schichtdicke von ca. 80 nm hat, während sich die Referenzelemente in gutem Temperaturkontakt mit den ungeätzten (massiven) Teilen des Trägers befinden. Durch diesen Aufbau reagiert die Thermosäule sehr schnell (ungefähr 100 ms) auf Änderungen der Einstrahlung. Der Empfänger befindet sich normalerweise in einer luftdichten Kammer mit Infrasil-Fenster für Messungen im Bereich zwischen 250 nm und 3000 nm, für Messungen in anderen Spektralbereichen können Sonderausführungen mit entsprechendem Fenster hergestellt werden – ebenso ist eine (unempfindlichere) Ausführung ohne Fenster möglich. Der ganze Empfänger sitzt in einem wärmeisolierenden Außengehäuse. Das komplette Meßinstrument mit Chopper-Verstärker und Anzeigeinstrument ist kurz in 5.2.4 beschrieben.

In Tab. 5.2 sind die charakteristischen Daten einiger thermischen Strahlungsempfänger gegenübergestellt.

Tab. 5.2: Typische Daten einiger unselektiver (thermischer) Strahlungsdetektoren

Strahlungsempfänger	Vacuumthermoelement 0606 TQS	Moll'sche Thermosäule C A 1	Radiant Flux Detector 8334 A
Hersteller	Fa. Heimann, Wiesbaden	Kipp + Zonen	Hewlett Packard
empfindliche Fläche [mm^2]	(0,6 · 0,6) 0,36	(10 · 10) 100	10
Innenwiderstand [Ω]	5–20	60	470
Spektralbereich [μm]	0,2–2	0,25–3,5 (Infrasilfenster) 0,15–15 (ohne Fenster)	0,25–3 (Infrasilfenster) 0,15–15 (ohne Fenster)
Empfindlichkeit in μV je μW/cm^2	0,02	0,12	0,1
Öffnungswinkel [Grad]	90°	10°	36°
Einstellzeit [90 %]	30 ms	2 s (10 s Endwert)	10 ms

5.2.1.2 Bolometer

Bolometer werden in der UV-Technik wenig benutzt. Als Empfängermaterialien dienten früher vorzugsweise Edelmetalle, heute öfter Halbleiter. Die Probleme der Schwärzung und der Proportionalität zwischen Bestrahlungsstärke und elektrischer Meßanzeige sind die gleichen wie bei den thermoelektrischen Strahlungsempfängern. Die geschwärzte Meßfläche ist mit einem temperaturabhängigen Widerstand verbunden, dessen durch Temperaturerhöhung hervorgerufene Widerstandsänderung ein Maß für den auftreffenden Strahlungsfluß ist. Um die von dem Brückenstrom erzeugte Eigenerwärmung des bestrahlten Widerstandes zu eliminieren, wird praktisch immer ein identischer, unbestrahlter Widerstand zur Kompensation parallel oder in Reihe geschaltet. Üblicherweise bilden Empfänger- und Kompensationswiderstand Teile einer Wheatstoneschen Brücke.

Durch Halbleiter mit großem Temperaturkoeffizienten (Thermistoren) werden ausreichende Empfindlichkeiten erreicht. Nullpunkt-Schwankungen und Instabilitäten lassen sich durch Anwendung der Wechsellichtmethode verringern. Mit temperaturkompensierten Thermistorbolometern gelingt es, Geräte mit großem Meßbereichsumfang und ausreichender Genauigkeit herzustellen, die für weitgehend wellenlängenunabhängige Messungen, in Verbindung mit entsprechenden Filtern auch im UV-Bereich geeignet sind (siehe 5.2.4: Strahlungsmeßgeräte).

5.2.1.3 Weitere thermische Empfänger

„Radiometer" beruhen auf der Naturerscheinung, daß der Impuls der an ihrer schwarzen Empfangsfläche reflektierten Gasmoleküle höher ist als vor der Reflexion. Nach dem Gesetz der Erhaltung des Impulses übernimmt die schwarze Empfangsfläche die Impulsdifferenz; bei reibungsarmer Aufhängung wird sie sich also bewegen, die Bewegung ist die Meßgröße. Die Radiometer müssen hiernach eine gewisse Gasfüllung besitzen. Sie sind in den letzten Jahren durch die Entwicklung der Wechsellichtmethode stark in den Hintergrund getreten; das Wort Radiometer ist im heutigen internationalen Sprachgebrauch Oberbegriff für jeden energie-messenden Strahlungsempfänger.

Golay-Empfänger nutzen die Ausdehnung eines Gasvolumens bei Temperaturerhöhung aus. Die Strahlung wird in einer dünnen geschwärzten Folie, die sich im abgeschlossenen Gasvolumen befindet, absorbiert und die so gewonnene Wärmemenge an das umgebende Gas abgegeben. Diese Druckänderung ist ein Maß für die wirksame Strahlungsleistung und kann auf verschiedene Arten ermittelt werden.
Bei einer Ausführung wird das Gasvolumen von einer verspiegelten Membrane abgeschlossen. Durch Druckänderungen bewegt sich der Spiegel und damit ein Lichtzeiger. Eine geeignete optische Anordnung nutzt die Bewegung des Lichtzeigers zur Messung aus (Prinzip nach Golay).
Ein anderes Verfahren zeigt den im Gasvolumen befindlichen Empfänger als Membrane, er dient gleichzeitig als Platte eines Kondensators. Die durch Druckänderung bewirkte Durchbiegung der Membrane führt zu meßbarer Änderung der Kapazität (Prinzip nach Böttcher).
Diese „Gasthermometer" arbeiten sehr trägheitslos und sind deshalb für die Wechsellichtmethode bevorzugt geeignet, bei der die zu messende UV-Strahlung moduliert wird; auch sind sie wenig erschütterungsempfindlich und eignen sich so für technische Laboratorien.

Allerdings ist die Anzeige nur in engen Grenzen proportional dem auftreffenden Strahlungsfluß.

5.2.2 Fotoelektrische Empfänger

Die Ultraviolettstrahlungen lassen sich wegen ihrer hohen Photonenenergien einfacher mit lichtelektrischen Methoden messen. Die lichtelektrischen Strahlungsempfänger zeichnen sich aus durch

hohen Wirkungsgrad,

weitgehende Unabhängigkeit von der Temperatur,

relativ geringe Anfälligkeit gegen Streulicht etc. (bei geeigneter Wahl der materialspezifischen langwelligen Empfindlichkeitsgrenze).

Sie beruhen auf dem

äußeren lichtelektr. Effekt	Austritt von Elektronen; Messung mit Hilfsspannung	Fotozelle Zählrohr
inneren lichtelektr. Effekt	Befreiung von Elektronen im Innern fester Stoffe, Messung mit Hilfsspannung	Fotowiderstand
Sperrschichteffekt	Befreiung von Elektronen im Innern von Halbleitern; Messung ohne Hilfsspannung	Fotoelement Sperrschichtzelle
Becquereleffekt	Befreiung von Elektronen im Innern von Flüssigkeiten; Messung mit Hilfsspannung	Becquerelzelle

Für ihre Verwendung im kurz- und mittelwelligen Ultraviolett muß die Eintrittsöffnung für die UV-Strahlung bis zu 200 nm optisch durchlässig sein. Dies wird erzielt, indem man das Vakuumgefäß der Fotozellen aus Quarz herstellt oder zum mindesten mit einem Quarzfenster versieht. Bei den Fotoelementen muß man auf die schützende Lackschicht verzichten und ersetzt diese wieder durch eine Quarzplatte, die mit Wood'schem Metall auf das Fotoelement aufgespritzt wird. Beide Maßnahmen stellen einen erheblichen technischen Aufwand dar, deshalb versuchte man in der UV-Technik, die Ultraviolettstrahlung mit Hilfe von Bildwandlern (Elektrolumineszenz) und Leuchtstoffen (Frequenzwandler) in sichtbares Licht umzuwandeln und als Empfänger Fotozellen oder Fotoelemente für das sichtbare Licht zu verwenden. In Tab. 5.3 sind typische Daten fotoelektrischer Detektoren gegenübergestellt.

Tab. 5.3: Typische Daten fotoelektrischer Strahlungsempfänger (Richtwerte).

Detektor	Empfindlichkeitsbereich	Nachweisgrenze (W/cm²)	aktive Fläche	maximaler Fotostrom	Linearität	obere Grenzfrequenz	Hilfsspannung (V)
Vakuumfotozelle	UV Licht Infrarot	10^{-15}	einige cm²	einige μA	4 Größenordnungen	100 MHz	10–200
Gasfotozelle	UV Licht Infrarot	10^{-16}	einige cm²	einige μA	1 Größenordnung	10 kHz	100
Fotovervielfacher	UV Licht	10^{-16}	einige cm²	ca. 1 mA	3 Größenordnungen	100 MHz	500–3500
Zählrohre	ionisierende Strahlung (UV)	10^{-18} (Quanten)	einige cm²		unbefriedigend		1000 V
Fotowiderstände	UV (selten) Licht	10^{-8}	wenige mm² bis einige cm²	einige μA bis wenige mA	2 Größenordnungen	einige Hz	10–100 V
Se-Fotoelemente	UV Licht	10^{-12}	0,5 cm² bis 1 dm²	einige m A	2 Größenordnungen	500 Hz	keine
Si-Fotoelemente	UV (selten) Licht	10^{-12}	einige mm² bis einige cm²	einige m A	7–9 Größenordnungen	500 Hz (50 kHz) (Fotodiode)	keine (einige Volt) (Fotodiode)

Tab. 5.4: Einige Herstellerfirmen von Fotozellen (einschl. Fotomultipliern), Fotoelementen und Fotowiderständen (in Klammern: Deutsche Vertriebsfirmen).

Fa. Centronic, Großbritannien
(Laser-Optronic, 8 München 60, Bertha-v.-Suttner-Weg 2).

Fa. Clairex Electronics, USA;
(Ginsbury Electronic, 8 München 83, Zänglweg 20).

Fa. EG & G, USA;
(Polytec, 7501 Grünweltersbach, Schlesienstr. 20).

Fa. Elektrocell-Gesellschaft GmbH, 1 Berlin 33, Königin-Luisenstr. 29.

Fa. EMI Electronics, Großbritannien;
(Alfred Neye – Enatechnik, 2085 Quickborn, Schillerstr.)

Fa. EMR Electronical – Mechanical Research, USA;
(Schlumberger, 8 München 15, Bayerstr. 13).

Fa. Hamamatsu, Japan;
(Dr. R. Seitner, 8031 Hechendorf/Pilsensee).

Fa. Dr. Bruno Lange GmbH, 1 Berlin 37, Hermannstr. 14–18.

Fa. Dr. Georg Maurer GmbH, 7442 Neuffen (Nürtingen)

Fa. DGL Pressler KG, Leipzig;
(A.R. Eiselt, 8521 Frauenaurach/Erlangen, Richard-Wagner-Str. 8).
Fa. RCA, USA;
(Alfred Neye, 2085 Quickborn, Schillerstr.).
Fa. Sharp, Japan;
(Dr. R. Seitner, 8031 Hechendorf/Pilsensee).
Fa. United Detector Technology, USA;
(ts-electronic, 8 München 22, Weidenmayerstr. 50).
Fa. Valvo GmbH, 2 Hamburg 1, Burchardstr. 19

5.2.2.1 Fotozellen, Fotovervielfacher, Zählrohre

Bei diesen Meßfühlern wird der äußere fotoelektrische Effekt zur Strahlungsmessung ausgenutzt. Ein Lichtquant schlägt aus der Atomhülle eines an der Oberfläche befindlichen Atoms ein Elektron heraus, wobei die Quantenenergie an das Elektron abgegeben wird. Das Elektron verläßt die Oberfläche und tritt in die angrenzende Gasphase oder das Vakuum ein.

Der äußere fotoelektrische Effekt tritt an fast allen festen Körpern in unterschiedlichem Umfang auf, für Strahlungsempfänger werden jedoch nur Metalle und Metallverbindungen als Kathodenmaterial benutzt. Der Fotostrom folgt nahezu trägheitslos jeder Änderung der Bestrahlungsstärke und ist bei gleicher Wellenlänge der eingestrahlten Intensität direkt proportional.
Die langwellige Grenze wird durch die Austrittsarbeit des Kathodenmaterials bestimmt. Die kinetische Energie der ausgelösten Elektronen ist umgekehrt proportional zur Wellenlänge der wirksamen Strahlung und hängt nicht von der Photonenzahl ab. Der Quotient aus der Zahl der befreiten Elektronen und der Anzahl der absorbierten Quanten, die Quantenausbeute, wäre im Idealfall nach dem Quantenabhängigkeitsgesetz gleich 1, tatsächlich löst aber nicht jedes absorbierte Quant ein nachweisbares Fotoelektron aus.

Die aus leitenden Schichten unter Lichteinfluß in ein Vakuum oder in einen Gasraum geringen Druckes austretenden Elektronen wandern entweder:

	direkt zur Anode	–	Vakuumfotozelle und Fotovervielfacher
oder	ionisieren ein Gas	–	Gasfotozelle und Zählrohr.

Die Vakuumfotozellen zeichnen sich durch Unabhängigkeit von der Betriebsspannung aus, ihr Fotostrom ist exakt proportional zur Bestrahlungsstärke. Gasfotozellen und Zählrohre sind empfindlicher als die Vakuumfotozellen; dieser Vorteil geht jedoch wieder verloren durch ihre Abhängigkeit von der Betriebsspannung und bei den Zählrohren zusätzlich durch deren geringes Auflösungsvermögen. Der vorgeschaltete Widerstand, der bei der Auflösung der Gaslawine die Betriebsspannung auf sich zieht und so die Gasentladung zusammenbrechen läßt, muß groß sein, die gesamte Schaltkapazität dagegen klein.

5.2.2.1.1 Vakuumfotozellen

Der äußere Fotozellenaufbau besteht aus einem Vakuumgefäß mit einem UV-durchlässigen Fenster. Die empfindliche Schicht ist der Strahleneintrittsöffnung gegenüber angeordnet (meist aufgedampft) und stellt die Kathode dar. Die Anode ist normalerweise als Ring- oder Netzelektrode ausgebildet und befindet sich zwischen dem Fenster und der Kathode. Zwischen Anode und Kathode wird eine Saugspannung der Größenordnung 100 V angelegt, die ausgelösten Elektronen werden infolge der Potentialdifferenz zur Anode beschleunigt. Vakuumfotozellen arbeiten im Gebiet der Sättigungsspannung, d.h. oberhalb einer bestimmten Saugspannung gelangen alle Elektronen zur Anode; Saugspannungsänderungen führen nicht zu Fotostromänderungen, solange die Saugspannung nicht kleiner als die Sättigungsspannung wird (Abb. 5.4).

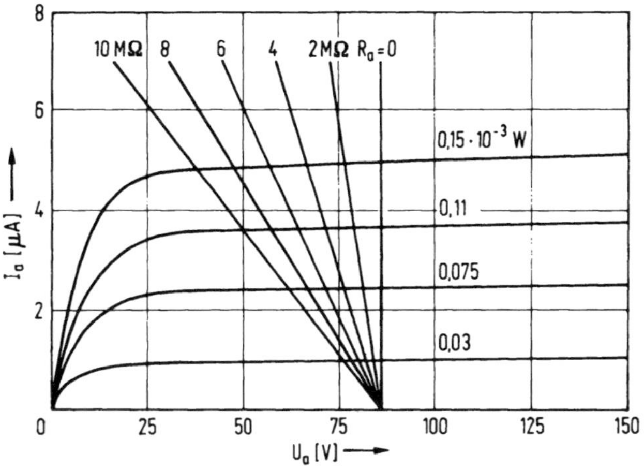

Abb. 5.4: Strom-Spannungs-Charakteristik einer Vakuum-Fotozelle mit Widerstandsgeraden. Nach Valvo-Handbuch (1968).

Die UV-Technik benutzt deshalb heute bevorzugt Vakuumfotozellen. Deren spektrale Quanten-Ausbeute (Elektron/Photon) ist materialabhängig und zeigt einen Gang mit dem periodischen System der Elemente, wie es Abb. 5.5 zeigt. Die höchste Ausbeute weisen die Alkalien auf, deshalb wurden in den letzten Jahren für Kathodenmaterialien Legierungen auf Alkalibasis entwickelt (Abb. 5.6). Da derartige Fotozellen auch für Satellitenexperimente gedacht waren, erhielten sie zum Teil Saphirfenster, um noch kurzwelligerer Strahlung Zutritt zur Kathode zu gewähren.

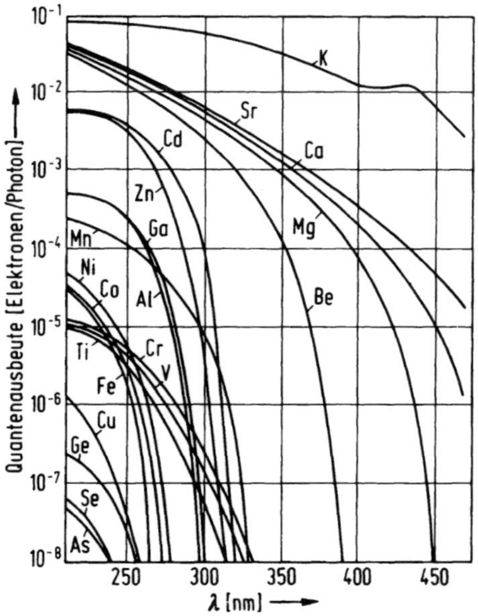

Abb. 5.5: Anzahl der lichtelektrisch ausgelösten Elektronen pro Photon (= Quantenausbeute); reine Metalle. Nach Schulze (1934).

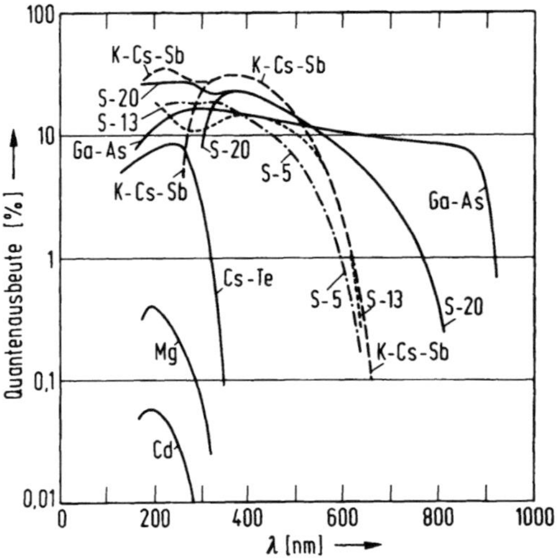

Abb. 5.6:
Wie Abb. 5.5, jedoch Legierungen.

5.2.2.1.2 Gasgefüllte Fotozellen (Zählrohre)

Gasgefüllte Fotozellen benutzen ein Füllgas (z.B. Argon), um auf dem Wege der Stoßionisation (unter anderem auch durch weitergehende Gasentladungsprozesse) die kleine Zahl der kathodischen Elektronen zu verstärken. Der Rauschpegel wird hierbei nur unwesentlich erhöht.

Infolge der Gasverstärkung nimmt der Fotostrom bei unveränderter Einstrahlung mit der Anodenspannung stark zu und erreicht keine Sättigung. Zu große Anodenspannung führt schließlich zur Glimmentladung und zur Beschädigung der Zelle durch zu großen Strom, wenn kein Schutzwiderstand die Stromstärke begrenzt. Die Strom-Spannungs-Charakteristik zeigt Abb. 5.7.

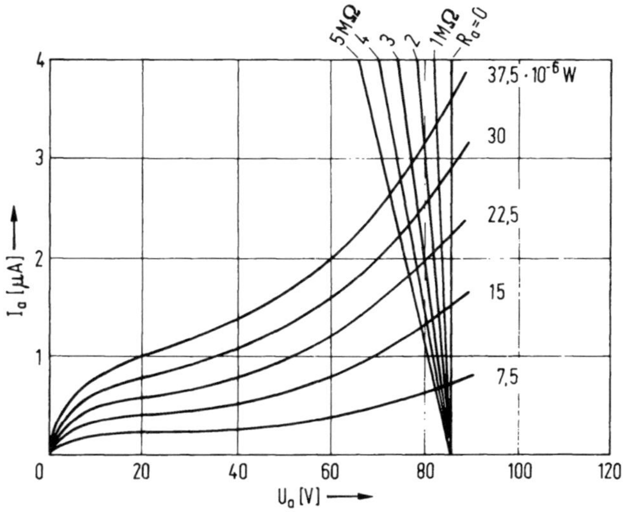

Abb. 5.7: Strom-Spannungs-Charakteristik einer gasgefüllten Fotozelle mit Widerstandsgeraden. Nach Valvo-Handbuch (1968).

Der Vorteil der höheren Empfindlichkeit gegenüber der Vakuumfotozelle wird durch den Preis größerer Instabilität erkauft. Die Instabilität ist vor allem durch Veränderungen der Kathode aufgrund des Ionenbombardements und durch Effekte des Füllgases gegeben. Im allgemeinen werden solche Gasfotozellen für weniger präzise Meßanforderungen eingesetzt (Kinoprojektoren, Flammendetektoren: z.B. Sylvania-Typen P 574 bis P 580 oder Valvo-Typen 155 UV, empfindlich im Spektralbereich 190 nm bis 270 nm).
Ein neues Feld hat sich für die Anwendung von Zählrohren eröffnet durch die Verwendung von elektronegativen Füllgasen (z.B. NO, Halogene), die von bestimmten schmalbandigen UV-Gebieten direkt und mit hoher Quantenausbeute ionisiert werden (z.B. Messung von Lyman-α-Strahlung).

5.2.2.1.3 Fotovervielfacher

Der Fotovervielfacher ist im Prinzip eine Fotozelle mit innerer Verstärkung, d.h. eine Kombination einer Vakuumfotozelle mit einem Sekundärelektronenvervielfacher als Verstärker für den Fotostrom. Die primären Fotoelektronen prallen auf ihrem Weg von der Fotokathode zur Anode – durch geeignete Potentiale beschleunigt – auf Dynoden auf und lösen hier jeweils Sekundärelektronen aus, deren An-

zahl bei kaskadenförmiger Hintereinanderschaltung der Dynoden lawinenförmig anwächst. Mit 10 Dynoden und mehr lassen sich leicht Verstärkungsfaktoren größer 10^6 erzielen.
Der Ausbeutefaktor des Dynodenmaterials, d.h. die Anzahl der ausgelösten Sekundärelektronen pro Primärelektron, sollte möglichst hoch sein.
Er liegt bei den reinen Elementen, wie z.B. Wolfram, Platin, Kupfer, Silber, Nikkel, Germanium, Silizium, Selen zwischen 1 und 2. Höhere Ausbeuten sind nur mit Isolatoren, wie KCl, RbCl, MgO, Cs_2O und mit halbleitenden intermetallischen Verbindungen, wie Cs_3Sb und den Metall-Legierungen CuBe, NiBe, MgAg, CsSb, CuMg und anderen nach Sauerstoffbehandlung zu erzielen. Ein Sekundäremissions-Koeffizient von 30 (d.h. 30 Sekundärelektronen pro Fotoelektron) ist mit Caesium aktiviertem Galliumsphosphid erreicht worden (RCA/C31000D). Hierdurch soll ein einzelnes lichtelektrisch ausgelöstes Elektron noch nachweisbar sein; der Rauschpegel liegt niedriger als bei herkömmlichen Typen.
Die Saugspannungen zwischen den einzelnen Dynoden liegen etwa zwischen 50 V und 200 V. Die Empfindlichkeit bzw. Verstärkung hängt stark von der Betriebsspannung und deren Spannungsverteilung auf die einzelnen Dynoden ab. Es müssen hochstabilisierte Spannungsquellen verwendet werden, da bereits Spannungsschwankungen von 1 ‰ zu Verstärkungsschwankungen von 1 % führen. Die Nachweisschwelle von Fotovervielfachern liegt einige Zehnerpotenzen unter der von Fotozellen und läßt sich noch verbessern, wenn der Dunkelstrom, z.B. durch Kühlen der Fotokathode, verringert wird. Generell unterscheidet man mehrere Bauformen für Fotovervielfacher, die durch die Anordnung der Dynoden bestimmt sind.

Bei Netzvervielfachern werden die Sekundär-Elektronen von hintereinander befindlichen feinmaschigen Gittern oder von jalousieartigen Dynoden abgelöst, während Pendelvervielfacher zwei Pralldynoden besitzen, denen ein hochfrequentes Wechselfeld die Fotoelektronen jeweils zur Vervielfachung zuführt. Eine weitere Bautype ist der Schaufelvervielfacher, dessen schaufelförmige Plattendynoden sich jeweils unter dem „Reflexionswinkel" gegenüberstehen. Je nach Bauform und Einsatzgebiet können Vervielfacher zusätzlich noch mit Ablenk-, Beschleunigungs- und Fokussierelektroden ausgerüstet sein.

5.2.2.1.4 Eigenschaften von Fotozellen und Fotovervielfachern

Die Empfindlichkeit der Fotokathoden kann über ihre Fläche örtlich verschieden sein, weil bei der Herstellung das Kathodenmaterial nicht immer gleichmäßig aufzubringen ist. Um Fehlmessungen zu vermeiden, ist daher stets darauf zu achten, daß die empfindliche Fläche gleichmäßig ausgeleuchtet ist. Wegen der durch mögliche optische Mängel des Strahlungseintrittsfensters und die Geometrie bedingten Cosinus-Abhängigkeit, empfiehlt es sich, vor dem Empfänger eine streuende Mattquarzscheibe anzubringen, die für bessere Cosinus-Treue und gleichmäßige Kathodenausleuchtung sorgt. Bei Fotovervielfachern ist noch zu berücksichtigen, daß von verschiedenen Stellen der Kathode emittierte Elektronen zu Stellen unterschiedlicher Sekundäremission der ersten Dynode gelangen können, wodurch weiter Meßunsicherheiten, vor allem bei Teilausleuchtung der Kathode, entstehen.

5.2.2.1.4.1 Spektrale Empfindlichkeit

Der Bereich der spektralen Empfindlichkeit der Fotozellen bzw. Fotovervielfacher ist eingegrenzt auf der langwelligen Seite durch die Austrittsarbeit der Elektronen, also durch die Wellenlänge, bei der die Energie der Photonen gerade noch der Austrittsarbeit entspricht (langwellige Grenze). Auf der kurzwelligen Seite begrenzt die optische Durchlässigkeit des Fensters den Empfindlichkeitsbereich der Fotozellen.

Fast alle heute handelsüblichen Fotokathoden sind Halbleiterkathoden (Mischkathoden unter Verwendung von Caesium), deren langwellige Grenze im sichtbaren Spektralbereich liegt und die im Bereich von 360 nm bis 400 nm ein absolutes Maximum besitzen. Die kurzwellige Grenze liegt im Falle der Verwendung von Quarzfenstern bei 180 nm; durch den Einsatz von Spezialfenstern wie z.B. Saphir bzw. LiF verschiebt sie sich zu 150 nm bzw. 105 nm. Für Messungen im Vakuum werden fensterlose Fotozellen angeboten, die zum Anschluß an Vakuumsysteme vorbereitet sind.

Die Zahl der handelsüblichen Fotozellen mit langwelliger Grenze im UV (UV-selektierende Empfänger) ist gering. Man findet unter der Vielzahl der möglichen Metallkathoden bevorzugt Cadmium- und Gold-Kathoden; sie sind im Hinblick auf die Quantenausbeute (Zahl der Elektronen pro Zahl der Photonen) den Halbleiterkathoden Cs-Te, Rb-Te, Cs-J oder K-Br unterlegen. Die stärkste Verbreitung hat die Cs-Te-Kathode gefunden, deren langwellige Grenze etwa bei 350 nm liegt („solar blind"-Kathode) s. Tab. 5.5. In den fensterlosen Empfängern für das kurzwellige UV findet man unter anderem Kathoden aus Wolfram, Nickel oder CuBeO. Eine Zusammenstellung der spektralen Empfindlichkeiten einiger wichtiger Fotokathoden zeigt die Abb. 5.6.

Falls auf die im allgemeinen preisaufwendigen, als Entwicklungstyp oder als Spezialanfertigung gelieferten UV-selektierenden Fotozellen verzichtet werden kann, so ist der Einsatz von Fotozellen mit Bialkali-Kathoden zu empfehlen; sie besitzen im UV-A eine Quantenausbeute von etwa 30 %, wenig Rotempfindlichkeit und geringen Dunkelstrom sowie relativ hohe Stabilität.

5.2.2.1.4.2 Untere Meßgrenze

Die kleinste nachweisbare Strahlungsleistung ist durch die Größe des Störpegels bedingt, der aus Dunkelstrom und Rauschstrom resultiert.
Der *Dunkelstrom* – die Gleichstrom-Komponente des Störpegels – wird vor allem von den thermischen Elektronen (bei höheren Temperaturen „Glühelektronen" genannt) gespeist; ferner liefern Beiträge Anodenleckströme sowie durch Glas-Szintillationen (ausgelöst durch radioaktive Spurenelemente) produzierte Fotoelektro-

nen. Für Kathoden mit geringer Rotempfindlichkeit bei Zimmertemperatur streuen die Dunkelstromdichten zwischen etwa 10^{-14} bis 10^{-16} A/cm²; für Rb-Te wird 10^{-17} A/cm² angegeben. Eine Reduktion des Dunkelstroms ist durch Kühlung möglich; in die gleiche Richtung wirken eine Verkleinerung der Kathodenfläche und die Verwendung von szintillationsfreiem Quarzglas. Durch Messung der UV-Strahlung nach der Wechsellicht-Methode (Selektiv-Verstärkung) läßt sich der Gleichstrom-Störpegel praktisch vollständig eliminieren. Der *Rauschstrom* des „Schrotrauschens", bedingt durch die Statistik der Fotoelektronen-Auslösung, läßt sich nur durch Inkaufnahme größerer Zeitkonstanten (d.h. schmalbandige Messung) reduzieren. Der Anteil des thermischen Widerstandsrauschen kann zusätzlich durch geeignete Wahl des Anodenwiderstands und dessen Kühlung herabgedrückt werden. Bei Zimmertemperatur dominiert das thermische Rauschen, wenn der Spannungsabfall des Kathodenstroms am Anodenwiderstand (R) 50 mV unterschreitet; d.h. kleine Ströme ($\leqslant 10^{-12}$ A) können rauschgünstig nur durch Vergrößerung von R, d.h. durch das Zugeständnis größerer Zeitkonstanten gemessen werden.

Sofern es sich um die Messung sehr kleiner Bestrahlungsstärken handelt, ist der Fotomultiplier generell dem System Fotozelle + elektronischer Verstärker überlegen. Die innere Verstärkung des Fotovervielfachers erfolgt wesentlich rauschärmer. Die untere Meßgrenze bzw. der kleinste nachweisbare Strahlungsfluß hängt von einer Reihe von Meßbedingungen ab, hierunter vor allem von der zeitlichen Auflösung, dem Rauschanteil der inneren Verstärkung, der Temperatur, der absoluten spektralen Empfindlichkeit, dem Dunkelstrom. Die Firma EMI, Großbritannien, kennzeichnet in ihrem Prospektmaterial die Nachweisgrenze durch die Angabe des Strahlungsfluß-Äquivalents des Dunkelstrom-Schrotrauschens. Sie wird für den Betrieb bei Zimmertemperaturen und für eine zeitliche Auflösung von einer Sekunde sowie unter Vernachlässigung des Dynodenrauschens berechnet und liegt bei den herkömmlichen Fotovervielfacher-Typen (ausgenommen S-1-Kathode) im Bereich zwischen 10^{-15} bis 10^{-17} W.
Ein anderes Maß der Nachweisgrenze bezieht man aus dem Signal/Rausch-Verhältnis S/N im Hinblick auf das Schrotrauschen der Kathode. Für S/N = 1 und eine zeitliche Auflösung von einer Sekunde erhält man bei guter bzw. mäßiger Spektralempfindlichkeit von S = 50 mA/W bzw. 10 mA/W Grenzstrahlungsflüsse von etwa $6 \cdot 10^{-18}$ W bzw. $3 \cdot 10^{-17}$ W. Setzt man die untere Meßgrenze durch S/N = 10 fest, so liegen die zugehörigen Grenzstrahlungsflüsse um den Faktor 100 höher, also bei etwa $6 \cdot 10^{-16}$ W bzw. $3 \cdot 10^{-15}$ W.

Die wichtigsten Formeln für das Schrotrauschen und das thermische Rauschen sind in Tab. 5.6 zusammengestellt. Beim Vergleich der Formeln beider Rauschtypen erkennt man das Überwiegen des Schrotrauschens bei großen Lastwiderständen. Das thermische Rauschen ist gegenüber dem Schrotrauschen vernachlässigbar, wenn $4kT \cdot \Delta f$ sehr klein gegenüber dem Schrotrauschen ist. Im Falle der Fotozelle (Verstärkungsfaktor G = 1 und Dynodenrauschfaktor a = 1) kann nur durch große Lastwiderstände diese Bedingung erfüllt werden; beim Fotovervielfacher sind wegen der großen Verstärkung (G) auch kleine Lastwiderstände mit dieser Bedingung vereinbar.

Tab. 5.5: Einige Angaben für Cs-Te-Fotozellen

Kathode	Hersteller	Type	Fenster	System
Cs-Te	RCA (USA)	C 70126	LiF	Fotovervielfacher
		C 31005	Saphier	Fotovervielfacher
	Valvo	56 SBUVP	Quarz	Fotovervielfacher
	Hamamatsu	R 404	Quarz	Fotozelle
	(Japan)	R 427	Quarz	Fotovervielfacher
		R 431	Quarz	Fotovervielfacher
		R 166	Quarz	Fotovervielfacher
		R 190	Quarz	Fotovervielfacher
	EMR (USA)	540F-05	Saphir	Fotozelle
			LiF	Fotovervielfacher

Muß man beide Rauschquellen berücksichtigen, ergibt sich der Mittelwert des Gesamtrauschstromes durch die vektorielle Addition der beiden Rauschstromkomponenten. Das Signal/Rausch-Verhältnis bei vernachlässigbaren thermischen Rauschen ergibt $S/N = \frac{1}{a}\left(\frac{i}{2e \cdot \Delta f}\right)^{1/2}$.

Tab. 5.6: Einige Formeln für das Schrot- und thermische Rauschen.

Rauschmittelwert an der Anode	Schrotrauschen Fotozelle	Fotomultiplier	Therm. Rauschen
Rauschleistung	$2e \cdot \Delta f \cdot i \cdot R$	$2e \cdot \Delta f \cdot i \cdot G^2 \cdot a^2 \cdot R$	$4 \cdot k \cdot T \cdot \Delta f$
Rauschspannung	$\sqrt{2e \cdot \Delta f \cdot i \cdot R}$	$\sqrt{2e \cdot \Delta f \cdot i \cdot G \cdot a \cdot R}$	$\sqrt{4 \cdot k \cdot T \cdot \Delta f \cdot R}$
Rauschstrom	$\sqrt{2e \cdot \Delta f \cdot i}$	$\sqrt{2e \cdot \Delta f \cdot i \cdot G \cdot a}$	$\sqrt{\frac{4 \cdot k \cdot T \cdot \Delta f}{R}}$

i: Kathodenstrom; Δf: Bandbreite; R: Lastwiderstand; T: Temperatur (°K); G: Verstärkungsfaktor; a: Dynoden-Rauschfaktor; e: Elementarladung; k: Boltzmannkonstante.

5.2.2.1.4.3 Linearität

Der Strahlungsmeßbereich der Vakuumfotozellen ist nach oben durch die Kathoden-Belastbarkeit und durch die Raumladungseffekte und beim Fotomultiplier zusätzlich durch Spannungsteiler-Querströme begrenzt. Für den Gleichlicht-Betrieb liegt die maximale Kathoden-Belastung in der Größenordnung von 10^{-8} A/cm². Für Anodenströme von Fotomultipliern liegt die Grenze etwa im Mittel bei einigen 10 μA. Bei geeignetem Impulsbetrieb kann man auch noch mit Anodenströmen in der Größenordnung von 10 mA lineare Verhältnisse erhalten (siehe Handbuch der Fa.

Valvo). Im Fall von Gleichlicht-Betrieb darf eine 1 %-Abweichung von der Linearität über den Bereich von 3–4 Größenordnungen als gutes Ergebnis angesehen werden. Eine Überprüfung der Linearität ist bei dieser Gruppe der Strahlungsempfänger auf jeden Fall angeraten.

5.2.2.1.4.4 Stabilität

Der stabile, reproduzierbare Betrieb der Empfänger hängt nicht nur von der guten Konstanz der Versorgungsspannung (insbesondere der Hochspannung beim Fotovervielfacher) und der Kontrolle der Umgebungstemperatur (Vermeidung von extremen Temperaturen) ab, sondern auch von der Vermeidung von Strahlungsüberlastungen, die zu langsam reversiblen Prozessen oder auch zu irreversiblen Prozessen in den Röhrensystemen führen können. Langzeitig sind Ermüdungseffekte möglich. Im höheren Maße instabil gegenüber der Fotozelle ist der Fotovervielfacher auch wegen der Beeinflussung der Kathoden- und Dynodensubstanzen. Häufigere Überprüfungen der Empfindlichkeit der Empfänger wird empfohlen.

5.2.2.1.4.5 Frequenzverhalten

Das Verhalten von Vakuumzellen und Fotovervielfachern gegenüber modulierter Strahlung ist praktisch gleich; beide unterscheiden sich aber in ihrer Frequenzabhängigkeit stark von gasgefüllten Fotozellen. Durch die Elektronenlaufzeit von der Kathode zur Anode ist die obere Grenzfrequenz bestimmt.
Bei Vakuumzellen und Fotovervielfachern bleibt die Frequenz bis zu Werten um 100 MHz ohne Einfluß auf die Empfindlichkeit. Gasgefüllte Fotozellen zeigen bereits bei Frequenzen zwischen 10^3 und 10^4 Hz Trägheitserscheinungen, die mit Vorgängen bei der Gasverstärkung und der geringen Beweglichkeit der dabei entstehenden Ionen zu erklären sind.
Nach dem *Talbotschen Gesetz* ist die Frequenzabhängigkeit der Empfindlichkeit bei Verwendung rotierender Sektoren aber ohne Bedeutung, da der festgestellte Fotostrom dem zeitlichen Mittelwert der wirksamen Strahlungsleistung entspricht.

5.2.2.2 Fotowiderstände

Fotowiderstände sind stromrichtungsunabhängige fotoelektrische Halbleiterbauelemente aus Einkristallen oder Mischkristallen der Elemente der zweiten und vierten Gruppe des periodischen Systems ohne definierte Sperrschicht, deren elektrischer Widerstand von der Intensität der auftreffenden Strahlung bestimmt wird. Die Entwicklung von Fotowiderständen wurde eingeleitet durch die Beobachtung von Widerstandsänderungen an Selenkristallen bei deren Belichtung sowie durch Experimente an hochisolierenden Diamanten, die zur ersten experimentellen Bestätigung des Einstein'schen Äquivalenzgesetzes führten. (Es besagt, daß die Anzahl der lichtelektrisch ausgelösten Elektronen maximal der absorbierten Photonenanzahl entspricht.)

5.2.2.2.1 Fotoleitfähigkeit

Fotowiderstände nutzen den inneren lichtelektrischen Effekt, das bedeutet, daß die durch Einwirkung optischer Strahlung auf einen durchlässigen oder begrenzt durchlässigen Halbleiter im Materialinneren erzeugten Elektronen den Halbleiter nicht verlassen sondern dessen elektrische Leitfähigkeit verändern. Im Halbleiter erfolgt bei angelegtem elektrischen Feld unter dem Einfluß der absorbierten Strahlung eine Trennung schwach gebundener negativer und positiver Ladungen. Durch diesen Primärstrom bewegen sich die Fotoelektronen zur Anode und lassen im Halbleiterkristall positive Raumladungen (Löcher, Defektelektronen) geringerer Beweglichkeit zurück. Die positiven Raumladungen entziehen der Kathode der angelegten Spannungsquelle Elektronen, die einen sekundären Fotostrom bilden. Wegen der geringen Eigenbeweglichkeit der Löcher durchlaufen je Defektelektron mehrere Kathodenelektronen den Kristall, und lassen den Sekundärstrom erheblich größer als den Primärstrom werden. Für den resultierenden Fotostrom werden dadurch Quantenausbeuten von mehr als 1 möglich. Eine übersichtlichere Betrachtung der Wirkungsweise des inneren lichtelektrischen Effektes ist mit Hilfe des Bändermodells der Fotoleitung möglich.

Entsprechend dem Kristallaufbau existieren für jeden Gitterverband Energiebereiche (Bänder), in denen Elektronen vorkommen können und Bereiche, deren Energie von den Elektronen nicht angenommen werden kann (verbotene Zonen).

Wenn der obere erlaubte Energiebereich, das Leitungsband unvollständig mit Elektronen besetzt ist, können Elektronen durch ein elektrisches Feld innerhalb des Leitungs-Bandes in etwas höhere, noch erlaubte Energiezustände übergehen, ein Stromfluß ist möglich (Leiter).

Ist das letzte Band in dem sich Elektronen befinden jedoch völlig besetzt (Valenzband), der nächste erlaubte Energiebereich, das Leitungsband jedoch ganz unbesetzt, können die Elektronen durch ein anliegendes elektrisches Feld nicht in das Leitungsband gelangen (Isolator).

Beim unbelichteten Fotowiderstand befinden sich praktisch alle Elektronen des Halbleiters im Valenzband, das unbesetzte Leitungsband ermöglicht bei angelegter Spannung keinen Stromfluß. Durch Einwirkung von Strahlung ausreichender Quantenenergie werden die Elektronen des Gitterverbandes teilweise angeregt und gelangen vom Valenzband in das Leitungsband. Die im Valenzband entstehende Anzahl positiver Löcher entspricht der Elektronenzahl im Leitungsband. Löcher und Elektronen bewegen sich ihrer Ladung entsprechend im elektrischen Feld und verursachen einen Strom im äußeren Kreis. Die Leitfähigkeit des Fotowiderstandes ist der Zahl der durch die Einstrahlung gebildeten freien Ladungsträger proportional. Nach beendeter Einstrahlung fallen die Elektronen auf das Energieniveau des Valenzbandes zurück und rekombinieren dort mit den Löchern, der Stromfluß wird unterbrochen.

Im ungestörten Kristallgitter eines Halbleiters sind relativ große Ablöseenergien zur Elektronenanregung erforderlich, an Gitterfehlstellen werden dagegen sehr viel geringere Anregungsenergien benötigt. Durch den gezielten Einbau bestimmter

Fremdatome in das Kristallgitter gelingt es, das lichtelektrische Leitvermögen ganz erheblich zu verbessern und die physikalischen Eigenschaften der Fotowiderstände zu beeinflussen. Im Energiebändermodell bewirkt dieser Einbau von Fremdatomen Störstellenniveaus in der verbotenen Zone zwischen Leitungs- und Valenzband. Die Vergrößerung des erlaubten Energiebereiches hängt von der Zahl der Störstellen ab und entspricht der verbesserten Fotoleitfähigkeit. Zur weiteren Erläuterung des Stromtransportes in Festkörpern anhand der Energiebändermodelle sei auf Teichmann (1961) verwiesen.

5.2.2.2.2 Eigenschaften und Ausführungsformen

Während die herkömmlichen Fotowiderstände wie CdS und CdS-Cd-Se im UV praktisch unempfindlich sind, gibt es seit einigen Jahren von der Firma Clairex Electronics nun auch die Typen 7UV20-S (mit Saphir-Fenster) bzw. 7UV20 (mit Glasfenster), deren langwellige Empfindlichkeitsflanke steil bei 400 nm abschneidet (Abb. 5.8).

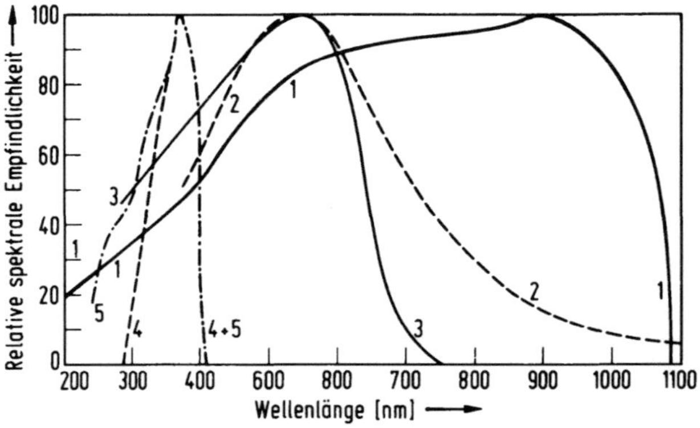

Abb. 5.8: Spektrale Empfindlichkeit einiger Fotoelemente und Fotowiderstände (Max=100); 1: Si-Element UDT-500 UV; 2: Si-Element Sharp SBC; 3: Se-Element, Elektrocell GQ: 4 und 5: Fotowiderstände Clairex 7 UV 20 und 7 UV 20-S.

Die kleinflächigen mäanderförmigen Fotowiderstände sind in TO-5-Gehäuse eingebaut; die Versorgungsspannung liegt bei 100 V. Die charakteristischen Daten der beiden genannten Fotowiderstände (Tab. 5.7), zeigen, daß neben relativ kleinem Meßumfang und nur bedingt erfüllter Linearität auch die intensitätsabhängige Temperaturcharakteristik die Anwendungsmöglichkeiten einschränkt.

Weitere Nachteile der Fotowiderstände im Vergleich mit fotoelektrischen Sperrschichthalbleitern sind die relativ große Trägheit, wodurch nur Modulationsfrequenzen von einigen Hz bis max. wenige kHz erreichbar sind und schwer beherrschbare Alters- und Ermüdungserscheinungen, die zu Leitfähigkeitsänderungen ohne Änderung der Spannung und der Bestrahlung führen können. Der Einsatz von Fotowiderständen in der UV-Technik erscheint daher lediglich für weniger präzise Meßaufgaben angeraten (UV-Lampen und Flammen-Detektor, einfache Spektralfotometrie).

Tab. 5.7: Technische Daten UV-empfindlicher Fotowiderstände. Nach Datenblatt Fa. Clairex Electronics

Widerstandswerte (MΩ) in Abhängigkeit der spektralen Bestrahlungsstärke

Typ	7 UV 20-S			7 UV 20
Wellenlänge (nm) (Bandbreite 10 mm)	370	300	254	370
Wirksame Bestrahlungsstärke:				
0,5 mW/cm^2	20	55	85	20
1,0 mW/cm^2	10	30	40	10
0 (dunkel)	> 1000	> 1000	> 1000	> 1000

Abhängigkeit des Widerstandes von der Temperatur und der Bestrahlungsstärke:

Temperatur (°C)	25	50	75
Wirksame Bestrahlungsstärke:	relativer Widerstand (%)		
0,05 mW/cm^2	100	91	80
5,0 mW/cm^2	100	92	87

5.2.2.3 Fotoelemente und weitere fotoelektrische Sperrschichthalbleiter

Ebenfalls an Halbleitern entdeckte Bruno Lange (1928) am damaligen Kaiser-Wilhelm Institut für Physikalische Chemie in Berlin-Dahlem – unabhängig von ihm und fast gleichzeitig auch W. Schottky – einen weiteren Fotoeffekt: den Aufbau einer EMK durch Photonen ohne jede Vorspannung, also die direkte Erzeugung von Elektrizität Als Material wählte er Kupferoxydul. Bedampft man Kupferoxydul-Einkristall-Platten beidseitig mit halbdurchlässigen Goldschichten, so entsteht die EMK auf der Lichtaustrittseite unter rotem Licht, auf der Lichteintrittseite unter blauem Licht. Die Erklärung dieses fotoelektrischen Vorganges ist mit Hilfe der Quantenmechanik einfach:
Wie beim Fotowiderstand wird auch hier der innere fotoelektrische Effekt ausgenutzt. Bei Halbleiter-Einkristallen, in denen durch bestimmte Fremdstoffe definierte Gitterfehlstellen geschaffen werden, entstehen Gebiete mit überwiegender Elektronenleitung (n-Zone) und Gebiete mit überwiegender Defektelektronenleitung (p-Zone). Als Folge der unterschiedlichen Dotierung bildet sich an der Übergangsstelle ein elektrisches Feld aus, das die Abhängigkeit des elektrischen Widerstandes von der Stromrichtung bewirkt. Diese Grenzfläche beider Zonen bildet die

Sperrschicht. Ein PN-Übergang fotoelektrischer Sperrschichtelemente unterscheidet sich nicht vom gewöhnlichen PN-Halbleiter (Diode), es ist hier jedoch wichtig, die Sperrschicht im Bereich der Eindringtiefe der Strahlung anzuordnen, damit die erzeugten Ladungsträgerpaare für den Fotostrom nutzbar sind. Werden im Bereich der Sperrschicht durch Bestrahlung Elektronen freigesetzt, entsteht auf einer Seite der Schicht eine Ladungsanreicherung, die wegen des geschaffenen Potentialgefälles zum Aufbau einer elektromotorischen Kraft, der Foto-EMK führt. Es wird ein mit der Bestrahlungsstärke schwankender Fotostrom durch den über einen Arbeitswiderstand geschlossenen Stromkreis getrieben.

5.2.2.3.1 Fotoelement, Fotodiode

In Durchlaßrichtung betriebene Fotodioden nennt man auch Fotoelemente (Fotovoltaic Cell). Es sind aktive Bauelemente, die bei Strahlungseinfall einen Strom oder eine Spannung liefern und zum Betrieb keine äußere Spannung benötigen. Die Sperrspannung liegt etwa in der Größe 1V. Der Kurzschlußstrom steigt proportional zum Strahlungsfluß an, die Leerlaufspannung wächst logarithmisch mit der Bestrahlungsstärke. Fotoelemente besitzen einen sehr großen Meßumfang und werden besonders für Gleichlichtmessungen empfohlen. Das Fotoelement besitzt gegenüber allen anderen Fotohalbleitern einen entscheidenden Vorteil, der die Anwendung auch bei Umgebungstemperaturen von mehr als 50° C erlaubt – es gibt praktisch keinen störenden Dunkelstrom.

Die in Sperrichtung betriebenen Fotodioden (mit Vorspannung) besitzen Sperrspannungen von einigen 10 V, ohne Bestrahlung fließt ein sehr kleiner Dunkelstrom, bei Bestrahlung des PN-Überganges werden dort Ladungsträgerpaare erzeugt, die zur Erhöhung des Sperrstromes führen. Der Sperrstrom ist ein proportionales Maß für den einfallenden Strahlungsfluß. In dieser Schaltung sind Fotodioden besonders zur Messung schneller Vorgänge geeignet.

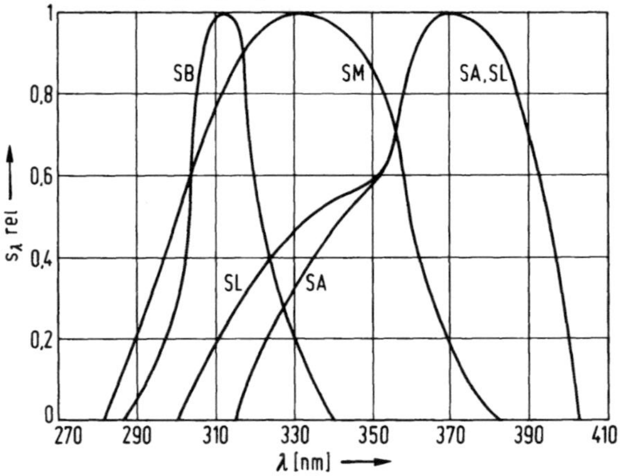

Abb. 5.9: Wie Abb. 5.8. Se-Elemente mit Filtern (Max=1); Electrocell SM, SB, SL und SA.

5.2.2.3.1.1 Selen-Elemente

Herkömmliche Selen-Elemente besitzen eine maximale spektrale Empfindlichkeit bei ca. 550 nm und verfügen in bestimmten Ausführungen (z.B. Typ GQ der Firma Elektrocell, Berlin) im UV noch über eine bis etwa 230 nm reichende, meßtechnisch nutzbare Empfindlichkeit (Abb. 5.8). In Kombination mit Filtern werden von der Firma Elektrocell Selen-Element-Empfänger angeboten, die nur in abgegrenzten UV-Bereichen empfindlich sein sollen (Abb. 5.9). In vielen meßtechnischen Anwendungen sind die Selenelemente im Hinblick auf ihre Trägheit, Ermüdungserscheinungen und Linearitätsgrenzen den Silizium-Elementen unterlegen.

5.2.2.3.1.2 Silizium-Elemente

In den letzten Jahren sind Siliziumelemente entwickelt worden, die abweichend vom herkömmlichen Typ eine ausgeprägte Empfindlichkeit im UV besitzen. Neben der blau-empfindlichen Si-Fotodiode vom Typ Sharp SBC (Abb. 5.8) mit einem Empfindlichkeitsmaximum bei 550 nm (bei 400 nm: noch 60 %) und der speziell für UV-Messungen entwickelten EG & G-Fotodiode vom Typ UV-444, die im Bereich zwischen 250 nm 350 nm eine fast konstante Quantenausbeute von ca. 10 % besitzt (Abb. 5.10), sind auch zwei spezielle Siliziumdioden der Firma UDT (United Detector Technology, USA) erwähnenswert. Ihre spektrale Empfindlichkeit zeigt ebenfalls Abb. 5.8. Die Fotodiode vom Typ PIN-10-CAL-UV wird auf Wunsch mit geeichter spektraler Empfindlichkeit in den Wellenlängen 250 nm, 320 nm und 360 nm geliefert. Die Empfangsfläche beträgt 1 cm^2, der Dunkelstrom 10^{-7} A beim Betrieb mit 6 V. Eine Linearität besser als 1 % von der Ansprechschwelle 10^{-9} W/cm^2 bis zur Sättigungsleistung 10^{-2} W/cm^2 wird angegeben.

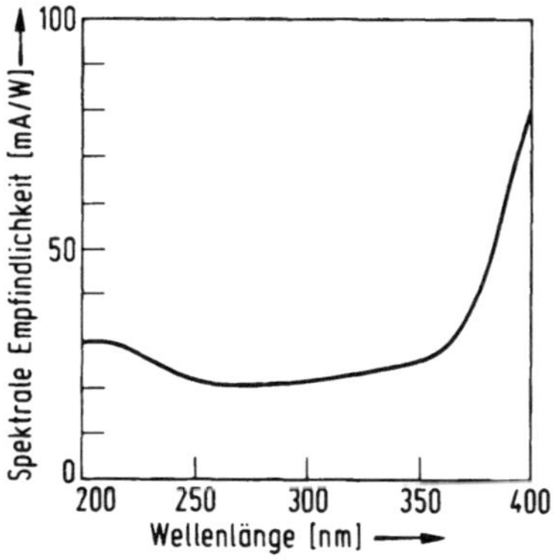

Abb. 5.10: Spektrale Empfindlichkeit des Silizium-Fotoelementes EG & G-UV444 im UV-Bereich.

Das Silizium-Element UDT-500 UV wird mit gehäusemäßig integriertem FET-Operationsverstärker geliefert. Die Empfangsfläche beträgt 1 cm^2, der Meßbereich erstreckt sich von 10^{-3} bis 10^{-12} W/cm^2. Das Strahlungsfluß-Äquivalent der Rauschleistung wird für Gleichlichtbetrieb (und 850 nm bei einer Zeitkonstanten von 1 s) zu $5 \cdot 10^{-11}$ W angegeben.

Schematischer Aufbau, Ausführungsformen und Kennlinien von Siliziumfotoelementen der Fa. B. Lange, Berlin, sind in den Abb. 5.11 und 5.12 dargestellt.

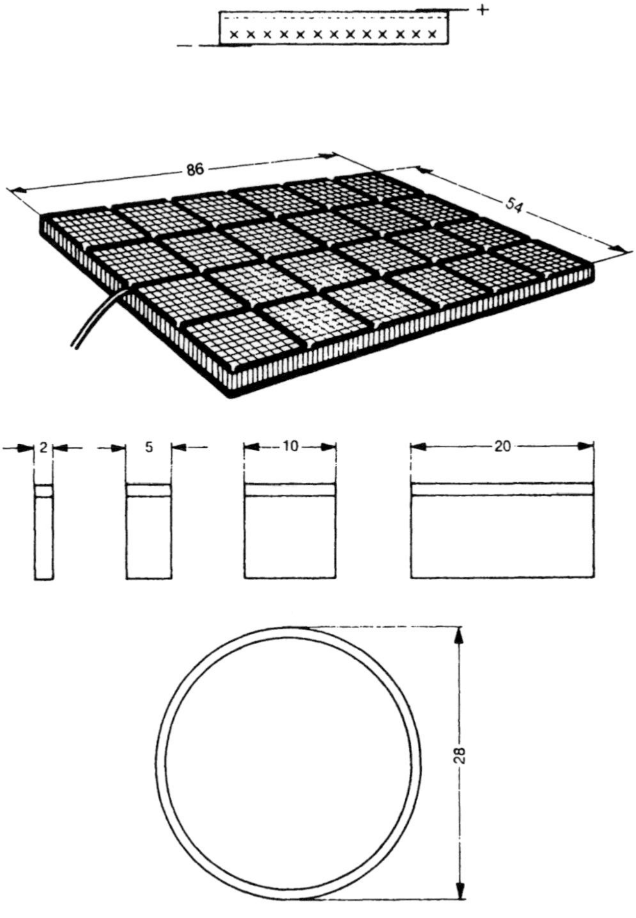

Abb. 5.11: Siliziumfotoelement der Firma Dr. Bruno Lange. Oben: Aufbau, Kreuze – Arsenatome; Striche – Boratome (beide als Aktivatoren) und Sonnenbatterie; unten: Form und Maßangaben in Millimetern.

5.2.2.3.2 Fototransistoren, Fototyristoren

Es handelt sich hier um fotoelektrische Sperrschichthalbleiter, die im Gegensatz zu Fotoelement und Fotodiode mit zwei (Transistoren) bzw. drei (Thyristoren) PN-Übergängen aufgebaut sind.

Fototransistoren sind prinzipiell als Silizium-Fotodiode mit nachgeschaltetem Verstärkerelement zu betrachten, ihre Empfindlichkeit ist etwa 100 mal größer als

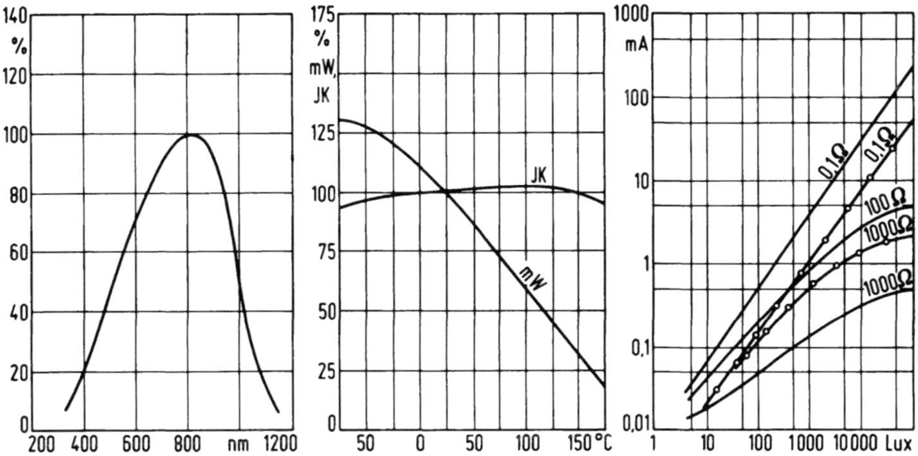

Abb. 5.12: Wie Abb. 5.11, jedoch links: spektrale Empfindlichkeit; Mitte: Temperaturabhängigkeit des Kurzschlußstromes (IK) und der Zellenleistung (mW). Rechts: Fotostrom in Abhängigkeit von der Beleuchtungsstärke und dem Außenwiderstand.

die vergleichbarer Fotodioden. Sie werden vorzugsweise in Überwachungs- und Regelgeräten zu UV-Meßzwecken verwendet. Fotothyristoren sind Vierschichtelemente, die zur Schaltungsvereinfachung lichtgesteuerter Schaltanlagen entwickelt wurden, sie sind für Meßzwecke nicht geeignet.

5.2.2.4 Bild- und Frequenzwandler

Die an der Fotokathode der Fotozellen durch das Licht ausgelösten Elektronen können durch elektrische Felder beschleunigt und entweder einer Anode zugeführt werden, die unter diesem Beschuß nunmehr ihrerseits Sekundärelektronen abgibt (die oben bereits erwähnten *Multiplier* zur Verstärkung des Fotostroms) oder einer elektrolumineszierenden Schicht zugeführt werden (*Elektrolumineszenz-Lichtverstärker* oder *Bildwandler* mit Lichtverstärkung).

Daneben benutzt man auch die *Frequenzwandler,* in denen die ultraviolette Strahlung zunächst in sichtbares Licht (mittels Leuchtstoffe) transformiert und dann mittels lichtelektrischer Strahlungsempfänger gemessen wird. Die Methoden der Lichtverstärkung (Bildwandler) beruhen auf der Umwandlung eines optischen Bildes in ein Elektronenbild. Aus einer halbdurchlässigen Fotokathode werden mehr oder weniger Elektronen entsprechend der Helligkeitsverteilung des auffallenden Lichtes ausgelöst. Sie werden beschleunigt und mittels Elektronenoptik auf einem fluoreszierenden Schirm abgebildet, der beim Auftreffen der auf ihn fokussierten Elektronenbündel aufleuchtet. In den Elektrolumineszenz-Lichtverstärkern liegen die fotoempfindlichen und elektrolumineszierenden Schichten im innigen Kontakt übereinander, meist CdS-Schichten für die Fotoempfindlichkeit und ZnS-Schichten für die Elektrolumineszenz. Ohne Belichtung liegt die Wechselspannung größtenteils an der

hochohmigen Fotoschicht, bei Belichtung an der dann aufleuchtenden Elektrolumineszenzschicht. Lediglich diese letzte Ausführung wird wegen ihrer Einfachheit in die UV-Technik Eingang finden. Der Bildwandler wird hierbei weniger wegen der erzielten Verstärkung, sondern aus Gründen der Umwandlung von UV-Strahlung in sichtbares Licht bedeutungsvoll.
Die Transformation UV→sichtbares Licht gelingt auch in Frequenzwandlern mit Hilfe ausgesuchter geeigneter Leuchtstoffe. Als Strahlungsempfänger dienen dann für sichtbares Licht die üblichen Fotozellen oder Fotoelemente. Diese Frequenzwandler haben den Vorteil, daß bei geschickter räumlicher Anordnung Streulichtfreiheit und Selektivität für ein bestimmtes gewünschtes Wellenlängengebiet erzielt werden kann.

5.2.3 Chemische Wirkungen

Die Zerspaltung von Molekülen nach Strahlungsabsorption – auch fotochemische Dissoziation genannt – wird seit Jahrzehnten immer wieder erneut in die Messung der UV-Strahlung einbezogen. Erinnert sei an das Dosimeter nach Frankenburger (J.G.-Farben-Dosimeter) und die verschiedenen Azetonmethoden; bei fast allen dient der Verfärbungsgrad als Maßzahl für die empfangene UV-Dosis. Die Erfüllung des Cosinus-Gesetzes und die nicht zu vermeidende Temperaturabhängigkeit, wie sie fast jedem chemischen Prozeß eigen ist, brachten besondere Schwierigkeiten.

In den letzten Jahren führten Versuche von Pfleiderer mit Triphenyl-Methanen nach Chalkley zu einem UV-Dosimeter, es erwies sich besonders geeignet für medizinische Zwecke; der Leukofarbstoff wird auf Filterpapier gebracht, dessen Verfärbung unter UV-Bestrahlung abgelesen wird. Weitere Einzelheiten sind zu finden unter Pfleiderer, (1956), und Chalkley, (1952).

Für militärische Zwecke wurden die „Chamäleongläser" entwickelt, sie verfärben sich unter dem Einfluß von ultravioletter Strahlung und sollen, als Schutzbrille getragen, die Augen bei Atomblitzen schützen. Sie sind bereits handelsüblich, bei der Firma Schott und Gen. führen sie die Bezeichnung „Phototropes Glas Variosol" und sind in Stärken von 2 bis 8 mm bei 30 bis 60 mm Durchmesser lieferbar. Das Spektralgebiet ihrer Absorption liegt unterhalb 350 nm. Die Verfärbung bewirkt eine Herabsetzung der Durchlässigkeit im Bereich zwischen 400 nm und 800 nm. Das Minimum der Transmission liegt bei etwa 550 nm. Für ihre Anwendung in der UV-Meßtechnik ist zu beachten, daß der Grad der Verfärbung und die Zeit der Regeneration von der Temperatur abhängig sind. Die Halbwertszeit der Entfärbung liegt

für	10°	20°	30°	40°	50°	Celsius
bei	150	28	13	7	5	Sekunden.

Die Fotoplatte, die meist auch zu den Dissoziations-Verfahren gezählt wird, eignet sich nur bedingt für die UV-Meßtechnik, weil der chemische Entwicklungsvorgang einer Verstärkung 1 : 10^6 entspricht und deshalb zu einem hohen Rauschfaktor führt. Die spektrale Empfindlichkeit für zwei spezielle UV-Fotoplatten ist in Abb. 5.13 wiedergegeben, aus der hervorgeht, daß erstens die Empfindlichkeit von der zugrundegelegten Schwärzung abhängt und zweitens ein Maximum der Empfindlichkeit der Schicht bei 360 bzw. 310 nm vorhanden ist. Die Wellenlängenabhängigkeit der Gradation ist in Abb. 5.14 dargestellt.

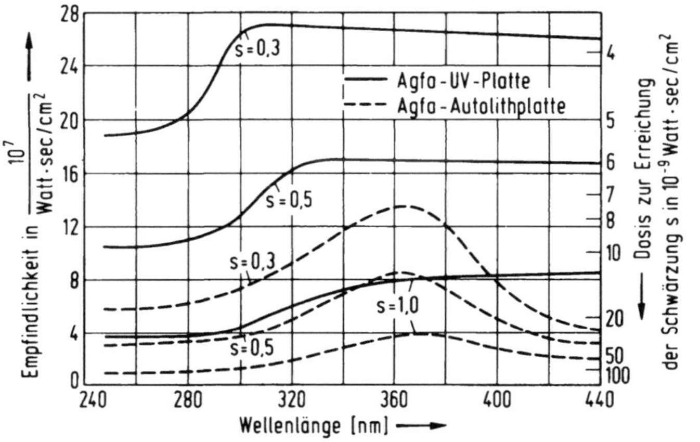

Abb. 5.13: Spektrale Empfindlichkeit der Agfa-UV-Platte und der Autolitplatte für verschiedene Schwärzungsgrade. Nach König (1941).

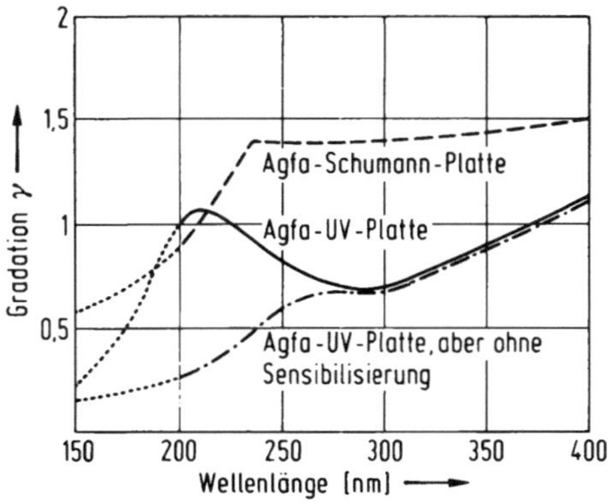

Abb. 5.14: Abhängigkeit der Gradation von der Wellenlänge für verschiedene Fotoplatten. Nach Arens (1935).

Der Vorteil der Agfa-UV-Platte zeigt sich, wie aus der letztgenannten Abbildung ersichtlich ist, erst bei Wellenlängen unterhalb 250 nm, da sie eine auf das kurzwellige UV ansprechende Sensibilisierung besitzt. Andere fotografische Schichten (normale Platten und auch Sonderplatten für technische Zwecke – wie die Autolithplatte –) sind zweckmäßig unterhalb von 250 nm durch Einreiben mit Vaseline oder Maschinenöl, die beide stark fluoreszieren, zu sensibilisieren, wobei jedoch diese Stoffe vor dem Entwickeln durch Lösungsmittel entfernt werden müssen. Die besten Ergebnisse erhält man durch Sensibilisierung mit einer 5prozentigen alkoholischen Lösung von salizylsaurem Natrium, wodurch sich eine Empfindlichkeit im Gebiet von 70 bis 300 nm ergibt. Bei der UV-Spektralplatte läßt sich die Sensibilisierung nach einem kurzen Wässern löschen. Im sog. *Schumann*-UV, also im UV zwischen 95 und 180 nm verwendet man eine gelatinearme Schicht, da in diesem Bereich bereits die Absorption in der Gelatineschicht so groß ist, daß die Strahlung nicht an die Bromsilberkörner herankommt.

5.2.4 UV-Meßgeräte

Universell verwendbare Meßgeräte, die ohne spezielle Kalibrierung zur Absolutmessung beliebiger Strahlenquellen und Spektralbereichen geeignet sind, können aus leicht einzusehenden Gründen nicht bereitgestellt werden. Verschiedene Hersteller bieten jedoch Geräte an, die entweder für bestimmte Messungen im UV konzipiert sind oder aufgrund ihrer breiten Spektralempfindlichkeit (zum Teil als Sonderausführung) UV-Messungen ohne großen experimentellen Aufwand erlauben. Mit Hilfe dieser Geräte ist es möglich, die Emission eingesetzter UV-Strahler zu überwachen oder quantitative Aussagen über die zur Aktivierung bestimmter biologischer und chemischer Prozesse nötige Bestrahlung in bestimmten Spektralbereichen zu treffen. Eine kleine Auswahl derartiger Meßgeräte soll kurz vorgestellt werden.

Tab. 5.8: Charakteristische Daten von UV-Meßgeräten

Gerät Hersteller	Detektor	Empfindlichkeits-Bereich (nm)	Charakteristik	Nachweisgrenze (Richtwerte) ($\mu W/cm^2$)	Meßbereiche	Linearität	Öffnungswinkel [Grad]
YSI Radiometer 65A Yellow Springs Instrument	Thermistor	300–2700 (170–3900)	unselektiv (Abfall auf 65 % durch Quarzfenster)	5	7	$5 \cdot 10^4$	44°
Radiant Flux Meter 8330A/ 8334A System Hewlett Packard	(schnelle) Thermosäule	300–3000 150–15000	unselektiv (mit Fenster) unselektiv (ohne Fenster)	0,1 100	10	10^6	36°
Steritest Original Hanau	Vakuumfotozelle	200–280	selektiv	0,05	3	$5 \cdot 10^3$	> 90°

Fortsetzung Tab. 5.8

Gerät Hersteller	Detektor	Empfind- lichkeits-Bereich (nm)	Charakteristik	Nachweisgrenze (Richtwerte) ($\mu W/cm^2$)	Meßbereiche	Linearität	Öffnungswinkel [Grad]
Spectra Photo Research	Fotovervielfacher	200–940	selektiv	sehr empfindlich, keine UV-Angaben		10^8	1,9°; 5,9°; 11°
Oriel 7062 Radiometer	Fotovervielfacher	200–800	selektiv	0,001	11	10^8	keine Angabe, kleiner Öffnungswinkel
UV-MAT 373 SE	Selen-Fotoelement	ca. 270–360	selektiv	4,3	3	$5 \cdot 10^3$	40°
		ca. 305–390	selektiv	3	3		60°
21 A Power Meter UDT	Silizium-Fotoelement	250–900	selektiv	0,01	6	10^6	keine Angabe, kleiner Öffnungswinkel
J 16 Digital Radiometer Tektronix	Silizium-Fotoelement	250–1200	selektiv	keine UV-Angaben	5	10^5	keine Angabe, großer Öffnungswinkel

Die in Tab. 5.8 gegenübergestellten Daten erlauben nur einen ganz allgemeinen Vergleich der Anwendungsmöglichkeiten der Geräte; wenn unterschiedliche Geräteausführungen möglich sind, ist die UV-Version beschrieben. Die Angaben zur Nachweisempfindlichkeit müßten exakt für monochromatische Strahlung gleicher Wellenlänge verglichen werden; da dies wegen unterschiedlicher Spektralempfindlichkeiten und unvollständiger Herstellerunterlagen nicht möglich ist, wurden Mittelwerte angenommen, die eine größenordnungsmäßige Abschätzung der Nachweisempfindlichkeit erlauben.

5.2.4.1 Geräte mit thermischem Strahlungsempfänger

Radiometer 65 A (Yellow Springs Instrument Co.; deutscher Vertrieb: Kipp u. Zonen, 6242 Schönberg/Taunus): Kalibriertes temperaturkompensiertes Thermistor-Bolometer (aktive Empfängerfläche ca. 10 mm²) mit Schreiberausgang und Umgebungsstrahlungsunterdrückung. Der wellenlängenunabhängige Empfänger ist ohne Neueichung austauschbar, durch einen zusätzlich vorhandenden Kollektorkegel kann die Empfindlichkeit etwa um den Faktor 7 erhöht werden. UV-Messungen sind mit externer Filterung möglich; die Einstellgeschwindigkeit beträgt ca. 20 s.

Radiant Flux Meter, System 8330A/8334A (Hewlett Packard): Der Empfänger besteht aus 64 Bi-Sb Thermopaaren, die eine schnelle Thermosäule bilden; (aktive Empfängerfläche ca. 10 mm^2) die Einstellgeschwindigkeit liegt je nach Meßbereich zwischen ca. 0,1 und 3 Sekunden. Bei der Normalausführung befindet sich die Thermosäule in einem evakuierten Gehäuse mit Infrasilfenster; Sonderausführungen mit anderen Fenstermaterialien und ohne Fenster sind möglich. Für Messungen in abgegrenzten Spektralbereichen sind im Empfängergehäuse Filterhalterungen vorgesehen. Das Gerät besitzt eine eingebaute Eichkontrolle, durch einfache Einstellung können Transmissionsverluste des Fensters ausgeglichen werden.

5.2.4.2 Geräte mit Fotozelle oder Fotovervielfacher als Empfänger

Steritest (Original Hanau, QLG, Hanau) ist ein nur im UVC-Bereich empfindliches, mit Cadmium-Vakuumfotozelle ausgerüstetes Meßgerät, das mit Kalibrierung für Quecksilberniederdruckstrahlung geliefert wird. UVC-Messungen anderer Strahlenquellen sind möglich, Absolutbestimmungen erfordern wegen der Empfängerselektivität jedoch zusätzliche Kalibrierung. Durch eine vor dem Empfänger befindliche Mattquarzhaube erfolgt die Bewertung schräg auftreffender Strahlung annähernd cosinusgerecht. Steritest eignet sich besonders zum Nachweis bakterizider UV-Strahlung in Räumen mit Luftentkeimungsstrahlern. Da sich Empfänger- und Anzeigeinstrument in einem gemeinsamen Gehäuse befinden, ist einfache Handhabung gewährleistet.

Spectra Pritchard Fotometer (Deutscher Vertrieb: Präzisionstechnik GmbH, Köln) wird als universell verwendbares Leuchtdichte-Meßgerät angeboten, das durch Verwendung unterschiedlicher Fotovervielfacher und mit Spezialoptiken im Spektralbereich zwischen 200 nm und 940 nm verwendbar ist. Das Meßfeld wird durch Öffnungswinkel zwischen ca. 2° und 11° begrenzt, im Gerät befindet sich ein Filterschlitten, der die Messung in gewünschten Spektralbereichen erlaubt. Wegen selektiver Spektralempfindlichkeit ist für alle UV-Messungen besondere Kalibrierung nötig.

Oriel Fotomultiplier Radiometer (Oriel Corporation; deutscher Vertrieb: Oriel Optik, 61 Darmstadt, Mecklenburger Str. 27) ist ein sehr empfindliches Meßgerät, das mit verschiedenen Fotovervielfachern unterschiedlicher Spektralempfindlichkeit angeboten wird: es sind Ausführungen möglich, die ausschließlich im Bereich unter 350 nm empfindlich sind. Das Gerät arbeitet in jeder Ausführung selektiv und kann erst nach entsprechender Kalibrierung für Absolutbestimmungen benutzt werden.

5.2.4.3 Geräte mit Fotoelement als Strahlungsempfänger

UV-MAT 373 Se. Das Gerät wurde am Institut für Physikalische Elektronik der Universität Stuttgart entwickelt und wird zur Zeit noch nicht serienmäßig hergestellt. Es handelt sich um eine kompakte, netzunabhängige Konstruktion, bei der Empfänger und Anzeigeinstrument im gleichen Gehäuse eingebaut sind. Durch Knopfdruck kann wahlweise im UVB oder im UVA-Bereich gemessen werden; der selektive Empfänger (Selen-Fotoelement) ist für Quecksilberhochdruckstrahlung (UV-Standard) kalibriert, für Strahler abweichender Spektralverteilung müssen Korrekturfaktoren bestimmt werden.

21 A Power Meter (UDT; deutscher Vertrieb: ts-electronic, 8 München, Widenmayer Str. 50) arbeitet mit einem UV-empfindlichen Silizium-Fotoelement im Bereich zwischen 250 nm und 900 nm. Das sehr temperaturstabile Gerät kann mit Kalibrierung für bestimmte Standardstrahler oder enge Spektralbereiche geliefert werden, wegen selektiver Spektralempfindlichkeit der UV-Version ist jedoch gesonderte Kalibrierung für die Messung von Strahlern unterschiedlicher spektraler Emission erforderlich. Das Empfängergehäuse enthält eine Abdeckblende und eine Halterung für zusätzliche Filter.

J 16 Digital Radiometer (Tektronix; deutscher Vertrieb: Präzisionstechnik GmbH, Köln). Das netzunabhängige Gerät ist ebenfalls mit einem UV-empfindlichen Silizium-Fotoelement ausgerüstet. Für die UV-Version ist keine Kalibrierung angegeben (selektiver Empfindlichkeitsverlauf). Zusätzliche Filter können im Empfängergehäuse angeordnet werden. Der annähernd cosinustreue Empfänger bildet im Normalfall eine Einheit mit dem Anzeigeinstrument, er kann jedoch auch, durch Zuleitung mit dem Gerät verbunden, in entfernte Strahlungsfelder gebracht werden.

5.3 Selektion der UV-Strahlung

Die Fotozellen hoher Quantenausbeute erfassen meist außer der UV-Strahlung auch einen Teil des sichtbaren Lichtes (lichtelektrische langwellige Grenze oberhalb 400 nm). Soll das Ergebnis bei der UV-Strahlungsmessung nicht durch die längerwellige Strahlung verfälscht werden, empfiehlt sich die Aussonderung begrenzter Spektralbereiche durch Filter, Prismen oder Gitter.
Filter eignen sich durch ihre individuellen Materialeigenschaften sehr gut zur Verwendung in weiten Spektralbereichen. Man unterscheidet sie nach ihrer Wirkungsweise in Absorptionsfilter (Farbgläser, Flüssigkeiten) und Interferenz- bzw. Reflexionsfilter. Bei Verwendung von Filtern stehen meist höhere Bestrahlungsstärken und größere Strahlungsfelder zur Verfügung als bei spektraler Zerlegung durch Prisma oder Gitter.
Prismen- und Gittermonochromatoren benutzen zur spektralen Zerlegung Dispersion bzw. Beugung, wobei im Rahmen der Güteklasse und des Meßumfang des Geräts die Einstellung jeder gewünschten Wellenlänge möglich ist. Unabhängig von der Art der Zerlegung kann die selektierte Strahlung polarisiert sein.

5.3.1 UV-Filter

Die wichtigsten UV-Filter sind die sogenannten Schwarzglasfilter (UG-Gläser der Firma Schott & Gen., Mainz), die das sichtbare Licht mit Ausnahme des roten Spektralbereichs absorbieren (Abb. 5.15); es ist deshalb darauf zu achten, daß die Strahlungsempfänger nicht auf rotes Licht ansprechen, ihre langwellige Grenze also unterhalb 600 nm haben.

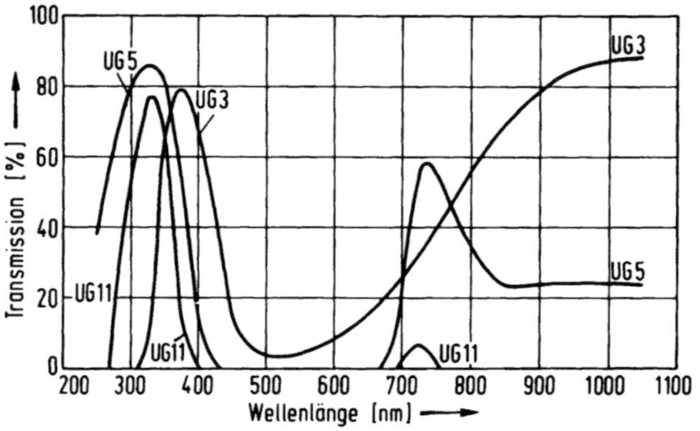

Abb. 5.15: Spektrale Transmission von UV-Schwarzglasfiltern, 2 mm Schichtdicke (UG-Gläser). Nach Schott-Filterkatalog (1970).

Zur Unterdrückung kurzwelliger Strahlung eignen sich bevorzugt Filtergläser auf Bleigrundlage, die die Bezeichnung WG-Gläser führen und mit der Schwerpunktswellenlänge der kurzwelligen Flanke ihrer Transmissionskurve gekennzeichnet werden (Abb. 5.16).

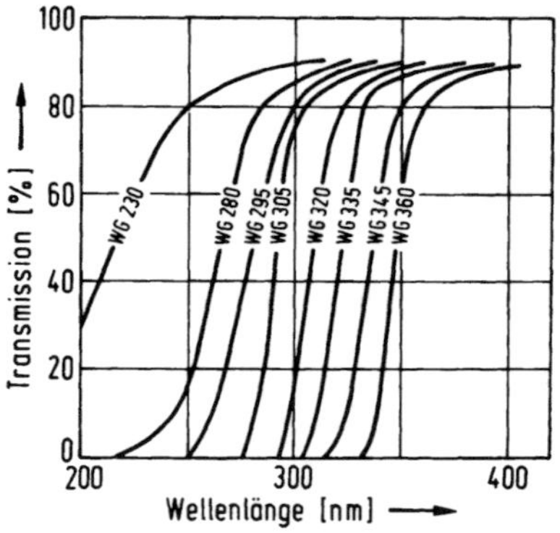

Abb. 5.16: Spektrale Transmission von UV-Kantenfiltern; 2 mm Schichtdicke (WG-Gläser). Nach Schott Filterkatalog (1970).

Neuerdings werden auch Glas-Kunststoff-Verbund-Filter (KV-Filter, Schott & Gen.) als besonders steilkantig und fluoreszenzarm angeboten, die ebenfalls die kürzerwellige Strahlung vollständig absorbieren. Hier als Beispiel die optische Durchlässigkeit des KV-370-Filters:

99 % – 394 nm; 50 % – 370 nm; 10 % – 362 nm; 1 % – 357 nm.

Außer diesen Filtern haben auch Flüssigkeitsfilter (z.B. Bäckström-Filter) und neuerdings besonders Interferenzfilter und Reflexionsfilter Eingang in die Meßpraxis gefunden, wobei zu bemerken ist, daß auch die Wirkung der Reflexionsfilter auf Interferenzeffekten beruht.

Die in den Katalogen der filterherstellenden Firmen zu findenden spektralen Angaben beziehen sich jeweils auf senkrecht auffallende, also die Filter senkrecht auf kürzestem optischen Wege durchdringende UV-Strahlung.

5.3.1.1 Absorptionsfilter

Bestimmte Flüssigkeiten, Farb- und Filtergläser schwächen die von einer Lichtquelle ausgehende Strahlung durch gleichmäßige oder selektive Absorption. Der Farbeindruck stellt die Wirkung bestimmter, der Glasschmelze zugesetzter färbender Substanzen mit Absorptionseigenschaften dar.
Die direkte Färbung von Gläsern wird durch Metalloxide bewirkt, die mit der Schmelze des Grundglases als Ionen in Lösung gehen und das Glas homogen einfärben. Bei einer anderen Farbglasart, den Anlaufgläsern, können als Farbträger submikroskopische kolloidale Teilchen angesehen werden. Die nach dem Schmelzen zunächst farblosen Gläser erhalten ihre Farbe erst durch gezielte Wärmebehandlung, die Größe und Anzahl der Kolloide beeinflußt. Während Anlaufgläser über eine kurzwellige Absorptionskante verfügen, zeigen Gläser mit Ionenfärbung charakteristische Sinus- oder Glockendurchlaßkurven. Für in wäßriger Lösung befindliche Metallionen gilt im wesentlichen das gleiche Absorptionsverhalten wie für ionengefärbte Gläser.
Durchläuft Strahlung ein Absorptionsfilter, wird ein Teil der Strahlungsenergie an den Grenzflächen reflektiert. Bei Vernachlässigung von Streuung und Fluoreszenz teilt sich die verbleibende Strahlungsenergie in einen absorbierten und einen durchgelassenen Anteil, es gilt:

$$\phi = \phi_R + \phi_A + \phi_T . \quad (5.4)$$

Eingestrahlte Energie = reflektierte + absorbierte + durchtretende Energie;

oder $$1 = \rho + \alpha + \tau. \quad (5.5)$$

(1 = Reflexionsgrad + Absorptionsgrad + Transmissionsgrad).

Der Transmissionsgrad τ entspricht dem Verhältnis von durchgelassener zu auftreffender Strahlung.
Der Reintransmissionsgrad ϑ ist definiert als Verhältnis des Strahlungsflusses am Ende zu dem am Anfang der Weglänge im Filter. Transmissionsgrad und Reintransmissionsgrad sind durch den Reflexionsfaktor P verbunden:

$$\tau = \vartheta \cdot P. \quad (5.6)$$

Bei Angabe des Reintransmissionsgrades ist nach dem Lambert-Beer'schen Gesetz das Durchlaßverhalten bei unterschiedlichen Schichtdicken zu berechnen:

$$\vartheta_{1(\lambda)}^{d_2} = \vartheta_{2(\lambda)}^{d_1}. \tag{5.7}$$

$\vartheta_{1(\lambda)}$ = Reintransmissionsgrad bei der Wellenlänge λ und der Schichtdicke d_1.

$\vartheta_{2(\lambda)}$ = Reintransmissionsgrad bei der Wellenlänge λ und der Schichtdicke d_2.

Häufig wird zur vereinfachten Rechnung die Extinktion E eingeführt. Reintransmission und Extinktion sind durch die Beziehung

$$E = \log \frac{1}{\vartheta} = -\log \vartheta = \log P - \log \tau \tag{5.8}$$

verbunden. Mit der Extinktion wird Gleichung (5.7) zu

$$\frac{E_1}{E_2} = \frac{d_1}{d_2}. \tag{5.9}$$

Bei nicht senkrechter Inzidenz muß die wirksame Filterdicke durch den Faktor

$$\frac{1}{\sqrt{1 - \frac{\sin^2 \epsilon}{n^2}}}$$

berücksichtigt werden, hierbei ist ϵ der Winkel zur Senkrechten.

Im Schott-Filterkatalog sind die Ordinaten-Maßstäbe bilogarithmisch gedehnt; die typischen Kurven sind dadurch von der Dicke des Glases unabhängig. Diese Darstellung wird durch Verwendung des diabatischen Maßstabes möglich.

Unter Diabatie Θ versteht man die Größe:

$$\Theta = 1 - \log E = 1 - \log (\log \frac{1}{\vartheta}). \tag{5.10}$$

In der Praxis wird bei Filtermessungen der Transmissionsgrad (Durchlässigkeit) bestimmt. Um Meßwerte mit Herstellerangaben des Reintransmissionsgrades zu vergleichen, errechnet man den τ-Wert durch Division des Transmissionsgrades mit dem Reflexionsfaktor. Für den Reflexionsfaktor bei planparallelen Platten gilt:

$$P = \frac{2n}{n^2 + 1}. \tag{5.11}$$

Er hängt praktisch nur vom Brechungsindex n des Glases ab. Wellenlängenabhängigkeit und Einfallswinkel bis etwa 45° können unberücksichtigt bleiben. Für Messungen im UV begeht man bei Gläsern im allgemeinen keinen Fehler, wenn man in Unkenntnis des genauen Reflexionsfaktors P = 0,92 setzt. Bei Flüssigkeitsfiltern hängt der Reintransmissionsgrad außer von der Schichtdicke auch von der Konzentration ab. Nach Lambert-Beer wird der Reintransmissionsgrad durch die Gleichung:

$$\vartheta = 10^{-ckd} \quad (5.12)$$

bestimmt, mit der Konzentration c in Gramm oder Mol je Liter, der konzentrationsunabhängigen Stoffkonstanten k und der Schichtdicke d in cm. Für praktische Bestimmungen wird ebenfalls die Extinktion verwendet; Gleichung (5.12) wird dann zu

$$\log \vartheta = -ckd = -E. \quad (5.13)$$

In Tabellen sind bisweilen Absorptionskoeffizienten angegeben, die durch Multiplikation der Extinktionskoeffizienten mit der Zahl 2,3026 = log nat 10 gebildet werden, sie werden benutzt, wenn im Lambert-Beer'schen Gesetz mit natürlichen Logarithmen (Basis e) gearbeitet wird.

Abb. 5.17 zeigt die spektrale Transmission einiger Flüssigkeitsfilter: Kurve 1 – 1 cm Nickelsulfat $NiSO_4 \cdot 6H_2O$, 500 g pro Liter H_2O dest.; Kurve 2 – 1 cm Kobaltsulfat $CoSO_4 \cdot 7H_2O$, 300 g pro Liter (Koller, 1965); Kurve 3 – 1 cm Pikrinsäure $C_6H_3N_3O_7$, 63 mg pro Liter (Meyer-Seitz, 1949).

Die Hintereinanderschaltung dieser drei Lösungen liefert in Verbindung mit einem UV-Schwarzglasfilter eine Filterkombination zur Selektion der UV B-Strahlung:

Bäckströmfilter: 511,2 g $NiSO_4 \cdot 7H_2O$ + 146,2 g $CoSO_4 \cdot 7H_2O$ (auf einen Liter Wasser aufgefüllt),

Pikrinsäure: 6,32 %ige Wasserlösung,

UG 11-Glasfilter (4 mm).

Hierbei sind die Nickel- und Cobaltlösungen eisenfrei zu wählen und in Quarzdoppel-Küvetten von 10 mm Quarzplattenabstand (getrennt für Bäckström- und Pikrinsäure-Filter) einzubringen.

Zur Selektion der UV A-Strahlung genügen Kombinationen aus 2 mm-Glasfiltern, z.B.: WG 335 + UG 11.

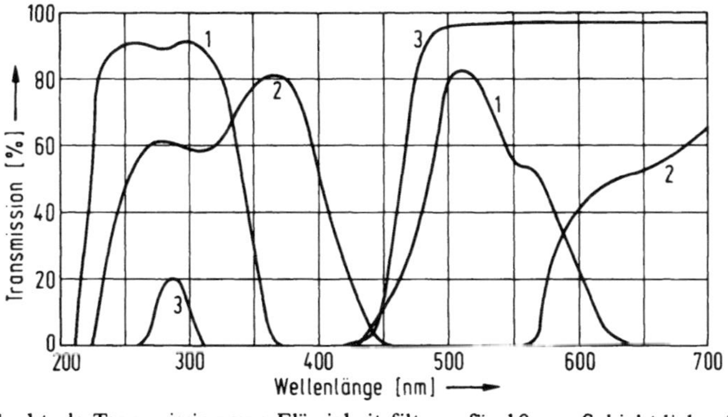

Abb. 5.17: Spektrale Transmission von Flüssigkeitsfiltern; für 10 mm Schichtdicke; 1 = Nickelsulfat, 2 = Kobaltsulfat, 3 = Pikrinsäure (Lösungskonzentration im Text).

Die früher oft verwendeten Christiansen-Filter, bei denen die maximale Durchlässigkeit bei derjenigen Wellenlänge liegt, für die der Brechungskoeffizient der flüssigen und festen Phase den gleichen Wert hat, werden heute wegen ihren hohen Anforderungen an Temperaturkonstanz und Parallelität des Strahlenganges nicht mehr verwendet.

5.3.1.2 Interferenz- und Reflexionsfilter

Im Vordergrund der Anwendung stehen zur Zeit Interferenzfilter und die ebenfalls auf Interferenz beruhenden Reflexionsfilter.

Die Interferenzfilter nach Fabry-Perot nutzen die Auslöschung längerer und kürzerer Wellenlängengebiete durch Superposition aus und bestehen meist aus UV-durchlässigen Gläsern, die einseitig leicht verspiegelt sind. Zwischen zwei derartigen Gläsern – mit der Verspiegelung nach innen – befindet sich die für den Superpositionsvorgang notwendige Abstandsschicht, deren Dicke die spektrale Lage der optischen Durchlässigkeit bestimmt. Oft wird auch folgender Aufbau bevorzugt: ein UV-durchlässiges Glas (meist aus Quarz) wird mit einer dünnen Metallschicht, anschließend mit der Abstandsschicht (oft ein Dielektrikum) und mit einer zweiten Metallschicht bedampft. Hierauf wird ein Glasfilter oder weiteres Interferenzfilter gekittet, die die niederen bzw. höheren Ordnungen des Interferenzvorganges absorbieren (Zur Vermeidung einer schädlichen Erwärmung der Interferenzfilter, die zu einem Anwachsen der Abstandsschicht führen würde, ist die erste verspiegelte Glasplatte gegen die Strahlenquelle zu richten). Um besonders steile Flanken der Trans-

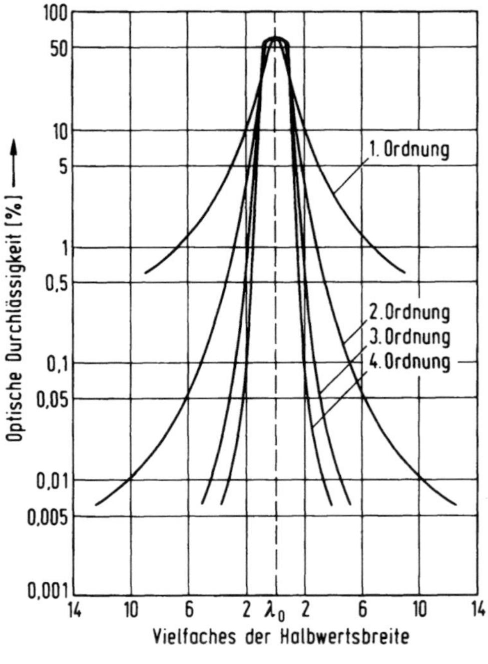

Abb. 5.18: Halbwertsbreiten von Interferenzfiltern bei der Ausnutzung verschiedener Ordnungen.

missionskurve zu erzielen, werden mehrere derartige Interferenzanordnungen hintereinander gesetzt. Ehe auf weitere Einzelheiten eingegangen wird, sei darauf hingewiesen, daß mit der Ausnutzung höherer Interferenz-Ordnungen, die Filter immer schmalbändiger werden (siehe Abb. 5.18).

Die Kennzeichnung der Interferenzfilter geschieht in üblicher Weise durch Angabe von

T_{max}: maximale Durchlässigkeit (Transmission),

λ_{max}: Wellenlänge bei maximaler Durchlässigkeit,

λ_m: spektrale Kennzeichnung des Filters (λ_m ist meist größer als λ_{max}; $\lambda_m = 0{,}5\ (\lambda_1 + \lambda_2)$, wobei λ_1 und λ_2 diejenigen Wellenlängen bezeichnen, die bei halber maximaler Durchlässigkeit zu finden sind),

HW: spektrale Bandbreite $(\lambda_1 - \lambda_2)$ bei 50 % der maximalen Durchlässigkeit $(\frac{T_{max}}{2})$,

ZW: spektrale Bandbreite bei 10 % der maximalen Durchlässigkeit,

tW: spektrale Bandbreite bei 0,1 % der maximalen Durchlässigkeit,

ZW/HW: Kennzeichnung der Flankensteilheit der Interferenzfilter,

tW/HW: Kennzeichnung der Flankensteilheit der Interferenzfilter, (je kleiner diese Quotienten sind, umso steiler sind die optischen Flanken).

Außerdem unterscheidet man zwischen

Metall-Metall-Filter,

Metall-Dielektrik-Filter,

Dielektrik-Dielektrik-Filter,

Dielektrik-Schmalband-Filter

oft in Kombination mit Glasfiltern zur Absorption unerwünschter Spektralgebiete; als Beispiel sollen hier die SFK-Filter der Firma Schott & Gen. dienen.

	Glasfilter	λ_m	T_{max}	HW	ZW/HW
SFK 1	UG11 + GG19 + WG320	320 nm	20% bis 30%	25 nm bis 30 nm	1,9
SFK 2	UG1 + UG11	340 nm	30% bis 40%	45 nm bis 50 nm	1,6
SFK 3	UG11 + BG38 + WG360	360 nm	25% bis 35%	25 nm bis 30 nm	1,6
SFK 4	UG1 + BG38 + WG1 + KG1	380 nm	40% bis 50%	25 nm bis 30 nm	1,7

Der für den gewünschten Spektralbereich günstigste Aufbau der Interferenzfilter führt oft zu Durchlaßkurven sehr hoher Flankensteilheit und zu einem sehr gerin-

gen spektralen Untergrund; das Signal/Rausch-Verhältnis kann auf diese Weise sehr niedrig gehalten werden.
Als Beispiel hierfür wären die UV-Linienfilter der Firma Schott & Gen. mit Abblockung kürzer- und längerwelliger Strahlung bei 10^{-3} (0,1 %) zu nennen, die für den Spektralbereich von 310 nm bis 400 nm gedacht sind und eine Halbwertsbreite (HW) von lediglich 7 nm aufweisen. Aus den Quotienten ZW/HW = 1,9 und tW/HW = 6 ergeben sich dann z.B. optische Bandbreiten von 13 nm und 42 nm, beim Durchlässigkeitsgrad von 10 % bzw. 0,1 %.

Je kürzer die Wellenlänge λ_m ist, um so niedriger liegt der maximale Durchlässigkeitsgrad: 310 nm – 10 %; 330 nm – 20 %; 350 nm – 30 %.

Ganz allgemein gilt: je sorgfältiger die die Abstandsschicht begrenzenden Platten plan geschliffen sind und der Untergrund und die Nebenmaxima unterdrückt werden, umso aufwendiger ist der Aufbau. Ein Beispiel hierfür sind die Schmalbandfilter mit Luftschicht der Firma Technical Optics zu nennen, die mit Halbwertsbreiten (HW) von 0,01 nm, 0,05 nm und 0,1 nm bei einer Hintergrundstransmission von 10^{-3} bis 10^{-4} beziehbar sind. Die Quotienten ZW/HW bzw. tW/HW liegen bei 3 bzw. 9. Die extrem niedrigen Halbwertsbreiten setzen schon allein aus theoretischen Gründen eine Schliffgenauigkeit der den Luftspalt begrenzenden Gläser von etwa Einhundertstel der Wellenlänge voraus. Die Firma gibt eine Genauigkeit von $\lambda/50$ bis $\lambda/200$ an; dies sind für λ_m = 300 nm 1,5 nm bis 6 nm oder $1{,}5 \cdot 10^{-6}$ mm bis $6 \cdot 10^{-6}$ mm-Schliffgenauigkeit oder „Ebenheit".

Derartige Filter stellt auch die Firma Balzers unter der Bezeichnung Supraschmal-Bandfilter (Typ B-UV) her, die Halbwertsbreite liegt mit 1 nm höher, dafür auch die Transmission mit 35 %. Die Schmalbandfilter dieser Firma R-UV mit HW = 11 nm bis 28 nm und T_{max} = 10 % bis 35 % haben sich ebenfalls bewährt und sind bis 50 mm ϕ lieferbar, auch die Breitbandfilter mit T_{max} = 45 % und HW = 50 nm. Das gleiche gilt für die Ultra-Violett-Filter U1, U2 und UDi der Firma Bard & Stroud, die zusätzlich, wie auch einige andere Herstellerfirmen (s. Tab. 5.9) kreisringförmige Verlauffilter (300 nm bis 420 nm, Typ UGS) anbietet.

Beachtenswert ist darüberhinaus die „Ångström-Serie" der Firma Baird-Atomic

100 Ångström-Serie: T_{max} = 5 % bis 10 %; HW = 8,5 nm,
150 Ångström-Serie: T_{max} = 10 % bis 15 %; HW = 16 nm,
250 Ångström-Serie: T_{max} = 15 % bis 20 %; HW = 25 nm,
(Zahlenangaben gültig für λ_m = 300 nm).

Die Firma SEAVOM entwickelte für den UV-Bereich spezielle Langpaß-Filter, ebenfalls die Firma Schott & Gen. (Doppelband-Filter) mit einer maximalen Transmission T_{max} von 55 %.

Von einigen der genannten Firmen (siehe auch Tab. 5.9) werden auch auf Interferenz beruhende Reflexionsfilter angeboten, von denen die gewünschte Wellenlänge bevorzugt reflektiert wird, die kürzer- und längerwelligen Strahlungsanteile dagegen nahezu freien Durchlaß haben. Als Beispiele werden hier die UV-Reflexionsfilter UV-R-220, UV-R-250, UV-R-280, UV-R-310 und UV-R-340 der Firma Schott & Gen. genannt. Sie werden einseitig und zweiseitig belegt angeboten, die zweiseitig belegten Filter eignen sich zur mehrfachen Hintereinander-Schaltung bei 45 Grad Einfallswinkel (s. Abb. 5.19).

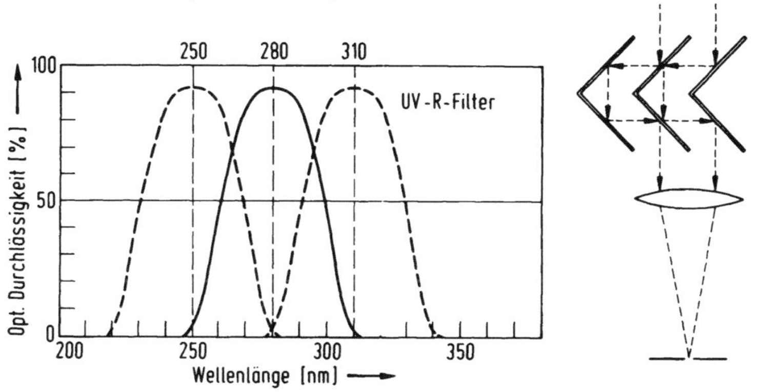

Abb. 5.19: Transmissionskurven verschiedener reflektierender Interferenzfilter der Firma Schott & Gen. (links); rechts: Strahlengang.

Tab. 5.9: Einige Herstellerfirmen von Interferenzfiltern (in Klammern: Deutsche Vertreterfirmen)

Fa. Baird-Atomic, Großbritannien
(Dipl.-Met. Gerhard Winopal VDI, 3004 Isernhagen/Hannover, Postfach 4).
Fa. Balzers AG, 9496 Balzers, Fürstentum Liechtenstein.
Fa. Barr & Stroud, Großbritannien
(Fa. Präzisionstechnik Systemgesellschaft mbH, 5 Köln, Am Hof 6).
Fa. Infrared Industries, USA; P.O. Box 557; Waltham, Mass. 02154.
Fa. Schott & Gen., 65 Mainz, Postfach 2480.
Fa. Seavom, Frankreich
(Garching Instrumente, 8046 Garching bei München, Freisinger Landstr. 25).
Fa. Technical Optics, Großbritannien
(Fa. Laser-Optronic, 8 München 60, Rathochstr. 46 a).

Weitere Einzelheiten sollten aus den vielfältigen Datenblättern der Herstellerfirmen entnommen werden.

5.3.1.3 Einsatz von UV-Filtern

Bei der Verwendung von Filtern vor Strahlungsempfängern sind einige Hinweise zu beachten, um Fehler zu vermeiden. Um enge Spektralbereiche auszufiltern und unerwünschte Transmission in anderen Gebieten weitgehend zu unterdrücken, müssen in der Regel mehrere ausgesuchte Filter hintereinandergeschaltet werden. Solche Filterkombinationen, aber auch Einzelfilter größerer Schichtdicke behindern nicht senkrecht eintretende Strahlung, indem durch Vignettierung Strahlungsanteile nicht zur Messung gelangen. Ferner wird schräg einfallende Strahlung bei Absorptionsfiltern durch die größere optische Weglänge zu gering bewertet. Bei Interferenz- und Reflexionsfiltern bewirkt schräg auftreffende Strahlung eine Verschiebung der Wellenlänge maximaler Durchlässigkeit und Verbreiterung der spektralen Bandbreite (Abb. 5.20).

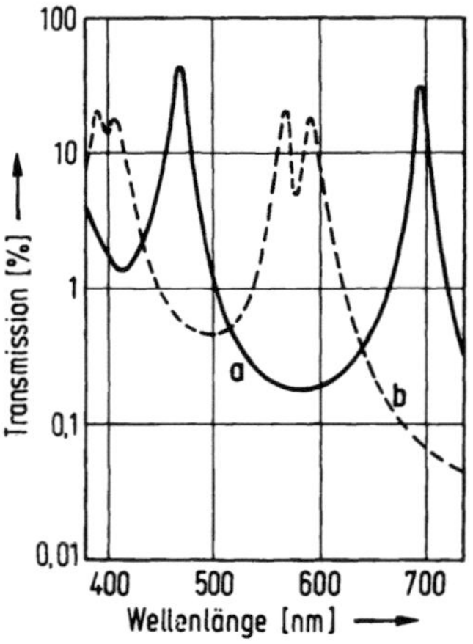

Abb. 5.20: Spektrale Transmission eines Interferenzfilters bei senkrechter Einstrahlung (Kurve a) und bei Einfallswinkel 50° (Kurve b). Nach ABC der Optik (1961).

Da die absorbierte Strahlung zu teilweise beträchtlicher Filtererwärmung führen kann, ist stets darauf zu achten, ob der Transmissionsgrad temperaturabhängig ist. Die Absorptionskante von Anlaufgläsern verschiebt sich z.B. bei Temperaturerhöhungen von 1° C um etwa 0,05 nm zu größeren Wellenlängen. Erhöhte Temperaturen bei Interferenzfiltern können zur Veränderung der Abstandsschicht und damit zu veränderten Transmissionseigenschaften führen. Durch sehr starke Erwärmung kann ein Filter durch Wärmesprung zerstört werden oder bei verkitteten Systemen das Bindemittel erweichen. Durch Vorfilterung mit Wärmeabsorptionsgläsern oder Flüssigkeitsfiltern (z.B. H_2O in Quarzküvette) ist es möglich, die Wärmebelastung durch langwellige Infrarotstrahlung zu vermindern. Verschiedene UV-Filter erleiden durch hohe Luftfeuchte, Erwärmung und Strahlungseinwirkung eine Verwitterung der Oberfläche, die zu Streuung und verminderter Transmission führt. Die Verwitterung kann vermieden werden, wenn die Oberfläche z.B. durch Vergütung oder eine Quarzscheibe geschützt wird. Stört die bei einigen Filtern auftretende Fluoreszenz, muß die anregende, kurzwellige Strahlung, wenn möglich, durch geeignete Vorfilter unterdrückt werden. Die Änderung der spektralen Transmission bei einigen Absorptionsfiltern wird durch foto-chemische Reaktionen durch die in der Färbung absorbierte Strahlung bewirkt. Diese Transmissionsänderungen treten nicht nur im Gebiet der ursprünglichen Strahlungsabsorption sondern auch im Transmissionsbereich der Filter auf.

Nach Möglichkeit sollen Filter, die eine Änderung ihrer Eigenschaften durch Strahlung erwarten lassen, an Stellen geringer Strahlenbelastung eingesetzt werden. Flüssigkeitsfilter sind zu erneuern, wenn Alterung festgestellt wird; bei Glasfiltern führt genügend lange, intensive Strahlungseinwirkung oft zu einem stationären Endwert.

5.3.2 Monochromatoren

5.3.2.1 Gittergeräte

Der Selektion der UV-Strahlen dienen auch die Spektralapparate. Ein Teil von ihnen nutzt ebenfalls den Interferenzeffekt aus, es sind dies die Gitterspektrographen und Gittermonochromatoren.

Wird parallele Strahlung an einer Mehrzahl schmaler spiegelnder Streifen vom Abstand (a) reflektiert, so interferieren die einzelnen reflektierten Strahlen. Ein erstes Superpositionsmaximum beobachtet man im Abstand (h_1) von der Mitte der einfallenden parallelen Strahlung; es gilt

$$h_1 = \frac{\lambda}{a} D, \tag{5.14}$$

falls D die Entfernung von dem spiegelnden Gitter ist. Der Abstand (h_1) ist also proportional zur Wellenlänge (λ) und zum Abstand (D), umgekehrt proportional zur Gitterkonstanten (a). Ein zweites Superpositionsmaximum ist im Abstand $h_2 = 2 \frac{\lambda}{a} D$ zu beobachten; man spricht hierbei von der ersten und der zweiten Ordnung. Für die n^{te} Ordnung gilt $h_n = n \frac{\lambda}{a} D$, wobei n eine ganze Zahl ist.

Wünscht man eine hohe optische Auflösung, so wird man sich bemühen, D sehr groß und a sehr klein zu wählen; es ergibt sich z.B.:

λ = 300 nm; a = 1/1000; D = 100 cm; h_1 = 300 mm;

λ = 301 nm; a = 1/1000; D = 100 cm; h_1 = 301 mm.

Ein Gitter mit 1000 reflektierenden Streifen pro Millimeter löst demnach die Wellenlängen 300 nm und 301 nm in einem Abstand von 1 mm auf (für D = 100 cm) Verdoppelt man die Gitterstriche, so verdoppelt sich dieser Abstand (2 mm/1 nm).

Die Gitterkonstante (Zahl der spiegelnden Streifen pro Millimeter) sollte also mindestens 1000 sein. Es ist darauf zu achten, daß

der Gitterabstand sehr gleichmäßig und

die reflektierende Strichbreite klein gegen die nicht reflektierende ist,

weil anderenfalls eine störende Linien-Verbreiterung zu fürchten ist.

Selbst bei hohen Gitterkonstanten besteht die Gefahr, daß im UV-Gebiet von 200 nm bis 400 nm die 2. Ordnung durch Superposition die erste Ordnung überdeckt:

	200 nm	300 nm	400 nm
Erste Ordnung	h_1 = 200 mm	300 mm	400 mm
Zweite Ordnung	h_2 = 400 mm	600 mm	800 mm

(gültig für a = 0,001 mm oder 1000 Striche/mm; D = 100 cm).

Der Gitterspektrograph hält die Optik zur Parallelisierung und Fokussierung des reflektierenden Strichgitters in ihrer Lage fest und mißt die spektrale Verteilung auf der Fokussierungsfläche; er ist deshalb leicht zu handhaben und eignet sich unter anderem zur fotographischen Aufnahme von Spektren in einem kurzen Arbeitsgang.

Der Gittermonochromator dreht dagegen das Strichgitter derartig, daß die austretende Strahlung durch einen feststehenden Austrittsspalt den Monochromator verlassen kann; er ist deshalb schwieriger zu handhaben, er erfordert eine hohe mechanische Präzision und eignet sich insbesondere zur monochromatischen Bestrahlung biologischer Objekte. Meist setzt man zur Vermeidung von Streustrahlung vor den Eintrittsspalt interferierende Reflexions-Spiegel, die lediglich den gewünschten Spektralbereich in den Monochromator reflektieren und für die übrigen Spektralgebiete optisch durchlässig sind (Abb. 5.21).

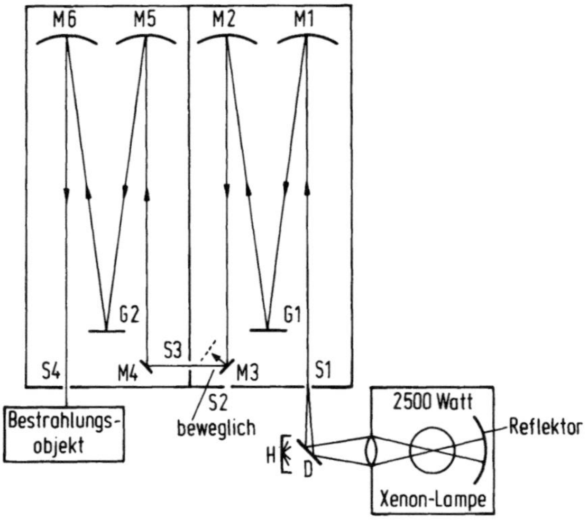

Abb. 5.21: Gitter-Doppelmonochromator mit reflektierendem Interferenzfilter (D) vor dem Eintrittsspalt; L: 2500 Watt XBO OSRAM-Xenon-Lampe; G: Gitter, 1200 Linien pro Millimeter; M: Hohlspiegel; S: Spalte; H: Auffänger unerwünschter Strahlung. Nach Berger, Urbach und Davies, 1968.

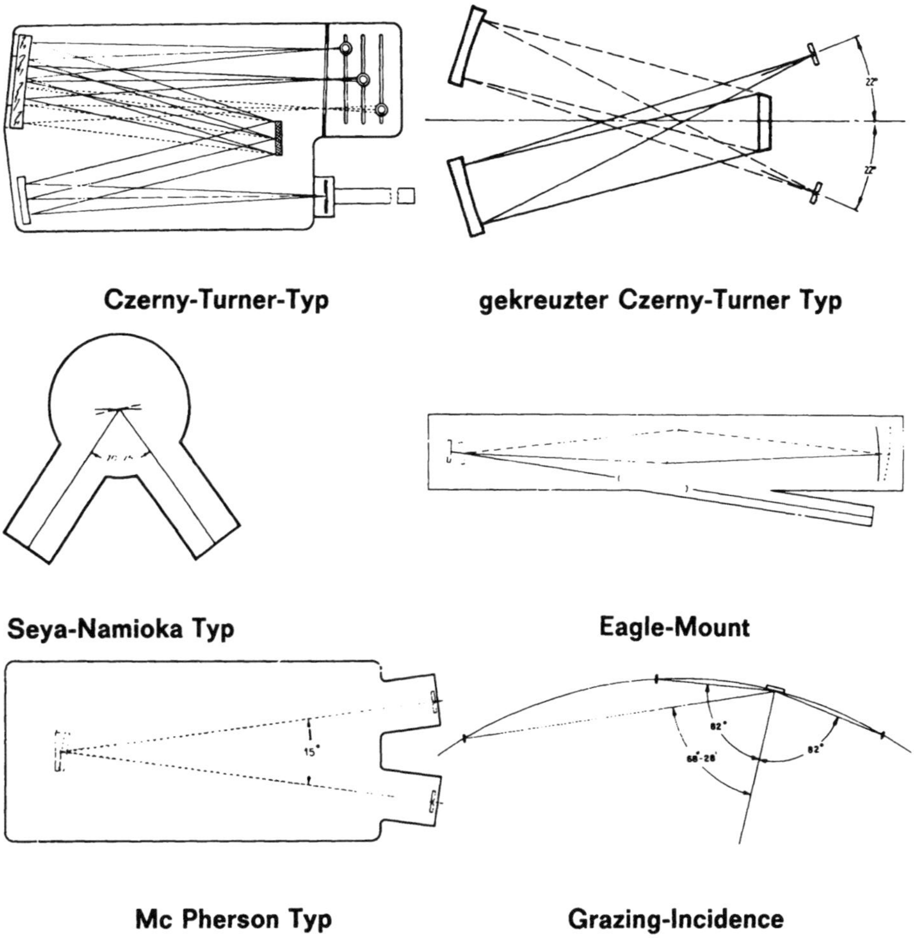

Abb. 5.22: Schematische Darstellung einiger Gittermonochromator-Typen. Nach Firma McPherson, USA.

Diese Gittermonochromatoren mit fest gehaltener Parallelisierung und Fokussierung haben sich auch für hoch auflösende Spektralfotometer bewährt. Einige schematische Darstellungen der verwendeten optischen Anordnungen sind in Abb. 5.22 (Firma McPherson) dargestellt. Man erkennt, welch große Verdienste sich die Czerny-Schule erworben hat. Die genannte Firma verwendet reflektierende Gitter mit 1200 Strichen pro Millimeter von 10 cm · 10 cm Größe und erzielt z.B. in ihrem Modell 213 (Czerny-Turner-Typ) eine Dispersion von 0,83 nm auf einen Millimeter (0,83 nm/mm) bei einer Auflösung von 0,03 nm. Im Modell 218 wird der gekreutzte Czerny-Turner-Typ verwendet. Das Gitter ist 5 cm · 5 cm groß, die Apertur liegt bei 1 : 5,3, die Dispersion bei 2,65 nm/mm. Dieses Modell kann evakuiert werden und so der Messung im Vakuum-UV dienen. Es werden Spektrographen bis 7 Meter Länge angeboten; weitere Einzelheiten sollten dem Firmenkatalog entnommen werden, die deutsche Vertretung ist in Tab. 5.10 verzeichnet.

Ähnliche Spektralapparate bieten auch die Firmen Beckman, Shimadzu, Zeiss, Cary, Schoeffel Instrument, Philips u.a. an (siehe Tab. 5.10). Die Spektralfotometer der Firma Beckman (u.a. Acta-Serie) benutzen Doppelmonochromatoren und weisen eine Wellenlängen-Genauigkeit von 0,1 nm bei einer Auflösung von 0,05 nm und einem Streulichtanteil von 0,0001 % auf. Die Registrierungen können bei veränderlicher Wellenlänge entweder mit fester oder mit programmierter Spaltbreite vorgenommen werden. Das kleinere Modell DB-Gt benutzt einen Einfach-Gitter-Monochromator (1200 Striche/mm). Seine Vorteile sind in hoher Lichtstärke und in einem günstigen Verhältnis von Nutz- und Fremdlicht zu sehen. Die Wellenlängengenauigkeit liegt bei 0,7 nm, die Auflösung bei 0,2 nm und der Streulichtanteil bei 0,1 %.
Die Firma Shimadzu berichtete von ähnlich guten Eigenschaften; sie verwendet im Modell RF-502 einen kombinierten Prismen-Gitter-Monochromator z.B. zur Anregung der Fluoreszenz, zu deren Bestimmung anschließend einen Monochromator mit zwei hintereinander geschalteten Gittern (siehe Abb. 5.23), der erste Monochromator mit einer Öffnung von 1 : 3,5, der zweite von 1 : 4,5.

Tab. 5.10: Einige Herstellerfirmen von Spektralapparaten (in Klammern: Deutsche Vertreterfirmen).

Fa. Bausch & Lomb GmbH, 8043 Unterföhring, Johanniskirchnerstr. 17.

Fa. Beckman, USA,
(Beckman Instruments GmbH, 8 München 45, Frankfurter Ring 115).

Fa. Cary, USA; 2724 South Peck Road, Monrovia, Calf. 91016.
(Varian, 61 Darmstadt, Alsfelder Straße 6).

Fa. Carl Leiss, 1 Berlin 41, Feuerbachstr. 26.

Fa. Ernst Leitz, 6330 Wetzlar.

Fa. McPherson, USA,
(Kontron GmbH & Co. Kg, 8 München 45, Heidemannstr. 41).

Fa. Perkin – Elmer, USA,
(Bodenseewerk Perkin – Elmer & Co GmbH, 777 Überlingen).

Fa. Philips, Holland,
(Philips Elektronic Industrie GmbH, 2 Hamburg 73, Meiendorfer Str. 205).

Fa. Schoeffel, USA,
(Schoeffel Instrument GmbH, 2351 Trappenkamp, C Str. 2 und Dipl.-Met. Gerhard Winopal VDI, 3004 Isernhagen, Postfach 40).

Fa. Shimadzu, Japan
(Shimadzu – Europa – GmbH, 4 Düsseldorf, Königsallee 34 a).

Fa. Carl Zeiss, 7082 Oberkochen/Württ.

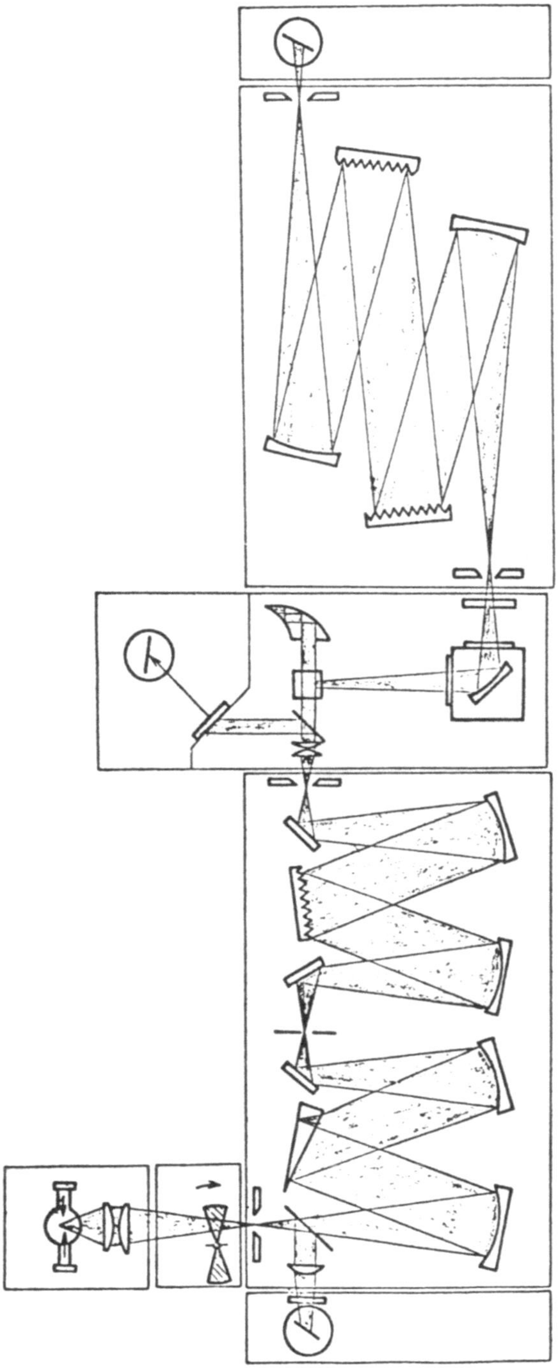

Abb. 5.23: Kombination von zwei Monochromatoren der Firma Shimadzu, Japan.

Nähere Angaben über Spektralapparate können den Prospekten der in Tab. 5.10 aufgeführten Firmen entnommen werden. Lediglich der Miniatur-Gitter-Monochromator (GM 100) der Firma Schoeffel Instrument soll wegen seiner platzsparenden Maße (3,8 cm Höhe, 6,3 cm Breite und 15,3 cm Länge) noch Erwähnung finden.

5.3.2.2 Prismengeräte

Die Quarzspektrographen und -monochromatoren bedienen sich zur spektralen Zerlegung der Strahlung (auch Monochromatisierung genannt) der Wellenlängenabhängigkeit der Lichtgeschwindigkeit in Quarz; hier einige Zahlen für Quarzglas bei 20°C für

250 nm: $v = 1{,}989 \cdot 10^8$ m/s ($n = 1{,}507$)

300 nm: $v = 2{,}014 \cdot 10^8$ m/s ($n = 1{,}488$)

350 nm: $v = 2{,}029 \cdot 10^8$ m/s ($n = 1{,}477$)

400 nm: $v = 2{,}039 \cdot 10^8$ m/s ($n = 1{,}470$).

Die „Dispersion" der Phasengeschwindigkeit führt zu einer unterschiedlichen Brechung im materiellen Medium; man spricht deshalb fast ausschließlich von dem Brechungsexponenten n ($n = c/v$; c = Lichtgeschwindigkeit im Vakuum); weniger von der Phasengeschwindigkeit (v), welche die Wellenlänge $\lambda_n = \lambda_0 \cdot \frac{v}{c}$ im brechenden Material bestimmt, wobei λ_0 die Wellenlänge der einfallenden Strahlung beschreibt. Die unterschiedlich hohe Brechung führt bereits in plan-parallelen Platten zur Monochromatisierung der Strahlung; erhöht wird dieser Effekt mit Prismen; er ist bei Quarzprismen am größten für einen brechenden Winkel von ca. 62°. Je höher der Brechungsexponent (n) liegt, umso größer ist die Ablenkung; nach dem obigen Zahlenbeispiel wird deshalb die kürzerwellige UV-Strahlung im Quarzprisma stärker abgelenkt als die längerwellige Strahlung. Der lineare Abstand zweier Wellenlängen – in der Praxis benutzt man zur Bestimmung dieses Abstandes bevorzugt die beiden Quecksilberlinien bei 297 nm und 302 nm – ist bei vorgegebenem Quarzprisma und kleinster Ablenkung ausschließlich der Brennweite der abbildenden Optik proportional.

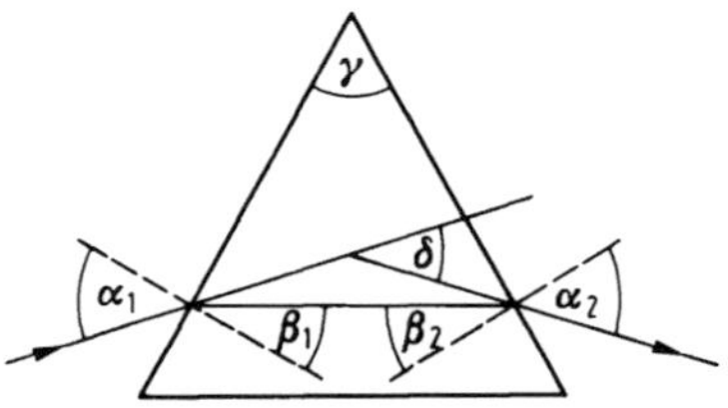

Abb. 5.24: Schematische Darstellung des Strahlenganges in einem 60°-Quarzprisma; δ: Ablenkungswinkel zwischen austretendem und eintretendem Strahl.

Kleinste Ablenkung liegt vor, wenn der gebrochene Strahl im Prisma parallel zur Basis des Prismas verläuft (Abb. 5.24), dann ist der Einfallswinkel (α_1) gleich dem Austrittswinkel (α_2) und die Ablenkung (δ) des aus dem Prisma austretendem Strahl gegen den eintretenden leicht nach folgender Formel zu berechnen:

$$\sin(\delta/2 + \gamma/2) = n \cdot \sin\gamma/2, \qquad (5.15)$$

wobei γ der Prismenwinkel ist. Für ein Prisma von $\gamma = 60°$ und einem Brechungsexponent $n = 1{,}5$ ergibt sich

$$\sin(\delta/2 + 30°) = 0{,}75$$

oder $\delta_{1,5} = 37°\ 10{,}8'$.

Für einen ein Prozent höheren Brechungsexponenten ergibt sich

$$\delta_{1,515} = 38°\ 29{,}4',$$

bei einer Fokussierung von einem Meter Abstand vom Prisma, also eine Trennung beider Spektralgebiete um 22,8 mm; die beiden Quecksilberlinien 297 nm und 302 nm haben dann einen Abstand von 9,7 mm. Die Größe des Prismas ist hierbei ohne jede Bedeutung.

Die Verwendung mehrerer Prismen hintereinander zur Steigerung der spektralen Auflösung bringt Streulichtprobleme.

In der Praxis bewährte sich vielmehr die Hintereinanderschaltung zweier Monochromatoren mit je einem Quarzprisma; die Trennung z.B. der beiden Quecksilberlinien 297 nm und 302 nm wurde durch diese Maßnahme zwar nicht verbessert, jedoch die Streulichtfreiheit um Größenordnungen erhöht.

In den dreißiger Jahren fand der Doppelmonochromator nach Van Cittert besondere Beachtung (Abb. 5.25), weil er einen festen mechanischen Aufbau gestattete; lediglich der Mittelspalt war zu bewegen (selbstverständlich auch die nicht achromatischen Quarzlinsen). Als Nachteil wurden lediglich die beiden Okularlinsen vor und hinter dem Mittelspalt betrachtet; sie hatten die Aufgabe, die Strahlung der einzelnen Wellenlängen senkrecht dem Mittelspalt zuzuführen. Diesen Nachteil übertraf jedoch der Vorteil, statt des Mittelspaltes eine Blende benutzen zu können, die der Wirkungskurve eines biologischen Vorgangs (z.B. des Erythems) entsprach. Eine biologische Bewertung verschiedenster Strahlenquelle war so in kürzester Zeit möglich. Auch die Spektralgebiete UV C, UV B und UV A waren so leicht zu trennen und zu vermessen. Für diese und ähnliche Zwecke wird der Van Cittert-Doppelmonochromator auch heute noch bevorzugt.

Zur Vermeidung der lästigen Justierung der Quarzlinsen (Achromaten für die UV-Strahlung, unter anderem LiF – oder NaCl – Quarzkombinationen sind auch heute noch sehr aufwendig), versuchte man die Quarzlinsen durch Hohlspiegel zu ersetzen. Ein sehr bewährtes Modell der Firma Carl Leiss ist in Abb. 5.26 dargestellt; bewegt werden lediglich die Prismen (hierbei ist jedoch auf höchste Präzision zu achten). Die nutzbare Apertur liegt bei 1 : 6, die Einstellgenauigkeit bei

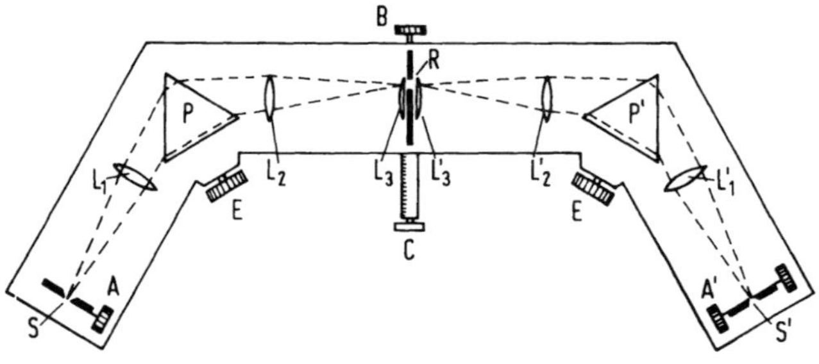

Abb. 5.25: Doppelmonochromator (nach van Cittert). S und S' Eintritts- bzw. Austrittsspalt, A und A' Trieb zum Einstellen der Spaltbreite, P und P' 60° Prismen aus Quarz, E und E' Feinstelltrieb zum Fokussieren der Linsen, R Mittelspalt mit B Regulierungsvorrichtung für seine Breite, C Feintrieb zur Verstellung des Mittelspaltes, L_1, L_2 und L_2 bzw. L'_1 und L'_2 Linsen.

8 Bogensekunden und das Streulicht bei 0,01 %. Die Höhe der Prismen beträgt 50 mm und die Hypothenusenlänge 75 mm, so daß mit verhältnismäßig breiten Spalten gearbeitet werden kann, ein Vorzug bei biologischen Bestrahlungen. Die Prismen sind einfach austauschbar.

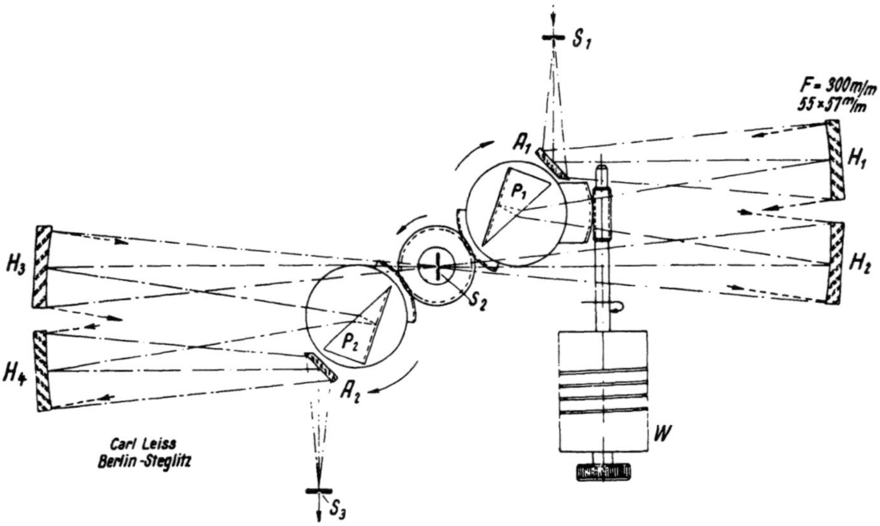

Abb. 5.26: Doppelmonochromator; S = Spalte, H = Hohlspiegel; P = Prismen; A = Planspiegel; W = Wellenlängen-Trommel. Firma Carl Leiss.

Ebenfalls sehr zuverlässig erwiesen sich die Doppel-Monochromatoren der Firma Zeiss (Typ MM 12 Q; Abb. 5.27). Die Eintritts- und Austritts-Strahlenbündel verlaufen axial und parallel zu einer Dreiecksschiene, dies zur Vereinfachung des weiteren optischen Aufbaus, z.B. als Spektralfotometer. Die Höhe der Prismen beträgt 25 mm, die Brennweite liegt bei 250 mm, die Apertur also bei 1 : 10. Als

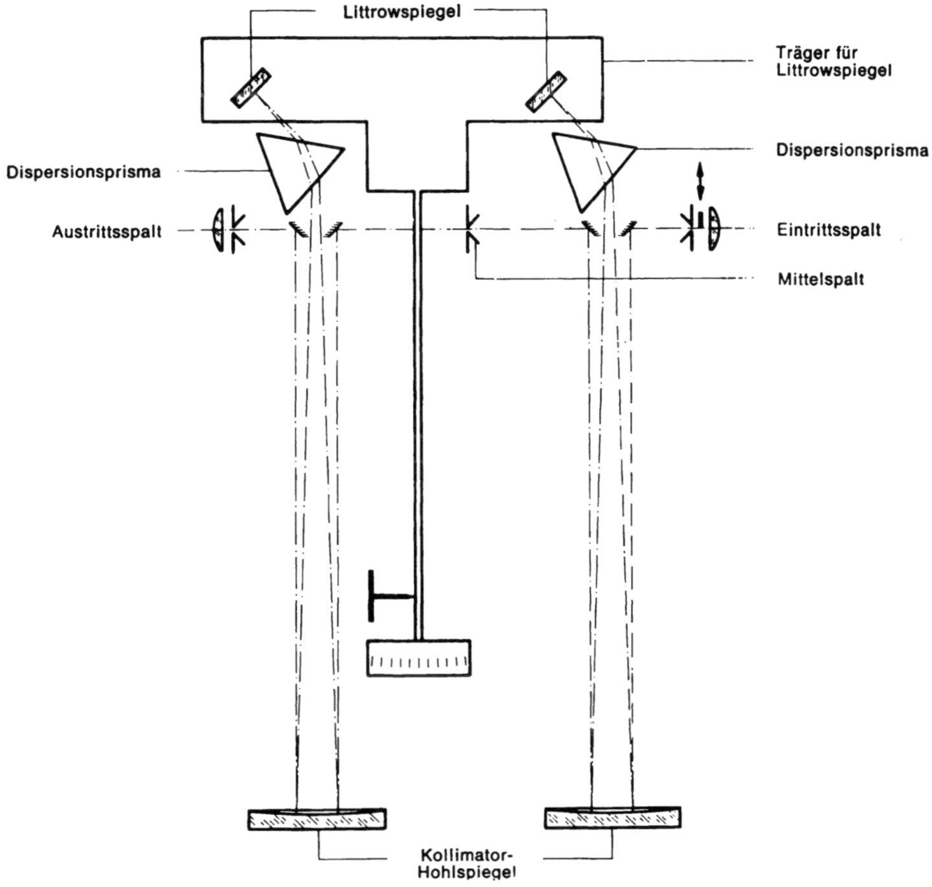

Abb. 5.27: Geradsicht-Doppelmonochromator der Firma Carl Zeiss, Typ MM 12 Q.

kleinstes auflösbares Wellenlängenintervall werden 0,008 nm (bei 200 nm) und 0,09 nm (bei 400 nm) angegeben.

Einen hochinteressanten Gradsicht-Monochromator bietet auch die Firma Leitz an (Abb. 5.28). Die Spiegelbrennweite liegt bei 200 nm, das Produkt Spaltlänge · Brennweite · Querschnitt am Prisma liegt etwa bei 0,5.

Die Firma Perkin-Elmer bietet einen Einfach-Quarzmonochromator mit Reflexionszusatz und fest verbundenen, durch einfache Drehung vor den Eintrittsspalt zu bringenden Deuterium- und Wolfram-Lampen an. Die Spalte sind zwischen 5/1000 mm und 2 mm automatisch verstellbar. Das Streulicht wird zu 0,01 % angegeben, die Auflösung zu 0,2 nm.

Ein Quarz-Prisma-Monochromator kleinster Ausführung (5,0 cm Höhe, 6,0 cm Breite, 18 cm Länge) wird wie bei den Gitter-Monochromatoren von der Firma Schoeffel Instrument hergestellt. Sicherlich sind noch weitere Firmen, als hier ge-

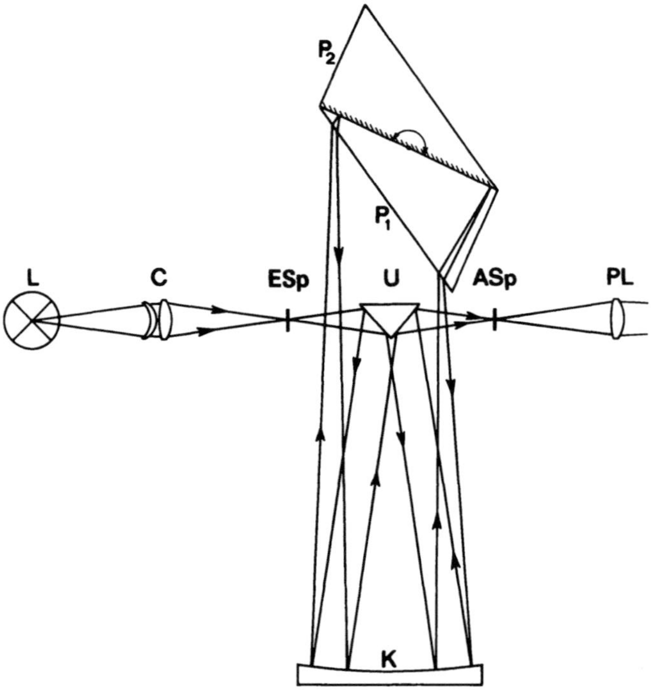

Abb. 5.28: Geradsicht-Doppelmonochromator der Firma Leitz; L: Lampe; C: Kondensor; ESp: Eintrittsspalt; P_1, P_2: Prismen; U: Umlenkprisma; K: Konvexspiegel; ASp: Austrittsspalt; PL: Feldlinse.

nannt und in Tab. 5.10 verzeichnet, bemüht, ausgezeichnete Monochromatoren der UV-Strahlungsmessung zuzuführen, sie sollten auf einschlägigen Ausstellungen erkundet werden.

Eine vergleichende Gegenüberstellung wichtiger Kennwerte von Prismen- und Gittermonochromatoren zeigt Tab. 5.11. Die Tabelle enthält die technischen Daten der Zeiss-Geräte, Prismen-Monochromator M4 Q III, Prismen-Doppel-Monochromator MM 12 Q und Gitter-Monochromator M 20.

5.3.2.2.1 Strahlungsfluß im Monochromator

Hervorzuheben ist noch die Ableitung eines „energetischen Gütemaßes (Z)" für die Monochromatoren der Firma Zeiss (siehe Höfert, 1966), das allgemeingültig auch für andere Monochromatoren ist, und deshalb hier kurz zusammengefaßt werden soll:

$$Z = \tau_{(\lambda)} \cdot \frac{G}{\Delta\lambda}. \tag{5.16}$$

Tab. 5.11: Vergleich typischer Daten von Prismen- und Gittermonochromatoren.
Aus Zeiss Datenblatt Monochromatoren (1971)

Typ		Prismenmonochromator M 4 Q 3	Gittermonochromator M 20	Prismen-Doppel-Monochromator MM 12 Q
Dispersionselement		1 Prisma, Quarzglas	1 Gitter, 600 Linien/mm	2 Prismen, Quarzglas
Spektralbereich (nm)		185–2500 oder 180–1600	200–900 (200–300: 2. Ordnung; 300–900: 1. Ordnung)	193–1000
Spektrale Bandbreite (nm) bei 0,1 mm Spaltbreite				
Wellenlänge	200 nm	0,14	0,25	0,05
	400 nm	2,0	0,5	0,6
	600 nm	6,6	0,5	2,0
	800 nm	13	0,5	3,8
Relativer Strahlungsfluß bei gleicher Bandbreite (M4Q III = 1)				
Wellenlänge	200 nm	1	1	1
	400 nm	1	4	1,8
	600 nm	1	9	1,8
	800 nm	1	11	1,2
Kleinstes auflösbares Wellenlängenintervall (nm)				
Wellenlänge	200 nm	0,02	0,03	0,008
	400 nm	0,2	0,05	0,09
	600 nm	0,6	0,05	0,35
	800 nm	1,5	0,05	1,0
Richtigkeit/Reproduzierbarkeit der Wellenlängeneinstellung, Fehler (nm)				
Wellenlänge	200 nm	0,05/0,01	0,05/0,03	0,02/0,005
	400 nm	0,3/0,1	0,1/0,05	0,3/0,05

Der spektrale Transmissionsgrad $\tau_{(\lambda)}$ des Monochromators wird durch Hintereinanderschaltung zweier Monochromatoren bestimmt. Die Messung erfolgt mit monochromatischer Strahlung, die durch das vorgeschaltete Gerät aus dem Spektrum eines Kontinuum- oder Linienstrahlers gewonnen wird. Dabei ist besonders zu beachten, daß der Empfänger den gesamten Strahlungsfluß erfaßt. Die spektralen Transmissionsgrade der Monochromatoren M4Q II und M4Q III sind in Abb. 5.29 dargestellt.

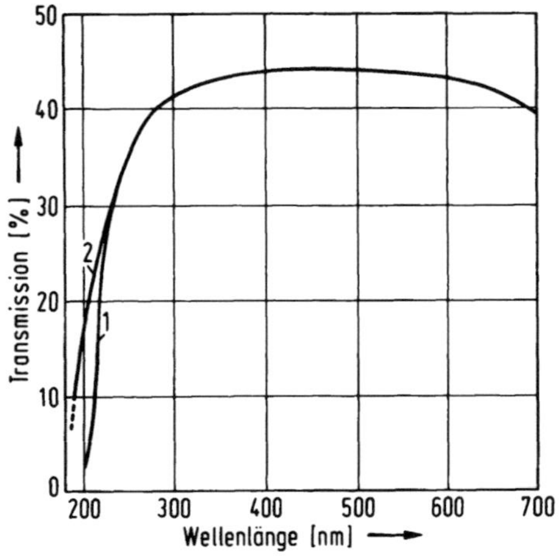

Abb. 5.29: Spektrale Transmission der Zeiss-Monochromatoren M4Q II (Kurve 1) und M 4 Q III (Kurve 2). Nach Zeiss-Unterlagen.

Der Lichtleitwert G wird aus den Gerätedaten bestimmt, es gilt:

$$G = \frac{F_s \cdot F_{p'}}{f_L^2} = \frac{s \cdot l \cdot a' \cdot h'}{f_L^2} = \frac{s \cdot l \cdot a \cdot h}{f_K^2}. \tag{5.17}$$

Mit F_s und $F_{p'}$ als Spaltfläche und Prismenbildfläche, f_L und f_K als Brennweite der Feldlinse am Austrittsspalt und Eintrittsspalt. Die Spaltfläche wird aus Spaltbreite s und Spalthöhe l bestimmt, ebenso ergibt sie die Prismenbildfläche aus Breite a′ und Höhe h′ des Spaltbildes im Abstand f_L; a und h sind die Abmessungen des Strahlenbündels direkt am Prisma. Mit der Brandbreite $\Delta\lambda$ und dem Auflösungsvermögen $b\frac{dn}{d\lambda}$ wird die Formel zu

$$G = \frac{l \cdot h}{f_K}\, b\, \frac{dn}{d\lambda} \cdot \Delta\lambda. \tag{5.18}$$

Für den Lichtleitwert, bezogen auf die Einheit der Bandbreite G_λ ergibt sich dann

$$\frac{G}{\Delta\lambda} = G_\lambda = \frac{l \cdot h}{f_K} \cdot b\, \frac{dn}{d\lambda}. \tag{5.19}$$

Die ungefähren Zahlenwerte für die Typen M4Q III und MM 12 Q sind Tab. 5.12 zu entnehmen.

Tab. 5.12: Technische Daten der Zeiss Prismenmonochromatoren M 4 Q III und MM 12. Nach Zeiss Unterlagen (1971)

Monochromator		M 4 Q III 200 nm	300 nm	400 nm	M M 12 Q 200 nm	300 nm	400 nm
Transmissionsgrad		0,15	0,41	0,44	0,035	0,22	0,26
Lichtleitwert (bezogen auf die Einheit der Bandbreite) G_λ		$7{,}3 \cdot 10^{-4}$	$1{,}6 \cdot 10^{-4}$	$5{,}9 \cdot 10^{-5}$	$1{,}7 \cdot 10^{-3}$	$3{,}5 \cdot 10^{-4}$	$1{,}3 \cdot 10^{-4}$
$\tau(\lambda) \cdot G_\lambda$	$[\frac{cm^2 \cdot sr}{nm}]$	$1{,}1 \cdot 10^{-4}$	$0{,}65 \cdot 10^{-5}$	$2{,}6 \cdot 10^{-5}$	$5{,}9 \cdot 10^{-5}$	$7{,}7 \cdot 10^{-5}$	$3{,}2 \cdot 10^{-5}$
$(\frac{d\lambda}{ds})^2 \cdot G_\lambda \cdot \tau(\lambda)$	$[nm \cdot sr]$	$2{,}1 \cdot 10^{-2}$		1,0			
$\frac{d\lambda}{ds} \cdot G_\lambda \cdot \tau(\lambda)$	$[cm \cdot sr]$	$1{,}5 \cdot 10^{-3}$		$5{,}2 \cdot 10^{-3}$			

Mit Hilfe der Angaben aus Tab. 5.12 kann der absolute Strahlungsfluß eines Prismen-Monochromators bestimmt werden.
(Nach Datenblatt: Monochromatoren der Firma Zeiss (1971)).

Strahlungsfluß ϕ für den Fall des Kontinuumstrahlers bei gegebener Bandbreite $\Delta\lambda$:

$$\phi = L_\lambda \cdot (\Delta\lambda)^2 \cdot G_\lambda \, \tau_{(\lambda)}. \tag{5.20}$$

Bei gegebener Spaltbreite Δs:

$$\phi = L_\lambda \cdot (\Delta s)^2 \cdot G_\lambda \, \tau_{(\lambda)} \, (\frac{d\lambda}{ds})^2. \tag{5.21}$$

Strahlungsfluß für den Fall des Linienstrahlers bei gegebener Spaltbreite Δs:

$$\phi = L_{(\lambda)} \cdot \Delta s \cdot G_\lambda \, \tau_{(\lambda)} \, \frac{d\lambda}{ds}. \tag{5.22}$$

Es bedeuten:

L_λ = Spektrale Strahldichte, bezogen auf die Einheit der Bandbreite.

$L_{(\lambda)}$ = Integrale Strahldichte einer Linie, deren maximale Strahldichte bei der Wellenlänge λ herrscht.

$\frac{d\lambda}{ds}$ = Reziproke Lineardispersion.

5.4 Strahlungsnormale

Ein üblicher Weg zur Bestimmung strahlungsphysikalischer Größen beliebiger Strahler ist der Vergleich mit Strahlern bekannter Emissionseigenschaften. Solche Standardstrahler sollten Reproduzierbarkeit und Konstanz der Emission sowie geometrische Konstanz zeigen. Bei Strahlern, die im UV verwendet werden, ist außerdem dafür zu sorgen, daß für Entladungskolben oder andere Umhüllungen ausreichend durchlässiges Material verwendet wird.

Als Kontinua emittierende Temperaturstrahler kommen „Schwarze Körper", Wolframglühlampen unterschiedlicher Ausführung oder Kohlebogen zur Anwendung. Da praktisch alle Temperaturstrahler durch elektrische Energiezufuhr auf ihre Ausstrahlungstemperatur gebracht werden und neben der Abhängigkeit der Ausstrahlung von der 4. Potenz der Temperatur auch die quadratische Abhängigkeit der Stromwärme von der Stromstärke wirksam ist, muß bei Betrieb dieser Strahler größte Sorgfalt auf die Konstanz der Stromstärke verwendet werden.
In Näherung kann man davon ausgehen, daß eine Temperaturänderung von 10° bei 2000 K Emissionstemperatur eine Strahldichteänderung um ca. 5 % zur Folge hat. Die exakte spektrale Emission des Schwarzen Strahlers für jede gewählte Temperatur ist durch das Planck'sche Strahlungsgesetz gegeben, bei anderen Temperaturstrahlern liegen wegen der Abhängigkeit des Emissionsgrades von der Wellenlänge und der Temperatur kompliziertere Zusammenhänge vor. Ausreichende UV-Emission erfordert aber bei allen Temperaturstrahlern sehr hohe Betriebstemperaturen, die schwer zu realisieren sind.

Linienspektren oder Mischspektren aus Linien und Kontinua werden vornehmlich von Gasentladungsstrahlern emittiert. Neben Niederdruckentladungsröhren, die meist zur Wellenlängeneichung verwendet werden, haben sich Quecksilberhochdruckstrahler, die im UV ein intensives, linienreiches Spektrum aussenden, als so gut reproduzierbar gezeigt, daß sie als UV-Strahlungsstandard verwendbar sind. Für Messungen im kurzwelligen UV verwendet man auch Wasserstoff- oder Deuteriumstrahler und neuerdings Synchrotronstrahlung. Die sehr intensive Kontinuumsstrahlung des Synchrotrons liefert u.a. neue Möglichkeiten der Absolut-Eichung von UV-Strahlern (Pitz, 1969).
Für einige einfach zu handhabende Strahler werden in den folgenden Abschnitten absolute spektrale Strahlungsgrößen angegeben.

5.4.1 UV-Standard (nach Krefft, Rößler und Rüttenauer)

Die Einhaltung der vorgeschriebenen Abmessungen des Entladungsgefäßes, genaue Quecksilberdosierung sowie die Verwendung geeigneter Bauteile, erlauben die Herstellung von Hg-Hochdruckstrahlern, deren relative Spektralverteilungen sehr gut übereinstimmen und die sich in den absoluten Strahlungsdaten nur wenig unterscheiden. Abb. 5.30 zeigt den Aufbau des UV-Standards der Fa. Osram, der zur Erzielung definierter Ausstrahlungsbedingungen in einem schwarzen Gehäuse von 100 mm Durchmesser und 200 mm Höhe mit einer Öffnung von $100 \cdot 30\ mm^2$ betrieben werden soll.

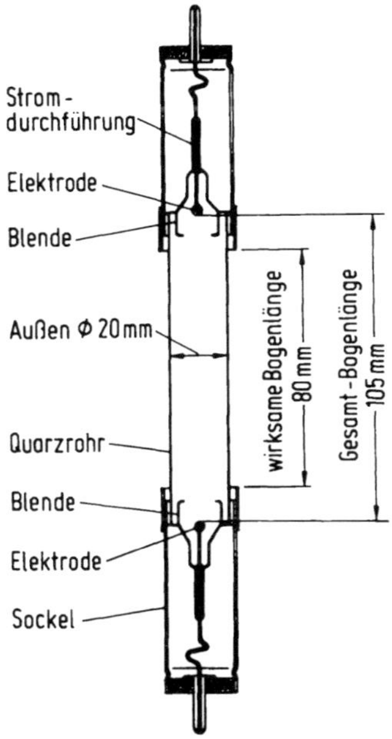

Abb. 5.30: Schematische Darstellung des UV-Standard-Strahlers nach Kreft, Rößler und Rüttenauer. Nach Meyer-Seitz (1949).

Der Strahler wird an 220 V Gleichstrom, in senkrechter Brennstellung betrieben, die untere Elektrode stellt die Anode dar. Bei etwa 125 V Klemmenspannung wird die Stromstärke an einem in Reihe geschalteten Widerstand (ca. 70 Ω, 4 A) auf 2,00 A eingestellt. Durch die Konstruktion des Strahlers ist gleichbleibende Emission für eine Betriebszeit von etwa 300 Stunden sichergestellt. Jedem UV-Standard liegt ein Werk-Prüfschein bei, in dem die zur Betriebsstromstärke (2,00 A) gehörende absolute Strahlstärke der Liniengruppe 365,0 bis 366,3 nm bei den oben definierten Betriebsbedingungen angegeben ist.

Die Ergebnisse einer neueren Vermessungen des UV-Standards durch Zschaeck (1964) sind in den Tabellen angegeben.

Tab. 5.13: Strahldichte, Strahlstärke und Strahlungsfluß der Linien des UV-Standards Nr. 417. Nach Zschaeck (1964)

Wellenlänge (nm)	Strahldichte ($mW/cm^2\,sr$)	Strahlstärke (mW/sr)	Strahlungsfluß (mW)
230,2	2,00	6,10	71,9
232,3	0,94	2,98	35,3
234,0	0,26	0,79	9,4
234,5	0,49	1,41	16,7
235,2	2,72	8,48	100,4
237,8	5,73	16,16	190,2
239,9	6,35	19,05	228,1
244,6	1,06	2,82	34,4

Fortsetzung Tab. 5.13

Wellenlänge (nm)	Strahldichte (mW/cm²sr)	Strahlstärke (mW/sr)	Strahlungsfluß (mW)
246,4	1,40	3,74	45,1
248,2	19,67	54,67	641,9
253,5	16,03	48,40	503,3
253,7	15,60	70,06	–
257,6	3,62	10,59	123,8
260,3	1,42	5,22	62,2
264,0	3,66	12,01	145,6
265,2	23,30	65,71	751,7
265,4	14,07	38,56	441,1
265,5	10,16	27,03	309,2
269,9	11,19	34,59	421,6
275,2	7,69	21,99	252,0
275,9	1,36	3,79	46,5
279,9	2,38	5,83	70,0
280,3	24,90	70,21	843,2
285,7	0,48	1,46	18,0
289,4	12,74	36,82	415,0
292,5	4,31	11,55	142,1
296,7	35,98	105,78	1154,0
302,1	65,45	183,26	2052,0
302,8	2,89	7,89	97,7
312,5	53,96	160,81	1740,0
313,1	77,71	243,22	2561,0
334,1	16,90	48,66	560,1
365,0	114,64	347,37	3849,0
365,5	50,58	146,67	1651,0
366,3	41,67	119,17	1373,0
390,6	2,46	6,75	85,2
404,6	69,26	241,73	2577,0
407,8	12,30	36,66	437,3
433,9	4,17	11,26	142,9
434,7	11,20	30,01	380,0
435,8	128,39	454,50	4918,0
491,6	2,56	7,00	88,9
546,1	160,41	587,09	6487,0
576,9	94,94	275,33	3403,0
579,0	83,01	237,40	2972,0
623,4	0,43	1,24	
671,6	0,23	0,64	
690,7	2,71	7,52	
708	0,86	2,42	
773	0,55	1,57	
817	0,37	1,06	
876	0,49	1,48	
899	0,40	1,22	
944	0,84	2,54	
1014	78,97	228,22	
1129	24,07	65,94	
1189	10,42	28,97	
1357	28,86	83,68	
1395	4,27	12,21	
1529	7,49	21,12	
1692	22,74	61,62	

Fortsetzung Tab. 5.13

Wellenlänge (nm)	Strahldichte (mW/cm² sr)	Strahlstärke (mW/sr)	Strahlungsfluß (mW)
1813	1,05	2,98	
1970	1,06	3,00	
2249	0,30	0,87	
2325	0,84	2,65	

Tab. 5.13 enthält Strahldichte, Strahlstärke und Strahlungsfluß der Linien des UV-Standards Nr. 417 der Fa. Osram; die entsprechenden Werte für das Kontinuum, bezogen auf 1 nm sind in Tab. 5.14 zusammengestellt. Mit Hilfe des zu jedem UV-Standard gehörenden Prüfscheins lassen sich alle Tabellenwerte für den entsprechenden Standard berechnen.

Tab. 5.14: Spektrale Strahldichte, spektrale Strahlstärke und spektraler Strahlungsfluß des Kontinuums des UV-Standards Nr. 417. Nach Zschaeck (1964)

Wellenlänge (nm)	Stahldichte (mW/cm² nm sr)	Strahlstärke (mW/nm sr)	Strahlungsfluß (mW/nm)
210,0	0,19	0,78	8,0
215,0	0,49	1,90	20,0
220,0	0,94	3,49	38,0
225,0	1,28	4,54	50,4
233,5	1,13	3,68	42,0
238,0	0,94	2,43	28,5
243,0	0,90	2,29	26,8
246,0	1,01	2,57	30,0
250,0	1,43	3,78	44,4
254,0	36,39	163,41	1546,0
256,0	14,58	65,62	675,2
257,0	9,13	39,54	440,1
259,0	5,04	21,39	243,0
263,0	1,83	7,92	90,9
268,0	1,04	4,81	55,4
273,0	0,53	2,95	33,9
277,0	0,47	2,52	29,0
285,0	0,38	2,55	29,5
294,0	0,35	2,81	32,7
300,0	0,52	3,41	40,1
320,0	0,38	3,61	42,5
330,0	0,30	2,73	32,3
340,0	0,26	2,33	27,5
350,0	0,18	1,62	19,4
360,0	0,24	1,18	14,2
380,0	0,15	0,51	6,1
395,0	0,12	0,40	4,8
420,0	0,16	0,54	6,5
450,0	0,17	0,55	6,7
480,0	0,15	0,49	6,0
520,0	0,14	0,45	5,7
560,0	0,22	0,67	8,5

Fortsetzung Tab. 5.14

Wellenlänge (nm)	Strahldichte (mW/cm² nm sr)	Strahlstärke (mW/nm sr)	Strahlungsfluß (mW/nm)
595,0	0,19	0,57	
618,0	0,18	0,54	
635,0	0,18	0,53	
660,0	0,18	0,53	
700,0	0,18	0,54	
720,0	0,18	0,55	
760,0	0,19	0,57	
800,0	0,17	0,51	
840,0	0,16	0,50	
880,0	0,15	0,46	
930,0	0,16	0,50	
970,0	0,13	0,38	
1050,0	0,09	0,28	
1250,0	0,07	0,22	
1450,0	0,06	0,18	
1600,0	0,05	0,16	
1780,0	0,05	0,15	
1930,0	0,04	0,13	
2000,0	0,04	0,13	
2100,0	0,04	0,13	
2200,0	0,03	0,12	
2300,0	0,03	0,11	
3000,0	0,02	0,15	
3500,0	0,03	0,34	
4000,0	0,08	0,99	
5000,0	0,12	1,60	
5500,0	0,12	1,57	
6200,0	0,09	1,26	
7000,0	0,08	1,14	
7500,0	0,08	1,02	
8000,0	0,05	0,60	
8500,0	0,03	0,40	
9500,0	0,02	0,23	
10000,0	0,02	0,23	

Aus den Angaben der Strahlstärke I in den Tabellen errechnet sich die Bestrahlungsstärke E in einem Meter Abstand von der Strahlerachse nach $E = I \cdot 10^{-4}$ in der Dimension $W \cdot cm^{-2}$ bzw. $W \cdot cm^{-2} \cdot nm^{-1}$. Wegen der Längenausdehnung des wirksamen Entladungsbogens sollte das fotometrische quadratische Entfernungsgesetz für kleinere Abstände als 1 Meter nicht angewandt werden.

5.4.2 Kohlebogen

Beim Betrieb von Kohlebogen ist darauf zu achten, daß im allgemeinen negative Strom-Spannungs-Charakteristik vorliegt und ein Vorwiderstand zur Stabilisierung der Entladung erforderlich ist. Das Emissionsspektrum des Kohlebogens setzt sich aus der Strahlung des positiven Kraters und der Plasmastrahlung der Gasstrecke zusammen. Der positive Krater kann annähernd als Temperaturstrahler von 3900 K bis 4000 K betrachtet werden. Nach dem Planck'schen Gesetz kann wegen der hohen Kratertemperatur mit UV-Intensitäten gerechnet werden, die etwa das zwanzigfache des mit Glühlampen (ungefähr 3000 K) erreichbaren Wertes betragen. Zur Erreichung besserer Konstanz des Bogens werden spektralreinen Kohlen oft bestimmte Elemente zugesetzt, deren Linien das kontinuierliche Spektrum des Kraters dann überlagern.

Magdeburg und Schley haben (1965) die fotometrischen Eigenschaften von Niederstrom-Kohlebogen im Hinblick auf die Verwendung als Strahlungsnormal untersucht. Die Messungen wurden für zwei Kohlekombinationen mit geringem Fremdelementbeimengungen durchgeführt:

Tab. 5.15: Spektrale Strahldichte eines Niederstrom-Kohlebogens bei der Stromstärke 7,3 A und 70 V Elektrodenspannung.
Kathode Noris D (7 mm Durchmesser), Anode RW II. Nach Magdeburg und Schley (1965).

Wellenlänge (nm)	Strahldichte (mW/cm² nm sr)	Wellenlänge (nm)	Strahldichte (mW/cm² nm sr)
250	4,03	1000	277
260	5,32	1100	245
270	7,08	1200	213
280	9,54	1300	184
290	12,6	1400	158
300	16,4	1500	136
320	26,3	1600	117
340	39,2	1700	101
360	54,9	1800	87,3
400	93,1	1900	75,7
440	136	2000	65,8
460	158	2200	50,1
480	180	2400	38,7
500	201	2600	30,2
520	220	2800	23,8
540	239	3000	19,0
560	255	3500	11,3
580	270	4000	7,08
600	283	4500	4,65
620	295	5000	3,17
640	304	5500	2,24
660	312	6000	1,62
680	319	6500	1,20
700	323	7000	0,906
720	326	8000	0,545
740	328	9000	0,346
760	329	10000	0,230
780	328	11000	0,159
800	326	12000	0,113
850	319	13000	0,0823
900	307	14000	0,0614
950	293	15000	0,0467

1. Anode RW II, Durchmesser 6,35 mm
   Kathode Noris D, Durchmesser 7 mm,
2. Anode Noris H, Durchmesser 6 mm.
   Kathode Noris D, Durchmesser 7 mm.

Zur Messung wurden die Kohlen an 120 V Gleichstrom (Bogenspannung etwa 70 V) bei eingeregeltem Strom von 7,3 A in 90° Brennstellung betrieben, die spektrale Strahldichte des positiven Kraters und des Plasmakontinuum ist für beide Kohlekombinationen in den Tabellen 5.15 und 5.16 angegeben. Für Messungen in dieser Anordnung ist zu beachten, daß die Strahldichte bis zu Winkeln von etwa 20° zur Flächennormale des positiven Kraters konstant bleibt, dann zu größeren Winkeln hin aber abfällt.

Tab. 5.16: Spektrale Strahldichte eines Niederstrom-Kohlebogens bei der Stromstärke 7,3 A und 70 V Elektrodenspannung.
Kathode Noris D (7 mm Durchmesser), Anode Noris H. Nach Magdeburg und Schley (1965).

Wellenlänge (nm)	Strahldichte (mW/cm^2 nm sr)	Wellenlänge (nm)	Strahldichte (mW/cm^2 nm sr)
250	3,25	1000	268
260	4,33	1100	238
270	5,87	1200	207
280	8,04	1300	180
290	10,8	1400	155
300	14,2	1500	134
320	22,9	1600	115
340	34,3	1700	99,2
360	48,3	1800	85,8
400	83,9	1900	74,4
440	123	2000	64,7
460	144	2200	49,3
480	165	2400	38,1
500	185	2600	29,8
520	204	2800	23,6
540	222	3000	18,9
560	238	3500	11,3
580	253	4000	7,14
600	266	4500	4,71
620	277	5000	3,22
640	287	5500	2,28
660	295	6000	1,65
680	301	6500	1,22
700	306	7000	0,925
720	309	8000	0,556
740	311	9000	0,354
760	312	10000	0,235
780	311	11000	0,162
800	310	12000	0,115
850	304	13000	0,084
900	295	14000	0,0625
950	282	15000	0,0475

5.4.3 Glühlampen

Als einfach anwendbare Strahlenquelle wird auch die Glühlampe in verschiedenen Ausführungen als Standard-Strahler benutzt. Die ausnutzbare Strahlungsemission beginnt jedoch erst im langwelligen UV und steigt im sichtbaren und infraroten Bereich steil an. Als Flächenstrahler mit einheitlicher Temperatur können Wolframbandlampen mit Quarzfenster auch für Messungen im UV verwendet werden. Allgemein ist zu berücksichtigen, daß abdampfendes Glühwendelmaterial durch Niederschlag auf der Kolbeninnenwand zu Emissionsänderungen führt.

Seit einigen Jahren werden Versuche durchgeführt, höher belastete Quarz-Halogen-Glühlampen als Bestrahlungsstärke-Standards bereitzustellen (Stair, Schneider und Jackson, 1963). Die Untersuchungen zeigen, daß die Forderung nach ausreichender Langzeitkonstanz und Lebensdauer nur schwer zu erfüllen ist, derartige Lampen aber durchaus bis zu Wellenlängen um 250 nm zu verwenden sind. Um die für einzelne Wellenlängen verfügbare Strahlungsleistung zu erkennen, sind in Tab. 5.17 die spektralen Bestrahlungsstärken einer 200 W Quarz-Halogenlampe mit Wolfram-Doppelwendel bei 6,50 A Betriebsstrom für 43 cm Meßabstand angegeben. Ähnliche Lampen der entsprechenden Hersteller, auch mit größerer elektrischer Leistung, können bei Eichinstituten z.B. bei der Physikalisch-Technischen Bundesanstalt auf absolute spektrale Bestrahlungsstärke kalibriert werden; vor der Kalibrierung empfiehlt sich jedoch eine mehrstündige Alterung, um möglichst konstante Emission zu erhalten, außerdem sollte nach längerem Gebrauch eine Überprüfung vorgenommen werden.

Tab. 5.17: Spektrale Bestrahlungsstärke einer 200 W Quarz-Halogenglühlampe mit Wolfram-Doppelwendel bei 6,50 A und 43 cm Meßabstand.
Nach Stair, Schneider und Jackson (1963)

Wellenlänge (nm)	Bestrahlungsstärke (μW/cm² nm)	Wellenlänge (nm)	Bestrahlungsstärke (μW/cm² nm)
250	0,0051	1100	6,07
260	0,0093	1200	5,53
270	0,0158	1300	4,97
280	0,0253	1400	4,44
290	0,0380	1500	3,93
300	0,0545	1600	3,46
320	0,104	1700	3,03
350	0,237	1800	2,63
370	0,366	1900	2,29
400	0,643	2000	1,98
450	1,26	2100	1,73
500	2,04	2200	1,52
550	2,93	2300	1,36
600	3,88	2400	1,22
650	4,79	2500	1,12
700	5,54	2600	1,04
750	6,11		
800	6,51		
900	6,72		
1000	6,51		

5.5 Praxis der Meßverfahren

5.5.1 Zur Messung ungerichteter Strahlung

Gerichtete Strahlung im Idealfall ein paralleles Strahlenbündel, erhält man nur durch den Einsatz von Linsen oder Spiegeln bzw. durch große Abstände zur Strahlenquelle. Mit gerichteter Strahlung wird vornehmlich bei der Bestimmung von Stoffkennzahlen (Transmission, Reflexion) und bei spektraler Zerlegung gearbeitet. In vielen Praxisfällen, wie bei Bleichprozessen, Prüfungen der Lichtechtheit, fotochemischen Umsetzungen, biologischen Wirkungen und ähnlichem fällt die ultraviolette Strahlung meist nicht gerichtet als Strahlungsbündel auf den Testkörper, sondern kommt mehr oder weniger ungerichtet von vielen Teilen des Halbraums. Bei künstlichen UV-Strahlungsquellen nutzt man die UV-Strahlung mit Hilfe von Reflektoren besser aus und vergrößert durch Verwendung mehrerer UV-Strahler die strahlende Fläche (z.B. in Solarien). Bei der natürlichen Ultraviolett-Strahlung der Sonne wirkt sich das Naturphänomen der Rayleigh-Streuung an den Luftmolekülen der Erdatmosphäre dahingehend aus, daß aus dem den Raumwinkel 2π überspannenden Himmelsgewölbe oft ein Vielfaches an Ultraviolett-Strahlung auf den Testkörper fällt als direkt von der Sonne; so erhält man z.B. einen Sonnenbrand auf der menschlichen Haut praktisch in der gleichen Bestrahlungszeit, gleichgültig, ob man die zu bestrahlende Hautfläche gegen die direkte Sonnenbestrahlung abschattet oder nicht.

Die Strahlenwirkung der aus dem 2π-Halbraum auf den Testkörper einfallenden UV-Strahlung folgt in vielen Fällen, so auch bei der menschlichen Haut, dem Cosinus-Gesetz nach Lambert. Deshalb wird meist vom UV-Meßgerät gefordert, daß es die gesamte Strahlung des Halbraums über ihm erfaßt und entsprechend dem Cosinus des zwischen Flächennormale und Einfallsrichtung gebildeten Winkel bewertet. Zwischen der Bestrahlungsstärke E bei senkrechter Strahlungsrichtung und derjenigen bei Einfall unter dem Winkel ϵ muß also die Beziehung

$$E_\epsilon = E \cos \epsilon \tag{5.23}$$

erfüllt sein. Für matt-schwarze Empfangsflächen thermischer Strahlungsempfänger trifft dies weitgehend zu, sofern nicht durch Blenden oder Gehäuse-Teile der Empfangswinkel begrenzt wird.

Häufigste Ursache für „Cosinus-Fehler" ist die Winkelabhängigkeit der Reflexionsverluste an der Empfängeroberfläche und der Einfluß von Abdeckfenstern sowie – beim Einsatz von Filtern – die Abhängigkeit des Transmissionsgrads vom Einfallswinkel der Strahlung.
„Cosinusgerichte Meßmethoden" werden deshalb seit Jahrzehnten in mannigfaltiger Ausführung empfohlen. Sie beruhen meist auf der Vorschaltung von streuenden Materialien, wie Quarzgut und ähnlichem oder von Ulbricht'schen Kugeln. Eine

vielfach erprobte und bewährte Ausführungsform stellt die Larché-Kugel (Larché, 1942) dar. Es ist dies eine Ulbricht'sche Kugel ganz bestimmter Öffnungsverhältnisse und Abmessungen des kegelmantelförmigen Schatters, dessen Innenfläche auf den nachgeschalteten Empfänger gerichtet ist. Abb. 5.31 zeigt die Vorsatzkugel nach Larché und Schulze in den vorteilhaften Abmessungen; für Empfänger abweichender aktiver Fläche sind die Maße in geeignetem Verhältnis zu ändern. Der Schatter und die Innenwand der Kugel reflektieren – durch aufgedampftes Magnesiumoxid oder einen Anstrich aus Magnesiumoxidpulver und Wasserglas – sichtbares Licht und UV-Strahlung mehr oder weniger wellenlängenunabhängig und diffus. Die austretende Strahlung erreicht den Empfänger unter Einfallswinkeln $\leqslant 30°$. In Abb. 5.32 ist die Kugel in ein Wetterschutzgehäuse eingebaut.

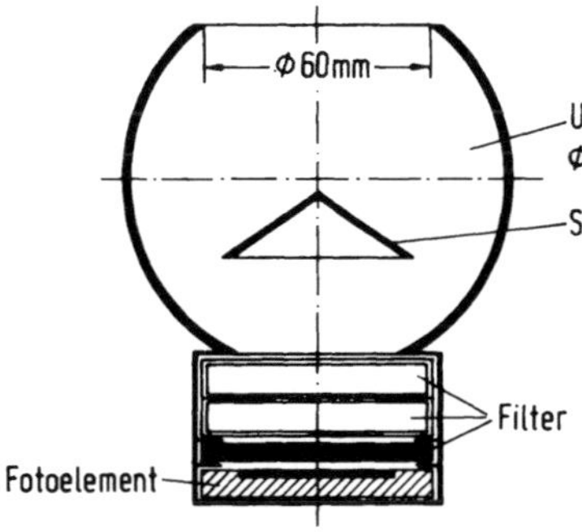

Abb. 5.31: Vorsatzkugel mit UV-Empfänger. Nach Larché und Schulze (1942).

Der Transmissionsgrad vorgeschalteter Filter bleibt zwar für alle Messungen gleich, entspricht aber nicht exakt dem bei senkrechtem Strahlungsdurchtritt gemessenen; es empfiehlt sich daher, das spektrale Transmissionsvermögen der Kombination Kugel/Filter hinter einem Monochromator zu bestimmen. In Abb. 5.33 sind die relativen Empfindlichkeiten in Abhängigkeit vom Einfallswinkel der Strahlung für ein Fotoelement und für das gleiche Element mit Larché-Kugel mit der Cosinus-Funktion verglichen.

Diese Vorsatzkugel nach Larché wird heute in der UV-Technik meist kombiniert mit Filtersystemen verwendet. Auch vor Spektralapparaten mit engem Eintrittsspalt wie für breite Bereiche ist sie zu finden, besonders in geophysikalischen Observatorien zur Bestimmung der spektralen Verteilung des Sonnen- und Himmelslichtes (Bener, Davos, 1960). Als Strahlungsempfänger dienen sowohl Fotozellen einschließlich Fotovervielfacher, Fotoelemente mit Quarzplatten und ähnliches. Auch zu Messungen in Bestrahlungsräumen – heute oft Solarien genannt – sind die cosinusgerechten Meßmethoden unentbehrlich. Eine Abwandlung der Larché-Kugel gab Budde (1964) an; in ihr wird auf den kegelförmigen Schatter im Innern der Kugel verzichtet und zum Ausgleich in die Einstrahlungsöffnung eine kreisförmige, auf der Unterseite diffus reflektierende Scheibe eingesetzt. Das Lambertsche Cosinusgesetz soll hierdurch besonders bei flach einfallender Strahlung fehlerfreier erfüllt werden.

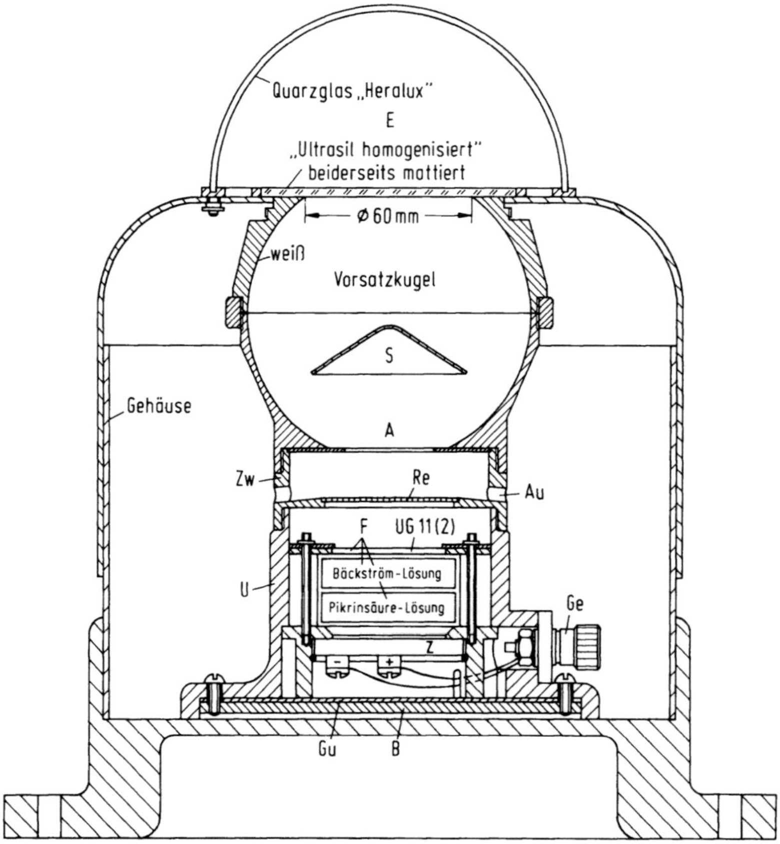

Abb. 5.32: Larché-Kugel, wie Abb. 5.31, jedoch mit Wetterschutzgehäuse. E: Eintrittsöffnung; A: Austrittsöffnung; S: Schatter; F: Filter; Z: Se-Fotoelement mit Quarzfenster.

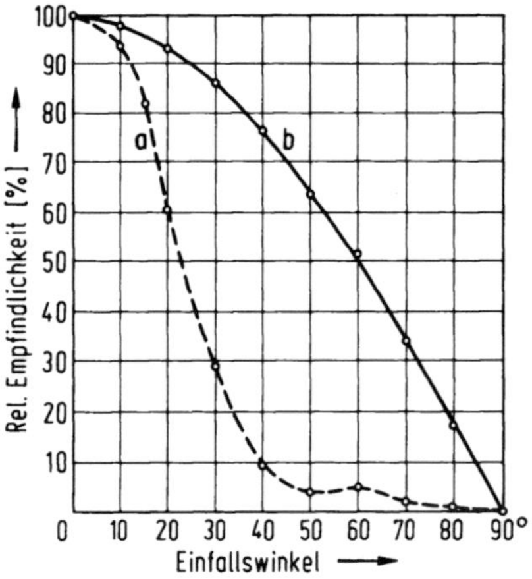

Abb. 5.33: Relative Empfindlichkeit eines Fotoelementes in Abhängigkeit vom Einfallswinkel der Strahlung für das nackte Element (Kurve a) und für das Element in Verbindung mit der Vorsatzkugel nach Larché und Schulze (Meßpunkte in Kurve b), verglichen mit der Cosinus-Funktion (Kurve b). Nach Meyer-Seitz (1949).

5.5.2 Messung ohne spektrale Zerlegung

Die Kenntnis der absoluten spektralen Verteilung zu untersuchender Strahlung gestattet es, UV-Strahler für jede gewünschte Anwendung zu bewerten. Oft versucht man jedoch, auf die aufwendige Bestimmung der Spektralverteilung zu verzichten, indem man die auf einen gewünschten Spektralbereich entfallenden Strahlungsanteile integriert. Die Eingrenzung gewünschter Bereiche erfolgt durch Kombination des gewählten Empfängers mit dem geeigneten Filtersystem. Zur Unterteilung in UV C, UV B, UV A oder beliebige andere Gebiete, sind möglichst steilkantige Empfindlichkeitskurven erforderlich, während bei der Bestimmung von UV-Wirkungen die spektrale Empfindlichkeit des Meßgerätes der entsprechenden Wirkungskurve folgen soll. Da ein beliebig steiler oder ein bestimmten Wirkungskurven folgender Empfindlichkeitsverlauf praktisch nicht exakt realisierbar ist, sind absolute Messungen für vorgegebene Spektralbereiche und beliebige Strahlenquellen, unabhängig von der jeweiligen Spektralverteilung, immer nur innerhalb bestimmter Fehlergrenzen möglich. Für viele Anwendungen ist bereits die Kenntnis der Relativwerte von Strahlungsgrößen aussagekräftig. Häufig kann durch zusätzliche Messungen ein ausreichend genauer Absolutanschluß hergestellt werden.

Die gebräuchlichsten Meßverfahren der Strahlungsmessung ohne spektrale Zerlegung sind im folgenden beschrieben:

1. Vergleich mit einem Strahler bekannter Spektralverteilung:

Die Messung besteht aus dem Vergleich zweier Strahler im gewünschten Wellenlängenbereich. Für den Sonderfall, daß die Spektralverteilungen des zu untersuchenden Strahlers und des Vergleichsstrahlers genau übereinstimmen, ist bei Proportionalität des Empfängers, unabhängig von der spektralen Empfindlichkeit des Meßgerätes lineare Abhängigkeit zwischen Anzeige i und Bestrahlungsstärke E gegeben:

$$E = \frac{i}{i_{St}} E_{St}. \tag{5.24}$$

Unterscheidet sich die Spektralverteilung des Vergleichsstrahlers von der des zu messenden Strahlers, kann die Bestrahlungsstärke ohne Kenntnis der relativen spektralen Verteilung nur bestimmt werden, wenn ein unselektiver Empfänger für das gewünschte Spektralgebiet zur Verfügung steht. Auch für diesen Anwendungsfall gilt obige Gleichung.

Es wurde bereits darauf hingewiesen, daß die Abgrenzung bestimmter Spektralbereiche durch Filter nicht beliebig exakt erfolgen kann. Die so gewonnenen Ergebnisse können daher nur Näherungswerte sein, deren Genauigkeit von der Güte der Bereichseingrenzung abhängt. Wenn die Spektralverteilungen beider Strahler unterschiedlich sind, die relative Spektralverteilung des zweiten Strahlers aber bekannt ist, kann auch mit selektiven Empfängern bekannter relativer spektraler Empfindlichkeit $S_{(\lambda)}$ gearbeitet werden. Für den Fall des (idealen) unselektiven Empfängers könnte die Bestimmung der Bestrahlungsstärke in jedem Spektralbereich ohne

Berücksichtigung der relativen Spektralverteilung erfolgen. Wird ein unselektiver Empfänger in Verbindung mit Filtern zur Bereichsabgrenzung benutzt, ergibt sich die relative spektrale Empfindlichkeit $S_{(\lambda)}$ aus der leicht zu bestimmenden Transmissionskurve der Filterkombinationen. Bei Verwendung eines selektiven Empfängers mit oder ohne Filter muß die spektrale Empfindlichkeit $S_{(\lambda)}$ der Einheit zunächst hinter einem Monochromator für den infrage kommenden Bereich gemessen werden. Für die gesuchte Bestrahlungsstärke im Intervall λ_1 bis λ_2 gilt dann (nach Bauer, 1962):

$$E = \frac{i}{i_{St}} \cdot \frac{\int E_{rel(\lambda)}\, d\lambda}{\int E_{rel(\lambda)}\, S_{rel(\lambda)}\, d\lambda} \cdot \int E_{St(\lambda)}\, S_{rel(\lambda)}\, d\lambda. \tag{5.25}$$

Mit $E_{rel(\lambda)}$ als relativer Spektralverteilung des zu messenden Strahlers, $S_{rel(\lambda)}$ als relativer Spektralempfindlichkeit des Empfängers und $E_{St(\lambda)}$ als absoluter Spektralverteilung des bekannten Strahlers.

2. Vergleich mit einem Empfänger bekannter Spektralempfindlichkeit:

Die spektrale Empfindlichkeit eines Empfängers bzw. einer Empfänger/Filter-Kombination wird relativ $S_{rel(\lambda)}$ oder absolut $S_{(\lambda)}$ mit Hilfe einer starken Strahlenquelle hinter einem Monochromator durch Vergleich mit einem kalibrierten, unselektiven Strahlungsdetektor ermittelt.

Da durch die Eingrenzung des zu untersuchenden Spektralbereiches mit Filtern gleichbleibende spektrale Empfindlichkeit über das gesamte Wellenlängenintervall auch mit einem an sich unselektiven Empfänger nicht erreicht werden kann, können Messungen an Strahlern unbekannter Spektralverteilung nur zu Richtwerten führen (wie bei 1: Vergleichstrahler bekannter Verteilung und abweichende Verteilung des zu messenden Strahlers).
Die genaue Messung von Bestrahlungsstärken mit Empfängern bekannter spektraler Empfindlichkeit ist nur für Strahler bekannter relativer Verteilung $E_{rel(\lambda)}$ möglich. Für das untersuchte Wellenlängenintervall zwischen λ_1 und λ_2 mit der Bereichsempfindlichkeit $S_{(\lambda_1,\, \lambda_2)}$ ergibt sich für die Bestrahlungsstärke (Bauer, 1962):

$$E = i\, \frac{\int E_{rel(\lambda)}\, d\lambda}{\int E_{rel(\lambda)} \cdot S_{(\lambda)}\, d\lambda} = \frac{i}{S_{(\lambda_1,\lambda_2)}}. \tag{5.26}$$

Bei Anwendung der beschriebenen Verfahren muß sichergestellt sein, daß der verwendete Empfänger in Verbindung mit den zur Eingrenzung des Spektralbereiches zwischen λ_1 und λ_2 verwendeten Filtern außerhalb der Bereichsgrenzen nicht empfindlich ist.

Zusammenfassend kann festgestellt werden, daß für die Messung ausgefilterter, nicht monochromatischer Spektralbereiche möglichst unselektive Meßeinrichtungen zu verwenden sind, die exakte Bestimmung strahlungsphysikalische Größen aber nur bei bekannter relativer Spektralverteilung möglich ist.

5.5.2.1 Relative spektrale Empfindlichkeit einiger gebräuchlicher Empfängerkombinationen

Nach DIN 5031, Blatt 7 ist der ultraviolette Spektralbereich in drei Wellenlängengebiete aufgeteilt, deren Einteilung sich grob anhand der Strahlenwirkung orientiert:

UV C: 100 nm bis unter 280 nm,
UV B: 280 nm bis unter 315 nm,
UV A: 315 nm bis unter 380 nm.

Mit den in 5.2.4 beschriebenen UV-Meßgeräten sind unter Beachtung der jeweiligen Einschränkungen Strahlungsmessungen in den einzelnen UV-Bereichen leicht durchzuführen. Für den Fall, daß ein entsprechendes Meßgerät nicht zur Verfügung steht, sollen einige gebräuchliche Empfängerkombinationen, die vergleichsweise einfach realisierbar sind, genannt werden. Die in Abb. 5.34 dargestellten spektralen Empfindlichkeitskurven gestatten keine Aussage über die Nachweisempfindlichkeit der einzelnen Empfänger, da jeweils die Wellenlänge maximaler Empfindlichkeit gleich 100 % gesetzt ist. Die einzelnen Kurven werden für vorhandene Empfänger bestimmt, sie sind wegen möglicher Exemplarstreuungen bei Filtern und Empfängern nur bedingt auf andere Kombinationen mit gleichen Elementen übertragbar. Sollen Messungen durchgeführt werden, die die Kenntnis der spektralen Empfindlichkeit erfordern, ist die Bestimmung in jedem Einzelfall unumgänglich.

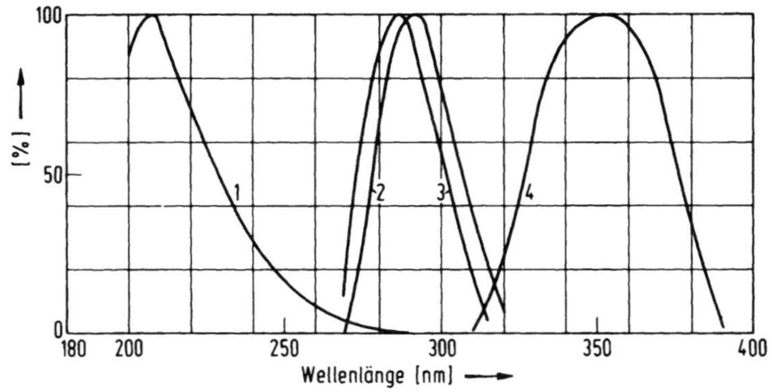

Abb. 5.34: Relative spektrale Empfindlichkeit von UV-Empfängern zur UV C-Messung (Kurve 1), UV B-Messung (Kurven 2 und 3) und UV A-Messung (Kurve 4). (Weitere Erläuterungen im Text).

UV C:
Cadmium-Vakuumfotozelle Type 490 QCdV, Firma Pressler, Leipzig, mit nachgeschaltetem Operationsverstärker, ohne Filter. Die Empfindlichkeit für kurze Wellenlängen wird durch die spektrale Transmission des Fensters bestimmt (Abb. 5.34, Kurve 1).

UV B:

a) SEV-1828 oder Fotozelle 935, beide mit S-5-Kathode (Fa. RCA), mit UG 11,2 mm (Fa. Schott) und 10 mm Pikrinsäurelösung in Quarzküvette (63 mg Pikrinsäure auf 1 l H_2O dest.), (Abb. 5.34, Kurve 2).

b) Selenfotoelement S 50 Q (Dr. B. Lange) mit UG 5, 2 mm (Fa. Schott), 10 mm Pikrinsäurelösung (wie bei a) und 20 mm Nickelsulfat in Quarzküvette (492 g $NiSO_4 \cdot 7\,H_2O$ auf 1 l H_2O dest.), (Abb. 5.34, Kurve 3).

UV A:

Selenfotoelement S 50 Q, UG 11, 3 mm, WG 335, 2 mm, (Abb. 5.34, Kurve 4).

Es sind natürlich beliebige andere Empfänger/Filter-Kombinationen zur Messung der UV-Bereiche verwendbar. So kann z.B. zur UV B-Messung ohne die in bestimmten Zeitabständen zu erneuernden Flüssigkeitsfilter (Zersetzung der Lösung) gearbeitet werden, wenn ein geeigneter Doppelempfänger einerseits UVB und UVA gemeinsam erfaßt, gleichzeitig aber durch Einsatz eines Kantenfilters auch UVA gesondert mißt und die Differenz beider Messungen, die vorhandene UV B-Bestrahlungsstärke anzeigt. Die Genauigkeit dieser Differenzmessung ist – da zwei Meßwerte der gleichen Größenordnung abgezogen werden – relativ gering.

5.5.3 *Bestimmung strahlungsphysikalischer Größen*

Die strahlenphysikalischen Grundgrößen und Einheiten sind bereits in Kap. 1 definiert. Da die Eigenschaften des Lambert-Strahlers bei realen Strahlenquellen nie exakt gegeben sind, sind auch die angegebenen Verknüpfungen der Grundgrößen in vereinfachter Form nur unter Berücksichtigung der spezifischen Strahlereigenschaften anwendbar.

Es soll anhand von Bestrahlungsstärkemessungen und der Messung der räumlichen Strahlungsverteilung die Bestimmung einiger Daten des Strahlers und des Strahlungsfeldes gezeigt werden. Bei den Messungen werden die bereits beschriebenen Meßgeräte und Empfängerkombinationen für jeweils zu untersuchende Spektralbereiche benutzt, entweder direkt oder in Kombination mit Standardstrahlern, deren spektrale Bestrahlungsstärken in vorgegebenen Abständen tabelliert sind.

Das fotometrische Entfernungsgesetz besagt, daß sich die erzielte Bestrahlungsstärke umgekehrt proportional zum Quadrat der jeweiligen Entfernung vom Strahler verhält

$$\frac{E_{r_1}}{E_{r_2}} = \frac{r_2^{\,2}}{r_1^{\,2}} \tag{5.27}$$

und erlaubt damit die für die Meßpraxis wichtige Verwendung von Bestrahlungsstärkestandards in vom Eichabstand unterschiedlichen Entfernungen, wenn die fotometrische Grenzentfernung eingehalten wird. Aus der Ableitung der Grenzentfernung geht hervor, daß bei einem Meßabstand, der mindestens dem 10-fachen

Wert der größten Länge des Strahlers entspricht, der Fehler weniger als 1 % beträgt.

5.5.3.1 Bestrahlungsstärke, Strahlstärke

Ein im Strahlungsfeld befindlicher Empfänger erhält die Bestrahlungsstärke E_e, die bei einem Strahlungsfeld gegebener Stärke ein Maß für den auf die Empfängerfläche A auftreffenden Strahlungsfluß ϕ darstellt. Die Bestrahlungsstärke E_e beschreibt also die durch einen Strahler bzw. ein Strahlungsfeld auf der Empfängerseite geschaffenen Verhältnisse. Es gilt

$$E_e = \frac{d\phi}{dA_2} \text{ und } E_e = \frac{\phi}{A_2} \tag{5.28}$$

in vereinfachter Form, wenn der Strahlungsfluß über die gesamte Fläche A_2 gleichmäßig verteilt ist.

Sind mehrere räumlich getrennte Strahlenquellen wirksam, addieren sich auf der Empfangsfläche die Teilbestrahlungsstärken nach Maßgabe der Winkel zwischen Flächennormale und den einzelnen Strahlungsrichtungen entsprechend dem Cosinus-Gesetz.
Für einen Strahler kann einheitliche Ausstrahlungsrichtung angenommen werden, wenn zwischen Strahler und Empfänger ein Mindestabstand eingehalten wird, der etwa der fotometrischen Grenzentfernung entspricht. Es kann dann auch aus der Messung der Bestrahlungsstärke die Strahlstärke berechnet werden. Die Strahlstärke I ist der auf das durchstrahlte Raumwinkelelement $d\omega_1$ bezogene Strahlungsfluß

$$I = \frac{d\phi}{d\omega_1} \text{ und } I = \frac{\phi}{\Omega}. \tag{5.29}$$

Die vereinfachte Beziehung gilt, wenn die Strahlstärke innerhalb eines größeren Raumwinkels konstant ist. Per Definition entspricht die im Abstand von 1 m gemessene, auf 1 m^2 bezogene Bestrahlungsstärke dann dem in den Raumwinkel 1 sr abgegebenen Strahlungsfluß.

5.5.3.2 Strahldichte

Die Strahldichte L_{ϵ_1} eines Strahler-Flächenelementes dA_1 in der Richtung, die den Winkel ϵ_1 mit der Flächennormalen bildet, ist als Quotient der unter ϵ_1 abgestrahlten Strahlstärke dI_{ϵ_1} und der Flächenprojektion von dA_1 auf die zu der Richtung senkrechte Ebene definiert und durch die Beziehung

$$L_{\epsilon_1} = \frac{dI_{\epsilon_1}}{dA_1 \cos \epsilon_1} \tag{5.30}$$

gegeben. Im Idealfall des sogenannten Lambert-Strahlers ist die Strahldichte von ϵ_1 unabhängig; d.h. in diesem Falle ist die Strahlstärke proportional zu cos ϵ_1.
Sie ist die für das strahlende Flächenelement charakteristische Größe, ihr Wert bleibt auch bei optischer Abbildung bis auf Reflexions- und Absorptionsverluste unverändert.
Für kleine Flächen und Raumwinkel und senkrechte Inzidenz gilt für den aus dem Raumwinkel Ω_2 auf die Empfängerfläche A_2 treffenden Strahlungsfluß

$$\phi = L A_2 \Omega_2 \tag{5.31}$$

und für die Bestrahlungsstärke auf der Fläche

$$E = L \Omega_2. \tag{5.32}$$

Die Strahldichte L kann also durch Messung der auf A_2 erzeugten Bestrahlungsstärke berechnet werden, wenn der wirksame Raumwinkel bekannt ist. Die Messung mit definiertem Raumwinkel kann durch einen dem Empfänger vorgeschalteten Tubus unter Berücksichtigung der Geometrie der Meßanordnung erfolgen. Der Raumwinkel braucht nicht bekannt sein, wenn er zwischen Kalibrierung und Messung unverändert bleibt; die Strahldichte ergibt sich dann im direkten Vergleich.
Zur Bestimmung der Strahldichte von Strahlern, deren Strahldichte über die leuchtende Fläche stark unterschiedlich ist (z.B. Gasentladungsstrahler), wird eine Anordnung mit optischer Abbildung benutzt (Trojok, 1941). Die Entladung wird mit einer UV-durchlässigen Quarzoptik oder mit Hohlspiegeln im bekannten Vergrößerungsmaßstab auf einer streuenden Mattquarzscheibe abgebildet und unter Beachtung der fotometrischen Grenzentfernung wird die Bestrahlungsstärke hinter dem Streuschirm gemessen. Danach wird der zu untersuchende Teil des Bogens direkt vor der Scheibe ausgeblendet und in gleicher Weise vermessen. Das Verhältnis der von der Streuscheibe erzeugten Bestrahlungsstärken der gesamten Entladungsfläche und der ausgeblendeten Fläche, bezogen auf die jeweilige Fläche, stellt den relativen Vergleich der mittleren Strahldichten des gesamten Strahlers und des ausgeblendeten Teiles dar. Der Absolutanschluß erfolgt durch Vergleich mit dem Standard. Bei einem kalibrierten Empfänger und Kenntnis der diffusen spektralen Transmission der Quarzscheibe wird der Standardstrahler nicht benötigt. Die Strahldichte ergibt sich dann als Quotient aus der Strahlstärke des ausgeblendeten Bogenteils und dessen Fläche, unter Berücksichtigung der Eigenschaften der Streuscheibe.

5.5.3.3 Strahlungsfluß

Der Strahlungsfluß ϕ ist die von einer Strahlenquelle insgesamt abgestrahlte Leistung; er kann durch zwei unterschiedliche Verfahren bestimmt werden; durch Messung mit der Ulbrichtschen Kugel und über die räumliche Strahlungsverteilung mit anschließender rechnerischer oder grafischer Auswertung.

5.5.3.3.1 Messung mit der Ulbrichtschen Kugel

Der Kugeldurchmesser richtet sich nach den Abmessungen der zu messenden Strahler, gebräuchlich sind 1 m bis 3 m. In der Kugel befindet sich ein im Verhältnis zum Kugeldurchmesser kleines Meßfenster und ein Schatter, der verhindert, daß direkte Strahlung das Fenster trifft. Die Kugelinnenwand und alle in der Kugel befindlichen Teile sind mit einer weitgehend wellenlängenunabhängig und diffus reflektierenden Schicht belegt. Aus Gründen der Beständigkeit wird das gut UV-reflektierende Magnesiumoxid nicht aufgedampft, sondern in Form einer Paste aufgetragen; die Paste besteht aus 30 g Mg auf 200 cm^3 Wasserglas (Na_2SiO_3 bzw. Na_2 Si_2O_5, 1,08 g/cm^3).
Die in der Ulbrichtschen Kugel betriebene Strahlenquelle ist etwa im Kugelmittelpunkt anzuordnen; im Meßfenster wird eine Bestrahlungsstärke erzeugt, die dem Strahlungsfluß proportional ist. Die Messung erfolgt vorteilhaft durch Vergleich mit einem Standardstrahler. Der Reflexionsgrad und die Abmessungen der Kugel gehen dabei nicht in die Bestimmung ein, wenn Abmessungen und Ausstrahlungscharakteristik der zu vergleichenden Strahler nicht zu unterschiedlich sind.

Weiterhin sollen die Spektralverteilungen beider Strahler möglichst übereinstimmen, um mögliche Selektivitäten des Kugelbelages nicht wirksam werden zu lassen. Sind diese Forderungen nicht zu erfüllen, sind entsprechende Korrekturfaktoren zu ermitteln. Anstelle der Kugel kann auch ein anderer Hohlraum, z.B. ein einfach herstellbarer Würfel etwa gleicher Abmessungen verwendet werden (Helwig, 1942).

5.5.3.3.2 Bestimmung aus der räumlichen Strahlungsverteilung

Dieses aufwendige Verfahren ermöglicht genauere Strahlungsflußbestimmungen, als sie mit der Ulbricht-Kugel möglich sind. Für ideale diffuse Abstrahlung (Lambert-Strahler) und einfache Geometrie, werden zunächst die räumlichen Strahlungsverteilungen für einige geometrisch einfache Gebilde, die „Elementarstrahler" angege-

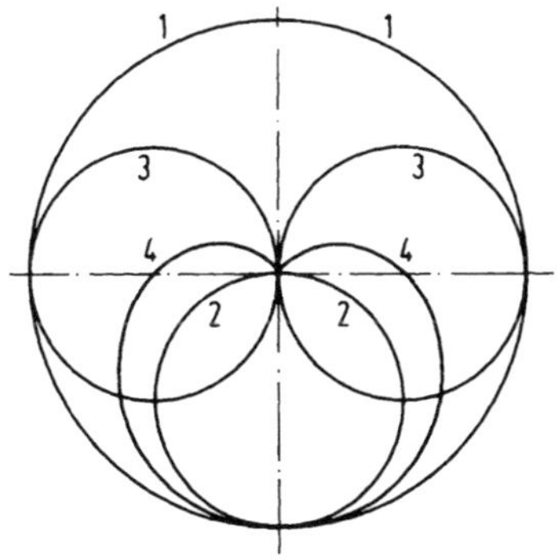

Abb. 5.35: Strahlungsverteilungskurven der Elementarstrahler: Kugel (Kurve 1), einseitig strahlende Scheibe (Kurve 2), Zylinder mit nicht strahlender Deckfläche (Kurve 3) und Halbkugel mit nicht strahlender Deckfläche (Kurve 4). Nach Weigel (1952).

ben (Abb. 5.35), die aus der Geometrie der strahlenden Oberfläche in einfacher Weise zu berechnen sind (Weigel, 1952). Aus der über die strahlende Fläche konstanten Strahldichte L und der auf die Ausstrahlungsrichtung ϵ_1 bezogenen scheinbaren Strahlerfläche $A_1' = A_1 \cos \epsilon_1$ ergibt sich

$$I_{\epsilon_1} = L \cdot A_1 \cdot \cos \epsilon_1. \qquad (5.33)$$

1. Lambert-Strahler als Kugel:

$$I_{\epsilon_1} = L \cdot \pi \cdot r^2 = I_{max} \qquad (5.34)$$

$$\phi = I_{max} \cdot 4\pi. \qquad (5.35)$$

Die räumliche Strahlungsverteilung bildet eine Kugel mit dem Radius I_{max}, Strahler und Kugelmittelpunkt fallen zusammen.

2. Lambert-Strahler als einseitig leuchtende Scheibe:

$$I_{\epsilon_1} = I_{max} \cdot \cos \epsilon_1 \qquad (5.36)$$

$$\phi = I_{max} \cdot \pi. \qquad (5.37)$$

Die räumliche Strahlungsverteilung bildet eine Kugel mit dem Durchmesser $D = I_{max}$, sie berührt die strahlende Scheibe in ihrem Mittelpunkt.

3. Lambert-Strahler als Zylinder mit nicht strahlenden Deckflächen:

$$A_1' = d \cdot h \cdot \sin \epsilon_1 \qquad (5.38)$$

$$I_{\epsilon_1} = I_{max} \cdot \sin \epsilon_1 \qquad (5.39)$$

$$\phi = I_{max} \cdot \pi^2 \qquad (5.40)$$

d = Zylinderdurchmesser, h = Zylinderhöhe.

Die räumliche Strahlungsverteilung ist ein Torus (Kreisring), der durch Rotation eines Kreises mit dem Durchmesser $D = I_{max}$ um die Zylinderachse entsteht.

4. Lambert-Strahler als Halbkugel mit nicht strahlender Deckfläche:

$$A_1 = r^2 \cdot \pi \qquad (5.41)$$

$$A_1' = \frac{r^2\pi}{2} + \frac{r^2\pi}{2} \cdot \cos_{\epsilon_1} \qquad (5.42)$$

$$I_{\epsilon_1} = L\,\frac{r^2\pi}{2}\,(1 + \cos_{\epsilon_1}) = I_{max}\,\frac{1 + \cos_{\epsilon_1}}{2} \qquad (5.43)$$

$$\phi = I_{max} \cdot 2\pi. \qquad (5.44)$$

Die räumliche Strahlungsverteilung besteht aus einer Herzlinie (Kardiode), die um die Polarachse rotiert. Die Kenntnis der räumlichen Strahlungsverteilung (Abb. 5.35) und der Berechnungsformeln der Elementarstrahler erlaubt oft ohne genaue Messung der Strahlungscharakteristik eines Strahlers eine grobe Abschätzung der Daten.

Zur Messung der räumlichen Strahlungsverteilung wird entweder der Empfänger fest angeordnet und die Lichtquelle gedreht und gekippt oder der Empfänger umfährt den Strahler in geeignetem Abstand. Bei modernen Geräten, die häufig mit Rechnern kombiniert sind, wird die räumliche Strahlungsverteilung über Spiegelanordnungen oder sich auf einer Kugeloberfläche um den Strahler bewegende Empfänger innerhalb weniger Minuten bestimmt und daraus sofort der Strahlungsfluß errechnet. Stehen solche Anlagen nicht zur Verfügung, wird der Strahler so aufgebaut, daß er um zwei zueinander senkrechte Achsen, die sich im Strahlermittelpunkt schneiden, zu bewegen ist.

Bei vielen Entladungslampen liegt in ausreichender Näherung Rotationssymmetrie vor; hier vereinfacht sich der Meßaufbau, weil der Strahler nur in einer Ebene gedreht zu werden braucht. Die Längsachse des Strahlers steht senkrecht zur Drehachse, die mit dem Strahlermittelpunkt zusammenfällt. Der Empfänger wird unter Beachtung der fotometrischen Grenzentfernung aufgestellt, seine Normale trifft die Strahlermitte, senkrecht zur Drehachse. Zur Messung wird die Strahlenquelle in 5°-Schritten um ± 90° gedreht, bis die Längsachse des Strahlers die Empfängernormale bildet, und jeder Einstellung ein Meßwert zugeordnet. Danach wird die direkte Bestrahlung des Empfängers unterbrochen, um die bei der Auswertung zu berücksichtigende Streustrahlung zu ermitteln. Die so gewonnenen, korrigierten Strahlstärken werden in ein Polardiagramm eingetragen und bilden die räumliche Strahlungsverteilung (Bei Strahlenquellen mit rotationssymmetrischer Ausstrahlung genügt eine Kurve zur Darstellung der räumlichen Verteilung. Ist die Achsialsymmetrie nicht gegeben, muß der „Strahlungsverteilungskörper" in ein Kugelkoordinatensystem gebracht werden).
Der Strahlungsfluß kann nach unterschiedlichen Verfahren aus der räumlichen Strahlungsverteilung gewonnen werden. Zur grafischen Ermittlung wird oft die Auswertung nach Rousseau benutzt. Zunächst muß bei nicht symmetrischer Strahlungsverteilung die mittlere räumliche Verteilung gewonnen werden, indem für verschiedene Meridianebenen bei jeweils gleichem Winkel der Mittelwert der Strahlstärke errechnet wird. Die so erhaltene bzw. die bei Rotationssymmetrie direkt gemessene Strahlungsverteilung wird nach Abb. 5.36 aus dem Polardiagramm in ein kartesisches Koordinatensystem eingetragen. Die Abszisse ist nach dem Cosinus des Emissionswinkels geteilt, dem linearen Ordinatenmaßstab wird die Strahlstärke des jeweiligen Winkels zugeordnet. Die im kartesischen Koordinatensystem unter der durch die eingetragenen Strahlstärken gebildeten Kurve liegende Fläche ist dem Strahlungsfluß des durch den Empfänger eingegrenzten Spektralbereiches proportional.

Es gilt:

$$\phi = \frac{2\pi}{r} a A \tag{5.45}$$

mit dem Strahlungsfluß ϕ (in W), dem Radius des Hilfskreises des Polarkoordinatensystems r (in cm), dem Strahlstärkemaßstab a (in W cm^{-2} sr^{-1}) und der Fläche des Rousseau-Diagramms A (in cm^2), die ausplanimetriert oder ausgezählt wird.

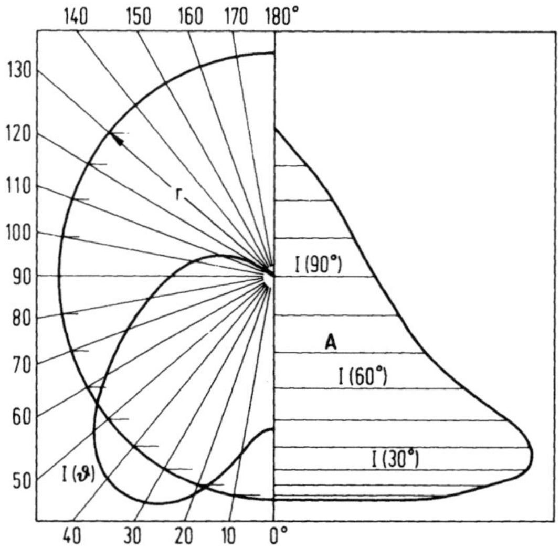

Abb. 5.36: Zur grafischen Bestimmung des Strahlungsflusses; Strahlstärke I in Abhängigkeit vom Ausstrahlungswinkel δ (linke Bildseite), Rousseau-Diagramm zur Strahlungsflußermittlung (rechte Bildseite). Nach Sewig (1938).

5.5.4 Messung der spektralen Strahlungsverteilung

Grundsätzlich kann die Bestimmung der spektralen Emission einer Strahlenquelle entweder direkt oder durch Vergleich mit einer Standardstrahlenquelle bekannter spektraler Emission erfolgen. Die direkte experimentelle Spektralmessung irgendeines Strahlers muß also einmal vorausgegangen sein. Sie kommt aber aus praktischen Gründen nur selten infrage.

Die durch Vergleich mit einem Strahler bekannter Emission gewonnene Spektralverteilung kann natürlich niemals zuverlässiger sein als die des Vergleichsstrahlers. Für die folgenden Betrachtungen wird angenommen, daß die exakte Spektralverteilung des Vergleichsstrahlers vorläge. Abweichungen der ermittelten Werte von der tatsächlichen Verteilung sind dann im wesentlichen damit zu begründen, daß die Messungen aus energetischen oder gerätetechnischen Gründen mit endlichen spektralen Spaltbreiten durchgeführt werden müssen. Die Ergebnisse von Spektralverteilungsbestimmungen sind generell umso genauer, je ähnlicher die Spektralverteilungen der zu vergleichenden Strahler einander sind.

Emittiert ein Strahler ein im wesentlichen kontinuierliches Spektrum, nimmt man im allgemeinen an, daß die Spektralverteilung jeweils innerhalb der betrachteten spektralen Bandbreite in hinreichender Näherung konstant ist; diese Annahme ist natürlich umso besser erfüllt, je kleiner die gerade vorliegende Bandbreite des benutzten Spektralapparates ist. Für den Fall einer schmalen Spektrallinie trifft dies selbstverständlich nicht zu, da ja in den meisten Fällen die Linienbreite klein gegenüber der Bandbreite ist und der Wert der spektralen Energie innerhalb eines gegen die Bandbreite kleinen Wellenlängenintervalles liegt. Hier wird angenommen, daß der Austrittsspalt die gesamte Spektrallinie erfaßt.

Bei der Auswertung der Messungen sind diese Fälle entsprechend zu berücksichtigen, dabei kann sowohl der Vergleichsstrahler als auch die zu messende Strahlenquelle ein Spektrum gleicher Art emittieren oder die Art der Spektren kann für beide Strahler verschieden sein. Weiterhin tritt der Fall auf, daß die betrachtete Strahlenquelle ein aus Kontinua und Linien bestehendes Spektrum emittiert.

Handelt es sich um nahezu konstante spektrale Verteilung innerhalb der Bandbreite, wird der Strahlungsfluß durch den Austrittsspalt dem Produkt aus der spektralen Energie und der Bandbreite bzw. der Dispersion proportional sein. Liegt dagegen eine Spektrallinie vor, die im Austrittsspalt integral erfaßt wird, ist der Strahlungsfluß von der Bandbreite und damit auch von der Dispersion unabhängig. Aus diesem Grund erscheint in den unten angegebenen Bestimmungsformeln die Dispersion nur in bestimmten Fällen.

5.5.4.1 Relative spektrale Strahlungsverteilung

Es sollen zunächst alle Probleme unberücksichtigt bleiben, die bei der Bestimmung der absoluten spektralen Strahldichteverteilung oder Bestrahlungsstärkeverteilung auftreten. In diesem Abschnitt werden für einige typische Fälle Näherungsformeln für die Bestimmung der relativen spektralen Strahlungsverteilung behandelt.

Es sind folgende Fälle zu unterscheiden:

1. Der zu messende Strahler und der Vergleichsstrahler emittieren nur schmale Linien.
2. Der zu messende Strahler emittiert schmale Linien, der Vergleichsstrahler ein Kontinuum (a) und umgekehrt (b).
3. Der zu messende Strahler und der Vergleichsstrahler emittieren Kontinua.
4. Der zu messende Strahler emittiert Linien und ein Kontinuum. Zweckmäßigerweise werden zwei Vergleichstrahler benutzt, wovon einer Linien und Kontinuum emittiert, der zweite nur ein Kontinuum oder nur Linien.

Anmerkung zu den Fällen 2 b und 4:

Die spektrale Emission setzt sich in diesen Fällen jeweils aus einem Beitrag der Linie und einem Beitrag des Kontinuums zusammen (die einzelnen Beiträge können natürlich auch Null sein). Der Summe dieser beiden Anteile ist aber nur ein Ausschlag zugeordnet, aus dem die beiden gesuchten Anteile gewonnen werden, indem man die Ausschläge in Abhängigkeit von der Wellenlänge grafisch darstellt und anhand dieser Kurve die Meßwertanteile für Linie und Kontinuum trennt. (Beide Anteile werden in der Auswertung unterschiedlich behandelt).

Weiter ist zu ermitteln, wie sich der Anteil des Kontinuums zum Anteil der Linie bei der Normierungswellenlänge verhält. Dieses Verhältnis hängt natürlich auch von dem betrachteten Wellenlängenintervall für die Kontinuumstrahlung ab. Es ist daher zweckmäßig, bei der Messung und bei der Normierung mit gleichen Bandbreiten zu arbeiten. Das Intensitätsverhältnis Kontinuum zu Linie bei der Normierungswellenlänge wird durch Vergleich mit einem Strahler bekannter spektraler Emission St′, der bei dieser Wellenlänge Linien- und Kontinuumstrahlung emittiert, bestimmt. Bei den übrigen Wellenlängen wird als Standard entweder ein reiner Kontinuumstrahler oder ein Linienstrahler benutzt.

1. Ermittlung der relativen Linienintensitäten einer Strahlenquelle mit Hilfe bekannter Linienintensitäten einer Vergleichs-Strahlenquelle (Standardstrahler).

Durch den Vergleich mit dem Standardstrahler wird die wellenlängenabhängige Empfindlichkeit der Meßanordnung (Monochromator und Empfangssystem) eliminiert. Die relativen Linienintensitäten für die zu messende Strahlenquelle $E_{L(\lambda)}$ und den Vergleichsstrahler $E_{St,L(\lambda)}$ verhalten sich bei der betreffenden Wellenlänge λ wie die Ausschläge am Anzeigeninstrument $i_{L(\lambda)}$ bzw. $i_{St,L(\lambda)}$, Linearität des Empfängers vorausgesetzt, d.h.

$$\frac{E_{L(\lambda)}}{E_{St,L(\lambda)}} = \frac{i_{L(\lambda)}}{i_{St,L(\lambda)}}. \tag{5.46}$$

Zur Normierung bei einer bestimmten Wellenlänge λ_0, für die bei Hg-Hochdruckspektren üblicherweise $\lambda_0 = 366$ nm gewählt wird, setzt man für $E_{L(\lambda_0)}$ den Zahlenwert 1 = 100 % ein. Durch Quotientenbildung mit den entsprechenden Werten für die Normierungswellenlänge λ_0 liegen die Zahlenwerte nicht mehr als willkürliche Einheiten sondern als Vielfache der Werte bei λ_0 vor.
Mit Umstellung nach $E_{L(\lambda)}$ wird Gleichung (5.46) zu

$$E_{L(\lambda)} = E_{L(\lambda_0)} \cdot \frac{E_{St,L(\lambda)}}{E_{St,L(\lambda_0)}} \cdot \frac{i_{L(\lambda)}}{i_{L(\lambda_0)}} \cdot \frac{i_{St,L(\lambda_0)}}{i_{St,L(\lambda)}}. \tag{5.47}$$

Dabei ist der zur Normierung der Intensitäten des Vergleichsstrahlers benutzte Zahlenwert für $E_{St,L(\lambda_0)}$ ohne Einfluß auf die Zahlenwerte für $E_{L(\lambda)}$.

2 a) Ermittlung der relativen Linienintensitäten einer Strahlenquelle mit Hilfe der bekannten Kontinuumsintensitäten einer Vergleichsstrahlenquelle.

In diesem Fall tritt für den Ausschlag des Standardstrahlers $i_{St,K(\lambda)}$ an die Stelle von $i_{St,L(\lambda)}$, wobei zu beachten ist, daß $i_{St,K(\lambda)}$ für eine Wellenlänge proportional dem Produkt aus der wellenlängenabhängigen Dispersion $D_{(\lambda)}$ (bei Prismengeräten) und der betreffenden Kontinuumsintensität $E_{St,K(\lambda)}$ ist. Dies ist darauf zurückzuführen, daß bei kontinuierlicher Strahlung der durch den Austrittsspalt gelangende Strahlungsfluß bei konstantgehaltener Intensität und konstanter Spaltbreite der Bandbreite $\Delta\lambda$ und damit der Dispersion $D_{(\lambda)}$ näherungsweise proportional ist.

In diesem Fall gilt die Gleichung

$$\frac{E_{L(\lambda)}}{E_{St,K(\lambda)} \cdot D_{(\lambda)}} = \frac{i_{L(\lambda)}}{i_{St,K(\lambda)}}, \tag{5.48}$$

woraus nach Normierung und Umformung die explizite Formel

$$E_{L(\lambda)} = E_{L(\lambda_0)} \cdot \frac{E_{St,K(\lambda)} \cdot D_{(\lambda)}}{E_{St,K(\lambda_0)} \cdot D_{(\lambda_0)}} \cdot \frac{i_{L(\lambda)}}{i_{L(\lambda_0)}} \cdot \frac{i_{St,K(\lambda_0)}}{i_{St,K(\lambda)}} \tag{5.49}$$

folgt ($E_{L(\lambda_0)} = 1$).

b) Für den inversen Fall (Bestimmung der Kontinuumsintensität mit Linien-Standard) ist lediglich die Kennzeichnung „St" von den entsprechenden Symbolen zu entfernen und jenen hinzufügen, denen kein „St" beigefügt war (dies gilt natürlich nicht für die Dispersion), Gl. (5.49) wird also zu

$$E_{K(\lambda)} = E_{K(\lambda_0)} \frac{E_{St,L(\lambda)} \cdot D_{(\lambda_0)}}{D_{(\lambda)} \cdot E_{St,L(\lambda_0)}} \cdot \frac{i_{K(\lambda)}}{i_{K(\lambda_0)}} \cdot \frac{i_{St,L(\lambda_0)}}{i_{St,L(\lambda)}}. \tag{5.50}$$

Emittiert die zu messende Strahlenquelle Linien und ein Kontinuum, und will man die Kontinuumsintensitäten auf die Intensität einer bestimmten Spektrallinie beziehen, ist dazu ein besonderes Normierungsverfahren erforderlich. Bezeichnet man die Wellenlänge der zur Normierung benutzten Linie mit λ_0 und ist der Quotient aus Kontinuumsintensität $E_{St',K(\lambda_0)}$ und Linienintensität $E_{St',L(\lambda_0)}$ für irgendein Standard St', bezogen auf ein Wellenlängenintervall des Kontinuums $\Delta\lambda'$ bekannt, so kann das Verhältnis für ein Wellenlängenintervall bestimmt werden.

$$\frac{E_{K(\lambda_0)}}{E_{L(\lambda_0)}} = k \frac{i_{K(\lambda_0)}}{i_{L(\lambda_0)}}. \tag{5.51}$$

Der zunächst nicht bekannte Faktor k wird aus den vorliegenden Intensitätsverhältnissen und den Meßwerten des Standards St' errechnet. Es kann daher

$$k = \frac{E_{St',K(\lambda_0)}}{E_{St',L(\lambda_0)}} \cdot \frac{i_{St',L(\lambda_0)}}{i_{St',K(\lambda_0)}} = \frac{E_{K(\lambda_0)}}{E_{L(\lambda_0)}} \cdot \frac{i_{L(\lambda_0)}}{i_{K(\lambda_0)}} \tag{5.52}$$

geschrieben werden und damit für $E_{K(\lambda_0)}$ die Beziehung

$$E_{K(\lambda_0)} = E_{L(\lambda_0)} \frac{E_{St',K(\lambda_0)}}{E_{St',L(\lambda_0)}} \cdot \frac{i_{St',L(\lambda_0)}}{i_{St',K(\lambda_0)}} \cdot \frac{i_{K(\lambda_0)}}{i_{L(\lambda_0)}} \tag{5.53}$$

mit diesem Ausdruck wird die Formel (5.50) zu

$$E_{K(\lambda)} = E_{L(\lambda_0)} \frac{E_{St',K(\lambda_0)}}{E_{St',L(\lambda_0)}} \cdot \frac{i_{St',L(\lambda_0)}}{i_{St',K(\lambda_0)}} \cdot \frac{i_{K(\lambda_0)}}{i_{L(\lambda_0)}} \cdot \frac{E_{St,L(\lambda)}}{E_{St,L(\lambda_0)}} \cdot \frac{D_{(\lambda_0)}}{D_{(\lambda)}} \cdot \frac{i_{K(\lambda)} \cdot i_{St,L(\lambda_0)}}{i_{K(\lambda_0)}\, i_{St,L(\lambda)}} \tag{5.54}$$

Die einzelnen Meßwerte für i_K (Kontinuumsanteil) und i_L (Linienanteil) müssen grafisch bestimmt werden, wie in der Anmerkung zu den Fällen 2b und 4 auf S. 293 beschrieben.

Zur Normierung kann dann wieder die Linienintensität der Wellenlänge λ_0, $E_{L(\lambda_0)}$ gleich 1 oder gleich 100 % gesetzt werden.

3. Ermittlung der relativen Kontinuumsintensitäten einer Strahlenquelle mit Hilfe der bekannten Kontinuumsintensitäten einer Vergleichs-Strahlenquelle.

Hier gilt unter den gleichen Voraussetzungen wie unter Punkt 1 und 2 entsprechend den Ausführungen unter Punkt 2 die Beziehung

$$\frac{i_{K(\lambda)}}{i_{St,K(\lambda)}} = \frac{E_{K(\lambda)}}{E_{St,K(\lambda)}}, \tag{5.55}$$

die sich von Gl. (5.48) nur dadurch unterscheidet, daß der Index L=Linie generell durch den Index K=Kontinuum ersetzt ist. Für die umgeformte, normierte Beziehung findet man

$$E_{K(\lambda)} = E_{K(\lambda_0)} \frac{E_{St,K(\lambda)}}{E_{St,K(\lambda_0)}} \cdot \frac{i_{K(\lambda)}}{i_{K(\lambda_0)}} \cdot \frac{i_{St,K(\lambda_0)}}{i_{St,K(\lambda)}} \tag{5.56}$$

4. Ermittlung der relativen spektralen Emission einer Strahlenquelle, die sowohl Linien als auch ein Kontinuum emittiert.

Die Bestimmung kann entweder mit Hilfe bekannter Linienintensitäten oder mit Hilfe bekannter Kontinuumsintensitäten einer Vergleichs-Strahlenquelle erfolgen.
a) Vergleich mit bekannten Linienintensitäten.

Für die aus Linien- und Kontinuumsanteil bestehende Gesamtintensität E eines Wellenlängenintervalls gilt

$$E_{(\lambda)} = E_{L(\lambda)} + E_{K(\lambda)} \tag{5.57}$$

und in ausreichender Näherung

$$\frac{E_{L(\lambda)}}{E_{St,L(\lambda)}} = \frac{i_{L(\lambda)}}{i_{St,L(\lambda)}}, \text{ sowie } \frac{E_{K(\lambda)}\, D_{(\lambda)}}{E_{St,L(\lambda)}} = k\, \frac{i_{k(\lambda)}}{i_{St,L(\lambda)}} \tag{5.58}$$

Es soll angenommen werden, daß k wellenlängenunabhängig ist. Nach der Normierung wird durch Division der miteinander korrespondierenden Beziehungen Gl. (5.57) nach Umformung

$$E_{(\lambda)} = \frac{E_{St,L(\lambda)}}{E_{St,L(\lambda_0)}} \cdot \frac{i_{St,L(\lambda_0)}}{i_{St,L(\lambda)}} \cdot E_{L(\lambda_0)} \cdot \left[\frac{i_{L(\lambda)}}{i_{L(\lambda_0)}} + \frac{E_{K(\lambda_0)}}{E_{L(\lambda_0)}} \cdot \frac{D_{(\lambda_0)}}{D_{(\lambda)}} \cdot \frac{i_{K(\lambda)}}{i_{K(\lambda_0)}}\right] \tag{5.59}$$

Die „Ausschläge" $i_{L(\lambda)}$, $i_{L(\lambda_0)}$, $i_{K(\lambda)}$ und $i_{K(\lambda_0)}$ können nicht direkt gemessen werden. Sie lassen sich aber bestimmen, wenn die jeweiligen Gesamtausschläge $i_{(\lambda)}$ als Funktion der Wellenlänge grafisch dargestellt werden oder wenn das Spektraldiagramm eines registrierenden Spektralfotometers vorliegt. Der Gesamtausschlag wird dann entsprechend dem Kurvenverlauf sinnvoll in Linien- und Kontinuumsanteil zerlegt.

Der Quotient $E_{K(\lambda_0)}/E_{L(\lambda_0)}$ muß mit Hilfe eines Standardstrahlers St′, der sowohl Linien als auch ein Kontinuum in bekanntem Intensitätsverhältnis emittiert, gewonnen werden, wobei zu beachten ist, daß dieser Wert auch noch von dem für das Kontinuum jeweils betrachteten Wellenlängenintervall abhängt. Die Breite dieses Wellenlängenintervalls $\Delta\lambda'$ sollte der Intervallbreite $\Delta\lambda$ während der Messung entsprechen.

$$\frac{E_{K(\lambda_0)}}{E_{L(\lambda_0)}} = \frac{E_{St',K(\lambda_0)}}{E_{St',L(\lambda_0)}} \cdot \frac{i_{St',L(\lambda_0)}}{i_{St',K(\lambda_0)}} \cdot \frac{i_{K(\lambda_0)}}{i_{L(\lambda_0)}} \qquad (5.60)$$

Setzt man diesen Ausdruck bzw. den entsprechenden Zahlenwert in die Formel für $E_{(\lambda)}$ ein, kann die relative spektrale Emission der betrachteten Strahlenquelle berechnet werden.

b) Vergleich mit bekannten Kontinuumsintensitäten.

Man erhält durch analoge Überlegungen wie unter a) für die relative spektrale Emission die Beziehung:

$$E_{(\lambda)} = \frac{E_{St,K(\lambda)}}{E_{St,K(\lambda_0)}} \cdot \frac{i_{St,K(\lambda_0)}}{i_{St,K(\lambda)}} \cdot E_{L(\lambda_0)} \cdot \left[\frac{i_{L(\lambda)}}{i_{L(\lambda_0)}} \cdot \frac{D_{(\lambda)}}{D_{(\lambda_0)}} + \frac{E_{K(\lambda_0)}}{E_{L(\lambda_0)}} \cdot \frac{i_{K(\lambda)}}{i_{L(\lambda)}} \right] \qquad (5.61)$$

c) Steht ein für dieses Verfahren zusätzlich benötigter Standardstrahler St′ mit bekanntem Intensitätsverhältnis für Linie und Kontinuum bei einer Wellenlänge λ_0 nicht zur Verfügung oder soll die aufwendige Rechnung vermieden werden, empfiehlt sich ein anderer Weg zur Ermittlung der relativen spektralen Emission eines Strahlers, der Linien und ein Kontinuum emittiert.
Zunächst werden nach den beschriebenen Verfahren die Linienintensitäten, die für die jeweiligen Wellenlängenintervalle ja auch die Kontinuumsanteile enthalten, und das reine Kontinuum bis unmittelbar an die Linienflanken bestimmt. Das Mischspektrum liegt jetzt in unterschiedlichen, willkürlichen Einheiten vor und erlaubt noch keine Aussagen über die relative Spektralverteilung. Für ein geeignetes Wellenlängenintervall wird der Linien- vom Kontinuumsanteil in bekannter Weise, anhand der Ausschläge getrennt und liefert das Intensitätsverhältnis Linie/Kontinuum.

Wird das getrennt gemessene Kontinuum an die, für das betrachtete Intervall, berechnete Kontinuumsintensität angeschlossen, kann die relative spektrale Emission ermittelt werden.

5.5.4.2 Absolute spektrale Strahlungsverteilung

Die Durchführung spektraler Strahlungsmessungen im energetischen Maß kann nach zwei unterschiedlichen Methoden erfolgen. Entweder arbeitet man mit Empfängern beliebiger spektraler Empfindlichkeit und vergleicht die zu messende Strahlung bei jeder Wellenlänge mit einem Strahler bekannter spektraler Emission, wodurch der Empfänger praktisch für jede Wellenlänge neu geeicht wird, oder man verwendet einen unselektiven Empfänger, dessen Empfindlichkeit von der Wellenlänge unabhängig ist und kann ohne Vergleichsstrahler arbeiten. Da mit thermischen Empfängern geringer Empfindlichkeit gearbeitet werden muß und die in der gesamten Anordnung auftretenden wellenlängenabhängigen Strahlungsverluste zu berücksichtigen sind, wird dieses Verfahren wegen seiner hohen Anforderungen in der Praxis selten angewandt.

Messungen mit Vergleichsstrahlern bekannter spektraler Emission sind im allgemeinen einfacher und genauer durchzuführen, sogar dann, wenn nur Relativwerte der spektralen Strahlungsgrößen bekannt sind. Man kann dann bei bestimmten Wellenlängen oder für einen begrenzten Spektralbereich mit vorhandenen, kalibrierten Strahlern den Absolutanschluß für die vorher bestimmte relative spektrale Strahlungsverteilung herstellen.

Bei den unten beschriebenen Verfahren zur Bestimmung absoluter spektraler Strahlungsgrößen ist zu beachten, daß neben den erforderlichen Voraussetzungen zum absoluten Größenvergleich auch die unter 5.3.1 genannten Bedingungen zur Bestimmung der relativen spektralen Strahlungsverteilung eingehalten werden. In vielen Fällen erscheint es daher einfacher, die zunächst bestimmte, relative Verteilung durch einmaligen Vergleich mit geeigneten Standards für absolute Strahlungsgrößen zu normieren.

5.5.4.2.1 Spektrale Strahldichte

Der zu messende Strahler wird mit einem Standardstrahler bekannter spektraler Strahldichte verglichen, dazu werden beide Strahler z.B. durch ein Spiegelrad oder eine geeignete andere Anordnung abwechselnd auf den Eintrittsspalt des Spektralapparates abgebildet.

Erfolgt die Abbildung der Strahler unter völlig gleichen Bedingungen, kann aus dem Verhältnis der Empfängerausschläge sofort die spektrale Strahldichte L_λ errechnet werden (unter Beachtung der Ausführungen in 5.3.1). Sollen Strahler mit sehr unterschiedlichen Abmessungen verglichen werden, müssen verschiedene Abbildungsmaßstäbe und eventuell unterschiedliche spektrale Transmissionsgrade oder Reflexionsgrade der abbildenden Elemente berücksichtigt werden.

5.5.4.2.2 Spektrale Bestrahlungsstärke

Die spektrale Bestrahlungsstärke kennzeichnet die Verhältnisse im Bestrahlungsfeld, aus ihr lassen sich die wichtigsten Strahlungsgrößen nach dem fotometrischen Grundgesetz ableiten. Können Standardstrahler mit bekannter Bestrahlungsstärke verwendet werden, erfolgt die Messung der Bestrahlungsstärke des untersuchten Strahlers in direktem Vergleich.

Beide Strahler werden abwechselnd, ohne Abbildung, in geeignetem Abstand vor den Eintrittsspalt des Spektralapparates gebracht, daß möglichst gleiche Ausleuchtung gegeben ist. Der Standardstrahler kann dafür unter Anwendung des fotometrischen Entfernungsgesetzes auch in, vom Bestimmungsabstand der spektralen Bestrahlungsstärke, unterschliedlichen Meßabständen verwendet werden, wenn die fotometrische Grenzentfernung nicht unterschritten wird.

Mit Strahldichtestandards kann die spektrale Bestrahlungsstärke ebenfalls erhalten werden, man bringt dazu eine Ulbrichtsche Kugel mit bekannter Eintrittsöffnung und UV-reflektierendem Magnesiumoxidbelag vor dem Eintrittsspalt des Spektralapparates in den Strahlengang. In der Meßanordnung wird der Standardstrahler mit der spektralen Strahldichte $L_{St(\lambda)}$ mit einer UV-durchlässigen Optik (Quarzlinse oder Hohlspiegel) so abgebildet, daß die Eintrittsöffnung der Kugel A_K ausgeleuchtet ist, für den in die Kugel tretenden Strahlungsfluß gilt nach Bauer (1973),

$$\phi_{St(\lambda)} = L_{St(\lambda)} \frac{A_0 \, A_K \, \tau_{0(\lambda)}}{r^2} \, \Omega_0, \tag{5.62}$$

wenn der Abstand zwischen Optik und Kugelöffnung mit r, die wirksame Fläche der Optik mit A_0 und der Transmissionsgrad mit $\tau_{0(\lambda)}$ bezeichnet werden, Ω_0 ist die Raumwinkeleinheit 1 sr.
Wird der gesamte, von der Optik erfaßte Strahlungsfluß des zu messenden Strahlers in die Kugel gebracht und ist E_λ die auf die Optik treffende spektrale Bestrahlungsstärke, gilt

$$\phi_\lambda = E_\lambda A_0 \tau_0 . \tag{5.63}$$

Wenn für die Messung beider Strahler die gleiche Optik verwendet wird, kann der Transmissionsgrad unberücksichtigt bleiben. Nach Division und Umformung der beiden Gleichungen ergibt sich die spektrale Bestrahlungsstärke aus

$$E_\lambda = \frac{\phi_\lambda}{\phi_{St\lambda}} \cdot \frac{L_{St\lambda} \, A_K \, \Omega_0}{r^2} . \tag{5.64}$$

Die grafische Darstellung spektraler Verteilungen wurde in Kap. 1 bereits umfassend diskutiert.

5.5.5 Bestimmung von Material-Kennzahlen

Trifft Strahlung auf die Probe eines bestimmten Materials, treten verschiedene Effekte auf, die zur Aufteilung der Strahlung in mehrere Komponenten führen. Ein Teil der Strahlung wird an den Grenzflächen der Probe reflektiert, ein anderer beim Eindringen in die Probe absorbiert, d.h. in eine andere Energieform übergeführt und ein weiterer Strahlungsanteil durchdringt die Probe. Allgemein gilt Gl. (5.4):

$$\phi = \phi_R + \phi_A + \phi_T .$$

Da diese Materialeigenschaften oft wellenlängenabhängig sind, werden spektrale und integrale Kennzahlen zur Charakterisierung bestimmter Stoffe ermittelt. Einige gebräuchliche Meßverfahren werden beschrieben.

5.5.5.1 Messung des Transmissionsgrades

Transmission beschreibt den Durchgang von Strahlung durch Stoffe, ohne Änderung der Wellenlänge. Man unterscheidet gerichtete Transmission, die bei klaren Medien gegeben ist, gestreute Transmission, die vorliegt, wenn durch ein Medium gehende Strahlung gleichmäßig in alle Richtungen des Halbraumes austritt und gemischte Transmission, wenn gleichzeitig gerichtete und gestreute Transmission vorliegen.

Bei nicht streuenden Proben und gerichteter Strahlung wird der spektrale Transmissionsgrad besonders einfach bestimmt, wenn die Probe in den Vergleichsstrahlengang eines zweistrahligen Spektralfotometers gebracht wird. Bei Einstrahlgeräten muß für jede Wellenlänge zunächst das Anzeigeinstrument auf 100 % Anzeige eingestellt werden, bevor die Probe in den Strahlungsgang gebracht wird und der Transmissionsgrad ablesbar ist. Zur Bestimmung des Transmissionsgrades für Spektralbereiche wird die Probe zwischen eine geeignete Strahlenquelle und den entsprechenden Empfänger gebracht; aus der Anzeige mit und ohne Probe errechnet sich der Transmissionsgrad.
Zur Messung des spektralen Transmissionsgrades streuender Proben wird die Ulbrichtsche Kugel, z.B. in der Ausführung nach Abb. 5.37 benutzt. Die Kugel ist mit 6 verschließbaren Öffnungen versehen, deren Durchmesser 1/10 des Kugeldurchmessers nicht überschreiten soll, um Meßfehler klein zu halten, und mit einer gut UV-reflektierenden Magnesiumoxidschicht bedampft. Der kreisförmige Schatter (S) im Kugelinnern verhindert, daß direkte Strahlung zur Meßöffnung 6

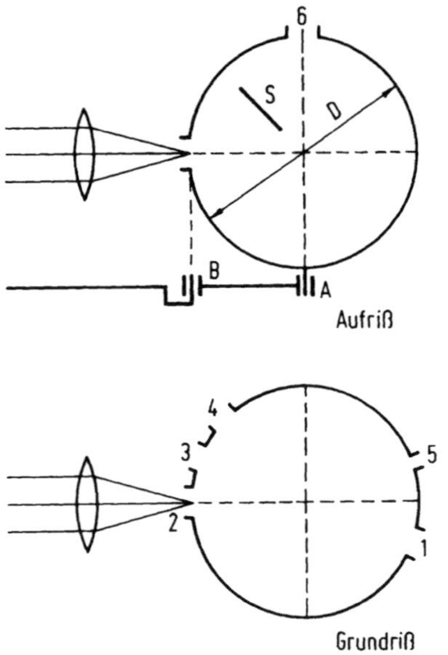

Abb. 5.37: Ulbrichtsche Kugel zur Reflexions- und Transmissionsgradbestimmung bei gerichtetem Strahlungseinfall. Nach Helbig (1972).

gelangt. Die um die Achse A drehbare und um den Punkt B schwenkbare Kugel wird mit der freien Öffnung 2 hinter dem Austrittsspalt eines Monochromators angeordnet, vor Öffnung 4 befindet sich die Probe, die durch Drehen der Kugel in den Strahlengang gelangt (die Öffnungen 1, 3, 5 der vielfach verwendbaren Kugel bleiben bei dieser Messung geschlossen).
Für jede gewünschte Wellenlänge errechnet sich jetzt aus den vom Empfänger 6 gegebenen Anzeigewerten – für Öffnung 2 und Öffnung 4 (mit Probe) – der gesuchte Transmissionsgrad. Der integrale Transmissionsgrad streuender Proben kann nach den gleichen Verfahren, ohne spektrale Zerlegung gemessen werden; ein geeigneter Empfänger mit vorgeschalteter Larché-Kugel kann jedoch auch benutzt werden, wenn die Probe größer als die Öffnung der Larché-Kugel ist und direkt vor die Kugelöffnung gebracht wird.

Bei vielen mit gerichteter Strahlung beaufschlagten Proben zerfällt die durchgelassene Strahlung in einen gerichteten und einen gestreuten Anteil (gemischte Transmission). Bei den bisher beschriebenen Verfahren werden beide Anteile gleichzeitig gemessen bzw. nur der gerichtete Teil erfaßt. Zur Bestimmung des gestreuten Strahlungsanteils kann die Differenzbildung aus den Ergebnissen der beiden Verfahren benutzt oder eine gesonderte Messung durchgeführt werden. Vor Beginn der Messung werden die Kugelöffnungen 4 und 5 geschlossen, vor Öffnung 1, die Öffnung 3 genau gegenüberliegt, wird ein geschwärzter Hohlkörper mit dem Reflexionsgrad ≈ 0 gebracht. Tritt die Strahlung des Monochromators bei Öffnung 2 ungehindert und, nach Drehung, bei Öffnung 3 durch die Probe in die Kugel, entspricht das Verhältnis der Ausschläge des Empfängers dem gestreuten Anteil der Transmission bei gerichteter Einstrahlung, weil der gerichtete Transmissionsanteil von schwarzen Körpern hinter Öffnung 1 absorbiert wird.
Der Transmissionsgrad bei diffuser Strahlung wird grundsätzlich wie bei gerichteter Strahlung gemessen. Zwischen Monochromatorspalt und Ulbricht-Kugel befindet sich aber eine zweite Kugel, aus der nur diffuse Strahlung zur Messung austritt. (Bei integraler Messung befindet sich eine Strahlenquelle in der zweiten Kugel).

Bei allen Messungen mit der Ulbrichtschen Kugel nach Abb. 5.37 muß streng darauf geachtet werden, daß durch nicht benutzte Öffnungen oder aus dem Strahlengang gedrehte Meßöffnungen kein Fremdlicht eindringen kann.

5.5.5.1.1 Messung der Eindringtiefe

Bei vielen Anwendungen der UV-Strahlung, wie z.B. Wasserentkeimung und Anregung fotochemischer Reaktionen, ist es wichtig, zu wissen, in welchem Maße der in das Medium eingetretene Strahlungsfluß mit zunehmender Schichtdicke geschwächt wird, um die Wirksamkeit beurteilen zu können. Zu diesem Zweck bringt man die zu untersuchenden Flüssigkeiten zur Bestimmung der spektralen Transmission in den Strahlengang eines Spektralfotometers. Um Fehler durch Reflexions- und Absorptionsverluste an der Küvette zu eliminieren, werden in der Regel Vergleichsmessung mit Küvetten unterschiedlicher Schichtlänge durchgeführt. Für diese Messungen wird anstelle des Reintransmissionsgrades ϑ häufig die bereits in 3.1 eingeführte Extinktion E benutzt.

$$E = \log \frac{1}{\vartheta} = -\log \vartheta \quad (5.8) \text{ und } \frac{E_1}{E_2} = \frac{d_1}{d_2} (5.9).$$

Zur bequemeren Handhabung der Meßwerte wird aus dem Reintransmissionsgrad bzw. der Extinktion die Eindringtiefe d_E als die Schichttiefe definiert, bei der die in das Medium eingetretene Strahlungsfluß ϕ_1 auf ϕ_2 = 10 % des Anfangwertes abgesunken ist. Setzt man den beim Eintritt in das Medium wirksamen Strahlungsfluß ϕ_1 = 100 %, so gilt

$$\log \frac{\phi_1}{\phi_2} = -\alpha(d_1 - d_2) \tag{5.65}$$

und für die Eindringtiefe $d_E = \frac{1}{\alpha}$

$$d_E = \frac{1}{\alpha} = \frac{d_2 - d_1}{\log \frac{\phi_1}{\phi_2}} \tag{5.66}$$

ϕ_2 ist der auf der Durchlässigkeitsskala des Spektralfotometers abgelesene Wert, also der von der Schichttiefe $(d_2 - d_1)$ durchgelassene Anteil der Strahlung in Prozent, ohne Reflexionsverluste, d.h. der Reintransmissionsgrad ϑ.
Für die Bestimmung der Eindringtiefe kann dann die Gleichung

$$d_E = \frac{d_2 - d_1}{-\log \vartheta} = \frac{d_2 - d_1}{E} \tag{5.67}$$

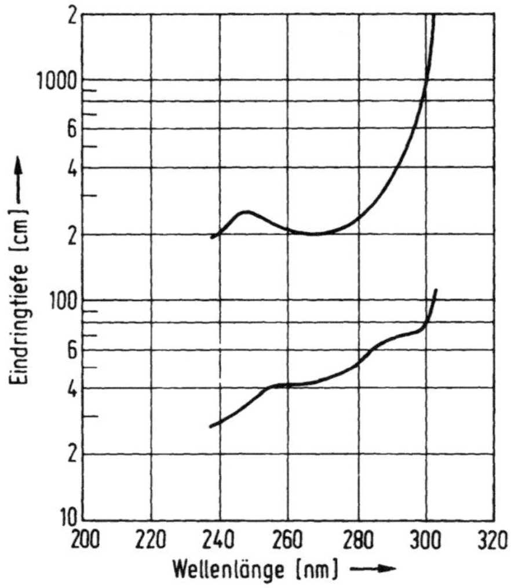

Abb. 5.38: Spektrale Eindringtiefe im UV für destilliertes Wasser (oben) und Stadtwasser Hanau (unten).

benutzt werden, worin E direkt auf der Extinktionsskala des Spektralfotometers abgelesen werden kann. Abb. 5.38 zeigt die spektrale Eindringtiefe für destilliertes Wasser und Stadtwasser geringerer Qualität (Hanau).

5.5.5.2 Messung des Reflexionsgrades

Mit Reflexions bezeichnet man in der Optik die Zurückwerfung von Strahlung beim Auftreffen auf die Grenzfläche zwischen zwei Medien. Bei gerichteter (spiegelnder) Reflexion erfährt der reflektierte Strahl eine Richtungsänderung nach Maßgabe der Reflexionsgesetze, aber keine Streuung. Bei diffuser Reflexion (Remission) wird die Strahlung ungerichtet in den Halbraum gestreut, wenn die Oberfläche Rauhigkeiten in der Größenordnung der Strahlungswellenlängen enthält. Zwischen den Sonderfällen der gerichteten und diffusen Reflexion liegen in den meisten Fällen beide Eigenschaften nebeneinander vor.

Der gerichtete Reflexionsgrad wird in einfacher Weise bestimmt, wenn die Probe hinter dem Austrittsspalt eines Monochromators unter dem gewünschten Strahlungseinfallswinkel auf einem Schlitten angeordnet wird und der Empfänger durch einen Drehtisch aus dem Monochromatorstrahlungsgang in die durch Einfallswinkel und Reflexionsgesetz bestimmte Lage gebracht werden kann (Abb. 5.39). Der Quotient aus den Meßwerten in Position 2 und Position 1 gibt unmittelbar den gerichteten Reflexionsgrad an.

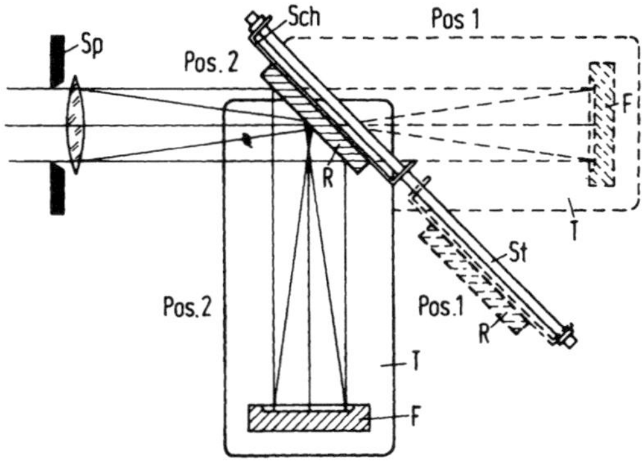

Abb. 5.39: Anordnung zur Bestimmung des Reflexionsgrades bei gerichteter Reflexion. R zu messende Probe, die auf einem Schlitten St in zwei Positionen 1 und 2 gebracht werden kann. Die Fotozelle F kann durch Schwenken des Tisches T ebenfalls in zwei Positionen gebracht werden. Sp Austrittsspalt des Monochromators. Nach Meyer-Seitz (1949).

Die Messung der spektralen Reflexion bei gerichtetem Strahlungseinfall kann mit der Ulbrichtschen Kugel (Abb. 5.37) unter Zuhilfenahme eines Reflexionsstandards für den UV-Bereich – üblicherweise eine Tablette aus gepreßtem Magnesiumoxid – leicht durchgeführt werden. Hier sei aber das Verfahren nach Taylor beschrieben, bei dem auch ohne Standard gearbeitet werden kann.

Die modifizierte Kugel nach Taylor ist in Abb. 5.40 dargestellt. Die den Monochromator verlassende Strahlung trifft zunächst auf die Probe pr. mit dem gesuchten Reflexionsgrad ρ_X. Es ist darauf zu achten, daß der eintretende Strahl lediglich die Probe ausleuchtet und nicht einen Teil der Kugelwandung trifft.

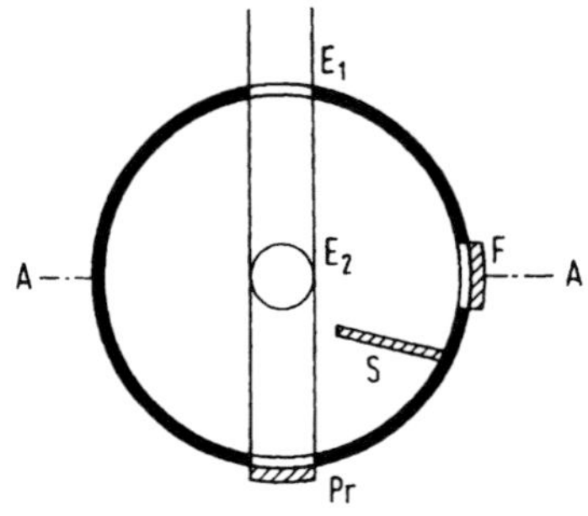

Abb. 5.40: Modifizierte Kugel nach Taylor zur Bestimmung des Reflexionsgrades der Probe Pr bei diffuser Reflexion. Die Kugel ist um die Achse A-A drehbar; F: Fotozelle, S: Schatter, E_1 und E_2: Strahleneintrittsöffnungen. Nach Meyer-Seitz (1949).

Für den Fall teilweise spiegelnder Reflexion wird die Probe so angeordnet, daß ihre Normale mit der Strahlungsrichtung einen Winkel von 5–10 Grad bildet (in Abb. 5.40 nicht gezeigt). Auf diese Weise wird verhindert, daß spiegelnd-reflektierte Strahlung in die Eintrittsöffnung zurückgeworfen wird. Zwischen Probe und Empfänger F ist der Schatter so eingebaut, daß nur Strahlung den Empfänger erreicht, die nach Reflexion an der Probe noch mindestens einmal an der mit Magnesiumoxid bedampften Kugelinnenwand oder dem Schatter reflektiert wurde.

Am Empfänger wird die Bestrahlungsstärke mit Probe

$$i_{pr} = k \cdot \phi \cdot \rho_X \tag{5.68}$$

festgestellt. Nachdem die Kugel um 90° gedreht wurde, gelangt die Strahlung durch die zweite Öffnung unmittelbar auf die Kugelinnenwand, deren Reflexionsgrad z.B. durch Alterung der Magnesiumoxid-Schicht nicht genau bekannt ist. Durch die Drehung verändert der Schatter seine Lage in der Kugel derart, daß der Empfänger gegen die bestrahlte Stelle nicht mehr abgeschattet ist. Da der in die Kugel eintretende Strahl der Primärreflexion an der Probe gleichzusetzen ist, gilt für die auf dem Empfänger erzeugte Bestrahlungsstärke

$$i_k = k \cdot \phi. \tag{5.69}$$

Weil Proportionalitätsfaktor k und eintretender Strahlungsfluß bei beiden Messungen identisch sind, ergibt sich der Reflexionsgrad aus der Division der Gleichungen und zu

$$\rho_x = \frac{i_{pr}}{i_k}. \quad (5.70)$$

Mit der beschriebenen Messung werden spiegelnde und diffuse Reflexion gemeinsam bestimmt. Stimmt die Normale der Probe mit der Strahlungsrichtung überein, verläßt der spiegelnde Reflexionsanteil die Kugel wieder durch die Eintrittsöffnung und der Meßwert entspricht nur der diffusen Reflexion.

Soll der Reflexionsgrad bei diffuser Bestrahlung ermittelt werden, weil bei diffuser Reflexion der Reflexionsgrad selbst vom Auftreffwinkel abhängig ist und daher der Reflexionsgrad diffus auftreffender Strahlung von dem bei gerichteter Strahlung abweicht, kann die Messung in einer Anordnung nach Abb. 5.41 erfolgen. Hier soll der Durchmesser der Probenöffnung d_1 möglichst groß gewählt werden und etwa 2/5 des Kugeldurchmessers D betragen. Die Meßöffnung d_2 verhält sich zum Durchmesser wie bei den bisher beschriebenen Kugeln. Der Schatter S verhindert, daß direkte Strahlung von der Probe zum Empfänger in Öffnung 2 gelangt. Der Strahler ist durch einen zweiten Schatter, eine transparente, diffus streuende Milchquarzscheibe, abgedeckt und sorgt daher für weitgehend gleiche Strahldichte in der Kugel.

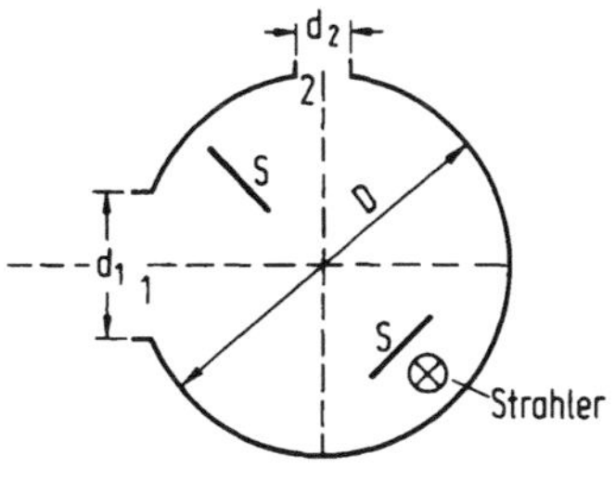

Abb. 5.41: Anordnung zur Bestimmung des Reflexionsgrades bei diffusem Strahlungseinfall. Nach Helbig (1972).

Am Empfänger werden direkt für die Probe E_x, für die mit einem schwarzen Körper geschlossene Probenöffnung E_0 und für die Standardprobe mit Reflexionsgrad ρ_{difSt}, E_{St} festgestellt.

Aus der Gleichung

$$\rho_{dif} = \rho_{dif.St} \frac{i_x - i_0}{i_{St} - i_0} \cdot \frac{i_{St}}{i_x} \quad (5.71)$$

errechnet sich dann der gesuchte Reflexionsgrad bei diffuser Bestrahlung (Helbig, 1972). Anhand der Abb. 5.40 wird der Reflexionsgrad für den Spektralbereich des Empfängers bestimmt. Zur Messung des spektralen Reflexionsgrades bei diffuser Beleuchtung muß entweder zwischen die Meßöffnung 2 und den Empfänger ein Monochromator gebracht werden oder ein lichtstarker Monochromator beleuchtet durch eine zusätzliche Kugelöffnung anstelle der Hilfslampe den streuenden

Milchquarzschirm. Bei einem ähnlichen Verfahren ist die Strahlenquelle in einer mit Magnesiumoxid belegten weiteren Kugel untergebracht. Aus einer Öffnung der Kugel, die gegen die Strahlungsquelle selbst durch einen Schatter abgeschirmt ist, tritt vollkommen diffuse Strahlung in eine zweite Kugel ein und gelangt dort zur Messung. Ordnet man nun in der zweiten Kugel die zu untersuchende Probe als Schirm so an, daß der gesamte, in die zweite Kugel eintretende Strahlungsfluß an diesem Schirm reflektiert wird, dann ist der nunmehr in der zweiten Kugel gemessene Fotozellenstrom dem Reflexionsvermögen der Probe proportional. Den Proportionalitätsfaktor ermittelt man durch Austauschen der zu untersuchenden Probe gegen eine Probe bekannten Reflexionsvermögens.

Bei allen Reflexionsgradmessungen ist zu beachten, daß bei teilweise durchlässigen Proben der Reflexionsgrad des Probenträgers das Meßergebnis beeinflussen kann. Es empfiehlt sich daher, die Proben generell vor reflexionsfreiem Hintergrund (z.B. schwarzes Samtpapier) anzuordnen.

5.5.5.3 Daten, weitere Meßverfahren

Mit den gezeigten Meßmethoden sind wichtige Aussagen über charakteristische Materialeigenschaften im UV-Gebiet bei begrenztem apparativen Aufwand möglich. Die Ulbricht- oder Taylor-Kugel eignet sich in entsprechender Meßanordnung auch zur Bestimmung des Lumineszenzgrades von Leuchtstoffen im UV oder zur Messung der Fluoreszenz von Transmissions- und Reflexionsproben.

Den Abb. 5.42, 5.43 und 5.44 und der Tab. 5.18 sind Transmissions- und Reflexionswerte einiger in der UV-Technik wichtiger Materialien zu entnehmen.

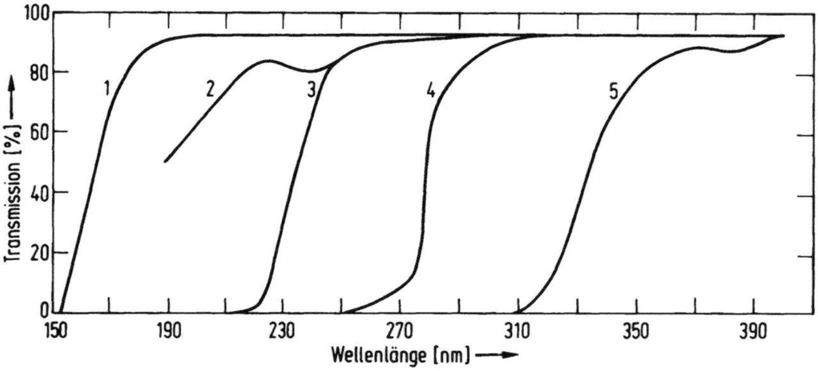

Abb. 5.42: Spektrale Transmission im UV von Quarzglas der Firma Heraeus-Schott Quarzschmelze, Hanau und von Fensterglas (verschiedene Hersteller), Schichtdicke ca. 2 mm. Kurve 1: synthetisches Quarz Suprasil; Kurve 2: Heralux; Kurve 3: dotiertes Quarz M68; Kurve 4: dotiertes Quarz M84; Kurve 5: Fensterglas.

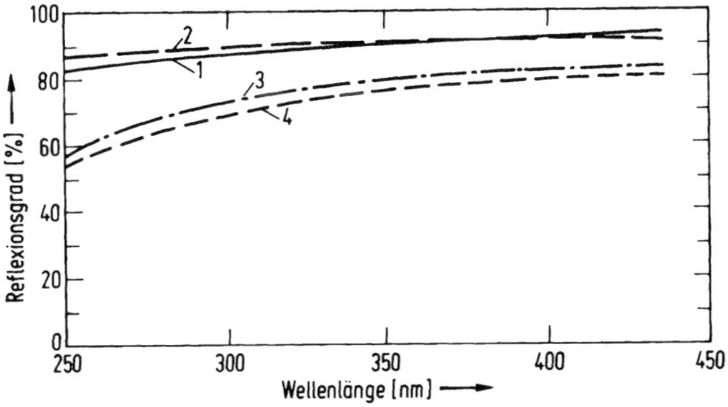

Abb. 5.43: Spektraler Reflexionsgrad von unterschiedlich behandeltem Aluminiumblech. Glänzend gewalzt (Kurve 1), zusätzlich geätzt und geglänzt (Kurve 2) und anschließend eloxiert (Eloxalschicht 0,00016 Zoll, Kurve 3; Eloxalschicht 0,00022 Zoll, Kurve 4). Nach Koller (1965).

Tab. 5.18: Reflexionsgrad verschiedener Materialien bei unterschiedlichen Wellenlängen. Nach Meyer-Seitz (1949) und Koller (1965).

Probe	Reflexionsgrad (%)		
	250–254nm	297–300nm	350–365nm
Magnesiumoxid (gepreßt)	77	86	87
(aufgedampft)	93	93	94
Calziumkarbonat (gepreßt)	78	83	86
Titanoxid	6	6	31
Zinkoxid (gepreßt)	2,5	2,5	4
Weiße Gipswand	46	65	76
Weiße Kalkfarbe auf Gipswand	35	48	57
Bleiweißfarbe	7	28	47
Mattschwarzer Ägyptischer Lack	5	5	5
Bleiweiß	7	48	70
Zinkweiß als Trockenpulver	1	1	1
Titanweiß als Trockenpulver	2	3	10
Baumwolle	30	60	75
Leinen	15	37	50
Wolle	3	6	20

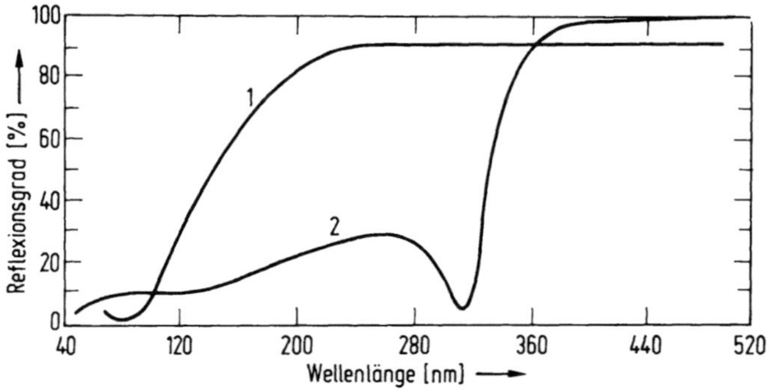

Abb. 5.44: Spektrale Reflexion von aufgedampftem Aluminium (Kurve 1) und aufgedampftem Silber (Kurve 2). Nach Koller (1965).

Aufwendige Meßverfahren, z.B. die Ermittlung der Streuindikatrices, der räumlichen Verteilung transmittierter bzw. reflektierter Strahlung, sollen hier nicht behandelt werden.

Viele Hersteller moderner Spektralfotometer liefern Zubehör und ergänzende Geräte, mit denen die meisten beschriebenen Messungen und weitere spezielle Aufgaben bei kleinstem Zeitaufwand zu bewältigen sind.

Literatur

ABC der Optik (1961): Verlag W. Dausien, Hanau/Main.

Arens, H. (1935): Spektralfotometrie im kurzwelligen UV. Veröff. Agfa Bd. *4*, S. 98–100.

Bauer, G. (1962): Strahlungsmessung im optischen Spektralbereich. Verlag Vieweg & Sohn, Braunschweig.

— (1973): Lichttechnik, 25. Jg. Nr. *12*, 566–571.

Bener, P. (1960): Report AF *61* (052), 54–1950.

— (1972): Europ. Res. Office, U.S.Army, Nr. DAJA 37-68-C-1017.

Berger, D., F. Urbach and R.E. Davies (1968): The action spectrum of erythema induced by ultraviolet radiation. Internat. Dermatol. Kongreß 1967, 1112–1117, Springer-Verlag, Berlin–Heidelberg–New York.

Budde, H.W. (1964): Appl. Opt. *3*, 939.

— (1964): J. Opt. Soc. Am. *54*, 1031.

Buettner, K.J.K. und C.D. Kern (1965): Journ. Geoph. Res. *70*, 1329–1337.

Chalkley, L. (1952): J. Opt. Soc. Am. *42*, 387.

Czmock, G. (1972): Operationsverstärker, Vogel-Verlag, Würzburg.

Harris, L. (1967): Mass. Inst. Techn. + Eppley Found. Res. Monogr. Ser. *1*.

Helbig, E. (1972): Grundlagen der Lichttechnik, Akadem. Verlagsges. Geest & Portig KG, Leipzig.

Helwig, H.J. (1942): Licht *12*, 85–89.

Höfert, H.J. (1966): Die Lichtstärke von Monochromatoren, Zeiss-Informationen Nr. 60, Carl Zeiss, Oberkochen/Württemb.

Koller, L.R. (1965): Ultraviolet Radiation, John Wiley & Sons Inc., New York.

Larché, K. (1942): Licht *12*, 110.

Magdeburg, H. und Schley, U. (1966): Z. angew. Phys. *20*, H. 5, 465–473.

Meyer-Seitz (1949): Ultraviolette Strahlen, Walter de Gruyter & Co., Berlin.

Pfleiderer, H. (1956): Strahlentherapie *101*, 634.

Pitz, E. (1969): Applied Optics *8*, 255–259.

Ramsey, W.Y. (1964): Met. Satellite Lab. Rep. 31, Washington.

Schulze, R. (1934): Z. Phys. *90*, 63–69 und *92*, 212–227.

— (1938): Ann. Phys. *31*, 633–659.

Sewig, R. (1938): Handbuch der Lichttechnik, Springer-Verlag, Berlin.

Stair, R., Schneider, W.E. and Jackson, J.K. (1963): Appl. Opt. *2*, Nr. 11, 1151–1154.

Teichmann, H. (1961): Halbleiter. Bibliogr. Institut, Mannheim.

Trojok, W. (1941): Licht *11*, 58–60.

Valvo-Handbuch (1968): Valvo GmbH, Hamburg.

Weigel, R.G. (1952): Grundzüge der Lichttechnik, Verlag W. Giradet, Essen.
Zschaeck, H. (1964): Exp. Techn. Phys. *12*, H. 6, 373–391.

6 Spektroskopische Verfahren

H. Blume, H. Güsten

Zur Durchführung fotophysikalischer und fotochemischer Versuche ist in den meisten Fällen die Verwendung von monochromatischem Licht notwendig. Die selektive Ausbündelung von Licht bestimmter Wellenlängen erfolgt am einfachsten mit Filtern. Da in Kap. 3 und 5 ausführlich die Anwendung von Filtern beschrieben wird, werden Filter und Monochromatoren hier nur soweit besprochen, wie sie für den Einsatz bei fotophysikalischen Messungen und die in diesem Kapitel behandelten Meßanordnungen notwendig sind.

6.1 Filter

Je nach den spektralen Eigenschaften werden zwei Filtertypen unterschieden,

1. Filter mit kurzwelliger oder langwelliger Grenze (Cut-off-Filter),
2. Bandenfilter.

Als Cut-off-Filter haben sich Farbglasfilter (Hersteller: Schott und Gen., Mainz; Cornig Glass, USA; Change Pilkington, U.K. und andere) bewährt. In Kombination mit Linienstrahlern (Kap. 3) bilden sie die billigste Möglichkeit, monochromatisches Licht zu erzeugen. Statt Feststoffilter können oft mit Vorteil Flüssigkeitsfilter verwendet werden. Flüssigkeitsfilter werden bevorzugt in der präparativen Fotochemie eingesetzt. Die Lösung des Flüssigkeitsfilters läßt sich mit einem Thermostaten durch den Kühlmantel einer Bestrahlungslampe pumpen, wobei Lichtfilterwirkung und gleichzeitig Kühlung erreicht wird. Durch Veränderung der Konzentration und der Schichtdicke kann die Charakteristik von Flüssigkeitsfiltern in gewissen Grenzen verändert werden.

Umfassende Angaben über spektrale Eigenschaften und chemische Stabilität einer großen Zahl von Flüssigkeitsfiltern finden sich bei Calvert und Pitts (1966), eine nützliche Zusammenstellung von Angaben über die Herstellung von Filterlösungen in Landolt-Börnstein (1957).

Interferenzfilter liefern in Kombination mit Linienstrahlern sehr intensives monochromatisches Licht. Diese Anordnung wird besonders für die Messung von fotochemischen Quantenausbeuten (6.11) empfohlen. Da es nicht in allen Spektralbereichen Linien ausreichender Intensität gibt, ist man doch häufig auf die Benutzung von Kontinuumstrahlern (Kap. 1 und 3) angewiesen. Gegenüber Farbglasfiltern haben Interferenzfilter den Vorteil geringer Erwärmung, da sie den größten Teil des nicht durchgelassenen Lichtes reflektieren.

6.2 Monochromatoren

Die mit handelsüblichen lichtstarken Monochromatoren erzielbaren Bestrahlungsstärken lassen sich durchaus mit den Werten vergleichen, die bei der Verwendung von Filtern erreichbar sind. Eine ausführliche Behandlung aller mit der Verwendung von handelsüblichen Monochromatoren zusammenhängenden Fragen gibt Parker (1968).
Vorschläge für Konstruktion, Bau und Betrieb sehr lichtstarker Großmonochromatoren mit wassergefüllten Prismen oder mit Gittern wurden von Johns und Ralph (1965) gemacht.

Für den Aufbau registrierender Apparaturen, wie sie in den folgenden Kapiteln beschrieben werden, sind folgende Gesichtspunkte zu beachten: Bei Verwendung von Gittermonochromatoren wird auf einem einfachen Streifenblattschreiber ein wellenlängenlineares Spektrum registriert, wenn der Wellenlängenantrieb des Monochromators mit konstanter Geschwindigkeit erfolgt. Infolge der Dispersionseigenschaften des Gitters ist der Antrieb bei Gittermonochromatoren linear in Wellenlängen. Prismenmonochromatoren haben dagegen einen weder in Wellenzahlen noch in Wellenlängen linearen Antrieb. Sollen mit Hilfe von Prismenmonochromatoren wellenlängen- oder wellenzahlenlineare Spektren registriert werden, so müssen XY-Schreiber verwendet werden. Dann kann der X-Eingang durch einen mit dem Wellenlängenantrieb gekoppelten Funktionsgenerator (Kap. 6.5) linear in Wellenlängen oder Wellenzahlen gesteuert werden.

6.3 Absorptionsspektroskopie

(Jaffé und Orchin, 1962, Kortüm, 1962).

6.3.1 $S_0 \rightarrow S_X$-Absorptionsspektroskopie

Die Absorptionsspektroskopie ist heute eine allgemein eingeführte Methode zur qualitativen und quantitativen Bestimmung von Atomen, Molekülen und Ionen im festen, flüssigen und gasförmigen Zustand. Dementsprechend bietet die Wirtschaft ein reichhaltiges Sortiment der verschiedensten Absorptionsspektrometer aller Preisklassen an. Die meisten Geräte sind für die Untersuchung von Lösungen ausgelegt.

6.3.1.1 Filterfotometer

Die einfachsten und preisgünstigsten Geräte zur Messung von Absorptionen sind die sogenannten Filterfotometer. Abb. 6.1 zeigt schematisch den Aufbau eines derartigen Meßgerätes.

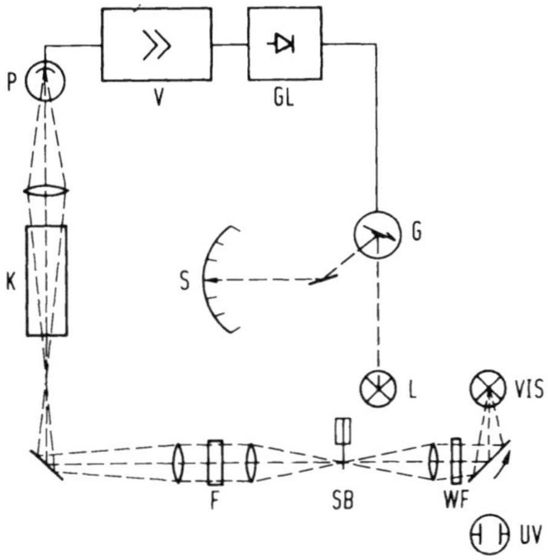

Abb. 6.1: Schematischer Aufbau eines Filterfotometers bzw. Spektralfotometers.
VIS = Lampe mit sichtbarem Licht, UV = UV-Lampe, WF = Wärmefilter,
SB = Schwingblende, F = optisches Filter (Monochromator beim Spektralfotometer),
K = Küvette, P = Fotozelle, V = Verstärker, GL = Gleichrichter, G = Spiegelgalvanometer, L = Beleuchtung für Spiegelgalvanometer, S = Anzeigeskala.

Als Lichtquelle dient meist ein Linienstrahler (Quecksilberhochdruckbrenner), dessen Licht durch eine geeignete Optik in einer Meßzelle gesammelt und anschließend in einen Detektor (Fotozelle oder Sekundärelektronenvervielfacher) geleitet wird. Das Detektorsignal wird elektrisch verstärkt und schließlich durch ein Meßinstrument sichtbar gemacht. Die einzelnen Emissionslinien der Lichtquelle werden mit Farbglas- oder Interferenzfiltern isoliert. Meß- und Vergleichsküvette sind auf einem senkrecht zum Lichtstrahl verschiebbaren Schlitten angebracht. Zwischen den Meßzellen befindet sich lichtundurchlässiges Material. Die Messung erfolgt jeweils in drei Stufen.

1. Festlegung des Nullpunktes der Durchlässigkeit: Das Anzeigeinstrument wird bei abgeblendetem Lichtstrahl mechanisch oder elektrisch auf Null eingestellt.
2. Festlegung des 100-Punktes der Durchlässigkeit: Die Vergleichsküvette mit dem reinen Lösungsmittel wird in den Strahlengang geschoben und dann die Verstärkung des Detektorsignals so eingestellt, daß das Anzeigeinstrument 100 % Durchlässigkeit anzeigt. Dadurch werden die Absorption der Küvettenwände und des Lösungsmittels sowie die Reflexion an den Küvettenwänden berücksichtigt.
3. Messung der Durchlässigkeit der Probe.

Es ist klar, daß Filterfotometer nicht zur Aufnahme von Absorptionsspektren benutzt werden können, da die Anregungswellenlänge nicht kontinuierlich verändert werden kann. Außerdem ist der Meßbereich durch das Emissionsspektrum der Lichtquelle und die verfügbaren Filter begrenzt. Dagegen leisten Filterfotometer gute Dienste bei der routinemäßigen quantitativen Bestimmung bekannter Absorptionen. Für kontinuierliche Messungen werden Durchflußküvetteneinrichtungen als

Zusatz angeboten. Weitere Verwendungsmöglichkeiten liegen auf dem Gebiet der chemischen Kinetik, wenn der Fortgang einer Reaktion durch Zu- oder Abnahme einer Absorption beobachtet werden kann. Für solche Probleme sind als Zubehör temperierbare Küvettenhalter lieferbar. Die Meßgenauigkeit von Filterfotometern liegt bei etwa 1 % Absorptionsänderung.

6.3.1.2 Spektralfotometer

Manuell bediente Spektralfotometer bilden die nächst höhere Leistungs- und Preisklasse. Prinzipiell ist der Aufbau der gleiche wie bei den Filterfotometern. Jedoch ist hier das Filter durch einen Prismen- oder Gittermonochromator ersetzt, und als Lichtquellen dienen Kontinuumstrahler, so daß die Anregungswellenlänge kontinuierlich verändert werden kann. Durch Verwendung mehrerer auswechselbarer Lichtquellen (Wasserstoffentladungslampen und Wolframlampen hoher Leuchtdichte) umfaßt der Meßbereich derartiger Spektralfotometer das Gebiet von 200 nm bis etwa 2,0 μ, d.h. also auch den des nahen IR-Bereichs. Wird der Lichtweg mit Stickstoff gespült und sind im Gerät Detektoren von genügend kurzwelliger Empfindlichkeit eingebaut, so kann der Meßbereich im UV noch bis etwa 175 nm ausgedehnt werden. Bei Spektralfotometern wird im allgemeinen ein größerer Aufwand zur Herabsetzung des Streulichtanteils, in der Qualität der elektrischen Verstärkung und bei den Anzeigeinstrumenten getrieben. Die Anzeige ist meist in Extinktionseinheiten geeicht. Oft steht gleichzeitig eine Ablesungsskala für %-Durchlässigkeit bzw. %-Absorption zur Verfügung. Entsprechend dem größeren konstruktiven Aufwand ist auch die Meßgenauigkeit von Spektralfotometern höher. Extinktionswerte $<0{,}1$ und $>1{,}0$ ($\sim$ 20 %-Absorption bzw. >90 %-Durchlässigkeit) können noch mit einer Genauigkeit von etwa 0,1 % bestimmt werden.

Anwendungsgebiet der manuell bedienten Spektralfotometer ist weniger die Messung vollständiger Absorptionsspektren. Bei der Vielzahl von Spektren, die in allen Laboratorien täglich aufgenommen werden müssen, wäre das viel zu zeitraubend und teuer. Das manuelle Spektralfotometer ist heute vielmehr überall da ein unentbehrliches und relativ preiswertes Hilfsmittel, wo es auf genaue Extintkionsbestimmungen bei einzelnen beliebigen Wellenlängen ankommt, hauptsächlich also wieder auf analytischem und kinetischem Gebiet. Aufgrund seines hohen spektralen Auflösungsvermögens hilft es auch überall da weiter, wo in Mehrkomponenten-Systemen mit Filterfotometern keine eindeutige Zuordnung der Absorption mehr möglich ist. Die Zahl der käuflichen Zusatzgeräte für das Spektralfotometer ist kaum noch übersehbar. Die folgenden Ausführungen können daher keinen Anspruch auf Vollständigkeit erheben. Wichtig sind vor allem Küvetten unterschiedlicher Schichtdicke sowie Gehäuse und Halterungen hierfür. Für normale molare Extinktionskoeffizienten von etwa 10^4 [l/mol · cm] sind damit Messungen in einem Konzentrationsbereich von 10^{-6} bis 10^{-3} mol/l möglich. Mikroküvetten erlauben Absorptionsmessungen an kleinsten Substanzmengen. Gasküvetten großer optischer Weglänge erweitern den Anwendungsbereich auf Gase und Gasmischungen. Temperiervorrichtungen für hohe und tiefe Temperaturen sind für kinetische Untersuchungen wichtig. Zusatzeinrichtung zur Automatisierung des Meßvorgangs (0, 100-Abgleich, Probenwechsel, Registrierung des Meßergebnisses etc.) sind oft sehr teuer, bringen aber bei routinemäßigen Messungen eine große Erleichterung. Für Messungen biologischer Präparate wird die Mikrofotometrie eingesetzt (siehe z.B. Wied, 1966).

Ein sehr wesentlicher Vorteil einiger Spektralfotometer ist ihr Aufbau nach dem Baukastenprinzip. Dadurch wird es möglich, die Geräte schnell und einfach so umzubauen, daß sie auch zur Messung von Fluoreszenz- und Remissionsspektren, zur Auswertung von Chromatogrammen, zur Flammfotometrie usw. eingesetzt werden können. Außerdem können je nach Art der Messungen auch besondere Monochromatoren benutzt werden (Quarz- und Glas-Prismenmonochromatoren, Doppelmonochromatoren, Gittermonochromatoren).

6.3.1.3 Registrierende Spektralfotometer

Diese Instrumente bilden die höchste Leistung- und Preisklasse. Der gesamte Meßvorgang ist automatisiert. Die Wellenlänge des Meßlichtes wird motorgetrieben kontinuierlich verändert. Das monochromatische Meßlicht wird in zwei Strahlen aufgespalten, einen Vergleichstrahlengang und einen Meßstrahlengang. Beim echten Zweistrahlprinzip wird das durch einen optischen Lichtteiler erreicht. Nach Durchlaufen der Küvetten trifft das Licht auf zwei gleiche Detektoren. Der Vergleichsdetektor steuert den motorgetriebenen Spalt, so daß die Intensität des Meßlichtes bei allen Wellenlängen konstant bleibt. Der Detektor im Meßstrahlengang liefert das eigentliche Meßsignal, das nach elektrischer Verstärkung von einem mit dem Wellenlängenantrieb synchronisierten Schreiber registriert wird.
Beim „unechten" Zweistrahlprinzip wird das monochromatische Meßlicht durch einen rotierenden Unterbrecher (Chopper) abwechselnd durch beide Lichtwege geleitet. Nach Durchlaufen der Meßzellen erreicht es über Umlenkspiegel einen gemeinsamen Detektor, der sowohl das Steuersignal für den motorgetriebenen Monochromator-Spalt als auch das eigentliche Meßsignal liefert. Durch eine mit dem Lichtchopper synchronisierte elektrische Schaltung wird das Detektorsignal an den Regelverstärker für die Spaltsteuerung gelegt, während das Licht durch den Vergleichstrahlengang läuft, und an den Meßverstärker, während es den Meßstrahlengang durchläuft. Das verstärkte Meßsignal wird wieder von einem Schreiber registriert.

In beiden Anordnungen bleibt die elektrische Verstärkung während der Messung konstant. Intensitätsschwankungen der Lichtquelle, Intensitätsschwankungen infolge der spektralen Intensitätsverteilung der Lichtquellen und durch die wellenlängenabhängigen Dispersions- und Absorptionseigenschaften verursachte Intensitätsänderungen des Meßlichtes werden nur durch Veränderung der Spalte am Monochromator korrigiert. Die elektrische Verstärkung kann gesondert in mehreren Stufen eingestellt werden, so daß die durch die Spaltbreiten am Monochromator gegebenen optischen Bandbreiten des Meßlichtes gegenüber den Bandbreiten des untersuchten Absorptionsspektrums jeweils klein genug gehalten werden können. Dadurch wird immer ein ausreichendes optisches Auflösungsvermögen sichergestellt, und der Fehler der gemessenen Extinktionswerte wird sehr gering gehalten. Gute registrierende Spektralfotometer besitzen ein optisches Auflösungsvermögen von etwa 0,1 nm und lösen beispielsweise das Dublett der Na-D-Linie (589,0 und 589,6 nm) gut auf. Da die optische Auflösung möglichst kleine Spalte, d.h. hohe elektrische Verstärkungen erfordert, muß bei derartigen Messungen ein stärkeres Rauschen im Meßsignal in Kauf genommen werden. Um das Rauschen möglichst weitgehend zu unterbinden, empfiehlt es sich, die elektrische Verstärkung immer dem jeweiligen Meßproblem anzupassen.

Zur Registrierung des Meßsignals werden entweder Streifenblattschreiber oder Schreibertypen mit einem festen Papierformat (Trommelschreiber oder XY-Schreiber) verwendet. Streifenblattschreiber sind in mancher Hinsicht vorteilhafter. Da hier die Papiervorschubgeschwindigkeiten einfach und über einen großen Geschwindigkeitsbereich geändert werden können, ist es möglich, den untersuchten Spektralbereich so darzustellen, wie es das jeweilige Spektrum erfordert. Das ist besonders bei Gasspektren günstig, die eine große Zahl von Absorptionsbanden kleiner Bandbreite besitzen. Ferner vereinfachen Streifenblattschreiber kinetische Messungen in registrierenden Spektralfotometern, wo bei einer festen Meßwellenlänge die zeitliche Änderung der Absorption auf dem dahingleitenden Papier registriert wird.

Der kritische Punkt bei echten Zweistrahlgeräten liegt bei den Detektoren. Die hier verwendeten Sekundärelektronenvervielfacher sollten in allen Eigenschaften, insbesondere in der spektralen Empfindlichkeit und der Linearität völlig gleich sein. Das kann durch Auswahl geeigneter Exemplare recht gut erreicht werden. Leider zeigen Sekundärelektronenvervielfacher im Betrieb Veränderungen ihrer Eigenschaften, die natürlich nicht bei beiden Exemplaren gleich sein müssen. Durch Verwendung sogenannter Multipots, die es ermöglichen, diese Abweichungen über den gesamten Spektralbereich elektrisch zu korrigieren, wird diesem Umstand Rechnung getragen. Auch Chopper-Geräte besitzen im allgemeinen Multipots, die hier jedoch nur dazu dienen, im Betrieb auftretende unterschiedliche Veränderungen der Optik in den beiden Strahlengängen und Veränderungen in den Verstärkersystemen zu korrigieren.

Mit Nachdruck muß darauf hingewiesen werden, daß gerade bei registrierenden Geräten in regelmäßigen Abständen das einwandfreie Funktionieren überprüft werden muß, wenn systematische Meßfehler mit Sicherheit ausgeschlossen werden sollen. Das gilt insbesondere für die Linearität der Absorptionsanzeige, für die Genauigkeit der Wellenlängeneichung sowie für die Einstellung der Ansprechempfindlichkeit und der Dämpfung des Schreibers.

Bei den meisten Geräten ist der Antrieb der Monochromatoren immer noch in Wellenlängen linearisiert. Jedoch gewinnt die energieproportionale Eichung in Wellenzahlen immer mehr an Bedeutung.

Die Registrierung der Absorptionen erfolgt meist linear in Extinktionseinheiten. Andere Darstellungsarten, logarithmisch in Extinktion oder linear in %-Durchlässigkeit bzw. %-Absorption, können durch Verwendung entsprechender Schreiberpotentiometer erreicht werden. In manchen Geräten sind wahlweise mehrere Darstellungen möglich, da mehrere Schreiberpotentiometer eingebaut sind, die einfach elektrisch umgeschaltet werden. Andere Geräte haben parallel zum eingebauten Schreiber einen Ausgang für den Anschluß anderer Schreiber. Die lineare Anzeige in Extinktionseinheiten umfaßt meist den Bereich von 0 bis 2,0, entsprechend den Absorptionswerten von 0 bis etwa 99 %, während die logarithmische Extinktionsanzeige theoretisch bis $E = \infty$ bzw. 100 %-Absorption reicht.
Offensichtlich handelt es sich hier jedoch nur um einen scheinbar größeren Meßbereich, da allen Extinktionswerten > 2,0 nur noch Absorptionsänderungen < 1 % zugrunde liegen, die naturgemäß bei steigenden Extinktionswerten mit stark zunehmenden Meßfehlern behaftet sind. Der Vorteil einer in Extinktion logarithmischen Anzeige liegt daher nicht im größeren Meßbereich, sondern nur in der für manche Zwecke erforderlichen halblogarithmischen Darstellung der Absorptionsspektren.

Hauptanwendungsbereich registrierender Spektralfotometer ist die routinemäßige genaue Messung von Absorptionsspektren zur qualitativen und quantitativen Bestimmung von chemischen Verbindungen. Sie ermöglicht unter anderem eine einfache, empfindliche und schnelle Bestimmung der chemischen Reinheit, wenn die Reinigungsoperationen solange fortgesetzt werden, bis im Absorptionsspektrum keine Veränderungen mehr auftreten.
Selbstverständlich gibt es auch für registrierende Spektralfotometer eine Vielzahl von Zusatzgeräten, neben allen bisher bei den einfachen Spektralfotometern erwähnten, z.B. auch Meßwertdrucker und Analogdigitalkonverter, die in Kombination mit Lochstreifen- oder Lochkartenstanzen die off-line-Verarbeitung der absorptionsspektroskopischen Meßdaten mit Rechenmaschinen bzw. den Aufbau einer Spektrenkartei möglich machen.

Ferner werden schon integrierte Kleinrechner und die erforderlichen Software-Pakete angeboten, die die in-line-Verarbeitung der Meßdaten ermöglichen. Neben der automatischen Durchführung aller in der Absorptionsspektroskopie erforderlichen Rechenoperationen ermöglichen solche Systeme auch den Aufbau von Spektrendateien sowie die automatisierte Durchführung ganzer Meßprogramme.

Bei der Auswahl eines Spektralfotometers für ein bestimmtes Laboratorium sind daher sehr viele Gesichtspunkte zu bedenken, unter denen neben den zu erwartenden Meßproblemen auch das Angebot und die Brauchbarkeit der Zusatzgeräte und nicht zuletzt die Güte des vom Hersteller angebotenen Inspektions- und Reparaturdienstes ausschlaggebend sind. Die Mühe einer gründlichen Information über das Angebot lohnt sich auf jeden Fall.

6.3.2 $S_0 \rightarrow T_1$-Absorptionsspektroskopie
(Evans, 1957, McGlynn und andere, 1969).

S-T-Absorptionsspektren können grundsätzlich mit normalen Spektralfotometern aufgenommen werden. Wegen der sehr kleinen Übergangswahrscheinlichkeiten der $S_0 \rightarrow T_1$-Übergänge (Kap. 4.4.5), kann das jedoch nur durch experimentelle Kunstgriffe erreicht werden. Die Anwendung von Küvetten mit sehr langen optischen Weglängen bedeutet keine Lösung. Bei molaren dekadischen Extinktionskoeffizienten von etwa 10^{-3} [l/mol · cm] wären hier, selbst wenn die Löslichkeit eine Konzentration von einem mol/l erlauben würde, Küvettenlängen von mindestens 100 cm erforderlich. Abgesehen von den großen Substanzmengen, die erforderlich wären, ist eine derartige Messung auch nicht möglich, weil die handelsüblichen Spektralfotometer nicht für so große optische Weglängen ausgelegt sind [1)]. Dagegen führen zwei Techniken zum Erfolg, bei denen durch äußere Einflüsse das Ausmaß der Spin-Bahn-Kopplung und damit die $S_0 \rightarrow T_1$-Übergangswahrscheinlichkeit erhöht wird (Kap. 4.4.5).

a) Messung der Absorptionsspektren in Lösungsmitteln, die schwere Atome enthalten, z.B. in Äthyljodid. Bei dieser Methode genügen meist Schichtdicken von 10 cm, wobei die benötigte Substanzmenge auf ein erträgliches Maß begrenzt wird.

b) Messung der Absorptionsspektren unter Sauerstoffdruck (Evans, 1957). Für diese Messungen benötigt man Druckküvetten mit einer optischen Schichtdicke von etwa 10 cm, in denen unter Sauerstoffdrucken von 100–200 atü gemessen werden kann. Die Sättigung der Proben mit Sauerstoff nimmt einige Zeit in Anspruch. Am besten werden die Küvetten längere Zeit unter Sauerstoffdruck maschinell geschüttelt.

Die Genauigkeit der so gemessenen Spektren, vor allem die Genauigkeit der Bestimmung der molaren Extinktionskoeffizienten, ist bei Singulett-Triplett-Absorptionsspektren geringer als bei den normalen $S_0 \rightarrow S_X$-Absorptionsspektren. Hierfür sind zwei Gründe verantwortlich. Die $S_0 \rightarrow T_1$-Absorptionsbande ist nur so wenig langwellig verschoben, daß sie oft auf der langwelligen Flanke der viel intensiveren $S_0 \rightarrow S_1$-Absorptionsbande beobachtet wird, die noch dazu bei den nötigen Konzentrationen sehr steil ansteigt. Da die $S_0 \rightarrow S_1$-Absorption unter den experimentellen Bedingungen nicht durch Verwendung einer entsprechenden Vergleichslösung im Differenzverfahren eliminiert werden kann, muß dies rechnerisch erfolgen. Ferner gestatten es die Versuchsbedingungen nicht, eine genaue Vergleichslösung für die Messung zu verwenden.
Seit einigen Jahren lassen sich $S_0 \rightarrow T_1$-Absorptionen auch indirekt mittels der von Kearns (s. Rothman u.a. 1965, Marchetti und Kearns, 1967) entwickelten Phosphoreszenz-Anregungsmethode bestimmen. Da sich die $S_0 \rightarrow T_1$-Absorption spiegelbild-

---

1) Ein möglicher Ausweg liegt in der Verwendung von Küvetten, in denen die optische Weglänge mehrmals vom Meßlicht durchlaufen wird (sog. Multiple path length Küvetten) (Calvert und Pitts, 1966).

lich gegenüber der Phosphoreszenzemission verhält, kann man erstere auch durch das Messen eines Phosphoreszenzanregungsspektrums (Kap. 6.8) erhalten.

6.3.3 $T_0 \rightarrow T_X$-Absorptionsspektroskopie
(McGlynn, u.a., 1969, Simons, 1971).

T-T_X-Absorptionsspektren können mit normalen Spektralfotometern nicht gemessen werden, da die Intensität des Meßlichtes nicht ausreicht, so hohe stationäre Triplettkonzentrationen zu erzeugen, daß T-T_X-Absorptionen beobachtet werden könnten. In einigen Fällen ist es möglich, durch Bestrahlung der Meßküvette mit einer intensiven Lichtquelle unter einen Winkel von 90° zur Richtung des Meßstrahlenganges T-T_X-Absorptionen zu beobachten. Bessere Ergebnisse liefert jedoch die Methode der Blitzlichtspektroskopie, vor allen Dingen bei normalen Temperaturen, wo die Methode des stationären Zustandes wegen der hohen Reaktionsgeschwindigkeit der strahlungslosen Desaktivierung oft versagt (Noyes, 1974).

6.4 Blitzlichtspektroskopie
(Porter, 1968, Norrish, 1968).

Die Methode der Blitzlichtspektroskopie (Flashphotolysis, Flashspectrocopy) wurde erstmals 1949 von Norrish und Porter angewendet [2)]. Sie hat seitdem eine ständig zunehmende Verbreitung gefunden. Die Methode beruht darauf, daß durch einen sehr intensiven kurzen Lichtimpuls (100–1000 Watt · s elektrische Leistung) eine sehr hohe momentane Konzentration von Molekülen im niedrigsten Triplettzustand erzeugt wird, so daß $T_1 \rightarrow T_X$-Absorptionen beobachtet werden können. Abb. 6.2 zeigt die schematische Darstellung der apparativen Anordnung bei der Blitzlichtspektroskopie.

Als Blitzlichtlampen werden mit einem Wasserstoff-Edelgasgemisch gefüllte Entladungslampen verwendet. Die nötige elektrische Energie liefern Hochspannungskondensator-Batterien, die über einen Hochspannungs-Transformator (5–20 KV) langsam aufgeladen werden und mittels eines elektronischen Schalters (Wasserstoff-Thyratron, Ignitron oder Tyristoren) momentan über die Blitzlampe entladen werden. Die Zeitdauer der so erzeugten intensiven Lichtblitze beträgt einige 10 Mikrosekunden. Die Messung der T-T_X-Absorption wird entweder mit Dauerlicht durchgeführt oder mit einem spektroskopischen Lichtblitz, der nach dem Anregungslichtblitz gezündet wird. Erfolgt die Messung mit Dauerlicht, so wird das Meßlicht

---

2) 1967 wurde der Nobelpreis für Chemie für die Entwicklung dieser schnellen kinetischen Meßmethoden u.a. an Norrish und Porter verliehen.

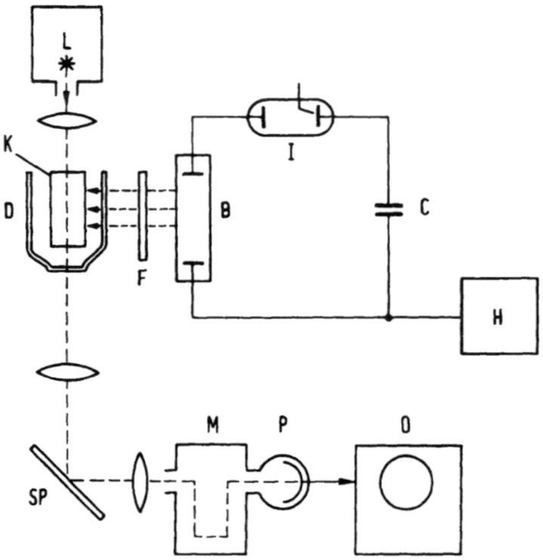

Abb. 6.2: Schematische Darstellung einer Apparatur für blitzlichtspektroskopische Messungen. H = Hochspannungsgenerator, C = Kondensator, I = Ignitron, F = Cut off-Filter, D = Dewargefäß, K = Küvette, L = Meßlicht, SP = Umlenkspiegel, M = Monochromator, P = Fotomultiplier, O = Oszillograph.

durch einen Monochromator analysiert und die Absorptionsänderung mit einem Sekundärelektronenvervielfacher gemessen, dessen Signal auf einem Oszillographen bei geeigneter Zeitablenkung sichtbar gemacht und fotografisch, am besten mit einer Polaroidkamera, registriert wird. Zur Aufnahme eines Spektrums sind hier mehrere Messungen bei verschiedenen Wellenlängeneinstellungen am Monochromator erforderlich, während die Kinetik der Desaktivierung des T_1-Zustandes durch eine einzige Messung, am besten im Absorptionsmaximum der T-T_X-Absorption, bestimmt werden kann.

Erfolgt die Absorptionsmessung mit einem Spektroblitz, so übernimmt ein Spektrograph die Lichtzerlegung, und als registrierender Detektor dient eine fotografische Platte. Hier genügt eine einzige Aufnahme, um ein vollständiges T-T_X-Absorptionsspektrum zu erhalten. Dafür erfordert die Kinetik des Abklingens der T-T_X-Absorption mehrere Aufnahmen, bei denen der Spektroblitz gegenüber dem Anregungsblitz in definierter Weise verzögert wird. Für fotolabile Substanz ist die Technik geeigneter, da bei der Messung eines Spektrums mit Durchfahren der Wellenlänge im Mittel 20 Blitze notwendig sind.

Der Hauptvorteil der Blitzlichtspektroskopie liegt in der großen Empfindlichkeit der Messung. Hierfür sind mehrere Faktoren verantwortlich. Zunächst wird momentan eine sehr hohe T-Konzentration erzeugt. Ferner wird ein Detektor und ein Anzeigesystem verwendet, das viel schneller arbeitet als die angeregten absorbierenden Moleküle desaktiviert werden. Außerdem können die Signale des Detektors durch Gleichspannungsunterdrückung bei hohen Eingangsempfindlichkeiten des Oszillographen beobachtet werden, ein Verfahren, das nur durch das Signal-Rausch-

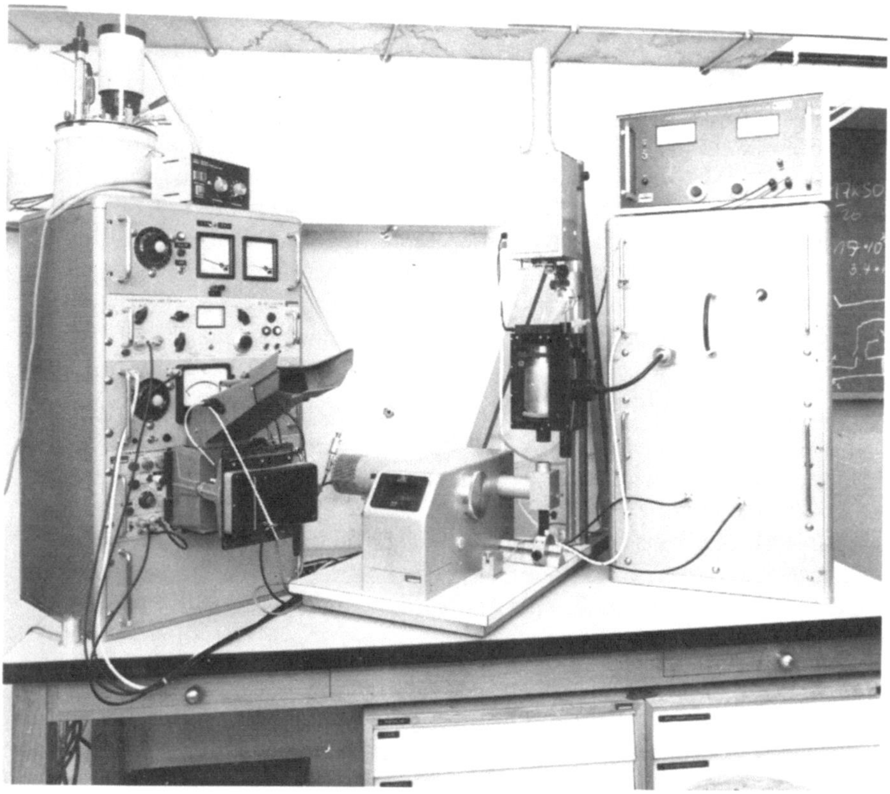

Abb. 6.3: Blitzlichtapparatur (Heinrich, G.; Blume, H.; Güsten, H.)
rechts: Stromversorgung für das Meßlicht und Hochspannungskondensatoren.
Mitte: Meßlicht, Küvettenhalter mit Dewargefäß, Umlenkspiegel, Monochromator und Multiplier.
links: Oszillograph mit Polaroidkamera und Steuerungseinschübe.

verhältnis des Sekundärelektronenvervielfachers begrenzt wird und daher Messungen im Bereich von 1 % Absorptionsänderung und weniger erlaubt.
Durch das schnelle Detektor- und Anzeigesystem sind T-T_X-Absorptionsmessungen auch bei Zimmertemperatur möglich, also in dem Bereich, wo Phosphoreszenzmessungen infolge der schnellen strahlungslosen Desaktivierung von Triplettzuständen nicht mehr möglich sind. Ein weiterer Vorteil der Blitzlichtspektroskopie besteht darin, daß sie nicht nur spektroskopische, sondern auch kinetische Informationen liefert, die für die Theorie der angeregten Zustände und für die Aufklärung fotochemischer Reaktionsmechanismen von Bedeutung sind. Natürlich lassen sich

auch sehr kurzlebige Zwischenprodukte fotochemischer Reaktionen mit der Blitzfotolyse in Absorption messen.

Die Bestimmung von molaren Extinktionskoeffizienten der T-T_X-Absorption ist nicht ohne weiteres möglich, da die T-Konzentration nicht der direkten Messung zugänglich ist. In letzter Zeit sind jedoch indirekte Meßmethoden zur Bestimmung der molaren Extinktion von T-T_X-Absorptionsspektren entwickelt worden (Herkstroeter, 1972). Dabei wird z.B. relativ zu einem Standard bekannter molarer Extinktion gemessen. Wenn dafür gesorgt wird, daß bei diesen Messungen die gleiche Konzentration von Molekülen im T_1-Zustand erzeugt wird, so kann nach Extrapolation der Abklingkurven der T-T_X-Absorption auf die Zeit $t = 0$ der molare Extinktionskoeffizient der T-T_X-Absorption der untersuchten Verbindung berechnet werden. Bei derartigen Relativmessungen wird automatisch dem Umstand Rechnung getragen, daß bei blitzlichtspektroskopischen Untersuchungen Absorption und Reflexion durch Küvette und Lösungsmittel nicht berücksichtigt werden. Der dadurch verursachte Fehler ist bei beiden Messungen gleich groß und fällt bei der Berechnung heraus.

Leider liegt die Grenze der zeitlichen Auflösung bei den heute üblichen Blitzlichtapparaturen etwa bei 10^{-5} s, weil es nicht möglich ist, mit gepulsten Entladungslampen kurze und zugleich intensive Lichtblitze zu erzeugen. Hier könnte durch Laser mit genügend kurzer Emissionswellenlänge die Grenze der Zeitauflösung um etwa 3 Zehnerpotenzen und mehr in das Nano- und Pikosekundengebiet erweitert werden (Novak und Windsor, 1968, Porter und Topp, 1970, Porter und West, 1974). Insbesondere rückt bei Anwendung von Lasern auch die Messung von $S_1 \rightarrow S_X$-Absorptionen in den Bereich des Möglichen. Erste Ergebnisse derartiger Untersuchungen liegen inzwischen vor (Müller, 1968, Müller und Sommer, 1969, Rentzepis, 1973, Alfano und Shapiro, 1973, Wild, 1973).

Blitzlichtspektrometer werden neuerdings auch kommerziell angeboten. Für wirklich leistungsfähige Apparaturen ist man jedoch immer noch auf den Selbstbau angewiesen.

6.5 Fluoreszenzspektroskopie

(Pringsheim, 1949, Förster, 1951, Parker, 1968, Berlman, 1971).

Zur Messung von Fluoreszenzspektren und von Fluoreszenzanregungsspektren können die käuflichen einfachen und registrierenden Spektralfotometer in Verbindung mit den entsprechenden Zusatzgeräten verwendet werden. Auch spezielle Fluoreszenzspektrometer können käuflich erworben werden. Abb. 6.4 zeigt den prinzipiellen Aufbau einer Apparatur zur Messung von Fluoreszenzspektren.

Zur Anregung werden entweder Linienstrahler (Quecksilberhoch- oder Niederdruckbrenner) oder Kontinuumstrahler in Kombination mit Interferenz- und Farbglas- oder Flüssigkeitsfiltern verwendet. Die Fluoreszenz wird unter einem Winkel von

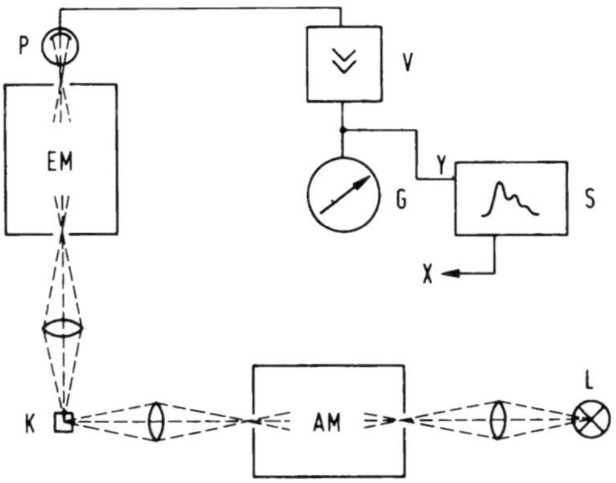

Abb. 6.4: Einfache Anordnung zur Messung von Fluoreszenz- und Fluoreszenzanregungsspektren. L = Anregungslampe, AM = Anregungsmonochromator, K = Küvette, EM = Emissionsmonochromator, P = Fotomultiplier, V = Verstärker, G = Galvanometer, S = XY-Schreiber.

90° zur Achse des Anregungslichtes beobachtet. Bei der Untersuchung konzentrierter Lösungen, die einen großen Teil des Fluoreszenzlichtes selbst wieder absorbieren, ist die Beobachtung unter einem Winkel von 45° zur Richtung des Anregungslichtes vorteilhafter. Intensitätsschwankungen des Anregungslichtes müssen bei genaueren Messungen durch Vergleich mit einem Fluoreszenzstandard berücksichtigt werden. Die Fluoreszenzzusatzgeräte zu den registrierenden Spektralfotometern besitzen oft Vorrichtungen, die die Meßwerte automatisch auf Schwankungen des Anregungslichtes korrigieren.

Gemessen wird die relative Größe des Detektorsignals bei verschiedenen Wellenlängen und bei konstanter Bandbreite am Monochromator. Fluoreszenzspektren werden in relativen Emissionsintensitäten, normiert auf 1,0 oder 100 für das Maximum der Emission, als Funktion der Wellenlänge dargestellt. Mit allen Fluoreszenzspektrometern mißt man Emissionsspektren, die stark von ihrer absoluten Form abweichen. Hierfür ist in erster Linie die spektrale Empfindlichkeitskurve der Meßanordnung verantwortlich (spektrale Empfindlichkeitsverteilung des Sekundärelektronenvervielfachers, Dispersionskurve des Monochromators, Spaltbreiten am Monochromator und Durchlässigkeit der gesamten Optik zwischen Probe und Detektor). Sie wird durch Aufnahme einer Reduktionskurve für die Meßanordnung mit einer geeichten Lichtquelle berücksichtigt. Die Reduktionskurve gibt für jede Wellenlänge einen Korrekturfaktor an, mit dem die Meßwerte zu multiplizieren sind. Die durch die Reduktionskurve angegebenen Korrekturfaktoren berücksichtigen auch den Umstand, daß die Fluoreszenzspektren aus praktischen Gründen bei konstanter Spaltbreite am Monochromator gemessen werden, da es kaum möglich ist, bei konstanter optischer Bandbreite des Monochromators zu messen. Zur Ermittlung eines absoluten Fluoreszenzspektrums sind schließlich noch Korrekturen anzubringen, die den Brechungsindex des Lösungsmittels und gegebenenfalls den Anteil des von der untersuchten Lösung absorbierten Fluoreszenzlichtes berücksichtigen (Kap. 6.6). Für viele Zwecke genügt es, relative Fluoreszenzspektren zu bestimmen. Sollen die Fluoreszenzspektren mit Literaturangaben verglichen werden, so müssen sie zumindest für die spektrale Empfindlichkeit der verwendeten Meßanordnung korrigiert werden. Da überall mit anderen Fluoreszenzspektrometern gemessen wird, sollten im allgemeinen nur noch reduzierte Fluoreszenzspektren veröffentlicht werden. Die Ermittlung der absoluten Fluoreszenzspektren ist erforderlich, wenn relative Fluoreszenzquantenausbeuten bestimmt werden sollen (Kap. 6.6). Es sei noch erwähnt, daß in der Literatur Vorschläge zum Bau von Apparaturen für die registrierende Messung von reduzierten Fluoreszenzspektren angegeben werden (Wotherspoon u.a., 1972, Howerton, 1967).

Der schematische Aufbau eines registrierenden Fluoreszenzspektrometers ist in Abb. 6.5 dargestellt (G. Heinrich, H. Blume, H. Güsten, unveröffentlicht).

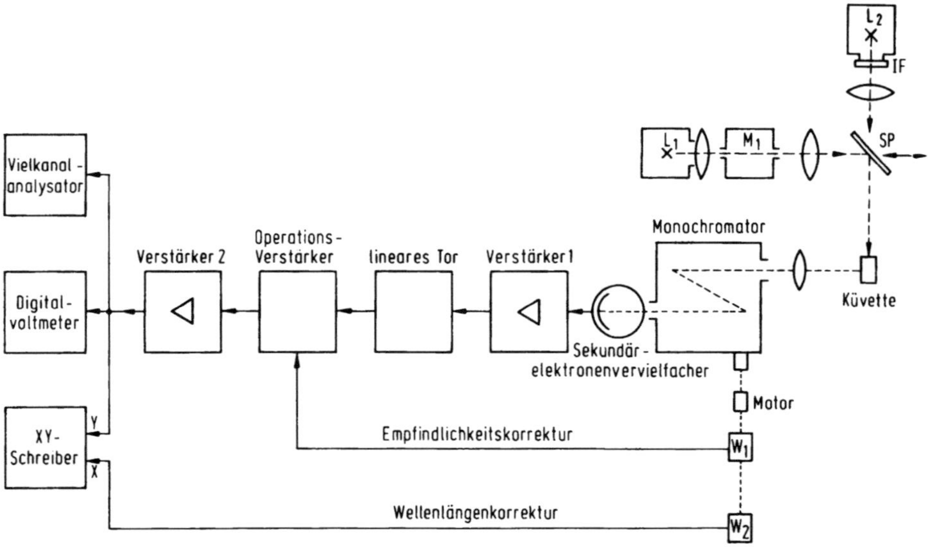

Abb. 6.5: Blockschaltbild eines registrierenden Fluoreszenzspektrometers W_1, W_2 = Funktionsgeneratoren, L_1, L_2 = Lichtquellen, M_1 = Monochromator, IF = Interferenzfilter, Sp = Spiegel.

Die Anregung der Fluoreszenz erfolgt wahlweise entweder durch eine Kombination aus Xenon-Hochdrucklampe L_1 und Monochromator M_1 oder durch eine Quecksilber-Niederdrucklampe L_2 zusammen mit einem Interferenzfilter IF.
Das Anregungslicht wird entweder über einen Spiegel SP oder direkt in die Quarzküvette mit der fluoreszierenden Substanz abgebildet. Senkrecht zum Lichteinfall wird ein Teil des Fluoreszenzlichtes durch eine Lins auf den Eintrittsspalt eines Monochromators abgebildet. Ein Synchronmotor ist mit dem Wellenlängenantrieb des Monochromators verbunden. Die Durchlaufgeschwindigkeit kann variiert werden und beträgt im Normalfall 100 nm pro Minute. Das aus dem Monochroma-

tor austretende Licht fällt auf einen Fotovervielfacher. Das elektrische Signal am Ausgang des Fotovervielfachers wird im Verstärker 1 um den Faktor 10 verstärkt und gelangt in ein lineares Tor, das von einem Impulsgenerator gesteuert wird. Bei geöffnetem Zustand des linearen Tores wird das Signal gespeichert, anschließend verstärkt und gemittelt. Das Ausgangssignal des linearen Tores wird im Operationsverstärker mit einer Korrekturfunktion multipliziert, die der wellenlängenabhängigen Empfindlichkeit der gesamten Apparatur entspricht. Die Korrekturfunktion wird in einem Funktionsgenerator W_1 erzeugt. Dieser besteht aus einem mit zusätzlichen Abgriffen versehenen 10-Wendelpotentiometer, das mit dem Wellenlängenantrieb des Monochromators verbunden ist. Die elektrische Spannung an jedem Abgriff wird proportional dem Korrekturfaktor für die entsprechenden Wellenlängen an einem Empfindlichkeitspotentiometer eingestellt, das über zwei Abgriffen des Wendelpotentiometers liegt. Im Verstärker 2 wird das korrigierte Signal nochmals verstärkt und den Eingängen eines Digitalvoltmeters, eines XY-Schreibers und eines Vielkanalanalysators zugeführt. Das Digitalvoltmeter dient der Anzeige einzelner Intensitäten, der XY-Schreiber zeichnet die Fluoreszenzspektren in linearer Abhängigkeit von der Wellenzahl auf. Die lineare Abhängigkeit der X-Achse des Schreibers wird über einen zweiten Funtkionsgenerator W_2 gesteuert. Der Vielkanalanalysator speichert das absolute Fluoreszenzspektrum. Ein Zeitgenerator, der zusammen mit dem Wellenlängenantrieb des Monochromators gestartet wird, steuert die Zeitbasis des Vielkanalanalysators. Der Speicherinhalt der Kanäle kann am Ende der Messung über einen Lochstreifendrucker auf Lochstreifen übertragen und mit Hilfe eines Computerprogramms für die Aufzeichnung und Berechnung der absoluten Fluoreszenzquantenausbeuten (Kap. 6.6) ausgewertet werden. Zur Messung von Fluoreszenzanregungsspektren wird ein Kontinuumstrahler als Lichtquelle benötigt (Xenon-Hochdruckbrenner, siehe Kap. 3). Der analytische Monochromator (Emissionsmonochromator) übernimmt bei der Messung von Fluoreszenzanregungsspektren die Aufgabe, in der Küvette reflektiertes Anregungslicht zu eliminieren. Das kann aber auch einfacher durch ein geeignetes Filter erreicht werden. Eine Anordnung mit zwei Monochromatoren ist jedoch trotzdem empfehlenswert, wenn Emissions- und Anregungsspektren mit der gleichen Apparatur gemessen werden sollen, ohne daß diese für die jeweilige Meßart erst umgebaut werden muß.

Die mit derartigen Anordnungen gemessenen relativen Fluoreszenzanregungsspektren müssen noch für die spektrale Verteilung der durch Lichtquelle und Anregungsmonochromator gegebenen unterschiedlichen Bestrahlungsstärken korrigiert werden. Am einfachsten geschieht dies mit Hilfe eines sogenannten Quantenzählers (Bowen und Sawtel, 1937). Ein konstanter Teil des Anregungslichtes fällt auf eine Küvette, die die Lösung einer Verbindung bekannter Fluoreszenzeigenschaften enthält. Die gesamte Emission dieser Verbindung wird mit einem zweiten Detektor gemessen. Ist die Fluoreszenzquantenausbeute der Lösung von der Anregungswellenlänge unabhängig, und ist im gesamten Spektralbereich des Anregungslichtes Totalabsorption im Quantenfilter sichergestellt, so ist das gemessene Detektorsignal der Bestrahlungsstärke des Anregungslichtes direkt proportional. Nach geeigneter Normierung gibt der am Quantenzähler bei einer bestimmten Wellenlängeneinstel-

lung am Anregungsmonochromator gemessene Wert den Korrekturfaktor für den entsprechenden Meßwert der Fluoreszenz der Probe an.
Auch hier werden in der Literatur Vorschläge für Geräte zur registrierenden Messung von Fluoreszenzanregungsspektren gemacht (Kasha, 1952). Bei derartigen Apparaturen wird die Wellenlänge am Anregungsmonochromator motorgetrieben kontinuierlich verändert. Das der Probenfluoreszenz entsprechende Meßsignal wird mit Hilfe eines Operationsverstärkers mit dem Meßsignal des Quantenzählers multipliziert und dann von einem Schreiber registriert.

6.6 Fluoreszenzquantenausbeuten

(Parker und Rees, 1960, Demas und Grosby, 1971).

Die Fluoreszenzquantenausbeute wird durch den Quotienten aus der Zahl der emittierten Lichtquanten und der Zahl der absorbierten Lichtquanten, beides in der Zeiteinheit, angegeben.

$$Q_F = \frac{\text{Zahl der emittierten Quanten aus dem } S_1\text{-Zustand}}{\text{Zahl der absorbierten Quanten}} \qquad (6.1)$$

Für Fluoreszenzanregung bei konstantem Lichtstrom bedeutet dies:

$$Q_F = \frac{\text{Intensität der Fluoreszenz}}{\text{Intensität des absorbierten Anregerlichtes}} \qquad (6.2)$$

Absolutbestimmungen von Fluoreszenzquantenausbeuten sind schwierig. Zwar kann die eine Größe, der Lichtstrom des Anregungslichtes relativ leicht bestimmt werden, eine genaue Messung des gesamten, über alle Raumrichtungen emittierten Fluoreszenzlichtstroms ist dagegen nur unter großem experimentellen und rechnerischen Aufwand möglich (Bowen und Sawtel, 1937, Weber und Teale, 1957, Melhuish, 1961).

Vavilov (1924) hat als erster eine Methode gezeigt, bei der die Fluoreszenzintensität unter 90° gegen die Einfallsrichtung des Erregerlichtes bestimmt wurde. Anschließend wurde die Lichtintensität des Erregerlichtes unter gleichen apparativen Bedingungen gemessen, indem anstelle der Fluoreszenzprobe eine Probe mit matter Oberfläche (z.B. Magnesiumoxyd) gebracht wurde, wodurch das Licht gleichförmig in alle Raumrichtungen gestreut wurde. Schwierigkeiten bei dieser Meßanordnung bereitet vor allem die Bestimmung der wellenlängenabhängigen Empfindlichkeit des Detektorsystems. Messung des über alle Raumrichtungen emittierten Fluoreszenzlichtstromes in einer Ulbricht-Kugel (Forster und Levingston, 1952) umgehen diese Schwierigkeit.

Sehr elegant und relativ einfach ist die Methode der relativen Bestimmung der Fluoreszenzquantenausbeute (Parker und Rees, 1960, Demas und Grosby, 1971). Sie geht davon aus, daß nach Gl. (6.2) die Fluoreszenzintensität mit der Fluores-

zenzquantenausbeute über die Intensität des absorbierten Erregerlichtes bei kontinuierlicher Lichteinstrahlung verknüpft ist.
Ist I_0 die Intensität des eingestrahlten Lichtes, E die Extinktion der Fluoreszenzprobe, dann gilt für die Intensität I des durch die Probe hindurchtretenden Lichtes nach dem Lambert-Beer'schen Gesetz [Gl. (4.6) und (4.7), Kap. 4]:

$$I = I_0 \cdot 10^{-E} \tag{6.3}$$

mit $E = \epsilon c d$.

Daraus ergibt sich für das absorbierte Erregerlicht:

$$I_{abs} = I_0 - I = I\,(1 - 10^{-E}) \tag{6.4}$$

und für die Fluoreszenzintensität I_F:

$$I_F = Q_F \cdot I_0 \cdot (1 - 10^{-E}). \tag{6.5}$$

Die Fläche unter dem absoluten Fluoreszenzspektrum ist der emittierten Gesamtintensität proportional. Mißt man nun zwei Fluoreszenzproben unter gleichen apparativen Bedingungen (gleiche geometrische Anordnung, gleiche Erregerlichtintensität, gleiche Detektorempfindlichkeit), so gilt

$$\frac{F_1}{F_2} = \frac{Q_{F_1} \cdot I_0 \cdot (1 - 10^{-E})}{Q_{F_2} \cdot I_0 \cdot (1 - 10^{-E})}. \tag{6.6}$$

Stellt man beide Fluoreszenzlösungen auf die gleiche Extinktion bei der Anregungswellenlänge ein, so gilt

$$F_2/F_1 = Q_2/Q_1. \tag{6.7}$$

Ist die Quantenausbeute einer der Verbindungen bekannt, so läßt sich die der anderen aus dem Verhältnis der Fluoreszenzspektrenflächen berechnen. Da hier nur das Verhältnis bestimmt wird, ist die absolute Größe der Fläche unwichtig. Sollen Fluoreszenzlösungen verschiedener Lichtbrechung verglichen werden, so sind die Fluoreszenzintensitäten mit den Quadraten der Brechungsindizes noch zu multiplizieren (Melhuish, 1960).

Als Fluoreszenzstandard hat sich das Chininbisulfat in 1 n Schwefelsäure ($Q_F = 0{,}55$ bei 25° C) durchgesetzt (Demas und Grosby, 1971). Der große Vorteil des Chininbisulfats liegt darin, das seine Fluoreszenz nicht durch Sauerstoff gelöscht wird. Der Überlappungsbereich von Absorptionsspektrum und Fluoreszenzspektrum ist sehr klein, wodurch die Selbstabsorption sehr gering ist (Abb. 6.6).

Die Quantenausbeute der Fluoreszenz einer unbekannten Verbindung errechnet sich dann nach

$$Q_{F(\text{Probe})} = Q_{F(\text{Chinin})} \cdot \frac{\text{Fläche}_{(\text{Probe})} \cdot n^2_{(\text{Lösung})}}{\text{Fläche}_{(\text{Chinin})} \cdot n^2_{(H_2SO_4)}}. \tag{6.8}$$

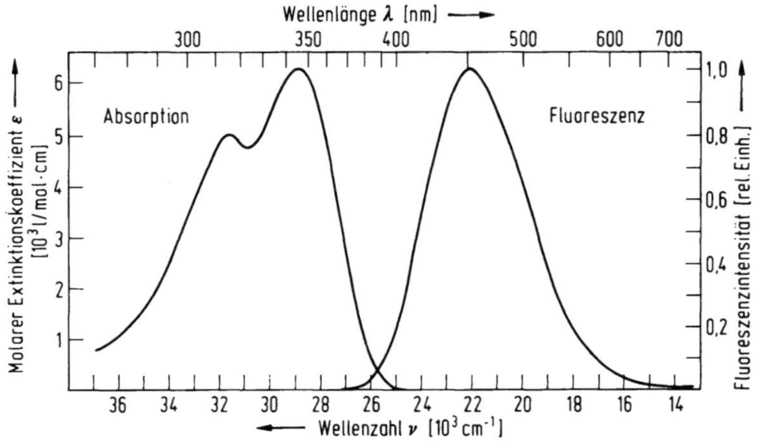

Abb. 6.6: Absorptions- und absolutes Fluoreszenzspektrum des Chininbisulfats in 1 n H_2SO_4 bei 22° C.

Es versteht sich, daß hier nur die Flächen der absoluten Fluoreszenzspektren bei monochromatischer Anregung verglichen werden sollten.

Auch 9,10-Diphenylanthracen eignet sich als Fluoreszenzstandard, da seine absolute Fluoreszenzquantenausbeute in Cyclohexan und EPA bei Raumtemperatur 1,00 beträgt. Die Handhabung ist jedoch schwieriger, da wegen der Sauerstofflöschung die Lösung durch die Gefrierpumps-Technik (Kap. 6.8) sauerstofffrei gemacht werden muß. Da außerdem eine Lösungsmittelabhängigkeit der Fluoreszenzquantenausbeute besteht, ist der Idealwert für Q_F von 1,00 nicht auf andere Lösungsmittel übertragbar (Heinrich, Schoof und Güsten, 1974).

Da das 9,10-Diphenylanthracen bei 253,7 nm eine sehr hohe molare Extinktion aufweist, kann man bei niedrigen Konzentrationen um $5 \cdot 10^{-6}$ [mol/l] ohne die Gefahr einer Selbstabsorption der Fluoreszenz im Überlappungsbereich von Absorption- und Fluoreszenzspektrum und ohne große Verstärkung ein absolutes Fluoreszenzspektrum aufnehmen.

Leider werden in der Literatur eine große Anzahl verschiedenster Verbindungen als Fluoreszenzstandards angegeben. Eine internationale Einigung auf das Chininbisulfat würde die zum Teil erhebliche Diskrepanz zwischen den vielen abweichenden Daten für absolute Fluoreszenzquantenausbeuten beseitigen. Der Wert der Fluoreszenzquantenausbeute von 0,546 für das Chininbisulfat aus der Absolutmessung von Melhuish (1961) wurde neuerdings durch eine unabhängige kalorimetrische Messung (Gelernt u.a., 1974) mit Q = 0,561 bestätigt, so daß die früheren durch Relativmessungen um 20 % zu niedrig erhaltenen Werte (Drobnik und Yeager, 1966, Ruskowicz und Testa, 1968) sowie der um 25 % zu hoch bestimmte Wert (Scott u.a., 1970) nicht länger zu halten sind.

Eine ausführliche Darstellung der Messung absoluter Fluoreszenzquantenausbeuten nach der Relativmethode ist von Parker und Rees (1960) publiziert worden.

Tab. 6.1: Abhängigkeit der Fluoreszenzeigenschaften des 9,10-Diphenylanthracens von verschiedenen Parametern (G. Heinrich, S. Schoof, H. Güsten, 1974)

Lösungsmittel	Temperatur (°K)	Erregerwellenlänge (nm)	Fluoreszenzquantenausbeute	Lebensdauer τ (ns)
EPA [1]	298	253,7	1,00 0,83 (mit O_2)	8,0
	77	253,7	1,00 1,00 (mit O_2)	
	298	365	1,00	
Cyclohexan	298	253,7	1,00 0,77 (mit O_2)	7,6
		365	1,00	
Äthanol	298	253,7	0,94 0,68 (mit O_2)	8,1
		365	0,94 0,68 (mit O_2)	
	77	253,7	1,00	
n-Heptan	298	253,7	0,89	8,0
Benzol	298	253,7	0,84	

[1] EPA = Diäthyläther, Isopentan, Äthanol = 5:5:2.

Eine umfassende Sammlung der fotophysikalischen Daten organischer Verbindungen (Fluoreszenz- und Phosphoreszenzquantenausbeuten, Abklingzeiten bzw. Lebensdauer usw.) ist im Landolt-Börnstein (1967) und bei Berlman (1971) zusammengestellt. Eine ausführliche Darstellung der Fehlerquellen und der Genauigkeit spektrofotometrischer und spektrofluorimetrischer Methoden findet sich in einem Konferenz-Report (Mavrodineau u.a., Hrsg., 1973).

6.7 Fluoreszenzabklingzeiten

(Berlman und Steingraber, 1965, Birks und Munro, 1967, Birks, 1970).

Die Fluoreszenzabklingzeiten liegen in der Größenordnung von 10^{-9} bis 10^{-7} s, wobei vorausgesetzt ist, daß die Fluoreszenz dem Zeitgesetz erster Ordnung gehorchend exponentiell abfällt. Die Messung von schnellen Abklingvorgängen kann mit zwei grundsätzlichen Anordnungen durchgeführt werden.

6.7.1 Phasenfluorimetrie
(Birks und Munro, 1967).

Bei Fluoreszenzanregung durch eine mit ausreichender, der jeweiligen Zeitkonstanten der Emission angepaßten Frequenz modulierte Lichtquelle sind die Maxima der Fluoreszenz gegenüber denen der Anregung um eine bestimmte Zeit verschoben. Die Verschiebung ist der Abklingzeit direkt proportional.

Benutzt man also eine Lichtquelle, deren Intensität in einem genügend großen Frequenzbereich moduliert werden kann, so müssen im Prinzip nur Anregungslicht und Fluoreszenz mit zwei Detektoren getrennt beobachtet und die Phasendifferenz der beiden Meßsignale bestimmt werden. Der Nachteil dieser unter dem Namen „Phasenfluorimetrie" bekannten Methode besteht darin, daß nicht der gesamte Abklingvorgang beobachtet wird. Man kann daher aus derartigen Messungen keine Aussage darüber machen, ob die untersuchte Fluoreszenz tatsächlich exponentiell abklingt, und ob eine oder mehrere fluoreszierende Molekülarten mit verschiedenen Abklingzeiten vorliegen. Außerdem ist die experimentelle Durchführung der Frequenzmodulation des Anregungslichtes problematisch.

6.7.2 Impulsfluorimetrie
(Schäfer und Röllig, 1964).

Die Fluoreszenz wird mit einem sehr kurzen Lichtblitz angeregt und ihre Intensitätsabnahme mit einem schnellen Detektor direkt beobachtet. Die Erzeugung sehr kurzer Anregungslichtblitze (Länge etwa 10^{-9} s) von endlicher Intensität ist schwierig. Das Verfahren ist daher erst in letzter Zeit seit der Einführung der Sampling-Oszillographie und von schnellen Sekundärelektronenvervielfachern mit sehr hoher Verstärkung ($V_i \approx 10^7$) praktikabel geworden. Man benutzt zur Anregung eine schnelle Folge (ungefähr 1 kHz) winziger Lichtblitze (Wasserstoffhochdruckentladungslampe) und analysiert das Signal des Sekundärelektronenvervielfachers mit einem Sampling-Oszillographen zu verschiedenen Zeiten nach den Lichtblitzen. Die Intensitäten der Anregungslichtblitze sind sehr klein, die der Fluoreszenz wegen $Q_F \leqslant 1{,}0$ und wegen der isotropen Raumverteilung der Emission noch kleiner. Daher sind die Fluoreszenzsignale nur wenig größer als das Rauschen des Sekundärelektronenvervielfachers. Die direkte am Sampling-Oszillographen beobachteten Abklingkurven sind daher ebenfalls stark verrauscht. Zur Verbesserung des Signal-Rauschverhältnisses verwendet man zusätzlich einen Vielkanalanalysator oder ähnliche elektronische Geräte, die den Mittelwert aus einer großen Zahl von Abklingkurven bilden. Den schematischen Aufbau einer Apparatur nach dem Sampling-Impulsverfahren zeigt die Abb. 6.7 (P. Lentz, H. Blume, H. Güsten, unveröffentlicht).

Die Lichtblitze einer repetierend blitzenden Wasserstoffentladungslampe werden gefiltert (Filter oder Monochromator) und durch eine Linse in die Fluoreszenzküvette abgebildet. Das Fluoreszenzlicht senkrecht zur Erregerlichtrichtung wird ge-

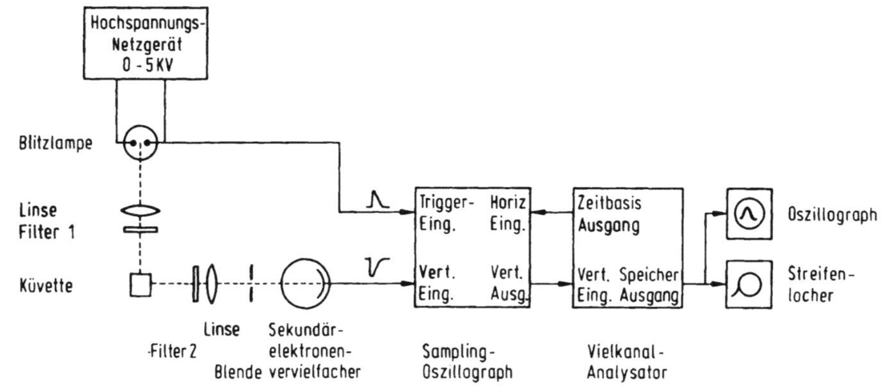

Abb. 6.7: Blockschaltbild eines Impulsfluorometers.

filtert und auf das Eintrittsfenster eines Fotovervielfachers fokussiert. Das Signal am Ausgang des Fotovervielfachers gelangt in den Sampling-Oszillographen. Die einzelnen Teile der Abklingkurve werden verstärkt und in je einen Kanal eines Vielkanalanalysators gespeichert. Pro Messung werden je nach der Fluoreszenzintensität 400–600 Abklingkurven im Vielkanalanalysator gespeichert. Durch die Summierung wird das starke statistische Rauschen des Fotovervielfachers und der Verstärker zu einem großen Teil geglättet. Die Sampling-Einheit wird von einem elektrischen Signal gesteuert, das über den Widerstand der repetierend pulsenden Blitzlampe vom Lampenstrom aufgebaut wird. Ein Zeitgenerator steuert die Horizontalablenkung des Vielkanalanalysators. Sein Speicherinhalt kann auf einem Oszillographen sichtbar gemacht oder auf Lochstreifen zur Auswertung im Computer übertragen werden.

Wegen der endlichen Länge der Anregungslichtimpulse und des begrenzten zeitlichen Auflösungsvermögens des Detektorsystems mißt man bei der Impulsfluorimetrie verzerrte Fluoreszenzabklingkurven (Blinkert u.a., 1972, Demas und Adamson, 1971). Die Korrekturen zur Berechnung der wahren Abklingkurven erfordern einen hohen Aufwand und werden am besten mit Computern durchgeführt.

Das zeitliche Auflösungsvermögen derartiger Meßanordnungen liegt etwa bei einer Nanosekunde und die Empfindlichkeit ist so groß, daß auch Verbindungen mit $Q_F \approx 0{,}01$ noch vermessen werden können, wenn die Abklingzeit über drei Nanosekunden liegt.

Eine viel aufwendigere Impulsmethode zur Messung von Fluoreszenzabklingzeiten ist die „Single-Photon-Methode (Birks, 1970, Binkert u.a., 1972), auch Einelektronen-Methode genannt. Hier lösen einzelne Lichtquanten einzelne Fluoreszenzquanten aus, wobei die Häufigkeit der Zeitintervalle zwischen zwei Quanten gemessen wird. Die Häufigkeitsverteilung ist ein Abbild des Fluoreszenzimpulses. Es handelt sich also um eine reine Zeitmessung, wobei die Pulsform und damit die Verzerrung des Impulses durch einen langsamen Oszillographen keine Rolle spielt.

Eine wenig bekannte Möglichkeit zur Bestimmung der Lebensdauer der Fluoreszenz besteht schließlich in der Messung des Polarisationsgrades der Fluoreszenz (Dörr, 1966). Im Rahmen dieser Darstellung muß hierfür auf die Literatur (Jablonski, 1961) verwiesen werden. Schließlich läßt sich die Lebensdauer noch aus der Stern-Volmer-Gleichung (Kap. 4.5.5) berechnen, wenn die Löschkonstante und die Quantenausbeute der Fluoreszenz mit und ohne Löscher bekannt sind (Stevens und Dubois, 1963).

6.8 Phosphoreszenzspektroskopie

(Parker, 1968, McGlynn u.a., 1969, Birks, 1970).

Phosphoreszenz- und Fluoreszenzspektrum einer Verbindung überlappen sich mehr oder weniger stark, so daß in den in Kap. 6.5 beschriebenen Anordnungen der Fluoreszenzspektroskopie nie ein Phosphoreszenzspektrum allein, sondern immer nur ein gemischtes Phosphoreszenz- und Fluoreszenzspektrum beobachtet wird. Dies gilt allerdings nur für Tieftemperaturspektren. Man benutzt daher modifizierte Meßanordnungen, deren Prinzip in Abb. 6.8 dargestellt ist.

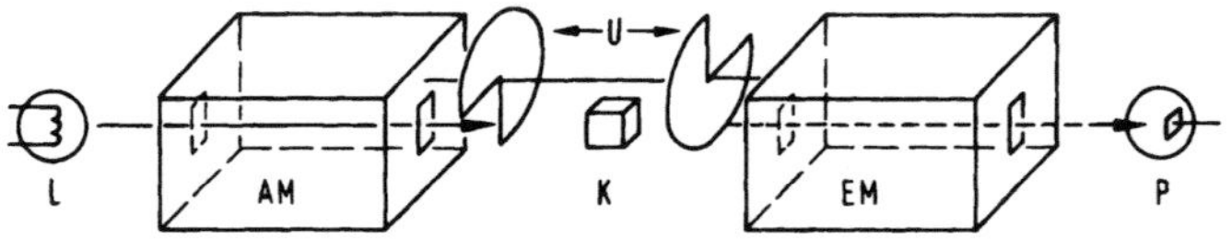

Abb. 6.8: Prinzipielle Anordnung zur Messung von Phosphoreszenzspektren.
L = Anregungslampe, AM = Anregungsmonochromator, K = Küvette, U = Chopper, EM = Phosphoreszenzmonochromator, P = Fotomultiplier.

Das Anregungslicht wird durch einen rotierenden Chopper in eine Folge von rechteckigen Einzelimpulsen zerlegt (Frequenz ~ 1 kHz). Ein zweiter rotierender Chopper gleicher Frequenz läuft phasenverschoben. Infolge der um mehrere Zehnerpotenzen verschiedenen Abklingzeiten der Fluoreszenz und der Phosphoreszenz wird durch diese Anordnung sichergestellt, daß jeweils nur noch Phosphoreszenzlicht durch den analytischen Monochromator den Detektor erreicht. Bei Verwendung von trägen Anzeigeinstrumenten kann das gepulste Phosphoreszenzsignal direkt gemessen werden. Bei Verwendung von schnell ansprechenden Anzeigeinstrumenten muß eine elektronische Integrationsstufe zwischen Detektor und Anzeige verwendet werden. Läßt man beide Chopper in gleicher Phase laufen, so wird in dieser Anordnung das gesamte Emissionsspektrum, Fluoreszenz und Phosphoreszenz, gemessen. Durch Substraktion des reinen Phosphoreszenzspektrums erhält man dann auch das Fluoreszenzspektrum.

Als Lichtquellen werden auch hier Linienstrahler (Quecksilber-, Hoch- und Niederdruckbrenner) in Kombination mit Filtern oder Monochromatoren verwendet. Zur Zerlegung des Anregungslichtes in Einzelimpulse können nur mechanische Chopper

benutzt werden. Statt des zweiten mechanischen Choppers können auch elektronische Mittel verwendet werden, z.B. gepulste Sekundärelektronenvervielfacher oder sogenannte lineare Tore, die es gestatten, das emittierte Licht nur in definierten Zeitabständen und für bestimmte Zeiten zu messen.
Die mit den geschilderten Anordnungen gemessenen Phosphoreszenzspektren sind wieder durch die schon im Abschnitt über die Fluoreszenzspektroskopie (Kap. 6.5) beschriebenen Eigenheiten der Meßanordnungen verzerrt. Zur Ermittlung des wahren Phosphoreszenzspektrums sind daher die ebenfalls bereits geschilderten Korrekturen erforderlich. Der gesamte Meßvorgang kann auch hier automatisiert werden. Einige Hersteller bieten spezielle registrierende Phosphoreszenzspektrometer bzw. Geräte an, mit denen sowohl Fluoreszenz als auch Phosphoreszenz registrierend gemessen werden können. Die Leistungen derartiger Geräte sind für Routinemessungen durchaus geeignet. Mit selbstgebauten Apparaturen können jedoch höhere Empfindlichkeiten erreicht werden.
Ein wesentlicher Bestandteil aller Phosphoreszenzeinrichtungen ist die Temperiervorrichtung für die Meßküvetten. Da von wenigen Ausnahmen abgesehen bei Zimmertemperatur die Phosphoreszenz durch schnellere strahlungslose Desaktivierungsprozesse fast völlig unterdrückt wird, müssen Phosphoreszenzmessungen bei tiefen Temperaturen in glasig erstarrten Lösungen durchgeführt werden. Als Kühlmittel wird allgemein flüssiger Stickstoff (77 K) verwendet. Entweder wird die Küvette direkt in ein Dewargefäß mit flüssigem Stickstoff eingetaucht, das seitlich unter einem Winkel von 90° zueinander Fenster aus planparallelen und zur Lichtachse senkrechten Quarzplatten besitzt, oder sie wird mit gasförmigem in einem Wärmeaustauscher auf 77 K abgekühltem Stickstoff gekühlt. Auch hier ist die Meßküvette von einem allerdings möglichst kleinen Dewargefäß umgeben. Als Lösungsmittel für derartige Messungen bei tiefen Temperaturen können eine Reihe von organischen Lösungsmittelgemischen (Smith u.a., 1962), z.B. das am meisten benutzte EPA (Diäthyläther, Isopentan, Äthanol im Verhältnis 5 : 5 : 2) und als anorganisches Lösungsmittel beispielsweise 6 n Schwefelsäure verwendet werden. Zur Messung von Phosphoreszenzanregungsspektren (Parker, 1968, Kearns und Case, 1966) können die gleichen Anordnungen verwendet werden wie zur Messung von Phosphoreszenzspektren. Die Anwendung von Lichtchoppern ist hier nicht erforderlich, da die kurzwelligere Fluoreszenz mit Hilfe des analytischen Monochromators leicht eliminiert werden kann. Auch gestreutes und reflektiertes Anregungslicht kann auf diese Weise leicht ausgeschlossen werden.
Bei allen Phosphoreszenzmessungen können die normalen, in der Absorptionsspektroskopie üblichen Küvetten nicht verwendet werden. Da Sauerstoff ein sehr wirksamer Phosphoreszenzlöscher ist, muß unter Sauerstoffausschluß gearbeitet werden. Lösungen können durch Spülen mit reinen Gasen (Wasserstoff, Stickstoff oder Edelgase) von Sauerstoff befreit werden. Jedoch müssen die Küvetten dann mit einem eingeschliffenen Hahn versehen sein, um das Wiedereindringen von Sauerstoff während der Messung zu verhindern. Diese Methode wird in vielen Fällen ausreichen, eine genügend starke Phosphoreszenzemission zu erhalten. Eine bessere Methode, die vor allen Dingen bei der Aufnahme von absoluten Fluoreszenz-

und Phosphoreszenzspektren, zur Bestimmung von relativen Fluoreszenz- und Phosphoreszenzquantenausbeuten angewendet werden sollte, ist das sogenannte Gefrierpump-Verfahren (freeze-pump). Hierbei wird zunächst der Gasraum über der mit flüssigem Stickstoff eingefrorenen Lösung auf 10^{-5} bis 10^{-6} mm Hg evakuiert. Anschließend wird die Lösung in dem nun von der Pumpe durch einen Vakuumhahn getrennten Gefäß aufgetaut, wobei die gelösten Gase in das Vakuum diffun-

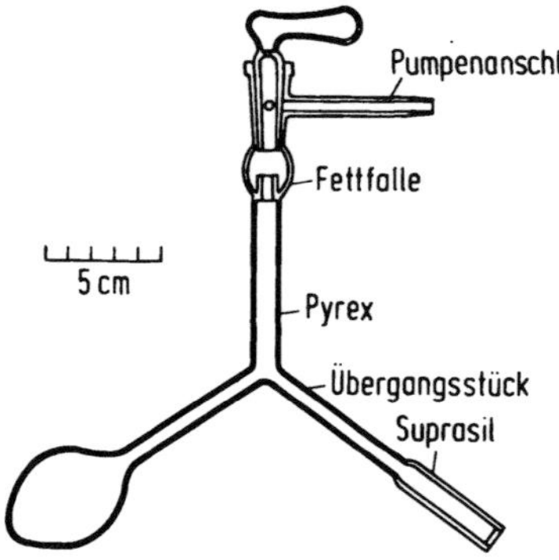

Abb. 6.9: Küvette für die Fluoreszenz- und Phosphoreszenzspektroskopie mit Lösungen, die nach dem Gefrierpumpverfahren sauerstofffrei gemacht werden.

dieren. Das Einfrieren, Evakuieren und wieder Auftauen wird solange wiederholt, bis sich über der eingefrorenen Lösung ein konstanter Dampfdruck, der Eigendampfdruck der Lösung bei der Temperatur der flüssigen Luft, eingestellt hat. Für diese sehr gute Methode des Sauerstoffausschlusses müssen Küvetten (Abb. 6.9) aus verschmolzenen Quarzplatten verwendet werden, an die ein Kolben angeschmolzen ist, in dem die Gefrier-Pump-Zyklen ausgeführt werden.

Die Küvette muß mit einem eingeschliffenen Hochvakuumhahn und einem Normschliff zum Anschluß an das Vakuumsystem versehen sein. Eine sogenannte Fettfalle im oberen Hals soll das Herunterlösen von Schliffett durch die unter Vakuum leicht siedenden organischen Lösungsmittel verhindern.

6.9 Phosphoreszenzquantenausbeuten

(Parker, 1968).

Ist schon die absolute Messung von Fluoreszenzquantenausbeuten schwierig und als Routinemethode unbrauchbar, so gilt dies erst recht für die absoluten Messungen von Phosphoreszenzquantenausbeuten. Man ist daher völlig auf Relativmessungen angewiesen.
Mißt man in einer der Abb. 6.5 bzw. 6.8 entsprechenden Anordnung das absolute Fluoreszenzspektrum eines Fluoreszenzstandards und anschließend unter gleichen Bedingungen das absolute Phosphoreszenzspektrum einer zu untersuchenden Verbin-

dung, so kann zunächst in der in Kap. 6.6 geschilderten Weise die Fluoreszenzquantenausbeute dieser Verbindung berechnet werden. Die Phosphoreszenzquantenausbeute ergibt sich dann aus diesem Wert und dem Verhältnis der Flächen unter dem Fluoreszenz- und Phosphoreszenzspektrum.

$$Q_P = F_P/F_F \cdot Q_F. \tag{6.9}$$

Bei der Berechnung der Flächen des Phosphoreszenzspektrums muß die Öffnungszeit des Choppers entsprechend berücksichtigt werden. Ferner muß bei kurzen Phosphoreszenzabklingzeiten eine Korrektur für den Intensitätsabfall während der Meßzeit vorgenommen werden. Die Genauigkeit der Bestimmungsmethode ist schlechter als die der relativen Bestimmung von Fluoreszenzquantenausbeuten bei Zimmertemperatur. Das ist hauptsächlich durch die experimentellen Schwierigkeiten der Messungen bei tiefen Temperaturen bedingt. Besondere Schwierigkeiten bereitet die notwendige genaue Bestimmung der Extinktionen der untersuchten Lösungen bei 77 K. Bei den meisten in der Literatur angegebenen Phosphoreszenzquantenausbeuten nach dem Relativverfahren ist die bei der Anregungswellenlänge gleiche Extinktionseinstellung von Standard und Probe bei Raumtemperatur vorgenommen worden. Da die Extinktion bei tiefen Temperaturen (77 K) oft stark zunimmt, ergeben sich hier leicht Fehler bis zu 50 % und mehr. In Tab. 6.2 sind einige Phosphoreszenzquantenausbeuten zusammengestellt. Außerdem stehen hier nur wenige Standardsubstanzen zur Verfügung. Die Verwendung verschiedener Lösungsmittel für Standard und untersuchte Verbindung ist besonders problematisch, da auch die Bestimmung der Brechungsindizes bei 77 K schwierig ist.

Tab. 6.2: Phosphoreszenz- und Fluoreszenzquantenausbeuten in EPA bei 77 K (G. Heinrich, H. Güsten, unveröffentlicht)

Substanz	Phosphoreszenz-quantenausbeute	Fluoreszenz-quantenausbeute
Benzophenon	0,84	0
Benzophenon-D_{10}	0,87	0
Decafluorbenzophenon	0,67	0
Naphthalin	0,04	0,41
Naphthalin-D_8	0,23	0,43

6.10 Phosphoreszenzabklingzeiten

(Parker, 1968, McGlynn u.a., 1969, Birks, 1970).

Die experimentelle Bestimmung von Phosphoreszenzabklingzeiten ist aufgrund der langen Lebensdauer der Triplettzustände relativ einfach. Seit der Einführung der

Blitzlichtfotolyse, die ja durch Bestimmung der Abklingfunktion der T-T_X-Absorption dieselbe Aussage in einem viel größeren Bereich ermöglicht, hat das Interesse an der Phosphoreszenzkinetik nachgelassen. Sie ist jedoch immer noch als zweite unabhängige Methode zur Bestimmung von Triplett-Lebensdauern wichtig, insbesondere in Fällen, wo keine T-T_X-Absorption, wohl aber Phosphoreszenz beobachtet werden kann.

Je nach der Größenordnung der Phosphoreszenzabklingzeiten sind verschiedene Meßanordnungen möglich.

1. Fotoblitzapparaturen (Kap. 6.4), die so ausgelegt sind, daß nach dem Anregungsblitz die Phosphoreszenzemission beobachtet wird, können zur Messung von Phosphoreszenzabklingzeiten jeder Größenordnung verwendet werden. Bei der Auslegung derartiger Apparaturen muß besondere Sorgfalt darauf verwendet werden, daß kein Anregungslicht den Detektor erreicht. Da die Intensität der Anregungsblitze auch in günstigen Fällen viel größer ist als die der Phosphoreszenz, und da das Emissionsspektrum des Anregungslichtes sich bis in den Spektralbereich der Phosphoreszenz erstreckt, genügt ein analytischer Monochromator allein nicht. Durch Verwendung von Filtern muß der langwellige Anteil des Anregungslichtes oberhalb der am analytischen Monochromator eingestellten Wellenlänge soweit als irgend möglich unterdrückt werden. Dazu eignen sich Cut-off-Filter (Kap. 6.1).

2. Mit Chopper-Phosphoreszenzspektrometern (Kap. 6.8) können bei Verwendung geeigneter Chopper und Antriebsmotoren Phosphoreszenzabklingzeiten im Bereich von 1 ms bis 1 s gemessen werden. Da hier das Signal repetierend erzeugt wird, können auch sehr schwache Emissionen durch Anwendung der Sampling-Technik noch beobachtet werden. Die wiederholten Abklingvorgänge können z.B. mit Hilfe eines Vielkanalanalysators integriert werden, wobei die Kanalsteuerung durch ein am Anregungschopper abgenommenes lichtelektrisches Signal getriggert wird.

   Eine andere Ausführungsmöglichkeit ist die Verwendung eines linearen Tors mit anschließender Integrationsstufe anstelle des zweiten mechanischen Choppers. Legt man hier zwischen das vom Anregungschopper abgenommene Trig Triggersignal und das lineare Tor eine veränderliche Verzögerung, so können ebenfalls noch die Abklingzeiten sehr schwacher Phosphoreszenzen gemessen werden.

3. Bei langen Phosphoreszenzabklingzeiten ($>$ 50 ms) und starken Emissionen genügen ganz einfache Meßanordnungen. Die Strahlung einer Dauerlichtquelle wird mit einem Fotoverschluß (Schließzeit etwa 2 ms) unterbrochen. Gleichzeitig wird der Sekundärelektronenvervielfacher eingeschaltet und die Emission und ihr zeitlicher Verlauf an einem Anzeigeinstrument beobachtet. Bei geringen Emissionsintensitäten kann auch hier wieder die Sampling-Technik angewendet werden.

6.11 Quantenausbeuten fotochemischer Reaktionen

(Calvert und Pitts, 1966).

Die Quantenausbeute einer fotochemischen Reaktion ist definiert durch den Quotienten aus der Zahl der in der Zeiteinheit umgesetzten Moleküle und der Zahl der in der Zeiteinheit absorbierten Lichtquanten.

$$Q = \frac{\text{Zahl der umgesetzten Moleküle des absorbierenden Stoffes}}{\text{Zahl der absorbierten Lichtquanten}}.$$

Diese beiden Größen müssen zur Ermittlung einer Quantenausbeute experimentell bestimmt werden.

Als Lichtquellen werden bei Quantenausbeutemessungen Linienstrahler in Kombination mit Filtern oder starke Kontinuumstrahler in Kombination mit lichtstarken Monochromatoren, unter Umständen auch in Kombination mit Filtern verwendet. Die Auswahl einer geeigneten Kombination von Lichtquelle und Filter bzw. Monochromator richtet sich nach den Absorptionseigenschaften der untersuchten Verbindung und nach der spektralen Bandbreite, die aufgrund der zur Bestimmung der Bestrahlungsstärke des Anregungslichtes verwendeten Meßmethode gerade noch zulässig ist.

6.11.1 Bestimmung des chemischen Umsatzes

Zur Bestimmung des chemischen Umsatzes nach einer bestimmten Bestrahlungszeit können die verschiedensten Methoden angewendet werden, wie UV- und IR-Spektroskopie, Gas-, Säulen-, Dünnschicht- und Papier*chromatographie, Polarographie,* Leitfähigkeitsmessungen, *NMR-Spektroskopie,* Volumetrie usw., je nachdem, welche physikalischen Eigenschaften die untersuchten Ausgangsverbindungen oder die gebildeten Produkte besitzen. Die Wahl der verwendeten Methode richtet sich danach, wie am einfachsten und schnellsten eindeutige und reproduzierbare Meßwerte erhalten werden. Für Messungen der Quantenausbeute bei Totalabsorption (6.11.3) dürfte die Gaschromatographie die sicherste und schnellste Analysenmethode sein, für Quantenausbeutebestimmungen bei veränderlicher Lichtabsorption (6.11.4) die Absorptionsspektroskopie.

6.11.2 Bestimmung der absorbierten Lichtmenge

Die Bestimmung der absorbierten Lichtmenge erfordert zuerst eine genaue Messung der Bestrahlungsstärke des Anregungslichtes am Ort der bestrahlten Probe. Hierzu werden physikalische Lichtmeßmethoden oder die Aktinometrie verwendet.

6.11.2.1 Physikalische Lichtstrommessung

Physikalische Lichtstrommessungen können mit Strahlungsthermoelementen, Fotozellen, Fotodioden, Sekundärelektronenvervielfachern (SEV) und Bolometern durch geführt werden. Am geeignetsten sind Vakuumstrahlungsthermoelemente, deren Empfindlichkeit von der Wellenlänge des Lichtes unabhängig und auch bei sehr langer Verwendungsdauer konstant ist. Sie können mit einer genauen Eichung geliefert werden. Um eine Erwärmung des Thermoelements zu vermeiden, die bei endlichen Strömen am Innenwiderstand auftreten würde, wird die Spannung am Thermoelement in einer mit Hilfe eines Kompensators stromlos gemachten Brükkenschaltung gemessen. Als Null-Instrumente werden hierbei empfindliche Galvanometer verwendet. Der Kompensator arbeitet mit einer Hilfsstromquelle, die jeweils gegen ein Weston-Normelement geeicht wird. Für gute Temperaturkonstanz ($\pm$ 0,1 °) in der Umgebung des Strahlungsthermoelements muß unbedingt Sorge getragen werden. Die Methode ist für kontinuierliche Messungen nicht geeignet. Für derartige Messungen sind Fotozellen und Fotodioden besser geeignet, die mit Hilfe eines Strahlungsthermoelementes oder eines Aktinometers geeicht werden. Das elektrische Signal der Detektoren kann in einfacher Weise mit einem Schreiber registriert werden. Fotozellen, Fotodioden und SEV sind dagegen für absolute Lichtstrommessungen weniger geeignet. Sie weisen alle eine individuelle spektrale Empfindlichkeitsverteilung auf, die sich zudem bei längerem Gebrauch verändern kann. Für Absolutmessungen sind daher umständliche Eichungen erforderlich, die in regelmäßigen Zeitabständen wiederholt werden müssen. Als Monitoren zur Ermittlung der zeitlichen Konstanz einer Lichtquelle leisten sie aber gute Dienste.

6.11.2.2 Aktinometrie
(Calvert und Pitts, 1966).

Ein Aktinometer ist eine chemische Verbindung, die in einer eindeutigen fotochemischen Reaktion bekannter Quantenausbeute gut meßbare Produkte bildet. Alternativ kann auch die nicht umgesetzte Restmenge der Aktinometerverbindung bestimmt werden. Zur Bestimmung des chemischen Umsatzes der Aktinometerverbindung können alle Methoden benutzt werden, die auch zur Bestimmung des Umsatzes der untersuchten Verbindung verwendbar sind (Kap. 6.11.1). Ein gutes Aktinometer sollte gut und über einen möglichst großen Spektralbereich absorbieren. Ferner sollte die Quantenausbeute genau bekannt und über einen möglichst großen Wellenlängenbereich des Anregungslichtes konstant sowie von der Temperatur und bei Lösungen, von der Viskosität unabhängig sein. Die Quantenausbeute sollte auch über einen möglichst weiten Bereich von der Bestrahlungsstärke und von der absorbierten Dosis unabhängig sein. Weitere Anforderungen an ein gutes Aktinometer sind Empfindlichkeit und ein großer Bereich der meßbaren Dosis. Außerdem sollte eine Aktinometersubstanz leicht zu beschaffen sein und eine große chemische Stabilität besitzen.

Die aktinometrische Bestimmung von Bestrahlungsstärken hat wesentliche Vorteile:

1. Aktinometer liefern vergleichbare Ergebnisse unabhängig davon, in welchem Laboratorium sie benutzt werden, da systematische Meßfehler, die bei absoluten

physikalischen Lichtstrommessungen leicht auftreten können, praktisch ausgeschlossen sind. Sie können als einfache verläßliche Standards für absolute Lichtstrommessungen verwendet werden.

2. Aktinometer messen integrierend. Daher werden Fehler infolge von Schwankungen der Bestrahlungsstärke automatisch ausgeschlossen, wenn Lichtstrommessung und Bestimmung des chemischen Umsatzes der untersuchten Verbindungen gleichzeitig durchgeführt werden.
3. Durch Auswahl geeigneter Küvettengrößen und Geometrien für das Aktinometer kann praktisch jeder Lichtstrom gemessen werden.
4. Wenn die Quantenausbeute von der Wellenlänge des Lichts unabhängig ist, wirkt ein Aktinometer als Quantenzähler für polychromatisches Licht.
   Eine Beschreibung der fotochemischen Vorgänge und der praktischen Anwendung von Aktinometern wird in Kap. 7.11.2.1 gegeben.

Bei der Bestimmung fotochemischer Quantenausbeuten sind prinzipiell zwei verschiedene Meßmethoden anwendbar. Entweder man arbeitet unter Bedingungen, die eine vollständige Absorption des Anregungslichtes während der gesamten Messung sicherstellen (Messung bei Totalabsorption) oder die Messung erfolgt unter Bedingungen, bei denen ein mit fortschreitendem Umsatz abnehmender Teil des Anregungslichtes absorbiert wird, also bei veränderlicher Lichtabsorption (kinetische Methode).

6.11.3 Messungen von Quantenausbeuten bei Totalabsorption

Die untersuchte Verbindung wird in ein Meßgefäß aus Quarz (bei Anregungswellenlängen < 300 nm) oder Glas (bei Anregungswellenlängen > 300 nm) in einer Konzentration eingestellt, die Totalabsorptionen während der gesamten Bestrahlungszeit und bei allen Wellenlängen des Anregungslichtes garantiert. Soll die Lichtstrommessung mit physikalischen Methoden durchgeführt werden, so muß die Anregung mit exakt monochromatischem Licht erfolgen. Die Berechnung der Zahl der absorbierten Lichtquanten bereitet sonst große Schwierigkeiten. Ferner sollten Meßgefäße aus planparallelen Platten verwendet werden, um Meßfehler infolge von Reflexion und Streuung möglichst zu vermeiden. Wird der Lichtstrom aktinometrisch gemessen, so können beliebige Meßgefäße verwendet werden, solange sichergestellt ist, daß stets und überall in der Probe Totalabsorption herrscht.
Nach einer genügend langen Belichtungszeit wird der chemische Umsatz in mol/l mit einer geeigneten analytischen Methode (Kap. 6.11.1) bestimmt. Bei aktinometrischer Lichtstrommessung sollte die Aktinometersubstanz in einem Meßgefäß gleicher Größe und Geometrie in gleichem Abstand von der Lichtquelle gleichzeitig oder wenn es die Konstanz der Lichtquelle erlaubt, vor und nach der eigentlichen Messung bestrahlt und der Umsatz bestimmt werden.

Die gesuchte Quantenausbeute der Reaktion ist dann:

$$Q_R = \frac{\text{Umsatz [mol/l]}}{\text{Zeiteinheit}} / \frac{\text{Aktinometer Umsatz [mol/l]}}{\text{Zeiteinheit}} \cdot \frac{1}{Q_A}, \qquad (6.10)$$

wobei Q_A die bekannte Quantenausbeute des Aktinometers ist. Bei physikalischer Lichtstrommessung wird die Bestrahlungsstärke am Ort der Meßzelle und, zur Berücksichtigung der Absorption und Reflexion der Meßzelle und des Lösungsmittels, hinter einer mit reinem Lösungsmittel gefüllten Meßzelle gemessen. Die Messung sollte während der Bestrahlungszeit mehrmals wiederholt werden, wenn nicht ein Monitor mögliche Änderungen in der Bestrahlungsstärke registriert. Die gesuchte Quantenausbeute der Reaktion ist dann:

$$Q_R = \frac{\text{Umsatz [mol/l]}}{\text{Bestrahlungszeit [s]}} / \text{I [Einstein/l} \cdot \text{s]}, \qquad (6.11)$$

wobei I der Lichtstrom ist. Ein Einstein sind $6{,}023 \cdot 10^{23}$ Quanten, also ein „Mol Licht".
Zur Bestimmung der Reproduzierbarkeit sollten stets mehrere Messungen durchgeführt werden.

Eine einfache und praktische Apparatur, in der mehrere Quantenausbeuten gleichzeitig oder aber der Fortgang einer Reaktion in Abhängigkeit von der Bestrahlungszeit untersucht werden können, haben Moses u.a. (1969) angegeben. Die Apparatur ist unter dem Namen „Merry go round" (Karussel) bekannt geworden. Eine Reihe von Meßgefäßen mit Proben- und Aktinometerlösungen ist in einem rotierenden Zylinder um eine in der Mitte angebrachte Lichtquelle herum angeordnet. Zwischen der Lichtquelle und den Proben befinden sich Flüssigkeitsfilter oder Filtergläser. Die Zylinderwand wirkt als Reflektor. Durch die ständige Rotation des Zylinders wird dafür gesorgt, daß alle Meßzellen gleichmäßig belichtet werden. Nach den jeweils erforderlichen Belichtungszeiten werden einzelne Meßzellen herausgenommen und mit geeigneten analytischen Methoden untersucht.

6.11.4 Bestimmung von Quantenausbeuten bei veränderlicher Lichtabsorption (Kinetische Methode)

Messungen bei Totalabsorption erlauben keine Aussage über die Einheitlichkeit der untersuchten Reaktion, es sei denn, man macht viele Messungen bei verschieden langen Belichtungszeiten, was umständlich und zeitraubend ist. Oft ist daher die Anwendung der kinetischen Methode zur Bestimmung von Quantenausbeuten günstiger. Hierbei wird die Änderung der Lichtabsorptionen der untersuchten Verbindung bei der Belichtungswellenlänge während der gesamten Bestrahlungszeit beobachtet. Die Bestimmung des Lichtstroms, der bei diesem Verfahren sehr konstant sein sollte, kann wahlweise aktinometrisch oder mit physikalischen Methoden erfolgen. Die Auswertung der Messungen kann unter Einhaltung bestimmter Bedingungen sehr vereinfacht werden. Basierend auf Arbeiten von Hausser (1950) können nach Schulte-Frohlinde (1958) Fotoreaktionen als Reaktionen 1. Ordnung angesehen werden, wenn zwei Bedingungen erfüllt sind:

1. Extinktionen der Probe bei der Belichtungswellenlänge $< 0{,}3$.
2. Gleichmäßige Ausleuchtung der Meßzellen mit parallelem monochromatischem Licht.

Die Quantenausbeute der untersuchten fotochemischen Reaktion ist dann

$$Q_R = \frac{k_R \cdot c_0}{I_0 \cdot A}. \tag{6.12}$$

Hier ist k_R [s^{-1}] die Reaktionsgeschwindigkeitskonstante der Reaktion 1. Ordnung, c_0 (mol/l) die Ausgangskonzentration, I_0 (Einstein/l · s) der gesamte auf die Küvette einfallende Lichtstrom und A die dimensionslose Ausgangsabsorption der Lösung bei der Belichtungswellenlänge. Gemessen wird die Anfangsextinktion bei der Belichtungswellenlänge, aus der sich nach Lambert-Beer A und bei Kenntnis des molaren Extinktionskoeffizienten auch c_0 ergeben, und anschließend der zeitliche Verlauf der Extinktion der Lösung mit der Belichtung bis zur Erreichung eines konstanten Endwertes bei irgendeiner geeigneten Wellenlänge, bei der möglichst große Extinktionsänderungen auftreten. Die Auftragung der Werte für log $(E_t - E_\infty)$ gegen die Belichtungszeit t liefert Geraden, aus denen die Halbwertszeit der Reaktion, $t_{1/2}$, und über die Beziehung $k_R = \ln 2/t_{1/2}$ die Reaktionsgeschwindigkeitskonstante ermittelt wird. Der Lichtstrom I_0 wird gesondert am Ort der Meßzelle und bei Anwendung physikalischer Meßmethoden hinter einer Küvette mit reinem Lösungsmittel bestimmt. Die Genauigkeit der Methode beträgt ± 10 %.

Die Gl. (6.12) beruht jedoch auf eine Näherungsmethode, da bei Gültigkeit des Lambert-Beer-Gesetzes [Gl. (4.6) Kap. 4] die Absorption nicht, wie in Gl. (6.12) vorausgesetzt, linear mit der Belichtungszeit abnimmt. Die tatsächliche Absorption und damit auch die graphisch ermittelte Reaktionsgeschwindigkeitskonstante ist vielmehr in jedem Augenblick größer als in Gl. (6.12) vorausgesetzt wird, wodurch stets etwas zu hohe Quantenausbeuten berechnet werden.
Eine mathematisch exakte Lösung dieser Diskrepanz zwischen der zeitlichen Abhängigkeit von E und A ist von Zimmerman u.a. (1958) angegeben worden. Mit dieser mathematischen Methode lassen sich auch Quantenausbeuten bei Anfangsextinktionen über E = 0,3 mittels der kinetischen Methode bestimmen.
Die Zimmerman-Methode wird im nächsten Abschnitt am Beispiel einer Quantenausbeutenermittlung unter Berücksichtigung der inneren Lichtfilterwirkung dargestellt.

6.11.5 Berechnung von Quantenausbeuten unter Berücksichtigung der inneren Lichtfilterwirkung

Wird bei einer fotochemischen Reaktion vom Typ $A \xrightarrow{h\nu} B$ ein Reaktionsprodukt gebildet, das selber Licht der Anregungswellenlänge absorbiert, so werden bei fortschreitender Bildung von B mehr und mehr eingestrahlte Lichtquanten von B absorbiert. Die durch Aktinometrie bzw. eine physikalische Lichtstrommessung bestimmten Quanten werden so zum Teil von B absorbiert und entgehen damit der Zählung. Man nennt dies den inneren Lichtfiltereffekt. Seine mathematische Berücksichtigung für eine einsinnige fotochemische Reaktion gelingt durch folgenden Ansatz:

$$Q = \frac{dN}{dt} \cdot \frac{1}{A \cdot I_0}, \tag{6.13}$$

wobei A die von der Belichtungszeit t abhängige Absorption und I_0 der Lichtstrom in Quanten pro Sekunde ist. Durch Einführen des Molenbruches, $x = N/N_0$, erhält man anstelle der zeitabhängigen Molekelzahl N(t) eine neue Variable x(t); die von 1 bis 0 läuft und den jeweiligen Bruchteil der zur Zeit t noch nicht umgesetzten Moleküle angibt. Mit $N_0 = c_0 \cdot N_L \cdot V_A$ (N_L = Loschmidt'sche Zahl, V = Volumen) erhält man nach Umformung:

$$\frac{dx}{dt} = \frac{Q \cdot A \cdot I_0}{V \cdot c_0 \cdot N_L}. \tag{6.14}$$

Durch Erweitern mit $\epsilon \cdot d \cdot x/\epsilon \cdot d \cdot x$ und unter Beachtung von $c_0 \cdot \epsilon \cdot d \cdot x =$ E(t) ergibt sich:

$$\frac{dx}{dt} = \frac{Q \cdot I_0 \cdot E \cdot \epsilon \cdot d}{V \cdot N_L} \cdot \frac{A \cdot x}{E} = C \cdot \frac{(1 - e^{-E})x}{E} \tag{6.15}$$

wenn noch $fa = 1 - e^{-E}$ und

$$Q \cdot I_0 \cdot \epsilon \cdot d/V \cdot N_L = \text{Konst.} = C \tag{6.16}$$

berücksichtigt werden. Da aber $E = f(x) = f^*(t)$ ist, kann $E/(1 - e^{-E}) = F(x)$ gesetzt werden:

$$\frac{dx}{dt} = C \cdot \frac{x}{F(x)}. \tag{6.17}$$

Durch Zusammenfassung der Variablen erhält man die Differentialgleichung:

$$\frac{F(x)}{x}\, dx = C \cdot dt \tag{6.18}$$

und durch Integration die Funktion:

$$\Psi(x) = \int \frac{F(x)}{x}\, dx = C \int dt. \tag{6.19}$$

Um die Funktion $\Psi(x)$ zu ermitteln, muß die Funktion $F(x) = E/A$, also die Änderung von A mit der Extinktion, als Reihe entwickelt werden.

Für $E < 2$ gilt:

$$F(x) = \frac{E}{1 - e^{-E}} = 1 + \frac{E}{2} + \frac{E^2}{12} + \ldots \tag{6.20}$$

Da x der Molenbruch der noch nicht umgesetzten Ausgangsverbindung ist, gilt für E

$$\begin{aligned} E &= (d \cdot c_0 \cdot \epsilon_A)x + (d \cdot c_0 \cdot \epsilon_Z)(1 - x) \\ &= d \cdot c_0 \cdot \epsilon_Z + d \cdot c_0 (\epsilon_A - \epsilon_Z)x, \end{aligned} \tag{6.21}$$

wobei ϵ_A und ϵ_Z die molaren Extinktionskoeffizienten von Ausgangs- und Fotoprodukt sind. Damit ist:

$$F(x) = 1 + \frac{d \cdot c_0}{2} \epsilon_Z + \frac{d^2 \cdot c_0^2}{12} \epsilon_Z^2 + x \left[\frac{d \cdot c_0}{2} (\epsilon_A - \epsilon_Z) + \frac{d^2 \cdot c_0^2}{6} \epsilon_Z (\epsilon_A - \epsilon_Z)\right]$$

$$+ x^2 \left[\frac{d^2 \cdot c_0^2}{12} (\epsilon_A - \epsilon_Z)\right] = a + bx + cx^2, \tag{6.22}$$

wenn die den verschiedenen Potenzen von x zugeordneten konstanten Terme in drei Konstanten zusammengefaßt werden. Damit ergibt sich für Gl. (6.18):

$$\frac{F(x)}{x} dx = \frac{a}{x} dx + bdx + cx\,dx = C \cdot dt. \tag{6.23}$$

Für die Konstanten a, b und c gilt unter Berücksichtigung von $c_0 \cdot d \cdot x = E(t)$:

$$a = 1 + \frac{E_{\infty,Z}}{2} + \frac{(E_{\infty,Z})^2}{12} \tag{6.24}$$

$$b = \frac{E_{0,A}}{2} - \frac{E_{\infty,Z}}{2} + \frac{E_{0,A} \cdot E_{\infty,Z}}{6} - \frac{(E_{\infty,Z})^2}{6} \tag{6.25}$$

$$c = \frac{(E_{0,A})^2}{12} + \frac{(E_{\infty,Z})^2}{12} - \frac{E_{0,A} \cdot E_{\infty,Z}}{6}. \tag{6.26}$$

Die Faktoren a, b und c hängen von der Anfangskonzentration c_0, der Schichtdicke d und der Extinktion von Ausgangs- und Fotoprodukt bei der Einstrahlwellenlänge ab. Sie müssen für jeden Versuch berechnet werden.
Durch Einsetzen von Gl. (6.23) in Gl. (6.19) und Lösen der Integrale findet man schließlich für die Funktion $\Psi(x)$:

$$\Psi(x) = a \ln x + bx + \frac{c}{2} x^2 = C \cdot t. \tag{6.27}$$

Für die praktische Anwendung der Gl. (6.27) muß noch vom natürlichen zum dekadischen Logarithmus übergegangen werden. Alle E-Werte in den Gl. (6.24) bis (6.26) sind dann die gemessenen dekadischen Extinktionen der untersuchten Lösungen.

Die graphische Darstellung der Größe $\Psi(x)$ gegen t ergibt exakte Geraden, aus deren Steigung die Konstante C ermittelt werden kann:

$$C = \frac{\Psi_2 - \Psi_1}{t_2 - t_1}. \qquad (6.28)$$

Die Quantenausbeute kann dann nach Gl. (6.15) berechnet werden:

$$Q = \frac{C \cdot V \cdot N_L}{I_0 \cdot \epsilon \cdot d}. \qquad (6.29)$$

Alle Extinktionswerte in den Gl. (6.24) bis (6.26) und der molare Extinktionskoeffizient der Ausgangsverbindung in Gl. (6.29) beziehen sich auf die Belichtungswellenlänge [3].

Das Zimmerman-Verfahren (Zimmerman u.a., 1958) ist für den komplizierten Fall einer Gleichgewichtsreaktion A $\leftrightarrows$ B, z.B. der fotochemischen cis $\leftrightarrow$ trans-Isomerisierung durchgeführt worden. Für die Berechnung des Stoffumsatzes in Abhängigkeit von der Belichtungszeit mittels der kinetischen Methode ist für eine Reihe von anderen Fotoreaktionen die mathematische Durchführung abgeleitet worden (Kling u.a., 1963, Wasgestian und Schläfer, 1967, Mauser, 1964, 1967).

Die kinetische Methode erlaubt die Bestimmung der Quantenausbeuten bei Konzentrationen von 10^{-5} [mol/l] und geringer in sehr kleinen Volumina. Durch Änderung der Schichtdicke bis auf wenige μ können noch organische Verbindungen mit hohen molaren Extinktionen bis zu Konzentrationen von 1 [mol/l] bei veränderlicher Lichtabsorption gemessen werden (Güsten und Schulte-Frohlinde, 1965). Weniger geeignet ist die kinetische Methode bei sauerstoffempfindlichen Fotoreaktionen. Zwar kann in Lösungen mittels der Gefrierpump-Technik (siehe Abschn. 6.8) die Sauerstoffkonzentration auf etwa 10^{-5} [mol/l] reduziert werden, sie ist dann aber immer noch in der Größenordnung der Konzentration der reagierenden Verbindung.

---

[3] Da die numerische Auswertung und graphische Ermittlung von C mit hohem Zeitaufwand verbunden ist, empfiehlt es sich, die Auswertung mit einem Computer vorzunehmen.

Literatur

Alfano, R.R. and Shapiro, S.L. (1973): Sci. American *228*, Nr. 6, 43–73.

Berlman, I.B. (1971): Handbook of Fluorescence Spectra of Aromatic Molecules. Academic Press, New York and London.

Berlman, I.B. and Steingraber, O.J. (1965): J. Chem. Phys. *43*, 2140.

Binkert, T., Tschanz, H.P. und Zinsli, P.E. (1972): J. Luminescence *5*, 187.

Birks, J.B. (1970): Photophysics of Aromatic Molecules. Wiley-Interscience, New York.

Birks, J.B. and Munro, I.H. (1967): The Fluorescence Lifetime of Aromatic Molecules, in Progr. Reaction Kinetics *4*, 239–303. Pergamon Press, New York.

Bowen, G.J. and Sawtel, J.W. (1937): Trans. Faraday Soc. *33*, 1425.

Calvert, J.G. and Pitts jr., J.N. (1966): Photochemistry, John Wiley, New York.

Demas, J.N. and Grosby, G.A. (1971): J. Phys. Chem. *75*, 991–1024.

Demas, J.N. and Adamson, A.W. (1971): J. Phys. Chem. *75*, 2463.

Dörr, F. (1966): Angew. Chem. *72*, 457–474.

Drobnik, J. and Yeager, E. (1966): J. Mol. Spectr. *19*, 454.

Evans, D. (1957): J. Chem. Soc. (London), 1351.

Förster, Th. (1951): Fluoreszenz Organischer Verbindungen. Vandenhoeck und Ruprecht, Göttingen.

Forster, L.S. and Levingston, R. (1952): J. Chem. Phys. *20*, 1315.

Gelernt, G., Findeisen, A., Stein, A. and Pool, J.A. (1974): J. Chem. Soc. Faraday Trans. II, 939.

McGlynn, S.P., Azumi, T. and Kinoshita, M. (1969): Molecular Spectroscopy of the Triplet State, Prentice-Hall Inc., Englewood Cliffs, New Jersey.

Güsten, H. und Schulte-Frohlinde, D. (1965): Z. phys. Chem. N.F. *45*, 209.

Hausser, K.H. (1950): Z. Naturforsch. *5a*, 41.

Heinrich, G., Schoof, S. and Güsten, H. (1974): J. Photochem. *3*, 315.

Heinrich, G., Blume, H. und Güsten, H., unveröffentlicht.

Herkstroeter, W.G. (1972): Absorption Spectroscopy of Transient Species, in Techn. Chem. *1*, (Weissberger, A. and Possiter, B.W., eds.) Phys. Methods Chem. Teil 3 b, 521–576. Wiley-Interscience, New York.

Howerton, H.K. (1967): A Corrected Spectra Instrument, in Fluorescence (Guilbault, G.G., ed.) 233–254, Edward Arnold (Publ.), Ltd. London und Marcel Dekker, Inc., New York.

Jablonski, A. (1961): Z. Naturforsch. *16a*, 1.

Jaffé, H.H. and Orchin, M. (1962): Theory and Applications of Ultraviolet Spectroscopy, J. Wiley and Sons, Inc., New York.

Johns, H.E. and Ralph, A.M. (1965): Photochem. Photobiol. *4*, 613, 673.

Kasha, M. (1952): J. Chem. Phys. *20*, 71.

Kearns, D.R. and Case, W.A. (1966): J. Amer. Chem. Soc. *88,* 5087.

Kling, O., Nikolaiski, E. und Schläfer, H.L. (1963): Ber. Bunsenges. phys. Chem. *67*, 883.

Kortüm, G. (1962): Kolorimetrie, Fotometrie und Spektroskopie. Springer-Verlag, Berlin, Göttingen, Heidelberg.

Landolt-Börnstein (1957): Zahlenwerte und Funktionen aus Physik, Chemie, Astronomie, Geophysik und Technik, 6. Aufl., Band *IV*, Teil 3, Springer-Verlag, Berlin, Göttingen, Heidelberg.

— (1967): Zahlenwerte und Funktionen aus Naturwissenschaften und Technik, Gruppe II, *3*, „Lumineszenz Organischer Verbindungen". Springer-Verlag, Berlin, Heidelberg, New York.

Marchetti, A.P. und Kearns, D.R. (1967): J. Amer. Chem. Soc. *89*, 768.

Mauser, H. (1964): Z. Naturforsch. *19a*, 767.

Mauser, H. (1967): Z. Naturforsch. *22b*, 367, 371.

Melhuish, W.H. (1960): J. Opt. Soc. Amer. *52*, 587.

Melhuish, W.H. (1961): J. Phys. Chem. *65*, 229.

Moses, F.G., Liu, R.S.H. and Monroe, B.M. (1969): Mol. Photochem. *1,* 245.

Müller, A. (1968): Z. Naturforsch. *23a*, 946.

Müller, A. und Sommer, U. (1969): Ber. Bunsenges. phys. Chem. *73*, 819.

Norrish, R.G.W. (1968): Angew. Chem. *80*, 868–881.

Novak, J.R. and Windsor, M.W. (1968): Proc. Roy. Soc. (London) *A 308*, 95.

Noyes, R.M. (1974): Photostationary Methods, in Techn. Chem. *6*, Part II, 343–364 (Hammes, G.G., ed.), Wiley-Interscience, New York.

Parker, C.A. (1968): Photoluminescence of Solutions. Elsevier, Amsterdam.

Parker, C.A. and Rees, W.T. (1960): Analyst *85*, 587.

Porter, G. (1968): Angew. Chem. *80*, 882–891.

Porter, G. (1961): Angew. Chem. *73*, 7–11.

Porter, G. and Topp, M.R. (1970): Proc. Roy. Soc. (London) *A 315*, 163.

Porter, G. and West, M.A. (1974): Flash Photolysis, in Techn. Chem. *6*, Part II, 367–462 (Hammes, G.G., ed.). Wiley-Interscience, New York.

Pringsheim, P. (1949): Fluorescence and Phosphorescence. Wiley-Interscience, New York.

Prof. Conf. NBS, Gaithersburg (1972): Accuracy in Spectrophotometry and Luminescence Measurements (R. Mavrodineau, J.I. Shultz and O. Menis, eds.), National Bureau of Standards, Special Publication 378 (1973).

Rentzepis, R.M. (1973): Advan. Chem. Phys. *23*, 189–225.

Rothman, W., Case, W.A. and Kearns, R.D. (1965): J. Chem. Phys. *43*, 1067.

Ruskowicz, R. and Testa, A.C. (1968): J. Phys. Chem. *72*, 783.

Schäfer, F.P. und Röllig, K. (1964): Z. phys. Chem. N.F. *40*, 198.

Schulte-Frohlinde, D. (1958): Liebigs Ann. Chem. *615*, 114.

Scott, T.G., Spencer, R.D., Leonard, N.J. and Weber, G. (1970): J. Amer. Chem. Soc. *92*, 687.

Simons, J.P. (1971): Photochemistry and Spectroscopy. Wiley-Interscience, New York.

Smith, F.J., Smith, J.K. and McGlynn, S.P. (1962): Rev. Sci. Instr. *33*, 1367.

Stevens, B. and Dubois, J.T. (1963): Trans. Faraday Soc. *59*, 2813.

Vavilov, S.I. (1924): Z. Physik *22*, 266.

Wasgestian, H.F. und Schläfer, H.L. (1967): Ber. Bunsenges. phys. Chem. *71*, 489.

Weber, G. and Teale, F.W.J. (1957): Trans. Faraday Soc. *53*, 646.

Wied, G.L. (Hrsg.) (1966): Introduction to Quantitative Cytochemistry. Academic Press, New York, London.

Wild, U.P. (1973): Chimia *27*, 421–427.

Wotherspoon, N., Oster, G.K. and Oster, G. (1972): The Determination of Fluorescence and Phosphorescence, in Techn. Chem. (Weissberger, A. und Rossiter, B.W., eds.) *1*, Phys. Methods Chem., Part 3 b, 429–484. Wiley-Interscience, New York.

Zimmerman, G., Chow, L.-Y. and Paik, U.J. (1958): J. Amer. Chem. Soc. *80*, 3528.

7 Chemische Wirkung ultravioletter Strahlen – Chemische Prozesse elektronisch angeregter Moleküle

H. Blume, H. Güsten

7.1 Historischer Überblick

Schon seit dem Altertum ist bekannt, daß Licht chemische Wirkungen hervorbringt, wie z.B. das Ausbleichen von Farben oder das Pflanzenwachstum. Bis in das 18. Jahrhundert wurden qualitativ Phänomene beschrieben, die auf die Einwirkung des Lichtes auf Materie zurückgeführt wurden, wie etwa die Schwärzung des Silberchlorids oder die katalytische Wirkung des Lichtes auf die Chlorknallgas-Reaktion zwischen Wasserstoff und Chlor. 1817 erkannte Grotthus das Absorptionsgesetz in der Formulierung: „Die Substanz, die am meisten auf ein bestimmtes farbiges Licht anspricht, zeigt in ihrem natürlichen Zustand die Komplementärfarbe des Lichtes". Dieses in Vergessenheit geratene Gesetz wurde 1841 von Draper wiederentdeckt. In diese Zeit fallen die ersten quantitativen Versuche, Beziehungen zwischen der Lichtmenge und dem fotochemischen Umsatz zu finden. Die klassischen Versuche von Bunsen und Roscoe im Jahre 1854 führten zum Bunsen-Roscoe'schen Gesetz, welches aussagt, daß die fotochemische Wirkung der Intensität des eingestrahlten Lichtes proportional ist. Tiefere Einsicht war den beiden Forschern damals verwehrt, da Bunsen und Roscoe ihre fotochemischen Untersuchungen an der für ihre Fragestellung ungeeigneten Chlorknallgas-Reaktion durchführten, einer Reaktion, die erst in diesem Jahrhundert als Kettenreaktion erkannt wurde. Auch war im vorigen Jahrhundert der Dualismus zwischen Wellen- und Teilchen-Natur des Lichtes unbekannt. Erst nachdem Planck und Einstein die Existenz des Photons aufgezeigt hatten und erkannt worden war, daß das Photon als Teilchen mit Atomen und Molekülen reagieren kann, war das Verständnis für einen quantitativen Zusammenhang zwischen der absorbierten Lichtstrahlung und der umgesetzten Menge möglich. Aus dem Stark-Einstein'schen fotochemischen Äquivalentgesetz, wonach die fotochemisch umgesetzten chemischen Äquivalente der eingestrahlten Lichtmenge, also der Anzahl der absorbierten Lichtquanten proportional sind, leitete Bodenstein den Begriff der Quantenausbeute ab.

$$Q = \frac{\text{Zahl der umgesetzten Moleküle des lichtabsorbierenden Stoffes}}{\text{Zahl der absorbierten Lichtquanten}}. \quad (7.1)$$

Das theoretische Verständnis für fotochemische Vorgänge und Primärprozesse wurde vor allem durch Nernst, Warburg, Franck (Franck-Condon-Prinzip, Kap. 4.4.4) und Henri vertieft. Diese Entwicklung wurde besonders in den zwanziger Jahren durch die Fortschritte in der experimentellen Technik (Elektronenspektroskopie) und der

Theorie (Quantenmechanik) getragen. Bereits um 1900 hatten sich, unabhängig vom physikalischen Verstehen fotochemischer Vorgänge, die organischen Chemiker fotochemischer Reaktionen zur Synthese bedient. Die faszinierende Vorstellung, Licht als Agens für Synthesen organischer Verbindungen zu benutzen, haben Ciamician und Silber in einer Reihe von Arbeiten niedergelegt, die heute als der Beginn der organischen Fotochemie angesehen wird.

In einem weitblickenden Artikel hat Ciamician (Ciamician, 1912) schon damals die vielfältigen Anwendungsmöglichkeiten fotochemischer Reaktionen gesehen. Obwohl damals erste Lehrbücher über Fotochemie (Benrath, 1912) erschienen, blieb die Fotochemie ein kleines Teilgebiet der physikalischen Chemie.
Erst in den letzten 20 Jahren nahm die Fotochemie einen ungeheuren Aufschwung zu einem selbständigen Teilgebiet der Chemie. Diese Entwicklung war zum Teil bedingt durch die vielfältigen neuen und empfindlichen Analysenmethoden, zum Teil durch den Fortschritt der Theorie. Parallel zur Entwicklung der quantenmechanischen Valenztheorie verlief die sehr rasch wachsende Rechenmaschinenkapazität, die die Berechnung auch großer organischer Moleküle im Grund- und elektronisch angeregten Zustand zugänglich machte. Durch die Natur der Mehrzahl der untersuchten organischen Verbindungen bedingt, wird die Fotochemie der letzten 20 Jahre vornehmlich in Lösung durchgeführt.

7.2 Abgrenzung des Begriffs Fotochemie

Man kennt fotochemische Reaktionen in allen Aggregatzuständen der Materie, bei Molekülen oder Atomen, bei anorganischen und organischen Verbindungen. Das Gebiet der Fotochemie umfaßt Reaktionen, die durch Licht des Vakuum-UV-, UV- und sichtbaren Spektralbereichs ausgelöst werden. Reaktionen, die durch höher energetische Quanten verursacht werden, gehören in das Gebiet der Strahlenchemie (Henglein u.a., 1969, Güsten, 1972), während Reaktionen, die durch die niederenergetischen Quanten der IR- und Wärmestrahlung ($<$ 30 kcal/mol) ausgelöst werden, eher in den Bereich der klassischen, d.h. thermischen Chemie gehören.
Die Fotochemie im Vakuum-UV ($\gtrsim$ 150 kcal/mol) hat mehr Gemeinsamkeiten mit der Strahlenchemie als mit der Fotochemie des ultravioletten und sichtbaren Spektralbereichs. Die Quantenenergien sind hier gegenüber den innermolekularen Bindungsenergien ($\sim$ 60–120 kcal/mol) groß und oft sogar größer als die Ionisationspotentiale ($>$ 135 kcal/mol) der absorbierenden Moleküle. Die Reaktionen erfolgen daher in diesem Energiebereich aus ionisierten überangeregten Zuständen. Wegen der außerordentlich hohen molaren Extinktionskoeffizienten der meisten Moleküle im Vakuum-UV ist die Fotochemie dieses Spektralbereichs nur noch in seltenen Fällen in kondensierter Phase durchführbar. Sie ist im wesentlichen auf Reaktionen in der Gasphase beschränkt. Die experimentelle Technik der Vakuum-UV-Fotochemie ist schwierig, da eine räumliche Trennung von Lichtquelle und Probe

und die Verwendung normaler optischer Systeme nicht mehr möglich sind. Ferner muß im Vakuum gearbeitet werden, da auch Luft und viele andere Gase das Vakuum-UV-Licht vor Erreichen der Probe vollständig absorbieren würden. Die Fotochemie des Vakuum-UV ist daher ein eigenständiges Gebiet der Fotochemie, das im Rahmen dieser Darstellung nicht behandelt werden soll, obwohl es gerade in den letzten Jahren sehr an Bedeutung gewonnen hat. Interessenten sei auf die einschlägige Literatur hingewiesen (Sieck, 1968, McNesby und Okabe, 1965, Terenin und Vilessov, 1964). In diesem Kapitel wird nur die Fotochemie des ultravioletten und sichtbaren Spektralbereichs behandelt. Da während der letzten 20 Jahre die Reaktionen organischer Verbindungen in Lösungen das wichtigste Arbeitsgebiet der Fotochemie waren (7.1), wird sich die Darstellung im wesentlichen hierauf konzentrieren. Bezüglich der Fotochemie in der Gasphase und im festen Zustand muß auf die Literatur verwiesen werden. Lediglich ein Kapitel über fotochemische Vorgänge in der Atmosphäre (Kap. 7.10.8) wird sich mit Gasphasen-Fotochemie beschäftigen (Noyes jr. und Leighton, 1941, Wayne, 1971, Noyes und Al-Ami, 1974, Arnold u.a., 1974).

7.3 Thermische und fotochemische Anregung

Im Unterschied zu thermischen Reaktionen wird bei der fotochemischen Anregung durch die Lichtabsorption eine definierte Energie dem Molekül direkt zugeführt. In Lösung kann eine in geringer Konzentration gelöste Verbindung in Gegenwart eines großen Überschusses von nicht absorbierendem Lösungsmittel und auch in Gegenwart anderer bei der Anregungswellenlänge nicht absorbierender Verbindungen angeregt werden. Fotochemische Reaktionen besitzen daher oft den Vorteil einer hohen Selektivität. Bei fotochemischen Synthesen sind die erforderlichen Reinigungsoperationen am Rohprodukt oft einfacher als in der thermischen Chemie, da weniger störende Nebenreaktionen auftreten.

Fotochemische und thermische Reaktionen führen jedoch nicht zwangsläufig zu denselben Produkten. Bei fotochemischen Reaktionen entscheidet vorwiegend das niedrigste unbesetzte Orbital (Kap. 4.4.2) im elektronisch angeregten Zustand über den Reaktionsverlauf, bei thermischen Reaktionen dagegen das höchste besetzte Orbital im Grundzustand. Besonders bei Verbindungen, die eine oder mehrere C=C-Doppelbindungen besitzen, verlaufen intra- und intermolekulare Reaktionen bei thermischer oder fotochemischer Anregung zu verschiedenen Endprodukten, die sich oft jedoch nur in ihrer Stereochemie unterscheiden. Bei diesen sogenannten electrocyclischen Reaktionen lassen sich auf der Grundlage der HMO-Theorie (Hückel Molecular Orbital) Voraussagen über die Struktur der aus thermischen oder fotochemischen Reaktionen entstehenden Produkte machen. Auf diese unter dem Namen Woodward-Hoffmann-Regeln bekannten Voraussagen (Woodward und Hoffmann, 1969, Katz, 1971) über die Erhaltung der Orbitalsymmetrie bei thermischen und fotochemischen Reaktionen kann im Rahmen dieser Darstellung nur hingewiesen werden.

7.4 Allgemeines fotochemisches Reaktionsschema

Fotochemische Reaktionen verlaufen grundsätzlich nach einem mehrstufigen Mechanismus:

1. Der erste Schritt besteht in der Absorption eines Lichtquants mit nachfolgenden innermolekularen Umwandlungen bis zur Besetzung des reagierenden angeregten Elektronenzustands. Diese Vorgänge wurden in Kap. 4 beschrieben.
2. Der zweite Schritt stellt die chemische Reaktion der elektronisch angeregten Moleküle dar, die in der Regel zu reaktiven Zwischenprodukten im Grundzustand führt.
3. Den dritten Schritt bilden die nachfolgenden Reaktionen der reaktiven Zwischenprodukte zu den vom Chemiker isolierbaren Endprodukten.

Fotochemische Reaktionen erfolgen also nicht in, sondern *aus* elektronisch angeregten Zuständen.
Wie bei allen chemischen Reaktionen muß auch hier der 1. Hauptsatz gelten, d.h.

absorbierte Energie = abgestrahlte Energie + Wärme + Änderung der chemischen Energie (ΔH).

Durch die Zufuhr von Lichtenergie erfolgt also in der Regel keine Bildung von Reaktionsprodukten in elektronisch angeregten Zuständen. Umgekehrt ist es jedoch möglich, chemische Energie direkt in einem Schritt in elektronische Anregungsenergie umzuwandeln. Das Prinzip der Erzeugung von elektronisch angeregten Molekülen durch chemische Aktivierung ist, wie viele andere Reaktionen, von dem Lehrmeister Natur im Laufe der Evolutionsgeschichte in der Biolumineszenz verwirklicht worden (Selinger und McElroy, 1965, Adam, 1973). Im Laboratorium kann bei einer Reihe von chemischen Reaktionen Ausstrahlung von Licht beobachtet werden. Diese Chemilumineszenz (Gundermann, 1968, 1974) verläuft jedoch im Gegensatz zur Biolumineszenz mit sehr geringen Quantenausbeuten.

Neuerdings sind jedoch einige chemische Systeme gefunden worden, bei deren thermischer Zersetzung eine fotochemische Umsetzung an fotoaktiven Verbindungen in der gleichen Lösung erzielt wird (White u.a., 1969, Güsten u. Ullman, 1970). Diese Methode der Erzeugung elektronisch angeregter Zustände durch chemische Sensibilisierung ist unter dem Schlagwort „Fotochemie ohne Licht" bekannt geworden (White u.a., 1969, 1974).

7.5 Fotochemische Arbeitsmethoden

In Konkurrenz zu den fotochemischen Primärprozessen verlaufen die verschiedenen im Kap. 4 besprochenen physikalischen Desaktivierungsprozesse der elektronischen Anregungsenergie (Fluoreszenz, Phosphoreszenz, innere Umwandlung, Energieübertragung etc.). Die methodische Aufklärung eines fotochemischen Reaktionsmechanismus erfordert u.a. die experimentelle Untersuchung der folgenden Punkte:

1. Aufklärung der Reaktionsprodukte und Aufstellung einer Materialbilanz.
2. Bestimmung des reagierenden Elektronenzustands.
3. Quantitative Bestimmung des Verbleibs der elektronischen Anregungsenergie.

Die experimentelle Arbeitsweise der Fotochemie benützt alle in der normalen Chemie bekannten qualitativen und quantitativen Verfahren der Produktbestimmung (Punkt 1). Darüberhinaus werden jedoch vor allem spektroskopische Methoden angewendet, um Aussagen über den reagierenden Elektronenzustand zu erhalten (Punkt 2). Ferner sind Bestimmungen der Quantenausbeuten und der Reaktionsgeschwindigkeitskonstanten aller in der Desaktivierung der elektronischen Anregungsenergie konkurrierenden Prozesse in Abhängigkeit von möglichst vielen variablen Parametern (Temperatur, Viskosität, Polarität und Azidität des Lösungsmittels, Wellenlänge des Anregungslichtes usw.) erforderlich (Punkt 3). Ein sehr wichtiges Hilfsmittel ist die Blitzlichtspektroskopie (Kap. 6.4), die die direkte Beobachtung und die Messung der Kinetik von Triplettzuständen und kurzlebigen Zwischenprodukten ermöglicht (Wild, 1973). Schließlich ist die Untersuchung sensibilisierter fotochemischer Reaktionen von Bedeutung, bei denen die Energie von einem nicht reagierenden Donator absorbiert und anschließend auf die reagierende Molekülart übertragen wird, die daher einen bestimmten angeregten Zustand erreicht (Kap. 4.4.1). Ebenfalls auf intermolekulare Energieübertragung beruhen Untersuchungen über die Löschung von angeregten Zuständen durch zugesetzte Fremdmoleküle, die als spezifische Löscher für einen bestimmten angeregten Zustand der fotochemisch reagierenden Molekülart wirken (Kap. 4.5.5).

7.5.1 Fotochemische Quantenausbeuten

Die Geschwindigkeit fotochemischer Reaktionen ist direkt von der Bestrahlungsstärke der verwendeten Lichtquelle und von den Absorptionseigenschaften des untersuchten Systems abhängig. Daher ist die quantitative Beschreibung durch die in der thermischen Chemie üblichen Angabe der Reaktionsgeschwindigkeitskonstanten hier nicht ausreichend. In der Fotochemie wird die Quantenausbeute angegeben, die in Analogie zu Kap. 6.11 durch den Quotienten aus der Zahl der reagierenden Moleküle und aus der Zahl der absorbierten Lichtquanten bezogen auf die Zeiteinheit gegeben ist.
Nach dem von Einstein postulierten fotochemischen Äquivalentgesetz sollte die Quantenausbeute fotochemischer Reaktionen immer gleich 1 sein. Tatsächlich werden fast immer Werte < 1 gefunden. Wenn andere Desaktivierungsprozesse mit der fotochemischen Reaktion konkurrieren, wird die Quantenausbeute < 1. Treten dagegen als Folge einer primären fotochemischen Reaktion Dunkelreaktionen auf, die zu den gleichen Produkten führen, so kann die Quantenausbeute > 1 werden. Extrem große Quantenausbeuten werden beobachtet, wenn im System als Folge

des chemischen Primärprozesses eine Kettenreaktion abläuft. Der Aussagewert einer Quantenausbeute sollte nicht überschätzt werden. Entsprechend den Ausführungen in Kap. 6.11 kann auch für die Quantenausbeute fotochemischer Reaktionen ein Zusammenhang mit den individuellen Reaktionsgeschwindigkeitskonstanten der konkurrierenden Einzelreaktionen des elektronisch angeregten Zustands abgeleitet werden:

$$Q_R = \frac{k_R}{\Sigma k_i}. \tag{7.2}$$

Hier ist die Quantenausbeute definiert als der Quotient aus der Reaktionsgeschwindigkeit k_R der untersuchten fotochemischen Reaktion und der Summe der Reaktionsgeschwindigkeiten Σk_i aller konkurrierender Reaktionen des elektronisch angeregten Moleküls, wie z.B. Fluoreszenz, Phosphoreszenz, strahlungslose Desaktivierung usw. (Kap. 4.5.2). Der Nenner der Definitionsgleichung (7.2) kann mit Hilfe der Blitzlichtfotolyse (Kap. 6.4) und durch Messen der Fluoreszenz- (Kap. 6.7) und Phosphoreszenz-Abklingzeit (Kap. 6.10) bestimmt werden.

Wenn nun eine Veränderung im Molekül selbst oder in der Umgebung des Moleküls die Geschwindigkeiten der chemischen Reaktion und der konkurrierenden Prozesse in gleicher Weise beeinflußt, so bleibt die Quantenausbeute unverändert. Statt also eine Information über die Auswirkung der Veränderung im System auf die untersuchte fotochemische Reaktion zu vermitteln, verschleiert die gemessene Quantenausbeute dann geradezu die wirklichen Verhältnisse. Ein derartiger Fall wurde z.B. bei der Fluoreszenz substituierter Naphthaline beobachtet (Lentz u.a., 1970). Die Fluoreszenzquantenausbeuten sind hier in erster Näherung von der Substitution am Naphthalin unabhängig, während die individuellen Reaktionsgeschwindigkeitskonstanten der Fluoreszenz und der strahlungslosen Desaktivierung um mehr als eine Zehnerpotenz variieren.

Die Quantenausbeute einer primären fotochemischen Reaktion kann einen größeren Wert haben als die aus der Produktbildung bestimmte chemische Quantenausbeute. Wenn z.B. der fotochemische Primärprozeß die Dissoziation einer bestimmten Bindung eines angeregten Moleküls ist, die anschließend durch Rekombination der Bruchstücke wieder rückgängig gemacht wird, so kann im Extremfall die chemische Quantenausbeute gleich 0 sein, während die primäre Quantenausbeute der Fotodissoziation gleich 1 ist. Das klassische Beispiel für einen solchen Fall ist die Fotodissoziation der Ketone, die in der Gasphase mit hoher primärer und chemischer Quantenausbeute verläuft (Kap. 7.10.1.5). In Lösung bei Zimmertemperatur ist dagegen bei denselben Verbindungen oft die chemische Quantenausbeute der Dissoziation gleich 0, weil durch den Käfigeffekt [1)] des Lösungsmittels die mit glei-

[1)] Ein Käfigeffekt (Franck und Rabinowitsch, 1934) liegt vor, wenn primäre fotochemische Dissoziationsprodukte rekombinieren, bevor sie mit einem anderen Molekül oder dem Lösungsmittel reagieren. Die Ursache des Effektes wird darin gesehen, daß die kinetische Energie, die den Bruchstücken bei der Spaltung mitgegeben wird, häufig nicht ausreicht, um die Solvathülle zu durchbrechen. Die Bruchstücke sind also in der Solvathülle wie in einem Käfig gefangen.

cher primärer Quantenausbeute wie in der Gasphase verlaufende Dissoziation vollständig rückgängig gemacht wird.

7.6 Fotochemische Reaktionen aus elektronisch angeregten Zuständen[2)]

(Lippert u.a., 1961; Calvert u. Pitts jr., 1966; Turro, 1967; Cundall u. Gilbert, 1970; Simons, 1971).

Von Ausnahmen abgesehen, sind fotochemische Reaktionen chemische Reaktionen aus angeregten Elektronenzuständen. Durch die Absorption eines Photons wird im allgemeinen ein höherer Schwingungsterm eines angeregten Elektronenzustandes erreicht. Je nach der Energie der Photonen können dabei auch höhere Elektronenanregungszustände, z.B. S_2, entstehen (Kap. 4.4.2). Die in höhere Schwingungsterme eines Elektronenzustandes angeregten Moleküle nennt man auch „heiße Moleküle". Bei kleinen Molekülen und bevorzugt in der Gasphase kann hier eine spontane Dissoziation des Moleküls erfolgen. Bei Molekülen mit π-Elektronen dagegen erreicht das heiße Molekül durch Zusammenstöße mit anderen Molekülen oder in Lösung mit den Lösungsmittelmolekülen rasch einen Anregungszustand relativ niedriger Energie, aus dem spontane Dissoziation nicht mehr möglich ist. Nach etwa 10^{-12} Sekunden verliert das heiße Molekül seine überschüssige Kernschwingungsenergie und erreicht einen thermischen Gleichgewichtszustand, den niedrigsten Singulettanregungszustand S_1 (Kap. 4.4.2). Elektronisch angeregte Moleküle in höheren Singulettzuständen gelangen in der Regel durch die innere Umwandlung (internal conversion) ebenfalls in den S_1-Zustand (Kap. 4.5.1).

Von den wenigen sehr schnell verlaufenden Dissoziationen abgesehen, ist dieser S_1-Zustand häufig der fotochemisch reagierende Zustand, da nur er eine so lange natürliche Lebensdauer besitzt, daß bimolekulare Reaktionen oder monomolekulare Umgruppierungen innerhalb des angeregten Moleküls während dieser Zeit mit einer hohen Wahrscheinlichkeit vor sich gehen können.
Da der niedrigste Triplettzustand immer die größere natürliche Lebensdauer besitzt, erfolgt die Mehrzahl der fotochemischen Reaktionen aus diesem Zustand. Der niedrigste energetische Triplettzustand ist in der ganzen Desaktivierungskaskade des Jablonski-Diagramms (Kap. 4.5.1) immer der langlebigste elektronisch angeregte Zustand, da seine strahlungslose Desaktivierung in den Grundzustand S_0 sowohl spin- als auch Franck-Condon-verboten ist (Kap. 4.4.3 und 4.4.4). Bimolekulare Prozesse mit nur in geringer Konzentration vorhandenen Reaktionspartnern sind häufig nur aus dem langlebigen Triplettzustand T_1 möglich.

---

2) Für die Darstellung der Reaktionsmöglichkeiten elektronisch angeregter Moleküle werden die im Kapitel 4 beschriebenen fotophysikalischen Primärprozesse als Kenntnis vorausgesetzt.

7.7 Nicht-klassische fotochemische Prozesse
(Baumann, 1973).

In den letzten Jahren häufen sich die Ergebnisse, daß neben den klassischen fotochemischen Reaktionen aus dem niedrigsten Singulett- oder Triplettzustand offensichtlich auch fotochemische Reaktionen aus Elektronenzuständen möglich sind, die nicht der klassischen Beschreibung des Abschnitts 7.6 zugeordnet werden können. Zu diesen Vorgängen gehören:

1. fotochemische Reaktionen aus höheren Schwingungsniveaus des Grundzustandes S_0 (hot ground state)
2. fotochemische Reaktionen aus höheren elektronisch angeregten Zuständen, z.B. dem T_2- oder S_2-Zustand bzw. aus höheren schwingungsangeregten Niveaus des S_1-Zustands
3. fotochemische Reaktionen durch sogenannte nichtvertikale Energieübertragung.

7.7.1 „Hot ground state"-Reaktionen

Eine gewisse Bedeutung können Fotoreaktionen aus hochangeregten Schwingungszuständen des Elektronengrundzustandes haben, die durch strahlungslose Desaktivierung der elektronischen Anregungsenergie besetzt werden (internal conversion), so daß die gesamte bei der Absorption aufgenommene Energie in Kernschwingungsenergie des Grundzustandes umgewandelt wird. Man nennt diese Reaktionen im englischen Sprachgebrauch „hot ground state reactions". „Heiße" Moleküle im Grundzustand werden ähnlich wie thermisch angeregte Moleküle reagieren [3)]. In der Gasphase sind solche „hot ground state" Reaktionen nachgewiesen worden (Srinivasan, 1962). In Lösung ist bisher kein eindeutiger Nachweis für einen solchen Mechanismus bei fotochemischen Reaktionen erbracht worden, obwohl er mehrfach postuliert wurde (Ullman, 1968). Nach dem heutigen Stand der Erkenntnisse sollte er bei fotochemischen Reaktionen in Lösung keine wesentliche Rolle spielen, da hier höhere Schwingungsniveaus des Grundzustandes sehr schnell durch Stöße mit den Molekülen des umgebenden Lösungsmittels desaktiviert werden. Eine mögliche chemische Reaktion muß deshalb gleich schnell oder schneller als die Desaktivierung erfolgen, um konkurrieren zu können. Sie ist bei bimolekularen Reaktionen in Lösung sehr unwahrscheinlich. Bei monomolekularen Reaktionen, wie Umlagerungen und Isomerisierungen, dürfte sie jedoch möglich sein (Ullman, 1968).

[3)] Es sei daran erinnert, daß nach Kap. 4.4.4 Moleküle in Lösung sich bei Raumtemperatur praktisch ausschließlich im niedrigsten Schwingungszustand des Grundzustandes befinden.

7.7.2 Reaktionen aus höheren angeregten Zuständen

Die Annahme, daß alle fotochemische Reaktionen aus dem niedrigsten Singulett- oder Triplettzustand erfolgen, basiert hauptsächlich auf der Tatsache, daß Fluoreszenz- und Phosphoreszenzemission aus höheren elektronisch angeregten Zuständen so gut wie niemals beobachtet wurde [4]. Diese Beobachtung steht in Übereinstimmung mit der Theorie, nach der die Geschwindigkeit der strahlungslosen Desaktivierung wesentlich von der Energiedifferenz zwischen den einzelnen elektronischen Zuständen bestimmt wird. Daher wird die große Energiedifferenz zwischen dem Grundzustand und dem niedrigsten elektronisch angeregten Zustand für die lange Lebensdauer und die Emissionen des S_1- und T_1-Zustandes verantwortlich gemacht. Für die gegenüber dem S_1-Zustand stets längere Lebensdauer des T_1-Zustandes liegt die Ursache in dem hier zusätzlich geltenden Interkombinationsverbot (Kap. 4.4.3).

In den letzten Jahren sind jedoch bei wellenlängenabhängigen Fotoreaktionen an einigen Verbindungen, die je nach der anregenden Wellenlänge zu verschiedenen Fotoprodukten führen, starke Indizien gefunden worden, daß hier die Fotoreaktion aus höheren schwingungsangeregten Zuständen des S_1 oder sogar aus dem S_2-Zustand eines Moleküls erfolgt (Ullman, 1968). Die Diskussion dieser Ergebnisse wird in Kap. 7.10 im Zusammenhang mit der Abhandlung der verschiedenen fotochemischen Reaktionen geführt.

7.7.3 Nichtvertikale Energieübertragung
(Stephenson und Hammond, 1969).

Neben den drei im Kap. 4 beschriebenen klassischen Mechanismen der Energieübertragung, im sogenannten Trivialprozeß (Kap. 4.5.4.1.1), der Resonanzenergieübertragung durch Dipol-Dipol-Wechselwirkung (Kap. 4.5.4.1.2.1) und der nur auf sehr kleine Abstände wirksamen Austauschenergieübertragung (Kap. 4.5.4.1.2.2) sind eine Reihe von Ergebnissen bei der Triplett-Triplett-Energieübertragung nur deutbar, wenn man eine sogenannte nichtvertikale Energieübertragung annimmt (Ullman, 1968, Stephenson und Hammond, 1969). So gelingt die Triplett-Triplett-Energieübertragung auch dann noch, wenn die Triplettenergie des Donors zum Teil erheblich unter der Triplettenergie des Acceptors liegt. Die Geschwindigkeit dieses endothermen Energieübertragungsprozesses ist zwar geringer als bei diffusionskontrollierten Reaktionen (Kap. 4.5.5), jedoch erheblich schneller als bei Ausgleich des Energiedefizits durch thermische Aktivierung zu errechnen wäre. Es wird angenommen, daß bei diesen Molekülen neben den spektroskopischen Triplettniveaus ein spektroskopisch nicht beobachtbarer Triplettzustand mit veränderter Geometrie und niedrigerer Energie oder aber eine Diradikal-Struktur existiert. Die nichtvertikale Energieüber-

---

[4] Obwohl mehrmals über Fluoreszenzemission aus S_2-Zuständen berichtet wurde, ist dies mit Sicherheit nur beim Azulen (Beer und Longuet-Higgins, 1955) nachgewiesen worden.

tragung (Stephenson und Hammond, 1969) erfolgt in einem kurzlebigen Donor-Acceptor-Komplex über eine sehr kurze Entfernung, bei dem sich die molekularen Orbitale von Donor und Acceptor stark überlappen. Offensichtlich sind hier besondere geometrische Anforderungen für die Energieübertragung notwendig.
Die an Beispielen diskutierte nichtvertikale Energieübertragung wird in Kap. 7.10 in Zusammenhang mit der Abhandlung klassischer fotochemischer Reaktionen aufgezeigt.

7.8 Eigenschaften elektronisch angeregter Moleküle

Die Energie der absorbierten Lichtquanten bewirkt, daß ein elektronisch angeregtes Molekül seine Reaktivität gegenüber dem Grundzustand erheblich verändert. Die Steigerung der Reaktivität ist nur der Ausdruck für zum Teil tiefgreifende Änderungen seiner physikalischen Eigenschaften, wie Elektronenverteilung, Änderung der Bindungslängen oder Konfigurationsänderungen. Sie bewirken vielfach drastische Änderungen der chemischen Eigenschaften. So können Säuren im angeregten Zustand zu Basen werden oder umgekehrt. Infolge der veränderten Ladungsverteilung verändert sich oft das Dipolmoment im angeregten Zustand gegenüber seinem Grundzustand. Die Analyse von Absorptions- und Emissionsspektren gestattet in vielen Fällen Aussagen über Eigenschaften der angeregten Zustände.

7.8.1 Struktur angeregter Moleküle

Jaffé und Orchin, 1962, Murrell, 1963, Brand u. Williamson, 1963, Parker, 1968, Hoffmann, 1970).

Infolge der veränderten Elektronenverteilung im angeregten Zustand kann eine andere Hybridisierung der Elektronen im σ-Bindungsgerüst vorliegen als im Grundzustand. Acetylen hat im Grundzustand am Kohlenstoff sp-*Hybridisierung* und ist dementsprechend linear gebaut. Aus dem Absorptionsspektrum des Acetylens in der Gasphase konnte gezeigt werden, daß im S_1-Zustand des Acetylens sp^2-Hybridisierung vorliegt. Das Molekül ist in diesem angeregten Zustand gewinkelt und besitzt bezüglich der H-Atome eine trans-Konfiguration. Formaldehyd ist im Grundzustand eben gebaut. Das gilt auch für seinen S_1-Zustand, der $n\pi^*$-Charakter besitzt (Kap. 4.4.2). Der S_2-Zustand hingegen weist $\pi\pi^*$-Charakter auf. Die Anregung eines π-Elektrons bewirkt eine verminderte Stabilität der bei ebener Konfiguration am Kohlenstoff vorliegenden sp^2-*Hybridisierung*. Der $\pi\pi^*$-S_2-Zustand des Formaldehyds ist durch sp^3-*Hybridisierung* am Kohlenstoff gekennzeichnet und besitzt dementsprechend eine pyramidale Konfiguration.
Mit ähnlichen Konfigurationsänderungen muß allgemein bei angeregten Molekülen gerechnet werden, wenn auch noch keine allgemeinen Voraussagen möglich sind. Eine andere weit verbreitete strukturelle Veränderung im angeregten Zustand ist

die Veränderung von Bindungsabständen im Molekül. Sie ist bei zweiatomigen Molekülen spektroskopisch nachgewiesen worden. Bei mehratomigen Molekülen ist ein spektroskopischer Nachweis schwierig. Jedoch zeigen quantenmechanische Berechnungen, daß auch hier veränderte Bindungslängen im angeregten Zustand auftreten müssen. So ist z.B. die CN-Bindung des Benzoldiazonium-Ions im $\pi\pi^*$-S_1-Zustand gegenüber dem Grundzustand verkürzt (Klasinc und Schulte-Frohlinde, 1968).

Verallgemeinert läßt sich sagen, daß Moleküle im S_1-Zustand eine gegenüber dem Grundzustand stark veränderte Ladungsverteilung und Bindungsordnung aufweisen, während der T_1-Zustand eine dem Grundzustand ähnliche Ladungsverteilung aufweist.

Der Triplettzustand hat zusätzlich durch seine zwei ungepaarten Elektronen im Gegensatz zum S_1-Zustand ein permanentes magnetisches Moment. Tatsächlich haben Lewis und Calvin (1945) erstmals durch die Messung der paramagnetischen Suszeptibilität des Fluoresceins unter intensiver Lichtanregung eindeutig nachgewiesen, daß der phosphoreszierende Zustand organischer Moleküle ein angeregter Triplettzustand ist. Heute werden Triplettzustände mittels der Elektronenspinresonanz-Methode (ESR) empfindlich nachgewiesen (Thomson, 1969, Wagner und Hammond, 1968).

7.8.2 Dipolmoment im angeregten Zustand

(Liptay, 1965, Labhart, 1966, Lippert, 1970).

Ändert sich das Dipolmoment beim elektronischen Übergang, so haben die Moleküle in genügend verdünnten Lösungen während der relativ langen Lebensdauer der untersten elektronisch angeregten Zustände Zeit, sich entsprechend der Orientierungspolarisation der Lösungsmittelmoleküle einzustellen. Dies macht sich z.B. in einer stärkeren Stokes'schen Rotverschiebung der Fluoreszenz (Kap. 4.5.3.1) in polaren Lösungsmitteln gegenüber unpolaren Lösungsmitteln bemerkbar.

Aus der lösungsmittelabhängigen Verschiebung von Absorptions- und Fluoreszenzspektren (Labhart, 1966) läßt sich das Dipolmoment angeregter Moleküle nach Lippert (Lippert und Moll, 1954) [Gl. (7.3)] berechnen. Für die Frequenzdifferenz der o-o-Übergänge gilt:

$$\nu_{abs} - \nu_{fl} = \frac{(\mu_1 - \mu_0)^2}{h\,c\,a^3} \left[\frac{2\,(D-1)}{2\,D+1} - \frac{2\,(n^2-1)}{2\,n^2+1} \right], \tag{7.3}$$

wobei μ die Dipolmomente, n der Brechungsindex, D die Dielektrizitätskonstante des Lösungsmittels, a der Kugelradius des Moleküls, h die Planck'sche Konstante und c die Lichtgeschwindigkeit ist. Die graphische Darstellung der Frequenzdifferenzen zwischen Absorption und Fluoreszenz einer organischen Verbindung in einer Serie von Lösungsmitteln gegen den Ausdruck in der Klammer der Gl. (7.3) ist linear. Kawski (Bilot und Kawski, 1962) hat eine Erweiterung dieser Gleichung durchgeführt. Wie die Tab. 7.1 zeigt, können Dipolmomente im angeregten Zustand größer und auch kleiner sein als im Grundzustand.

Tab. 7.1: Dipolmomente von S_0- und S_1-Zuständen einiger organischer Moleküle (Labhart, 1966)

Verbindung	Dipolmoment (Debye)	
	S_0	S_1
4-Amino-4'-nitrodiphenyl	6,4	18,0
2-Amino-7-nitrofluoren	7,0	25,0
4-Dimethylamino-4'-nitrostilben	7,6	32,0
Formaldehyd	2,3	1,5

Offensichtlich erfolgt im angeregten S_1-Zustand in den Fällen, in denen das Dipolmoment stark zunimmt, ein starker intramolekularer Charge-Transfer. Auf die experimentelle Bestimmung des Dipolmoments im angeregten Zustand aus der Absorptionsbandenverschiebung im elektrischen Feld (Liptay und Czekalla, 1961) und auf die rein empirische quantenmechanische Berechnung durch die SCF-Pariser-Parr-Pople-Methode (Pariser und Parr, 1953, Pople, 1959) kann hier nur hingewiesen werden.

7.8.3 Azidität und Basizität im angeregten Zustand
(Weller, 1958, 1961).

Phenole sind in wäßriger Lösung sehr schwache Säuren. So hat das β-Naphthol in neutraler wäßriger Lösung einen pK-Wert [5] von 9,5 und ist nahezu völlig undissoziiert. Bei Einstrahlung in das β-Naphthol werden jedoch zwei strukturlose Emissionsbanden beobachtet. Die kurzwelligere gehört zur Emission des neutralen β-Naphthols, die langwelligere ist dem dissoziierten β-Naphtholat-Anion zuzuordnen. Im ersten angeregten Singulettzustand ist das β-Naphthol offensichtlich eine viel stärkere Säure. Aus der pH-Abhängigkeit der Absorption und Fluoreszenz von undissoziierter Säure und Anion läßt sich nach klassischen thermodynamischen Gleichgewichtsbetrachtungen der pK-Wert im S_1-Zustand bestimmen. Ganz allgemein können angeregte Moleküle vor ihrer Desaktivierung Säure-Basen-Reaktionen eingehen.

$$\begin{aligned}(XH)^* &\rightleftarrows (X^-)^* + H^+\\ (XH)^* + H^+ &\rightleftarrows (XH_2^+)^*.\end{aligned} \qquad (7.4)$$

[5] pK-Wert = negativer dekadischer Logarithmus der Gleichgewichtskonstante.

Azidität und Basizität angeregter Moleküle lassen sich aus spektroskopischen Konzentrationsbestimmungen der drei Species XH, X^- und XH_2^+ in Abhängigkeit vom pH der Lösungen ermitteln.
Aus der experimentellen Bestimmung der pH-Abhängigkeit der Triplett-Triplett-Absorption des β-Naphthols hat Porter (Jackson und Porter, 1961) auch den pK-Wert des β-Naphthols im Triplettzustand bestimmt. In Tab. 7.2 sind einige pK-Werte im ersten angeregten Singulett- und Triplettzustand für einige Säuren und Basen zusammengestellt.

Tab. 7.2: Azidität und Basizität im elektronisch angeregten Zustand

Verbindung	$pK_{(S_0)}$	$pK_{(S_1)}$ [a]	$pK_{(T_1)}$ [b]	$pK_{(T_1)}$ [c]
β-Naphthol	9,5	3,1	8,1	7,7
2-Naphthoesäure	4,2	10–12	4,0	4,2
β-Naphthylamin	4,1	– 2,0	3,3	3,1

[a] aus Fluoreszenzmessung, [b] durch Blitzlichtspektroskopie, [c] aus Phosphoreszenzmessung.

Die Zusammenstellung in Tab. 7.2 zeigt, daß beim β-Naphthol T_1- und S_0-Zustand fast die gleichen pK-Werte besitzen, während die Säurekonstante im S_1-Zustand mehr als sechs Größenordnungen zunimmt. Dagegen ist die 2-Naphthoesäure im S_1-Zustand viel stärker basisch als im Grundzustand. Diese Ergebnisse zeigen ferner, daß die chemische Reaktivität des Triplettzustandes ähnlich der des Grundzustandes sein kann.

7.9 Chemische Reaktivität von $n\pi^*$- und $\pi\pi^*$-Zuständen

Eine größere Veränderung der Molekülgeometrie ist nur zu erwarten, wenn sich die Bindungsverhältnisse einzelner Atome im Molekül stark ändern. Eine derartige am Beispiel des Acetylens im $\pi\pi^*$-S_1-Zustand (Kap. 7.8.1) erläuterte Änderung der Hybridisierung am Kohlenstoff kann eine veränderte chemische Reaktivität besitzen, obwohl seine Geometrie gegenüber dem Grundzustand nicht verändert ist.
Bei derartigen Reaktivitätsvergleichen zwischen Grund- und Anregungszuständen anhand der Änderungen der Elektronenverteilung oder der Molekülgeometrie sollte man immer bedenken, daß angeregte Zustände eine Überschußenergie von 40–80 kcal/mol besitzen, die allein der bestimmende Faktor einer fotochemischen Reaktion sein kann. Im allgemeinen gilt, daß der Bindungszustand in $n\pi^*$-Zuständen dem Grundzustand ähnlicher ist als in $\pi\pi^*$-Zuständen. Ein Vergleich der Eigenschaften von $n\pi^*$- und $\pi\pi^*$-Zuständen ist in Tab. 7.3 zusammengestellt.

Tab. 7.3: Vergleich der Eigenschaften von $n\pi^*$- und $\pi\pi^*$-Zuständen

Eigenschaft	$n\pi^*$	$\pi\pi^*$
ϵ_{max}	$\lesssim 100$	> 1000
Struktur der Absorptionsbande	scharf in unpolaren, breit in polaren Lsgm.	relativ scharf in den meisten Lsgm.
Q_F	$< 0{,}01$	$\sim 0{,}05$–$0{,}9$
$\tau_{0(F)}$	$> 10^{-6}$ s	10^{-7}–10^{-9} s
Q_P	0,05–0,5	0,05–0,5
$\tau_{0(P)}$	$\sim 10^{-3}$ s	$\sim 0{,}1$–30 s

In Abb. 7.1 sind die Absorptionsspektren der $\pi \rightarrow \pi^*$- und $n \rightarrow \pi^*$-Übergänge des Benzophenons in einem polaren und einem nichtpolaren Lösungsmittel dargestellt.

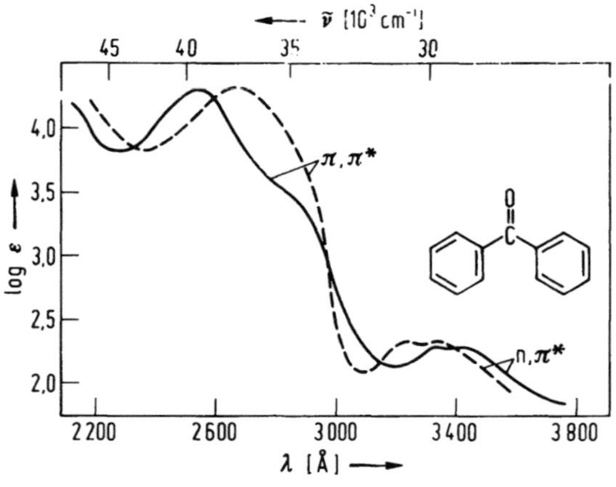

Abb. 7.1: Absorptionsspektren des Benzophenons bei Raumtemperatur (—— Cyclohexan, -------- Äthanol).

Die Größe der Energieaufspaltung zwischen dem S_1- und dem T_1-Zustand hängt von der räumlichen Überlappung der MOs des Grundzustandes und des angeregten Zustandes ab. Die S_1-T_1-Energieaufspaltung ist daher allgemein bei $\pi\pi^*$-Zuständen größer als bei $n\pi^*$-Zuständen, wie die Daten in Tab. 7.4 zeigen.

Da die n-Orbitale sich in größerer Kernnähe befinden, ist bei ihnen die Spin-Bahn-Kopplung (s. Kap. 4.4.5) höher und damit der Interkombinationsübergang wahrscheinlicher, wie die hohen Quantenausbeuten der Triplettbesetzung der Ketone in Tab. 7.4 und die verkürzte Lebensdauer im Triplettzustand in Tab. 7.3 erkennen lassen. Diese Kriterien bestimmen im wesentlichen die große fotochemische Reaktionsfreudigkeit der Ketone.

Tab. 7.4: Singulett-Triplett-Energieaufspaltung ΔE_{ST} und Quantenausbeute der Triplettbesetzung Q_{ST}

Verbindung	Zustand	ΔE_{ST}(kcal/mol)	Q_{ST}
Anthracen	ππ*	32	0,7
Benzol	ππ*	30	0,24
Naphthalin	ππ*	29	0,4
Phenanthren	ππ*	19	0,76
Benzophenon	nπ*	5	1,0
Biacetyl	nπ*	6	0,99

Zwar läßt sich die Elektronenverteilung in elektronisch angeregten Molekülen im allgemeinen nicht durch einfache für den Grundzustand gebräuchliche Valenzformeln wiedergeben, im Falle der Verbindungen mit nichtbindenden n-Elektronen ist dies jedoch in erster Näherung möglich. Bei Carbonylverbindungen wird durch Lichtabsorption in die langwellige Bande (s. Abb. 7.1) ein nicht bindendes 2p-Elektron des Sauerstoffs in einen antibindenden π*-Zustand gehoben [Gl. (7.5)]:

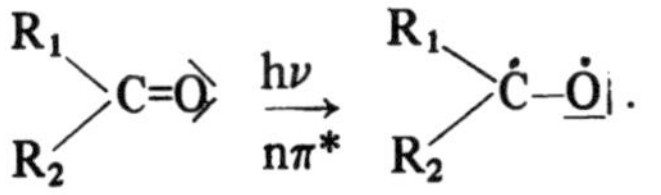
(7.5)

Durch Verschiebung eines bindenden π-Elektrons zum Sauerstoff wird die CO-π-Bindung praktisch gespalten. Am Sauerstoffatom tritt nun ein gewisser Elektronenmangel auf. Es entsteht ein Fotodiradikal mit einem radikalischen Elektron am Kohlenstoff und einem radikalischen Elektron am Sauerstoff, wobei das letztere mit den π-Elektronen des Moleküls nicht mehr in Wechselwirkung tritt.
Je nach der Struktur der Reste R_1 und R_2 hat das Fotodiradikal folgende Reaktionsmöglichkeiten:

1. Dissoziation der der Carbonylgruppe benachbarten Bindung (α-Spaltung, siehe 7.10.1.5),

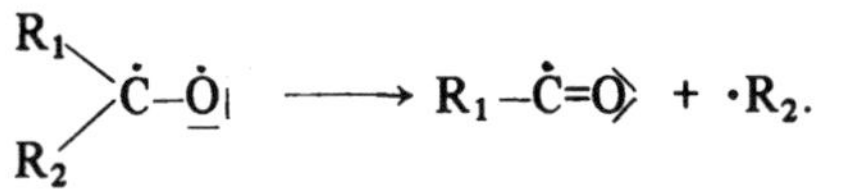
(7.6)

In beiden Fällen reagieren die entstandenen Radikale in Sekundärreaktionen zu stabilen Endprodukten ab.

2. Übertragung eines Wasserstoffatoms von einem Wasserstoffdonor auf die Carbonylgruppe (Fotoreduktion, siehe 7.10.5),

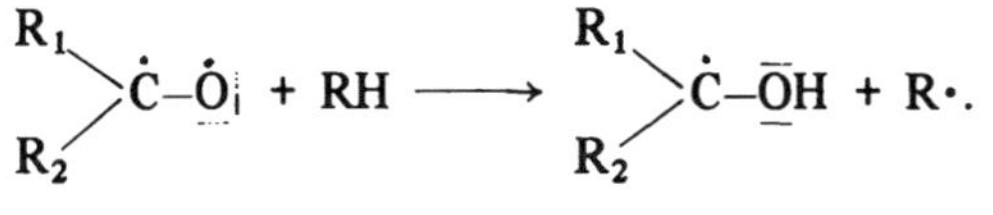
(7.7)

3. Addition an ungesättigte Bindungen (Fotoaddition, siehe 7.10.3).

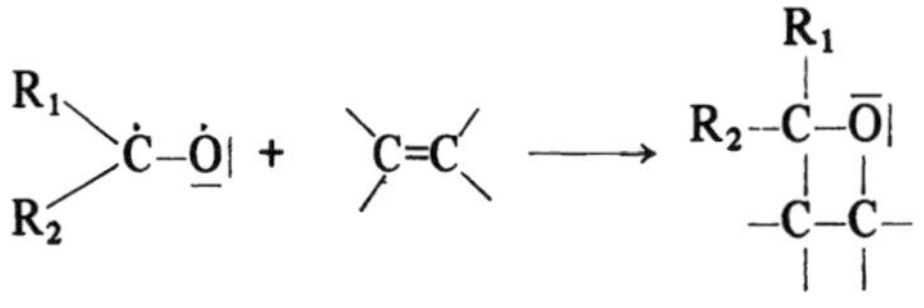

(7.8)

Eine eingehende Darstellung der chemischen Reaktionsmöglichkeiten der verschiedenen Sekundärradikale aus der primären Fotoreaktion wird in Kap. 7.10, organische Fotochemie in Lösung, besprochen.

7.10 Organische Fotochemie in Lösung

Die enorme Zahl der Veröffentlichungen auf dem Gebiet der Fotochemie dokumentiert das große Interesse an fotochemischen Reaktionen. In einem großen Teil der Arbeiten wird die Lichtanregung zur Synthese organischer Verbindungen mit zum Teil ausgefallenen Strukturen benutzt. Der andere Teil der fotochemischen Arbeiten befaßt sich mehr mit dem Verständnis der chemischen Reaktivität von elektronisch angeregten Zuständen. So haben diese Arbeiten auch das Verständnis für wichtige Phänomene vertieft, die durch Lichteinwirkung hervorgerufen werden, wie z.B. das Pflanzenwachstum (Bassham, 1966), der Sehvorgang (Wald, 1961) oder die Bildung von Schadstoffen in der Atmosphäre (Fotosmog) (Leighton, 1961, Güsten und Penzhorn, 1974).

Die von den angeregten Elektronenzuständen ausgehenden Primärprozesse sind meist einfache chemische Elementarreaktionen, wie die Spaltung oder Bildung von Bindungen, Umgruppierungen von Atomgruppen innerhalb eines Moleküls, der zwischenmolekulare Übergang eines Elektrons oder auch nur der Energie. Trotz der vielen experimentellen und theoretischen Ergebnisse über die organische Fotochemie in Lösungen besteht über den Mechanismus vieler Reaktionen noch keine völlige Klarheit. Die nachfolgenden fotochemischen Reaktionen beschränken sich auf einige grundsätzliche, mechanistisch weitgehend geklärte Reaktionen. Soweit notwendig, werden die aufgeführten Fotoreaktionen in Lösung mit denen in der Gasphase verglichen.

7.10.1 Fotodissoziation

(Terenin und Vilessov, 1964).

Überschreitet die Energie der eingestrahlten Photonen die Bindungsenergie einer Bindung im Molekül, so kann das elektronisch angeregte Molekül durch spontane Dissoziation auseinanderbrechen. Diese Verhältnisse sind in Abb. 4.4 des Kap. 4.4.4

in einem Energietermschema dargestellt. Ein etwaiger Energieüberschuß über die eigentliche Dissoziationsgrenze wird nach erfolgter Dissoziation in Schwingungs- und/oder Translationsenergie der Bruchstücke umgewandelt. Spontane Dissoziationen sind sehr schnelle Reaktionen und finden vorzugsweise aus höheren Singulettzuständen, hier meist aus höheren schwingungsangeregten Niveaus statt. In der Gasphase haben Fotodissoziationen oft Quantenausbeuten von eins. In Lösung ist die Quantenausbeute der Fotodissoziation meistens kleiner als eins. Dies kann einmal durch den Käfigeffekt (Kap. 7.5.1) bedingt sein, zum anderen auch durch die stets in Konkurrenz mit dem Dissoziationsprozeß verlaufenden physikalischen Desaktivierungsprozesse, wie Fluoreszenz, innere Umwandlung oder strahlungslose Desaktivierung (s. Kap. 4).

Die bei der Fotodissoziation entstehenden Fragmente können chemisch stabile Verbindungen oder instabile Bruchstücke, wie Ionen oder freie Radikale sein. In Abb. 7.2 sind die mittleren Bindungsenergien von einigen kovalenten Atom-Atom-Bindungen gegen die Wellenlänge des Lichtes im Sichtbaren und Ultravioletten aufgetragen.

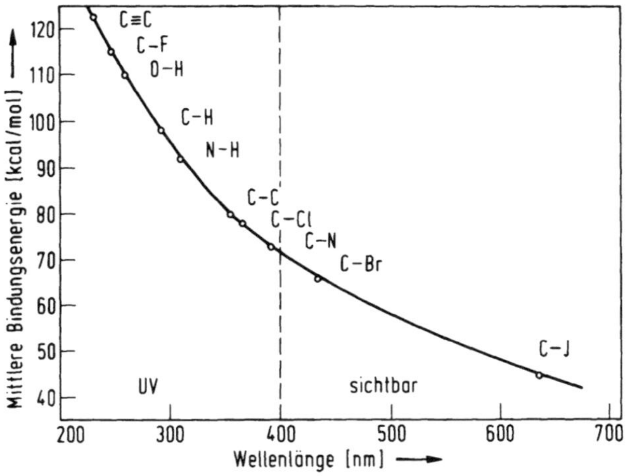

Abb. 7.2: Mittlere Bindungsenergie wichtiger kovalenter Atombindungen gegen die Wellenlänge des Lichtes.

Nach Abb. 7.2 ist zu erwarten, daß z.B. eine Kohlenstoff-Halogenbindung in der Reihenfolge F $\leqslant$ Cl $<$ Br $<$ J leichter fotolytisch gespalten wird. Eine C-J-Bindung kann danach schon mit Licht der Wellenlänge 650 nm gespalten werden. Die Abb. 7.2 impliziert jedoch nicht, daß die Fotodissoziation der einzelnen Bindungen bei den angegebenen Wellenlängen auch tatsächlich erfolgen muß. Nach dem Grotthus-Draper-Gesetz (Kap. 7.1) kann eine Fotoreaktion nur erfolgen, wenn die notwendige Photonenenergie vom Molekül auch absorbiert wird. Die Abb. 7.2 läßt also nur dann eine Fotodissoziation der aufgeführten Bindungen in einem Molekül erwarten, wenn das gesamte organische Molekül mindestens die für die Dissoziation notwendige Energie der Photonen absorbieren kann. Für organische Moleküle läßt sich heute die Lichtabsorption von $n\pi^*$- und $\pi\pi^*$-Übergängen sowie konjugierten Systemen aus der chemischen Konstitution mit einer gewissen Genauigkeit durch Regeln voraussagen (Woodward, 1942, Jaffé und Orchin, 1962, Timmons, 1972).

Auch wenn ein Molekül die zur Dissoziation einer bestimmten Bindung erforderliche Energie zu absorbieren vermag, bedeutet das noch nicht, daß eine solche Dissoziation auch tatsächlich erfolgen muß. Es ist vielmehr zusätzlich noch erforderlich, daß die absorbierte Energie gerade in der dissoziierenden Bindung akkumuliert werden kann. In größeren π-Elektronensystemen und bei der großen Zahl von Schwingungsfreiheitsgraden vielatomiger organischer Moleküle, die eine schnelle Energieverteilung über das ganze Molekül oder wenigstens über größere Molekülteile bedingen, ist das jedoch sehr unwahrscheinlich, solange die Energie der absorbierten Lichtquanten nicht wesentlich größer ist als die erforderliche Dissoziationsenergie.

Wie groß der Unterschied zwischen der für die Dissoziation notwendigen Energie und der durch die Lichtabsorption des Moleküls bedingten Energieaufnahme sein kann, ist am Beispiel der C-C-Dissoziation im vermeintlichen „Hexaphenyläthan" *1* [6] gezeigt.

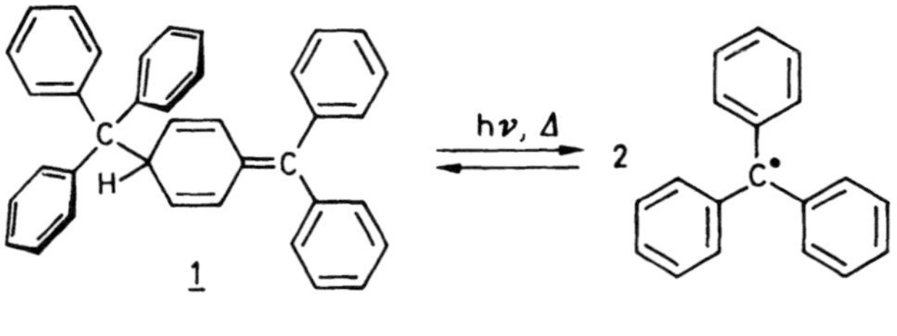

(7.9)

Aus der thermischen Dissoziation und theoretischen Berechnungen ergibt sich für die Dissoziation in zwei propellerförmige Triphenylmethyl-Radikale eine Energie von etwa 12 kcal/mol. Dies entspräche einer Lichtabsorption von etwa 2400 nm, also im infraroten Spektralbereich. Die Lichtabsorption des „Hexaphenyläthans" *1* erfolgt in Wirklichkeit unterhalb 300 nm (< 95 kcal/mol), bedingt durch das kleine chromophore π-System des chinoiden mittleren Ringes.

7.10.1.1 Fotolyse von Diazonium-Salzen

Diazonium-Salze können thermisch und fotochemisch zersetzt werden (Zollinger, 1961, Schulte-Frohlinde und Blume, 1968). Bei der thermischen Zersetzung erfolgt nur in sauren Lösungen eine heterolytische Spaltung der CN-Bindung unter Bildung von Phenolen, während in neutralen Lösungen, insbesondere in Alkoholen, eine homolytische Spaltung der CN-Bindung unter Bildung von aromatischen Kohlenwasserstoffen vorherrscht. Diese sogenannte reduktive Desaminierung (Zollinger, 1961) verläuft nach einem Radikalkettenmechanismus. Bei der fotochemischen

[6] Erst 1968 wurde die seit 1900 akzeptierte Struktur des Hexaphenyläthans *1* als 1-Diphenylmethylen-4-triphenylmethyl-2,5-cyclohexadien-Struktur erkannt (Lankamp u.a., 1968).

Dissoziation, insbesondere in sauren Lösungen, erfolgt dagegen ausschließlich die heterolytische Spaltung unter Bildung von Phenolen. Im ersten geschwindigkeitsbestimmenden Reaktionsschritt, Reaktion (7.10), erfolgt die heterolytische Spaltung der CN-Bindung.

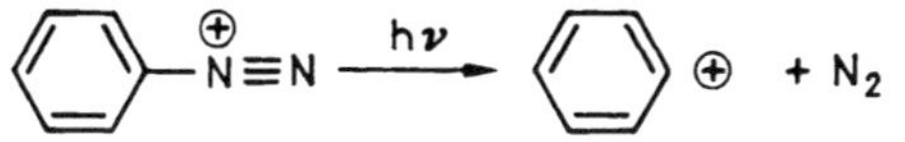

(7.10)

Das so gebildete aromatische Carboniumion wird in einem zweiten sehr schnellen Reaktionsschritt durch ein nukleophiles Agens (HOH, HOR oder Halogenanionen) abgesättigt.

(7.11)

Es wird angenommen, daß der Zerfall als Prädissoziation aus angeregten Singulettzuständen erfolgt, da die Quantenausbeuten der Zersetzung bei Einstrahlung in verschiedene Absorptionsbanden andere Werte zeigen, d.h. energieabhängig sind (Schulte-Frohlinde und Blume, 1968). Innerhalb der einzelnen Absorptionsbanden sind die Quantenausbeuten dagegen konstant. Da die gemessenen Quantenausbeuten kleiner als eins sind und Diazonium-Salze nicht fluoreszieren, muß ein konkurrierender Desaktivierungsmechanismus der elektronischen Anregungsenergie wirksam sein. Da die Diazonium-Salze keine langwelligen $n\pi^*$-Absorptionen besitzen, kommen hierfür strahlungslose Übergänge in den Grundzustand, Singulett-Triplett-Übergänge und der Käfigeffekt infrage. Der Käfigeffekt ist wenig wahrscheinlich, da die Quantenausbeuten der Zersetzung über weite Bereiche von der Temperatur und der Viskosität der Lösung unabhängig sind. Wenn die Triplettzustände der Diazonium-Salze eine andere Zerfallswahrscheinlichkeit haben als die Singulettzustände, sollte in der Reihe der halogen-substituierten Benzoldiazonium-Salze ein „heavy atom" Effekt (Kap. 4.4.5) beobachtet werden. Das ist jedoch nicht der Fall. Das Fehlen dieses Effektes kann entweder dadurch erklärt werden, daß die Triplettzustände mit etwa gleicher Wahrscheinlichkeit zerfallen wie die Singulettzustände, oder dadurch, daß überhaupt keine $S_1 \rightarrow T_1$-Übergänge erfolgen, weil die strahlungslosen $S_1 \rightarrow S_0$-Übergänge wesentlich schneller verlaufen.

7.10.1.2 Fotolyse von Diazoverbindungen

(Kirmse, 1959, Wagner und Hammond, 1968, Bethel, 1969).

Diazoverbindungen lassen sich ebenfalls thermisch wie fotochemisch zersetzen (Kirmse, 1959, De More und Benson, 1964). Die Fotolyse des einfachsten Vertreters dieser Klasse, des Diazomethans, liefert unter Abspaltung des Stickstoffs das einfachste Carben, das Methylen. Dieses instabile Molekül kann im Singulett- und im Triplettzustand vorliegen. Für das Singulett-Methylen sagt die Theorie eine gewinkelte, für das Triplett-Methylen eine lineare Struktur voraus (Wagner und Hammond, 1968, De More und Benson, 1964). Aufgrund blitzlichtspektroskopischer Untersuchungen wird der folgende Mechanismus für die Bildung des Methylens *2* bei der Fotolyse von Diazomethan angenommen (Herzberg und Shoosmith, 1959).

$$\begin{array}{l} CH_2N_2(S_0) \xrightarrow{h\nu} \underset{\underline{2}}{CH_2N_2(S_1)} \longrightarrow CH_2(S_1) + N_2 \\ \qquad\qquad\qquad CH_2(S_1) \xrightarrow{\text{Inertgas}} CH_2(T_1) \end{array} \qquad (7.12)$$

Bei der Fotolyse wird zunächst Singulett-CH_2 *2* gebildet. Hohe Inertgasdrucke begünstigen aber die Bildung des Triplett-Methylen. Eine chemische Bestimmungsmethode der Multiplizität des entstehenden Methylens ist aus den entstehenden Produkten der Addition des Methylens an eine olefinische Doppelbindung eines zugesetzten Moleküls möglich (Herzberg und Shoosmith, 1959). Belichtung von Diazomethan in Gegenwart eines Überschusses an cis- oder trans-Buten liefert unter stereospezifischer Addition des entstandenen Methylens an die olefinische Doppelbindung cis- bzw. trans-Dimethylcyclopropan [Reaktion (7.13)].

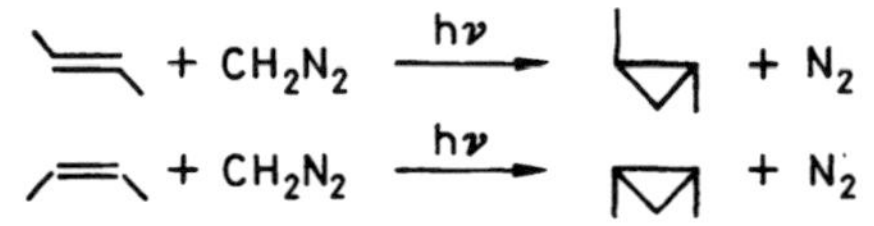

(7.13)

Stereospezifische Addition kann nur nach einem einstufigen Mechanismus erfolgen, bei dem keine Umorientierung während der Reaktion erfolgen kann. Sie wird von einem Singulett-Carben erwartet. Triplett-Carben sollte dagegen nach einem zweistufigen Mechanismus addieren. Dabei würde zunächst ein biradikalisches Zwischenprodukt *3* gebildet werden, in dem vor dem zweiten Reaktionsschritt der endgültigen Bindungsbildung die Spinumkehr erfolgt.

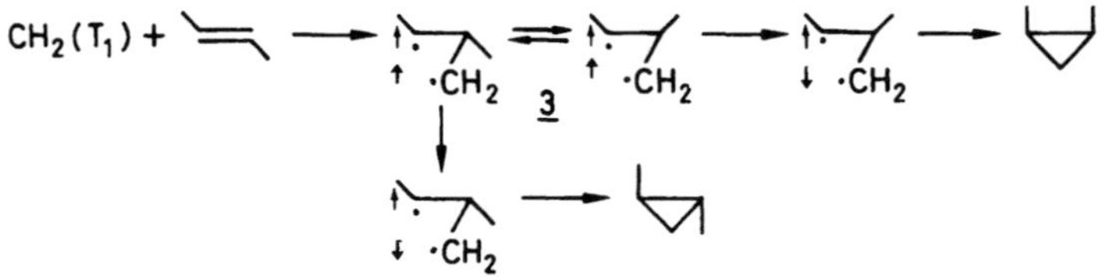

(7.14)

Hier sollte das biradikalische Zwischenprodukt *3* mehr Zeit zur Umorientierung finden, so daß eine geringere Stereospezifität erwartet wird. Tatsächlich konnte diese Erwartung anhand der Bildung des cis- und trans-Dimethylcyclopropans aus einem der Isomeren des Buten-2 in Abhängigkeit vom Druck des zugesetzten Inertgases Stickstoff bestätigt werden (Duncan und Cvetanovic, 1962).

Wird durch die Benzophenon-sensibilisierte Fotolyse des Diazomethans in Gegenwart von cis- oder trans-Buten, bei der selektiv nur Triplettenergie übertragen wird, ein Triplett-Carben gebildet, so erfolgt keine stereospezifische Addition (Kopecky u.a., 1962).

Bei der Fotolyse von Diazoketonen wird ebenfalls Stickstoff abgespalten (Bethel, 1969). Das sich bildende Ketocarben *4* stabilisiert sich durch eine intramolekulare Umlagerung zu einem Keten *5* [(Reaktion 7.15)].

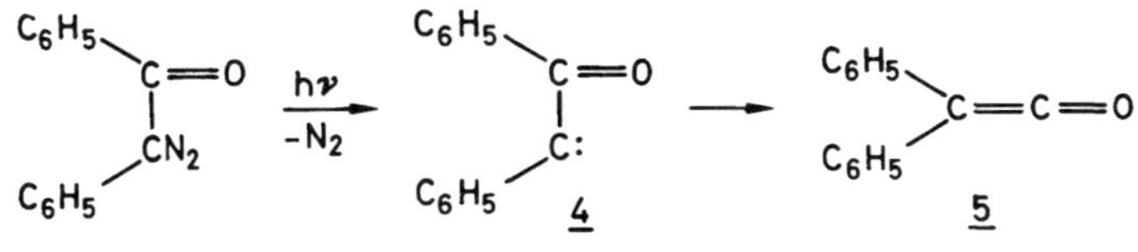

(7.15)

Diese Wolff-Umlagerung (Weygand und Bestmann, 1960, Meier und Zeller, 1975) des Ketocarbens kann auch durch thermische oder katalytische Zersetzung des Diazoketons eingeleitet werden (Weygand und Bestmann, 1960). In einem Ring eingebaute α-Diazoketone gehen bei der fotolytischen Zersetzung Ringverengungen ein [Reaktion (7.16)].

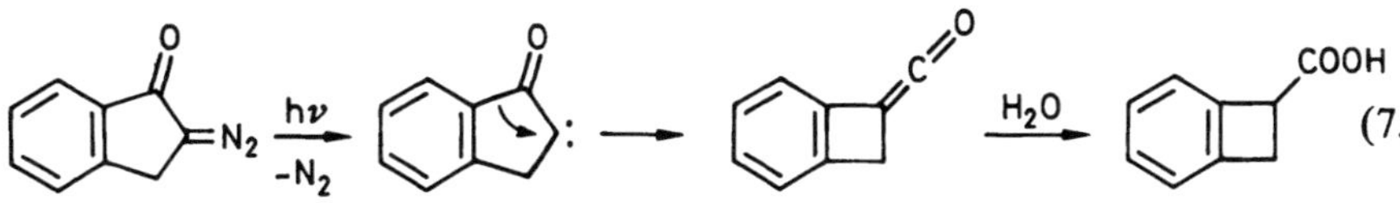

(7.16)

Der Mechanismus der Fotolyse von Diazoketonen ist nicht mit Sicherheit geklärt. Ziffer und Sharpless (1962) haben aus den von Horner und Kirmse (1959) gemessenen Quantenausbeuten der Fotolyse substituierter Diazoketone eine lineare Abhängigkeit mit den σ-Werten von Hammett gefunden und diesen Befund als Stütze für eine Fotodissoziation im Triplettzustand gewertet. Nach ihrer Argumentation sollte eine Linearität von Quantenausbeuten mit σ-Werten nur bei Triplettreaktionen auftreten, da im Triplettzustand die Ladungsverteilung ähnlich dem des Grundzustandes ist (Kap. 7.8.3). Die Hammett'schen σ-Werte (Wells, 1968), sind aus einer Vielzahl kinetischer Daten von thermischen Reaktionen, also der Differenz der freien Energie zwischen Grund- und Übergangszustand abgeleitet worden, und werden als Maß für die Änderung der Elektronendichte im Grundzustand unter dem Einfluß von Substituenten betrachtet. Die Argumentation von Ziffer und Sharpless (1962) ist jedoch nicht mehr beweiskräftig, seit in einigen fotochemischen Arbeiten eine σ-Abhängigkeit von eindeutigen Singulett-Reaktionen gezeigt wurde.

7.10.1.3 Fotolyse von Aziden
(Wagner und Hammond, 1968)

Bei der Fotolyse von Aziden wird ebenfalls Stickstoff abgespalten. Die Endprodukte der Fotoreaktion lassen sich am einfachsten erklären, wenn hier analog den Carbenen ein Nitren *6* als Primärprodukt der Fotolyse postuliert wird [Reaktion (7.17)].

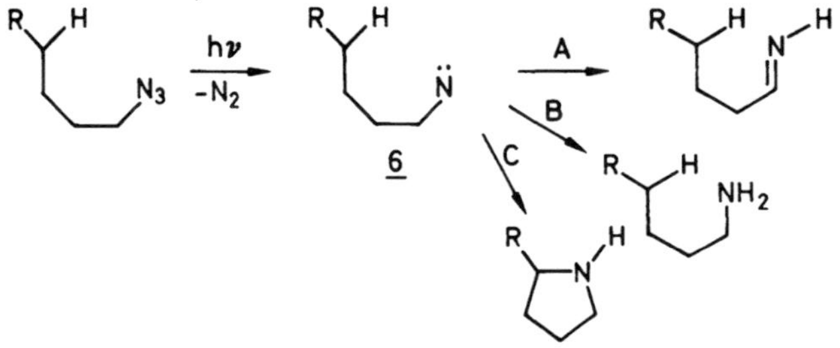

(7.17)

Das Nitren *6* stabilisiert sich durch drei Reaktionsmöglichkeiten: Erstens durch eine Isomerisierung zu einem Imin (Reaktion A), zweitens durch Wasserstoffabstraktion vom Lösungsmittel unter Bildung eines Amins (Reaktion B) und drittens durch intramolekulare 1,5-Wasserstoffabstraktion mit nachfolgender Cyclisierung zu einem Pyrrolidin (Reaktion C). Dieses Reaktionsbeispiel zeigt, das fotochemische Reaktionen nicht notwendigerweise zu einem Produkt führen müssen.
Die Reaktion des divalenten Stickstoffs im Nitren wird weitgehend von der Struktur des organischen Restes bestimmt. So stabilisiert sich das durch Fotodissoziation des o-Azidobiphenyls *7* entstehende aromatische Nitren ausschließlich durch intramolekulare Cyclisierung zum Carbazol *8* [Reaktion (7.18)].

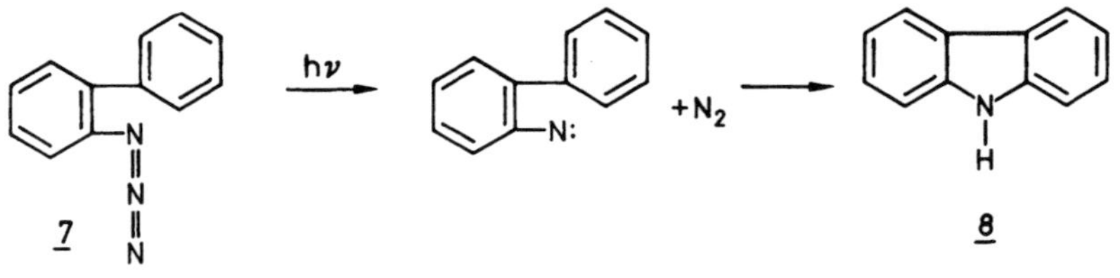

(7.18)

Carbene wie Nitrene lassen sich durch fotolytische Zersetzung von Diazoverbindungen bzw. Aziden bei den tiefen Temperaturen der flüssigen Luft in erstarrten Lösungsmitteln durch ESR-Spektroskopie nachweisen, wenn sie einen Triplett-Grundzustand haben (Wagner und Hammond, 1968). Das beweist jedoch nicht, daß auch die Fotodissoziation aus dem Triplettzustand verlaufen muß.

7.10.1.4 Fotolyse von Azoverbindungen
(Engel und Steel, 1973).

Azoverbindungen können thermisch, durch direkte Lichtabsorption und durch sensibilisierte fotochemische Anregung unter Stickstoffabspaltung zersetzt werden. Bei Alkylazoverbindungen erfolgt bevorzugt die fotolytische Spaltung der CN-σ-Bindungen in ein Paar von Radikalen [Reaktion (7.19)],

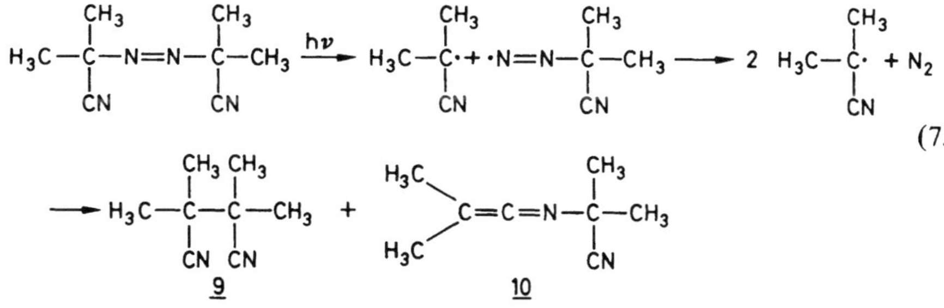

(7.19)

die zu *9* rekombinieren oder das Ketimin-Derivat *10* bilden. ESR-Messungen bei tiefen Temperaturen lassen vermuten, daß die fotolytische Spaltung in zwei Schritten erfolgt. Erst nach Spaltung der ersten CN-σ-Bindung wird im zweiten Schritt das Stickstoffmolekül aus dem einen Radikal abgespalten. Die leichte fotolytische Spaltung aliphatischer Azoverbindungen in Radikale macht sie zu guten Startern für Fotopolymerisationen (Kap. 10.3). Bei vorsichtiger selektiver Einstrahlung in den lichtabsorbierenden N=N-Chromophor ist spektroskopisch bei Azomethan *11* auch cis-trans-Isomerisierung beobachtet worden [Reaktion (7.20)].

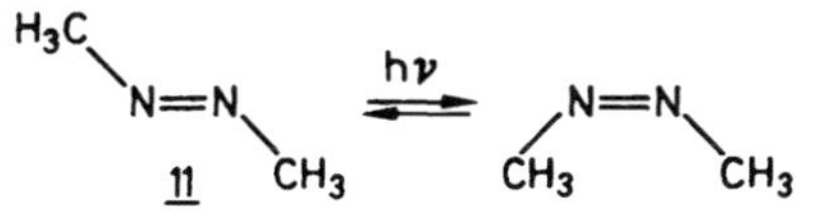

(7.20)

Während in der Gasphase die Fotodissoziation mit einer Quantenausbeute von nahezu eins verläuft, wird sie in Lösung durch die konkurrierende Fotoisomerisierung herabgesetzt.

Bei aromatischen Azoverbindungen, z.B. beim Azobenzol, erfolgt nur noch fotochemische cis-trans-Isomerisierung (Kap. 7.10.2.1.1). Aromatische Moleküle mit π-Elektronensysteme besitzen elektronische Anregungszustände viel niedrigerer Energie, aus denen eine spontane Dissoziation aus energetischen Gründen nicht mehr möglich ist. Die elektronische Anregungsenergie reicht nur noch zur Aktivierung einer π-Bindung mit nachfolgender geometrischer Strukturänderung aus (Kap. 7.10.2.1).

Die Eliminierung von Stickstoff aus cyclischen aliphatischen Azoverbindungen unter den relativ milden Bindungen der Fotolyse in Lösungen bei Zimmertemperatur wird häufig bei Synthesen von gespannten cyclischen Systemen angewendet. Obwohl die Reaktion meist sehr stark exotherm ist, wird die freiwerdende Energie in Lösungen so schnell verteilt, daß die intramolekulare Bildung gespannter Ringe durch Verknüpfung der beiden, bei der Eliminierung gebildeten Bruchstellen möglich ist. Reaktion (7.21) zeigt ein Beispiel für eine solche Reaktion und zum Vergleich die entsprechende thermische (Δ) Reaktion, die wegen der härteren Reaktionsbedingungen zu einem anderen Produkt führt.

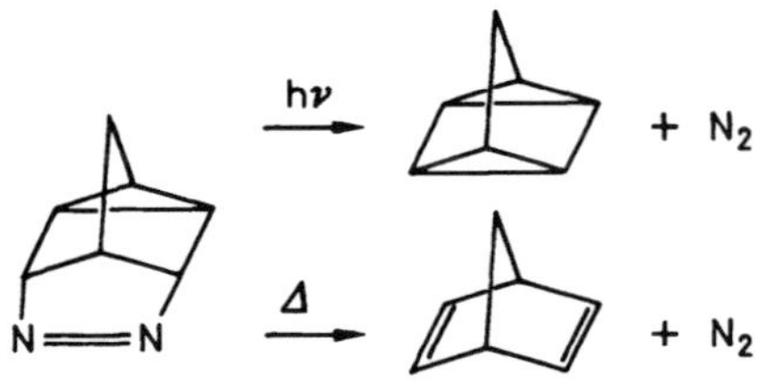

(7.21)

Weitere Beispiele für die intramolekulare Stabilisierung des primär nach der Stickstoffabspaltung entstehenden Biradikals sind in den Reaktionen (7.22) und (7.23) gegeben.

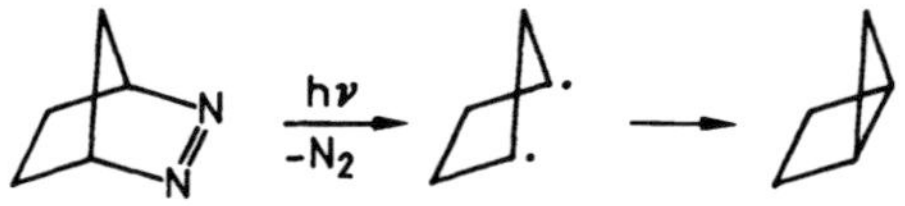

(7.22)

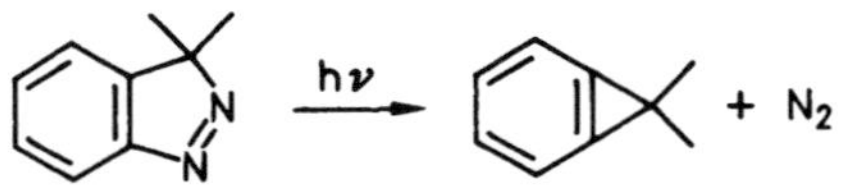

(7.23)

Die Fotolyse von Azoverbindungen erfolgt durch Einstrahlung in die $n\pi^*$-Absorptionsbanden des N=N-Chromophors. Es ist noch unbekannt, ob die Fotodissoziation im $n\pi^*$-Singulett-, $n\pi^*$-Triplett- oder im schwingungsangeregten Grundzustand („hot ground state") erfolgt.

7.10.1.5 Fotolyse von Carbonylverbindungen

Eine der am häufigsten untersuchten chemischen Reaktionen, sowohl in der Gasphase wie in Lösung, ist die Fotolyse von Aldehyden und Ketonen. Bei Lichtabsorption in den $n\pi^*$-Banden von nicht cyclischen aliphatischen Carbonylverbindungen treten zwei fotolytische Primärreaktionen auf.

1. Homolytische Dissoziation der Bindung zwischen der Carbonylgruppe und einem benachbarten Kohlenstoffatom (α-Spaltung) [Reaktion 7.24)]. Diese Art der Fotodissoziation wird als Norrish Typ I-Reaktion oder Fotodecarbonylierung bezeichnet (Srinivasan, 1963).
2. Die intramolekulare Übertragung eines Wasserstoffatoms von einem Wasserstoffdonator auf den die Carbonylgruppe tragenden Rest bei gleichzeitiger Abspaltung eines stabilen Olefins [Reaktion (7.25)]. Diese Fragmentierung ist als Norrish Typ II-Reaktion bekannt geworden (Wagner u.a., 1972).

$$R{-}\overset{O}{\overset{\|}{C}}{-}CH_2{-}CH_2{-}CH_3 \xrightarrow[h\nu]{\text{Typ I}} R{-}\overset{O}{\overset{\|}{C}}\cdot + \cdot CH_2{-}CH_2{-}CH_3 \qquad (7.24)$$

$$R{-}\overset{O}{\overset{\|}{C}}{-}CH_2{-}CH_2{-}CH_3 \xrightarrow[h\nu]{\text{Typ II}} R{-}\overset{O}{\overset{\|}{C}}{-}CH_3 + H_2C{=}CH_2 \qquad (7.25)$$

Eine fotolytische Spaltung der C=O-Bindung (C=O-Dissoziationsenergie = 165 kcal/mol) kann aus energetischen Gründen nicht erfolgen.

7.10.1.5.1 Fotodecarbonylierung (Norrish Typ I-Spaltung)

(Srinivasan, 1963, Chapman und Weiß, 1973)

Im Anschluß an die Radikaldissoziation in Reaktion (7.24) erfolgt, bevorzugt in der Gasphase, die Abspaltung von CO. Diese Eliminierung erfolgt nicht in der elektronisch angeregten Carbonylverbindung, sondern aus dem schwingungsangeregten Grundzustand der durch Fotolyse entstandenen Primärradikale.

In Lösungen bei Zimmertemperatur wird die CO-Abspaltung stark unterdrückt, wie die kleinen Quantenausbeuten für diese Reaktion in Lösung zeigen. Für die Unterdrückung der CO-Eliminierung in der Norrish Typ I-Spaltung lassen sich folgende Deutungsmöglichkeiten anführen:

1. Der Käfigeffekt (Kap. 7.5.1).
2. Die CO-Abspaltung erfolgt aus einem höheren Vibrationsniveau des elektronisch angeregten Zustands, wird aber durch die schnellere innere Umwandlung (Kap. 4.5.1) stark zurückgedrängt.
3. Die CO-Abspaltung erfolgt aus einem anderen Anregungszustand, der nur aus einem höheren Schwingungsniveau des primären Anregungszustandes besetzt werden kann (Prädissoziation).

Dann würde die schnelle Vibrationsrelaxation in Lösung die Reaktion unterdrükken. Bei höheren Temperaturen müßte die CO-Abspaltung stark zunehmen, da hier die Lebensdauer und Besetzungswahrscheinlichkeit der höheren Schwingungszustände größer ist. Tatsächlich erfolgt die fotolytische CO-Abspaltung bei 100° C in Lösung mit gleicher Quantenausbeute wie in der Gasphase. Dennoch kann zwischen den diskutierten Mechanismen nicht unterschieden werden, da die Temperaturerhöhung auch die Wirksamkeit des Käfigeffektes herabsetzt.

Bei cyclischen Ketonen erfolgt in Lösung schon bei Zimmertemperatur die Norrish Typ I-Spaltung, wie an den Beispielen in den Reaktionen (7.26) und (7.27) gezeigt wird.

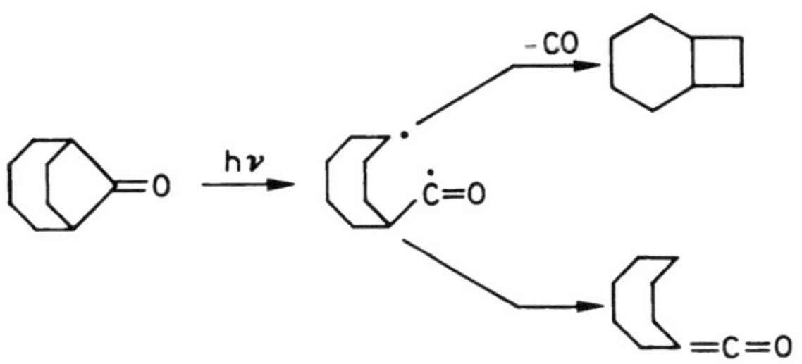

(7.26)

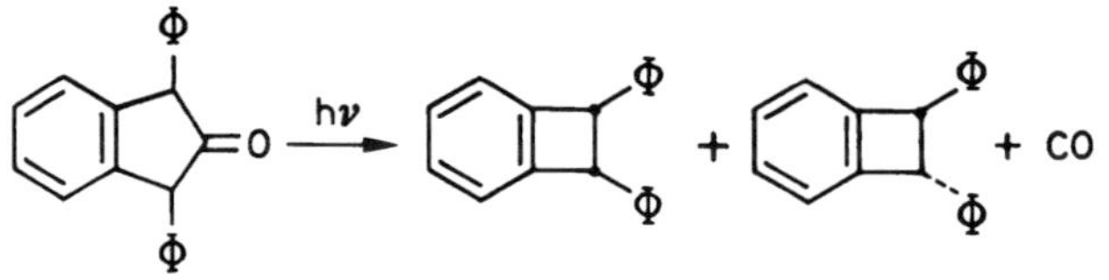

(7.27)

Daß als Primärprodukt der Fotolyse ein Biradikal auftritt, zeigt das Beispiel der Fotolyse des Tetramethyl-1,3-cyclobutandion *12* [Reaktion (7.28)].

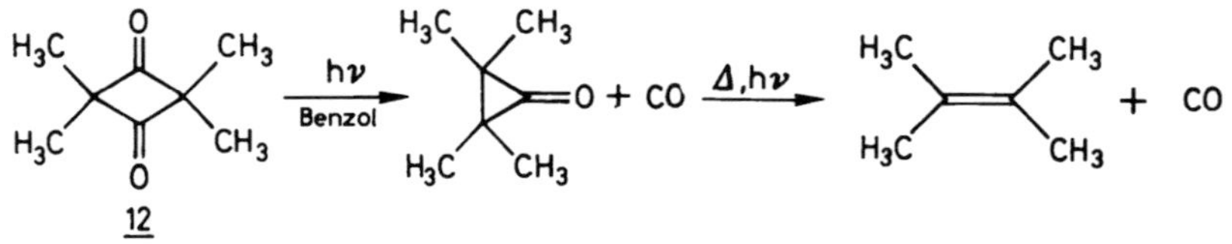

(7.28)

Die Reaktion erfolgt in zwei Schritten. Das nach der ersten CO-Eliminierung entstehende Diradikal *13* kann in Lösung mit Furan abgefangen werden. Auch der molekulare Sauerstoff kann das Diradikal *13* abfangen, wie Reaktion (7.29) und der veränderte Reaktionsablauf zeigen.

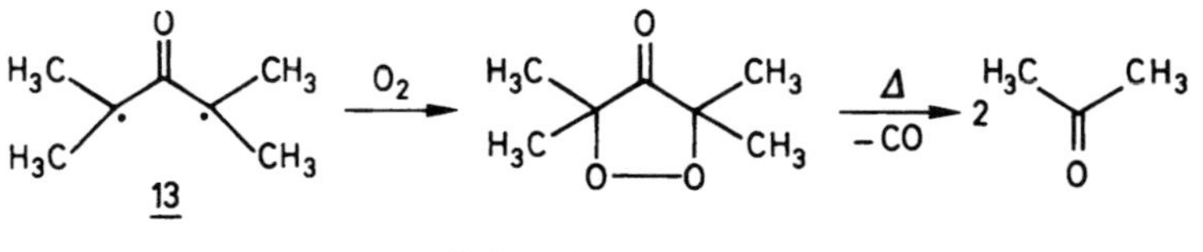

(7.29)

Offensichtlich begünstigen zwei Effekte die Fotodecarbonylierung; Ringspannung und Mesomeriestabilisierung der primären Radikale. An einem asymmetrischen acyclischen Keton *14* konnte gezeigt werden, daß in Lösung bei der Rekombination der durch Fotodecarbonylierung gebildeten Radikale kein Käfigeffekt vorliegt (Quinkert u.a., 1962) [Reaktion (7.30)].

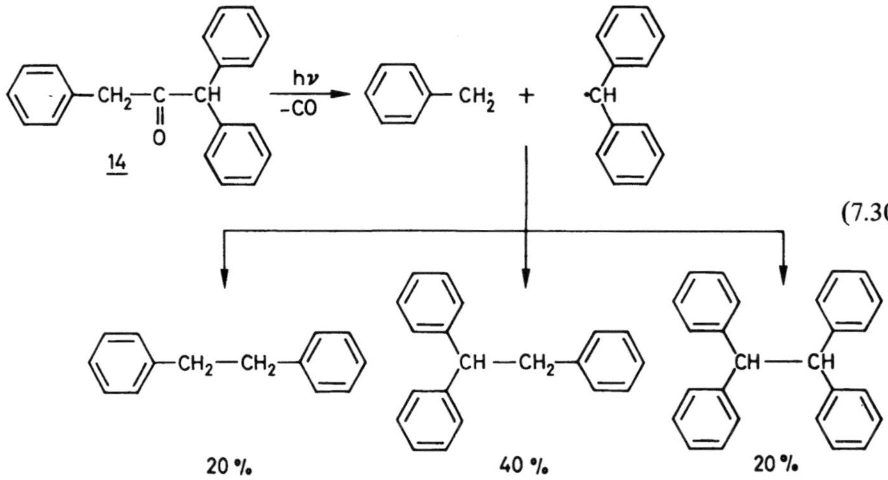

(7.30)

Alle drei möglichen Produkte aus den beiden Primärradikalen werden in statistischem Verhältnis gebildet.

Wie entscheidend die Bindungsenergie für den Verlauf und die Produktbildung bei der Fotodissoziation ist, zeigen die Beispiele (7.31) und (7.32).

$$\underset{\underline{15}}{F_3C-\underset{\underset{O}{\|}}{C}-CF_3} \xrightarrow{h\nu} CO + 2\,\cdot CF_3 \tag{7.31}$$

$$\underset{\underline{16}}{H_3C-\underset{\underset{O}{\|}}{C}-CH_2Cl} \xrightarrow{h\nu} H_3C-\underset{\underset{O}{\|}}{C}-CH_2\cdot + \cdot Cl \tag{7.32}$$

Während die mittlere Bindungsenergie der C-F-Bindung von 115 kcal/mol (Abb. 7.2) nur eine Fotodecarbonylierung der viel schwächeren α-C-C-Bindung im Hexafluoraceton *15* erlaubt [Reaktion (7.31)], erfolgt bei der nur 80 kcal/mol starken C-Cl-Bindung in α-Chloraceton *16* der homolytische Bindungsbruch nach der $n\pi^*$-Anregung bei $\sim$ 310 nm, entsprechend 90 kcal/mol, unter Freisetzung eines Chloratoms [Reaktion (7.32)].

7.10.1.5.2 Norrish Typ II-Spaltung
(Wagner, 1971)

Die zweite Möglichkeit der Fotodissoziation von aliphatischen Ketonen und Aldehyden ist, aus der Sicht der Endprodukte, eine Fragmentierung. Nach der $n\pi^*$-Anregung wird, vermutlich über einen sechsgliedrigen Übergangszustand *17*, ein γ-Wasserstoffatom intramolekular abstrahiert mit nachfolgender Spaltung der α-β-C-C-Bindung unter Bildung der Endprodukte Olefin und Enol, welches sich zum Keton stabilisiert [Reaktion (7.33)]. Bei Phenylketonen wurde ein Biradikal während der Norrish Typ II-Spaltung als Zwischenprodukt wahrscheinlich gemacht (Wagner u.a., 1972).

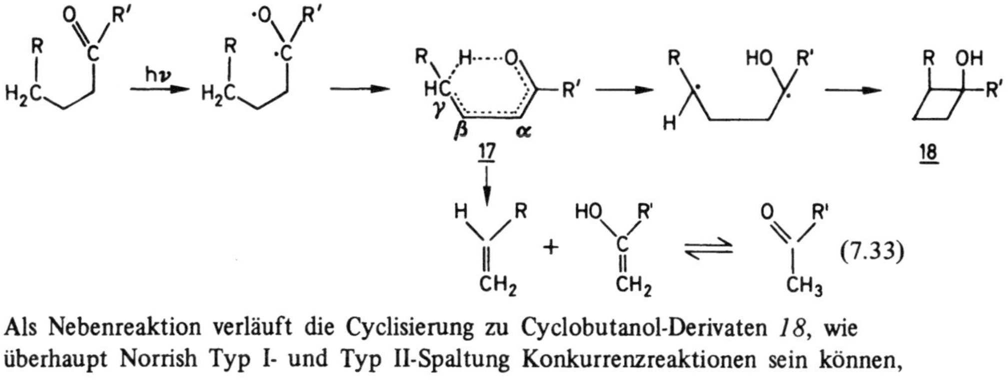

(7.33)

Als Nebenreaktion verläuft die Cyclisierung zu Cyclobutanol-Derivaten *18*, wie überhaupt Norrish Typ I- und Typ II-Spaltung Konkurrenzreaktionen sein können, wie ein Vergleich der Quantenausbeuten für beide Fotodissoziationen in Tab. 7.5 zeigt.

Tab. 7.5: Vergleich der Quantenausbeuten für die Fotodecarbonylierung (Typ I) ϱ_{CO} und Fotofragmentierung (Typ II) ϱ_{ϑ} aliphatischer Ketone

Keton	ϱ_{CO}	ϱ_{ϑ}
$H_3C{-}C({=}O){-}CH_3$	1,00	0,0
$H_3C{-}C({=}O){-}CH_2{-}CH_3$	0,84	0,0
$H_3C{-}C({=}O){-}CH_2{-}CH_2{-}CH_2{-}CH_3$	0,11	0,48
$H_3C{-}C({=}O){-}CH_2{-}CH(CH_3)_2$	0,15	0,35

Aus Löschexperimenten mit Triplettlöschern wird der Schluß gezogen, daß die Fotofragmentierung nach Norrish Typ II bei aromatischen Ketonen aus dem Triplettzustand erfolgt, während bei aliphatischen Ketonen auch eine Reaktion aus dem Singulettzustand möglich ist. Da Triplettlöscher jedoch auch angeregte Singulettzustände löschen können, sind Bestimmungen der Multiplizität von Fotoreaktionen allein mit Hilfe von Löschern mit Vorsicht zu beurteilen.

7.10.1.6 Fotolyse von Sulfonen

Die treibende Kraft bei der fotochemischen Eliminierung von kleinen stabilen, meist gasförmigen Molekülen, wie Stickstoff und Kohlenmonoxid aus großen organischen Molekülen bei der Fotodissoziation ist die hohe freiwerdende Bildungsenergie dieser kleinen Moleküle. Mit Wellenlängen kürzer als 280 nm läßt sich auch aus Arylsulfonen gasförmiges SO_2 abspalten. So wird in der Reaktion (7.35) SO_2 mit hoher Produktausbeute fotolytisch aus dem 1,3-Diphenyl-1,3-dihydronaphtho(2,3-c)-thiophen-1,1-dioxid *19* abgespalten (Cava, 1964).

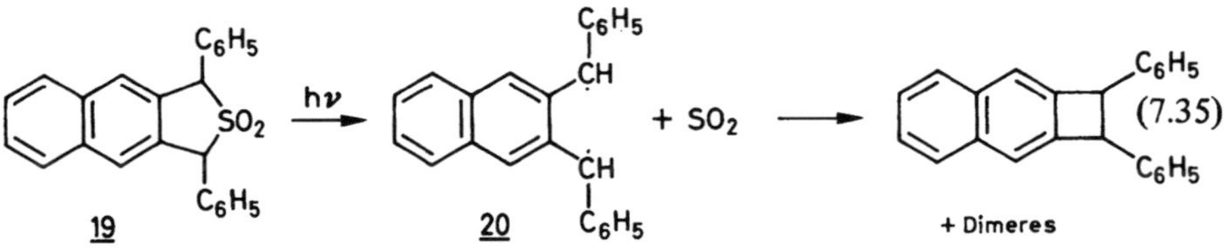

19 20 (7.35)

Das primär entstehende Biradikal *20* stabilisiert sich intra- und intermolekular. In der Reaktion (7.36) wird dagegen ausschließlich das intermolekulare Dimerisierungsprodukt isoliert (Cava u.a., 1964).

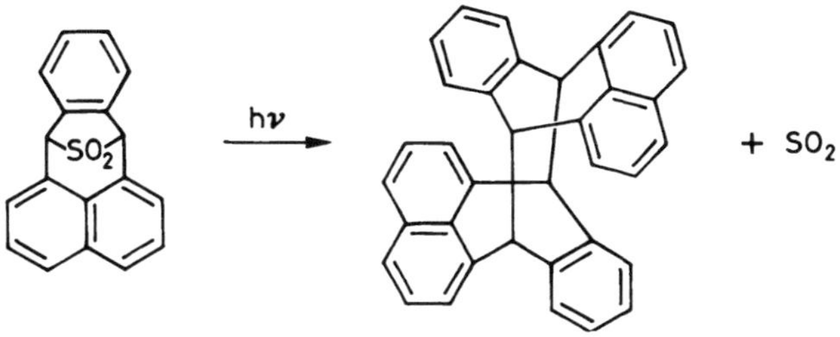

(7.36)

Da die Fotodissoziation auch durch Benzophenon-sensibilisierte Triplett-Triplett-Energieübertragung erreicht werden kann, erfolgt die Fotolyse von Sulphonen vermutlich aus dem Triplettzustand. Allerdings ist es auffallend, daß die Fotolyse der Arylsulfone sich so verhält, als würde sie durch die Aktivierungsenergien ihrer auch thermisch möglichen Zersetzung kontrolliert. Daher wird auch eine Reaktion aus dem schwingungsangeregten Grundzustand (Kap. 7.7.1) diskutiert (Ullman, 1968).

7.10.1.7 Fotolyse von organischen Halogenverbindungen
(Majer und Simons, 1964)

Bei der homolytischen Fotodissoziation von Alkylhalogeniden werden in der Gasphase mit Licht der Wellenlängen von 200–260 nm im Bereich der ersten Absorptionsbande, wie Abb. 7.2 vermuten läßt, Alkylradikale mit einer Quantenausbeute von eins gebildet. Lichtabsorption der Halogenverbindungen führt zur Anregung eines nichtbindenden p-Elektrons des Halogens zu einem antibindenden σ^*-Orbital. Dadurch wird die σ-Bindung so geschwächt, daß spontane Dissoziation in freie Radikale erfolgt.

$$RX \xrightarrow{h\nu} R\cdot + X\cdot \qquad (7.37)$$

Nach neueren Untersuchungen (P.J. Kropp u.a., 1973) kann die Fotodissoziation von organischen Halogenverbindungen zum Teil auch über eine ionische Dissoziation verlaufen. Nur Alkylfluoride sind ziemlich fotostabil (siehe Abb. 7.2). Die Fotolyse von Arylhalogeniden bildet eine auch synthetisch wichtige Quelle für Aryl-Radikale (Sharma und Kharasch, 1968).
So liefert die Fotolyse von 4-Jodbiphenyl in Benzol in einer radikalischen Reaktion mit einer Ausbeute von 90 % p-Terphenyl (Sharma und Kharasch, 1968). Wie die Reaktion (7.38) zeigt, können in einer Stufe auch drei Phenylgruppen fotochemisch in ein Arylhalogenid eingeführt werden (Güsten u.a., 1968).

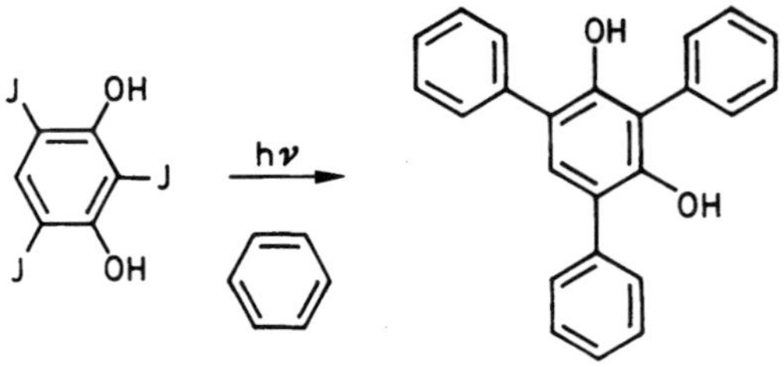

(7.38)

Auch die Fotolyse von o-Dijodbenzol *21* (Sharma und Kharasch, 1968) demonstriert die für die präparative organische Chemie außerordentliche Vielseitigkeit fotochemischer Reaktionen [Reaktion (7.39)].

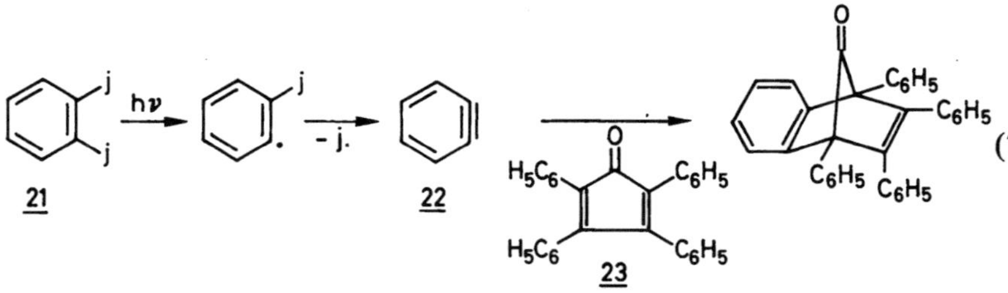

(7.39)

Als kurzlebiges Zwischenprodukt entsteht das Benzyn (Dehydrobenzol) *22*, das in einer Diels-Alder-Reaktion durch zugesetztes Tetracyclon *23* abgefangen werden kann. Die Quantenausbeuten der Fotodissoziation von aromatischen Jodverbindungen können den Wert eins erreichen (Sharma und Kharasch, 1968).

7.10.1.8 Fotofragmentierung großer organischer Moleküle

Wenn auch die meisten Fotodissoziationen die Abspaltung eines kleinen stabilen Moleküls, wie N_2, CO oder SO_2 bewirken, so ist es durchaus möglich, daß große organische Moleküle in Lösung unter der Einwirkung von Licht in zwei oder mehrere große Fragmente zerfallen. Ein Beispiel ist die fotochemische Cycloeliminierung (Griffin, 1971). Griffin und Mitarbeiter (Griffin, 1971, Bertoniere und Griffin, 1973) haben gefunden, daß bei der Fotolyse von stabilen aromatisch-substituierten Cycloverbindungen zwei nahezu gleich große Fragmente entstehen. So liefert das Tetraphenyläthylen-oxid *24* bei der Belichtung in fast quantitativer Ausbeute Benzophenon und das Diphenylcarben [Reaktion (7.40)].

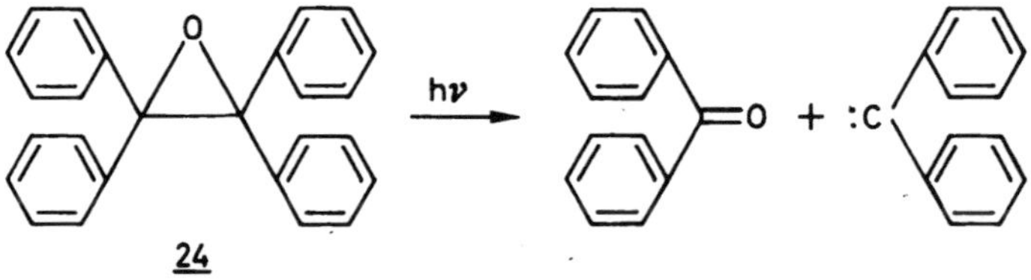

(7.40)

Bei der Fotolyse von Benzoinäthern in Lösung (Q = 0,40–0,60) erfolgt nach $n\pi^*$-Anregung quantitativ Fotodissoziation in ein Benzoyl- *25* und ein Alkoxybenzyl-Radikal *26* [Reaktion (7.41)] (Adam u.a., 1974 a).

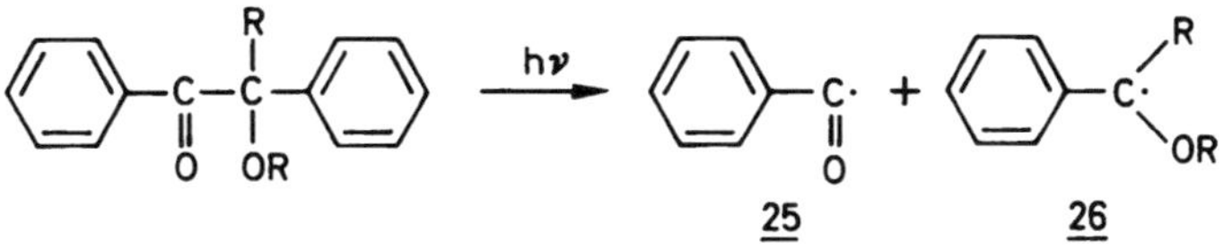

(7.41)

Die beiden primär entstehenden Radikale lassen sich bei Raumtemperatur mittels der ESR-Strömungstechnik unter Dauerbelichtung direkt nachweisen. Unter Ausschluß von Sauerstoff ist ihre Hauptreaktion die Dimerisierung der beiden Radikale zu Benzil und 1,2-Diphenyl-1,2-alkoxyäthan-Derivaten. In Gegenwart von Sauerstoff bilden beide Radikale zuerst Peroxi-Radikale, die jedes für sich unabhängig in komplizierten Radikalreaktionen abreagieren (Adam u.a., 1974 b).

Die bei der Fotolyse des Benzoyldiphenylmethans *27* auftretenden Benzoyl- und Diphenylbenzyl-Radikale stabilisieren sich durch Wasserstoffabstraktion und Dimerisierung.

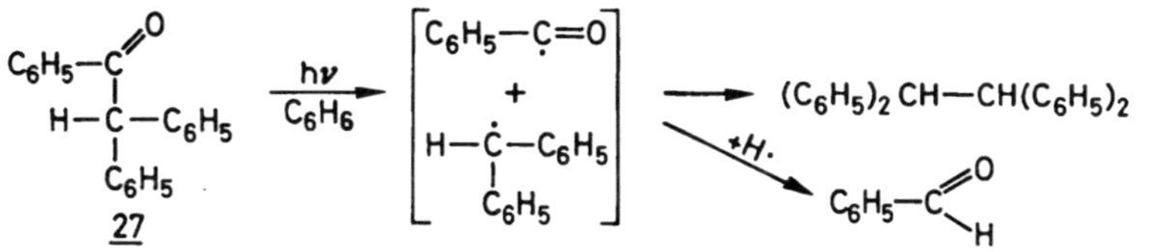

(7.42)

7.10.2 Fotochemische Umlagerungen

Fotochemische Umlagerungen sind das Ergebnis von Elektronenumverteilungen im elektronisch angeregten Zustand. Dabei können einzelne Atome oder ganze Atomgruppen ihre Position im Molekül wechseln, wodurch im Endergebnis Strukturisomere des Ausgangsmoleküls gebildet werden, oder nur Elektronen verlagert werden. Im letzteren Fall bedingt dies eine relative Änderung der Positionen einzelner Atome im Molekül zu sogenannten Valenzisomeren des Ausgangsmoleküls.

7.10.2.1 cis-trans-Isomerisierungen

(Wyman, 1955, Silversmith und Dunson, 1973)

Die wohl einfachste Art der fotochemischen Umlagerung ist die cis-trans-Isomerisierung. Bei Verbindungen mit mindestens einer Doppelbindung (-CH=CH-, -N=N-, -CH=N-) wird durch Lichtabsorption häufig eine geometrische cis-trans-Isomerisierung eingeleitet. Im Beispiel eines cis- oder trans-Olefins [Reaktion (7.43)] wird bei der Anregung ein π-Elektron in ein nichtbindendes π^*-Orbital gehoben. Dabei hebt das angeregte Elektron im wesentlichen den bindenden Charakter des in der C=C-Doppelbindung verbleibenden π-Elektrons auf. Im ππ*-Zustand erhält also die C=C-Doppelbindung im wesentlichen den Charakter einer Einfachbindung.

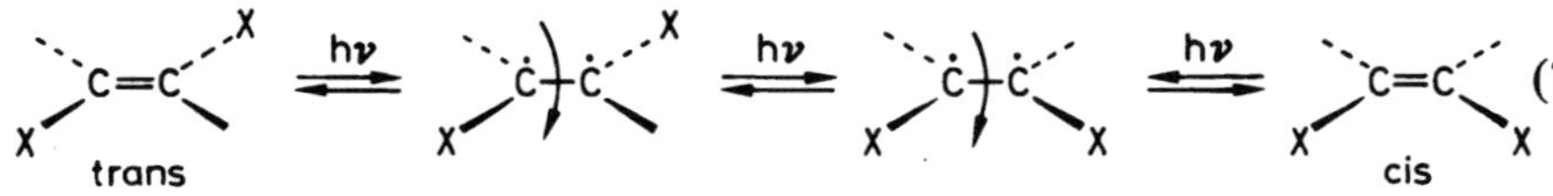

(7.43)

Im ππ*-Zustand liegt in erster Näherung ein 1,2-Biradikal vor, das bestrebt ist, den energieärmsten Zustand einzunehmen. Das wird dadurch erreicht, daß die beiden Molekülhälften sich senkrecht zueinander einstellen. Das Ergebnis der Desaktivierung dieses Molekülzustandes ist die cis→trans- bzw. trans→cis-Isomerisierung. Dabei entsteht ein fotostationäres Gleichgewicht zwischen der cis- und der trans-Form (Abb. 7.3). In den meisten Fällen absorbiert das trans-Isomere langwelliger und stärker (höhere molare Extinktion) als das cis-Isomere.

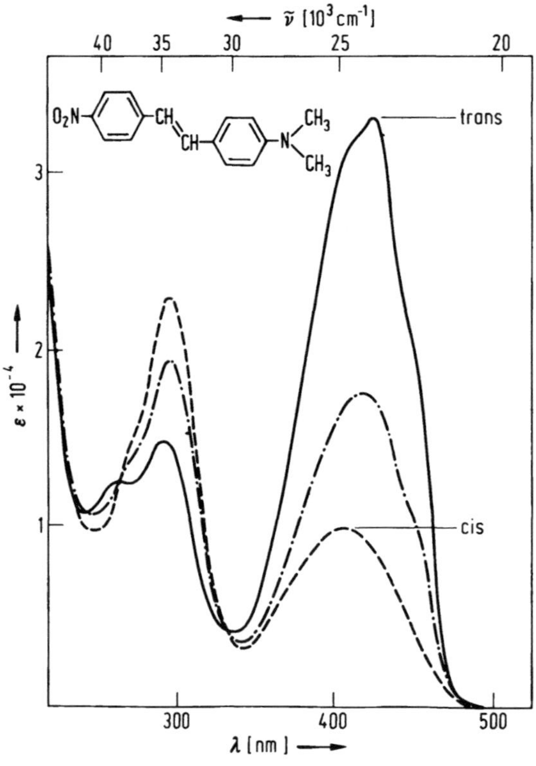

Abb. 7.3: Elektronenabsorptionsspektrum des trans- und cis-4-Nitro-4′-dimethylaminostilbens in Cyclohexan. —•—•— Fotochemisches Gleichgewicht bei Einstrahlung mit der Wellenlänge 405 nm.

Absorbiert das cis-Isomere überhaupt kein Licht, so wird das fotochemische Gleichgewicht vollständig zur cis-Seite verschoben. Es gilt

$$\frac{\%\ \text{cis}}{\%\ \text{trans}} = \frac{(\epsilon_{\text{trans}})_\lambda}{(\epsilon_{\text{cis}})_\lambda} \cdot \frac{Q_{t \to c}}{Q_{c \to t}}. \quad (7.44)$$

Sind die Quantenausbeuten für die trans→cis- und cis→trans-Isomerisierung gleich groß und absorbieren beide Isomere das Anregungslicht, so wird das sich einstellende fotochemische Gleichgewicht allein vom Verhältnis der Extinktionskoeffizienten bestimmt. Durch die Wasserstoffatome in den ortho, ortho'-Stellungen im cis-Stilben [siehe Reaktion (7.45)] sind die Phenylringe etwas aus der Ebene der C=C-Doppelbindung herausgedreht. Die nicht ebene Molekülform bedingt das gegenüber der trans-Form veränderte Absorptionsspektrum (Jaffé und Orchin, 1962).

7.10.2.1.1 Direkte fotochemische cis-trans-Isomerisierung
(Ross u. Blanc, 1971)

Modellsubstanzen für das Studium der fotochemischen cis-trans-Isomerisierung sind Stilbene (Ross u. Blanc, 1971). Obwohl diese Verbindungsklasse besonders intensiv studiert wurde, herrscht noch keine völlige Klarheit über den Mechanismus der fotochemischen cis-trans-Isomerisierung.

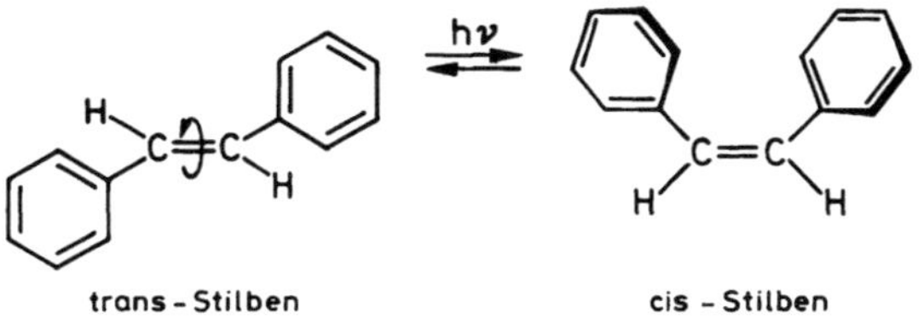

(7.45)

Drei elektronische Mechanismen sind diskutiert worden.

1. Nach einem Vorschlag von Lewis (Lewis u.a., 1940) erfolgt vom elektronisch angeregten Singulettzustand der beiden Isomeren ein rascher strahlungsloser Übergang in frei drehbare höhere Schwingungsniveaus des Grundzustandes (Kap. 7.7.1). Da jedoch die Schwingungsenergie des Grundzustandes sehr schnell auf sämtliche Freiheitsgrade des Moleküls verteilt und an die Umgebung abgegeben wird, gilt dieser Mechanismus als recht unwahrscheinlich.

2. Nach einem Vorschlag von Förster (Förster, 1952) erfolgt vom S_1-Zustand der beiden Isomeren ein schneller Übergang (intersystem crossing, siehe Kap. 4.5.1) in einen gemeinsamen um etwa 90° um die Achse der C=C-Bindung verdrehten energieärmeren T_1-Zustand. Von hier aus kann das Molekül strahlungslos mit verschiedenen Wahrscheinlichkeiten in den S_0-trans- oder S_0-cis-Zustand übergehen (Abb. 7.4).

3. Nach Saltiel (Saltiel, 1968, Saltiel und Megarity, 1969, Saltiel u.a., 1973) soll die cis-trans-Isomerisierung durch den strahlungslosen Übergang aus einem ver-

drehten S_1-Zustand in die isomeren S_0-Grundzustände zustande kommen. Dieser Mechanismus basiert auf kinetische Untersuchungen über die Löschung des S_1-Zustandes des trans-Stilben durch Azulen, deren Ergebnisse ohne Beteiligung von Triplettzuständen theoretisch berechnet werden können (Saltiel und Megarity, 1969). Weitere Indizien wurden aus dem Vergleich von Stilben und perdeuteriertem Stilben angeführt (Saltiel, 1968). Da die Lage des fotochemischen Gleichgewichts und die Quantenausbeuten der trans→cis- und cis→trans-Isomerisierung in beiden Fällen gleich groß ist, schließt Saltiel den Triplett-Mechanismus, der durch die Deuterierung (heavy atom Effekt) beeinflußt werden müßte, aus.

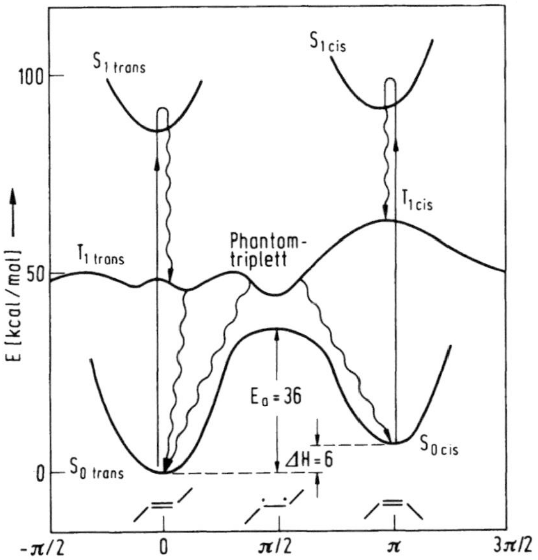

Abb. 7.4: Potentialenergie-Diagramm der fotochemischen cis-trans-Isomerisierung.
Ordinate: Energie; Abszisse: Verdrillungswinkel, E_a = Aktivierungsenergie für die thermische trans-cis-Isomerisierung, ΔH = Differenz der chemischen Energieinhalte.

Die Mehrzahl der Ergebnisse (Dyck und McClure, 1962, Schulte-Frohlinde u.a., 1962, Hammond u.a., 1964), besonders die von Fischer (1969) über die fotochemische cis-trans-Isomerisierung, steht jedoch mit dem Triplett-Mechanismus (2) im Einklang. Diese sind:

– bei tiefen Temperaturen kann blitzlichtspektroskopisch die Besetzung des T_1-Zustandes des trans-Stilbens bei der direkten Anregung nachgewiesen werden (Heinrich u.a., 1967, Herkstroeter und McClure, 1968),
– durch direkte Einstrahlung in die S_0-T_1-Absorptionsbande des trans-Stilbens (Kap. 4.4.5) bei 405 nm, wo der S_0-S_1-Übergang nicht angeregt wird, findet trans→cis-Isomerisierung statt (Fischer u.a., 1968, Bylina und Grabowski, 1969),
– die Viskositäts- und Temperaturabhängigkeit (Gegiou u.a., 1968) sowie ein

heavy atom-Effekt (Dyck und McClure, 1962) auf die trans→cis-Quantenausbeute sind nachgewiesen worden.

Als Fazit aus den vielen Arbeiten liegt die Vermutung nahe, daß bei substituierten Stilbenen von Fall zu Fall eine Isomerisierung aus Singulettzuständen in Konkurrenz zum Triplett-Mechanismus erfolgen kann. Nach neuesten Untersuchungen mittels Laserblitz-Fotolyse erfolgt die fotochemische trans→cis-Isomerisierung substituierter Stilbene aus dem Triplettzustand, die cis→trans-Isomerisierung jedoch aus dem Singulettzustand (Bent und Schulte-Frohlinde, 1974). Ferner muß die Möglichkeit einer cis-trans-Isomerisierung aus höheren elektronisch angeregten Zuständen, S_2-, T_2- und von höheren Schwingungsniveaus des S_1-, T_1- oder T_2-Zustandes in Betracht gezogen werden (Fischer, 1969).
Das Verhalten der Azobenzole bei der fotochemischen cis-trans-Isomerisierung (Griffiths, 1972) (Temperatur- und Lösungsmittelabhängigkeit der trans→cis- und cis→trans-Quantenausbeute) gleicht dem der Stilbene. Über den elektronischen Mechanismus divergieren die Ansichten verschiedener Autoren (Griffiths, 1972). Interessant ist, daß eine der ersten Messungen von Quantenausbeuten überhaupt an der fotochemischen cis-trans-Isomerisierung des Isomerenpaares Malein- und Fumarsäure in wäßriger Lösung von Warburg (1919) durchgeführt wurde, um die Quantenhypothese von Einstein auf fotochemische Reaktionen anzuwenden.

7.10.2.1.2 Fotosensibilisierte cis-trans-Isomerisierung

Die durch Triplett-Triplett-Energieübertragung (Kap. 4.5.4.1.2.2) fotosensibilisierte cis-trans-Isomerisierung wird nicht durch konkurrierende Reaktionen aus Singulettzuständen gestört, da hier selektiv nur der Triplettzustand besetzt wird. Hammond u.a., 1964, Stephenson und Hammond, 1969 haben in einer Reihe von Arbeiten an verschiedenen Olefinen den Einfluß der Triplettenergie des Sensibilisators auf die Lage des fotochemischen Gleichgewichts untersucht. In Abb. 7.5 sind die fotochemischen Voraussetzungen für die durch Benzophenon fotosensibilisierte cis-trans-Isomerisierung des trans-Stilbens dargestellt.

Die Auftragung des cis-trans-Verhältnisses im fotochemischen Gleichgewicht gegen die Triplettenergien der verschiedenen Sensibilisatoren ergibt ein „fotochemisches Spektrum" mit einem Maximum (Abb. 7.6).

Dieses Ergebnis zeigt, daß neben der normalen exothermen Triplett-Triplett-Energieübertragung auch eine endotherme Energieübertragung möglich ist, wenn die Triplettenergie des Sensibilisators unter der Triplettenergie des cis- (57 kcal/mol) und trans-Stilbens (50 kcal/mol) liegt. Hammond u.a. (Hammond u.a., 1964, Stephenson und Hammond, 1969) nehmen für die Fälle, in denen aus energetischen Gründen die Triplettzustände von trans- bzw. cis-Stilben nicht mehr durch Energieübertragung besetzt werden können, die Besetzung eines verdrillten, nicht planaren Triplettzustands an (Formel 7.46).

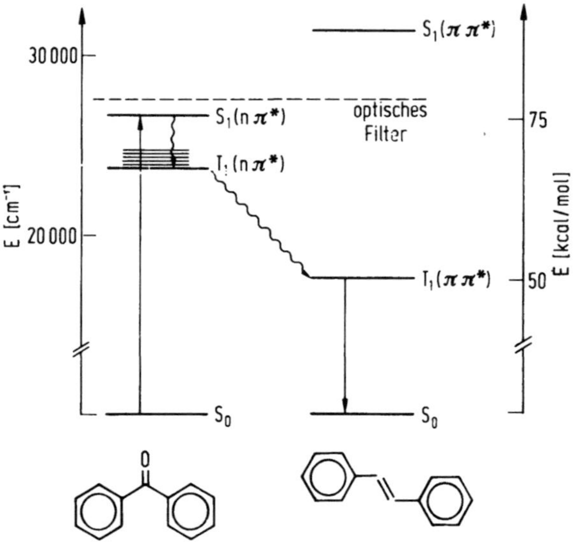

Abb. 7.5: Energietermschema zur fotosensibilisierten Triplettenergieübertragung von Benzophenon auf trans-Stilben.

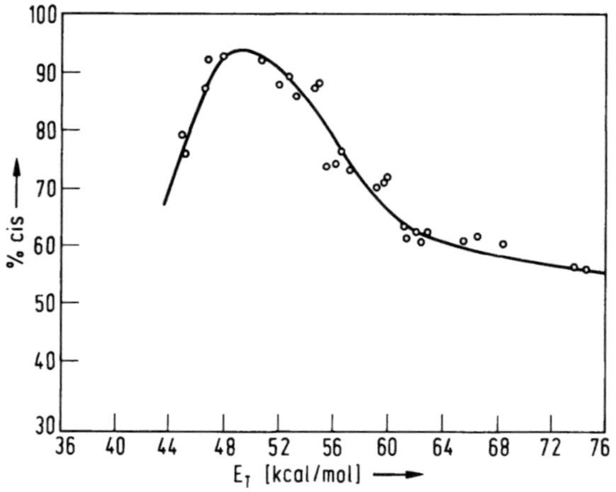

Abb. 7.6: % cis-Stilben im fotosensibilisierten cis-trans-Gleichgewicht in Abhängigkeit von der Triplettenergie des Sensibilisators.

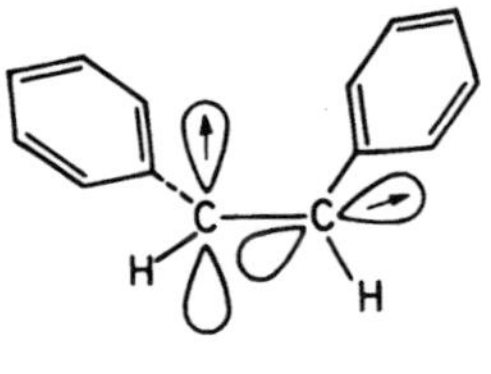

(7.46)

Diese den Energiesätzen scheinbar zuwider verlaufende Anregung des spektroskopisch nicht beobachteten verdrillten Triplettzustandes [7] wird als nichtvertikale Energieübertragung (Kap. 7.3) bezeichnet und der „unsichtbare" Triplettzustand als Phantom-Triplett (Abb. 7.4). Nach Hammond u.a. (Hammond, 1964, Stephenson und Hammond, 1969) findet nichtvertikale Energieübertragung dann statt, wenn vertikale Übergänge aus energetischen Gründen verboten sind. Dies geschieht dadurch, daß im Begegnungskomplex zwischen Sensibilisator und Acceptor in Lösung viele Zusammenstöße erfolgen, bevor die Reaktionspartner sich trennen. Der Sensibilisator kann während dieser Zeit alle möglichen Energiezustände des Acceptors abtasten und mit dem „passenden" verdrillten Zustand in Wechselwirkung treten. Quantenmechanische Berechnungen zeigen, daß beim Stilben der nichtplanare verdrillte Triplettzustand tatsächlich eine niedrigere Energie aufweist als der Triplettzustand des trans- oder cis-Stilbens (Borrell und Greenwood, 1967) (siehe auch Abb. 7.4). Es wird angenommen, daß diese „nicht klassische" Energieübertragung nur dann erfolgen kann, wenn das Acceptormolekül große geometrische Unterschiede in der Gleichgewichtskonfiguration von Grundzustand und angeregtem Zustand aufweist, wie dies bei Olefinen der Fall ist.
Die von Hammond u.a. (Stephenson und Hammond, 1969, Hammond, 1964) postulierte nichtvertikale Energieübertragung ist nicht ohne Kritik geblieben (Bylina, 1968, Fischer, 1969, Yamauchi und Azumi, 1973), da eine Änderung der Geometrie während der Energieübertragung schwer verständlich ist (Franck-Condon-Verbot). Eine andere wahrscheinlichere Deutung ist, daß in den Fällen, wo nichtvertikale Energieübertragung in Abb. 7.6 postuliert wird, die Energieübertragung nicht vom T_1-Zustand, sondern, wenn auch mit geringerer Wahrscheinlichkeit wegen der kürzeren Lebensdauer, vom energetisch höherliegenden T_2-Zustand des Sensibilisators erfolgen kann (Liu u.a., 1968, Liu, 1968).

7.10.2.1.3 Fotochemische cis-trans-Isomerisierung in der Natur

Das Prinzip der fotochemischen cis-trans-Isomerisierung wird in der Natur zur Energie- und Informationsübertragung benutzt.
Beim Sehvorgang (Wald, 1968, Mannschreck, 1968) in der Retina, wo Lichtimpulse in Information für das Gehirn umgesetzt werden, wird im fotochemischen Schritt das im Pigment Rhodopsin an das Protein Opsin gebundene 11,12-cis-Retinen *28* in das 11,12-trans-Retinen umgewandelt [Reaktion (7.47)].

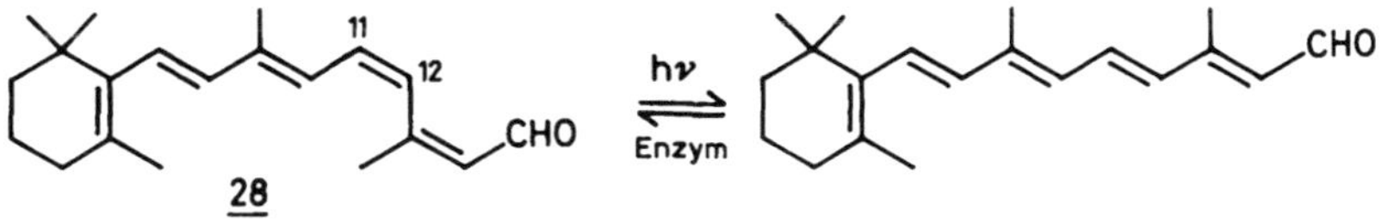

(7.47)

[7] Eine „spektroskopische Besetzung" des Phantom-Tripletts würde das Franck-Condon-Prinzip (Kap. 4.4.4) verletzen.

Dabei dissoziiert das am Protein Opsin gebundene Retinen von diesem ab. Dieser Prozeß ist mit dem Nervenimpuls [8] verknüpft. Ein Enzym isomerisiert nun thermisch katalysisch das Retinen in das 11,12-cis-Isomere *28* zurück, wo es mit dem Protein Opsin wieder Rhodopsin zurückbildet und dadurch den Ausgangszustand herstellt. Die sterisch gehinderte 11,12-cis-Verbindung *28* ist thermodynamisch weniger stabil als die trans-Form.
Da in der Mehrzahl der Olefine das cis-Isomere die energiereichere Form ist, läßt sich durch fotochemische trans → cis-Isomerisierung einer ungesättigten Verbindung Energie speichern. Im Falle des trans- und cis-Stilbens wären diese etwa 6 kcal/mol (Abb. 7.4). Daher sind ähnliche Systeme, wie etwa die trans-Zimtsäure, als Sonnenbatterien vorgeschlagen worden [9].

In der Haut wird durch trans→cis-Isomerisierung der trans-Urocaninsäure *29* überschüssige Sonnenenergie in der Epidermis „abgepuffert", wodurch ein gewisser Selbstschutz gegen Sonnenbrand aufgebaut wird (Daniels u.a., 1968).

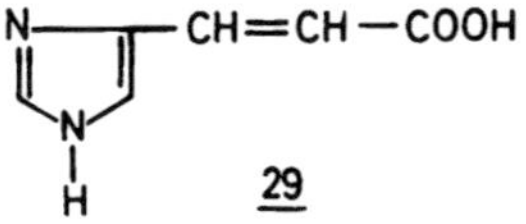

29

(7.48)

Die zunehmende Zahl der Fotodermatosen dagegen, auch „Super-Sonnenbrand" genannt, wird durch Fotosensibilisierungen verursacht. Eine Anzahl von Medikamenten, wie Sulfonamide, Tetracyline aber auch wie die in Früchten und Gemüsen auftretenden Psoralene, haben die Eigenschaft, die Lichtempfindlichkeit der Haut zu erhöhen. Dadurch können entstellende Hautausschläge bis zu bleibenden krankhaften Hautverfärbungen entstehen.
Auch beim Aufbau des Vitamin D_2 in der Haut ist einer der Syntheseschritte eine fotochemische cis-trans-Isomerisierung (Inhoffen, 1960) (Kap. 7.10.2.2).

Eine wichtige Energieübertragung erfolgt in der Natur bei der Fotosynthese. Die Carotinoide in den Chloroplasten wirken hier als Fotosensibilisatoren. Obwohl sie im angeregten Zustand selber zur cis-trans-Isomerisierung befähigt sind, wird absorbiertes Licht durch Energieübertragung vom angeregten Singulettzustand des Carotinoids zum Chlorophyll übertragen. Bei einem sehr geringen Lichtangebot kann daher Licht, welches außerhalb des Absorptionsbereichs des Chlorophylls liegt, noch vom Carotinoid absorbiert werden und durch Energieübertragung auf das Chlorophyll für die Fotosynthese nutzbar gemacht werden.
Interessanterweise kann das Carotinoid gegenüber dem Chlorophyll auch als Acceptor wirken. Belichtetes Chlorophyll wirkt in der Zelle auch zerstörend, wenn es einem zu großen Lichtangebot ausgesetzt ist und sein Angebot an Redox-Äquiva-

---

[8] Das Auge kann niedrige Quantenströme bis 10000 Quanten pro Sekunde wahrnehmen. Auf die Zahl der Rezeptorzellen in der Retina umgerechnet bedeutet dies eine Wahrnehmung von einem Photon pro Rezeptorzelle alle sechs Minuten.

[9] Die Schwierigkeit liegt dabei in der schnellen Nutzung der Energie bei der Regenerierung der trans-Verbindung. Wie in der Retina könnten enzymatische Regenerierungsprozesse einen Ausweg darstellen.

lenten nicht abgenommen wird (Sistrom u.a., 1956). Hier kann jetzt durch Triplett-Triplett-Energieübertragung die elektronische Anregungsenergie vom Chlorophyll auf das Carotinoid abgeleitet werden. Carotinoide haben als Polyene sehr niedrig liegende, Chlorophylle, aber energetisch sehr hoch liegende Triplettzustände [10].

Die Carotinoide in den Chloroplasten haben damit eine interessante Doppelrolle; sie sind je nach Bedarf Fotosensibilisatoren wie Desensibilisatoren (Claes, 1961). Ermöglicht wird diese Doppelfunktion allein durch die energetische Lage ihrer elektronisch angeregten Zustände.

7.10.2.2 Fotochemische Valenzisomerisierungen
(Srinivasan, 1969)

Während Olefine elektronische Anregungsenergie bevorzugt in cis-trans-Isomerisierung umsetzen, erfolgt bei elektronischer Anregung von konjugierten Olefinen, wie Di- und Trienen, vornehmlich eine Elektronenumordnung unter Ausbildung neuer π- oder σ-Bindungen. Diese allgemeine Reaktion der Valenzisomerisierung führt oft zu Brückenbildung oder Cyclisierung, aber auch zu Ringöffnungen [Reaktion (7.49)].

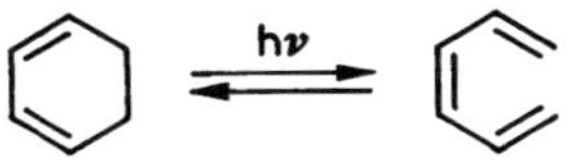

(7.49)

Die Rückreaktion kann thermisch und fotochemisch erfolgen. Die Woodward-Hoffmann-Regeln (Gill, 1968, Woodward und Hoffmann, 1969, Katz, 1971) erlauben die wichtigen Voraussagen über den stereochemischen Ablauf fotochemischer und thermischer Valenzisomerisierungen. Bei der Ausbildung der neuen Bindung bei solchen „sigmatropen" Umlagerungen wird der stereochemische Verlauf der Valenzisomerisierung durch die Symmetrie der untersten π*-Orbitale, insbesondere durch die Orbitalsymmetrie der π*-Wellenfunktionen an den endständigen C-Atomen bestimmt.

Fotochemische Valenzisomerisierungen können durch Triplett-Sensibilisierung ausgelöst werden. Da jedoch die Produkte der sensibilisierten und direkten fotochemischen Valenzisomerisierung öfters verschieden sind [siehe Reaktion (7.50)], sagt diese Tatsache wenig über den Mechanismus der direkten fotochemischen Valenzisomerisierung aus.

---

[10] Da das Chlorophyll a und b das Licht langwelliger als die in Chloroplasten vorkommenden Carotinoiden absorbieren, kann keine Singulett-Singulett-Energieübertragung auf diese stattfinden.

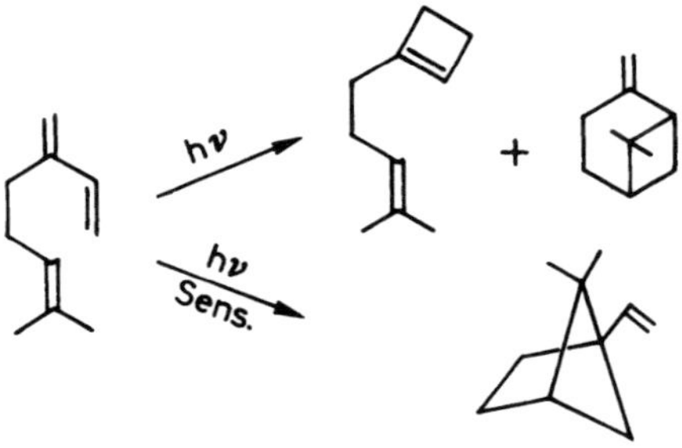

(7.50)

Da aliphatische Olefine nicht fluoreszieren, ist die Untersuchung des Mechanismus der direkten fotochemischen Valenzisomerisierung durch Emissionsspektroskopie nicht möglich. Durch fotochemische Valenzisomerisierung acyclischer Olefine können cyclische Verbindungen synthetisiert werden (Fonken, 1967), wie am Beispiel der Cyclisierung des 2,3-Dimethylbutadiens *30* zu 1,2-Dimethylcyclobuten *31* gezeigt wird.

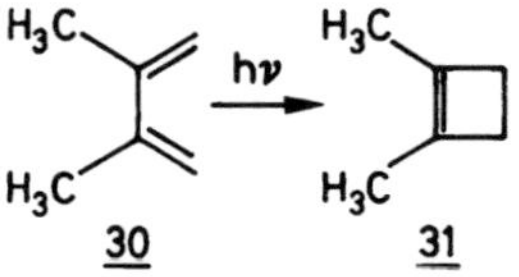

(7.51)

Umgekehrt lassen sich aus cyclischen Olefinen acyclische Verbindungen darstellen (Fonken, 1967). Ein wichtiges Beispiel ist die fotochemische Synthese des Vitamin D_2 *35* aus dem Ergosterol *32* (Havinga, 1962). Das cyclische Dien Ergosterol *32* wird durch fotochemische Valenzisomerisierung in das acyclische Trien Provitamin D_2 *33* durch Spaltung der 9,10-Bindung überführt.

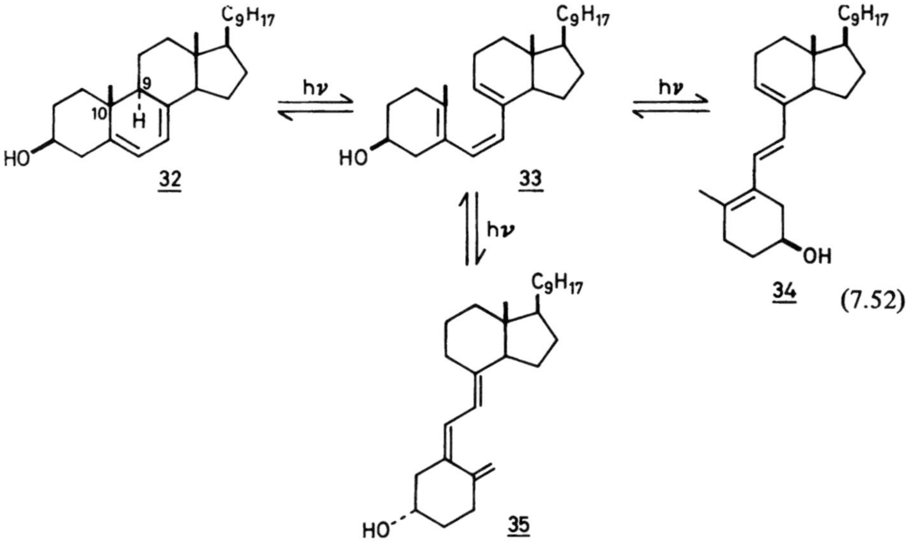

(7.52)

Das Provitamin D_2 *33* kann durch fotochemische cis→trans-Isomerisierung zu *34* umlagern oder aber über eine Zwischenstufe das Vitamin D_2 *35* aufbauen (Sammes, 1970). Da Diene sehr kurze Triplett-Lebensdauern (10^{-7}–10^{-9} s) haben, ist der spektroskopische Nachweis des Triplettzustandes mit der konventionellen Blitzlichtfotolyse (Kap. 6.4) nicht möglich. Daher ist eine Unterscheidung zwischen Singulett- oder Triplett-Mechanismus auch in diesem Falle der fotochemischen Valenzisomerisierung schwierig.

Wenn die olefinischen Doppelbindungen in einem cyclischen Kohlenwasserstoff in geometrisch günstiger Anordnung vorliegen, findet bevorzugt intramolekulare Cycloaddition (Kap. 7.10.3.2) statt.

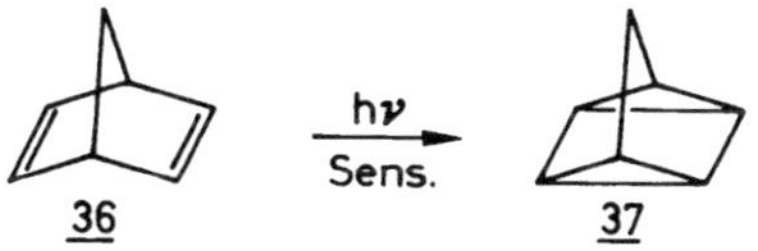

(7.53)

Die doppelte Ringbildung von Norbornadien *36* zu Quadricyclen *37* (Hammond u.a., 1964) kann auch durch Benzophenon sensibilisiert werden. Diese intramolekulare Cycloaddition ist vielfach zur Synthese von phantasievollen Käfigverbindungen benutzt worden. So erhält man bei der Belichtung des Diels-Alder-Addukts *38* von Maleinsäure und Cyclooctatetraen die isomere Käfigverbindung *39*, aus der durch thermische Decarboxylierung der Kohlenwasserstoff Basketen *40* synthetisiert werden kann (Schenck u.a., 1965).

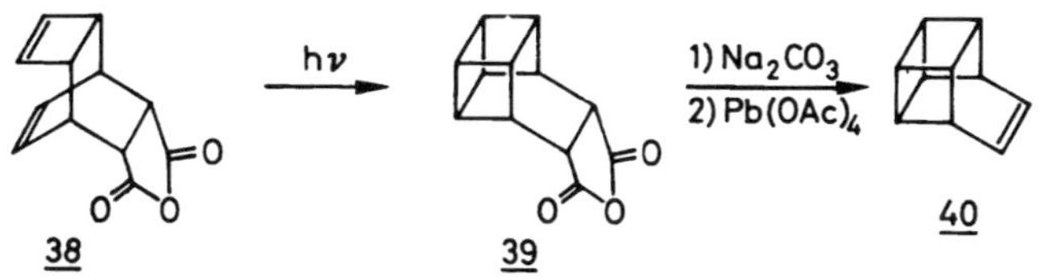

(7.54)

Die interessante Isomerisierung des Diphenyldibenzocyclooctatetraens *41* (Stiles u. Burckhardt, 1964) verläuft vermutlich durch „Überkreuzen" der Substituenten über das Valenzisomere *42*.

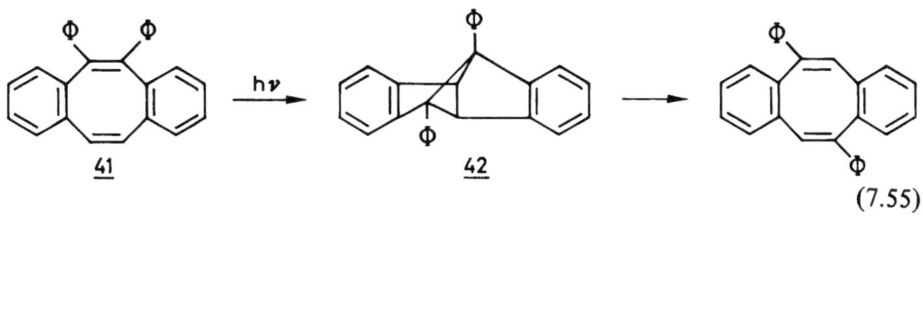

(7.55)

7.10.2.2.1 Die Fotocyclisierung des cis-Stilbens
(Muszkat und Fischer, 1967, Scholz u.a., 1967, Stermitz, 1967, Blackburn und Timmons, 1969).

Analog der fotochemischen Valenzisomerisierung des 1,3,5-Hexatriens zu 1,3-Cyclohexadien [Reaktion (7.49)] verläuft die fotochemische Cyclisierung des cis-Stilbens *43* zu 4a,4b-Dihydrophenanthren *44*.

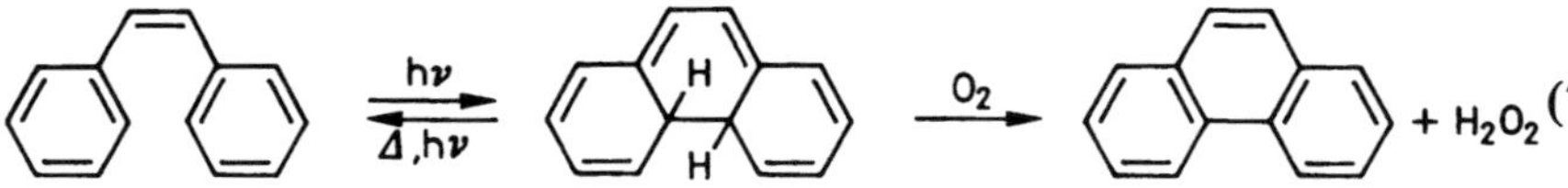

(7.56)

43 44 45

In entgasten Lösungen entsteht bei der Belichtung ($\lambda < 350$ nm) das orangefarbene 4a,4b-Dihydrophenanthren *44*, das bei Raumtemperatur oder mit langwelligem Licht ($\lambda > 400$ nm) wieder cis-Stilben *43* zurückbildet. In Gegenwart von Sauerstoff oder anderen Oxydationsmitteln wird *44* jedoch zu Phenanthren *45* und H_2O_2 oxydiert.
Der Mechanismus dieser vieluntersuchten Fotocyclisierung ist nicht völlig geklärt. Da die Reaktion nicht durch Triplett-Triplett-Energieübertragung induziert werden kann, nimmt die Mehrzahl der Autoren (Stermitz, 1967, Blackburn und Timmons, 1969) eine Fotocyclisierung aus dem ersten angeregten Singulettzustand des cis-Stilbens an. Es kann jedoch nicht übersehen werden, daß eine Reihe von Ergebnissen sich zwangslos als eine Cyclisierung aus dem schwingungsangeregten Grundzustand (Kap. 7.1) deuten lassen (Güsten und Klasinc, 1968). So zeigt der lineare Zusammenhang der Quantenausbeuten der Fotocyclisierung der m-substituierten cis-Stilbene (Jungmann u.a., 1968) mit den quantenmechanisch errechneten Ladungsdichten der reagierenden o,o′-Stellungen im Grundzustand, daß der die Ladungsdichte regulierende Substituent die Reaktionsgeschwindigkeit in einem Maße bestimmt, wie dies bei thermischen Reaktionen bekannt ist. Die Quantenausbeuten verlaufen linear mit den Hammett'schen σ-Werten (Jungmann u.a., 1968).

Tatsächlich läßt sich die Cyclisierung des cis-Stilbens auch durch thermische Besetzung der angeregten Schwingungsniveaus des Grundzustandes erreichen (Zelinskii und Titz, 1929, Srinivasan und Powers, 1963). Auch die für den Grundzustand der cis-Stilbene errechnete Isomerenverteilung der nur bei m-substituierten cis-Stilbenen entstehenden isomeren Cyclisierungsprodukte, der 2- und 4-Phenanthrenderivate, stimmen mit den Experimenten überein (Güsten und Klasinc, 1968). Eine eindeutige Unterscheidung zwischen einer Fotocyclisierung im elektronisch angeregten Singulettzustand und im schwingungsangeregten Grundzustand (hot ground state) kann aus den Woodward-Hoffmann-Regeln (Gill, 1968, Woodward und Hoffmann, 1969) abgeleitet werden. Bei einer „thermischen" Cyclisierung im Grundzustand sollte das cis-4a,4b-Dihydrophenanthren *46* entstehen, bei einer Fotocyclisierung aus dem elektronisch angeregten Singulettzustand dagegen das trans-4a,4b-Dihydrophenanthren *47*.

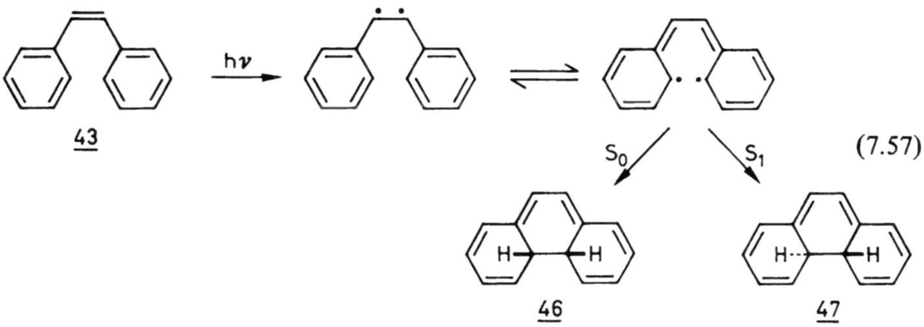

(7.57)

Die stereochemische Zuordnung der tertiären H-Atome in der 4a,4b-Position durch kernmagnetische Resonanzspektroskopie ist wegen der im fotochemischen Gleichgewicht niedrigen Konzentration schwierig. Eine durch circularpolarisiertes Licht eingeleitete asymmetrische Fotocyclisierung (Goedicke und Stegemeyer, 1972) zeigte mit sehr niedrigen Drehwerten eine optische Aktivität, die nur der trans-Form *47* zukommen kann. Dieses Ergebnis spricht für eine Fotocyclisierung im angeregten S_1-Zustand.
Die Fotocyclisierung von cis-Stilben wird zur Synthese von komplizierten organischen Verbindungen (Stermitz, 1967, Blackburn und Timmons, 1969), besonders bei der Synthese von Naturstoffen (Sammes, 1970) angewandt.

7.10.2.2.2 Fotochemische Valenzisomerisierung von Aromaten
(van Tamelen, 1972)

Bis 1957 galt Benzol als eine fotostabile Verbindung. Da die Lichtabsorption beim Benzol in den ersten Singulettzustand im Wellenlängenbereich von 230–270 nm (siehe Abb. 4.1 und 4.2, Kap. 4) mit Energien im Bereich von 124–106 kcal/mol erfolgt, ist durchaus zu erwarten, daß die hohe Resonanzenergie im Benzol (36 kcal/mol) bei der Lichtabsorption überwunden werden kann. Tatsächlich sind bei sorgfältiger gaschromatographischer Auftrennung nach der Belichtung die Valenzisomeren Fulven, Benzvalen, Dewarbenzol und Prisman isolierbar. Im Reaktionsschema (7.58) ist der Mechanismus der fotochemischen Valenzisomerisierung des Benzols nach dem heutigen Stand der Kenntnis dargestellt (Bryce-Smith, 1968).

Danach entstehen die beiden Valenzisomeren Fulven und Benzvalen aus dem Singulettzustand, Dewarbenzol und Prisman aus dem Triplettzustand. Durch ^{14}C-Markierung und Substituenten im Benzolring konnte gezeigt werden, daß die Valenzisomerisierung streng intramolekular verläuft. So läßt sich die Stellungsisomerisierung eines disubstituierten Benzols zwanglos nach Reaktion (7.59) als eine Isomerisierung über die Valenzisomeren deuten.

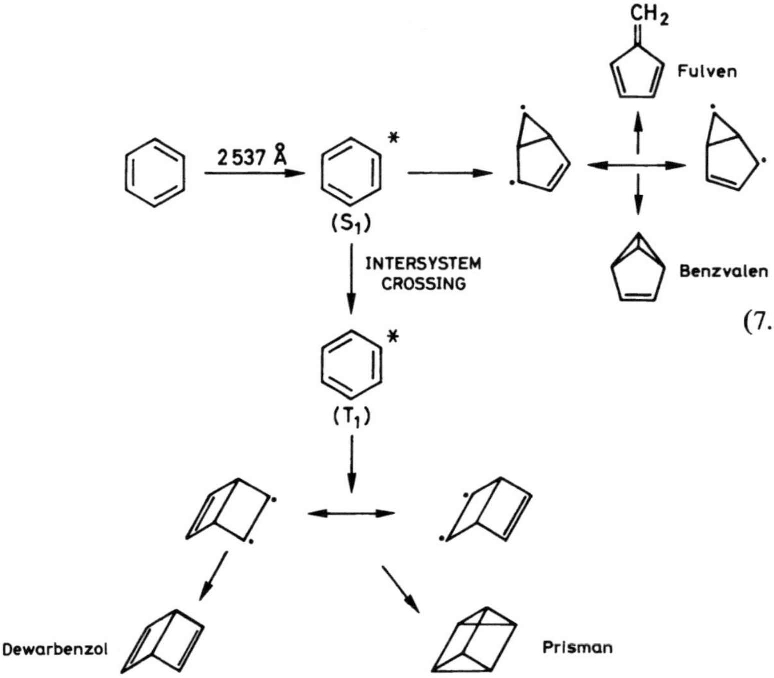

(7.58)

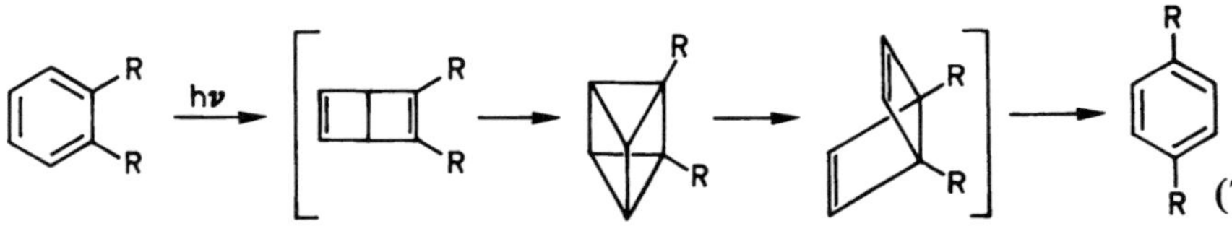

(7.59)

Im gleichen Sinne muß auch die fotochemische Isomerisierung des Dimeren des Triphenylcyclopropens *48* zu Hexaphenylbenzol *50* als eine intramolekulare Cycloaddition über die valenzisomere Prismanstruktur *49* gedeutet werden (Breslow u.a., 1965)

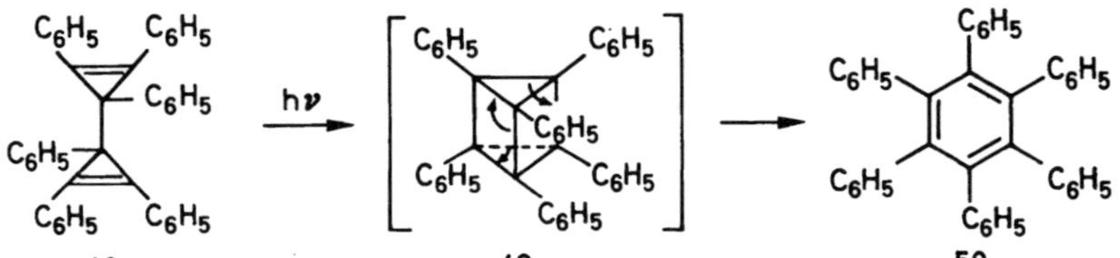

48 49 50

(7.60)

Fotochemische Valenzisomerisierung erfolgt auch bei heterocyclischen Aromaten (Beak u. Messer, 1969). Daß eine fotochemische Strukturisomerisierung, wie in Reaktion (7.59) und (7.60), bei heterocyclischen Aromaten nicht zwangsläufig über gekreuzte Valenzisomere verlaufen muß, demonstriert die Arbeit von Singh und Ullman (Singh und Ullman, 1968).

Bei der fotochemischen Isomerisierung des 3,5-Diphenylisoxazols *51* zu 2,5-Diphenyloxazol *53* konnten sie als Zwischenprodukt das 2-Phenyl-3-benzoyl-2-azirin *52* isolieren.

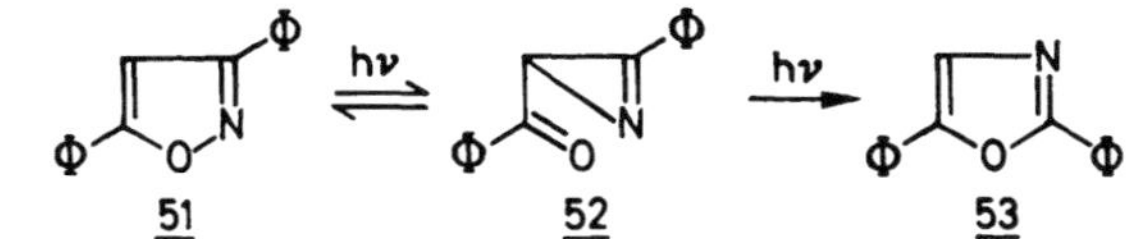

51 52 53 (7.61)

Zwischen der Ausgangsverbindung *51* und dem Zwischenprodukt *52* existiert ein fotochemisches Gleichgewicht. Mit Licht der Wellenlänge 313 nm lagert sich das Zwischenprodukt *52* fast quantitativ in das 2,5-Diphenyloxazol *53* um, mit Licht der Wellenlänge 334 nm jedoch wird das 3,5-Diphenylisoxazol *51* zurückgebildet. Diese wellenlängenabhängige Produktbildung ist ein besonders schönes Beispiel für die Selektivität fotochemischer Reaktionen. Trotz der kleinen Energiedifferenz von 5,5 kcal/mol zwischen den beiden Anregungsenergien wird offensichtlich im Falle der 3,5-Diphenylisoxazolbildung *51* der Triplettzustand durchlaufen, bei der energetisch etwas höher verlaufenden 2,5-Diphenyloxazolbildung *53* jedoch der Singulettzustand. Das bedingt in beiden Fällen einen anderen Bindungsbruch im Azirin *52* [Reaktion (7.62)].

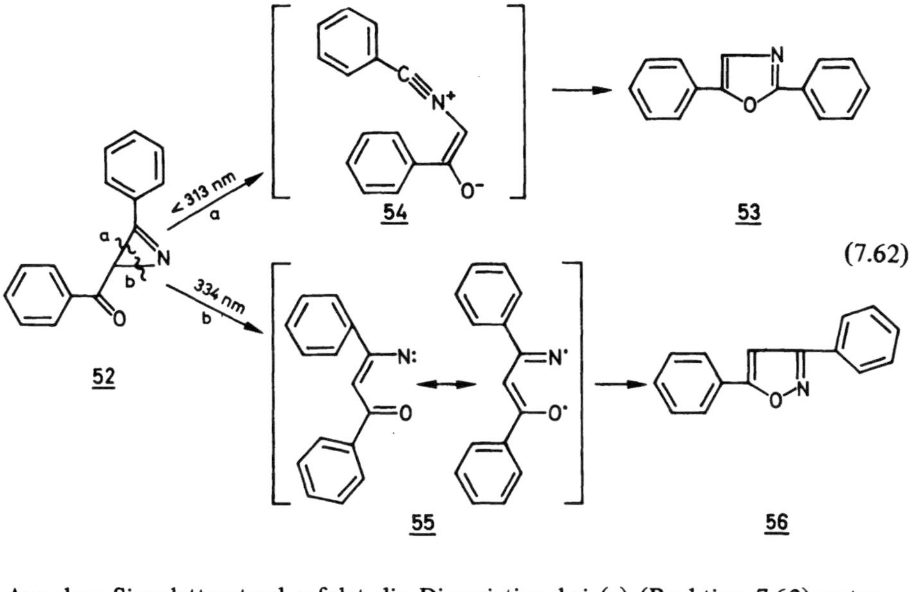

52 54 53 55 56 (7.62)

Aus dem Singulettzustand erfolgt die Dissoziation bei (a) (Reaktion 7.62) unter Ausbildung des Zwitterions *54*, aus dem Triplettzustand, hingegen bei (b) unter möglicher Bildung eines Nitrens *55*. Mögliche Reaktionen aus dem S_2- und dem S_1- bzw. aus dem schwingungsangeregten S_0- und dem S_1-Zustand respektive, können jedoch nicht mit Sicherheit ausgeschlossen werden (Ullman, 1968).

7.10.2.3 Fotochemische Umlagerung der Cyclohexadienone
(Schaffner, 1966, Kropp, 1966, Zimmerman, 1969)

Eine der am intensivsten untersuchten fotochemischen Umlagerungen ist die Isomerisierung der Cyclohexadienone und Cyclohexenone. Am Beispiel der vieluntersuchten Umlagerung des 4,4-Diphenylcyclohexa-2,5-dienons *56* zu dem isolierbaren bicyclischen Enon *57* wird diese Reaktion aufgezeigt.

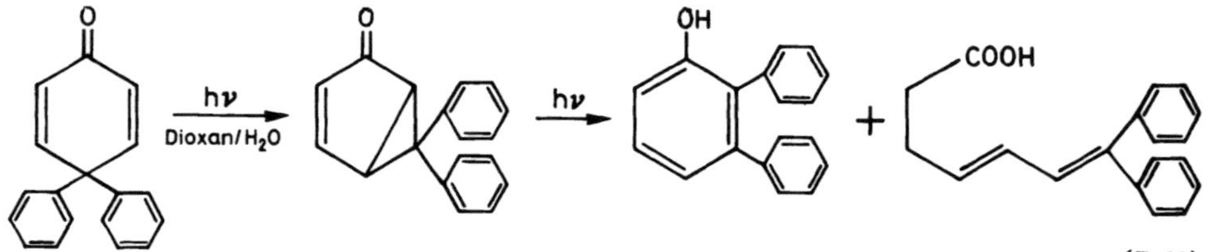

56 57 58 59 (7.63)

Bei längerer Belichtung bilden sich 2,3-Diphenylphenol *58* und 6,6-Diphenyl-3,5-hexadiensäure *59*. Die Bildung des fotochemischen Umlagerungsproduktes, des 6,6-Diphenylbicyclo-[3.1.0]hex-3-enon-2 *57*, erfolgt mit einer Quantenausbeute von 0,85. Die fotochemische Umlagerung ist eine schnelle $n\pi^*$-Triplett-Reaktion. Seit langem wird heftig über den Reaktionsmechanismus diskutiert, wobei einmal eine radikalische, zum anderen eine polare zwitterionische Zwischenstufe angenommen wird (Zimmerman, 1969). Acetophenon (E_T = 74 kcal/mol), ein bekannter Donator für Triplettenergieübertragung, sensibilisiert die fotochemische Umlagerung. Die niedrigsten Anregungszustände des Dienons *56* sind S_1 ($n\pi^*$) mit 73 kcal/mol und T_1 ($n\pi^*$) mit 69 kcal/mol. Die Löschung der Reaktion durch einen guten Triplettenergieacceptor, wie Naphthalin (E_T = 61 kcal/mol) in einer hohen Konzentration von 0,1 mol/l, gelingt jedoch nicht, vermutlich, weil die intramolekulare Änderung des Bindungszustandes im $n\pi^*$-T_1-Zustand so schnell erfolgt, daß die intermolekulare Triplett-Triplett-Energieübertragung selbst bei der angewandten hohen Löscherkonzentration nicht konkurrieren kann.
Die fotochemische Umlagerung der Dienone ist eine der ältesten fotochemischen Reaktionen. Schon 1830 wurde beobachtet, daß das Sesquiterpen α-Santonin, ein in der Natur vorkommendes Dienon, sich bei Lichteinwirkung umlagert.

7.10.2.4 Fotochemische Umlagerung von Epoxiketonen
(Pawda, 1966)

αβ-Epoxiketone *60* lagern sich bei Belichtung zu 1,3-Diketonen *61* [Reaktion (7.64)] um.

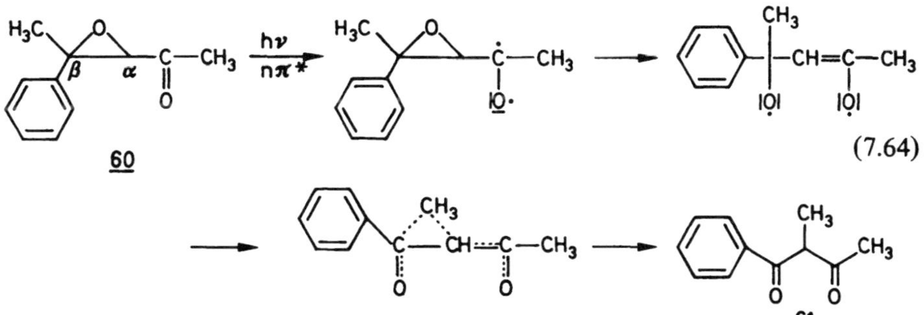

60 61

(7.64)

Wie die UV-Absorptionsspektren dieser Verbindungsklasse zeigen, besteht eine Wechselwirkung der Ketogruppe mit der in Konjugation befindlichen Epoxi-Gruppe. Das läßt vermuten, daß nach der $n\pi^*$-Anregung der Ketogruppe die absorbierte Energie zu der relativ schwachen C_α-C_β-Bindung der Epoxiketone transferiert wird. Der primäre fotochemische Schritt ist dann die β-Spaltung dieser Bindung. Für die Bildung des Endproduktes 1,3-Diketon *61* ist es notwendig, daß nach der Dissoziation ein Methyl-Radikal intramolekular wandert. Dies könnte im Lösungsmittelkäfig durch Abstoßung und Rekombination erfolgen. Wahrscheinlicher ist eine konzertierte Wanderung mit Bindungslösung und Reorganisation der π-Elektronen.

Wie sehr der Verlauf der Fotoumlagerung von der der Ketogruppe benachbarten Gruppe abhängt, zeigt die Fotolyse des trans-Dypnons *62*.

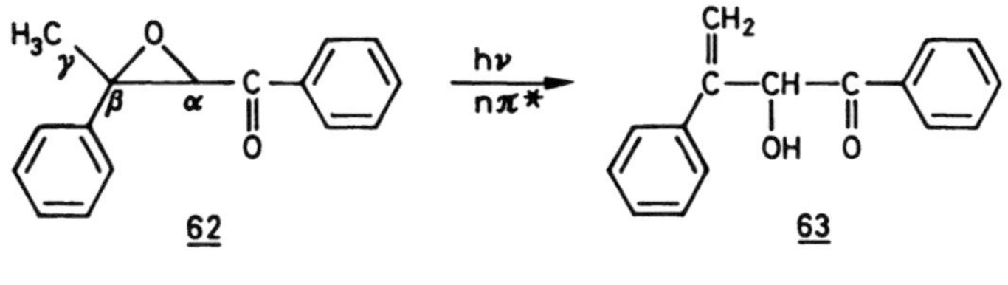

62 63

(7.65)

Als Produkt der $n\pi^*$-Anregung wird jetzt ein ungesättigtes α-Hydroxiketon, das 1,3-Diphenyl-3-buten-2-ol-1-on *63* gebildet. Hier erfolgt die Ringöffnung erst nach intramolekularer Wasserstoffabstraktion der angeregten Ketogruppe eines γ-Wasserstoffs aus der Methylgruppe. In Cyclopentenonoxiden sind die Epoxigruppe und die konjugierte Ketogruppe in ein Ringsystem eingebaut. Bei der Belichtung des α-Epoxiketons *64* werden nicht weniger als vier Produkte, 4,5-Diphenyl-2-pyron *65*, 1,2,4,7-Tetraphenylcyclooctatetraen *66*, p-Terphenyl *67* und Diphenylacetylen *68* isoliert.

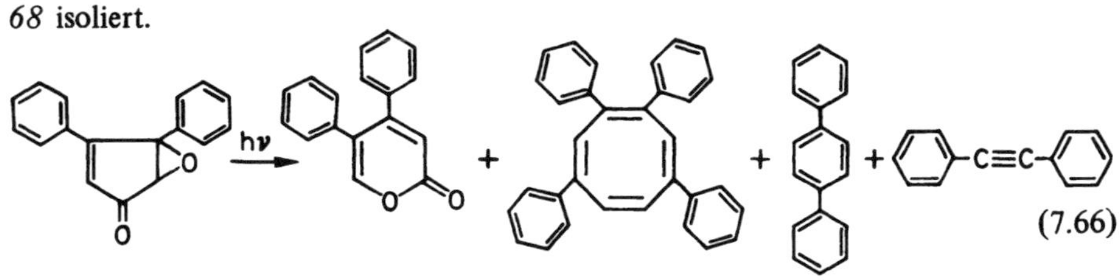

(7.66)

64 65 66 67 68

Bei schonender Belichtung ließ sich zeigen, daß aus *64* als Fotoprodukt nur das 4,5-Diphenylpyron-2 *65* als Primärprodukt entsteht. Erst nach einer gewissen Anreicherung unterliegt *65* selber der weiteren Fotolyse. Belichtet man nämlich reines 4,5-Diphenylpyron-2 *65*, so erhält man ebenfalls die Produkte *66, 67* und *68*. Im ersten Schritt wird vermutlich das isomere bicyclische β-Lacton *69* gebildet.

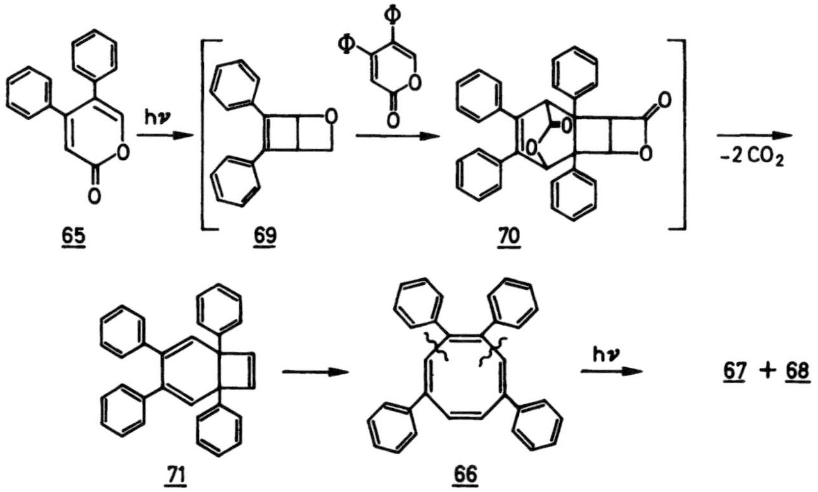

(7.67)

Wie sich schließlich das 1,2,4,7-Tetraphenylcyclooctatetraen *66* bildet, ist unklar. Denkbar ist die Bildung eines Dienadduktes *70* vom Ausgangsprodukt *65* mit dem bicyclischen β-Lacton *69*, das unter CO_2-Abspaltung zum Valenzisomeren *71* des 1,2,4,7-Tetraphenylcyclooctatetraens *66* zerfällt. Wahrscheinlicher ist, daß das bicyclische β-Lacton *69* unter Fotofragmentierung ein 1,2-Diphenylcyclobutadien *72* bildet, daß zu *73* dimerisiert, und schließlich durch Valenzisomerisierung *66* bildet [Reaktion (7.68)].

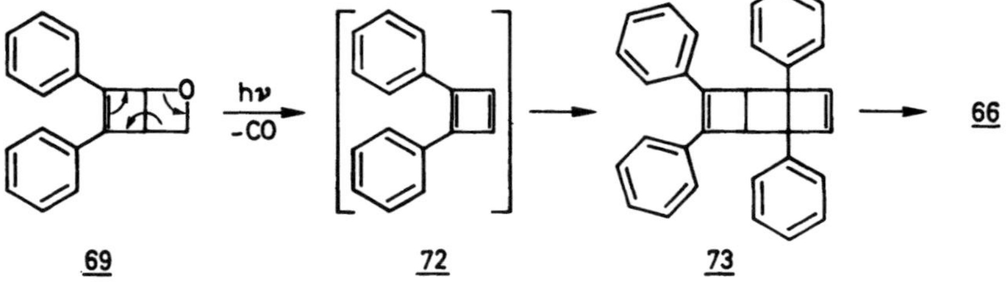

(7.68)

Die Fotofragmentierung des 1,2,4,7-Tetraphenylcyclooctatetraens *66* schließlich zu p-Terphenyl *67* und Diphenylacetylen *68* ist schon länger bekannt (White und Stern, 1964). Die Fotoreaktion des α-Epoxiketons *64* bis zu den stabilen aromatischen Endprodukten *67* und *68* ist ein schönes Beispiel für die Vielseitigkeit, aber auch für den oft komplexen Verlauf fotochemischer Reaktionen. Sind doch in dem

Beispiel der fotochemischen Umlagerung eines α-Epoxiketons eine fotochemische Isomerisierung (7.10.2.1), gefolgt von einer Fotodissoziation (7.10.1) und Valenzisomerisierung (7.10.2.2) und schließlich eine Fotofragmentierung (7.10.1.8) nacheinander im Reaktionsablauf vorhanden.

7.10.2.5 Fotoinduzierte intramolekulare Sauerstoffübertragung
(Beak und Messer, 1969, Spence u.a., 1970)

Bei der Belichtung von aromatischen N-Oxiden wird der Sauerstoff der N-Oxid-Gruppe zu einem Kohlenstoff übertragen [Reaktion (7.69)].

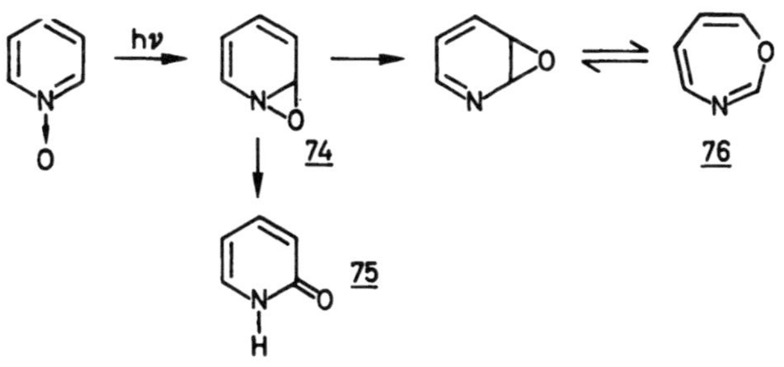

(7.69)

Unter gewissen Bedingungen läßt sich als Zwischenprodukt ein Oxaziridin *74* isolieren. Dieses kann sich zu einem cyclischen Amid *75* oder einem 1,3-Oxazepin *76* umlagern. Die Oxazepinbildung wird veranschaulicht durch die Fotolyse von *77* und *78*. Beide Verbindungen liefern dasselbe Oxazepin *79*.

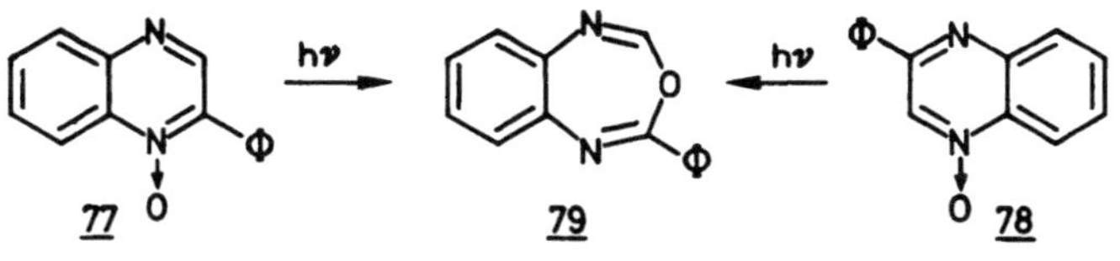

(7.70)

Bei der Belichtung von aromatischen Azoxyverbindungen wird der Sauerstoff in die ortho-Stellung des aromatischen Rings geschoben [Reaktion (7.71)].

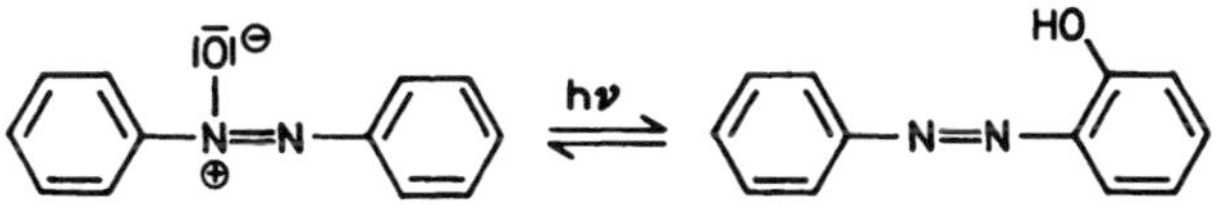

(7.71)

Diese intramolekulare Sauerstoffübertragung findet in Konkurrenz zur fotochemischen cis-trans-Isomerisierung um die N=N-Doppelbindung statt (siehe Kap. 7.10.2.1).

Eine der ältesten Fotoreaktionen ist die von Ciamician und Silber (Heindel und Pfau, 1965) entdeckte Fotoisomerisierung des o-Nitrobenzaldehyds *80* zu o-Nitrosobenzoesäure *81* [Reaktion (7.72)].

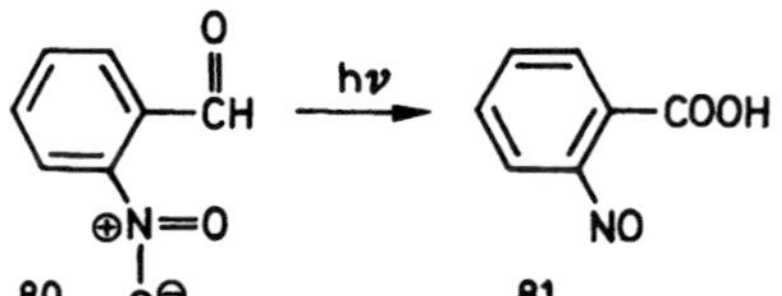

80 81

(7.72)

Diese intramolekulare Sauerstoffübertragung verläuft in der Gasphase, in Lösung und im festen Aggregatzustand mit einer Quantenausbeute von 0,5. Sie ist inzwischen bei einer Vielzahl von o-Nitro-Derivaten mit einem α-ständigen Wasserstoff gefunden worden. Bei einigen Derivaten ist die Sauerstoffübertragung mit einer Ringschlußreaktion verbunden, wie am Beispiel der Fotolyse des 2,4-Dinitrotolans *82* gezeigt wird.

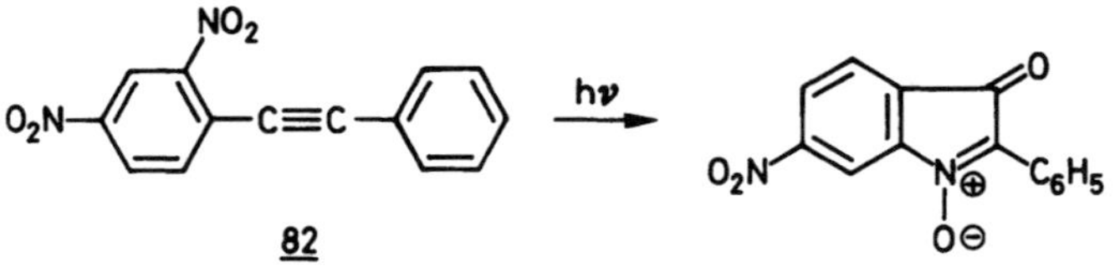

82

(7.73)

7.10.2.6 Lichtinduzierte optische Aktivität

In den letzten Jahren hat die Erzeugung optisch aktiver Systeme durch den Einsatz von circular polarisiertem Licht verstärktes Interesse gewonnen, da sie mit der Frage nach der Herkunft optischer Aktivität in der Natur verbunden ist (Buchardt, 1974). Die lichtinduzierte Inversion einer optischen Verbindung

$$d - S \overset{h\nu}{\rightleftarrows} l - S$$

ermöglicht eine partielle Umwandlung oder Zerstörung einer optisch aktiven Substanz. Dabei erfolgt die Erzeugung optischer Aktivität (asymmetrische Synthese) ohne Zuhilfenahme eines asymmetrischen chemischen Reagenz. Voraussetzung ist, daß die Bestrahlung mit circular polarisiertem Licht einer Wellenlänge zu einer unterschiedlichen elektronischen Anregung zwischen beiden enantiomeren Konformationen führt.

7.10.3 Fotochemische Additionsreaktionen

(Coyle, 1974)

Die unter 7.10.1 und 7.10.2 besprochenen Fotoreaktionen sind monomolekulare Reaktionen, die oft intramolekular verlaufen. Die Reaktion erfolgt meistens aus Singulett- oder sehr kurzlebigen Triplettzuständen. Eine Vielzahl von Fotoreaktionen verlaufen jedoch bimolekular, indem das elektronisch angeregte Molekül mit einem zweiten nicht angeregten Molekül, entweder seiner eigenen Art oder mit einem Fremdmolekül, so reagiert, daß es sich an dieses addiert. Diese Fotoaddition erfolgt hauptsächlich bei cyclischen Verbindungen. Die Fotoprodukte sind ebenfalls cyclische Verbindungen. Wie viele fotochemische Reaktionen, können Fotoaddi tionen bei direkter Einstrahlung oder aber durch Sensibilisierung erfolgen.

7.10.3.1 Fotodimerisierung
(Trecker, 1969)

Eine der ältesten fotochemischen Reaktionen ist die fotochemische Dimerisierung. Schon 1867 wurde beobachtet, daß beim Stehenlassen von Anthracen in benzolischer Lösung im Sonnenlicht [11] sich ein unlösliches Dimeres bildet (Fritzsche, 1867).

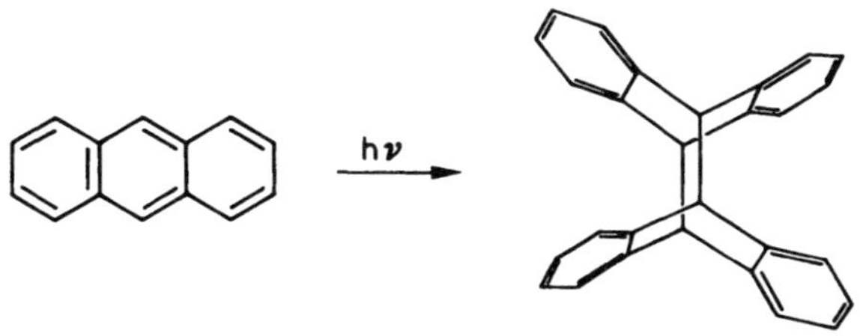

(7.74)

Diese Fotoaddition wurde später an vielen Anthracenderivaten, anderen aromatischen und heterocyclischen Verbindungen beobachtet (Trecker, 1969). Mit steigender Konzentration nimmt die Quantenausbeute der Fotodimerisierung zu. In verdünnten Lösungen ($c < 10^{-4}$ mol/l) des Anthracens wird diese Fotoreaktion nicht beobachtet. Parallel zu der Zunahme der Fotoreaktion mit steigender Konzentration nimmt die Fluoreszenz des Anthracens ab. Bei der Fotodimerisierung reagiert ein im $\pi\pi^*$-Singulettzustand angeregtes Anthracen mit einem Anthracen im Grundzustand. Konzentrationslöschung der Fluoreszenz (Kap. 4.5.2) und Fotodimerisierung sind demnach echte Konkurrenzprozesse aus dem ersten angeregten Singulettzustand. Interessant ist ferner, daß bei den aromatischen Kohlenwasserstoffen, die Excimerfluoreszenz (Kap. 4.5.3.2) mit steigender Eigenkonzentration emittieren, keine Fotodimerisierung beobachtet wird. Hier wird die elektronische Singulett-Anregungsenergie nicht strahlungslos, d.h. fotochemisch, sondern strahlend abgegeben. Welchen der möglichen Wege der Desaktivierung (Fotodimerisierung, Fluoreszenzlöschung, Excimerbildung) ein elektronisch angeregter aromatischer Kohlenwasserstoff eingeht, hängt im wesentlichen von seiner Struktur ab.

[11] Das Sonnenlicht war bei den ersten Fotochemikern in Ermangelung guter Lampen die einfachste Strahlenquelle. Besonders in südlichen Ländern, wie Italien (Heindel und Pfau, 1965) und Ägypten, wurden fotochemische Reaktionen gerne auf Balkonen oder Dächern durchgeführt. Der Quantenfluß der Sonne ist durchaus mit normalen Hochdrucklampen vergleichbar. Er beträgt etwa 1/20 des Quantenstromes einer 1000 Watt Xenonhochdrucklampe im Abstand von 10 cm.

Während das Anthracen fotodimerisiert, kann das isomere Phenantrhen diese Reaktion nicht eingehen. Dafür neigt es zu fotochemischen Cycloadditionsreaktionen (Kap. 7.10.3.2).
Die Fotodimerisierung der Anthracene erfolgt offensichtlich in zwei Schritten.

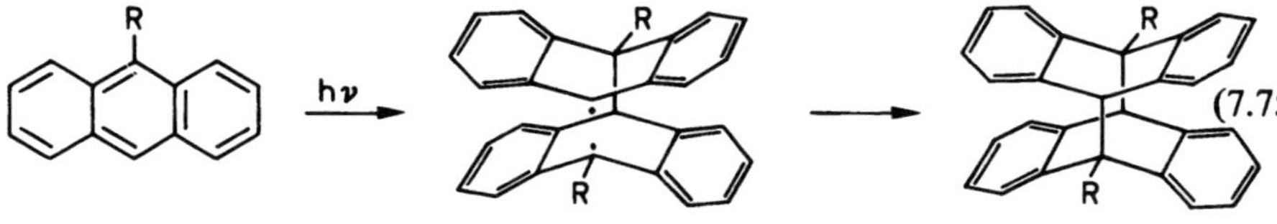

(7.75)

83

Da die Mehrzahl der 9-Anthracen-Derivate eine Kopf-Schwanz-Dimerisation eingehen, wird als Zwischenprodukt ein Biradikal *83* angenommen. Auch gemischte Fotodimere sind darstellbar, wie die Belichtung des Anthracens mit 9,10-Dichloranthracen *84* zeigt.

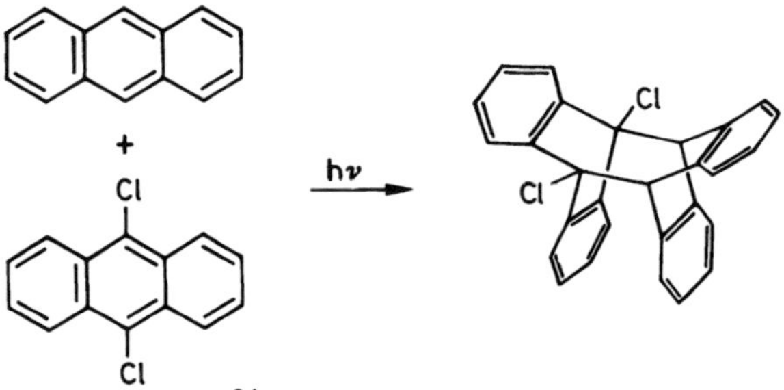

(7.76)

84

Bei der Fotodimerisierung konjugierter Olefine werden Cyclobutanderivate gebildet.

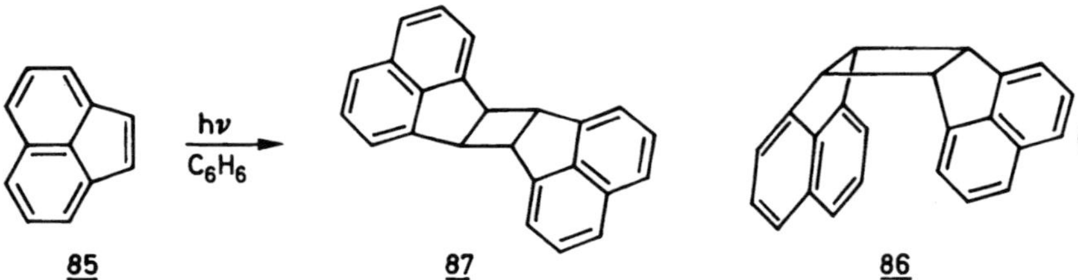

(7.77)

85 87 86

Acenaphthylen *85* bildet dabei ein Gemisch aus dem syn- *86* und dem anti-Isomeren *87*. Aus spezifischen Löschreaktionen und der Fotodimerisierung in Lösungsmitteln, die einen intermolekularen heavy atom-Effekt (Kap. 4.4.5) bewirken, ist der Schluß gezogen worden, daß die Bildung des anti-Dimeren *87* aus dem Triplettzustand des Acenaphthylens, die Bildung des syn-Dimeren *86* dagegen aus dem Singulettzustand erfolgt. Während trans-Stilben in verdünnter Lösung die intramolekulare fotochemische trans→cis-Isomerisierung (Kap. 7.10.2.1.1) mit hoher Quantenausbeute eingeht, erfolgt in konzentrierter Lösung (c > 10^{-2} mol/l) fast ausschließlich die bimolekulare Fotodimerisierung zum Tetraphenylcyclobutan. Da die Fotodimerisierung eine hohe Konzentration erfordert, ist es nicht verwunderlich, daß sie auch in festem Zustand erfolgt. Bei der Fotodimerisierung im festen Zustand spielt die Kristallstruktur eine wesentliche Rolle (Schmidt, 1967). Eine nachweisbare Reaktion findet nur statt, wenn die reagierenden Atome in den Molekülen nicht mehr als 4 Å voneinander entfernt sind. Außerdem ist die Stereochemie der entstehenden Fotodimere durch die Orientierung der Monomeren im Kristall bestimmt. Bei der trans-Zimtsäure existieren zwei Kristallformen (α- und β-Form), in denen die Monomeren bezüglich ihrer nächsten Nachbarn verschieden orientiert sind, und von denen verschiedenen Fotodimere gebildet werden (Schmidt, 1967) [Reaktion (7.78)].

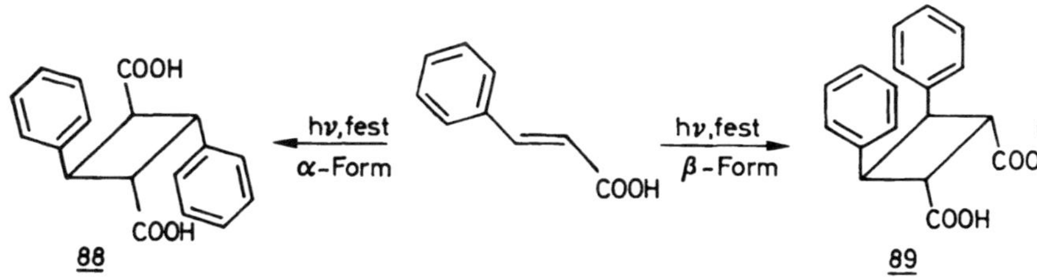

(7.78)

So bildet die α-Form der trans-Zimtsäure die α-Truxillsäure *88*, die β-Form die β-Truxinsäure *89*. Die cis-Zimtsäure fotodimerisiert nicht. Beim Belichten erfolgt zuerst fotochemische cis→trans-Isomerisierung, danach die Fotodimerisierung. Liegen in einem Molekül zwei zur Fotodimerisierung befähigte Gruppierungen in räumlich günstiger Anordnung, so kann die Fotodimerisierung auch intramolekular erfolgen. Tetrabenz[2,2]paracyclophan *90* geht beim Belichten in Lösung eine intramolekulare 1,4-Cycloaddition zu *91* ein.

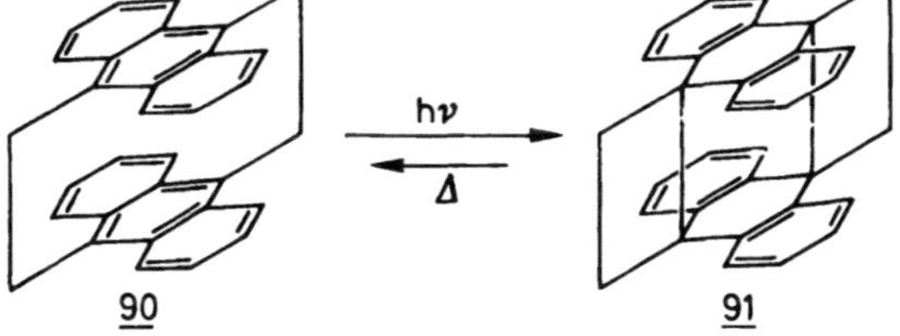

(7.79)

Hier ist das intramolekulare Fotodimere zugleich ein Valenztautomeres (7.10.2.2) von *90*.

Die Fotodimerisierung ist nicht auf aromatische Kohlenwasserstoffe und konjugierte Olefine beschränkt. Beim 2,6-Dimethyl-p-benzochinon *92* bildet sich aus dem isolierbaren Fotodimeren *93* die Käfigverbindung *94*.

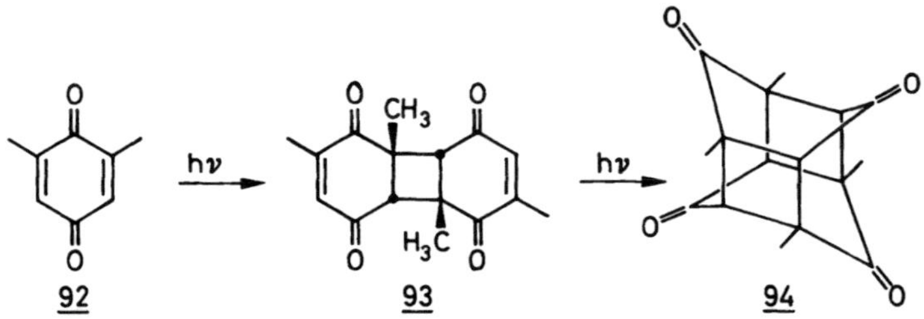

(7.80)

Das 2,6-Dimethyl-4-pyron *95* bildet in Lösung wie im kristallinen Zustand nur das Käfigdimere *96*.

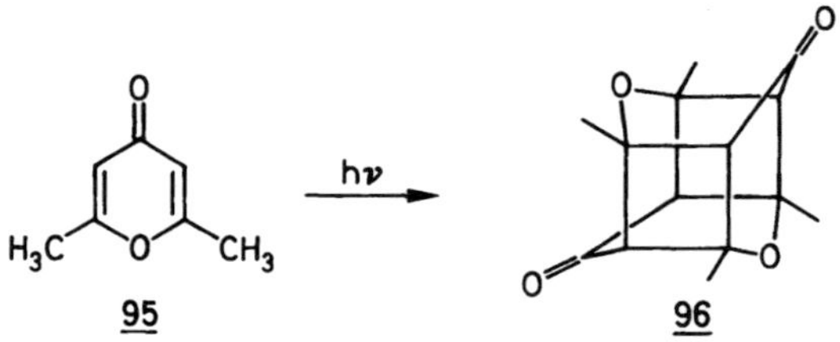

(7.81)

N-Methyl-2-pyridon *97* dimerisiert beim Belichten in wäßriger Lösung zu dem Kopf-Schwanz-Dimeren *98*.

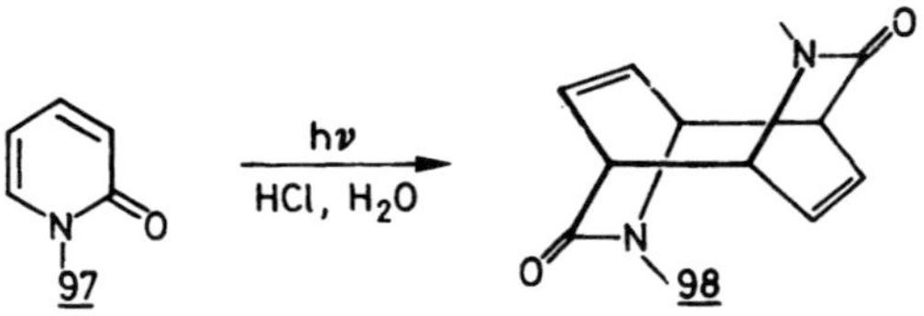

(7.82)

Beachtliches Interesse hat die Fotodimerisierung von biologisch aktiven Heterocyclen, wie Uracil oder Thymin gefunden (Fahr, 1969, vgl. Kap. 8), die als heterocyclische Bausteine der DNS gelten.

Fotodimerisierung kann auch durch Sensibilisierung mittels Triplettenergieübertragung eingeleitet werden. Allerdings entstehen andere Isomere. Während die direkte Fotodimerisierung des Cumarins *99* in Äthanol das Kopf-Kopf-cis-Dimere *100* mit kleiner Quantenausbeute aus dem Singulettzustand bildet,

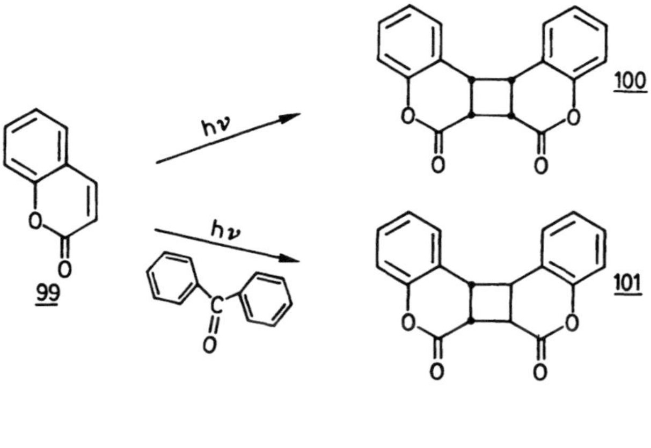

(7.83)

erhält man bei der durch Benzophenon sensibilisierten Fotodimerisierung fast quantitativ das Kopf-Kopf-trans-Dimere *101* aus dem Triplettzustand. Das Fotodimere *101* wird interessanterweise auch dann mit guter Ausbeute gebildet, wenn nur sehr wenig Benzophenon anwesend ist und das meiste Licht vom Cumarin *99* direkt absorbiert wird. Nach Hammond (Hammond u.a., 1964) wird hier durch das zugesetzte Benzophenon die bei der direkten Anregung des Cumarins auftretende Singulettenergie gelöscht, aber nach dem intersystem crossing im Benzophenon

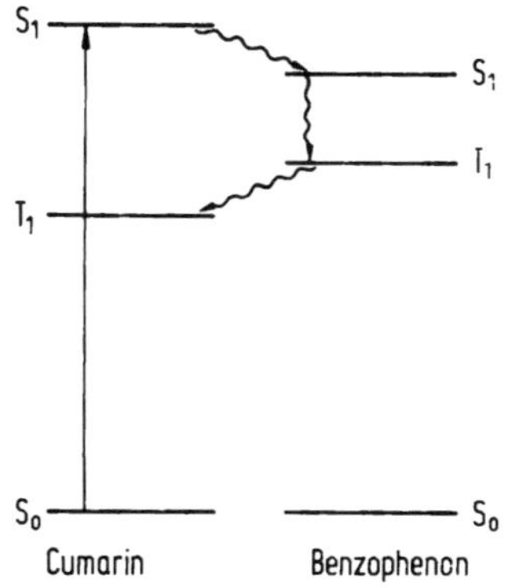

Abb. 7.7: Relative Lage der niedrigsten Singulett- und Triplett-Niveaus von Cumarin und Benzophenon. Benzophenon fungiert hier als Singulett-Quencher und Triplett-Sensibilisator.

als Triplettenergie zurück auf das Cumarin übertragen. In Abb. 7.7 sind die energetischen Niveaus der elektronisch angeregten Zustände von Cumarin und Benzophenon dargestellt.

7.10.3.2 Fotocycloaddition

(Chapman und Lenz, 1966, Arnold, 1968, Dilling, 1969, Turro u.a., 1972, Herdon, 1974).

Unter den bimolekularen Fotoreaktionen ist ohne Zweifel die Fotoaddition zwischen zwei verschiedenen Molekülen die variationsreichste. Ihrer außerordentlichen Variationsbreite verdankt diese Art der fotochemischen Reaktion ihre Anwendung besonders in der präparativen organischen Chemie (Bauslaugh, 1970, Sammes, 1970). So sind Fotoadditionen zwischen Olefinen und Ketonen, Olefinen und Olefinen, Aromaten und ungesättigten Verbindungen beschrieben worden. Einer der Reaktionspartner muß selektiv elektronisch angeregt werden. Bei der Fotolyse von Carbonylverbindungen in Gegenwart von Olefinen wird das Licht nur von den langwelliger absorbierenden Carbonylverbindungen absorbiert [Reaktion (7.84)].

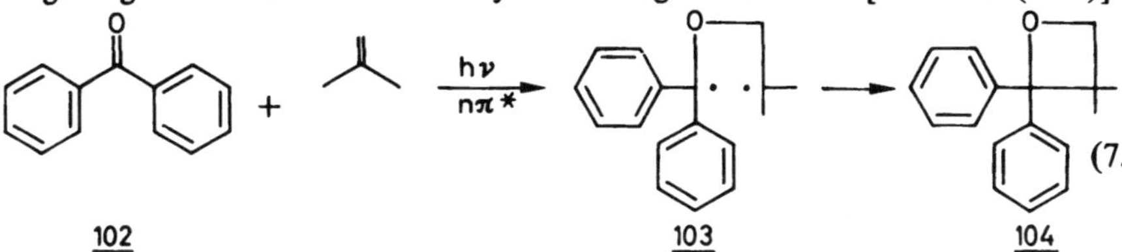

(7.84)

102 103 104

So entsteht bei der $n\pi^*$-Anregung des Benzophenons *102* mit Isobutylen in fast quantitativer Ausbeute das Oxetan *104*. Die fotochemische Oxetanbildung, eine allgemein als Paterno-Büchi-Reaktion bekannte Reaktion, erfolgt bei aromatischen Ketonen ausschließlich aus dem Triplettzustand, weil die $n\pi^*$-Singulettzustände hier eine hohe S_1-T_1-Übergangswahrscheinlichkeit haben (Kap. 4.4.5). Der elektronenarme Sauerstoff der $^3(n\pi^*)$-Carbonylgruppe addiert sich an die olefinische Doppelbindung unter Bildung des Diradikals *103*. Unsymmetrische Olefine können beim Oxetanringschluß zwei isomere Oxetane bilden [Reaktion (7.85)].

Liegt die Triplettenergie des Olefins niedriger als die der Carbonylverbindung, so konkurriert die schnelle Triplett-Triplett-Energieübertragung mit der Oxetanbildung (Arnold, 1968). Dies macht sich dadurch bemerkbar, daß keine Oxetanbildung mehr erfolgt, dafür aber sensibilisierte cis-trans-Isomerisierung (Kap. 7.10.2.1.2) des Olefins.

Bei aliphatischen Carbonylverbindungen kann die Oxetanbildung aus dem Singulett- und aus dem Triplettzustand erfolgen. Bei der Singulett-Reaktion bleibt die ursprüngliche stereochemische Anordnung des Olefins im Oxetan erhalten, bei der Triplett-Reaktion hat das intermediäre Biradikal *105* während seiner längeren Lebensdauer

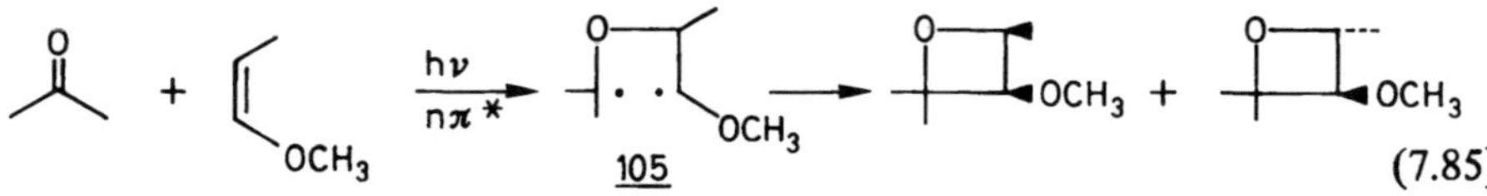

105

(7.85)

vor dem Ringschluß genügend Zeit zur Rotation und damit zur Änderung der ursprünglichen stereochemischen Konfiguration (siehe auch Kap. 7.10.1.2). Elektronisch angeregte Carbonylverbindungen addieren sich auch an die C≡C-Dreifachbindung von Acetylenen [Reaktion (7.86)].

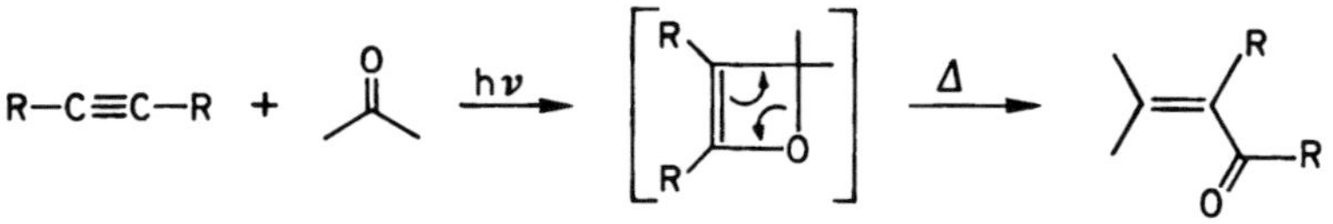

106 107

(7.86)

Das thermisch instabile Oxeten *106* stabilisiert sich zur α,β-ungesättigten Carbonylverbindung *107*. Auch intramolekulare Cycloaddition ist bei günstiger stereochemischer Anordnung möglich (Friedrich und Bower, 1973).

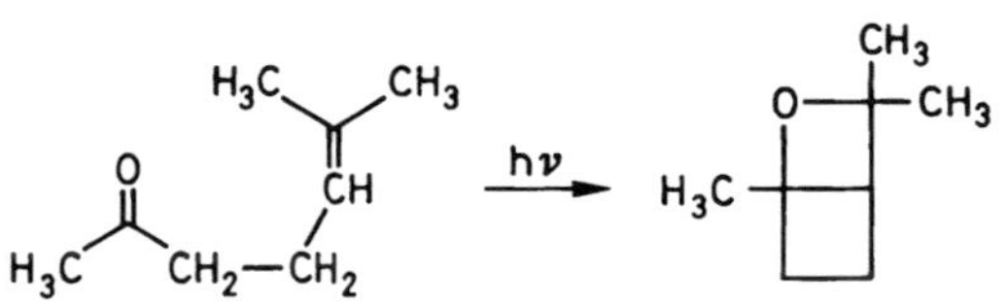

108 109

(7.87)

So entsteht bei der Belichtung von Hepten-5-on-2 *108* u.a. das Oxetan *109*.

Bei der Fotoaddition des Cyclopentenon-2 *110* an Cyclopenten *111* dimerisieren die beiden olefinischen Doppelbindungen zu den syn- und anti-Cyclobutan-Derivaten *112*.

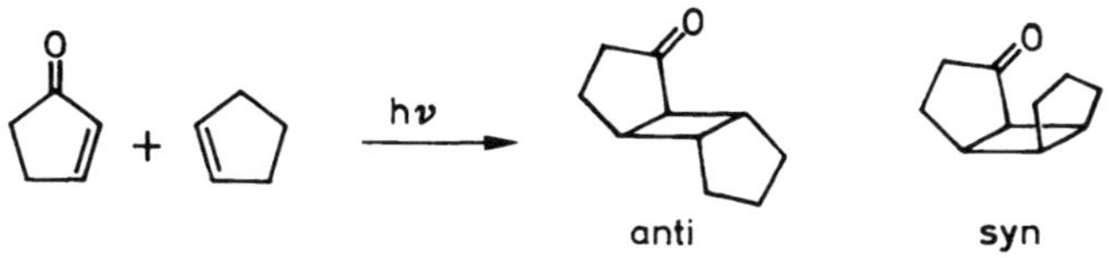

(7.88)

110 111 112

Belichtung von Maleinsäureanhydrid in Benzol liefert – vermutlich über das 1,2-Additionsprodukt *113* – das Additionsprodukt *114*.

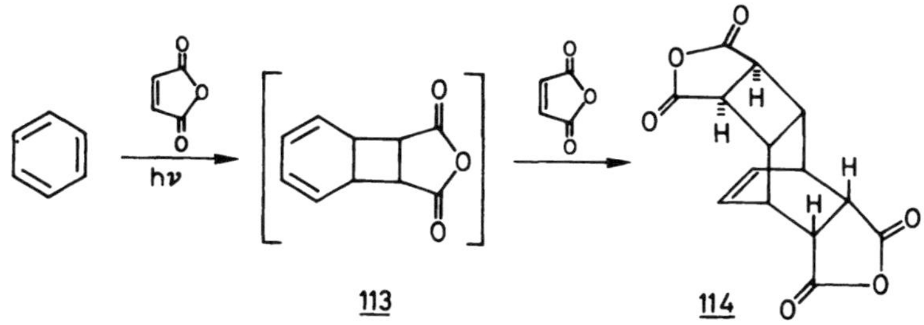

(7.89)

113 114

Die Bildung des Zwischenproduktes *113* erfolgt fotochemisch, die 1,4-Addition des zweiten Maleinsäureanhydrids thermisch. Da die Reaktion in Cyclohexan nicht abläuft, wird angenommen, daß sie über einen Charge-Transfer-Komplex (CT) der Reaktionspartner verläuft. Da die Reaktion durch Benzophenon (E_T = 68 kcal/mol) nicht aber durch Anthrachinon (E_T = 64 kcal/mol) sensibilisiert wird, sollte die Triplettenergie des CT-Komplexes zwischen 68 und 64 kcal/mol liegen. Die Fotoadditionen von Maleinsäureanhydrid an Acenaphthylen und an Phenanthren können durch direkte Anregung und durch Sensibilisierung erreicht werden.

Die fotochemische Cycloaddition ungesättigter Verbindungen führt normalerweise zu viergliedrigen Ringen, während die bei der thermischen Diels-Alder-Reaktion normale Sechsringbildung fotochemisch selten erfolgt. Die Anwendung der Woodward-Hoffmann-Regeln (Woodward und Hoffmann, 1969, Gill, 1968) ergibt, daß thermisch die Sechsringbildung erlaubt und die Vierringbildung verboten ist, während die Symmetrieauswahlregeln für die fotochemische Reaktion gerade umgekehrt liegen. Die Addition des Maleinsäureanhydrids an Anthracen ist eines der seltenen Beispiele für eine fotochemische Diels-Alder-Cycloaddition, die thermisch erlaubt ist.

Trimethyläthylen *115* addiert an das fotochemisch reaktive Benzonitril *116*.

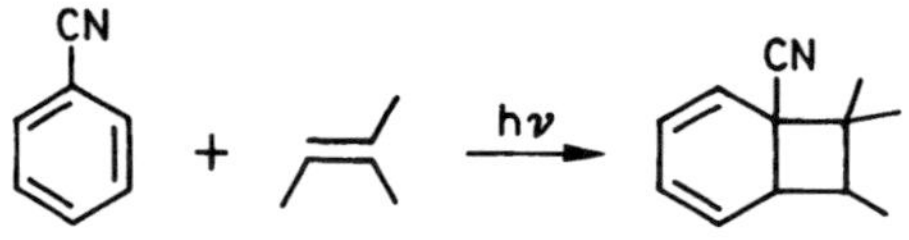

116 115

(7.90)

Auch Acetylen-Derivate addieren fotochemisch an Benzol, wobei Cyclooctatetraen-Derivate *118* – vermutlich durch Ringöffnung aus einem primär gebildeten instabilen Bicyclo-octatrien *117* – gebildet werden.

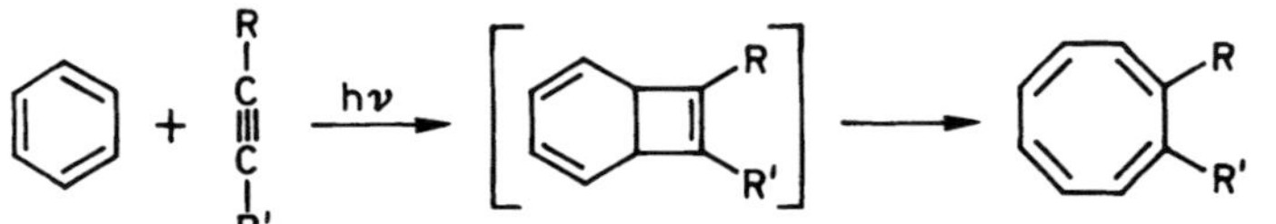

117 118

(7.91)

Nicht enolisierbare α-Diketone gehen mit einer Vielzahl von Olefinen Fotoadditionen ein [Reaktion (7.92)].

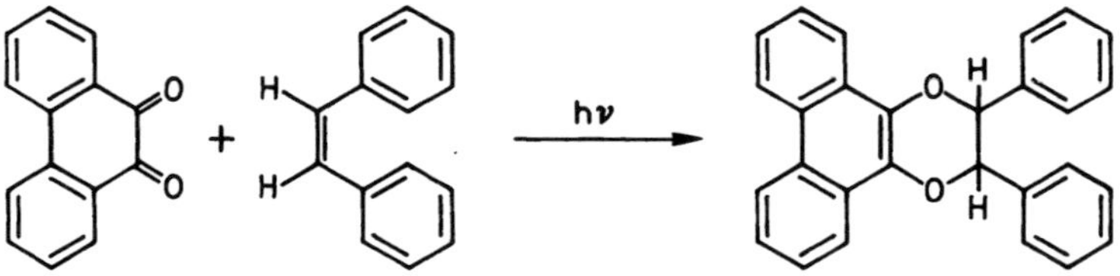

119 120

(7.92)

Besonders in der cis-Konfiguration fixierte α-Dicarbonylverbindungen, z.B. Phenanthrenchinon *119*, sind gute Diene. Das fotochemische Diels-Alder-Produkt *120* ist ein Dioxen-Derivat. Die Reaktion erfolgt aus dem $n\pi^*$-Triplettzustand der angeregten α-Diketone.
Schließlich sind die in Kap. 7.10.2.2 beschriebenen Valenzisomerisierungen zu Quadricyclen [Reaktion (7.53)] und die der Aromaten (Kap. 7.10.2.2.2) als intramolekulare fotochemische Cycloadditionen aufzufassen (Dilling, 1966).

7.10.4 Fotochemische Oxidation

(Niclause u.a., 1966, Gollnick, 1968, Rigaudy, 1968).

Die Mehrzahl der fotochemischen Reaktionen werden tunlichst in Abwesenheit des molekularen Sauerstoffs durchgeführt, da der Sauerstoff oft den Verlauf einer fotochemischen Reaktion ändert. Der Sauerstoff ist einmal ein hervorragender Löscher elektronisch angeregter Zustände, zum anderen reagiert er mit diesen unter Addition. Besonders bei fotosensibilisierten Reaktionen wird der Sauerstoff bevorzugt an Olefine und Aromaten addiert.

So addiert sich der Sauerstoff an Olefinen unter Bildung von Alkylhydroperoxiden [Reaktion (7.93)].

$$\mathrm{R{-}CH{=}CH{-}CH_2{-}R'} \xrightarrow[\text{Sensibilisator}]{h\nu\,\cdot\,O_2} \underset{\displaystyle\mathrm{OOH}}{\mathrm{R{-}HC}}\mathrm{{-}CH{=}CH{-}R'} \qquad (7.93)$$

Cyclische Olefine bilden bei der sensibilisierten Fotooxidation bevorzugt transannulare Peroxide, wie am Beispiel der Fotolyse des α-Terpinen *121* zu Ascaridol *122* gezeigt wird.

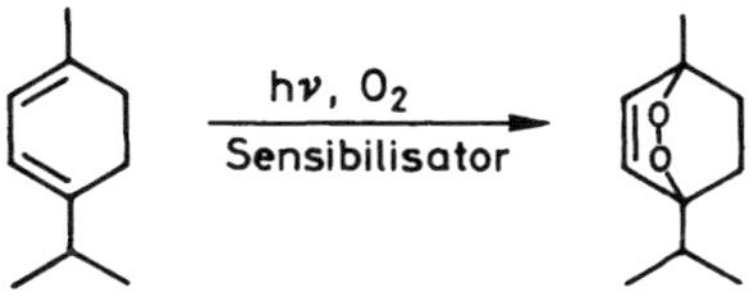

121 122 (7.94)

Elektronisch angeregtes Anthracen wiederum addiert den molekularen Sauerstoff direkt zum Anthracen-Endoperoxid *123*.

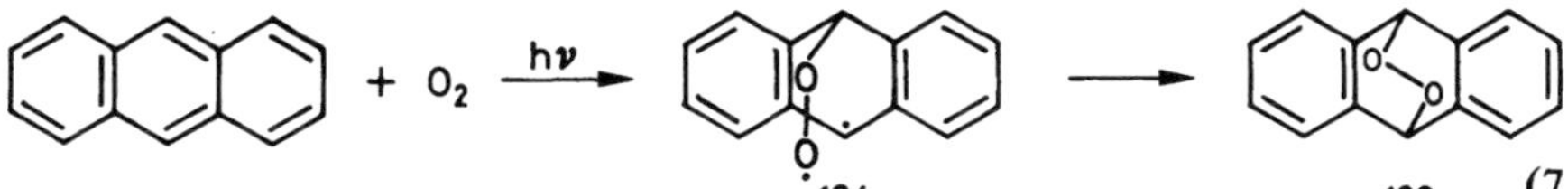

124 123 (7.95)

Die Reaktion von Sauerstoff mit Dienen kann als eine 1,4-Addition betrachtet werden.

Der Mechanismus der Fotooxidation ist seit einem Jahrzehnt heftig umstritten. G.O. Schenck und Mitarbeiter (Gollnick und Schenck, 1964, 1967) postulieren für die sensibilisierte Fotooxidation ein Addukt oder einen Komplex des angeregten Sensibilisators mit dem molekularen Sauerstoff im Triplett-Grundzustand.

Schenck-Mechanismus:

$$\mathrm{Sens} \xrightarrow{h\nu} \cdot\,\mathrm{Sens}^{\bullet}\ \text{(Triplett)}$$

$$\cdot\,\mathrm{Sens}^{\bullet}\ \text{(Triplett)} + O_2\ \text{(Triplett)} \longrightarrow \cdot\,\mathrm{Sens}\ \text{-O-O}\cdot\ \text{(Addukt)}$$

$$\cdot\,\mathrm{Sens}\ \text{-O-O}\cdot + \mathrm{A} \longrightarrow \mathrm{AO_2} + \mathrm{Sens}\ \text{(Grundzustand)}$$

Schenck geht davon aus, daß die hohe Selektivität derartiger Oxidationsreaktionen, bedingt durch die Konfiguration des reaktiven Biradikals, ein Beweis für das Sensibilisator-Sauerstoff-Addukt ist.

Foote und Mitarbeiter (Foote, 1968) haben jedoch nachgewiesen, daß derartige Fotooxidationen über den angeregten Singulett-Sauerstoff (Wayne, 1969) verlaufen können. Die Triplettanregungsenergie des Sensibilisators wird auf den Sauerstoff im Triplett-Grundzustand übertragen, der dadurch in den Singulettzustand angeregt wird. Der Singulett-Sauerstoff reagiert selektiv mit Dienen, einfachen Olefinen oder auch Aromaten.

Foote-Mechanismus:

$$\text{Sens} \xrightarrow{h\nu} \cdot\text{Sens}^{\cdot}\ (\text{Triplett})$$

$$\cdot\text{Sens}^{\cdot}\ (\text{Triplett}) + O_2\ (\text{Triplett}) \longrightarrow \text{Sens (Grundzustand)} + O_2\ (\text{Singulett})$$

$$O_2\ (\text{Singulett}) + A \longrightarrow AO_2.$$

Als Stütze für den Foote-Mechanismus wird die Tatsache gewertet, daß andere Darstellungsmethoden für den Singulett-Sauerstoff (Wayne, 1969), wie Mikrowellenentladung von O_2 oder wie die alkalische Zersetzung von Wasserstoffsuperoxid im System $H_2O_2/NaOCl$, zu denselben Endprodukten in vergleichbaren Ausbeuten und mit derselben Stereochemie wie bei der fotosensibilisierten 1,4-Addition von Sauerstoff an Diene führen. Bei der Fotooxidation des Anthracens [Reaktion (7.95)] konnte durch kinetische Studien gezeigt werden, daß ein Anthracenmolekül als Sensibilisator wirkt, ein zweites als Acceptor. Bei Gültigkeit des Schenck-Mechanismus ist dann schwer verständlich, wieso nicht jedes Sensibilisator-Sauerstoff-Addukt *124* [Reaktion (7.95)] das Endoperoxid *123* liefern soll.

Auch aliphatische Ketone reagieren offensichtlich im angeregten Zustand mit dem molekularen Sauerstoff. So wird bei der Belichtung von Aceton in Gegenwart von isotopenmarkiertem Sauerstoff ein wirksamer Isotopenaustausch beobachtet (Srinivasan, 1963) [Reaktion (7.96)].

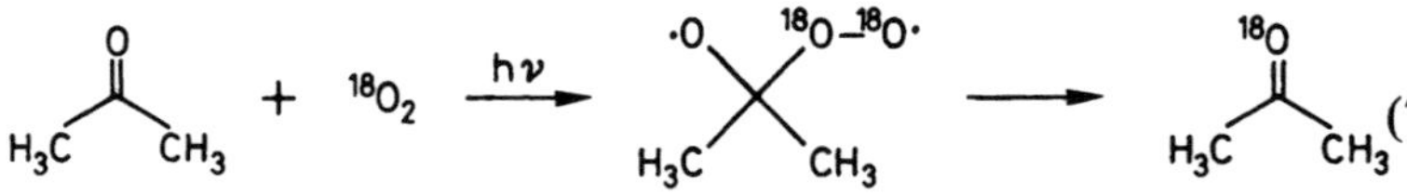

125

(7.96)

Das intermediäre Biradikal *125* kann sich offensichtlich nicht zum Hydroperoxid stabilisieren. Der Isotopenaustausch in *125* kann als Stütze für den Schenck-Mechanismus gelten.

7.10.5 Fotochemische Reduktion

(Turro, 1967).

Eine der ältesten und am genauesten untersuchten fotochemischen Reaktion ist die Fotoreduktion. Im Jahre 1901 beschreiben Ciamician und Silber die Fotoreduktion des Benzophenons in Isopropanol zu Benzpinakol, eine Fotoreaktion, die heute wohl am besten von allen Fotoreaktionen verstanden wird. Sie dient heute als Modellreaktion für Wasserstoffabstraktion angeregter Carbonylverbindungen von geeigneten Wasserstoffdonatoren. Es sind die $n\pi^*$-Triplettzustände der Carbonylverbindungen, die ein Wasserstoffatom unter Bildung von Semipinakol-Radikalen *126* und Alkyl-Radikalen abstrahieren [Reaktion (7.7) und (7.97)].

$$(C_6H_5)_2C{=}O \xrightarrow{h\nu} (C_6H_5)_2C{=}O^* \text{ (Singulett)} \rightsquigarrow (C_6H_5)_2C{=}O^* \text{ (Triplett)}$$

$$(C_6H_5)_2C{=}O^* \text{ (Triplett)} + RH \longrightarrow \underset{\underline{126}}{(C_6H_5)_2\dot{C}{-}OH} + \underset{\underline{127}}{R\cdot} \qquad (7.97)$$

$$2\,(C_6H_5)_2\dot{C}{-}OH \longrightarrow \underset{\underline{128}}{(C_6H_5)_2\underset{HO}{C}{-}\underset{OH}{C}(C_6H_5)_2}$$

$$2\,R\cdot \longrightarrow R{-}R.$$

Die Semipinakol-Radikale *126* dimerisieren zum Fotoreduktionsprodukt Benzpinakol *128.*

Die Quantenausbeute für die Reduktion des Benzophenons ist stark abhängig vom Lösungsmittel. In Isopropanol erreicht die Quantenausbeute der Fotoreduktion den Wert zwei.

$$(C_6H_5)_2C{=}O^* \text{ (Triplett)} + (CH_3)_2\underset{OH}{C}{-}H \longrightarrow (C_6H_5)_2\dot{C}{-}OH + (CH_3)_2\dot{C}{-}OH$$

$$(CH_3)_2\dot{C}{-}OH + (C_6H_5)_2C{=}O \longrightarrow (CH_3)_2C{=}O + (C_6H_5)_2\dot{C}{-}OH \qquad (7.98)$$

$$2\,(C_6H_5)_2\dot{C}{-}OH \longrightarrow (C_6H_5)_2\underset{HO}{C}{-}\underset{OH}{C}(C_6H_5)_2$$

Tab. 7.6: Quantenausbeuten der Benzophenonabnahme (Q_{-B}) in verschiedenen Lösungsmitteln

Lösungsmittel	Konzentration (mol/l)	Q_{-B}
Isopropanol	10^{-5}–10^{-1}	0,8–2,0
Äthanol	10^{-4}–10^{-1}	1,0
Hexan	10^{-2}	0,67
Toluol	10^{-2}	0,45
Benzol	10^{-2}	0,05
Wasser	10^{-4}	0,02

Für jedes durch Benzophenon absorbierte Photon werden zwei Moleküle Benzophenon zum Semipinakol-Radikal reduziert, wobei das Isopropanol zum Aceton oxidiert wird. Die Reaktivität der $n\pi^*$-Triplettzustände von Carbonylverbindungen gegenüber den Wasserstoffdonatoren fällt mit zunehmender Bindungsenergie der Wasserstoffatome in den Wasserstofflieferanten. Reagiert das nach der Wasserstoffabstraktion gebildete Radikal R• nicht mit einem nicht angeregten Benzophenonmolekül, so erreicht die Quantenausbeute nur den maximalen Grenzwert von 1.

Die Konzentrationsabhängigkeit der Quantenausbeute ist eine Folge der thermischen Reaktionen des aus dem Lösungsmittel RH gebildeten Radikals R. Wasser und Benzol sind Lösungsmittel, die eine zu große Aktivierungsenergie für die H-Abstraktion verlangen. Der $n\pi^*$-Triplettzustand der Carbonylverbindung hat daher eine größere Chance, durch andere Desaktivierungsprozesse seine Energie los zu werden. Bei $n\pi^*$-Triplettzuständen wird die Elektronendichte am Sauerstoffatom der Carbonylgruppe herabgesetzt (Kap. 7.9), wodurch der Carbonylsauerstoff einen elektrophilen Charakter erhält. Tatsächlich läßt sich die Reaktivität der $n\pi^*$-Triplettzustände von Carbonylverbindungen in ihrer Wasserstoff-Abstraktionsfähigkeit mit den von Alkoxy-Radikalen vergleichen (Bäckström und Sandros, 1960, Walling und Gibian, 1965). Diese Interpretation wird noch dadurch gestützt, daß bei Naphthylketonen, wie 2-Acetonaphthon *129*, deren niedrigste Triplettzustände $\pi\pi^*$-Charakter haben, keine Fotoreduktion mehr erfolgt.

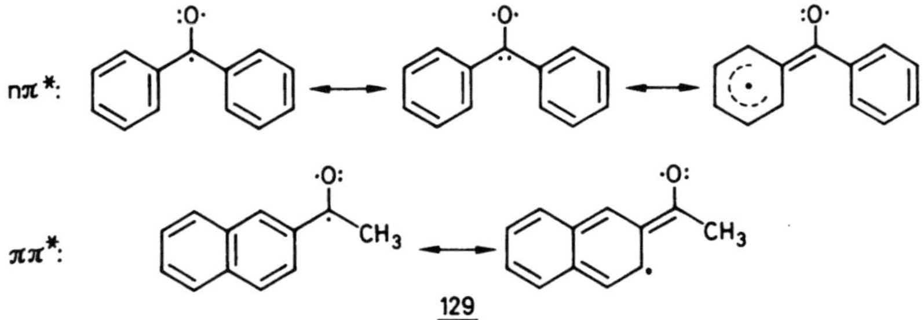

129

Abb. 7.8: Valenzdarstellung der elektronisch angeregten Carbonylgruppe bei $n\pi^*$- und $\pi\pi^*$-Anregung.

Aus dem Phosphoreszenzspektrum und der Triplettlebensdauer (siehe Tab. 7.3) läßt sich die Natur des niedrigsten Triplettzustandes bestimmen. Bei $\pi\pi^*$-Triplettzuständen nimmt infolge einer stärkeren Lokalisierung der elektronischen Anregungsenergie im aromatischen System die Elektrophilie der Carbonylgruppe stark ab. Dementsprechend findet bei diesen Ketonen mit erhöhter negativer Ladung am Carbonylsauerstoff kaum noch Fotoreduktion statt, auch nicht in so guten Wasserstoffdonatoren wie Isopropanol.

Der Elektronenmangel am Sauerstoff $n\pi^*$-Triplett angeregter Carbonylverbindungen wird durch Substituenten stark beeinflußt (siehe auch Kap. 7.9). Substituenten mit starken Elektronendonator-Eigenschaften, wie die Aminogruppe, kehren durch ihre intramolekulare Ladungsübertragung (Charge-Transfer) den Elektronenmangel des Carbonylsauerstoffs in einen Elektronenüberschuß um.

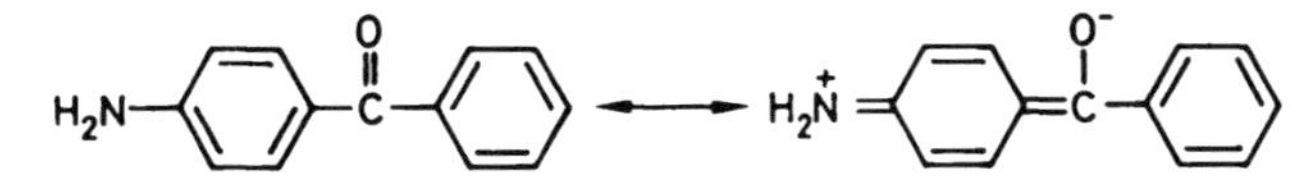

Abb. 7.9: Valenzdarstellung des intramolekularen Charge-transfers (CT) der elektronisch angeregten Carbonylgruppe in p-Aminobenzophenon.

Erwartungsgemäß wirkt der elektronisch angeregte Triplettzustand des p-Aminobenzophenons in Isopropanol nicht reduzierend. Der niedrigste Triplettzustand wird hier als $\pi\pi^*$-CT-Zustand angenommen. Damit in Einklang steht, daß in dem unpolaren Cyclohexan doch Fotoreduktion auftritt.
In polaren Lösungsmitteln, wie Isopropanol, wird die normale $n\pi^*$-Absorption des Carbonylsystem durch Solvatation kurzwellig verschoben, der polare $\pi\pi^*$-Charge-transfer-Zustand dagegen langwellig (Abb. 7.1). In Cyclohexan liegen die Verhältnisse umgekehrt, so daß Fotoreduktion möglich ist. Verhindert man die Charge-transfer-Ausbildung durch Blockierung des freien Elektronenpaares an der Aminogruppe mittels Salzbildung, z.B. durch Ansäuern mit Salzsäure, so erfolgt auch in Isopropanol wieder Fotoreduktion. Hier wird die langwellige CT-Absorption stärker kurzwellig verschoben als die darunter verborgene $n\pi^*$-Absorption.

Lediglich das gute Fotoreduktionsvermögen des p-Methoxybenzophenons (Tab. 7.7) steht nicht im Einklang mit der Annahme von $\pi\pi^*$-Charge-transfer-Zuständen als niedrigsten Triplettzustand, da die mesomere Wirkung der Methoxygruppe auf die Carbonylgruppe genau so sein sollte wie die der Hydroxy- und Aminogruppe.

Tab. 7.7: Quantenausbeuten der Fotoreduktion substituierter Benzophenone in Isopropanol und Cyclohexan

Verbindung	$Q_{(Isopropanol)}$	$Q_{(Cyclohexan)}$	T_1
Benzophenon	1,0	0,5	$n\pi^*$
p-Fluorbenzophenon	1,0	–	$n\pi^*$
p-Methoxybenzophenon	1,0	0,5	$n\pi^*$
p-Hydroxybenzophenon	0,02	0,9	$n\pi^*$
p-Aminobenzophenon	0,0	0,2	CT oder $\pi\pi^*$

Belichtet man Benzophenon in Benzhydrol *130*, so erhält man aus der Dimerisierung der Ketyl-Radikale *131* als einzigstes Produkt Benzpinakol *128*. Da diese schwerlösliche Verbindung leicht quantitativ zu bestimmen ist, eignet sich diese Reaktion zur aktinometrischen Lichtstrombestimmung (Kap. 7.12.2.1).

$$(C_6H_5)_2C{=}O + (C_6H_5)_2CHOH \xrightarrow{h\nu} (C_6H_5)_2\dot{C}{-}OH + (C_6H_5)_2\dot{C}{-}OH \longrightarrow (C_6H_5)_2C(OH){-}C(OH)(C_6H_5)_2 \qquad (7.99)$$

$\underline{130}$ $\quad$ $\underline{131}$ $\quad$ $\underline{128}$

Fotoreduktion ist eine bei Ketoverbindungen häufig auftretende Fotoreaktion. Bei Chinonen ist als zusätzlich treibende Kraft der Fotoreduktion die Aromatisierung und die Bildung der H-O-Bindung in Betracht zu ziehen [Reaktion (7.100)].

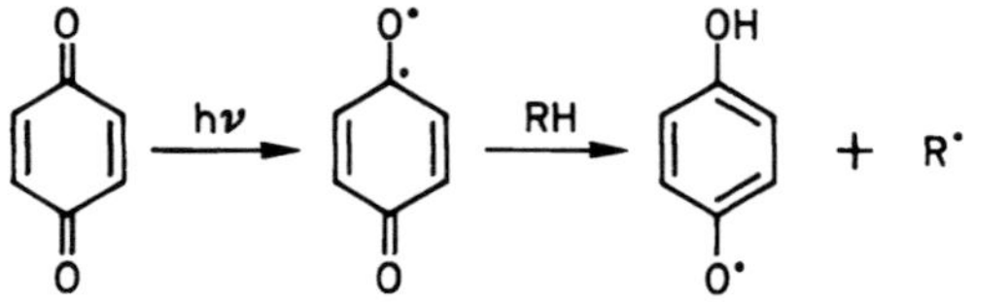

(7.100)

In Abbildung 7.10 sind die Absorptionsspektren von einigen Chinonen mit den verschiedenen elektronischen Übergängen eingezeichnet.

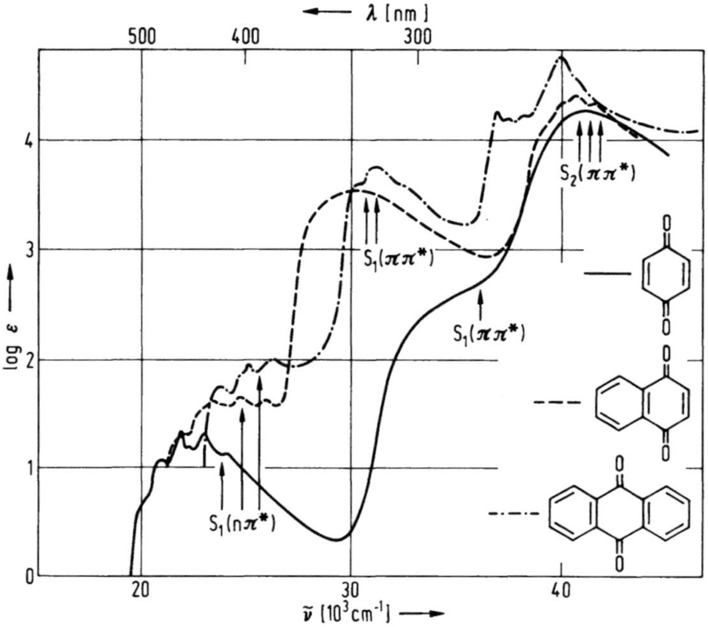

Abb. 7.10: Absorptionsspektren von 1,4-Benzo-, 1,4-Naphtho- und 9,10-Anthrachinon in Cyclohexan. Die den ($n\pi^*$)- oder ($\pi\pi^*$)-Übergängen zukommenden Banden sind in der Abbildung gekennzeichnet.

Die langwelligste Absorptionsbande ist hier auch eine zur Fotoreduktion befähigte $n\pi^*$-Bande. Diese Tatsache hat Bedeutung für die Auswahl von Anthrachinonfarbstoffen zum Färben von Zellulosefasern. Es ist beobachtet worden, daß gelbe An-

thrachinonfarbstoffe faserschädigend wirken, rote Anthrachinonfarbstoffe dagegen nicht.
Um eine Faserschädigung, die als eine Fotoreduktion zu betrachten ist, zu vermeiden, ist es notwendig, die Besetzung der $n\pi^*$-Zustände zu verhindern. Nach Dörr (Dörr, 1960) liegen bei roten Anthrachinonfarbstoffen die $\pi\pi^*$-S_1-Zustände langwelliger als die zur Fotoreduktion, sprich Faserschädigung, fähigen $n\pi^*$-Zustände. Wasserstoffdonator ist die Zellulosefaser.

7.10.5.1 Intramolekulare Fotoreduktion (Fotoenolisierung)

ortho-Substituierte Benzophenone mit einem Wasserstoffatom im Substituenten gehen im allgemeinen keine Fotoreduktion ein, obwohl der niedrigste Triplettzustand zweifelsfrei $n\pi^*$-Charakter besitzt. Yang und Mitarbeiter (Yang und Rivas, 1961) haben jedoch gezeigt, daß die relativ langsame bimolekulare Fotoreduktion von der sehr viel schnelleren intramolekularen Fotoreduktion verdrängt wird. Als Fotoprodukt entsteht ein Enol *130* durch intramolekulare Wasserstoffabstraktion vom ortho-Substituenten [Reaktion (7.101)].

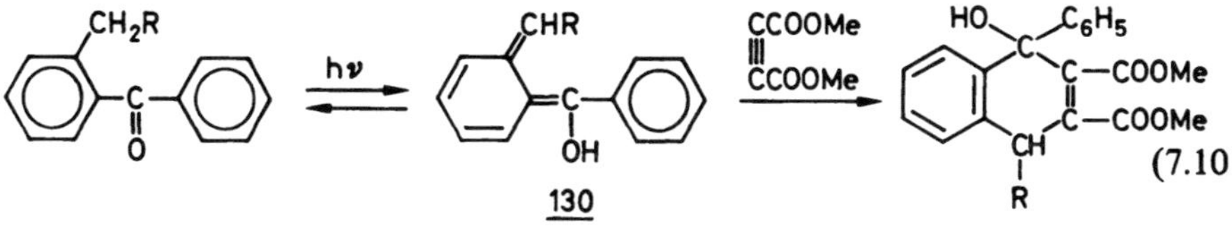

(7.101)

Das instabile Enol rearomatisiert sich zum Ausgangsprodukt, dem ortho-substituierten Benzophenon zurück. Das Enol läßt sich jedoch als Dien mit einem zugesetzten Philodien, wie Acetylendicarbonsäureester, während der Belichtung in einer Dien-synthese abfangen. Führt man die Fotolyse in deuterierten Alkoholen durch, so tauscht die schwach acide OH-Gruppe des Fotoenols den Wasserstoff gegen Deuterium aus [Reaktion (7.102)].

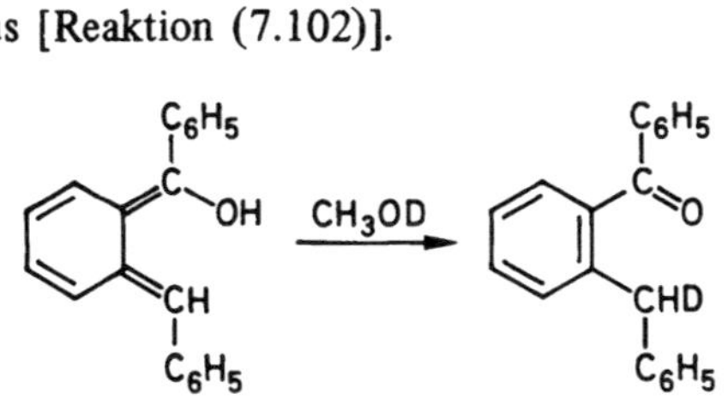

(7.102)

Über die Fotoenolisierung läßt sich so Deuterium in ortho-Alkylgruppen von Benzophenon einführen. Durch Blitzlichtfotolyse (Kap. 6.4) und in eingefrorenen Lösungen (Kap. 6.8) entsteht bei der Fotoenolisierung eine gelbe Färbung, die dem Fotoenol *130* zugeordnet wird. Dieser Vorgang der reversiblen Farbbildung unter Lichteinwirkung nennt man Fotochromie (Kap. 10.3.4.2).

Ullman (Ullman und Huffman, 1965) ordnet die gelbe Farbe dem cyclischen Valenztautomeren *131* des Fotoenols zu.

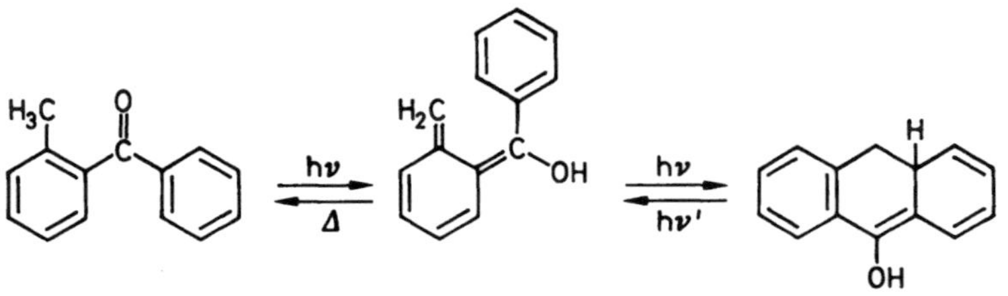

130 131 (7.103)

Offensichtlich erfolgt die intramolekulare Fotoreduktion aus dem $n\pi^*$-Triplettzustand. Ein Indiz dafür ist, daß das 1-Benzoyl-2-methylnaphthalin mit einem $\pi\pi^*$-Triplettzustand als niedrigstem angeregten Triplettzustand kein Fotoenol bildet und beim Belichten auch kein H/D-Austausch erfolgt.
Auch beim o-Hydroxybenzophenon *132* wird intramolekulare Fotoenolisierung beobachtet [Reaktion (7.104)].

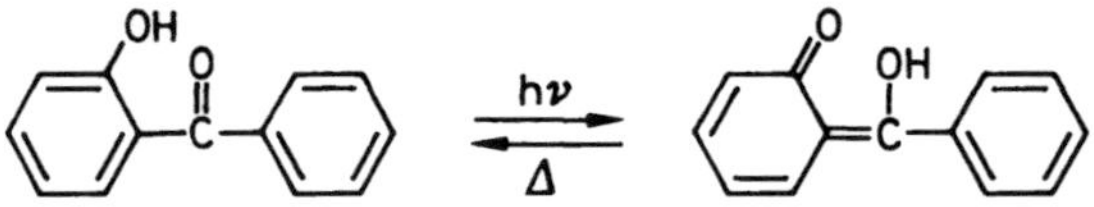

132 (7.104)

Hier wird die absorbierte Energie vollständig strahlungslos desaktiviert. Da dieser Vorgang vollständig reversibel ist, erfolgt durch die Fotoenolisierung eine vollständige Umwandlung von Lichtenergie in Wärme.
Die Ableitung der Photonenanregungsenergie des o-Hydroxybenzophenons *132* zusammen mit seiner fotochemischen Stabilität wird technisch als Lichtstabilisator in Kunststoffen und als Absorber für UV-Licht in Sonnenschutzcremes ausgenutzt.

Der umgekehrte Vorgang, eine reversible Fotoketonisierung mit einem kurzlebigen fotochromen Fotoketon, wird bei den fotochromen Anilen beobachtet.

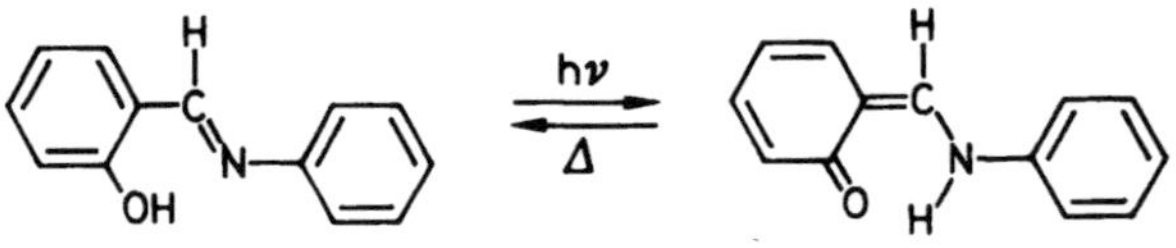

133 134 (7.105)

Das gelbe o-Hydroxybenzanilid *133* isomerisiert sich beim Belichten zu dem roten Keto-Tautomeren *134*.
Ersetzt man die Hydroxy-Gruppe in *132* und *133* durch eine Methoxy-Gruppe, so erfolgt keine Fotochromie mehr.

7.10.6 Fotochemische Substitution

(Cornelisse, 1975)

Die Substitution, der Ersatz eines Substituenten durch einen anderen Substituenten, ist eine der fundamentalen Reaktionsarten in der organischen Chemie. Die radikalisch verlaufenden fotochemischen Substitutionsreaktionen, wie die fotochemische Verdrängung eines Halogensubstituenten im Benzolring durch ein leichteres Halogenatom, sind schon seit dem Beginn dieses Jahrhunderts bekannt. Offensichtlich addiert das fotolytisch erzeugte leichtere Halogenatom am Benzolring in der Stellung, wo der schwere Halogensubstituent sitzt [Reaktion (7.106)].

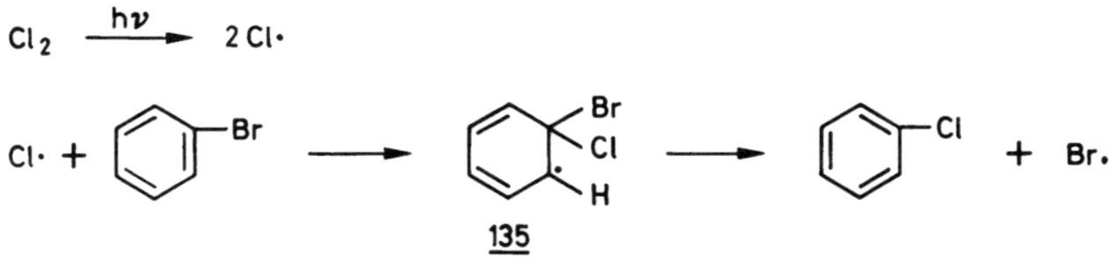

(7.106)

Das intermediär entstehende Cyclohexadienyl-Radikal *135* rearomatisiert sich durch Abspaltung des ursprünglichen Substituenten als Bromatom. Für den radikalischen Ablauf spricht, daß typische Inhibitoren von Radikalreaktionen die Reaktion stark verlangsamen.

Seit mehr als zehn Jahren hat das Interesse der Fotochemiker Substitutionsreaktionen beansprucht, die nicht, wie die große Mehrzahl der besprochenen Fotoreaktionen über Radikale mit homolytischer Bindungslösung verlaufen, sondern heterolytisch erfolgen.

Beispiele sind die nucleophile Verdrängung der Nitrogruppe in p-Nitroanisol *136* in alkalischer Lösung und die fotochemische Substitution einer Cyangruppe in demselben Molekül [Reaktion (7.107)].

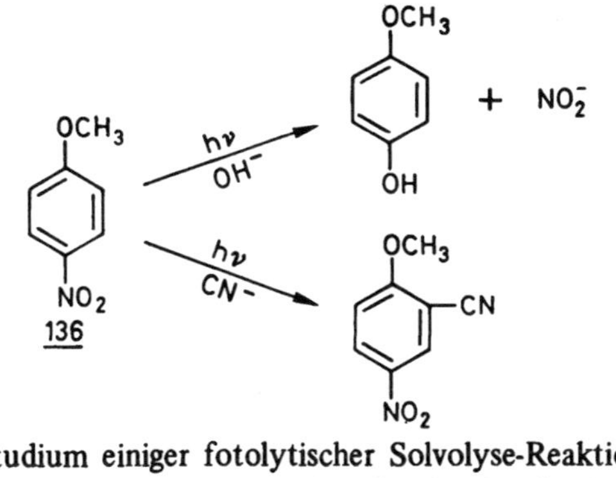

(7.107)

Das Studium einiger fotolytischer Solvolyse-Reaktionen von Nitrophenylestern und -äthern hat das Verständnis für den Mechanismus dieser heterolytisch verlaufenden Fotoreaktionen vertieft. Zimmerman und Mitarbeiter (Zimmerman und Somasekhara, 1963) haben einen bemerkenswerten Unterschied zwischen der thermisch im Grundzustand und der im ersten elektronisch angeregten Zustand verlaufenden Solvolyse der p- und m-Nitrophenyl-Triphenylmethyläther in wäßrigem Dioxan gefunden. Während das p-Isomere *137* beim Belichten stabil ist, erfolgt beim m-Nitrophenyl-Triphenylmethyläther *138* eine rasche Solvolyse zu m-Nitrophenol *141* und Triphenylmethylcarbinol *142*.

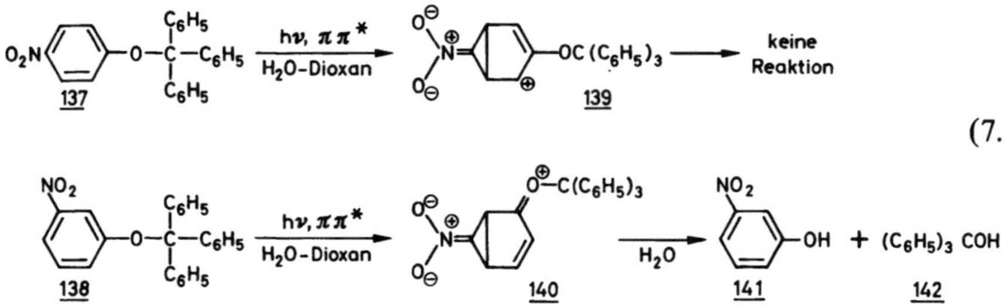

(7.108)

Umgekehrt wird der p-Nitrophenyl-Triphenylmethyläther *137* im Dunkeln rasch hydrolytisch gespalten, während das m-Isomere *138* sich völlig stabil verhält [Reaktion (7.109)].

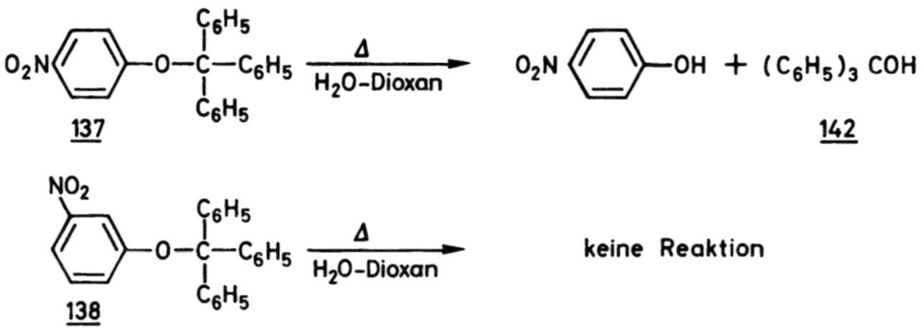

(7.109)

Ähnliche Verhältnisse sind für die Fotosolvolyse der Phosphorsäureester der Nitrophenole gefunden worden (Havinga und Kronenberg, 1968). Als Erklärung wird auf der Grundlage der einfachen HMO (Hückel Molecular Orbital)-Theorie die Tatsache angeführt, daß die Zentren für den elektrophilen wie nucleophilen Angriff am Benzolkern im Grund- und elektronisch angeregten $\pi\pi^*$-Zustand sich genau umgekehrt verhalten. So werden bei einem stark elektronenanziehenden Substituenten, wie der Nitrogruppe, die Zentren für einen nucleophilen Angriff im Grundzustand in p- und o-Stellung liegen, im elektronisch angeregten Zustand dagegen in m- und o-Stellung. Die quantenmechanischen Rechnungen machen deutlich, daß im elektronisch angeregten Zustand ein Elektronentransfer nur zwischen dem m-Substituenten und dem Reaktionszentrum stattfindet. In der Reaktion (7.108) wird der elektronisch angeregte Zustand dementsprechend die Ladungsverteilung wie in *139* und *140* aufweisen.

Ersetzt man den Substituenten im Benzolring durch einen Elektronendonator, wie die Methoxygruppe, so werden die Unterschiede zwischen dem m- und p-Isomeren im Reaktionsablauf noch dramatischer. Während das p-Methoxybenzylacetat *143* beim Belichten homolytisch in ein p-Methoxybenzyl- *144* und ein Acetoxy-Radikal *145* dissoziiert (Zimmerman und Sandel, 1963), erfolgt bei m-Isomeren *146*, neben anderen Produkten, über eine heterolytische Spaltung mit der Bildung des Carboniums-Ions *147*, die Bildung von m-Methoxybenzylalkohol *148* als stabiles Endprodukt.

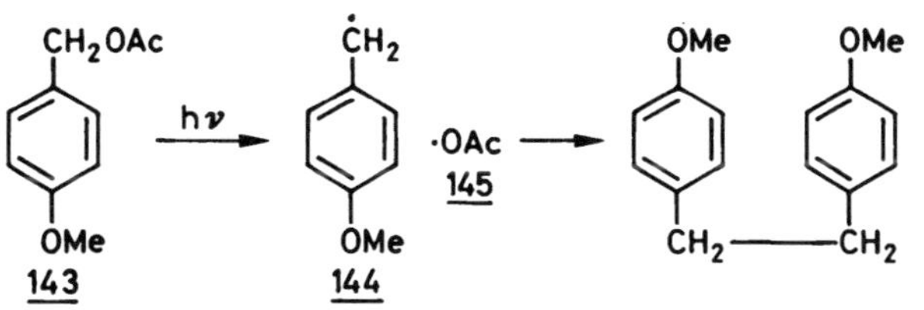

(7.110)

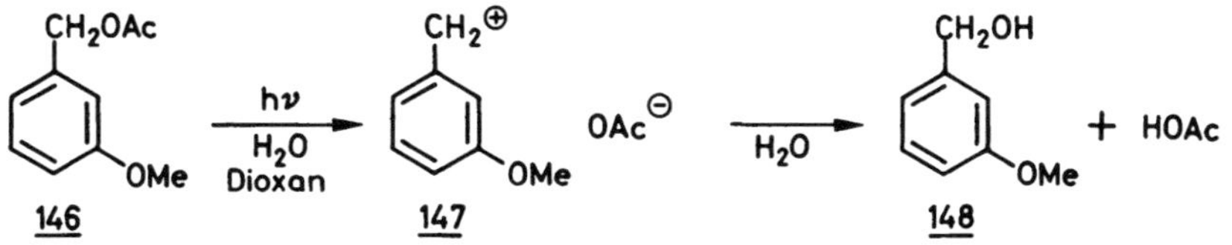

(7.111)

Die für die Fotochemie ungewöhnliche Postulierung von Carbonium-Ionen als primäre Produkte der Fotolyse wird auch hier durch quantenmechanische Rechnungen unterstützt. Experimentell werden die Befunde dadurch gesichert, daß weder freie Radikale noch Triplettzustände nachgewiesen werden konnten. Die Fotosolvolyse ist temperaturunabhängig und verläuft nur proportional zu der Zahl der absorbierten Lichtquanten. Die Quantenausbeuten (~ 0,2) sind ferner unabhängig von der Wellenlänge des eingestrahlten Lichtes im Bereich zwischen 250–350 nm, wo für die besprochenen Verbindungen *137, 138, 143* und *146* die ersten und zweiten $\pi\pi^*$-Übergänge liegen. Bei *137* und *138* ist die Quantenausbeute ferner unabhängig vom pH im Bereich von 2–14. Dies schließt eine Protonierung bzw. Deprotonierung als geschwindigkeitsbestimmenden Schritt der Reaktion aus.
Offensichtlich ist die Fotosolvolyse eine sehr schnelle Singulett-Reaktion, da besonders die Nitrogruppe in aromatischen Molekülen den Übergang zum Triplettzustand beschleunigt.
Eine Fotoreaktion, die ebenfalls zu ionischer Dissoziation im elektronisch angeregten Zustand führt, ist bereits in Kap. 7.8.3 bei der Behandlung von Azidität und Basizität von Phenolen im elektronisch angeregten Zustand besprochen worden.

7.10.7 Fotoionisation

(Terenin und Vilessov, 1964)

Die strukturell geringste Änderung nach der elektronischen Anregung ist das Abstoßen eines Elektrons aus dem angeregten Molekül. Die erste Fotoionisation wurde im Jahre 1942 von Lewis und Lipkin bei der Belichtung von aromatischen Aminen in EPA (siehe Kap. 6.8) bei 77 K an der sich bildenden roten Farbe des Radikal-Kation des Wuster'schen Salzes *149* beobachtet [Reaktion (7.112)].

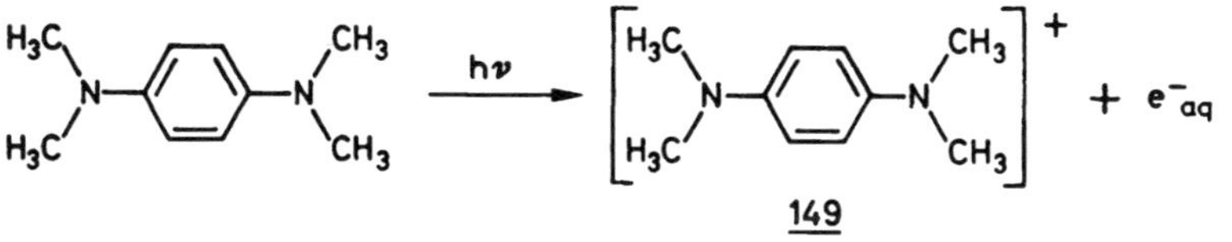

(7.112)

Die Fotoionisation ist extrem lösungsmittelabhängig. Sie erfolgt nur in polaren Lösungsmitteln, wo ein Energiegewinn durch Solvation des freigesetzten Elektrons möglich ist. Offensichtlich kann das Elektron in unpolaren Lösungsmitteln nicht aus dem Coulomb-Feld seines großen Radikal-Kations entkommen und wird wieder eingefangen. Die bei der Rekombination freiwerdende Energie wird dann als Phosphoreszenz abgestrahlt (Linschitz u.a., 1954). Fotoionisation ist mittels der Blitzlichtfotolyse (siehe Kap. 6.4) auch in Lösung bei Raumtemperatur durch schnelle spektroskopische Beobachtung der entstehenden farbigen Radikal-Kationen nachweisbar (Kuhnes und Güsten, 1974).

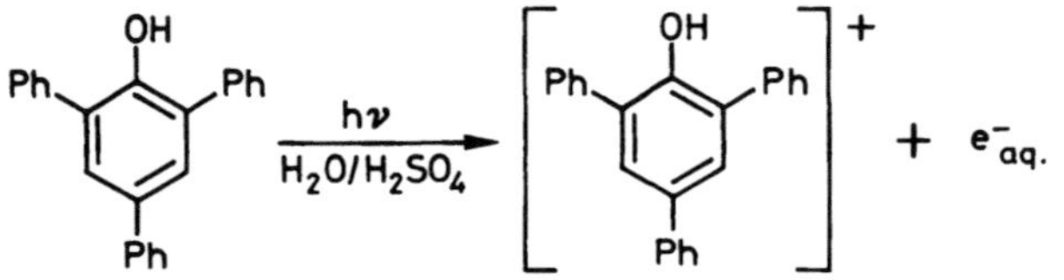

(7.113)

In dem polaren wäßrigen Medium wird das abgestoßene Elektron solvatisiert (e^-_{aq}). Wird ein Phenolat-Molekül *150* elektronisch angeregt, so entsteht durch Fotoionisation ein Phenoxyl-Radikal *151*.

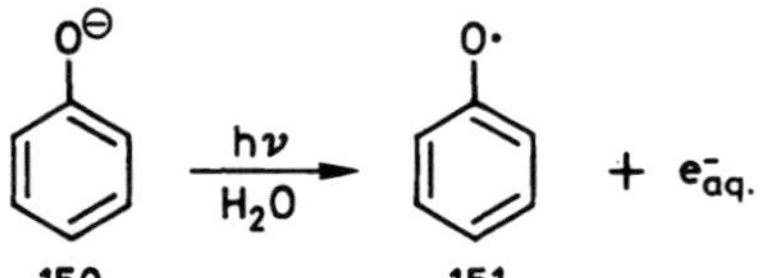

150 151

(7.114)

Obwohl der Nachweis schwierig ist, wird vermutet, daß Fotoionisation in vielen intramolekularen Fotoreaktionen, wie z.B. die Foto-Fries-Umlagerung (Bellus, 1971), die Primärreaktion darstellt.

7.10.8 Atmosphärische Fotochemie

Mit dem wachsenden Verständnis für die Folgen der Umweltverschmutzung sind in den letzten Jahren auch die Kenntnisse gewachsen, daß eine der wesentlichsten zur Umweltbeeinträchtigung führenden Vorgänge in der Atmosphäre fotochemischer Natur ist. Darüber hinaus haben sich die Anzeichen gemehrt, daß menschliches Tun auch in so weit abliegenden Bereichen wie der Stratosphäre unerwünschte fotochemisch induzierte Folgen nach sich ziehen, die langfristig zu einer echten Bedrohung des Lebens auf der Erde führen können.

7.10.8.1 Fotochemie in der unteren Atmosphäre

In der Atmosphäre laufen täglich eine Vielzahl von Oxidationsprozessen ab, bei der die von der Industrie, der Kommune und dem Kraftverkehr emittierten anthro-

pogenen primären atmosphärischen Schadstoffe abgebaut bzw. zu sekundären atmosphärischen Schadstoffen umgewandelt werden (Becker, 1971). Die luftverunreinigenden Gase, wie Kohlenmonoxid, Stickoxide, Schwefeldioxid, Kohlenwasserstoffe und andere sind – verdünnt in der Atmosphäre – relativ stabile Verbindungen. In Gegenwart von Sonnenlicht jedoch erfolgt eine rasch verlaufende Fotooxidation in großem Ausmaß. Besonders bei Inversionswetterlagen werden über Ballungsgebieten die Emissionen von Industrie, Kraftverkehr und Kommune in vielfältigen Fotooxidationsreaktionen zu dem fotochemischen Smog abgebaut (Leighton, 1961, Güsten und Penzhorn, 1974, Pitts jr. und Finlayson, 1975). Phänomenologisch macht sich der fotochemische Smog als Dunst bemerkbar, der eine starke Sichtweitenbegrenzung durch Kontrastverminderung infolge von Streulichtwirkung verursacht. Die Lichtstreuung wird durch die bei den fotochemischen Reaktionen gebildeten Aerosolen bedingt. Die Produkte des fotochemischen Smog wirken stark reizend auf die Schleimhäute und besonders schädigend auf organische Materialien, wie Gummi, Textilien, Anstriche, Leder etc.
Von den primären atmosphärischen Schadstoffen absorbieren lediglich das NO_2 und das SO_2 wirkungsvoll die an der kurzwelligen Grenze des Sonnenspektrums zur Erdoberfläche gelangenden Lichtquanten im Bereich von 3000–4000 Å.

Die zum fotochemischen Smog führenden Fotooxidationsreaktionen werden im wesentlichen durch die vom Sonnenlicht induzierte Fotolyse des NO_2 verursacht.

$$NO_2 \xrightarrow[(3000-4000\ \text{Å})]{h\nu} NO + O. \qquad (7.115)$$

Das bei der Fotodissoziation entstehende Sauerstoffatom bildet mit dem Luftsauerstoff spontan Ozon.

$$O + O_2 \xrightarrow{M} O_3. \qquad (7.116)$$

Der Stoßpartner M kann irgendein drittes Molekül in der Atmosphäre sein, es wird für die Abführung der Reaktionsenergie benötigt. Das entstandene Ozon oxidiert NO wiederum zu NO_2.

$$O_3 + NO \xrightarrow{k_3} NO_2 + O_2. \qquad (7.117)$$

Da das NO_2 sofort wieder vom Sonnenlicht nach Gl. (7.115) dissoziiert wird, entsteht ein dynamisches Gleichgewicht nach der Bruttogleichung

$$NO_2 + O_2 \rightleftarrows NO + O_3. \qquad (7.118)$$

Da sich ferner im atmosphärischen Sonnenlicht das dynamische Gleichgewicht in wenigen Minuten einstellt, ergibt sich für die Bildung und das Verschwinden von Ozon ein „quasi-steady state":

$$(O_3) \cong \frac{k_1\,(NO_2)}{k_3\,(NO)}\,. \qquad (7.119)$$

Man sieht, daß die Ozonkonzentration vom Verhältnis der Konzentration an NO_2 und NO abhängig ist. In Gegenwart von organischen Verbindungen wird das dynamische Gleichgewicht (Gl. 7.119) dadurch gestört, daß die Ozonmoleküle und Sauerstoffatome mit diesen reagieren und den fotochemischen Smogzyklus in Gang setzen. In vielfältigen Radikalkettenreaktionen gehen sie mit den natürlichen Bestandteilen der Atmosphäre und den atmosphärischen Schadstoffen Reaktionen zu noch reaktiveren Radikalen ein. Über diese laufen dann die komplexen Abbau- und Oxidationsreaktionen ab, die zur Smogbildung führen und an dem auch die nicht lichtabsorbierenden atmosphärischen Schadstoffe teilnehmen.

Schema des fotochemischen Smog:

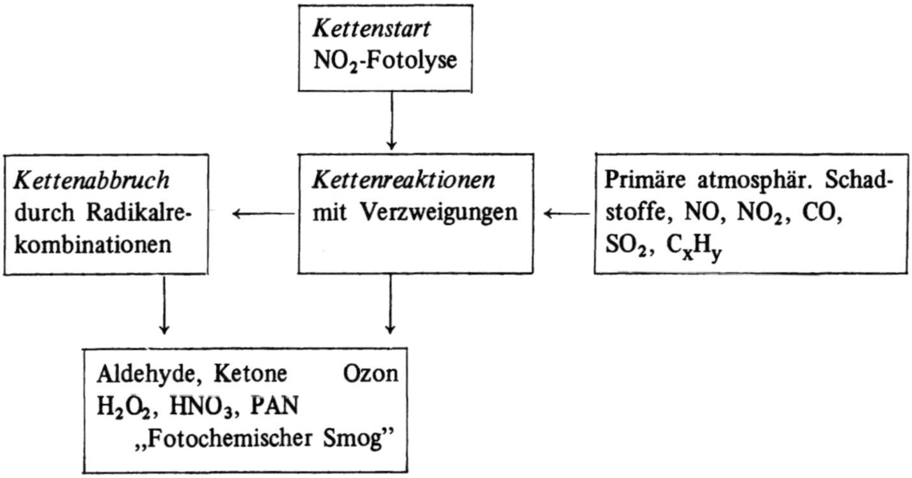

Die durch die Reaktionen der Sauerstoffatome und des Ozons mit den unverbrannten Kohlenwasserstoffen ausgelösten Kettenreaktionen erzeugen mehr oxidierend wirkende Radikale als zur Aufrechterhaltung der Kettenreaktionen notwendig ist. Diese bewirken nicht nur die Rückoxidation des bei der Fotolyse erzeugten NO [Reaktion (7.117)], sondern auch die des neu zugeführten NO. Überwiegt die Bildungsrate der oxidierenden Radikale gegenüber der NO-Produktion, so entsteht überschüssiges Ozon. Kettenabbruchsreaktionen sorgen für eine endliche Länge der Reaktionsketten. Die durch die Startreaktion entstehenden organischen Radikale reagieren im Überschuß des vorhandenen Sauerstoffs in erster Linie zu Peroxiradikalen, die auch zur Rückbildung von NO_2 beitragen,

$$NO + RO_2 \longrightarrow NO_2 + RO, \tag{7.120}$$

ohne daß Ozon dabei verbraucht wird.

In Tab. 7.8 sind die Reaktionsgeschwindigkeitskonstanten für die wichtigsten Smogreaktionen zusammengestellt.

Tab. 7.8: Reaktionsgeschwindigkeitskonstanten von Smogreaktionen

Reaktion		Reaktionsgeschwindigkeit ($l \cdot mol^{-1} \cdot s^{-1}$)
$O\cdot + O_2 + M$	$= O_3 + M$	10^7 (pseudobimolekular)
$O_3 + NO$	$= O_2 + NO_2$	$3 \cdot 10^7$
O_3 + Olefin	= Produkt,	$1 - 100 \cdot 10^3$
$O\cdot$ + Olefin	= Radikal	$1 - 5 \cdot 10^9$
$R + O_2$	$= RO_2$	$\sim 10^7$
$SO_2 + O + M$	$= SO_3 + M$	$2 \cdot 10^8$ (pseudobimolekular)

Obwohl die in Tab. 7.8 aufgeführten Reaktionen langsamer als diffusionskontrolliert verlaufen – die Kollisionsrate müßte sonst über 10^{11} $l \cdot mol^{-1} \cdot s^{-1}$ liegen – sind sie für die chemische Kinetik doch schnelle Reaktionen, bei denen im Mittel alle 10^2–10^4 Stöße zu einer Reaktion führt.

Aus der Gesamtheit der vielfältigen, noch nicht bekannten Kettenreaktionen entstehen beim Kettenabbruch die Produkte des fotochemischen Smog. Die schnellen Reaktionen erklären auch, warum an sonnigen Tagen über Ballungsgebieten schon am frühen Nachmittag die nachts und am frühen Morgen während der „rush hour" emittierten Kohlenwasserstoffe zum größten Teil fotooxidiert sind. Zu den identifizierten im sub-ppm-Bereich vorkommenden Produkten des fotochemischen Smog gehören Aldehyde, wie Formaldehyd, Acetaldehyd, Acrolein, Ketone, Epoxide und organische Nitrite und Nitrate, sowie so exotische Verbindungen wie die PAN-Derivate (Peroxiacylnitrate). Ihre Konzentrationen liegen im Bereich von 10–100 ppb (1 ppb = parts per billion = 1 Teil in $10^9 = 10^{-7}$ % $\cong 4 \cdot 10^{-11}$ mol/l).

Neben den durch Ozon und Sauerstoffatomen ausgelösten Smogreaktionen nehmen noch andere oxidative Spezies, wie OH-Radikale und der elektronisch angeregte Sauerstoff (Pitts jr., 1969) an der Oxidation atmosphärischer Schadstoffe teil. Ihre relative Bedeutung am Reaktionsgeschehen zum fotochemischen Smog (Güsten und Penzhorn, 1974) ist noch nicht geklärt, jedoch deutet sich an, daß der elektronisch angeregte Sauerstoff (Singulett-Sauerstoff) keine große Rolle bei der Fotooxidation spielt (Penzhorn, Güsten, Schurath und Becker, 1974).

Im Gegensatz zum NO_2 reicht die Energie der zur Erdoberfläche gelangenden kurzwelligen Lichtquanten nicht zur Fotodissoziation des Schwefeldioxides aus. Das aus der Verbrennung fossiler schwefelhaltiger Brennstoffe stammende SO_2, von dem allein in der Bundesrepublik pro Tag mehr als 10000 t in die untere Atmosphäre emittiert werden, wird durch Lichtabsorption elektronisch angeregt und über das SO_3 zur korrodierend wirkenden Schwefelsäure oxidiert. Die fotochemische Abbaurate des SO_2 in der unteren Atmosphäre ist stark vom Quantenstrom der Sonne, also von der Tages- und Jahreszeit abhängig (Penzhorn, Filby und Güsten, 1974).

7.10.8.2 Stratosphärische Fotochemie

In der Stratosphäre laufen eine Vielzahl von fotochemischen Reaktionen ab (Crutzen, 1974), die im Laufe der Erdgeschichte zum Aufbau der die Biosphäre vor der kurzwelligen UV-Strahlung der Sonne schützenden Ozonschicht in 15–50 km geführt hat (Kley, 1974). In den letzten fünf Jahren hat besonders das SST-Problem begründete Befürchtungen laut werden lassen, daß in naher Zukunft durch die Abgase der Überschallflugzeuge (*S*uper*s*onic *T*ransport) chemische Reaktionen eingeleitet werden, die einen Abbau des stratosphärischen Ozons nach sich ziehen könnten (Johnston, 1974).

Vor allem das bei den Verbrennungsprozessen entstehende NO würde nach Reaktion (7.117) das Ozongleichgewicht in der Stratosphäre stören. Man hat ausgerechnet, daß eine Reduktion der Gesamtozonmenge um 10 % einen Zuwachs der erythemwirksamen Sonnenstrahlung auf der Erde von 20 % zur Folge hat und dadurch das statistische Hautkrebsrisiko um 20 % steigen könnte. Handelt es sich beim SST-Problem im wesentlichen um direkte „Injektionen" von großen Mengen an NO in die Stratosphäre, so ist 1974 ein anthropogener Schadstoff aus großindustrieller Produktion als neue Bedrohung für das stratosphärische Ozon in den Blickpunkt der Atmosphärenchemiker gerückt, der langsam von der Erde in die Stratosphäre diffundiert. Es handelt sich um die weltweit in einer Million Jahrestonnen als Kühl- und Treibgase produzierten Chlorfluormethane (Molina und Rowland, 1974, Cicerone, Stolarski und Walters, 1974).

Die Chlorfluormethane, vor allem das hauptsächlich produzierte CF_2Cl_2 und $CFCl_3$, sind in der Troposphäre chemisch völlig inert. Ihre dortige Verweilzeit wird auf über dreißig Jahre geschätzt. Erst nach der Diffusion in die Stratosphäre kommen die Chlorfluormethane in eine Höhe, wo sie das stratosphärische Sonnenlicht unter 2000 Å absorbieren können. Da die Bindungsenergie der C-Cl-Bindung viel niedriger als die der C-F-Bindung ist (Abb. 7.2), erfolgt die Fotolyse unter der Bildung eines Chloratoms.

$$F_xCCl_y \longrightarrow Cl\cdot + F_xCCl_{y-1}\cdot \qquad (7.121)$$

Die Chloratome katalysieren dann in sehr schnellen Reaktionen den Ozonabbau

$$\begin{array}{l} Cl\cdot + O_3 \longrightarrow ClO\cdot + O_2 \\ ClO\cdot + O \longrightarrow Cl\cdot + O_2 \\ \hline O_3 + O\cdot \longrightarrow O_2 + O_2, \end{array} \qquad (7.122)$$

indem sie das Chapman-Gleichgewicht (Kley, 1974) der Ozonbildung stören. Der Nettoeffekt der katalytischen Reaktion ist die Umwandlung eines Ozonmoleküls und eines Sauerstoffatoms in zwei Sauerstoffmoleküle. Berechnungen zeigen nun, daß Mitte der achtziger Jahre unseres Jahrhunderts die Geschwindigkeit des Ozonabbaus durch die Treibgase der Spraydosen in der Stratosphäre die Geschwindigkeit aller natürlichen Abbauwege des stratosphärischen Ozons übertreffen könnte. Besondere Besorgnis erregt dabei die Tatsache, daß die Produktion der Chlorfluormethane weltweit exponentiell mit Verdopplungszeiten von 3,5 Jahren wächst.

7.11 Experimentelle fotochemische Methoden

Im Rahmen dieser Darstellung muß der Leser, der sich über experimentelle fotochemische Methoden orientieren will, im wesentlichen auf die Literatur (Turro, 1967, Calvert und Pitts jr., 1966, Arnold, 1968, Srinivasan und Roberts, 1971, Schenck, 1968, Evans, 1969, Smith, 1971, Hardham, 1971) stützen. Einige allgemeine Gedanken und Richtlinien zur Durchführung fotochemischer Experimente sollen hier jedoch aufgeführt werden.

7.11.1 Präparative Fotochemie

Die größte Schwierigkeit bei der präparativen Fotochemie ist die Bereitstellung einer genügend hohen Lichtenergie im Reaktionsmedium. Wie im Kap. 10 besprochen wird, ist es dieser limitierende Faktor, der auch einer breiten industriellen Anwendung fotochemischer Reaktionen im Wege steht. Besonders bei organischen Ausgangsverbindungen mit ihren hohen molaren Extinktionen im Bereich von 10^3–10^5 ($l \cdot mol^{-1} \cdot cm^{-1}$) liegt bei Konzentrationen von 10^{-3}–10^{-2} mol/l bereits Totalabsorption der absorbierten Wellenlängen vor. Dies bedingt eine schnelle Umwälzung der zu bestrahlenden Lösung, besonders dann, wenn das gewünschte Fotoprodukt selber fotochemische Folgereaktionen eingeht. Der langsamste und damit der geschwindigkeitsbestimmende Schritt bei einer fotochemischen Synthese ist die Bereitstellung genügend großer Lichtenergien.

7.11.1.1 Fotochemische Reaktoren

Es existieren zwei prinzipielle Anordnungen, fotochemische Reaktionen durchzuführen. In der ersten steht die Lichtquelle außerhalb des Reaktionsgefäßes, bei der zweiten taucht die Lichtquelle in die Reaktionslösung ein. Bei der externen Unterbringung der Lichtquelle wird der Quantenstrom der Lichtquelle nur sehr unvollständig ausgenutzt. Reflektoren hinter der Lichtquelle erhöhen den Quantenstrom nicht entscheidend. Da jedoch mehrere Lampen im Kreis um ein Reaktionsgefäß gestellt werden können, erhält man eine relativ große aktive Oberfläche. Arbeitet man nach dem Tauchlampenprinzip, so ist wohl eine optimale Ausnutzung der emittierten Lichtenergie im Absorptionsbereich gewährleistet. Da jedoch die fotochemischen Umsätze an der Oberfläche der Lampe erfolgen, muß intensiv gerührt werden. Außerdem kann oft nicht verhindert werden, daß sich im Brennzonenbereich der Lampe harzige Niederschläge absetzen, die als Lichtfilter wirken und den aktiven Quantenstrom für die fotochemische Reaktion herabsetzen. In Abb. 7.11 ist eine Tauchlampe abgebildet.

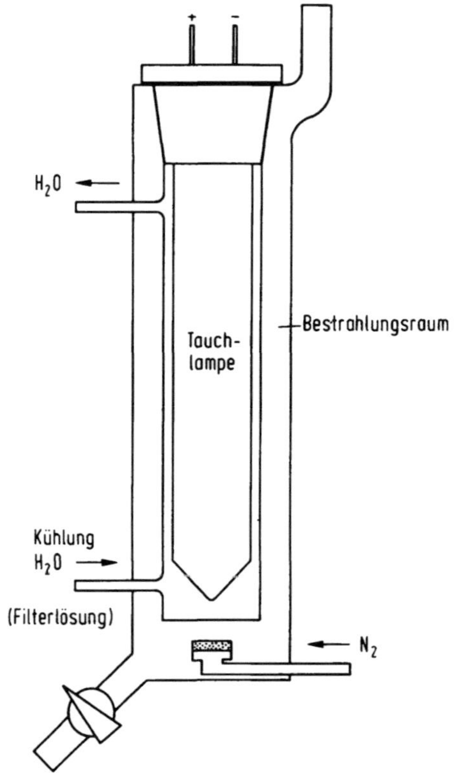

Abb. 7.11: Schnitt durch eine Tauchlampe.

Arbeitet man mit Hg-Niederdrucklampen, so ist keine Kühlung der Lampe notwenig. Bewährt haben sich hier in doppelter U-Form gebogene Hg-Niederdrucklampen (Güsten u.a., 1968), in denen die Entladung in langen Röhren eine große Emissionsfläche gewährleistet. Durch Begasen mit Inertgasen kann gleichzeitig die Lösung zwischen und um die Entladungsröhren umgewälzt werden. Diese Lampen mit kalten Elektroden haben eine maximale Leistung von etwa 80 Watt an 2537 Å-Emission, die etwa 90 % der Gesamtemission darstellt. Ihre lange Lebensdauer, die monochromatische Emission und die nicht erforderliche Kühlung sind ihre großen Vorteile. Längerwelliges Licht muß mit Hochdruckbrennern (Kap. 3) erzeugt werden, die prinzipiell gekühlt werden müssen. Verwendet man sie nach dem Tauchlampenprinzip, so kann die Kühlung oft mit Vorteil durch eine wäßrige Lichtfilterlösung erfolgen, die über einen Thermostaten umgepumpt wird.

Abb. 7.12: Präparativer Fotoreaktor, Typ 400 (Fa. A. Gräntzel, Karlsruhe).

Einige Firmen bieten fotochemische Reaktoren an, die sowohl mit externen Lampen als auch mit Tauchlampen zu betreiben sind. In den USA hat sich der Rayonet RS (Southern New England Ultraviolet Company, Middletown, Connecticut), in Deutschland der Fotoreaktor, Typ 400 (Fa. A. Gräntzel, Physikalische Werkstätte, Karlsruhe) bewährt (Abb. 7.12).

Für nur gelegentliche Benutzung sind die Reaktoren zu teuer. Hier bieten die Hersteller von Glas- und Laborgeräten Tauchlampen in verschiedenen Ausführungen an. Bei den teueren Geräten kann die zu bestrahlende Lösung umgepumt werden.

7.11.1.2 Auswahl der Lichtquelle

Eine ausführliche Beschreibung und Anwendung der verschiedensten Lampenarten wurde in Kapitel 3 und der Literatur (Koller, 1965, Calvert und Pitts, jr., 1966, Schenck, 1968, Elenbaas, 1966) gegeben. Für den Fotochemiker erfolgt die Auswahl einer Lampe nach ihrer spektralen Emission und der Intensität. Das Absorptionsspektrum der zu bestrahlenden Substanz muß sich mit der Lampenemission gut überlappen. Da die überwiegende Mehrzahl der fotochemischen Reaktionen im Wellenlängenbereich zwischen 450 und 300 nm stattfindet, sind Quecksilber- oder Xenonhochdrucklampen mit ihrer intensiven polychromatischen Emission in diesem Wellenlängenbereich universell anwendbare Lampen. Die Dauer einer fotochemischen Reaktion ist der Lichtintensität direkt proportional. Leistungsangaben, die der Hersteller üblicherweise in Watt angibt, sind daher zu beachten. Für Laborzwecke sind Lampen bis zu 1000 Watt in der Mehrzahl der Anwendungen ausreichend. Die in Watt angegebene Lampenleitung läßt sich in erster Näherung in den Quantenstrom (Quanten pro Sekunde) umrechnen nach

$$\text{Quantenstrom} = \frac{W\lambda}{hc}, \qquad (7.123)$$

wobei W die Wattzahl der Lichtquelle bei der von dem Substrat absorbierten Wellenlänge, λ die betreffende Wellenlänge, h die Planck'sche Konstante und c die Lichtgeschwindigkeit ist.
Mit der errechneten Zahl der Quanten pro Sekunde läßt sich nun eine Überschlagsrechnung durchführen, die vor dem fotochemischen Experiment eine Abschätzung über die Belichtungsdauer erlaubt [Gl. (7.124)].

$$t = \frac{g}{\text{Mol}} \cdot \frac{N_L \cdot hc}{W\lambda Q}. \qquad (7.124)$$

g ist die zu belichtende Menge in g, Mol das Molekulargewicht, N_L die Loschmidt'sche Zahl ($6{,}023 \cdot 10^{23}$) und Q die Quantenausbeute der Fotoreaktion, h, c, W und λ sind Größen aus Gl. (7.123). Abb. 7.13 veranschaulicht die Dauer einer fotochemischen Reaktion bei bekanntem Quantenstrom für den Umsatz von einem Mol.

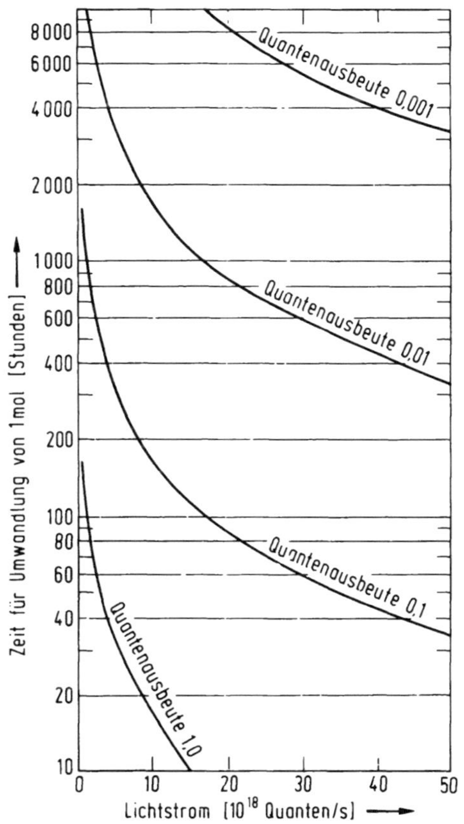

Abb. 7.13: Abhängigkeit der Belichtungsdauer vom Quantenstrom für den Umsatz von 1 Mol (nach R. Srinivasan) (Srinivasan u. Roberts, 1971).

7.11.1.3 Filter und Filterlösungen

Für präparative fotochemische Zwecke eignen sich Farb-, Glas- oder Interferenzfilter (Kap. 6.1) nur bei externer Anordnung der Lichtquelle und kleinen Reaktionsvolumina. Für viele fotochemische Reaktionen wird es genügen, zwischen die Lichtquelle und das Reaktionsgut ein Cut-off-Filter (Kap. 6.1) zu setzen. Praktischerweise kann dies durch die geeignete Wahl des lichtdurchlässigen Materials des Reaktionsgefäßes erfolgen. Pyrexglas z.B. ist unterhalb 290 nm undurchlässig für UV-Licht, Corexglas unterhalb 260 nm. Corex-Filter für die präparative Fotochemie werden in zylindrischen Röhren angeboten, in die die Lampe einfach eingeschoben wird.

Größere Anwendung in der präparativen Fotochemie finden auch Filterlösungen. Durch eine geeignete Wahl der meistens in Wasser oder Alkohol gelösten chemischen Verbindungen lassen sich sowohl Cut-off-Filter als auch Bandenfilter für jeden Wellenlängenbereich schnell im Laboratorium herstellen. Eine wäßrige Lösung

von Nickel- und Cobaltsulfat (1,75 Mol und 0,5 Mol) hat eine gute Lichtdurchlässigkeit im Bereich von 300–340 nm. Diese Lösung eignet sich besonders dann, wenn durch die Fotoreaktion ein längerwellig absorbierendes Fotoprodukt aufgebaut wird und somit vor dem langwelligen Licht der Lichtquelle geschützt werden muß.
Eine ausführliche Beschreibung und Rezeptur der verschiedensten Filterlösungen findet sich in der Literatur (Calvert und Pitts jr., 1966, Schenck, 1968, Muel und Malpiece, 1969).

7.11.1.4 Wahl des Lösungsmittels

Da die meisten fotochemischen Reaktionen in Lösung durchgeführt werden, ist die Wahl des Lösungsmittels ein wichtiger Punkt. Neben Löslichkeit, Reinheit und Preis ist besonders die Lichtdurchlässigkeit von Bedeutung. Tab. 7.9 zeigt die Lichtdurchlässigkeit einiger gebräuchlicher Lösungsmittel.

Tab. 7.9: Durchlässigkeit von Lösungsmitteln für die Fotochemie

Lösungsmittel	Cut-off-Wellenlänge (nm)	
	E[1] = 0,1	E = 1,0
Wasser	< 200	< 200
Aliphat. Kohlenwasserstoffe	~ 220	< 200
Alkohole	~ 235	~ 220
Acetonitril	223	210
Chloroform	256	243
Tetrachlorkohlenstoff	275	262
Benzol	284	276
Aceton	337	328

[1] E = Extinktion für die Schichtdicke von einem cm.

Das ideale Lösungsmittel ist inert. Werden verdünnte Lösungen (1–2 %) belichtet, so sollten die Lösungsmittel spektroskopische Reinheit aufweisen. Zu beachten ist, daß aromatische Verbindungen im elektronisch angeregten Zustand mit halogenhaltigen Lösungsmitteln wie Chloroform oder Tetrachlorkohlenstoff reagieren können (Schlicht und Schulte-Frohlinde, 1972). Elektronisch angeregte Aldehyde und Ketone gehen mit labilen Wasserstoffatomen aus vielen Lösungsmitteln Fotoreduktion ein (Kap. 7.10.5).

Abgesehen von der Reaktionsmöglichkeit des Lösungsmittels kann die Quantenausbeute und auch die chemische Ausbeute für eine Fotoreaktion von Lösungsmittel zu Lösungsmittel beträchtlich variieren. So erfolgt die fotochemische trans→cis-Isomerisierung von bipolar substituierten trans-Stilbenen nur in unpolaren Lösungsmitteln mit guter Quantenausbeute und chemischer Ausbeute (Schulte-Frohlinde u.a., 1962).

7.11.1.5 Konzentration und Volumen

Hat eine 0,1 molare Lösung eines zu fotolysierenden Produktes einen molaren Extinktionskoeffizienten von $\epsilon = 1000$ ($l \cdot mol^{-1} \cdot cm^{-1}$), so werden 95 % der eingestrahlten Lichtquanten in einer Schicht von nur 0,13 mm absorbiert. Diese Tatsache zeigt, daß eine Verdünnung auf ein größeres Volumen oft von Vorteil sein kann, da jetzt auf eine intensive Rührung verzichtet werden kann. In verdünnten Lösungen ist es jedoch oft notwendig, unter einem inerten Schutzgas, wie Stickstoff oder einem Edelgas, zu arbeiten. Mit Vorteil verwendet man dann das Schutzgas zugleich zum Rühren, indem es durch eine Fritte am Boden des Reaktionsgefäßes in und durch die Lösung perlt (Abb. 7.11). Die Konzentration an Sauerstoff in luftgesättigten organischen Lösungsmitteln liegt bei 10^{-3} mol/l. Welche Ausgangskonzentration die zu belichtende Lösung haben soll, richtet sich oft nach der Art der zu erzielenden Fotoreaktion. Bimolekulare Reaktionen, wie z.B. die Fotodimerisierung (Kap. 7.10.3.1) oder die Fotocycloaddition (siehe Kap. 7.10.3.2) werden am besten, wenn es die Löslichkeitsverhältnisse erlauben, bei hohen Konzentrationen ($> 10^{-1}$ mol/l) durchgeführt. Monomolekulare Isomerisierungen, wie die fotochemische cis-trans-Isomerisierung (siehe Kap. 7.10.2) oder die Fotocyclisierung (Kap. 7.10.2.2.1), führt man am besten bei niedrigen Konzentrationen ($< 10^{-2}$ mol/l) in größeren Volumina durch. Die Quantenausbeute einer fotochemischen Reaktion kann konzentrationsabhängig sein. So nimmt z.B. die Quantenausbeute der fotochemischen trans→cis-Isomerisierung des p-Nitro-p'-methoxystilbens in α-Methylnaphthalin im Konzentrationsbereich von 10^{-5} bis 0,5 mol/l von 0,34 auf Null ab (Schulte-Frohlinde und Güsten, 1965).

7.11.1.6 Fotochemische Sensibilisierung

Zur Durchführung fotosensibilisierter Reaktionen müssen zusätzliche Faktoren beachtet werden. Zunächst ist die Kenntnis der Triplett-Niveaus von Sensibilisator und Substrat notwendig. In der Literatur (Calvert u. Pitts jr., 1966, Turro, 1967), findet sich eine gute Zusammenstellung über die Triplettenergien von Hochenergie-Sensibilisatoren, wie Benzol (E_T = 85 kcal/mol), bis zu Triplett-Sensibilisatoren sehr niedriger Energie, wie Anthracen (E_T = 42 kcal/mol). Die umfangreichste Datensammlung über Triplettenergien organischer Verbindungen findet sich in einer Patentschrift (Deutsches Patentamt, Offenlegungsschrift 1925088 v. 20. Nov. 1969).

Folgende Gesichtspunkte für die Auswahl eines geeigneten Sensibilisators müssen beachtet werden.

1. Wie liegen die Triplettenergien von Sensibilisator und Acceptor? Der Sensibilisator sollte etwa 10 kcal/mol in seiner Triplettenergie über der des Acceptors liegen.
2. Die Kenntnis der Absorptionsspektren und der molaren Extinktionskoeffizienten von Sensibilisator und Acceptor im Verhältnis zur Emission der zu verwendenden Lampe ist notwendig. Nur dann kann die Konzentration des Sensibilisators relativ zum Acceptor bei der Einstrahlwellenlänge so eingestellt werden, daß sämtliche Lichtquanten ausschließlich vom Sensibilisator absorbiert und eine direkte elektronische Anregung des Acceptors vermieden wird.
3. Wie hoch ist die Quantenausbeute des Singulett-Triplett-Überganges (Interkombination) beim Sensibilisator? Sie sollte möglichst eins sein, wie dies bei vielen Ketonen der Fall ist (Tab. 7.10). Niedrigere Quantenausbeuten der Triplettbesetzung bedingen längere Belichtungszeiten.

In Tab. 7.10 sind für eine Reihe bekannter Triplett-Sensibilisatoren die Energien und die Besetzungswahrscheinlichkeiten zusammengestellt (siehe auch Tab. 7.4).

Tab. 7.10: Triplettenergien E_T und Quantenausbeuten der Interkombination Q_{ST} einiger organischer Triplett-Sensibilisatoren

Verbindung	E_T (kcal/mol)	Q_{ST}
Benzol	85	0,24
Anilin	77	–
Acetophenon	74	0,99
Carbazol	70	0,36
Benzophenon	69	1,00
Triphenylen	67	0,95
Phenanthren	62	0,76
Naphthalin	61	0,39
2-Acetonaphthon	59	0,84
Chrysen	57	0,67
Fluorenon	53	0,93
Pyren	49	–
Anthracen	42	–

Sind die Quantenausbeuten der Interkombination nicht bekannt, so läßt sich bei bekannten Fluoreszenz- und Phosphoreszenzquantenausbeuten abschätzen, wie groß der Anteil der nach der primären Anregung in den Triplettzustand gelangenden Quanten ist (Kap. 4).

Der angeregte Sensibilisator darf nicht mit dem Lösungsmittel, dem Acceptor oder dem Fotoprodukt reagieren. Ketone mit ihren hohen Q_{ST}-Werten (siehe Tab. 7.10) dürfen nicht in alkoholischer Lösung als Sensibilisator verwendet werden, da sie mit dem Alkohol Fotoreduktion eingehen (Kap. 7.10.5). Hier eignet sich Benzol als Lösungsmittel. Auch sollte beachtet werden, daß das entstehende Fotoprodukt nicht bevorzugt als Triplettenergie-Acceptor wirkt. Nach einer relativ geringen Anreicherung würde sonst die Fotoreaktion zum Stillstand kommen.

Neben der Beachtung der Löslichkeit von Sensibilisator und Acceptor gibt es noch analytische Gesichtspunkte zu bedenken. Für die Kontrolle des laufenden Umsatzes ist es notwendig, eine einfache und schnelle Analytik auszuarbeiten. Das bedingt jedoch, daß der oft in sehr viel höherer Konzentration vorliegende Sensibilisator den Nachweis des Acceptors und des entstehenden Fotoproduktes nicht stören sollte. Vorzugsweise geschieht die Kontrolle des Umsatzes mittels Gaschromatographie, d.h. die Retentionszeiten von Sensibilisator, Acceptor und Fotoprodukt müssen genügend weit auseinanderliegen.
Die Aufzählung aller Punkte, die es bei fotosensibilisierten Reaktionen zu bedenken gilt, wird noch dadurch kompliziert, daß bei einer Reihe von allgemein akzeptierten Sensibilisatoren, wie Triphenylen oder Fluorenon, in den letzten Jahren fotochemische Besonderheiten nachgewiesen wurden, die besondere Vorsicht und fotochemische Kenntnisse beim Einsatz notwendig machen (Engel u. Monroe, 1971).

7.11.2 Kinetische Fotochemie

Für die Bestimmung der Quantenausbeute einer fotochemischen Reaktion wird man die Kinetik anhand des chemischen Umsatzes in kleinen Volumina mit geeigneten analytischen Methoden verfolgen. In Kap. 4.6.11 wurden die methodischen und mathematischen Voraussetzungen ausführlich besprochen. In diesem Kapitel soll die für den Chemiker einfachere Methode der Aktinometrie zur genauen Lichtstromeichung beschrieben werden. Es sind zwar auch Aktinometer für die Lichtstrombestimmung präparativer Lampen vorgeschlagen worden (Rackow, 1965), jedoch wird die in Kap. 7.11.1.2 angegebene Berechnungsmethode für den Quantenstrom präparativer Lampen in der Regel ausreichend genau sein.

7.11.2.1 Aktinometrie

(Calvert und Pitts jr., 1966, Evans, 1969, Taylor, 1971, Johns, 1971)

Die aktinometrische Bestimmung von Bestrahlungsstärken hat gegenüber absoluten physikalischen Lichtstrommessungen neben den in Kap. 4.6.11.2.2 aufgezählten Vorteilen besonders für den Fotochemiker den der leichten Anwendung im Laboratorium. Im Prinzip kann zwar jede fotochemische Reaktion zur Quantenzählung benutzt werden. Bei den vielen notwendigen Voraussetzungen zeigt sich jedoch, daß sich bis heute nur sehr wenige Aktinometer haben durchsetzen können (Taylor, 1971) [12].

Ohne Zweifel gilt heute das von Parker und Hatchard (Hatchard u. Parker, 1956) entwickelte Kaliumeisen-III-oxalat-Aktinometer für die flüssige Phase als das universellste Aktinometer. Es ist für den Wellenlängenbereich von 250–509 nm anwendbar. Da es bis weit in den sichtbaren Wellenlängenbereich fotoaktiv ist, müssen allerdings alle Operationen im Dunkeln durchgeführt werden.

Die fotochemische Reaktion des Eisen-III-oxalats beruht auf der Reduktion in saurer Lösung zum Eisen-II-oxalat.

$$\begin{aligned} [Fe^{III}(C_2O_4)_3]^{3-} &\xrightarrow{h\nu} \underset{\underline{166}}{C_2O_4^-} + [Fe^{II}(C_2O_4)_2]^{2-} \\ C_2O_4^- + [Fe^{III}(C_2O_4)_3]^{3-} &\longrightarrow (C_2O_4)^{2-} + [Fe^{III}(C_2O_4)_3]^{2-} \\ [Fe^{III}(C_2O_4)_3]^{2-} &\longrightarrow (Fe^{II}(C_2O_4)_2]^{2-} + 2\,CO_2 \end{aligned} \qquad (7.125)$$

Das bei der fotochemischen Reduktion entstehende Oxalat-Radikal *166* setzt in einer Dunkelreaktion ein zweites Fe^{III}-oxalat-Molekül um, so daß die gemessene Quantenausbeute das doppelte der primären Quantenausbeute beträgt. In Tab. 7.11 sind die Quantenausbeuten in Abhängigkeit von der Wellenlänge über den gesamt wirksamen Spektralbereich zusammengestellt.

Für Wellenlängen über 436 nm sind höhere Konzentrationen notwendig, um in einer Schichtdicke von 10 oder 15 mm noch gute Lichtabsorption zu gewährleisten. Wie die Tab. 7.11 ferner zeigt, gilt für Wellenlängen über 366 nm keine Totalabsorption mehr, so daß der Anteil des vom Aktinometer absorbierten Lichtes in Rechnung gesetzt werden muß. Für Messung bei Raumtemperatur kann die geringe Temperaturabhängigkeit (–2 bis +5 % pro 10 °C über den Wellenlängenbereich bis 480 nm) vernachlässigt werden. Günstig ist ferner, daß der nach der Reaktion (7.125) gebildete Fe^{II}-Oxalat-Komplex über den gesamten Wellenlängenbereich selbst kein Licht absorbiert, so daß die Lichtstrombestimmung nicht durch den inneren Lichtfiltereffekt (siehe Kap. 6.11.5) kompliziert wird. Nach erfolgter Belichtung wird durch Zusatz des sehr empfindlichen Fe^{II}-Reagenzes 1,10-Phenanthrolin der Umsatz über die fotometrische Messung des roten Fe^{II}-1,10-Phenanthrolin-Komplexes bei 510 nm ($\epsilon = 1{,}11 \cdot 10^4$ [$l \cdot mol^{-1} \cdot cm^{-1}$]) bestimmt. Die hohe molare Extinktion des roten Fe^{II}-1,10-Phenanthrolin-Komplexes bedingt geringe Belichtungszeiten. Wegen der weiten Verbreitung und der zu hoffenden Vereinheitlichung aktinometrischer Lichtstrombestimmungen werden nachfolgend experimentelle Einzelheiten mitgeteilt.

---

12) Eine geschichtliche Betrachtung der Messung von Lichtströmen mit einer Aufzählung der chemischen Systeme wurde von Wightman (Wightman, 1959) zusammengestellt.

Tab. 7.11: Quantenausbeuten des $K_3Fe(C_2O_4)_3$-Aktinometers bei 22° C (Calvert und Pitts jr., 1966).

Wellenlänge [a] (nm)	Konz. (mol/l)	fa [b] [13] d = 15 mm	fa [b] [13] d = 10 mm	$Q_{Fe^{2+}}$
253,7	0,006	1,00	1,00	1,25
297/302	0,006	1,00	1,00	1,24
313	0,006	1,00	1,00	1,24
366	0,006	1,00	1,00	1,22
405	0,006	0,962	0,887	1,14
436	0,006	0,615	0,471	1,11
468	0,15	0,850	0,718	0,93
509	0,15	0,132	0,090	0,86
546	0,15	0,061	0,041	0,15
577	0,15	0,118	0,080	0,013

[a] Emissionswellenlängen von Quecksilber-Hochdrucklampen.

[b] fa = Bruchteil des absorbierten Lichtes.

Darstellung der Kalium-eisen-III-oxalat-Lösungen

Unter heftigem Rühren werden zu drei Volumenanteilen einer 1,5 molaren wäßrigen Lösung von Kaliumoxalat ein Volumenanteil einer 1,5 molaren $FeCl_3$-Lösung getropft. Das ausfallende $K_3Fe(C_2O_4)_3 \cdot 3H_2O$ wird abgesaugt, mehrmals aus warmem Wasser umkristallisiert und bei 45° im Trockenschrank getrocknet. Die grünen Kristalle sind im Dunkeln gut haltbar. Gelbbraune Verfärbungen deuten auf Zersetzung hin.

Zur Darstellung der 0,006 molaren Lösung werden 2,947 g der grünen Kristalle in etwa einem halben Liter destillierten Wassers aufgelöst, 100 ml einer 0,1 n H_2SO_4 zugesetzt und weiter mit destilliertem Wasser auf 1 l aufgefüllt. Alle Operationen müssen bei Rotlicht durchgeführt werden.

Darstellung der 1,10-Phenanthrolin-Lösung

0,1 Gewichtsprozent 1,10-Phenanthrolin werden in destilliertem Wasser gelöst. Zusätzlich werden als Pufferlösung 600 ml einer 1 n Natriumacetat-Lösung und 360 ml einer 1 n H_2SO_4 in destilliertem Wasser auf 1 l aufgefüllt.

Aktinometrische Lichtstrombestimmung

Die Lösung des Aktinometers wird in die Meßzelle (Küvette oder Glasrohr bei Benutzung eines „Merry go round", (Kap. 6.11.3) genau bekannten Volumens V_1 gefüllt

[13] Der für eine Schichtdicke von 15 mm angegebene Bruchteil des absorbierten Lichtes wurde zusätzlich auf die gebräuchlichere Schichtdicke von 10 mm umgerechnet.

und möglichst unter Rühren (kleiner Magnetrührer oder durch Begasen mit sauberem Stickstoff) belichtet. Drei Proben werden auf diese Weise verschieden lang belichtet. Aus den belichteten Lösungen wird je ein bestimmtes Volumen V_2 in einen Meßkolben V_3 pipettiert, in dem etwa 2 ml der Phenanthrolin-Lösung und etwa das halbe Volumen Pufferlösung gegenüber dem zuzufügenden Volumen V_2 der belichteten Lösung vorgelegt sind. Der Meßkolben wird nun mit destilliertem Wasser auf das Volumen V_3 aufgefüllt und eine Stunde im Dunkeln stehengelassen. Eine Vergleichsprobe der unbelichteten Lösung wird nach derselben Vorschrift ebenfalls bereitet und stehengelassen. Anschließend wird bei 510 nm die Extinktion des Fe^{II}-1,10-Phenanthrolin-Komplexes in einer Küvette mit passender Schichtdicke gemessen, wobei die unbelichtete Vergleichslösung in gleicher Schichtdicke im Vergleichsstrahl als Referenz dient. Die Auftragung der Extinktionen des Fe^{II}-1,10-Phenanthrolin-Komplexes gegen die Belichtungszeit müssen für alle drei Proben auf einer Geraden mit Schnittpunkt im Koordinatenkreuz liegen. Die Zahl der fotolytisch gebildeten Fe^{II}-Ionen errechnet sich dann nach Gl. (7.126).

$$n_{Fe\text{-}II} = \frac{6{,}023 \cdot 10^{20} \cdot V_1 \cdot V_3 \cdot E_{510}}{V_2 \cdot d \cdot 1{,}11 \cdot 10^4} . \qquad (7.126)$$

V_1 = Volumen der belichteten Aktinometerlösung.
V_2 = Volumen der zur Fe^{II}-Analyse entnommenen Aktinometerlösung.
V_3 = Volumen des Meßkolbens, zu dem die Aktinometer- und Reagenzlösung aufgefüllt wurde.
E_{510} = Extinktion des Fe^{II}-1,10-Phenanthrolin-Komplexes bei 510 nm.
d = Schichtdicke der Küvette.

Mit der Quantenausbeute der verwendeten Wellenlänge aus Tab. 7.11 und der Belichtungszeit des Aktinometers erhält man den Lichtstrom nach Gl. (7.127)

$$I_0 = \frac{n_{Fe\text{-}II}}{Q_\lambda \cdot t \cdot E_\lambda} \text{ [Quanten} \cdot \text{s}^{-1}], \qquad (7.127)$$

wobei E_λ die Extinktion der in Tab. 7.11 angegebenen Aktinometerlösung bei der Belichtungswellenlänge λ ist. Nur für Wellenlängen bis 366 nm ist E = 1,00. Für die anderen Wellenlängen muß E_λ experimentell bestimmt oder nach dem Lambert-Beer'schen Gesetz (Kap. 4.3) berechnet werden.
Da die Quantenausbeute nicht unabhängig von der Wellenlänge ist, kann das $K_3Fe(C_2O_4)_3$-Aktinometer generell nicht als Quantenzähler für polychromatisches Licht benutzt werden. Für viele fotochemische Reaktionen, die im Wellenlängenbereich von 240–370 nm ablaufen, ist dies jedoch möglich (Tab. 7.11).

Bis zur Entwicklung des $K_3Fe(C_2O_4)_3$-Aktinometers galt das Uranyloxalat-Aktinometer (Dischler u.a., 1963) unter Fotochemikern als Standard-Aktinometer. Sein Anwendungsbereich gilt nur von 253,7 bis 436 nm, da die Quantenausbeute der durch Uranyl-Ionen sensibilisierten Zersetzung der Oxalsäure jenseits dieser Wellenlänge stark abfällt. Im Vergleich zum $K_3Fe(C_2O_4)_3$-Aktinometer ist das Uranyloxalat bei weitem nicht so empfindlich und die analytische Bestimmung seines Umsatzes schwieriger. Neuerdings wird das Reinicke Salz-Aktinometer propagiert, das auf der fotolytischen Abspaltung eines Thiocyanat-Ions beruht (Wegener und Adamson, 1966) [Reaktion (7.128)].

$$Cr(NH_3)_2\ (NCS)_4^- \xrightarrow[H_2O]{h\nu} Cr(NH_3)_2\ (NCS)_3\ (H_2O) + NCS^-. \qquad (7.128)$$

Über den Wellenlängenbereich von 360–750 nm ist die Quantenausbeute mit 0,27–0,32 ziemlich konstant, so daß sich dieser Aktinometer als Quantenzähler für polychromatisches sichtbares Licht eignet.

Eine Reihe von organischen Fotoreaktionen, wie die Fotoreduktion des Benzhydrols durch Benzophenon [Reaktion (7.99)] oder die als Ciamician-Reaktion bekannte Fotoisomerisierung des o-Nitrobenzaldehyds *80* zu o-Nitrosobenzoesäure *81* [Reaktion (7.72)] sind zur Aktinometrie vorgeschlagen worden. Da die Quantenausbeute der Ciamician-Reaktion mit 0,5 auch in festem Zustand gilt, kann durch einfaches Einbetten des o-Nitrobenzaldehyds in einer Folie aus Polymethacrylat (Plexiglas) ein handliches Aktinometer hergestellt werden. Die Bestimmung des chemischen Umsatzes erfolgt durch infrarotspektroskopische Messung der belichteten Folie (Cowell und Pitts jr., 1968). Für einzelne Wellenlängen sind einige organische Verbindungen mit schmalen Absorptionsbanden vorgeschlagen worden, wie das p-Methoxybenzoldiazonium-Salz für die Wellenlänge 313 nm mit einer Quantenausbeute von Q = 0,38 für die fotolytische Zersetzung (Kap. 7.10.1.1) in 0,1 n Salzsäure (Güsten und Klasinc, 1968). Die hohe molare Extinktion des thermisch sehr stabilen Diazonium-Salzes (Tetrafluorborat) bei 313 nm und das Fehlen einer Absorption des entstehenden Fotoproduktes bei der Einstrahlwellenlänge erlauben noch Lichtstrommessungen in Konzentrationen von $5 \cdot 10^{-6}$ mol/l. Die Fotoreduktion des Decafluorbenzophenons in Isopropanol (Q = 0,60) zur aktinometrischen Lichtstrombestimmung mit einer schnellen gaschromatographischen Bestimmung des Fotoproduktes Decafluorbenzhydrol ist von Filipescu (Minn u.a., 1970) vorgeschlagen worden. Neuere Untersuchungen (Margaretha, Gloor und Schaffner, 1974) haben ergeben, daß die Fotoreduktion zu einer Vielzahl von Produkten führt und deshalb als Aktinometer ungeeignet ist.

Wünschenswert wäre die stillschweigende Einigung aller Fotochemiker auf ein einheitliches Aktinometer. Zweifellos erfüllt das $K_3Fe(C_2O_4)_3$-Aktinometer von Parker und Hatchard (Hatchard und Parker, 1956) die vielfältigen Anforderungen an ein gutes Aktinometer (siehe Kap. 6.11.2.2) heute am besten.

Literatur

Adam, W. (1973): Chemie in unserer Zeit *6*, 182–191.

Adam, S., Güsten, H., Steenken, S. und Schulte-Frohlinde, D. (1974 a): Liebigs Ann. Chem. 1974, 1831.

Adam, S., Güsten, H. und Schulte-Frohlinde, D. (1974 b): Tetrahedron *30*, 4249.

Arnold, D.R. (1968): The Photocycloaddition of Carbonyl Compounds to Unsaturated Systems: The Syntheses of Oxetans, in: Advan. Photochem. *6*, 301–424.

Arnold, D.R., Baird, N.C., Bolton, J.R., Brand, J.C.D., Jacobs, P.W.M., de Mayo, P. and Ware, W.R. (1974): Photochemistry. An Introduction. Academic Press Inc., New York und London.

Bäckström, H.J.L. and Sandros, K (1960): Acta. Chem. Scand. *14*, 48.

Bassham, J.A. (1966): Survey Progr. Chem. *3*, 1–53.

Baumann, N. (1973): Chimia *27*, 471–477.

Bauslaugh, P.G. (1970): Synthesis *5*, 287–300.

Beak, P. and Messer, W.R. (1969): Photochemistry of Heteroaromatic Nitrogen Compounds, in Organic Photochemistry (Chapman, O.L., ed.) *2*, 117–167. Marcel Dekker Inc., New York.

Becker, K.H. (1971): Chemie in unserer Zeit *5*, 9–18.

Beer, M. and Longuet-Higgins, H.C. (1955): J. Chem. Phys. *23*, 1390.

Bellus, D. (1971): Photo-Fries Rearrangment and related Photochemical (1.j)-Shifts (j = 3.5.7) of Carbonyl and Sulfonyl Groups, in: Advan. Photochem. *8*, 109–159.

Benrath, A. (1912): Lehrbuch der Fotochemie, Winter-Verlag, Heidelberg.

Bent, D.V. and Schulte-Frohlinde, D. (1974): J. Phys. Chem. *78*, 451.

Bertoniere, N.R. and Griffin, G.W. (1973): Photochemistry of Three-Membered Heterocycles, in Organic Photochemistry (Chapman, O.L., ed.) *3*, 115–195, Marcel Dekker Inc., New York.

Bethel, D. (1969): Structure and Mechanism in Carbene Chemistry, Advan. Phys. Org. Chem. *7*, 152–209.

Bilot, L. und Kawski, A. (1962): Z. Naturforsch. *17a*, 621.

Blackburn, E.V. and Timmons, C.J. (1969): Quart. Rev. *23*, 482–503.

Borrell, P. and Greenwood, H.H. (1967): Proc. Roy. Soc. (London), *A 298*, 453.

Brand, J.C.D. and Williamson, D.G. (1963): The Structure of Electronically Excited Organic Molecules, Advan. Phys. Org. Chem. *1*, 365–424.

Breslow, R., Gal, P., Chang, H.W. and Altman, L.J. (1965), J. Amer. Chem. Soc. *87*, 5139.

Brown, G.H. (ed.), (1971): Photochromism, Techn. Chem. *III*, Wiley-Interscience, New York.

Bruce, J.M. (1967): Quart. Rev. *21*, 405–428.

Bryce-Smith, D. (1968): Pure Appl. Chem. *16*, 47–63.

Buchardt, O. (1974): Angew. Chem. *86*, 222–228.

Bylina, A. and Grabowksi, Z.R. (1969): Trans. Faraday Soc. *65*, 458.

Bylina, A. (1968): Chem. Phys. Letters *1*, 509.

Calvert, J.G. and Pitts jr., J.N. (1966): Photochemistry. John Wiley and Sons. Inc. New York.

Cava, M.P., Schlesinger, R.H. and van Meter, J.P. (1964): J. Amer. Chem. Soc. *86*, 3173.

Chapman, O.L. and Lenz, G. (1966): Photocycloaddition Reactions, in Organic Photochemistry (Chapman, O.L., ed.) *1*, 283–331. Marcel Dekker Inc., New York.

Chapman, O.L. and Weiss, D.S. (1973): Photochemistry of Cyclic Ketones, in Organic Photochemistry (Chapman, O.L., ed.) *3*, 197–288. Marcel Dekker Inc., New York.

Ciamician, G. und Silber, P. (1900) bzw. (1901): Ber. dtsch. chem. Ges. *33*, 2911 und *34*, 1541.

Ciamician, G. (1912): Science *36*, 385.

Cicerone, R.I., Stolarski, R.S. and Walters, S. (1974): Science *185*, 1165.

Claes, H. (1961): Z. Naturforsch. *16 b*, 445.

Cornelisse, J. (1975): Pure Appl. Chem. *41*, 433–453.

Cowell, G.W. and Pitts jr., J.N. (1968): J. Amer. Chem. Soc. *90*, 1106.

Coyle, J.D. (1974): Chem. Soc. Rev. *3*, 329–353.

Crutzen, P. (1972): Ambio *1*, 41–51.

— (1974): Can. J. Chem. *52*, 1569–1581.

Cundall, R.B. and Gilbert, A. (1970): Photochemistry, Th. Nelson und Sons, London.

Daniels, F., van der Leun, J.C. and Johnson, B.E. (1968): Scient. American *219*, 38–46.

Deutsches Patentamt, Offenlegungsschrift 1925088 vom 20. November 1969.

Dilling, W.L. (1966): Chem. Rev. *66*, 373–393.

Dilling, W.L. (1969): Chem. Rev. *69*, 845–877.

Dischler, C.A., Smith, P.F., Lippman, I. and Turse, R. (1963): J. Phys. Chem. *67*, 2501.

Dörr, F. (1960): Z. Elektrochem., Ber. Bunsenges. Phys. Chem. *64*, 580.

Duncan, F.L. and Cvetanovic, R.J. (1962): J. Amer. Chem. Soc. *84*, 3593.

Dyck, R.H. and McClure, D.S. (1962): J. Chem. Phys. *36*, 2326.

Elenbaas, W. (ed.), (1966): Quecksilberdampf-Hochdrucklampen. Philips Technische Bibliothek, Eindhoven.

Elenbaas, W. (1972): Light Sources. Crane, Russak and Comp., Inc., New York.

Engel, P.S. and Monroe, B.M. (1971): Complications in Photosensitized Reactions, Advan. Photochem. *8*, 245–313.

Engel, P.S. and Steel, C. (1973): Acc. Chem. Res. *6*, 275–281.

Evans, T.R. (1969): Photochemical Methods, in Energy Transfer and Organic Photochemistry, Techn. Org. Chem. (Leermakers, P.A. and Weissberger, A., eds.) *14*, 297–348, Intercience Publ., New York.

Fahr, E. (1969): Angew. Chem. *81*, 581–597.

Fischer, E. (1969): Ber. Bunsenges. phys. Chem. *73*, 758–764.

Fischer, G., Muszkat, K.A. and Fischer, E. (1968), Israel J. Chem. *6*, 965.

Förster, Th. (1952): Z. Elektrochem., Ber. Bunsenges. phys. Chem. *56*, 716.

Fonken, G.J. (1967): Photochemistry of Olefins, in Organic Photochemistry (Chapman, O.L., ed.) *1*, 197–246. Marcel Dekker Inc., New York.

Foote, G.S. (1968): Acc. Chem. Res. *1*, 104–110.

Franck, J. and Rabinowitsch, E. (1934): Trans. Faraday Soc. *30*, 120.

Friedrich, L.E. and Bower, J.D. (1973): J. Amer. Chem. Soc. *95*, 6869.

Fritzsche, J. (1867): J. prakt. Chem. *101* (1), 337.

Gegiou, D., Muszkat, K.A. and Fischer, E. (1968): J. Amer. Chem. Soc. *90*, 3907.

Gill, G.B. (1968): Quart. Rev. *22*, 338–389.

Goedicke, Ch. and Stegemeyer, H. (1972): Chem. Phys. Letters *17*, 492.

Gollnick, K. and Schenck, G.O. (1964): Pure Appl. Chem. *9*, 507–525.

Gollnick, K. (1968): Typ II Photooxygenation Reactions in Solution, Advan. Photochem. *6*, 1–222.

Gollnick, K. and Schenck, G.O. (1967): in: 1,4-Cycloaddition Reactions (Hamer, J., ed.), 255. Academic Press, New York.

Güsten, H. (1972): Chem. Ztg. *96*, 279–286.

Güsten, H. and Ullman, E.F. (1970): J. Chem. Soc. D, Chem. Comm., *28*.

Güsten, H. und Penzhorn, R.D. (1974): Naturwissenschaftliche Rundschau *27*, 56–68.

Güsten, H. und Klasinc, L. (1968): Tetrahedron Letters, 3097.

Güsten, H., Kirsch, G. und Schulte-Frohlinde, D. (1968): Tetrahedron *24*, 4393.

Güsten, H. und Klasinc, L. (1968): Tetrahedron *24*, 5499.

Griffin, G.W. (1971): Angew. Chem. *83*, 604–613.

Griffiths, J. (1972): Chem. Soc. Rev. *1*, 481–493.

Gundermann, K.D. (1968): Chemilumineszenz organischer Verbindungen, Springer-Verlag, New York.

— (1974): Recent Advances in Research on the Chemiluminescence of Organic Compounds, in: Fortschr. Chem. Forsch. *46*, 61–139, Springer-Verlag, Berlin, Heidelberg, New York.

Hammond, G.S., Saltiel, J., Lamola, A.A., Turro, N.J., Bradshaw, J.S., Cowan, D.O., Counsell, R.C., Vogt, V. and Dalton, C. (1964): J. Amer. Chem. Soc. *86*, 3197.

Hammond, G.S., Stout, C.A. and Lamola, A.A. (1964): J. Amer. Chem. Soc. *86*, 3103.

Hammond, G.S., Wyatt, P., DeBoer, C.D. and Turro, N.J. (1964): J. Amer. Chem. Soc. *86*, 2532.

Hardham, W.E. (1971): Preparative Photochemical Instrumentation and Methods, in Creation and Detection of the Excited State (Lamola, A.A., ed.) *1*, Teil A, 615–633. Marcel Dekker Inc., New York.

Hatchard, C.G. and Parker, C.A. (1956): Proc. Roy Soc. (London), *A 235*, 518.

Havinga, E. (1962): Chimia *16*, 145.

Havinga, E. and Kronenberg, M.E. (1968): Pure Appl. Chem. *16*, 137–152.

Heindel, N.D. and Pfau, M.A. (1965): J. Chem. Educ. *42*, 383.

Heine, H.G., Rosenkranz, H.J. und Rudolph, H. (1972): Angew. Chem. *84*, 1032–1036.

Heinrich, G., Blume, H. und Schulte-Frohlinde, D. (1967): Tetrahedron Letters, 4693.

Henglein, A., Schnabel, W. und Wendenburg, J. (1969): Einführung in die Strahlenchemie. Verlag Chemie, Weinheim.

Herdon, W.C. (1974): Substituent Effects in the Photochemical Cycloaddition, in: Fortschr. Chem. Forsch. *46*, 141–179, Springer-Verlag, Berlin, Heidelberg, New York.

Herkstroeter, W.G. and McClure, D.S. (1968): J. Amer. Chem. Soc. *96*, 4522.

Herzberg, G. and Shoosmith, J. (1959): Nature *183*, 1801.

Hoffmann, R. (1970): Pure Appl. Chem. *24*, 567–584.

Inhoffen, H.H. (1960): Angew. Chem. *72*, 875–881.

Jackson, G. and Porter, G. (1961): Proc. Roy. Soc. (London) *A 260*, 13.

Jaffé, H.H. and Orchin, M. (1962): Theory and Application of Ultraviolet Spectroscopy, John Wiley & Sons, Inc., New York.

Johns, H.E. (1971): Quantum Yields and Kinetics of Photochemical Reactions in Solution, in Creation and Detection of the Excited State (Lamola, A.A., ed.), *I*, Teil A, 123–172. Marcel Dekker Inc., New York.

Johnston, H.S. (1974): Acta Astronautica *1*, 135–156.

Jungmann, H., Güsten, H. und Schulte-Frohlinde, D. (1968): Chem. Ber. *101*, 2690.

Katz, H. (1971): J. Chem. Educ. *48*, 84–90.

Kirmse, W. (1959): Angew. Chem. *71*, 537–541.

Kirmse, W. und Horner, L. (1959): Liebigs Ann. Chem. *625*, 34.

Klasinc, L. und Schulte-Frohlinde, D. (1968): Z. phys. Chem. N.F. *60*, 1.

Kley, D. (1974): Chemie in unserer Zeit *8*, 54–62.

Koller, L.R. (1965): Ultraviolet Radiation, 21–152. J. Wiley, New York.

Kopecky, K.R., Hammond, G.S. and Leermakers, P.A. (1962): J. Amer. Chem. Soc. *84*, 1015.

Kropp, P.J. (1966): Photochemical Transformation of Cyclohexadienes and Related Compounds, in Organic Photochemistry (Chapman, O.L., ed.), *1*, 1–90. Marcel Dekker Inc., New York.

Kropp, P.J., Jones, T.H. and Poindexter, G.S. (1973): J. Amer. Chem. Soc. *95*, 5420.

Kuhnes, U. und Güsten, H. (1974): Z. Naturforsch. *29 b*, 137.

Labhart, H. (1966): Experientia *22*, 65–72.

Lankamp, H. Nauta, W.Th. and McLean, C. (1968): Tetrahedron Letters, 249.

Leighton, P.A. (1961): Photochemistry of Air Pollution. Academic Press, New York.

Lentz, P., Blume, H. und Schulte-Frohlinde, D. (1970): Ber. Bunsenges. phys. Chem. *74*, 484.

Lewis, G.N. and Lipkin, D. (1942): J. Amer. Chem. Soc. *64*, 2801.

Lewis, G.N., Magel, T.T. and Lipkin, D. (1940): J. Amer. Chem. Soc. *62*, 2973.

Lewis, G.N. and Calvin, M. (1945): J. Amer. Chem. Soc. *67*, 1232.

Linschitz, H., Berry, M.G. and Schweitzer, D. (1954): J. Amer. Chem. Soc. *76*, 5833.

Lippert, E., Lüder, W., Moll, F., Nägele, W., Boos, H., Prigge, H. und Seibold-Blankenstein, I. (1961): Angew. Chem. *73*, 695–706.

Lippert, E. und Moll, F. (1954): Z. Elektrochem., Ber. Bunsenges. phys. Chem. *58*, 718.

Lippert, E. (1970): Acc. Chem. Res. *3*, 74–80.

Liptay, W. und Czekalla, J. (1961): Z. Elektrochem., Ber. Bunsenges. phys. Chem. *65*, 721.

Liptay, W. (1965): Z. Naturforsch. *20a*, 1441–1471.

Liu, R.S.H. and Gale, D.M. (1968): J. Amer. Chem. Soc. *90*, 1897.

Liu, R.S.H. (1968): J. Amer. Chem. Soc. *90*, 1899.

Majer, J.R. and Simons, J.P. (1964): Photochemical Processes in Halogenated Compounds, Advan. Photochem. *2*, 137–181.

Mannschreck, A. (1968): Chemie in unserer Zeit *2*, 149–153.

Margaretha, P., Gloor, J. and Schaffner, K. (1974): J. Chem. Soc. D, Chem. Comm., 565.

Meier, H. und Zeller, K.P. (1975): Angew. Chemie *87*, 52–63.

Minn, F.L., Filipescu, N. and Pinion, J.N. (1970): J. Chem. Soc. D, Chem. Comm., 1413.

Molina, M.J. and Rowland, F.S. (1974): Nature *249*, 810.

DeMore, W.B. and Benson, S.W. (1964): Preparation, Properties, and Reactivity of Methylene, Advan. Photochem. *2*, 219–261.

Muel, B. and Malpiece, C. (1969): Photochem. Photobiol. *10*, 283.

Murrell, J.N. (1963): The Theory of the Electronic Spectra of Organic Molecules. John Wiley & Sons Inc., New York.

Muszkat, K.A. and Fischer, E. (1967): J. Chem. Soc. *B*, 662.

McNesby, J.R. and Okabe, H. (1965): Vacuum Ultraviolet Photochemistry, Advan. Photochem. *3*, 157–240.

Niclause, M., Lemaire, J. and Letort, M. (1966): The Kinetics and Mechanism of Photochemical Oxidation of Aldehydes by Molecular Oxygen, Advan. Photochem. *4*, 25–48.

Noyes jr., W.A. and Leighton, P.A. (1941): The Photochemistry of Gases. Reinhold, New York.

Noyes, W.A. and Al-Ami, K.E. (1974): Chem. Rev. *74*, 29–43.

Pariser, R. and Parr, R.G. (1953): J. Chem. Phys. *21*, 466, 767.

Parker, C.A. (1968): Photoluminescence of Solutions. Elsevier, Amsterdam.

Pawda, A. (1971): Photochemical Transformation of Small-Ring Carbonyl Compounds, Acc. Chem. Res. *4*, 48–57 und in Organic Photochemistry (Chapman, O.L., ed.) *1*, 91–126, (1966). Marcel Dekker Inc., New York.

Penzhorn, R.D., Filby, W.G. und Güsten, H. (1974): Z. Naturforsch. *29a*, 1449.

Penzhorn, R.D., Güsten, H., Schurath, U. and Becker, K.H. (1974), Environ. Sci. Technol. *8*, 907.

Pitts jr., J.N. (1969): Photochemical Air Pollution: Singlet Molecular Oxygen as an Environmental Oxidant, Advan. Environ. Sci. *1*, 289–337.

Pitts jr., J.N. und Finlayson, B.J. (1975): Angew. Chem. *87*, 18–33.

Pople, J.A. (1959), Trans. Faraday Soc. *49*, 1375.

Quinkert, G., Opitz, K. und Weinlich, J. (1962): Angew. Chem. *74*, 506.

Rackow, B. (1965): Z. Chem. *5*, 397.

Rigaudy, J. (1968): Pure Appl. Chem. *16*, 169–186.

Ross, D.L. and Blanc, J. (1971): Photochromism by cis-trans-Isomerization, in Techn. Chem. (Brown, G.H., ed.) *III*, „Photochromism", 471–556. Wiley-Interscience, New York.

Saltiel, J. (1968): J. Amer. Chem. Soc. *90*, 6394.

Saltiel, J. and Megarity, E.D. (1969): J. Amer. Chem. Soc. *91*, 1265.

Saltiel, J., D'Agostino, J., Megarity, E.D., Metts, L., Neuberger, K.R., Wrighton, M. and Zafiriou, O.C. (1973): The cis-trans Photoisomerization of Olefins, in Organic Photochemistry (Chapman, O.L., ed.) *3*, 1–113. Marcel Dekker Inc., New York.

Sammes, P.G. (1970): Quart. Rev. *24*, 37–68.

Sammes, P.G. (1970): Synthesis *5*, 636–647.

Schaffner, K. (1966): Photochemical Rearrangements of Conjugated Cyclic Ketones: The Present State of Investigations, Advan. Photochem. *4*, 81–112.

Schenck, G.O., Kuhls, J. und Krauch, C.H. (1965): Z. Naturforsch. *20b*, 635.

Schenck, G.O. (1968): Light Sources and Light Filters in Preparative Organic

Photochemistry, in: A. Schönberg, Preparative Organic Photochemistry, 472–494, Springer-Verlag, Berlin, Heidelberg, New York.

Schlicht, G. und Schulte-Frohlinde, D. (1972): Photochem. Photobiol. *16*, 183.

Schmidt, G.M.J. (1967): The Photochemistry of the Solid State, in: Reactivity of the Photoexcited Organic Molecule, 227–284, Interscience Publ., New York.

Schönberg, A. (1968): Preparative Organic Photochemistry. Springer-Verlag, Berlin, Heidelberg, New York.

Scholz, M., Dietz, F. und Mühlstädt, M. (1967): Z. Chem. *7*, 329–338.

Schulte-Frohlinde, D. und Blume, H. (1968): Z. phys. Chem. N.F. *59*, 282.

Schulte-Frohlinde, D., Blume, H. and Güsten, H. (1962): J. Phys. Chem. *66*, 2486.

Schulte-Frohlinde, D. und Güsten, H. (1965): Z. phys. Chem. N.F. *45*, 209.

Selinger, H.H. and McElroy, W.D. (1965): Light: Physical and Biological Action. Academic Press, New York.

Sharma, R.K. und Kharasch, N. (1968): Angew. Chem. *80*, 69–77.

Sieck, L.W. (1968): The Fragmentation of Highly Excited Neutral Molecules, in: Fundamental Processes in Radiation Chemistry (Ausloos, P., ed.), 119–170. Interscience Publ., New York.

Silversmith, E.F. and Dunson, F.C. (1973): J. Chem. Educ. *50*, 568.

Simons, J.P. (1971): Photochemistry and Spectroscopy. Wiley-Interscience, New York.

Singh, B. and Ullman, E.F. (1967): J. Amer. Chem. Soc. *89*, 6911.

Sistrom, W.R., Griffiths, M. and Stannier, R.V. (1956): J. cellular comparat. physiol. *48*, 459.

Smith, E.J. (1971): Apparatus for Photochemical Experimentation, in: Analytical Photochemistry and Photochemical Analysis (Fitzgerald, J.M., ed.), 3–42. Marcel Dekker Inc., New York.

Spence, G.G., Taylor, E.C. and Buchardt, O. (1970): Chem. Rev. *70*, 231–265.

Srinivasan, R. (1962): J. Amer. Chem. Soc. *84*, 3432.

— (1963): Photochemistry of the Cyclic Ketones, Advan. Photochem. *1*, 83–113.

Srinivasan, R. and Powers, J.C. (1963): J. Chem. Phys. *39*, 580.

Srinivasan, R. (1969): Pure Appl. Chem. *20*, 263–270.

Srinivasan, R. and Roberts, T.D. (Eds.) (1971): Organic Photochemical Synthesis I, Wiley-Interscience, New York.

Stephenson, L.M. und Hammond, G.S. (1969): Angew. Chem. *81*, 279–289.

Stermitz, F.R. (1967): The Photocyclization of Stilbenes, in Organic Photochemistry (Chapman, O.L., ed.) *1*, 247–282. Marcel Dekker Inc., New York.

Stiles, M. and Burckhardt, U. (1964): J. Amer. Chem. Soc. *86*, 3396.

van Tamelen, E.E. (1972): Acc. Chem. Res. *5*, 186–192.

Taylor, H.A. (1971): Analytical Methods and Techniques for Actinometry, in: Analytical Photochemistry and Photochemical Analysis (Fitzgerald, J.M., ed.), 91–115, Marcel Dekker Inc., New York.

Terenin, A. and Vilessov, F. (1964): Photoionisation and Photodissociation of Aromatic Molecules by Vacuum Ultraviolet Radiation, Advan. Photochem. *2*, 385–422.

Thomson, C. (1969): Quart. Rev. *22*, 45–74.

Timmons, C.J. (1972): Application of Electronic Absorption Spectroscopy, in Techn. Chem. *IV*, Elucidation of Organic Structures by Physical and Chemical Methods (Bentley, K.W. and Kirby, G.W., eds.), 57–119. Wiley-Interscience, New York.

Trecker, D.J. (1969): Photodimerizations, in Organic Photochemistry (Chapman, O.L., ed.) *2*, 63–116. Marcel Dekker Inc., New York.

Turro, N.J., Dalton, J.C., Dawes, K., Farrington, G., Hautala, R., Morton, D., Niemczyk, M. and Schore, N. (1972): Acc. Chem. Res. *5*, 92–101.

Turro, N.J. (1967): Molecular Photochemistry, W.A. Benjamin Inc., New York.

Ullman, E.F. and Huffman, K.R. (1965): Tetrahedron Letters, 1863.

Ullman, E.F. (1968): Acc. Chem. Res. *1*, 353–359.

Viswangth, G. and Kasha, M. (1955): J. Chem. Phys. *24*, 574.

Wagner, P.J. and Hammond, G.S. (1968): Properties and Reactions of Organic Molecules in their Triplet States, Advan. Photochem. *5*, 21–156.

Wagner, P.J. (1971): Acc. Chem. Res. *4*, 168–177.

Wagner, P.J., Kelso, P.A. and Zepp, R.G. (1972): J. Amer. Chem. Soc. *94*, 7480.

Wald, G. (1968): Science *162*, 230.

Wald, G. (1961): in Light and Life (Elroy, W.D. and Glass, B., eds.). John Hopkins Press, Baltimore.

Walling, C. and Gibian, M.J. (1965): J. Amer. Chem. Soc. *87*, 3361.

Warburg, E. (1919): Sitzber. preuß. Akad. Wiss. *33*, 960.

Wayne, R.P. (1969): Singlet Molecular Oxygen, Advan. Photochem. *7*, 311–371.

Wayne, R.P. (1971): Photochemistry. Elsevier, New York.

Wegener, E.E. and Adamson, A.W. (1966): J. Amer. Chem. Soc. *88*, 394.

Weller, A. (1958): Z. phys. Chem. N.F., *17*, 244.

Weller, A. (1961): Fast Reactions of Excited Molecules, in: Progress in Reaction Kinetics *1*, 187–214. Pergamon Press, Oxford.

Wells, P.R. (1968): Linear Free Energy Relationship. Academic Press, London, New York.

Weygand, F. und Bestmann, H.J. (1960): Angew. Chem. *72*, 535.

White, E.H. and Stern, R.L. (1964): Tetrahedron Letters, 193.

White, E.H., Wiecko, J. and Roswell, D.F. (1969), J. Amer. Chem. Soc. *91*, 5194.

White, E.H., Miano, J.D., Watkins, C.J. und Breaux, E.J. (1974): Angew. Chem. *86*, 292–307.

Wightman, E.P. (1959): Photogr. Sci. Eng. *3*, 64.

Wild, U.P. (1973): Chimia *27*, 421.
Woodward, R.B. und Hofmann, R. (1969): Angew. Chem. *81*, 797–869.
Woodward, R.B. (1942): J. Amer. Chem. Soc. *64*, 72.
Wyman, G.M. (1955): Chem. Rev. *55*, 625–657.
Yamauchi, S. and Azumi, T. (1973): J. Amer. Chem. Soc. *95*, 2709.
Yang, N.C. and Ricas, C. (1961): J. Amer. Chem. Soc. *83*, 2213.
Zelinskii, N.D. und Titz, J.N. (1929): Ber. dtsch. Chem. Ges. *62*, 2869.
Ziffer, H. and Sharpless, N.E. (1962): J. Org. Chem. *27*, 1944.
Zimmerman, H.E. (1969): Angew. Chem. *81*, 45–55.
Zimmerman, H.E. and Sandel, V.E. (1963): J. Amer. Chem. Soc. *85*, 915.
Zimmerman, H.E. and Somasekhara, S. (1963): J. Amer. Chem. Soc. *85*, 922.
Zollinger, H. (1961): Azo and Diazo Chemistry. Interscience Publ., New York.

8 Biologische Wirkungen

J. Kiefer, I. Wienhard

8.1 Vorbemerkung

Die Bedeutung des ultravioletten Lichtes für biologische Prozesse und Fragestellungen umfaßt ein weites Spektrum. Es reicht von dem Einsatz als analytisches Hilfsmittel einerseits bis zur medizinischen Anwendung andererseits. Diese Sachlage erzwingt bei der Abfassung des vorliegenden Kapitels notwendigerweise eine Beschränkung der abzuhandelnden Thematik; die Auswahl muß verständlicherweise subjektiv sein. Wir haben uns entschlossen, das Schwergewicht auf zelluläre und molekulare Vorgänge zu legen. Die reine „Benutzung" von UV zur Untersuchung biochemischer Reaktionen bei spektroskopischen Verfahren wird nicht besprochen, obwohl die Darstellung einiger Grundlagen – besonders im Abschn. 2 – zum Verständnis des Folgenden gebracht werden muß. Die Betonung liegt hierbei auf dem optischen Verhalten der biologisch wichtigen Makromoleküle und ihrer Bestandteile.

Die Behandlung medizinischer Probleme ist einem anderen Kapitel dieses Buches vorbehalten; daß sich hierbei öfter Querverbindungen, manchmal gar Überschneidungen ergeben, liegt auf der Hand und ist bis zu einem gewissen Grad beabsichtigt.

Wir haben versucht, den heutigen Kenntnisstand über die biologische Bedeutung der UV-Wirkung einigermaßen umfassend, jedoch nicht zu detailliert darzustellen. Dabei haben wir vor allem solche Prozesse gewählt, deren Mechanismus als hinreichend aufgeklärt betrachtet werden kann. Weitergehende Betrachtungen hätten den Umfang gesprengt und dazu geführt, daß die getroffenen Feststellungen schon bei Erscheinen des Buches als veraltet anzusehen wären. Dennoch wird der Leser an vielen Stellen merken, daß von gesichertem Erkenntnisstand nur selten gesprochen werden kann. Die ultravioletten Strahlen haben zu der phänomenalen Entwicklung des jungen und faszinierenden Forschungsgebietes der Molekularbiologie sehr entscheidend beigetragen – hiervon einen kleinen Einblick zu geben, war nicht zuletzt eines unserer Ziele. Vergessen werden soll aber nicht, welche Auswirkungen diese Untersuchungen auch für die praktische Anwendung haben. Der Einsatz bei der Sterilisation (Kapitel 10.2) möge hierzu als Beispiel dienen.

8.2 Optische Eigenschaften von Proteinen, Nukleinsäuren und ihren Bestandteilen

8.2.1 Aminosäuren

Von den 20 in Proteinen regelmäßig vorkommenden Aminosäuren zeigen nur vier eine nennenswerte Absorption im ultravioletten Spektralbereich bei Wellenlängen größer als 200 nm; es sind dies die aromatischen Aminosäuren Phenylalanin, Tyrosin und Tryptophan sowie außerdem Cystin. Die Spektren sind in Abb. 8.1

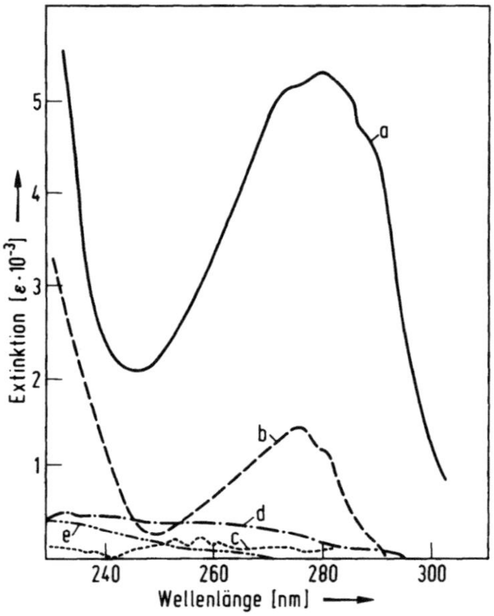

Abb. 8.1: Absorptionsspektren von Aminosäuren:
(a) Tryptophan, (b) Tyrosin, (c) Phenylalanin, (d) Cystin, (e) Cystein.
(Nach McLaren und Shugar, 1964).

dargestellt: Man erkennt eine starke Absorptionsbande bei 220–240 nm und eine zweite schwächere bei 280–300 nm. Die Stärke der Absorption steigt in der Reihenfolge Phenylalanin, Tyrosin, Tryptophan. Lage und Ausmaß der Absorption hängen von dem pH-Wert bei der Messung ab (Tab. 8.1).

Tab. 8.1: Absorptionskoeffizienten einiger Aminosäuren (200 .... 300 nm) in saurer und alkalischer Lösung

	P_H = 1		P_H = 12		
	λ_{max} (nm)	$\epsilon \cdot 10^{-3}$ max	λ_{max} (nm)	$\epsilon \cdot 10^{-3}$ max	Referenzen
Tryptophan	278,0 218,0	5,55 33,5	280,5 221,5	5,43 34,6	1 1
Tyrosin	274,5 223,0	1,34 8,20	293,5 240,0	2,33 11,05	1 1
Phenylalanin	257,5	0,195	258,0	2,06	1
Cystin	240	0,3	249,0	0,34	2

Referenzen: 1 Beaven und Holiday, 1952
2 Fromageot und Schnek, 1950.

λ_{max}: Wellenlängen im Absorptionsmaximum.
ϵ_{max}: Extinktionskoeffizient im Absorptionsmaximum

Cystin absorbiert über einen weiten Bereich von 240–290 nm, hat allerdings einen geringeren Absorptionskoeffizienten als die anderen genannten Aminosäuren (Tab. 8.1). Da kovalente Bindungen zwischen Schwefelatomen (sogenannte SS-Brücken), die nur von Cystin ausgebildet werden, für die Tertiärstruktur vieler Proteine wichtig sind, kommt dieser Aminosäure als Chromophor eine besondere Bedeutung zu. Alle anderen aliphatischen Aminosäuren absorbieren über 200 nm nur sehr schwach. Systematische Darstellungen sowie weitere Referenzen über das Absorptionsverhalten von Aminosäuren findet man bei Saidel u.a. (1952), Wetlaufer (1962), Weber und Teale (1965) sowie Beaven und Holiday (1952).

Rosenheck und Doty (1961) studierten die Absorption verschiedener Aminosäuren im Spektralbereich zwischen 185 und 200 nm. Man ersieht aus den in Tab. 8.2 dargestellten Ergebnissen, daß eine starke Absorption bei 190 nm festzustellen ist und zwar auch bei anderen als den bisher erwähnten Aminosäuren.

Tab. 8.2: Molare Extinktionskoeffizienten von chromophoren Proteinbestandteilen unter 200 nm (Rosenheck und Doty, 1961)

	190 nm	197 nm	205 nm
Methionin	1600	1600	1600
Cystin	2500	1500	1000
Histidin	5300	3600	4200
Amid	6200	1400	450
Arginin	12500	6000	1200
Tryptophan	17000	20000	19500
Tyrosin	36000	33000	8500
Phenylalanin	44000	16000	9600

Fluoreszenz kann im signifikanten Ausmaß ebenfalls nur bei Phenylalanin, Tyrosin und Tryptophan nachgewiesen werden. Die Emissionsspektren zeigt Abb. 8.2, die relevanten quantitativen Daten sind in Tab. 8.3 zusammengestellt. Stärke und Lage der Emissionsbanden sind von der Temperatur abhängig. Beispiele hierzu führt Tab. 8.4 auf. Bei tiefen Temperaturen läßt sich für die erwähnten Substanzen auch Phosphoreszenz nachweisen. Spektren von Tyrosin und Tryptophan bei einem

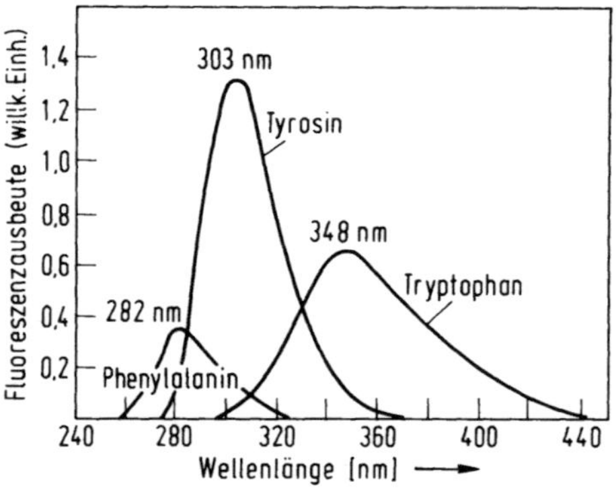

Abb. 8.2: Fluoreszenzemissionsspektren (korrigiert) von Aminosäuren (nach Teale und Weber, 1957).

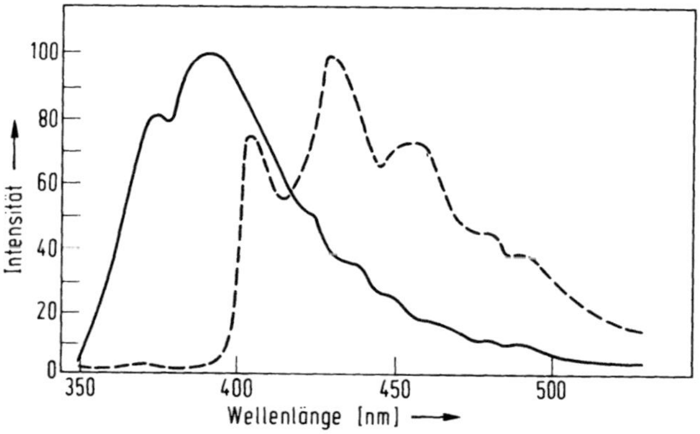

Abb. 8.3: Phosphoreszenz gefrorener Lösungen von Tyrosin (——) und Tryptophan (-------) (Nach Vladimirov und Litvin, 1960).

pH-Wert von 8,2 zeigt Abb. 8.3. Nähere Angaben und weitere Literaturhinweise über das Emissionsverhalten sind dem zweibändigen Werk von Udenfriend (1962, 1969), sowie dem Artikel von Longworth (1971) zu entnehmen.

Wegen ihrer asymetrischen Struktur zeigen alle Alpha-Aminosäuren eine Drehung der Polarisationsebene, wenn sie mit linearpolarisiertem Licht bestrahlt werden sowie Cirkulardichroismus. Auf eine Besprechung dieser Resultate muß hier verzichtet werden, es wird auf die zusammenfassenden Darstellungen von Shelman (1960), Iizuka und Young (1964) sowie das Werk von Jirgensons (1969) verwiesen.

Tab. 8.3: Fluoreszenzen von Aminosäuren
(Teale und Weber, 1957)

Aminosäure	Anregungs-Maximum λ [nm]	Fluoreszenz-Maximum λ [nm] mum	Mol. Extinktion am Anregungs-Maximum $[eM^{-1}cm^{-1}]$	Fluoreszenz-Ausbeute %
Tryptophan	287	348	$6 \cdot 10^3$	20
Tyrosin	275	303	$1{,}5 \cdot 10^3$	21
Phenylalanin	260	282	$2 \cdot 10^2$	4

Tab. 8.4: Temperaturabhängigkeit der Fluoreszenz von Aminosäuren
(Vladimirov und Burshtein, 1960)

Aminosäure	Temperatur [°C]	Fluoreszenz-Maximum λ [nm]
Phenylalanin	+ 20	284
	− 155	297
Tyrosin	+ 20	304
	− 155	298
Tryptophan	+ 20	352
	− 155	328

8.2.2 Proteine

Bei Wellenlängen größer als 200 nm unterscheiden sich die Absorptionsspektren von Proteinen nicht wesentlich von dem zusammengesetzten Spektrum der Mischung ihrer Bestandteile (Beaven und Holiday, 1952). Diese Feststellung kann allerdings nur als allgemeine qualitative Regel angesehen werden. Detaillierte Untersuchungen mit empfindlichen Methoden (z.B. Differenzverfahren) haben gezeigt, daß Strukturveränderungen am Proteinmolekül auch in diesem Bereich Änderungen der Absorption bewirken. Ebenso ergeben quantitative Vergleiche bei Proteinen bekannter Aminosäurenzusammensetzung systematisch zu hohe theoretische Werte für den Extinktionskoeffizienten. Die Differenzen sind jedoch gering (Wetlaufer, 1962) und von anderer Größenordnung als die Hypochromie bei Nukleinsäuren. Ein wesentlicher Einfluß der Molekülstruktur zeigt sich jedoch bei Wellenlängen unter 200 nm (s. unten).

Im Allgemeinen dominieren die Absorptionsbanden der aromatischen Aminosäuren; für die fotochemische Wirkung muß aber auch die Absorption von Cystin und

Cystein beachtet werden. Die Peptidbindung absorbiert nur schwach zwischen 200 und 300 nm. Da sie aber pro Aminosäure einmal vorhanden und für die Molekülstruktur essentiell ist, darf sie als möglicher Chromophor – vor allem im Hinblick auf fotochemische Reaktionen – nicht völlig ausgeschlossen werden. Bei kürzeren Wellenlängen zeigt sie eine starke Absorption mit einem Maximum bei ca. 190 nm (Referenzen siehe Wetlaufer, 1962). Als typisches Beispiel zeigt die Abb. 8.4 das Absorptionsspektrum von Chymotrypsin.

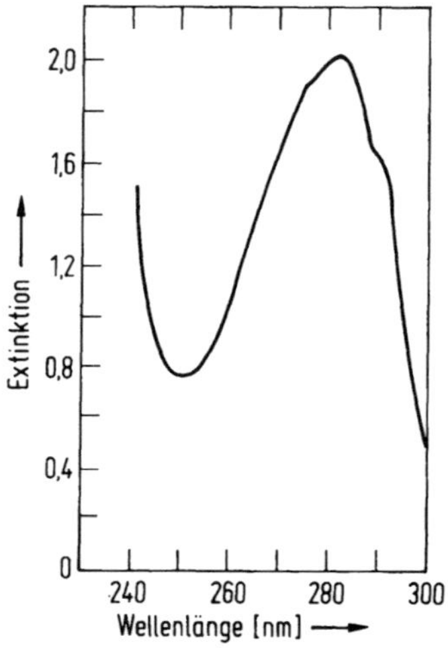

Abb. 8.4: Absorptionsspektrum von Chymotrypsin (nach Mc-Laren und Weldt, 1952).

Das Absorptionsverhalten der Proteine ist im Bereich zwischen 185 und 200 nm stark von der Konfiguration des Moleküls abhängig. Es tritt hier ein deutlicher Hypochromieeffekt zutage, sowie eine neue Absorption, die sich als Schulter in der Extinktionskurve im Bereich von 205 nm äußert, falls eine Helixstruktur vorliegt (Abb. 8.5) (Rosenheck und Doty, 1961). Diese Methode kann zur Abschätzung des Anteils helikaler Bereiche in Proteinmolekülen eingesetzt werden.

Obwohl das Absorptionsverhalten der Proteine sich im allgemeinen nicht stark von dem einer Mischung ihrer Bestandteile unterscheidet, kann dies für das Emissionsverhalten nicht generell festgestellt werden (Koudelka und Augenstein, 1968). In Proteinen, welche kein Tryptophan enthalten, wohl aber Phenylalanin und Tyrosin, ist die Fluoreszenz mit der des Tyrosins identisch und zeigt praktisch keine Abhängigkeit vom Lösungsmittel. Bei Vorhandensein von Tryptophan dominiert dessen Spektrum. In diesem Fall können aus der Lage der Banden und dem verwandten Lösungsmittel Rückschlüsse auf die Struktur des Proteins gezogen werden. Bei tiefen Temperaturen (77° K) kann in Proteinen auch Phosphoreszenz aufgrund von Triplett-Singulett-Übergängen gefunden werden. Sie wird ebenso wie die Fluoreszenz stark durch die Primärstruktur (Aminosäuresequenz) sowie die Tertiärstruktur des Proteins beeinflußt. So fanden z.B. Nag-Chaudhuri und Augenstein (1964), daß die Abklingfunktion der Tyrosin-Phosphoreszenz in RNase (die-

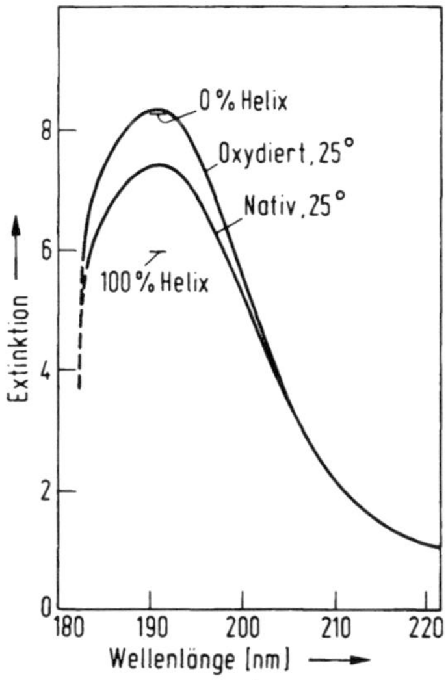

Abb. 8.5: Absorptionsspektrum von Ribonuklease im Bereich von 180–220 nm (nach Rosenheck und Doty, 1961).

ses Enzym enthält kein Tryptophan) nicht mit einer einzigen Zeitkonstanten beschrieben werden kann, sondern daß sie mindestens aus zwei Komponenten besteht. Die „innere Umgebung" der Aminosäuren spielt dabei offenbar eine wichtige Rolle, vor allem, ob sie dem Lösungsmittel ausgesetzt oder innerhalb der Tertiärstruktur von ihm abgeschirmt sind. In diesem Zusammenhang ist es besonders interessant, daß es Proteine gibt, die, obwohl sie Tryptophan enthalten, praktisch nur die Phosphoreszenz des Tyrosins zeigen (Longworth, 1962, Augenstein und Nag-Chandhuri, 1964, Yeargers u.a., 1966). Alle diese Befunde weisen darauf hin, daß es in Proteinen in Abhängigkeit von ihrer Struktur zu Wechselwirkungen zwischen einzelnen Bausteinen oder diesem und dem Lösungsmittel kommen kann, ohne daß sie normalerweise im Absorptionsspektrum bemerkt werden können. Daraus muß geschlossen werden, daß hier Prozesse vorliegen, bei denen angeregte Zustände eine wichtige Rolle spielen. Zum Beispiel kann die absorbierte Energie innerhalb des Moleküls übertragen werden (Energieleitung), was dazu führt, daß Absorption und Emission an verschiedenen Komponenten stattfindet.

Selbstverständlich spielt bei dem Verhalten der Proteine gegenüber polarisiertem Licht die Struktur noch eine ungleich wichtige Rolle. Abb. 8.6 zeigt die spezifische optische Rotation als Funktion der Wellenlänge für ein künstliches Protein (Poly-α-Lysin) sowohl für eine hundertprozentige Helix-Konformation als auch für den völlig ungeordneten Zustand.

8.2.3 Nukleinsäurebasen, Nukleoside und Nukleotide

Tab. 8.5 gibt eine Übersicht über die Absorption von Basen, Nukleosiden und Nukleotiden im Ultravioletten. Abb. 8.7 zeigt die Spektren von Adenin, Thymin, Guanin, Cytosin und Uracil.

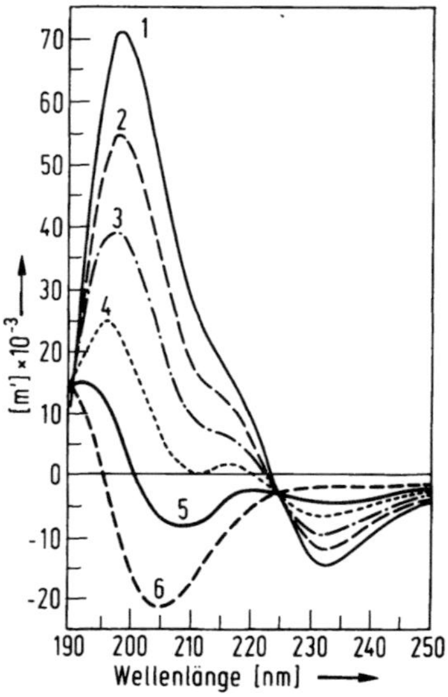

Abb. 8.6: Optische Rotationsdispersion von Poly-α-Lysin bei verschiedener Helizität: (1) 100 % Helix, (2) 80 %, (3) 60 %, (4) 40 %, (5) 20 %, (6) 0 %. (Nach Greenfield u.a., 1967).
m' ist ein Maß für die relative spezifische optische Rotationsdispersion (s.a. Jirgensons, 1969).

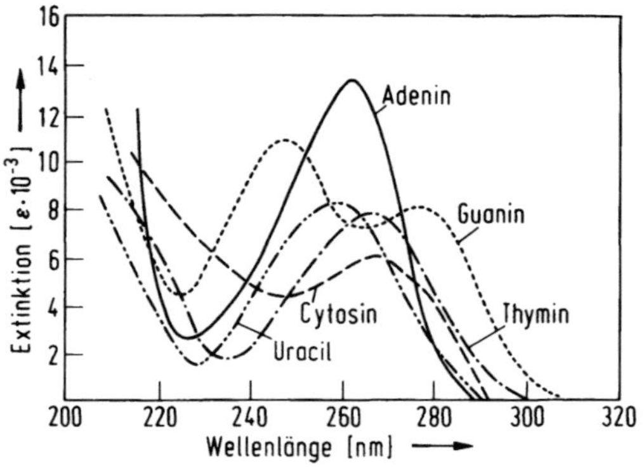

Abb. 8.7: Absorptionsspektren von Nukleinsäurebasen (pH 7) (nach Davidson, 1965).

Man erkennt, daß alle diese Nukleinsäurebestandteile stark in der Nähe von 260 nm absorbieren. Die Extinktionskoeffizienten der Purinbasen Adenin und Guanin sind im allgemeinen größer als die der Pyrimidine. Lage und Stärke der Banden hängen vom pH-Wert des Mediums ab, am ausgeprägtesten bei Uracil und Thymin. Der Grund für dieses Verhalten liegt in einer Änderung der Molekülstruktur (Morton 1962). Diese Umlagerungen können in den zugehörigen Nukleotiden nicht stattfinden, weshalb die Abhängigkeit des

Spektrums vom pH-Wert hier sehr viel schwächer ist. In Tab. 8.6 sind die Extinktionswerte für die verschiedenen Nukleotide bei der Wellenlänge 260 nm und pH 7 zusammengestellt.
Auch hier gilt, daß generell die Purine stärker absorbieren als die Pyrimidine. Die Art der Bindung an den Phosphorsäurerest bewirkt offenbar keine Änderung des Absorptionsverhaltens.

Tab. 8.5: Maxima der Absorptionsbanden und Extinktionskoeffizienten von Nukleinsäurebasen und Nukleosiden.
(Morton, 1962)

	sauer	(pH 1 ... 3)	alkalisch	(pH 10 .. 12)
	λ_{max}	$\epsilon_{mol} \cdot 10^{-3}$	λ_{max}	$\epsilon_{mol} \cdot 10^{-3}$
Adenin	263	13,1	269	12,3
Adenosin	257	14,6	260	1,9
Guanin	248	11,4	246	6,3
	275	7,35	273	8,0
Guanosin	256	12,2	264	11,3
Uracil	259	8,2	284	6,15
Uridin	262	10,1	262	8,5
Thymin	207	9,5	291	5,44
	264	7,9		
Thymidin	207	9,55	267	7,38
	264	9,65		
Cytosin	210	9,7	268	6,13
	274	10,2		
Cytidin	212	10,1	271	9,1
	280	13,4		

Keine der Nukleinsäurebausteine zeigt bei Raumtemperatur Fluoreszenz, bis auf zwei Ausnahmen: die protonisierten Adenin- und Guanin-Ionen (AH^+ bzw. GH^+) (Eisinger, 1968).
Kühlt man jedoch Lösungen der Mononukleotide in einem 1 : 1 Gemisch von Wasser und Äthylenglykol auf 80° K ab, dann läßt sich bei allen Fluoreszenzen mit einem Emissionsmaximum zwischen 300 und 350 nm feststellen. Die Messungen zeigen allerdings, daß selbst unter diesen Bedingungen der Anteil strahlungslo-

Tab. 8.6: Extinktionskoeffizienten der Nukleotide bei 260 nm (Beaven, Holiday und Johnson, 1955)

	$\epsilon_{260} \cdot 10^{-3}$
Adenosin-3'-phosphat	15,0
Adenosin-5'-phosphat	15,0
Guanosin-3'-phosphat	11,4
Guanosin-5'-phosphat	11,4
Cytidin-3'-phosphat	6,8
Cytidin-5'-phosphat	7,4
Uridin-3'-phosphat	10,0
Uridin-5'-phosphat	10,0
Thymidin-5'-phosphat	8,4

ser Übergänge noch sehr hoch ist. Er variiert zwischen 0,61 bei Thymidinmonophosphat (pH 12) und 0,99 bei Uridinmonophosphat (Eisinger, 1968). Die Fluoreszenzausbeute ist bei Thymidinmonophosphat und Guanosinmonophosphat am größten. Die Lage des Emissionsmaximums hängt stark von der Temperatur ab, und zwar verschiebt es sich mit steigender Temperatur zu größeren Wellenlängen. Dieses Verhalten spricht für eine Wechselwirkung mit dem Lösungsmittel, die wahrscheinlich im flüssigen Aggregatszustand zur vollständigen Löschung der Fluoreszenz führt. Diese Vermutung konnte durch die Experimente mit AH^+ bestätigt werden. In diesem Fall ist es möglich, die Fluoreszenz bis zu höheren Temperaturen zu verfolgen. Dabei zeigt sich, daß die Bandenlage unterhalb und das Ausmaß der Fluoreszenzlöschung oberhalb ca. 130° K konstant blieben. Die Wechselwirkung mit dem Lösungsmittel äußert sich also offenbar bei tiefen Temperaturen in einer Erniedrigung der Anregungsenergie, bei höheren Temperaturen in einer Fluoreszenzlöschung.

Bei tiefen Temperaturen kann in den Mononukleotiden auch Phosphoreszenz gemessen werden. Die Emissionsmaxima liegen zwischen 380 und 460 nm, die Abklingzeiten bei der Temperatur der flüssigen Luft in der Größenordnung von Sekunden (Eisinger, 1968).

Die bisher vorliegenden Ergebnisse über die elektronischen Anregungszustände von Bestandteilen der DNS sind zusammengefaßt bei Lamola und Eisinger (1971), Eisinger und Shulman (1968) sowie Latarjet (1971). Einige Eigenschaften der angeregten Singulettzustände von Nukleotiden verzeichnet Tab. 8.7, entsprechende Daten für die Triplettzustände findet man in Tab. 8.8. Beispiele für die Fluoreszenz- bzw. Phosphoreszenzspektren sind der Abb. 8.8 zu entnehmen.

Tab. 8.7: Singulett-Zustände der Nukleinsäurebasen
(Whillans und Johns, 1973).

		80° K			300° K	
		$^1E_{O-O}$ (10^3 cm^{-1})	ϕ_{fl}	τ_1 (ns)	$^1E_{O-O}$ (10^3 cm^{-1})	ϕ_{fl}
Uracil	pH 12	35,0	0,005	4,5		
Cytosin	pH 7	33,7	0,05	5,5	34,9	0,00008
Uracil	pH 7	34,9	0,01	4,5	35,7	0,00005
Guanin	pH 7	34,0	0,13	5	33,4	0,0003
Thymin	pH 12	34,4	0,24	2,9	31,0	0,0015
Adenin	pH 7	35,2	0,01	2,8	35,6	0,00026
Thymin	pH 7	34,1	0,16	3,2	34,5	0,0001

$^1E_{O\text{-}O}$ Energie des Übergangs vom niedrigsten Schwingungsniveau des Grundzustandes zum niedrigsten Schwingungsniveau des ersten angeregten Zustandes.

ϕ_{fl} Fluoreszenzquantenausbeute.

τ_1 Lebensdauer des ersten angeregten Singulett-Zustandes.

Tab. 8.8: Triplettzustände der Nukleinsäurebasen
(Whillans und Johns, 1973)

		80° K		
		$^3E_{O-O}$ (10^3 cm^{-1})	ϕ_{ph}	τ_0 (s)
Uracil	pH 12	28,4	0,002	
Cytosin	pH 7	27,9	0,01	0,34
Uracil	pH 7	27,4	0	0,55
Guanin	pH 7	27,2	0,07	1,3
Thymin	pH 12	27,0	0,03	0,5
Adenin	pH 7	26,7	0,015	2,4
Thymin	pH 7	26,3	0	0,33

$^3E_{O\text{-}O}$ S. Tab. 8.7, jedoch für Triplettanregung.

ϕ_{pH} Phosphoreszenzquantenausbeute.

τ_3 Lebensdauer des niedrigsten Triplettzustandes.

Mit Hilfe der Blitzlichtfotolyse ist es möglich, auch die Absorption angeregter Triplettzustände der Nukleinsäurebestandteile zu bestimmen (Whillans, Herbert,

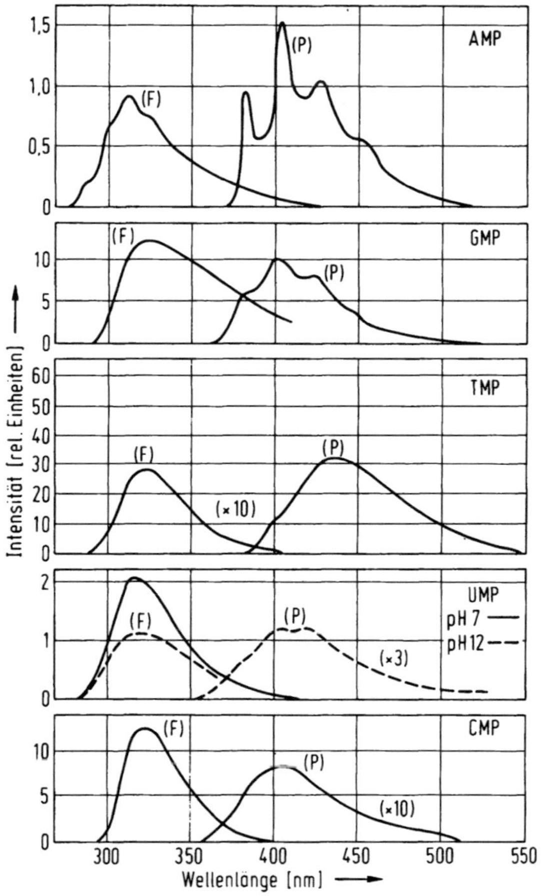

Abb. 8.8: Fluoreszenz- (F) und Phosphoreszenzspektren (P) von Nukleotiden in Äthylenglykol-Wassergemischen bei 80° K (pH 7, wenn nicht anders angegeben). (Nach Eisinger und Shulman, 1968).

Hunt und Johns, 1969, Whillans und Johns, 1971, 1972) (Abb. 8.9). Sie wurden in flüssigen, wäßrigen Lösungen der entsprechenden Komponenten aufgenommen. Die Lebensdauer der Triplettzustände werden sowohl durch Reaktion mit evtl. vorhandenem Sauerstoff als auch mit nichtangeregten Molekülen der gelösten Stoffe begrenzt.

Die Gesamtzerfallskonstante setzt sich additiv wie folgt zusammen:

$$k = k_1 \cdot [P] + k_2 \cdot [O_2] + k_3.$$

Hierbei ist k_1 die Reaktionskonstante mit den nichtangeregten Molekülen P, k_2, die mit Sauerstoff und k_3 die „innere" Zerfallskonstante des angeregten Zustandes. k_2 liegt in der Größenordnung von $4 \cdot 10^9$ $M^{-1} s^{-1}$.

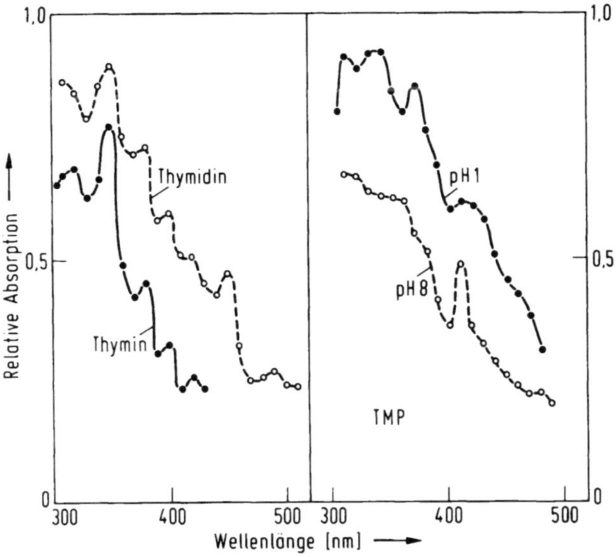

Abb. 8.9: Absorptionsspektren der Triplettzustände von Thymin, Thymidin und Thymidinmonophosphat (TMP). (Nach Whillans und Johns, 1973):

Entsprechende Werte für k_1 und k_3 verschiedener Bausteine verzeichnet Tab. 8.9. Triplettzustände spielen eine große Rolle als Vorläufer strahlenchemisch induzierter Veränderungen der Nukleinsäuren, wie z.B. bei Thymindimeren.

Tab. 8.9: Reaktionskonstanten der Triplettzustände einiger Nukleinsäuren Komponenten Whillans und Johns, 1973) Erklärungen siehe Text

		k_3 (s^{-1})	k_1 (M^{-1} s^{-1})	k_2 (M^{-1} s^{-1})
Uracil		$1{,}6 \cdot 10^5$	$2{,}9 \cdot 10^9$	$3{,}9 \cdot 10^9$
Thymin		$7 \cdot 10^3$	$2{,}3 \cdot 10^9$	$3{,}5 \cdot 10^9$
Orotsäure	pH 1	$7 \cdot 10^3$	$2{,}1 \cdot 10^9$	$2{,}2 \cdot 10^9$
	pH 6	$9 \cdot 10^3$	$0{,}8 \cdot 10^9$	$3{,}0 \cdot 10^9$
Uridin		$3{,}6 \cdot 10^5$	$6 \cdot 10^8$	
5'-UMP		$5{,}0 \cdot 10^5$	$5 \cdot 10^8$	
Thymidine		$1{,}8 \cdot 10^4$	$3{,}5 \cdot 10^8$	
5'-TMP		$1{,}5 \cdot 10^4$	$3{,}3 \cdot 10^8$	
Cytosin		$2{,}0 \cdot 10^4$	$6 \cdot 10^8$	

In Abb. 8.10 ist ein Energietermschema der verschiedenen angeregten Zustände aller Mononukleotide zusammengestellt. Man erkennt hieraus, daß die Energie der ersten angeregten Singulettzustände in der Reihenfolge Cytosinmonophosphat (CMP), Guanosinmonophosphat (GMP), Thymidinmonophosphat (TMP), Uridinmonophosphat (UMP), Adeninmonophosphat (AMP) zunimmt. Für die Triplettzustände gilt die Reihung TMP, AMP, GMP, CMP bzw. UMP. Von Wichtigkeit für spätere Diskussionen ist hierbei die Erkenntnis, daß Thymidinmonophsophat über den niedristen Triplettzustand verfügt.

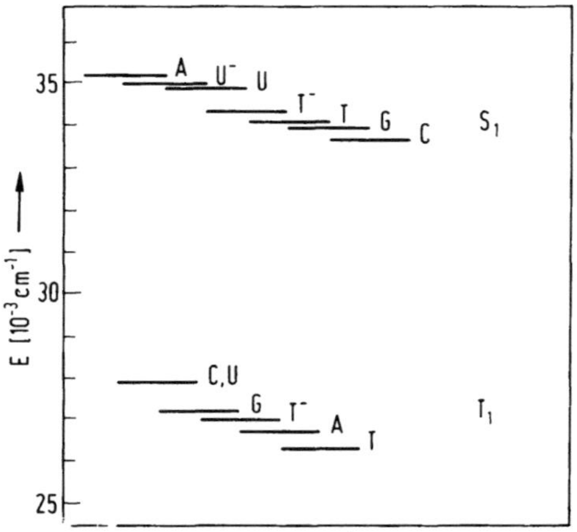

Abb. 8.10: Energietermschema der Nukleinsäuremononukleotide: S: ersterer angeregter S: erster angeregter Singulettzustand, T: erster angergter Triplettzustand, A: Adenosinmonophosphat, U: Uridinmonophosphat, G: Guanosinmonophosphat, C: Cystidinmonophosphat, A^-, T^-, U^-, C^-: ionisierte Form. (Nach Latarjet, 1972).

Während die üblicherweise in den Nukleinsäuren vorkommenden Basen nur über eine sehr schwache Emission verfügen, die sich für analytische Zwecke nicht ausnutzen läßt, gilt dies nicht für einige der sogenannten „seltenen Basen", welche sich vor allem in der Transfer-RNS finden. Der wichtigste Bestandteil ist die sogenannte Y-Base, deren Fluoreszenzquantenausbeute immerhin 7 % beträgt. Da sie im Molekülverband in der Nähe des Antikodons liegt, hat sie für Strukturuntersuchungen eine besondere Bedeutung (Yoshikami u.a., 1968, Beardsley u.a., 1970, Eisinger, Feuer und Yamane, 1070, Beardsley und Cantor, 1970).
Durch Bindung mit verschiedenen Farbstoffen kann auch die Emission der „normalen" Nukleinsäurenbausteine erhöht werden, eine zusammenfassende Darstellung findet man bei Cantor und Tao (1971).
Optische Rotationsdispersion und Circulardichroismus sind in dem Übersichtsartikel von Gratzer (1971) ausführlich beschrieben worden.

8.2.4 Polynukleotide und Nukleinsäuren

Das Absorptionsverhalten von Polynukleotiden und Nukleinsäuren spiegelt in bezug auf die Lage der Absorptionsbanden das Verhalten ihrer Bestandteile wider.

Abb. 8.11 zeigt das Absorptionsspektrum von Desoxyribonukleinsäure (DNS). Es ist charakterisiert durch ein breites Absorptionsmaximum in der Gegend zwischen 250 und 265 nm, Minima bei 230 und 280 nm.

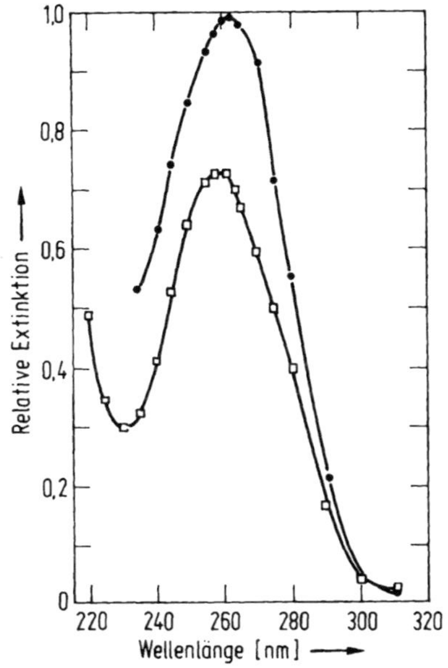

Abb. 8.11: Absorptionsspektrum von Desoxyribonukleinsäure in nativem (□) und hydrolysiertem Zustand (●). (Nach Tsuboi, 1950).

Eine weitere Bande ist unterhalb 200 nm bei 195 nm festzustellen. Die Angabe von molaren Extinktionskoeffizienten ist wegen der unterschiedlichen Molekulargewichte nicht sehr sinnvoll. Aus diesem Grunde bezieht man den Extinktionskoeffizienten gemäß einem Vorschlag von Chargaff auf die molare Phosphatkonzentration in der entsprechenden Nukleinsäurelösung und erhält so einen durchschnittlichen molaren Extinktionskoeffizienten pro Nukleotid (Chargaff und Zamenhof (1948). Seine Größe hängt in starkem Maße von der Konformation der entsprechenden Nukleinsäure ab. In der geordneten Anordnung der Nukleotide im polymeren Molekül kommt es zu Wechselwirkungen zwischen den einzelnen Chromophoren. Dies äußert sich darin, daß die Absorption des polymeren Moleküls geringer ist als die gewichtete Summe der Absorption seiner Bestandteile. Man bezeichnete diesen Effekt als „Hypochromie". Sie wird verursacht durch die elektronische Wechselwirkung zwischen den Nukleinsäurebasen, die am größten ist, wenn die Moleküle so angeordnet sind, daß ihre Ebenen parallel stehen (base stacking, „planare Basenaufstockung") (Tinoco, 1960). Die hohe Ordnung der DNS-Doppelhelix führt zu einem besonders ausgeprägten Hypochromieeffekt. pH-Wert, Ionenstärke und Temperatur des Lösungsmittels beeinflussen die Struktur der Makromoleküle und somit auch ihre Absorption. Von besonderer praktischer Wichtigkeit ist das Verhalten gegenüber Temperaturänderungen unter ansonsten standardisierten Bedingungen, weil man hieraus Aufschlüsse über Struktur und Zusammensetzung der Nukleinsäuren erhalten kann. Als übliches Lösungsmittel hat sich Standard-Saline-Citrat-Puffer (SSC) eingebürgert. Er besteht aus : 0,15 mol NaCl, 0,015 mol Natriumcitrat, hat einen pH-Wert von 7 und eine Natrium-Ionen-Konzentration von 0,195 mol. Unter diesen Bedingungen beträgt bei Zimmertemperatur der nach Chargaff definierte Extinktionskoeffizient Y(P) ungefähr 6–7000, was einer Extinktion von ca. 20 bei einer DNS-Konzentration von 1 mg/ml entspricht. Bei einer Erhöhung der Temperatur kommt es zu einem sukzessiven Aufbrechen der Doppelhelixstruktur („Denaturierung, Schmelzen") der DNS, was sich in einer Erhöhung der Absorption äußert. Trägt man den Extinktionskoeffizienten als Funktion der Temperatur auf, so erhält man die sogenannte „Schmelzkurve" mit ihrer typischen sigmoidalen Form. Bei hohen Temperaturen liegt das Molekül nur in der einsträngigen Form vor, was sich in einem Plateau der Schmelzkurve äußert. Die relative Erhöhung der Extinktion, bezogen auf den Wert bei Zimmertemperatur, bezeichnet man als Hyperchromizitätskoeffizienten. Die Temperatur, bei welcher die Hyperchromie die Hälfte ihres maximalen Wertes erreicht hat, wird als Schmelzpunkt oder T_M-Wert bezeichnet. Seine Größe hängt von der Basenzusammensetzung der DNS ab, und man kann ihn benutzen, um den Anteil von Guanosin-Cytosin-Basenpaaren im doppelsträngigen Molekül festzustellen. Marmur und Doty (1962) haben hierfür eine empirische Beziehung angegeben, nachdem sie experimentell festgestellt hatten, daß der GC-Gehalt eine lineare Funktion des Schmelzpunktes unter standardisierten Bedingungen ist. Bei Lösung in SSC-Puffer gilt:

$$\% \mathrm{GC} = 2{,}44\,(T_M\,[^\circ \mathrm{C}] - 69{,}3).$$

Eine eingehende Darstellung der Methode ist von Mandel und Marmur (1968) gegeben worden. Eine ausführliche Diskussion des Hypochromie-Effektes findet sich in dem Werk von Michelson (1962).

Man kann erwarten, daß die Wechselwirkung der planaren Basenaufstockung, welche für den Hypochromieeffekt verantwortlich ist, auch entscheidend Einfluß auf das Emissionsverhalten von Polynukleotiden und Nukleinsäuren hat. Das ist in der Tat der Fall. Am übersichtlichsten läßt sich dies an Dinukleotiden studieren (siehe Eisinger und Shulman, 1968). Vergleicht man das Fluoreszenzspektrum eines Dinukleotids aus Guanidin und Uridin, verbunden durch eine Phosphatgruppe (GpU), mit dem eines Gemisches von Guanidinmonophosphat und Uridinmonophosphat (Abb. 8.12), so stellt man fest, daß das Spektrum nicht nur quantitativ, sondern auch qualitativ verändert ist; es tritt bei dem Dinukleotid eine neue Emissionsbande bei größeren Wellenlängen (um 400 nm) auf. Sie wird einem „Exzimer" (vgl. Kap. 4) zugeschrieben, der aus einem Komplex zwischen einem angeregten Molekül des einen und einem Grundzustand des anderen Bestandteils besteht. Nicht immer gelingt es, beide Emissionsbanden spektral sauber zu trennen, so daß sich das Auftreten der Exzimeren-Emission oft nur in einer Rotverschiebung im Spektrum äußert. Die Fluoreszenzausbeute liegt auch bei den Dinukleotiden in der gleichen Größenordnung wie bei den Monomeren. Beispiele experimenteller Daten sind in Tab 8.10 zusammengefaßt.

Tab. 8.10: Emissionscharakteristiken von Dinukleotiden und äquimolaren Mischungen ihrer Bestandteile. Viele Dinukleotide zeigen Exzimerenemission, die aber nur bei CpA und GpU aufgelöst ist.

Probe	Fluoreszenz		Phosphoreszenz	
	λ_{max} (nm)	ϕ_F	Art der Emission	ϕ_P
AMP + CMP	319	0,024	A	0,008
ApC	358	0,062	A	0,07
ApC (2'–5')	333	0,042	A	0,06
CpA	320 und 380	0,001 und 0,01	A	0,008
AMP + GMP	327	0,044	A + G	0,030
ApG	335	0,085	A	0,11
GpA	360⁺	0,032	A	0,11
GpA (2'–5')	346	0,047	A	0,10
AMP + UMP	312	0,008	A	0,0056
ApU	362	0,028	A	0,042
UpA	360⁺	0,010	A	0,031
GmP + UMP	325	0,054	G	0,026
GpU	323 und 405	0,01 und 0,008	G	0,009
CMP + UMP	317	0,041		0,002
CpU	341	0,019		0,003
CMP	320	0,06	C	0,011
CpC	356	0,09	C	0,010
AMP + TMP	322	0,064	A	0,006
ApT	355	0,058	T	0,021
TpA	330	0,052	T	0,009
AMP	313	0,011	A	0,015
ApA	317	0,037	A	0,055

ϕ_F: Fluoreszenzausbeute.

ϕ_P: Phosphoreszenzausbeute.

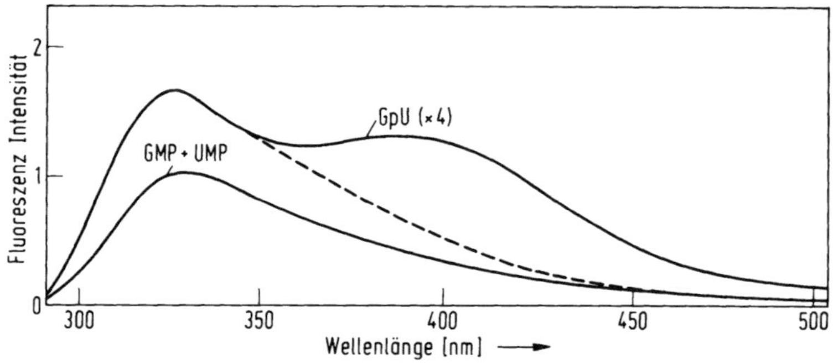

Abb. 8.12: Fluoreszenz von äquimolaren Mischungen der Nukleotide Guanosinmonophosphat (GMP) und Uridinmonophosphat (UMP) sowie dem entsprechenden Dinukleotid (GpU). Die gestrichelte Kurve zeigt den Verlauf der Monomerenfluoreszenz. (Nach Eisinger und Shulman, 1968).

Die Phosphoreszenz von Dinukleotiden unterscheidet sich ebenfalls erheblich von der ihrer monomeren Bestandteile. Als Regel kann man feststellen, daß immer das Phosphoreszenz-Emissionsspektrum erhalten wird, welches der Komponente mit dem energetisch niedrigsten Triplettzustand entspricht. Gleichzeitig ist die Phosphoreszenzquantenausbeute in Dinukleotiden erhöht (Abb. 8.13).

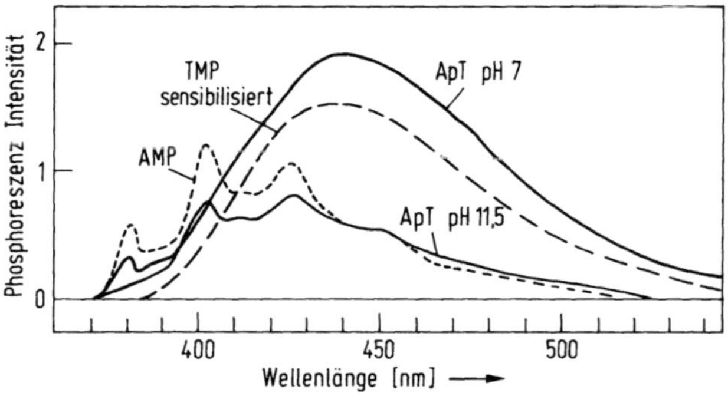

Abb. 8.13: Phosphoreszenz von Nukleotiden und Dinukleotiden (nach Eisinger und Shulman, 1968), Abkürzungen siehe Legende Abb. 8.12 und Text.

Untersuchungen mit künstlichen Polynukleotiden und natürlicher DNS haben gezeigt, daß Anregungsenergie auch über weitere Strecken übertragen werden kann. Das Phosphoreszenzspektrum von DNS ähnelt sehr stark dem von Thymidinmonophosphat, wie aus Abb. 8.14 hervorgeht. Der genaue molekulare Wirkungsmechanismus ist noch nicht mit Sicherheit aufgeklärt.

Einige Metallionen gehen mit der DNS Bindungen ein, welche das Phosphoreszenzverhalten sehr erheblich verändern. Dazu gehören Cu^{2+} (Sutherland und Sutherland, 1969), Hg^{2+} (Rahn u.a., 1970) sowie Ag^{+} (Rahn und Landry, 1973). Der Grund hierfür liegt wahrscheinlich in einer Erhöhung der Spinbahnwechselwirkung der DNS-Basen durch die Wechselwirkung mit den gebundenen Metallionen. Durch

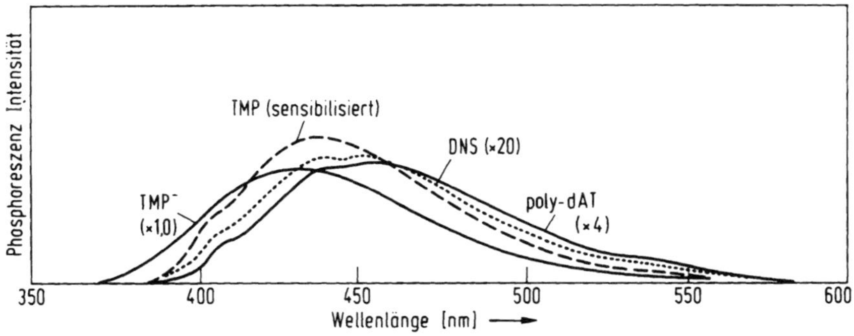

Abb. 8.14: Phosphoreszenz von Thymidinmonophosphat (TMP)-Ionen, TMP (mit Hilfe von Sensibilisatoren), Poly-Adenin-Thymin sowie Desoxyribonukleinsäure. (Nach Eisinger und Shulman, 1968). Abkürzungen siehe Legende Abb. 8.12.

die Bindung von Silberionen wird die Lebensdauer des Triplettzustandes um mehr als eine Größenordnung reduziert, gleichzeitig kommt es zu einem drastischen Anstieg der Phosphoreszenzausbeute (Rahn und Landry, 1973).

Der Triplettzustand des Thymins kann auch auf dem Umweg über die Anregung zugegebener Sensibilisatoren besetzt werden. Von besonderer Bedeutung sind hier Aceton, Acetonephon und Benzophenon (v. Wilucki u.a., 1967). Diese Substanzen absorbieren im Bereich von 313 nm, einer Region also, wo die Nukleinsäure selbst so gut wie keine Absorption mehr zeigt. Die Energie kann offenbar von dem Triplettzustand des Sensibilisators auf den der Nukleinsäure übertragen werden, was auch weitgehende fotochemische Konsequenzen hat. Bevorzugter Akzeptor ist auch hier wegen des niedrigen Triplettzustandes das Thymin. Relevante Daten sind in Tab. 8.11 zusammengestellt.

Tab. 8.11: Eigenschaften einiger Triplettsensibilisatoren (n. Rahn u.a., 1974)

Sensibilisator	$\epsilon_{313\ nm}$	τ_3 [s]	E_{O-O} [cm^{-1}]	Anregungszustand des niedrigsten Triplettz.
Azeton	0,35	20	28200	
Azetophenon	105	125	26800	
Benzophenon	108	65	26500	

Im Rahmen dieser Darstellung kann auf den Einsatz von optischer Rotationsdispersion und Cirkulardichroismus zum Studium der Nukleinsäurestruktur nicht ausführlich eingegangen werden. Diskussionen dieser Techniken findet man bei Adler und Fasman, 1968, sowie Mommaerts, 1968, außerdem in dem Übersichtsartikel von Gratzer, 1971.

8.3 UV-induzierte Veränderungen von Proteinen und Nukleinsäuren sowie ihren Bestandteilen

8.3.1 Aminosäuren

Bei der Bestrahlung von Aminosäuren kann das Molekül auf vielfältige Art und Weise verändert werden. Die wichtigsten Effekte sind (Setlow, 1967):
a) Bruch von C-C-Bindungen,
b) Desaminierung,
c) Descarboxilierung,
d) Oxidierung,
e) Umlagerung der Aminogruppen.
Die Reaktionen b) und c) lassen sich chemisch einfach mit Hilfe der Reaktionsprodukte NH_3 und CO_2 verfolgen. An die Primärreaktionen können sich noch sekundäre Prozesse anschließen, so daß aus der Natur der Endprodukte nicht ohne weiteres auf die induzierten Veränderungen geschlossen werden kann. Für die Aminosäuren Cystin und Cystein muß außer den obengenannten Umsetzungen auch noch mit Reaktionen an der S-S- bzw. S-H-Gruppe gerechnet werden (Bruch der S-S-Bindung, Abspaltung von H_2S).

Luse und McLaren (1963) haben Arbeiten an 23 Aminosäuren referiert und ausgedehnte Untersuchungen an Cystin, Histidin, Phenylalanin, Tryptophan und Tyrosin durchgeführt, die wegen ihrer starken Absorption eine besondere Rolle spielen. Die Quantenausbeuten für die Fotolyse dieser Aminosäuren bei Bestrahlung mit UV der Wellenlänge 254 nm sind in Tab. 8.12 zusammengestellt. Aus ihr ist zu ersehen, daß die Quantenausbeute für Cystin mindestens um eine Zehnerpotenz größer ist als die der anderen untersuchten Bausteine.

Tab. 8.12: Quantenausbeute für die Fotolyse einiger Aminosäuren bestraht mit 254 nm. (Luse und McLaren, 1963)

	Quantenausbeute (Fotolyse)	Bedingungen
l-Cystin	0,13	0,1 n HCl in N_2
l-Phenylalanin	0,013	0,1 n HCl in N_2
l-Tyrosin	0,002	0,1 n HCl in N_2
l-Tryptophan	0,004	0,1 n HCl in N_2
l-Histidin	0,03	H_2O in N_2

8.3.2 Peptide und Proteine

Bestrahlung mit UV kann in Proteinen zu folgenden hauptsächlichen Veränderungen führen:

a) Änderung der Primärstruktur (Aminosäurensequenz),
b) Molekülbrüche,
c) Änderungen der Sekundärstruktur,
d) Änderung der Tertiärstruktur,
e) Molekülvernetzungen.

Alle diese Prozesse können zum Verlust der biologischen Aktivität eines Enzyms beitragen. Dabei dürfte auch eine wichtige Rolle spielen, an welcher Stelle im Molekül Schäden manifest werden. Neben den im vorigen Abschnitt angeführten Möglichkeiten der Fotolyse von Aminosäuren muß in Proteinen und Peptiden auch die Peptidbindung in die Betrachtungen mit eingezogen werden. Die Tertiärstruktur vieler Enzyme wird durch S-S-Brücken der Cystinmoleküle stabilisiert. Man muß also erwarten, daß diese Aminosäure eine besondere Rolle bei der Enzyminaktivierung spielt, zumal sie auch die höchste Quantenausbeute für die Fotolyse zeigt (8.3.1).

Die Peptidbindung absorbiert nur sehr schwach oberhalb 200 nm, eine Beteiligung an der Strahlenschädigung durch UV größerer Wellenlänge kann daher höchstens aufgrund der Tatsache vermutet werden, daß sie in großer Zahl vorkommt, nämlich pro Aminosäure einmal. Für den Bereich unter 200 nm liegen nur wenige Untersuchungen vor, z.B. Setlow u.a. (1957).

Aufgrund einer Literaturübersicht über die Effekte von UV-Bestrahlung auf Peptide und Proteine kommen Luse und McLaren (1963) zu dem Schluß, daß ein Bruch der Peptid-Bindung nur eine zu vernachlässigende Rolle spielt. Der Anteil der vier am stärksten absorbierenden Aminosäuren an der Ausprägung eines UV-induzierten Schadens ist von vielen Autoren diskutiert worden (Dose, 1968, Dose, 1967 a, Dose, 1967 b, Risi u.a., 1967, Setlow, 1968, McLaren, 1970). Eine besondere Bedeutung kommt in erster Linie dem Cystin zu. Dies wird auch durch eine Studie von R.B. Setlow (1955) belegt, in welcher er zeigen konnte, daß die Quantenausbeute für die Inaktivierung von 11 Enzymen direkt mit ihrem Gehalt an Cystin korreliert ist. Eine solche Abhängigkeit besteht nicht für die anderen Aminosäuren. Die Tatsache, daß die Inaktivierungswahrscheinlichkeit einer Reihe von Enzymen bei 250 nm am größten ist, der Wellenlänge, bei der auch der im Cystin absorbierte Anteil des eingestrahlten Lichtes, bezogen auf das ganze Proteinmolekül, ein Maximum erreicht (Beaven und Holiday, 1952), stützt diesen Befund.

Die bisher zitierten Ergebnisse zeigen zwar, daß die Integrität der Cystinbestandteile für die Funktion vieler Enzyme wichtig ist, erlauben aber keine Aussage darüber, ob nicht auch andere Effekte eine Rolle spielen. Hierfür ist eine quantitative Abschätzung notwendig.

Man kann dazu von zwei extremen Hypothesen ausgehen:

1. Es tragen nur die im Proteinmolekül von Cystinbestandteilen absorbierten Quanten zur Inaktivierung bei,
2. alle im Proteinmolekül absorbierten Quanten leisten einen bestimmten Beitrag zur Inaktivierung.

Eine genaue quantitative Formulierung setzt die Kenntnis der Fotolysenquantenausbeute der verschiedenen Proteinbestandteile im Molekül voraus. Diese sind im allgemeinen nicht bekannt. Erschwerend kommt hinzu, daß die Quantenausbeuten der Aminosäuren im Proteinmolekül von der freier Moleküle abweichen und weiterhin davon abhängen, an welcher Stelle im polymeren Molekül die Aminosäuren angeordnet sind. Es ist daher nicht verwunderlich, daß die mit Hilfe der beiden angegebenen Alternativen errechneten Quantenausbeuten von den experimentell gefundenen oft um mindestens eine Größenordnung abweichen (siehe McLaren, 1970). Auch sind beide Hypothesen sicher zu stark vereinfacht, da sie sowohl Energieübertragungsprozesse im Protein als auch den Einfluß strahleninduzierter partieller Denaturierung vernachlässigen. Perrase u.a. (1968) fanden, daß eine Zerstörung von Cystin in Trypsin auch aufgrund von Energieübertragung stattfinden kann, die durch aromatische Bestandteile des Moleküls absorbiert worden sind. Ein ähnlicher Schluß läßt sich aufgrund der Untersuchungen über angeregte Zustände in Ribonuklease ziehen (Longworth, 1968).

Es ist zur Zeit daher nicht möglich, eine klare umfassende Theorie der Enzyminaktivierung durch ultraviolettes Licht zu geben. Die Bedeutung des Cystins ist unbestritten, ebenso die Beteiligung von Energieübertragungsvorgängen. Mit Sicherheit spielt die molekulare Struktur des aktiven Zentrums auch eine entscheidende Rolle. Erschwerend kommt hinzu, daß die Aktivitätsbestimmungen von Enzymen nach UV-Bestrahlung häufig von der Art des durchgeführten biologischen Tests abhängen. Dabei sind Unterschiede der Quantenausbeute um einen Faktor zwei möglich, wie Ghiron und Sellers (1970) am Beispiel des Trypsins zeigten.

Zusammenfassend muß also festgestellt werden, daß es zur Zeit nicht möglich ist, ein einheitliches Bild über die UV-induzierte Enzyminaktivierung zu geben. Es spielen hierbei wahrscheinlich bei jedem Molekül andere spezifische chemische Prozesse eine Rolle; im Gegensatz zu der Fotochemie der Nukleinsäuren können die Effekte nicht auf einige wenige genau charakterisierte Primärprodukte zurückgeführt werden.

Wegen der Komplexität des Problems in vollständigen Proteinmolekülen hat man in letzter Zeit versucht, Aufschluß über die primären Reaktionen mit Hilfe der Untersuchungen von Modellsystemen zu gewinnen. Von besonderer Bedeutung ist hierbei die Frage, wie die Energie von einem Chromophor auf ein anderes empfindliches Molekül (z.B. Cystin) übertragen werden kann. Feitelson und Hayon (1973) studierten eine Mischung von Tyrosin und dem Natriumsalz der Ribonsäure (anderer Name auch Diaktansäure), welche eine S-S-Brücke enthält, mit Hilfe der Blitzlichtfotolyse. Dabei zeigte sich, daß eine Übertragung der Energie von Tyrosin auf zwei verschiedene Weisen stattfinden kann. Einmal durch eine direkte Reaktion mit im Triplettzustand angeregtem Tyrosin und zum anderen auf dem Umweg über ein hydratisiertes Elektron, das bei der Bestrahlung von Tyrosin auf dem Wege über den Triplettzustand freigesetzt wird. Diese Modellstudie gibt ein Beispiel dafür, daß auch bei der Fotochemie Radikalprozesse einen wesentlichen Einfluß haben können. Sie spielen vor allem dann eine Rolle, wenn die Quantenabsorption in einer aromatischen Aminosäure stattfindet und die Energie auf die Cystinmoleküle übertragen werden muß. Gleichzeitig muß natürlich auch die direkte Fotolyse des Cystins mit in die Betrachtungen einbezogen werden. Die beiden Prozesse zeigen jedoch wegen der unterschiedlichen Absorptionseigenschaften eine andere Wellenlängenabhängigkeit. Bei 254 nm dominiert die Cystinfotolyse, bei 280 nm die indirekte Zerstörung der S-S-Brücken über die Energieübertragung von aromatischen Aminosäuren. Diese Überlegungen führten Vladimirow und Mitarbeiter (1970) zu dem in Abb. 8.15 zusammengefaßten Schema der UV-Inaktivierung von cystinhaltigen Enzymen.

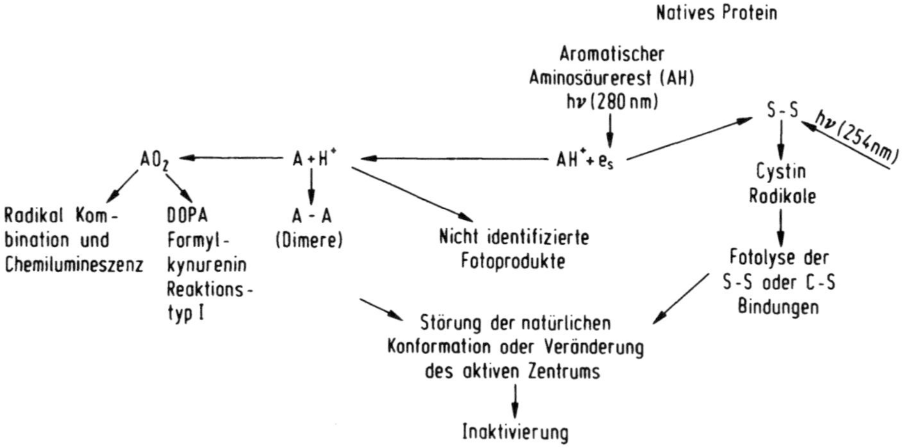

Abb. 8.15: Schema der Protein-Fotolyse (nach Vladimirov u.a., 1970).

8.3.3 Nucleinsäurebasen, Nukleoside, Nukleotide

Obwohl alle Nukleinsäurebasen im Bereich zwischen 200 und 300 nm stark absorbieren, finden die fotochemischen Übersetzungen in den Nukleinsäuren vorwiegend an den Pyrimidinbasen (Thymin, Uracil und Cystosin) statt (McLaren und Shugar, 1964). Aus diesem Grunde ist die Untersuchung fotochemischer Veränderungen an den Purinbasen stark vernachlässigt worden. Einige Ergebnisse von letzteren hat Burr (1968) zusammengestellt. Die weitaus größte Zahl der experimentellen Untersuchungen widmet sich jedoch den Veränderungen an den Pyrimidinbestandteilen. Die bei der Bestrahlung dieser Verbindung entstehenden Fotoprodukte lassen sich im wesentlichen in zwei Gruppen einteilen: Hydrate und Dimere.

8.3.3.1 Fotohydrate

Sinsheimer und Hastings (1949) fanden bei der Bestrahlung wäßriger Lösungen von Uracil ein Fotoprodukt, das durch Wärme- oder Säureeinwirkung wieder in Uracil zurückverwandelt werden kann. Sein Absorptionsspektrum (Abb. 8.16)

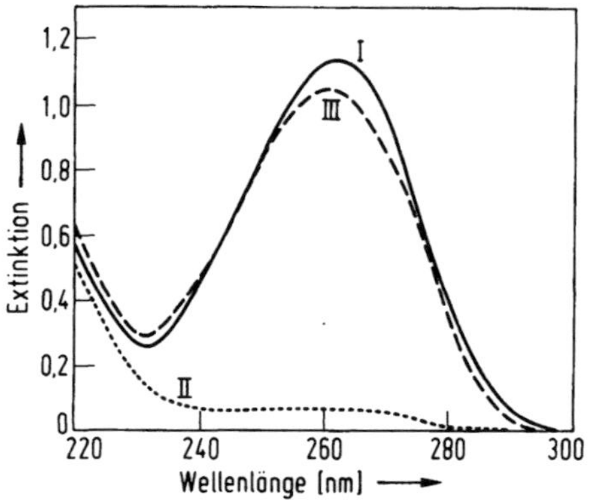

Abb. 8.16: Bildung von Pyrimidinhydraten:
I: Absorptionsspektrum von Uridylsäure, II: dasselbe nach UV-Bestrahlung,
III: dasselbe nach UV-Bestrahlung und 42stündiger Aufbewahrung bei pH 0,8.
(Nach Sinsheimer, 1954).

zeichnet sich durch das völlige Fehlen der Bande um 265 nm aus. Dies läßt auf einen Verlust der 5,6-Doppelbindung schließen und bietet gleichzeitig eine bequeme Möglichkeit, die Bildung des Fotoproduktes spektroskopisch zu verfolgen. Von Moore (1958) wurde durch Vergleich mit einer vollsynthetisierten Verbindung bekannter Struktur nachgewiesen, daß es sich um ein Uracilhydrat handelt. bei dem ein Wassermolekül an der 5,6-Doppelbindung angelagert ist. Die Struktur zeigt Abb. 8.17.

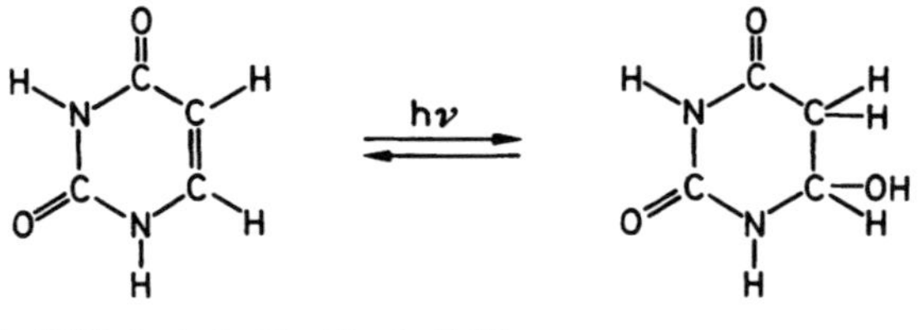

Abb. 8.17: UV-induzierte Uracilhydratbildung.

Bestrahlungen von Cystosin führt zu einer entsprechenden Verbindung (Freeman u.a., 1965). Ein Thyminhydrat konnte lange Zeit nicht nachgewiesen werden, was üblicherweise darauf zurückgeführt wurde, daß seine Lebensdauer zu gering sei, um den chemischen Nachweis zu ermöglichen, Cadet und Teoule (1971) synthetisierten jedoch auf chemischem Wege ein dem Uracil-Fotoprodukt entsprechendes Thyminhydrat und zeigten, daß seine Stabilität hoch genug ist, um einen Nachweis mit Hilfe der Dünnschichtchromatografie zu ermöglichen (Lebensdauer ungefähr 24 Stunden bei Raumtemperatur in neutraler Lösung). Fischer und Johns (1973) gelang es nun, ein Thyminhydrat auch nach Bestrahlung von Thyminlösungen nachzuweisen. Bei ihren Untersuchungen stellte sich heraus, daß seine Bildung mit so geringer Quantenausbeute erfolgt, daß es bei den bisherigen Untersuchungen unentdeckt geblieben ist.

Hydrate entstehen auch bei der Bestrahlung von Uridin, Uridylsäure, Cytosin und Cytidilsäure. Ihre Struktur und Stabilität ist von Fahr und Mitarbeitern sehr ausführlich untersucht worden (Fahr, 1968). Nach ihren Ergebnissen nimmt sowohl bei den Uracil- als auch bei den Cytosinhydraten die Lebensdauer in der Reihenfolge Base – Nukleosid – Nukleotid, also in Richtung Nukleinsäure, zu. Absolut gesehen sind die Cytosinverbindungen erheblich unbeständiger. Quantitative Studien der Ausbeute an Uracil- und Cytosinhydraten bzw. von ihren Abkömmlingen haben Johns und Mitarbeiter veröffentlicht (Browns und Johns, 1968, Becker u.a., 1967). Einige quantitative Daten sind in Tab. 8.13 zusammengefaßt.

Tab. 8.13: Quantenausbeuten und Lebensdauern von Hydraten der Pyrimidinbasen

Molekül	Quantenausbeute	Halbwertszeit (min)	Referenz
Uracil	$7 \cdot 10^{-4}$	1200 (50° C)	Brown u. Johns, 1968
Cytidilsäure	$1{,}3 \cdot 10^{-2}$	1500 (0° C)	Becker u.a., 1967
Thymin	$3 \cdot 10^{-5}$	900 (60° C)	Fisher u. Johns, 1973

8.3.3.2 Dimere

Beukers und Mitarbeiter (1959) fanden bei der Exposition eingefrorener wäßrige Thyminlösung ein Produkt, das sich vor allem durch seine große Stabilität von den Hydraten unterschied. Auch zeigt es ein anderes Absorptionsspektrum (Abb. 8.18).

Mit Hilfe der Ultrarot- (Beukers und Bernds, 1960) und der Kernresonanzspektroskopie (Wulff und Fraenkel, 1961) konnte nachgewiesen werden, daß es sich hierbei um einen sogenannten Cyclobutantypdimer aus zwei Thyminen handelt: Die beiden Basen sind über die 5,6-Bindung miteinander verbunden, wodurch ein Cyklobutanring entsteht (Abb. 8.19). Stereochemisch sind vier Isomere dieses Moleküls möglich (Wulff und Fraenkel, 1961, Abb. 8.20). Sie sind alle auf chemischem Wege dargestellt und im einzelnen untersucht worden (Weinblum und Johns, 1966). Zu welchem Anteil sie bei der Bestrahlung entstehen, hängt stark von dem Aggregatszustand und der Molekülkonfiguration ab (siehe unten).

Bei Bestrahlung in der Eismatrix entsteht in überwiegendem Maße das sogenannte Cys-Sin-Isomere [Abb. 8.20 Struktur (I)]. Die Quantenausbeute für die Dimerisie-

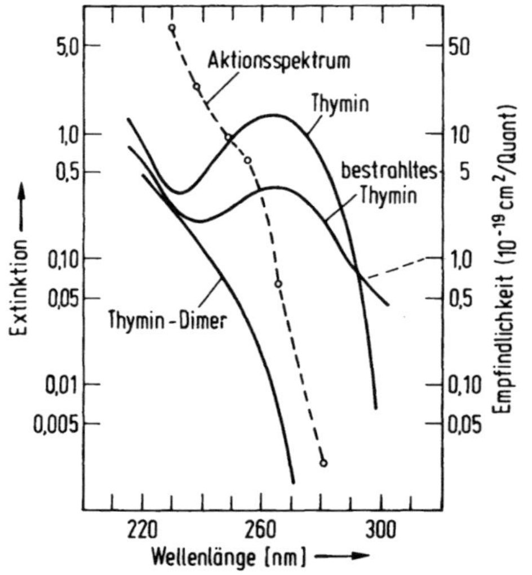

Abb. 8.18: Absorptionsspektren von bestrahltem und unbestrahltem Thymin, dem Thymindimeren sowie das Absorptionsspektrum für die fotochemische Dimerenspaltung (nach Jagger, 1967).

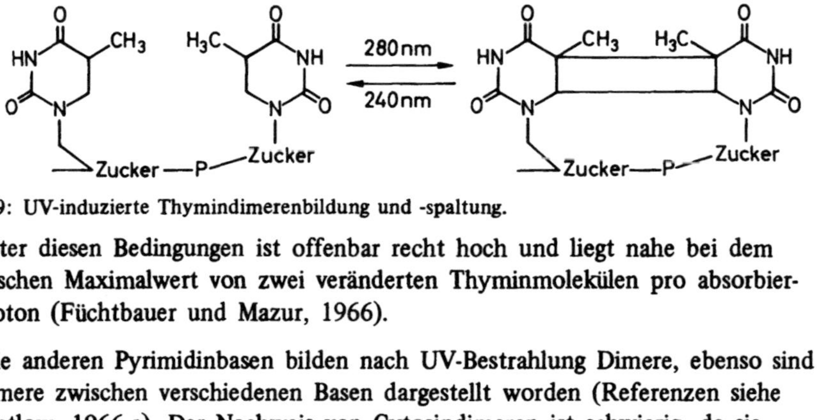

Abb. 8.19: UV-induzierte Thymindimerenbildung und -spaltung.

rung unter diesen Bedingungen ist offenbar recht hoch und liegt nahe bei dem theoretischen Maximalwert von zwei veränderten Thyminmolekülen pro absorbiertem Photon (Füchtbauer und Mazur, 1966).

Auch die anderen Pyrimidinbasen bilden nach UV-Bestrahlung Dimere, ebenso sind Mischdimere zwischen verschiedenen Basen dargestellt worden (Referenzen siehe bei J. Setlow, 1966 a). Der Nachweis von Cytosindimeren ist schwierig, da sie leicht durch Desaminierung in Uracildimere übergehen (Green und Cohen, 1957). Nach Smith (1963) entstehen sie bei der Bestrahlung von Cytosin in einer Eismatrix. Uracil- und Thymindimere entstehen auch bei der UV-Exposition von wäßrigen flüssigen Lösungen, allerdings mit erheblich kleinerer Ausbeute (Brown und Johns, 1968, Fischer und Johns, 1970). In der letztgenannten Arbeit wurde gezeigt, daß bei niedrigen Thyminkonzentrationen die Bildung des Dimeren über den angeregten Triplettzustand erfolgt, woraus eine starke Abhängigkeit der Reaktion von Sauerstoffverunreinigungen resultiert. Bei höheren Thyminkonzentrationen bilden sich in der Lösung bimolekulare Aggregate, die Dimerenbildung verläuft dann über einen angeregten Singulettzustand. Es konnten alle vier sterischen Isomere nachgewiesen werden. Auch bei Uracil ist der Triplettzustand ein Vorläufer des

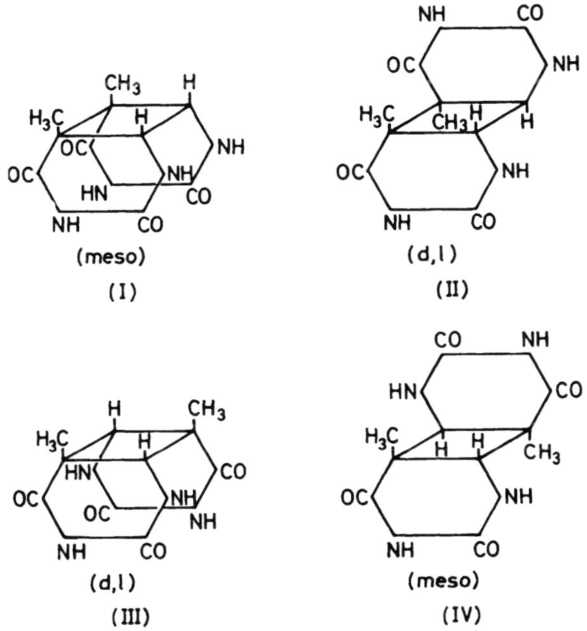

Abb. 8.20: Isomere der Thymindimeren (nach Wulff und Fraenkel, 1961).

Dimeren (Brown und Johns, 1968), während die Hydratbildung ausschließlich über den ersten angeregten Singulettzustand verläuft.

Thymindimere lassen sich auch mit Hilfe sensibilisierter Fotoreaktionen herstellen. Setzt man der Lösung Aceton, Acetonphenon oder Benzophenon zu und bestrahlt mit 313 nm, so erhält man als Fotoprodukt in hohem Anteil Dimere (Lamola u.a., 1967, Greenstock und Johns, 1968). In diesem Fall verläuft die Bildung lediglich über den Triplettzustand (vgl. auch Tab. 8.11).

Im Gegensatz zu den Hydraten sind die Dimeren resistent gegen chemische Behandlungen und können deshalb leicht aus den Nukleinsäuren durch Hydrolyse abgespalten werden. Von anderen Bestandteilen lassen sie sich dann durch Papier- oder Dünnschichtchromatografie trennen (Wacker u.a., 1960). Verschiedenen Methoden der Dimeren-Isolierung und Aufarbeitung sind von Günther und Prusoff (1967) dargestellt worden.

Die Dimerenbildung ist eine Gleichgewichtsreaktion, d.h., Dimere werden durch Bestrahlung mit ultraviolettem Licht sowohl gebildet als auch gespalten.

Die Wellenlängenabhängigkeit beider Prozesse ist unterschiedlich, was auch schon aus den verschiedenen Absorptionsspektren (Abb. 8.18) hervorgeht. Somit hängen die Gleichgewichtslagen von den eingestrahlten Wellenlängen ab. Ein Maximum der Dimerenbildung ist bei 280 nm festzustellen, die höchste Ausbeute bezüglich der Monomerisierung liegt bei 240 nm. Diese Eigenschaft der Reaktion, wodurch sie sich von der Hydratbildung und anderen Prozessen unterscheidet, bildet ein wichtiges analytisches Hilfsmittel und ist zum Studium vieler Systeme eingesetzt worden. Vor allem läßt sich mit ihrer Hilfe auch bei in vivo-System entscheiden, ob und in welchem Maße Pyrimidindimere für biologische Effekte verantwortlich sind.

8.3.4 Polynukleotide und Nukleinsäuren

Nach Setlow (1966) und Varghese (1972) können bei Bestrahlung in den Nukleinsäuren folgende Veränderungen hervorgerufen werden:
a) Pyrimidindimere,
b) Hydratbildung
c) Addukte zwischen Basen,
d) Vernetzungen zwischen Nukleinsäuren und Protein (bei in vivo-Bestrahlung),
e) Vernetzungen innerhalb der Nukleinsäuren,
f) Denaturierung,
g) Sprangbrüche,
h) „Sporenprodukt".
Hierbei handelt es sich um eine Aufzählung der wichtigsten Produkte, die vom Standpunkt des chemischen Analytikers durchaus nicht als erschöpfend anzusehen ist.
Es sind außerdem in der Literatur noch eine Reihe anderer UV-induzierte Molekülveränderungen beschrieben worden, auf die hier jedoch nicht eingegangen werden soll, weil sie entweder von untergeordneter Bedeutung sind oder bei ihrer Signifikanz noch nicht klar genug erwiesen ist (vgl. die Zusammenstellung von Varghese, 1972).

8.3.4.1 Pyrimidindimere

Thymidindimere können bei der Bestrahlung wäßriger Lösungen von Thymidindinukleotiden (Johns u.a., 1962), Stumpf und Shugar, 1962) in Polythymidylsäure (Deering und Setlow, 1963) und DNS gefunden werden (Wacker u.a., 1962). Ihre Ausbeute hängt offensichtlich von einer besonderen Konfiguration ab, die unter den oben gegebenen Bedingungen, in Thyminlösungen aber nur bei hohen Konzentrationen durch die Aggregatbildung gegeben ist. Die Einbettung von Thyminmolekülen in eine Eismatrix favorisiert ebenfalls die Dimerisierung. Während üblicherweise neben den Dimeren auch andere Fotoprodukte entstehen, gilt dies in geringerem Maße bei der Bestrahlung in Gegenwart der schon zitierten Sensibilisatoren Aceton, Acetophenon und Benzophenon, wo nahezu alle Veränderungen Pyrimidindimere darstellen (Charlier und Heléne, 1967, 1972, Elad u.a., 1967, Greenstock und Johns, 1968, Jennings u.a., 1970, Lamola und Yamane, 1967, von Wilucki u.a., 1967). Die letztgenannten Reaktionen verlaufen, wie schon mehrfach betont, über angeregte Triplettzustände. Damit ist zwar erwiesen, daß Dimere in der DNS auf diesem Wege entstehen können, jedoch kein Beweis dafür erbracht, daß sie in Abwesenheit des Sensibilisators nach direkter Absorption eines Quants in der Nukleinsäure ebenfalls auf diesem Wege gebildet werden. Eisinger und Lamola (1967) sowie Eisinger und Shulman (1967) schließen aufgrund von Fluoreszenzmessungen, daß in Nukleinsäuren, bei welchen zwischen den einzelnen Bestandteilen aufgrund der planaren Basenaufstockung eine starke Wechselwirkung besteht, der angeregte Singulettzustand den Vorläufer für Pyrimidindimere bildet. Sutherland und Sutherland (1969) untersuchten den Einfluß von paramagnetischen Ionen, welche zu einer Löschung des Triplettzustandes führen, auf die Dimerenbildung und kommen zu demselben Schluß. Dieselben Autoren zeigten jedoch in einer anderen Arbeit (1970), daß die Dimerisierung durch Ethidiumbromid unterdrückt werden kann, was zumindest auf eine Beteiligung von Triplettzuständen hinweist. Derselbe Schluß ist aus Experimenten über den Einfluß von Silberionen zu ziehen (Rahn und Landry, 1973). Wahrscheinlich erfolgt die Fotodimerisierung von Pyrimidinbasen in der DNS sowohl über den angeregten Singulett- als auch den Triplettzustand.

Die Struktur des Thymindimeren ist in UV-bestrahlter DNS überwiegend dieselbe, wie sie in gefrorenen Thyminlösungen gefunden wird (Isomeres I, Abb. 8.20 „Cis-Syn-Konfiguration"). In einsträngiger oder denaturierter DNS wurde jedoch auch ein Transsyn-Isomeres (II in Abb. 8.20) gefunden. Dieses Fotoprodukt ist im Gegensatz zu dem Cis-Syn-Dimeren *nicht* fotoreaktivierbar (Ben Hur und Ben Ishai, 1968). In Lösungen von Thymidindinukleotid wurden, wie bei dem Mononukleotid, alle vier Isomere nachgewiesen (Johns u.a., 1964).

Thymindimere werden in doppelsträngiger DNS nur zwischen Basen auf demselben Strang gebildet und auch nur zwischen unmittelbar benachbarten Thyminmolekülen (Setlow, 1966). Die Ausbeute ist höher in denaturierter (einsträngiger) als in nativer DNS (Wacker u.a., 1962). Auch hängt sie von der Temperatur bei der Bestrahlung ab: Bei 77° K werden nur 0,65 % des vorhandenen Thymins dimerisiert, während bei 280° K mehr als 20 % in dem untersuchten Präparat umgewandelt wurden (Rahn und Hosszu, 1968). Auch bei Bestrahlung von DNS in trockenem Zustand sinkt die Menge gebildeter Thymindimeren erheblich (Smith und Yoshikava, 1966, Ricklis, 1965). Selbst unter optimalen Bedingungen liegt bei Polynukleotiden und DNS die Ausbeute an Thymindimeren beträchtlich unter den für gefrorene Thyminlösungen gefundenen Werten (R.B. Setlow, 1966). Der Grund für die beschriebenen Befunde liegt darin, daß die Basen in der DNS um ca. 30 Grad aus ihrer Normallage verdreht werden müssen, um eine Dimerisierung zu ermöglichen (Nagata u.a., 1965). Die freie Beweglichkeit ist in der Doppelstrangstruktur eingeschränkt und wird durch Trocknung oder tiefe Temperaturen noch weiter vermindert. In gefrorenen Thyminlösungen bilden sich Mikrokristalle, deren Aufbau offenbar für Dimerisierung besonders günstig ist. Thymin-Dimere sind in der DNS nach UV-Bestrahlung nicht rein statistisch verteilt, vielmehr bilden sie Häufungspunkte („Dimer Clusters"), was wahrscheinlich darauf zurückzuführen ist, daß die mit der Dimerenbildung einhergehende Veränderung der Sekundärstruktur besonders günstige Verhältnisse für die Bildung weiterer Dimeren schafft (Johns, 1967; Shafranovskaya u.a., 1973).

Auch im Molekülverband der Nukleinsäure können Dimere durch ultraviolettes Licht monomerisiert werden; die wirksamen Wellenlängen sind dieselben wie bei der isolierten Base. Diese Tatsache führt dazu, daß die Zahl der als Funktion der eingestrahlten Dosis gebildeten Dimere einem Sättigungswert zustrebt, der bei 280 nm am höchsten, bei 240 nm am niedrigsten ist. Weitere Angaben findet man bei Setlow (1964). In doppelsträngiger Kalbsthymus-DNS werden bei einer Wellenlänge von 254 nm 6,5 % aller Nukleotide dimerisiert, wenn bis zur Sättigung bestrahlt wurde (Wulff, 1963).
Dimere anderer Pyrimidinbasen wurden ebenfalls in Nukleinsäure nachgewiesen. Uracildimere in RNS aus Tabakmosaikvirus wurden von Schuster (1964) isoliert. Quantitative Studien über Dimeren- und Hydratbildung in Polyuridin sind von Johns und Mitarbeitern (Johns, 1967) durchgeführt worden.

Setlow und Carrier (1966) haben die in der DNS durch UV-Bestrahlung entstehenden Pyrimidindimeren systematisch untersucht. Sie fanden außer den zu erwartenden Thymin-Thymin-, ($\widehat{TT}$), Cytosin-Cytosin ($\widehat{CC}$)- und Cytosin-Thymin-Dimeren ($\widehat{CT}$) auch Uracil-Uracil- ($\widehat{UU}$) und Uracil-Thymin-Dimere ($\widehat{UT}$), was sie darauf zurückführten, daß Cytosin als Teil eines Dimeren leicht durch Desaminierung in Uracil übergeht. Die relativen Ausbeuten schwanken je nach biologischer Herkunft der DNS. Der Wirkungsgrad der Dimerenbildung steigt in der Reihenfolge $\widehat{CC}$, $\widehat{CT}$, $\widehat{TT}$, derjenige der Spaltung durch kürzerwelliges Licht in der Reihenfolge $\widehat{CC}$ und $\widehat{CT}$ (beide ungefähr gleich) $\widehat{TT}$, $\widehat{UT}$ und $\widehat{UU}$, die ebenfalls ungefähr mit derselben Effektivität monomerisiert werden. Alle gefundenen Dimere haben die Cys-Syn-Konfiguration (Weinblum, 1967).

Quantitative Angaben über die Ausbeute an Pyrimidindimeren machen Unrau u.a., (1973):
Da der Gehalt an nebeneinanderliegenden Pyrimidinbasen (nur sie können dimerisiert werden) von Organismus zu Organismus schwankt, bezieht man die Ausbeute auf die vorhandenen T-T-Paare. Es ist $\widehat{TT}/TT = 1{,}18 \cdot 10^{-4}\ J^{-1} \cdot m^2$ in isolierter DNS, jedoch $0{,}6 \cdot 10^{-4}\ J^{-1} \cdot m^2$, wenn die Bestrahlung intrazellulär erfolgte. Demnach ist eine Abschirmung innerhalb der Zelle nicht auszuschließen. Das Verhältnis: $\widehat{CC}$: $\widehat{CT}$: $\widehat{TT}$ ist ungefähr 1 : 1 : 2.

Die Dimerisierung kann durch eine Reihe von Verbindungen stark reduziert werden, die Komplexe mit der Nukleinsäure formen, zum Beispiel Proflavin (Beukers, 1965, Setlow und Carrier, 1967) oder Ethidiumbromid (Sutherland und Sutherland, 1969).
Die absorbierte Energie wird in diesem Fall durch Wechselwirkungen der angeregten Zustände (ob es sich dabei um Triplett- oder Singulettzustände handelt, ist nicht klar erwiesen) auf den zugesetzten Stoff übertragen.

Dimere in Nukleinsäuren werden üblicherweise mit der folgenden Methodik nachgewiesen: Die Nukleinsäure wird in der Base, deren Dimerisierung untersucht werden soll, spezifisch radioaktiv markiert und nach der Exposition (und evtl. Extraktion aus der Zelle) durch Säureeinwirkung hydrolisiert. Die weitere Auftrennung erfolgt entweder papier- oder dünnschichtchromatografisch. Fließmittel und RF-Werte sind in Tab. 8.14 aufgeführt. Fischer und Johns (1970) gelang auch die chromatografische Trennung der vier Thymindimeren-Isomere mit Hilfe der Dünnschichtchromatografie.

Tab. 8.14: Chromatographische Eigenschaften einiger DNS-Fotoprodukte (n. Varghese 1971, dort auch weitere Literatur)

Produkt	R_f-Wert
$\widehat{UU}$	0,12
$\widehat{UT}$	0,19
$\widehat{TT}$	0,29
PO-T	0,29
TDHT	0,37
Thymin	0,6

Der R_f-Wert ist der Wanderungsweg des zu identifizierenden Produkts, bezogen auf den Wanderungsweg der Flüssigkeitsfront. Chromatografiergemisch: n-Butanol-Wasser-Eisessig im Verhältnis 80 : 30 : 12.
Chromatografiermaterial: Papier.
Das Symbol charakterisiert die entsprechenden Dimere ($\widehat{UU}$ = Uracil-Uracil-Dimer, usw.).
U = Uracil,
T = Thymin,
PO-T = Pyrimidinaddukt (Abb. 8.21),
TDHT = 4-Thyminyl-5,6-dihydrothymin (vgl. Text).

Ein äußerst empfindliches Verfahren für den Nachweis nichtradioaktiv markierter Thymindimere beruht auf einer immunologischen Methode (Levine u.a., 1966, Lucas, 1972). Hierbei ist eine hydrolytische Spaltung der DNS nicht nur unnötig, sondern sogar unerwünscht, da die antigenischen Eigenschaften der Nukleinsäure benötigt werden.

Es ist eine Absolutmenge von ca. $2 \cdot 10^{-8}$ g Thymindimeren nachzuweisen, die Methode ist selektiv für Thymindimere in der DNS, die Kreuzempfindlichkeit gegenüber bestrahlter RNS ist zu vernachlässigen (Lucas, 1972). Indirekt kann die Beteiligung von Pyrimidindimeren bei einem biologischen Effekt über die mögliche Fotoreaktivierbarkeit geprüft werden, da das fotoreaktivierende Enzym lediglich auf dieses Substrat reagiert (s. Kap. 8.5.2).

8.3.4.2 Hydrate

Hydrate sind gefunden worden in Uracildinukleotiden, Polyuridin und in Polyuridin-Polyadenosin-Copolymeren (siehe Johns, 1967) sowie in DNS aus Escherichia Coli (Grossman und Rogers, 1968). Die Hydratbildung ist stark reduziert, wenn die Nukleinsäuren in doppelsträngiger Form vorliegen – sei es in künstlichen Polynukleotiden (Pearson und Johns, 1966) oder auch in nativer DNS (Setlow und Carrier, 1963). Wahrscheinlich wird die Hydratisierung durch die Wasserstoffbrükkenbindung zwischen den Basen im Doppelstrang erschwert. Die unmittelbare biologische Signifikanz von Pyrimidinhydraten ist wahrscheinlich recht gering, da sie auch im polymeren Molekül sehr instabil sind. Wichtig ist aber der schon vorher beschriebene Befund, daß Cytosinhydrat durch Desaminierung leicht in Uracil übergehen kann. Diese normalerweise in der DNS nicht vorkommende Base zeigt dieselbe Basenpaarungseigenschaft wie Thymin, so daß auf dem Umweg über eine Hydratisierung eine Änderung des genetischen Codes erfolgen kann (Grossman u.a., 1965, Ono u.a., 1965). Daß diese auch tatsächlich passiert, konnte bei in vitro-Synthese von Ribonukleinsäure mit Polycytidilsäure als Matrize nachgewiesen werden. Obwohl diese Basenveränderung wahrscheinlich im Allgemeinen für Zellen keine Letalschädigung darstellt, hat sie aber sicher eine große Bedeutung für die UV-induzierte Mutationsauslösung.

8.3.4.3 Pyrimidinaddukte

Ein weiteres UV-Fotoprodukt hat erst vor kurzem größere Aufmerksamkeit erlangt, es handelt sich um eine Pyrimidin-Thymin-Verbindung (PO-T), deren Struktur in Abb. 8.21 dargestellt ist (Varghese und Wang, 1967, Wang und Varghese, 1968). Es entsteht in der DNS aus Reaktionen zwischen Cytosin und Thymin nach UV-Bestrahlung (Varghese und Patrick, 1969), zeichnet sich durch eine Absorption oberhalb 300 nm aus und kann in vivo durch Exposition mit 313 nm revertiert werden (Ikenaga u.a., 1970, Patrick, 1970).

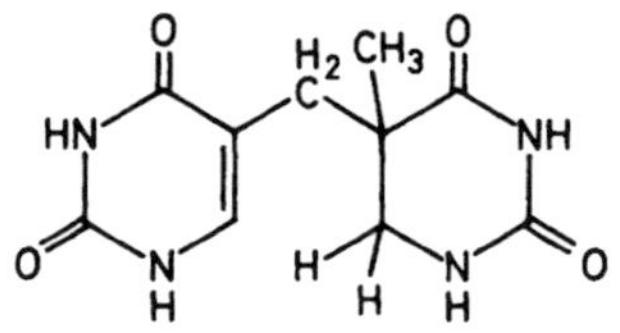

Abb. 8.21: Struktur des Pyrimidon-Thymin-Addukts.

8.3.4.4 Vernetzungen zwischen Nukleinsäuren und Protein

Nukleinsäuren liegen in Zellen nicht als isolierte Systeme vor, sondern befinden sich in enger Nachbarschaft oder sogar in chemischer Bindung zu Proteinbestand-

teilen. Aus diesem Grunde muß erwartet werden, daß Reaktionen zwischen diesen Molekülen weitreichende biologische Bedeutung haben können. An solche Reaktionen ist vor allem dort zu denken, wo Pyrimidindimere nachgewiesenermaßen nur eine geringe Rolle spielen, besonders aber auch dort, wo das Aktionsspektrum eine Beteiligung von Proteinkomponenten erwarten läßt, wie möglicherweise in Säugerzellen (8.4). In Bakterien kann dies der Fall sein, wenn die Bestrahlung im gefrorenen Zustand oder nach Thyminhungerung erfolgt (Smith u.a., 1966, Smith und O'Leary, 1967). Vernetzungen zwischen DNS und Proteinkomponenten äußern sich darin, daß die Extrahierbarkeit der Nukleinsäure nach UV-Bestrahlung stark abnimmt (Smith, 1962, Alexander und Moroson, 1962). Die chemische Struktur dieser „DNA-Protein-Crosslinks" ist noch nicht bekannt. Um Anhaltspunkte für die möglicherweise ablaufenden Reaktionen zu erhalten, wurden in vitro-Studien durchgeführt, bei welchen die UV-Fotoaddition verschiedener Aminosäuren an Nukleinsäurekomponenten studiert wurde. Eine Zusammenfassung dieser Arbeiten hat K.C. Smith (1970) gegeben. Von allen untersuchten Aminosäuren zeigt Cystein die höchste Reaktionsfähigkeit. Bestrahlt man die Lösungen von Cystein und Uracil, so kommt es zur Bildung des Additionsproduktes 5-S-Cystein-6-Hydro-Uracil (Smith und H. Alpin, 1966).
Die Reaktionskonstanten für die fotochemische Addition von Cystein an verschiedene Polynukleotide sind bestimmt worden (Smith, 1970). Von den anderen Aminosäuren zeigen die folgenden ebenfalls Fotoreaktionen mit Uracil, wenn auch in bedeutend geringerem Maße als Cystein: Glycin, Serin, Phenylalanin, Thyrosin, Tryptophan, Cystin, Methionin, Histidin, Arginin und Lysin. Die Wechselwirkung von Thymin und Cystein nach UV-Bestrahlung hat Varghese (1973) studiert.

8.3.4.5 Vernetzungen innerhalb der Nukleinsäuren

Bestrahlt man trockene DNS mit hohen UV-Dosen, so wird sie unlöslich (Setlov und Doyle, 1953). Bei Bestrahlung in Lösung wird die Strangtrennung doppelsträngiger DNS erschwert (Marmur und Grossman, 1961). Beide Befunde und einige andere Untersuchungen (Referenzen siehe bei J.K. Setlow, 1966) deuten darauf hin, daß UV-Strahlung Vernetzungen zwischen den beiden Strängen doppelsträngiger DNS hervorrufen kann. Die notwendigen Bestrahlungen sind jedoch so hoch, daß diese Produkte zur Deutung biologischer Phänomene ausscheiden.

8.3.4.6 Denaturierung

UV-Bestrahlung von DNS kann zu vollständiger oder teilweiser Denaturierung des Doppelstranges führen, was sich in einer vergrößerten Reaktionsfähigkeit mit Formaldehyd (Sauerbier, 1960) und einem veränderten Schmelzverhalten äußert. Die hierfür benötigten Dosen sind jedoch wieder sehr hoch und liegen außerhalb der üblicherweise biologisch signifikanten Bereiche. Lang und Luck (1973) stellten eine Veränderung der ORD-(*Optische Rotationsdispersion*) und CD-(*Circular dichroismus*)Spektren schon nach relativ geringen Dosen fest, die auf eine Verformung der Doppelstrangstruktur hinweisen. Es ist anzunehmen, daß lokale Denaturierungen auch als „Nebenprodukt" bei anderen fotochemischen Veränderungen der DNS, wie Hydratisierung und Dimerenbildung, auftreten (Johns, 1967). Solche Zonen können unter Umständen als Erkennungssignale für die intrazellulären Reparatursysteme dienen. Eindeutige experimentelle Befunde für diese Hypothese liegen allerdings derzeit nicht vor.

8.3.4.7 Strangbrüche

Im Gegensatz zu ionisierender Strahlung induziert ultraviolettes Licht bei Dosen im biologisch relevanten Bereich keine Strangbrüche (sie treten allerdings bei der intrazellulären enzymatischen Reparatur auf, siehe 8.5). Wird jedoch in der DNS die Base Thymin durch die analoge Verbindung Bromuracil (BU) ersetzt, so sind sie in großer Menge auch schon bei niedrigen Bestrahlungsdosen festzustellen. Der Mechanismus dieser sensibilisierten Reaktion ist ausführlich von Hutchinson (1973) dargestellt worden. Die Inkorporation von BU in Phagen oder zellulärer DNS sensibilisiert diese Zellen gegenüber UV. Hotz (1963) fand, daß der Effekt in Phagen durch Zugabe von Cysteamin aufgehoben werden kann, was auf die Beteiligung von Radikalreaktionen schließen läßt.

8.3.4.8 „Sporenfotoprodukt"

Bisher sind die wichtigsten UV-induzierten fotochemischen Veränderungen der Nukleinsäuren besprochen worden. Es ist noch eine Reihe anderer Produkte isoliert worden (siehe z.B. bei Smith und Hanawalt, 1969, Varghese, 1971), welche wahrscheinlich nur eine geringe Bedeutung für den biologischen Effekt haben. Von größerer Signifikanz, jedenfalls für spezielle Systeme, dürfte jedoch das sogenannte Sporenfotoprodukt sein. Bestrahlt man Bakteriensporen mit UV der Wellenlänge 254 nm, so ist festzustellen, daß die biologische Schädigung nur zu einem geringen Teil auf Pyrimidindimere von Cyclobutantyp zurückgeht. Es konnte jedoch ein anderes Thymindimeres isoliert werden, dessen Struktur in Abb. 8.22 darge-

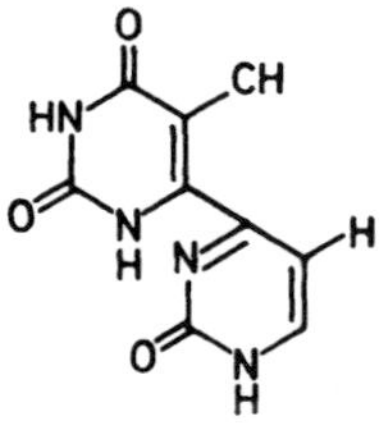

Abb. 8.22: Struktur des „Sporenprodukts" TDHT.

stellt ist. Es handelt sich hierbei um 5-Thyminyl-5,6-dihydrothymin, das üblicherweise mit TDHT abgekürzt wird (Varghese, 1971). Ihm wird der größte Teil der biologischen Schädigung in diesem System zugeschrieben. Eine eindeutige Beweisführung für diese Annahme steht jedoch noch aus, da bequeme analytische Hilfsmittel, wie bei Cyklobutandimeren, nicht zur Verfügung stehen. Das Sporenfotoprodukt kann weder durch kurzwellige Strahlung monomerisiert werden, noch ist es ein Substrat für das fotoreaktivierende Enzym. Es ist anzunehmen, daß es auch bei der UV-Inaktivierung von Bakterienzellen eine Rolle spielt, wenn die Bestrahlung bei sehr niedrigen Temperaturen (77° K) durchgeführt wird (Smith und Hanawalt, 1969).

Eine Übersicht über die relative Bedeutung verschiedener Fotoprodukte nach UV-Bestrahlung in DNS aus E. coli bei Veränderung der Versuchsbedingungen gibt Tab. 8.15 a.

Tab. 8.15 a: Relative Ausbeute verschiedener Fotoprodukte in Abhängigkeit von den Versuchsbedingungen (Patrick, 1970).

Bedeutungen der Abkürzungen: s. Text

Escherichia coli DNS	$\hat{TT}$/T	$\hat{UT}$/T	PO-T/T	TDHT/T	$\hat{UU}$/C
Nativ	5,20	1,52	0,64	–	0,72
Denaturiert	6,78	1,85	0,19	–	–
Trockener Film	3,20	0,74	1,20	3,70	–
Gefroren	1,99	0,48	1,75	6,01	–

Tab. 8.15 b: Relative Ausbeuten verschiedener Fotoprodukte in Organismen mit unterschiedlicher Basenzusammensetzung (Patrick, 1970).

Bedeutung der Abkürzungen: siehe Tab. 8.14.

Bestrahlung: 4000 μJ mm^{-2} bei 254 mm, wenn nicht anders angegeben.

Organismus	A + T/ G + C	PO-T/T	$\hat{TT}$/T	$\hat{CT}$/T
Staphylococcus epidermidis	1,85	0,080	1,30	0,46
Haemophilus influenza ($1 \cdot 10^3$ μJ $\cdot$ mm^{-2})	1,63	0,22	2,82	0,54
T7 Phagen-DNS	1,10	0,41	3,05	0,98
Escherichia coli B/r	0,93	0,38	2,20	0,76
M. radiodurans	0,51	0,53	1,28	0,98
Streptomyces griseus	0,35	0,86	0,73	0,66

Wie schon betont, hängen Art und Ausbeute der UV-Fotoprodukte vom Basenverhältnis ab; einige Beispiele sind in Tab. 8.15 b zusammengestellt.

8.3.5 Relative biologische Bedeutung UV-induzierter primärer Fotoprodukte

Aufgrund von Wirkungsspektren (s. Abschn. 8.4.1.2) für die Unterbindung des Koloniebildungsvermögens oder für die Auslösung von Mutationen hat man schon früh angenommen, daß eine Nukleinsäure den Hauptangriffspunkt für UV in der Zelle ist (Gates u.a., 1930, Knapp u.a., 1939, Holländer und Emmons, 1951). Diese Vermutung hat sich später bestätigt. Aus der Fülle der Befunde darf aber nicht der Schluß gezogen werden, daß andere Bestandteile der Zelle überhaupt keine Rolle spielen. Zum Beispiel ist die mögliche Mitwirkung von Proteinen oft nicht auszuschließen, zumal manche Wirkungsspektren um 280 nm eine höhere Effektivität dokumentieren als aufgrund der Absorption der Nukleinsäuren allein vermutet werden könnte. Ein Beispiel hierfür ist die Inaktivierung von Säugerzellen (Todd u.a., 1968) (8.4.6, Abb. 8.32).

Setzt man die besondere Wichtigkeit der UV-induzierten Veränderungen an Nukleinsäuren voraus, so ergibt sich als nächste Frage, welches spezielle Produkt für den biologischen Effekt verantwortlich ist, oder – wenn es mehrere sind – wie hoch ihre relative Bedeutung einzustufen ist. J.K. Setlow (1966) hat dieses Problem ausgiebig untersucht und gelang zum dem Schluß, daß Pyrimidindimere die biologisch wichtigste Veränderung in den Nukleinsäuren darstellen, zumindest unter den üblichen physiologischen Bedingungen. Thymindimere in vivo wurden zuerst von Wacker u. Mitarbeiter (1962) in DNS aus bestrahlter Enterokokkenbakterien nachgewiesen. Sie verwandten teilungssynchronisierte Kulturen und konnten zeigen, daß die höchste Strahlenempfindlichkeit zeitlich mit der größten Ausbeute an Thymidindimeren zusammenfiel. Andere indirekte Beweise für die Bedeutung der Thymin- oder allgemein Pyrimidindimeren sind:

1. Pyrimidindimere entstehen fast als einzige Fotoprodukte in genügender Zahl bei den Dosen, die in vielen Organismen zum Verlust des Koloniebildungsvermögens führen (Tab. 8.15) (R.B. Setlow, 1964).
2. Thymindimere werden in vivo mit der höchsten Ausbeute gebildet. Falls sie biologisch wichtig sind, sollte man eine höhere Empfindlichkeit bie Organismen mit größerem Thymingehalt erwarten. Das ist in Bakterien auch tatsächlich gefunden worden (Haynes, 1964).
3. In vielen Organismen kann der UV-Strahlenschaden durch spätere Behandlung mit sichtbarem Licht wieder rückgängig gemacht – „fotoreaktiviert" – werden (8.5.1). In-vitro-Experimente haben jedoch gezeigt, daß Pyrimidindimere das Substrat des fotoreaktivierenden Enzyms darstellen.
4. Eine direkte Methode ergibt sich aus der Tatsache, daß Pyrimidin, vor allem Thymindimere, durch kurzwelliges ultraviolettes Licht wieder monomerisiert

werden können, worauf schon hingewiesen wurde (Setlow und Setlow, 1962). Sind diese Verbindungen also für einen biologischen Effekt verantwortlich, dann sollte dieser in seinem Ausmaß durch eine Bestrahlung mit einer Wellenlänge von 240 nm wieder reduziert werden können. Damit dies geschehen kann, muß allerdings die ursprüngliche Zahl von Dimeren so hoch sein, daß ihre Spaltung – nicht die Bildung anderer Fotoprodukte – die Hauptreaktion darstellt. Diese Bedingung schließt Versuche mit den meisten Organismen aus, da normalerweise schon wenige Dimere zum Verlust der Teilungsfähigkeit führen. Durchgeführt werden aber kann der Test mit transformierender DNS (Setlow und Setlow, 1963) (siehe 8.4.2), wobei sich das erwartete Ergebnis zeigt. Haug und Goes (1963) konnten dies allerdings mit transformierender DNS aus Bacillus subtilis nicht bestätigen. Bowling und Setlow (1966) gelang die Schadenreduktion durch Nachbehandlung mit kürzerwelligem Licht auch in diesem System. Die Versuchsdurchführung besteht darin, daß erst mit einer Wellenlänge von 280 nm (hier ist die relative Ausbeute an Thymindimeren am größten) und dann mit 240 nm (hier werden vorhandene Dimere fast quantitativ monomerisiert) bestrahlt wird. Dann werden die Effekte vor und nach der Behandlung verglichen. Diese Reaktion ist rein fotochemisch und darf nicht mit der enzymatischen Fotoreaktivierung verwechselt werden, von der sie sich vor allem auch durch die wirksame Wellenlänge unterscheidet.

5. UV-resistente Stämme haben ein Reparatursystem (8.5), welches Thymindimere aus der DNS entfernt. Sie erscheinen dann als Teil kurzer Oligomeren in der säurelöslichen Fraktion des Hydrolysats (Setlow und Carrier, 1964, Boyce und Howard-Flanders, 1964). In einigen UV-empfindlichen Mutanten verbleiben die Dimere in der Nukleinsäure (Bridges und Munson, 1966).

6. Bestrahlt man Bakterien in der Gegenwart von Aceton mit einer Wellenlänge von 313 nm, so werden in der DNS nahezu ausschließlich Thymindimere gebildet. Durch anschließende Fotoreaktivierung kommt es selbst bei höheren Dosen zu einer nahezu völligen Wiederherstellung des Koloniebildungsvermögens (Menningmann und Wacker, 1970). Hierdurch ist erwiesen, daß Pyrimidindimere entscheidend zur biologischen Inaktivierung beitragen. Gleichzeitig zeigen diese Untersuchungen aber auch, daß nach direkter Absorption des ultravioletten Lichtes in der Zelle Pyrimidindimere nicht die einzigen biologisch relevanten Primärprodukte sein können, da nach Exposition mit 254 nm bisher in keinem System eine hundertprozentige Fotoreaktivierbarkeit festgestellt werden konnte.

   Für die Beteiligung anderer Fotoprodukte sprechen auch die folgenden Ergebnisse:

1. Die Zahl der Pyrimidindimeren strebt bei hohen Dosen einem Sättigungswert zu, was darauf zurückzuführen ist, daß ihre Bildung, wie im vorhergehenden Abschnitt besprochen, eine Gleichgewichtsreaktion aus Dimerisierung und Monomerisierung darstellt. Eine solche Sättigung ist in biologischen Dosiseffektkurven nicht zu sehen.

2. Eine Reversion der Schädigung durch Bestrahlung mit kürzerwelligem (monomerisierendem) Licht ist in den extrem resistenten Bakteriensporen nicht möglich (Setlow und Duggan, 1966). In diesem System dürften also Pyrimidindimere nicht das entscheidende Primärprodukt darstellen.
3. In Bakteriensporen ist die Zahl gebildeter Thymindimeren bei den zur Abtötung notwendigen Dosen außerordentlich gering (Donnellan und Setlow, 1966, Smith und Yoshikawa, 1966).
4. Thymindimere scheinen bei der Abtötung von Säugerzellen keine sehr wichtige Rolle zu spielen (8.4.6), was auch daran zum Ausdruck kommt, daß Fotoreaktivierung bei ihnen bisher im allgemeinen nicht nachgewiesen werden konnte.

Diese Liste ließe sich noch verlängern (siehe z.B. Smith, 1967, 1971). Leider ist es z.Zt. nicht möglich, mit einiger Wahrscheinlichkeit andere identifizierte Fotoprodukte als Pyrimidindimere für die UV-Schäden verantwortlich zu machen – mit der möglichen Ausnahme des sogenannten Sporenfotoproduktes und vielleicht des PO-T-Addukts. Es sind Anhaltspunkte vorhanden, daß DNS-Proteinvernetzungen in manchen Systemen die entscheidenden Veränderungen darstellen (Smith, 1967), aber es fehlen sowohl die Kenntnis der chemischen Struktur als auch direkte experimentelle Evidenz für ihre Wirkung.

8.4 UV-Wirkung auf das Überlebensverhalten von Viren und Zellen

8.4.1 Allgemeine Vorbemerkungen

8.4.1.1 Überlebenskurven

In sehr vielen Untersuchungen wird die sogenannte Überlebensfähigkeit eines biologischen Systems als Testkristerium gewählt. Bei Zellen ist damit gemeint, daß sie sich in einem geeigneten Nährmedium noch nach der Exposition unbegrenzt zu teilen vermögen. Die experimentelle Untersuchung besteht üblicherweise aus dem mikrobiologischen Plattentest, der schematisch in Abb. 8.23 dargestellt ist: Bringt man eine „überlebende" (d.h. unbegrenzt teilungsfähige) Zelle auf festen Nähragar, so wird sie sich bei Inkubation unter geeigneten Bedingungen so oft teilen, daß der entstehende Zellhaufen schließlich mit dem bloßen Auge sichtbar wird und registriert werden kann. Durch entsprechende Verdünnung muß man dafür sorgen, daß die Koloniedichte nur so hoch wird, daß ein gegenseitiges Überwachsen oder Unterdrückung von Kolonien vermieden wird.

Auf der anderen Seite sollte aus statistischen Gründen die Zahl auch nicht zu gering sein; als praktischen Richtwert kann man angeben, daß auf eine Kreisfläche mit ca. 10 cm Durchmesser zwischen 30 bis 300 Kolonien vorhanden sein sollen. Das beschriebene Verfahren ist für mikrobiologische Objekte wie Bakterien, Hefen, Algen etc. sehr gut und leicht anzuwenden. Eine Übertragung auf Säugerzellen gelang Puck u.a. (1956).

Viren und Bakteriophagen können sich nicht autonom vermehren, vielmehr bedürfen sie dazu einer entsprechenden Wirtszelle. Aus diesem Grund muß für ihre Untersuchung das Verfahren modifiziert werden. Es besteht dann darin, daß eine Viren- oder Phagensuspension auf einem dichten Rasen der entsprechenden komponenten Wirtszellen ausgeplattet wird. Die Phagen vermehren sich in ihnen, wobei die Wirtszellen lysiert, d.h. aufgelöst werden. Die Stellen, wo dies stattgefunden hat, zeigen sich dann als klare Regionen in dem ansonsten dicht überwachsenden Zellrasen, welche man als „Plaques" bezeichnet. Korrekterweise sollte man anstelle des Ausdrucks Überlebensfähigkeit deshalb besser von Koloniebildungsfähigkeit (colony forming ability, abgekürzt CFA) bzw. Plaquesbildungsfähigkeit (plaque forming ability, PFA) sprechen (Abb. 8.23). Es darf aus dem Auftreten einer Kolonie jedoch nicht der Schluß gezogen werden, daß *alle* in ihr enthaltenen Zellen zu unbegrenzter Teilung fähig sind. Häufig findet man einen bestimmten Anteil steriler Zellen, die also ihre Reproduktionsfähigkeit verloren haben. Dieses als „lethal sectoring" bezeichnete Verhalten ist besonders hoch bei rekombinationsdefizienten Mutanten (Haefner, 1968).

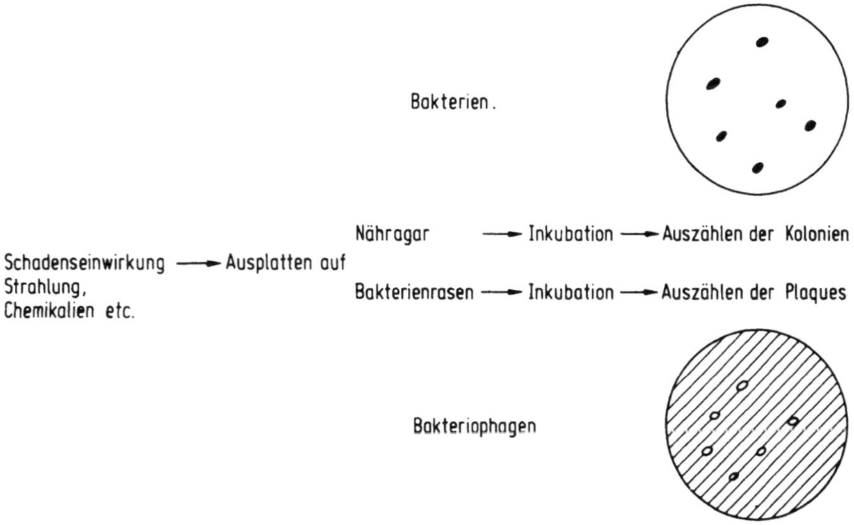

Abb. 8.23: Methodik der Aufnahme von Überlebenskurven von Zellen und Viren bzw. Phagen.

Die Wirkung der Bestrahlung auf das Kolonie- oder Plaquesbildungsvermögen wird in „Überlebenskurven" dargestellt, indem man den auf unbestrahlte Kontrollen bezogenen Anteil koloniebildender Zellen im logarithmischen Maßstab auf der Ordi-

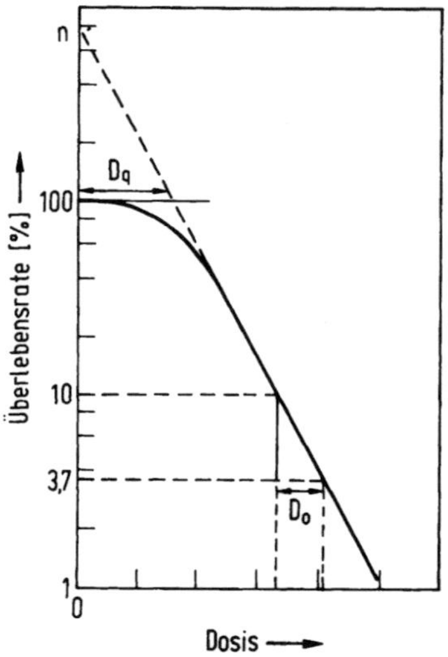

Abb. 8.24: Form von „Schulter"-Überlebenskurven und ihre Parameter.

nate, die Dosis linear auf der Abszisse aufträgt. Diese Kurven können die verschiedensten Formen zeigen (vgl. R. Setlow, 1967), in sehr vielen Fällen findet man allerdings einen Typ, wie er in Abb. 8.24 dargestellt ist. Charakteristisch ist der exponentielle Abfall (der in dieser Darstellungsart linear erscheint) bei höheren Dosen, sowie eine Schulter bei niedrigeren Dosen. Verlängert man den exponentiellen Teil bis zum Schnittpunkt mit der Ordinate, so erhält man die sogenannte Extrapolationszahl. Sie ist ein Maß für die Schulterbreite und gleich eins bei rein exponentiellem Verlauf. Anstelle der Extrapolationszahl kann man auch die Dosis angeben, die sich aus der rückwärtigen Extrapolation des exponentiellen Teils bis zum Schnitt mit der 100 %-Überlebenslinie ergibt. Sie wird als „D_q" bezeichnet. Der exponentielle Abfall läßt sich quantitativ durch die Dosis beschrieben, die notwendig ist, den Anteil überlebender Zellen in diesem Bereich der Kurve auf 1/e (0,37) zu reduzieren. Diese Größe wird üblicherweise D_0 genannt. Durch Angabe zweier dieser Parameter ist eine Überlebenskurve der beschriebenen Art definiert.

Es liegt natürlich nahe, die Form von Überlebenskurven theoretisch und mathematisch zu analysieren, um so Rückschlüsse auf zugrunde liegende Mechanismen zu führen. Den bekanntesten Versuch dieser Art stellt die sogenannte „Trefferhteorie der Strahlenwirkung" dar, welche hier andeutungsweise skizziert werden soll. Eine ausführliche Darstellung findet man z.B. bei Zimmer (1961). Ihr liegen zwei wesentliche Annahmen zugrunde:

1. Die Absorption der Strahlung führt in kritischen Teilen der Zelle (dem sogenannten Treffbereich) zu Veränderungen, welche für die Auslösung des Testeffekts (hier den Verlust der Koloniebildungsfähigkeit) verantwortlich sind. Quantenabsorption und Trefferbildung folgen rein statistischen Gesetzen. Das

heißt z.B., daß die Wahrscheinlichkeit der Absorption und der Trefferbildung unabhängig davon ist, ob und wieviele Treffer eine Zelle schon erhalten hat. Mathematisch gesprochen folgt in diesem Falle die Wahrscheinlichkeitsdichtefunktion für die Trefferbildung einer Poissonverteilung.

2. Der Testeffekt tritt genau dann ein, wenn eine bestimmte kritische Trefferzahl erreicht worden ist. Die Wirkung wird also als eine Alles- oder Nichtsreaktion betrachtet. Trefferzahlen unterhalb der kritischen Schwelle sind unwirksam, eine Erhöhung über sie hinaus verändert nicht den eingetretenen Effekt.

Bezeichnet man mit m die Zahl der in dem kritischen Bereich durch eine Dosis D hervorgerufenen Treffer, so gilt für die Wahrscheinlichkeit p(m), daß m Treffer erzeugt werden:

$$p(m) = e^{-vD} \frac{(vD)^m}{m!}. \tag{8.1}$$

Mißt man die Dosis in der Einheit „Treffer/Volumen", so gibt die Größe v das Volumen des Treffbereiches an. vD ist dann die mittlere Trefferzahl in v bei der Dosis D.

Ist nun y die Überlebenswahrscheinlichkeit und M die kritische Trefferzahl, so gilt

$$y = \sum_{m=0}^{M-1} p(m). \tag{8.2}$$

Von besonderem Interesse ist der Fall, daß M = 1 ist, d.h. der Testeffekt tritt schon bei Vorliegen eines einzigen Treffers im kritischen Teil der Zelle ein. In diesem Fall haben wir es mit sogenannten Eintreffervorgängen zu tun, welche sich in einer exponentiellen Form der Überlebenskurven äußern:

$$y = e^{-vD}. \tag{8.3}$$

Schulterkurven des beschriebenen Typs (Abb. 8.24) lassen sich dadurch interpretieren, daß man annimmt, daß in einer Zelle n kritische Treffbereiche vorliegen, welche alle mindestens durch einen Treffer inaktiviert werden müssen. Postuliert man weiterhin, daß ihre Empfindlichkeit gleich ist, so gilt wegen der Unabhängigkeit der Wirkung auf die verschiedenen Treffbereiche für die Überlebenswahrscheinlichkeit die Beziehung:

$$y = 1 - (1 - e^{-vD})^n. \tag{8.4}$$

Diese Beziehung zeigt genau das geforderte qualitative Verhalten: Eine Schulter bei niedrigen Dosen und exponentieller Abfall bei hohen Dosen. Unter Zugrundelegung dieser Interpretation ist die Extrapolationszahl identisch mit der Zahl der zu inaktivierenden Treffbereiche.
Aus der Kenntnis der Wichtigkeit von Pyrimindindimeren für die UV-induzierte Inaktivierung von Zellen liegt es nun nahe, diese Veränderung mit den zunächst theoretischen Treffern gleichzusetzen. Ein quantitativer Vergleich (Tab. 8.15 b)

zeigt jedoch, daß dieses nicht statthaft ist. Unsere heutige Kenntnis der komplexen Struktur der Zelle sowie die Erforschung der Reparaturmechanismen läßt es jedoch auch nicht verwunderlich erscheinen, daß die einfachen mechanistischen Hypothesen der Treffertheorie durch das Experiment nicht verifizierbar sind. Eine mögliche Erweiterung ist z.B. dadurch möglich, daß man jedem Treffer nur eine gewisse Wahrscheinlichkeit für die Auslösung des Testereignisses zuschreibt; man kommt dann zu biologisch sinnvolleren Interpretationen (Kiefer, 1971).

Die Schulter der Überlebenskurve läßt sich auch so deuten, daß geringere Bestrahlungsdosen durch die Zelle leichter toleriert werden können, weil sie über ein Reparatursystem verfügt. Mutationen, welche zu seinem Ausfall führen, müßten sich dann vor allem in einer Reduktion der Schulter äußern, was für verschiedene Stämme von Escherichia Coli auch gefunden worden ist (Abschnitt 8.4.4). Steigt die Zahl der Fotoläsionen, so ist das Reparatursystem damit überfordert; es kommt zu einer Sättigung. Man könnte auch annehmen, daß hohe Dosen zu einer direkten Schädigung der Reparaturfähigkeit führen. Auf der Basis solcher Überlegungen hat Haynes (1966) eine andere mathematische Analyse von Überlebenskurven vorgeschlagen: Er nimmt an, daß die relative Abnahme der Überlebenswahrscheinlichkeit mit der Dosis konstant ist, falls keine Schäden repariert werden. Ist dies jedoch der Fall, so ist die relative Inaktivierungswahrscheinlichkeit um einen „Reparaturterm" vermindert. Falls bei hohen Dosen eine Sättigung oder eine Schädigung des Reparatursystems eintritt, so muß dem in der mathematischen Formulierung Rechnung getragen werden, was im einfachsten Fall dadurch geschieht, daß man eine exponentielle Verminderung des Reparaturvermögens annimmt. Mit diesen Postulaten kommt man zu folgender Formulierung:

$$\frac{dy/dD}{y} = -k + \alpha e^{-\gamma D}, \qquad (8.5)$$

wobei k einen Proportionalitätsfaktor darstellt, α ein Maß für die maximal mögliche Reparatur und γ eine Schädigungs- oder Sättigungskonstante für das Reparatursystem ist. Die Integration der vorstehenden Gleichung führt dann auf

$$y = \exp. \left(-kD + \frac{\alpha}{\gamma}\left(1 - e^{\gamma D}\right)\right). \qquad (8.6)$$

Auch diese Formulierung beschreibt qualitativ die Form vieler Überlebenskurven sehr gut.

In Tab. 8.16 sind für einige Organismen die Parameter der Überlebenskurven bei einer Wellenlänge von 254 nm zusammengestellt. Diese Werte können nur einen größenordnungsmäßigen Anhalt ergeben, da, wie schon betont, das Überlebensverhalten von einer ganzen Reihe verschiedener Faktoren abhängt.

Verschiedene Behandlungsarten, die in diesem Kapitel besprochen werden, können die Form von Überlebenskurven verändern, z.B. Fotoreaktivierung, Liquid Holding

Tab. 8.16: Parameter der Überlebenskurven einiger Organismen nach Bestrahlung mit UV der Wellenlänge 254 nm.

	D_0 (μJ mm^{-2})	D_q(μJ mm^{-2})	Art	Ref.
T_1-Phage	4,1	0	Virus	(1)
Escherichia coli (B/r	8,5	80	Bakterien	(2)
Escherichia coli B_{s-1}	0,35	0	Bakterien	(2)
Micrococcus radiodurans	125	1450	Bakterien	(3)
Bacillus subtilis vegetative Zellen	5	35	Bakterien	(4)
Bacillus subtilis Sporen	140	160	Bakterien	
Saccharomyces cerevisiae	115	195	Hefe	(5)
Chlamydomas reinhardii (haploid)	250..465 [2)]	650..0 [2)]	Alge	(6)
Tetrahymena pyriformis	17,5 [3)] 33,5 [4)]	52,5 [3)] 91 [4)]	Protozoon	(7)
Hamsterzellen in Kultur	5	7,5	Säuger	(8)
Menschl. Zellen in Kultur (HeLa)	10,8	7,5	Säuger	(9)

1) Bestrahlung bei 265 nm.
2) Abhängig vom Zyklusstadium.
3) Empfindliches Stadium im Zellzyklus.
4) Resistentes Stadium im Zellzyklus.

Referenzen:

(1) Ronto und Tarjan, 1967.
(2) Haynes, 1966.
(3) Moseley und Laser, 1965.
(4) Donnellan und Stafford, 1968.
(5) Hoefner und Laskowski, 1963.
(6) Davies, 1969.
(7) Calkins, 1968.
(8) Arlett, 1967.
(9) Lee und Puck, 1960.

Recovery u.a. Das Ausmaß dieser Effekte wird quantitativ durch „Dosismodifikationsfaktoren" (DMF) angegeben. Es ist

$$\text{DMF} = \frac{\text{Dosis für einen bestimmten Effekt } \textit{mit} \text{ Zusatzbehandlung/}}{\text{Dosis für denselben Effekt } \textit{ohne} \text{ Behandlung.}}$$

Im allgemeinen muß also der Effekt quantitativ angegeben werden, bei welchem der Einfluß einer bestimmten Behandlung gemessen wird. Ist DMF $>$ 1, so wirkt die Behandlung dosisreduzierend. Wenn der DMF im gesamten Dosisbereich konstant (wie z.B. bei der Fotoreaktivierung), so haben die Überlebenskurven dieselben Extrapolationszahlen. Bei der Fotoreaktivierung wird manchmal auch der Terminus „Fotoreaktiverbarer Sektor" (PRS) benutzt; es ist PRS = 1 – 1/DMF.

8.4.1.2 Wirkungsspektren

Bestrahlt man ein System mit ultraviolettem Licht, so kann sich in ihm nur dann eine Wirkung zeigen, wenn die Quanten tatsächlich absorbiert werden (Drapert-Grotthussches Gesetz). Diese Absorption ist selektiv, d.h. eine jede Wirkung von ultaviolettem Licht setzt das Vorhandensein von Substanzen voraus, die bei der applizierten Wellenlänge absorbieren. Man bezeichnet diese als Chromophoren. Es liegt nun nahe, aus der Wellenlängenabhängigkeit einer bestimmten Wirkung durch Vergleich mit den Absorptionsspektren bekannter Substanzen auf die für eine bestimmte Wirkung entscheidenden Chromophoren zu schließen. Man bezeichnet dieses Verfahren als Wirkungs- oder auch Aktionsspektroskopie. Da diese Methode in der Fotobiologie weit verbreitet ist, jedoch nicht ganz problemos ist, verdient sie eine etwas ausführlichere Erläuterung (siehe auch Jagger, 1967, Giese, 1968, R.B. Setlow, 1957, Kleczkowski, 1972). Soll das Wirkungsspektrum zur Identifizierung eines Chromophors dienen, dann müssen einige Bedingungen erfüllt sein, deren Nachprüfung in praxi oft erhebliche Schwierigkeiten bietet:

1. Die Quantenausbeute (vgl. 7.1) für den untersuchten Effekt sei unabhängig von der Wellenlängen in dem betrachteten Bereich.
2. Das Absorptionsspektrum der Chromophors muß entweder in dem komplexen System bekannt sein, oder aber es muß Grund zu der Annahme bestehen, daß es sich von dem in einem isolierten System aufgenommenen nicht unterscheidet.
3. Intrazelluläre Abschirmung durch andere absorbierende Substanzen oder Streuung muß vernachlässigbar sein.
4. Die Absorption des das Objekt umgebenden Mediums soll bei allen beobachteten Wellenlängen vernachlässigbar sein.
5. Der gemessene Effekt muß innerhalb des untersuchten Bereichs von der Dosisleistung unabhängig sein.

Die letzte Voraussetzung ist notwendig, weil mit den üblichen Lichtquellen und Monochromatoren die ausgestrahlte Leistung mit der Wellenlänge stark variiert. Man bezeichnet Voraussetzung Nr. 5 auch häufig als das Reziprozitätsgesetz. Es versteht sich von selbst, daß die Aufnahme von Wirkungsspektren eine präzise Aktinometrie bei allen untersuchten Wellenlängen voraussetzt. Selbst bei Erfüllung aller dieser Präliminarien (sie sind gar nicht einfach zu kontrollieren, vgl. Jagger, 1967, Kleczkowski, 1972) kann aus der Identität vom Wirkungsspektrum eines untersuchten Effekts und dem Absorptionsspektrum eines bekannten Chromophors noch nicht zwingend geschlossen werden, daß Veränderungen an ihm hauptverantwortlich für eine gefundene Erscheinung sind. Zum Beispiel kann er das Licht lediglich absorbieren, und die Energie an andere Stellen weiterleiten, wo sich die eigentliche Wirkung entfaltet.

Wegen der meist komplexen Form der Dosiswirkungskurven und der Möglichkeit, daß auf verschiedenen Wirkungsniveaus unterschiedliche Mechanismen zugrunde liegen, muß man bei der Aufnahme von Aktionsspektren immer von *derselben* Wirkung ausgehen. Man bestimmt dann bei den verschiedenen Wellenlängenlagen die zur Erreichung dieser Wirkung notwendige Dosis. Diese wird in der Fotobiologie üblicherweise nicht als Zahl der eingestrahlten Quanten angegeben, sondern als auf die Flächeneinheit auftreffende Energie (z.B. μJ cm^{-2}). Da davon ausgegangen wurde, daß über den untersuchten Bereich die Quantenausbeute konstant bleibt, ist die Tatsache zu berücksichtigen, daß bei verschiedenen Wellenlängen der Energieinhalt der Quanten unterschiedlich ist, und zwar umgekehrt proportional der Wellenlänge. Bezeichnet man mit ϕ die Quantenausbeute für den infrage stehenden Testeffekt, mit $A(\lambda)$ die Abhängigkeit der Gesamtabsorption des Chromophors von der Wellenlänge und mit $D(\lambda)$ die Abhängigkeit der zur Auslösung des Testeffekts notwendigen Dosis von der Wellenlänge, so kann man schreiben

$$\phi \cdot A(\lambda) \cdot D(\lambda) \cdot \lambda = \phi A(\lambda_0) \cdot D(\lambda_0) \cdot \lambda_0, \tag{8.7}$$

wobei λ_0 eine Bezugswellenlänge darstellt, da die Zahl der auftreffenden Quanten bei gleicher auftreffender Energie pro Fläche der Wellenlänge proportional ist. Die Beziehung gilt natürlich nur dann, wenn immer *dieselbe* Wirkung betrachtet und die zu ihrer Auflösung notwendige Dosis bestimmt wird. Unter der Voraussetzung der konstanten Quantenausbeute gilt dann

$$\frac{D(\lambda_0) \cdot \lambda_0}{D(\lambda) \cdot \lambda} = \frac{A(\lambda)}{A(\lambda_0)}. \tag{8.8}$$

Bei der Aufnahme eines Aktionsspektrums hat man sich also zunächst zu überzeugen, daß die oben gemachten Vorbedingungen erfüllt sind. Ein notwendiges – allerdings nicht hinreichendes Kriterium ist hierfür, daß die Dosiseffektkurven im untersuchten Wellenlängenbereich geometrisch ähnlich sind, d.h. sich durch eine Abszissentransformation ineinander überführen lassen. Bei Überlebenskurven der im vorigen Abschnitt beschriebenen Art ist dies gegeben, wenn die Extrapolationszahlen übereinstimmen. Dann bestimme man die für eine bestimmte Wirkung notwendige Dosis, multipliziere sie mit der Wellenlänge und setze diesen Wert in Beziehung zu der entsprechenden Größe bei einer zu wählenden Referenzwellenlänge (sogenannte Quantenkorrektur). Die reziproken Werte der so erhaltenen Größe trägt man über der Wellenlänge auf und vergleiche das Aktionsspektrum mit dem Absorptionsspektrum „verdächtiger" Chromophore.

8.4.2 Spezielle Systeme

8.4.2.1 Transformierende DNS

Manche Bakterienarten, z.B. Haemophilus influenza, haben die Eigenschaft, homologe DNS, die ihnen im Nährmedium angeboten wird, stückweise in ihr eigenes Genom einzubauen. Diese Tatsache bietet die elegante Möglichkeit, ursprünglich

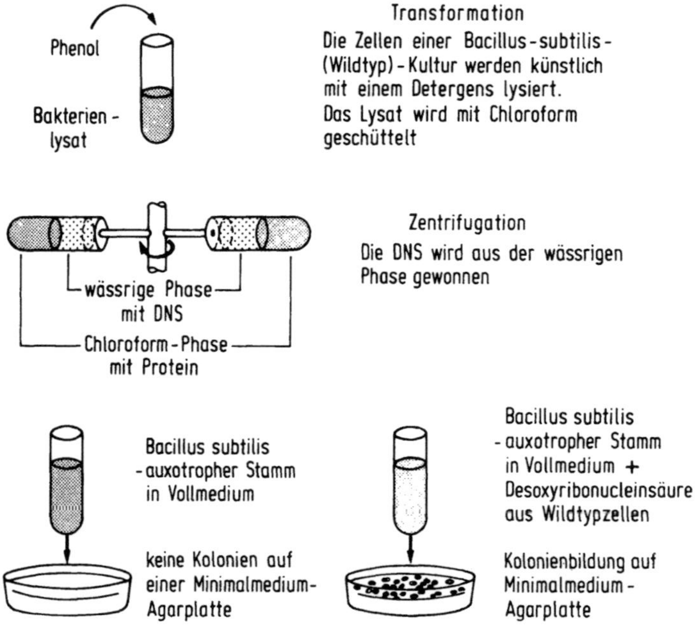

Abb. 8.25: Versuchstechnik der Transformationsexperimente (aus Knippers, 1971).

in ihnen nicht vorhandene genetische Informationen zu übertragen. Dies ist die Basis der sogenannten Transformationsexperimente, die schematisch in Abb. 8.25 dargestellt sind. Man verwendet hierfür in der Regel zwei nahe verwandte Zellstämme, welche sich nur durch eine oder zwei genetische Eigenschaften unterscheiden. Dies kann z.B. die Resistenz gegenüber bestimmten Antibiotika sein. Isoliert man nun aus dem mutierten Stamm schonend die DNS und bietet sie dem „Wirtstamm" in seinem Nährmedium an, so kann man nach Inkubation feststellen, daß ein bestimmter Teil des Wirtstammes nun auch die genetischen Eigenschaften der Mutante zeigt. Da man die transformierten Zellen so gewissermaßen markieren kann, bezeichnet man die übertragene genetische Eigenschaft auch als „genetischen Marker". Experimentell geht man so vor, daß nach der Inkubation mit der markierten DNS die Zellen auf einem Medium ausgeplattet werden, welches das Antibiotikum enthält, gegen das die mutierten Zellen resistent sind. Hat eine Transformation stattgefunden, so kann die entsprechende Zelle auf diesem Medium zu einer Kolonie heranwachsen, diejenigen des Wildstammes können es nicht. Die beschriebene Methodik eröffnet die Möglichkeit, Bestrahlung und biologischen Test zeitlich und örtlich sauber zu trennen (Goodgal und Herriot, 1961, Barnhard und Herriot, 1963).

Bestrahlt man transformierende DNS außerhalb der Zelle in Suspension und bietet sie dann den Wirtzellen an, so kann man eine dosisabhängige Reduktion der Transformationsfähigkeit feststellen. Die Dosisabhängigkeit zeigt ein etwas ungewohntes Verhalten und läßt sich allgemein durch die Formel

$$y = \frac{1}{(1 + kD)^2}, \tag{8.9}$$

wobei y = Überlebensfraktion, D = Dosis, k = Proportionalitätskonstante darstellen, welche man in der Literatur auch oft als „Inverse square law" zitiert findet (Abb. 8.26).

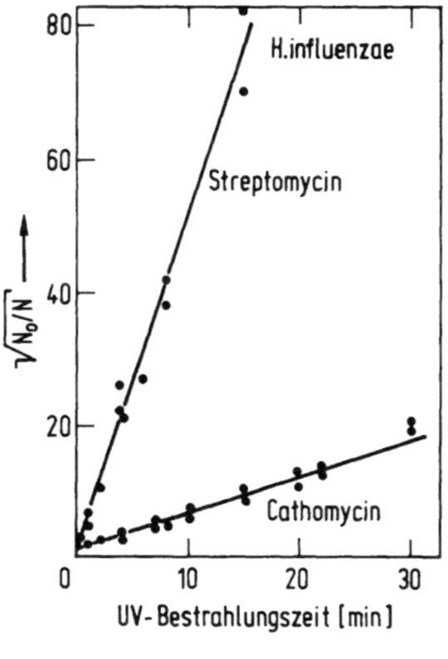

Abb. 8.26: Transformationsfähigkeit zweier Resistenzmarker bei Haemophilus influenzae nach UV-Bestrahlung (nach Rupert und Goodgal, 1960).
Man beachte den Ordinatenmaßstab: N_0: Zahl transformierter Zellen ohne Bestrahlung, N: dieselbe nach Bestrahlung.

Rupert und Goodgal (1960), Rupert (1968) sowie Bressler u.a. (1967) unternahmen den Versuch, diese Abhängigkeit theoretisch zu deuten. Damit die Wirtszellen die übertragene genetische Eigenschaft auch phänotypisch zeigen, muß der Marker in ihr Genom eingebaut werden, was durch sogenannte Rekombinationsprozesse erfolgt, Es findet also kein Austausch der gesamten genetischen Information statt, sondern nur relativ kleiner Abschnitte. Trägt ein solcher Abschnitt nun eine Fotoläsion, so kann man annehmen, daß die gesamte auf ihm verzeichnete Information nicht für die Wirtszelle nutzbar gemacht werden kann. Es kommt also darauf an, daß zwischen dem genetischen Marker und der Rekombinationsstelle kein UV-induzierter Schaden liegt. Da der Einbau aber nicht an einem freien Ende, sondern in der Mitte der Wirts-DNS erfolgt, gibt es bei jeder Transformation zwei Rekombinationsstellen, zwischen denen der Marker liegt. Auf beiden Seiten dürfen keine Fotoprodukte liegen; hierdurch läßt sich die quadratische Abhängigkeit plausibel machen. Eine genaue quantitative Behandlung des Problems findet man bei Bressler u.a. (1967) und Rupert (1968).

Die beschriebene Abhängigkeit bietet große praktische Vorteile, da selbst bei sehr hohen Dosen noch ein nennenswerter Anteil der Transformationsfähigkeit erhalten bleibt. Darüberhinaus können physikalische und biologische Effekte mit dem System sauber getrennt werden. Da die DNS in reiner Form vorliegt, spielen andere Bestandteile, welche die Interpretation der Versuche stören könnten (wie z.B. die Proteinhülle bei den Phagen) hier keine Rolle. An transformierenden DNS konnte das erste Mal schlüssig bewiesen werden, daß Pyrimidindimere für den Hauptanteil der biologischen Schäden verantwortlich sind. Bestrahlt man nämlich zunächst mit einer Wellenlänge von 280 nm (höchste Ausbeute für Pyrimidindimere) und anschließend mit 240 nm, so kommt es zu einem deutlichen Anstieg der Transformationsfähigkeit, was auf die fotochemische Monomerisierung der Dimeren zurückzuführen ist. Ein solches Verhalten zeigt, wie in 8.3 beschrieben, kein anderes der bisher identifizierten Fotoprodukte (Setlow und Setlow, 1962). Die Ergebnisse eines solchen Experiments sind in Abb. 8.27 dargestellt.

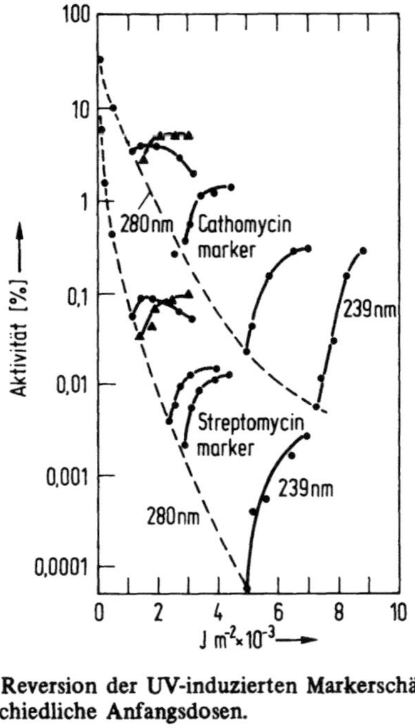

Abb. 8.27: Fotochemische Reversion der UV-induzierten Markerschädigung. Die Symbole kennzeichnen unterschiedliche Anfangsdosen.

Man erkennt aus ihm auch, daß nicht alle Marker die gleiche Empfindlichkeit zeigen (Chevalier und Grath, 1973, Zamenhof u.a., 1957). Für die Ausbeute an transformierten Zellen spielt allerdings nicht nur die physikalische Schädigung eine Rolle, sondern auch die Art der Wirtszellen, ähnlich wie bei Phagen, da nach dem Eintritt der DNS Reparaturprozesse an ihr stattfinden können (Patrick und Rupert, 1967). Sie haben allerdings keinen Einfluß auf die Integration des Markers, sondern finden offenbar erst dann statt, wenn der Einbau vollzogen worden ist (Muhammed und J.K. Setlow, 1970). Hierauf kann unter Umständen auch teilweise die unterschiedliche Empfindlichkeit verschiedener Marker zurückgeführt werden (Munakata und Ikeda, 1969).

8.4.2.2 Viren und Phagen

Viren sind Partikel, welche als Kern eine Nukleinsäure (DNS oder RNS) enthalten, die von einer Proteinhülle umgeben ist. Zu ihrer Vermehrung benötigen sie die Maschinerie einer Wirtszelle, wobei die auf ihrer Nukleinsäure enthaltene Information in diese eingeschleust wird. Sie sind also nicht zur autonomen Vermehrung befähigt. Die Wirtsbeziehung ist im allgemeinen spezifisch, d.h. bestimmte Viren vermehren sich nur auf für sie kompetenten Wirtsorganismen. Sind diese Bakterien, so spricht man statt von Bakterienviren von Bakteriophagen. Sie bieten, ähnlich wie transformierende DNS, die Möglichkeit, Einwirkungen auf ein isoliertes System biologisch zu verfolgen (ausführliche Darstellung der Techniken und Grundlagen findet man bei Fraenkel-Conrat, 1969), Hercik, 1959 und Stent, 1963), allerdings mit der zusätzlichen Komplikation, daß die Rolle der Proteinhülle mit berücksichtigt werden muß. Ihre Bedeutung für die UV-Inaktivierung der Phagen- und Virenvermehrungsfähigkeit geht aus neueren Resultaten der Aktionsspektrometrie bei diesen Organismen hervor (Cameron, 1973, Sime und Bedson, 1973).

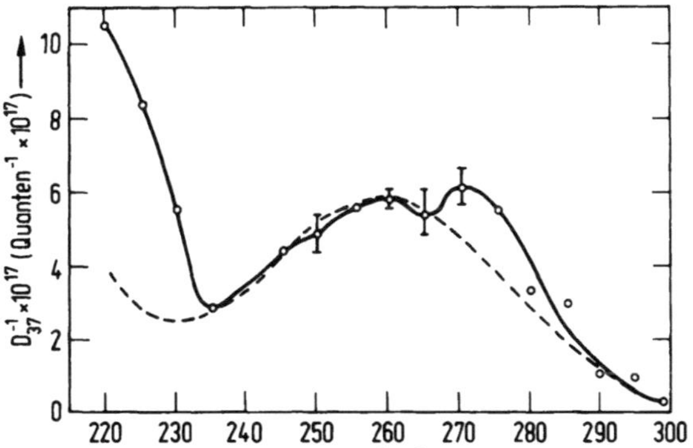

Abb. 8.28: Aktionsspektrum für die Inaktivierung von Vaccinia-Viren. Die gestrichelte Linie zeigt das DNS-Absorptionsspektrum (nach Sime und Bedson, 1973).

Abb. 8.28 zeigt ein Beispiel, aus dem man erkennen kann, daß neben den Nukleinsäuren (230–270 nm) auch die Mitwirkung von Proteinen in Rechnung gestellt werden muß (Bande bei 280 nm). Der molekulare Wirkungsmechanismus dieser Erscheinung ist z.Zt. noch nicht bekannt.

Schäden an der Phagennukleinsäure können durch Reparaturmechanismen der Wirtszelle rückgängig gemacht werden. Verfügt sie z.B. über das fotoreaktivierende Enzym, so wird durch Bestrahlung mit Licht der entsprechenden Wellenlänge auch der Phage reaktiviert. Ein anderes sehr wichtiges Phänomen ist die sogenannte Wirtszellenreaktivierung (host cell reactivation, HCR): Die Überlebensfähigkeit von Phagen, welche mit einer bestimmten UV-Dosis bestrahlt wurden, hängt stark davon ab, auf welchem Wirtsorganismus sie inkubiert werden (Abb. 8.29). Zellen,

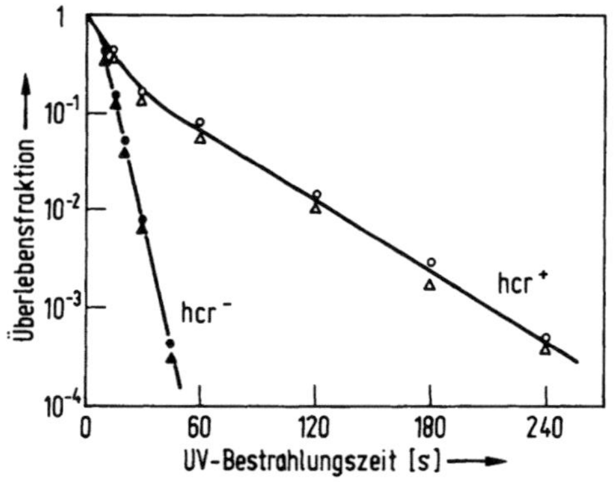

Abb. 8.29: Wirtszellenreaktivierung. T1-Phagen wurden auf Bakterien mit (hcr^+) und ohne (hcr^-) Wirtszellenreaktivierungsvermögen ausgeplattet (nach Harm, 1963).

welche über ein funktionierendes Reparatursystem verfügen, unterscheiden im wesentlichen nicht zwischen Schäden an ihrem eigenen Genom und eingebrachter Phageninformation. Mutanten mit defektem Reparatursystem lassen auch die Schäden in der Phagennukleinsäure unbeeinflußt, so daß in ihnen die Überlebenswahrscheinlichkeit der Phagen erheblich geringer ist. Man bezeichnet Mutanten, die ein solches Verhalten zeigen, als hcr^-.

Bei der Wirtszellenreaktivierung spielt wahrscheinlich die später (8.5.2) besprochene Exzisionsreparatur die wesentliche Rolle (Boyle und Setlow, 1970). Außer bei Escherichia coli (Zusammenfassung bei Harm und Rupert, 1966) ist Wirtszellenreaktivierung noch nachgewiesen worden bei Salmonella typhimurium (Garen und Zinder, 1955), Micrococcus lysodeictus (Rörsch u.a., 1964, Elder und Beers, 1964), Serratia marcescens (Winkler, 1964) sowie Haemophilus influenzae (Harm und Rupert, 1963). Sie kann auch in vitro, d.h. außerhalb der Zelle, demonstriert werden, wenn Phagen-DNS mit einem Extrakt aus hcr^+ Zellen inkubiert und anschließend zur Infektion von hcr^- Wirtsorganismen benutzt wird (Rörsch u.a., 1964). Phagen mit einsträngiger DNS wie ϕx 174 und x 13 zeigen keine Wirtszellenreaktivierung, was durch die Beteiligung des Exzisionsreparatursystems verständlich wird (Rörsch u.a., 1963). Jedoch gibt es auch Phagen mit doppelsträngiger DNS, bei denen keine Wirtszellenreaktivierung festzustellen ist; dazu gehören die sogenannten „T-even"-Phagen (T2, T4, T6). Wenn sie eine hcr^+ Zelle infizieren, so kommt es zu einer sofortigen Unterdrückung der Wirtszellenreaktivierung (Metzger, 1963). Der Coliphage T4 verfügt offenbar über genetische Information für ein autonomes Reparatursystem, welches nach der Infektion im Wirtsbakterium in Funktiom kommt. Es sind zwei Gene bekannt (v-Gen und x-Gen). Das v-Gen kodiert für eine spezifische Nuklease, welche UV-induzierte Schädigungen an der DNS feststellt und sie ausschneidet (Friedberg und King, 1971). Die genaue Funktion des x-Gens ist zur Zeit noch nicht bekannt. „v-Gen-Reaktivierung" ist nicht nur auf Phagen-DNS beschränkt, sondern vermittelt auch die Reparatur der Wirtszellennukleinsäure in reparaturnegativen Mutanten (Harm, 1968).

UV-Reaktivierung: Weigle (1953) stellte fest, daß die Überlebensfähigkeit von UV-bestrahlten Phagen erhöht ist, wenn vor der Infektion das Wirtsbakterium mit kleinen UV-Dosen bestrahlt worden war. Da das Ausmaß dieses Effektes sehr viel größer in hcr^+-Zellen verglichen mit hcr^--Mutanten ist, nahm man an, daß er mit der Wirtszellenreaktivierung zusammenhängt. Boyle und Setlow (1970) zeigten jedoch, daß die Exzision bei der UV-Reaktivierung keine Rolle spielt, ebensowenig wie die Rekombinationsreparatur (Blanco und Devoret, 1973). Man muß den Wirkungsmechanismus daher zur Zeit noch als unaufgeklärt betrachten.

Prophagen-Induktion: Es gibt Bakterien – z.B. bestimmte Stämme von E. coli, aber auch andere – die einen nicht virulenten „Pro-Phagen" beherbergen, d.h., sie sind zwar von einem Phagen infiziert, der sich aber nicht vermehrt, so daß die Zelle zunächst ungeschädigt erscheint. Durch Bestrahlung mit niedrigen UV-Dosen (aber auch durch andere Agentien) kann nun die Vermehrung ausgelöst, „induziert" werden, was schließlich zur Lyse der Zelle führt (Lwoff u.a., 1950). Dieser Effekt ist fotoreaktivierbar (Iwo, 1968) und kann auch durch andere intrazelluläre Reparaturmechanismen reduziert werden (Harm, 1965, Howard-Flanders und Boyce, 1966, van de Putte u.a., 1966, Kneser, 1966), offenbar aber nicht durch „liquid holding recovery" (Takebe u.a., 1967). Außerdem hängt er stark von der Stoffwechsellage der Zelle ab (Noack, 1967, 1968).

Inaktivierungs- und Reaktivierungsmechanismen sind bei den Viren, welche auf Tier- oder Pflanzenzellen wachsen, in weit geringerem Maße erforscht als dies bei Bakteriophagen der Fall ist. Eine vergleichende Betrachtung der Fotobiologie animaler Viren findet man bei Proctor u.a. (1972).
Die Abhängigkeit verschiedener Virusfunktionen (außer der Plaquebildungsfähigkeit) von UV-reduzierter DNS-Schädigung studierten Rainbow und Mack (1973).

Das Studium der RNS-haltigen Pflanzenviren hat bisher noch zu keinem klaren Bild ihrer UV-induzierten Inaktivierung geführt. Am ausführlichsten ist bisher das Tabakmosaikvirus (TMV) untersucht worden (McLaren, 1968, Kleczkowski, 1971). Es werden in ihm sowohl Pyrimidindimere als auch Uracilhydrate gebildet, welche beide zur Inaktivierung beitragen. Die Proteinhülle spielt jedoch eine große Rolle, was daraus hervorgeht, daß die Quantenausbeute für die Inaktivierung im Bereich zwischen 280 und 230 nm um ungefähr einen Faktor 3 variiert. Frei bestrahlte infektiöse RNS von TMV kann in Pflanzenblättern „fotoreaktiviert" werden, jedoch handelt es sich hierbei um einen anderen Prozeß als der enzymatischen Spaltung von Thymindimeren. „Fotoreaktivierung" kann nicht festgestellt werden, wenn intakte TMV-Partikel bestrahlt werden. Offenbar spielt hierbei nicht nur das bloße Vorhandensein der Proteinhülle, sondern auch ihre molekulare Struktur eine Rolle, denn das Kartoffelvirus X, welches eine andere Konformation zeigt, ist auch dann „fotoreaktivierbar", wenn es in intakter Form exponiert wurde (McCleary und Gordon, 1973).

8.4.2.3 Bakterien

Der weitaus größte Teil unserer Kenntnis über die Wirkung ultravioletter Strahlen auf Einzeller basiert auf Experimenten mit Bakterien. Die Literatur ist nur noch schwer überschaubar und jeder Versuch der Vollständigkeit auf beschränktem Raum ist hoffnungslos. Fast überall wird in diesem Kapitel auf Untersuchungen mit Bakterien Bezug genommen. Deshalb soll in diesem Abschnitt nur auf einige spezielle Aspekte eingegangen werden.

Der Hauptgrund für die große Beliebtheit bakterieller Untersuchungsobjekte ist die Tatsache, daß mit relativ einfachen Mitteln Mutanten unterschiedlicher Strahlenempfindlichkeit isoliert werden können. Auf diese Weise ist es gelungen, die verschiedenen in Abschn. 8.5 besprochenen Reparatursysteme biochemisch zu charakterisieren und genetisch einzugrenzen. Da sich die verschiedenen Stämme oft nur durch die Mutation eines einzigen Gens unterscheiden, bleiben dabei die allgemeinen Eigenschaften der Zelle und die fotochemischen Charakteristika ihrer essentiellen Moleküle erhalten. Hieraus wird auch sofort ersichtlich, daß es nicht möglich ist, von „der" Fotoempfindlichkeit eines Bakteriums zu sprechen, weil die Modifikation des primären Effekts durch anschließende Reaktivierungsprozesse für die Überlebenswahrscheinlichkeit eine entscheidende Rolle spielt. Als Beispiel zeigt Abb. 8.30 die Überlebenskurven dreier Stämme des Bakteriums Echerichia coli, welchem wir den Großteil unserer Kenntnisse über Reparaturphänomene verdanken. Das Aktionsspektrum ist in Abb. 8.31 dargestellt. Hierauf wird an entsprechender Stelle dieses Kapitels ausführlich eingegangen.

Eine besondere Stellung unter den Bakterien nimmt Micrococcus radiodurans ein, der seiner – ursprünglich für Röntgenstrahlen gefundenen – extremen Strahlenresistenz den Namen verdankt (Duggan u.a., 1959). Sie ist ebenfalls nicht Konsequenz geringerer Primärschädigung, sondern eines äußerst effektiven Reparaturmechanismus. Nach einer Dosis von 300 μJ mm^2 ist ca. 1 % des gesamten in der DNS vorliegenden Thymins (das ist ca. 1/3 des möglichen Maximalwertes bei diesem Organismus) dimerisiert, ohne daß eine Verminderung des Koloniebildungsvermögens unter den Kontrollwert festzustellen wäre (J.K. Setlow und Duggan, 1964). Die Dimere werden – wahrscheinlich enzymatisch – aus der DNS entfernt und erscheinen als kurze Oligonukleotide in der säurelöslichen Fraktion des Zellhydrolysats (Boling und J.K. Setlow, 1966). Sie dürften also, da sie repariert

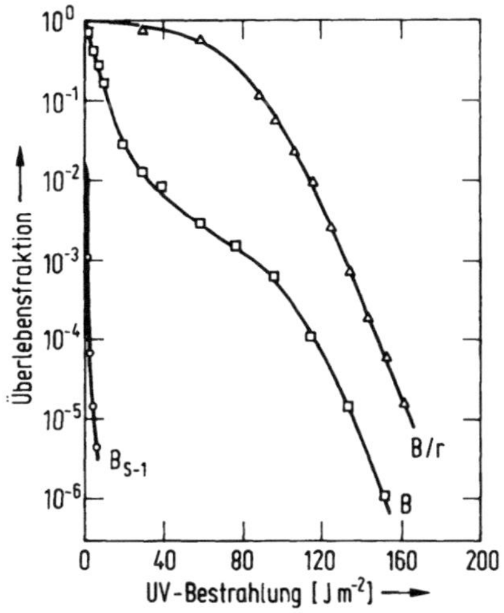

Abb. 8.30: Überlebenskurve dreier verschieden sensibler Stämme des Bakteriums Escherichia coli (nach Haynes, 1964).

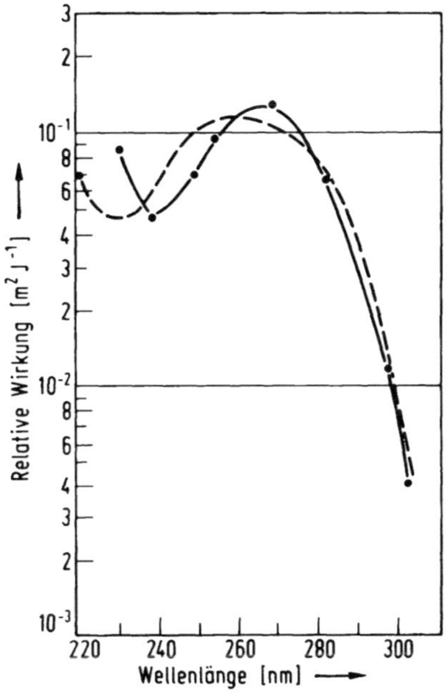

Abb. 8.31: Aktionsspektrum für die Abtötung von E. coli. Die gestrichelte Linie gibt das Absorptionsspektrum der Desoxyribonukleinsäure (nach Gates, 1930 und Jagger, 1967).

bzw. ersetzt werden, für biologische Effekte unwichtig sein. Dies wird auch durch Befunde bestätigt, daß durch die in-vitro-Fotoreaktivierung transformierender Micrococcus radiodurans-DNS keine Verminderung der Schädigung erreicht werden kann (Moseley und J.K. Setlow, 1968). Ob das Reparatursystem bei diesem Bakterium das gleiche wie das bei E. coli ist, nur mit erhöhter Effektivität, bedarf noch der Klärung. Das Wirkungsspektrum läßt vermuten, daß hier bei der Inaktivierung nicht nur die Nukleinsäuren eine Rolle spielen, sondern auch Proteinbestandteile (J.K. Setlow und Boling, 1965). Dabei könnte es sich z.B. um Protein-DNS-Vernetzungen handeln (Smith, 1967).

Auch von Micrococcus radiodurans sind mittlerweile UV-sensible Mutanten isoliert worden (Moseley, 1969). Bei ihnen ist das Aktionsspektrum geändert. Die relative Empfindlichkeit bei 280 nm hat im Vergleich zum Wirtsstamm zugenommen und die Entfernung von Pyrimidindimeren zeigt eine geringere Effektivität.

Bakteriensporen sind erheblich resistenter gegenüber UV als die vegetativen Zellen desselben Bakteriums (Donnellan und Setlow, 1965). In ihnen laufen wahrscheinlich andere fotochemische Prozesse ab. Pyrimidindimere werden kaum gebildet, vielmehr ist das sogenannte Sporenfotoprodukt für die Inaktivierung verantwortlich zu machen (vgl. 8.3.4). Es ist nicht fotoreaktivierbar und seine Ausbeute ist dieselbe bei 238, 265 und 280 nm. Im Verlauf der Entwicklung zur vegetativen Form verschwindet es aus der Sporennukleinsäure. Der genaue Mechanismus ist noch ungeklärt (Donnellan und Stafford, 1968). Wahrscheinlich spielt hierbei die Rekombinationsreparatur eine Rolle, jedoch läßt eine genaue genetische Analyse vermuten, daß noch ein weiteres spezifisches Reparatursystem vorliegt (Munakata, 1969).

8.4.2.4 Einfache Eukaryonten

Den weitaus größten Teil unserer Kenntnis über zelluläre Effekte der ultravioletten Strahlen verdanken wir Untersuchungen an Bakterien. Sie bieten den großen Vorteil der relativ einfachen Technik und die Möglichkeit, durch Induktion geeigneter Mutanten Reparatursysteme genetisch und biochemisch aufzuklären. Eine Übertragung der Befunde auf höhere Zellsysteme darf jedoch nicht ohne weiteres vorgenommen werden, da bekanntlich die Struktur der Bakterienzelle von den anderen Organismen erheblich abweicht. Experimente mit Säugezellen sind zwar möglich (vgl. 8.4.2.5), jedoch befindet sich die Technik zur Isolierung strahlensensibler und resistenter Mutanten noch im Anfangsstadium. Hinzu kommt, daß wegen der extremen Empfindlichkeit dieses Systems gegenüber Milieuänderungen der Einfluß vieler Modifikationsfaktoren nur sehr schwer oder überhaupt nicht studiert werden kann. Aus diesem Grunde hat die Forschung an Objekten, welche gewissermaßen eine Zwischenstellung zwischen Bakterien und Säugerzellen einnehmen, einen großen Raum gewonnen. Hier sind zu nennen einzellige Pilze, Algen und Protozoen. Bei allen handelt es sich um einzellige Organismen, die meist ähnlich wie Bakterien auf festen Nährböden kultiviert werden können. Ihre zelluläre Organisation ähnelt der von Säugerzellen. Sie verfügen über einen Zellkern, Chromosomen und Organellen, wie z.B. Mitochondrien und im Fall der Algen von Chloroplasten. Dennoch ist bei der Verallgemeinerung von Ergebnissen Vorsicht geboten, was z.B. daraus hervorgeht, daß Hefen Fotoreaktivierung zeigen, Säugerzellen dagegen nicht. Eine Reihe der in anderen Abschnitten dieses Kapitels behandelten Fragen (z.B. Fotoreaktivierung, Reparaturporzesse, Modifikationen des biologischen UV-Effekts) sind mit einfachen Eukaryonten durchgeführt worden; es wird an der entsprechenden Stelle darauf hingewiesen. Aus diesem Grunde sollen hier nur einige allgemeine Befunde referiert werden.

Pilze: Den größten Raum nehmen hier Untersuchungen mit Hefen (Saccharomyces cerevisiae und Schizosaccharomyces pombe) ein. Die UV-Empfindlichkeit von Saccharomyces hängt von dem Ploidiegrad der Zelle ab. Haploide Zellen sind am empfindlichsten. Die Resistenz steigt bis zu triploiden Organismen und nimmt bei tetraploiden wieder ab (Laskowski, 1960). Diese allgemeine Aussage gilt jedoch nur, wenn nicht mutierte Stämme miteinander verglichen werden. Durch Mutationen kann, ähnlich wie bei Bakterien, die Strahlenempfindlichkeit verändert werden. Cox und Parry (1968) isolierten 22 empfindliche haploide Hefestämme; eine spätere genetische Analyse nahezu aller UV-sensiblen Mutanten von Saccharomyces cerevisiae führte zu dem Schluß, daß mindestens 25 Gene für die Strahlenempfindlichkeit bei diesem Organismus verantwortlich sind (Game und Cox, 1971). Hefen zeigen Fotoreaktivierung; die meisten In-vitro-Studien zur Aufklärung des Effekts sind mit aus Hefezellen gewonnenen Enzympräparationen durchgeführt worden (vgl. Abschn. 8.5.1). Ob bei ihnen eine Exzisionsreparatur wie bei den Bakterien stattfindet, ist derzeit noch nicht vollständig geklärt. Unrau u.a. (1972) konnten jedoch zeigen, daß zumindest in einem sensiblen Stamm die Pyrimidindimeren in der DNS verbleiben, wogegen sie bei dem Wildstamm nach Inkubation in der säurelöslichen Fraktion auftauchen. Eine Identifizierung der einzelnen enzymatischen Schritte ist bisher allerdings noch nicht gelungen. Ebenso kann das Vorliegen von Rekombinationsreparaturmechanismen bisher nur vermutet werden. Die besondere Schwierigkeit liegt darin, daß es nicht möglich ist, die DNS in Hefen spezifisch mit radioaktivem Thymin zu markieren, so daß man entweder auf unspezifische Verfahren, welche einen hohen Trennungsaufwand erfordern (Unrau u.a., 1972) oder indirekte Methoden (Resznik und J.K. Setlow, 1972) angewiesen ist. Durch UV-Bestrahlung können in Hefen Mutationen ausgelöst werden, welche zu einem Ausfall des zellulären Atmungssystems führen. Bei dem üblichen Kolonietest äußert sich dies in dem Auftreten kleiner Kolonien, woher der Name „Petite-Mutanten" rührt. Hierbei liegt entweder eine Änderung der genetischen Information im Kern oder aber meist in der DNS der Mitochondrien vor. Moustacchi (1972) untersuchte, ob diese Organellen über ein autonomes Reparatursystem verfügen, d.h., ob die UV-Empfindlichkeit der Mitochondrien bei bezüglich des Koloniebildungsvermögens sensiblen Stämmen auch erhöht ist. Sie stellte fest, daß eine vollständige Autonomie der Mitochondrien bezüglich der Fotoempfindlichkeit nicht gegeben ist und daß nukleare Mutationen, welche zu einer Erhöhung der Sensibilität führen, auch Einfluß auf die Auslösung von Petite-Mutationen haben. Auf der anderen Seite ist jedoch auch auf der Mitochondrien-DNS Information verzeichnet, welche die Strahlenempfindlichkeit dieser Organellen mit kontrolliert, so daß so-

wohl nukleare als auch mitochondriale Information für die Abhängigkeit der Mutationsauslösung von der Dosis ausschlaggebend ist.
Ein anderer einfacher eukaryotischer Organismus, der häufig untersucht wurde, ist Neurospora crassa. Auch bei diesen Zellen konnte ein Exzisionsreparaturmechanismus (Worthy und Epler, 1973 a) nachgewiesen werden, jedoch muß aufgrund von Studien an verschiedenen Mutanten angenommen werden, daß auch noch andere (vielleicht Rekombinations-)Prozesse eine Rolle spielen (Worthy und Epler, 1973 b).

Algen: Das meistuntersuchte Objekt ist hier die einzellige Alge Chlamydomonas reinhardii. Auch hier war es möglich, UV-sensible Mutanten zu isolieren, wenn auch die genetische Analyse noch nicht so weit fortgeschritten ist wie bei Saccharomyces cerevisiae (Davies, 1969). In diesen Zellen findet in der üblichen Weise Fotoreaktivierung bei Bestrahlung mit Licht der entsprechenden Wellenlänge statt; die Empfindlichkeitsunterschiede der Mutanten sind nicht auf einen Verlust der Fotoreaktivierbarkeit zurückzuführen, was den Schluß nahelegt, daß noch andere Reparatursysteme vorliegen müssen. Swinton und Hanawalt (1973 a) untersuchten, ob bei Inkubation nach UV-Bestrahlung Pyrimidindimere aus der nuklearen und der Chloroplasten-DNS dieses Organismus verschwinden und in der säurelöslichen Fraktion auftauchen. Das ist nach ihren Experimenten nicht der Fall, was darauf hinweist, daß Chlamydomonas nicht über ein dem bakteriellen ähnliches Exzisionsreparatursystem verfügt. Hiermit steht im Einklang, daß in diesen Zellen keine Reparaturreplikation festgestellt werden kann (Swinton und Hanawalt, 1973 b). Eine Aussage über mögliche Rekombinationsreparatur ist im Augenblick noch nicht möglich.

Protozoen: Der Hauptrepräsentant dieser Gruppe ist für fotobiologische Experimente Tetrahymena pyriformis. Dieses Objekt ist deshalb für bestimmte Studien besonders attraktiv, da es sich relativ leicht teilungssynchronisieren läßt; es wird deshalb besonders dort eingesetzt, wo Zellzykluseffekte eine besondere Rolle spielen (8.6.3). Das Überlebensverhalten ist von Calkins (1973) modellmäßig analysiert worden. Dort findet man auch weitere Referenzen. Mutationsstudien sind auch mit Paramecium aurelia durchgeführt worden; es sei hierfür auf den Übersichtsartikel von Kimball (1966) verwiesen. Im Tetrahymena pyriformis wurde zum ersten Mal nachgewiesen, daß die Reparaturreplikation nach UV-Bestrahlung nicht auf bakterielle Systeme beschränkt ist, sondern auch in eukariotischen Zellen vorkommt (Brunk und Hanawalt, 1967). Daß die bei vielen Eukaryonten festzustellende Fotoreaktivierung tatsächlich auf einer enzymatischen Spaltung von Pyrimidindimeren, wie bei den Bakterien, beruht, wiesen Sutherland u.a., (1967) an Paramecium aurelia nach.

8.4.2.5 Säugerzellen

Mit der Entwicklung der Einzelzellkultur von Säugerzellen durch Puck u.a. (1956) wurde prinzipiell die Möglichkeit eröffnet, diese höheren Organismen ähnlich wie

Bakterien in bezug auf zelluläre Effekte nach UV-Bestrahlung zu untersuchen. Allerdings stellt diese Technik höchste Anforderungen an den Experimentator, auch ist es derzeit noch nicht möglich, die Kultivierung unter exakt definierten chemischen Bedingungen, d.h. mit vollsynthetischen Nähmedien durchzuführen. Die große Empfindlichkeit der Säugerzellen verbietet darüberhinaus eine große Zahl von Modifikationen des Versuchsablaufes, wie sie bei mikrobiellen Organismen möglich sind (z.B. Liquid Holding Recovery und anderes). Der genetische Apparat der Säugerzellen ist höchst komplex. Es ist äußerst schwierig, eine einmal isolierte Zellinie genetisch stabil zu erhalten, und die Charakterisierung von Mutanten ist wegen der sehr viel umfangreicheren genetischen Information nur in seltensten Fällen möglich. Die Wirkungen von ultravioletten Strahlen auf Säugerzellen sind in Arbeiten von Rauth (1969) sowie Painter (1970) referiert worden. Es wird in diesem Kapitel häufig auf Untersuchungen mit Säugerzellen in Kultur Bezug genommen, so daß auch hier nur einige wesentliche Punkte herausgestellt werden sollen.

Die Wirkungsspektren für die Abtötung von Säugerzellen weisen bei höheren Wellenlängen eine größere Effektivität auf, als von dem Absorptionsspektrum der Nukleinsäuren abgeleitet werden könnte (Todd u.a., 1968) (Abb. 8.32).

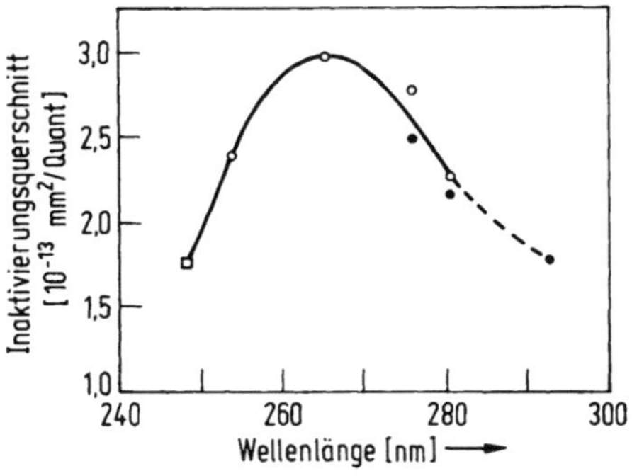

Abb. 8.32: Aktionsspektrum für die Abtötung von Säugerzellen (nach Todd u.a., 1968). Die Symbole charakterisieren verschiedene Experimente.

Es scheint daher wahrscheinlich, daß Proteinkomponenten bei diesem Prozeß beteiligt sind. Es ist durchaus möglich, daß Pyrimidindimere nicht dieselbe Rolle wie bei Mikroorganismen spielen, sondern daß andere, bisher noch nicht identifizierte Fotoprodukte für die Abtötung verantwortlich gemacht werden müssen.

Die Überlebenskurven der Säugerzellen zeigen prinzipiell die gleiche Form wie bei Mikroorganismen, allerdings mit erheblich erhöhter Empfindlichkeit. Beispiele der Parameter von Überlebenskurven verschiedener Säugerzellen sind in Tab. 8.17 zusammengestellt. Man erkennt, daß mit wenigen Ausnahmen die D_0-Werte höchstens um einen Faktor 4, die der Extrapolationszahl um ungefähr einen Faktor 2 schwanken.

Tab. 8.17: Parameter der UV-Überlebenskurven von Säugerzellen (n. Painter, 1971, dort auch Originalreferenzen).
Wellenlänge: 254 nm

Zellinie	Species	D_0 (μJ/mm^2)	N
HeLa	menschl.	10,8	2
D98/AG	menschl.	28,0	–
L	Maus	9,7	1,9
L–60T	Maus	7,0–8,0	4–5
V79	Chines. Hamster	5,0	4–5
F	Chines. Hamster	5,0	4–5
M3–1	Chines. Hamster	2,6–3,2	3–5
L	Maus	40,0	1
PS	Schwein	21,0	1
Ehrlich Ascites	Maus	70,0–80,0	1
T	menschl.	2,2–2,8	2–3
DON	Chines. Hamster	2,5	2–3
V79	Chines. Hamster	4,3	1,6
V7979	Chines. Hamster	3,0	1,3
DFAF	Chines. Hamster	6,0	3,0

Variationen in der effektiven Dosis können dadurch zustande kommen, daß die Zellen relativ groß sind und die Nukleinsäuren durch zytoplasmatisches Material gegen die Bestrahlung abgeschirmt werden können. Das Ausmaß dieses Effekts hängt aber auch von der Form der Zellen ab. Er ist kleiner, wenn sie abgeplattet sind und größer, wenn sie eine runde Form zeigen. Eine quantitative Abschätzung ist bisher allerdings noch nicht durchgeführt worden.

Nach UV-Bestrahlung können in der DNS von allen bisher untersuchten Säugerzellen Pyrimidindimere nachgewiesen werden, wobei die Ausbeute immer dieselbe ist trotz unterschiedlicher Zellempfindlichkeit. (Referenzen siehe bei Rauth, 1969 und Painter, 1970). Eine Fotoreaktivierung des Koloniebildungsvermögens ist in Säugerzellen bisher nicht nachzuweisen gewesen (Trosko u.a., 1965). Aus menschlichen Zellen konnte jedoch Fotoreaktivierungsenzym isoliert werden, welches im In-vitro-Test Pyrimidin-Dimere unter Lichteinwirkung spaltete (Sutherland, 1974, Sutherland, Rice und Wagner, 1975).

Später wurde gezeigt, daß Herpes-Viren auch in menschlichen Zellen fotoreaktivierbar sind (Wagner, Rice und Sutherland, 1975). Die Bedeutung dieser Befunde im Hinblick auf die UV-Fotobiologie von Säugerzellen allgemein bedarf noch der weiteren experimentellen Aufklärung.

Die Frage, ob Säugerzellen wie Mikroorganismen einen Exzisionsmechanismus zur Entfernung geschädigter Teile aus der DNS besitzen, kann nicht einheitlich beantwortet werden. Trosko u.a. (1965) fanden in chinesischen Hamsterzellen selbst nach 24-stündiger Inkubation – das entspricht im untersuchten System ca. 2 Zykluszeiten – fast alle gebildeten Dimere noch in der säureunlöslichen Fraktion des Zellhydrolysats. Eine spätere ausführlichere Studie ergab (Trosko u. Kasschau, 1967), daß, falls Exzision von Thymindimeren stattfindet, die resultierenden Oligonukleotide auf jeden Fall mehr als 20 Nukleotide enthalten.
Auf der anderen Seite wiesen Regan u.a. (1968) Dimerenexzision in mehreren Zelllinien menschlicher Herkunft nach, allerdings in weit geringerem Ausmaß als bei Mikroorganismen üblich. Aufgrund dieser Befunde wurde angenommen, daß Dimerenexzision lediglich in Zellen menschlicher Herkunft vorkommt, nicht aber bei solchen, die aus Organen von Nagetieren gewonnen wurden. Diese Verallgemeinerung läßt sich nicht mehr aufrecht erhalten, seitdem Setlow u.a. (1972) zeigten, daß auch Hamster- und Mauszellen Dimerenexzisionen zeigen, jedoch, verglichen mit den menschlichen Zellen, in erheblich verringertem Maße. Die Unterschiede sind schwer zu deuten, da, wie aus Tab. 8.17 hervorgeht, die Empfindlichkeit beider Zellarten ungefähr gleich ist und Thymindimere in allen Zellinien bei gegebener Dosis in ungefähr gleicher Anzahl gebildet werden (Horikawa u.a., 1968).
Die meisten Untersuchungen wurden – falls nicht Sensibilisatoren zur Anwendung kamen (vgl. 8.6.4) bei Wellenlängen um 260 nm durchgeführt. Wang u.a. (1974) berichteten allerdings auch von einer Inaktivierung durch nahes UV (sogenanntes „Schwarzlicht"), die sie auf die Bildung toxischer Produkte im Bestrahlungsmedium zurückführen.

8.5 Reaktivierungs- und Reparaturprozesse

8.5.1 Allgemeine Vorbemerkungen

Die Entdeckung, daß Zellen in der Lage sind, Schäden an ihrem Genom zu reparieren, gehört zu den faszinierendsten Erkenntnissen der jüngeren biologischen Forschung und hat die experimentellen Arbeiten auf dem Gebiet der Fotobiologie in ungeheurem Maße stimuliert. Das äußert sich schon allein in der Zahl der erscheinenden Publikationen, allerdings oft auch mit dem unerwünschten Nebeneffekt, daß Versuchsergebnisse mit Hilfe von Reparaturmodellen interpretiert werden, ohne daß direkte Evidenz für ihr Vorliegen vorhanden ist. Hand in Hand hiermit geht oft eine ungenaue Ausdrucksweise, wobei die verwendeten Termini nicht immer mit der wünschenswerten Klarheit definiert werden. Aus diesem Grunde scheint es angebracht, diesem Abschnitt des Kapitels einige Erläuterungen vorabzustellen. Wir schließen uns hier im wesentlichen den Überlegungen von Haynes u.a. (1968) an.

Die folgenden Begriffe werden häufig in der Literatur mit wechselnden Bedeutungen belegt oder aber gar synonym gebraucht: Reparatur (repair), Erholung (recovery), Reaktivierung (reactivation), Reversion (reversion). Dies führt dazu, daß oft stillschweigend angenommen wird, daß auch ähnliche Mechanismen zugrunde liegen, was die wissenschaftliche Kommunikation unnötig erschwert. Es wird daher vorgeschlagen, zumindest für dieses Buchkapitel folgende Vereinbarung zu treffen: Reparatur: dieser Ausdruck soll nur verwendet werden, wenn tatsächlich erwiesen ist, daß Schäden ausgewechselt und durch intakte Stücke ersetzt werden. Die Aussage, daß bei einem bestimmten Prozeß Reparaturvorgänge ablaufen, setzt also voraus, daß experimentelle Ergebnisse auf der molekularen Ebene vorliegen. Typisches Beispiel hierfür ist die im nächsten Abschnitt besprochene Exzisionsreparatur.

Erholung bezeichnet den Vorgang, daß vor der Bestrahlung vorhandene und durch sie zerstörte biologische Eigenschaften durch bestimmte Behandlungsarten wieder zurückgewonnen werden. Erholung ist also immer im Zusammenhang mit einem biologischen Test zu verstehen; typische Beispiele sind die teilweise Wiedergewinnung des Koloniebildungsvermögens aufgrund verzögerter Ausplattung (Liquid Holding Recovery, siehe 8.6.1) oder die Wiederherstellung normaler Strahlenempfindlichkeit bei fraktionierter Bestrahlung („Split dose recovery", siehe 8.6.2). Der Ausdruck Reaktivierung ist nicht genau von dem vorhergehenden zu trennen. Wir wollen darunter alle diejenigen Erscheinungen verstehen, bei welchen durch eine genau definierte Veränderung des Versuchsablaufs nach der Bestrahlung die ursprünglichen biologischen Eigenschaften des Objekts ganz oder teilweise wiederhergestellt werden. Typische Beispiele sind die Fotoreaktivierung (Wiederherstellung durch Lichteinfluß) oder die Wirtszellenreaktivierung (Wiederherstellung des Plaquebildungsvermögens durch Ausplatten auf einem hcr^+-Wirt). Schließlich bedeutet die Reversion ein echtes Rückgängigmachen der durch die Bestrahlung hervorgerufenen Schädigung. Typisches Beispiel ist hier die Monomerisierung von Thymindimeren durch kürzerwellige UV-Strahlung. Reparatur und Reversion implizieren schon Kenntnisse über den molekularen Mechanismus der Erscheinung. Erholungs- oder Reaktivierungsphänomene können somit auf drei verschiedenen Mechanismen beruhen: 1. Reparatur (= Entfernung des Schadens), 2. Reversion (= Rückgängigmachen der Veränderung) und 3. Umgehen des Schadens (Bypass). Der letzte Fall liegt vor, wenn der Schaden in der Zelle verbleibt, aufgrund bestimmter Behandlungsarten aber biologisch nicht zum Tragen kommt.

Alle bisher besprochenen Effekte können entweder unter Lichteinfluß oder im Dunkeln ablaufen, weswegen man sich häufig auch auf die Termini Fotoreaktivierung und Dunkelreparatur beschränkt. Es ist nach dem oben Gesagten klar, daß eine solch grobe Einteilung falsch und irreführend ist. Die experimentellen Befunde können auf gänzlich unterschiedlichen Mechanismen beruhen:

Lichtabhängige Vorgänge: Hierzu gehört zunächst die echte enzymatische Spaltung der Pyrimidindimeren unter dem Einfluß von langwelligem UV und sichtbarem Licht. Nur dieser Vorgang wird als Fotoreaktivierung bezeichnet. Bei ihr muß die Lichtbehandlung immer der UV-Exposition folgen. Dies ist nicht der Fall bei der sogenannten indirekten Fotoreaktivierung, bei welcher auch die Bestrahlung mit sichtbarem Licht vor der UV-Exposition zu einer Abschwächung des biologischen Effekts führt. Mit letzterer eng verwandt und möglicherweise identisch ist die Fotoprotektion (vgl. 8.5.2).

Unter der Überschrift „Dunkelreparatur" werden häufig alle Vorgänge zusammengefaßt, für deren Ablauf Lichteinwirkung nicht essentiell ist. Das bedeutet aber in keiner Weise, daß sie im Hellen nicht stattfinden können. Dazu gehören sowohl „Liquid Holding Recovery" als auch die Exzisionsreparatur und die Rekombinationsreparatur. Wegen des breiten Spektrums der subsummierten Vorgänge sollte der schillernde Ausdruck Dunkelreparatur überhaupt gänzlich ausgemerzt werden.

Reparatursysteme sind genetisch determiniert. Für E. coli ist die relative Lage der Genorte auf dem Chromosom bestimmt worden, eine Übersicht findet man bei Smith (1971).

8.5.2 Lichtabhängige Prozesse, Fotoreaktivierung

Wie im vorigen Abschnitt ausgeführt, versteht man unter Fotoreaktivierung im eigentlichen Sinne lediglich die Spaltung von Pyrimidindimeren durch das fotoreaktivierende Enzym unter der Einwirkung langwelligen UV's oder sichtbaren Lichtes. Bevor wir auf diesen Vorgang eingehen, soll zur besseren Abgrenzung jedoch an dieser Stelle auch eine kurze Aufzählung der sonstigen lichtabhängigen Prozesse gegeben werden.

1. Fotoprotektion: Bestrahlt man Zellen vor der UV-Exposition mit sichtbarem Licht oder langwelligem UV, so kann die Fotoempfindlichkeit verringert werden; die Zellen zeigen eine höhere Koloniebildungsfähigkeit als wenn die Lichtbehandlung nicht stattgefunden hätte (Jagger und Stafford, 1965). Das Aktionsspektrum unterscheidet sich von dem der echten Fotoreaktivierung. Fotoprotektion ist auch in Mutanten festzustellen, welche kein Fotoreaktivierungsenzym enthalten. Durch diese Behandlung wird die nächste Zellteilung verzögert, und es wird angenommen, daß hierdurch anderen Reparaturprozessen mehr Zeit zur Verfügung steht (Jagger u.a., 1964), ähnlich wie bei der Liquid Holding Recovery. Diese Annahme wird dadurch gestützt, daß Fotoprotektion und Liquid Holding Recovery vollständig überlappende Effekte sind (Jagger u.a., 1964), d.h., was durch eine Fotoprotektionsbehandlung an Überlebenswahrscheinlichkeit gewonnen wird, geht an möglicher Liquid Holding Recovery verloren. Beide sind nicht additiv. Lakchaura (1972) hat darüberhinaus gezeigt, daß die Fotoprotektion ein funktionierendes Exzisionsreparatursystem voraussetzt. Weitere Ausführungen zu diesem Themenkreis findet man bei Jagger (1972).

2. Indirekte Fotoreaktivierung: Sie ist bezüglich der zugrunde liegenden Vorgänge wahrscheinlich mit der Fotoprotektion identisch, unterscheidet sich in der Durchführung von dieser aber dadurch, daß die Lichtbehandlung nach der UV-Exposition gegeben wird. Von der echten Fotoreaktivierung unterscheidet sie sich durch ein anderes Aktionsspektrum (Abb. 8.33) sowie dadurch, daß sie auch in Mutanten festzustellen ist, welche kein Fotoreaktivierungsenzym enthalten.

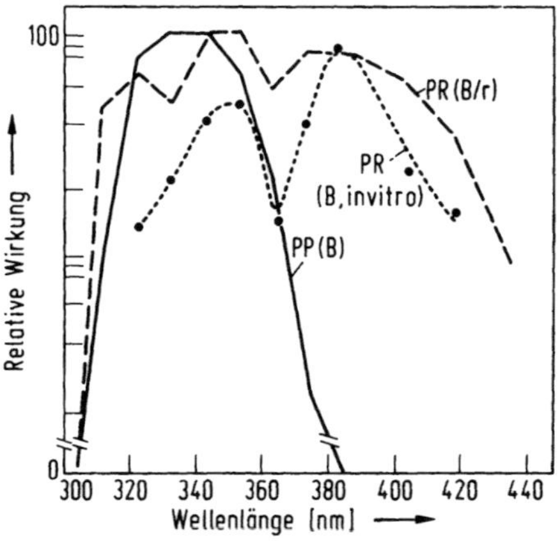

Abb. 8.33: Wirkungsspektren von Fotoreaktivierung in E. coli B/r (PR (B/r), Fotoreaktivierung in vitro (PR in vitro) sowie der Fotoprotektion (PP) (nach J.K. Setlow, 1966).

3. Fotochemische Reversion: Hierunter versteht man die direkte Monomerisierung von Thymindimeren unter Einwirkung kurzwelligen UV's (vgl. 8.3.3 und 8.4.2). In zellulären Systemen kann sie wegen der hohen notwendigen Bestrahlungsdosen nicht demonstriert werden, wohl aber in transformierender DNS.

4. Sensibilisierte Fotospaltung von Pyrimidindimeren: Pyrimidindimere können auch in Abwesenheit von Fotoreaktivierungsenzym durch langwelliges UV gespalten werden, wenn bestimmte Sensibilisatoren wie Trypotophan (Helene u. Charlier, 1971) oder Antrachinon (Ben Hur und Rosenthal, 1970) anwesend sind. Die Quantenausbeute für diesen Prozeß ist jedoch äußerst gering, so daß diese Vorgänge nicht ohne weiteres als Modellmechanismus für die Wirkung des Fotoreaktivierungsenzyms herangezogen werden können.

5. UV-Reaktivierung: Sie ist schon in 8.4.2.2 besprochen worden. Man versteht darunter die höhere Überlebenswahrscheinlichkeit für bestrahlte Phagen, wenn sie auf Wirtszellen inkubiert werden, die zuvor eine niedrige UV-Dosis erhalten hatten. Der zugrunde liegende Mechanismus ist, wie schon an der angegebenen Stelle ausgeführt, derzeit noch unklar.

6. „Fotoreaktivierung" von Pflanzenviren: Eine Reihe von RNS-haltigen Viren zeigen auf ihren Wirtspflanzen eine höhere Überlebensfähigkeit nach Bestrahlung, wenn diese in Licht gehalten werden. Hierbei handelt es sich um keine enzymatische Fotoreaktivierung, wie sie weiter unten besprochen wird, da das Fotoreaktivierungsenzym nicht mit bestrahlter RNS reagiert. Der Mechanismus ist vollständig ungeklärt, auch kann nicht ausgeschlossen werden, daß hierbei indirekte Prozesse, welche unter Umständen mit der Fotosynthese zusammenhängen, eine Rolle spielen.

7. Wenden wir uns nun der *eigentlichen Fotoreaktivierung* zu: Ob sie bei einem Organismus eine Rolle spielt, kann nicht daraus geschlossen werden, daß die UV-induzierte Abnahme eines bestimmten biologischen Effekts nach Behandlung mit sichtbarem Licht reduziert wird, wie wohl auch nach dem Studium der oben angeführten Liste anderer möglicher Erscheinungen klar ist. Vielmehr muß nachgewiesen werden, daß der zur Diskussion stehende Organismus das fotoreaktivierende Enzym enthält (siehe unten). Fotoreaktivierung ist bisher in nahezu allen Zellen des Pflanzen- und Tierreiches sowie Mikroorganismen festgestellt worden mit der einen strengen Ausnahme der Placenta-Tiere (siehe aber 8.4.2.5) und transformierbaren Bakterien. An diese Ausnahmen hat J.K. Setlow (1972) interessante entwicklungsgeschichtliche Spekulationen angeknüpft. Übersichten findet man bei Jagger (1958), Cook (1970, 1971) sowie Regan (1969). Mutanten, denen die Fotoreaktivierungsfähigkeit fehlt, sind ebenfalls in verschiedenen Systemen isoliert worden, z.B. bei E. coli (Harm und Hillebrand, 1962), bei Hefen (Resnick, 1969) und Serratia marcescens (Winkler und Heil, 1969). Fotoreaktivierung ist ein sehr spezifischer Prozeß, der nur nach Schädigung durch UV des Wellenlängenbereiches von 220 bis 310 nm festgestellt werden kann. Er fehlt nach der Inaktivierung mit ionisierenden Strahlen, Chemikalien oder aufgrund fotodynamischer Wirkung sichtbaren Lichtes. Eine Ausnahme in bezug auf den letzten angeführten Fall bildet die sensibilisierte Abtötung von Bakterien durch UV der Wellenlänge 313 nm in Gegenwart von Aceton, Acetophenon oder Benzophenon. In diesem Falle ist das Ausmaß der Fotoreaktivierung sogar größer als bei Bestrahlung mit 265 nm (Mennigmann und Wacker, 1970). Das ist jedoch nicht verwunderlich, da bekannt ist, daß mit Hilfe dieser „Triplett-Sensibilisatoren" bei der verwendeten Wellenlänge nahezu ausschließlich Pyrimidindimere in der DNS der Bakterien erzeugt werden und bildet einen weiteren Beweis für die hohe chemische Spezifität des Fotoreaktivierungsprozesses. Das Spektrum der biologischen Prozesse jedoch, welche nach UV-Schädigung fotoreaktiviert werden können, ist sehr weit und beinhaltet Zellteilungsverzögerung, die Induktion von Mutationen, die Hemmung der DNS-Systhese sowie eine Reihe von cytologischen Veränderungen.

Die systematische Erforschung des zugrundeliegenden Mechanismus wurde vor allem durch die Einführung eines In-vitro-Systems ermöglicht (Goodgal u.a., 1957, Rupert, 1960): Isolierte transformierende DNS von Haemophilus influenzae kann durch Licht der entsprechenden Wellenlängen in Gegenwart eines Rohextraktes von Hefezellen reaktiviert werden, was sich in einer Erhöhung der Transformationsfähigkeit äußert. Eine parallel durchgeführte chemische Analyse zeigte, daß die für den biologischen Effekt verantwortlichen Pyrimidindimeren monomerisiert worden waren. Die Dimeren in der transformierenden DNS bilden also offenbar das Substrat für ein in dem Hefeextrakt befindlichen Enzym, wobei allerdings von vorneherein nicht klar ist, ob es sich dabei um ein einzelnes oder einen ganzen Komplex handelt. Die weiteren Untersuchungen haben jedoch gezeigt, daß nur ein einziges Enzym vorliegt.

Das In-vitro-System bietet eine Reihe von Vorteilen:

1. Durch Beimischung zwar bestrahlter, aber nicht transformierender DNS kann die Konzentration des Substrats in weiten Grenzen verändert werden. So kann man die Kinetik studieren und prüfen, ob sie den aus der Biochemie für Enzyme bekannten Gesetzen folgt.
2. Mit derselben Methode läßt sich feststellen, ob und wieviel Pyrimidindimere in einer DNS gebildet worden sind. Setzt man nämlich der Mischung transformierender DNS/Hefeextrakt fremde DNS zu, in welchem sich Pyrimidindimere befinden, so bilden diese für das fotoreaktivierende Enzym ebenfalls ein passendes Substrat, wodurch der biologisch aktiven transformierenden DNS Enzymmoleküle entzogen werden. Die Fotoreaktivierung läuft dann langsamer ab (kompetitive Hemmung) aufgrund der Konkurrenz beider Substrate um die begrenzte Menge Enzym. Diese Methode erlaubt den Nachweis von Pyrimidindimeren in Systemen, welche sonst große experimentelle Schwierigkeiten bereiten, weil z.B. die DNS nicht spezifisch markiert werden kann.

Mit Hilfe dieser Methodik konnten die wichtigsten Eigenschaften des Enzyms charakterisiert werden. Die Bestimmung der Geschwindigkeitskonstanten der Reaktion gelang Harm und Rupert (1968) sowie Harm u.a. (1968) mit Hilfe der Blitzlichtfotoreaktivierung, auf die weiter unten eingegangen wird. Die bisher bekannten Ergebnisse über den Mechanismus der enzymatischen Fotoreaktivierung lassen sich wie folgt zusammenfassen:

1. Die wirksamen Wellenlängen liegen zwischen ca. 350 nm und 500 nm. Die Wirkungsspektren differieren von Organismus zu Organismus (Abb. 8.33) (J.K. Setlow und Boling, 1963). Wirksam ist nur eine Behandlung nach der UV-Bestrahlung.
2. Die aktive Verbindung ist ein Protein, was aus ihrem Verhalten gegenüber Hitzeeinwirkung und proteolytischen Enzymen geschlossen wird (Rupert, 1960). Das Molekulargewicht liegt in der Größenordnung von 63000 (Cook, 1971).
3. Das Enzym kommt sowohl in der nuklearen als auch in der mitochondrialen Fraktion vor; dies gilt zumindest für Xenopuszellen, bei welchen diese Untersuchungen durchgeführt worden sind (Cook, 1971).
4. Es bildet einen Komplex mit UV-bestrahlter, aber nicht mit unbestrahlter DNS (Rupert, 1962 a).
5. Unter Einwirkung der Belichtung trennt sich der Komplex, im Dunkeln ist er sehr stabil (H. Harm und Rupert, 1968).
6. Die Reaktion folgt ungefähr der aus der Enzymforschung bekannten Michaelis-Menten-Kinetik (siehe unten) (Rupert, 1962 a).

7. Die wesentliche Reaktion besteht aus einer Spaltung der Thymindimeren (Cook, 1967); wahrscheinlich werden aber auch alle anderen Pyrimidindimeren monomerisiert (J.K. Setlow u.a., 1965). Daß noch weitere Fotoprodukte fotoreaktivierbar sind, kann nicht ausgeschlossen werden. Ersetzung des Thymins durch das Analogon Bromuracil verringert die Fotoreaktivierbarkeit (Stahl u.a., 1961).
8. Die Fotoreaktivierung ist unabhängig von Sauerstoff (Kiefer, 1968 a). Die Anwesenheit von Metallionen ist nicht erforderlich. Hohe Phosphatkonzentrationen wirken hemmend. Das pH-Optimum liegt bei 7,2 (Rupert, 1962 a).
9. Die geschwindigkeitsbestimmende Reaktion ist die Bildung des Komplexes. Sie ist wahrscheinlich diffusionskontrolliert (H. Harm und Rupert, 1968).
10. Die Monomerisierung selbst ist temperaturunabhängig zwischen 2° C und 33° C (H. Harm und Rupert, 1968).
11. Isolierte Thymindimeren werden durch das Enzym nicht gespalten, vielmehr benötigt es eine bestimmte Oligonukleotid-Länge, um seine Wirkung entfalten zu können (Mehr als 9 Nukleotide). (J.K. Setlow und Bollum, 1968). Einsträngige DNS ist schlechter fotoreaktivierbar als doppelsträngige (R.B. Setlov, 1964).
12. Das Produkt aus Quantenausbeute und Extinktionskoeffizient ist für die Hefepräparation im Maximum des Wirkungsspektrums ca. 10^4 (Rupert, 1964).
13. Die Zahl der Enzymmoleküle pro Zelle ist außerordentlich gering und beträgt z.B. bei E. coli B_{S-1} nur ungefähr 20 (W. Harm u.a., 1971).

Die Reaktion läßt sich nach dem aus der Biochemie bekannten Michaelis-Menten-Schema wie folgt darstellen:

$$\hat{TT} + E \underset{k_2}{\overset{k_1}{\rightleftarrows}} (\hat{TT}\,E) \xrightarrow[h\nu]{k_3} T + E,$$

wobei E das fotoreaktivierende Enzym bedeutet und $\hat{TT}$ für die Pyrimidindimeren steht. Die Fotoreaktivierung verläuft also in zwei Schritten: der erste besteht in der Bildung eines Komplexes zwischen dem Enzym und den Dimeren in der DNS, der zweite in der lichtabhängigen Trennung dieses Komplexes, wobei die Dimere monomerisiert werden.

Die kinetischen Daten wurden von Helga Harm und C.S. Rupert (1968) sowie Walter Harm u.a. (1968, 1971) mit Hilfe der Blitzlichtfotoreaktivierung bestimmt. Dabei wurden folgende Überlegungen zugrunde gelegt: Appliziert man das fotoreaktivierende Licht in einer solch kurzen Zeit, daß die freigewordenen Enzymmoleküle noch keine neuen Komplexe bilden können und wählt die Intensität so hoch, daß alle zum Zeitpunkt der Exposition vorhandenen Komplexe gespalten werden, so ist die Zahl der monomerisierten Dimere gleichzusetzen mit derjenigen der vorhandenen Komplexe. Man kann sie jedoch bei den zur Verfügung stehenden niedrigen Enzymkonzentration nicht direkt chemisch bestimmen, sondern benutzt dabei den biologischen Effekt als „Meßinstrument". Die Fotoreaktivierung ist nämlich immer „dosismodifizierend", d.h., in den Dosiseffektkurven äußert sie sich so, als ob die ursprünglich dem Objekt gegebene UV-Dosis um einen bestimmten Anteil reduziert worden ist. Da man aber weiß, wieviele Dimere bei einer bestimmten Dosis entstehen, kann man aus der Reduktion des biologischen Effektes die Zahl der monomerisierten Dimere nach der Fotoreaktivierung abschätzen. Dies setzt allerdings voraus, daß man mit Systemen arbeitet, welche auf kleine Änderungen der Dimerenzahl schon empfindlich reagieren; man ist also auf sehr sensible Mutanten angewiesen. Aus diesem Grunde wurden die Versuche mit der E. coli-Mutante B_{s-1} durchgeführt. Im In-vitro-Ansatz können die notwendigen Bedingungen leicht durch entsprechende Variation der Enzym- und Substratkonzentration eingestellt werden. Die Geschwindigkeit der Komplexbildung läßt sich nun leicht dadurch studieren, daß man die Zeit zwischen UV-Exposition und fotoreaktiverendem Blitz variiert. Mit derselben Technik läßt sich auch abschätzen, wie groß die Zahl der in einer Zelle vorhandenen Enzymmoleküle ist. Liegen nämlich sehr viele Dimere in der DNS vor im Vergleich zu der Zahl der Enzymmoleküle, so werden sie nahezu vollständig nach der entsprechenden Zeit in Komplexen gebunden sein. Die Zahl der dann durch einen Blitz monomerisierten Dimere ist somit gleichzusetzen der Anzahl vorhandener Enzymmoleküle. Sie beträgt bei E. coli B_{s-1} ungefähr 20, ist also äußerst gering und beträgt nur das 10^{-5}-fache des gesamten Proteingehaltes dieser Zelle. Selbst eine 30000-fache Anreicherung, wie sie von Muhammed (1966) durchgeführt worden ist, erbrachte lediglich eine Präparation mit ca. 1 %-iger Konzentration.

Ist die Zahl der im Dunkeln gebildeten Komplexe bekannt, so kann man durch Variierung der Beleuchtungsstärke des fotoreaktivierenden Blitzes, die Kinetik der lichtabhängigen Reaktion bestimmen. Die Geschwindigkeitskonstante k_3 ist proportinal der Lichtintensität, so daß man auch schreiben kann $k_3 = k_p$ I, wobei k_p die sogenannte fotolytische Dissoziationskonstante und I die Intensität darstellt. Dieses Verhalten deutet auf einen Ein-Fotoneffekt hin, in welchem Fall sich k_p auch in der folgenden Form beschreiben läßt

$$k_p = \epsilon \cdot \phi. \tag{8.9}$$

ϕ: Quantenausbeute, ϵ: Extinktionskoeffizient.
(Rupert 1962 b). Die Werte für $\epsilon \cdot \phi$ unterscheiden sich in E. coli B_{s-1} ($2{,}4 \cdot 10^4$ l mol^{-1} cm^{-1} bei 385 nm) und dem In-vitro-System mit fotoreaktivierendem Enzym aus Hefe ($1{,}4 \cdot 10^4$ l mol^{-1} cm^{-1} bei 366 nm); jedoch liegen sie in der gleichen Größenordnung. Hieran kann man einige Spekulationen über die Quantenausbeute anschließen. Es ist nicht anzunehmen, daß der Extinktionskoeffizient höher ist als bei üblichen organischen Molekülen und somit zwischen 10^4 und 10^5 l mol^{-1} cm^{-1} liegt. Damit kann man die Quantenausbeute in einem Bereich zwischen 0,1 und 1 eingrenzen.

Die beschriebene Untersuchung der Bildungskinetik der Komplexe im Dunkeln erlaubt nur eine Bestimmung des Verhältnisses k_1/k_2. Der Parameter k_1 kann davon unabhängig dadurch bestimmt werden, daß man eine Folge zeitlich äquidistanter Blitze gibt und die Abnahme der Dimerenzahl verfolgt. Dabei ist die Intensität so hoch zu wählen, daß die Dunkelrückreaktion (k_2) nur eine zu vernachlässigende Rolle spielt. k_2 läßt sich dann aus der Gleichgewichtskonzentration der Komplexe unter Kenntnis von k_1 berechnen. Eine andere Möglichkeit besteht darin, daß man nach der Komplexbildung die Neubildung durch Zugabe hemmender Chemikalien wie Coffein (siehe unten) verhindert.

Aus der Temperaturabhängigkeit von k_1 und k_2 könnten die thermodynamischen Parameter der Reaktion bestimmt werden. Sie sind in Tab. 8.18 zusammengefaßt (Rupert, Harm und Harm, 1971). Man erkennt hieraus, daß sowohl in vitro als auch in vivo die Komplexbildung endothermisch verläuft ($\Delta H > 0$).
Die Stabilität des Komplexes ist nur dadurch zu erklären, daß seine Bildung mit einer erheblichen Entropievergrößerung verbunden ist.

Tab. 8.18: Thermodynamische Daten der enzymatischen Fotoreaktivierung (Rupert u.a., 1972).
Für die Reaktionskonstanten gilt die Gleichung

$$K = A\, e^{-E_A/RT}$$

System	Geschwindigkeitskonstante	A	E_A
E. coli PRE in vivo	k_1	$1{,}5 \cdot 10^{14}$ Mol^{-1} s^{-1}	11 kcal · mol^{-1}
	k_2 Kompetitions-Methode	4,3 s^{-1}	4,5 kcal · mol^{-1}
	k_2 Coffein-Methode	29 s^{-1}	4,5 kcal · mol^{-1}
Hefe PRE in vitro	k_1	$1{,}6 \cdot 10^{14}$ Mol^{-1} s^{-1}	9,3 kcal · mol^{-1}
	k_2 Kompetitions-Methode	7 s^{-1}	5,1 kcal · mol^{-1}
	k_2 Gleichgewichts-Methode	30 s^{-1}	5,7 kcal · mol^{-1}

Der molekulare Wirkungsmechanismus der Fotoreaktivierung konnte bisher noch nicht aufgeklärt werden. Die physikalische Charakterisierung der ablaufenden Vorgänge scheitert vor allem daran, daß es bislang noch nicht möglich war, das Enzym in genügender Menge rein darzustellen. Dieses ist nicht verwunderlich, wenn man bedenkt, in welch geringer Konzentration es in den Zellen vorliegt. Muhammed (1966) führte eine ca. 30000-fache Konzentrierung durch und stellte fest, daß es bei dieser Präparation in dem Wellenlängenbereich, bei welchem die höchste Ausbeute der Fotoreaktivierung liegt, keine optische Absorption festzustellen ist. Dieses Resultat widerspricht offenbar dem Drapert-Grothusschen Gesetz, daß eine fotochemische Wirkung nur dann festzustellen ist, wenn in der entsprechenden Verbindung auch Photonen absorbiert werden. Es könnte natürlich sein, daß der Extinktionskoeffizient so gering ist, daß die Absorption nicht festgestellt werden konnte. Dem stehen jedoch die vorher zitierten Abschätzungen entgegen. Es kann nicht ausgeschlossen werden, daß die Absorption sich erst bei der Bildung des Komplexes zeigt und nach Beleuchtung wegen der Dissoziation äußerst schnell verschwindet.

Eine genaue Klärung kann erst bei Vorliegen besserer Enzympräparation erwartet werden. Ein wichtiger Schritt in dieser Richtung wurde von Sutherland u.a. (1972) dadurch unternommen, daß das für die Bildung des fotoreaktivierenden Enzyms verantwortliche Gen auf einen Phagen übertragen wurde. Dieser kann in Echerichia-coli-Zellen eingebaut und induziert werden, wodurch eine ungefähr 2000-fache Erhöhung der Enzymkonzentration erreicht werden kann. Die Prozedur der weiteren Reinigung und erste Charakterisierungsversuche wurden von den Autoren in einer späteren Veröffentlichung (Sutherland u.a., 1973) beschrieben. Damit dürfte man der endgültigen Aufklärung der Fotoreaktivierung einen großen Schritt nähergekommen sein. Minato und Werbin (1972) gelang die Isolierung von Fotoreaktivierungsenzymen aus einer Blau-Grün-Alge Anacystis nidulans. Der Vergleich zwischen dem Aktionsspektrum der Fotoreaktivierung und dem Absorptionsspektrum ihrer Präparation zeigt eine Verschiebung der Hauptbande um ungefähr 17 nm, was die Autoren darauf zurückführen, daß der Chromophor nicht das eigentliche Protein, sondern eine prostetische Gruppe darstellt.
Durch extensive Bestrahlung mit nahem UV ($\lambda \approx 364$ nm) kann das Fotoreaktivierungsenzym inaktiviert werden (Tyrell u.a., 1973).
Trotz der in jüngster Zeit erreichten Fortschritte bleibt der physikalische Mechanismus der Fotoreaktivierung immer noch im wesentlichen ungeklärt und bietet Stoff für ausgedehnte Spekulationen und Diskussionen. Als ein Beispiel für letzeres sei der Leser auf die Diskussion im Anschluß an den Vortrag von Cook (1971) verwiesen.

8.5.3 Exzisionsreparatur

Aus der Tatsache, daß Mutanten von Escherichia coli, welche sich nur in einem einzigen Gen unterscheiden, sehr erhebliche Differenzen in der UV-Empfindlichkeit zeigen können, wurde schon 1964 geschlossen, daß diese Zellen über einen spezifischen Reparaturmechanismus zur Elimination von Fotoschäden verfügen müssen (Haynes, 1964). In der Folge erwies sich, daß der damals nur rein hypothetisch vorgeschlagene Ablauf in der Tat in den Zellen realisiert ist. Allerdings können andere Reparaturphänomene nicht ausgeschlossen werden und sind zum Teil auch schon bekannt (vgl. nächsten Abschnitt). Die bis dato am besten untersuchte „Dunkelreparatur" wird durch die sogenannte „Exzisionsreparatur" repräsentiert. Wie in den meisten Fällen, ist sie in extenso lediglich für Escherichia coli untersucht worden. Die Befunde für andere Systeme, speziell für Eukaryonten, sind sehr viel weniger zahlreich.

Der grundsätzliche Verlauf der Exzisionsreparatur ist in Abb. 8.34 schematisch dargestellt. Er besteht im wesentlichen aus 6 Schritten:

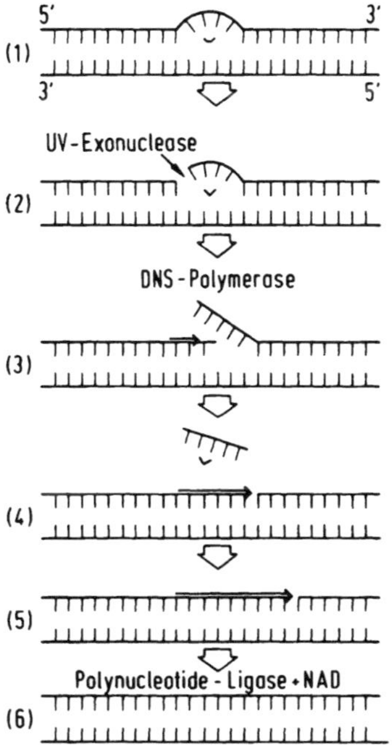

Abb. 8.34: Schema der Exzisionsreparatur (nach Kelly u.a., 1969):
(1) Schadenserkennung, (2) Inzision, (3) Ersatz der Schadensstelle (Reparaturreplikation), (4) Exzision, (5) und (6) Schließen des letzten Bruches.

1. Erkennung des Schadens,
2. Einzelstrangeinschnitt in der Nähe des Schadens,
3. „Reparatursynthese, ausgehend von dem gesetzten Einschnitt, wobei der unbeschädigte Strang der DNS Doppelhelix als Matrize benutzt wird. Gleichzeitig wird das geschädigte Stück „zurückgeklappt",
4. Ausschnitt des beschädigten Teilstückes,
5. und 6. Verbindung des reparierten Teilstückes mit dem Ausgangsstrang.

Die einzelnen Schritte konnten vor allen Dingen mit Hilfe spezieller Ultrazentrifugationstechniken aufgeklärt werden. Die Geschwindigkeit, mit welcher ein Makromolekül in dem Schwerefeld einer Ultrazentrifuge sedimentiert, hängt von seiner Größe ab, und zwar sedimentiert es um so schneller, je größer es ist. Durch einen Einzelstrangbruch wird die Molekülgröße doppelsträngiger DNS nicht verändert, weil die Doppelstrangstruktur das Molekül gewissermaßen noch zusammenhält. Unterwirft man es jedoch vor der Sedimentation denaturierenden Verfahren, wodurch die beiden Stränge getrennt werden (z.B. durch Alkali oder Einwirkung von Hitze), so äußert sich das Vorliegen von Einzelstrangbrüchen in einem reduzierten Molekulargewicht der einsträngigen Nukleinsäure. Dieses Verfahren wurde erstmals von McGrawth und Williams (1966) zum Nachweis der Entstehung von Einzelstrangbrüchen nach Exposition mit ionisierenden Strahlen benutzt. Wie schon aufgeführt, entstehen diese nicht nach UV-Bestrahlung mit den bei biologischen Experimenten

üblicherweise benutzten Bestrahlungen. Infolgedessen findet man nach UV-Exposition auch keine Änderung des Sedimentationsverhaltens einsträngiger DNS. Rörsch u.a. (1964) konnten jedoch zeigen, daß ein Extrakt aus Micrococcus lysodeictius ein Enzym enthält, das in UV-bestrahlter DNS Einzelstrangbrüche induziert. Daß es sich hierbei um eine biologisch wichtige Funktion handelt, wurde durch Experimente mit dem DNS-Bakteriophagen ϕX174 nachgewiesen. Dieser Phage ist üblicherweise einsträngig, kommt aber auch in einer sogenannten replikativen Form zweisträngig vor. Bestrahlt man diese in vitro mit ultravioletten Strahlen und inkubiert sie auf verschiedenen Mutanten des Wirtsbakterium E. coli, so findet man, daß die Überlebenswahrscheinlichkeit auf reparaturnegativen Mutanten sehr stark reduziert ist. Schiebt man jedoch vor der Infektion eine Behandlung mit Extrakt aus Micrococcus lysodeicticus ein, so steigt die Überlebenswahrscheinlichkeit auf den reparaturnegativen Mutanten stark an. Parallelexperimente zeigten, daß durch dieses Verfahren Einzelstrangbrüche induziert worden waren. Man muß hieraus den Schluß ziehen, daß die reparaturdefizierten Mutanten nicht in der Lage sind, den für die nachfolgende Reparatur notwendigen Einschnitt in den DNS-Einzelstrang durchzuführen. Ihnen fehlt also offenbar das für die Inzision notwendige Enzym. Diese „Endonuklease" konnte nicht nur in Bakterienextrakten, sondern auch in Säugerzellen nachgewiesen werden (Burt und Brent, 1971).
Aus Neurospora wurde ein Enzym isoliert, das nur einsträngige UV-bestrahlte DNS endonukleotytisch spaltet und somit einen äußerst empfindlichen Indikator für einsträngige Abschnitte darstellt (Kato und Fraser, 1973). Das Auftreten von Einzelstrangbrüchen nach UV-Bestrahlung kann auch innerhalb der Zelle gezeigt werden, was allerdings mit großen experimentellen Schwierigkeiten verbunden ist, da die Zahl der Strangbrüche unter diesen Umständen recht gering ist. Dieses läßt darauf schließen, daß der Prozeß in der Zelle so koordiniert wird, daß die Inzision nur an wenigen Stellen gleichzeitig erfolgt, was biologisch sinnvoll ist.

Der nächste Schritt, die Exzision von Pyrimidindimeren, läßt sich leicht dadurch überprüfen, ob in der säurelöslichen Fraktion der Nukleotide Pyrimidindimere feststellbar sind. Dies wurde zum ersten Mal im Jahre 1964 von Setlow und Carrier (1964) gezeigt, wobei auch festgestellt werden konnte, daß dieser Effekt in dem resistenten E. coli-Stamm B/r, nicht aber in seiner empfindlichen Mutante B_{s-1} gefunden werden konnte. Dieses Experiment bildete den Startpunkt für die äußerst fruchtbare Untersuchung von Reparaturprozessen.

Relativ schwierig ist der Nachweis zu führen, daß anstelle der Fotoprodukte unbeschädigte DNS-Bausteine wieder synthetisiert werden. Dies gelang mit Hilfe verschiedener Markierungstechniken und unter Einsatz der Ultrazentrifuge Pettijohn und Hanawalt (1964). Der experimentelle Ablauf ist in Abb. 8.35 schematisch dargestellt. Auffallend ist, daß neben der üblichen radioaktiven Markierung auch eine sogenannte Dichte-Markierung zur Unterscheidung der verschiedenen Stränge eingesetzt wird: Die DNS wird zunächst zum Beispiel mit Hilfe von 14-C-Thymin markiert. Anschließend werden die Zellen bestrahlt und danach in einer Lösung mit Bromdesoxyuridin und Tritium-markiertem Thymin inkubiert. Bromdesoxyuridin

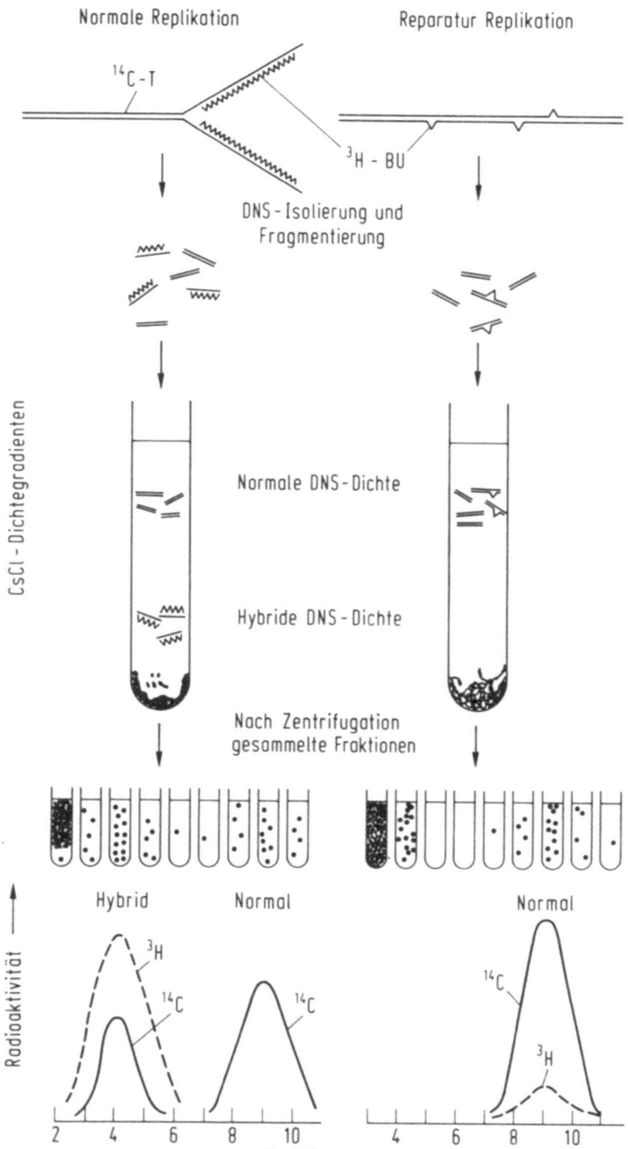

Abb. 8.35: Versuchsprotokoll zum Nachweis der Reparaturreplikation mit Hilfe der Dichtemarkierung und isopyknischer (Gleichgewichts-) Zentrifugation. (Nach Hanawalt und Haynes, 1967, und Smith, 1972).

(BUdR) ist ein Thyminanalog und kann an seiner Stelle in die DNS eingebaut werden. Wegen seiner höheren Dichte steigt auch die Dichte des DNS-Teiles, in welche es inkorporiert wird. Neu synthetisierte DNS, bei welcher ein Strang repliziert worden ist (semikonservative Replikation), zeigt daher eine etwas höhere („hybride") Dichte als die vorher markierte DNS. Die Unterscheidung gelingt in der Ultrazentrifuge durch „isopyknische Zentrifugation" im Caesiumchloridgradienten. Bei Lösungen dieses Salzes baut sich durch das Schwerefeld der Zentrifugation ein Dichte-Gradient auf, der durch entsprechende Wahl der Konzentration so eingestellt wird, daß sowohl die Dichte der normalen als auch der schwereren DNS in ihm vorkommt. Nach genügend langer Zentrifugation findet man nach dem archimedischen Prinzip die Moleküle unterschiedlicher Dichte gerade an den Stellen, wo der Caesiumchloridgradient den entsprechenden Wert hat. Bei der Reparaturreplikation werden jedoch nicht ganze Stränge, sondern nur kleine Stücke ausgetauscht, so daß sich die Dichte der DNS nur unmerklich ändert. Zentrifugiert man entsprechend dem angegebenen Schema behandelte doppelsträngige DNS, so findet man „leichte" (keine semikonservative Replikation nach Bestrahlung) und „hybride" Moleküle, welche dadurch zustande kommen, daß ein Strang schon repliziert worden ist, wodurch das dichtere BUdR eingebaut wurde.

Man kann nun feststellen, ob normale semikonservative oder aber Reparaturreplikation stattgefunden hat. Findet man Tritium-Markierung lediglich in der schweren DNS, so handelt es sich um semikonservative Replikation. Ist ^{3}H-Thymidin jedoch auch in der DNS normaler Dichte – deren Replikation ja vor der Bestrahlung schon abgeschlossen war – festzustellen, so muß man daraus schließen, daß in die schon vorhandene DNS kleine Stücke nach Bestrahlung wieder eingesetzt worden sind. Das ist in resistenten Stämmen, wie z.B. E. coli B/r tatsächlich der Fall.

Eine gänzlich andere, aber äußerst elegante und empfindliche Methode geht auf Regan u.a. (1971) zurück:
Nach Bestrahlung wird den Zellen anstelle des Thymins normales unmarkiertes Bromuracil für die Reparatursynthese angeboten. Nach der Exzision wird dieses analog anstelle von Thymin in die DNS eingebaut. Wie an späterer Stelle (8.6.4.1) ausgeführt, ergeben sich bei Bestrahlung von DNS mit 313 nm, wenn ein Teil des Thymins durch Bromuracil ersetzt ist, an diesen Stellen Einzelstrangbrüche. Diese lassen sich mit Hilfe der schon erwähnten Zentrifugation im Saccharose-Gradienten leicht und auch sehr empfindlich nachweisen. Bestrahlt man also nach Reparaturreplikation mit Bromuracil als Vorläufer die DNS mit ultraviolettem Licht der Wellenlänge 313 nm, genügend hoher Bestrahlungsstärke, so wird überall dort ein Einzelstrangbruch auftreten, wo Reparaturreplikation stattgefunden hat. Da sich in manchen Organismen mit Hilfe spezieller Techniken sogar sehr wenige Einzelstrangbrüche (bis herunter zu einem) nachweisen lassen, kann man die Reparaturreplikation auch nach sehr geringen Dosen demonstrieren.
Das Ausschneiden der beschädigten Stücke nach dem ersten Einschnitt geschieht mit Hilfe einer „Exonuklease". Ein solches Enzym konnte ebenfalls aus Micrococcus lysodeicticus isoliert und gereinigt werden (Grossman u.a., 1968). In vitro schneidet es ungefähr 6 Nukleotide pro Einzelstrangbruch aus. Kelley u.a. (1969) zeigten, daß DNS-Polymerase I (das sogenannte Kornbergenzym) sowohl die Exzision der beschädigten Stücke als auch die Resynthese vermitteln kann. Exonukleolytische und polymerisierende Aktivität dieses Enzyms lassen sich durch spezielle

Behandlungen voneinander trennen (Bruntlag u.a., 1969). Es ist möglich, daß die aus Micrococcus lysodeicticus isolierte Exonuklease ein Fragment der DNS-Polymerase dieses Organismus ist. Die Rolle der Kornberg-DNS-Polymerase I als Reparaturenzym wird vor allem gestützt durch die Untersuchungen von Cairns (De Lucia und Cairns, 1969), in welchen nachgewiesen wurde, daß dieses Enzym für die normale DNS-Replikation wahrscheinlich keine Rolle spielt. Mutanten, denen es fehlt – sogenannte $polA^-$-Stämme – zeigen eine normale semikonservative DNS-Replikation, zeichnen sich jedoch durch sehr erheblich vergrößerte UV-Empfindlichkeit aus.

Der letzte Schritt der Exzisionsreparatur, nämlich die Verknüpfung der noch offenen Enden, wird durch ein Enzym, Polynukleotidligase, vermittelt, welches ebenfalls in vitro isoliert und untersucht werden konnte. Es bedarf als Cofaktor NAD oder ATP (Olivera u.a., 1968). Seine Beteiligung bei der Exzisionsreparatur konnte mit Hilfe temperaturempfindlicher Mutanten nachgewiesen werden (Pauling und Hamm, 1968, 1969).

Die Fähigkeit zur Exzisionsreparatur ist genetisch bedingt. Man kennt bei Escherichia coli mindestens 3 genetische Loci, welche sie kontrollieren und hat sie mit dem Namen UVR A, UVR B und UVR C belegt. Eine Mutation an einem dieser Orte führt zu dem Verlust der Exzisionsfähigkeit. Mehrfachmutanten zeigen keine Steigerung der Strahlenempfindlichkeit, verglichen mit einer einfachen Mutation (Howard-Flanders und Boyce, 1966).

Brunk und Hanawalt (1967) konnten als erste zeigen, daß Reparaturreplikation auch in Eukarionten vorkommt, und zwar in dem Protozoon Tetrahymena pyriformis. Dimerenexzision konnte auch bei Hefen nachgewiesen und mit der Strahlenempfindlichkeit bei verschiedenen Mutanten korreliert werden (Resnik und Setlow, 1972), nicht aber in der Alge Chlamydomonas (Swinton und Hanawalt, 1973 a). Die letztgenannten Autoren untersuchten außerdem auch das Schicksal der Dimeren in Chloroplasten-DNS; sie stellten fest, daß sie ebenso wie in der nuklearen DNS nicht entfernt werden.

Von besonderem Interesse sind natürlich Säugerzellen. Hier zeigen sich Unterschiede zwischen menschlichen und Nagetierzellen. Die ersteren entfernen Thymindimere aus ihrer DNS (Regan, Trosko und Carrier, 1968), während Maus- oder Hamsterzellen diesen Effekt nicht zu zeigen schienen (Klimek, 1965, Trosko u.a., 1965, Trosko und Kaschau, 1967). Dieser Befund ist schwer zu deuten, da sowohl Hamster- als auch Maus-L-Zellen gegenüber UV-Bestrahlung resistenter sind (Humphrey u.a., 1963) als die untersuchten Hela-Zellen menschlichen Ursprungs (Cleaver, 1970).

Reparatursynthese kann mit einer Abwandlung der oben angegebenen Methode der Gleichgewichtszentrifugation und Dichtemarkierung ebenfalls in Säugerzellen nachgewiesen werden, wobei das Ausmaß in Nagetierzellen wieder sehr viel geringer ist, als in solchen menschlichen Ursprungs (Painter und Cleaver, 1969). Daß dieser Effekt zumindest in menschlichen Zellen für die Strahlenempfindlichkeit von entscheidender Bedeutung ist, wurde durch die Untersuchungen Cleavers (1970) belegt, der zeigen konnte, daß Reparatursynthese in Fibroplasten, welche Patienten mit der Hautkrankheit Xeroderma pigmentosum entnommen worden waren, fehlt. Sie sind auch in vitro erheblich UV-sensibler als normale Fibroplasten. Neben seiner speziellen Bedeutung zeigt dieses Experiment auch die Wichtigkeit fotobiologischer Untersuchungen für die Aufklärung von lichtinduzierten Krankheiten. Auch in normalempfindlichen Zellen werden nach Bestrahlung mit niedrigen Dosen nicht alle gebildeten Dimere entfernt, zwischen 25 und 50 % verbleiben bis zu 48 Stunden in der DNS erhalten (Cleaver und Trosko, 1970). Ein Grund hierfür könnte sein, daß im Nukleoprotein die Eiweißbestandteile die Dimeren gegenüber der Exzision abschirmen; dies wurde experimentell durch Wilkins und Hart (1974) nachgewiesen.

Bei Säugerzellen ist die DNS-Synthese auf einen bestimmten Abschnitt des Zellzyklus, die S-Phase, beschränkt. Nach UV-Bestrahlung kann auch während anderer Perioden des Zyklus, selbst während der Mitose, DNS-Synthese festgestellt werden. Diese Erscheinung wurde daher „Unplanmäßige DNS-Synthese" (Unscheduled DNA-Synthesis) genannt; ausführliche Referenzen findet man bei Painter (1970). Rasmussen und Painter (1966) sowie Cleaver und Painter (1968) zeigten, daß es sich hierbei nicht um eine normale semikonservative, sondern um Reparaturreplikation handelt (vgl. 8.5). „Reparatursynthese" wurde in verschiedenen Zellinien gefunden, allerdings in unterschiedlichem Maße (Painter und Cleaver, 1969). Generell ist sie in Nagetierzellen geringer als in solchen menschlichen Ursprungs. Der experimentelle Nachweis der Reparaturreplikation sagt natürlich noch nichts darüber aus, ob sie für die UV-Sensibilität der Zellen eine Rolle spielt. Dieser Nachweis wurde bei Mikroorganismen mit Hilfe reparaturdefizienter Mutanten geführt. Die erste Demonstration, das Reparaturreplikation auch für die Überlebensfähigkeit UV-bestrahlter Säugerzellen eine wesentliche Rolle spielt, gelang Cleaver (1968) durch Verwendung von Zellen, die aus Patienten mit der Krankheit Xeroderma pigmentosum entnommen wurden. Sie sind extrem UV-empfindlich und zeigen keine Reparaturreplikation.

Fox und Fox (1973) bewiesen in verschiedenen Nagetierzellstämmen, daß UV-Empfindlichkeit und Reparaturreplikation miteinander korreliert sind. Isomura u.a. (1973) untersuchten die Dimerenexzision in verschiedenen UV-empfindlichen Hela-Zellinien, welche menschlichen Ursprungs sind. Auch sie konnten feststellen, daß Ausmaß der Dimerenexzision und Strahlenempfindlichkeit miteinander korreliert sind: die empfindlichsten Zellen zeigen die niedrigste Exzisionsrate. Im Falle der Xeroderma pigmentosum-Zellen konnte auch nachgewiesen werden, worauf das Fehlen der Reparaturreplikation zurückzuführen ist: diesen Zellen fehlt offenbar das Enzym, das den ersten Inzisionsschritt durchführt (vgl. 8.5.3) (Setlow u.a., 1969). Neuerdings sind jedoch auch Varianten gefunden worden, bei denen andere Schritte gestört sind.

Die Stücke, welche bei der Exzisionsreparatur aufgeschnitten und durch neue Teile ersetzt werden, variieren sehr stark in ihrer Länge (Cooper und Hanawalt,

1972 a). Dieselben Autoren (Cooper und Hanawalt, 1972 b) zeigten auch, daß in einer Bakterienmutante, welcher die DNS-Polymerase fehlt, statt der zu erwartenden erniedrigten eine erhöhte Reparatursynthese stattfindet. Sie führen dies auf die Mitwirkung anderer enzymatischer Systeme, welche wahrscheinlich bei Rekombinationsvorgängen beteiligt sind (siehe nächsten Abschnitt) zurück, und zwar schlagen sie vor, daß Reparatursynthese mit Hilfe der DNS-Polymerase I zum Ersatz kleiner Stücke führt. Fällt dieses Enzym aus, so übernehmen andere seine Funktion, wobei aber größere Stücke ausgeschnitten werden.

8.5.4 Postreplikationsreparatur

Die im vorigen Abschnitt besprochene Exzisionsreparatur ist offenbar nicht der einzige Mechanismus, durch welchen Zellen UV-induzierte Schäden ohne Lichteinwirkung reparieren können. Clark und Margulies (1965) stellten fest, daß Bakterien, welche ein reduziertes Vermögen der genetischen Rekombination zeigen, auch gegenüber UV-Strahlen empfindlicher sind. Diese Erscheinung ist genetisch unabhängig von der Exzisionsreparatur, was dadurch zum Ausdruck kommt, daß Doppelmutanten eine sehr viel größere Sensibilitätssteigerung zeigen als die entsprechenden Einzelmutanten (Howard-Flanders und Boyce, 1966). Die in exzisionsnegativen Mutanten synthetisierte DNS zeigt nach UV-Bestrahlung ein geringeres Molekulargewicht als in unbestrahlten Zellen. Es ist der applizierten UV-Dosis umgekehrt proportional, woraus der Schluß gezogen wurde, daß gegenüber den Dimeren auf dem neusynthetisierten Tochterstrang Lücken entstehen (Rupp und Howard-Flanders, 1968). Nach längerer Inkubationszeit nimmt jedoch das Molekulargewicht der Tochterstränge zu und erreicht eine Größe, die vergleichbar mit der unbestrahlter DNS ist. Es wurde angenommen, daß die Lücken in der neusynthetisierten Nukleinsäure durch die entsprechenden Stücke aus parentaler DNS mittels eines Austauschvorganges geschlossen werden. So kann es zur vollständigen Wiederherstellung eines intakten Genoms kommen Rupp u.a. (1971) haben diese Vorstellung durch Experimente mit Dichtemarkierung und isopyknischer Ultrazentrifugation geprüft und kommen aufgrund ihrer Untersuchungen zu dem in Abb. 8.36 skizzierten Mechanismus: In der exzisionsdefizienten Zelle verbleiben die Fotoprodukte (vor allem Pyrimidindimere) zunächst in der DNS erhalten. Bei der Replikation werden die ihnen gegenüberliegenden Stellen ausgespart, so daß Lücken entstehen. Diese werden durch die entsprechenden Stücke der parentalen DNS via Rekombination ersetzt. Hierdurch entstehen natürlich in der parentalen DNS einsträngige Abschnitte, welche durch eine besondere Art von Reparatursynthese wieder vervollständigt werden müssen. Das dies tatsächlich geschieht, konnte Ley (1973) durch Inkorporation von Bromdesoxyuridin und spätere Bestrahlung mit UV der Wellenlänge 313 nm nachweisen, wodurch in der parentalen DNS Einstrangbrüche entstanden. Er schätzte ab, daß die ersetzten Stücke ungefähr $1{,}5 \cdot 10^4$ Nukleotide lang sind. Dieser Vorgang geschieht auch in Zellen, welche keine DNS-Polymerase I (Kornbergenzym) enthalten (Cooper und Hanawalt, 1972 a). In diesem Fall wird ihre

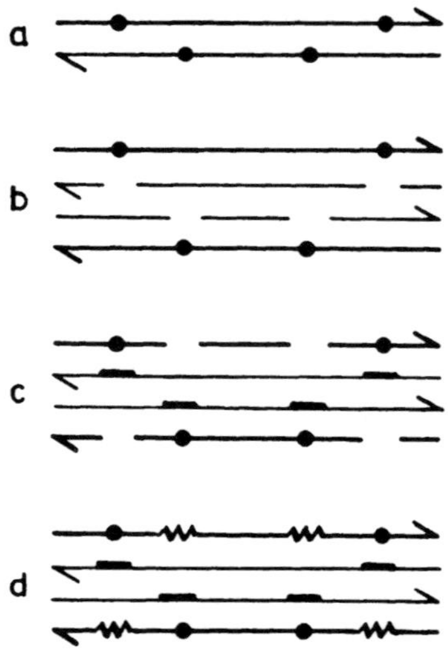

Abb. 8.36: Schema der Rekombinationsreparatur (nach Rupp u.a., 1971):
(1) Unreplizierte DNS mit Schadensstellen (o), (2) Replikation (neu synthetisierte Stränge dünn gezeichnet). Gegenüber den Schadensstellen entstehen Lücken.
(3) Die Lücken werden durch Stücke der parentalen DNS per Austausch gefüllt,
(4) Bei der nächsten Replikation entstehen intakte Stränge.

Funktion von anderen DNS-Polymerasen (II und III) übernommen (Youngs und Smith, 1973, Masker, Hanawalt und Shizuya, 1973).

In Zellen, die sowohl über das Exzisions- als auch das Rekombinationsreparatursystem verfügen (Wildtyp bezüglich der Strahlenempfindlichkeit), laufen beide Mechanismen ab, jedoch nicht parallel. Die Exzision ist auf die Zeit vor der DNS-Replikation beschränkt, während die Rekombination bei oder nach der DNS-Synthese stattfindet. Die Exzision ist umso effektiver, je längere Zeit ihr vor Beginn der DNS-Replikation verbleibt. Da Fotoprodukte wie Pyrimidindimere den Eintritt der DNS-Replikation verzögern, steigt der Gesamtumfang der Exzisionsreparatur mit der applizierten Dosis, wie Radman u.a. (1970) durch Versuche mit verschiedenen Bakterien- und Phagenmutanten zeigen konnten. Im Wildstamm wirkt die Rekombinationsreparatur dann nur noch auf die der Exzision entgangenen Schäden. Dies ist biologisch sehr wichtig, da die Rekombinationsreparatur im Gegensatz zu der Exzision wahrscheinlich nicht fehlerfrei arbeitet und zu Mutationen führt (Witkin, 1968) (8.8).

Auch die Rekombinationsreparatur ist genetisch determiniert. In E. coli sind mindestens 3 Genorte bekannt, defiziente Mutanten werden als rec A, rec B und rec C bezeichnet.
Offenbar beeinflussen sie die Aktivität eines Enzyms, welches bei der Rekombination eine wichtige, aber noch nicht aufgeklärte Rolle spielt. Es handelt sich hierbei um eine Nuklease (Nukleinsäuren abbauendes Enzym), die als Kofaktor ATP benö-

tigt und auf doppelsträngige DNS exonukleolytisch [1], auf einsträngige endonukleolytisch [2] wirkt. In rec B- und rec C-Mutanten fehlt die Wirksamkeit dieses Enzyms, während rec A-Mutanten nach UV-Bestrahlung eine unkontrollierte Degradation der DNS zeigen: rec A-Stämme sind „reckless", rec B- und rec C-Mutanten „cautious" (Referenzen siehe bei Smith, 1971).

Die bisher dargestellten Mechanismen der Rekombinationsreparatur sind lediglich für Bakterien als gültig anzusehen. In Säugerzellen liegen offenbar andere, bisher aber noch nicht schlüssig aufgeklärte Verhältnisse vor (Lehmann, 1972). Die Ausfüllung der Lücken geschieht hier größtenteils durch „de novo"-DNS-Synthese. (Neuere Zusammenfassung bei Lehmann, 1974).

8.6 Bedingungen der Strahlenempfindlichkeit

8.6.1 Inkubationsbedingungen vor und nach Bestrahlung

Die Empfindlichkeit, selbst einer genetisch genau bestimmten und stabilen Zellinie, gegenüber ultravioletten Strahlen kann in keiner Weise als eine Konstante angesehen werden, da das Überlebensverhalten nach einer bestimmten Dosis sehr entscheidend davon abhängt, wie die Zellen vor der Bestrahlung gewonnen wurden und nach Bestrahlung inkubiert werden. Mögliche Einflußfaktoren sind Legion; hier soll lediglich auf die wichtigsten und augenfälligsten eingegangen werden.

8.6.1.1 Wachstumsphase

Bakterien und andere Einzeller zeigen nach Beimpfung in einem für sie geeigneten Kulturmedium ein Wachstumsverhalten, wie es in Abb. 8.37 skizziert ist. Die Zellzahl nimmt zunächst kaum, oder nur schwach zu, steigt dann exponentiell, um sich nach längerer Inkubationsdauer einem stationären Endwert anzunähern. Man bezeichnet die einzelnen Unterabschnitte, wie in der Zeichnung angegeben, als „lag"-, „log"- und „stationäre" Phase.

Die Empfindlichkeit gegenüber UV-Strahlen hängt nun nicht unerheblich davon ab, welcher Wachstumsphase die zu bestrahlenden Zellen angehören (Abb. 8.38 zeigt dies für Zellen der Spalthefe Schizosaccharomyces pombe). Ein Grund für diesen Effekt kann sein, daß exponentiell wachsende Populationen eine andere Verteilung der verschiedenen Zellzyklusphasen haben als stationäre.

---

[1] exonukleolytisch: vom Ende abbauend.

[2] endonukleolytisch: vom Molekülinneren abbauend.

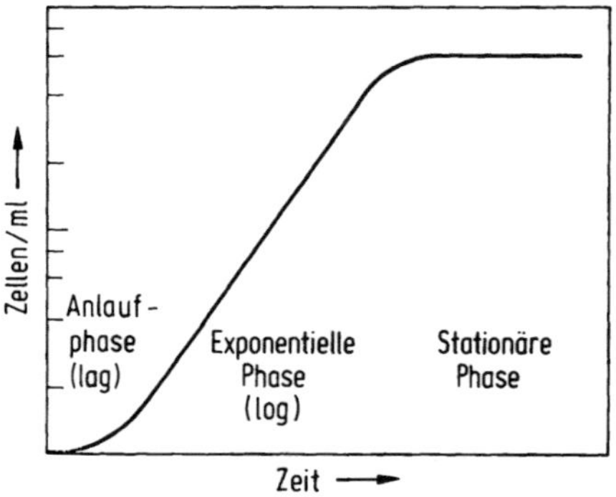

Abb. 8.37: Die Aufwuchsphasen von Zellsuspensionen.

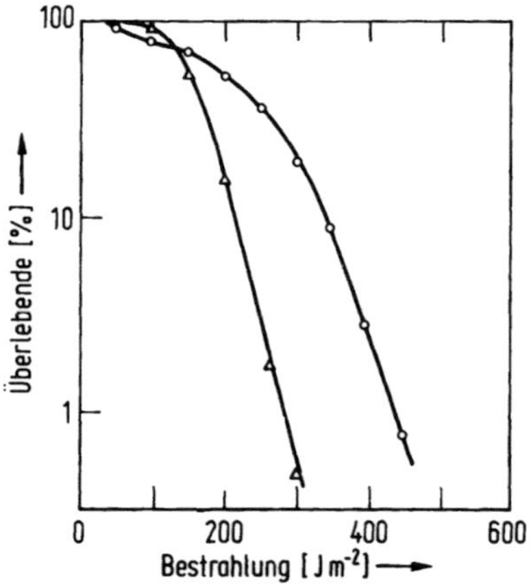

Abb. 8.38: Unterschiedliche Empfindlichkeit von Hefezellen (Schizosaccharomyces pombe) aus der exponentiellen (o) und stationären Phase (Δ). (Nach Fabre, 1970).

Da die UV-Empfindlichkeit vom Zellzyklusstadium abhängt, ergäbe sich dadurch für den Mittelwert der gesamten Population eine Verschiebung. Für den in Abb. 8.38 gezeigten Fall kann dies jedoch nicht als alleinige Erklärung herangezogen werden, wie Fabre (1970) durch eine Analyse der Population bewies. Vielmehr muß angenommen werden, daß Reparatursysteme während der verschiedenen Wachstumsphasen eine unterschiedliche Effektivität zeigen, da Mutanten verschiedener Strahlensensibilität sich in der Abhängigkeit ihrer Empfindlichkeit von der Wachstumsphase unterscheiden. Bei Bakterien sind Zellen des (resistenten) Stammes E. coli B/r in der exponentiellen Phase empfindlicher als in der stationären, in dem sensiblen Stamm B_{s-1} sind diese Unterschiede nicht festzustellen (Morton und Haynes, 1969). Für das fotoreaktivierende Enzym wurde dies direkt von Boling und Setlow (1967) in Hefezellen untersucht, wobei gefunden wurde, daß exponentiell wachsende Zellpopulationen einen beträchtlichen niedrigeren Gehalt an diesem Enzym pro Zelle haben als stationäre. Die Fähigkeit zur Fotoprotektion (vgl. Abschn. 8.5.1) verläuft in diesem System genau umgekehrt; sie kann lediglich in exponentiellen, nicht aber in stationären Zellen festgestellt werden.

8.6.1.2 Temperatur

Anderson (1949, 1951) sowie Stein und Meutzner (1950) berichteten, daß die Inkubationstemperatur nach Bestrahlung einen Einfluß auf das Überlebensverhalten von E. coli B-Zellen hat. Dieser Effekt wurde als Wärmereaktivierung („thermal reactivation") bezeichnet. Spätere Untersuchungen führten zu folgenden Ergebnissen (Referenzen bei Rupert und Harm, 1966):

1. Thermische Reaktivierung hängt von den verwendeten Bakterienstämmen ab und ist größer in E. coli B verglichen mit E. coli B/r.
2. Das Ausmaß der Reaktivierung ist am größten bei ungefähr 45° C.
3. Eine Inkubationsdauer von ungefähr 2 Stunden bei der erhöhten Temperatur reicht für eine maximale Reaktivierung aus. Inkubation bei niedrigeren Temperaturen vor der Wärmebehandlung verringert den Effekt; er verschwindet nach ungefähr 3 Stunden Vorinkubation.
4. Die höchste Empfindlichkeit ergibt sich bei beiden untersuchten E. coli-Stämmen bei einer Inkubationstemperatur von 25° C.

8.6.1.3 Inkubationsmedium

Die Überlebenschancen UV-bestrahlter Zellen hängen sehr stark von dem Medium ab, auf welchem sie nach der Bestrahlung inkubiert werden. Entscheidend hierbei ist vor allem die Multiplikationsgeschwindigkeit der Organismen. Falls den Nährstoffen nicht irgendwelche spezifische Inhibitoren zugesetzt werden, kann man als allgemeine Regel aufstellen, daß die Überlebenswahrscheinlichkeit umso höher ist, je geringer die Wachstumsrate auf dem entsprechenden Medium ist (Alper und Gillies, 1960, Abb. 8.39).

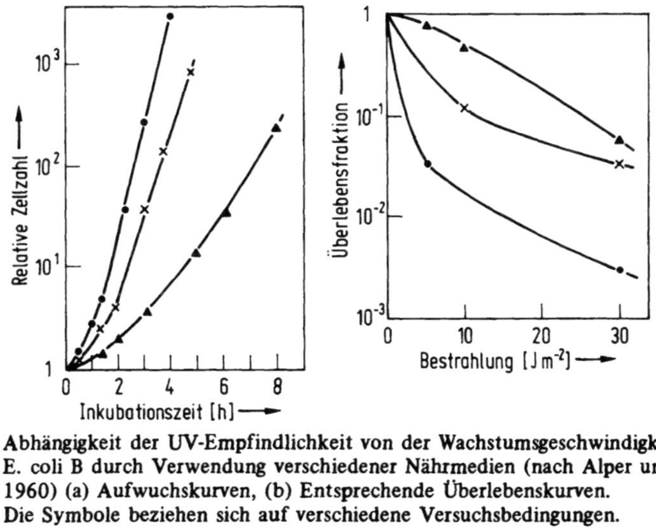

Abb. 8.39: Abhängigkeit der UV-Empfindlichkeit von der Wachstumsgeschwindigkeit bei E. coli B durch Verwendung verschiedener Nährmedien (nach Alper und Gillies, 1960) (a) Aufwuchskurven, (b) Entsprechende Überlebenskurven. Die Symbole beziehen sich auf verschiedene Versuchsbedingungen.

8.6.1.4 Verzögerte Ausplattung („delayed plating recovery" oder „liquid holding recovery")

Hollaender und Claus (1957) fanden, daß die Überlebenswahrscheinlichkeit UV-bestrahlter Pilzsporen deutlich erhöht war, wenn sie vor der Ausplattung auf den Nährboden zunächst für einige Stunden in Wasser oder Kochsalzlösung verblieben. Roberts und Aldous (1949) zeigten später, daß durch diese Behandlung die Form der UV-Überlebenskurven von Escherichia coli B drastisch geändert werden konnte. Man bezeichnet dieses Phänomen allgemein als „Liquid Holding Recovery". Es wurde zunächst an E. coli B, später ausführlicher an verschiedenen Hefearten studiert. Nach den bisher vorliegenden Ergebnissen scheint es so, daß die suboptimalen Kulturbedingungen in der Wasser- oder Pufferlösung das Exzisionsreparatursystem nicht an seiner Funktion hindern, wohl aber die normale semikonservative Replikation unterdrücken, so daß der Exzisionsreparatur mehr Zeit zum Ausheilen der Schäden bleibt. Mit dieser Hypothese steht im Einklang, daß sowohl für Bakterien als auch für Hefen festgestellt wurde, daß die Liquid Holding Recovery an ein funktionierendes Exzisionsreparatursystem gebunden ist (siehe unten). Rekombinationsdefiziente Zellen zeigen dagegen volle Liquid holding recovery. Im Einzelnen läßt sich der beschriebene Effekt wie folgt summarisch beschreiben:

1. Maximale Liquid holding recovery wird bei Bakterien durch Inkubation in Puffer bei einer Dauer von mehreren Stunden erhalten, bei Hefen ist diese Zeit beträchtlich länger (bis zu 48 Stunden, vgl. Abb. 8.40 a und b).

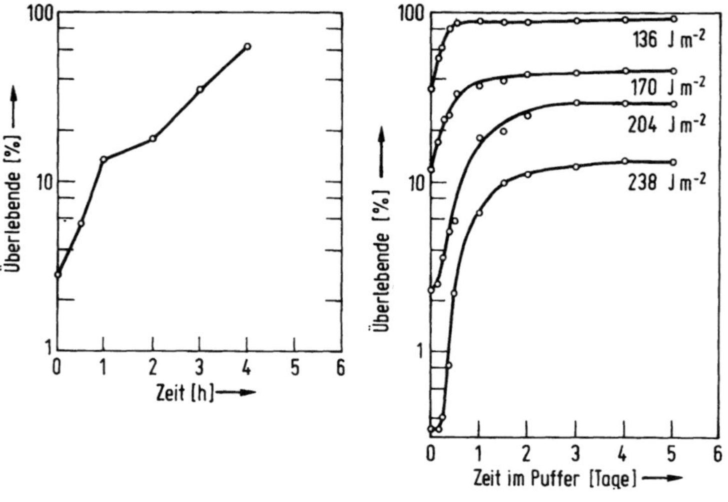

Abb. 8.40: „Liquid holding" oder „Delayed Plating Recovery": Anstieg der Überlebensfraktion nach UV-Bestrahlung durch Halten in nährstofffreiem Puffer
(a) Bakterien (E. coli) (nach Jagger u.a., 1964),
(b) Hefen (Saccharomyces cerevisiae) (nach Patrick u.a., 1964).

2. Das Ausmaß der Reparatur ist temperaturabhängig und verlangt das Funktionieren des Energiestoffwechsels (Patrick, Haynes und Uretz, 1964). Aus diesem Grunde ist die Anwesenheit von Sauerstoff notwendig; in fakultativen Anaerobiern, welche ihren Energiebedarf auch durch Gärung decken können (wie Hefen), kann Liquid holding recovery auch unter Stickstoff erhalten werden, wenn dem Medium Glukose in genügend hoher Konzentration beigesetzt wird (Mosin, 1968, Schaarschmidt und Lamprecht, 1973).
   Die Liquid holding recovery kann durch Inhibitoren des Energiestoffwechsels gehemmt werden (Patrick und Haynes, 1964). Die Funktion der Proteinsynthese ist ebenfalls essentiell (Wienhard und Kiefer, 1972).
3. Liquid holding recovery zeigt eine vollständige Überlappung mit der Fotoprotektion, d.h., nach maximaler Liquid holding recovery kann eine weitere Reduzierung des Schadens durch Fotoprotektion nicht mehr erreicht werden. Dasselbe gilt für die umgekehrte Reihenfolge. Die Überlappung mit der Fotoreaktivierung ist nur zum Teil vorhanden: Maximale Liquid holding recovery führt zwar zu einem Verschwinden der Reaktivierbarkeit, jedoch ist nach maximaler Fotoreaktivierung ein Teil des verbleibenden Schadens durch eine Liquid holding-Behandlung noch zu reduzieren (Castellani u.a., 1964).
4. Exzisionsnegative Mutanten, wie E. coli B_{s-1} oder die rad 2-Mutation bei Saccharomyces cerevisiae zeigen keine Liquid holding recovery (Schaarschmidt und Lamprecht, 1973). Rekombinationsdefiziente UV-sensible Mutanten sind dagegen in ihrem Vermögen zur Liquid holding recovery nicht beeinflußt (Smith, 1971).
5. Spalthefe Schizosaccharomyces pombe zeigt eine sogenannte negative Liquid holding recovery, d.h., bei Inkubation in Puffer oder Wasser vor dem Ausplatten nimmt die Überlebenswahrscheinlichkeit nicht zu, sondern ab (Harm und Haefner, 1968). Auch diese Erscheinung ist genetisch determiniert (Shahin u.a., 1973).
6. Escherichia coli B weist nach Röntgenstrahlen keine Liquid holding recovery auf, wohl ist diese aber nach Bestrahlung mit ionisierenden Strahlen in Hefen festzustellen. Liquid holding recovery läßt sich auch bei Inaktivierung durch Chemikalien nachweisen (Patrick, Haynes und Uretz, 1964).
7. Liquid holding recovery läßt sich durch verschiedene Chemikalien im Inkubationsmedium unterbinden. Von besonderer Bedeutung ist hierbei das Coffein (siehe auch Abschn. 8.6.4).

Ein der „liquid holding recovery" verwandtes Phänomen ist die „minimal medium recovery", (MMR). Die Technik besteht hier darin, daß die Zellen zunächst in einem Nährmedium gehalten werden, welchem für die Vermehrung essentielle Bestandteile fehlen. Interessant ist, daß MMR nur bei exzisionsnegativen Mutanten auftritt, welche (siehe oben) keine Liquid Holding Recovery zeigen (Ganesan und Smith, 1968).

8.6.2 Zeitliches Bestrahlungsmuster

Die Abhängigkeit der biologischen Wirkung ultravioletter Strahlen von der zeitlichen Verteilung der applizierten Dosis ist bisher nur verhältnismäßig wenig untersucht worden. Grundsätzlich lassen sich zwei Techniken unterscheiden:

1. Kontinuierliche Bestrahlung, wobei die Gesamtdosis durch Variation der Bestrahlungsstärke auf einen kürzeren oder längeren Zeitraum verteilt wird,
2. Fraktionierte Bestrahlung, wobei die Gesamtdosis in zwei oder mehreren Fraktionen mit unterschiedlicher Intervalldauer gegeben wird.

Die zweite Technik wurde zunächst bei der Untersuchung der Wirkung ionisierender Strahlen von Elkind und Mitarbeiter (1960) eingeführt, um auf diese Weise Aufschluß über das Vorhandensein und die Kinetik möglicher Reparaturprozesse zu gewinnen. Die zugrunde liegende Überlegung sei anhand der Abb. 8.41 darge-

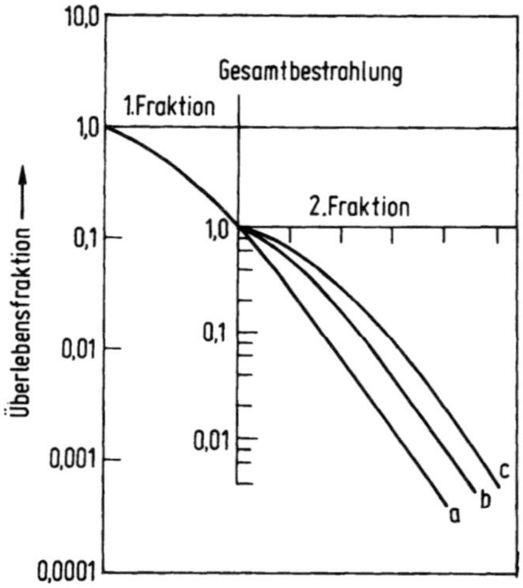

Abb. 8.41: „Erholung von subletalen Schaden" bei fraktionierter Bestrahlung (nach Elkind und Sutton, 1960): (a) Keine Erholung, (b) Teilweise Erholung in allen die erste Dosis überlebenden Zellen, (c) Vollständige Erholung: Die Überlebenskurve der zweiten Bestrahlung entspricht der nach einmaliger Bestrahlung, allerdings ausgehend von dem durc die erste Dosis bedingt niedrigem Überlebensniveau.

stellt. Die meisten Organismen zeigen Überlebenskurven, die im anfänglichen niedrigen Dosisbereich eine Schulter aufweisen, um dann in einen exponentionellen Teil überzugehen. Dies bedeutet, daß die relative Wirksamkeit niedriger Dosen geringer ist als die höherer, oder, daß ein Teil der absorbierten Strahlung sich in Schäden niederschlägt, die erst bei der Erhöhung der Dosis über ein bestimmtes Maß manifest werden. Die Schulter der Überlebenskurven ist somit ein Ausdruck für die Tatsache, daß ein gewisser Teil der Schädigung „subletal" ist. Die Größe der Schulter, ausgedrückt durch die Extrapolationszahl oder den D_q-Wert, ist somit ein Maß für die Fähigkeit des Systems, subletale Schädigung zu akkumulieren. Die Technik der fraktionierten Bestrahlung bietet nun eine Möglichkeit zu prüfen, ob diese subletale Schädigung durch bestimmte Behandlungsarten unwirksam gemacht, vielleicht repariert werden kann oder in den Zellen erhalten bleibt. Bestrahlt man eine Population mit einer ersten Dosis, welche zu einer Überlebensfraktion im exponentiellen Teil der Überlebenskurve führt und nimmt diesen Punkt zum Ausgang für eine neue, nach einem bestimmten Zeitintervall aufgenommene Überlebenskurve, so kann man zwei extreme Möglichkeiten erwarten:

1. Die Zellen, welche die erste Bestrahlung überlebt haben, zeigen eine Überlebenskurve, welche identisch ist mit der unbestrahlten Population, d.h., sie unterscheiden sich nicht in ihrem Verhalten von unbestrahlten Zellen.
2. Die Überlebenskurve für die zweite Bestrahlung ist rein exponentiell.

Der zweite Fall wird immer dann erhalten, wenn zweite und erste Exposition unmittelbar aufeinander folgen. Der Grund hierfür liegt darin, daß auch die eine erste Dosis überlebenden Zellen eine gewisse subletale Schädigung tragen, welche sie der zweiten Dosis gegenüber „sensibilisiert"; sie sind vorgeschädigt. Wird nach Einschalten einer Pause zwischen den beiden Fraktionen festgestellt, daß die überlebenden Zellen sich genau so verhalten wie unbestrahlte, so kann man daraus schließen, daß die subletale Wirkung der ersten Dosis in irgendeiner Weise verschwunden, vielleicht repariert worden ist. Die Technik der fraktionierten Bestrahlung bietet somit die Möglichkeit, zumindest Anhaltspunkte über mögliche Reparatur- oder Erholungsmechanismen zu erhalten, wenngleich sie es nicht erlaubt, Aussagen über den tatsächlichen molekularen Ablauf zu machen („split dose recovery").

Während nach ionisierender Strahlung die Erholung vom subletalen Strahlenschaden relativ leicht zu demonstrieren ist (Elkind und Sutton, 1960), blieben dementsprechende Versuche mit UV zunächst erfolglos (Han u.a., 1964). Der erste Nachweis, daß dieser Mechanismus auch nach Exposition mit UV wirksam ist, gelang in Hefen (Kiefer, 1968 b, 1970), später auch in Säugerzellen (Humphrey u.a., 1970). Der Grund für die anfänglichen Mißerfolge liegt wahrscheinlich darin, daß anders als bei ionisierenden Strahlen der Prozeß der Erholung vom subletalen Strahlenschaden auf bestimmte Phasen des Zellzyklus beschränkt ist, so daß bei asynchronen Populationen nur ein gewisser Teil der bestrahlten Zellen diese Erscheinung zeigt (Kiefer, 1970), (Abb. 8.42). Durch Untersuchungen an Säugerzellen wurde nachgewiesen, daß dieser Prozeß während der S-Phase abläuft (Domon und Rauth, 1973, Todd, 1973). Der beschriebene Erholungsprozeß ist abhängig von einem funktionierendem Energiestoffwechsel und benötigt wahrscheinlich ATP (Kiefer, 1971 b). Er kann durch eine Reihe von Substanzen, welche mit der DNS Bindungen oder Komplexe eingehen, gehemmt werden (Kiefer, 1973). Exzisionsdefiziente Hefemutanten zeigen unter entsprechenden optimalen Bedingungen volle Erholung vom subletalen Strahlenschaden (Kiefer, 1975), was den Schluß nahelegt, daß eine mögliche Reparatur subletaler UV-Schäden nicht durch den Exzisionsmechanismus vermittelt wird. Die Zeiten, welche zwischen den beiden Dosen eingeschaltet werden müssen, um volle Erholung zu erreichen, hängen von den Zykluszeiten des verwandten Systems ab, was zu erwarten ist, da, wie oben ausgeführt, dieser Pro-

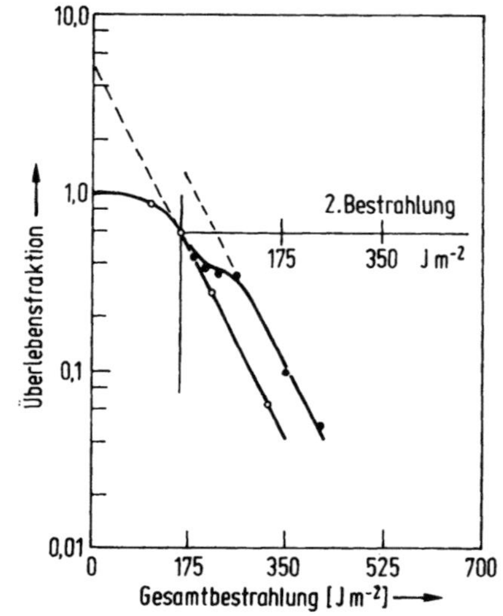

Abb. 8.42: Erholung von subletalen UV-Schaden bei fraktionierter Bestrahlung von Hefen (nach Kiefer, 1970): Erholung findet nur in einem Teil der Population statt. Interval zwischen den Fraktionen 6 Stunden.

zeß zyklusabhängig ist und nur in der S-Phase abläuft. Sie betragen bei Hefen ca. 6 Stunden, bei Säugerzellen 15–20 Stunden.

Eine kontinuierliche Bestrahlung mit reduzierter Bestrahlungsstärke stößt bei der Anwendung ultravioletter Strahlung auf experimentelle Schwierigkeiten. Ein Effekt ist wegen der Abhängigkeit etwaiger Reparaturprozesse von der Stoffwechselaktivität nur dann zu erwarten, wenn die Exposition unter optimalen Kulturbedingungen, d.h., im Nährmedium erfolgt. Die darin enthaltenen Stoffe absorbieren jedoch zum Teil recht stark im Bereich der anzuwendenden Wellenlängen, so daß nur eine Bestrahlung in äußerst dünnen Schichten vorgenommen werden kann. Hierauf ist wohl zurückzuführen, daß Experimente der beschriebenen Art derzeit noch nicht bekannt sind.

Erholungsphänomene können jedoch auch in wäßriger oder Pufferlösung erwartet werden (Liquid holding recovery, siehe vorigen Abschnitt), nur ist damit zu rechnen, daß die dazu notwendigen Zeiten erheblich länger sind. Harm (1968 a) konnte bei Escherichia coli zeigen, daß die Wirkung einer UV-Bestrahlung reduziert wird, wenn sie nicht auf einmal, sondern in viele kleine Fraktionen unterteilt gegeben wird. Detaillierte Untersuchungen dieses Phänomens stehen derzeit noch aus.

Die Wirkung sehr hoher Bestrahlungsstärken ist bei UV noch nicht untersucht worden. Bis vor wenigen Jahren standen dem technische Schwierigkeiten gegenüber da die zu erreichenden Bestrahlungsstärken zu gering waren. Mit der Verfügbarkeit von UV-Lasern, welche sehr hohe Bestrahlungsstärken in entsprechend kurzen Zeiten liefern können, ist diese technische Grenze nun nicht mehr gegeben, so daß damit zu rechnen ist, daß in naher Zukunft entsprechende Untersuchungen durchgeführt werden.

8.6.3 Abhängigkeit der Empfindlichkeit vom Zellzyklusstadium

Proliferierende Zellen durchlaufen zwischen zwei Teilungen eine Reihe biochemischer Prozesse, von denen der wichtigste die Reduplikation des genetischen Materials ist. Man bezeichnet die Periode zwischen zwei aufeinanderfolgenden Teilungen als Zellzyklus und teilt ihn üblicherweise in eine vorsynthetische (G_1)-, Synthese- (S) und postsynthetische (G_2)-Phase ein. In der S-Phase findet die Verdopplung des genetischen Materials statt. Die Empfindlichkeit der Zellen gegenüber UV-Bestrahlung variiert im allgemeinen mit der Position im Zellzyklus. Am ausführlichsten ist dies bei Säugerzellen untersucht worden. Die Ergebnisse sind nicht ganz einheitlich, was auf unterschiedliches Zellmaterial und differierende Methoden zur Synchronisierung der Zellen zurückzuführen ist. Allgemein wird jedoch festgestellt, daß die G_2-Phase der resistenteste Abschnitt des Zellzyklus ist. Die empfindlichste Periode liegt bei HeLa-Zellen in der Mitte der S-Phase (Djordjewic und Tolmach, 1967), während sie bei Maus-L-Zellen in der späten G_1 bzw. der frühen S-Phase liegt (Rauth und Whitmore, 1966). Ähnliche Verhältnisse liegen in chinesischen Hamsterzellen (Sinclair und Morton, 1965) vor. Eine Übersicht über bei Algen gefundenen Ergebnisse gibt Davies (1965).

8.6.4 Chemikalien

8.6.4.1 Wirkung von Chemikalien bei Bestrahlung

Die Wirkung ultravioletter Strahlen auf das Reproduktionsvermögen von Zellen kann durch eine Reihe von Chemikalien modifiziert werden. Diese Wirkung kann einmal darauf beruhen, daß die initialen Fotoprozesse verändert werden, dann müssen die Chemikalien bei Bestrahlung anwesend sein, oder aber darauf, daß nach der Exposition ablaufende Reparaturmechanismen beeinflußt werden. Über letzteres wird im nächsten Unterabschnitt zu reden sein.

Werden in die DNS der zu bestrahlenden Zellen Basenanaloge wie Bromuracil oder Joduracil eingebaut, so ist eine drastische Erhöhung der Empfindlichkeit festzustellen (Djordjewic und Szybalski, 1960). Die bloße Anwesenheit dieser Stoffe in der Zelle reicht nicht aus, vielmehr ist es essentiell, das tatsächlich eine Inkorporation in die DNS stattgefunden hat. Der genaue Mechanismus dieser Sensibilisierung ist noch nicht aufgeklärt, obwohl die chemischen Umsetzungen auf molekularer Ebene mittlerweise recht gut bekannt sind (Hutchinson, 1973). Zum Teil geht sie sicher darauf zurück, daß das Absorptionsvermögen der Basenanaloge größer ist als das des normalerweise an dieser Stelle stehenden Thymins. Quantitative Überlegungen zeigen jedoch, daß diese Tatsache zur Erklärung nicht ausreicht. Es ist wahrscheinlich, daß durch die fremden Bausteine im Genom die Wirksamkeit anschließender Reparaturprozesse beeinflußt wird.

In Gegenwart von Aceton, Acetophenon oder Benzophenon kann auch mit Wellenlängen, die normalerweise von der DNS nur sehr gering absorbiert werden, eine sensibilisierte Abtötung bewirkt werden. In diesem Falle werden durch Triplettwechselwirkungen in der DNS Dimere erzeugt, die dieselbe Wirkung zeigen wie die auf normalem Wege durch Bestrahlung bei 254 nm gebildeten. Die wirksamste Wellenlänge liegt in diesem Falle im Bereich von 313 nm. Daß Dimere hierbei die ausschlaggebende Rolle spielen, geht aus den Untersuchungen von Mennigmann und Wacker (1970) hervor, die zeigten, daß nach einer Bestrahlung mit 313 nm in Gegenwart von Aceton die entstandenen Schäden nahezu völlig fotoreaktivierbar sind.

Eine UV-Sensibilisierung kann auch durch Anwesenheit von Furocumarinen, wie Psoralen oder Angelicin, hervorgerufen werden. Die wirksame Wellenlänge liegt in diesem Fall im Bereich von 365 nm. Psoralen geht unter Lichtwirkung in zwei Schritten Bindungen mit Thyminbestandteilen der DNS ein. Die erste Reaktion führt zur Bildung eines Monoaddukts mit einer Thyminbase auf einem Strang, im zweiten Schritt kommt es zur Ausbildung einer Bindung mit einem Pyrimidin auf dem gegenüberliegenden Strang. Hierdurch werden die beiden Stränge der DNS vernetzt, was sich in einem drastisch veränderten Renaturierungsverhalten nach zuvor erfolgter Hitzedenaturierung äußert. Die Verwendung der beschriebenen Stoffe eröffnet also die Möglichkeit, chemisch recht genau definierte Veränderungen, welche sich von Pyrimidindimeren grundsätzlich unterscheiden, in der DNS in vitro und in vivo zu untersuchen und die Natur der chemischen Struktur von Strahlenschäden bei Reparaturprozessen weiter zu studieren (Zusammenfassung bei Wacker und Chandra, 1972, Cole, 1974).

Die Gegenwart verschiedener Chemikalien kann jedoch auch zu einer Reduzierung der UV-Empfindlichkeit führen. Hierbei ist nicht an den trivialen Fall gedacht, das vermöge einer starken Absorptionswirkung die Zellen durch die Chemikalien gegenüber der Strahlung physikalisch abgeschirmt werden. Flavinverbindungen wie Proflavin und Akriflavin gehen Bindungen mit der DNS ein und führen zu einer reduzierten Bildung von Pyrimidindimeren, was sich in einer erhöhten Überlebenswahrscheinlichkeit nach UV-Exposition auswirkt (Beukers, 1965, R.B. Setlow und Carrier, 1967, Alper, 1963, Alper, Forage und Hodgkins, 1972, Sutherland und Sutherland, 1969).

8.6.4.2 Nachbehandlung mit Chemikalien

Die Überlebensrate vieler UV-bestrahlter Organismen ist geringer, wenn man dem Inkubationsmedium bei der Bebrütung nach der Exposition verschiedene Chemikalien zusetzt. Am meisten untersucht wurden in diesem Zusammenhang Coffein und

Akriflavin. Coffein reduziert die Überlebensrate in Bakterien (Witkin, 1969) und steigert die Ausbeute an Mutanten (Lieb, 1961, Sideoupolos und Shankel, 1968). Diese Wirkung geht darauf zurück, daß Coffein die zellulären Reparaturprozesse in Bakterien hemmt: Die Wirtszellenreaktivierung wird durch Konzentrationen von 1–10 mg · ml^{-1} unterdrückt (Metzger, 1964, Sauerbier, 1964), ebenso geht die Fähigkeit zur Exzisionsreparatur verloren (R.B. Setlow und Carrier, 1968). In Säugerzellen zeigt Nachbehandlung mit Coffein keinen einheitlichen Effekt. Bei Maus-L-Zellen kommt es ähnlich wie bei Bakterien zu einer Reduktion der Überlebensrate (Domon und Rauth, 1969 b), bei chinesischen Hamsterzellen liegen widersprüchliche Ergebnisse vor (Arlett, 1967, Cleaver, 1969), bei HeLa-Zellen zeigt Coffein keine Wirkung (Wilkinson, Kiefer und Nias, 1970). Diese Befunde sind zunächst schwer zu deuten, da Nagetierzellen, welche Coffeinwirkung zeigen, nur über einen äußerst ineffektiven Exzisionsmechanismus verfügen (vgl. 8.5.3), während HeLa-Zellen, die Fotoschäden in starkem Maße durch Exzision entfernen, Coffein-unempfindlich sind. Man muß daraus den Schluß ziehen, daß Coffein in Säugerzellen andere Mechanismen beeinflußt als in Bakterien. Ein direkter Beweis für diese Annahme gelang Fujiwara und Kondo (1972) dadurch, daß sie zeigen konnten, daß Coffein einen rekombinationsähnlichen Reparaturprozeß in L-Zellen hemmt, der bei oder nach der DNS-Replikation abläuft. Indirekte Anhaltspunkte ergaben sich schon aus den Arbeiten von Domon und Rauth (1969 b), in welchen festgestellt wurde, daß in Maus-L-Zellen Coffein nur dann wirksam ist, wenn es während der ersten nach der UV-Exposition stattfindenden DNS-Replikation anwesend ist. In dieses Bild paßt, daß die Reparaturreplikation in Säugerzellen durch Coffein nicht gehemmt wird (Cleaver, 1969). Coffeinsensibilisierung ist auch in anderen Organismen festgestellt worden, so in den Hefen Saccharomyces cerevisiae (Clarke, 1968) und Schizosaccharomyces pombe (Loprieno und Schupbach, 1970) sowie einer Blaugrünalge (Frifastawa, Kuma und Singh, 1971). In Hefen scheint ähnlich wie in Säugerzellen keine ausschließliche Wirkung auf das Exzisionssystem vorzuliegen, da die UV-Wirkung auch in exzisionsnegativen Mutanten durch Coffein verstärkt werden kann (J. Kiefer, 1975). Coffein in hohen Konzentrationen hemmt auch die Fotoreaktivierung in Bakterien (Rupert, Harm und Harm, 1972). Die beschriebenen Effekte lassen scih mit der Annahme erklären, daß der Sensibilisator mit UV-Fotoprodukten in der DNS spezifische Bindungen eingeht. Diese sind auch in vitro direkt nachgewiesen worden (Domon u.a., 1970). Es ist durchaus möglich, daß sie in verschiedenen Zellsystemen sich unterschiedlich auswirken, entweder durch eine Hemmung der Exzisionsreparatur oder/und durch Störung der Postreplikationsreparatur oder/und durch Beeinträchtigung oder Veränderung der RNS-Transkription (Sarachek, Bish und Ireland, 1970). Aus all dem dürfte klargeworden sein, daß die Interpretation der Wechselwirkung von UV-Bestrahlung und Coffeinbehandlung in jedem Fall äußerster Vorsicht bedarf und es keineswegs zulässig ist, aus einer Sensibilisierung durch diesen Stoff auf das Vorliegen von Exzisionsreparaturmechanismen zu schließen.

Akriflavin ist ein anderes Agens, welches, wenn es dem Inkubationsmedium zugesetzt wird, die Überlebenswahrscheinlichkeit UV-bestrahlter Zellen herabsetzt. Seine

Wirkung ist ausführlich und kritisch von Alper und Hodgskins (1969) sowie in bezug auf die Mutationsauslösung von Forage und Alper (1973) diskutiert worden, so daß wir auf eine weitere Besprechung hier verzichten. Außer den beiden genannten Stoffen sind unter anderem noch die Alkaloide Theophylin und Theobromin zur Sensibilisierung UV-bestrahlter Zellen verwandt worden (Sideropoulos und Shankel, 1968).

8.6.5 Wechselwirkung von ultravioletter und ionisierender Strahlung

Wie im Verlaufe dieses Kapitels dargelegt, sind zumindest in Bakterien einige Reparaturmechanismen nach der Einwirkung ultravioletter Strahlen recht gut bekannt. Bezüglich ionisierender Strahlen (wie Röntgen-, γ-, β- oder Partikelstrahlung) ist die Lage wesentlich weniger geklärt. Eine Möglichkeit, sich die Kenntnis der fotobiologischen Prozesse zur Interpretation strahlenbiologischer Phänomene nutzbar zu machen, ist die kombinierte Anwendung von ultravioletten und ionisierenden Strahlen. Die Technik besteht im allgemeinen darin, daß mit einer Strahlenart bis zu einem bestimmten Überlebensniveau zunächst bestrahlt wird und dann hiervon ausgehend für die zweite Strahlenart eine komplette Überlebenskurve aufgenommen wird. Man kann dann hoffen, aus der Form dieser zweiten Überlebenskurve gewisse Rückschlüsse auf zugrundeliegende Mechanismen und ihre genetische Determinierung ziehen zu können. Experimente dieser Art sind vor allem wieder mit Escherichia coli sowie mit Hefen durchgeführt worden: In E. coli B/r führt eine Vorbestrahlung mit Röntgenstrahlen zu einer UV-Sensibilisierung, was sich in der Überlebenskurve in einer Reduktion der Schulter, jedoch nicht der terminalen Steigung äußert (Haynes, 1964). Interessant bei diesem Phänomen ist, daß, selbst bei sehr hoher Röntgenvordosis, ein vollständiges Verschwinden der Schulter nicht erreicht werden kann; der Effekt scheint einer Sättigung zuzustreben. Ein ähnliches Verhalten wurde für Hefezellen Saccharomyces cerevisiae festgestellt (Uretz, 1955, Schneider und Kiefer, 1976). Abb. 8.43 zeigt ein Beispiel.

Die Überlebensrate nach der kombinierten Bestrahlung ist geringer als das Produkt der Überlebensrate nach jeder einzelnen Exposition, was darauf hindeutet, daß beide Effekte keine unabhängige Wirkung zeigen. Man sagt deshalb, sie hätten einen synergistischen Einfluß. Ähnliche Erscheinungen sind auch in anderen Zellen festgestellt worden. Referenzen findet man bei Martignoni und Smith (1973) sowie Schneider und Kiefer (1976). Der Synergismus kann unterdrückt werden durch den Einbau von Bromuracil in die DNS (Baptist und Haynes, 1972), durch bestimmte Hungerungsprozesse (Baptist und Haynes, 1972) oder durch Mutationen (Haynes, 1964). Er fehlt zum Beispiel in E. coli B_{s-1}. Ebenso kann er durch Fotoreaktivierung oder Liquid holing recovery reduziert werden (Okuda, 1973). Es liegt daher nahe anzunehmen, daß die synergistische Wirkung auf der Ebene von Reparaturprozessen zum Tragen kommt. Sie ist z.B. bei exzisionsnegativen Mutanten von Bakterien (Haynes, 1964) und Hefen (Schneider und Kiefer, 1976) nicht mehr festzustellen. Eine Beteiligung der Postreplikationsreparaturmechanismen ist jedoch nicht auszuschließen (Martignoni

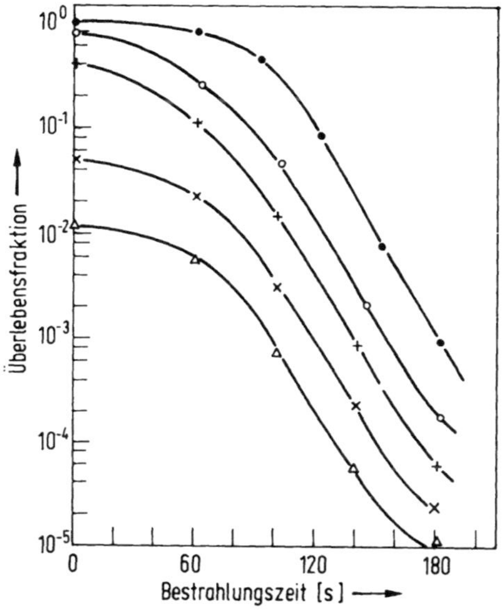

Abb. 8.43: Kombinationswirkung von Röntgen- und UV-Strahlen bei Hefen (nach Schneider und Kiefer, 1974): Die Zellen wurden zunächst mit verschiedenen Röntgenstrahlendosen bestrahlt und von den Überlebenden dann eine vollständige UV-Überlebenskurve aufgenommen. Man erkennt, daß auch bei hoher Vorexposition die Schulter der UV-Überlebenskurve nicht vollständig zum Verschwinden gebracht werden kann.

und Smith, 1973). Der molekulare Mechanismus muß derzeit noch als ungeklärt betrachtet werden.

Auch für die Mutationsauslösung ist eine synergistische Wirkung kombinierter UV- und Röntgenstrahlung festgestellt worden (Davies u.a., 1967).
Ein direkter Hinweis auf die Beteiligung von Reparaturprozessen ist der Befund (Martignoni und Smith, 1973), daß die Reparatur von Einzelstrangbrüchen, welche nach Röntgenbestrahlung in der DNS festzustellen sind, zum Teil durch eine vorhergehende UV-Bestrahlung gehemmt werden kann.

8.7 Weitere zelluläre Veränderungen

8.7.1 Biochemische Wirkungen

Von den biochemischen Schlüsselprozessen der Zelle ist vor allem die DNS-Synthese untersucht worden; andere Wirkungen haben nicht im selben Maße das Interesse auf sich gezogen, obwohl durchaus nicht erwiesen ist, daß sie nicht eine sehr wichtige Rolle bei der Expression des zellulären Schadens spielen, sind sie doch letztlich auch durch die genetische Information gesteuert, welche durch UV-Wirkung verändert werden kann. Die gedankliche Fixierung auf isolierte Teilprozesse birgt die Gefahr, die Zelle als komplex geregeltes Gesamtsystem aus dem Auge zu verlieren.

8.7.1.1 DNS-Synthese

Die Hauptuntersuchungsobjekte sind hier wieder Bakterien und Säugerzellen, bei welchen die DNS-Synthese leicht durch Einbau radioaktiv markierter Vorläufer studiert werden und mit Hilfe der in 8.5.2 beschriebenen Zentrifugationstechniken charakterisiert werden kann.

Durch UV-Exposition wird die DNS-Synthese sowohl in vitro (Bollum und Setlow, 1963) als auch in vivo (Setlow, Swenson und Carrier, 1963) stark reduziert. In Bakterien sind mit ziemlicher Sicherheit Pyrimidindimere für diesen Effekt verantwortlich (J. Setlow, 1966), in Säugerzellen läßt sich dieser Schluß nicht generell ziehen (Buhl, Setlow und Regan, 1973). Entgegen früheren Anschauungen führen Fotoprodukte in der DNS-Matrix nicht zu einem völligen Halt der semikonservativen Replikation, vielmehr hat die Polymerase offenbar die Fähigkeit, diese Stellen zu überspringen, so daß sich ihnen gegenüber auf dem Tochterstrang Lücken befinden (Rupp und Howard-Flanders, 1968). In der Regel werden die kürzeren Stücke später verbunden, wobei in Bakterien zumindest rekombinationsähnliche Prozesse eine Rolle spielen. Durch Fotoreaktivierung oder Exzision erlangen die Zellen auch wieder die Fähigkeit, Tochterstränge normaler Länge zu synthetisieren (Smith und Meun, 1970). Bei Säugerzellen, die bekanntlich keine Fotoreaktivierung zeigen, ist dies auch unabhängig von der Exzision möglich (Buhl, Setlow und Regan, 1973). Die DNS-Synthese ist in Säugerzellen auch gehemmt, wenn die Exposition nicht in der S-Phase, d.h., während der Replikation erfolgt (Djordjewic und Tollmack, 1967, Domon und Rauth, 1968). Der Eintritt in die Replikationsphase wird nicht verzögert, wohl aber die Syntheserate, was zu einem Anstau der Zellen in der S-Phase führt. Bei Exposition in der S-Phase ergibt sich eine dem DNS-Gehalt proportionale Empfindlichkeit bezüglich der Syntheserate, d.h., die Sensibilität steigt im Verlauf der S-Phase an (Dendy und Cleaver, 1964).

Auf die nicht semikonservative „unplanmäßige" DNS-Replikation außerhalb der S-Phase nach UV-Bestrahlung wurde schon in 8.5.3 hingewiesen. Sie muß bei allen Untersuchungen in Rechnung gestellt und durch besondere Vorkehrungen (Anwendung von Hydroxyharnstoff als speziellem Hemmstoff der semikonservativen Replikation, Dichtegradientenzentrifugation) gesondert studiert werden.

8.7.1.2 Andere biochemische Effekte

Swenson und Setlow (1966) fanden, daß in E. coli die RNS- und Proteinsynthese nach UV-Bestrahlung reduziert sind. Brunschede und Bremer (1969) konnten zeigen, daß die gebildeten Polypeptidketten kürzer als normal sind, was die Autoren auf „abgebrochene" „messenger"-RNS zurückführen. Die verwendeten Dosen waren so hoch, daß nur sehr geringe Überlebensraten resultierten. Bei niedrigen Bestrahlungen mit Überlebenswahrscheinlichkeiten von ca. 50 % fanden Koch und Kiefer (1972) in Hefen eine Erhöhung der Bildung aller langlebigen RNS-Spezies, welche allerdings besonders ausgeprägt war für die kurzen Arten (hauptsächlich t-RNS). Diese Studie erstreckte sich allerdings auf einen Zeitraum von 3 Stunden, was in dem untersuchten Organismus mehr als einer Zykluszeit entspricht. Spätere detaillierte Experimente führten zu dem Befund, daß unmittelbar nach UV-Exposition es zu einem sehr drastischen Rückgang der Bildung ribosomaler RNS kommt mit wesentlich schwächerer Beeinträchtigung der Transfer-RNS (Koch, Waller und Kiefer, 1976). Von einer Reduktion der RNS-Synthese in Säugerzellen berichtet Painter (1969). Die Wirkung ist drastisch erhöht, wenn das Thymidinanaloge Bromoxyuridin in der DNS eingebaut ist. Laske und Kiefer (1976) fanden, daß die Proteinsynthese in Hefen bei niedrigen Dosen ansteigt, bei höheren (ca. 1 % Überlebensrate) jedoch reduziert ist. Ein ähnliches Verhalten zeigt der Energiestoffwechsel (Kiefer, 1974). Bei höheren Bestrahlungen fanden Hamkalo und Swenson (1969) in E. coli eine Arretierung der Zellatmung. Dieser Effekt ist DNS-abhängig und kann durch Inhibition der RNS-Synthese unterbunden werden (Swenson und Schenley, 1969). Bei diesem Steuerungsmechanismus kommt vor allem den intrazellulären Pyridinnukleotiden eine Schlüsselstellung zu (Swenson und Schenley, 1970).

Erhöhte RNS-DNS- und Protein-DNS-Relationen wurden nach UV-Bestrahlung in dem Schleimpilz Physarum polycephalum gefunden (Devi, Guttes und Guttes, 1968, Devi und Guttes, 1972).

8.7.2 Cytologische und cytomorphologische Effekte, Chromosomenaberrationen

Bestrahlungen mit UV führen zu einer Inhibierung der Zellteilung, die bei niedrigen Dosen reversibel ist (8.7.3) und bei Weiterlaufen des Wachstums zu einer Vergrößerung der Zellen. Dieser Effekt ist äußerst empfindlich und kann noch schon nach Bestrahlungen festgestellt werden, bei denen keine Beeinträchtigung der Koloniebildungsfähigkeit meßbar ist (Kiefer, 1972).
Allerdings bedarf es hierzu spezieller Untersuchungstechniken, wie der elektronischen Zellgrößenanalyse. Änderungen im mikroskopischen Bild sind erst nach höheren Bestrahlungen festzustellen. Sie äußern sich in dem Auftreten abnormer Zellformen, vor allem einer oft enormen Vergrößerung, den sogenannten „Giant Cells". Ebenso sind atypische Teilungsmechanismen zu sehen. Besonders eindrucksvoll macht dies das Rasterelektronenmikroskop sichtbar, ein Beispiel zeigt Abb. 8.44.

Die wichtigste cytologische Veränderung nach UV-Exposition ist zweifellos das Auftreten von Chromosomenaberrationen. Sie sind vor allem an Säugerzellen studiert worden und werden oft als der Grund für den Verlust den Verlust des Tei-

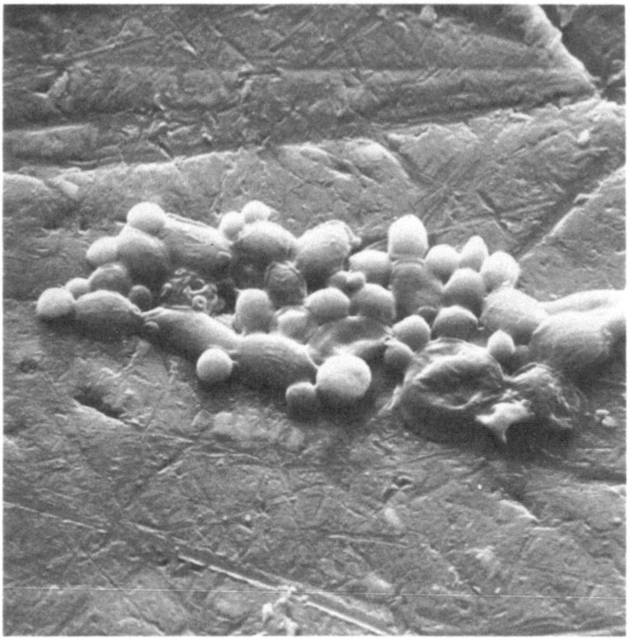

Abb. 8.44: Morphologische Veränderungen nach UV-Bestrahlung: Man erkennt abnorme Zellformen und desintegrierende Zellen (Hefen Saccharomyces cerevisiae, ca. 1 % Überlebende, aufgenommen nach 6 Stunden Inkubation, Rasterelektronenmikroskopaufnahme des Verfassers).

lungsvermögens angesehen. Diese Theorie ist derzeit noch in Diskussion, es gibt überzeugende experimentelle Befunde für ihre Richtigkeit, doch es kann nicht ausgeschlossen werden, daß Verlust der Reproduktionsfähigkeit und Chromosomenaberrationen nur parallele Erscheinungen als Folge derselben Schädigung darstellen, ohne direkt kausal korreliert zu sein. Die Zyklusabhängigkeiten der Entstehung von Aberrationen und der Verlauf der Koloniebildungsfähigkeit zeigen bei Hamsterzellen einen ähnlichen Verlauf (Humphrey u.a., 1963). Das Wirkungszentrum weist ein breites Maximum zwischen 240 und 280 nm auf und läßt die Beteiligung von Proteinkomponenten wahrscheinlich erscheinen, was auch durch die verstärkende Wirkung des Proteinsyntheseinhibitors Puromycin angezeigt wird. Ebenso wie der Verlust der reproduktiven Integrität wird auch die Bildung von Chromosomenaberrationen nach UV-Exposition durch Einbau von Bromdesoxyuridin sensibilisiert. Eine Übersichtsdarstellung der Induktion von Chromosomenaberrationen durch UV hat Wolff (1972) gegeben.

8.7.3 Teilungs- und Progressionsverzögerung

Durch UV-Bestrahlung werden Zellteilung und die Progression durch den Zellzyklus verzögert. Unter letzterem wird das Durchlaufen der verschiedenen Zellzyklusstatien verstanden. Sie ist vor allem an Säugerzellen studiert worden. Domon und Rauth (1968 a) sowie Bootsma und Humphrey (1968) fanden, daß nach nicht allzu hohen Bestrahlungen (Überlebensniveau größer als ca. 1 %) es vor allem zu einer Verlängerung der S-Phase kommt. Der Eintritt in diesen Zyklusbereich wird nicht verzögert, manchmal sogar beschleunigt. Die Mitoseverzögerung ist danach bei niedrigen Dosen hauptsächlich auf die größere Ausdehnung der S-Phase zurückzuführen, G_1 und G_2 werden normal durchlaufen. Bei höheren Dosen kommt es zu einer irreversiblen Arretierung in G_2, wobei die letal geschädigten Zellen somit für die weitere Vermehrung verloren gehen. Hieraus ist zu folgern, daß die nicht überlebenden Säugerzellen in ihrer Mehrzahl die Teilungsfähigkeit schon vor der ersten Mitose nach der Exposition verlieren. Dieses Ergebnis kann nicht auf andere Zellarten ohne weiteres verallgemeinert werden.

Johnson u.a. (1973) untersuchten das Erscheinen von Sprossen in synchronisierten Hefepopulationen nach UV-Bestrahlung und fanden eine dosisabhängige Verzögerung, was den Befunden an Säugerzellen widerspricht, wenn man Sprossung und Beginn der S-Phase als korreliert ansieht. Aufgrund der Fotoreaktivierbarkeit schließen die Autoren, daß der Effekt zu ca. 75 % auf Pyrimidindimere zurückgeht. Ähnliches gilt für die Teilungsverzögerung im gleichen System (Goodin, Johnson und Morrison, 1971).

Eine ausführliche Studie über die Mitoseverzögerung bei dem Schleimpilz Physarum polycephalum haben Devi und Guttes (1972) durchgeführt und gezeigt, daß vor allem der RNS-Synthese für diesen Effekt eine besondere Bedeutung zukommt. Die oben zitierte, auch an anderen Systemen gefundene Fotoreaktivierbarkeit der Teilungsverzögerung (Marshak, 1949) weist auf die Bedeutung der DNS für diese Erscheinung hin. Sie kann allerdings auch durch cytoplasmatische Veränderungen hervorgerufen werden. Die wirksamen Wellenlängen liegen dann in nahem UV (300–400 nm); auf ihre mögliche Bedeutung für die Fotoprotektion wurde schon in Abschn. 8.5.1 hingewiesen. Eine ausführliche Diskussion der letztgenannten Erscheinung findet man bei Jagger (1972).

Ein weiteres interessantes Objekt sind Seeigeleier, weil bei ihnen die Wirkung auf Ei und Sperma getrennt untersucht werden können. Teilungsverzögerungen kann nicht nur durch eine UV-Exposition des Eis, sondern auch des Spermas *vor* der Befruchtung hervorgerufen werden, was wieder die besondere Bedeutung von DNS-Schäden beweist. Für eine ausführliche Darstellung sei auf die Arbeit von Rustad (1971) verwiesen.

8.8 Mutationen

Ultraviolette Strahlen sind eines der wirkungsvollsten Mittel, Mutationen auf zellulärer Ebene auszulösen und haben sich deshalb bei Mikrobiologen seit je großer praktischer Beliebtheit erfreut. Entscheidend hierfür ist die relativ große Ausbeute an Mutanten, d.h. ein hoher Quotient aus Zahl von Mutanten und Zahl der Überlebenden bei einer bestimmten Dosis. In neuerer Zeit sind zwar einige Chemikalien, wie z.B. Nitrosoguanidin entdeckt worden, welche dieses Kriterium noch besser als UV erfüllen, dennoch bleibt die Anwendung von ultravioletten Strahlen in diesem Bereich sehr wichtig. Darüberhinaus erlaubt die parallele Untersuchung von Mutationsauslösung und zellulärer Inaktivierung die Aufklärung genetischer und molekularer Grundphänomene.

Hierbei ergeben sich unmittelbar zwei Fragen:

1. Ist der Verlust der Teilungsfähigkeit nach UV-Bestrahlung evtl. nur auf die Induktion letal wirkender Mutationen zurückzuführen und
2. welche Rolle spielen die für die Inaktivierung wichtigen Reparaturprozesse bei der Bildung von Mutanten.

Bevor wir uns diesen Problemen zuwenden, sollen einige grundsätzliche Ausführungen über Tests und Mechanismen der Mutationsuntersuchung auf zellulärer Ebene gemacht werden.

Es gibt im wesentlichen zwei Verfahren, die zur Untersuchung der Mutationsauslösung nach UV eingesetzt werden:

1. Die Prüfung, ob die Zellen gegenüber bestimmten Chemikalien – meist werden Antibiotika, bei Bakterien vor allem Streptomycin eingesetzt – resistent sind und
2. die Prüfung auf Abhängigkeit von bestimmten Nährstoffen im Inkubationsmedium.

Das Wachstum der meisten Bakterien wird unterdrückt, wenn dem Nährmedium in genügend hoher Konzentration Streptomycin zugefügt wird. Durch eine Mutation kann diese Empfindlichkeit aufgehoben werden, so daß die Zellen, welche in dem entsprechenden Gen mutiert sind, auch auf Platten mit entsprechend hohen Streptomycinkonzentrationen zu Kolinien heranwachsen können. Es ergibt sich so eine leichte Möglichkeit, die Zahl der Mutanten durch einfaches Auszählen zu bestimmen. Parallel dazu ermittelt man die Überlebensfraktion durch Ausplatten auf streptomycinfreiem Medium. Man kann natürlich auch von einem resistenten Stamm ausgehen und durch eine entsprechende Variation der Technik die Rate induzierter Rückmutanten, d.h. zur Streptomycinempfindlichkeit testen. Diese Technik ist grundsätzlich nicht auf Bakterien beschränkt und läßt sich prinzipiell auch auf Säugerzellen anwenden. Hier ist vor allem die Resistenz gegenüber 8-Azaguanin untersucht worden (Chu und Malling, 1968).

Bakterien und andere Mikroorganismen stellen im wesentlichen sehr geringe Anforderungen an die Zusammensetzung des Nährmediums. Wesentlich ist, daß Kohlenstoff und Stickstoff sowie einige Vitamine in entsprechend verwendbarer Form angeboten werden. Die Zellen sind im allgemeinen in der Lage, alle anderen wichtigen Stoffe aus einfachen Grundbausteinen selbst zu synthetisieren. Diese Eigenschaft bezeichnet man als Prototrophie. Durch Mutationen können jedoch bestimmte Stoffwechselwege ausgeschaltet werden, so daß es nun wesentlich wird, daß bestimmte Substanzen dem Nährmedium zugesetzt werden, um ein Wachstum zu ermöglichen. Die Zellen sind „auxotroph" geworden. Solche Mutanten sind für viele Mikroorganismen bekannt, in entsprechender Abwandlung lassen sich diese Untersuchungen jedoch auch bei Säugerzellen trotz der erheblich komplexeren Anforderungen dieser an das Nährmedium durchführen (Kao und Puck, 1969).

In der beschriebenen Art veränderte Zellen lassen sich leicht dadurch untersuchen, daß man die Zahl der Kolonien auf Platten mit und ohne den für das Wachstum essentiellen Stoff untersucht; hierbei handelt es sich im allgemeinen um Aminosäuren oder Nukleinsäurebestandteile.

Auf molekularer Ebene lassen sich verschiedene Mutationsmechanismen unterscheiden. Es ist davon auszugehen, daß es sich immer um eine Änderung der genetischen Information auf der DNS handelt (siehe unten), die jedoch auf verschiedene Art und Weise zum Tragen kommt. Die Änderung einer Base kann dazu führen, daß anstelle der ursprünglich vorgesehenen Aminosäure eine andere in das Protein eingebaut wird, wodurch dessen biologische Spezifität verändert oder zerstört werden kann (*Fehlsinn-Mutation, „missense mutation"*).

Dieses Ereignis muß jedoch nicht immer die Folge sein, da nicht jede Basenänderung zu einer tatsächlichen Änderung der Aminosäurekodierung führt, weil jede Aminosäure durch mehr als ein Codon spezifiziert ist; auch kann der Einbau einer anderen Aminosäure die biologische Funktion unter Umständen unbeeinträchtigt lassen. Die Basenänderung kann jedoch auch dazu führen, daß nun ein Triplett entsteht, das keine Aminosäure kodiert, sondern zu einem vorzeitigen Abbruch der Polypeptidkette bei der Proteinsynthese führt (Unsinnmutationen, „nonsense mutation"). Hierbei kommt es in der Regel zum Verlust der durch das entsprechende Protein vermittelten biologischen Funktion. Eine Mutation muß aber nicht notwendigerweise in einer Basen*änderung* begründet sein, sondern kann auch dadurch hervorgerufen werden, daß eine DNS-Base völlig ausfällt oder aber eine zusätzliche eingebaut wird. Da der genetische Code „kommalos" ist, wird dadurch der Sinn des gesamten folgenden Stückes bei der Ablesung verändert (*Leseraster-Mutation, „frameshift mutation"*).

Die beschriebenen Veränderungen können in ihrer Wirkung dadurch wieder rückgängig gemacht werden, daß durch eine erneute Mutation der ursprüngliche Zustand wiederhergestellt (Reversion) oder der eingetretene Effekt aufgehoben wird (z.B. bei Verlust einer Base durch Insertion einer anderen in unmittelbarer Nachbarschaft, aber nicht notwendigerweise an derselben Stelle). Eine Kompensation ist aber auch dadurch möglich, daß die „falsche" Information dennoch zum Einbau der richtigen Aminosäure führt, indem die Transfer-RNS, welche die Übersetzung der Basencodierung in die Aminosäuresequenz des Proteinmoleküls vermittelt, entsprechend verändert wird. In diesem Fall muß die Information für dieses Molekül (die t-RNS) abgeändert werden, die an ganz anderer Stelle des Genoms verzeichnet ist. Man bezeichnet diesen Vorgang als „*Suppressor*"-Mutation, da hier keine echte Wiederherstellung des ursprünglichen Zustandes, sondern nur eine Unterdrückung der Mutationsauswirkung vorliegt. Eine ausführlichere Darstellung findet man z.B. bei Kaudewitz (1973), Knippers (1971), sowie Auerbach und Kilbey (1971).

Es muß an dieser Stelle darauf hingewiesen werden, daß Mutationen nicht nur durch Änderungen im Genom des Zellkerns hervorgerufen werden können, sondern auch im Cytoplasma. Das wahrscheinlich bekannteste Beispiel hierfür ist die sogenannte „petite"-Mutation bei Hefen, welche zu einem Ausfall der Zellatmung führt, sich in einer Reduzierung d.r Koloniegröße äußerst (daher der Name) und auf einer Informationsveränderung in der mitochondrialen DNS beruht. Auch sie wird durch UV-Bestrahlung induziert (vgl. Moustacchi, 1972).

Das Aktionsspektrum für die Mutationsauslösung durch ultraviolette Strahlen ist weitgehend identisch mit dem Absorptionsspektrum der DNS (Gates u.a., 1930, Kondo und Jagger, 1966, Kondo und Kato, 1966, vgl. 8.4.1.2), was die oben gemachte Annahme substantiiert. Die Dosisabhängigkeit hat im allgemeinen eine Form, wie sie durch Abb. 8.45 dargestellt ist: Bei niedrigen Dosen findet man einen starken Anstieg, der stärker als exponentiell verläuft, bis zum Erreichen eines Maximums, dem ein scharfer Abfall folgt. In einigen Fällen fehlt jedoch letzterer – es kommt zu einem annähernd konstanten Sättigungsniveau. Die Kurvenform hängt häufig von den Testbedingungen ab (vgl. Smith und Hanawalt, 1969).

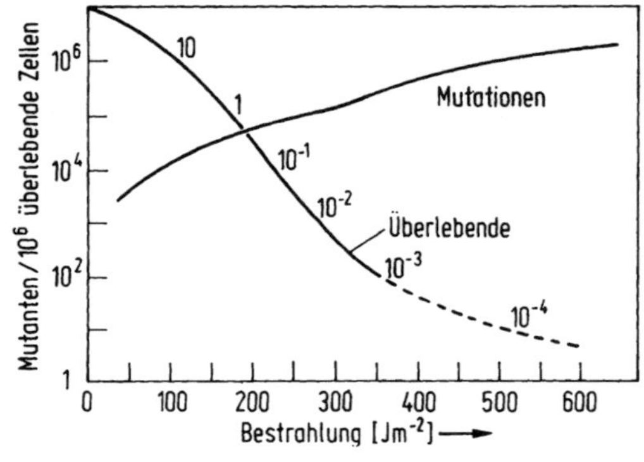

Abb. 8.45: Mutationsauslösung durch UV-Bestrahlung: Mutation zur T1-Phagen-Resistenz bei E. coli (nach Demerec und Latarjet, 1946).

Die Ausbeute an UV-induzierten Mutationen kann in den meisten Fällen durch Fotoreaktivierung reduziert werden (Kelner, 1949, Novick und Szilard, 1949) – jedoch nicht in allen (Setlow, 1966, Smith und Hanawalt, 1969), was den Schluß nahelegt, daß auch in diesem Fall Pyrimidindimere die ausschlaggebenden initialen Veränderungen sind. Dies wurde durch Studien mit Stämmen erhärtet, welchen das Fotoreaktivierungsenzym fehlt (Witkin u.a., 1963, Kaplan, 1963, Witkin,

1964, Kondo und Jagger, 1966, Kondo und Kato, 1966). Das Ausmaß und die Dosisabhängigkeit der Fotoreaktivierung von Koloniebildungsvermögen und Mutationsauslösung sind jedoch deutlich unterschiedlich (Newcombe und Whitehead, 1951); dies ist ein Hinweis darauf, daß die Zellinaktivierung nicht durch einzelne Letalmutationen hervorgerufen wird.

Die Exzisionsreparatur führt ebenfalls zu einer starken Abnahme der UV-induzierten Mutanten. In hcr^--Stämmen, denen bekanntlich das Wirtszellenreparatursystem fehlt, ist die Ausbeute an Mutanten bezüglich verschiedenster Eigenschaften bei niedrigen UV-Bestrahlungen sehr viel höher als in ihren exzisionspositiven Ausgangsstämmen (Hill, 1965, Witkin, 1966 und 1967, Bridges und Munson, 1968, Kondo und Kato, 1966). Dieser Befund beweist, daß die Exzisionsreparatur mit großer Genauigkeit erfolgt. Eine quantitative Abschätzung (Witkin, 1969) ergibt, daß die Fehlerhäufigkeit nur ca. 10^{-6} beträgt. Ähnlich wie bei der Fotoreaktivierung ist der Einfluß der Reparatur bei hohen Dosen weniger ausgeprägt; dieses Verhalten ist derzeit noch nicht verstanden.

Der Einfluß der Postreplikationsreparatur auf die Mutationsauslösung ist zunächst höchst überraschend: Ihr Ausfall führt nicht zu einer Erhöhung, sondern zu einem nahezu völligen Verschwinden der Mutationsausbeute (Witkin, 1967). Es liegt nahe zu vermuten, daß Mutanten erst durch Fehler bei diesem Reparaturmechanismus entstehen, er also nicht so zuverlässig wie die Exzision arbeitet. Diese attraktive Hypothese ist ausführlich von Witkin (1969) untersucht und als zumindest für Bakterien wahrscheinlich zutreffend charakterisiert worden.

Aus dem gerade Gesagten ist der Schluß zu ziehen, daß nicht die Primärschäden die Mutation darstellen, sondern daß sie nur die notwendige Vorbedingung sind und es zur Ausprägung weiterer Prozesse bedarf. Man spricht daher von ihnen auch als „Prämutationen", die erst einer „Fixierung" durchlaufen müssen, bis sie permanent wirksam werden. Weitere Anhaltspunkte für die Richtigkeit dieser Vorstellung stammen im wesentlichen aus folgenden Befunden: Der Beeinflußbarkeit der Ausbeute nach der Exposition durch Chemikalien, die selbst nicht mutagen sind, der Mutationsfrequenzabnahme („mutation frequency decline") durch Inhibition der Proteinsynthese und durch das Studium der Kinetik der Mutationsfixierung.

Coffein und Akriflavin, welche in Bakterien die Exzision hemmen, steigern auch die Ausbeute an UV-induzierten Mutationen (Witkin, 1961).

Inkubiert man UV-bestrahlte Bakterien nach der Exposition in einem Medium, dem ein Inhibitor der Proteinsynthese zugesetzt ist oder dem essentielle Aminosäuren bei auxotrophen Stämmen fehlen, so kommt es zu einer Abnahme der Mutantenausbeute. Dieses zuerst von Witkin (1956) beschriebene Verhalten wurde danach ausführlich vor allem von Doudney und Haas (1958, 1959) untersucht, die auch die Bezeichnung „mutation frequenty decline" (MFD) prägten. Mit Hilfe dieser Technik wurde es möglich, die Kinetik der Mutationsfixierung zu studieren. Es zeigte sich, daß MFD nicht bei allen Mutationen festzustellen ist und daß nicht nur die Protein-, sondern auch die RNS- und DNS-Synthese einen Einfluß ausüben. Witkin (1969) kommt zu dem Schluß, daß MFD eine exklusive Erscheinung bei Suppressor-Mutanten ist und leitet daraus die Hypothese ab, daß nichttranskribierte Teile der DNS (wie die Information für die Transfer-RNS bei inhibierter Proteinsynthese) in erhöhtem Maße repariert werden, verglichen zu aktiven Genabschnitten.

MFD kann durch Coffein (Witkin, 1959) oder Akriflavin (Witkin, 1959) blockiert werden und ist drastisch reduziert in exzisionsdefizienten Stämmen (Witkin, 1966, Munson und Bridges, 1966). Bei den untersuchten Bedingungen führt eine MFD-Behandlung zu keiner Veränderung der Überlebensrate, was ein weiteres Indiz dafür ist, daß die zelluläre Inaktivierung nicht auf einzelne Letalmutationen zurückzuführen ist. Eine Übersicht der älteren Arbeiten auf diesem Gebiet hat Kimball (1966) gegeben.

Witkin (1956) hat mit Hilfe transduzierender Phagen die Kinetik der Mutationsfixierung studiert. Später wurde die MFD-Technik verwendet und gefunden, daß die Stabilisierung der Mutation einer gewissen Zeit bedarf, die von den Versuchsbedingungen und der untersuchten Mutation abhängt (Doudney und Haas, 1959) (Abb. 8.46). Zusammenfassend kann gesagt werden, daß wahrscheinlich 90 % der UV-induzierten Mutation auf Pyrimidindimere zurückgehen (Witkin, 1969), daß diese zur Fixation metabolischer Prozesse bedürfen, daß Prämutationen durch den Exzisionsvorgang entfernt und wahrscheinlich durch die Postreplikationsreparatur stabilisiert werden.

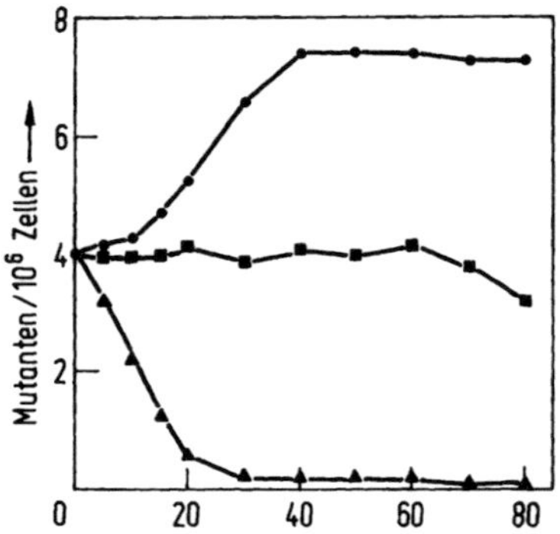

Abb. 8.46: Mutationsstabilisierung und „Mutation Frequency Decline" (nach Doudney und Haas, 1959):
- ● Minimaldedium, angereichert mit Aminosäuren: Fixierung der Prämutationen.
- ■ Minimaldedium mit Aminosäure und dem Energiestoffwechselinhibitor Dinitrophenol: Unterdrückung der Fixierung.
- ▲ Minimalmedium mit Aminosäure und dem Proteinsyntheseinhibitor Chloramphenicol: „Mutation Frequency Decline".

All das bisher Gesagte gilt nur für Bakterien. Eukaryonten und vor allem Säugerzellen sind wesentlich weniger untersucht, und es muß abgewartet werden, inwieweit die beschriebenen Befunde auf sie übertragbar sind.

8.9 UV und Entstehung des Lebens

8.9.1 Vorbemerkung

Nach den heutigen Hypothesen, die im wesentlichen auf Oparin (1924, 1938) und Haldane (1929) zurückgehen, handelt es sich bei der Entstehung von Leben um einen langen, komplexen Entwicklungsprozeß, der sich in eine präbiotische und biotische Phase einteilen läßt. Die präbiotische Phase umfaßt die gesamte chemische Evolution, angefangen von der Synthese organischer Verbindungen aus anorganischen Gasen bis zur Bildung von Makromolekülen. Mit der Überführung der Biomoleküle in lebensfähige Strukturen wird die biotische Phase eingeleitet, in deren Verlauf es zur evolutionären Entwicklung höherer Lebensformen kommt.

Die nachfolgende Diskussion beschränkt sich auf die präbiotische Synthese organischer Substanzen, da hierbei der UV-Strahlung eine wesentliche Rolle als Energiequelle zuzukommen scheint.

8.9.2 Präbiotische Synthese

8.9.2.1 UV als Energiequelle

Für die präbiotische Synthese kommen als Energiequellen in Frage

1. elektromagnetische Strahlung der Sonne,
2. Elektrische Entladungen, z.B. in Blitzen,
3. hohe Temperaturen, z.B. in Gebieten vulkanischer Aktivität,
4. kosmische und radioaktive Strahlung,
5. Schockwellen, vorwiegend erzeugt durch Meteoriteneinschlag.

In Tab. 8.19 sind die Energiebeiträge der wichtigsten Energiequellen aufgeführt (Miller und Urey, 1959).

Die Werte gelten für die heutige Zeit. Es kann jedoch angenommen werden, daß unter präbiotischen Bedingungen ähnliche Beträge wirksam waren, ausgenommen ist die Radioaktivität, die auf das vierfache der heutigen geschätzt wird (Bullard, 1954). Weitaus die meiste Energie wird von der Sonne geliefert. Davon wird mehr als 99 % als sichtbare und infrarote Strahlung emittiert und ist für die präbiotische Synthese wirkungslos. Nur der UV-Anteil ist energiereich genug, um über Anregungen chemische Reaktionen einzuleiten.
In Kap. 2 dieses Buches sind die Strahlenverhältnisse auf der Erde ausführlich dargestellt.
Durch die Ozonschicht in der oberen Atmosphäre wird die UV-Strahlung ober-

Tab. 8.19: Heutige Energiequellen auf der Erde (nach Miller und Urey, 1959)

Energiequelle	Energiebeitrag (cal · cm^{-2} $Jahr^{-1}$
Gesamte Sonnenstrahlung	260000
UV-Strahlung: $\lambda < 250$ nm	570
$\lambda < 200$ nm	85
$\lambda < 150$ nm	3,5
Elektrische Entladungen	4 [1)]
Kosmische Strahlung	0,0015
Radioaktivität (bis 1 km Tiefe)	0,8
Vulkane	0,13

[1)] umfaßt 0,9 (cal cm^{-2} $Jahr^{-1}$) durch Blitzentladungen und 3 (cal cm^{-2} $Jahr^{-1}$) durch Koronaentladungen von spitzen Objekten.

halb 300 nm absorbiert. Sie fehlte in der Primitivatmosphäre, so daß der energiereiche UV-Anteil für fotochemische Prozesse zur Verfügung stand.
Der durch die UV-Strahlung beim Auftreffen auf die Primitivatmosphäre erzeugte Photonenfluß läßt sich abschätzen (Sagan, 1965).
In Tab. 8.20 sind zu charakteristischen Wellenlängen λ_0 Photonenflüsse Q angegeben, die durch das gesamte auf der kurzwelligen Seite von λ_0 liegenden UV-Sonnenspektrums erzeugt werden.

Tab. 8.20: UV-Photonenfluß unter präbiotischen Bedingungen (nach Sagan, 1965)

λ_0 [nm]	Photonenfluß Q (cm^{-2} · s^{-1})
290	$7 \cdot 10^{14}$
260	$4 \cdot 10^{14}$
240	$9 \cdot 10^{13}$
200	$2 \cdot 10^{13}$

Die großen Photonenflüsse zeigen deutlich, welch dominierende Rolle die UV-Strah-Strahlung als Energiequelle bei der präbiotischen Synthese gespielt haben muß.

8.9.2.2 „Primitiv-Atmosphäre"

Die Zusammensetzung der Erdatmosphäre unter präbiotischen Bedingungen ist von großer Bedeutung, da in ihr die anorganischen Ausgangsstoffe für die organische

Synthese enthalten waren. Als Hauptbestandteile werden Methan CH_4, Ammoniakgas NH_3, Wasserdampf H_2O und atomarer Wasserstoff H sowie Spuren von Kohlenmoxoxyd CO und Kohlendioxyd CO_2 angenommen. Sie bestimmen die reduzierenden Eigenschaften dieser sogenannten „Primitiv-Atmosphäre". Abschätzungen zufolge soll die Erde vor ihrer Entstehung vor ungefähr $4{,}5 \cdot 10^9$ Jahren bis vor ungefähr $4 \cdot 10^9$ Jahren eine reduzierende Atmosphäre gehabt haben.
Für die berechtigte Annahme einer reduzierenden Erdatmosphäre unter präbiotischen Bedingungen gibt es mehrere Beweise. Spektroskopische Untersuchungen der Planeten Jupiter und Saturn, die beide noch ihre Primitivatmosphäre besitzen, ergeben Methan, Ammoniak und Wasserdampf als Hauptbestandteile der Atmosphären. In Meteoriten mit ungefähr demselben Alter wie dem der Erde liegen die Elemente in reduzierter Form vor. In Laborversuchen wurde festgestellt, daß die meisten für Leben notwendigen organischen Verbindungen nur unter nichtoxydierenden Bedingungen zu synthetisieren sind (Abelson, 1956).
Der allmähliche Übergang von der reduzierenden Primitiv-Atmosphäre zur heutigen oxydierenden Atmosphäre scheint im wesentlichen auf die Fotodissoziation von H_2O-Dampf durch kurzwellige UV-Strahlung in der oberen Atmosphäre und die Fotosynthese der Pflanzen zurückzugehen.

8.9.2.3 Absorptionsverhalten der Primitiv-Atmosphäre

Das Absorptionsverhalten der die Primitiv-Atmosphäre bildenden Gase Methan CH_4, Ammoniak NH_3 und Wasserdampf H_2O ist schematisch in Abb. 8.47 dargestellt.

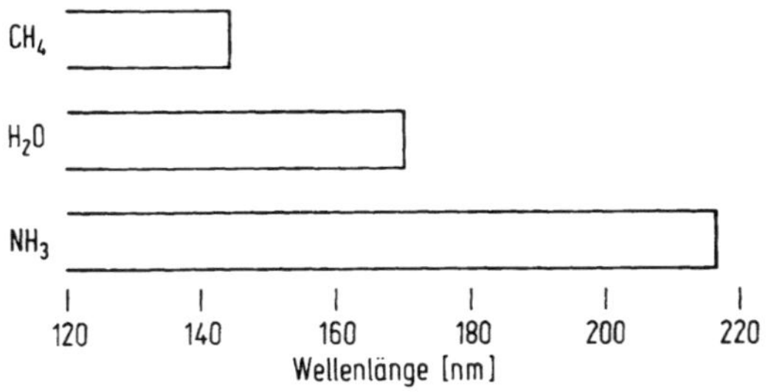

Abb. 8.47: UV-Absorptionsbereiche von Methan (CH_4), Ammoniak (CH_3) und Wasserdampf (H_2O) (nach Ponnamperuma, 1968).

Das Absorptionsspektrum von Methan CH_4 erstreckt sich bis 145 nm, von Wasserdampf bis 170 nm und von Ammonaik NH_3 bis 220 nm. Zur Dissoziation kommt es bei kürzeren Wellenlängen. Die Quantenausbeute für die Fotolyse von NH_3 ist bei 147 nm ungefähr 0,5 (Jucker und Rideal, 1957), für H_2O bei 165 nm 0,3 (Mei Chio Chen und Taylor, 1957) und für CH_4 0,35–0,5 (Groth, 1938). Oberhalb von 240 nm findet also in der Primitiv-Atmosphäre weder durch die Hauptbestandteile noch durch CH_4, NH_3 und H_2O und eventuelle Spuren von CO und CO_2 Absorption statt.

Bei der UV-Bestrahlung entstehen aber gasförmige Reaktionszwischenprodukte, wie Cyanwasserstoff und Kohlenwasserstoffe. Aus Simultationsexperimenten ist bekannt, daß mit besonders großer Ausbeute Formaldehyd gebildet wird (Sagan und Miller, 1960). Er absorbiert erst bei Wellenlängen oberhalb 290 nm. Damit verbleibt zwischen 240 und 290 nm ein UV-Bereich, in dem keine Absorption stattfindet. Seine Transparenz kann nur durch Acetaldehyd oder Aceton herabgesetzt werden, die in dieser Region absorbieren. Sie scheinen jedoch nur in Spuren gebildet zu werden, wie ebenfalls Simultationsexperimente zeigen (Sagan und Miller, 1960).
Es besteht also die Berechtigung zu der Annahme, daß die Primitiv-Atmosphäre für Wellenlängen zwischen 240 und 290 nm wenigstens teilweise transparent war. Dies ist für die präbiotische Synthese von großer Bedeutung. Purine und Pyrimidine haben bei 260 nm ein Absorptionsmaximum (vgl. 8.9.2.1) und ihre UV-Aktivierung könnte einen möglichen Schritt zur Bildung von Nukleosiden und Nukleotiden dargestellt haben (Sagan, 1957, 1961).

8.9.2.4 Bevorzugte Umgebung für präbiotische Synthese und Entstehung von UV-Reparatursystemen

Die unter präbiotischen Bedingungen vermutlich wirksamen hohen UV-Bestrahlungsstärken sind zur organischen Synthese besonders notwendig, besitzen jedoch auf der anderen Seite eine ausgeprägt zerstörende Wirkung auf organische Moleküle und einfache Zellsysteme.
Nur die Meere und Seen bieten einigermaßen Schutz vor der schädigenden UV-Einwirkung durch die Absorption der Strahlung in den oberen Wasserschichten. Daher wird auch angenommen, daß sich die primär in der Atmosphäre und auf der Wasseroberfläche gebildeten organischen Moleküle in den Meeren und Seen lösten, in denen dann die weitere chemische Evolution stattfand. Eine andere Möglichkeit, der zerstörenden Wirkung der UV-Strahlung zu begegnen, besteht in der Entwicklung der im Rahmen dieses Kapitels schon besprochenen speziellen UV-Reparaturmechanismen, durch welche die UV-Schäden behoben werden können. Ihre Entstehung muß unter den damaligen Bedingungen von höchster Priorität gewesen sein, damit trotz starker UV-Einstrahlung die Mutations- und Absterberate kleingehalten werden konnte.

8.9.3 Simultationsexperimente zur Synthese organischer Verbindungen durch UV

Als gutes Hilfsmittel zur Erforschung möglicher Schritte bei der präbiotischen Synthese organischer Substanzen erweisen sich Laborexperimente, in denen die mutmaßlichen präbiotischen Bedingungen simuliert werden. Hierbei wird meistens ein Gemisch aus möglichen Bestandteilen der Primitiv-Atmosphäre der Einwirkung verschiedenster Energiequellen ausgesetzt und anschließend auf organische Verbindungen untersucht.

Dabei gelang die Synthese biologisch wichtiger Moleküle, wie die von Aminosäuren, Peptiden, Purinen und Pyrimidinen, Nukleotiden durch Einwirkung von elektrischen Entladungen (Miller, 1953, 1955, 1957), durch Erhitzen des Reaktionsgemisches (Oro und Guidry, 1961, Harada und Fox, 1964, Fox und Yuyama, 1963) durch Beschluß mit schnellen Elektronen (Palm und Calvin, 1962) sowie durch Einwirkung von Schockwellen (Bar Nun u.a., 1970, 1971).
Die Untersuchungen, in denen ultraviolette Strahlung als Energiequelle verwandt wurde, werden im folgenden näher besprochen.

8.9.3.1 Aminosäuren

Die Synthese von Aminosäuren durch UV-Einwirkung wurde mehrmals bestätigt. Groth und von Weyssenhoff bestrahlten ein Gemisch aus Methan CH_4 und Ammoniak NH_3 über Wasser mit kurzwelliger UV-Strahlung (Kryptonlinien λ = 123,5 nm und λ = 116,5 nm) und konnten Spuren der Aminosäure Glycin und Alanin nachweisen (Groth und von Weyssenhoff, 1957).
In einem weiteren Experiment verwendeten sie zur Bestrahlung die Hg-Linien λ = 257,3 nm und λ = 129,6 nm sowie die Xenon-Linien λ = 147 nm und λ = 126,9 nm. Neben Glycin und Alanin erhielten sie außerdem Aminobuttersäure, Ameisensäure, Propionsäure und Essigsäure. Durch Zusatz von Quecksilberdampf zum Gasgemisch wird eine Verschiebung des Absorptionsspektrums zu größeren Wellenlängen erreicht, so daß auch die Hg-Linie λ = 253,7 nm wirksam wird. Dies führte zu größeren Ausbeuten an Reaktionsprodukten, wenn sich im Gasgemisch Äthan C_2H_6 (Groth und von Weyssenhoff, 1959) befand anstatt Methan CH_4.
In anderen Untersuchungen wurde Schwefelwasserstoff H_2S als langwelliger Photonenakzeptor eingesetzt (Sagan und Khare, 1971, Khare und Sagan, 1971). Bei Bestrahlung eines CH_4-, C_2H_6-, NH_3-, H_2O-, H_2S-Gasgemisches mit der HG-Linie 253,7 nm wurde Alanin, Glycin, Serin, Glutaminsäure, Asparagin sowie das schwefelhaltige Cystin gebildet. Voraussetzung war wiederum die Anwesenheit von Äthan C_2H_6 im Reaktionsgemisch. Die Quantenausbeute betrug ungefähr $5 \cdot 10^{-5}$, die Ausbeute an Aminosäuren ungefähr $6 \cdot 10^7 \mu J^{-1}$.
Die Untersuchungen von Terenin, der ein $CH_4/NH_3/H_2O$-Gemisch mit kurzwelligem UV von = 100–200 nm bestrahlte, ergaben ebenfalls Alanin und andere nicht identifizierte Aminosäuren (Terenin, 1959).

Dodonova und Siderova konnten nach UV-Einwirkung des Wellenlängenbereichs 145–180 nm auf ein Gemisch aus CH_4, NH_3, H_2O und CO in der Aminosäurenkomponente Glycin, Alanin, Valin und vermutlich Leucin und Norleucin (2-Aminocapronsäure) nachweisen, außerdem Methyalanin, Äthylalanin, Hydrazin, Harnstoff und Formaldehyd (Dodonova und Siderova, 1961).

Pavlovskaya setzte ein Gemisch aus Ammoniumnitrat oder -chlorid und Formaldehyd, der als wichtiges Zwischenprodukt bei der organischen Synthese auftritt, der UV-Strahlung einer Hg-Hochdrucklampe ($\lambda > 180$ nm) aus. Es erhielt als Reaktions-

produkte Serin, Valin, Phenylalanin sowie einige basische Aminosäuren (Pavlovskaya, 1959).
In einem ähnlichen Experiment wurden ebenfalls die Aminosäuren Glycin, Alanin, Leucin, Glutaminsäure sowie Ameisensäure identifiziert (Reid, 1959).

8.9.3.2 Peptide

Ponnamperuma und Peterson (1965) gelang die Synthese von Peptiden aus Aminosäuren über Dehydrationspolymerisation. Dazu setzten sie eine wäßrige Lösung, bestehend aus stöchiometrischen Mengen von Glycin, Leucin und Cyanamid einer intensiven UV-Bestrahlung ($\lambda > 180$ nm) aus. Dabei wurden die Dipeptide Glycyl-Glycin, Glycyl-Leucin, Leucyl-Glycin, Leucyl-Leucin und das Tripeptid Glycyl-Glycyl-Glycin gebildet. Die Ausbeuten betrugen 1 % für die Dipeptide und 0,1 % für das Tripeptid. Es scheint, daß zur Peptidbildung allein die UV-Strahlung notwendig ist und durch Cyanamid nur die Ausbeute erhöht wird (Ponnamperuma und Peterson, 1965).

8.9.3.3 Zucker

Wenn ein CH_4, NH_3, H_2O-Gasgemisch einer elektrischen Entladung oder Bestrahlung ausgesetzt wird, entsteht in hoher Ausbeute Formaldehyd (Sagan und Miller, 1960). Er wird daher als häufig vorkommendes Zwischenprodukt bei der präbiotischen Synthese angenommen.
Bei UV-Bestrahlung wäßriger Lösungen ($3{,}10^{-4}$ molar) von Formaldehyd wird Zukker gebildet. Chromatografisch wurde Ribose und Desoxyribose nachgewiesen. Die höchsten Ausbeuten wurden wegen der großen Stabilität der 5er und 6er Ringe für Pentosen und Hexosen erhalten (Ponnamperuma, 1965).

8.9.3.4 Purine und Pyrimidine

Die Synthese von Purinen gelang durch UV-Bestrahlung wäßriger Lösungen (10^{-3} molar) von Cyanwasserstoff HCN (Blausäure) (Ponnamperuma, 1963 a).
Die Bestrahlung dauerte 7 Tage. Unter den Reaktionsprodukten befanden sich Harnstoff (10 %) sowie die Purine Adenin (1 %) und Guanin (0,5 %). Cyanwasserstoff HCN entsteht als primäres Reaktionsprodukt bei der Einwirkung von elektrischen Entladungen und Strahlung auf die Primitiv-Atmosphäre (Miller, 1955; Palm und Calvin, 1962). Die Synthese von Adenin erfolgt ebenfalls über ein Tetramer von HCN (Sanchez u.a., 1966). Bei den meisten Reaktionen zur Purin- und Pyrimidinsynthese kommt es zur bevorzugten Bildung von Adenin, bedingt durch die große Resonanzenergie des Moleküls (Pullman und Pullman, 1960, 1962).

Untersuchungen, in denen durch UV-Einstrahlung Pyrimidine, z.B. Thymin oder Cytosin gewonnen wurde, sind bisher nicht bekannt.

8.9.3.5 Nukleoside und Nukleotide

Nukleoside und Nukleotide sind als Bausteine der Nukleinsäuren wichtige Biomoleküle und ihre mögliche präbiotische Synthese ist von großem Interesse. Ponnamperuma und Mitarbeiter konnten nachweisen, daß die Synthese von Nukleotiden möglich ist durch UV-Bestrahlung einer wäßrigen Lösung der einzelnen Nukleotidkomponenten (Ponnamperuma u.a., 1963 b). Die Probe wurde einer intensiven UV-Bestrahlung der Hg-Linie 253,7 nm ausgesetzt. Die pro Stunde in der Probe absorbierte Energie betrug 10^3 J. Es wurden mehrere Experimente durchgeführt, bei denen von einer unterschiedlichen Zusammensetzung des Reaktionsproduktes ausgegangen wurde. Die Reaktionen sind in Tab. 8.21 schematisch zusammengefaßt.

Tab. 8.21: Nukleosid- und Nukleotidsynthese durch UV (Ponnamperuma, 1963 b)

Experiment	Reaktionsprodukte				
	Adenosin	AMP	ADP	ATP	A4P
Adenin + Ribose	–	–	–	–	–
Adenin + Ribose + phosphorige Säure	+	–	–	–	–
Adenin + Ribose + Äthylmetaphosphat	+	+	+	+	+
Adenosin + phosphorige Säure		–	–	–	–
Adenosin + Äthylmetaphosphat		+	+	+	+
Adenosinmonophosphat AMP + phosphorige Säure			–	–	–
AMP + Äthylmetaphosphat			+	+	+
Adenosindiphosphat ADP + phosphorige Säure				–	–
ADP + Äthylmetaphosphat				+	+

Als Zucker wurde Ribose verwendet, als Phosphorverbindung phosphorige Säure und Äthylmetaphosphat.
Adenin mit Ribose allein führte nicht zur Bildung des Nukleosids Adenosin. Wird noch phosphorige Säure oder Äthylmetaphosphat zugesetzt, so kommt es in beiden Fällen zur Synthese von Adenosin. Die Nukleosidphosphate (AMP, ADP, ATP) entstehen jedoch nur in Anwesenheit von Äthylmetaphosphat.

Adenosin wird in Adenosinmonophosphat (AMP), Adenosindiphosphat (ADP) und Adenintriphosphat (ATP) überführt; Adenosinmonophosphat in Adenosindiphosphat (ADP) und -triphosphat (ATP); Adenosindiphosphat (ADP) in Adenosintriphosphat (ATP). Außerdem wurden Spuren von Adenosinmetaphosphat festgestellt. Die Quantenausbeute für die Synthese von Adenosin aus Adenin beträgt bei einer längeren UV-Bestrahlung ungefähr 10^{-5}; für die Bildung von AMP, ADP und ATP in Anwesenheit von Äthylmetaphosphat liegt sie ungefähr bei 10^{-4}.
Einschränkend muß erwähnt werden, daß die Metaphosphate unter präbiotischen Bedingungen als Phosphorquelle wohl keine große Bedeutung hatten.

Die aufgeführten Experimente beweisen, daß es unter simulierten präbiotischen Bedingungen möglich ist, durch Einwirkung von ultravioletter Strahlung biologisch wichtige Moleküle zu synthetisieren. Dabei kommt es nicht nur zur Bildung einfacher organischer Moleküle, sondern ebenfalls zur Polymerenbildung durch Kondensationsreaktionen. Die fotochemische Synthese scheint daher unter präbiotischen Bedingungen eine ähnliche wichtige Rolle eingenommen zu haben wie unter heutigen Bedingungen der Fotosynthese.

Literatur

Abelson, P.H. (1956): Science *124*, 935.

Adler, A.A. and Fasman, G.D. (1968): Meth. Enzymology XII, Part B, 268.

Alexander, P. and Moroson, H. (1962): Nature *194*, 882.

Alper, T. (1963): Nature *200*, 534.

Alper, T., Forage, A.J. and Hodgkins, B. (1972): J. Bacteriol. *110*, 823.

Alper, T. and Gillies, N.E. (1960): J. Gen. Microbiol. *22*, 113.

Alper, T. and Hodgkins, B. (1969): Mutation Res. *8*, 15.

Anderson, E.H. (1949): Am. J. Botany *36*, 807.

Anderson, E.H. (1951): J. Bacteriol. *61*, 389.

Arlett, C.F. (1967): Int. J. Radiat. Biol. *13*, 369.

Auerbach, C. and Kilbey, B.J. (1971): Ann. Rev. Genetics *5*, 163.

Augenstein, L. and Nag-Chaudhuri, J. (1964): Nature *203*, 1145.

Baptist, J.E. and Haynes, R.H. (1972): Photochem. Photobiol. *16*, 459.

Barnhart, B.J. and Herriot, R.M. (1963): Biochem. Biophys. Acta *76*, 25.

Bar-Nun, A., Bar-Nun, B., Baner, S.H. and Sagan, C. (1970): Science *168*, 470.

Bar-Nun, A., Bar-Nun, B., Baner, S.H. and Sagan, C. (1971): In Molecular Evolution (Buvet, R., Ponnamperuma, C., eds.), *1*, 114 North-Holland, Amsterdam.

Beardsley, K. and Cantor, C.R. (1970): Proc. Natl. Acad. Sci. US *65*, 39.

Beardsley, K., Tao, T. and Cantor, C.R. (1970): Biochemistry *9*, 3524.

Beaven, G.H. and Holiday, E.R. (1952): Adv. Protein Chem. *7*, 319.

Beaven, G.H., Holiday, E.R. and Johnson, E.A. (1965): In The Nucleic Acids (Chargaff, E., Davidson, J.N., eds.), *1*, 493, Academic, New York.

Becker, H., Le Blanc, J.C. and Johns, H.E. (1967): Photochem. Photobiol. *6*, 733.

Ben-Hur, E. and Ben-Ishai, B. (1968): Biochem. Biophys. Acta *166*, 9.

Ben-Hur, E. and Rosenthal, I. (1970): Photochem. Photobiol. *11*, 163.

Beukers, R. (1965): Photochem. Photobiol. *4*, 935.

Beukers, R. and Berends, W. (1960): Biochem. Biophys. Acta *41*, 550.

Beukers, R., Ylstra, J. and Berends, W. (1959): Rec. Trav. Chim. Pays-Bas *78*, 883.

Blanco, M. and Devoret, R. (1973), Mutation Res. *17*, 293.

Boling, M.E. and Setlow, J.K. (1966): Biochem. Biophys. Acta *123*, 26.

— (1967): Biochem. Biophys. Acta *145*, 502.

Bollum, F.J. and Setlow, R.B. (1963): Biochem. Biophys. Acta *68*, 446.

Bootsma, D. and Humphrey, R.M. (1968): Mutation Res. *5*, 289.

Boyce, R.P. and Howard-Flanders, P. (1964): Proc. Natl. Acad. Sci. US *51*, 293.

Boyle, J.M. and Setlow, R.B. (1970): J. Mol. Biol. *51*, 131.

Bresler, S.E., Kalinin, V.L. and Perumov, D.A. (1967): Mutation Res. *4*, 389.

Bridges, B.A. and Munson, R.J. (1966): Biochem. Biophys. Res. Comm. *22*, 268.
Bridges, B.A. and Munson, R.J. (1968): Proc. Roy. Soc. *B171*, 213.
Brown, I.H. and Johns, H.E. (1968): Photochem. Photobiol. *8*, 273.
Brunk, C.F. and Hanawalt, P.C. (1967): Science *158*, 664.
Brunschede, H. and Bremer, H. (1969): J. Mol. Biol. *41*, 25.
Bruntlag, D.A., Atkinson, M.R., Setlow, P. and Kronberg, A. (1969): Biochem. Biophys. Res. Comm. *37*, 982.
Buhl, S.N., Setlow, R.B. und Regan, J.D. (1973): Biophys. J. *13*, 1265.
Bullard, E. (1954): In The Earth as a Planet (Kuiper, G.P., ed.), 110, University Press, Chicago.
Burr, J.G. (1968): Adv. Photochem. *6*, 267.
Burt, D.H. und Brent, T.P. (1971): Biochem. Biophys. Res. Comm. *43*, 1382.
Cadet, J. und Teoule, R. (1971): Int. J. Appl. Rad. Isotopes *22*, 273.
Calkins, J. (1968): Photochem. Photobiol. *8*, 115.
Cameron, K.R. (1973): J. Gen. Virol. *18*, 51.
Cantor, C.R. and Tao, T. (1971): In Procedures in Nucleic Acid Research, (Cantoni, G.L., Davies, D.R., eds.), Harper & Row, New York – San Francisco – London, 31.
Castellani, A., Jagger, J. und Setlow, R.B. (1964): Science *143*, 1170.
Chargaff, E. und Zamenhof, S. (1948): J. Biol. Chem. *173*, 327.
Charlier, M. and Helène, C. (1967): Photochem. Photobiol. *6*, 501.
Charlier, M. and Helène, C. (1972): Photochem. Photobiol. *15*, 71.
Chevalier, M.R. and Grath, M.L. (1973): Genetics *74*, 405.
Chu, E.H.Y. (1965): Mutation Res. *2*, 75.
Chu, E.H.Y. and Malling, H.V. (1968): Proc. Natl. Acad. Sci. US *61*, 1306.
Clark, A.J. and Margulies, A.D. (1965): Proc. Natl. Acad. Sci. US *53*, 451.
Clarke, C.H. (1968): Mutation Res. *5*, 33.
Cleaver, J.E. (1969): Rad. Res. *37*, 334.
— (1970): Int. J. Radiat. Biol. *18*, 557.
Cleaver, J.E. and Painter, R.B. (1968): Biochem. Biophys. Acta *161*, 552.
Cleaver, J.E. and Trosko, J.E. (1970): Photochem. Photobiol. *11*, 547.
Cole, R.S. (1974): VI. Int. Congress Photobiol., Bochum, Proceedings (G.O. Schenck, ed.), paper 019 a, bt. Ges. f. Lichtforschung, Frankfurt.
Cook, J.S. (1967): Photochem. Photobiol. *6*, 97.
— (1970): Photophysiology *V*, 191.
Cook, J.S. (1971): In Molecular and Cellular Repair Processes, (Beers jr., R.F., Herriot, R.M., Tilghman, R.C., eds.), Baltimore (John Hopkins Mod. Journal Suppl. 1), 79.
Cooper, P.K. and Hanawalt, P.C. (1972 a): J. Mol. Biol. *67*, 1.
Cooper, P.K. and Hanawalt, P.C. (1972 b): Proc. Natl. Acad. Sci. US *69*, 1156.

Cox, B.S. and Parry, J.M (1968): Mutation Res. *6*, 37.

Davidson, J.N. (1965): The Biochemistry of the Nucleic Acids, Methuen, London.

Davies, D.R. (1969): Curr. topics radiat. res. *5*, 75.

Davies, D.R., Arlett, C.F., Munson, R.J. and Bridges, B.A. (1967): J. Gen. Microbiol. *46*, 329.

Deering, R.A. and Setlow, R.B. (1963): Biochim. Biophys. Acta *68*, 526.

de Lucia, P. and Cairns, J. (1969): Nature *224*, 1164.

Demerec, M. and Latarjet, R. (1946): Cold Spring Harbor Symp. Quant. Biol. *11*, 38.

Dendy, P.P. and Cleaver, J.E. (1964): Int. J. Radiat. Biol. *15*, 411.

Devi, V.R. and Guttes, E. (1972): Rad. Res. *51*, 410.

Devi, V.R., Guttes, E. and Guttes, S. (1968): Exp. Cell. Res. *55*, 589.

Djordjevic, B. and Szybalski, W. (1960): J. Exptl. Med. *112*, 509.

Djordjevic, B. and Tolmach, L.J. (1967): Rad. Res. *32*, 327.

Dodonova, N.Y. and Siderova, A.L. (1961): Biofizika *6*, 14.

Domon, M., Barton, B., Torte, A. and Rauth, A.M. (1970): Int. J. Radiat. Biol. *17*, 395.

Domon, M. and Rauth, A.M. (1968): Rad. Res. *35*, 350.

— (1969 a): Rad. Res. *39*, 207.

— (1969 b): Rad. Res. *40*, 414.

— (1973): Rad. Res. *55*, 81.

Donnellan, J.E. jr., and Setlow, R.B. (1965): Science *149*, 408.

Donnellan, J.E. jr. and Stafford, R.S. (1968): Biophys. J. *8*, 17.

Dose, K. (1967): Photochem. Photobiol. *6*, 437.

— (1968): Photochem. Photobiol. *7*, 671.

Doudney, C.O. and Haas, F.L. (1958): Proc. Natl. Acad. Sci. US *44*, 390.

— (1959): Proc. Natl. Acad. Sci. US *45*, 709.

Duggan, D.E., Anderson, A.W., Elliker, P.R. and Cain, R.F. (1959): Food Res. *24*, 379.

Eisinger, J. (1968): Photochem. Photobiol. *7*, 597.

Eisinger, J., Feuer, B. and Yamane, T. (1970): Proc. Natl. Acad. Sci. US *65*, 638.

Eisinger, J. and Lamola, A.A. (1967): Biochem. Biophys. Res. Comm. *28*, 558.

Eisinger, J. and Shulman, R.G. (1967): Proc. Natl. Acad. Sci. US *58*, 895.

— (1968): Science *161*, 1311.

Elder, R. and Beers, R.F. (1964): Federation Proc. *23*, 373.

Elkind, M.M. and Sutton, H. (1960): Rad. Res. *13*, 556.

Fabre, F. (1970): Mutation Res. *10*, 415.

Fahr, E. (1968): Biophysik *5*, 2.

Feitelson, J. and Hayon, E. (1973): Photochem. Photobiol. *17*, 265.

Fisher, G.J. and Johns, H.E. (1970): Photochem. Photobiol. *11*, 429.

— (1973): Photochem. Photobiol. *18*, 23.

Forage, A.J. and Alper, T. (1973): Mol. Gen. Genetics *122*, 89.

Fox, M. and Fox, B.W. (1973): Int. J. Radiat. Biol. *23*, 359.

Fox, S.W. and Yayama, S. (1963): Ann. N.Y. Acad. Sci. *108*, 487.

Fraenkel-Conrat, H. (1969): The Chemistry and Biology of Viruses, Academic Press, New York, London.

Freeman, K.B., Hariharan, P.V. and Johns, H.E. (1965): J. Mol. Biol. *13*, 833.

Friedberg, E.C. and King, J.J. (1971): J. Bacteriol. *106*, 500.

Fromageot, C. and Schnek, G. (1950): Biochim. Biophys. Acta *6*, 113.

Füchtbauer, W. and Mazur, P. (1966): Photochem. Photobiol. *5*, 323.

Fujiwara, Y. and Kondo, T. (1972): Biochem. Biophys. Res. Comm. *47*, 557.

Game, J.C. and Cox, B.S. (1971): Mutation Res. *12*, 328.

Ganesan, A.K. and Smith, K.C. (1968): Cold Spring Harbor Symp. Quant. Biol. *33*, 325.

Garen, A. and Zinder, N.D. (1955): Virology *1*, 347.

Gates, F.L. (1930): J. Gen. Physiol. *14*, 31.

Ghiron, G.H. and Sellers, D.R. (1970): Photochem. Photobiol. *11*, 141.

Giese, A.C. (1968): Photochem. Photobiol. *8*, 527.

Goodgal, S.H. and Herriott, R.M. (1961): J. Gen. Physiol. *44*, 1201.

Goodgal, S.H., Rupert, C.S. and Herriott, R.M. (1957): In The Chemical Basis of Heredity (McElroy, W.D., Glass, B., eds.), John Hopkins Press, Baltimore.

Goodin, L.J., Johnson, R.G. and Morrison, H.G. (1971): Rad. Res. *45*, 440.

Gratzer, W.B. (1971): In Procedures in Nucleic Acid Research (Cantoni, G.L., Davies, D.R., eds.), *3*. Harper & Row, New York, Evanston, San Francisco, London.

Green, M., Cohen, S.S. (1957): J. Biol. Chem. *228*, 601.

Greenfield, N.B., Davidson, B. and Fasman, G.D. (1967): Biochemistry *6*, 1630.

Greenstock, C.L. and Johns, H.E. (1968): Biochem. Biophys. Res. Comm. *30,* 21.

Grossman, L., Kaplan, J.C., Kushner, S.R. and Mahler, J. (1968): Cold Spring Harbor Symp. Quant. Biol. *33*, 229.

Grossman, L., Ono, J. and Wilson, R.G. (1965): Federation Proc. *24*, 80.

Grossman, E. and Rodgers, E. (1968): Biochem. Biophys. Res. Comm. *33*, 975.

Groth, W. (1938): Z. Phys. Chemie *B38*, 366.

Groth, W. und v. Weyssenhoff, H. (1957): Naturwissenschaften *44*, 510.

— (1959): Ann. Physik *4*, 69.

Günther, H.L. und Prusoff, W.H. (1967): Meth. Enzymol. XII, 19.

Haefner, K. (1968): J. Bacteriol. *96*, 652.

Haefner, K. und Laskowski, W. (1963): Z. Naturf. *18b*, 301.

Haldane, J.B.S. (1929): In The Origin of Life, in The Rationalist (Annual. Agnostics), Rationalist Press Association, London.

Hamkalo, B.A. and Swenson, P.A. (1969): J. Bacteriol. *99*, 815.

Han, A., Miletic, B. and Petrovic, D. (1964): Int. J. Radiat. Biol. *8*, 187.

Hanawalt, P. and Haynes, R.H. (1967): Sci. American *216*, 36.

Harada, K. and Fox, S.W. (1964): Nature *201*, 336.

Harm, W. (1963): In Repair from Genetic Damage (F.H. Sobels, ed.), Pergamon, New York, 107.

Harm, W. (1965): Photochem. Photobiol. *4*, 575.

— (1968 a): Photochem. Photobiol. *7*, 73.

— (1968 b): Mutation Res. *6*, 175.

Harm, W. and Hillebrand, B. (1962): Photochem. Photobiol. *1*, 271.

Harm, W. and Haefner, K. (1968): Photochem. Photobiol. *8*, 179.

Harm, W., Harm, H. and Rupert, C.S. (1968): Mutation Res. *6*, 371.

Harm, W. und Rupert, C.S. (1963): Z. Vererbungslehre *94*, 336.

— (1968): Mutation Res. *6*, 355.

Harm, W., Rupert, C.S. and Harm, H. (1971): in Molecular and Cellular Repair Processes (Beer, R.F., Herriot, R.M., Tilghman, R.C., ed.), 53, Baltimore (John Hopkins Med. J. Suppl. 1).

Haug, A. and Goes, E. (1963): Int. J. Radiat. Biol. *7*, 447.

Haynes, R.H. (1964): in Physical Processes in Radiation Biology (Augenstein, L., Mason, R. und Rosenberg, B., eds.), Academic Press, New York, London, 51.

Haynes, R.H. (1966): Rad. Res. Suppl. *6*, 1.

Haynes, R.H., Baker, R.M. and Jones, G.E. (1968): In Energetics and Mechanisms in Radiation Biology (Philips, G.O., ed.), Academic Press, London, New York, 425.

Helène, C. and Charlier, M. (1971): Biochem. Biophys. Res. Comm. *43*, 252.

Hercik, F. (1959): Biophysik der Bakteriophagen, VEB Dt. Verlag der Wissenschaften, Berlin.

Hill, R.F.C. (1965): Photochem. Photobiol. *4*, 563.

Hollaender, A. and Claus, W.D. (1937): Proc. Natl. Res. Council (US), *100*, 75.

Hollaender, A. and Emmons, C.W. (1941): Cold Spring Harbor Symp. Quant. Biol. *9*, 179.

Horikawa, M., Nikaido, O. and Sugahara, T. (1968): Nature *218*, 489.

Hotz, G. (1963): Biochem. Biophys. Res. Comm. *11*, 393.

Howard-Flanders, P. and Boyce, R.P. (1966): Rad. Res. Suppl. *6*, 156.

Humphrey, R.M., Dewey, W.C. and Cork, A. (1963): Rad. Res. *19*, 247.

Humphrey, R.M., Sedita, B.H. and Meyn, R.E. (1970): Int. J. Radiat. Biol. *18*, 61,

Hütchinson, F. (1973): Quart. Rev. Biophys. *6*, 201.

Iizuka, E. and Yang, J.T. (1964): Biochemistry *3*, 1519.

Ikenaga, M., Patrick, M.H. and Jagger, J. (1970): Photochem. Photobiol. *11*, 487.

Isomura, K., Nikaido, O., Horikawa, M. and Sugahra, T. (1973): Rad. Res. *53*, 143.

Iwo, K. (1968): Jap. J. Genetics *43*, 257.

Jagger, J. (1958): Bacteriol. Rev. *22*, 99.

— (1964): In The Structure and Properties of Biomolecules and Biological Systems, Duchesne, J., ed.), 584, J. Wiley, New York.

— (1967): Introduction to Research in Ultraviolet Photobiology, Englewood Cliffs, Prentice-Hall.

— (1972): In Research Progress in Organic, Biological and Medicinical Chemistry (Gallo, U. und Santamaria, L., eds.) *III,* Teil 1, 389, North Holland, Amsterdam.

Jagger, J. and Stafford, R.S. (1965): Biophys. J. *5*, 75.

Jagger, J., Wise, W.C. and Stafford, R.S. (1964): Photochem. Photobiol. *3*, 11.

Jennings, B.H., Pastra, S.C. and Wellington, J.L. (1970): Photochem. Photobiol. *11,* 215.

Jirgensons, B. (1969): Optical Rotatory Dispersion of Proteins and Other Macromolecules, Springer, Berlin, Heidelberg, New York.

Johns, H.E. (1967): In Radiation Research (Silini, G., ed.), 733, North Holland, Amsterdam.

Johns, H.E., Pearson, M.L., Helleiner, C.W. and Logan, D.M. (1964): in Cellular Radiation Biology, 29 Williams & Wilkins, Baltimore.

Johns, H.E., Rapaport, S.A. and Delbrück, M. (1962): J. Mol. Biol. *4*, 104.

Johnson, R.G., Walmsley, J.G., Goodin, L.J. and Morrison, H.G. (1973): Rad. Res. *53*, 134.

Jucker, H. and Rideal, E.K. (1957): J. Chem. Soc. 1058.

Kao, F.T. and Puck, T.T. (1969): J. Cell. Physiol. *74*, 245.

Kaplan, R.W. (1963): Photochem. Photobiol. *2*, 461.

Kato, A.C. and Fraser, M.J. (1973): Biochim. Biophys. Acta *312*, 645.

Kaudewitz, F. (1973): Molekular- und Mikrobengenetik, Springer, Berlin, Heidelberg, New York.

Kelner, A. (1949): Proc. Natl. Acad. Sci. US *35*, 73.

Kelly, R.B., Atkinson, M.R., Huberman, J.A. and Kornberg, A. (1969), Nature *224*, 495.

Khare, B. and Sagan, C. (1971): Nature *232*, 577.

Kiefer, J. (1968 a): Z. Naturf. *24 b*, 789.
— (1968 b): Int. J. Radiat. Biol. *13*, 399.
— (1970): Photochem. Photobiol. *11*, 37.
— (1971 a): J. Theor. Biol. *30*, 307.
— (1971 b): Int. J. Radiat. Biol. *20*, 325.
— (1972): Proc. Int. Congress Biophys. Moskau, Vol. 3, 11.
— (1973): Int. J. Radiat. Biol. *24*, 93.
— (1974): Int. J. Radiat. Biol., *26*, 167
— (1975): Mutation Res. *30*, 317.
Kimball, R.F. (1966): Adv. Radiat. Biol. *2*, 135.
Kleczkowski, A. (1971): Photophysiology *VI*, 179.
— (1972): In Research Progress in Organic Biological and Medicinal Chemistry (Gallo, U., Santamaria, L., eds.), *III*, part I, 48, North Holland, Amsterdam.
Klimek, M. (1966): Photochem. Photobiol. *5*, 603.
Knapp, E., Reuss, A., Risse, O. und Schreiber, H. (1939): Naturwissenschaften *27*, 304.
Kneser, H. (1966): Virology *28*, 701.
Knippers, R. (1971): Molekulare Genetik, Thieme, Stuttgart.
Koch, H. und Kiefer, J. (1972): Int. J. Radiat. Biol. *21*, 223.
Koch, H., Waller, H. and Kiefer, J. (1976): Biochim. Biophys. Acta, im Druck.
Kondo, S. and Jagger, J. (1966): Photochem. Photobiol. *5*, 189.
Kondo, S. and Kato, T. (1966): Photochem. Photobiol. *5*, 827.
Koudelka, J. and Augenstein, L. (1968): Photochem. Photobiol. *7*, 613.
Lakchaura, B.D. (1972): Photochem. Photobiol. *16*, 197.
Lamola, A.A. and Eisinger, J. (1971): Biochim. Biophys. Acta *240*, 313.
Lamola, A.A., Gueron, M., Yamane, T., Eisinger, J. and Shulman, R.G. (1967): J. Chem. Phys. *47*, 2210.
Lamola, A.A. and Yamane, T. (1967): Proc. Natl. Acad. Sci. US *58*, 443.
Lang, H. and Luck, G. (1973): Photochem. Photobiol. *17*, 387.
Laske, B. und Kiefer, J. (1976): in Vorbereitung.
Laskowski, W. (1960): Z. Naturf. *15b*, 495.
Latarjet, R. (1972): Curr. Topics Rad. Res. Quart. *8*, 1.
Lee, H. and Puck, T.T. (1960): Rad. Res. *12*, 340.
Lehmann, A.R. (1972): J. Mol. Biol. *66*, 319.
— (1974): Life Sciences *15*, 2005.
Levine, L., Seaman, E., Hammerschlag, E. and van Vunakis, H. (1966): Science *153*, 1666.
Ley, R.L. (1973): Photochem. Photobiol. *18*, 87.
Lieb, M. (1961): Z. Vererbungslehre *92*, 416.
Longworth, J.W. (1962): Biochem. J. *81*, 23P.

Longworth, J.W. (1968): Photochem. Photobiol. *7*, 587.
— (1971): in Excited States of Proteins and Nucleic Acids (Steiner, R.F., Weinryb, I., eds.), 319, Plenum, New York.
Loprieno, N. and Schupbach, M. (1970): Env. Mutagen Soc. Newsletters *3*, 17.
Lucas, C.J. (1972): Exp. Cell Res. *74*, 480.
Luse, R.A. and McLaren, A.D. (1963): Photochem. Photobiol. *2*, 243.
Lwoff, A., Siminovitch, L. and Kjelgaard, N. (1950): C.R. Acad. Sci. Paris *231*, 190.
Mandel, M. and Marmur, J. (1968): Meth. Enzymol. *XIIB*, 195.
Marmur, J. and Doty, P. (1962): J. Mol. Biol. *5*, 109.
Marmur, J. and Grossman, L. (1961): Proc. Natl. Acad. Sci. US *47*, 778.
Marshak, A. (1949): Biol. Bull. *97*, 315.
Martignoni, K. and Smith, K.C. (1973): Photochem. Photobiol. *18*, 1.
Masker, W., Hanawalt, P.C. and Shizuya, U. (1973): Nature, New Biology *244*, 242.
McCleary, L.O. and Gordon, M.P. (1973): Photochem. Photobiol. *18*, 9.
McGrawth, R.A. and Williams, R.W. (1966): Nature *212*, 534.
McLaren, A.D. (1968): Photochem. Photobiol. *8*, 521.
— (1970): in Photochemistry of Macromolecules (R.F. Reinisch, ed.), Plenum, New York, London, 1.
McLaren, A.D. and Shugar, D. (1964): Photochemistry of Proteins and Nucleic Acids, Pergamon, Oxford.
McLaren, A.D. and Waldt, L. (1952): Biochim. Biophys. Acta *9*, 240.
Mei Chio Chen and Taylor, H.A. (1957): J. Chem. Phys. *27*, 857.
Menningmann, H.D. and Wacker, A. (1970): Photochem. Photobiol. *11*, 291.
Metzger, W. (1963): Photochem. Photobiol. *2*, 435.
— (1964): Biochem. Biophys. Res. Comm. *15*, 101.
Michelson, A.M. (1963): The Chemistry of Nucleosides and Nucleotides, Academic, London, New York.
Miller, S.C. (1953): Science *117*, 528.
— (1955): J. Amer. Chem. Soc. *77*, 2351.
Miller, S.L. (1957): Biochim. Biophys. Acta *23*, 480.
Miller, S.L. and Urey, H.C. (1959): Science *130*, 245.
Minato, S., and Werbin, H. (1972): Photochem. Photobiol. *15*, 97.
Mommaerts, W.F.H.M. (1968): Meth Enzymol. XII B, 302.
Moore, A.M. (1958): Can. J. Chem. *36*, 281.
Morton, R.A. (1962): In Comprehensive Biochemistry (Florkin, M., Stotz, E.H., eds.), Elsevier, Amsterdam, *3*, 66.
Morton, R.A. and Haynes, R.H. (1969): J. Bacteriol. *97*, 1379.
Moseley, B.E. (1969): J. Bacteriol. *97*, 647.

Moseley, B.E. and Laser, H. (1965): Nature *206*, 373.

Moseley, B.E. and Setlow, J.K. (1968): Proc. Natl. Acad. Sci. US *61*, 176.

Mosin, A.F. (1969): Nature *221*, 261,

Moustacchi, E. (1972): Mol. Gen. Genetics *114*, 50.

Muhammed, A. (1966): J. Biol. Chem. *241*, 516.

Muhammed, A. and Setlow, J.K. (1970): J. Bacteriol. *101*, 444.

Munakata, N. (1969): Mol. Gen. Genetics *104*, 258.

Munakata, N. and Ikeda, Y. (1969): Mutation Res. *7*, 133.

Munson, R.J. and Bridges, B.A. (1966): Mutation Res. *3*, 481.

Nagata, C., Imamura, A., Tagashira, Y. and Kodama, M. (1965): J. Theor. Biol. *9*, 357.

Nag-Chaudhuri, J. and Augenstein, L. (1964): in Quantum Aspects of Polypeptides and Polynucleotides (Weissbluth, M., ed.), Interscience, Easton/Pa., 44.

Newcombe, H.B. and Whitehead, H.A. (1951): J. Bacteriol. *61*, 243.

Noack, D. (1967): Z. Allg. Mikrobiol. *7*, 383.

— (1968): Strahlenther. *135*, 109.

Novick, A. and Szilard, L. (1949): Proc. Natl. Acad. Sci. US *35*, 591.

Okuda, A. (1973): Photochem. Photobiol. *18*, 335.

Olivera, B.M., Hall, Z.W., Auraku, Y., Chien, J.R. and Lehman, I.R. (1968): Cold Spring Harbor Symp. Quant. Biol. *33*, 27.

Ono, J., Wilson, R.G. and Grossman, L. (1965): J. Mol. Biol. *11*, 600.

Oparin, A.J. (1924): Die Entstehung des Lebens. 3rd-wo Moskowski Rabotschi, Moskau.

— (1938): The Origin of Life, MacMillan, New York.

Orr, J. und Guidry, C.L. (1961): Arch. Biochem. Biophys. *93*, 166.

Painter, R.B. (1969): Proc. Rad. Res. Soc. 17th Ann. Meeting.

— (1970): Photophysiology *V*, 169.

Painter, R.B. and Cleaver, J.E. (1969): Rad. Res. *37*, 451.

Palm, C. and Calvin, M. (1962): J. Amer. Chem. Soc. *84*, 2115.

Patrick, M.H. (1970), zitiert nach Varghese (1972).

Patrick, M.H. and Haynes, R.H. (1964): Rad. Res. *23*, 564.

Patrick, M.H., Haynes, R.H. and Uretz, R.B. (1964): Rad. Res. *21*, 144.

Patrick, M.H. and Rupert, C.S. (1967): Photochem. Photobiol. *6*, 1.

Pauling, C. and Hamm, L. (1968): Proc. Natl. Acad. Sci. US *60*, 1495.

— (1969): Proc. Natl. Acad. Sci. US *69*, 1195.

Pawloskaya, T.E. (1959): Proc. 1st Int. Symp. on the Origin of Life on Earth, Pergamon, Oxford, 136.

Pearson, M. and Johns, H.E. (1966): J. Mol. Biol. *20*, 215.

Perrase, N.I., Kondakova, N.V., Kalabukhova, T.N., Vladimirov, Y.A. und Eidus, L.K. (1968): Biofizika *13*, 24.

Pettijohn, D. and Hanawalt, P. (1964): J. Mol. Biol. *9*, 395.

Ponnamperuma, C. (1965 a), in: The Origin of Prebiological Systems and Their Molecular Matrices (Fox, S.W., ed.), Academic Press, New York and London, 226.

Ponnamperuma, C. (1965 b): in: The Origin of Prebiological Systems and Their Molecular Matrices (Fox, S.W., ed.), Academic Press, New York and London, 228.

Ponnamperuma, C. and Peterson, E. (1965): Science *147*, 1572.

Ponnamperuma, C., Sagan, C. and Mariner, R. (1963): Nature *199*, 222.

Proctor, W.R., Cook, J.S. and Tennant, R.W. (1972): Virology *49*, 368.

Puck, T.T., Marcus, P.I. and Cicciura, S.J. (1956): J. Exptl. Med. *103*, 273.

Pullman, B. and Pullman, A. (1962): Nature *196*, 1137.

Pullman, B. and Pullman, A. (1960): in Comparative Effects of Radiation (Burton, M., Kirby-Smith, J.S., Mager, J.L., eds.), Wiley, New York, 111.

Radman, M., Cordone, L., Krsmanovic-Simic, D. and Errera, M. (1970): J. Mol. Biol. *49*, 203.

Rahn, R.O. and Hosszu, J.L. (1968): Photochem. Photobiol. *7*, 637.

Rahn, R.O. and Landry, L.C. (1973): Photochem. Photobiol. *18*, 29.

Rahn, R.O., Landry, L.C. and Carrier, W.L. (1974): Photochem. Photobiol. *19*, 75.

Rahn, R.O., Setlow, J.K. and Hosszu, J.L. (1969): Biophys. J. *9*, 510.

Rainbow, A.J. and Mak, S. (1973): Int. J. Radiat. Biol. *24*, 59.

Rasmussen, R.E. and Painter, R.B. (1966): J. Cell. Biol. *29*, 11.

Rauth, M. (1969): Curr. Topics Radiat. Res. *6*, 195.

Rauth, A.M. and Whitmore, G.F. (1967): Rad. Res. *28*, 84.

Regan, J.D. (1969): Ann. Ist. Super Sanita *5*, 355.

Regan, J.D., Setlow, R.B. and Ley, R.D. (1971): Proc. Natl. Acad. Sci. US *68*, 708.

Regan, J.D., Trosko, J.E. and Carrier, W.L. (1968): Biophys. J. *8*, 319.

Reid, C. (1959): Proc. 1st Int. Sympo. on the Origin of Life on Earth, Pergamon, Oxford, 619.

Resnick, M.A. (1969): Photochem. Photobiol. *9*, 307.

Resnick, M.A. and Setlow, J.K. (1972): J. Bacteriol. *109*, 979.

Riklis, E. (1965): Can. J. Biochem. *43*, 1207.

Risi, S., Dose, K., Rathinasamy, T.K. and Augenstein, L. (1967): Photochem. Photobiol. *6*, 423.

Roberts, R.B. and Aldous, E. (1949): J. Bacteriol. *57*, 363.

Rörsch, A., Edelman, A. and Cohen, J.A. (1963): Biochim. Biophys. Acta *68*, 263.

Rörsch, A., van de Kamp, C. and Adema, J. (1964): Biochim. Biophys. Acta *80*, 246.

Rörsch, A., van de Putte, P., Mattern, I.E. and Zwenk, H. (1967): In Radiation Research (Silini, G., ed.), North Holland, Amsterdam, 771.

Ronto, G. and Tarjan, I. (1967): Strahlenther. *132*, 143.

Rosenheck, K. and Doty, P. (1961): Proc. Natl. Acad. Sci. US *47*, 1775.

Rupert, C.S. (1960): J. Gen. Physiol. *43*, 573.

— (1962 a): J. Gen. Physiol. *45*, 703.

— (1962 b): J. Gen. Physiol. *45*, 725.

— (1968): Photochem. Photobiol. *7*, 437.

Rupert, C.S. and Goodgal, S.H. (1960): Nature *185*, 556.

Rupert, C.S. and Harm, W. (1966): Advan. Radiat. Biol. *2*, 1.

Rupert, C.S., Harm, W., Harm, H. (1971): In Molecular and Cellular Repair Processes (Beers jr., R.F., Herriot, R.M., Tilghman, R.C., eds.), John Hopkins Med., J. Suppl. 1), Baltimore, 64.

Rupp, W.D. and Howard-Flanders, P. (1968): J. Mol. Biol. *31*, 291.

Rupp, W.D., Wilde, C.E., Reno, D.L. und Howard-Flanders, P. (1971): J. Mol. Biol. *61*, 25.

Rustad, R.C. (1971): in Developmental Aspects of the Cell Cycle (Cameron, I.L., Padilla, G.M., Zimmerman, A.M., eds.), Academic, New York, London, 128.

Sagan, C. (1957): Evolution *11*, 40.

— (1961): Rad. Res. *15*, 174.

— (1965): In The Origins of Prebiological Systems and Their Molecular Matrices (Fox, S.W., ed.), Academic, New York, 238.

Sagan, C. and Khare, B.N. (1971): Science *173*, 417.

Sagan, C. and Miller, S.L. (1960): Astronom. J. *65*, 499.

Saidel, L.J., Goldfarb, A.R. and Waldman, S. (1952): J. Biol. Chem. *197*, 285.

Sanchez, R., Ferris, J.P. and Orgel, L.E. (1966): Science *153*, 72.

Sarachek, A., Bisk, J.T. and Ireland, R. (1970): Arch. Mikrobiol. *74*, 244.

Sauerbier, W. (1960): Nature *188*, 329.

— (1964): Biochem. Biophys. Res. Comm. *14*, 340.

Schaarschmidt, B., Umlauf, C. und Lamprecht, I. (1973): Int. J. Radiat. Biol. *24*, 443.

Schelman, J.A. (1960): In Optical Rotatory Dispersion, Applications to Organic Chemistry (Djerassi, C., ed.), (McGraw Hill), New York, Toronto, London, 210.

Schneider, E. und Kiefer, J. (1976): Photochem., Photobiol., im Druck.

Schuster, H. (1964): Z. Naturf. *19 b*, 815.

Setlow, J.K. (1966): Curr. Topics Rad. Res. *2*, 195.

— (1972): In Research Progress in Organic, Biological and Medicinal Chemistry (Gallo, U. and Santamaria, L., eds.), North Holland, Amsterdam, *III*, part. 1, 335.

Setlow, J.K. and Boling, M.E. (1963): Photochem. Photobiol. *2*, 471.
— (1965): Biochim. Biophys. Acta *108*, 259.
Setlow, J.K., Boling, M.E. and Bollum, F.J. (1965): Proc. Natl. Acad. Sci. US *53*, 1430.
Setlow, J.K. and Bollum, F.J. (1968): Biochim. Biophys. Acta *157*, 233.
Setlow, J.K. and Duggan, D.E. (1964): Biochim. Biophys. Acta *87*, 664.
— (1966): unveröffentlicht, zitiert nach J.K. Setlow (1966).
Setlow, J.K. and Setlow, R.B. (1963): Nature *197*, 560.
Setlow, R.B. (1955): Biochim. Biophys. Acta *16*, 444.
— (1957): Adv. Biol. Med. Phys. *5*, 37.
— (1964): In Mammalian Cytogenetics and Related Problems in Radiobiology, Pergamon, Oxford, 291.
— (1964): J. Cell. Comp. Physiol. Suppl. *1*, 64
— (1966): Science *153*, 379.
— (1967): In Radiation Research (Silini, G., ed.), North Holland, Amsterdam, 525.
Setlow, R.B. and Carrier, W.L. (1963): Photochem. Photobiol. *2*, 49.
— (1964): Proc. Natl. Acad. Sci. US *51*, 226.
— (1966): J. Mol. Biol. *17*, 237.
— (1967): Nature, *213*, 906.
— (1968): In International Conference on Replication and Recombination of Genetic Material (Peacock, W.J. and Brock, R.D., eds.), Austral. Acad. Sci. Canberra, 134.
Setlow, R.B., Regan, J.D. and Carrier, W.L. (1972): Ann. Meeting Biophys. Soc. Abstract, Toronto.
Setlow, R.B., Regan, J.D., German, J. and Carrier, W.L. (1969): Proc. Natl. Acad. Sci. US *64*, 1035.
Setlow, R.B. and Setlow, J.K. (1962): Proc. Natl. Acad. Sci. *48*, 1250.
Setlow, R.B., Swenson, P.A. and Carrier, W.L. (1963): Science *142*, 1464.
Shahin, M.M., Gentner, N.E. and Nasim, A. (1973): Rad. Res. *53*, 216.
Shafranovskaya, N.N., Trifonov, E.N., Lazurkin, Yu. S. and Frank-Kamenetskii, M.D. (1973): Nature New Biol. *241*, 58.
Sideropoulos, A.S. and Shankel, D.M. (1968): J. Bacteriol. *96*, 198.
Sime, E.H. and Bedson, H.S. (1973): J. Gen. Virol. *18*, 55.
Sinclair, W.K. and Morton, R.A. (1965): Biophys. J. *5*, 1.
Sinsheimer, R.L. (1954): Rad. Res. *1*, 505.
Sinsheimer, R.L. and Hastings, R. (1949): Science *110*, 525.
Smith, K.C. (1962): Biochem. Biophys. Res. Comm. *8*, 157.
— (1963): Photochem. Photobiol. *2*, 503.

Smith, K.C. (1967): In Radiation Research (Silini, G., ed.), North Holland, Amsterdam, 756.

— (1970): In Photochemistry of Macromolecules (Reinisch, R.F., ed.), Plenum, New York, London, 31.

— (1971): Photophysiology *VI*, 210.

— (1972): In Research Progress in Organic, Biological and Medicinical Chemistry (Gallo, U., Santamaria, L., eds.), North Holland, Amsterdam, 356.

Smith, K.C. and Alpin, R.J. (1966): Biochemistry *5*, 2125.

Smith, K.C. and Hanawalt, P.C. (1969): Molecular Photobiology, Academic Press, New York, London.

Smith, K.C., Hodgkins, B. and O'Leary, M.E. (1966): Biochim. Biophys. Acta *114*, 1.

Smith, K.C. and Meun, O.H.C. (1971): J. Mol. Biol. *51*, 459.

Smith, K.C. and O'Leary, M.E. (1967): Science *155*, 1024.

Smith, K.C. and Yoshikawa, H. (1966): Photochem. Photobiol. *5*, 777.

Srivastava, B.S., Kumar, H.D. and Singh, H.N. (1971): Arch. Mikrobiol. *78*, 139.

Stahl, F.W., Crasemann, J.M., Okun, L., Fox, E. and Laird, C. (1961): Virology *13*, 98.

Stein, W. und Meutzner, I. (1950): Naturwissenschaften *37*, 167.

Stent, G. (1963): Molecular Biology of Bacterial Viruses, Freeman, San Francisco, London.

Sutherland, B.M. (1974): Nature *248*, 109.

Sutherland, B.M., Carrier, W.L., Setlow, R.B. (1967): Science *158*, 1699.

Sutherland, B.M., Rice, M. and Wagner, E.K. (1975): Proc. Nat. Acad. Science *72*, 103.

Sutherland, B.M., Chamberlin, M.J. and Sutherland, J.C. (1973): J. Biol. Chem. *248*, 4200.

Sutherland, B.M. and Sutherland, J.C. (1963): Biophys. J. *9*, 292.

— (1970): Biopolymers *9*, 639.

Swenson, P.A. and Schenley, R.L. (1969): Mutation Res. *9*, 443.

— (1970): J. Bacteriol. *104*, 1230.

Swenson, P.A. and Setlow, R.B. (1966): J. Mol. Biol. *15*, 201.

Swinton, D.C. and Hanawalt, P.C. (1973 a): Photochem. Photobiol. *17*, 361.

— (1973 b): Biochim. Biophys. Acta *294*, 385.

Sztumpf, E. and Shugar, D. (1962): Biochim. Biophys. Acta *61*. 555.

Takebe, H., Ichikawa, H., Iwo, K. and Kondo, S. (1967): Virology *33*, 638.

Teale, F.W.J. and Weber, G. (1957): Biochem. J. *65*, 476.

Terenin, A.A. (1959): Proc. 1st Int. Symp. Origin of Life, Pergamon, Oxford, 136.

Tinoco, I. Jr. (1960): J. Amer. Chem. Soc. *82*, 4785.

Todd, P. (1973): Rad. Res. *55*, 93.

Todd, P., Coohill, T.P., Mahoney, J.A. (1968): Rad. Res. *35*, 390.

Trosko, J.E., Chu, E.H.Y. and Carrier, W.L. (1965): Rad. Res. *24*, 667.

Trosko, J.E. and Kasschau, M.R. (1967): Photochem. Photobiol. *6*, 215.

Tsuboi, K.K. (1950): Biochim. Biophys. Acta *6*, 202.

Tyrell, R.M., Webb, R.B. and Brown, M.S. (1973): Photochem. Photobiol. *18*, 249.

Udenfriend, S. (1962): Fluorescence Assay in Biology and Medicine, *I*. Academic, New York, London.

— (1969): Flurescence Assay in Biology and Medicine, *II*. Academic, New York, London.

Unrau, P., Wheatcroft, R. and Cox, B.S. (1972): Biochim. Biophys. Acta *269*, 311.

Unrau, P., Wheatcroft, R., Cox, B. and Olive, T. (1973): Biochim. Biophys. Acta *312*, 626.

Uretz, R.B. (1955): Rad. Res. *2*, 240.

van de Putte, P., Zwenk, H. and Rörsch, A. (1966): Mutation Res. *3*, 381.

Varghese, A.J. (1972): Photophysiology *VII*, 208.

— (1973): Biochemistry *12*, 2725.

Varghese, A.J. and Patrick, M.H. (1969): Nature *223*, 299.

Varghese, A.J. and Wang, S.Y. (1967): Science *156*, 955.

Vladimirov, Yu. A. and Burshtein, E.A. (1960): Biofizika *5*, 385.

Vladimirov, Yu. A. und Litvin, F.F. (1960): Biofizika *5*, 127.

Vladimirov, Yu. A., Roshchupkin, D.I. and Fesenko, E.E. (1970): Photochem. Photobiol. *11*, 227.

Wacker, A. and Chandra, P. (1972): In DNA Repair Mechanisms (Altmann, H., ed.). F.K. Schattauer, Berlin, New York.

Wacker, A., Dellweg, H. und Weinblum, D. (1960): Naturwissenschaften *47*, 477.

Wacker, A., Dellweg, H. and Jacherts, D. (1962): J. Mol. Biol. *4*, 410.

Wagner, E.K., Rice, M. and Sutherland, B.M. (1975): Nature *254*, 627.

Wang, R.J., Stoien, J.D. and Lauda, F. (1974): Nature *247*, 43.

Wang, S.Y. and Varghese, A.J. (1968): Biochem. Biophys. Res. Comm. *29*, 543.

Weber, G. und Teale, F.W.J. (1965): In The Proteins (Neurath, H., ed.), 2. Aufl., *III*, 445. Academic, New York, London.

Weigle, J.J. (1953): Proc. Natl. Acad. Sci. US *39*, 628.

Weinblum, D. (1967): Biochem. Biophys. Res. Comm. *27*, 394.

Weinblum, D. and Johns, H.E. (1966): Biochim. Biophys. Acta *114*, 450.

Wetlaufer, D.B. (1962): Adv. Protein Chem. *17*, 303.

Whillans, D.W., Herbert, M.A., Hunt, J.W. and Johns, H.E. (1969): Biochem. Biophys. Res. Comm. *36*, 912.

Whillans, D.W. and Johns, H.E. (1971): J. Amer. Chem. Soc. *93*, 1358.

— (1973): Curr. Top. Rad. Res. Quart. *9*, 119.

Wienhard, I. and Kiefer, J. (1972): VI. Int. Congress Photobiology, Bochum, book of abstracts no. 124.

Wilkins, R.J. and Hart, R.W. (1974): Nature *247*, 35.

Wilkinson, R., Kiefer, J. and Nias, A.H.W. (1970): Mutation Res. *10*, 67.

v. Wilucki, J., Mathäus, H. and Krauch, C.H. (1967): Photochem. Photobiol. *6*, 497.

Winkler, U. (1964): Virology *24*, 518.

Winkler, U. and Heil, K. (1969): Photochem. Photobiol. *9*, 99.

Witkin, E.M. (1956): Cold Spring Harbor Symp. Quant. Biol. *21*, 123.

— (1959): Proc. 10th Int. Congress Genetics *1*, 280.

— (1961): J. Cell. Comp. Physiol. *58*, Suppl. 1, 135.

— (1964): Mutation Res. *1*, 22.

— (1966): Science *152*, 1345.

— (1967): Brookhaven Symp. Biol. *20*, 17.

— (1969): Ann. Rev. Microbiol. *23*, 487.

Witkin, E.M., Sieurella, N.A. and Bennett, G.M. (1963): Proc. Natl. Acad. Sci. US *50*, 1055.

Wolff, S. (1972): Photophysiology *VII*, 189.

Worthy, T.E. and Epler, J.L. (1973 a): J. Bacteriol. *115*, 498.

— (1973 b): Mutation Res. *19*, 167.

Wulff, D.L. (1963): Biophys. J. *3*, 355.

Wulff, D.L., Fraenkel, G. (1961): Biochim. Biophys. Acta *51*, 332.

Yeargers, E., Bishai, F. and Augenstein, L. (1966): Biochem. Biophys. Res. Comm. *23*, 570.

Yoshikami, D., Katz, G., Keller, E.B. and Dudock, B.S. (1963): Biochim. Biophys. Acta *166*, 714.

Youngs, D.A. and Smith, K.C. (1973): Nature New Biology *244*, 240.

Zamenhof, S., Leidy, G., Greer, S. und Hahn, E. (1957): J. Bacteriol. *74*, 194.

Zimmer, K.G. (1961): Quantitative Radiobiology. Oliver & Boyd, Edinburg, London.

9 Medizinische Wirkungen

H. Tronnier

9.1 Vorbemerkung

Die medizinischen Wirkungen des Lichtes, speziell der ultravioletten Strahlung, werden dem menschlichen (und tierischen) Organismus im wesentlichen über die Haut vermittelt. Der primären Wirkung auf die Haut gilt daher das besondere Interesse, sowohl im Hinblick auf die Physiologie und Pathologie dieser Strahlenwirkung als auch in der (dermatologischen) Therapie.

Die sekundären Wirkungen und damit auch die Therapie nichtdermatologischer Erkrankungen treten demgegenüber, heute als unspezifischer Reiz und durch ihn ausgelöste Anpassungsreaktionen gedeutet, zurück.

Es seien zunächst einige ergänzende Ausführungen zur biologischen Wirkung der UV-Strahlung speziell in der Haut und zu deren optischem Verhalten gemacht. Anschließend werden die Lichtreaktionen der normalen Haut besprochen, vor allem die Lichtentzündung und die Pigmentierung.

Unter den pathologischen Lichtreaktionen seien nach der Lichtentzündung die *Lichtdermatosen* im engeren und weiteren Sinne erwähnt, sodann der Lichtkrebs und schließlich das Kapitel des Lichtschutzes einschließlich der biologischen Mechanismen angeschlossen.

Nach einer kurzen Besprechung der Wirkungen des Lichtes auf den Gesamtorganismus wird in 10.1 sowohl die dermatologische Lichttherapie als auch die allgemeine Therapie mit ultravioletten Strahlen, die über einen auf die Haut beschränkten Effekt hinausgeht, dargestellt.

Die notwendige Straffung des Stoffes verlangt dabei unter Verzicht auf Historisches die Besprechung der medizinischen Wirkungen der ultravioletten Strahlen unter dem Aspekt heute noch gültiger Indikationen, bekannter Nebenwirkungen des Lichtes und der für das Verständnis beider notwendigen Grundlagen. Ein im wesentlichen auf zusammenfassende Literatur beschränktes Verzeichnis erlaubt es, zu speziellen Fragen ausführliche Informationen einschließlich der erforderlichen Einzelarbeiten in den dort aufgeführten Übersichten zu finden.

9.2 Optisches Verhalten der Haut

Für das Verständnis der Reaktion der Haut unter dem Einfluß der UV-Bestrahlung sei nachstehend ein Schema des Aufbaues der Haut gegeben (Abb. 9.1).

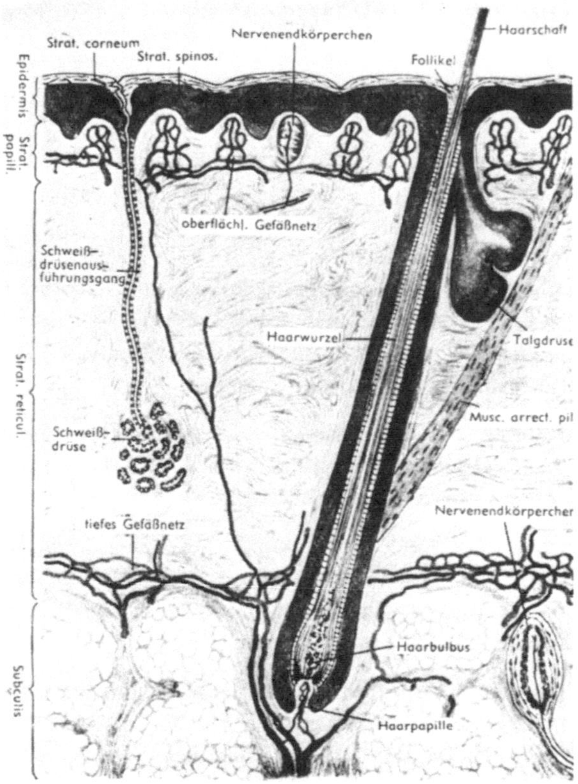

Abb. 9.1: Übersicht über die Anatomie der menschlichen Haut nach Rost (aus Bode und Korting, 1970).

Aus der Abbildung sind die Verhältnisse der Dicken der einzelnen Schichten gut abzulesen. Die UV-Wirkungen spielen sich primär vorwiegend in der nur den Bruchteil eines Millimeters umfassenden Epidermis ab, in deren unterster Schicht (stratum basale) auch die Melaninbildung erfolgt. Von der aus stratum papillare und stratum reticulare gebildeten Cutis wird nur ersteres von der Strahlenreaktion mitbetroffen. In ihrem oberflächlichen Gefäßnetz und nicht in der gefäßfreien Epidermis entsteht durch Gefäßerweiterung das sichtbare Erythem.

Auf die Haut treffendes Licht wird zum Teil reflektiert, zum anderen Teil resorbiert, und zwar wieder teils direkt, teils nach Streuung. Der Gesamtverlust an Licht, die Schwächung der Strahlung, ist in den einzelnen Hautschichten unterschiedlich. Außerdem sind Reflexion, Absorption und Streuung auch stark von der Wellenlänge des Lichtes abhängig und natürlich von den individuellen und topischen Unterschieden der jeweiligen Haut.

Die Reflexion der Haut kann direkt gemessen werden, schwieriger ist die Bestimmung der Absorption wegen der gleichzeitigen mitzuerfassenden Streuung, die zum

Teil durch die Lichtführung mitbestimmt wird. Auch bereitet die exakte Feststellung der Schichtdicke nicht unerhebliche experimentelle Schwierigkeiten. Eine Ansäuerung der Haut erhöht ebenso wie die Austrocknung der Schnitte deren Durchlässigkeit.

Bei der Reflexion der Haut spielt die direkte (spiegelnde) Reflexion mit einem Anteil von nur etwa 4 % eine geringe Rolle. Die Gesamtreflexion, die in der Regel mit den verschiedenen in der Literatur angegebenen Methoden bestimmt wird, hängt unter anderem von der Wellenlänge des Lichtes und auch dessen Absorption in der Haut ab. Dabei spielt deren Pigment- und Blutgehalt eine wichtige Rolle. Reflexion und Absorption bestimmen gemeinsam die Hautfarbe.

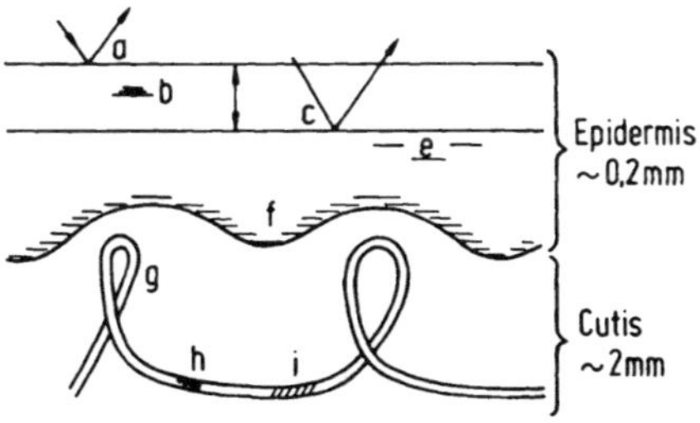

Abb. 9.2: Schematische Darstellung der die Hautfarbe beeinflussenden Faktoren
a = Reflexion der Hautoberfläche, b = optische Dichte der einzelnen Hautschichten, c = Zahl und Art der optischen Grenzflächen der Haut, d = Dicke der Haut und ihrer einzelnen Schichten, e = Gehalt der Haut an absorbierenden Stoffen (z.B. Karotin), f = Gehalt der Haut an absorbierenden Einlagerungen (z.B. Pigment), g = Zahl und Lage der Gefäße, h = Blutfülle der Gefäße, i = Sauerstoffsättigung des Blutes.

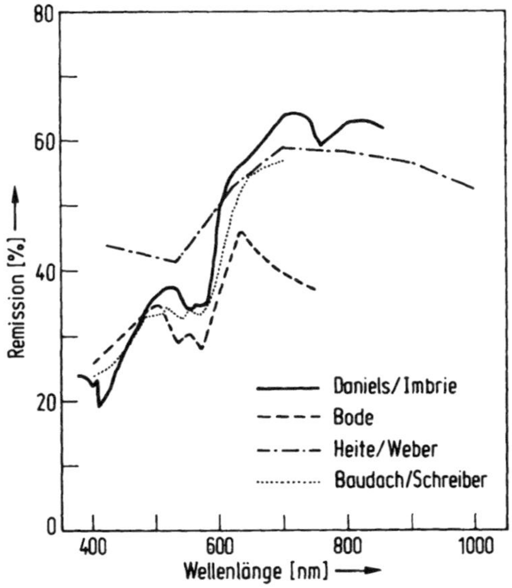

Abb. 9.3: Spektrale Reflexionskurven der Haut für den sichtbaren Bereich des Spektrums
——— = nach Daniels und Imbrie (1958), – – – – = nach Bode (1934),
.... = nach Baudach und Schreiber (1960), –.–.–. = nach Heite und Weber (1957).

Auf die ersten spektralfotometrischen Messungen der Reflexion der Haut von Bode (1934) folgten weitere Untersuchungen mit unterschiedlichen Meßeinrichtungen und damit auch etwas abweichenden Ergebnissen.

Die Reflexion der Haut ist bei Wellenlängen bis 300 nm nur gering und liegt unter 5 %, sie steigt dann bis zu einem Maximum von etwa 60 % bie etwa 700–800 nm an und fällt bis 1400 nm wieder stark ab, so daß die Werte für die Infrarot-Reflexion nur noch zwischen 2 und 5 % liegen.

Reflexionsmessungen der Haut wurden zur Bestimmung der Hautfarbe, vor allem aber zur Untersuchung von Erythem und Pigmentierung durchgeführt. Weiterhin wurde die Reflexionsmessung benutzt, um aus bestimmten Reflexionsminima auf Absorptionsmaxima bestimmter Stoffe zu schließen, wie z.B. der Eiweiße und der Nukleinsäuren. Auch wurden bestimmte Reflexionsmaxima den entsprechenden Minima des Oxyhämoglobins bzw. des reduzierten Hämoglobins zugeordnet und aus ihrem Verhältnis Rückschlüsse auf die Sauerstoffsättigung des Blutes gezogen. Andere Reflexionsminima schließlich sind mit der Absorption der *Carotinoide* identisch.

Tab. 9.1: Wellenlängen der Reflexion der Haut, die bestimmten Absorptionsbanden zugeordnet wurden

Wellenlänge [nm]	Stoff	Autor
260	Nucleinsäuren	Goldzieher u.a. (1951)
290	Eiweiß	Goldzieher u.a. (1951)
417	Oxy-Hämoglobin	Brett und Theismann (1956)
548		
578		
431	Hämoglobin	Brett und Theismann (1956)
482		
454	Carotinoide	Edwards (1939)
482		

Schwierig ist die Trennung von Erythem und Pigment durch Reflexionsmessung wegen des Fehlens einer selektiven Absorption des Pigmentes.

9.2.1 Durchlässigkeit und Absorption der Haut

Das nichtreflektierte Licht wird von der Haut absorbiert, so daß die Reflexionskurve bereits Aufschluß über die Absorption gibt.

In Bereichen geringer Reflexion ($\lambda < 315$ nm) wird der größte Teil der eingestrahlten Energie absorbiert, und zwar vorzugsweise in der Hornschicht. Etwa ab

300 nm erreicht, wenigstens nach den bisherigen Vorstellungen über die Absorption aufgrund der Durchlässigkeitsuntersuchungen, ein wesentlicher Teil der Strahlung die Grenze der Epidermis (Basalschicht), in der sich das meiste Pigment findet. Erst für diesen Bereich gilt also die Lichtschutzwirkung des Pigmentes. Die zusätzliche Absorption des oxydierten bzw. reduzierten Hämoglobins wirkt sich vor allem durch die zwischen 500 und 600 nm liegenden Banden aus, in denen das Licht bis zu den tieferen Gefäßen eindringt, und noch nicht so sehr in dem Bereich um 400–450 nm, wo nur die oberflächlichsten Gefäße erreicht werden.

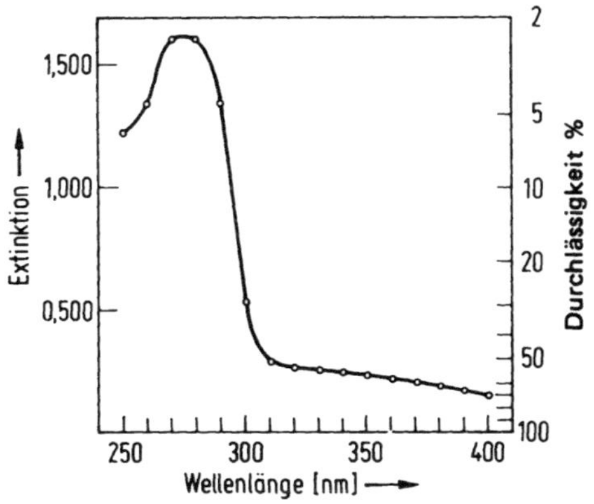

Abb. 9.4: UV-Absorption der normalen Epidermis (unter Einschluß der Streustrahlung) für eine Dicke d = 50 μm nach Tronnier und Turek (1969).

Bei der Auswertung der umfangreichen Literatur über die Durchlässigkeit der Haut, gewonnen an lebender und exzidierter Haut, durch fotoelektrische Messung oder in früheren Untersuchungen durch fotographische Auswertungsmethoden ist festzustellen:

1. Alle Messungen werden stark durch die Methodik mitbestimmt, wobei die Feuchtigkeit der Haut einen entscheidenden Faktor darstellt,
2. Die Durchlässigkeit der Haut nimmt zu längeren Wellenlängen hin zu. Sie dürfte, wie neueste Untersuchungen unter Berücksichtigung der Streustrahlen gezeigt haben, doch höher sein als in früheren Versuchen ermittelt wurde.
3. An der lebenden und durchbluteten Haut findet sich bei 800 nm ein Durchlässigkeitsmaximum. Die Gewebshalbwerttiefe dieser langwelligen sichtbaren Strahlung beträgt etwa 0,2 nm.
4. Die Durchlässigkeit der Haut – im allgemeinen auf eine Strahlung gleicher spektraler Bestrahlungsstärke berechnet –, wird in der Praxis durch die unterschiedliche spektrale Zusammensetzung der Strahlenquellen noch modifiziert und die die einzelnen Schichten der Haut erreichende Strahlendosis auch durch die spektral-unterschiedliche Absorption der darüberliegenden Hautanteile.

9.2.2 Fluoreszenz der Haut

An der normalen Haut fluoreszieren die stärker verhornten Anteile weiß-bläulich bis weiß-gelblich, außerdem (im histologischen Präparat) die elastischen Fasern. Eine rote Fluoreszenz findet sich im Bereich der Zunge, des Zahnsteines und der Follikelpfröpfe. Hierfür sind entweder pathologisch entstandene (z.B. bei der congenitalen Porphyrie Günther) oder auch saprophytär gebildete *Porphyrine,* vor allem in den Follikeln, verantwortlich. Eine stärkere Fluoreszenz zeigt auch die mit UV bestrahlte Haut.

9.3 Lichtreaktion der Haut

Die Lichtreaktionen an der Haut können sowohl in physiologische und pathologische als auch in akute und chronische unterteilt werden. Die physiologischen Lichtreaktionen treten obligat, d.h. bei etwa allen Menschen in gleicher Weise, abhängig von der meist relativ hohen Dosierung des Lichtes, auf.
Morphologisch bestehen sie in ihrer akuten Form zunächst aus dem Erythem und der nachfolgenden Pigmentierung.
Die chronischen Lichtschäden der Haut sind demgegenüber sehr viel weniger in ihren Zusammenhängen abklärbar und morphologisch auch uneinheitlicher. Daher sind unsere Kenntnisse der Zusammenhänge im einzelnen hier auch viel unsicherer als bei den akuten Lichtreaktionen.
Das Erythem als akute Lichtreaktion ist von vielen Faktoren abhängig, wobei man wohl als die beiden Extreme das indirekte chemisch-physikalisch bedingte Erythem, z.B. durch UV-C ausgelöst, von dem direkten Wärme-Erythem, z.B. durch infrarote Strahlung, trennen kann. Auch die Pigmentierung muß in ähnlicher Weise, einmal in die indirekte, auf eine Strahlenentzündung folgende, und sodann in die direkte durch UV-A ausgelöste unterteilt werden.

Im folgenden soll nun zunächst die Lichtentzündung als wichtigste und häufigste UV-Wirkung an der Haut besprochen werden, sodann die beiden Formen der Pigmentierung und anschließend kurz, da der ultraviolette Anteil des Spektrums hierfür ohne Bedeutung ist, die thermische Wirkung des Lichtes.

Wenn auch der Sonnenbrand (Erythema solare bzw. Dermatitis solaris) durchaus als krankhaftes Geschehen aufzufassen ist, sei diese Form der Lichtentzündung doch unter den physiologischen Reaktionen abgehandelt, weil hierbei die normale und *reversible* Reaktion der Haut auf ultraviolette Strahlen besprochen wird. Im Bereich der chronischen Lichtschäden dagegen liegen *irreversible* Schäden vor, die bis zum Lichtkrebs führen können. Es werden deshalb diese chronischen Veränderungen aus mehr praktischen Gesichtspunkten unter den pathologischen Lichtreaktionen im Anschluß an die Lichtdermatosen abgehandelt.

9.3.1 Lichtentzündung der Haut, Erythem

Die Lichtentzündung der Haut, auch als UV-Erythem bezeichnet, ist die bekannteste Lichtreaktion. Sie wird hervorgerufen durch eine Überdosis an ultravioletten Strahlen des UV-C- und UV-B-Bereiches. Das klinisch auch als Erythema solaris bzw. Dermatitis solaris bekannte Bild heilt in der Regel nach kurzer Zeit – maximal 10 Tage – ohne bleibende Veränderungen, mit Ausnahme der länger bestehenbleibenden Pigmentierung, – ähnlich wie eine Verbrennung I. Grades – wieder ab.

9.3.1.1 Klinik und Histologie der Lichtentzündung

Wird bei einer Bestrahlung der Haut eine Schwellendosis einer (erythemerzeugenden) UV-Strahlung überschritten, kommt es nach einer unterschiedlichen Latenzzeit, die wiederum von der Dosis, aber auch noch anderen Faktoren abhängt und im Schnitt etwa 3 Stunden beträgt, zur Ausbildung eines scharf auf das Bestrahlungsfeld begrenzten Erythemes. Die Stärke dieser Erythemreaktionen läßt sich subjektiv nach dem Schema der Tab. 9.2 unterteilen:

Tab. 9.2: Klinische Stadien der UV-Entzündung

Stadium	Farbe	weg-drück-bar	Pigmen-tierung	Follikel-schwel-lung	(Juckreiz) Schmerz	Abschil-ferung	Blasen-bildung
I	rosa	ja	(+)	ϕ	ϕ	ϕ	ϕ
II	hochrot	ja	+	+	(+) → +	(+)	ϕ
III	blaurot	nein	++	+	++	+	ϕ
IV	dunkelrot	nein	++ → ϕ	++	++	++	+

ϕ nicht feststellbar.
\+ vorhanden.
++ stark ausgeprägt.

Eine fehlende Wegdrückbarkeit des Erythemes mit dem Glasspatel deutet das Vorhandensein kleinster Blutungen in die Haut an. Erwähnt sei auch noch, daß die Erytheme der Stadien III und IV auch bei umschriebener Bestrahlung (z.B. Erythemversuch) nicht mehr ganz scharf begrenzt sind und deutlich urtikariell über das Hautniveau erhaben erscheinen.

Feingeweblich zeichnet sich die Lichtentzündung vor allem durch eine scharfe Grenze zur Tiefe der Haut hin aus, wobei die Tiefe selbst von dem Entzündungsgrad mit abhängig ist. In der Epidermis finden sich Veränderungen, die von leichten Kern- und Plasmaschäden bis zur *Nekrose* und blasigen Abhebung reichen, während in der Cutis das *Ödem* und die Gefäßerweiterung im Vordergrund stehen. Leukozytenemigration und Blutungen weisen auf schwerere Entzündungsgrade hin. Erhalten bleiben stets die Fasern. Unter (parakteratotischer) Schuppung, Pigmentvermehrung und einer längerdauernden Verdickung der Hornschicht (Lichtschwiele) klingt die UV-Entzündung dann wieder ab. Eine Narbenbildung tritt nur dann auf, wenn die Nekrose über die Basalschicht hinausgegangen ist.

9.3.1.2 Messung der Lichtentzündung

Die Messung der Lichtentzündung nach Stärke und Verlauf ist zur Erfassung der verschiedenen sie modifizierenden und beeinflussenden Faktoren von großer Bedeutung. Hierfür eignen sich weniger Messungen der Hauttemperatur als Bestimmungen der Hautfarbenänderung.

Die fotometrische Reflexionsmessung der Haut geht auf die spektralfotometrischen Versuche Bodes zurück, der Reflexionsmaxima für das Erythem bei 500 nm fand und die Pigmentierung bei 630 nm gemessen hat.

Während als günstigster Meßbereich für die Erythembestimmung die Wellenlänge um 500 nm in der Folge allgemein Anerkennung fand, muß die getrennte Bestimmung der Pigmentierung immer noch als problematisch angesehen werden. Sowohl die Berechnungen als auch die zeitlich getrennte Messung von Erythem und Pigment in nur einem Spektralbereich befriedigen nicht völlig.
Zur Angabe der Erythemstärke bewährt es sich besser, die absolute Differenz zwischen bestrahlter und unbestrahlter Haut anzugeben, als die ursprüngliche Hautfarbe in die Berechnung einzubeziehen.
Zur reflexionsfotometrischen Messung des Erythemes haben neben den zahlreichen speziellen Entwicklungen, die jedoch nicht industriell gefertigt werden, vor allem zwei Geräte zur Zeit eine Bedeutung; erwähnt seien als erstes einfache, aus einer Niedervoltlampe, einem Grünfilter und einem Strahlungsempfänger, meist einem Fotoelement bestehende Geräte, die dem Phlogistometer von Bürger in ihrem Aufbau entsprechen (Hersteller: Dr. B. Lange, Berlin).

Aufwendiger, aber auch verläßlicher und genauer, ist die Erythem-Messung mit dem modifizierten Reflexionsfotometer Elrepho (Hersteller: Zeiss, Oberkochen), mit dem eine Vergleichsmessung der Haut gegen einen festen Weiß-Standard (mit Graukeil) unter Verwendung einer Ulbricht'schen Kugel erfolgt. Die Messung ist nur in relativ breiten, durch die Filter festgelegten Bereichen möglich und kann infolge des optischen Aufbaus des Gerätes nur an bestimmten Körperstellen (z.B. Oberschenkel) erfolgen.

Für spezielle Fragen (wie der Bestimmung des Verhältnisses des Erythems zum Pigment) ist die Reflexionsmessung der Haut in verschiedenen Spektralbereichen erforderlich, wozu sich Spektralfotometer mit entsprechenden Reflexionsansätzen

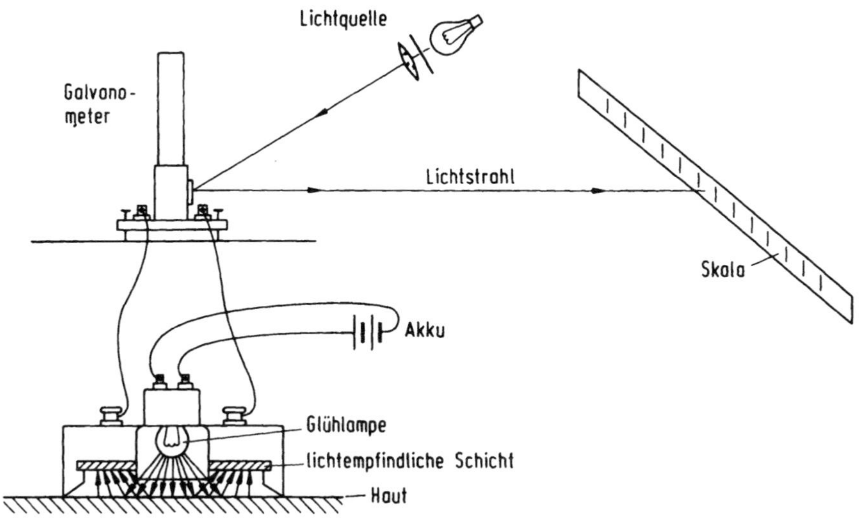

Abb. 9.5: Phlogistometer nach Bürger (1957).

Abb. 9.6: Erythem-Meßgerät für Routine-Messungen (Hersteller: Fa. Femia, Viernheim).

eignen. Weniger genau sind Messungen mit Interferenzfiltern. Die ersten mit solchen Verfahren ermittelten Kurven, die im Erythemstadium die initiale Abnahme der Reflexion der Haut bei 500 nm, gefolgt von der bei etwa 630 nm liegenden und mit der Pigmentierung sich ausbildenden Reduktion zeigen, stammen von Bode.

Während die Messung des Erythemgrades sowohl in einem bestimmten spektralen Bereich (z.B. bei 500 nm) als auch im gesamten sichtbaren Spektrum eine Kon-

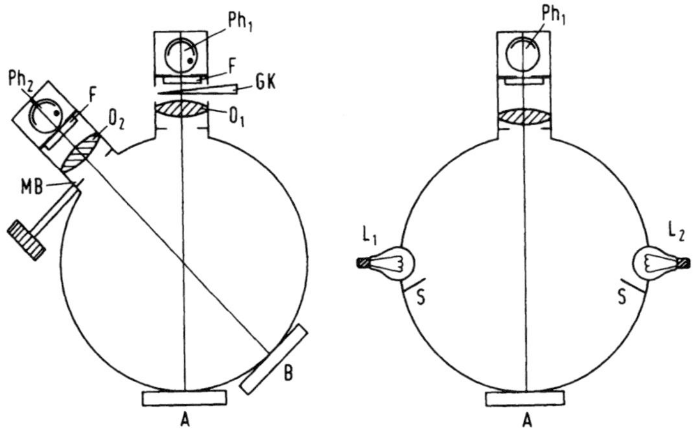

Abb. 9.7: Schematische Darstellung der Ulbricht'schen Kugel des Reflexionsphotometers Elrepho in zwei Ebenen
Ph_1 und Ph_2 = Photozellen, F = Filter, Gk = Graukeil, O_1 und O_2 = Optik, MB = Meßblende, L_1 und L_2 = Glühlampen, S = Blende, A = Meßfeld, B = Vergleichsstandard.

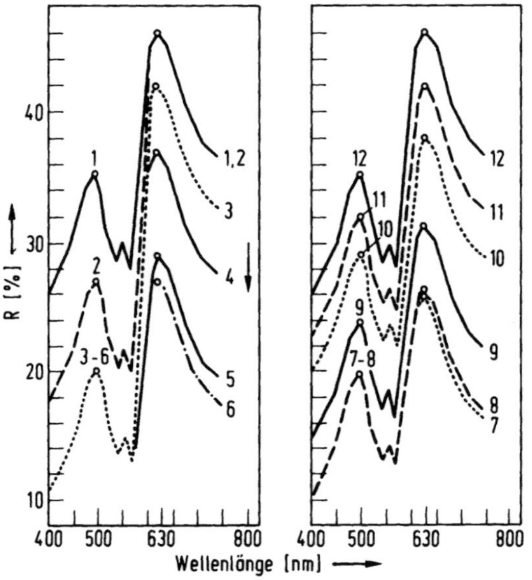

Abb. 9.8: Spektralfotometrische Darstellung der Erythem- und Pigmentabläufe nach Bode (1934) (1–12: Messung in Tagen nach Bestrahlung).

trolle des zeitlichen Ablaufes der Reaktion an der Haut ermöglicht, reicht in vielen Fällen (z.B. zur Bewertung von Lichtschutzmitteln) schon die Messung der Erythemschwelle aus.

Als Erythemschwelle definiert man nach Wucherpfennig (1933) die schwächste, gerade noch scharf gegen die Umgebung abgegrenzte Hautrötung, die sich bei der

Betrachtung im diffusen Tageslicht 7 bzw. 24 Stunden nach der Bestrahlung ablesen läßt. Zu ihrer Bestimmung werden dicht beieinanderliegende Hautfelder unter der UV-Bestrahlung nacheinander abgedeckt, so daß schließlich jedem Feld eine unterschiedliche Dosis appliziert ist. Zweckmäßigerweise beträgt die Steigerung der Dosis von Feld zu Feld in geometrischer Reihe 20–40 %. Besonders kleine Felder (und damit annähernd gleiche Empfindlichkeit der Haut) bekommt man bei Verwendung einer mechanisch oder elektrisch angetriebenen Sektorentreppe (Abb. 9.9).

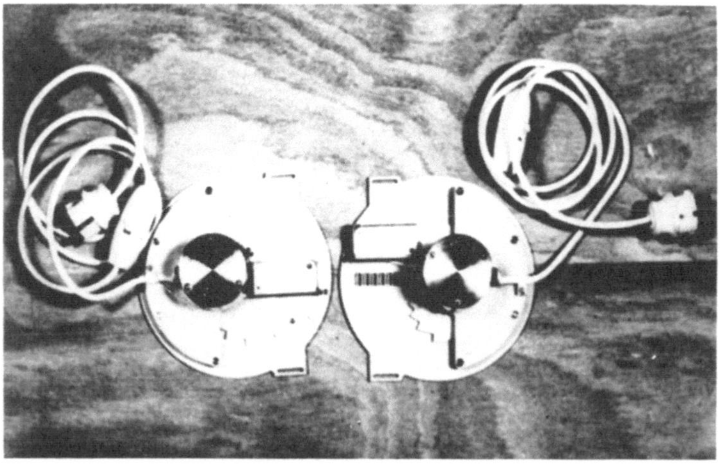

Abb. 9.9: Sektorentreppe nach Wucherpfennig (1933).
Links: Bestrahlungsfenster geöffnet, rechts: Bestrahlungsfenster geschlossen.

Als Testort für Erythemuntersuchungen ist der Rücken am geeignesten, die Feldgröße spielt für den Reaktionsausfall in einem Bereich zwischen 2 und 30 mm offenbar keine Rolle, wohl aber die spektrale Zusammensetzung der UV-Strahlung, so daß wegen der unterschiedlichen Gradation Erythemgrad und -schwelle nicht direkt proportional sind.
Eine Negativ-Erythemschwelle tritt bei etwa doppelter Erythem-Schwellendosis auf und bei Ganzbestrahlungen mit 5-facher Schwellendosis [1)]. Sie hat in der Lichttherapie unter Umständen Vorteile gegenüber der sonst üblichen positiven Erythemschwelle.

9.3.1.3 Ablauf, Gradation und Zeitfaktor der Lichtentzündung

Bis zum Auftreten eines UV-Erythemes vergehen nach der Bestrahlung 1–3 Stunden, bei höherer Dosis wird die Latenzzeit kürzer, bei niedrigerer länger. Das Erythem-Maximum wird etwa nach 6–9 Stunden erreicht und liegt bei höherer Dosis später als bei einer niedrigen. Die Erythemreaktion ist insgesamt eingipfelig, d.h.,

---

1) Zu ihrer Erzeugung wird in einem größeren Bestrahlungsfeld ein kleineres abgedeckt.

es tritt nur ein Maximum der Reaktion auf. Eine Mehrgipfeligkeit kann durch vegetative Schwankungen oder ein zwischenzeitlich auftretendes Ödem, das zur Abschwächung des Erythems führt, vorgetäuscht werden. Eine Abhängigkeit der Erythemreaktion von der Wellenlänge besteht ebenfalls. UV-C-Erytheme treten früher auf und klingen rascher ab als UV-B-Erytheme. UV-A-Erytheme sind unmittelbar nach der Bestrahlung nachweisbar und klingen sehr rasch wieder ab.

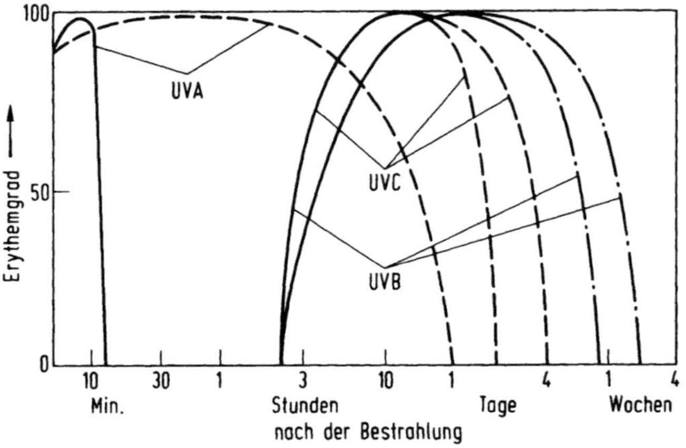

Abb. 9.10: Erythemverläufe nach Bestrahlung mit kurzwelligem (UV-C), mittel- (UV-B) und langwelligem (UV-A) Licht nach Bachem (1955) in relativen Einheiten.

Es wurden aber auch längeranhaltende Reaktionen nachgewiesen. Bei dem Vergleich zwischen Sonnenlicht-Erythemen und den mit künstlichen Strahlern erzeugten findet sich eine kürzere Latenzzeit und ein früheres Maximum für das Sonnenlicht.

Als Gradation wird der Anstieg des Erythemgrades in Abhängigkeit von der Dosis bezeichnet (Differentialquotient des Erythemgrades nach der Dosis). Ein Beispiel für das UV-Normal nach Henschke und Schulze (1938) zeigt Abb. 9.11.

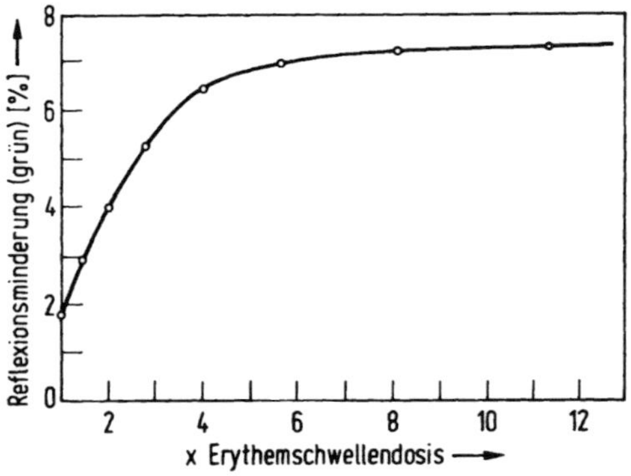

Abb. 9.11: Erythemgradationskurve des UV-Normals nach Henschke und Schulze (1938).

Die Bezeichnung Erythemcharakter als das Verhältnis von Erythemschwellendosis zur Dosis für ein mittleres Erythem [2)], wurde von Seitz (1933) zur Definition der Steilheit der Gradationskurve eingeführt. Einen ähnlichen Vorschlag, eine *gefilterte* mit einer *ungefilterten Hg-Hochdruckbestrahlung* zu vergleichen und dies Verhältnis als Erythemcharakter zu bezeichnen, machten Henschke und Schulze (1938). Die Gradation verläuft für kurzwelliges UV sehr flach und steigt bis 313 nm an (Abb. 9.12).

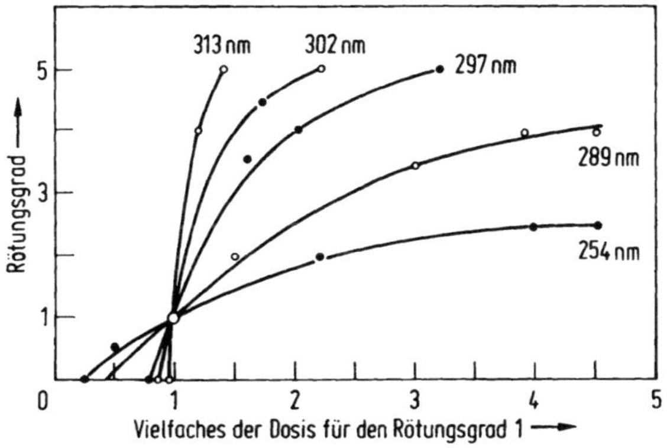

Abb. 9.12: Erythemgradation nach Bestrahlung mit monochromatischem Licht verschiedener Wellenlänge nach Hausser (1928).

Ein Zusammenhang mit der Durchlässigkeit der Hornschicht scheint möglich. Zusätzliche Bestrahlungen, z.B. mit langwelliger roter oder ultraroter Wärmestrahlung beeinflußt die Gradation ebenfalls. Die Gradationskurve der ungefilterten Hg-Hochdrucklampe entspricht etwa derjenigen monochromatischen Lichtes von 297 nm.

Bei Ganzbestrahlungen mit der Hg-Hochdrucklampe tritt bei der 2–3-fachen Schwellendosis ein mildes, in 5 Tagen abklingendes, bei Bestrahlung mit der 5-fachen Schwellendosis ein sich abschilferndes kräftigeres und nach 9-facher Schwellendosis ein mit Blasenbildung einhergehendes Erythem auf. Wird das kurzwellige UV-C ausgefiltert, so betragen die Dosen für ein mildes bzw. ein kräftiges Erythem nur das 1,4 bzw. das 2-fache der Schwellendosis. Diese steilere Gradation entspricht dann etwa derjenigen der Sonnenstrahlung.

Für eine sekundäre Strahlenfolge wie das Erythem ist ein Zeitfaktor von 1, bei dem also die Strahlenwirkung nur von der Gesamtdosis, nicht aber von der Dosisleistung abhängig ist, nicht zu erwarten. Dennoch wurde für monochromatisches Licht der Wellenlängen 254 und 297 nm das Reziprozitätsgesetz erfüllt gefunden, Abweichungen ergaben sich jedoch bei Bestrahlung mit polychromatischem Licht. Neuere Untersuchungen differieren zu diesen Angaben.
Eine Erniedrigung der Schwellendosis bei fraktonierter Bestrahlung stellte Rottier (1953) nur für die Wellenlänge 297 nm in der Größenordnung von 30–40 % fest.

---

2) Von etwa 5 % Reflexionsabnahme.

Da dieser Effekt für UV-C von 254 nm Wellenlänge fehlte, schloß er auf grundsätzliche Unterschiede im Wirkungsmechanismus beider Strahlenqualitäten.
Der stärkere Effekt einer unterbrochenen Strahlung wurde auch von anderen Autoren (z.B. Gahlen und Bergmann, 1955) bestätigt, andererseits aber auch beobachtet, daß eine Protrahierung der Bestrahlung (und zwar nur bei UV-B und nicht bei UV-C) zu einer Wirkungsabnahme führt, ebenso wie erwartungsgemäß eine Fraktionierung über mehrere Tage (Tronnier, 1957).

9.3.1.4 Lichtempfindlichkeit der Haut

Die Lichtempfindlichkeit der Haut, also ihre Eigenschaft, auf eine Lichteinwirkung mit einem Erythem zu reagieren, liegt für das vom Wärme-Erythem abzutrennende UV-Erythem der Wellenlänge 297 nm zwischen 360 $J\,m^{-1}$ und 500 $J\,m^{-1}$

Die relative, d.h. die auf einen bestimmten Standort, z.B. die Erythemschwelle, bezogene Lichtempfindlichkeit kann durch exogene und endogene Faktoren variiert werden.

Von der Haut her spielt die Hornschichtdicke, weshalb die Angabe des Testortes bei Bestrahlungsversuchen wichtig ist, sowie die Zahl und der Zustand der Gefäße (neurohumorale Steuerung und vegetative Reaktionslage) eine Rolle. Eine Vorbestrahlung der Haut wirkt sich noch nach einem halben Jahr erythemabschwächend aus, gleichfalls sonstige die Hornschicht verdickende Maßnahmen (z.B. Massagen).

Regionale Unterschiede in der Lichtempfindlichkeit zeigen vor allem Zusammenhänge mit der Hornschichtdicke; an den Extremitäten nimmt die Empfindlichkeit mit der Entfernung vom Rumpf ab, die Beugeseiten sind empfindlicher als die Streckseiten, der Stamm zeigt stärkere Reaktionen als die Extremitäten, die Vorderseite des Stammes ist empfindlicher als der Rücken, und zu den unempfindlichsten Partien gehört das Gesicht. Hier spielt die dauernde natürliche Bestrahlung, also die Gewöhnung, wohl auch eine wichtige Rolle.
Über die Änderung der Lichtempfindlichkeit in Abhängigkeit vom Lebensalter differieren die Angaben. Besonders für Säuglinge wird sowohl eine höherere als eine geringe Empfindlichkeit gegenüber dem Erwachsenen angegeben. Sicher ist wohl die abgeschwächte Empfindlichkeit in der Pubertät und im höheren Alter gegenüber der des Erwachsenenalters.
Ein Zusammenhang mit dem Geschlecht, auch der Haar-, Augen- und Hautfarbe, scheint nicht in dem Maße vorhanden zu sein, wie gemeinhin angenommen wird. Pigmentarme Personen dürften nur bei einer hohen Strahlendosis, die die Basalschicht erreicht, mehr gefährdet sein als stärker pigmentierte. Die geringere Lichtempfindlichkeit stärker pigmentierter Rassen, insbesondere der Neger, ist jedoch auf deren Pigmentgehalt der Haut, der bis in die Hornschicht hinaufreicht, bedingt.

Prämenstruell und in der Schwangerschaft ist die Lichtempfindlichkeit der Haut erhöht, im Wochenbett normalisiert sie sich wieder; Amenorrhoe und Kastration

erniedrigen die Lichtempfindlichkeit, während der Einfluß von Sexualhormonabgaben nicht einheitlich beurteilt wird. Unterschiede in der Schilddrüsenfunktion werden für die jahreszeitlichen Schwankungen der Lichtempfindlichkeit verantwortlich gemacht, eine Überfunktion erhöht sie, eine Unterfunktion schwächt sie ab, wobei Schilddrüsenhormon-Gaben ausgleichend wirken. Nebennierenrindenextrakte sowie Glukokortikoide setzen die Erythemempfindlichkeit herab.
Bei Querschnittslähmung ist die Erythembereitschaft der Haut unterhalb der geschädigten Zone vermindert, Sympathektomie erhöht dagegen die Lichtempfindlichkeit und ein Ausfall peripherer Nerven kann in beiden Richtungen wirksam sein. Durch vegetative Stigmatisierung wird wohl über den geänderten Kapillartonus die Lichtempfindlichkeit erhöht, eine Lokalanästhesie verzögert allenfalls das Auftreten des Erythemes, ohne seinen Charakter zu ändern.
Zahlreiche Erkrankungen beeinflussen die Lichtempfindlichkeit, in der Regel die akut-entzündlichen (floride Rachitis, aktive Tuberkulose, Frakturen, Gelenkerkrankungen u.a.) im Sinne einer Erhöhung, konsumierend-chronische, (z.B. Osteomyelitis, Neoplasmen, Blutungsübel) im Sinne einer Herabsetzung. Jahreszeitlich ist bei dem erwähnten fraglichen Zusammenhang mit der Schilddrüsenfunktion die Lichtempfindlichkeit im März am höchsten, weiterhin im Sommer höher als im Winter.

Unter den exogenen Einflussen auf die Lichtreaktion der Haut wird der Temperatur die größte Bedeutung beigemessen. Niedrige Außentemperaturen verringern, höhere steigern die Lichtempfindlichkeit. Lokale Erwärmungs- oder Abkühlungsmaßnahmen haben jedoch keinen Einfluß, während strahlende Wärme die Erythemempfindlichkeit jedoch zu erhöhen scheint. Wind bleibt ohne Einfluß auf die Lichtempfindlichkeit, hoher Luftdruck vermindert sie und niedriger führt zu einer Erhöhung.
Wasser, Säuren und Laugen dürften über eine Änderung der Filtereigenschaften der Hornschicht wirksam werden. Bei der Ernährung soll alkalische Kost die Erythembereitschaft verringern und saure sie erhöhen.

9.3.1.5 Spektrale Erythemwirkungskurve

Die spektrale Erythem-Wirkungskurve des Lichtes auf der Haut basiert vor allem auf der Absorption der Hautbestandteile, vor allem der Eiweißkörper und wird modifiziert durch die unterschiedliche biologische Wirkung der UV-Strahlung sowohl innerhalb der Hornschicht als auch in der lebenden Epidermis.

Die mittlere Erythemwirksamkeitskurve (Abb. 9.13), entweder bestimmt durch Bestrahlung mit gleicher Dosis oder durch Messung der Erythemschwelle in Abhängigkeit von der Wellenlänge, weist ein Maximum bei 300 nm und ein geringeres bei 250 nm auf mit einem dazwischenliegenden Mimimum in der Nähe von 280 nm. Es besteht eine deutliche, durch die unterschiedliche Gradation bedingte Abhängigkeit von der Erythemstärke (Abb. 9.14).

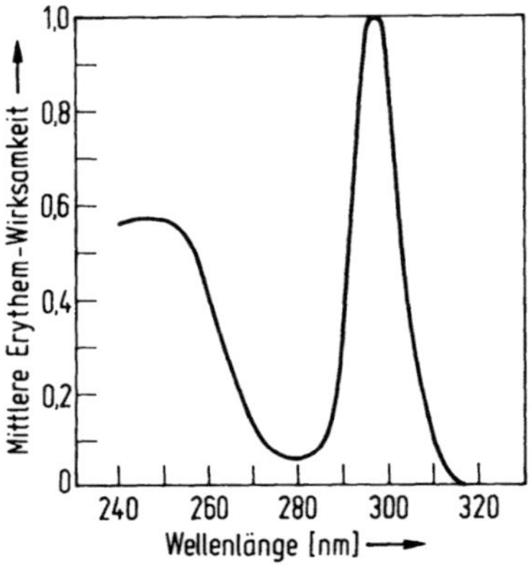

Abb. 9.13: Mittlere Erythem-Wirksamkeitskurve nach dem Vorschlag der Internationalen Beleuchtungskommission.

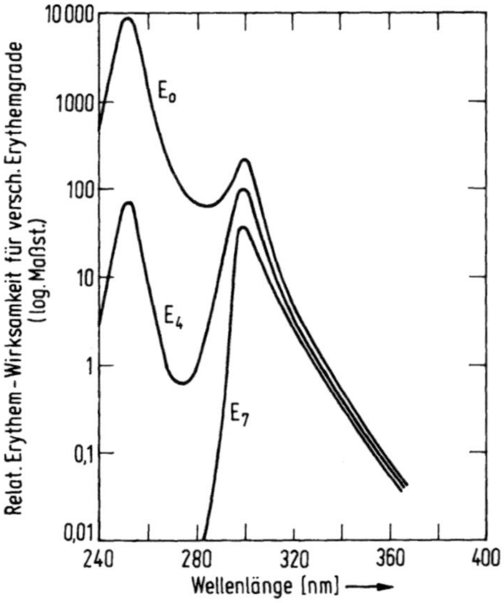

Abb. 9.14: Erythemwirksamkeitskurve für die Erythemschwelle (E_0), ein mittelstarkes Erythem (E_4) und ein starkes Erythem (E_7) nach Adams, Barnes und Forsythe (1933).

Auch ändert sich die Erythemwirksamkeitskurve des UV auf der Haut in Abhängigkeit vom Ablesezeitpunkt, weil das Erythem für die Wellenlänge 254 nm früher auftritt als das bei 297 nm. Mit zunehmender Erythemstärke nimmt der Anteil und die Wirkung des kurzwelligen UV-C entsprechend der flachen Gradation dieser Strahlung immer mehr ab.

Für jeden Strahler kann aus der spektralen Intensitätsverteilung der emittierten Strahlung und der mittleren Erythemwirksamkeitskurve die mittlere tatsächliche Erythemwirksamkeit errechnet werden. Für das Sonnenlicht, dem bekanntlich das UV-C fehlt, ergibt sich daher auch eine Abweichung von der mittleren Erythemwirksamkeitskurve.

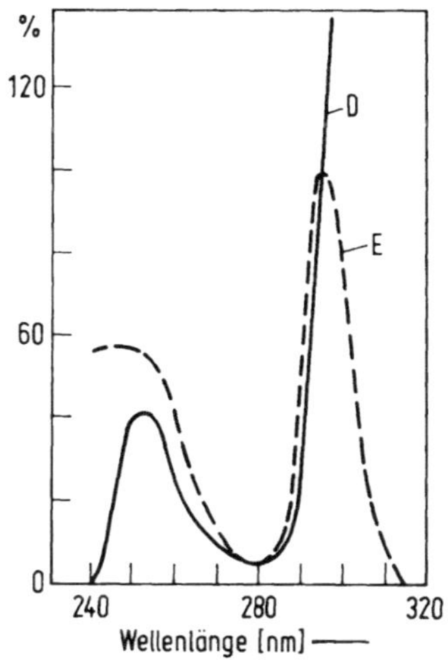

Abb. 9.15: Relative Durchlässigkeit (D) der Hornschicht verglichen mit der mittleren Erythemwirksamkeit (E) nach Tronnier und Merten (1956).

Die Erythemwirksamkeit des UV-A ist um den Faktor 500–1000 geringer als die des UV-B. Das UV-A-Erythem tritt unmittelbar nach der Bestrahlung auf, erreicht sein Maximum bereits nach 2 Stunden und kann gelegentlich durch das direkte Pigment oder ein Wärme-Erythem überdeckt sein. Miescher vermutete einen direkten Angriffspunkt der Strahlung an den Kapillaren, vor allem auch, weil die Latenzzeit bis zum Auftreten des Erythems hier fehlt.

9.3.1.6 Ursachen der Lichtentzündung

Für die Beurteilung einer Lichtentzündung ist die Berücksichtigung von drei Vorgängen in morphologisch unterschiedlichen Schichten der Haut von besonderer Bedeutung:

1. Die Absorption in der Hornschicht, die zum Teil als Filter, aber auch als Entstehungsort erythemwirksamer Stoffe aufzufassen ist (Abb. 9.15).
2. Die Absorption in der übrigen Epidermis, ebenfalls mit einer Freisetzung von zu den gefäßführenden Abschnitten der Haut diffundierenden Stoffen und
3. die Absorption direkt in den gefäßführenden Anteilen der Haut mit einer (latenzfreien) Direktwirkung auf die Gefäßwand.

Die Filterwirkung der Hornschicht entspricht in etwa der mittleren Erythemwirksamkeitskurve, lediglich zum UV-A hin weicht sie erwartungsgemäß ab (Abb. 9.16).

Auch die Absorption der Strahlen in der lebenden Epidermis entspricht wieder der Erythemwirksamkeitskurve. Warum ein starkes Erythem nur noch durch langwelliges UV-B oder UV-A zu erzeugen ist, zeigt schließlich die noch mögliche Absorption an der Oberfläche des Coriums (Abb. 9.17).

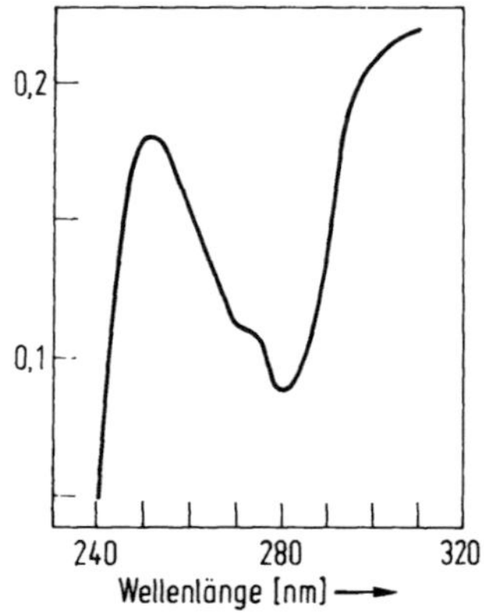

Abb. 9.16: Strahlungsverlust in einer 25 nm dicken Epidermis (ohne Hornschicht) bei Bestrahlung der Haut mit gleicher spektraler Dosis (= 1,0) (nach Tronnier und Merten, 1956).

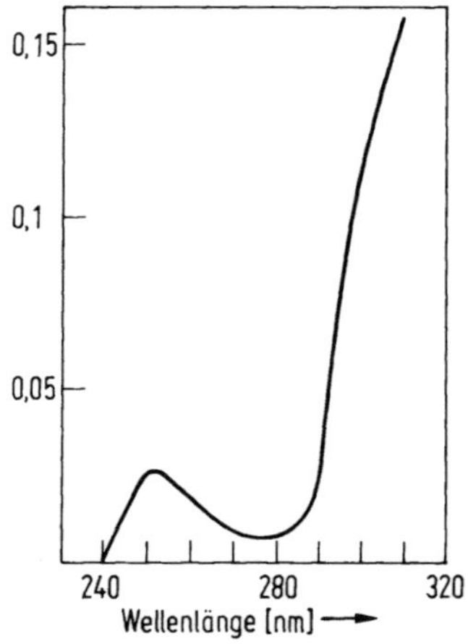

Abb. 9.17: Relative Energieverteilung an der Oberfläche des Coriums nach Strahlungsverlusten in Hornschicht und übrige Epidermis. Eingestrahlte Dosis = 1,0 (je 25 nm) nach Tronnier und Merten (1956).

Die Erythemwirksamkeitskurve ist also durch die Eiweißabsorption in der lebenden Epidermis, modifiziert durch die Filterwirkung der Hornschicht bedingt. Zusätzlich dürfte auch noch die Tyrosinabsorption (vgl. 8.2) eine Rolle spielen.
Bei höherer Dosis und Wellenlänge werden wohl vermehrt direkt die Gefäße geschädigt, wofür auch die neueren Messungen sprechen, die eine größere Durchlässigkeit der Hornschicht (bei Berücksichtigung der Streustrahlung) gegenüber der früheren annehmen. Andererseits zeigten aber ebenfalls neuere Untersuchungen, bei denen die Hornschicht ganz oder teilweise vor der Bestrahlung abgelöst wurde, daß auch in dieser Schicht schon in die Tiefe der Haut diffundierende erythemwirksame Stoffe entstehen können.

An der Zelle selbst konnten als UV-Wirkungen Veränderungen der Grenzflächen, eine Absorption durch Plasma-Einschlußkörperchen und der Abbau der DNS in verschiedenen Untersuchungen nachgewiesen werden. Diesen Frühveränderungen stehen die besonders von Miescher (1957) untersuchten toxischen Spätwirkungen in der Haut gegenüber, die vor allem durch ihre relativ scharfe Grenze zur Tiefe hin auffällig sind.

Für die Erythemgenese im einzelnen spielt die Vorstellung der Entstehung erythemauslösender Stoffe als Folge der primären UV-Absorption eine große Rolle. Es wird eine Neubildung (z.B. Histamin aus Histidin) ebenso diskutiert wie die Freisetzung derartiger Stoffe bei der Zellschädigung. Mit der Latenzzeit würde dann die Penetration dieser Stoffe in die gefäßführenden Schichten aus der Epidermis, aber auch aus der Hornschicht, wo z.B. eine Fotolyse von Sterinen nachzuweisen war, übereinstimmen.

Für die „*Histamin*-Hypothese" Ellingers, nach der das UV-Erythem im wesentlichen eine Histamin-Wirkung darstellen soll, sprechen zwar die Beobachtungen, daß durch die Bestrahlung von Histidin Histamin entsteht und auch die Erythembildung der Haut nach Injektion von Histidin teilweise verstärkt wird. Da bisher in der Haut die Freisetzung von aus im Eiweiß gebundenen Histidin nicht nachgewiesen werden konnte, muß auch aus energetischen Gründen eher die Freisetzung von Histamin oder ähnlichen H-Substanzen direkt, also ohne Neubildung, angenommen werden, wobei als Entstehungsort die noch nicht verhornte Epidermis angenommen wird.
Verschiedene experimentelle Befunde, wie das Fehlen des roten Hofes im Zusammenhang mit der sogenannten Dreifach-Reaktion der Haut durch Histamin bei UV-Bestrahlung, lassen Zweifel an der Identität der als H-Substanzen bei der UV-Bestrahlung auftretenden Stoffe mit dem Histamin aufkommen. Auch die lange Bestandsdauer des UV-Erythemes läßt vermuten, daß Histamin allenfalls für die flüchtigen Anfangsreaktionen, nicht, oder wenigstens nicht ausschließlich für die gesamte Lichtentzündung verantwortlich sein kann.
Ob eine kombinierte Serotonin-Histamin-Wirkung vorliegt oder ob andere Eiweißspaltprodukte mit histaminähnlichem Effekt eine Rolle spielen, wobei auch an die Leukotaxine Menkins (1953) gedacht werden könnte, muß offen bleiben. Vieles spricht dafür, daß die erythemauslösenden Stoffe nach der Bestrahlung protrahiert abgegeben werden.

9.3.2 Pigmentierung durch Licht

Als Folge einer UV-Bestrahlung kann man zwei Arten der Pigmentierung unterscheiden:

1. die dem Strahlenerythem folgende, im wesentlichen durch UV-B bedingte indirekte Pigmentierung und

2. die unmittelbar und ohne sichtbares Erythem auftretenden, durch UV-A-Bestrahlung auslösbare direkte Pigmentierung.

Die indirekte, d.h. einem UV-Erythem folgende Pigmentierung ist in ihrer Farbe wegen der anfänglichen Erythembeimengung rötlich-braun, um später in einem rauch- bis gelbbraunen Farbton überzugehen. Sie kann wochen- bis monatelang bestehen. Diese lange Bestandsdauer erlaubt auch die Auslösung einer indirekten Pigmentierung scheinbar ohne Erythem (Abb. 9.18).

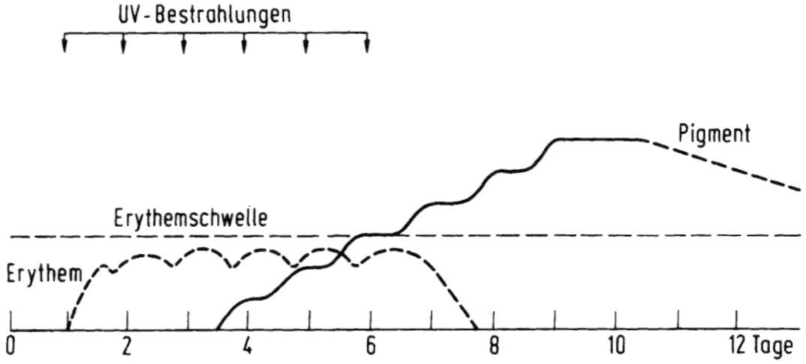

Abb. 9.18: Schematische Darstellung der indirekten Pigmentierung bei unterschwelligen Erythemdosen.

Während die leichten unterschwelligen Erytheme abklingen, summiert sich die Pigmentierung, so daß eine solche Bestrahlung für die kosmetische „Bräunung" zu empfehlen ist.

Zur Beobachtung und Beurteilung des Pigmentes kann die Haut entweder (z.B. mit einem Glasspatel) anämisiert werden oder das Erythem durch Verwendung eines Rotglases spektral ausgefiltert werden. Der Nachteil des gleichzeitigen Bestehens von Erythem und Pigment sowie der fehlenden selektiven Absorption des Pigmentes läßt sich auch dann durch eine zeitliche Verschiebung von Erythem- und Pigmentmessung mit dem Reflexionsfotometer wenigstens zum Teil ausgleichen.
Verschiedene Untersuchungen (z.B. Bestrahlung mit monochromatischem Licht) weisen darauf hin, daß Erythem- und Pigmentbildung etwa die gleiche spektrale Wirksamkeitskurve besitzen. Damit darf eine gleiche Primärwirkung für beide Reaktionen angenommen werden. Quantiative Abweichungen der einzelnen „Anteile", die für Erythem- bzw. Pigmentbildung „verwendet" werden, z.B. in Abhängigkeit von der Eindringtiefe der UV-Strahlung in die Haut, könnten mit der Fortleitung erythemwirksamer Stoffe in der Haut und der dabei größeren „Abzweigungs"-Möglichkeit für die Pigmentierung bei vorwiegend kurzwelligem UV erklärt werden.
Chemisch wird heute für die Pigmentierung schematisch etwa folgender Ablauf angenommen:
Tyrosin wird durch das kupferhaltige Ferment Tyrosinase zu Dopa (Desoxyphenylalanin) oxidiert, aus dem dann Dopa-Chinon entsteht. Über verschiedene farblose Vorstufen unter der Mitwirkung von Fermenten bildet sich Melanin. Dopa kann

auch durch UV unter katalytischer Mitwirkung von Schwermetallen entstehen, und es beschleunigt seinerseits wieder die Oxidation des Tyrosins durch die Tyrosinase. In der normalen Haut ist die Tyrosinase teilweise durch SH-Gruppen blockiert, so daß sie zwar Dopa, nicht aber Tyrosin oxidieren kann. Bei der UV-bedingten Zerstörung der SH-Gruppen wird die Blockierung aufgehoben und der Pigmentierungsvorgang so in Gang gesetzt.

Verschiedene Befunde, wie z.B. die stärkere Hemmung der Pigmentbildung durch Epidermisextrakte, als dies nach deren SH-Gruppen-Gehalt zu erwarten wäre, deuten darauf hin, daß die Aufhebung der SH-Blockierung nicht die einzige Ursache der lichtbedingten Pigmentierung ist. Sicher ist jedenfalls die zellzerstörende Wirkung des UV-B, bei der auch fotooxidative Vorgänge eine Rolle spielen dürften, die übergeordnete Ursache der indirekten Pigmentierung.
Die besonders von Henschke und Schulze (1939) untersuchte direkte Pigmentierung tritt unmittelbar nach der Bestrahlung auf, hat anfangs (infolge eines Wärmeerythems) eine rötlich-braune, später eine schmutzig-grau-braune Farbe, erreicht nie die Intensität der indirekten Pigmentierung und besitzt ebenfalls eine lange Bestandsdauer. Histologisch fehlen hier alle Merkmale der Entzündung, und es ist lediglich die Pigmentvermehrung nachweisbar. Zur Auslösung der direkten Pigmentierung ist UV-A in genügend hoher Dosis notwendig, die Gradation der Reaktion ist flach und der Zeitfaktor größer als 1. Die spektrale Wirkungskurve für die direkte Pigmentierung reicht von 300–450 nm mit einem Maximum um 340 nm und die Dosen:
Erythemschwelle (UV-B) zur Schwelle der direkten Pigmentierung (UV-A) verhalten sich etwa wie 1 : 500.
Die direkte Pigmentierung ist nicht bei allen Menschen nachweisbar und kann zur Konstitutionsbeurteilung und eventuell auch z.B. zur Beurteilung des Effektes von UV-Bestrahlungen, nach denen eine vorher fehlende direkte Pigmentierung nachweisbar werden kann, benützt werden. Sie entsteht vermutlich durch Oxidation farbloser Pigmentvorstufen.

Weder der direkten noch der vorher besprochenen indirekten Pigmentierung kann im Gegensatz zu früheren Ansichten ein eigenes therapeutisches Gewicht oder eine prognostische Bedeutung zugesprochen werden.

9.3.3 Thermische Wirkungen

Die nicht für fotochemische Prozesse verbrauchte Energie der optischen Strahlung erzeugt bei ihrer Absorption im Gewebe Wärme. Praktisch betrifft dies allerdings vor allem die energieärmere langwellige Strahlung (sichtbares Licht und Infrarot), nicht aber das zur fotochemisch-bedingten Lichtentzündung führende UV-C und UV-B.
Wie bereits erwähnt, können aber die UV-Wirkungen durch eine gleichzeitig applizierte Wärmestrahlung, deren Eindringtiefe in die Haut viel größer ist, modifiziert werden.

Eine direkte Wirkung auf das nervöse Endnetz der Haut kommt nach der Pentration durch die Epidermis ebenfalls lediglich dem sichtbaren und infraroten Licht zu. Dazu gehören auch die latenzzeitlos ablaufenden Veränderungen im Vago- und Sympathicotonus.
Ein gewisser Teil gerade der Allgemeinwirkungen auf den gesamten Organismus in der Lichttherapie dürfte also nicht ausschließlich durch UV bedingt sein, und es ist anzunehmen, daß auch UV-Wirkungen durch gleichzeitig verabfolgtes IR modifiziert werden.

9.3.4 Fotosynthese von Vitamin D

Wenn auch die Fotosynthese des Vitamins D an sich bereits bei den chemischen Wirkungen der ultravioletten Strahlen besprochen wurde (Kap. 7), sei doch hier daran erinnert, daß sowohl eine UV-Bestrahlung als auch die Verabreichung bestrahlter Pflanzenextrakte und die Gabe von Vitamin D die Rachitis heilt. Diese Beobachtung führte schließlich zu den grundlegenden Arbeiten über die Fotosynthese des Vitamin D_2 aus Ergosterin über das Lumisterin und Tachysterin als Zwischenstufen.
In der Haut wird nicht Ergosterin, sondern 7-Dehydrocholesterin durch die UV-Bestrahlung zum Vitamin D_3 aktiviert.

Biologisch wirkt Vitamin D auf den Calcium-Phosphat-Stoffwechsel und fördert den Kalkansatz. Außer der antirachitischen besteht auch (bei Hypocalcämie) noch eine antitetanische Wirkung. Klinisch ist Vitamin D_3 wirksamer als Vitamin D_2. Die Rachitisprophylaxe kann sowohl durch Vitamin-D-Gabe erfolgen, als auch durch Bestrahlung der Haut oder der Milch. Die Wirkung ultravioletter Strahlen beim Lupus vulgaris dürfte wenigstens zum Teil über eine solche Vitamin-D-Bildung und -wirkung erfolgen. Ähnliche Mechamismen werden auch bei der Lichttherapie der Mycosis fungoides angenommen.
Interessant ist eine kürzlich geäußerte Theorie, wonach die Anpassung der Hautfarbe in der Entwicklungsgeschichte der Menschheit bezüglich Melaingehalt und Hornschichtdicke an die Sonneneinstrahlung unter dem Regulativ der optimalen Vitamin-D-Bildung erfolgt sein soll. Danach würde also die pigmentierte Haut des Negers einen Schutz gegen eine übermäßige Vitamin-D-Bildung darstellen.

Da das Absorptionsmaximum des Ergosterins bei 280 nm liegt, müssen zur Rachitisprophylaxe Wellenlängen unter 300 nm benutzt werden. Die Rachitisheilung der Ratten zeigt eine gute spektrale Übereinstimmung mit dem erwähnten Absorptionsspektrum.

9.3.5 Reduzierende Wirkung des Lichtes

Eine der wichtigsten biologischen Wirkungen des Lichtes soll nach einer von Wels (1953) aufgestellten Hypothese auf Reduktionen beruhen. Die Freisetzung von

Sulfhydrilgruppen bei der Bestrahlung von Eiweiß konnte an der Haut nicht bewiesen werden, so daß eine (durch Licht katalysierte?) Reduktion unter Mitwirkung vorhanderer SH-Gruppen zu vermuten ist. Darzustellen ist sie z.B. an der Reduktion farbloser Tellurit-Lösung zu metallischem Tellur. Auch Methämoglobin kann in der Haut zu Hämoglobin reduziert werden. Bei den Metall-Pigmentierungen, z.B. durch Gold, Silber oder Quecksilber, die bevorzugt in lichtexponierten Hautpartien auftreten, dürften solche Reduktionsvorgänge ebenfalls eine Rolle spielen. Außer den Sulfhydril-Gruppen scheinen auch noch andere Redox-Systeme (z.B. Ascorbinsäure) wirksam zu sein. Auch eine direkte reduktive Lichtwirkung, die also ohne Vermittlung der Redoxsysteme abläuft, sind möglich. Die Beteiligung der SH-Gruppen an solchen reduktiven Vorgängen kann durch deren Blokkierung vor der Bestrahlung bewiesen werden. Ausgelöst werden diese Wirkungen durch Licht des gesamten UV-Spektrums bis in den sichtbaren Bereich hinein. Die Sulfhydrilhypothese von Wels, nach der bei Belichtung unter Wasserstoffabgabe aus SH-Gruppen Disulfide entstehen sollen, wobei durch die Nahrungsaufnahme der Ersatz des Wasserstoffs erfolgt, steht wegen der schwierigen getrennten Nachweismethoden der SH-Gruppen bzw. der SS-Gruppen noch auf schwachen Füßen, und neuere quantitative Untersuchungen verneinen sogar die Bedeutung der Redoxvorgänge für die Lichtwirkung. Dennoch dürften sie bei so wichtigen biologischen Vorgängen wie der Pigmentierung und der Verhornung mindestens eine Rolle spielen. Nicht ohne Bedeutung sind die Vorgänge auch bei pathologischen Lichtreaktionen, wie kürzlich wieder im Zusammenhang mit dem Chromat-Ekzem gezeigt werden konnte.

9.4 Pathologische Lichtwirkungen

9.4.1 Lichterkrankungen

Krankheitserscheinungen durch Licht können primär an der Haut lokalisiert auftreten:

a) bei zu hoher Strahlendosis und

b) bei erhöhter Empfindlichkeit der Haut gegenüber einer normalen Dosis.

Bei zu hoher Dosis, vorwiegend des UV-B, aber auch bei Verwendung künstlicher Strahler des UV-C, kann es an der Haut zu der bereits ausführlich besprochenen Lichtentzündung verschiedenen Grades und unterschiedlicher Ausdehnung kommen. Dabei treten auch die gleichen Allgemeinerscheinungen auf, wie bei Verbrennungen I. und II. Grades. Fieber und Schüttelfrost sowie Benommenheit als Folge des Hirnödems und sogar zentral bedingtes Kreislaufversagen mit tödlichem Ausgang kommen vor. Ebenfalls in die Gruppe der fototraumatischen Reaktionen gehört die fälschlich als Schneeblindheit bezeichnete, auf einer durch die Schneereflexion bedingten Überdosierung ultravioletter Strahlen beruhende Keratokonjunktivitis fotoelektria. Sie stellt das Gegenstück zum Sonnenbrand am Auge dar, wobei letzterem der Schutz durch die als Filter wirkende Hornschicht fehlt.

Zur Behandlung des Erythema solare bzw. der Dermatitis solaris, also des Sonnenbrandes, sind lokal Zink-Schüttelmixturen zu empfehlen oder auch fettfreie Glucocorticoid-Lotionen, nicht aber in dem Zustand der akuten Entzündung Fette und Öle als Grundlagen.
Am Auge kommen ebenfalls Glutcocorticoide sowie gefäßverengende Mittel neben Schutzverbänden therapeutisch infrage. Gelegentlich sind Schmerzmittel erforderlich.

Zur Auslösung der fotodynamischen Reaktionen bedarf es außer dem Licht noch eines weiteren Faktors. Die UV-Dosen, über das UV-A bis ins sichtbare Licht reichend, können dabei als auslösende Ursachen durchaus noch unter der Erythemschwelle liegen, bzw. es können die Reaktionen durch Licht solcher Wellenlängen ausgelöst werden, das beim Normal-Empfindlichen nicht mehr zu solchen Reaktionen führt.
Unter den bisher bekannten fotodynamischen Mechanismen unterscheidet man

1. die Fotosensibilisierung und

2. die Fotoallergie.

Bei der Fotosensibilisierung erfolgt in der Haut eine erhöhte Absorption meist längerwelligen ultravioletten oder sichtbaren Lichtes durch sogenannte physikalisch-absorptiv wirksame „Sensitizer". Lichteinwirkungen auf einer Haut, die solche fotosensibilisierende Stoffe enthält, führen obligat bei jedem Menschen zu pathologischen Lichtreaktionen. Zu nennen sind vor allem der Steinkohlenteer und seine Bestandteile, Tetracyclin, Acridin-Farbstoffe und Eosin sowie die Furocumarine, die auch die bullöse Wiesengräserdermatitis dadurch bedingen, daß aus entsprechenden Pflanzen (z.B. Farnen) solche Stoffe auf die später belichtete Haut gekommen sind und hier entsprechende Reaktionen verursacht haben. Auch die Berlock-Dermatitis durch Bergamotte-Öl enthaltende Kosmetika gehört hierher.
Bei der Fotoallergie kommt es unter der Lichteinwirkung und -absorption durch bestimmte Stoffe zu deren Umwandlung in echte Allergene, die dann das Bild einer allergischen Kontaktdermatitis auslösen. Eine Rollle spielen vor allem bestimmte Psychopharmaka und Antihistamine, Sulfonamide einschließlich der davon abgeleiteten Antidiabetika und Diuretika, Laxantien, Desinfizientien und Antimykotika, die auch als desodorierende Zusätze zu Seifen verwendet werden, Süßstoffe und optische Aufheller.
Als fotobiotropisch schließlich werden Hauterkrankungen bezeichnet, bei denen das Licht eine unter mehreren, zum Teil noch unbekannten Noxen darstellt, so daß auch eine unspezifische Lichtwirkung, wie z.B. beim Lupus erythematodes chronicus zu diskutieren ist.
Die idiopathischen Lichtdermatosen umfassen eine Gruppe sehr unterschiedlicher Hauterkrankungen, denen nur das Auftreten von lichtbedingten Hauterscheinungen,

die nicht der einfachen Lichtentzündung entsprechen, gemeinsam ist und deren Haut eine höhere Empfindlichkeit meist gegen langwelliges UV und gegebenenfalls auch sichtbares Licht aufweist. In diese Gruppe einzuordnen sind auch derzeit noch die Porphyrien, denen eine genetisch bedingte, in den einzelnen Krankheitsbildern untereinander etwas abweichende Störung in der Bildung des roten Blutfarbstoffes zugrunde liegt und bei denen eine Fotosensibilisierung durch die Porphyrine in der Haut wenigstens als Teilursache anzusehen ist.

Eine erhöhte, rezessiv erbliche Lichtempfindlichkeit der Haut besteht beim Xeroderma pigmentosum. Die bereits in der Jugend auftretenden entzündlich-degenerativen Veränderungen der Haut führen noch im jugendlichen Alter zur Ausbildung von Hautkarzinomen, an denen die Kranken meist vor dem 20. Lebensjahr sterben [3].

9.4.2 Lichtkrebs

Die Besprechung des Lichtkrebses, seiner Bedeutung und seiner Ursachen ist deshalb so wichtig, weil einmal aus kosmetischen Gründen der Körper viel mehr als früher ultravioletten Strahlen ausgesetzt wird und weil zweitens, die vor allem in den USA diskutierte Frage, ob eine UV-Therapie in Kenntnis der cancerogenen Wirkung des Lichtes überhaupt noch vertretbar sei, zu beantworten ist.

Die vom Tier seit 1928 bekannte Krebsentstehung dürfte grundsätzlich auch für den Menschen als möglich gelten.

Nach langjähriger UV-Bestrahlung treten beim Menschen Hautveränderungen im Sinne der Landmanns- oder Seemannshaut auf. Die Veränderungen betreffen die Fasern und Gefäße der Cutis sowie der Epidermis (Pigmentverschiebung, Keratosen und Atrophien). In diesem Bereich der entzündlichen Degeneration der Haut – wegen der entzündlichen Komponenten von der einfachen Altersatrophie zu trennen –, kommt es häufiger zur Bildung von Epitheliomen einschließlich Haut-Carcinomen.

Solche Hautveränderungen sind bei bestimmten Berufen besonders häufig, sie treten aber auch in bestimmten Klimaten, und zwar vor allem bei Weißhäutigen vermehrt auf. Für Australien ließ sich der Zusammenhang zwischen Sonnenscheindauer und der Häufigkeit des Auftretens der verschiedenen Epitheliome der Haut sichern. Die eingewanderte weiße Bevölkerung ist stärker betroffen als die einheimische. Bei Weißhäutigen kommen Hautcarcinome fast ausschließlich im Gesicht, bei Negern dagegen gleichmäßig auch auf die nicht lichtexponierte Haut verteilt vor.

Die Ergebnisse der Tierversuche machen wahrscheinlich, daß (ohne zusätzliche Lichtsensibilisatoren) vor allem das UV unter 320 nm Wellenlänge cancerogen ist und daß Bestrahlungen mit hohen Einzeldosen auf die nicht lichtgewöhnte Haut besonders ungünstig sind.

[3] Heute weiß man, daß bei diesem Kranken die Störung in Reparatur-Vorgängen (s. Kap. 8.5) des genetischen Materials liegen.

Die Art der Epitheliome ist bei Tier und Mensch unterschiedlich, was auf die Differenzen in der Epidermisdicke und damit unterschiedlicher Absorption der Strahlung zurückzuführen ist. Bei einer normal-dosierten UV-Bestrahlung, die den natürlichen Lichtschutz fördert, sowie bei sinnvollem therapeutischem Einsatz des UV, bei dem, falls dies von der Indikation her möglich ist, das schon besonders lichtvorbelastete Gesicht abgedeckt werden sollte, ist eine Gefahr vermehrter Krebsentstehung jedoch nicht gegeben. Um die im Tierexperiment als cancerogen ermittelten Dosen dabei zu erreichen, wären über 15–30 Jahre täglich sehr ausgiebige UV-Bestrahlungen beim Menschen notwendig.
Dennoch muß jedoch vor übertriebenen und zu lange ausgedehnten UV-Bestrahlungen auch beim Menschen im Hinblick auf die erwähnten degenerativen Hautveränderungen gewarnt werden, da immer wieder solche Fälle bei übertriebenen „kosmetischen" Sonnenbestrahlungen zur Beobachtung kommen.

Die Ursache des Lichtkrebses ist im einzelnen noch offen. Die Hypothese von der Entstehung cancerogener Substanzen durch das UV hat durch den Nachweis bestimmter Steroid-Hydroperoxide wieder Auftrieb erhalten. Auch werden die in der Haut vorkommenden und fotodynamisch wirkenden Porphyrine als Ursache angenommen, weiterhin Fehlregenerationen und UV-Mutationen, womit die UV-Carcinome in einer Reihe mit anderen, auf vorgeschädigter Haut entstehenden Carcinomen, z.B. dem Lupus-Ca stünden.

9.4.3 Lichtschutz

Bei der Besprechung des Lichtschutzes hat man zu unterscheiden zwischen dem natürlichen, der immer vorhanden ist und sich unter dem Einfluß der UV-Bestrahlung noch verstärkt, und dem künstlichen, der sowohl in der Kosmetik als auch in der Dermatologie eine Rolle spielt. Bezüglich der Wirkung kann man den physikalisch wirkenden absorptiven Lichtschutz von den biologischen Lichtschutz-Mechanismen abtrennen.

9.4.3.1 Natürlicher Lichtschutz

Im natürlichen Lichtschutz liegt eine Kombination zwischen absorptiver und biologischer Wirkung vor. Die wichtigsten Schichten hinsichtlich der absorptiven Wirkung sind die Hornschicht und die Pigment-führenden Schichten. Entsprechend ihrer räumlichen Anordnung in der Haut sind sie gegen Strahlen ganz unterschiedlicher Wellenlänge wirksam. Dabei stellt die Hornschicht „den Sonnenschirm" für die Epidermis dar, die vor allem gegenüber UV-C und kurzwelligem UV-B wirksam ist. Das Pigmentlager in der Basalschicht der Epidermis ist demgegenüber bei der weißen Rasse von geringer Bedeutung und schützt die Cutis vor allem gegen die langwelligere UV-Strahlung etwa ab 300 nm.

Beim Neger mit seinem höheren Pigmentgehalt, der sich bis in die oberflächlichen Epidermisschichten fortsetzt, ist dagegen die Pigmentierung auch schon gegenüber Strahlung mit kürzeren Wellenlängen wirksam.
Als wichtigstes System des natürlichen Lichtschutzes ist also die Hornschicht anzusehen, die zudem die Fähigkeit besitzt, sich unter Einwirkung des Lichtes ebenso wie unter der anderer Reize durch Zellproliferation in der Epidermis zu verdicken und die sogenannte Lichtschwiele auszubilden. Daneben kommt noch dem Schweiß wegen seines Gehaltes an Urocanin-Säure und in geringem Maße wohl auch dem Talg eine absorptive Lichtschutzwirkung zu.
Es gibt Annahmen, die einen ähnlichen Mechanismus für die Bildung der Lichtschwiele und für die Pigmentierung annehmen, da beide Vorgänge mit einer Abnahme der SH-Gruppen einhergehen und durch Kupfer zu katalysieren sind. Analog zu dem bereits besprochenen Mechanismus der Pigmentierung soll es durch die vermehrte Disulfidbildung, ähnlich wie auch durch Arseneinwirkung, bei der auch Hyperkeratosen und Pigmentierungen nachweisbar sind, zu einer vermehrten Hornbildung kommen.
Da eine Lichtgewöhnung der Haut jedoch bereits kurz nach der Bestrahlung nachzuweisen ist, und schon bevor morphologische Veränderungen aufgetreten sind, muß auch eine biochemische Gewöhnung angenommen werden, wofür es ebenfalls experimentelle Beweise gibt. Sie könnte auch für den von 1 abweichenden Zeitfaktor bei protrahierter und fraktionierter Bestrahlung verantwortlich sein. Diese kombinierte Lichtgewöhnung ist nicht nur für den Lichtschutz von Bedeutung, sondern es muß ihr auch bei der kurmäßig durchgeführten Lichtbehandlung durch Anpassung der Einzeldosen Rechnung getragen werden.

9.4.3.2 Künstlicher Lichtschutz

Die Aufgabe des künstlichen Lichtschutzes ist es, die normalen Filtereigenschaften der Hornschicht selektiv für bestimmte Wellenlängen zu verstärken oder die Lichtempfindlichkeit der Haut biologisch herabzusetzen bzw. nach erfolgter Bestrahlung den Grad der Lichtentzündung therapeutisch zu vermindern.

Praktisch hat jedoch nur der absorptive Lichtschutz bisher Bedeutung gewinnen können. Im Bereich der Kosmetik wurden dabei, aus einer unrichtigen Interpretation der direkten Pigmentierung heraus, Filtersubstanzen eingesetzt, die UV-B möglichst absorbieren und das „bräunende" UV-A durchlassen. Da jedoch dabei immer noch eine gewisse UV-B-Durchlässigkeit besteht, kommt es praktisch bei abgeschwächter Lichtentzündung doch zu der gewünschten, jedoch durch UV-B bedingten indirekten Pigmentierung.
Etwa 20–30 % der im Handel befindlichen kosmetischen Lichtschutzmittel entsprechen der Forderung, eine etwa 2–4-fach längere Bestrahlungszeit zu ermöglichen. Ihre Anwendung ist wegen der natürlichen Lichtgewöhnung vorzugsweise im Anfang einer Lichtbehandlung indiziert.

Nicht ausreichend sind derartige kosmetische Lichtschutzmittel bei besonders starken Besonnungen (z.B. im Gebirge), an bestimmten stärker gefährdeten Hautpartien (z.B. an den Lippen) und für spezielle z.B. militärische Zwecke. Auch bei erhöhter Lichtempfindlichkeit der Haut, etwa den erwähnten Lichtdermatosen, reichen solche Präparate nicht aus. Einen speziellen Schutz gegen UV-C benötigt man im industriellen Bereich bei Arbeiten an Bestrahlungsanlagen, die auch UV-C emittieren. Bestimmte Lichtdermatosen erfordern eine Ausdehnung des absorptiven Lichtschutzes auf UV-A, was wegen der relativ höheren Dosis in der Sonnen- und Himmelsstrahlung technisch jedoch immer noch problematisch ist. Die hier absorbierenden Stoffe, z.B. Benzochinone, müssen oft noch mit „schattengebenden" Stoffen, also Pigmenten wie Zinkoxyd, Bolus rubra u.a. kombiniert werden.

9.4.3.3 Prüfung von Lichtschutzmitteln

Die Auswahl der Lichtschutzstoffe für ein Lichtschutzmittel erfolgt zunächst nach deren UV-Absorption im Spektralfotometer, wobei als Konzentration bei einer Meßschichtdicke von 10 mm im Spektralfotometer 0,001 bis 0,0001 % vorgeschlagen werden.
Eine Extinktion von 0,8 in einer Verdünnung 1 : 100000 entspricht der Extinktion des fertigen Produktes bei einer Schichtdicke von 5 μ auf der Haut und einer Konzentration des Lichtschutzstoffes von 5 % in dem Präparat.
Es kann jedoch aus dieser rein physikalischen Messung nicht allein die Güte eines Lichtschutzmittels für die Praxis bestimmt werden. Hierzu sind experimentelle Untersuchungen mit Bestimmung der Erythemschwelle oder mit der Messung des Erythemgrades notwendig. Vorzugsweise wird in der Praxis die Erythemschwelle bestimmt, wobei eine Messung am Rücken sich als am verläßlichsten gezeigt hat.
Es wird dann das Verhältnis der Erythemschwellenwerte mit und ohne Lichtschutzmittel bestimmt und als Lichtschutzfaktor angegeben, der mindestens bei 3–4 liegen sollte. Der Lichtschutzfaktor gibt an, wieviel mal länger die Haut mit Lichtschutzmittel als ohne dasselbe der Sonne ausgesetzt werden kann.
Wichtig ist bei solchen Untersuchungen die Verwendung einer geeigneten Lichtquelle (z.B. Ultra-Vitalux-Lampe). Das UV-C kann also, wenn die Lichtschutzmittel nur gegenüber dem Sonnenlicht wirksam sein sollen, ausgefiltert werden.
Bei der Prüfung der Wirksamkeit auch im UV-A kann die mit WG 1 oder WG 3 gefilterte Xenonlampe verwendet werden. Hier sollte dann die experimentelle Prüfung auch an entsprechenden Lichtkranken erfolgen.
Eine solche experimentelle Prüfung von Lichtschutzmitteln sollte immer noch durch einen praktischen Expositionstest ergänzt werden, weil hierbei alle übrigen Eigenschaften des Präparates, vor allem auch die der Grundlage, mit beurteilt werden können. Erfahrungsgemäß werden Salben und Öle zur Zeit trotz schlechterer Lichtschutzwirkung immer noch den lipidärmeren Emulsionen, Lotionen und Lösungen als Grundlagen der Lichtschutzmittel vorgezogen.
Die bräunende Wirkung der kosmetischen Lichtschutzmittel ist von dem durchge-

lassenen UV-B-Anteil und damit direkt auch von der Lichtentzündung abhängig. Unterschwellige Erythemdosen oder durch Anwendung von Lichtschutzmittel unterschwellig gewordene vermitteln aber den Eindruck einer verstärkten Pigmentierung. Braune Farbzusätze (z.B. Nußextrakte) oder sich auf der Haut braun färbende (z.B. Dihydroxyaceton) täuschen eine verstärkte Pigmentierung nur vor. Die Anfärbung ist temporär und betrifft nur die Hornschicht. Fotosensibilisierende Zusätze (z.B. Bergamotte-Öl) verstärken mit der Pigmentierung auch das Erythem und sollten als bedenklich in kosmetischen Lichtschutzmitteln nicht unkontrolliert enthalten sein. Auch können in die Haut eingedrungene Lichtschutzstoffe dort als Lichtsensibilisatoren wirken, ebenso wie fotodynamische Stoffe (z.B. Teer) solange als Lichtschutzmittel wirken, als sie auf der Hautoberfläche liegenbleiben.

Die im UV-B absorbierenden Lichtschutzstoffe, die praktisch eingesetzt werden, gehören zur Gruppe der cyclischen Kohlenwasserstoffverbindungen, deren Benzolringe die Absorption bedingen und deren Substituenten sie modifizieren. Sie stammen aus verschiedensten Stoffklassen, chemische Zusammenhänge zwischen Lichtschutzfaktor und chemischer Struktur lassen sich nicht aufzeigen. Die wichtigsten Gruppen sind. Salicylsäure, Zimtsäure und p-Aminobenzoesäure sowie jeweils deren Derivate, Tannin-Verbindungen, Benzophenone, Antihistamine verschiedener Struktur, Sulfanilamide, Naphthalinderivate, Pyrazole, Phenylbenzimidazole, Acridin- und Chinolin-Derivate und andere.
Die für die Lichtschutzmittel verwendeten Grundlagen beeinflussen deren Lichtschutzeffekt in zweifacher Weise. Einmal können sie selbst zusätzlich absorbieren, was bei ihrer Auswahl für Lichtschutzversuche von Bedeutung sein kann, zum anderen sind sie für die Verteilung und Lösung der Lichtschutzstoffe auf der Haut verantwortlich. Ein ungleichmäßiger Film durch nicht gelöste Lichtschutzsubstanzen oder nur in einer Phase der Emulsion gelöste kann den erwarteten Lichtschutzeffekt erheblich senken.

In der Praxis werden vorzugsweise Fertigpräparate verwendet. Ihre Zusammensetzung wird ohne Deklaration häufig geändert, so daß vergleichende Lichtschutzuntersuchungen in vielen Fällen schnell überholt sein können. Aus diesen Gründen sei auf deren Darstellung hier auch verzichtet.

Erwähnt werden müssen schließlich noch Wirkstoffe, wie z.B. die Gerbstoffe, die erst auf der Haut deren Absorption verändern. Um ihren Lichtschutzeffekt zu erfassen, müssen Untersuchungen an der experimentell gewonnenen und behandelten Hornschicht durchgeführt werden.
Der biologische Lichtschutz hat gegenüber dem absorptiven bisher keine praktische Bedeutung gewinnen können. Auf eine sichere Ausschaltung absorptiver Wirkungen bei lokaler Anwendung im Versuch ist zu achten. Die erythemabschwächende Wirkung ist bei Gabe vor der Bestrahlung im allgemeinen besser als der kurative Effekt derartiger Stoffe.
Eine Wirkung haben hier Corticosteroide, Phenylbutazon und Vitamine des B-Komplexes, wenn auch einzelne Autoren diesen Ergebnissen widersprechen. Um-

stritten ist auch die Wirkung der Antihistamine, des Calciums, des Methionins, des BALs und des Rutins.
Neuerdings fand sich auch ein nicht absorptiver Lichtschutzeffekt für bestimmte Cytostatika.

9.5 Wirkung des Lichtes auf die übrigen Organe und den Gesamtorganismus

Die Fernwirkungen des Lichtes werden für das sichtbare Spektrum vorwiegend über die Augen, für den ultravioletten Anteil über die Haut hervorgerufen. Allgemeine Schutzfunktionen im Sinne einer Esophylaxie von Hoffmann werden dabei im Bereich der inneren Organe und im RES (reticulo-endotheliales System) inganggesetzt. Nicht immer lassen sich dabei die zu beobachteten Effekte mit den bereits beschriebenen an der Haut (z.B. Vitamin-D-Bildung u.a.) direkt in Einklang bringen oder erklären.
Da die Allgemeinwirkungen auch nicht an sichtbare Hauterscheinungen gebunden sind, oft keine Latenzzeit aufweisen und gelegentlich biphasisch ablaufen, muß man wohl einen Effekt über das vegetative System annehmen.
Initial dürfte sich dabei im Normalfall in der Latenzzeit bis zum Entstehen des Erythems eine sympathicotone, danach eine vagotone Reaktionslage einstellen. Hierzu würden die vielfältigen Beobachtungen, z.B. im Mineralhaushalt am besten passen. Die Änderung im vegetativen System ist jedoch immer, auch bezüglich der Richtung, von vielen inneren (z.B. von der Ausgangslage) und äußeren (z.B. von der Dosis) Faktoren bestimmt. Eine Besprechung der Einzelwirkungen, die zudem oft von den einzelnen Autoren als unterschiedlich beobachtet wurden, würde den Rahmen dieser Zusammenstellung überschreiten.

Literatur

a) Zusammenfassende Arbeiten:

Bernhard, O. (1927): Handbuch der Lichttherapie. (Hausmann, W. und Volk, R., Hrsg.). Julius Springer, Wien.

Cemach, A.J. (1951): Lichttherapie in Grundzüge der physikalischen Therapie der Hals-, Nasen- und Ohrenkrankheiten. W. Maudrich, Wien.

Hollaender, A. (1955): UV and related radiations, in Radiation-biology *2*. McGraw-Hill Book Comp. Inc., New York, Toronto, London.

Jüngling, O. (1949): Allgemeine Strahlentherapie, bearb. von R. Glauner und H. Langendorff, F. Enke Verl., Stuttgart.

Kimmig, J. and Wiskemann, A. (1959): Lichtbiologie und Lichttherapie, in Hdb. der Haut- und Geschlechtskrankheiten, *V/2*, Ergänzungswerk. Springer, Berlin, Göttingen, Heidelberg.

Klein, E., Seitz, E.O. und Mayer, A.E.H. (1955): Ergebnisse und Fortschritte auf dem Gebiet der Anwendung ultravioletter und ultraroter Strahlung in der Medizin, Sonderausgabe aus: Ergebnisse der physikalisch-diätischen Therapie, *5*. Th. Steinkopf, Dresden und Leipzig.

Korwaschik, J. (1957): Physikalische Therapie, 2. Aufl. Springer, Wien.

Krusen, F.H. und Elkins, E.C. (1947): Physical Therapy in Light in Medical Physics. The Yearbook Publ. Inc., Chicago.

Meyer, J. und Kellersohn, C. (1956): Les Ultra-violets en medicine. G. Doin & Cie., Paris.

Schneider, W. und Schultze, W., Lichttherapie, in Grober, J., Klinisches Lehrbuch der Physikalischen Medizin, 4. Aufl. VEB Gustav-Fischer-Verlag, Jena, im Druck.

Tronnier, H. und Schneider, W. (1966): Lichttherapie, in Hdb. der Physikalischen Therapie *1*. Gustav-Fischer-Verlag, Stuttgart.

Wulf, K. (1959): Lichtdermatosen in Dermatologie und Venerologie, *III/1*. G. Thieme, Stuttgart.

Zierz, P. (1958): UV-Strahlen, Wärme, Kälte, Elektrizität in Dermatologie und Venerologie, *II/1*. G. Thieme, Stuttgart.

b) Original-Literatur:

Adams, E.Q., Barnes, B.T. und Forsythe, W.E. (1933): Strahlenther. *48*, 235.

Bachem, A. (1955): J. Invest. Dermatol. *25*, 215.

Baudach, H. und Schreiber, H. (1960): Strahlenther. *111*, 377.

Bode, H.G. und Korting, G.W. (1970): Haut- und Geschlechtskrankheiten, *I*, 2. Gustav-Fischer-Verlag, Stuttgart.

Bode, H.G. (1934): Strahlenther. *51*, 81.
Brett, R. und Theismann, H. (1953): Arch. exp. Path. Pharm. *220*, 437.
Daniels, F. and Imbrie, J.D. (1958): J. invest. Dermatol. *30*, 295.
Edwards, E.A. and Duntley, S.R. (1939): Am. J. Anat. *65*, 1.
Ellingers, F. (1928): Arch. exp. Path. Pharm. *6*, 129.
Gahlen, W. und Bergmann (1955): Arch. Dermat. Syph. *200*, 472.
Goldzieher und Mitarb. (1951): Arch. Derm. Syph. *64*, 533.
Hausser, K.W. (1928): Strahlenther. *28*, 25.
Heite, H.S. und Weber, G. (1957): Arch. klin. exp. Dermatol. *204*, 327.
Henschke, U. und Schulze, R. (1939): Strahlenther. *64*, 14.
— (1938): Strahlenther. *63*, 236.
Menkin, V. (1953): Int. Arch. Allergy *4*, 131.
Miescher, G. (1957): Hautarzt *8*, 88.
Rottier, P.B. (1953): J. clin. Invest. *32*, 681.
Seidel, K. und Knobloch, H. (1957): 7. Rheumaforschung *16*, 23.
Seitz, E.O. (1933): Dtsch. med. Wschr. *59*, 1358.
Tronnier, H. und Turek, B. (1969): Hautarzt *20*, 485.
Tronnier, H. und Merten, W. (1956): z. Haut- und Geschlechtskrankheiten *21*, 157.
Tronnier, H. (1957): Proc. z. Int. Fotobiologiekongr. Turin, 269.
Wels, P. (1953): Strahlenther. *90*, 325.
Wucherpfennig, V. (1933): Strahlenther. *48*, 391.

10 Anwendung ultravioletter Strahlen

10.1 Medizinische Lichtbehandlung

H. Tronnier

10.1.1 Bestrahlungstechnik

Für die praktische Lichttherapie sind einige Punkte der Dosierung von Wichtigkeit. In Abweichung von der dreidimensionalen Bestimmung der im Gewebe absorbierten Menge von Röntgenstrahlen erfolgt die Dosierung in der Lichttherapie nur zweidimensional. Es wird also die auf die Flächeneinheit auftreffende Energie bestimmt (vgl. Kap. 1.2).

Einige Dosen bzw. Dosisleistungen zur Auslösung biologischer Reaktionen sind in Tab. 10.1 zusammengestellt.

Tab. 10.1: Zur Auslösung von biologischen Reaktionen benötigte Dosen beim Menschen

Biologische Reaktion	Lichtquelle	Dosis $Jm^{-2} \cdot (10^4)$	Untersucher
Erythem (Schwelle)	$\lambda \approx 297$ [nm]	0,05	Coblentz, Stair und Hogue, 1931
Erythem (Schwelle)	$\lambda \approx 297$ [nm]	0,036	Hausser und Gauer, 1933
Direkte Pigmentierung (Schwelle)	1. Hg-Höchstdrucklampe mit Schott-Filter WG 4 2. Monochromatische Strahlung um 340 nm	20	Henschke und Schulze, 1939 (s. auch Schulze, 1956)
Direkte Pigmentierung (Schwelle)	Osram Xenon Hochdrucklampe XBF 6000 mit Schott-Filter UG 5 (10 mm) + WG 5 (2 mm)	7,5	Wiskemann und Wisser, 1956

Praktisch entstanden in der Lichttherapie bei der Dosierung immer deshalb Schwierigkeiten, weil bisher nur wenige brauchbare Dosimeter im Handel waren, die entweder die unterschiedlich spektral zusammengesetzten therapeutischen Strahler physikalisch zu messen erlauben würden oder, was für die Praxis noch wichtiger wäre, eine Proportionalität zwischen Meßwert und Erythemreaktion, ebenfalls für die verschiedenen spektralen Zusammensetzungen, anzeigen würden.

Es hat sich deshalb, nicht zuletzt, weil die Lichtentzündung die Reaktion ist, die zu Schäden führen kann, in der Praxis der Lichttherapie die Dosierung nach dem Erythem, und zwar nach Stärke, Schwelle und/oder Latenzzeit, bis jetzt erhalten.

Die Ergebnisse wissenschaftlicher Untersuchungen sind wegen der fehlenden oder ungenauen Dosisangaben oft weder zu kontrollieren noch miteinander zu vergleichen.

Tab. 10.2: Feldgröße, Erythemwirksamkeit und Erythemcharakter einiger therapeutischer Lichtquellen

Lampentyp	Abstand von der Lampe in cm	Halbwertbreite in cm	Erythemschwellendosis für normale nicht vorbestrahlte Haut in min	Erythemcharakter (Definition s. Text)
Hg-Hochdruckbrenner:				
Q 400 der QLG Hanau	75	64	1	1 : 2,5 = 0,4
Q 500 der QLG Hanau	100	100	1	1 : 2,5 = 0,4
Q 600 T der QLG Hanau	100	100	1	1 : 2,5 = 0,4
gefilterte Hg-Hochdrucklampe	50	28	6	1 : 1,4 = 0,7
Typ Osram-Ultravitalux	50	28	6	1 : 1,4 = 0,7
gefilterte Hg-Hochdrucklampe	50	28	6	1 : 1,4 = 0,7
Typ „Eva" der QLG Hanau	50	36	4 (Stufe 0)	
Globalstrahlung (40° Sonnenhöhe)	–	–	60	1 : 1,22 = 0,82

Wichtig ist also die Angabe bzw. die Kenntnis der folgenden Daten: Typ der Bestrahlungslampe, Abstand zwischen Haut und Lampe und die daraus resultierende Feldgröße, angegeben als Halbwertsbreite (Abfall von der Mitte bis zum Rand auf 50 % der Zentraldosis). Für die Anfangsdosis einer therapeutischen Bestrahlungsserie ist die Kenntnis der Erythemschwellendosis, für die Steigerung bzw. die Auswahl der Reaktionsstärke auch die Gradation, d.h. der Erythemcharakter wichtig, weil daraus sich der Multiplikationsfaktor für Bestrahlungszeiten zur Erzielung einer stärkeren Hautreaktion ergibt.

Bei einer Dosierung über die Erythemreaktion ist es zweckmäßig, zunächst an einer größeren normalen Versuchsgruppe und an unvorbestrahlter Haut die Erythemschwelle für die benützte Strahlenquelle zu bestimmen. Eine solche Bestimmung muß nach längerer Betriebszeit des Brenners wiederholt werden, ebenso bei

Auswechseln des Brenners. Im Einzelfall kann vor einer Lichttherapie natürlich auch die individuelle Schwelle des Patienten bestimmt werden, um einen Ausgangspunkt für die Therapie zu haben. Bleibt man jedoch, wie heute vorzugsweise üblich, überhaupt unter der Erythemschwellendosis mit seiner Bestrahlung, so ist dieser Wert nicht mehr ganz so entscheidend.

Wichtig ist die Kenntnis der Kontraindikationen zu einer Lichttherapie. Hierher gehören alle Lichtdermatosen im engeren und weiteren Sinne unter Einschluß des Lupus erythematodes und auch der akuten Ekzeme. Bei Vorliegen möglicher Allergien ist auch an eine Lichtallergie zu denken. Fototoxische Stoffe sollen vor einer Lichtbehandlung rechtzeitig, also Tage oder sogar Wochen vor der Bestrahlung von der Haut entfernt werden. Der Gebrauch von Toilette-Wässern, die z.B. Bergamotte-Öl enthalten, sollte zur Vermeidung einer Berlock-Dermatitis während der Bestrahlung unterbleiben.
Die erwähnte initiale, nach der Bestrahlung sich einstellende sympathicotone Reaktionslage sollte zur Vorsicht bei der Bestrahlung exsudativer Tuberkulosen, bei Hyperthyreosen und bei Bestehen eines Ulcus ventriculi und duodeni veranlassen. Akute Hauterkrankungen, aber auch eine Psoriasis vulgaris, ein Lichen ruber planus oder eine Pityriasis rosea können unter einer zu intensiven UV-Bestrahlung exacerbieren. Vegetativ stigmatisierte Kranke klagen gelegentlich über Schlaflosigkeit nach intensiver Ganzbestrahlung.
Bei jeder UV-Bestrahlung sollte ein Wärmestau vermieden werden. Er ist sowohl bei der Tuberkulose, aber auch bei Kreislauflabilität und Hauterkrankungen – hier vor allem wegen des verstärkten Juckreizes – nachteilig.
Eine übertriebene UV-Behandlung des Gesichtes aus kosmetischen Gründen kann zwar in der Erythemphase infolge des Ödems zu einem günstigen kosmetischen Rückgang der Falten führen, später kommt es jedoch zur Austrocknung der Haut.
In der Heliotherapie oder einer Helioklimatherapie kann die Dosierung der Bestrahlung heute angenähert mit Hilfe der Tages-Jahreszeiten-Diagramme von Schulze (vgl. Kap. 2) für eine mittlere Erythemschwellenzeit ermittelt werden. Zusätzliche Faktoren wie der Grad der Bewölkung müssen ebenso wie die individuelle Empfindlichkeit der Kranken berücksichtigt werden. Das gleiche gilt für die übrigen Klimabedingungen. Eine individuelle Dosierung ist überhaupt den älteren starren Schemata vorzuziehen, wobei gewisse Grundsätze, z.B. Beginn der Klimakur am Vor- oder Nachmittag und Vermeidung der heißen Mittagszeit allgemein zu gelten haben. Klimakuren lassen sich grundsätzlich überall durchführen, wenn auch das Gebirge besonders im Winter wegen der UV-Reflexion des Schnees dem Flachland vorzuziehen ist. Die Sonnenstunden sind zudem im Gebirge höher und die calorischen Bedingungen günstiger. Besonders geeignet ist auch die Nordsee, weniger die Ostsee, wobei auch hier Herbst und Winter zu einer Klimakur ausgenützt werden können. Der Mittelmeerraum ist für eine solche Kur aus calorischen Gründen weniger geeignet.

Die UV-Therapie mit künstlichen Strahlern soll unter Berücksichtigung des günstigen Spektrums durchgeführt werden, was besonders wegen der unterschiedlichen

„räumlichen Dosisverteilung" in der Haut für die Behandlung der Dermatosen wichtig ist. Als Strahlenquellen kommen vor allem in Frage:

1. ungefilterte Hg-Hochdrucklampen (z.B. Q 600).
2. gefilterte Hg-Hochdrucklampen (z.B. Ultra-Vitalux-Lampe).

Kohlenbogenlampen und auch die Xenon-Lampen werden therapeutisch kaum noch verwendet. Erstere sind durch die Hg-Hochdrucklampen abgelöst, letztere brachten trotz des „sonnenähnlichen" Spektrums therapeutisch nicht solche Vorteile, daß dadurch ihre technischen Nachteile in Kauf genommen werden könnten.

Als spezielle Strahlenquellen für den therapeutischen Einsatz seien noch die Kromayerlampe zur Kontaktbestrahlung der Haut und UV-abgebende Leuchtstoffröhren in Bestrahlungsanlagen zur Ganzkörperbestrahlung erwähnt.
Der Vorteil der gefilterten Hg-Hochdrucklampen liegt vor allem in dem fehlenden UV-C-Anteil, wodurch die Gefahr der *Lichtkonjunktivitis* auf 1/40 gegenüber der bei Verwendung der ungefilterten Lampe zurückgeht.

Dennoch sollten nicht nur die Kranken, sondern auch das Personal in den Bestrahlungsräumen Schutzbrillen aus gefärbtem Glas oder Kunststoff tragen, da die oft gekachelten oder sonst stark reflektierenden Wände eine UV-Schädigung des Auges verursachen können.
Ein weiterer Vorteil gefilterter Hg-Strahlen ist die fehlende Ozon-Bildung, die in schlecht belüfteten Bestrahlungsräumen störend sein kann und zu Kopfschmerzen des Personals führt.
Praktisch wird die Auswahl der Strahlenquelle häufig durch die gewünschte Feldgröße bestimmt werden. Zu große Abstände zwischen Haut und Strahlenquelle bedingen nicht nur gegenüber dem optimalen Abstand erheblich verlängerte Bestrahlungszeiten, sondern auch wegen der nicht punktförmigen Lichtquelle und die nur für bestimmte Abstände dies korriegierenden Reflektoren eine sehr ungleiche Ausleuchtung der Bestrahlungsfelder. Es empfiehlt sich daher eher, mehrere Felder nacheinander bei optimalem Abstand zu bestrahlen. Bei Ganzbestrahlungen sollen Kopf und Gesicht ausgespart werden, falls sie keine krankhaften Veränderungen aufweisen. Die Beine können etwas intensiver als der Stamm bestrahlt werden oder können z.B. bei der Bestrahlung im Liegen zur Erhöhung der Dosis erhöht gelagert werden. Bei einer Kontaktbestrahlung muß der zu bestrahlende Bezirk genau, z.B. durch eine Papierblende, begrenzt werden. Großflächigere Kontaktbestrahlung z.B. einer Alopecie werden so durchgeführt, daß die Kromayerlampe unter Druck auf dem Kopf hin- und herbewegt wird. Bessere kosmetische Ergebnisse werden erzielt, wenn die Abdeckung der Bestrahlungsfelder nicht scharf, sondern z.B. durch abdeckende Tücher erfolgt. Zum Schutz der Augen bei Bestrahlung des Gesichtes sind deshalb auch Watteauflagen den scharf abschließendenden Schutzbrillen vorzuziehen.
Die Erhöhung der Dosis bei einer kurmäßigen Bestrahlung erfolgt in der Regel unter Beibehaltung von Abstand und Feldgröße durch Verlängerung der Bestrahlungs-

zeiten. Bei bestimmten Lampen (z.B. Eva-Lampe) kann dabei gleichzeitig die spektrale Zusammensetzung der Bestrahlung geändert werden.
Mit allen Hochdruckstrahlern soll noch nicht in deren Einbrennzeit bestrahlt werden, weil hier Dosisleitung und spektrale Zusammensetzung sich noch nicht eingestellt haben. Die Alterung der Quarzbrenner, die ebenfalls zu einer Veränderung des Spektrums führt, ist in der Praxis ebenso zu bedenken wie die Einschränkung der Durchlässigkeit der Brenner von außen.
Sowohl Staub als besonders Fingerabdrücke können sich in das Quarzglas einbrennen. Die Reinigung mit destilliertem Wasser oder Spiritus ist gelegentlich erforderlich. Dies gilt im besonderen auch für die Wasserkühlung der Kromayerlampe, wobei hier oft auf verdünnte Säuren (z.B. 3 %-ige Salzsäure) zurückgegriffen werden muß.
Bei einem laufenden Bestrahlungsbetrieb ist es zweckmäßig, die Lampe brennen zu lassen, da die Alterung besonders rasch bei häufigem Einschalten eintritt und zudem eine noch nicht abgekühlte Lampe nicht sofort wieder zündet.
Die Anfangsdosis einer Bestrahlungskur richtet sich nach dem gewünschten Erythemgrad. Für praktische Zwecke hat sich die folgende Einteilung bewährt:

1. Suberythem: Keine sichtbare Rötung, auch als „sedative" Dosis bezeichnet.

2. Erythemgrad I: Kaum sichtbare Rötung, der Erythemschwelle entsprechend, nach einer Latenzzeit von einigen Stunden auftretend und nach 1–2 Tagen wieder abklingend,
   Erythemgrad II: Geringe Rötung, die nach etwa 3 Tagen unter leichter Schuppung abklingt,
   Erythemgrad III: Intensive Rötung mit folgender Abschilferung der Haut, etwa 1 Woche anhaltend und als „Entzündungsdosis" nur für kleine Felder und bestimmte Indikationen (z.B. Akne vulgaris) geeignet.
   Erythemgrad IV: Sehr intensive, bereits 2 Stunden nach der Bestrahlung auftretende Rötung mit baldiger Blasenbildung, als „kaustische" Bestrahlung heute nicht mehr üblich.

Im folgenden sind drei Möglichkeiten für Bestrahlungskurven dargestellt (Tab. 10.3).

Bei der sogenannten sedativen Kur tritt nur ein Suberythem auf, bei der „tonisierenden" Kur eine leichte Erythemreaktion. Die hier schließlich noch aufgeführte „therapeutische" Kur würde nach unseren heutigen Vorstellungen nur für ganz bestimmte Indikationen und einzelne Felder zu empfehlen sein.

Generell ist man heute mehr geneigt, die Dosis niedrig zu halten und keine zu starken Reaktionen zu verursachen, zumal offenbar deren therapeutischer Effekt eher schlechter als besser zu sein scheint.

In Solarien oder auch bei der Helioklimatherapie soll auf jeden Fall mit einer unter der Erythemschwelle liegenden Dosis wegen der großen Bestrahlungsfläche und

Tab. 10.3: Kurformen für die Durchführung von UV-Bestrahlungen

1) Sedative Kur

Behandlung	Intervall Tage	Dosierung	Reaktion	Bemerkungen
1.	täglich	0,5	Suberythem	Die sehr leichte Reaktion
2.	oder jeden	0,7		soll nach jeder Behandlung
3.	2. Tag	0,9		wieder auftreten. – Anstei-
4.		1,1		gende Dosen bis höchstens
5.		1,3		zum Auftreten des ersten
6.		1,5		Grades des Erythems.

2) Tonisierende Kur

Behandlung	Intervall Tage	Dosierung	Reaktion	Bemerkungen
1.	2–3 Tage	1	Erythem	Das Ziel ist, nach jeder
2.	zwischen den	1,3	ersten	Bestrahlung den ersten
3.	einzelnen Be-	1,6	Grades	Grad des Erythems zu
4.	handlungen	2		erzeugen. Bei jeder Be-
5.		2,3		handlung werden Rücken-
6.		2,6		und Brustseite des Kör-
7.		3		pers bestrahlt. Beim Auf-
8.		3,3		treten von Pigmentation
9.		3,6		3–4 Wochen aussetzen
10.		4		und von vorne beginnen.
11.		4,3		
12.		4,6		
13.		5		
14.		5,3		
15.		5,6		

3) Therapeutische Kur

1.	2–3 Tage	1	erster,	Nach jeder Bestrahlung
2.	die Reaktion	1,5	später	soll ein ausgesprochenes
3.	auf die vor-	2,25	zweiter	Erythem festgestellt wer-
4.	hergegangene	3,5	Grad des	den können.
5.	Bestrahlung	5	Erythems.	Nach 12 Sitzungen
6.	muß ver-	7,5	Pigmenta-	3–4 Wochen Pause.
7.	schwunden	16	tion von	
8.	sein.	16	der 6. Be-	
9.		24	handlung	
10.		27	ab.	
11.		30		
12.		30		

des nicht genau einzuhaltenden Abstandes bzw. Einstrahlungswinkels begonnen werden.

Die therapeutischen Bestrahlungslampen besitzen größtenteils einen Wecker, mit dem die Bestrahlungszeiten angezeigt werden. Bei Ganzbestrahlungen der Vorder- und Rückseite sollte zweckmäßigerweise ein zweiter Wecker bereitstehen und die Kranken angewiesen werden, beim ersten Signal sich umzudrehen und beim zweiten die Bestrahlungskabine zu verlassen. Hält sich das Personal außerhalb des Raumes auf, müssen dort ebenfalls Anzeigegeräte vorgesehen sein. Überhaupt ist eine sorgfältige Aufsicht der Bestrahlung und Kontrolle der Bestrahlungszeiten, besonders bei Kindern und älteren Leuten, notwendig.
Im Rahmen einer Bestrahlungsserie oder -kur, die aus 5–20 Bestrahlungen mit einem Abstand zwischen 1 und 3 Tagen zwischen den einzelnen Bestrahlungen bestehen kann, muß die Dosis von Bestrahlung zu Bestrahlung zum Ausgleich der Gewöhnung erhöht werden. Ein ungefährer Multiplikationsfaktor für die Steigerung der Bestrahlungszeit kann mit 1,3 für die ungefilterte Hg-Hochdrucklampe und 1,1 für die gefilterte zugrundegelegt werden. Individuelle Anpassung ist vor allem bei Auftreten von zu starken Reaktionen nötig, wobei entweder einmal auf die Dosiserhöhung verzichtet werden kann oder auch überhaupt eine Bestrahlung ausfällt.
Nicht nur aus praktischen Gesichtspunkten heraus kann eine Bestrahlungsserie auch mit einer gleichmäßigen Erhöhung der Dosis durchgeführt werden, wobei anfangs eine Verdopplung der Dosis, dann ein Zuwachs um 33 %, weiter um 25 %, 20 % u.a. erfolgt

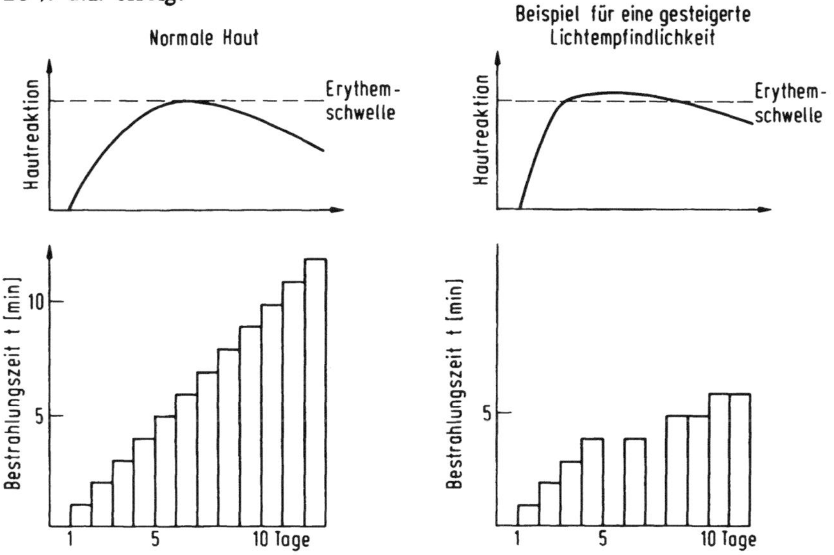

Abb. 10.1: Hautreaktion und UV-Dosierung.
A) normalige unterschwellige UV-Reaktion (a) bei täglich (10) gesteigerter Dosis.
B) überschießende UV-Reaktion (a) mit unterbrochener und temporär nicht gesteigerter Dosis (b).

Hier beginnt die Bestrahlung weit unterhalb der Erythemschwelle und erreicht sie schließlich. Dann beginnt man sich durch später zu geringe prozentuale Steigerung schon gegen Ende der Therapie wieder auszuschleichen. Ein auftretendes Erythem ist dabei das Regulans für die weitere Dosierung.
Eine Wiederholung einer Bestrahlungsserie soll erst nach Abklingen der Lichtschwiele (etwa nach 2 Monaten frühestens) erfolgen.
Die Bestrahlung von Körperhöhlen kann mit der gekühlten Hg-Hochdrucklampe (Kromayerlampe) erfolgen, für die es früher auch noch entsprechende Quarzansätze gab, sowie mit Hg-Niederdrucklampen, die bekanntlich vorzugsweise kurzwelliges UV der Wellenlänge 254 nm emittieren.

Eine spezielle Form der UV-Bestrahlungstechnik stellt die Eigenblutbestrahlung dar, die als eine der vielen Möglichkeiten einer unspezifischen Reizkörpertherapie anzusehen ist. Dabei besteht die Vorstellung, daß die Wirkung des Eigenblutes durch die Bestrahlung noch zu verstärken ist.
Es erfolgt die Bestrahlung des entnommenen Blutes, das dann (10–20 cm^3) intramuskulär reinjiziert wird. Es sind aber auch verschiedene Verfahren zum Bestrahlen von Blut, das wieder reinfundiert wird, angegeben worden. Dabei beträgt die Menge des bestrahlten Blutes etwa 300 cm^3.
Da schlüssige Beweise dafür fehlen, daß durch Verwendung bestrahlten Eigenblutes bessere therapeutische Wirkungen als mit anderen unspezifischen Reizkörpern zu erreichen ist, wurde das doch recht aufwendige Verfahren in der Zwischenzeit wieder weitgehend verlassen.

10.1.2 Lichtbehandlung in der Dermatologie

Die Therapie mit ultravioletten Strahlen in der Dermatologie, in der also im Gegensatz zu der UV-Therapie in anderen Fachgebieten nahezu ausschließlich die primäre Wirkung auf die Haut ausgenutzt wird, kann für die meisten Erkrankungen als unspezifisch bezeichnet werden. Daher stellt die UV-Therapie heute auch nur noch eine von mehreren therapeutischen Möglichkeiten dar. Sie ist z.B. auf Gebieten, in denen sie früher – z.B. bei der Hauttuberkulose – die Therapie der Wahl war, durch Fortschritte in der Therapie, besonders der Chemotherapie und der Behandlung mit Antibiotika, vielfach auf einen hinteren Platz verdrängt worden.

Es sollen daher nachstehend nicht alle möglichen Indikationen aufgezählt werden, sondern nur die, bei denen auch heute noch in Klinik und Praxis sinnvoll ultraviolette Strahlen therapeutisch verwendet werden.
Die wichtigste Indikation ist die verstärkte Reaktionsbereitschaft der Haut im Rahmen sehr unterschiedlicher Dermatosen. Darunter fallen Zustände, die häufig rezidivieren, die durch allgemeine oder lokale Reize provoziert werden können und jucken.
Hier soll die UV-Therapie außerhalb eines aktuen Schubs erfolgen. Die Vorstellung der Wirkung geht dahin, daß durch die Bestrahlung ein Teil der für die Haut-

reaktionen verantwortlichen Stoffe, z.B. H-Substanzen Ellingers (Kap. 9, Abschnitt 3.1.6), gezielt und dosiert verbraucht werden. Neben dieser symptomatischen Therapie müssen natürlich auch die Ursachen der Erkrankungen möglichst beseitigt werden.
Eine Stoffwechselaktivierung wird bei einigen Krankheiten angestrebt, bei denen die UV-Dosen dann etwas höher, bis zum Auftreten eines leichten Erythems zu wählen sind.
Das gleiche gilt auch, wenn eine Schälwirkung erzielt werden soll. Hier empfiehlt es sich, zusätzlich durch alkoholische Lösungen die Austrocknung der Hornschicht zu verstärken. Die Vitamin-D-Aktivierung, die früher in der Therapie der Hauttuberkulosen, vor allem des Lupus vulgaris wohl eine der wesentlichen Komponenten der UV-Wirkung war, könnte eventuell auch bei der von Linser (1959) inaugurierten Lichtbehandlung der Mycosis fungoides eine Rolle spielen.
Die dermatologisch wichtigste Indikation, die Psoriasis vulgaris, paßt auch nur bedingt im Hinblick auf die Wirkung des UV in die Gruppe „Gewöhnung und Abhärtung". Vielmehr muß hier ein Effekt auf die DNS und damit auf die überstürzte Verhornung angenommen werden, der in die gleiche Gruppe gehört wie die Wirkung der Corticosteroide und Cytostatik bei dieser Erkrankung.

Bei der Psoriasis vulgaris sollte in möglichst allen Fällen zusätzlich zu der übrigen lokalen Therapie eine UV-Behandlung in der Art einer Ganzbestrahlung mit unterschwelligen oder – bei inveterierten Formen – auch die Erythemschwelle überschreitenden Dosen durchgeführt werden. Die sogenannte lichtempfindliche exanthematische Form kann auch, und zwar oft besonders erfolgreich, mit UV behandelt werden, wenn vorsichtig genug dosiert wird. Überdosierung hier kann aber leicht zu einer Exacerbation bis zur Ausbildung einer Erythrodermie führen.
Die Verträglichkeit des Cignolins (Dioxyanthranol) wird durch die UV-Therapie verbessert und seine Konzentration kann schneller gesteigert werden. Die von Goeckermann (1931) angegebene Technik (UV-Sensibilisierung durch Teer und anschließende Bestrahlung) scheint mehr eine Kombinationswirkung beider Faktoren auf die parakeratotische Verhornung zu sein als eine potenzierte Lichtwirkung.
Wie weit die Wirkung des UV beim Lichen ruber planus ähnlich ist, muß noch offen bleiben. Da vor allem der Juckreiz oft eindrucksvoll zurückgeht, während die Hauterscheinungen therapieresistenter sind, wird man wohl diese Krankheit eher in die Gruppe „Gewöhnung und Abhärtung" einordnen müssen.
Das Gleiche gilt für die seltenen in der Parapsoriasis-Gruppe zusammengefaßten Erkrankungen. Auch bei der Dermatitis herpetiformis Duhring ist, wenn UV überhaupt wirkt, vor allem der Juckreiz zu bessern. Ob auch ein Rezidiv durch eine UV-Kur zu unterbinden sein kann, muß derzeit noch offen bleiben.
Wegen der Spontanremissionen muß man auch die Versuche, durch UV-Bestrahlung beim Pemphigus vulgaris die notwendige Corticosteroid-Dosis zu senken, zunächst vorsichtig beurteilen. Immerhin ist es bei dieser Erkrankung, schon wegen der allgemein roborierenden Wirkung, eine UV-Bestrahlung angezeigt.

Bei der Urticaria sind die Therapieerfolge, wohl in Abhängigkeit von der Intensität der sie auslösenden Faktoren sehr unterschiedlich. Vollständige Versager stehen neben ausgezeichneten Erfolgen, besonders in den Fällen mit einem sehr ausgeprägten Dermographismus. Gelingt es z.B. durch eine spezifische Desensibilisierung, die Ursache der Urtikaria zu beseitigen, so ist sowohl in der Desensibilisierungsphase als auch danach zur Normalisierung der Hautempfindlichkeit eine kurmäßige UV-Therapie anzuraten.

Ebenso läßt sich im Frühjahr eine Lichturticaria durch vorsichtige UV-Therapie ausgezeichnet an Licht gewöhnen. Eine solche Gewöhnung konnten wir sogar bei einer unter dem Bilde einer Lichturticaria auftretenden Protoporphyrinämie beobachten.

Der rezidivierende Herpes simplex, der bekanntlich nicht selten durch intensive Sonnenbestrahlung (Herpes solaris) auszulösen ist, kann durch vorsichtige, später sogar in eine Kontaktbestrahlung übergehenden Behandlung meist gut, eventuell sogar bis zur Rezidivfreiheit behandelt werden.

Beim endogenen Ekzem, das ja auch auf eine Klima- oder Helioklimatherapie im allgemeinen gut anspricht, ist der Wert der UV-Therapie auf das Krankheitsgeschehen selbst oft fraglich, auf den Juckreiz aber auch meist gut.
Besser spricht dagegen das seborrhoische Ekzem auf eine, wegen der gelegentlichen besonderen Lichtempfindlichkeit dieser Kranken vorsichtige UV-Behandlung an, besonders die follikulär betonten Formen. Bei Kindern ist hier die UV-Therapie unter Umständen sogar der sonstigen Lokaltherapie vorzuziehen.

Bei der Ichthyosis sind die Erfolge der UV-Therapie kombiniert mit Salben und vor allem Vitamin-A-Gaben gut, wobei auch an eine direkte Wirkung auf die Verhornung zu denken wäre.

Bei dieser Gruppe der Erkrankungen, bei der die Akuität berücksichtigt und möglichst unterhalb der Erythemschwelle bestrahlt werden mußte, stand also die Gewöhnung und Abhärtung der Haut mit einem Verbrauch der die jeweiligen Hauterscheinungen allein oder mitverursachenden Stoffen in der Haut im Vordergrund.

Der Effekt der Bestrahlung mit UV bei der Akne vulgaris und conglobata ist sicher unabhängig von der Schälwirkung, die früher immer angestrebt wurde. Dennoch sollte hier bis zur Entstehung eines leichten Erythems bestrahlt werden. Ob eine direkte Wirkung auf die Zusammensetzung des Talges oder die follikuläre Verhornung vorliegt oder mehr eine lokale oder allgemeine Stoffwechselanregung, muß zunächst noch offen bleiben. Bei dieser Krankheitsgruppe ist aber, ebenso wie bei der Psoriasis vulgaris, ein Verzicht auf die UV-Therapie für den Kranken von Nachteil.
Eine aktivierende Wirkung der UV-Strahlen wird auch bei der Behandlung der Alopecie angenommen. Die Erfolge sind hier recht unterschiedlich und auch von der Ätiologie des Haarausfalles abhängig. Am besten scheinen sie noch bei der seborrhoischen Form zu sein. Ob es wirklich gelingt, bei einer Alopecia areata durch UV-Bestrahlung einen neuen Haarwuchs anzuregen, muß bezweifelt werden, wenn man auch bei dieser Krankheitsgruppe ungern auf die Möglichkeiten der UV-Thera-

pie, am zweckmäßigsten mit der Kromayerlampe als Kontaktbestrahlung durchgeführt, verzichtet.
Einen Schäleffekt strebt man mit der UV-Therapie bei der Pityriasis versicolar an, um diese sehr oberflächlich in der Hornschicht lokalisierte „Mykose" dadurch zu entfernen. Unterstützt werden sollte die Behandlung durch austrocknende und schälende Lokalmaßnahmen. Unter der UV-Therapie kann es zum Bilde einer Pityriasis versicolar alba kommen, weil die befallene Hornschicht offenbar stärker Licht absorbiert, so daß an diesen Stellen dann die Pigmentierung geringer ist.

Besonders vorsichtig sollte die Schälbehandlung bei der Pityriasis rosea durchgeführt werden, um hier eine Exacerbation zu vermeiden. Auch wird sie zweckmäßigerweise durch Lokaltherapeutika unterstützt. Die UV-Therapie der Mycosis fungoides, besonders im ersten und zweiten Stadium indiziert, ist, wie bereits erwähnt, möglicherweise durch eine Vitamin-D-Bildung zu erklären. Von der Möglichkeit, durch UV bei oft guten bis sehr guten Erfolgen mit Rückgang des oft quälenden Juckreizes im Anfang der Erkrankung Röntgenstrahlen zu sparen, sollte man unbedingt Gebrauch machen. Aufgrund der gleichen Überlegung kann auch bei reticulären Hyperplasien und der Mastzellen-Reticulose (Urticaria pigmentosa), bei letzte-

Tab. 10.4: UV-Indikationen in der Dermatologie

Wirkung	Indikation
Abhärtung	Psoriasis vulgaris
Gewöhnung und Beeinflussung des Pruritus	Lichen ruber planus Pitryriasis lichenoides Erythrodermie pityriasique en plaques disséminées Dermatitis herpetiformis (Pemphigus vulgaris) (Urticaria) Lichturticaria Herpes simplex seborrhoisches Ekzem (endogenes Ekzem) Ichthyosis
Stoffwechselaktivierung	Akne vulgaris et conglobata Alopecia areata et diffusa
Schäleffekt	Pityriasis versicolor Pityriasis rosea
Vitamin-D-Aktivierung (?)	Mycosis fungoides
„cytostatische" Wirkung	Psoriasis vulgaris Reticulosen und reticuläre Hyperplasien (?)
Repigmentierung	Vitiligo

rer oft mit einem überzeugenden Nachlassen der Erektilität der Herde, ein Versuch mit einer UV-Therapie gemacht werden.

Die UV-Bestrahlung von Vitiligo-Herden nach vorheriger Lichtsensibilisierung, z.B. mit Psoralenen enttäuscht recht oft.

10.1.3 Lichtbehandlung nicht-dermatologischer Erkrankungen

Die Trennung der Lichttherapie in dermatologische und nicht-dermatologische Erkrankungen entspricht der Unterteilung in direkte Wirkungen des UV auf die Haut und indirekte auf den Gesamtorganismus. Galt schon für die direkten Wirkungen, daß die UV-Therapie heute im wesentlichen nur noch zusätzlich und unterstützend eingesetzt wird, so trifft dies in noch größerem Maße für die indirekten Wirkungen zu, will man einmal alles nur noch Historische und doch nicht mehr Praktizierte fortlassen.

Die UV-Bestrahlung hat hier noch eine Bedeutung in der Prophylaxe, z.B. gegenüber der Rachitis im Kindesalter, weiterhin in der Rekonvaleszenz, z.B. nach Operationen und schweren Geburten, bei sekundären Anämien, weiterhin ganz allgemein in der Rekonvaleszenz, wozu auch das gesamte, früher so wichtige Indikationsgebiet der Tuberkulose zu zählen ist.

Bei der Durchsicht des neueren Schrifttums der einzelnen Fachgebiete werden diese Indikationen immer wieder herausgestellt, besonders unter dem Hinweis auf eine Kompensation der Verstädterungserscheinungen bei Kindern und in der Rekonvaleszenz, z.B. bei Osteoporose, Symphysenruptur und anderen Komplikationen unter der Geburt, sowie bei der ovariellen Insuffizienz im Bereich der Gynäkologie. Allgemein robonierend und zur Umstimmung wurde UV-Bestrahlung auch von den Internisten empfohlen, wobei hier die Hyperthyreosen und vielleicht auch noch die Hypertonie, bei vorsichtiger Dosierung eine dankbare Indikationen sind. Immer wieder wird allerdings auch hier auf die Möglichkeit zur Ausnutzung der sicher wirksameren lokalen Anwendung des UV, z.B. beim Dekubitus oder bei Ulcera cruris hingewiesen.

Dieser Rückgang der Bedeutung der UV-Therapie, die als indirekte Wirkung natürlich im wesentlichen als unspezifische Reiz- und Umstimmungsbehandlung angesehen wird, ist nicht nur durch neue spezifische Behandlungsverfahren bedingt, sondern auch durch die Tatsache, daß heute der Mensch von sich aus den Körper viel mehr und häufiger, z.B. im zusätzlichen Winterurlaub der Sonne aussetzt, so daß der Faktor des Reizes bei noch zusätzlicher UV-Therapie entfällt.

10.1.4 Kosmetische Lichtanwendungen

Wenn auch in den früheren Kapiteln schon verschiedentlich zu der kosmetischen Lichtanwendung Stellung genommen wurde, seien doch hier nochmal die Grund-

sätze, auch im Hinblick auf die einerseits behauptete günstige Wirkung, und die zum anderen gefürchtete Krebsentstehung skizziert.
Der Sonnenbrand als UV-B-Überdosierung sollte bei kosmetischer Bestrahlung vermieden werden, deshalb ist Gewöhnung und Verwendung eines guten Lichtschutzmittels anzuraten. Eine übermäßige Bestrahlung auch bei vorsichtiger Gewöhnung ist insbesondere im Gesicht zu vermeiden, weil hier am ehesten die eventuell auch durch das langwellige UV-A bedingten entzündlich degenerativen Veränderungen auftreten können. Bei künstlichen Strahlern ist wegen des geringeren UV-A-Anteiles diese Gefahr geringer, aber auch hier sollten Schädigungen schon im Hinblick auch auf die kosmetischen Folgen, wie De- und Hyperpigmentierungen gerade durch eine vernünftige Dosierung im Gesicht vermieden werden.
Jede Pigmentierung ist die Folge einer Dermatitis unterschiedlicher Stärke, in deren Reparationsphase nach der „faltenglättenden" entzündlich-exsudativen Phase es zu einer Austrocknung und gegebenenfalls Abschilferung der Haut kommt. Eine Hautpflege im Sinne einer Durchfettung und -„feuchtung" der Hornschicht ist in diesem Zeitpunkt besonders wichtig.

10.1.5 Fotochemotherapie

Besonders in den letzten Jahren hat für die Behandlung einer Reihe von Hautkrankheiten die Fotochemotherapie eine recht große Bedeutung erlangt. Fotobiologisch handelt es sich hier um eine Fotosensibilisierung der Haut durch Chemikalien gegenüber Wellenlängen, für die sie im Allgemeinen unempfindlich ist. Zur Anwendung kommt hierbei nahezu ausschließlich 8-Methoxypsoralen (MOP) (s. Kapitel 8, Abschnitt 6.4) und eine Bestrahlung mit sogenannten „Blacklight"-Lampen, die UVA mit ~ 360 nm emittieren. In einer Vielzahl von Kliniken sind bei einer Reihe von Hautkrankheiten recht gute Resultate erzielt worden.
Indikationen:
Es ist zu unterscheiden zwischen primären Indikationen, bei denen die Fotochemotherapie die Methode der Wahl darstellt, entweder, weil ihre Wirkung anderen Behandlungen überlegen ist, oder keine wirksamen anderen Verfahren zur Verfügung stehen, und sekundären, bei denen die Fotochemotherapie als Zusatzbehandlung zu anderen klassischen und eingeführten Behandlungsmaßnahmen durchgeführt wird. Bedeutung und Anteil der Fotochemotherapie im Rahmen des jeweils gesamten therapeutischen Vorgehens können dabei sehr unterschiedlich sein und die Fotochemotherapie vor allem in der ambulanten Behandlung und zur Nachbehandlung auch einmal der wichtigste Therapiefaktor sein.

Zu der ersten Gruppe gehört die Anwendung bei Vitiligo („Scheckhaut"), Lichtempfindlichkeit und Mykosis fungoides („Wucherflechte"), bei der zweiten sind zu nennen: Psoriasis vulgaris und pustulosa („Schuppenflechte"), Akne, Herpes simplex sowie seborrhoische und bakterielle Ekzeme.
Die Applikation des Sensibilisators kann entweder lokal oder auch oral erfolgen. Bei letzterer Behandlungsart ist zur Vermeidung von Nebenwirkungen (z.B. durch Sonneneinstrahlung) die Ausscheidungskinetik zu beachten. Eine maximale Wirkung

erzielt man nach ca. 2–4 Stunden, nach 8 Stunden sind 60 %, nach 48 Stunden 99 % ausgeschieden.

Technik der Behandlung:
Zur Technik der Medikation hat sich das folgende Vorgehen bewährt:
Bei interner Medikation erfolgt die Einnahme von 2 bis 4 Tabletten Meladinine® (20 bis 40 mg) zwei Stunden vor der Bestrahlung, die (in unseren Kabinen) mit 6 bis 8 Minuten Bestrahlungszeit unter täglicher Steigerung beginnt.

Für die externe Medikation wird eine Lösung folgender Rezeptur:

Rp. Meladinine liqu. 15,0
Isopropanol ad. 75,0

eine halbe Stunde vor der Bestrahlung auf die befallenen Stellen aufgetragen, dann erfolgt die erste Bestrahlung mit 2 bis 5 Minuten und die Dosis wird ebenfalls täglich erhöht.

Bei stationären Kranken erfolgt die Bestrahlung täglich, ambulant aus technischen Gründen meist nur 2 bis 3mal wöchentlich. Die Erhöhung der Dosis von Bestrahlung zu Bestrahlung liegt bei 2 bis 6 Minuten, die maximale Bestrahlungszeit bei lokaler Anwendung bei 15 bis 20 Minuten und bei interner Medikation bei 30 bis 40 Minuten pro Sitzung; bei kombinierter Behandlung entspricht das Vorgehen etwa demjenigen der externen Therapie.

Angelehnt an die angenommene Ausscheidungskinetik des MOP werden die Kranken angewiesen, die behandelte Haut für 8 Stunden nicht der Sonne auszusetzen. Es hat sich als zweckmäßig erwiesen, in den sonnenreichen Sommermonaten an die Durchführung einer internen Medikation besonders strenge Maßstäbe hinsichtlich der klinischen Notwendigkeit und der Verläßlichkeit der Patienten anzulegen.

Nebenwirkungen:
Nebenwirkungen der Fotochemotherapie bestehen außer in den gelegentlich zu erwartenden fototoxischen Reaktionen bei unsachgemäßer Anwendung oder zusätzlicher Belichtung in Magen-Darm-Beschwerden, Schwindel und Kopfschmerzen etc. bei höher dosierter interner Medikation sowie in gelegentlichen Erhöhungen der Transaminasewerte bei meist schon veränderten Ausgangswerten. Diese Transaminasenerhöhungen normalisieren sich aber, z.T. auch unter fortgesetzter Therapie, und gehen wenigstens aufgrund unserer bisherigen Beobachtungen nach Absetzen wieder auf die Ausgangswerte zurück.

Für das Auftreten degenerativer Hautveränderungen im Sinne der entzündlichen Altersatrophie ergab sich bisher auch aus der Literatur kein Anhalt. Die Möglichkeit muß jedoch bei dieser Therapie bedacht werden und besonders bei Bestrahlung im Gesicht Berücksichtigung finden. Da die Frage einer eventuellen Förderung der Epitheliombildung durch die MOP-Medikation derzeit noch niemand absolut sicher besonders bei der internen Medikation verneinen kann, sollte die Indikation für diese Therapie streng gestellt werden, und z.B. eine Dauerbehandlung von Psoriatikern im erscheinungsfreien Intervall nur zur Prophylaxe neuer Exacerbationen besser unterbleiben.

Literatur

Coblentz, W.W., Stair, R. und Hogue, J.M. (1931): Strahlenther. *42*, 373.
Goeckermann, W.H. (1931): Arch. Derm. Syph. (Chic.) *24*, 446.
Hausser, K.W. und Gauer, O. (1933): Strahlenther. *48*, 230.
Henschke, U. und Schulze, R. (1939): Strahlenther. *64*, 43.
Linser, H. (1959): Haut- und Geschlechtskrankheiten *27*, 319.
Schulze, R. (1956): Parfümerie und Kosmetik, B. 46, 310.
Wiskemann, A. und Wisser, H. (1956): Strahlenther. *99*, 594.

10.2 Desinfektion und Sterilisation durch ultraviolette Strahlung

I. Wienhard

Unter Sterilisation versteht man eine vollständige, irreversible Abtötung aller Mikroorganismen, unter Desinfektion eine starke Reduktion der Anzahl vorhandener Mikroorganismen, so daß keine weitere Infizierung mehr möglich ist.

Als Desinfektions- und Sterilisationsverfahren werden angewandt:

a) feuchte und trockene Hitze,
b) Filtration,
c) Chemikalien,
d) γ- und UV-Strahlen.

Im folgenden Abschnitt wird nun die Methode der UV-Bestrahlung besprochen. Sie wird in den meisten Fällen zur Desinfektion, seltener zur Sterilisation eingesetzt.

10.2.1 Wirkungen der kurzwelligen UV-Strahlung

10.2.1.1 Bakterientötende Wirkung

Der zur Abtötung von Mikroorganismen wirksame Wellenlängenbereich erstreckt sich von ca. 200–290 nm (vgl. Kap. 8).

Die Hauptemission einer Quecksilberniederdruckentladung liegt bei 253,7 nm, wodurch diese Linie eine gute bakterizide Wirkung besitzt.

Als „mittlere letale Dosis" wird die UV-Bestrahlungsdosis definiert, welche die Anzahl der Mikroorganismen auf den e-ten Teil des Anfangswertes reduziert. Sie wird in der älteren Literatur als *1 Lethe* bezeichnet (Buttolph, 1944). Dies ist keine Einheit, da sie nicht gemäß standardisierten Meßvorschriften definiert ist, und wurde mehr aus Kuriosität erwähnt.

Die UV-Strahlungsempfindlichkeit ist von der Art des Mikroorganismus, vom physiologischen Zustand der Zellen, sowie von Umgebungsfaktoren abhängig. Zur Abtötung von Bakterien und Viren genügen im allgemeinen geringere UV-Bestrahlungsdosen als für Pilze und Hefen. Vegetative Formen sind wiederum empfindlicher als Sporen. Unterschiede im Ernährungszustand und in der Wachstumsphase machen sich stark bemerkbar, ebenso unterschiedliche physikalische und chemische Parameter des Bestrahlungsmilieus. So erfordert die Inaktivierung in Wasser höhere Bestrahlungsdosen als in trockener Luft.

Zu einer 90 %-igen Abtötung ist für die meisten Mikroorganismen eine Bestrahlungsdosis zwischen 2 und 10 mJ · cm^{-2} ausreichend.

In der älteren Literatur findet man mehrere Angaben über zur Abtötung verschiedener Mikroorganismen notwendigen UV-Bestrahlungsdosen (Zusammenstellung siehe Meyer-Seitz: „UV-Strahlen", Meyer und Seitz, 1949).
Bei ihrer experimentellen Bestimmung wurde das damals noch unbekannte Phänomen der Fotoreaktivierung nicht berücksichtigt, so daß sie bestenfalls als Näherungswerte zu betrachten sind.

10.2.1.2 Gesundheitsgefährdung durch UV: Ozonerzeugung, Konjunktivitis, Erythem

Kurzwellige UV-Strahlung ($\lambda < 200$ nm) erzeugt in der Luft Ozon (O_3), das ab bestimmten Konzentrationen eine Reizwirkung auf die Schleimhäute der Atemwege ausübt. Der gesetzlich festgelegte MAK-Wert (maximale Arbeitsplatzkonzentration) für Ozon in der Raumluft beträgt 0,1 ppm, was 0,22 mg O_3/m^3 Luft entspricht.

Eine weitere gesundheitsschädigende Nebenwirkung hoher UV-Bestrahlungsstärken sind Konjunktivitis und Erythembildung auf der Haut (vgl. Kap. 9). Von der American Medical Association wurden Richtwerte für zulässige UV-Intensitäten festgelegt, bei denen sicher noch keine schädliche Wirkung auftritt (Tab. 10.5).

Bei kontinuierlicher Bestrahlung soll ein Wert von 0,1 $m\mu$ W · cm^{-2} nicht überschritten werden, bei einer Bestrahlungsdauer von 7 Stunden 0,5 · $m\mu$ W · cm^{-2}.

10.2.2 Kommerzielle UV-Lampen

In der Praxis werden vorwiegend Hg-Niederdruckbrenner verwendet. Sie haben ein scharfes Emissionsmaximum bei λ = 253,7 nm (90–95 % der Gesamtemission) und

Tab. 10.5: Standardwerte für zulässige Bestrahlungsintensitäten von UV – 253,7 nm (American Medical Association) [1]

maximale Bestrahlungsdauer	Intensität auf dem Gesicht in mμ W/cm²
24 Std.	0,1
18 Std.	0,2
12 Std.	0,3
9 Std.	0,4
7 Std.	0,5
6 Std.	0,6
4 Std.	0,9
3 Std.	1,2
2 Std.	1,8
1 Std.	3,6
30 Min.	7,2
10 Min.	21,6
1 Min.	216
30 Sek.	432
5 Sek.	2600

zeigen daher eine gute keimtötende Wirkung. Meistens werden die Entladungsröhren aus einem Spezialglas gefertigt, das die UV-Strahlung unterhalb 200 nm absorbiert, wodurch eine Ozonbildung in der Raumluft verhindert wird. Die Leistungsaufnahme der Geräte variiert zwischen 5–40 Watt, mit Vorschaltgerät bis zu 80 Watt. Die im Abstand von 1 m erzeugten Bestrahlungsstärken liegen für kleinere Geräte bei ca. 60 mμ W · cm^{-2} für Größere bei ca. 100 W · cm^{-2}.

Durch geeignete Reflektoren können sie erhöht werden. Aluminium hat die besten Reflektoreigenschaften für ultraviolette Strahlung.
Entsprechend dem jeweiligen Verwendungszweck stehen verschiedene Geräte zur Verfügung. Als Beispiel sei auf das „Sterisol"-Programm der Fa. Quarzlampen-Gesellschaft „Original Hanau" verwiesen. Angeboten werden verschiedene Deckenstrahler zur Ganzraumbestrahlung, Wand- und Zonenbestrahlungsgeräte zur Teilbestrahlung des Luftraums, UV-Strahlenschranken sowie speziell zur Flüssigkeitsbestrahlung ausgelegte Tauchlampen.

1) Eine deutsche Vorschrift existiert derzeit nicht, wird aber in den zuständigen Gremien diskutiert.

10.2.3 Anwendungsgebiete der UV-Bestrahlung

10.2.3.1 Luftdesinfektion

Das wichtigste Anwendungsgebiet der UV-Strahlung ist die Luftdesinfektion. Die in der Luft schwebenden Mikroorganismen sind für die UV-Strahlen frei zugänglich, so daß bei der Inaktivierung ein hoher Wirkungsgrad besteht. Gegenüber chemischer Verfahren hat die UV-Bestrahlung außerdem den Vorteil, vollkommen geruchsfrei und weitgehend wartungsfrei zu sein.
Man unterscheidet bei Einsatzmethoden:

a) *Direkte Ganzraumbestrahlung:*
Hierbei wird der gesamte Luftraum einer direkten Bestrahlung ausgesetzt (Abb. 10.2). Sie ist am wirksamsten und kann zu einer vollständigen Keimabtötung führen. Ihre Durchführung ist jedoch nur in Räumen möglich, in denen sich keine Personen befinden.

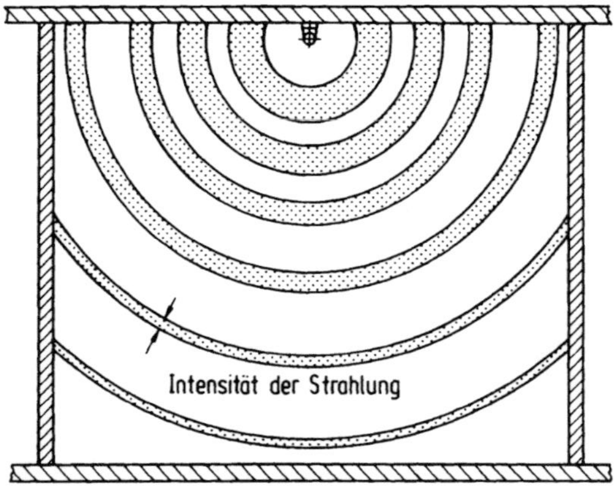

Abb. 10.2: Ganzraumbestrahlung.
(Abb. 10.2–10.7 wurden mit Erlaubnis der Fa. Quarzlampengesellschaft der Firmendruckschrift „Sterisol" entnommen).

b) *Indirekte UV-Bestrahlung:*
Bei dieser Methode wird nur der oberhalb der Augenlinie (entsprechende Höhe 2,20 m) liegende Luftraum bestrahlt. Dies wird durch Wandgeräte mit nach oben gerichteten Reflektoren (Abb. 10.3) und durch mit Lamellen ausgestatteten Zonenbestrahlungsgeräten (Abb. 10.4) erreicht. Bei vorhandener Luftzirkulation (z.B. durch Heizkörper) gelangen die im Raum befindlichen Mikroorganismen immer wieder in den UV-Strahlungsbereich und werden abgetötet. Bei Dauerbetrieb führt diese Methode zu einer ständigen Keimreduzierung, eine vollständige Abtötung wird jedoch nicht erreicht.

Die indirekte UV-Bestrahlung wird in Räumen eingesetzt, in denen sich ständig oder zeitweise Personen aufhalten. Durch starke UV-absorbierende Wandanstri-

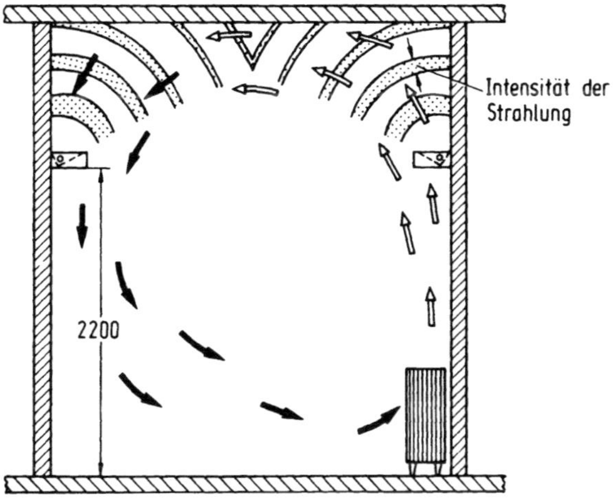

Abb. 10.3: Indirekte UV-Bestrahlung (Bestrahlung des Luftraums oberhalb der Augenlinie) durch Wandstrahler mit nach oben gerichteten Reflektoren.
(Schematische Darstellung unter Berücksichtigung der Luftumwälzung).

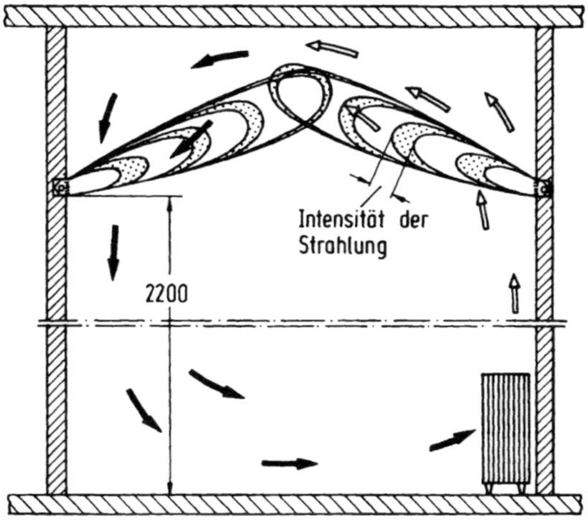

Abb. 10.4: Indirekte UV-Bestrahlung durch Zonenbestrahlungsgeräte mit Luftumwälzung (Maße in mm).

che (weiße und gelbliche Ölfarben, Zinkoxydfarben) kann außerdem Streustrahlung vermindert werden, so daß ein ausreichender Strahlenschutz gewährleistet ist. Die meisten Geräte für eine Bestrahlung des Luftraumes oberhalb der Augenlinie sind schwenkbar und lassen sich auch für eine Ganzraumbestrahlung einsetzen (Abb. 10.5).

c) *Sterisol-Umluftgerät:*
Eine neuartige Methode zur UV-Luftdesinfektion eröffnet sich durch den Einsatz des Sterisol-Umluftgerätes (Abb. 10.6). Die verschmutzte Luft wird ange-

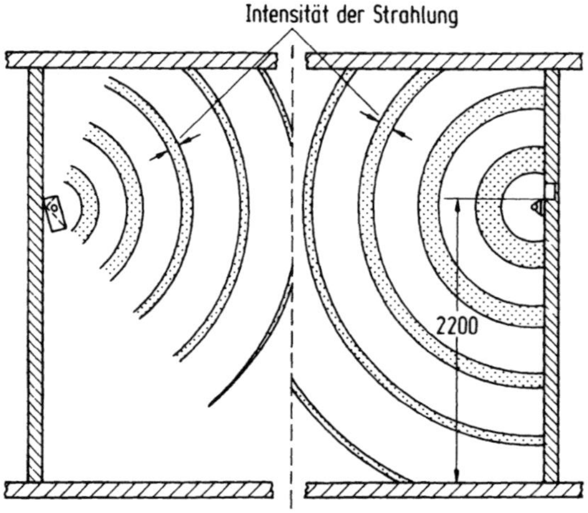

Abb. 10.5: Umschaltung von indirekter Bestrahlung auf Ganzraumbestrahlung durch Schwenken des Wandgerätes, links: indirekt, rechts: direkt (Maße in mm).

saugt, durch die im Gerät befindlichen ozonfreien UV-Strahler entkeimt und anschließend wieder in den Raum abgegeben. Zusätzlich werden die in der Luft vorhandenen Staubteilchen ausgefiltert. Die umzuwälzende Luftmenge läßt sich im Bereich von 150 und 360 m^3/Stunde variieren. Das Gerät ist transportabel.

d) *UV-Strahlenschranke:*
Die UV-Strahlenschranke besteht aus einem oberhalb des Türrahmens angebrachten Zonenbestrahlungsgerät (Abb. 10.7). Es werden Einheiten mit hohen Strahlungsleistungen verwendet, damit in dem erfaßten Bereich eine möglichst vollständige Keimabtötung erfolgt.

Mit Hilfe der UV-Strahlenschranke soll eine Keimverschleppung zwischen zwei Räumen weitgehend zu vermeiden sein.

e) *Einsatz von UV-Strahlern in Klimaanlagen:*
Erfahrungen haben gezeigt, daß es durch die Luftbefeuchtungsaggregate und Mängel im Filtersystem zu Keimanreicherungen in den Klimaanlagen kommen kann. Durch den zusätzlichen Einbau von UV-Strahlern in Klimaanlagen kann eine Keimfreiheit der Zuluft weitgehend sichergestellt werden.
Die UV-Strahler werden axial in den Ausgangsschacht angebracht, möglichst nahe an der Luftaustrittsstelle (Abb. 10.8). Der Luftkanal sollte an der Einbaustelle der Strahler mit einer stark reflektierenden Aluminiumfolie ausgekleidet sein, damit eine möglichst hohe Strahlungsausbeute erzielt wird. Die benötigte Anzahl an UV-Strahlern richtet sich nach der ausnutzbaren Strahlungsleistung, die von dem Kanalquerschnitt und dem Luftdurchsatz abhängig ist.

Im medizinischen Bereich findet die Luftentkeimung durch UV-Bestrahlung ein weites Anwendungsgebiet. Überall dort, wo Infektionsgefahr durch aerogene Keimausbreitung besteht, ist der Einsatz von UV-Strahlern sinnvoll. Operationssäle sind

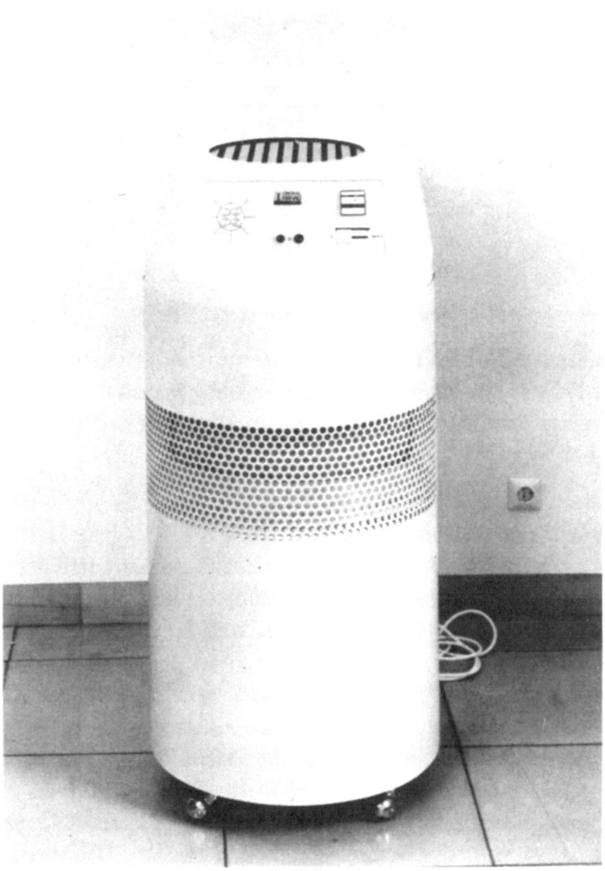

Abb. 10.6: „Sterisol"-Umluftgerät (Fa. Quarzlampengesellschaft, Hanau).

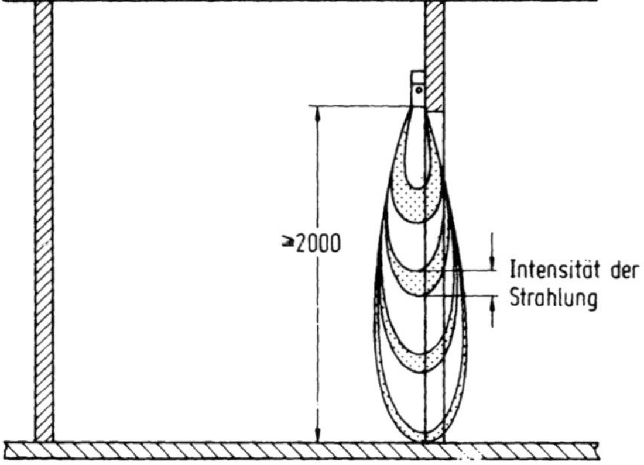

Abb. 10.7: UV-Strahlenschranke (Maße in mm).

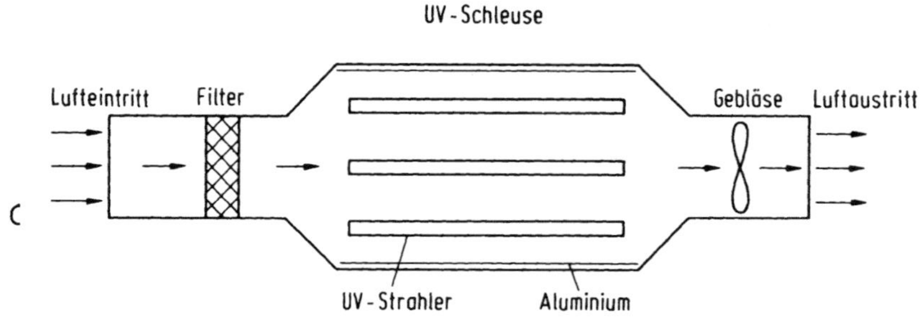

Abb. 10.8: Einbau von UV-Strahlern in Klimaanlagen (schematisch).

heute meistens durch UV-Schranken abgeschlossen und mit mehreren Strahlereinheiten und -typen bestückt, damit eine Umschaltung von indirekter Bestrahlung während des Operationsbetriebs auf Ganzraumbestrahlung während der operationsfreien Zeit möglich ist.

In mehreren Untersuchungen wurde eine gute Keimreduzierung durch die UV-Bestrahlung festgestellt (Robertson u.a., 1943, Hart, 1942, Kanz, 1966), außerdem wird von einem rapiden Abfall septischer Wundinfektionen berichtet (Hart, 1936, 1960). Durch eine Kombination von UV-Bestrahlung und chemischen Mitteln, z.B. Glykolverdampfung, kann die Desinfektionswirkung noch erhöht werden (Schmitt-Mende u.a., 1969).
Vorteilhaft erweist sich auch der Einbau von UV-Strahlern in die Klimaanlagen der Operationssäle, Bei eingeschalteter UV-Anlage ergab sich im Operationssaal eine Reduktion der Keimzahl auf ungefähr die Hälfte des ursprünglichen Wertes ohne Bestrahlung (Matz und Schassan, 1968). Aus Modellversuchen im Luftkanal liegen ebenfalls Ergebnisse über eine starke Verminderung des Keimpegels vor, wobei verschiedene Mikroorganismenarten untersucht wurden. Die Bakterien Staphyloccocus albus, Streptococcus viridans, E. coli,Klebsiella und Serratia marcescens könnten nicht mehr nachgewiesen werden, die Sarcinen waren stark vermindert, Bazillus subtilis-Sporen zeigten jedoch keine Beeinflussung (Gundermann und von Hehn, 1973). Unerläßlich ist die UV-Luftdesinfektion ebenfalls auf aseptischen Pflegeeinheiten, wie Transplantationseinheiten und Isolierstationen, sowie den dazugehörigen Schleusen als Unterstützungsmaßnahme anderer hygienischer Vorkehrungen (Pichlmaier u.a., 1968).

Auf Frühgeburten- und Säuglingsstationen hat sich die Einführung einer indirekten UV-Dauerbestrahlung seit langem bewährt (Tobler, 1953, 1959, Ewerbeck, 1954, Friederiszick, 1952). Infekte der oberen Luftwege waren auf Frühgeburtsstationen wesentlich seltener und interstitielle Pneumonien traten nicht mehr auf. Auf Säuglingsstationen war zur Vermeidung aerogener Infekte zusätzlich die Aufstellung von Trennwänden zwischen den einzelnen Betten notwendig (Friederiszick, 1954).

In der pharmazeutischen Industrie wird die UV-Luftdesinfektion bei der Herstellung von Medikamenten und Verbandstoffen in großem Umfang eingesetzt (Denington, 1944, Kundrat, 1950).

Von besonderer Bedeutung ist sie bei der Antibiotika- und Impfstoffproduktion, da hierbei die Sterilitätsanforderungen sehr groß sind (Klein und Hertzberger, 1951).

Bei der Lebensmittelherstellung und -lagerung ergeben sich für die UV-Luftentkeimung viele Anwendungsmöglichkeiten.
In fleischverarbeitenden Betrieben wurden mit dem Einbau von UV-Strahlern in Lager und Kühlräumen, in Rauchkammern, sowie bei der Konservenherstellung gute Erfahrungen gemacht. UV-Bestrahlung von Kühlräumen führt zu einer weitgehenden Keimzahlreduktion auch auf der Fleischoberfläche (Sürth, 1954) und zu einer längeren Haltbarkeit des gekühlten Fleisches (Schimmelpfennig, 1956). Außerdem kann unter UV-Bestrahlung die Fleischreifung bei erhöhten Temperaturen (15°–20° C) unter wesentlicher Verkürzung der üblichen Reifungslagerung (ca. 14 Tage bei 2° C) durchgeführt werden (Kuprianoff, 1953). Bei der Konservenherstellung erweist sich eine Kombination aus UV-Bestrahlung und chemischer Oberflächendesinfektion am wirksamsten (Schönberg, 1953, 1954).
Einschränkend muß bemerkt werden, daß nach der deutschen Lebensmittelverordnung lediglich UV-Raumluftentkeimung, jedoch keine direkte UV-Bestrahlung von Fleisch zulässig ist.

Bei der Milchabfüllung und Milchverwertung spielt die UV-Raumluftentkeimung ebenfalls eine bedeutsame Rolle. Zur Vermeidung aerogener Infektionen erweist sich in Molkereien neben einer allgemeinen Raumluftdesinfektion der Einbau von UV-Strahlern über dem Milchkühler und dem Milchbelüftungsbassin als sinnvoll, da diese wegen ihres großflächigen Luftkontakts besonders infektionsauffällig sind (Schönberg, 1954, Kohn, 1953). Zusätzlich wird häufig noch eine direkte Bestrahlung von Milchkammern, Milchflaschen und Milchtanks vorgenommen (Seelemann u.a., 1956, Lang, 1960).
In Käsereien hat sich eine UV-Bestrahlung der Reifungsräume besonders bewährt. Es wird weitgehend verhindert, daß während der langen Reifungsdauer des Käses Fremdinfektionen von außen auftreten, während die spezifische Käseflora durch die geringe Tiefenwirkung der UV-Strahlung unbeeinflußt bleibt (Godbersen, 1951, Zeiler, 1949, Kundrat, 1949, 1954).
Bei Hartkäse ist außerdem eine direkte UV-Bestrahlung zulässig (Lebensmittel-Bestrahlungs-Verordnung vom 19.12.1959, § 2). Untersuchungen zeigen, daß bei zu starker UV-Bestrahlung bei Camembert eine Verzögerung der Käsereifung eintreten kann (Kundrat, 1954), bei den allgemein üblichen Bestrahlungsdosen jedoch eine Beschleunigung des Reifeprozesses ohne Nebenwirkungen erreicht wird (Kundrat, 1954).

Weitere Einsatzmöglichkeiten für UV-Luftentkeimungsanlagen ergeben sich in Brotfabriken bei der Brotlagerung und Schnittbrotherstellung (Sauter, 1956), in der Getränkeindustrie in Abfüllräumen und automatischen Abfüllanlagen (Koch, 1955, Gensburger, 1952, Baumann, 1961) sowie in der Fischindustrie.
Mit zunehmendem Maße werden UV-Entkeimungsanlagen in der Landwirtschaft eingesetzt. Die Ställe moderner Massentierhaltungen werden zur Unterstützung an-

derer Desinfektionsmaßnahmen immer häufiger mit UV-Strahlern ausgerüstet (Kalich, 1973).

Trotz der unbestreitbaren Erfolge der UV-Bestrahlung bei der Luftdesinfektion muß vor einem allzu kritiklosen Einsatz gewarnt werden.
Intensive, direkte Bestrahlung von Menschen und Tieren muß wegen der Gesundheitsgefährdung vermieden werden. Das Phänomen der Fotoreaktivierung (vgl. 8.5) ist bei der zeitlichen Planung zu beachten, da durch diesen Vorgang bei den meisten infrage kommenden Mikroorganismen eine weitgehende Aufhebung der UV-Wirkung festgestellt werden kann.
Durch UV-Bestrahlung können in der Raumluft enthaltene Gase fotochemisch verändert werden, wodurch unter Umständen hochtoxische Produkte entstehen können. Von besonderer Bedeutung dürfte dies bei gleichzeitiger Verwendung von UV-Strahlern und anästhesierenden Gasen in Operationsräumen sein. Diese Prozesse sind derzeit noch nicht genügend untersucht, müssen aber unbedingt in Rechnung gestellt werden. Grundsätzlich ist zu bemerken, daß sich die Kenntnis der Grundlagen zur Anwendung ultravioletter Strahlen bei der Raumdesinfektion noch auf einem relativ rudimentären Stand befindet, Widersprüchliche Angaben über Erfolge und Mißerfolge in der Literatur zeugen von diesem recht ungesicherten Kenntnisstand.

10.2.3.2 UV-Desinfektion von Flüssigkeiten

Der UV-Desinfektion von Flüssigkeiten sind bedingt durch die mehr oder weniger starke Absorption der Strahlen durch die Flüssigkeiten Grenzen gesetzt. Die Absorption der Strahlung ist von der molaren Extinktion der Flüssigkeit abhängig, wobei die Intensitätsabnahme durch das Lambert-Beersche Gesetz gegeben wird (vgl. Kap. 4). Abb. 10.9 a–c zeigt die Abnahme der Bestrahlungsstärke mit der Schichtdicke für verschiedene Flüssigkeiten. Als „Eindringtiefe" wird die Schichtdicke definiert, bei der die Bestrahlungsstärke auf 10 % des Anfangswertes abgesunken ist. Sie beträgt für destilliertes Wasser ca. 3 m (Luckiesh, 1946), nimmt durch Beimengungen von Salzen und organischen Substanzen stark ab und beträgt für Milch weniger als ein Zehntel Millimeter. Den größten Einfluß auf den Transmissionsgrad klarer Flüssigkeiten zeigen Eisenverbindungen. Zusätze von 1 mg Eisenoxid bzw. Eisenchlorid bewirken in 12,7 cm Tiefe eine Intensitätsabnahme auf 42 % bzw. 7 % (Carlson, 1954).

Für eine wirksame Desinfektion scheint es daher sinnvoll, Flüssigkeiten in dünnen Schichten zu bestrahlen. Bei strömenden Verfahren muß außerdem die Durchsatzgeschwindigkeit möglichst klein gehalten werden, oder zur Erhöhung der UV-Einwirkungszeit eine Umwälzung der Flüssigkeit erfolgen. Bisher veröffentlichte Untersuchungen über die Abtötung von Mikroorganismen im Wasser durch UV-Bestrahlung ergaben zum Teil positive Ergebnisse (Carlson, 1954; Chaumeau, 1959, Huff u.a., 1965, Schmidt u.a., 1954), zum Teil weniger befriedigende (Leclerc und

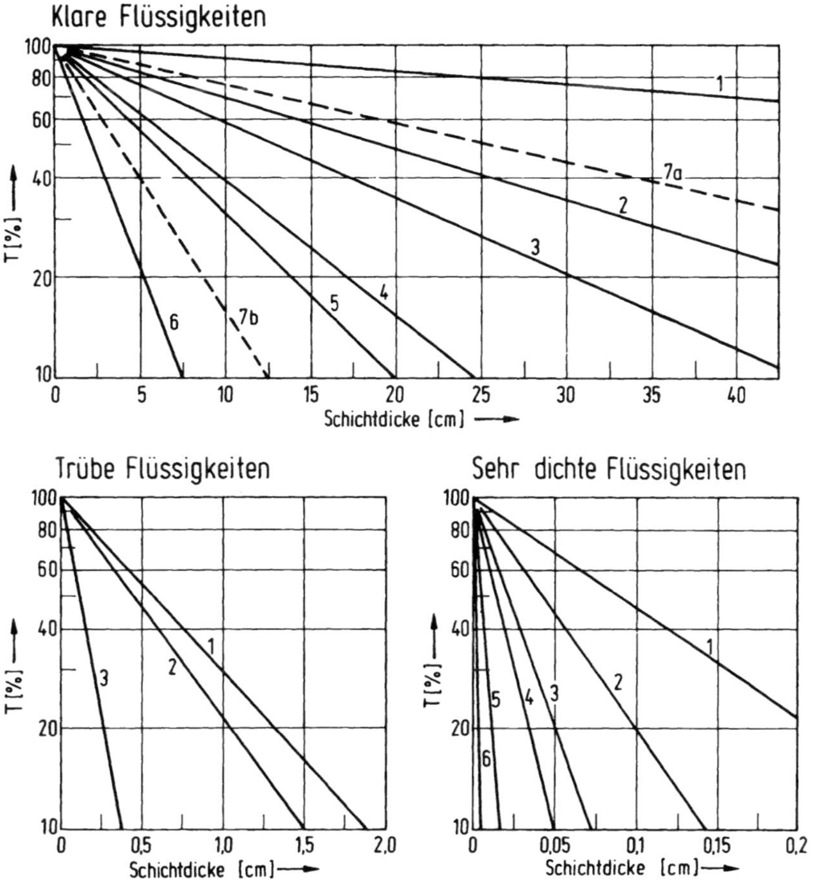

Abb. 10.9: Durchlässigkeit von Flüssigkeiten für UV-Strahlung (λ = 253,7 nm).
Ordinate: Relative Durchlässigkeit T (%); (log. Maßstab), Abszisse: Schichtdicke.
a) klare Flüssigkeiten
1. destilliertes Wasser, 2. normales Salzwasser, 3. dest. Wasser mit Zusatz von Natrium-Bicarbonat (5 %), 4. dest. Wasser mit Zusatz von Dextrose (5 %), 5. dest. Wasser mit Zusatz von Dextrose (15 %), 6. Brunnenwasser.
Im Gebiet zwischen den beiden gestrichelten Kurven 7a und 7b liegt der Durchlässigkeitsbereich des üblichen Trinkwassers.
b) trübe Flüssigkeiten
1. klarer Sirup, 2. farbloser Weinessig, 3. brauner Weinessig.
c) sehr dichte Flüssigkeiten
1. leichte Weine, 2. Bier, Limonade, mitttelhelle Schnäpse, 3. dunkle Weine, 4. Apfelsaft (trüb), 5. Tomatensaft, 6. Milch.
(Die Abb. 10.9a–c wurden mit Erlaubnis der Fa. Philips GmbH der Firmendruckschrift „Philips Bakterientötende Lampen", Aug. 72, S. 26 entnommen).

Savage, 1965, Müller u.a., 1970 und 1972, Pagano u.a., 1970). Ein Vergleich der einzelnen Experimente ist wegen der unterschiedlichen Versuchsbedingungen nicht möglich. Wasserqualität, die Art der Mikroorganismen sowie deren Zellkonzentration beeinflussen das Versuchsergebnis.

Die Untersuchungsergebnisse können jedoch dahingehend zusammengefaßt werden, daß eine UV-Wasserdesinfektion sicher dann erfolgreich wirkt, wenn das zu behandelnde Wasser einen guten Reinheitsgrad aufweist.

Anwendung finden UV-Strahler bei der Trinkwasserdesinfektion. Vorteile sind hierbei der direkte Einbau ins Versorgungsnetz, einfache Wartung und geringer Betriebsaufwand sowie keine Geruchs- und Geschmacksveränderungen des Wassers. Nachteilig ist, daß die UV-Bestrahlung keine Dauerwirkung hat und daß eine sichere Desinfektion nur bei klarem oder schwach getrübten Wasser möglich ist.
Bewährt hat sich der Einbau von UV-Strahlern bei kleinen, ländlichen Trinkwasserversorgungen (Jepson, 1968, Minz, 1962), für eine Trinkwasserdesinfektion in größerem Rahmen kann die UV-Bestrahlung nur zur Unterstützung anderer Desinfektionsverfahren, wie Filtration und Chlorierung eingesetzt werden.

In der kosmetischen Industrie ist die Wasserdesinfektion durch UV-Bestrahlung weit verbreitet.

10.2.3.3 UV-Oberflächenentkeimung fester Körper und UV-Entkeimung körniger Materialien

Die Oberflächenentkeimung wird durch intensive direkte UV-Bestrahlung durchgeführt. Ihre Wirksamkeit ist abhängig von der Struktur der bestrahlten Oberfläche. Ideal sind glatte Flächen. Bei Bestrahlung rauher Oberflächen bilden sich Mikroschatten, die sich der Strahlenwirkung entziehen, so daß keine vollständige Entkeimung erfolgen kann.
Die UV-Entkeimung feinkörniger und pulverförmiger Materialien besitzt noch geringeren Wirkungsgrad, da sich die Partikel zusätzlich noch gegenseitig abschatten. Durch Umwälzanlagen kann der Wirkungsgrad etwas erhöht werden.
Die UV-Oberflächenentkeimung findet in Verbindung mit anderen Desinfektionsverfahren hauptsächlich Anwendung in automatischen Reinigungs- und Abfüllanlagen und bei der Herstellung steriler Verpackungen.
Zunehmende Bedeutung gewinnt die UV-Bestrahlung bei der Entkeimung von Kunststoffgegenständen, da bei den meisten Kunststoffen eine herkömmliche Sterilisation durch Hitze oder Chemikalien nicht möglich ist.

Literatur

Baumann, J. (1961): Flüss. Obst *28*, 13.
Buttolph, L.J. (1944): Arch. Physic. Therapy *25*, 671.
Carlson, S. (1954): Strahlentherapie *95*, 506.
Chaumeau, R. (1959): L'Eau *11*, 263.
Dennington, A.R. (1944): J. Amer. Pharm. Ass. *5*, 337.
Ewerbeck, H. (1954): Strahlentherapie *95*, 496.

Friederiszick, F.K. (1952): Strahlentherapie *88*, 483.

— (1954): Strahlentherapie *95*, 491.

Gensburger, J.M. (1952): Electr. World *137*, 122.

Godbersen, G. (1951): Milchwiss. *6*, 82.

Gundermann, K.O. und v. Hehn, A. (1973): 9. Hanauer UV-Tagung, 26. Okt. 1973 in Hanau.

Hart, D. (1936): J. Thorac. Surgery *6*, 45.

— (1942): Aerobiology Publ. Nr. 17, Amer. Assoc. Advancement of Science, 186, Washington.

— (1960): J. Amer. Med. Assoc. *172*, 1019.

Huff, C.B., Smith, H.F., Boring, W.D. und Clarke, N.A. (1965): Publ. Health Rep. *80*, 695.

Jepson, J.D. (1968): Water Treatment and Examination *17*, 205.

Kalich, J. (1973): 9. Hanauer UV-Tagung, 26. Okt. 1973 in Hanau.

Kanz, E. (1966): Staub-Reinhaltung der Luft *26*, 318.

Klein, A.J. und Hertzberger, E. (1951): Philips techn. Rundschau *12*, 277.

Koch, J. (1955): Flüss. Obst *22*, 11.

Kohn, A. (1953): Milchwissenschaft *8*, 90.

Kundrat, W. (1949): Milchwissenschaft *4*, 270.

— (1950): Pharm. Industrie *12*, 201.

— (1954): Erweiterter Sonderdruck über Vorträge, 3. Hanauer UV-Tagung, Hanau 29./30. Jan. 1954, 3.

Kuprianoff, J. (1953): Allg. Fleischerzeitg., Sonderheft Fleischer-Fachschau, *Jhrg. 1953*, 20.

Lang, G.J.A. und Wallace, E.E.T. (1960): Dairy Ind. *25*, 835.

Leclerc, H. und Savage, C. (1965): Ann. Inst. Pasteur (Lille) *16*, 139.

Luckiesh, M. (1946): In Application of Germicidal, Erythemal and Infrared Energy, Kap. XI: Desinfecting Water, 231, New York.

Matz, K. und Schassan, H.H. (1968): Das Krankenhaus, Heft 9, 349.

Meyer, A.E.H. und Seitz, E.O. (1949): Ultraviolette Strahlen, W. de Gruyter-Verlag, Berlin, 256.

Minz, D. (1962): Aqua. Jhrg. *1962*, Heft 2, 6.

Müller, G., Goethe, H. und Herrmann, R. (1970): Zbl. Bakt. I. Abt. Orig. *215*, 555.

— (1972): Zbl. Bakt. Hyg. I. Abt. Orig. *B* 156, 361.

Pagano, A., Brago, A. und Paolucci, S. (1970): Igiene mod. *LXIII*, 289.

Pichlmaier, H. u.a., (1968): Bruns Beiträge zur Klin. Chirurgie *216*, 122.

Robertson, E.C., Doyle, M.E. und Tisdall, F.F. (1943): J. Amer. Med. Assoc. *121*, 908.

Sauter, E. (1956): Brot und Gebäck *10*, 5.

Schimmelpfennig, H.H. (1956): Vet. Med. Dissertation, Hannover 1956.

Schmidt, B., Möller, I. und Thiele, W. (1954): Zschr. Hygiene *139*, 505.

Schmidt-Mende, M., Kanz, E. und Thurmayr, R. (1969): Bruns Beiträge zur Klin. Chirurgie *216*, 115.

Schönberg, F. (1953): Dtsch. Tierärztl. Wochenschrift *60* (27/30), 351.

— (1954): Strahlenther. *95* (3), 500.

Seelemann, M., Schulz, M.E., Buschkiel, H. und Vohs, E. (1956): Milchwissenschaft *11*, 224.

Seitz, E.O. (1958): Elektrotech. Zeitschrift-B, *10. Jhrg.* Heft 9, 352.

Sürth, H. (1954): Vet. Med. Dissertation, Hannover 1954.

Tobler, W. (1953): Annales Paediatrici *180* (4/5), 289.

— (1959): Schweiz. Med. Wochenschrift *89* (23), 599.

Zeiler, K. (1949): Milchwissenschaft *4* (8), 261.

10.3 Anwendung fotochemischer Reaktionen

H. Blume, H. Güsten

Der enorme Aufschwung der experimentellen Fotochemie hat sich bis heute im wesentlichen im Laboratorium vollzogen. In den Händen präparativer Organiker hat die Verwendung von Licht als Reaktionspartner zu zahlreichen eleganten Darstellungsmethoden von schwer zugänglichen organischen Molekülen geführt. Es darf dabei jedoch nicht übersehen werden, daß die stürmische Entwicklung der präparativen Fotochemie begleitet wurde von einem ungeheuren Fortschritt in der analytischen Chemie und in der Trenntechnik.

Die Aufklärung der zum Teil sehr komplexen fotochemischen Reaktionen wäre ohne die Entwicklung der neueren chromatographischen Nachweis- und Trenntechniken, wie Gas- und Dünnschichtchromatographie, nicht möglich gewesen. Letzlich wären die komplizierten Strukturen der isolierten organischen Produkte nicht ohne die Hilfe der vielfältigen modernen spektroskopischen Methoden, wie UV-, IR- und Fluoreszenzspektroskopie, sowie kernmagnetische Resonanzspektroskopie und Massenspektrometrie erkannt worden.

10.3.1 Präparative organische Fotochemie

(Schönberg, 1968, Sammes, 1970, Srinivasan und Roberts, 1971)

Die präparative organische Fotochemie ist zu einem mächtigen Instrument der organischen Chemiker geworden. Viele „exotische" Moleküle mit hohem Energieinhalt verdanken ihre Existenz dem „Reaktionspartner" Licht.

Besonders im Bereich der Naturstoffchemie (Sammes, 1970, Kametani und Fukumoto, 1972) bilden fotochemische Reaktionen oft die entscheidenden Syntheseschritte auf dem vielstufigen Wege zum Endprodukt. Bei der jüngsten Großtat in der Naturstoffchemie, der Totalsynthese des Vitamin B_{12} (Woodward, 1973), ist der wichtigste Syntheseschritt eine fotochemische Reaktion. Im Bereich der Alkaloidsynthesen hat sich die fotochemische Cyclodehydrierung (Kap. 7.10.2.2.1) als wichtige Ringschlußreaktion bewährt. So entsteht durch Belichtung des substituierten „cis-Stilbens" *152* nach dem Ringschluß und der nachfolgenden Reduktion das Alkaloid (+)-Nuciferin *153* (Kametani und Fukumoto, 1972).

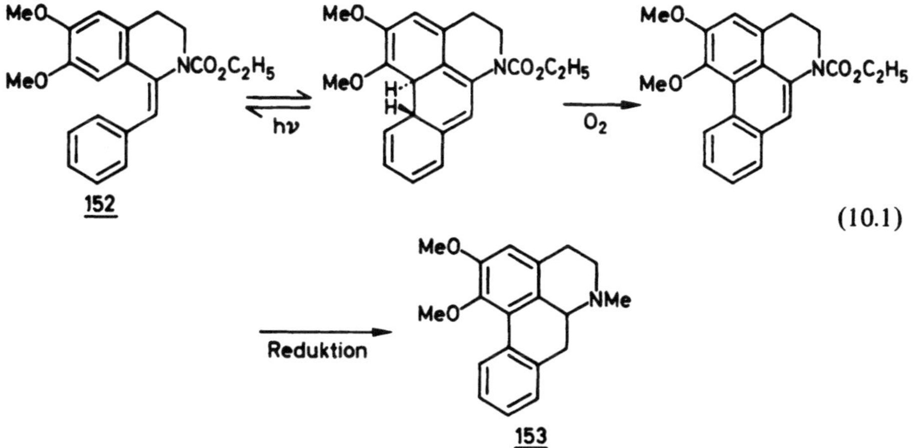

152 153

(10.1)

Die Fotolyse des Diazoketons *154* (Kap. 7.10.1.2) mit der intramolekularen Einschiebung des Ketocarbens zu *155* stellt einen Schritt in der Synthese des Penicillins (Corey und Felix, 1965) dar.

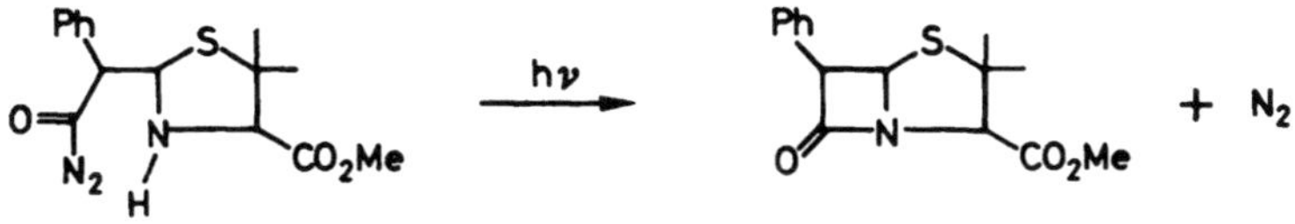

154 155

(10.2)

In der Proteinchemie (McLaren und Shugar, 1964, Knowles, 1972, Neckers, 1973) lassen sich bestimmte Schutzgruppen bei Peptidsynthesen selektiv und schonend durch Licht entfernen. Die Fotochemie der Nukleinsäuren (McLaren und Shugar, 1964, Lamola, 1973, Williams und Johns, 1973, Löber und Kittler, 1973) wird eines Tages auch hier Synthesen im Labormaßstab erlauben (vgl. Kap. 8.1). In den letzten zehn Jahren hat das Interesse für die Biolumineszenz (Goto, 1968) stetig zugenommen. Gilt es doch zu ergründen, wie Lebewesen, wie der amerikanische Leuchtkäfer Photinus, der japanische Muschelkrebs Cypridina hilgendorfii oder das auch in unseren Breiten bekannte Glühwürmchen, in der Lage sind, auf kaltem Wege Licht zu erzeugen. Durch Kenntnis der Struktur und Fotochemie dieser biolumineszierenden Substanzen (Goto und Kishi, 1968), die man allgemein Luciferine nennt, wird man eines Tages im Labor Fortschritte in der Erzeugung von Licht durch chemische Reaktion erzielen. Erste Ansätze und Erfolge sind bereits erzielt worden (Gundermann, 1968, Rauhut, 1969, McCapra, 1970). Die Erzeugung von Licht durch chemische Reaktionen könnte durchaus wirtschaftliche Bedeutung erlangen, wenn man bedenkt, daß ein Mol einer vollständig chemilumineszierenden Verbindung ein Mol Lichtquanten (1 Einstein) erzeugt. Ein kg dieser Substanz würde etwa 148000 Lumen Licht erzeugen, eine Lichtmenge, die einer 13 Tage lang brennenden 40-Watt-Glühbirne äquivalent wäre.

10.3.2 Fotochemische Synthesen in der pharmazeutischen Chemie

Die industrielle Anwendung fotochemischer Methoden mit ihrem recht hohen Bedarf an Lichtenergie hat bis heute erst im Bereich der pharmazeutischen Synthesen eine gewisse Anwendung gefunden. Hier vereinen sich der oft einfache Syntheseweg mit den hohen Energiekosten, da für pharmazeutische Produkte hohe Preise gezahlt werden (Reid, 1968).
Bei der Vitamin D_2-Synthese erfolgt beim Belichten die fotochemische Valenzisomerisierung des Steroids Ergosterin zum Präcalciferol, einer Vorstufe des Calciferols (Vitamin D_2) (7.10.2.2). Eine andere technisch durchgeführte Fotoreaktion ist die Umwandlung des Corticosteron-11-nitrit-21-acetats *156* in das Steroidhormon Aldosteron-21-acetat *157*, das bei Nierenerkrankungen eingesetzt wird.

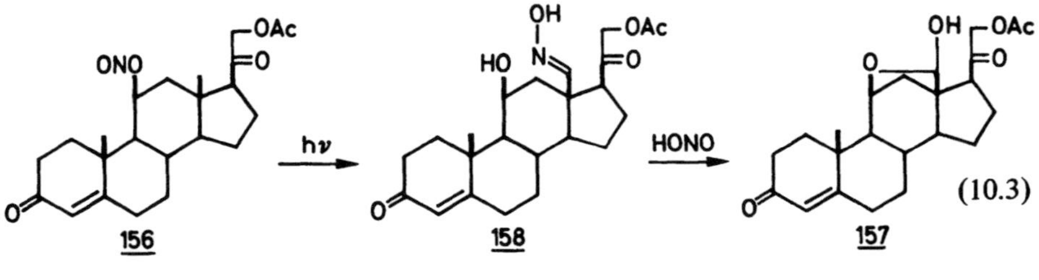

(10.3)

Der fotochemische Schritt ist die Umwandlung des Salpetrigsäureesters *156* in den Oximinoalkohol *158*, eine Reaktion, die als Barton-Reaktion (Barton u.a., 1961) bekannt geworden ist [Reaktion (10.4)].

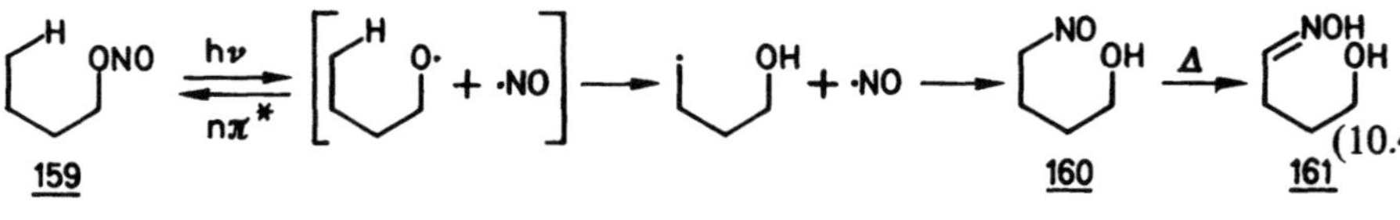

(10.4)

Nach der Fotodissoziation des Nitritesters *159* erfolgt über einen sechsgliedrigen Übergangszustand intramolekulare γ-Wasserstoffabstraktion mit Addition des NO an das Kohlenstoffatom zum Nitrosoalkohol *160*, der zum Oximinoalkohol *161* isomerisiert.

Eine weitere pharmazeutische Fotoreaktion ist die Synthese des Ascaridols (Kap. 7.10.4) durch Fotooxidation des α-Terpinens *121* [Reaktion (7.94)]. Ascaridol *122* ist ein Antihelminticum gegen Spulwürmer. Das Herzmittel Cardiazol (Pentamethylentetrazol) wird aus ε-Caprolactam synthetisiert, das heute großtechnisch durch die Fotooximierung des Cyclohexans dargestellt wird (Kap. 10.3.3).

10.3.3 Großtechnische fotochemische Verfahren

(Industrial Photochemistry, 1962, Pape, 1975)

Die industrielle Anwendung fotochemischer Verfahren beschränkt sich bis heute im wesentlichen auf Fotochlorierungen und ähnliche Reaktionen, die eigentlich nur fotochemisch katalysierte Radikalkettenreaktionen sind. Die einzige großtechnische Chlorierung, die keine Kettenreaktion ist, ist die von der ICI in England entwickelte Chlorierung des Benzol zum Hexachlorcyclohexan. Nur das γ-Isomere dieser Verbindung, das Gammexan, ist ein hochwirksames Insektizid. Es wirkt als Kontaktgift auf die Nervenbahn von Insekten. Das Hexachlorcyclohexan ist für Warmblüter in den geringen Konzentrationen der Schädlingsbekämpfung unschädlich. Da es wie alle chlorierten Kohlenwasserstoffe jedoch nicht biologisch abgebaut wird, kann sich der lipophile chlorierte Kohlenwasserstoff über die Nahrungskette anreichern. Da das Gammexan inzwischen im Fettgewebe von Menschen und sogar in der Muttermilch nachgewiesen wurde, wachsen die Bedenken gegen seine weltweite Anwendung.
Während die thermische Chlorierung unter Druck die fünf Isomeren in verschiedenen Mengenverhältnissen liefert und eine Abtrennung des γ-Isomeren notwendig macht, entsteht bei der fotochemischen Reaktion nur das als Insektizid wirksame γ-Isomere.

Im vergangenen Jahrzehnt sind erhebliche Fortschritte in der technischen Anwendung von Fotoreaktionen mit Quantenausbeuten unter eins erzielt worden. Das weltweite Interesse an Polyamidfasern und der Herstellung von ε-Caprolactam hat dem ersten großtechnischen fotochemischen Verfahren zum Durchbruch verholfen. Die Hoffnung auf industrielle Nutzung eines großtechnischen Verfahrens wiederum hat Impulse für die Lampenindustrie gesetzt, wirtschaftliche Lichtquellen mit ausreichender Leistung zu entwickeln. Von der Firma Toyo Rayon in Japan wird ε-Caprolactam durch Fotooximierung (Pape, 1967, Müller, 1968) von Cyclohexan gewonnen. Sie ist heute der billigste Weg zur Perlon-Synthese.
Cyclohexan wird in Gegenwart von Chlorwasserstoff mit Nitrosylchlorid (NOCl) umgesetzt [Reaktion (10.5)].

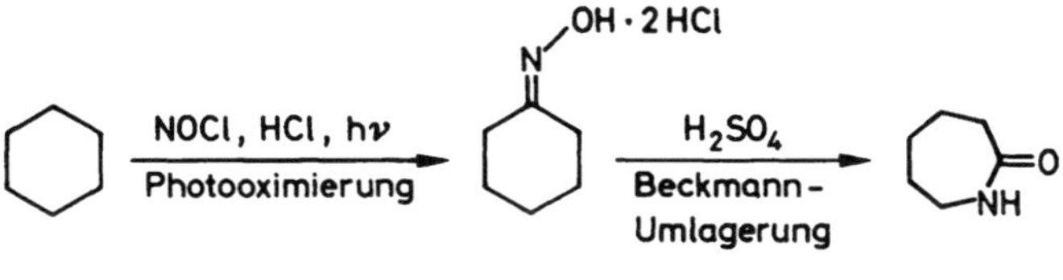

(10.5)

Die Fotooximierung ist ein mehrstufiger Prozeß in vier definierten Abschnitten:

1. $NOCl \xrightarrow{h\nu} NO\cdot + Cl\cdot$	NOCl-Fotolyse
2. $RH_2 + Cl\cdot \longrightarrow RH\cdot + HCl$	Alkylradikal-Bildung
3. $RH\cdot + NO\cdot \longrightarrow RH{-}NO$	Nitrosierung
4. $RH{-}NO \longrightarrow R{=}N{-}OH$	Nitroso-Oxim-Umlagerung

Das rotbraune Nitrosylchlorid absorbiert Licht über den gesamten Spektralbereich des sichtbaren Lichtes. Mit einer Quantenausbeute von 0,65–0,76 erfolgt die Fotodissoziation. Durch das entstandene Chloratom wird nun das Cyclohexan durch Wasserstoffabstraktion in ein Cyclohexyl-Radikal überführt, daß sich durch Abfangen des NO zur Nitrosoverbindung stabilisiert. Die Nitrosoverbindung lagert sich spontan unter der Einwirkung der Salzsäure in das Cyclohexanonoxim um. In einem nachfolgenden klassischen Reaktionsschritt wird das anfallende Cyclohexanonoxim gar nicht erst isoliert, sondern durch Schwefelsäureextraktion abgetrennt und unter Zusatz von Oleum bei 110°C zu ϵ-Caprolactam umlagert. Diese klassisch thermische Reaktion ist den organischen Chemikern schon lange als Beckmann-Umlagerung bekannt. ϵ-Caprolactam ist der unmittelbare Baustein für die Kunstfaser Perlon. In Japan werden heute 300 Tagestonnen nach dem fotochemischen Verfahren dargestellt. In der Reaktionskammer aus Titan zum Schutz gegen das aggressive Nitrosylchlorid sind in 40 cm Abständen 60-kW-Mitteldruck-Quecksilberlampen installiert. Um Nebenreaktionen zu unterdrücken, wird die Lampenkühlung mit einer wäßrigen Natriumnitritlösung betrieben, die zugleich kurzwelliges Licht unter 365 nm wegfiltert. Das größte Problem für die Anwendung fotochemischer Reaktionen im technischen Maßstab ist die schnelle Belegung der Lampen mit einem Film aus Reaktionsprodukten und harzigen Nebenprodukten, die schnell selber als Lichtfilter wirken. Stetig herunterfließende Schwefelsäure verhindert dies. Das fotochemische Verfahren liefert heute etwa 400 g ϵ-Caprolactam pro kW-Stunde. Da ferner nur die Hälfte an Ammoniumsulfat gegenüber den klassischen Oxidationsverfahren des Cyclohexans anfällt, ist es diesem inzwischen überlegen.
Durch Fotooximierung des Cyclododecans erhält man das Laurinlactam, das für die Darstellung des Polyamids Nylon 12 wichtig ist und sich einen gewissen Markt zu erobern scheint.

Die Zukunft großtechnischer Verfahren für Fotoreaktionen mit Quantenausbeuten unter eins wird sicher breitere Anwendung finden. Die Fortschritte in der Lichttechnik werden auf längere Sicht eine bessere Ausnutzung der eingesetzten elektrischen Energie ermöglichen. Der dennoch verbleibende höhere Energiebedarf wird durch die Einfachheit fotochemischer Verfahren ausgeglichen. Der gegenüber thermischen Verfahren einheitlichere Verlauf der Synthese wird besonders dann an Bedeutung gewinnen, wenn verstärkt umweltfreundliche Verfahren und Technologien in den Vordergrund treten.
Langfristig wird sich das Problem einer umweltfreundlichen Energieversorgung am besten lösen lassen, wenn es gelingt, die Sonnenenergie wirksam einzufangen. Mit

ihrer Strahlungsenergie von rund 100 kcal pro Tag und cm^2 Erdoberfläche stellt die Sonne einen gewaltigen Energievorrat dar. Sie ließe sich durch fotochemische Reaktionen speichern (Kap. 7.10.2.1.3) oder sie könnte mit Hilfe von geeigneten Festkörper-Halbleitern direkt in elektrische Energie umgewandelt werden. Die Verwendung von Sonnenlicht zu fotochemischen Synthesen in sogenannten Sonnenöfen als Reaktoren ist bereits im Experiment durchgeführt worden (Marcus und Wohlers, 1960).

10.3.4 Lichtempfindliche Systeme in der Fotographie und Reproduktionstechnik

(Kosar, 1965, Reckziegel, 1972).

Die lawinenartig anschwellenden Informationen im technologischen Zeitalter bedürfen zur Aufrechterhaltung einer reibungslosen Kommunikation schneller und einfacher Reproduktionstechniken. Ohne sie stößt eine rasche Informationsverbreitung im Büro und Bibliothekswesen, sowie eine platzsparende Archivierung durch Mikrodokumentation oder Datenbanken bald an ihre Wachstumsgrenze. Die Reproduktionstechnik bedient sich einer Reihe fotochemischer Reaktionen zur Informationsfixierung. Die älteste und noch heute in der Fotographie am weitesten verbreitete Anwendung einer Lichtreaktion ist die Schwärzung fotographischer Schichten durch Lichtzersetzung von Silberhalogeniden.

10.3.4.1 Schwarz-Weiß- und Farbfotographie

(Barchet, 1965, Salujun, 1974).

Die Lichtempfindlichkeit der Silbersalze wurde 1727 von dem deutschen Arzt J.H. Schulze entdeckt. Im Jahre 1839 gelang es Daguerre dauerhafte Bilder herzustellen. Im gleichen Jahr veröffentlichte W.H.F. Talbot seine Methode, Bilder auf Silberhalogenidschichten festzuhalten. Durch Entwickeln mit Gallussäure brachte er das latente Bild eines in einer Kamera belichteten Jodsilberpapiers zum Vorschein. Von dem fixierten Papiernegativ wurde dann ein Positiv auf Silberchloridpapier kopiert.
Bei der Belichtung der Silberhalogenide AgCl, AgBr und AgJ werden aus den im Kristallgitter regelmäßig verteilten Halogenionen Elektronen in Freiheit gesetzt, die die Silberionen zu atomarem Silber reduzieren [Reaktion (10.6)].

$$\begin{aligned} Br^- &\xrightarrow{h\nu} Br\cdot + e^- \\ e^- + Ag^+ &\longrightarrow Ag \end{aligned} \qquad (10.6)$$

Die Silberhalogenide liegen in mikroskopisch kleinen Kristallen als Suspension in einer Gelatineschicht eingebettet. Die Gelatine nimmt die freigesetzten Bromatome auf und hat außerdem einen empfindlichkeitssteigernden Effekt der Lichtquantenfixierung. Das fotolytisch gebildete Silber wird zunächst als latentes Bild an Kristallgitterfehlstellen abgeschieden. Während der Entwicklung findet an den durch das Licht geschaffenen latenten Bildkeimen ein Reduktionsprozeß statt, der sich auf den gesamten Kristall ausdehnt. Bei der Silberreduktion wird der Entwickler (mehrwertige Phenole, wie Hydrochinon, Brenzkatechin, Pyrogallol) in seine oxidierte Form überführt.

$$Ag^+ + \text{Entwickler (reduzierte Form)} \xrightarrow{\text{latentes Bild}} Ag + \text{Entwickler (oxidierte Form)}$$

Also erst in der Entwicklung werden Verstärkungsfaktoren von 10^6-10^9 Silberatome pro absorbiertes Lichtquant erzeugt, die die Bildschwärzung verursachen. Das entstandene Negativ, das an den Stellen stärkster Lichteinwirkung die stärkste Schwärzung aufweist, wird durch Herauswaschen des unbelichteten Silberhalogenids im Fixierbad (z.B. mit Natriumthiosulfat) fixiert.
Silberhalogenid-Partikel in sehr feiner homogener Verteilung in einem Glas können unter UV-Lichteinwirkung eine reversible Schwärzung hervorrufen. Diese fototropen Gläser (Gliemeroth und Mader, 1970) werden als Lichtschutz in Sonnenbrillen, Windschutzscheiben und Fenstergläsern eingesetzt (Smith, 1970). Der Einsatz fototroper Fensterscheiben dürfte auch in Zukunft aus der Sicht der Energieeinsparung durch die Verminderung der „air-conditioning" Fortschritte machen.
Die Silberhalogenide sind nur gegen blaue, violette sowie kürzerwellige Strahlen empfindlich. Die Absorption des Silberchlorids endet bei etwa 450 nm, die des Silberbromids bei 520 nm. Durch Zumischen von bestimmten Farbstoffen (Sensibilisatoren) kann man jedoch die Silberhalogenide für praktisch jeden Spektralbereich sensibilisieren. Die auf dem Silberhalogenidkristall adsorbierten Farbstoffe können die aus dem langwellig eingestrahlten Licht absorbierte Energie auf diesen übertragen. Die verwendeten Sensibilisatoren sind Polymethinfarbstoffe der allgemeinen Formel

$$\begin{matrix}R^1\\ R^2\end{matrix}\!\!>\overset{\oplus}{N}=CH(-CH=CH)_n-\bar{N}<\!\!\begin{matrix}R^3\\ R^4\end{matrix} \longleftrightarrow \begin{matrix}R^1\\ R^2\end{matrix}\!\!>\bar{N}-CH(=CH-CH)_n=\overset{\oplus}{N}<\!\!\begin{matrix}R^3\\ R^4\end{matrix}$$

wo die Stickstoffatome meist in heterocyclische Ringsysteme eingebaut sind. Die Anzahl der Methingruppen in dem mesomerie-stabilisierten System bestimmt die Lichtabsorption. Bei Werten von n über fünf absorbieren die Sensibilisatoren bereits im nahen Infrarot.

Bei der Farbfotographie kommt es nun darauf an, die sensibilisierte Lichtinformation beim Entwicklungsprozeß in einen Farbstoff zu verwandeln. Bei der von R. Fischer 1911 erfundenen chromogenen Entwicklung wird der Entwickler selber nach vollzogener Arbeit ein Bestandteil des entstehenden Farbstoffs. Benutzt man als Entwickler eine leicht oxidierbare organische Verbindung wie das p-Phenylendiamin-Derivat *162*, so entsteht bei der Entwicklung des Silberbildes im alkalischen Medium in Gegenwart von Phenol durch Farbkupplung ein blauer Indophenolfarbstoff *163* durch Oxidation des gekuppelten Entwicklers [Reaktion (10.7)].

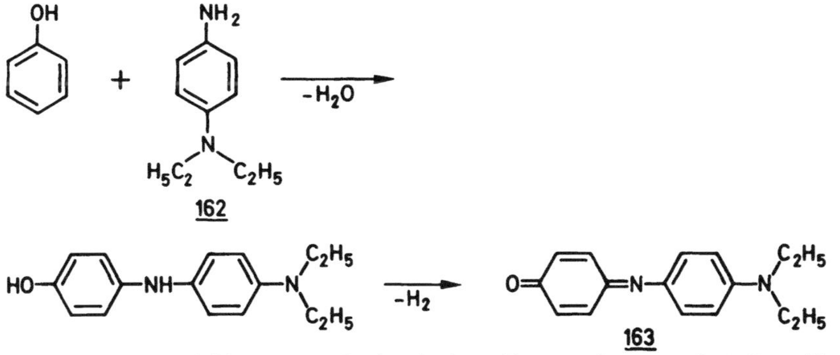

162

163

(10.7)

Der moderne Farbfilm ist ein Mehrschichtenfilm, in dem die drei Grundfarben (unsensibilisiert: blauempfindlich, orthochromatisch: grünempfindlich, panchromatisch: rotempfindlich) übereinander in Schichten liegen, die jede ihren farbspezifischen Farbkuppler enthält. Beim Agfacolorverfahren sind die Farbkuppler in den drei Schichten enthalten, beim Kodachromverfahren werden sie nach einem komplizierten Verfahren während des Entwicklungsprozesses hineingebracht. Bei der chromogenen Entwicklung wird gleichzeitig das entstandene Silberbild durch ein Bleich- und Fixierbad entfernt. Das entstehende Negativ zeigt die Komplementärfarben des Originals. Durch Umkehrentwicklung läßt sich anstelle des Negativs ein Diapositiv gewinnen. Das Hauptproblem in der Farbfotographie war eigentlich ein technologisches, nämlich die verschiedenen Farbkuppler diffusionssicher in den Emulsionsschichten des Films einzulagern.

Die hohe Lichtempfindlichkeit der Silberhalogenide und ihre Sensibilisierbarkeit für jeden gewünschten Spektralbereich läßt dieses System aus fotochemischer Sicht als unschlagbar erscheinen. Der steigende Silberpreis sowie die Notwendigkeit mehrerer Naßverarbeitungsstufen beim Entwicklungsprozeß, setzen diesem Verfahren jedoch eine ökonomische und anwendungstechnische Grenze. Zusätzlich bilden die beachtlichen Mengen an Silberionen-haltigen Abwässern ein Umweltproblem, da sie durch ihre bakterizide Wirkung die Selbstreinigungskraft von Flüssen und Gewässern herabsetzen. Es hat daher nicht an Versuchen gefehlt, andere fotochemische Informationsfixierungssysteme zu suchen. Diese werden heute unter Nichtsilberverfahren (Kosar, 1965) zusammengefaßt.
In den nächsten Abschnitten wird über diese unkonventionellen fotographischen Systeme (Baumann, 1973), die auf fotochemische Reaktionen organischer Moleküle beruhen, berichtet.

10.3.4.2 Fotochromie

(Dessauer und Paris, 1963, Luck und Sand, 1964, Exelby und Grinter, 1965, Kosar, 1965, Dähne, 1968, Jackson, 1969, Bertelson, 1971).

Für die unmittelbare Bilderzeugung durch eine fotochemische Reaktion sind fotochrome Systeme bevorzugt geeignet. Unter Fotochromie, auch Fototropie genannt, versteht man im weiten Sinne die reversible Farbänderung eines Systems unter Lichteinwirkung. In Abgrenzung zu den bleibenden fotochemischen Farbänderungen schwankt die Lebensdauer der fotochromen Zustände zwischen Millisekunden bis zu Wochen.

Die Lichtabsorption führt also bei einer fotochromen Verbindung direkt zu einem Farbstoffeffekt. Es sind weder Entwicklungs- noch Waschprozesse notwendig. Da die fotochrome Verbindung praktisch kornlos auf einen Träger aufgezogen werden kann, haben sie ein hohes Auflösungsvermögen. Das wohl bekannteste fotochrome System sind die Spiropyrane. Die farblosen Spiropyrane färben sich bei Absorption von kurzwelligem Licht blau bis rot, je nach der chemischen Konstitution der entstehenden Moleküle. Im Dunkeln gehen sie nach einiger Zeit in den farblosen Ausgangszustand zurück. So erfolgt bei den fotochromen Indolinospiropyranen *164* fotolytische Ringöffnung unter Bildung eines Zwitterions *165* mit merocyaninartiger Resonanz [Reaktion (10.8)].

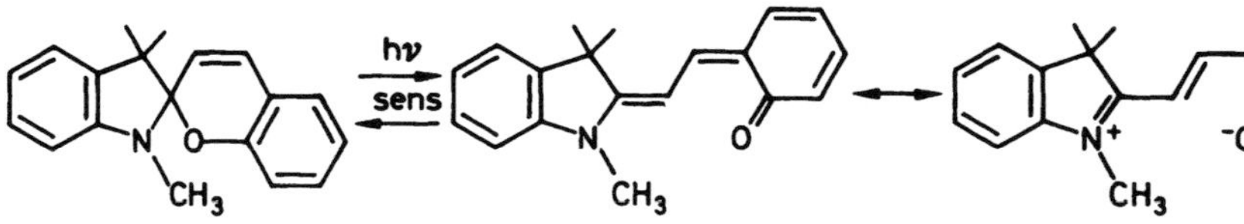

164 165 (10.8)

Durch Einführung von verschiedenen Substituenten läßt sich die Lebensdauer der farbigen ionoiden, ringoffenen Struktur *165* von wenigen Sekunden bis auf Stunden beeinflussen. Die Quantenausbeuten dieser fotochromen Reaktionen liegen unter eins. Die Substanzklasse ist besonders von Hirschberg und Fischer (Fischer, 1967) intensiv untersucht worden. In Gegenwart von Säuren läßt sich die ionogene Farbform als Pyryliumsalz stabilisieren, wodurch man ein irreversibles Farbbild erhält. Diese Systeme eignen sich als optische Datenspeicher in der Computertechnik. Wegen ihres kornlosen Aufbaus haben sie eine sehr hohe Speicherdichte, so daß mit kurzwelligem Laserlicht als Schreibstrahl die Information auf extrem kleine Flächen untergebracht wird. Da der fotochrome Prozeß nicht nur thermisch, sondern auch mit langwelligem Licht im Bereich der Lichtabsorption des Zwitterions *165* reversibel gestaltet werden kann, kann man erst mit kurzwelligem Licht die gesamte Fläche einer fotochromen Schicht in die farbige Form überführen und dann mit langwelligem Licht als Schreibstrahl die Information durch Auslöschen, also durch Überführung in den farblosen Ausgangszustand des Indolinospiropyrans *164*, fixieren.

10.3.4.3 Diazotypie

(Süss u.a., 1962, Kosar, 1965, Reckziegel, 1972).

Wie in Kap. 7.10.1.1 und 7.10.1.2 beschrieben wurde, spalten Diazonium-Salze und Diazoverbindungen unter Lichteinwirkung Stickstoff ab. Da Diazoverbindungen

mit Phenolen die Kupplungsreaktion zu gefärbten Azoverbindungen eingehen (Zollinger, 1961), wird an den belichteten Stellen einer Schicht mit Diazoverbindungen keine Farbstoffbildung erfolgen, da die kupplungsfähige Diazogruppe als Stickstoff abgespalten wurde.
Man erhält daher bei Reproduktionen seitenverkehrte Positive. Da als Kupplungskomponente eine Vielzahl von strukturverschiedenen Phenolen eingesetzt werden, kann man verschiedenfarbige Kopien herstellen. Üblicherweise enthält die lichtempfindliche Schicht die Diazokomponente zusammen mit dem kuppelnden Phenol. Bei der Entwicklung werden die unbelichteten Stellen durch Bedampfen mit feuchtem Ammoniak (Kupplung der unzersetzten Diazonium-Verbindung mit dem Phenol) in das Farbstoffbild umgesetzt (Ozalidverfahren der Fa. Kalle, Wiesbaden). Da die Farbstoffbilder kornfrei sind, eignet sich die Diazotypie auch für die Zwecke der Mikrofotographie.
Da wie bei der Fotochromie die Quantenausbeuten der Fotolyse von Diazoniumverbindungen unter eins und ihre Absorptionen im Ultravioletten liegen (Schulte-Frohlinde und Blume, 1968), benötigt man starke UV-Lichtquellen.
Die Diazotypie eignet sich besonders für Kopierzwecke von großformatigen transparenten Originalen und wird sich hier trotz der Konkurrenz der Elektrofotographie (Xerox) auch in Zukunft behaupten.
Für den Offsetdruck eignen sich vorsensibilisierte Druckfolien (Süss u.a., 1962), die nach der Belichtung und Entwicklung als Druckfarbenüberträger eingesetzt werden. Die lichtempfindlichen Substanzen sind hier o-Diazochinone, die mit Bindemittel auf eine Aluminiumfolie aufgetragen werden. Nach der fotolytischen Stickstoffabspaltung erfolgt – über die Stufe des Carbens – eine der Reaktion (7.16) analoge Bildung von Carbonsäuren, die nach der Belichtung gemeinsam mit dem Bindemittel mittels wäßrigem Alkali von der Folie abgelöst wird, so daß an den unbelichteten Stellen die lipophile Schicht als Druckfarbenüberträger zurückbleibt. Setzt man mit basischen Gruppen substituierte o-Diazochinone ein, so kann man nach der Belichtung mit Säuren die nicht umgesetzten basischen o-Diazochinone ablösen. Diesmal bleiben an den belichteten Stellen die fotolytisch erzeugten Carbonsäuren als Schicht erhalten, wodurch ein Negativ entsteht. Die vorsensibilisierten Offsetplatten (z.B. Ozasolplatten der Fa. Kalle, Wiesbaden) müssen thermisch stabil und lagerfähig sein.

10.3.4.4 Fotopolymerisation

(Weiss, 1967, Oster und Yang, 1968, Williams, 1969, Barzynski u.a., 1972, Walker u.a., 1972, de Schryver, 1973).

Die lichtempfindlichen Systeme der Diazoverbindungen und die der fotochromen Substanzen benötigen aufgrund ihrer niedrigen Quantenausbeuten hohe Lichtströme zur Informationsfixierung. Um größere Verstärkungsfaktoren pro absorbiertes Lichtquant zu erreichen, muß man auf Fotoreaktionen zurückgreifen, die Quantenausbeuten beträchtlich über eins aufweisen. Bei der Fotopolymerisation, einer durch

Licht initiierten Polymerisationsreaktion, werden pro absorbiertes Lichtquant immerhin einige hundert Monomermoleküle verkettet. Nach dem zweiten Weltkrieg hat die Fotopolymerisation technische Bedeutung erlangt. Der Schwerpunkt liegt heute bei der Herstellung gedruckter Schaltung und bei silberfreien Aufzeichnungsverfahren in der Elektronik und bei Computern sowie bei der Druckplattenherstellung und bei lichthärtenden Lackharzen, sogenannten Fotolacken (Brunner u.a., 1972, Roßhaupter und Hundt, 1971).

Die Fotopolymerisation wird durch die Fotolyse von Initiatoren oder Startern eingeleitet. Bei der Startreaktion werden aus dem Fotoinitiator fotolytisch Radikale gebildet, die die Polymerisation auslösen. An einen guten Fotoinitiator (Kosar, 1965, Oster und Yang, 1968, Barzynski u.a., 1972) werden hohe Anforderungen gestellt. Die Quantenausbeute der Radikalbildung muß hoch, möglichst nahe eins sein. Neben guter Löslichkeit, thermischer Stabilität und Unempfindlichkeit gegenüber dem Luftsauerstoff muß er Licht im Bereich von 300 bis 400 nm absorbieren. Gute Fotoinitiatoren sind Peroxyde, Carbonylverbindungen oder Azoverbindungen, die unter Belichtung die im Kap. 7.10.1 beschriebenen Fotodissoziationen eingehen. Besonders bewährte Fotoinitiatoren sind Derivate des Benzoins, besonders die Benzoinäther (Adam u.a., 1974, Heine u.a., 1972) (Kap. 7.10.1.8).
Die fotolytisch gebildeten Radikale leiten dann die Kettenpolymerisationen von Vinylmonomeren ein [Reaktionsschema (10.9)].

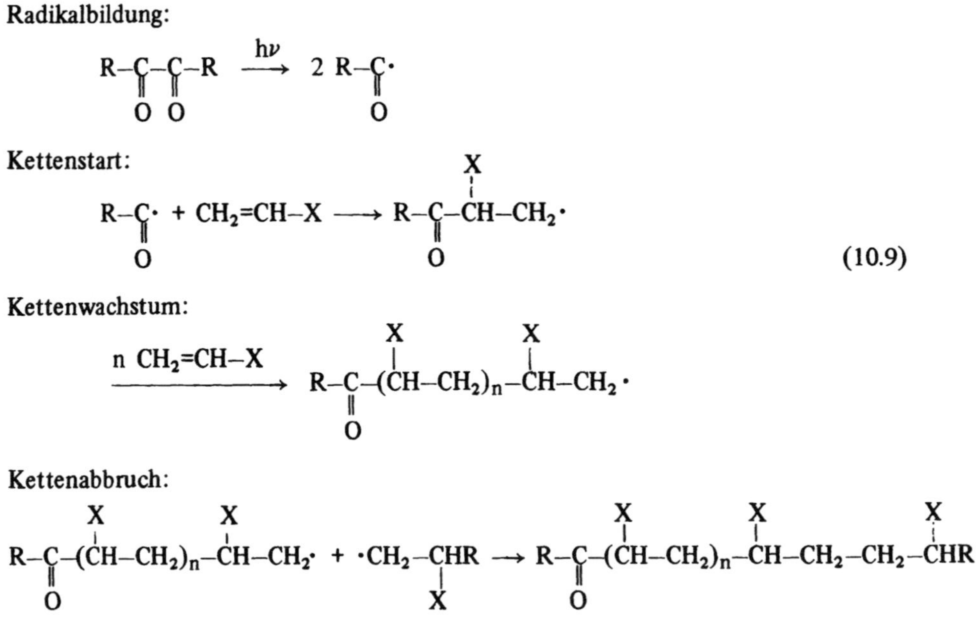

(10.9)

Die Geschwindigkeit der Startreaktion ist abhängig von der Quantenausbeute der Radikalbildung und der eingestrahlten Lichtintensität. Die Kettenbildung wird beendet, wenn entweder die Lösung an Monomeren verarmt, oder das wachsende

Radikal durch einen Inhibitor, z.B. Sauerstoff oder ein anderes Radikal abgefangen wird. Unter den üblichen Bedingungen der Fotopolymerisation werden Kettenlängen von etwa 1000 Monomeren erreicht. Besonders geeignete Monomere sind Acrylamid, Acrylate und einige andere Vinylverbindungen.
Bei der Belichtung von lichtempfindlichen Hochdruckplatten (Foto-Offsetplatten) werden die Stellen hinter transparenten Bildteilen polymerisiert und in einem nachfolgenden Bad die unbelichteten Teile mit geeigneten Lösungsmitteln ausgewaschen. Nach der Trocknung ist die Platte druckfertig. Die Druckplatten zeichnen sich durch hohe Festigkeit und Elastizität und eine gute Kantenauflösung aus, so daß sie um einen Zylinder gebogen auch im rotativen Druck eingesetzt werden können.

Die lichthärtenden Lacke, die sogenannten Fotolacke, werden u.a. als Spachtelmasse für Spanplattenverarbeitung in der Möbelindustrie verwendet. Bei der Herstellung von gedruckten Schaltungen, Klischees, galvanisch aufgebauten Präzisionsteilen, feinsten Skalen auf Glas oder Metall, sind sie heute unentbehrlich. So sind mit geeigneten Emulsionen Auflösungswerte bis zu 500 Linien pro Millimeter erreichbar.

Im Gegensatz zur fotoinitiierten Vinylpolymerisation können Fotopolymere auch durch Vernetzungsreaktionen von Polymerketten mit geeigneten fotoaktiven Substituenten durch direkte Lichtabsorption gebildet werden (Kosar, 1965, Williams, 1969). Durch Fotodimerisierung (Kap. 7.10.3.1) der in einem Polymeren eingebauten Benzylidenacetophenon-Moleküle tritt die Vernetzung nur durch Absorption eines Photons für jeden Additionsschritt ein [Reaktion (10.10)].

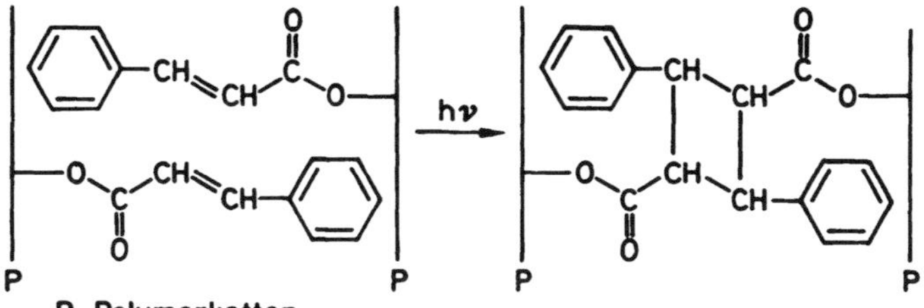

(10.10)

Durch die Vernetzung wird die Löslichkeit des Polymeren in organischen Lösungsmitteln stark herabgesetzt. Der fotochemisch aktive Rest kann auch eine an der Polymerkette angebaute Azid- oder Sulfazid-Gruppe sein. Bei der Fotolyse bilden sich dann reaktive Nitrene (Kap. 7.10.1.3), die die Verknüpfung mit dem Nachbarmolekül einleiten. Hier ist die Bildungsgeschwindigkeit der Fotodimerisierung der Lichtintensität direkt proportional.

Diese Fotopolymerisationssysteme bilden die Grundlage in den Resistlacken, die eine breite Anwendung bei der Herstellung monolithischer Schaltkreise in der Mikroelektronik finden (Brunner u.a., 1972, Roßhaupter und Hundt, 1971). Es bestehen berechtigte Hoffnungen, daß in Zukunft Fotopolymerisationssysteme mit höheren Quantenausbeuten als 10^3 bis 10^6 umgesetzte Monomere pro absorbiertes Photon gefunden werden. Da durch Fotopolymerisation auch Farben erzeugt werden können, ist die Zeit nicht mehr fern, wo auch schnelle Fotographie mit silberfreien Systemen und trockener Entwicklung möglich sein wird.

10.3.5 Fotochemischer Abbau von Polymeren

Die hohen Anforderungen an die Stabilität chemischer Produkte, wie lichtechte Textilfarbstoffe und Polymere etc. hat zur Synthese einer Reihe äußerst schwer oxidierbarer Verbindungen geführt, die zwangsläufig auch biologisch nicht abgebaut werden.
Dies hat auch außerhalb ihrer Anwendungsgebiete zu ihrer weltweiten Verbreitung geführt. Der steigende Abfall an polymeren Stoffen ist zu einer Umweltbelastung geworden. War die Zielsetzung vieler Polymerchemiker, die Lichtstabilität ihrer Polymeren durch Lichtstabilisatoren zu steigern (siehe Kap. 7.10.5.1), so wird heute für Gebrauchspolymere angestrebt, durch Einbau fotoaktiver Gruppen ihre Abbaubarkeit zu fördern. In Polymere, wie Polystyrol, wird durch den Einbau von fotoaktiven Ketogruppen die Lichtabsorption im Wellenlängenbereich oberhalb 300 nm ermöglicht. Durch die bekannte Norrish Typ II-Fotospaltung (Kap. 7.10.1.5.2)

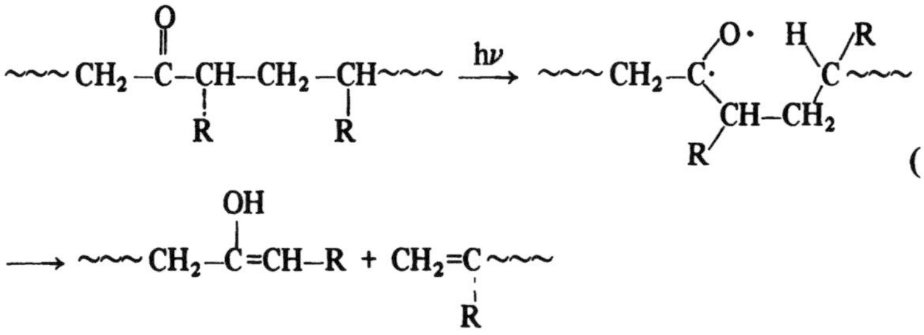

(10.11)

erfolgt dann ein Kettenbruch des Makromoleküls (Amerik und Guillet, 1971). Nachfolgende Fotooxidation (siehe Kap. 7.10.4) an den Bruchstellen kann den Abbau in der Natur noch beschleunigen.

Literatur

Adam, S., Güsten, H., Steenken, S. und Schulte-Frohlinde, D. (1974): Liebigs Ann. Chem., 1831.

Amerik, Y. and Guilett, J.E. (1971): Macromolecules *4*, 375.

Barchet, H.M. (1965): Chemie fotografischer Prozesse. Akademie-Verlag, Berlin.

Barton, D.H.R., Beaton, J.M., Geller, L.E. and Pechet, M.M. (1961): J. Amer. Chem. Soc. *83*, 4076.

Barzynski, H., Penzien, K. und Volkert, O. (1972): Chem. Ztg. *96*, 545–551.

Baumann, N. (1973): Chem. Rundschau *26*, Nr. 4, 1–8.

Bertelson, R.C. (1971): Application of Photochromism, in Techn. Chem. *III*, Photochromism (Brown, G.H., ed.), 733–840. Wiley-Interscience, New York.

Brunner, F., Poetsch, H. und Schwarzbach, F. (1972): Chem. Ztg. *96*, 552–560.
McCapra, F. (1970): Pure Appl. Chem. *24*, 611–629.
Corey, E.J. and Felix, A.M. (1965): J. Amer. Chem. Soc. *87*, 2518.
Dähne, S. (1968): Z. Wiss. Phot. *62*, 183–223.
Dessauer, R. and Paris, J.P. (1963): „Photochromism", Advan. Photochem. *1*, 275–321.
Exelby, R. and Grinter, R. (1965): Chem. Rev. *65*, 247–260.
Fischer, E. (1967): „Photochromie und reversible Photoisomerisierung" in Fortschr. Chem. Forsch. *7*, 605–641.
Gliemeroth, G. und Mader, K.H. (1970): Angew. Chem. *82*, 421–433.
Goto, T. (1968): Pure Appl. Chem. *17*, 421–441.
Goto, T. und Kishi, Y. (1968): Angew. Chem. *80*, 417.
Heine, H.-G., Rosenkranz, H.-J. und Rudolph, H. (1972): Angew. Chem. *84*, 1032.
Gundermann, K. D. (1968): Chemilumineszenz Organischer Verbindungen, Springer-Verlag, New York.
Industrial Photochemistry (1962): Ind. Eng. Chem. *54* (8), 20–28.
Jackson, G. (1969): Optica Acta *16*, 1–16.
Kametani, T. und Fukumoto, K. (1972): Acc. Chem. Res. *5*, 212–219.
Knowles, J.R. (1972): Acc. Chem. Res. *5*, 155–160.
Kosar, J. (1965): Light-Sensitive Systems. J. Wiley & Sons, New York.
Lamola, A.A. (1973): Pure Appl. Chem. *34*, 281–303.
McLaren, A.D. und Shugar, D. (1964): Photochemistry of Proteins and Nucleic Acids. Macmillan, New York.
Löber, G. und Kittler, L. (1973): Biophysica (Berlin) *41*, 81–153.
Luck, W. und Sand, H. (1964): Angew. Chem. *76*, 463–473.
Marcus, R.J. und Wohlers, H.C. (1960): Ind. Eng. Chem. *52*, 397, 825.
Müller, E. (1968): Pure Appl. Chem. *16*, 153–167.
Neckers, D.C. (1973): J. Chem. Educ. *50*, 164–168, 871.
Oster, G. und Yang, N.L. (1968): Chem. Rev. *68*, 125–151.
Pape, M. (1967): Die Fotooximierung gesättigter Kohlenwasserstoffe, in Fortschr. Chem. Forsch. *7*, 559–604.
Pape, M. (1975): Industrial Application of Photochemistry, in Pure Appl. Chem. *41*, 535–558.
Rauhut, M.M. (1969): Acc. Chem. Res. *2*, 80–87.
Reckziegel, E. (1972): Chem. Ztg. *96*, 535–544.
Reid, S.T. (1968): Progr. Drug. Res. *11*, 48–120.
Roßhaupter, E. und Hundt, D. (1971): Chemie in unserer Zeit *5*, 147–153.
Salujun, M.R.V. (1974): J. Chem. Educ. *51*, 72–77.
Sammes, P.G. (1970): Synthesis *5*, 636–647.

Schönberg, A. (1968): Preparative Organic Photochemistry, Springer-Verlag, Berlin, Heidelberg, New York.

Schulte-Frohlinde, D. und Blume, H. (1968): Z. Phys. Chem. N.F. *59*, 282.

Smith, G.P. (1970): J. Photogr. Sci. *18*, 41–49.

Srinivasan, R. und Roberts, T.D. (eds.), (1971): Organic Photochemical Synthesis, *I.* Wiley-Interscience, New York.

Süss, O., Munder, J. und Steppan, H. (1962): Angew. Chem. *74*, 985–988.

de Schryver, F.C. (1973): Pure Appl. Chem. *34*, 213–233.

Walker, P., Webers, W.J. and Thommas, G.A. (1970): J. Fotogr. Sci. *18*, 150–158.

Weiss, P. (1967): Pure Appl. Chem. *15*, 587–600.

Williams, D.W. and Johns, H.E. (1973): Curr. Top. Radiat. Res. Quart. *9*, 119–164.

Williams, J.L.R. (1969): Photopolymerization and Photocrosslinking of Polymers, Fortschr. Chem. Forsch. *13*, 227–250.

Woodward, R.B. (1973): Pure Appl. Chem. *33*, 145–177.

Zollinger, H. (1961): Azo and Diazo Chemistry, Interscience Publ., New York.

10.4 Anwendung fotophysikalischer Primärprozesse

H. Blume, H. Güsten

Die Erscheinungen der Fluoreszenz (Kap. 4.5.3.1) und Phosphoreszenz (Kap. 4.5.3.3) haben in verschiedenen Anwendungen eine praktische Nutzung erfahren. Auf die vielfältigen analytischen Anwendungsmöglichkeiten der Fluorometrie (Eisenbrand, 1966, White, 1967, Parker, 1968, White und Argauer, 1970, Winefordner u.a., 1972) und Phosphorimetrie (McCarthy und Winefordner, 1967, Zander, 1968) kann hier nur hingewiesen werden. In einigen Fällen erreicht die Fluoreszenzanalytik die Empfindlichkeit radiochemischer Analysenmethoden (Parker, 1968, White, 1967). In steigendem Maße wird die Fluoreszenz- und Phosphoreszenzanalytik deshalb in der Umweltforschung (Sawicki, 1969, Zander, 1973) und der Biochemie (Becker, 1969) eingesetzt.

10.4.1 Organische Szintillatoren

(Birks, 1964)

Für die Messung radioaktiver Nuklide werden seit 20 Jahren mit großem Erfolg organische Flüssigkeitsszintillatoren eingesetzt. Unter Szintillation versteht man die Fluoreszenz eines Stoffes, die durch Anregung mit ionisierender Strahlung entsteht. Für jedes absorbierte Quant liefert der Szintillator einen Lichtblitz (Impuls). Die Zählung (Zählrate) gestattet Konzentrationsmessungen. Da ferner die Impulshöhe

energieproportional ist, können verschiedene Radionuklide nebeneinander spektroskopiert werden.
Das ausgedehnte Studium der organischen Szintillatoren (Brook, 1956, Sangster und Irvine, 1956, Ganguly und Chaudhury, 1959, Birks, 1964) hat gezeigt, daß die Szintillation das letzte Glied in einer Reihe aufeinanderfolgender Prozesse ist, die von der ionisierenden Strahlung ausgelöst werden. Aus dem völlig anderen Mechanismus der Energieabsorption ionisierender Strahlung durch die Materie (Henglein u.a., 1969, Güsten, 1972) muß geschlossen werden, daß Energieübertragungsprozesse für die Überführung der vom organischen Lösungsmittel aufgenommenen Strahlungsenergie zu dem in dem Lösungsmittel gelösten organischen Szintillator verantwortlich sind. Folgender vereinfachter Mechanismus für die Energieabsorption und Lichtemission in einem flüssigen Szintillator wird heute angenommen:

1. Anregung des Lösungsmittel: $L \overset{\alpha,\beta,\gamma}{\rightsquigarrow} L^*$

2. Strahlungslose Energieübertragung zwischen Lösungsmittelmolekülen: $L^* + L \longrightarrow L + L^*$

3. Energieübertragung auf den Szintillator (S): $L^* + S \longrightarrow L + S^*$

4. Fluoreszenzemission des Szintillators: $S^* \longrightarrow S + h\nu$.

Das emittierte Fluoreszenzlicht wird mit schnellen und empfindlichen Sekundärelektronenvervielfachern (SEV) gemessen. Da die absolute Energieausbeute für den gesamten Energieübertragungsprozeß bei flüssigen organischen Szintillatoren nur 1,5–2,5 % beträgt (Güsten und Schulte-Frohlinde, 1971), sind an den gelösten organischen Szintillator besondere Anforderungen zu stellen. Die absolute Quantenausbeute der Fluoreszenz des Szintillators muß hoch sein, damit die aufgenommene elektronische Anregungsenergie möglichst vollständig als Fluoreszenz emittiert wird. Außerdem sollte die Abklingzeit der Fluoreszenz so kurz wie möglich liegen, um Löschprozesse des elektronisch angeregten Szintillators im Singulettzustand zu unterdrücken, denn im praktischen Meßverfahren kann der stark löschende Luftsauerstoff nicht ausgeschlossen werden. In Tab. 10.5 sind die fotophysikalischen Daten der wichtigsten organischen Szintillatoren zusammengestellt.

Aus dem Löschquotienten, Lq, der Fluoreszenzquantenausbeute ohne und mit Sauerstoff, geht die löschende Wirkung des Sauerstoffs hervor. Werte von Lq um eins erreicht man erst bei Abklingzeiten unter einer Nanosekunde.

Da die Fluoreszenzemission der gebräuchlichen Szintillatoren für den spektralen Empfindlichkeitsbereich der üblichen Fotomultiplier etwas zu kurzwellig liegt, benutzt man eine Mischung von zwei organischen Szintillatoren. Die Lichtemission des ersten (primären) Szintillators wird vom zweiten (sekundären) Szintillator aufgenommen und dessen Emission erfolgt dann in die empfindlichen Fotokathodenbereiche zwischen 400–450 nm (siehe Tab. 10.5, POPOP). Die Energieübertragung vom primären auf den sekundären Szintillator erfolgt hier strahlend (Schulte-Frohlinde und Güsten, 1961) nach dem Trivialfall (siehe Kap. 4.5.4.1.1).

Tab. 10.5: Fotophysikalische Daten organischer Szintillatoren in Toluol bei Raumtemperatur (S. Schoof, G. Heinrich, H. Güsten, unveröffentlicht).

Szintillator/Struktur	Q_F a)	τ (ns)	λ_F max (nm) b)	Lq c)
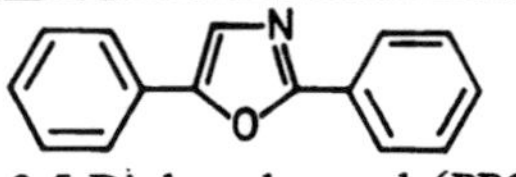 2,5-Diphenyloxazol (PPO)	0,74	1,45	376	1,20
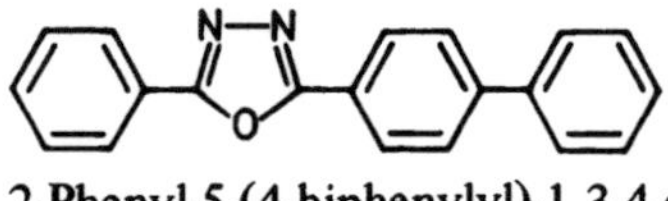 2-Phenyl-5-(4-biphenylyl)-1,3,4-oxadiazol (PBD)	0,80	1,05	363	1,14
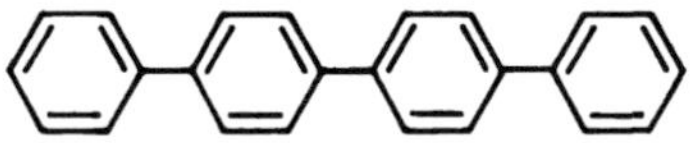 p-Quaterphenyl	0,89	1,26	357	–
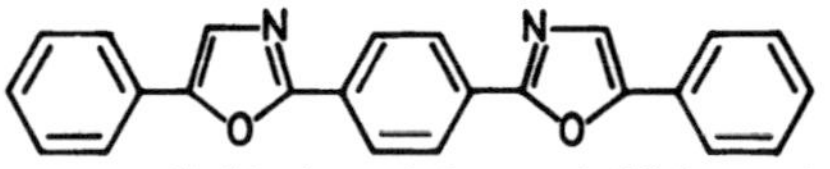 1,4-Bis-(2-(5-phenylyloxazolyl))-benzol (POPOP)	0,93	1,44	440	–

a) Q_F = absolute Fluoreszenzquantenausbeute unter Sauerstoffausschluß.
b) $\lambda_F$max = Maximum der Fluoreszenzemission.
c) Lq = Löschquotient.

Bevorzugtes Lösungsmittel für Szintillationsmessungen sind aromatische Lösungsmittel, wie Benzol, Toluol oder Xylol. Der große Vorteil der Flüssigkeitsszintillatoren liegt in der Möglichkeit, auch sehr schwache β-Strahler zu messen. ^{14}C-und Tritium-markierte organische Verbindungen werden in der aromatischen Szintillatorlösung direkt gelöst, wodurch Absorptionsverluste der radioaktiven Strahlung vermieden werden.

10.4.2 Optische Aufheller

(Axelrad, 1971, Claussen, 1973).

Die in den dreißiger Jahren entwickelte Idee, fluoreszierende Verbindungen zur Erzielung von leuchtenden Weißeffekten zu benutzen, hat in der Waschmittel-, Textil-, Papier- und Kunststoff-Industrie in den letzten 20 Jahren eine weite technische Anwendung gefunden. Diese Weißtöner werden heute allgemein als optische Aufheller bezeichnet. Optische Aufheller sind organische Verbindungen, die das für das Auge nicht sichtbare UV-Licht unter 400 nm absorbieren und durch Fluoreszenz in den Bereich des für das Auge sichtbaren Gebietes über 400 nm umwandeln. Der optische Effekt ist die Erhöhung der Leuchtkraft von Materialien, wie Textil, Papier usw. An die fotophysikalischen Eigenschaften eines guten optischen Aufhellers sind folgende Forderungen zu stellen:

1. Lichtabsorption im nahen Ultraviolett unter 400 nm.
2. Lichtemission im blauen Spektralbereich um 440 nm.
3. Lichtemission mit möglichst hoher Fluoreszenzquantenausbeute.
4. gute Lichtbeständigkeit.

In der Sprache der fotophysikalischen Primärprozesse heißt das, daß der elektronisch angeregte Singulettzustand des optischen Aufhellers die absorbierte Energie möglichst vollständig als Fluoreszenz mit großer Stokes'scher Verschiebung (Kap. 4.5.3.1) abstrahlen muß.

Strahlungslose Desaktivierung (Kap. 4.5.4) und Interkombination (Intersystem Crossing) (siehe Kap. 4.5.5.1) sind ebenso unerwünschte Prozesse wie eine fotochemische Reaktion aus dem S_1- oder T_1-Zustand.

Aus der großen Anzahl der fluoreszierenden organischen Verbindungen haben unter anderem Verbindungen aus der Klasse der Pyrazoline (Wagner u.a., 1966), Cumarine, Naphthalimide und Bis-(benzoxazolyle) technische Anwendungen gefunden (Axelrad, 1971).

Tab. 10.6: Fotophysikalische Daten einiger optischer Aufheller aus der Klasse der Pyrazoline (H. Strähle, W. Seitz, H. Güsten, unveröffentlicht).

Verbindung	Absorption a) (nm)	Fluoreszenz (nm)	Q_F b)	τ b) (ns)
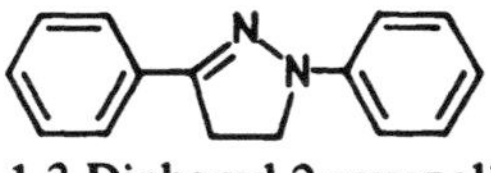 1,3-Diphenyl-2-pyrazolin	363	443	0,92	2,58
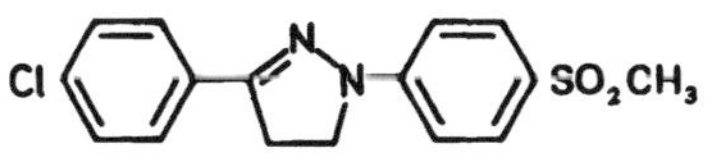	369	407 426	0,88	1,94
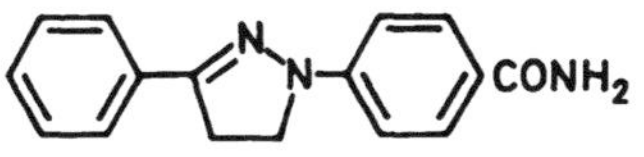	372	415 432	0,90	1,86

a) Lösungsmittel: Benzol bei Raumtemperatur.

b) Unter Sauerstoffausschluß.

Die Pyrazoline haben sehr hohe Fluoreszenzquantenausbeuten bei kurzen Abklingzeiten. Deshalb ist es nicht verwunderlich, daß optische Aufheller, wie die Pyrazoline, auch als organische Szintillatoren verwendet werden können (Sandler und Tsou, 1963).

10.4.3 Optische Schalter

In der Lasertechnik werden seit einiger Zeit fluoreszierende organische Farbstoffe als optische Schalter zur Erzeugung von Riesenimpulsen (Schäfer, 1970) mit großem Erfolg eingesetzt. Es kommt dabei darauf an, daß während des optischen Pumpens mit einem primären Laser oder einem relativ langsamen Endladungslichtblitz die Verlustrate im Laser bis zum Erreichen der maximalen Anregungsintensität etwas größer gehalten werden kann als die Verstärkung im Laser, um die vorzeitige Auslösung der Laseremission zu vermeiden.

Bei Erreichen des Anregungsmaximums muß dann sehr schnell die Verlustrate auf einen kleineren Wert als die Verstärkung gebracht werden (schalten). Lösungen organischer Farbstoffe, deren S_0-S_1-Absorptionsmaximum bei der Laseremissionswellenlänge des primären Lasers liegt, erfüllen diese Anforderungen sehr gut, wenn sie zwischen dem eigentlichen Laser und einem der Reflektoren angebracht werden. Zunächst absorbieren die organischen Moleküle einen Anteil des im Laser oszillierenden Lichtes, wobei durch eine steigende Besetzung des S_1-Zustandes die Durchlässigkeit der Farbstofflösung nicht linear steigt, bis schließlich die Verlustrate schnell so weit absinkt, daß es zur induzierten Emission des Lasers kommt. Der besondere Vorteil eines optischen Schalters gegenüber physikalischen Schaltern (Kerr-Zelle und rotierende Spiegel) liegt nun darin, daß keine externe, mit dem Intensitätsmaximum des Pumpblitzes synchronisierte Triggerung erforderlich ist. Organische Moleküle mit geeigneter Singulettabsorption haben sich als besonders gute optische Schalter erwiesen, wenn sie eine kurze S_1-Lebensdauer haben und keiner Interkombination (Kap. 5.5.1) in den Triplettzustand unterliegen. Auch sollte im Laser-Wellenlängenbereich keine oder möglichst nur niedrige Triplett-Triplett-Absorption (siehe Kap. 5.4.6) erfolgen.

Eine weitere wichtige Anwendung von organischen Farbstofflösungen in der Lasertechnik erfolgt bei der Erzeugung sehr kurzer Lichtblitze im Nanosekunden-Bereich (10^{-9} s). In einer etwas anderen Anordnung wird auch hier die nicht lineare intensitätsabhängige optische Durchlässigkeit der S_0-S_1-Absorption des Farbstoffes ausgenutzt, um die Anstiegs- und Abfallflanke eines Laser-Blitzes abzuscheiden. Gegenüber den Halbwertsbreiten von normalen Laser-Blitzen (ungefähr 1 ns) konnten so Lichtblitze mit einer Halbwertsbreite von 1 Picosekunde (10^{-12} s) mit Leistungen von einigen 100 MW erzeugt werden.

Bezüglich der Anwendung organischer Farbstoffe in der ps-Meßtechnik und als Farbstofflaser sei hier nur auf die Literatur verwiesen (Schäfer, 1970).

Zum Schutz der Augen gegen hohe veränderliche Lichtintensitäten werden intensitätsabhängige Lichtfilter im sichtbaren Spektralbereich benötigt, z.B. für Schweißbrillen, Bürofenster in Gegenden mit intensiver Sonneneinstrahlung etc. (Dawson und Windsor, 1969). Dafür haben sich organische Moleküle mit hoher Interkombinationswahrscheinlichkeit, eingelagert in Verbundgläser, bewährt. Mit steigender Lichtintensität nimmt bei diesen Verbindungen die Triplett-Triplett-Absorption (Kap. 4.4.6) im sichtbaren Spektralbereich proportional zu und filtert dadurch einen steigenden Anteil des einfallenden Lichtes heraus. Infolge der Triplettlebensdauer von einigen Millisekunden nimmt die langwellige Triplett-Triplett-Absorption bei nachlassender Lichtintensität schnell wieder ab und die normale optische Durchlässigkeit des Glases wird wieder hergestellt.

Literatur

Axelrad, F. (1971): „Die optischen Aufheller", in Tenside, Texthilfsmittel, Waschrohstoffe *III,* 2498–2519. Wissenschaftl. Verlagsges. Stuttgart.

Becker, R.S. (1969): Theory and Interpretation of Fluorescence and Phosphorescence, Wiley-Interscience, New York.

Birks, J.B. (1964): The Theory and Practice of Scintillation Counting. Pergamon Press, London.

Brook, F.D. (1956): Progr. Nuclear Phys. *5*, 252–313.

Claussen, U. (1973): Chemie in unserer Zeit 7, 141–147.

Dawson, W.R. and Windsor, M.W. (1969): Appl. Opt. *8*, 1045.

Eisenbrand, J. (1966): Fluorimetrie. Wissenschaftl. Verlagsgesellschaft, Stuttgart.

Ganguly, S.C. and Chaudhury, N.K. (1959): Rev. Mod. Phys. *31*, 990–1017.

Güsten, H. (1972): Chem. Ztg. *96*, 279–286.

Güsten, H. und Schulte-Frohlinde, D. (1971): Z. Phys. Chem. N.F. *75*, 113.

Henglein, A., Schnabel, W. und Wendenburg, J. (1969): Einführung in die Strahlenchemie. Verlag Chemie, Weinheim.

McCarthy, W.J. and Winefordner, J.D. (1967): in: Fluorescence (Guilbault, G.G., eds.), 1st ed., 371–442, Edward Arnold Ltd., London and Marcel Dekker Inc., New York.

Parker, C.A. (1968): Photoluminescence of Solutions. Elsevier, Amsterdam.

Sandler, S.R. and Tsou, K.C. (1963): J. Chem. Phys. *39*, 1062.

Sangster, R.C. and Irvine, jr., J.W. (1956): J. Chem. Phys. *24*, 670–702.

Sawicki, E. (1969): Talanta *16*, 1231–1266.

Schäfer, F.P. (1970): Angew. Chem. *82*, 25–41.

Schulte-Frohlinde, D. und Güsten, H. (1961): Z. phys. Chem. N.F. *29*, 281.

Wagner, A., Schellhammer, C.W. und Petersen, S. (1966): Angew. Chem. *78*, 769–774.

White, C.E. (1967): „Fluorescent Metal Chelates in Analytical Chemistry", in: Fluorescence (Guilbault, G.G., ed.), 275–296. Edward Arnold (Pub.), Ltd. London und Marcel Dekker Inc., New York.

White, C.E. and Argauer, R.J. (1970): Fluorescence Analysis. Marcel Dekker Inc., New York.

Winefordner, J.D., Schulman, S.G. and O'Haver, T.C. (1972): „Luminescence Spectrometry in Analytical Chemistry" in Chemical Analysis *38* (Elring, P.J. und Kolthoff, I.M., eds.), Wiley-Interscience, New York.

Zander, M. (1973): Intern. J. Environ. Anal. Chem. *3*, 29.

Zander, M. (1968): Phosphorimetrie, Academic Press, New York, London.

Sachregister

Walter de Gruyter
Berlin · New York

Bergmann-Schaefer

Lehrbuch der Experimentalphysik

zum Gebrauch bei akademischen Vorlesungen
und zum Selbststudium
Vier Bände. Groß-Oktav. Gebunden

Band I:

Mechanik, Akustik, Wärme

9., verbesserte Auflage mit einem Anhang über die Weltraumfahrt von H. Gobrecht

XVI, 850 Seiten. Mit 803 Abbildungen. 1974. DM 86,–
ISBN 3 11 004861 2

Band II:

Elektrizität und Magnetismus

6., neubearbeitete und erweiterte Auflage von H. Gobrecht

VIII, 575 Seiten. Mit 688 Abbildungen. 1971. DM 78,–
ISBN 3 11 002090 4

Band III:

Optik

6., völlig neue Auflage herausgegeben von H. Gobrecht
Autoren: Hans Joachim Eichler, Heinrich Gobrecht, Dietrich Hahn, Heinz Niedrig, Manfred Richter, Heinz Schoenebeck, Horst Weber, Kurt Weber

X, 998 Seiten. Mit 667 Abbildungen und 1 Ausschlagtafel. 1974.
DM 98,– ISBN 3 11 004366 1

Band IV:

Aufbau der Materie

2 Teile

Herausgegeben von H. Gobrecht

Autoren: H. Bucka, J. Dietrich, J. Geiger, H. Gobrecht, K. Gobrecht, A. Hese, K. Hunger, H. Küsters, M. Lambeck, G. Lehner, H. Nelkowski, D. Neubert, U. Scherz, R. Seiwert, H. Strunz, A. Tausend, L. Thomas, R. Thull, K. Ueberreiter, H. G. Wagemann, B. Wende

I: XX, 840 Seiten + XXVII Seiten Register. Mit 583 Abbildungen und Periodensystem der Elemente. 1975. DM 84,–
ISBN 3 11 002091 2

II: XX, Seiten 841–1580 + XXVII Seiten Register. Mit 419 Abbildungen und Periodensystem der Elemente. 1975. DM 74,–
ISBN 3 11 006609 2

Preisänderungen vorbehalten

Walter de Gruyter
Berlin · New York

K. R. Atkins

Physik

Übersetzt und bearbeitet von Hans-Werner Sichting

Groß-Oktav. XX, 843 Seiten. Mit 432 Abbildungen und 20 Tabellen. 1974. Gebunden DM 68,–
ISBN 3 11 003360 7

Ballif – Dibble

Anschauliche Physik

Für Studierende der Ingenieurwissenschaften, Naturwissenschaften und Medizin, sowie zum Selbststudium

Groß-Oktav. XIV, 732 Seiten. Mit 406 Abbildungen und 1 Tabelle. 1973. Plastik flexibel DM 42,–
ISBN 3 11 003633 9
(de Gruyter Lehrbuch)

G. L. Squires

Meßergebnisse und ihre Auswertung

Eine Anleitung zum praktischen naturwissenschaftlichen Arbeiten

Groß-Oktav. 240 Seiten. Mit 77 Abbildungen und zahlreichen Formeln und Tabellen. 1971. Plastik flexibel DM 33,–
ISBN 3 11 003632 0
(de Gruyter Lehrbuch)

M. Stockhausen

Physik für Mediziner und Pharmazeuten

Grundlagen und Übungen. Ein Kompendium.

Klein-Oktav. 371 Seiten. Mit Abbildungen und Tabellen. 1974. Kartoniert DM 19,80 ISBN 3 11 004904 X
(Sammlung Göschen, Band 9005)

Preisänderungen vorbehalten

W DE G

Walter de Gruyter
Berlin · New York

Moore – Hummel

Physikalische Chemie

2., erweiterte Auflage

Groß-Oktav. XXIV, 1199 Seiten. Mit 463 Abbildungen und zahlreichen Tabellen. 1976. Gebunden DM 88,–

ISBN 3 11 002127 7

Z. Vodrázka

Physikalische Chemie

für Biologen, Mediziner, Pharmazeuten

Groß-Oktav. XVI, 632 Seiten. Mit zahlreichen Abbildungen und Tabellen. 1976. Gebunden DM 59,– ISBN 3 11 004557 5

(Gemeinschaftsausgabe mit Avicenum, Tschechoslowakischer Verlag für Medizin, Prag)

A. Kaul
(Hrsg.)

Medizinische Physik in Forschung und Praxis

6. Wissenschaftliche Tagung der Deutschen Gesellschaft für Medizinische Physik in Berlin, 28./29. April 1975

Groß-Oktav. 640 Seiten. 1976. Gebunden DM 156,–

ISBN 3 11 006615 7

Preisänderungen vorbehalten

Bei Fragen zur Produktsicherheit wenden Sie sich bitte an:
If you have any questions regarding product safety,
please contact:

Walter de Gruyter GmbH
Genthiner Straße 13
10785 Berlin
productsafety@degruyterbrill.com